中国农业菌种目录

国 家 菌 种 资 源 库
国家农业微生物种质资源库 编
中国农业微生物菌种保藏管理中心

（2021年版）

 中国农业科学技术出版社

图书在版编目（CIP）数据

中国农业菌种目录：2021年版/国家菌种资源库，国家农业微生物种质资源库，中国农业微生物菌种保藏管理中心编．-- 北京：中国农业科学技术出版社，2022.11

ISBN 978-7-5116-5908-8

Ⅰ.①中⋯　Ⅱ.①国⋯　②国⋯　③中⋯　Ⅲ.①农业 - 菌种 - 中国 - 目录　Ⅳ.① S182-63

中国版本图书馆 CIP 数据核字（2022）第 167902 号

责任编辑	王惟萍
责任校对	李向荣
责任印制	姜义伟　王思文

出 版 者	中国农业科学技术出版社
	北京市中关村南大街 12 号　　邮编：100081
电　　话	（010）82106643（编辑室）（010）82109702（发行部）
	（010）82109709（读者服务部）
网　　址	https:// castp.caas.cn
经 销 者	各地新华书店
印 刷 者	北京捷迅佳彩印刷有限公司
开　　本	185mm×260mm　1/16
印　　张	43
字　　数	1460 千字
版　　次	2022 年 11 月第 1 版　2022 年 11 月第 1 次印刷
定　　价	128.00 元

中国农业菌种目录（2021年版）

编 委 会

主　编：魏海雷　李世贵

副主编（按姓氏笔画排序）：

马晓彤　邓　晖　张晓霞　高　淼

编　委（按姓氏笔画排序）：

马晓彤　邓　晖　朱宏图　刘云鹏

刘嘉鸿　孙建光　李　丹　李世贵

谷医林　张一凡　张桂山　张晓霞

张瑞福　要雅倩　侯嘉玮　顾金刚

高　淼　郭鹤宝　梅梦丹　魏晓博

魏海雷

前 言

微生物资源是国家重要的战略资源。微生物涉及农业生产各个环节，与农业生态系统密切关联。农业微生物是种质资源和生物多样性的重要组成部分，是农业科技原始创新和农业产业提质增效的重要物质基础。

国家菌种资源库（National Microbial Resource Center，NMRC）是国家科技资源共享服务平台的重要组成部分。中国农业微生物菌种保藏管理中心（Agricultural Culture Collection of China，以下简称"中心"）作为国家菌种资源库主库，主要负责农业微生物菌种的收集、鉴定、保藏、评价、共享利用及国际交流。中心现有细菌、放线菌、酵母菌、丝状真菌及大型真菌等 2 万余株。按照国际惯例，每个菌株采用 2 种以上方式进行安全保藏。中心利用丰富的菌种资源，平均每年为 500 多家企事业单位、教学、科研机构提供千余株的菌种服务，有力支持了我国农业科技和产业化发展。

为进一步提高菌种资源信息化水平，更准确有效地为社会各界提供菌种资源服务，编者对中心部分菌种进行了整理与汇编，以《中国农业菌种目录（2012 年版）》为基础进行修订，编辑出版了《中国农业菌种目录（2021 年版）》，并附培养基、菌种学名索引、菌株编号索引。目录中包含了 523 属 1 761 种 12 813 株农业微生物菌种资源。由于近年来微生物分类学发展较快，新类群发表较多，许多类群变更较大，编者在修订过程中难免存在疏漏，敬请读者不吝指正。

科技部、财政部的稳定支持是国家菌种资源库良性运行和发展的重要基础，《中国农业菌种目录（2021 年版）》是国家高度重视基础性、长期性、公益性工作的成果结晶。农业微生物资源收集与保藏工作也蕴含了中心 40 多年来几代科技工作者的辛勤付出。在此，一并对国家科技资源共享服务平台、中心前辈和同仁表示诚挚的谢意！

编 者

2021 年 12 月

使用说明

　　《中国农业菌种目录（2021年版）》是中国农业微生物菌种保藏管理中心保藏的部分菌种名录，分为五个类群，即：细菌、放线菌、酵母菌、丝状真菌及大型真菌（主要为食用菌）。

　　目录中分列菌种名录、培养基编号及配方、菌种学名索引及菌株编号索引。

　　菌种学名在各类菌种名录中按字母顺序编排，每一学名下附有中文名称或俗名。对无中文名称的菌株，此项暂空缺。菌株来源历史用"←"表示，与其他菌种中心编号间的关系用"="连接。

　　目录中所列"中国农业科学院土壤肥料研究所，简称：中国农科院土肥所"，现已更名为"中国农业科学院农业资源与农业区划研究所，简称：中国农科院资划所"，为说明菌种的来源和历史，本目录继续保留"中国农科院土肥所"名称。其余有相类似情况的，例如学院，已更名"大学"等，也有保留。为了让读者理解目录中的简写名称，本目录中列出了部分保藏机构及缩写与全名的对应关系以及部分有关科研机构简称和全称。

　　本目录的附录Ⅰ为培养基，包括培养基编号及配方，是收录《中国菌种目录》统一使用的培养基编号、名称及配方，以供检索。附录Ⅱ为菌种学名索引，附录Ⅲ为菌株编号索引。

部分菌种保藏机构名称及缩写

ACCC 中国农业微生物菌种保藏管理中心（Agricultural Culture Collection of China），中国农业科学院农业资源与农业区划研究所，北京

ARS Agricultural Research Service Culture Collection（NRRL），美国

ATCC American Type Culture Collection，USA，美国

CABI CABI Bioscience UK Centre（IMI），英国

CBS CBS-KNAW Fungal Biodiversity Centre，Netherlands，荷兰

CCTCC 中国典型培养物保藏中心（China Center for Type Culture Collection），武汉大学，武汉

CFCC 中国林业微生物菌种保藏管理中心（China Forestry Culture Collection Center），中国林业科学研究院森林生态环境与自然保护研究所，北京

CGMCC 中国普通微生物菌种保藏管理中心（China General Microbiological Culture Collection Center），中国科学院微生物研究所，北京

CICC 中国工业微生物菌种保藏管理中心（China Center of Industrial Culture Collection）中国食品发酵工业研究院有限公司，北京

CMCC 中国医学细菌保藏管理中心（National Center for Medical Culture Collections），中国食品药品检定研究院，北京

CPCC 中国药学微生物菌种保藏管理中心（China Pharmaceutical Culture Collection），中国医学科学院医药生物技术研究所，北京

CVCC 中国兽医微生物菌种保藏管理中心（China Veterinary Culture Collection Center），中国兽医药品监察所，北京

DSMZ Deutsche Sammlung von Mikroorganismen und Zellkulturen GmbH，德国

MCCC 海洋微生物菌种保藏管理中心（Marine Culture Collection of China），自然资源部第三海洋研究所，厦门

部分有关科研机构简称和全称

简称	全称
中国农科院	中国农业科学院
中国农科院土肥所	中国农业科学院土壤肥料研究所
中国农科院资划所	中国农业科学院农业资源与农业区划研究所
中国农科院原子能所	中国农业科学院原子能利用研究所
中国农科院加工所	中国农业科学院农产品加工研究所
中国农科院作科所	中国农业科学院作物科学研究所
中国农科院植保所	中国农业科学院植物保护研究所
中国农科院蔬菜花卉所	中国农业科学院蔬菜花卉研究所
中国农科院麻类所	中国农业科学院麻类研究所
中国农科院环发所	中国农业科学院农业环境与可持续发展研究所
中国农科院饲料所	中国农业科学院饲料研究所
中国农科院生物技术所	中国农业科学院生物技术研究所
中国农科院油料所	中国农业科学院油料作物研究所
中国农科院果树所	中国农业科学院果树作物研究所
中国农科院草原所	中国农业科学院草原研究所
中国热科院	中国热带农业科学院
中国热科院环植所	中国热带农业科学院环境与植物保护研究所
中科院	中国科学院
中科院微生物所	中国科学院微生物研究所
中科院植物所	中国科学院植物研究所
中科院遗传所	中国科学院遗传研究所
中科院上海植生所	中国科学院上海植物生理研究所
中科院上海生化所	中国科学院上海生物化学研究所
中科院沈阳生态所	中国科学院沈阳应用生态研究所
中检院	中国食品药品检定研究院
北京农科院	北京市农林科学院
北京农科院植环所	北京市农林科学院植物营养与资源环境研究所
中国农大	中国农业大学
上海工微所	上海市工业微生物研究所
上海农科院食用菌所	上海市农业科学院食用菌研究所

南京农大　　　　　　　　　　南京农业大学
广东微生物所　　　　　　　　广东省科学院微生物研究所
西北农大　　　　　　　　　　西北农林科技大学
华南农大　　　　　　　　　　华南农业大学
中国林科院林业所　　　　　　中国林业科学研究院林业研究所
中国林科院森保所　　　　　　中国林业科学研究院森林生态环境与自然保护研究所
两院　　　　　　　　　　　　华南热带作物科学研究院与华南热带作物学院
新疆农科院微生物所　　　　　新疆农业科学院微生物应用研究所
山东农科院资环所　　　　　　山东省农业科学院资源与环境研究所
中国医科院动研所　　　　　　中国医学科学院医学实验动物研究所
山东农科院原子能所　　　　　山东省农业科学院原子能农业应用研究所
轻工部食品发酵所　　　　　　轻工业部食品发酵工业科学研究所
四川农科院　　　　　　　　　四川省农业科学院
四川农科院土肥所　　　　　　四川省农业科学院土壤肥料研究所

目 次

一、细菌（Bacteria）

Acetobacter pasteurianus（Hansen 1879）**Beijerinck & Folpmers 1916**

巴氏醋杆菌

ACCC 10112←中科院微生物所←黄海化学工业研究所；原始编号：黄海1127；生产食用醋；培养基 0001，30℃。

ACCC 10181←中国农科院土肥所；原始编号：IFFI 7010；培养基 0033，37℃。

ACCC 60338←中国农科院资划所；原始编号：J15-15；分离源：水稻茎秆；培养基 0481，30℃。

Acetobacter orientalis Lisdiyanti et al. 2002

东方醋酸菌

ACCC 19949←中国农科院资划所；原始编号：R004；分离源：桃树根系；培养基 0033，28℃。

Achromobacter insolitus（Coenye et al. 2003）

罕见无色小杆菌

ACCC 02588←南京农大农业环境微生物中心；原始编号：BP3，NAECC1205；24 小时内对 5 mg/L 萘和菲降解率大于 95%；分离源：华北油田石油污染土壤；培养基 0002，28℃。

Achromobacter piechaudii（Kiredjian et al. 1986）**Yabuuchi et al. 1998**

种皮氏无色杆菌

ACCC 02179←中国农科院资划所；原始编号：311，N11-3-1；以菲、蒽、芴作为唯一碳源生长；分离源：大庆油田；培养基 0002，30℃。

Achromobacter sp.

无色杆菌

ACCC 01719←中国农科院饲料所；原始编号：FRI2007096，B266；饲料用植酸酶等的筛选；分离源：土壤；培养基 0002，37℃。

ACCC 01732←中国农科院饲料所；原始编号：FRI2007088，B282；饲料用植酸酶等的筛选；分离源：土壤；培养基 0002，37℃。

ACCC 02182←中国农科院资划所；原始编号：317，N7-3-2；以菲、蒽、芴作为唯一碳源生长；分离源：大庆油田；培养基 0002，30℃。

ACCC 02813←南京农大农业环境微生物中心；原始编号：L2，NAECC1353；在 M9 培养基中抗氯磺隆的浓度达 500 mg/L；分离地点：山东泰安；培养基 0002，30℃。

ACCC 10393←首都师范大学←中科院微生物所；=AS1.1841；原始编号：93-24；培养基 0033，30℃。

ACCC 11685←南京农大农业环境微生物中心；原始编号：Lm-4，NAECC0767；可在含氯嘧磺隆无机盐培养基生长；分离源：土壤；分离地点：山东淄博；培养基 0971，30℃。

ACCC 11785←南京农大农业环境微生物中心；原始编号：JNW15，NAECC0992；在无机盐培养基中添加 100 mg/L 的甲萘威，降解率达 30%～50%；分离源：土壤；培养基 0971，30℃。

ACCC 11821←南京农大农业环境微生物中心；原始编号：LBM2-1，NAECC1056；以 20 mg/L 的联苯菊酯为唯一碳源培养，3 天内降解率大于 45%；分离源：土壤；培养基 0033，30℃。

ACCC 61914←中国农科院植保所；原始编号：Am77；可在黄瓜枯萎病菌菌丝上定殖；分离源：黄瓜根际土壤；培养基 0033，28℃。

Achromobacter xylosoxidans（ex Yabuuchi & Ohyama）**Yabuuchi & Yano 1981**

木糖氧化无色杆菌

ACCC 01146←中国农科院资划所；原始编号：Cd-6-2；具有用作耐重金属基因资源潜力；分离地点：北京朝阳黑庄户；培养基 0002，28℃。

ACCC 01894←中国农科院资划所←新疆农科院微生物所；原始编号：ng18-4；分离源：土壤样品；培养基 0033，37℃。

ACCC 02738←南京农大农业环境微生物中心；原始编号：LHLR1，NAECC1252；可以在含 500 mg/L 的氯磺隆的无机盐培养基中生长；分离地点：南通发事达化工有限公司；培养基 0971，30℃。

ACCC 03105←中国农科院资划所；原始编号：P-32-2，7217；可用来研发农田土壤及环境修复微生物制剂；分离地点：河北高碑店辛庄镇；培养基 0002，28℃。

ACCC 10298←ATCC；培养基 0002，30℃。

Achromobacter xylosoxidans subsp. *denitrificans*（Rüger & Tan）Yabuuchi et al. 1998

木糖氧化无色杆菌反硝化亚种

ACCC 01979←中国农科院资划所；原始编号：43，54 小；以菲、蒽、芴作为唯一碳源生长；分离源：大庆油田；培养基 0002，30℃。

ACCC 02161←中国农科院资划所；原始编号：104，42-4；以菲、芴作为唯一碳源生长；分离源：大庆油田；培养基 0002，30℃。

ACCC 02163←中国农科院资划所；原始编号：108，47-4；以菲、芴作为唯一碳源生长；分离源：大庆油田；培养基 0002，30℃。

ACCC 02177←中国农科院资划所；原始编号：307，B3；以菲、蒽、芴作为唯一碳源生长；分离源：大庆油田；培养基 0002，30℃。

ACCC 02202←中国农科院资划所；原始编号：603，L24；以菲、蒽、芴作为唯一碳源生长；分离源：大庆油田；培养基 0002，30℃。

Acidomonas sp.

酸单胞菌

ACCC 01283←广东微生物所；原始编号：GIMV1.0039，12-B-3；检测、生产；分离地点：越南 DALAT；培养基 0002，30～37℃。

Acidovorax anthurii Gardan et al. 2000

安祖花食酸菌

ACCC 61753←扬州大学；原始编号：DSM 16745；分离源：红掌；培养基 0512，28℃。

Acidovorax avenae subsp. *avenae*（Manns 1909）Willems et al. 1992

燕麦食酸菌

ACCC 05442←中国农科院资划所←中科院微生物所←湖南农学院；培养基 0002，30℃。

Acidovorax avenae subsp. *citrulli* Willems et al. 1992

燕麦食酸菌西瓜亚种

ACCC 05732←浙江大学生物技术所；用于西瓜、甜瓜的研究，该菌种能引起西瓜、甜瓜发病；分离源：浙江西瓜发病叶片；培养基 0002，28℃。

Acidovorax facilis（Schatz & Bovell 1952）Willems et al. 1990

敏捷食酸菌

ACCC 01080←中国农科院资划所；原始编号：Cd-7-3；具有用作耐重金属基因资源潜力；分离地点：北京朝阳黑庄户；培养基 0002，28℃。

Acidovorax sp.

食酸菌

ACCC 02543←南京农大农业环境微生物中心；原始编号：Zn-H2-1，NAECC1066；能够耐受 2 mmol/L 的重金属 Zn^{2+}；分离地点：南京农大；培养基 0033，30℃。

ACCC 10867←首都师范大学；原始编号：BN90-3-27；培养基 0033，30℃。

ACCC 60207←中国农科院资划所；原始编号：J21-4；具有溶磷能力，产 IAA 能力，具有 ACC 脱氨酶活性，产铁载体能力；分离源：水稻茎秆；培养基 0847，30℃。

ACCC 60309←中国农科院资划所；原始编号：J2-8；分离源：水稻茎秆；培养基 0847，30℃。

ACCC 61804←中国林科院林业所；原始编号：D4N7；分离源：毛竹根；培养基 0002，30℃。

Acidovorax temperans Willems et al. 1990

中等食酸菌（温和食酸菌）

ACCC 10857←首都师范大学；原始编号：J3-A106；分离源：水稻根际；分离地点：唐山滦南县；培养基 0033，30℃。

Acidovorax valerianellae Gardan et al. 2003

野苣食酸菌

ACCC 61752←扬州大学；原始编号：DSM 16619；分离源：羊莴苣；培养基 0002，28℃。

Acinetobacter baumannii Bouvet & Grimont 1986

鲍曼不动杆菌

ACCC 01130←中国农科院资划所；原始编号：FX2-2-11；具有处理养殖废水潜力；分离地点：河北邯郸大社鱼塘；培养基 0002，28℃。

ACCC 11038←ATCC；＝ATCC 19606；培养基 0033，28℃。

ACCC 61689←南京农大资源与环境学院；原始编号：XL380；培养基 0847，30℃。

Acinetobacter calcoaceticus（Beijerinck 1911）Baumann et al. 1968

乙酸钙不动杆菌

ACCC 01220←新疆农科院微生物所；原始编号：XJAA10314，LB47；培养基 0033，20℃。

ACCC 01229←新疆农科院微生物所；原始编号：XJAA10322，LB67；培养基 0033，20℃。

ACCC 01236←新疆农科院微生物所；原始编号：XJAA10329，LB87；培养基 0033，25℃。

ACCC 01254←新疆农科院微生物所；原始编号：XJAA10426，LB33-A；培养基 0033，20℃。

ACCC 01255←新疆农科院微生物所；原始编号：XJAA10428，LB35-A；培养基 0033，20℃。

ACCC 01257←新疆农科院微生物所；原始编号：XJAA10438，LB71-A；培养基 0033，20℃。

ACCC 01484←广东微生物所；原始编号：GIMT1.023，TSIH；培养基 0002，20℃。

ACCC 01501←新疆农科院微生物所；原始编号：XAAS10461，LB10；分离地点：新疆布尔津县；培养基 0033，20℃。

ACCC 01511←新疆农科院微生物所；原始编号：XAAS10430，LB41A；分离地点：新疆布尔津县；培养基 0033，20℃。

ACCC 01514←新疆农科院微生物所；原始编号：XAAS10482，LB65；分离地点：新疆乌鲁木齐；培养基 0033，20℃。

ACCC 01516←新疆农科院微生物所；原始编号：XAAS10483，LB83；分离地点：新疆布尔津县；培养基 0033，20℃。

ACCC 01517←新疆农科院微生物所；原始编号：XAAS10484，LB84；分离地点：新疆布尔津县；培养基 0033，20℃。

ACCC 01624←中国农科院生物技术所；原始编号：BRI-00279，A2benA18sacB；基因功能的确定；分离地点：北京；培养基 0033，30℃。

ACCC 01635←中国农科院生物技术所；原始编号：BRI-00290，A28；教学科研，研究 orf8 的功能；分离地点：北京；培养基 0033，30℃。

ACCC 01636←中国农科院生物技术所；原始编号：BRI-00291，A2R；教学科研，研究苯酚羟化酶调节机制；分离地点：北京；培养基 0033，30℃。

ACCC 01637←中国农科院生物技术所；原始编号：BRI-00292，A2N；教学科研，研究苯酚羟化酶的功能；分离地点：北京；培养基 0033，30℃。

ACCC 01644←中国农科院生物技术所；原始编号：BRI-00299；分离地点：北京；培养基 0033，30℃。

ACCC 01645←中国农科院生物技术所；原始编号：BRI-00300；分离地点：北京；培养基 0033，30℃。

ACCC 01993←中国农科院资划所；原始编号：37，20-2b；以磷酸三钙、磷矿石作为唯一磷源生长；分离地点：湖北钟祥；培养基 0002，30℃。

ACCC 02851←南京农大农业环境微生物中心；原始编号：LF-3，NAECC1736；在无机盐培养基中以 50 mg/L 的邻苯二酚为唯一碳源培养，3 天内降解率大于 90%；分离地点：江苏徐州；培养基 0033，30℃。

ACCC 03661←中国农科院资划所；原始编号：A2benAa3；培养基 0033，30℃。
ACCC 03662←中国农科院资划所；原始编号：A2benM18；培养基 0033，30℃。
ACCC 03663←中国农科院资划所；原始编号：A2R643；培养基 0033，37℃。
ACCC 04235←广东微生物所；原始编号：1.11；培养基 0002，30℃。
ACCC 04248←广东微生物所；原始编号：061021B；培养基 0002，30℃。
ACCC 10479←ATCC；=ATCC 23055；培养基 0002，30℃。

Acinetobacter guillouiae Nemec et al. 2010

ACCC 05572←中国农科院资划所；分离源：水稻根内生；分离地点：湖南祁阳县官山坪；培养基 0512，37℃。
ACCC 05579←中国农科院资划所；分离源：水稻根内生；分离地点：湖南祁阳县官山坪；培养基 0512，37℃。

Acinetobacter haemolyticus（ex Stenzel & Mannheim 1963）Bouvet & Grimont 1986

溶血不动杆菌

ACCC 11040←中国农科院资划所←DSMZ；原始编号：DSM 6962；培养基 0033，37℃。

Acinetobacter johnsonii Bouvet & Grimont 1986

约氏不动杆菌

ACCC 02175←中国农科院资划所；原始编号：303，En3；以菲、芴作为唯一碳源生长；分离地点：胜利油田；培养基 0002，30℃。
ACCC 02631←南京农大农业环境微生物中心；原始编号：CP-B，NAECC1168；在基础盐培养基中 2 天降解 100 mg/L 的毒死蜱降解率 50%；分离地点：南京玄武区；培养基 0002，30℃。
ACCC 11039←中国农科院资划所←DSMZ；原始编号：DSM 6963；培养基 0033，28℃。

Acinetobacter junii Bouvet & Grimont 1986

琼氏不动杆菌

ACCC 01308←湖北省生物农药工程研究中心；原始编号：IEDA 00511，wa-8168；产生代谢产物具有抑菌活性；分离地点：河南；培养基 0012，28℃。
ACCC 02626←南京农大农业环境微生物中心；原始编号：SLL，NAECC0695；分离地点：山东东营；培养基 0033，30℃。
ACCC 04190←广东微生物所；=GIMT1.107；培养基 0002，30℃。
ACCC 04232←广东微生物所；=GIMT1.106；培养基 0002，30℃。
ACCC 11037←ATCC；=ATCC 17908；培养基 0033，28℃。
ACCC 11653←南京农大农业环境微生物中心；原始编号：SBA-2，NAECC0688；分离源：石油；分离地点：山东东营；培养基 0033，30℃。
ACCC 11654←南京农大农业环境微生物中心；原始编号：SBB，NAECC0689；分离源：土壤；分离地点：山东东营；培养基 0033，30℃。
ACCC 11656←南京农大农业环境微生物中心；原始编号：SBR，NAECC0692；分离源：土壤；分离地点：山东东营；培养基 0033，30℃。
ACCC 11660←南京农大农业环境微生物中心；原始编号：SWT，NAECC0700；分离源：土壤；分离地点：山东东营；培养基 0033，30℃。

Acinetobacter lwoffii（Audureau 1940）Brisou & Prévot 1954

鲁氏不动杆菌

ACCC 01091←中国农科院资划所；原始编号：FX2-5-2；具有处理养殖废水潜力；分离地点：河北邯郸；培养基 0002，28℃。
ACCC 01685←中国农科院饲料所；原始编号：FRI2007077，B223；饲料用木聚糖酶、葡聚糖酶、蛋白酶、植酸酶等的筛选；分离地点：海南三亚；培养基 0002，37℃。
ACCC 01710←中国农科院饲料所；原始编号：FRI2007013，B253；饲料用木聚糖酶、葡聚糖酶、蛋白酶、植酸酶等的筛选；分离地点：浙江；培养基 0002，37℃。

ACCC 11041←中科院微生物所；＝CGMCC 1.2005＝DSM 2403；培养基0033，37℃。

ACCC 61860←中国农科院资划所；原始编号：PG-24；分离源：大蒜；培养基0512，30℃。

Acinetobacter radioresistens **Nishimura et al. 1988**

抗辐射不动杆菌

ACCC 01656←广东微生物所；原始编号：GIMT1.059；分离地点：广东罗定；培养基0002，30℃。

ACCC 01704←中国农科院饲料所；原始编号：FRI2007012，B247；饲料用木聚糖酶、葡聚糖酶、蛋白酶、植酸酶等的筛选；分离地点：浙江嘉兴鱼塘；培养基0002，37℃。

ACCC 02688←南京农大农业环境微生物中心；原始编号：Lhl-4r，NAECC1268；可以在含5 000 mg/L的氯磺隆的无机盐培养基中生长；分离地点：江苏苏州相城区望亭镇；培养基0002，30℃。

Acinetobacter **sp.**

不动杆菌

ACCC 01122←中国农科院资划所；原始编号：Hg-K-1；具有用作耐重金属基因资源潜力；分离地点：北京农科院试验地；培养基0002，28℃。

ACCC 02508←南京农大农业环境微生物中心；原始编号：BMNS，NAECC1109；分离地点：江苏南京；培养基0002，30℃。

ACCC 02612←南京农大农业环境微生物中心；原始编号：BSL13，NAECC0970；在无机盐培养基中添加100 mg/L的倍硫磷，降解率达33%；分离地点：江苏南京；培养基0971，30℃。

ACCC 02779←南京农大农业环境微生物中心；原始编号：P2-2，NAECC1716；可以苯酚为唯一碳源生长；分离地点：江苏徐州新宜农药厂；培养基0002，30℃。

ACCC 02794←南京农大农业环境微生物中心；原始编号：CP-N，NAECC1274；在基础盐培养基中2天降解100 mg/L的毒死蜱降解率50%；分离地点：南京农大校园；培养基0971，30℃。

ACCC 05422←中国农科院生物技术所；原始编号：XMZ-26；产脂肪酶；培养基0033，30℃。

ACCC 11023←中国农科院土肥所←上海水产大学生命学院←湖南农业大学；原始编号：304；分离源：牛蛙；培养基0002，30℃。

ACCC 11024←中国农科院土肥所←上海水产大学生命学院←江苏海安卫生防疫站；原始编号：海安98-3；分离源：欧鳗肝；培养基0002，30℃。

ACCC 11616←南京农大农业环境微生物中心；原始编号：W186-3，NAECC0644；分离源：淤泥；分离地点：山东东营；培养基0033，30℃。

ACCC 11619←南京农大农业环境微生物中心；原始编号：3-SL3，NAECC1119；分离源：淤泥；分离地点：山东东营；培养基0033，30℃。

ACCC 11657←南京农大农业环境微生物中心；原始编号：SBSN，NAECC0693；分离源：石油；分离地点：山东东营；培养基0033，30℃。

ACCC 11670←南京农大农业环境微生物中心；原始编号：SL-SNB，NAECC0724；分离源：淤泥；分离地点：山东东营；培养基0033，30℃。

ACCC 11671←南京农大农业环境微生物中心；原始编号：W18-A-1，NAECC0725；分离源：堆肥；分离地点：江苏南京；培养基0033，30℃。

ACCC 11710←南京农大农业环境微生物中心；原始编号：Dui-5，NAECC0814；在无机盐培养基中降解100 mg/L对氨基苯甲酸，降解率为80%～90%；分离源：土壤；分离地点：南京农大；培养基0033，30℃。

ACCC 11774←南京农大农业环境微生物中心；原始编号：B11，NAECC0980；在无机盐培养基中添加100 mg/L的苯乙酮，降解率达30%～50%；分离源：土壤；培养基0971，30℃。

ACCC 11797←南京农大农业环境微生物中心；原始编号：YBC9，NAECC01006；分离源：土壤；培养基0971，30℃。

ACCC 11804←南京农大农业环境微生物中心；原始编号：FLL7，NAECC01020；在无机盐培养基中添加50 mg/L的氟乐灵，降解率达40%左右；分离源：土壤；分离地点：江苏大丰市丰山农药厂；培养基0971，30℃。

ACCC 11807←南京农大农业环境微生物中心；原始编号：L1，NAECC1030；在无机盐培养基中添加 50 mg/L 的乐果，降解率达 50%；分离源：土壤；分离地点：江苏南京卫岗菜园；培养基 0971，30℃。

ACCC 11810←南京农大农业环境微生物中心；原始编号：LGA41，NAECC1033；在无机盐培养基中添加 50 mg/L 的乐果，降解率达 35%；分离源：土壤；分离地点：江苏大丰市丰山农药厂；培养基 0971，30℃。

ACCC 11811←南京农大农业环境微生物中心；原始编号：LGB41，NAECC1034；在无机盐培养基中添加 50 mg/L 的乐果，降解率达 45%；分离源：土壤；分离地点：江苏大丰市丰山农药厂；培养基 0971，30℃。

ACCC 11812←南京农大农业环境微生物中心；原始编号：SLH4，NAECC1036；在无机盐培养基中添加 100 mg/L 的 4- 氯苯甲酸，降解率达 50%；分离源：土壤；分离地点：江西余江红壤生态实验站；培养基 0971，30℃。

ACCC 11828←南京农大农业环境微生物中心；原始编号：LBRF-2，NAECC1070；在无机盐培养基中以 100 mg/L 的邻苯二酚为唯一碳源培养，3 天内降解率大于 90%；分离源：土壤；分离地点：江苏省南京市第一农药厂；培养基 0033，30℃。

ACCC 11850←南京农大农业环境微生物中心；原始编号：6-SL2，NAECC1104；分离源：污泥；分离地点：江苏南京；培养基 0033，30℃。

ACCC 11855←南京农大农业环境微生物中心；原始编号：W186-2，NAECC1116；分离源：淤泥；分离地点：山东东营；培养基 0033，30℃。

ACCC 60234←中国农科院资划所；原始编号：J9-3；溶磷能力，产铁载体能力；分离源：水稻茎秆；培养基 0847，30℃。

Acinetobacter tandoii Carr et al. 2003
坦氏不动杆菌

ACCC 05537←中国农科院资划所；分离源：水稻根内生；分离地点：湖南祁阳县官山坪；培养基 0973，37℃。

Acinetobacter ursingii Nemec et al. 2001
邬氏不动杆菌

ACCC 02551←南京农大农业环境微生物中心；原始编号：BF-3，NAECC1198；84 小时内对 500 mg/L 的苯酚降解率 99%；分离地点：江苏南京玄武区；培养基 0002，28℃。

Acrocarpospora sp. Tamura et al. 2000
端果孢菌属

ACCC 61782←河北大学生命科学学院；原始编号：HBU208001；能还原硝酸盐，产淀粉水解酶、纤维素酶、蛋白酶、过氧化氢酶；分离源：土壤；培养基 0512，28℃。

Actinobacterium sp.
放线细菌

ACCC 01980←中国农科院资划所；原始编号：45；以菲、蒽、芴作为唯一碳源生长；分离地点：湖南邵阳；培养基 0002，30℃。

Actinomadura sp.
马杜拉放线菌

ACCC 61788←河北大学生命科学学院；原始编号：HBU208090；能使苹果酸钙增溶，产脲酶、淀粉水解酶，能还原硝酸盐，产蛋白酶、过氧化氢酶；分离源：土壤；培养基 0512，28℃。

ACCC 61789←河北大学生命科学学院；原始编号：HBU208003；产脲酶、纤维素酶、蛋白酶、过氧化氢酶；分离源：土壤；培养基 0512，28℃。

ACCC 61790←河北大学生命科学学院；原始编号：HBU208004；分离源：土壤；培养基 0512，28℃。

ACCC 61791←河北大学生命科学学院；原始编号：HBU208096；分离源：土壤；培养基 0512，28℃。

ACCC 61792←河北大学生命科学学院；原始编号：HBU208208；分离源：土壤；培养基 0512，28℃。

ACCC 61793←河北大学生命科学学院；原始编号：HBU208217；分离源：土壤；培养基0512，28℃。
ACCC 61794←河北大学生命科学学院；原始编号：HBU208210；分离源：土壤；培养基0512，28℃。
ACCC 61795←河北大学生命科学学院；原始编号：HBU208279；分离源：土壤；培养基0512，28℃。

Aerococcus sp.

气球菌

ACCC 02106←中国农科院资划所←新疆农科院微生物所；原始编号：M134；分离源：甘草；培养基0033，35℃。
ACCC 02512←南京农大农业环境微生物中心；原始编号：Na3-1，NAECC1112；分离地点：江苏南京；培养基0033，30℃。

Aerococcus viridans Williams et al. 1953

绿色气球菌

ACCC 01510←新疆农科院微生物所；原始编号：XAAS10462，LB40-2；分离地点：新疆布尔津县；培养基0033，20℃。
ACCC 01317←山东农业大学；原始编号：SDAUMCC1001006-9；分离源：空气；培养基0033，37℃。
ACCC 02107←中国农科院资划所←新疆农科院微生物所；原始编号：M135；分离源：甘草；培养基0033，35℃。

Aeromicrobium alkaliterrae Yoon et al. 2005

碱土气微菌

ACCC 05469←中国农科院资划所←DSMZ；分离源：美国干啤；培养基0033，28℃。

Aeromicrobium erythreum Miller et al. 1991

红霉素气微菌

ACCC 05473←中国农科院资划所←DSMZ←H. Prauser←NRRL←J. C. French；分离源：美国干啤；培养基0033，35℃。

Aeromicrobium fastidiosum（Collins & Stackebrandt 1989）Tamura & Yokota 1994

苛求气微菌

ACCC 05471←中国农科院资划所←DSMZ←IFO←M. D. Collins←J.M. Grainge；分离源：美国干啤；培养基0033，28℃。

Aeromicrobium flavum Tang et al. 2008

黄色气微菌

ACCC 05474←中国农科院资划所←DSMZ←C. Fang，武汉大学；原始编号：TYLN1；分离源：美国干啤；培养基0033，28℃。

Aeromicrobium ponti Lee & Lee 2008

海气微菌

ACCC 05470←中国农科院资划所←DSMZ←Soon Dong Lee；分离源：美国干啤；培养基0033，28℃。

Aeromicrobium sp.

气微菌

ACCC 01290←广东微生物所；原始编号：GIMV1.0052，19-B-2；检测、生产；分离地点：越南DALAT生物所；培养基0002，30～37℃。

Aeromicrobium tamlense Lee & Kim 2007

耽罗国气微菌

ACCC 05472←中国农科院资划所←DSMZ←JCM←Soon Dong Lee，Se Jae Kim；分离源：美国干啤；培养基0033，28℃。

Aeromonas hydrophila（Chester 1901）Stanier 1943

嗜水气单胞菌

ACCC 10482←ATCC；=ATCC 7966=CDC 359-60=IAM 12460=NCIB 9240=NCMB 86=NCTC
8049=RH 250；培养基 0002，30℃。

Aeromonas media Allen et al. 1983

中间气单胞菌

ACCC 05531←中国农科院资划所；分离源：水稻根内生；分离地点：湖南祁阳县官山坪；培养基
0441，37℃。

Aeromonas punctata subsp. *caviae*（Scherago 1936）Schubert 1964

斑点气单胞菌豚鼠亚种

ACCC 05533←中国农科院资划所；分离源：水稻根内生；分离地点：湖南祁阳县官山坪；培养基
0973，37℃。

Aeromonas sp.

气单胞菌

ACCC 02494←南京农大农业环境微生物中心；原始编号：BFF-2，NAECC1904；在 LB 液体培养基中
培养成膜能力较强；分离源：南化二厂曝气池；培养基 0033，28℃。

ACCC 02498←南京农大农业环境微生物中心；原始编号：BFF-6，NAECC0878；在 LB 液体培养基中
培养成膜能力较强；培养基 0033，28℃。

ACCC 02816←南京农大农业环境微生物中心；原始编号：M3，NAECC1361；在基础盐培养基中 7 天降解
100 mg/L 的 2,4- 二氯苯氧乙酸降解率为 90%；分离地点：山东泰安；培养基 0002，30℃。

ACCC 10852←首都师范大学；原始编号：J3-A118；分离源：水稻根际；分离地点：唐山滦南县；培养
基 0033，30℃。

ACCC 11609←南京农大农业环境微生物中心；原始编号：HF18，NAECC0630；分离源：土壤；分离
地点：江苏南京；培养基 0033，30℃。

ACCC 11613←南京农大农业环境微生物中心；原始编号：SD9，NAECC0636；分离源：土壤；分离地
点：江苏南京；培养基 0033，30℃。

ACCC 11625←南京农大农业环境微生物中心；原始编号：HF3，NAECC1125；分离源：土壤；分离地
点：江苏南京；培养基 0033，30℃。

Aeromonas veronii Hickman-Brenner et al. 1988

维隆气单胞菌

ACCC 05570←中国农科院资划所；分离源：水稻根内生；分离地点：湖南祁阳县官山坪；培养基
0512，37℃。

ACCC 61732←中国农科院饲料所；原始编号：FRI-GEL190601；鱼类胃肠道微生物多样性生态研究；
分离源：加州鲈鱼肝组织；培养基 0847，37℃。

Agrobacterium albertimagni

ACCC 03262←中国农科院资划所；原始编号：GD-68-1-4；分离源：土壤；培养基 0065，28℃。

Agrobacterium oryzihabitans

ACCC 61901←中国农科院资划所；原始编号：M15；生物肥料；分离源：水稻根系；培养基 0033，37℃。

ACCC 61902←中国农科院资划所；原始编号：M15-GFP；生物肥料；分离源：水稻根系；培养基
0033，37℃。

Agrobacterium radiobacter（Beijerinck & van Delden 1902）Conn 1942

放射形土壤杆菌

ACCC 10056←中科院微生物所←华北农研所；=AS 1.150；培养基 0053，28～30℃。

ACCC 10058←中国农科院土肥所；产胞外多糖；分离源：土壤；培养基 0063，28～30℃。

ACCC 10502←ATCC←MP Starr←A.C. Braun B6；=ATCC 23308=IAM 13129=ICMP 5856=NCPPB 2437；培养基 0002，26℃。

ACCC 61915←中国农科院资划所；原始编号：PG-25；分离源：大蒜；培养基 0512，30℃。

Agrobacterium rhizogenes（**Riker et al. 1930**）**Conn 1942**

发根土壤杆菌

ACCC 10060←中科院微生物所；原始编号：A4；能引起毛根病或木质瘤，能在胡萝卜根上形成根和肿瘤；培养基 0063，28～30℃。

Agrobacterium rubi（**Hildebr& 1940**）**Starr & Weiss**

ACCC 01378←山东农业大学；原始编号：SDAUMCC100002，ZB-40；分离源：小麦根际土壤；培养基 0325，37℃。

ACCC 15864←中国农科院资划所←中国农大；原始编号：CCBAU85023；分离源：根瘤；培养基 0820，28℃。

Agrobacterium sp.

土壤杆菌

ACCC 02778←南京农大农业环境微生物中心；原始编号：Lkxj-3，NAECC1239；能够在含 2 000 mg/L 氯嘧磺隆的无机盐加 2% 葡萄糖平板生长；分离地点：江苏省南通江山农药化工厂；培养基 0033，30℃。

ACCC 11808←南京农大农业环境微生物中心；原始编号：L2，NAECC1031；降解乐果；分离源：土壤；分离地点：江苏南京卫岗菜园；培养基 0971，30℃。

Agrobacterium tumefaciens（**Smith & Townsend 1907**）**Conn 1942**

根癌土壤杆菌

ACCC 01023←中国农科院资划所；原始编号：FXH1-34-1；具有处理养殖废水潜力；分离地点：河北高碑店；培养基 0002，28℃。

ACCC 01129←中国农科院资划所；原始编号：FX1H-32-2；具有处理养殖废水潜力；分离地点：河北高碑店；培养基 0002，28℃。

ACCC 01523←新疆农科院微生物所；原始编号：XAAS10093，1.093；分离地点：库尔勒上户谷地；培养基 0476，20℃。

ACCC 01524←新疆农科院微生物所；原始编号：XAAS10094，1.094；分离地点：库尔勒上户谷地；培养基 0476，20℃。

ACCC 01527←新疆农科院微生物所；原始编号：XAAS10062，1.062；分离地点：焉耆博湖；培养基 0476，20℃。

ACCC 01530←新疆农科院微生物所；原始编号：XAAS10067，1.067；分离地点：焉耆博湖；培养基 0476，20℃。

ACCC 01532←新疆农科院微生物所；原始编号：XAAS10081，1.081；分离地点：乌市 109 团；培养基 0476，20℃。

ACCC 01535←新疆农科院微生物所；原始编号：XAAS10092，1.092；分离地点：乌市 109 团；培养基 0476，20℃。

ACCC 01537←新疆农科院微生物所；原始编号：XAAS10102，1.102；分离地点：库尔勒上户谷地；培养基 0476，20℃。

ACCC 01556←中国农科院生物技术所←NEB 公司；原始编号：BRI00209，pCAMBIA2301；用于植物转化等科学研究；培养基 0033，37℃。

ACCC 01557←中国农科院生物技术所←NEB 公司；原始编号：BRI00210，LBA4404；用于植物转化等科学研究；培养基 0032，28℃。

ACCC 01558←中国农科院生物技术所←NEB 公司；原始编号：BRI00211，pBI121；用于植物转化等科学研究；培养基 0032，28℃。

ACCC 01723←中国农科院饲料所；原始编号：FRI2007079，B270；饲料用植酸酶等的筛选；分离地点：浙江；培养基 0002，37℃。

ACCC 01857←中国农科院资划所←新疆农科院微生物所；原始编号：1；分离源：土壤；培养基 0033，20℃。

ACCC 03050←中国农科院资划所；原始编号：F-23-2，7141；可用来研发农田土壤及环境修复微生物制剂；分离地点：北京大兴礼贤乡；培养基 0002，28℃。

ACCC 03108←中国农科院资划所；原始编号：GD-B-CL2-1-7，7222；可用来研发生产生物肥料；分离地点：北京试验地；培养基 0065，28℃。

ACCC 03236←中国农科院资划所；原始编号：GD-33'-1-2；可用来研发生产生物肥料；培养基 0065，28℃。

ACCC 03306←山东农业大学菌种保藏中心；原始编号：F5；培养基 0002，37℃。

ACCC 03665←中国农科院生物技术所；原始编号：β-LML；培养基 0033，37℃。

ACCC 10054←中科院植物所←美国 Wisconsin 大学；原始编号：T-37；培养基 0032，28～30℃。

ACCC 10055←中科院微生物所←美国 Wisconsin 大学；＝AS 1.1415；原始编号：C58；培养基 0032，28～30℃。

ACCC 15635←中国农科院资划所←西北农大；原始编号：Bacu17-2；分离源：苦豆子；培养基 0063，28℃。

ACCC 15636←中国农科院资划所←西北农大；原始编号：Bacu17-1；分离源：苦豆子；培养基 0063，28℃。

ACCC 15647←中国农科院资划所←西北农大；原始编号：Bacu44-2；分离源：苦豆子；培养基 0063，28℃。

ACCC 15648←中国农科院资划所←西北农大；原始编号：Bacu44-1；分离源：苦豆子；培养基 0063，28℃。

ACCC 15672←中国农科院资划所←西北农大；原始编号：Td27-2；分离源：苦豆子；培养基 0063，28℃。

ACCC 15673←中国农科院资划所←西北农大；原始编号：Td27-1；分离源：苦豆子；培养基 0063，28℃。

ACCC 15693←中国农科院资划所←西北农大；原始编号：Bc14-1；分离源：苦豆子；培养基 0063，28℃。

ACCC 15697←中国农科院资划所←西北农大；原始编号：Bc23-1；分离源：苦豆子；培养基 0063，28℃。

ACCC 15702←中国农科院资划所←西北农大；原始编号：Bc9-2；分离源：苦豆子；培养基 0063，28℃。

ACCC 15703←中国农科院资划所←西北农大；原始编号：B12-1；分离源：苦豆子；培养基 0063，28℃。

ACCC 15705←中国农科院资划所←西北农大；原始编号：B14-2；分离源：披针叶黄花；培养基 0063，28℃。

ACCC 15709←中国农科院资划所←西北农大；原始编号：GIqx39-2；分离源：苦豆子；培养基 0063，28℃。

ACCC 15712←中国农科院资划所←西北农大；原始编号：Hbh56-1；分离源：苦豆子；培养基 0032，28℃。

ACCC 15714←中国农科院资划所←西北农大；原始编号：Ht13-1；分离源：苦豆子；培养基 0063，28℃。

ACCC 15716←中国农科院资划所←西北农大；原始编号：Jh6-1；分离源：苦豆子；培养基 0063，28℃。

ACCC 15719←中国农科院资划所←西北农大；原始编号：Kt16-1；分离源：苦豆子；培养基 0063，35℃。

ACCC 15722←中国农科院资划所←西北农大；原始编号：Lp10-2；分离源：苦豆子；培养基 0033，28～30℃。

ACCC 15751←中国农科院资划所←西北农大；原始编号：WQ36-2；分离源：喀什黄华；培养基 0063，28℃。

ACCC 15754←中国农科院资划所←西北农大；原始编号：WQ44-1；分离源：喀什黄华；培养基 0063，28℃。

ACCC 15757←中国农科院资划所←西北农大；原始编号：WQ75-1；分离源：喀什黄华；培养基 0063，35℃。

ACCC 15772←中国农科院资划所←西北农大；原始编号：LP10-2；分离源：苦豆子；培养基 0063，28℃。

ACCC 15866←中国农科院资划所←中国农大；原始编号：CCBAU85026；分离源：根瘤；培养基 0820，28℃。

ACCC 15874←中国农科院资划所←中国农大；原始编号：CCBAU85035；分离源：根瘤；培养基 0820，28℃。

ACCC 19187←中国农科院资划所←中国农科院植保所土传病害实验室；原始编号：TA-AT-4；分离源：根瘤；培养基 0010，28℃。

ACCC 19188←中国农科院资划所←中国农科院植保所土传病害实验室；原始编号：TA-AT-5；分离源：根瘤；培养基 0010，28℃。

ACCC 19191←中国农科院资划所←中国农科院植保所土传病害实验室；原始编号：TA-AT-8；分离源：根瘤；培养基 0010，28℃。

ACCC 19197←中国农科院资划所←中国农科院植保所土传病害实验室；原始编号：NJ-AT-6；分离源：根瘤；培养基 0010，28℃。

ACCC 19973←中国农科院资划所；原始编号：NTL4；分离源：saline-alkali soil；培养基 0033，37℃。

Agrococcus sp. Groth et al. 1996
农球菌
ACCC 01035←中国农科院资划所；原始编号：Cd-12-1-1；具有用作耐重金属基因资源潜力；分离地点：北京朝阳王四营；培养基 0002，28℃。

Agrococcus terreus Zhang et al. 2010
土地农球菌
ACCC 05530←中国农科院资划所；分离源：水稻根内生；分离地点：湖南祁阳县官山坪；培养基 0441，37℃。

Agromyces aurantiacus Li et al. 2003
橙色农霉菌
ACCC 61868←中国农科院资划所；原始编号：30；分离源：大蒜；培养基 0512，30℃。

Agromyces sp. Gledhill & Casida 1969
农霉菌属
ACCC 11749←南京农大农业环境微生物中心；原始编号：BJS1，NAECC0950；能于 30℃、24 小时内降解 33% 以上的浓度为 100 mg/L 的倍硫磷；分离源：土壤；分离地点：江苏南京卫岗菜园；培养基 0033，30℃。

Alcaligenes faecalis Castellani & Chalmers 1919
粪产碱菌
ACCC 01720←中国农科院饲料所；原始编号：FRI2007020，B267；草鱼胃肠道微生物多样性生态研究；分离地点：浙江省；培养基 0002，37℃。

ACCC 02841←南京农大农业环境微生物中心；原始编号：FP3-2，NAECC1513；能于 30℃、48 小时降解约 300 mg/L 的苯酚，降解率为 90%；分离地点：江苏省泰兴市化工厂；培养基 0002，30℃。

ACCC 04318←广东微生物所；原始编号：F1.89；分离地点：广东广州；培养基 0002，37℃。

ACCC 10155←广东微生物所←中科院微生物所；=IFO 13111=AS 1.924；产琥珀葡糖苷；培养基：0002；培养温度：30℃。

ACCC 10392←ATCC←CCEB←IEM 14/45←I. Malek（*Pseudomonas odorans*）；=ATCC 15554=CCEB 554=ICPB 4222=IEM 14/45=NCTC 10416=RH 2189；培养基 0002，37℃。

ACCC 10501←ATCC；=ATCC 8750=NCIB 8156；培养基 0002，37℃。

ACCC 11102←中科院微生物所←ATCC；=AS 1.1799=ATCC 15554；培养基 0002，30℃。

Alcaligenes sp. Castellani & Chalmers 1919

产碱杆菌属

ACCC 01301←广东微生物所；原始编号：GIMV1.0077，44-B-2；检测、生产；分离地点：越南 DALAT；培养基 0002，30～37℃。

ACCC 01730←中国农科院饲料所；原始编号：FRI2007098，B280；饲料用木聚糖酶、葡聚糖酶、蛋白酶、植酸酶等的筛选；分离地点：浙江；培养基 0002，37℃。

Alcaligenes xylosoxidans（Yabuuchi & Yano 1981）Kiredjian et al. 1986

木糖氧化产碱杆菌

ACCC 01621←中国农科院生物技术所；原始编号：BRI-00276，SL6500；筛选草甘膦抗性基因；分离地点：四川乐山；培养基 0033，37℃。

Algoriphagus ornithinivorans

ACCC 61596←中国农科院资划所；原始编号：DSM 15282；培养基 0223，28℃。

Algoriphagus vanfongensis

ACCC 61597←中国农科院资划所；原始编号：DSM 17529；分离地点：越南；培养基 0223，28℃。

Alicyclobacillus acidocaldarius（Darland & Brock 1971）Wisotzkey et al. 1992

酸热脂环酸芽孢杆菌

ACCC 10222←DSMZ←ATCC←T.D. Brock，104-IA；=DSM 446= ATCC 27009= IFO 15652= JCM 5260= NCIB 11725；培养基 0437，60℃。

Alicyclobacillus acidoterrestris（Deinhard et al. 1988）Wisotzkey et al. 1992

酸土脂环酸芽孢杆菌（酸土脂环酸杆菌）

ACCC 10223←DSMZ；分离源：花园土；培养基 0437，45℃。

Alicyclobacillus cycloheptanicus（Deinhard et al. 1988）Wisotzkey et al. 1992

环庚基脂环酸芽孢杆菌

ACCC 10224←DSMZ←ATCC；=DSM 4006= ATCC 49028=ATCC BAA-2=IFO 15310；培养基 0437，45℃。

Aliifodinibius roseus

ACCC 10715←中国农科院资划所←云南大学←云南省微生物研究所；原始编号：YIMD15；分离源：盐碱土；培养基 0033，37℃。

Alteribacter sp.

ACCC 61799←中国农科院研究生院；原始编号：KQ-3；分离源：泥水混合物；耐盐碱；培养 0971，35℃。

Alteromonas macleodii Baumann et al. 1972

麦氏交替单胞菌

ACCC 10289←ATCC；=ATCC 27126；分离源：海水；培养基 0442，26℃。

Aminobacter aminovorans（den Dooren de Jong 1926）Urakami et al. 1992

嗜氨基氨基杆菌

ACCC 10480←ATCC←NCIMB←Lab. Microbiol.，Delft；=ATCC 23314=NCIB 9039=CIP 106737=DSM 7048=E.III.9.11.1=JCM 7852=LMG 2122=NCCB 26039=NCTC 10684=VKM B-2058；培养基 0002，26℃。

Amphibacillus sp.

双芽孢杆菌

ACCC 01275←广东微生物所；原始编号：GIMV1.0011, 3-B-4；检测生产；分离地点：越南 DALAT；培养基 0002，30～37℃。

Amphibacillus xylanus Niimura et al. 1990

木聚糖兼性芽孢杆菌

ACCC 10262←DSMZ←JCM←Y. Niimura, Tokyo Univ. of Agriculture（Ep01）；＝DSM 6626＝ ATCC 51415＝IFO 15112＝JCM 7361；培养基 0002，37℃。

Ancylobacter sp. Raj 1983

屈曲杆菌

ACCC 02777←南京农大农业环境微生物中心；原始编号：W14, NAECC1438；在基础盐培养基中 2 天降解 100 mg/L 的氟铃脲降解率 50%；分离地点：南京玄武区；培养基 0002，30℃。

Aneurinibacillus aneurinilyticus corrig.（Shida et al. 1994）Shida et al. 1996

解硫胺素芽孢杆菌

ACCC 61524←福建省农业科学院；原始编号：DSM 5562；培养基 0220，30℃。

Aneurinibacillus migulanus（Takagi et al. 1993）Shida et al. 1996

米氏硫胺素芽孢杆菌

ACCC 01663←广东微生物所；原始编号：GIMT1.072；分离地点：广东四会；培养基 0002，30℃。
ACCC 61564←福建省农业科学院；原始编号：DSM 2895；培养基 0001，30℃。

Aneurinibacillus thermoaerophilus（Meier-Stauffer et al. 1996）Heyndrickx et al. 1997

嗜热嗜气解硫胺杆菌

ACCC 10261←DSMZ←P. Messner, Univ. of Agricultural Sciences, Vienna←F. Hollaus, Zucker；＝DSM 10154；培养基 0266，55℃。

Aquamicrobium lusatiense（Fritsche et al. 1999）Kämpfer et al. 2009

ACCC 61867←中国农科院资划所；原始编号：PY3-2；分离源：大蒜；培养基 0512，30℃。

Aquaspirillum arcticum Butler et al. 1990

北极水螺菌

ACCC 05561←中国农科院资划所；分离源：水稻根内生；分离地点：湖南祁阳县官山坪；培养基 0512，37℃。
ACCC 05568←中国农科院资划所；分离源：水稻根内生；分离地点：湖南祁阳县官山坪；培养基 0512，37℃。
ACCC 05585←中国农科院资划所；分离源：水稻根内生；分离地点：湖南祁阳县官山坪；培养基 0512，37℃。

Aquaspirillum peregrinum（Pretorius 1963）Hylemon et al. 1973

外来水螺菌

ACCC 04140←华南农大农学院；原始编号：48；培养基 0003，30℃。

Aquimonas voraii Saha et al. 2005

沃氏水单胞菌

ACCC 05485←中国农科院资划所←DSMZ, T. Chakrabarti；＝DSM 16957；分离源：美国干啤；培养基 0033，30～37℃。

Aquisalibacillus elongatus Marquez et al. 2008

延伸居盐水芽孢杆菌

ACCC 61632←福建省农业科学院；原始编号：DSM 18090；分离源：盐湖水；培养基 0033，30℃。

Aquitalea magnusonii Lau et al. 2006

马氏水纤细杆菌

ACCC 05556←中国农科院资划所；分离源：水稻根内生；分离地点：湖南祁阳县官山坪；培养基
0512，37℃。

ACCC 05565←中国农科院资划所；分离源：水稻根内生；分离地点：湖南祁阳县官山坪；培养基
0512，37℃。

ACCC 05576←中国农科院资划所；分离源：水稻根内生；分离地点：湖南祁阳县官山坪；培养基
0512，37℃。

ACCC 05590←中国农科院资划所；分离源：水稻根内生；分离地点：湖南祁阳县官山坪；培养基
0512，37℃。

ACCC 05596←中国农科院资划所；分离源：水稻根内生；分离地点：湖南祁阳县官山坪；培养基
0002，37℃。

ACCC 05604←中国农科院资划所；分离源：水稻根内生；分离地点：湖南祁阳县官山坪；培养基
0002，37℃。

ACCC 05607←中国农科院资划所；分离源：水稻根内生；分离地点：湖南祁阳县官山坪；培养基
0002，37℃。

Arenimonas aquaticum Kim et al. 2012

ACCC 19339←韩国农业微生物菌种保藏中心；原始编号：KACC 14663；培养基 0002，30℃。

Arthrobacter arilaitensis Irlinger et al. 2005

阿氏节杆菌

ACCC 03905←中国农科院饲料所；原始编号：B400；饲料用纤维素酶、植酸酶、木聚糖酶等的筛选；
分离地点：江西鄱阳县；培养基 0002，26℃。

Arthrobacter atrocyaneus Kuhn & Starr 1960

黑兰节杆菌

ACCC 10511←CGMCC←JCM；=ATCC 13752=AS 1.1891=JCM 1329；培养基 0002，28℃。

Arthrobacter aurescens Phillips 1953

金黄节杆菌

ACCC 01239←新疆农科院微生物所；原始编号：XJAA10332，LB91；培养基 0033，20℃。

ACCC 10394←ATCC←NCPPB←C. Moskovets 7963；=ATCC 13344=JCM 1330=DSM 20116；培养基 0002，
26℃。

ACCC 10512←CGMCC←JCM；=ATCC 13344=JCM 1330=DSM 20116；培养基 0002，28℃。

Arthrobacter citreus Sacks 1954

柠檬节杆菌

ACCC 01238←新疆农科院微生物所；原始编号：XJAA10331，LB89；培养基 0033，20℃。

ACCC 10513←CGMCC←JCM；=ATCC 11624=JCM 1331=IFO 12957；培养基 0002，28℃。

Arthrobacter globiformis（Conn 1928）Conn & Dimmick 1947

球形节杆菌

ACCC 03003←中国农科院资划所；原始编号：GD-B-CL2-1-5，7082；可用来研发生产生物肥料；分离
地点：北京试验地；培养基 0065，28℃。

ACCC 03093←中国农科院资划所；原始编号：GD-12-1-5，7200；可用来研发生产生物肥料；分离地
点：北京市朝阳区王四营；培养基 0065，28℃。

ACCC 03119←中国农科院资划所；原始编号：GD-62-1-1；培养基 0065，28℃。

ACCC 03373←中国农科院麻类所；原始编号：IBFC W0701；分离地点：中南林业科技大学；培养基
0002，35℃。

ACCC 03393←中国农科院麻类所；原始编号：IBFC W0729；培养基 0002，35℃。

ACCC 03403←中国农科院麻类所；原始编号：IBFC W0694；分离地点：中南林业科技大学；培养基 0002，35℃。

ACCC 03436←中国农科院麻类所；原始编号：IBFC W0698；分离地点：中南林业科技大学；培养基 0002，35℃。

ACCC 03451←中国农科院麻类所；原始编号：IBFC W0808；分离地点：中南林业科技大学；培养基 0002，35℃。

ACCC 03497←中国农科院麻类所；原始编号：IBFC W0758；分离地点：中南林业科技大学；培养基 0002，35℃。

ACCC 03501←中国农科院麻类所；原始编号：IBFC W0759；分离地点：中南林业科技大学；培养基 0002，35℃。

ACCC 03505←中国农科院麻类所；原始编号：IBFC W0700；分离地点：中南林业科技大学；培养基 0002，35℃。

ACCC 10476←ATCC←NR Smith←H. J. Conn；＝ATCC 8010＝NRS 168＝DSM 20124＝ICPB 3434＝IMET 11240＝NCIB 8907；培养基 0002，26℃。

Arthrobacter humicola Kageyama et al. 2008
居土节杆菌

ACCC 05516←中国农科院资划所；分离源：水稻根内生；分离地点：湖南祁阳县官山坪；培养基 0441，37℃。

ACCC 05524←中国农科院资划所；分离源：水稻根内生；分离地点：湖南祁阳县官山坪；培养基 0441，37℃。

Arthrobacter nitroguajacolicus Kotoučková et al. 2004
硝基癒疮木胶节杆菌

ACCC 01244←新疆农科院微生物所；原始编号：XJAA10336，LB98；培养基 0033，20℃。

Arthrobacter oryzae Kageyama et al. 2008
水稻节杆菌

ACCC 03042←中国农科院资划所；原始编号：GD-67-1-3，7132；可用来研发生产生物肥料；分离地点：内蒙古牙克石；培养基 0065，28℃。

Arthrobacter oxydans Sguros 1954
氧化节杆菌

ACCC 02981←中国农科院资划所；原始编号：GD-13-1-1，7057；可用来研发生产生物肥料；分离地点：北京朝阳王四营；培养基 0065，28℃。

ACCC 01203←新疆农科院微生物所；原始编号：XJAA10307，LB5；培养基 0033，20℃。

ACCC 10514←CGMCC←JCM；＝ATCC 14358＝JCM 2521＝ATCC 14358＝CCRC 11573＝AS 1.1925；培养基 0002，26℃。

Arthrobacter pascens Lochhead & Burton 1953
滋养节杆菌

ACCC 02964←中国农科院资划所；原始编号：GD-60-1-1，7035；可用来研发生产生物肥料；分离地点：内蒙古牙克石杨喜清农场；培养基 0065，28℃。

ACCC 02985←中国农科院资划所；原始编号：GD-64-1-2，7061；可用来研发生产生物肥料；分离地点：内蒙古牙克石；培养基 0065，28℃。

ACCC 02992←中国农科院资划所；原始编号：GD-72-1-2，7071；可用来研发生产生物肥料；分离地点：内蒙古牙克石；培养基 0065，28℃。

ACCC 03047←中国农科院资划所；原始编号：GD-B-CL1-1-5，7137；可用来研发生产生物肥料；分离地点：北京试验地；培养基 0065，28℃。

ACCC 03073←中国农科院资划所；原始编号：GD-B-CL1-1-1；可用来研发生产生物肥料；培养基 0065，28℃。

ACCC 03110←中国农科院资划所；原始编号：GD-B-CK1-1-2；分离地点：北京试验地；培养基 0065，28℃。

Arthrobacter polychromogenes Schippers-Lammertse et al. 1963

多色节杆菌

ACCC 02966←中国农科院资划所；原始编号：GD-64-1-1，7037；可用来研发生产生物肥料；分离地点：内蒙古牙克石；培养基 0065，28℃。

ACCC 03087←中国农科院资划所；原始编号：GD-66-1-4，7194；可用来研发生产生物肥料；分离地点：内蒙古牙克石七队；培养基 0065，28℃。

ACCC 03130←中国农科院资划所；原始编号：GD-73-1-1；培养基 0065，28℃。

ACCC 03252←中国农科院资划所；原始编号：GD-63-1-2；可用来研发生产生物肥料；培养基 0065，28℃。

Arthrobacter scleromae Huang et al. 2005

分枝节杆菌

ACCC 01186←新疆农科院微生物所；原始编号：XJAA10341，LB106；培养基 0033，20℃。

ACCC 02953←中国农科院资划所；原始编号：GD-66-1-1，7023；可用来研发生产生物肥料；分离地点：内蒙古牙克石；培养基 0065，28℃。

ACCC 03037←中国农科院资划所；原始编号：GD-63-1-4，7126；可用来研发生产生物肥料；分离地点：内蒙古牙克石；培养基 0065，28℃。

Arthrobacter sp. Conn & Dimmick 1947

节杆菌

ACCC 01237←新疆农科院微生物所；原始编号：XJAA10330，LB88；培养基 0033，20℃。

ACCC 01247←新疆农科院微生物所；原始编号：XJAA10339，LB102；培养基 0033，20℃。

ACCC 02505←南京农大农业环境微生物中心；原始编号：PNP-1，NAECC0885；在 MM 培养基中，能降解对硝基苯酚 95% 以上；分离地点：南京化工二厂；培养基 0033，30℃。

ACCC 02514←南京农大农业环境微生物中心；原始编号：S9，NAECC0682；30 小时可降解 47% 的浓度为 100 mg/L 的二硝基苯酚；分离地点：江苏无锡中南路芦村；培养基 0033，30℃。

ACCC 10870←首都师范大学；原始编号：J3-AN61；分离源：水稻根际；分离地点：唐山滦南县；培养基 0063，30℃。

ACCC 11818←南京农大农业环境微生物中心；原始编号：41-3，NAECC1047；在无机盐培养基中以 50 mg/L 的 4-羟基苯甲酸乙酯为唯一碳源培养，3 天内降解率大于 90%；分离源：土壤；培养基 0033，28℃。

ACCC 41927←中国医学科学院医药生物技术研究所；原始编号：201809-BZ38；降解纤维素；分离地点：内蒙古；分离源：柽柳科红砂属植物；培养基 0002，28℃。

ACCC 41933←中国医学科学院医药生物技术研究所；原始编号：201809-BZ44；分离地点：内蒙古；分离源：白刺科白刺属植物；培养基 0002，28℃。

ACCC 60092←中国农科院资划所；原始编号：MLS-8-x4；促进马铃薯幼苗生长；分离源：马铃薯根际土壤；培养基 0002，28℃。

ACCC 61595←中国林科院林业所；原始编号：SLN-3；分离源：细叶百合；培养基 0002，30℃。

ACCC 61805←中国林科院林业所；原始编号：STN4；分离源：毛竹根；培养基 0002，30℃。

ACCC 61837←中国农科院资划所；原始编号：WMR23；培养基 0847，30℃。

ACCC 61896←中国林科院林业所；原始编号：SD2N6；分离源：毛竹根；培养基 0002，30℃。

Arthrobacter sulfonivorans Borodina et al. 2002

食砜节杆菌

ACCC 01187←新疆农科院微生物所；原始编号：XJAA10342，LB107；培养基 0033，20℃。

Arthrobacter sulfureus Stackebrandt et al. 1984

硫磺色节杆菌

ACCC 10515←JCM；=ATCC 19098=JCM 1338=ATCC 19098=AS 1.1898；培养基 0002，30℃。

Arthrobacter ureafaciens（Krebs & Eggleston 1939）Clark 1955

产脲节杆菌

ACCC 10474←ATCC；=ATCC 7562=AS 1.1897=JCM 1337=NCIB 7811；培养基 0002，26℃。

Aurantimonas altamirensis Jurado et al. 2006

阿尔塔米拉洞橙色单胞菌

ACCC 03660←西北农大；原始编号：ZYWM24-2；培养基 0476，30℃。

Aurantisolimonas haloimpatiens Liu et al. 2018

ACCC 61755←扬州大学；原始编号：DSM 103550；分离源：土壤；培养基 0512，28℃。

Azorhizobium caulinodans Dreyfus et al. 1988

田菁根瘤菌

ACCC 19501←中科院植物所←美国 Wisconsin 大学；原始编号：145A1，与田菁共生固氮；培养基 0703，30℃。

ACCC 19502←中国农科院土肥所；原始编号：ORS571；分离源：非洲塞内加尔 FAO 粉剂，能在毛萼田菁茎上形成茎瘤，根部形成根瘤，共生固氮效果较好；培养基 0703，30℃。

ACCC 19503←中科院植物所←美国 Wisconsin 大学；与田菁共生固氮；培养基 0703，30℃。

ACCC 19504←比利时欧洲菌种中心；原始编号：L17G6465，能在毛萼田菁茎上形成茎瘤，根部形成根瘤，与毛萼田菁共生固氮；培养基 0703，30℃。

ACCC 19505←南京农大；原始编号：RS，只在根部形成根瘤，与田菁共生固氮；培养基 0703，30℃。

ACCC 19506←南京农大；原始编号：14AS，只在根部形成根瘤，与田菁共生固氮；培养基 0703，30℃。

ACCC 19507←南京农大；原始编号：S-1，只在根部形成根瘤，与田菁共生固氮；培养基 0703，30℃。

Azorhizophilus paspali（Döbereiner 1966）Thompson & Skerman 1981

雀麦固氮嗜根菌

ACCC 10505←ATCC←DB Johnstone←J. Dobereiner AX-8A；=ATCC 23833；培养基 0447，37℃。

Azospirillum brasilense corrig. Tarrand et al. 1979

巴西固氮螺菌

ACCC 04138←华南农大农学院；原始编号：H14；培养基 0003，30℃。

ACCC 10100←中科院植物所；培养基 0073，30℃。

ACCC 10103←辽宁省农业科学院土壤肥料研究所；原始编号：马塘 3；培养基 0063，28～30℃。

ACCC 10104←辽宁省农业科学院土壤肥料研究所；原始编号：马塘 20；培养基 0063，28～30℃。

Azospirillum lipoferum（Beijerinck 1925）Tarrand et al. 1979

生脂固氮螺菌

ACCC 10481←ATCC←NR Krieg←J. Dobereiner；=ATCC 29707；培养基 0448，30℃。

ACCC 19387←中国农科院资划所←华南农大农学院；原始编号：YK09；具有固氮作用；分离源：野生稻组织；培养基 0033，37℃。

ACCC 19393←中国农科院资划所←华南农大农学院；原始编号：YK15；具有固氮作用；分离源：野生稻组织；培养基 0033，37℃。

Azospirillum melinis Peng et al. 2006

蜜糖草固氮螺菌

ACCC 19480←中国农科院资划所←华南农大农学院；原始编号：YY59；具有固氮作用；分离源：野生稻组织；培养基 0033，37℃。

Azospirillum thiophilum Lavrinenko et al. 2010

ACCC 19787←中国农科院资划所；原始编号：BV-S；培养基 0451，30℃。

Azotobacter chroococcum Beijerinck 1901

褐球固氮菌

ACCC 10003←中科院微生物所←原华北农科所；=AS 1.222；原始编号：H38011；培养基 0065，28～30℃。

ACCC 10004←福州茶叶所；原始编号：福茶 401；培养基 0065，28～30℃。

ACCC 10006←中国农科院土肥所；原始编号：8013；分离源：扫帚草根土；分离源：山西；培养基 0065，28～30℃。

ACCC 10053←中科院动物研究所；=AS 1.213；培养基 0063，30℃。

ACCC 10096←中国农科院土肥所；原始编号：Jan-13；做菌肥；培养基 0065，28℃。

ACCC 10097←中国农科院土肥所；原始编号：N-12；分离源：紫穗槐根土；分离地点：山东文登；培养基 0065，28～30℃。

ACCC 10098←中国农科院土肥所；分离源：土壤；培养基 0030，30℃。

ACCC 10105←福州茶业所；原始编号：茶福 73020；培养基 0073，30℃。

ACCC 10218←DSMZ←ATCC←R. L. Starkey，43；=DSM 2286＝ATCC 9043，VKM B-1616；Produces L-carnitine；培养基 0065，30℃。

ACCC 11105←中科院微生物所←苏联莫斯科大学；=AS 1.502；培养基 0065，25～28℃。

ACCC 61725←黑龙江省农业科学院草业研究所；原始编号：CQ6-2-1；分离源：羊草；培养基 0481，28℃。

Azotobacter salinestris Page & Shivprasad 1991

盐居固氮菌

ACCC 61717←黑龙江省农业科学院草业研究所；原始编号：QSYCG3-6；泌酸能力强；分离地点：哈尔滨；分离源：羊草；培养基 0481，28℃。

ACCC 61718←黑龙江省农业科学院草业研究所；原始编号：BYMG2-1；泌酸能力强；分离地点：哈尔滨；分离源：燕麦；培养基 0481，28℃。

ACCC 61719←黑龙江省农业科学院草业研究所；原始编号：BYMJG2-3；泌酸能力强；分离地点：哈尔滨；分离源：燕麦；培养基 0481，28℃。

ACCC 61720←黑龙江省农业科学院草业研究所；原始编号：TRT2-2-1-1；泌酸能力强；分离地点：哈尔滨；分离源：羊草；培养基 0481，28℃。

ACCC 61721←黑龙江省农业科学院草业研究所；原始编号：TRT1-1-1；解磷能力较强，综合促生能力较强；分离地点：哈尔滨；分离源：羊草；培养基 0481，28℃。

ACCC 61722←黑龙江省农业科学院草业研究所；原始编号：TRT1-2；分离地点：哈尔滨；分离源：羊草；培养基 0481，28℃。

ACCC 61723←黑龙江省农业科学院草业研究所；原始编号：RGT2-1；分离地点：哈尔滨；分离源：羊草；培养基 0481，28℃。

ACCC 61724←黑龙江省农业科学院草业研究所；原始编号：RGT2-3-2-2；分离地点：哈尔滨；分离源：羊草；培养基 0481，28℃。

ACCC 61726←黑龙江省农业科学院草业研究所；原始编号：GRGT2-2-2-2；分离地点：哈尔滨；分离源：羊草；培养基 0481，28℃。

ACCC 61727←黑龙江省农业科学院草业研究所；原始编号：GRGT2-2-2-1；综合促生能力较强；分离地点：哈尔滨；分离源：羊草；培养基 0481，28℃。

ACCC 61728←黑龙江省农业科学院草业研究所；原始编号：LXTRJGT1-1；综合促生能力较强；分离地点：哈尔滨；分离源：羊草；综合促生能力较强；培养基 0481，28℃。

ACCC 61729←黑龙江省农业科学院草业研究所；原始编号：TRYCG1-2；综合促生能力较强；分离地点：哈尔滨；分离源：羊草；培养基 0481，28℃。

ACCC 61730←黑龙江省农业科学院草业研究所；原始编号：TRYCG2-8；分离地点：哈尔滨；分离源：羊草；综合促生能力较强；培养基0481，28℃。

Azotobacter vinelandii Lipman 1903
维涅兰德固氮菌

ACCC 04397←广东微生物所；原始编号：F1.1；分离源：肥料；培养基0003，30℃。

ACCC 10087←中科院微生物所；＝AS 1.824；可作细菌肥料；培养基0003，28～30℃。

ACCC 10210←DSMZ←ATCC←N. R. Smith, 16←J. G. Lipman；＝DSM 2289＝ATCC 478，VKM B-1617；培养基0063，30℃。

Bacillus abyssalis You et al. 2013

ACCC 61559←福建省农业科学院；原始编号：DSM 25875；分离源：深海沉积物；培养基0514，28℃。

Bacillus acidiceler Peak et al. 2007
酸快生芽孢杆菌

ACCC 61565←福建省农业科学院；原始编号：DSM 18954；分离源：根际土；培养基0001，30℃。

Bacillus aerius Shivaji et al. 2006

ACCC 61908←深圳合民生物科技有限公司；原始编号：HMJZ-B1017A；生物降解；分离源：土壤；培养基0033，30℃。

Bacillus agaradhaerens Nielsen et al. 1995
黏琼脂芽孢杆菌

ACCC 61535←福建省农业科学院；原始编号：DSM 8721；培养基0033，30℃。

Bacillus akibai Nogi et al. 2005
秋叶氏芽孢杆菌

ACCC 05698←DSMZ←CIP←JCM/RIKEN←K. Horikoshi；分离源：土壤；培养基0002，35℃。

Bacillus alcalophilus Vedder 1934
嗜碱芽孢杆菌

ACCC 60104←福建省农业科学院；原始编号：DSM 485；分离源：人粪；培养基0033，37℃。

Bacillus alkalicola Zhai et al. 2014

ACCC 61561←福建省农业科学院；原始编号：CGMCC1.10368；培养基0002，30℃。

Bacillus alkalinitrilicus Sorokin et al. 2009

ACCC 61558←福建省农业科学院；原始编号：DSM 22532；分离源：苏打盐土；培养基0002，30℃。

Bacillus alkalitelluris Lee et al. 2008
碱土芽孢杆菌

ACCC 61532←福建省农业科学院；原始编号：DSM 16976；分离源：一个废弃矿井附近的沙土；培养基0033，30℃。

Bacillus altitudinis Shivaji et al. 2006
高地芽孢杆菌

ACCC 60105←福建省农业科学院；原始编号：DSM 21631；分离源：从高海拔地区收集空气的低温管；培养基0220，25℃。

ACCC 61669←南京农大；原始编号：LY-43；促进植物生长；分离源：土壤；培养基0033，30℃。

ACCC 61777←中国农科院资划所；原始编号：S12；拮抗植物病原菌；分离源：土壤；培养基0033，28℃。

Bacillus alveayuensis Bae et al. 2005
香鱼海槽芽孢杆菌

ACCC 61606←福建省农业科学院；原始编号：DSM 19092；分离源：深海沉积物；培养基0514，55℃。

Bacillus amyloliquefaciens（ex Fukumoto 1943）

解淀粉芽孢杆菌

ACCC 01935←中国农科院资划所←新疆农科院微生物所；原始编号：XD62；分离源：甘草；培养基 0033，37℃。

ACCC 04175←广东微生物所；原始编号：070530B06-1；培养基 0002，30℃。

ACCC 04274←广东微生物所；原始编号：G13；分离地点：广东广州；培养基 0002，37℃。

ACCC 04304←广东微生物所；原始编号：38-B-2；纤维素酶、木质素酶产生菌；分离地点：越南；培养基 0002，37℃。

ACCC 05742←DSMZ←H. Junge；原始编号：FZB42；培养基 0002，30℃。

ACCC 06476←中国农科院资划所；原始编号：LAM9034；分离源：沼液；培养基 0002，35℃。

ACCC 10225←DSMZ←ATCC←L.L. Campbell；=DSM 7＝ATCC 23350；培养基 0266，30℃。

ACCC 19735←中国农科院饲料所；原始编号：k11；分离源：森林土样；培养基 0033，37℃。

ACCC 19745←山东农科院资环所；原始编号：SDZHYB-5；产生纤维素酶、淀粉酶，可用于畜禽粪便等有机物料的发酵腐熟；分离源：养殖场的垫料；培养基 0847，30～35℃。

ACCC 19746←山东农科院资环所；原始编号：SDZHYB-13；可用于制备有机物料的腐熟剂，也可用于食用菌栽培料的发酵腐熟；分离源：麦、玉米秸秆还田的土壤；培养基 0847，30～35℃。

ACCC 60056←中国农科院资划所；原始编号：SSYB；分离源：青贮饲料样品；培养基 0002，35～40℃。

ACCC 60420←河南农业大学园艺学院；原始编号：SB-9；分离源：葡萄根系；培养基 0033，37℃。

ACCC 60428←山西省植物内生菌资源共享服务平台；原始编号：GZ-5；微生物农药及菌肥的开发及应用；分离源：番茄；培养基 0014，28℃。

ACCC 61646←湖南泰谷生态科技集团；原始编号：NTGB-113；具有生防功能、可用于农用有益微生物菌剂与生物肥料生产；培养基 0002，30℃。

ACCC 61647←湖南泰谷生态科技集团；原始编号：NTGB-178；具有生防功能、可用于农用有益微生物菌剂与生物肥料生产；培养基 0002，30℃。

ACCC 61648←湖南泰谷生态科技集团；原始编号：TAIB1；具有促生与生防功能、可用于农用有益微生物菌剂与生物肥料生产；培养基 0002，30℃。

ACCC 61649←湖南泰谷生态科技集团；原始编号：NTGB-181；具有促生与生防功能、可用于农用有益微生物菌剂与生物肥料生产；培养基 0002，30℃。

ACCC 61655←南京农大；原始编号：LY-5；促进植物生长；分离源：土壤；培养基 0033，30℃。

ACCC 61666←南京农大；原始编号：LY-35；促进植物生长；分离源：土壤；培养基 0033，30℃。

ACCC 61809←中国农科院资划所；原始编号：S742；拮抗植物病原菌；分离源：土壤；培养基 0033，28℃。

ACCC 61810←中国农科院资划所；原始编号：S702；拮抗植物病原菌；分离源：土壤；培养基 0033，28℃。

ACCC 60382←甘肃农业大学；原始编号：BaA-007；植物真菌病害生物防治；分离源：香蕉根组织；培养基 0033，30℃。

Bacillus arenosi Heyrman et al. 2005

沙地芽孢杆菌

ACCC 01670←中国农科院饲料所；原始编号：FRI2007042，B206；饲料用植酸酶等的筛选；分离地点：海南三亚；培养基 0002，37℃。

ACCC 02298←中国农科院生物技术所；原始编号：BRIL00357；极端环境下，耐盐等特殊功能的研究；培养基 0033，30℃。

ACCC 02677←南京农大农业环境微生物中心；原始编号：SC0，NAECC1185；在 10%NaCl 培养基上能够生长；分离源：市场上购买的酸菜卤汁；培养基 0002，30℃。

Bacillus aryabhattai Shivaji et al. 2009

阿氏芽孢杆菌

ACCC 06381←中国农科院资划所；原始编号：LAM-D9；培养基 0002, 30℃。

ACCC 06382←中国农科院资划所；原始编号：LAM-D10；培养基 0002, 30℃。

ACCC 06384←中国农科院资划所；原始编号：LAM-D13；培养基 0002, 30℃。

ACCC 06453←中国农科院资划所；原始编号：LAM9011；分离源：盐碱地；培养基 0002, 35℃。

ACCC 06466←中国农科院资划所；原始编号：LAM9024；分离源：窖泥；培养基 0002, 35℃。

ACCC 06467←中国农科院资划所；原始编号：LAM9025；分离源：沼液；培养基 0002, 35℃。

ACCC 06489←中国农科院资划所；原始编号：LAM0054；分离源：下层窖泥；培养基 0002, 30℃。

ACCC 61910←深圳合民生物科技有限公司；原始编号：HMJZ-B1015A；肥料；分离源：土壤；培养基 0033, 30℃。

Bacillus atrophaeus Nakamura 1989

萎缩芽孢杆菌

ACCC 01873←新疆农科院微生物所；原始编号：DB2；分离源：甘草；培养基 0033, 30℃。

ACCC 02297←中国农科院生物技术所；原始编号：BRIL00356；培养基 0033, 30℃。

ACCC 05684←DSMZ←NCTC←J. C. Kelsey←C. R. Phillips；培养基 0002, 30℃。

ACCC 06477←中国农科院资划所；原始编号：LAM9035；分离源：沼液；培养基 0002, 35℃。

ACCC 61758←中国农科院资划所；原始编号：S1027；拮抗植物病原菌；分离源：土壤；培养基 0033, 28℃。

ACCC 61780←中国农科院资划所；原始编号：S979；拮抗植物病原菌；分离源：土壤；培养基 0033, 28℃。

ACCC 61802←中国农科院资划所；原始编号：S141；拮抗植物病原菌；分离源：烟草根围土；培养基 0033, 28℃。

Bacillus badius Batchelor 1919

粟褐芽孢杆菌

ACCC 01485←广东微生物所；原始编号：GIMT1.024, NKX；培养基 0002, 30℃。

ACCC 60106←福建省农业科学院；原始编号：DSM 23；培养基 0001, 30℃。

Bacillus barbaricus Taubel et al. 2003

罕见芽孢杆菌

ACCC 61610←福建省农业科学院；原始编号：DSM 14730；培养基 0001, 22℃。

Bacillus bataviensis Heyrman et al. 2004

巴达维亚芽孢杆菌

ACCC 60143←中国农科院资划所；原始编号：DSM-15601；培养基 0033, 30℃。

ACCC 61537←福建省农业科学院；原始编号：DSM 15601；分离源：土壤；培养基 0001, 30℃。

Bacillus benzoevorans Pichinoty et al. 1987

食苯芽孢杆菌

ACCC 01033←中国农科院资划所；原始编号：GD-26-2-1；具有生产生物肥料潜力；分离地点：河北高碑店；培养基 0065, 28℃。

ACCC 01092←中国农科院资划所；原始编号：GD-10-1-1；具有生产生物肥料潜力；分离地点：北京朝阳；培养基 0002, 28℃。

ACCC 10208←DSMZ←F. Pichinoty；=DSM 5392=LMD 79.10=NCIB 12556；降解芳香族化合物；培养基 0002, 30℃。

ACCC 10244←DSMZ←F. Pichinoty；=DSM 5391=ATCC 49005=CCM 3364=LMD 79.7=NCIB 12555；培养基 0002, 30℃。

ACCC 10279←DSMZ←F. Pichinoty；=DSM 6410=CIP 103484；原始编号：B8；分离源：土壤；培养基 0002，32℃。

ACCC 19785←中国农科院资划所；原始编号：B1；培养基 0451，30℃。

Bacillus boroniphilus Ahmed et al. 2007

嗜硼芽孢杆菌

ACCC 60421←福建省农业科学院；原始编号：DSM 17376；分离源：土壤；培养基 0033，30℃。

Bacillus butanolivorans Kuisiene et al. 2008

食丁酸芽孢杆菌

ACCC 60425←福建省农业科学院；原始编号：DSM 18926；分离源：土壤；培养基 0033，30℃。

Bacillus cereus Frankland & Frankland 1887

蜡状芽孢杆菌

ACCC 04302←广东微生物所；原始编号：34-B-5；纤维素酶产生菌；分离地点：越南；培养基 0002，30℃。

ACCC 01025←中国农科院资划所；原始编号：FX2-1-6；具有处理养殖废水潜力；分离地点：北京农科院试验地；培养基 0002，28℃。

ACCC 01052←中国农科院资划所；原始编号：DF1-1-1；具有作为动物益生菌、生产饲料淀粉酶潜力；分离地点：北京农科院试验地；培养基 0002，28℃。

ACCC 01102←中国农科院资划所；原始编号：FXH2-2-16；具有处理富营养水体和养殖废水潜力；分离地点：河北邯郸大社鱼塘；培养基 0002，28℃。

ACCC 01112←中国农科院资划所；原始编号：FX2-4-12；具有处理富营养水体和养殖废水潜力；分离地点：中国农科院试验地；培养基 0002，28℃。

ACCC 01212←新疆农科院微生物所；原始编号：XJAA10356，LB20；培养基 0033，20℃。

ACCC 01216←新疆农科院微生物所；原始编号：XJAA10400，LB26；培养基 0033，20℃。

ACCC 01231←新疆农科院微生物所；原始编号：XJAA10323，LB72；培养基 0033，20℃。

ACCC 01242←新疆农科院微生物所；原始编号：XJAA10334，LB95；培养基 0033，20℃。

ACCC 01245←新疆农科院微生物所；原始编号：XJAA10338，LB100；培养基 0033，20℃。

ACCC 01249←新疆农科院微生物所；原始编号：XJAA10363，LB105；培养基 0033，20℃。

ACCC 01432←山东农业大学；原始编号：SDAUMCC100066，ZB-394；分离源：豆豉；培养基 0325，37℃。

ACCC 01434←山东农业大学；原始编号：SDAUMCC100068，ZB-396；分离源：耕作土壤；培养基 0325，37℃。

ACCC 01496←新疆农科院微生物所；原始编号：XAAS10175 1.175；分离地点：新疆乌鲁木齐；培养基 0033，20℃。

ACCC 01502←新疆农科院微生物所；原始编号：XAAS10485 LB115；分离地点：新疆乌鲁木齐；培养基 0033，20℃。

ACCC 01505←新疆农科院微生物所；原始编号：XAAS10423 LB17B；分离地点：新疆乌鲁木齐；培养基 0033，20℃。

ACCC 01507←新疆农科院微生物所；原始编号：XAAS10429 LB35B；分离地点：新疆乌鲁木齐；培养基 0033，20℃。

ACCC 01513←新疆农科院微生物所；原始编号：XAAS10436 LB62A；分离地点：新疆乌鲁木齐；培养基 0033，20℃。

ACCC 01547←新疆农科院微生物所；原始编号：XAAS10463 LB118；分离地点：新疆乌鲁木齐；培养基 0033，20℃。

ACCC 01664←广东微生物所；原始编号：GIMT1.050；分离地点：广东广州；培养基 0002，30℃。

ACCC 01904←中国农科院资划所←新疆农科院微生物所；原始编号：XA41；分离源：甘草；培养基 0033，37℃。

ACCC 01912←中国农科院资划所←新疆农科院微生物所；原始编号：XD18；分离源：甘草；培养基0033，37℃。

ACCC 01943←中国农科院资划所←新疆农科院微生物所；原始编号：XD84；分离源：甘草；培养基0033，37℃。

ACCC 01955←中国农科院资划所；原始编号：22，C7-1-b；纤维素降解菌；分离源：吉林安图长白山；培养基0002，30℃。

ACCC 01956←中国农科院资划所；原始编号：23，L20-4；纤维素降解菌；分离地点：山东东营；培养基0002，30℃。

ACCC 02005←新疆农科院微生物所；原始编号：LB59A，XAAS10434；分离地点：新疆乌鲁木齐；培养基0033，20～30℃。

ACCC 02006←新疆农科院微生物所；原始编号：LB44B，XAAS10433；分离地点：新疆乌鲁木齐；培养基0033，20℃。

ACCC 02041←新疆农科院微生物所；原始编号：1.202，XAAS10202；分离地点：新疆乌鲁木齐；培养基0033，20℃。

ACCC 02042←新疆农科院微生物所；原始编号：B118，XAAS10475；分离地点：新疆吐鲁番；培养基0033，20℃。

ACCC 02046←新疆农科院微生物所；原始编号：B251，XAAS10478；分离地点：新疆布尔津县；培养基0033，20℃。

ACCC 02057←新疆农科院微生物所；原始编号：LB33B，XAAS10472；分离地点：新疆乌鲁木齐；培养基0033，20℃。

ACCC 02803←南京农大农业环境微生物中心；原始编号：ST307，NAECC1748；耐盐细菌，在10% NaCl培养基中可生长；分离地点：江苏连云港新浦区；培养基0033，30℃。

ACCC 02134←中国农科院资划所←新疆农科院微生物所；原始编号：XD21；分离源：甘草；培养基0033，37℃。

ACCC 02365←山东农业大学菌种保藏中心；原始编号：20；分离源：盐碱地植物根际土壤；培养基0002，37℃。

ACCC 02366←山东农业大学菌种保藏中心；原始编号：60-1；分离源：海堤下泥土；培养基0002，37℃。

ACCC 02368←山东农业大学菌种保藏中心；原始编号：63-2A；分离源：盐碱地植物根际土壤；培养基0002，37℃。

ACCC 02373←山东农业大学菌种保藏中心；原始编号：83-2；分离源：棉花根际土壤；培养基0002，37℃。

ACCC 02378←山东农业大学菌种保藏中心；原始编号：88B；分离源：棉花根际土壤；培养基0002，37℃。

ACCC 02379←山东农业大学菌种保藏中心；原始编号：97A；分离源：树林植物根际土壤；培养基0002，37℃。

ACCC 02386←山东农业大学菌种保藏中心；原始编号：4；分离源：盐碱地植物根际土壤；培养基0002，37℃。

ACCC 03002←中国农科院资划所；原始编号：GD-B-CL2-1-8，7081；可用来研发生产生物肥料；分离地点：北京试验地；培养基0065，28℃。

ACCC 03183←中国农科院麻类所；原始编号：995-5；红麻脱胶，24小时脱胶程度为7；培养基0033，35℃。

ACCC 03185←中国农科院麻类所；原始编号：IBFC W0511；红麻脱胶，24小时脱胶程度为7；培养基0033，35℃。

ACCC 03227←中国农科院麻类所；原始编号：IBFC W0658；红麻脱胶，24小时脱胶程度为7；培养基0033，35℃。

ACCC 03279←山东农业大学菌种保藏中心；原始编号：45-5；分离源：植被有无交界处土壤；培养基 0002，37℃。

ACCC 03281←山东农业大学菌种保藏中心；原始编号：27-3；培养基 0002，37℃。

ACCC 03284←山东农业大学菌种保藏中心；原始编号：23-9-1；分离源：旱生芦苇根际土壤；培养基 0002，37℃。

ACCC 03302←山东农业大学菌种保藏中心；原始编号：45-6；分离源：植被有无交界处土壤；培养基 0002，37℃。

ACCC 03310←山东农业大学菌种保藏中心；原始编号：37-3；分离源：未完全干燥的湿地土壤；培养基 0002，37℃。

ACCC 03316←山东农业大学菌种保藏中心；原始编号：64-5；分离源：海边盐碱地土壤；培养基 0002，37℃。

ACCC 03320←山东农业大学菌种保藏中心；原始编号：99D；分离源：树林植物根际土壤；培养基 0002，37℃。

ACCC 03323←山东农业大学菌种保藏中心；原始编号：41-3；分离源：荒滩土壤；培养基 0002，37℃。

ACCC 03324←山东农业大学菌种保藏中心；原始编号：61-3；分离源：海边盐碱地土壤；培养基 0002，37℃。

ACCC 03333←山东农业大学菌种保藏中心；原始编号：62-4；分离源：盐碱地植物根际土壤；培养基 0002，37℃。

ACCC 03334←山东农业大学菌种保藏中心；原始编号：99A；培养基 0002，37℃。

ACCC 03337←山东农业大学菌种保藏中心；原始编号：聚 P；培养基 0002，37℃。

ACCC 03339←山东农业大学菌种保藏中心；原始编号：81；分离源：棉花根际土壤；培养基 0002，37℃。

ACCC 03342←山东农业大学菌种保藏中心；原始编号：73-1；培养基 0002，37℃。

ACCC 03353←山东农业大学菌种保藏中心；原始编号：45-4；分离源：植被有无交界处土壤；培养基 0002，37℃。

ACCC 03355←山东农业大学菌种保藏中心；原始编号：25-1；分离源：人工河道植物根际土壤；培养基 0002，37℃。

ACCC 03358←山东农业大学菌种保藏中心；原始编号：67-1；分离源：海边盐碱地土壤；培养基 0002，37℃。

ACCC 03362←山东农业大学菌种保藏中心；原始编号：89A；分离源：棉花根际土壤；培养基 0002，37℃。

ACCC 03365←山东农业大学菌种保藏中心；原始编号：80-(2)；培养基 0002，37℃。

ACCC 03370←山东农业大学菌种保藏中心；原始编号：65-1；分离源：海边盐碱地土壤；培养基 0002，37℃。

ACCC 03390←中国农科院麻类所；原始编号：K72-2；分离源：土壤；培养基 0080，35℃。

ACCC 03376←中国农科院麻类所；原始编号：IBFC W0776；红麻脱胶，24 小时脱胶程度为 7；分离地点：中南林业科技大学；培养基 0033，35℃。

ACCC 03398←中国农科院麻类所；原始编号：IBFC W0682；红麻脱胶，24 小时脱胶程度为 7；培养基 0002，35℃。

ACCC 03400←中国农科院麻类所；原始编号：IBFC W0748；红麻脱胶，24 小时脱胶程度为 7；培养基 0002，35℃。

ACCC 03422←中国农科院麻类所；原始编号：IBFC W0693；红麻脱胶，24 小时脱胶程度为 7；培养基 0002，35℃。

ACCC 03424←中国农科院麻类所；原始编号：IBFC W0792；红麻脱胶，24 小时脱胶程度为 7；分离地点：中南林业科技大学；培养基 0002，35℃。

ACCC 03444←中国农科院麻类所；原始编号：IBFC W0717；红麻脱胶，24 小时脱胶程度为 7；分离地点：中南林业科技大学；培养基 0002，35℃。

ACCC 03459←中国农科院麻类所；原始编号：IBFC W0672；红麻脱胶，24小时脱胶程度为8；分离地点：中南林业科技大学；培养基0033，35℃。

ACCC 03471←中国农科院麻类所；原始编号：IBFC W0673；红麻脱胶，24小时脱胶程度为8；分离地点：中南林业科技大学；培养基0002，35℃。

ACCC 03478←中国农科院麻类所；原始编号：IBFC W0718；红麻脱胶，24小时脱胶程度为7；分离地点：中南林业科技大学；培养基0033，35℃。

ACCC 03495←中国农科院麻类所；原始编号：IBFC W0719；红麻脱胶，24小时脱胶程度为7；分离地点：中南林业科技大学；培养基0002，35℃。

ACCC 03503←中国农科院麻类所；原始编号：IBFC W0670；红麻脱胶，24小时脱胶程度为7；分离地点：中南林业科技大学；培养基0002，35℃。

ACCC 03539←中国农科院麻类所；原始编号：IBFC W0833；红麻脱胶，24小时脱胶程度为7；分离地点：湖南沅江；培养基0002，33℃。

ACCC 03543←中国农科院麻类所；原始编号：IBFC W0837；红麻脱胶，24小时脱胶程度为7；分离地点：湖南沅江；培养基0002，33℃。

ACCC 03544←中国农科院麻类所；原始编号：IBFC W0838；红麻脱胶，24小时脱胶程度为3；分离地点：湖南沅江；培养基0002，33℃。

ACCC 03553←中国农科院麻类所；原始编号：IBFC W0851；红麻脱胶，24小时脱胶程度为5；分离地点：湖南沅江；培养基0002，33℃。

ACCC 03558←中国农科院麻类所；原始编号：IBFC W0861；红麻脱胶，24小时脱胶程度为3；分离地点：湖南沅江；培养基0002，33℃。

ACCC 03559←中国农科院麻类所；原始编号：IBFC W0862；红麻脱胶，24小时脱胶程度为8；分离地点：湖南沅江；培养基0002，33℃。

ACCC 03567←中国农科院麻类所；原始编号：IBFC W0876；红麻脱胶，24小时脱胶程度为5；分离地点：湖南沅江；培养基0002，33℃。

ACCC 03573←中国农科院麻类所；原始编号：IBFC W0886；红麻脱胶，24小时脱胶程度为5；分离地点：湖南沅江；培养基0002，33℃。

ACCC 03574←中国农科院麻类所；原始编号：IBFC W0887；红麻脱胶，24小时脱胶程度为3；分离地点：浙江杭州；培养基0002，33℃。

ACCC 03575←中国农科院麻类所；原始编号：IBFC W0888；红麻脱胶，24小时脱胶程度为7；分离地点：湖南沅江；培养基0002，33℃。

ACCC 03585←中国农科院麻类所；原始编号：IBFC W0900；红麻脱胶，24小时脱胶程度为6；分离地点：湖南沅江；培养基0002，33℃。

ACCC 03586←中国农科院麻类所；原始编号：IBFC W0901；红麻脱胶，24小时脱胶程度为6；分离地点：湖南沅江；培养基0002，33℃。

ACCC 03599←中国农科院麻类所；原始编号：IBFC W0918；红麻脱胶，24小时脱胶程度为6；分离地点：湖南沅江；培养基0002，33℃。

ACCC 03600←中国农科院麻类所；原始编号：IBFC W0919；红麻脱胶，24小时脱胶程度为5；分离地点：湖南沅江；培养基0002，33℃。

ACCC 04267←广东微生物所；原始编号：F1.199；产蛋白酶；分离地点：广东广州；培养基0002，30℃。

ACCC 04279←广东微生物所；原始编号：G38；分离地点：广东广州；培养基0002，37℃。

ACCC 04286←广东微生物所；原始编号：11-B-1；纤维素酶产生菌；分离地点：越南；培养基0002，30℃。

ACCC 04287←广东微生物所；原始编号：13-b-1；纤维素酶产生菌；分离地点：越南；培养基0002，30℃。

ACCC 04289←广东微生物所；原始编号：17-B-5；β-葡聚糖酶产生菌；分离地点：越南；培养基0002，30℃。

ACCC 04293←广东微生物所；原始编号：19-b-6；纤维素酶产生菌；分离地点：越南；培养基 0002，30℃。

ACCC 04294←广东微生物所；原始编号：1-A-1；纤维素酶产生菌；分离地点：越南；培养基 0002，30℃。

ACCC 04299←广东微生物所；原始编号：23-B-5；纤维素酶产生菌；分离地点：越南；培养基 0002，30℃。

ACCC 04310←广东微生物所；原始编号：7-b-1；纤维素酶产生菌；分离地点：越南；培养基 0002，30℃。

ACCC 04315←广东微生物所；原始编号：F1.39；分离地点：广东广州；培养基 0002，30℃。

ACCC 05256←山东农业大学菌种保藏中心；原始编号：13；分离源：盐碱地植物根际土壤；培养基 0002，37℃。

ACCC 05267←山东农业大学菌种保藏中心；原始编号：25-5；分离源：人工河道植物根际土壤；培养基 0002，37℃。

ACCC 05269←山东农业大学菌种保藏中心；原始编号：26-3；分离源：湖泊边植物根际土壤；培养基 0002，37℃。

ACCC 05273←山东农业大学菌种保藏中心；原始编号：29-5；分离源：芦苇根际土壤；培养基 0002，37℃。

ACCC 05276←山东农业大学菌种保藏中心；原始编号：30-7；分离源：蚂蚁窝边植物根际土壤；培养基 0002，37℃。

ACCC 05295←山东农业大学菌种保藏中心；原始编号：80-2 点；分离源：盐碱地植物根际土壤；培养基 0002，37℃。

ACCC 05311←山东农业大学菌种保藏中心；原始编号：99A；分离源：树林植物根际土壤；培养基 0002，37℃。

ACCC 06490←中国农科院资划所；原始编号：LAM0055；分离源：沉积泥；培养基 0002，30℃。

ACCC 10117←中科院微生物所←日本北海道大学；原始编号：AHu1356；培养基 0002，28℃。

ACCC 10263←DSMZ←ATCC←R. E. Gordon←T. Gibson，971←W. W. Ford，13；=DSM 31= ATCC 14579=CCM 2010=LMG 6923=NCIB 9373=NCTC 2599；培养基 0266，30℃。

ACCC 10406←首都师范大学←中科院微生物所；=AS 1.173；灭瘟素测定菌；培养基 0002，30℃。

ACCC 10602←中国农科院土肥所；原始编号：B1302；培养基 0141，30～35℃。

ACCC 10603←中国农科院土肥所；原始编号：B1304；产蛋白酶；培养基 0002，30～35℃。

ACCC 10604←中国农科院土肥所；原始编号：B1-331；产蛋白酶；分离源：鲫鱼消化道；培养基 0002，30～35℃。

ACCC 10606←中国农科院土肥所；原始编号：B7117；产蛋白酶；分离源：豌豆根及根瘤；培养基 0002，30～35℃。

ACCC 10607←中国农科院土肥所；原始编号：B6-371；产蛋白酶；分离源：小麦根系；培养基 0002，30～35℃。

ACCC 10608←中国农科院土肥所；原始编号：B16376；产蛋白酶；分离源：小麦根系；培养基 0002，30～35℃。

ACCC 10609←轻工部食品发酵所；=IFFI 10040；产谷氨酸；培养基 108，30℃。

ACCC 10610←中国农科院土肥所；原始编号：B1310；β- 羟基丁酸颗粒含量较大；分离源：龙虾消化道；培养基 0002，30～35℃。

ACCC 10611←北京大学生物系；原始编号：BK8641；用于微生物肥料生产，产淀粉酶；培养基 0002，30℃。

ACCC 10738←中国农科院麻类所；原始编号：T696；分离源：牛屎；分离地点：湖南沅江；培养基 0002，32℃。

ACCC 10748←中国农科院麻类所；原始编号：T697；分离地点：湖南沅江；培养基 0002，30℃。

ACCC 11007←中国农科院土肥所←吉林省农业科学院土壤肥料研究所；原始编号：KG；培养基0002，30℃。

ACCC 11032←北京大学；原始编号：BK8631；生产微生物肥料；培养基0002，30℃。

ACCC 11033←北京大学；原始编号：BK8641；生产微生物肥料；培养基0002，30℃。

ACCC 11034←北京大学；原始编号：BK4051；生产微生物肥料；培养基0002，30℃。

ACCC 11076←中科院微生物所←中科院武汉病毒研究所；＝AS 1.229；原始编号：果302；麻脱胶；培养基0002，30℃。

ACCC 11077←中科院微生物所←上海维成绢纺厂；＝AS 1.230；原始编号：B31；产蛋白酶；培养基0002，30℃。

ACCC 11108←山西大学；原始编号：S1；可做饲料和生物肥料；培养基0002，30℃。

ACCC 11109←中国农科院土肥所；原始编号：T1；可做饲料和生物肥料；分离源：土壤；培养基0002，30℃。

ACCC 19375←中国农科院资划所←韩国典型菌种保藏中心；原始编号：X20；降解纤维素；分离源：土壤；培养基0033，37℃。

ACCC 19428←中国农科院资划所←华南农大农学院；原始编号：YY07；具有固氮作用；分离源：野生稻组织；培养基0033，37℃。

ACCC 19430←中国农科院资划所←华南农大农学院；原始编号：YY09；具有固氮作用；分离源：野生稻组织；培养基0033，37℃。

ACCC 19431←中国农科院资划所←华南农大农学院；原始编号：YY10；具有固氮作用；分离源：野生稻组织；培养基0033，37℃。

ACCC 19434←中国农科院资划所←华南农大农学院；原始编号：YY13；具有固氮作用；分离源：野生稻组织；培养基0033，37℃。

ACCC 61536←福建省农业科学院；原始编号：DSM 17163；培养基0033，30℃。

ACCC 61855←中国农科院资划所；原始编号：BDS-1-2；分离源：大蒜；培养基0512，30℃。

ACCC 61856←中国农科院资划所；原始编号：PY-3；分离源：大蒜；培养基0512，30℃。

ACCC 61857←中国农科院资划所；原始编号：PG-22；分离源：大蒜；培养基0512，30℃。

ACCC 61859←中国农科院资划所；原始编号：BDS-2-2；分离源：大蒜；培养基0512，30℃。

ACCC 61861←中国农科院资划所；原始编号：PY3-12-1；分离源：大蒜；培养基0512，30℃。

ACCC 61875←中国农科院资划所；原始编号：PY-13；分离源：大蒜；培养基0512，30℃。

ACCC 61876←中国农科院资划所；原始编号：YN-4-N；分离源：大蒜；培养基0512，30℃。

ACCC 61884←中国农科院资划所；原始编号：YN-1-4；分离源：大蒜；培养基0512，30℃。

Bacillus chungangensis Cho et al. 2010

ACCC 05695←DSMZ←CCUG←W. Kim, Chung-AngUniv., Seoul, Republic of Korea；分离源：海沙；培养基0051，30℃。

Bacillus ciccensis Liu et al. 2017

ACCC 61582←北京科技大学；原始编号：5L6；需氧菌，形成孢子，具有运动性；分离源：杂交玉米；培养基0033，30℃。

Bacillus circulans Jordan 1890

环状芽孢杆菌

ACCC 01113←中国农科院资划所；原始编号：GDJ-10-2-2；具有生产固氮生物肥料潜力；分离地点：北京朝阳；培养基0002，28℃。

ACCC 02960←中国农科院资划所；原始编号：GD-44-2-5，7031；可用来研发生产生物肥料；分离地点：内蒙古牙克石；培养基0065，28℃。

ACCC 03036←中国农科院资划所；原始编号：GD-64-2-1，7125；可用来研发生产生物肥料；分离地点：内蒙古牙克石；培养基0065，28℃。

ACCC 03041←中国农科院资划所；原始编号：GD-59-2-2，7131；可用来研发生产生物肥料；分离源：
　　　　黑龙江双城；培养基 0065，28℃。

ACCC 03096←中国农科院资划所；原始编号：GD-62-2-1，7206；可用来研发生产生物肥料；分离地
　　　　点：内蒙古牙克石七队；培养基 0065，28℃。

ACCC 03133←中国农科院资划所；原始编号：GD-65-2-2，7251；可用来研发生产生物肥料；分离地
　　　　点：内蒙古牙克石；培养基 0065，28℃。

ACCC 03230←中国农科院资划所；原始编号：GD-6-2-2；可用来研发生产生物肥料；培养基 0065，
　　　　28℃。

ACCC 03263←中国农科院资划所；原始编号：GD-B-CK1-2-1；可用来研发生产生物肥料；培养基
　　　　0065，28℃。

ACCC 10228←DSMZ←ATCC←W. W. Ford；＝ATCC 4513；培养基 0266，30℃。

ACCC 11078←中国农科院土肥所←中科院微生物所；＝AS 1.0383；产 β- 淀粉酶；培养基 0002，30℃。

Bacillus clarkii Nielsen et al. 1995

克氏芽孢杆菌

ACCC 60108←福建省农业科学院；原始编号：DSM 8720；培养基 0033，30℃。

Bacillus clausii Nielsen et al. 1995

克劳氏芽孢杆菌

ACCC 10212←DSMZ←NCIMB；＝DSM 8716＝ATCC 700160；分离源：公园土壤；培养基 0307，30℃。

Bacillus coagulans Hammer 1915

凝结芽孢杆菌

ACCC 10229←DSMZ←ATCC←N. R. Smith，609←J. Porter；＝DSM 1＝ATCC 7050＝CCM 2013＝NCIB
　　　　9365＝NCTC 10334；培养基 0266，40℃。

Bacillus cohnii Spanka & Fritze 1993

科氏芽孢杆菌

ACCC 10230←DSMZ←R. Spanka；＝DSM 6307＝ ATCC 51227＝CCM 4369＝IFO 15565；培养基 0307，
　　　　30℃。

Bacillus cucumis Kämpfer et al. 2016

ACCC 60141←中国农科院资划所；原始编号：DSM-101566；培养基 0033，30℃。

Bacillus drentensis Heyrman et al. 2004

钻特省芽孢杆菌

ACCC 06478←中国农科院资划所；原始编号：LAM9036；分离源：沼液；培养基 0002，35℃。

ACCC 60142←中国农科院资划所；原始编号：DSM-15600；培养基 0033，30℃。

Bacillus edaphicus Shelobolina et al. 1998

土壤芽孢杆菌

ACCC 03232←中国农科院资划所；原始编号：GD-21-1-1；可用来研发生产生物肥料；培养基 0065，
　　　　28℃。

ACCC 11029←中国农科院资划所；原始编号：7517；培养基 0067，30℃。

Bacillus endophyticus Reva et al. 2002

内生芽孢杆菌

ACCC 02072←新疆农科院微生物所；原始编号：PB1，XAAS10376；分离地点：新疆布尔津县；培养
　　　　基 0033，20℃。

ACCC 60109←福建省农业科学院；原始编号：DSM 13796；分离源：棉花植株内组织；培养基 0514，
　　　　30℃。

Bacillus fastidiosus den Dooren de Jong 1929

苛求芽孢杆菌

ACCC 03378←中国农科院麻类所；原始编号：IBFC W0522；分离源：原始菌来自南县；培养基0081，35℃。

ACCC 03404←中国农科院麻类所；原始编号：IBFC W0519；黄麻脱胶；分离源：原始菌来自南县；培养基0081，35℃。

ACCC 03453←中国农科院麻类所；原始编号：IBFC W0518；黄麻脱胶；分离源：原始菌来自南县；培养基0081，35℃。

ACCC 03465←中国农科院麻类所；原始编号：IBFC W0523；黄麻脱胶；分离地点：中南林业科技大学；培养基0081，35℃。

ACCC 03468←中国农科院麻类所；原始编号：IBFC W0521；花麻脱胶；分离地点：中南林业科技大学；培养基0081，35℃。

ACCC 10231←DSMZ；＝ATCC 29604＝NCIB 11326；降解尿酸；分离源：花园土；培养基0002，30℃。

Bacillus fengqiuensis Zhao et al. 2014

ACCC 61523←福建省农业科学院；原始编号：DSM 26745；分离源：砂土；培养基0220，30℃。

Bacillus firmus Bredemann & Werner 1933

坚强芽孢杆菌

ACCC 01126←中国农科院资划所；原始编号：FX2-4-9；具有处理富营养水体和养殖废水潜力；分离地点：中国农科院试验地；培养基0002，28℃。

ACCC 01149←中国农科院资划所；原始编号：FX2-4-10；具有处理富营养水体和养殖废水潜力；分离地点：中国农科院试验地；培养基0002，28℃。

ACCC 02081←中国农科院资划所←新疆农科院微生物所；原始编号：DB10；分离源：甘草；培养基0033，37℃。

ACCC 03123←中国农科院资划所；原始编号：GD-12-1-2，7241；可用来研发生产生物肥料；分离地点：北京朝阳王四营；培养基0065，28℃。

ACCC 10123←中科院微生物所；培养基0002，30℃。

ACCC 11072←中科院微生物所←波兰微生物保藏中心；＝AS 1.2010＝PCM 1843＝ATCC 8247＝DSM 395；培养基0002，30℃。

Bacillus flexus（ex Batchelor 1919）Priest et al. 1989

弯曲芽孢杆菌

ACCC 01016←中国农科院资划所；原始编号：Hg-14-2-1；具有处理养殖废水潜力；分离地点：北京市高碑店污水处理厂；培养基0002，28℃。

ACCC 01069←中国农科院资划所；原始编号：Hg-14-2-2；具有用作耐重金属基因资源潜力；分离地点：北京市高碑店污水处理厂；培养基0002，28℃。

ACCC 02938←中国农科院资划所；原始编号：GD-47-2-3，7004；可用来研发生产生物肥料；分离源：宁夏石嘴山；培养基0065，28℃。

ACCC 02956←中国农科院资划所；原始编号：GD-19-1-2，7027；可用来研发生产生物肥料；分离地点：北京大兴礼贤乡；培养基0065，28℃。

Bacillus fordii Scheldeman et al. 2004

福氏芽孢杆菌

ACCC 60120←福建省农业科学院；原始编号：DSM 16014；分离源：生牛奶；培养基0220，30℃。

Bacillus fortis Scheldeman et al. 2004

强壮芽孢杆菌

ACCC 10219←DSMZ←P. Scheldeman；＝DSM 16012＝CIP 108822；分离源：挤奶装置；培养基0002，30℃。

Bacillus funiculus Ajithkumar et al. 2002

绳索状芽孢杆菌

ACCC 01038←中国农科院资划所；原始编号：GD-18-1-3；具有生产生物肥料潜力；分离地点：北京大兴；培养基 0002，28℃。

ACCC 01097←中国农科院资划所；原始编号：GD-35-2-1-2；具有生产生物肥料潜力；分离地点：山东蓬莱；培养基 0002，28℃。

ACCC 02941←中国农科院资划所；原始编号：GD-12-2-6，7007；可用来研发生产生物肥料；分离地点：北京朝阳王四营；培养基 0065，28℃。

ACCC 02946←中国农科院资划所；原始编号：GD-13-1-2，7015；可用来研发生产生物肥料；分离地点：北京朝阳王四营；培养基 0065，28℃。

ACCC 02988←中国农科院资划所；原始编号：GD-57-2-2，7064；可用来研发生产生物肥料；分离地点：内蒙古牙克石；培养基 0065，28℃。

ACCC 03019←中国农科院资划所；原始编号：GD-B-CL2-2-4，7101；可用来研发生产生物肥料；分离地点：北京试验地；培养基 0065，28℃。

ACCC 03029←中国农科院资划所；原始编号：GD-55-2-2，7117；可用来研发生产生物肥料；分离源：辽宁师范大学；培养基 0065，28℃。

ACCC 03052←中国农科院资划所；原始编号：GD-16-2-2，7144；可用来研发生产生物肥料；分离地点：北京大兴礼贤乡；培养基 0065，28℃。

ACCC 03067←中国农科院资划所；原始编号：GD-B-CL2-2-2，7166；可用来研发生产生物肥料；分离地点：北京试验地；培养基 0065，28℃。

ACCC 03085←中国农科院资划所；原始编号：GD-35-2-1-1，7192；可用来研发生产生物肥料；分离地点：山东蓬莱；培养基 0065，28℃。

ACCC 03244←中国农科院资划所；原始编号：GD-B-CL1-2-2；可用来研发生产生物肥料；培养基 0065，28℃。

ACCC 03270←中国农科院资划所；原始编号：97E；培养基 0002，37℃。

ACCC 05674←DSMZ←R；分离源：生活污水处理池中的活性污泥；培养基 0802，30℃。

ACCC 10189←DSMZ；=DSM 2898=ATCC 7055；类固醇激素的转化；培养基 0002，30℃。

ACCC 11086←中国农科院土肥所←中科院微生物所←上海市农业科学院畜牧兽医研究所；原始编号：高温二号菌；培养基 0002，45℃。

Bacillus galliciensis

ACCC 05685←DSMZ←J. L. Balcásar, IIM, Vigo, Spain；分离源：野生海马的粪便；培养基 0002，22℃。

Bacillus ginsengihumi Ten et al. 2007

人参土芽孢杆菌

ACCC 06471←中国农科院资划所；原始编号：LAM9029；分离源：沼液；培养基 0002，35℃。

Bacillus gottheilii Seiler et al. 2013

ACCC 61550←福建省农业科学院；原始编号：DSM 23668；培养基 0001，30℃。

Bacillus graminis Bibi et al. 2011

ACCC 61621←福建省农业科学院；原始编号：DSM 022162；培养基 0220，30℃。

Bacillus haloalkaliphilus Fritze 1996

嗜盐碱芽孢杆菌

ACCC 10232←DSMZ←H. G. Trüper, WN 13；=DSM 5271= ATCC 700606；培养基 0460，30℃。

Bacillus halodurans（ex Boyer 1973）Nielsen et al. 1995

耐盐芽孢杆菌

ACCC 10234←DSMZ←NRRL←E.W. Boyer；=DSM 497= ATCC 27557=NRRL B-3881；培养基 0307，30℃。

Bacillus halosaccharovorans Mehrshad et al. 2013

ACCC 61533←福建省农业科学院；原始编号：DSM 25387；分离源：高盐湖水；培养基 0514，30℃。

Bacillus halotolerans（Delaporte & Sasson 1967）Tindall 2017

ACCC 61765←中国农科院资划所；原始编号：S878；拮抗植物病原菌；分离源：土壤；培养基 0033，28℃。

ACCC 61766←中国农科院资划所；原始编号：S881；拮抗植物病原菌；分离源：土壤；培养基 0033，28℃。

ACCC 61767←中国农科院资划所；原始编号：S1049；拮抗植物病原菌；分离源：土壤；培养基 0033，28℃。

ACCC 61768←中国农科院资划所；原始编号：S988；拮抗植物病原菌；分离源：土壤；培养基 0033，28℃。

ACCC 61769←中国农科院资划所；原始编号：S907；拮抗植物病原菌；分离源：土壤；培养基 0033，28℃。

ACCC 61811←中国农科院资划所；原始编号：S1088；拮抗植物病原菌；分离源：土壤；培养基 0033，28℃。

ACCC 61816←中国农科院资划所；原始编号：S715；拮抗植物病原菌；分离源：土壤；培养基 0033，28℃。

Bacillus herbersteinensis Wieser et al. 2005

黑布施泰因芽孢杆菌

ACCC 05665←DSMZ←H.-J. Busse←M. Wieser and H.-J. Busse；原始编号：D-1,5a；分离源：medieval wall painting；培养基 0002，30℃。

Bacillus horikoshii Nielsen et al. 1995

ACCC 01061←中国农科院资划所；原始编号：Hg-21-3-2；具有用作耐重金属基因资源潜力；分离地点：北京大兴；培养基 0002，28℃。

ACCC 02299←中国农科院生物技术所；原始编号：BRIL00358；极端环境下，耐盐等特殊功能的研究；培养基 0033，30℃。

ACCC 60427←福建省农业科学院；原始编号：DSM 8719；培养基 0033，30℃。

Bacillus horti Yumoto et al. 1998

花园芽孢杆菌

ACCC 60432←福建省农业科学院；原始编号：DSM 12751；分离源：土壤；培养基 0847，30℃。

Bacillus indicus Suresh et al. 2004

印度芽孢杆菌

ACCC 60423←福建省农业科学院；原始编号：DSM 15820；分离源：砷污染砂；培养基 0033，30℃。

Bacillus invictae Branquinho et al. 2014

ACCC 61668←南京农大；原始编号：LY-39；促进植物生长；分离源：土壤；培养基 0033，30℃。
ACCC 61671←南京农大；原始编号：LY-48；促进植物生长；分离源：土壤；培养基 0033，30℃。
ACCC 61673←南京农大；原始编号：LY-53；促进植物生长；分离源：土壤；培养基 0033，30℃。

Bacillus isronensis Shivaji et al. 2009

ACCC 60426←福建省农业科学院；原始编号：DSM 21046；分离源：从 27～30 km 的高度收集空气的低温管；培养基 0033，30℃。

Bacillus kochii Seiler et al. 2012

ACCC 61622←福建省农业科学院；原始编号：DSM 23667；分离源：乳制品；培养基 0220，30℃。

Bacillus koreensis Lim et al. 2006

韩国芽孢杆菌

ACCC 05681←DSMZ←C.-J. Kim，BR030←J.-C. Lee；分离源：根际土；培养基 0220，30℃。

Bacillus kribbensis Lim et al. 2007

韩研所芽孢杆菌

ACCC 61540←福建省农业科学院；原始编号：DSM 17871；分离源：土壤；培养基 0033，30℃。

Bacillus laevolacticus（ex Nakayama & Yanoshi 1967）Andersch et al. 1994

左旋乳酸芽孢杆菌

ACCC 03229←中国农科院资划所；原始编号：GD-41-2-1；可用来研发生产生物肥料；分离地点：大港油田；培养基 0065，28℃。

Bacillus lentus Gibson 1935

迟缓芽孢杆菌

ACCC 10517←CGMCC←PCM；=ATCC 10840=AS 1.2013=PCM 450=JCM 2511；培养基 0002，28～30℃。

Bacillus licheniformis（Weigmann 1898）Chester 1901

地衣芽孢杆菌

ACCC 01050←中国农科院资划所；原始编号：GD-1-1-3；具有生产固氮生物肥料潜力；分离地点：北京农科院试验地；培养基 0002，28℃。

ACCC 01064←中国农科院资划所；原始编号：GD-4-1-3；具有生产固氮生物肥料潜力；分离地点：中国农科院试验地；培养基 0065，28℃。

ACCC 01094←中国农科院资划所；原始编号：GDJ-1-1-4；具有生产固氮生物肥料潜力；分离地点：北京农科院试验地；培养基 0065，28℃。

ACCC 01172←新疆农科院微生物所；原始编号：XJAA10274，B16；培养基 0033，30～35℃。

ACCC 01180←新疆农科院微生物所；原始编号：XJAA10286，B65；培养基 0033，20～30℃。

ACCC 01193←新疆农科院微生物所；原始编号：XJAA10299，B167；培养基 0033，20～30℃。

ACCC 01194←新疆农科院微生物所；原始编号：XJAA10300，B174；培养基 0033，20～30℃。

ACCC 01198←新疆农科院微生物所；原始编号：XJAA10304，B213；培养基 0033，20～30℃。

ACCC 01261←新疆农科院微生物所；原始编号：XJAA10349，SB59；培养基 0033，20～30℃。

ACCC 01262←新疆农科院微生物所；原始编号：XJAA10351，SB79；培养基 0033，20～30℃。

ACCC 01468←山东农业大学；原始编号：SDAUMCC100200，ZB-419；分离源：土壤；培养基 0002，37℃。

ACCC 01655←广东微生物所；原始编号：GIMT1.078；分离地点：广东四会；培养基 0002，30℃。

ACCC 01870←中国农科院资划所←新疆农科院微生物所；原始编号：DB12；分离源：甘草；培养基 0033，37℃。

ACCC 01874←中国农科院资划所←新疆农科院微生物所；原始编号：DB6；分离源：植物体内；培养基 0033，30℃。

ACCC 01902←中国农科院资划所←新疆农科院微生物所；原始编号：XA32；分离源：甘草；培养基 0033，37℃。

ACCC 01905←中国农科院资划所←新疆农科院微生物所；原始编号：XA5；分离源：甘草；培养基 0033，37℃。

ACCC 01906←中国农科院资划所←新疆农科院微生物所；原始编号：XA9；分离源：甘草；培养基 0033，37℃。

ACCC 01957←中国农科院资划所；原始编号：03，H11-31；纤维素降解菌；分离源：吉林安图长白山；培养基 0002，30℃。

ACCC 01958←中国农科院资划所；原始编号：03，H12-4；纤维素降解菌；分离源：四川康定；培养基 0002，30℃。

ACCC 01959←中国农科院资划所；原始编号：16，H11-13；纤维素降解菌；分离源：吉林安图长白山；培养基 0002，30℃。

ACCC 02002←新疆农科院微生物所；原始编号：SB75，XAAS10487；分离地点：新疆吐鲁番；培养基0033，20～30℃。

ACCC 02013←新疆农科院微生物所；原始编号：B107，XAAS10293；分离地点：新疆吐鲁番；培养基0033，20℃。

ACCC 02045←新疆农科院微生物所；原始编号：B244，XAAS10477；分离地点：新疆吐鲁番；培养基0033，20～30℃。

ACCC 02079←新疆农科院微生物所；原始编号：PB73，XAAS10350；分离地点：新疆吐鲁番；培养基0033，20℃。

ACCC 02082←新疆农科院微生物所；原始编号：DB3；分离源：植物体内；培养基0033，30℃。

ACCC 02094←新疆农科院微生物所；原始编号：M10056；分离源：土壤；培养基0033，37℃。

ACCC 02154←新疆农科院微生物所；原始编号：XD71；分离源：甘草；培养基0033，37℃。

ACCC 02300←中国农科院生物技术所；原始编号：BRIL00359；极端环境下，耐盐等特殊功能的研究；培养基0033，30℃。

ACCC 02367←山东农业大学菌种保藏中心；原始编号：1963-01-01；分离源：盐碱地植物根际土壤；培养基0002，37℃。

ACCC 02569←南京农大农业环境微生物中心；原始编号：CG6，NAECC1212；能于30℃水解几丁质，酶活达到107.46 U；分离地点：南京江心洲果园；培养基0033，30℃。

ACCC 02698←南京农大农业环境微生物中心；原始编号：D6，NAECC1374；在基础盐加农药培养基上降解丁草胺，降解率50%；分离地点：江苏昆山；培养基0002，30℃。

ACCC 02866←南京农大农业环境微生物中心；原始编号：GN-10，NAECC1243；耐受10%的NaCl；分离地点：江苏南京高淳县；培养基0002，30℃。

ACCC 02936←中国农科院资划所；原始编号：GDJ-1-1-1，7001；可用来研发生产生物肥料；分离地点：北京农科院试验地；培养基0065，28℃。

ACCC 02975←中国农科院资划所；原始编号：GD-76-1-1，7051；可用来研发生产生物肥料；分离地点：新疆石河子；培养基0002，28℃。

ACCC 03290←山东农业大学菌种保藏中心；原始编号：8-1；分离源：盐碱地植物根际土壤；培养基0002，37℃。

ACCC 03314←山东农业大学菌种保藏中心；原始编号：62-1；分离源：盐碱地植物根际土壤；培养基0002，37℃。

ACCC 03383←中国农科院麻类所；原始编号：IBFC W0688；红麻脱胶；分离地点：中南林业科技大学；培养基0014，35℃。

ACCC 03386←中国农科院麻类所；原始编号：IBFC W0765；红麻脱胶；培养基0014，35℃。

ACCC 03397←中国农科院麻类所；原始编号：IBFC W0824；红麻脱胶；培养基0014，35℃。

ACCC 03406←中国农科院麻类所；原始编号：IBFC W0744；红麻脱胶；分离地点：中南林业科技大学；培养基0014，35℃。

ACCC 03484←中国农科院麻类所；原始编号：IBFC W0685；红麻脱胶；分离地点：中南林业科技大学；培养基0014，35℃。

ACCC 03498←中国农科院麻类所；原始编号：IBFC W0690；红麻脱胶；分离地点：中南林业科技大学；培养基0014，35℃。

ACCC 03509←中国农科院麻类所；原始编号：IBFC W0814；红麻脱胶；分离地点：中南林业科技大学；培养基0014，35℃。

ACCC 03512←中国农科院麻类所；原始编号：IBFC W0798；红麻脱胶；分离地点：中南林业科技大学；培养基0014，35℃。

ACCC 03514←中国农科院麻类所；原始编号：IBFC W0715；红麻脱胶；分离地点：中南林业科技大学；培养基0014，35℃。

ACCC 03515←中国农科院麻类所；原始编号：IBFC W0766；红麻脱胶；分离地点：中南林业科技大学；培养基0014，35℃。

ACCC 03541←中国农科院麻类所；原始编号：IBFC W0835；红麻、苎麻脱胶，24 小时脱胶程度为 6；分离地点：浙江杭州；培养基 0014，35℃。

ACCC 03554←中国农科院麻类所；原始编号：IBFC W0853；红麻、苎麻脱胶，24 小时脱胶程度为 8；分离地点：湖南沅江；培养基 0014，35℃。

ACCC 03563←中国农科院麻类所；原始编号：IBFC W0866；红麻、苎麻脱胶，24 小时脱胶程度为 6；分离地点：浙江杭州；培养基 0014，35℃。

ACCC 03568←中国农科院麻类所；原始编号：IBFC W0878；红麻、苎麻脱胶，24 小时脱胶程度为 5；分离地点：湖南南县；培养基 0014，35℃。

ACCC 03581←中国农科院麻类所；原始编号：IBFC W0896；红麻、苎麻脱胶，24 小时脱胶程度为 4；分离地点：浙江杭州；培养基 0014，35℃。

ACCC 03582←中国农科院麻类所；原始编号：IBFC W0897；红麻、苎麻脱胶，24 小时脱胶程度为 4；分离地点：湖南沅江；培养基 0014，35℃。

ACCC 04249←广东微生物所；原始编号：F1.7；产蛋白酶；分离地点：广东四会；培养基 0002，30℃。

ACCC 04250←广东微生物所；原始编号：F1.8；产杆菌肽 A；分离地点：广东广州；培养基 0002，30℃。

ACCC 04251←广东微生物所；原始编号：F1.9；分离地点：广东广州；培养基 0002，30℃。

ACCC 04252←广东微生物所；原始编号：GIMF1.9；产碱性蛋白酶；分离地点：广东广州；培养基 0002，30℃。

ACCC 04273←广东微生物所；原始编号：G12；分离地点：广东广州；培养基 0002，37℃。

ACCC 04312←广东微生物所；原始编号：F1.182；耐高温淀粉酶；分离地点：广东广州；培养基 0002，30℃。

ACCC 04320←广东微生物所；原始编号：G08；分离地点：广东广州；培养基 0002，37℃。

ACCC 06149←中国农科院资划所；原始编号：5-3；培养基 0002，30℃。

ACCC 06448←中国农科院资划所；原始编号：LAM9006；分离源：水稻土；培养基 0002，35℃。

ACCC 10146←中国农科院土肥所；原始编号：SI-1；饲料添加剂生产菌；培养基 0002，30℃。

ACCC 10236←DSMZ←ATCC←R. E. Gordon←T. Gibson, 46；=DSM 13= ATCC 14580=CCM 2145=IFO 12200=NCIB 9375=NCTC 10341；培养基 0266，37℃。

ACCC 10265←广东微生物所←中科院微生物所；=AS 1.520=GIM 1.10；杆菌肽 A 产生菌；分离源：AS1.518 分离的 b 型菌株；培养基 0002，30℃。

ACCC 10266←广东微生物所←中科院微生物所；原始编号：GIM1.11；产碱性蛋白；培养基 0033，30℃。

ACCC 10613←轻工部食品发酵所；原始编号：IFFI 10098；产杆菌肽；培养基 0002，30℃。

ACCC 10706←新疆农科院微生物所；原始编号：CGMCC 1.1813；用于饲料添加剂；培养基 0033，28℃。

ACCC 11080←中科院微生物所←广东微生物所；原始编号：AS 1.813；分解木质素；培养基 0002，30℃。

ACCC 11090←轻工部食品发酵所；原始编号：IFFI 10037；液化力和蛋白分解力强；培养基 0002，30℃。

ACCC 11106←中科院微生物所；原始编号：AS 1.1216；抗梨黑星病；培养基 0002，30℃。

ACCC 11658←南京农大农业环境微生物中心；原始编号：SLAWH, NAECC0694；分离源：石油；分离地点：山东东营；培养基 0033，30℃。

ACCC 19372←中国农科院资划所←韩国典型菌种保藏中心；原始编号：X1；降解纤维素；分离源：土壤；培养基 0063，37℃。

ACCC 19744←中国农科院资划所←山东农科院资环所；原始编号：SDZHYB-12；产碱性蛋白酶，可用于制备有机物料的腐熟剂和基质发酵菌剂；分离源：食用菌菌渣废料；培养基 0847，30～35℃。

ACCC 19747←中国农科院资划所←山东农科院资环所；原始编号：SDZHYB-6；产生纤维素酶、淀粉酶等，其发酵产物还有促生作用，可用于有机物料的腐熟发酵和有机肥发酵，还可制备微生物肥料；分离源：麦、玉米秸秆还田的土壤；培养基0847，30～35℃。

ACCC 19946←中国农科院资划所；原始编号：R001；分离源：蔬菜土壤；培养基0033，28℃。

ACCC 61698←南京农大；原始编号：LY-2；促进植物生长；分离源：土壤；培养基0033，30℃。

ACCC 61828←中国农科院资划所；原始编号：DBTD16；分离源：番茄根际土；培养基0847，30℃。

Bacillus litoralis Yoon & Oh 2005
岸滨芽孢杆菌

ACCC 01650←广东微生物所；原始编号：GIMT1.056，M-3；分离地点：广东佛山；培养基0002，30℃。

Bacillus macauensis Zhang et al. 2006
澳门芽孢杆菌

ACCC 61538←福建省农业科学院；原始编号：DSM 17262；分离源：drinking water supply；培养基0220，30℃。

Bacillus malacitensis Ruiz-García et al. 2005
马拉加芽孢杆菌

ACCC 01500←新疆农科院微生物所；原始编号：XAAS10292，B102；分离地点：新疆布尔津县；培养基0033，20℃。

ACCC 02047←新疆农科院微生物所；原始编号：B260，XAAS10479；分离地点：新疆布尔津县；培养基0033，20℃。

Bacillus mannanilyticus Nogi et al. 2005
解甘露醇糖芽孢杆菌

ACCC 61609←福建省农业科学院；原始编号：DSM 16130；分离源：土壤；培养基0033，30℃。

Bacillus marisflavi Yoon et al. 2003
黄海芽孢杆菌

ACCC 01150←中国农科院资划所；原始编号：FX2-4-14；具有处理富营养水体和养殖废水潜力；分离地点：中国农科院试验地；培养基0002，28℃。

ACCC 02523←南京农大农业环境微生物中心；原始编号：N6，NAECC1190；可以耐受12%的NaCl；培养基0033，30℃。

ACCC 02732←南京农大农业环境微生物中心；原始编号：JP-B，NAECC1397；在10%NaCl培养基上能够生长；分离地点：南京江浦农场；培养基0002，30℃。

ACCC 02787←南京农大农业环境微生物中心；原始编号：T10-2，NAECC1333；在LB培养基中能耐受10%NaCl浓度；分离地点：河北沧州沧县菜地；培养基0002，30℃。

ACCC 06376←中国农科院资划所；原始编号：LAM-D2；培养基0002，30℃。

ACCC 06421←中国农科院资划所；原始编号：LYW-X3；培养基0002，30℃。

ACCC 06493←中国农科院资划所；原始编号：LAM0058；分离源：沉积泥；培养基0002，30℃。

ACCC 06494←中国农科院资划所；原始编号：LAM0059；分离源：实验室污染物；培养基0002，30℃。

ACCC 61542←福建省农业科学院；原始编号：DSM 16204；分离源：海水；培养基0514，30℃。

ACCC 61905←深圳合民生物科技有限公司；原始编号：HMJZ-B1013M；生物降解；分离源：土壤；培养基0033，30℃。

Bacillus megaterium de Bary 1884
巨大芽孢杆菌

ACCC 01030←中国农科院资划所；原始编号：Pb-15-2；具有用作耐重金属基因资源潜力；分离地点：北京市大兴县电镀厂；培养基0002，28℃。

ACCC 01032←中国农科院资划所；原始编号：FX2H-1-1；具有处理富营养水体和养殖废水潜力；分离
地点：北京农科院试验地；培养基 0002，28℃。

ACCC 01040←中国农科院资划所；原始编号：GD-31-1-2；具有生产固氮生物肥料潜力；分离地点：河
北高碑店；培养基 0065，28℃。

ACCC 01059←中国农科院资划所；原始编号：FXH2-2-4；具有处理富营养水体和养殖废水潜力；分离
地点：河北邯郸大社鱼塘；培养基 0002，28℃。

ACCC 01085←中国农科院资划所；原始编号：FXH2-4-1；具有处理富营养水体和养殖废水潜力；分离
地点：中国农科院试验地；培养基 0002，28℃。

ACCC 01111←中国农科院资划所；原始编号：Hg-14-4-3；具有用作耐重金属基因资源潜力；分离地
点：北京市高碑店污水厂；培养基 0002，28℃。

ACCC 01115←中国农科院资划所；原始编号：FXH2-1-8；具有处理富营养水体和养殖废水潜力；分离
地点：北京农科院试验地；培养基 0002，28℃。

ACCC 01132←中国农科院资划所；原始编号：FXH2-4-2；具有处理富营养水体和养殖废水潜力；分离
地点：中国农科院试验地；培养基 0002，28℃。

ACCC 01136←中国农科院资划所；原始编号：Hg-17-1-1；具有用作耐重金属基因资源潜力；分离地
点：北京市大兴县电镀厂；培养基 0002，28℃。

ACCC 01138←中国农科院资划所；原始编号：Zn-16-2-2；具有用作耐重金属基因资源潜力；分离地点：
北京市大兴县电镀厂；培养基 0002，28℃。

ACCC 01151←中国农科院资划所；原始编号：FXH2-4-7；具有处理富营养水体和养殖废水潜力；分离
地点：中国农科院试验地；培养基 0002，28℃。

ACCC 01152←中国农科院资划所；原始编号：S1；培养基 0033，30℃。

ACCC 01154←中国农科院资划所；原始编号：S3；培养基 0033，30℃。

ACCC 01159←中国农科院资划所；原始编号：S9；培养基 0033，30℃。

ACCC 01160←中国农科院资划所；原始编号：S10；培养基 0033，28℃。

ACCC 01431←山东农业大学；原始编号：SDAUMCC100065，DOM-6；培养基 0325，37℃。

ACCC 01440←山东农业大学；原始编号：SDAUMCC100074，N-399；分离源：耕作土壤；培养基
0325，37℃。

ACCC 01509←新疆农科院微生物所；原始编号：XAAS10404，LB40-1；分离地点：新疆布尔津县；培
养基 0033，20℃。

ACCC 01515←新疆农科院微生物所；原始编号：XAAS10413，LB80；分离地点：新疆布尔津县；培养
基 0033，20℃。

ACCC 01667←中国农科院饲料所；原始编号：FRI2007038，B202；饲料用植酸酶等的筛选；分离地
点：海南三亚；培养基 0002，37℃。

ACCC 01669←中国农科院饲料所；原始编号：FRI2007040，B204；饲料用植酸酶等的筛选；分离地
点：海南三亚；培养基 0002，37℃。

ACCC 01737←中国农科院饲料所；原始编号：FRI2007059，B287；饲料用植酸酶等的筛选；分离地
点：浙江；培养基 0002，37℃。

ACCC 01740←中国农科院饲料所；原始编号：FRI20070669，B290；饲料用植酸酶等的筛选；分离地
点：浙江；培养基 0002，37℃。

ACCC 01742←中国农科院饲料所；原始编号：FRI20070671，B292；饲料用植酸酶等的筛选；分离地
点：浙江；培养基 0002，37℃。

ACCC 01997←新疆农科院微生物所；原始编号：LB30，XAAS10402；分离地点：新疆布尔津县；培养
基 0033，20℃。

ACCC 02058←新疆农科院微生物所；原始编号：LB42，XAAS10313；分离地点：新疆布尔津县；培养
基 0033，20℃。

ACCC 02954←中国农科院资划所；原始编号：GD-58-1-1，7025；可用来研发生产生物肥料；分离源：
黑龙江五常；培养基 0065，28℃。

ACCC 02963←中国农科院资划所；原始编号：GD-16-1-1，7034；可用来研发生产生物肥料；分离地点：北京大兴礼贤乡；培养基 0065，28℃。

ACCC 02970←中国农科院资划所；原始编号：GD-10-1-2，7043；可用来研发生产生物肥料；分离地点：北京朝阳黑庄户；培养基 0002，28℃。

ACCC 02979←中国农科院资划所；原始编号：GD-27-2-1，7055；可用来研发生产生物肥料；分离地点：河北高碑店辛庄镇；培养基 0002，28℃。

ACCC 02991←中国农科院资划所；原始编号：GD-10-1-4，7068；可用来研发生产生物肥料；分离地点：北京朝阳黑庄户；培养基 0065，28℃。

ACCC 03031←中国农科院资划所；原始编号：GD-63-2-3，7119；可用来研发生产生物肥料；分离地点：内蒙古牙克石；培养基 0065，28℃。

ACCC 03044←中国农科院资划所；原始编号：GD-54-2-1，7134；可用来研发生产生物肥料；分离地点：内蒙古太仆寺旗；培养基 0065，28℃。

ACCC 03081←中国农科院资划所；原始编号：GD-63-2-2，7187；可用来研发生产生物肥料；分离地点：内蒙古牙克石七队；培养基 0065，28℃。

ACCC 03116←中国农科院资划所；原始编号：GD-18-2-2，7232；可用来研发生产生物肥料；分离地点：北京大兴礼贤乡；培养基 0065，28℃。

ACCC 04270←广东微生物所；原始编号：G05；分离地点：广东广州；培养基 0002，30℃。

ACCC 04288←广东微生物所；原始编号：16-b-7；β- 葡聚糖酶和甘露糖酶产生菌；分离地点：越南；培养基 0002，30～37℃。

ACCC 04296←广东微生物所；原始编号：20-B-2；β- 葡聚糖酶和甘露糖酶产生菌；分离地点：越南；培养基 0002，30～37℃。

ACCC 04307←广东微生物所；原始编号：5-B-16；纤维素酶产生菌；分离地点：越南；培养基 0002，30～37℃。

ACCC 04314←广东微生物所；原始编号：F1.39；分解有机磷，制造磷细菌肥料；分离地点：广东广州；培养基 0002，30～37℃。

ACCC 05578←中国农科院资划所；分离源：水稻根内生；分离地点：湖南祁阳县官山坪；培养基 0512，37℃。

ACCC 05582←中国农科院资划所；分离源：水稻根内生；分离地点：湖南祁阳县官山坪；培养基 0512，37℃。

ACCC 10010←中国农科院土肥所；分解有机磷，制造磷细菌肥料；分离源：苏联菌粉；培养基 0002，28～30℃。

ACCC 10011←吉林省农业科学院；分解有机磷，制造磷细菌肥料；培养基 0002，30℃。

ACCC 10245←DSM←ATCC←R. E. Gordon←T. Gibson，1060←W. W. Ford，19；=DSM 32= ATCC 14581=CCM 2007=NCIB 9376=NCTC 10342=IAM 13418=JCM 2506=KCTC 3007=LMG 7127=NBRC 15308=NCCB 75016=NCIMB 9376=NRIC 1710=NRRL B-14308=VKM B-512；培养基 0266，30℃。

ACCC 10413←首都师范大学；原始编号：M11；分离源：水稻植株；培养基 0033，30℃。

ACCC 10881←首都师范大学；原始编号：BN90-3-10；分离源：水稻根际；分离地点：河北唐山滦县；培养基 0033，30℃。

ACCC 11099←中科院微生物所←华北农所；=AS 1.223；生产细菌肥料；培养基 0002，30℃。

ACCC 11107←中科院微生物所←中科院沈阳生态所；=AS 1.217；原始编号：Ba5；生产细菌肥料；培养基 0002，30℃。

ACCC 10407←首都师范大学←中科院微生物所；AS1.1741=ATCC 14945；培养基 0002，30℃。

ACCC 61645←中国农科院资划所；原始编号：3073；微生物肥料生产；培养基 0002，30℃。

ACCC 61909←深圳合民生物科技有限公司；原始编号：HMJZ-B1014M；肥料；分离源：土壤；培养基 0033，30℃。

Bacillus methylotrophicus Madhaiyan et al. 2010

ACCC 06379←中国农科院资划所；原始编号：LAM-D6；培养基 0002，35℃。

ACCC 06380←中国农科院资划所；原始编号：LAM-D8；培养基 0002，35℃。

ACCC 06410←中国农科院资划所；原始编号：LAM-CXR-15；培养基 0002，30～35℃。

ACCC 19730←中国农科院资划所；原始编号：LAMW0089；分离源：油污富集物；培养基 0221，30℃。

Bacillus mojavensis Roberts et al. 1994

摩加夫芽孢杆菌

ACCC 01174←新疆农科院微生物所；原始编号：XJAA10276，B19；培养基 0033，20～30℃。

ACCC 01200←新疆农科院微生物所；原始编号：XJAA10386，LB1；培养基 0033，20℃。

ACCC 01214←新疆农科院微生物所；原始编号：XJAA10399，LB24；培养基 0033，20℃。

ACCC 02001←新疆农科院微生物所；原始编号：SB29，XAAS10347；分离地点：新疆吐鲁番；培养基 0033，20～30℃。

ACCC 02066←新疆农科院微生物所；原始编号：P1，XAAS10369；分离地点：新疆布尔津县；培养基 0033，20℃。

ACCC 02070←新疆农科院微生物所；原始编号：P5，XAAS10373；分离地点：新疆布尔津县；培养基 0033，20℃。

ACCC 02071←新疆农科院微生物所；原始编号：P7，XAAS10375；分离地点：新疆布尔津县；培养基 0033，20℃。

ACCC 02073←新疆农科院微生物所；原始编号：PB10，XAAS10385；分离地点：新疆布尔津县；培养基 0033，20℃。

ACCC 02074←新疆农科院微生物所；原始编号：PB2，XAAS10377；分离地点：新疆布尔津县；培养基 0033，20℃。

ACCC 02075←新疆农科院微生物所；原始编号：PB3，XAAS10378；分离地点：新疆布尔津县；培养基 0033，20℃。

ACCC 02076←新疆农科院微生物所；原始编号：PB4，XAAS10379；分离地点：新疆布尔津县；培养基 0033，20℃。

ACCC 02077←新疆农科院微生物所；原始编号：PB5，XAAS10380；分离地点：新疆布尔津县；培养基 0033，20℃。

ACCC 02078←新疆农科院微生物所；原始编号：PB6，XAAS10381；分离地点：新疆布尔津县；培养基 0033，20℃。

ACCC 03294←山东农业大学菌种保藏中心；原始编号：2015-04-26；分离源：湖泊边植物根际土壤；培养基 0002，37℃。

ACCC 03322←山东农业大学菌种保藏中心；原始编号：1935-09-01；分离源：人工河道植物根际土壤；培养基 0002，37℃。

ACCC 03327←山东农业大学菌种保藏中心；原始编号：2015-08-02；分离源：盐碱地植物根际土壤；培养基 0002，37℃。

ACCC 61764←中国农科院资划所；原始编号：S882；拮抗植物病原菌；分离源：土壤；培养基 0033，28℃。

Bacillus muralis Heyrman et al. 2005

壁芽孢杆菌

ACCC 01201←新疆农科院微生物所；原始编号：XJAA10387，LB2；培养基 0033，20℃。

ACCC 02052←新疆农科院微生物所；原始编号：LB19，XAAS10396；分离地点：新疆布尔津县；培养基 0033，20℃。

ACCC 61539←福建省农业科学院；原始编号：DSM 16288；培养基 0220，30℃。

Bacillus mycoides Flügge 1886

覃状芽孢杆菌

ACCC 02372←山东农业大学菌种保藏中心；原始编号：80-1点；分离源：盐碱地植物根际土壤；培养基 0002，37℃。

ACCC 10237←DSMZ←ATCC←N. R. Smith，273；＝DSM 2048＝ATCC 6462；培养基 0266，25℃。

ACCC 10264←广东微生物所；＝GIM 1.5＝GCMCC 1.261；培养基 0002，30℃。

Bacillus nakamurai Dunlap et al. 2016

ACCC 61840←中国农科院资划所；原始编号：T45；分离源：番茄根际土；培养基 0847，30℃。

Bacillus nanhaiensis Chen et al. 2011

南海芽孢杆菌

ACCC 05610←中国农科院资划所；分离源：水稻根内生；分离地点：湖南祁阳县官山坪；培养基 0441，37℃。

Bacillus nealsonii Venkateswaran et al. 2003

尼氏芽孢杆菌

ACCC 03065←中国农科院资划所；原始编号：GD-27-2-2，7164；可用来研发生产生物肥料；分离地点：河北高碑店辛庄镇；培养基 0065，28℃。

ACCC 03091←中国农科院资划所；原始编号：GD-11-2-2，7198；可用来研发生产生物肥料；分离地点：北京朝阳黑庄户；培养基 0065，28℃。

Bacillus niacini Nagel & Andreesen 1991

烟酸芽孢杆菌

ACCC 03127←中国农科院资划所；原始编号：GD-21-2-1；培养基 0065，28℃。

ACCC 10246←DSMZ←J.C. Ensign；＝DSM 2923＝IFO 15566；培养基 0266，30℃。

ACCC 60144←中国农科院资划所；原始编号：DSM-2923；培养基 0033，30℃。

Bacillus niabensis Kwon et al. 2007

农研所芽孢杆菌

ACCC 06454←中国农科院资划所；原始编号：LAM9012；分离源：盐碱土；培养基 0002，35℃。

ACCC 61525←福建省农业科学院；原始编号：DSM 17723；培养基 0220，30℃。

Bacillus okhensis Howlan et al. 2006

奥哈芽孢杆菌

ACCC 61546←福建省农业科学院；原始编号：DSM 23308；分离源：印度盐锅；培养基 0033，35℃。

Bacillus oleronius Kuhnigk et al. 1996

蔬菜芽孢杆菌

ACCC 60424←福建省农业科学院；原始编号：DSM 9356；分离源：白蚁肠道；培养基 0033，30℃。

Bacillus panaciterrae Ten et al. 2006

人参地块芽孢杆菌

ACCC 61607←福建省农业科学院；原始编号：DSM 19096；分离源：人参土；培养基 0033，30℃。

Bacillus patagoniensis Olivera et al. 2005

巴塔哥尼亚芽孢杆菌

ACCC 61526←福建省农业科学院；原始编号：DSM 16117；培养基 0220，30℃。

Bacillus persicus Didari et al. 2013

ACCC 61568←福建省农业科学院；原始编号：DSM 25386；分离源：高盐湖周围土壤；培养基 0514，30℃。

Bacillus pichinotyi Seiler et al. 2012

ACCC 03113←中国农科院资划所；原始编号：GD-12-2-4，7229；分离源：土壤；培养基 0065，28℃。

ACCC 03143←中国农科院资划所；原始编号：GD-46-2-1；培养基 0065，28℃。

Bacillus polygoni Aino et al. 2008

蓼属植物芽孢杆菌

ACCC 60418←福建省农业科学院；原始编号：CCTCCAB2014251；培养基 0514，30℃。

Bacillus pseudalcaliphilus corrig. Nielsen et al. 1995

假嗜碱芽孢杆菌

ACCC 61543←福建省农业科学院；原始编号：DSM 8725；培养基 0033，30℃。

Bacillus pseudofirmus Nielsen et al. 1995

假坚强芽孢杆菌

ACCC 61608←福建省农业科学院；原始编号：DSM 8715；分离源：湖岸土壤；培养基 0033，30℃。

Bacillus pseudomycoides Nakamura 1998

假真菌样芽孢杆菌

ACCC 10238←DSMZ←L. K. Nakamura，NRRL；=DSM 12442= NRRL B-617；培养基 0266，30℃。

ACCC 61907←深圳合民生物科技有限公司；原始编号：HMJZ-B1016P；生物降解；分离源：土壤；培养基 0033，30℃。

Bacillus psychrodurans Abd El-Rahman et al. 2002

耐冷芽孢杆菌

ACCC 10283←DSMZ←H. A. Abd El-Rahman；原始编号：6.80E+04；分离源：花园土；培养基 0033，25℃。

Bacillus psychrosaccharolyticus（ex Larkin & Stokes 1967）Priest et al. 1989

冷解糖芽孢杆菌

ACCC 01504←新疆农科院微生物所；原始编号：XAAS10391，LB13；培养基 0033，20℃。

ACCC 01518←新疆农科院微生物所；原始编号：XAAS10414，LB90；分离地点：新疆布尔津县；培养基 0033，20℃。

ACCC 02054←新疆农科院微生物所；原始编号：LB23，XAAS10398；分离地点：新疆布尔津县；培养基 0033，20℃。

ACCC 61620←福建省农业科学院；原始编号：DSM 13778；培养基 0220，30℃。

Bacillus pumilus Meyer & Gottheil 1901

短小芽孢杆菌

ACCC 01171←新疆农科院微生物所；原始编号：XJAA10273，B14；培养基 0033，20～30℃。

ACCC 01176←新疆农科院微生物所；原始编号：XJAA10280，B31；培养基 0033，20～30℃。

ACCC 01177←新疆农科院微生物所；原始编号：XJAA10281，B33；培养基 0033，35～40℃。

ACCC 01184←新疆农科院微生物所；原始编号：XJAA10290，B89；培养基 0033，20～30℃。

ACCC 01189←新疆农科院微生物所；原始编号：XJAA10295，B115；培养基 0033，20～30℃。

ACCC 01264←新疆农科院微生物所；原始编号：XJAA10353，SB82；培养基 0033，20～30℃。

ACCC 01265←新疆农科院微生物所；原始编号：XJAA10354，SB88；培养基 0033，20～30℃。

ACCC 01545←新疆农科院微生物所；原始编号：XAAS10471，AB8；分离地点：新疆吐鲁番；培养基 0033，20～30℃。

ACCC 01660←广东微生物所；原始编号：GIMT1.052；分离地点：广东增城；培养基 0002，30℃。

ACCC 01671←中国农科院饲料所；原始编号：FRI2007044，B208；饲料用植酸酶等的筛选，产淀粉酶和蛋白酶；分离地点：海南三亚；培养基 0002，37℃。

ACCC 01672←中国农科院饲料所；原始编号：FRI2007045，B209；饲料用植酸酶等的筛选，产淀粉酶和蛋白酶；分离地点：海南三亚；培养基 0002，37℃。

ACCC 01736←中国农科院饲料所；原始编号：FRI2007053，B286；饲料用木聚糖酶、葡聚糖酶、蛋白酶、植酸酶等的筛选；分离地点：浙江；培养基 0002，37℃。

ACCC 01743←中国农科院饲料所；原始编号：FRI20070672，B293；饲料用木聚糖酶、葡聚糖酶、蛋白酶、植酸酶等的筛选；分离地点：浙江；培养基 0002，37℃。

ACCC 01869←中国农科院资划所←新疆农科院微生物所；原始编号：AB12；分离源：甘草；培养基 0033，37℃。

ACCC 01897←中国农科院资划所←新疆农科院微生物所；原始编号：XA1-2；分离源：甘草；培养基 0033，37℃。

ACCC 01898←中国农科院资划所←新疆农科院微生物所；原始编号：XA17-1；分离源：甘草；培养基 0033，37℃。

ACCC 01899←中国农科院资划所←新疆农科院微生物所；原始编号：XA22；分离源：甘草；培养基 0033，37℃。

ACCC 01900←中国农科院资划所←新疆农科院微生物所；原始编号：XA2-2；分离源：甘草；培养基 0033，37℃。

ACCC 01924←中国农科院资划所←新疆农科院微生物所；原始编号：XD41-2；分离源：甘草；培养基 0033，37℃。

ACCC 01926←中国农科院资划所←新疆农科院微生物所；原始编号：XD44；分离源：甘草；培养基 0033，37℃。

ACCC 01936←中国农科院资划所←新疆农科院微生物所；原始编号：XD64-1；分离源：甘草；培养基 0033，37℃。

ACCC 01940←中国农科院资划所←新疆农科院微生物所；原始编号：XD70；分离源：甘草；培养基 0033，37℃。

ACCC 01941←中国农科院资划所←新疆农科院微生物所；原始编号：XD77；分离源：甘草；培养基 0033，37℃。

ACCC 02083←中国农科院资划所←新疆农科院微生物所；原始编号：DB9；分离源：植物体内；培养基 0033，30℃。

ACCC 02119←中国农科院资划所←新疆农科院微生物所；原始编号：XA11；分离源：甘草；培养基 0033，37℃。

ACCC 02121←中国农科院资划所←新疆农科院微生物所；原始编号：XA17-2；分离源：甘草；培养基 0033，37℃。

ACCC 02122←中国农科院资划所←新疆农科院微生物所；原始编号：XA18；分离源：甘草；培养基 0033，37℃。

ACCC 02124←中国农科院资划所←新疆农科院微生物所；原始编号：XA24；分离源：甘草；培养基 0033，37℃。

ACCC 02125←中国农科院资划所←新疆农科院微生物所；原始编号：XA26；分离源：甘草；培养基 0033，37℃。

ACCC 02129←中国农科院资划所←新疆农科院微生物所；原始编号：XA6；分离源：甘草；培养基 0033，37℃。

ACCC 02130←中国农科院资划所←新疆农科院微生物所；原始编号：XA7；分离源：植物体内；培养基 0033，30℃。

ACCC 02131←中国农科院资划所←新疆农科院微生物所；原始编号：XA8；分离源：甘草；培养基 0033，37℃。

ACCC 02138←中国农科院资划所←新疆农科院微生物所；原始编号：XD28-2；分离源：甘草；培养基 0033，37℃。

ACCC 02139←中国农科院资划所←新疆农科院微生物所；原始编号：XD3；分离源：甘草；培养基 0033，37℃。

ACCC 02140←中国农科院资划所←新疆农科院微生物所；原始编号：XD39；分离源：甘草；培养基 0033，37℃。

ACCC 02141←中国农科院资划所←新疆农科院微生物所；原始编号：XD39-1；分离源：甘草；培养基 0033，37℃。

ACCC 02145←中国农科院资划所←新疆农科院微生物所；原始编号：XD48-2；分离源：甘草；培养基
　　　0033，37℃。

ACCC 02296←中国农科院生物技术所；原始编号：BRI00355；极端环境下，耐盐等特殊功能的研究；
　　　培养基 0033，30℃。

ACCC 02648←南京农大农业环境微生物中心；原始编号：TS1，NAECC1160；分离地点：江苏南京；
　　　培养基 0033，30℃。

ACCC 02715←南京农大农业环境微生物中心；原始编号：M295，NAECC1750；在无机盐培养基中以
　　　10 mg/L 的孔雀石绿为碳源培养，2 天内孔雀石绿降解率大于 70%；分离地点：江苏连
　　　云港新浦区；培养基 0033，30℃。

ACCC 02749←南京农大农业环境微生物中心；原始编号：ZYJ1-1，NAECC1560；能于 2 天降解十八烷
　　　500 mg/L 50%～60%，十八烷为唯一碳源（无机盐培养基）；分离地点：山东东营胜利油
　　　田；培养基 0002，30℃。

ACCC 02750←南京农大农业环境微生物中心；原始编号：ZYJ1-2，NAECC1561；能于 2 天降解十八烷
　　　500 mg/L 50%～60%，十八烷为唯一碳源（无机盐培养基）；分离地点：山东东营胜利油
　　　田；培养基 0002，30℃。

ACCC 02757←南京农大农业环境微生物中心；原始编号：XIAN-1，NAECC1568；极端碱性菌（pH 值
　　　12），碱性羧甲基纤维素平板上分泌碱性纤维素酶，形成透明圈；分离地点：南京农大排
　　　污口；培养基 0002，30℃。

ACCC 02759←南京农大农业环境微生物中心；原始编号：DA-2，NAECC1570；极端碱性菌（pH 值
　　　12），能在碱性 pH 值 11～12 的酪蛋白平板上分泌碱性蛋白酶，形成透明圈；分离地点：
　　　南京农大排污口；培养基 0002，30℃。

ACCC 02800←南京农大农业环境微生物中心；原始编号：ST267，NAECC1745；耐盐细菌，在 10%
　　　NaCl 培养基中可生长；分离地点：江苏连云港新浦区；培养基 0033，30℃。

ACCC 02801←南京农大农业环境微生物中心；原始编号：ST277，NAECC1746；耐盐细菌，在 10%
　　　NaCl 培养基中可生长；分离地点：江苏连云港新浦区；培养基 0033，30℃。

ACCC 02802←南京农大农业环境微生物中心；原始编号：ST304，NAECC1747；耐盐细菌，在 10%
　　　NaCl 培养基中可生长；分离地点：江苏连云港新浦区；培养基 0033，30℃。

ACCC 02804←南京农大农业环境微生物中心；原始编号：ST312，NAECC1749；耐盐细菌，在 10%
　　　NaCl 培养基中可生长；分离地点：江苏连云港新浦区；培养基 0033，30℃。

ACCC 02822←南京农大农业环境微生物中心；原始编号：ZYJ1-3，NAECC1519；能于 3 天降解 500 mg/L
　　　十八烷 50%～60%，十八烷为唯一碳源（无机盐培养基）；分离地点：山东东营胜利油
　　　田；培养基 0002，30℃。

ACCC 02831←南京农大农业环境微生物中心；原始编号：F4-1，NAECC1546；能于 2 天降解约
　　　1 000 mg/L 的萘，降解率为 60%～70%，萘为唯一碳源（无机盐培养基）；分离地点：山
　　　东东营胜利油田；培养基 0002，30℃。

ACCC 02950←中国农科院资划所；原始编号：GD-49-2-3，7019；分离源：土壤；培养基 0065，28℃。

ACCC 02958←中国农科院资划所；原始编号：GD-43-2-1，7029；分离源：土壤；培养基 0065，28℃。

ACCC 03005←中国农科院资划所；原始编号：GD-43-2-2，7084；分离源：土壤；培养基 0065，28℃。

ACCC 03377←中国农科院麻类所；原始编号：IBFC W0745；红麻脱胶；培养基 0081，33℃。

ACCC 03379←中国农科院麻类所；原始编号：IBFC W0761；红麻脱胶；分离地点：中南林业科技大
　　　学；培养基 0081，33℃。

ACCC 03385←中国农科院麻类所；原始编号：IBFC W0569；红麻脱胶；培养基 0081，33℃。

ACCC 03392←中国农科院麻类所；原始编号：M12；分离源：土壤；培养基 0081，33℃。

ACCC 03394←中国农科院麻类所；原始编号：IBFC W0825；红麻脱胶；培养基 0081，33℃。

ACCC 03395←中国农科院麻类所；原始编号：IBFC W0772；红麻脱胶；分离地点：中南林业科技大
　　　学；培养基 CM0081，33℃。

ACCC 03402←中国农科院麻类所；原始编号：IBFC W0727；红麻脱胶；分离地点：中南林业科技大学；培养基 0081，33℃。

ACCC 03405←中国农科院麻类所；原始编号：IBFC W0736；分离地点：中南林业科技大学；培养基 0081，33℃。

ACCC 03410←中国农科院麻类所；原始编号：IBFC W0794；红麻脱胶；分离地点：中南林业科技大学；培养基 0081，33℃。

ACCC 03413←中国农科院麻类所；原始编号：IBFC W0767；红麻脱胶；分离地点：中南林业科技大学；培养基 0081，33℃。

ACCC 03414←中国农科院麻类所；原始编号：IBFC W0746；红麻脱胶；分离地点：中南林业科技大学；培养基 0081，33℃。

ACCC 03438←中国农科院麻类所；原始编号：IBFC W0768；红麻脱胶；分离地点：中南林业科技大学；培养基 0081，33℃。

ACCC 03446←中国农科院麻类所；原始编号：IBFC W0763；红麻脱胶；分离地点：中南林业科技大学；培养基 0081，33℃。

ACCC 03448←中国农科院麻类所；原始编号：IBFC W0820；红麻脱胶；分离地点：中南林业科技大学；培养基 0081，33℃。

ACCC 03449←中国农科院麻类所；原始编号：IBFC W0738；红麻脱胶；分离地点：中南林业科技大学；培养基 0081，33℃。

ACCC 03450←中国农科院麻类所；原始编号：IBFC W0666；红麻脱胶；分离地点：中南林业科技大学；培养基 0081，33℃。

ACCC 03452←中国农科院麻类所；原始编号：IBFC W0746；红麻脱胶；分离地点：中南林业科技大学；培养基 0081，33℃。

ACCC 03456←中国农科院麻类所；原始编号：IBFC W0664；红麻脱胶；分离地点：中南林业科技大学；培养基 0081，33℃。

ACCC 03458←中国农科院麻类所；原始编号：IBFC W0747；红麻脱胶；分离地点：中南林业科技大学；培养基 0081，33℃。

ACCC 03462←中国农科院麻类所；原始编号：IBFC W0806；红麻脱胶；分离地点：中南林业科技大学；培养基 0081，33℃。

ACCC 03472←中国农科院麻类所；原始编号：IBFC W0674；分离地点：中南林业科技大学；培养基 0081，33℃。

ACCC 03476←中国农科院麻类所；原始编号：IBFC W0739；红麻脱胶；分离地点：中南林业科技大学；培养基 0081，33℃。

ACCC 03490←中国农科院麻类所；原始编号：IBFC W0735；红麻脱胶；分离地点：中南林业科技大学；培养基 0081，33℃。

ACCC 03500←中国农科院麻类所；原始编号：IBFC W0762；红麻脱胶；分离地点：中南林业科技大学；培养基 0081，35℃。

ACCC 03502←中国农科院麻类所；原始编号：IBFC W0663；红麻脱胶；分离地点：中南林业科技大学；培养基 0081，33℃。

ACCC 03504←中国农科院麻类所；原始编号：IBFC W0780；红麻脱胶；分离地点：中南林业科技大学；培养基 0081，33℃。

ACCC 03547←中国农科院麻类所；原始编号：IBFC W0841；红麻脱胶，24 小时红麻脱胶程度为 6；分离地点：湖南沅江；培养基 0081，34℃。

ACCC 03548←中国农科院麻类所；原始编号：IBFC W0842；红麻脱胶，24 小时红麻脱胶程度为 5；分离地点：湖南南县；培养基 0081，34℃。

ACCC 03552←中国农科院麻类所；原始编号：IBFC W0848；红麻脱胶，24 小时红麻脱胶程度为 3；分离地点：湖南沅江；培养基 0081，34℃。

ACCC 03561←中国农科院麻类所；原始编号：IBFC W0864；红麻脱胶，24小时红麻脱胶程度为5；分离地点：湖南南县；培养基0081，34℃。

ACCC 03562←中国农科院麻类所；原始编号：IBFC W0865；红麻脱胶，24小时红麻脱胶程度为7；分离地点：湖南沅江；培养基0081，34℃。

ACCC 03576←中国农科院麻类所；原始编号：IBFC W0890；红麻、亚麻脱胶，24小时脱胶程度为6；分离地点：湖南沅江；培养基0014，34℃。

ACCC 03589←中国农科院麻类所；原始编号：IBFC W0904；红麻脱胶，24小时红麻脱胶程度为5；分离地点：湖南沅江；培养基0081，34℃。

ACCC 03603←中国农科院麻类所；原始编号：IBFC W0925；红麻脱胶，24小时红麻脱胶程度为5；分离地点：湖南沅江；培养基0081，34℃。

ACCC 04180←广东微生物所；原始编号：Sp0728-HE；培养基0002，30℃。

ACCC 04290←广东微生物所；原始编号：18-B-6；纤维素酶产生菌；分离地点：越南；培养基0002，30～37℃。

ACCC 04292←广东微生物所；原始编号：19-b-3；纤维素酶产生菌；分离地点：越南；培养基0002，30～37℃。

ACCC 04297←广东微生物所；原始编号：20-B-5；纤维素酶产生菌；分离地点：越南；培养基0002，30～37℃。

ACCC 04300←广东微生物所；原始编号：32-B-10；纤维素酶产生菌；分离地点：越南；培养基0002，30～37℃。

ACCC 04301←广东微生物所；原始编号：33-B-5；纤维素酶产生菌；分离地点：越南；培养基0002，30～37℃。

ACCC 04305←广东微生物所；原始编号：38-B-3；纤维素酶产生菌；分离地点：越南；培养基0002，30～37℃。

ACCC 04306←广东微生物所；原始编号：3-b-6；纤维素酶产生菌；分离地点：越南；培养基0002，30～37℃。

ACCC 04309←广东微生物所；原始编号：6-b-15；纤维素酶木质素酶产生菌；分离地点：越南；培养基0002，30～37℃。

ACCC 04398←广东微生物所菌种组；原始编号：F1.12；分离源：土壤；培养基0002，30℃。

ACCC 10113←中科院微生物所←无锡酶制剂厂；=AS 1.1625；原始编号：209（83）；产碱性蛋白酶；培养基0002，30℃。

ACCC 10239←DSMZ←ATCC←N. R. Smith, 272←F. Löhnis←Král←O. Gottheil；=DSM 27=ATCC 7061=CCM 2144=IFO 12092=JCM 2508=NCIB 9369=NCTC 10337；培养基0266，30℃。

ACCC 10387←首都师范大学←中科院微生物所；=AS1.549=AS1.480产肌苷；培养基0002，30℃。

ACCC 10416←首都师范大学；培养基0033，28℃。

ACCC 10615←轻工部食品发酵所；=IFFI 9003；用于麻发酵；培养基0315，30℃。

ACCC 10697←中国农科院麻类所；原始编号：T1856-1；分离源：烂麻绒；分离地点：山东即墨县；培养基0002，32℃。

ACCC 10702←中国农科院麻类所；原始编号：T995；分离源：沤麻水；分离地点：湖南沅江；培养基0002，32℃。

ACCC 10729←中国农科院麻类所；原始编号：T1876-1；分离地点：山东即墨县；培养基0002，32℃。

ACCC 11083←中科院微生物所；=AS 1.0937；原始编号：75425；防治花生线虫病；培养基0002，30℃。

ACCC 11651←南京农大农业环境微生物中心；原始编号：SB2 NAECC0685；分离源：土壤；分离地点：山东东营；培养基0033，30℃。

ACCC 19249←中国农科院资划所←中国农科院麻类所；原始编号：IBFCW20130119；分离源：麻土；培养基0002，30℃。

ACCC 19253←中国农科院资划所←中国农科院麻类所；原始编号：IBFCW20130123；分离源：麻土；培养基0002，30℃。

ACCC 19277←中国农科院资划所←中国农科院麻类所；原始编号：IBFCW20130148；分离源：麻土；培养基0002，30℃。

ACCC 19281←中国农科院资划所←中国农科院麻类所；原始编号：IBFCW20130153；分离源：麻土；培养基0002，30℃。

ACCC 19286←中国农科院资划所←中国农科院麻类所；原始编号：IBFCW20130158；分离源：麻土；培养基0002，30℃。

ACCC 19290←中国农科院资划所←中国农科院麻类所；原始编号：IBFCW20130162；分离源：麻土；培养基0002，30℃。

ACCC 19294←中国农科院资划所←中国农科院麻类所；原始编号：IBFCW20130166；分离源：麻土；培养基0002，30℃。

ACCC 19382←中国农科院资划所←华南农大农学院；原始编号：YK04；具有固氮作用；分离源：野生稻组织；培养基0033，37℃。

ACCC 19383←中国农科院资划所←华南农大农学院；原始编号：YK05；具有固氮作用；分离源：野生稻组织；培养基0033，37℃。

ACCC 19423←中国农科院资划所←华南农大农学院；原始编号：YY02；具有固氮作用；分离源：野生稻组织；培养基0033，37℃。

ACCC 19425←中国农科院资划所←华南农大农学院；原始编号：YY04；具有固氮作用；分离源：野生稻组织；培养基0033，37℃。

ACCC 19433←中国农科院资划所←华南农大农学院；原始编号：YY12；具有固氮作用；分离源：野生稻组织；培养基0033，37℃。

ACCC 61658←南京农大；原始编号：LY-10；促进植物生长；分离源：土壤；培养基0033，30℃。

ACCC 61667←南京农大；原始编号：LY-37；促进植物生长；分离源：土壤；培养基0033，30℃。

ACCC 61672←南京农大；原始编号：LY-52；促进植物生长；分离源：土壤；培养基0033，30℃。

ACCC 61679←南京农大；原始编号：LY-85；促进植物生长；分离源：土壤；培养基0033，30℃。

ACCC 61775←中国农科院资划所；原始编号：S40；拮抗植物病原菌；分离源：土壤；培养基0033，28℃。

ACCC 61776←中国农科院资划所；原始编号：S966；拮抗植物病原菌；分离源：土壤；培养基0033，28℃。

ACCC 61801←中国农科院资划所；原始编号：S140；拮抗植物病原菌；分离源：烟草根围土；培养基0033，28℃。

Bacillus purgationiresistans Vaz-Moreira et al. 2012

ACCC 61551←福建省农业科学院；原始编号：DSM 23494；分离源：饮用水处理厂水库的水；培养基0220，30℃。

Bacillus rhizosphaerae Madhaiyan et al. 2013

ACCC 61615←福建省农业科学院；原始编号：DSM 21911；分离源：甘蔗根际土壤；培养基0220，28℃。

Bacillus ruris Heyndrickx et al. 2005

农庄芽孢杆菌

ACCC 60437←福建省农业科学院；原始编号：DSM 17057；分离源：鲜奶；培养基0847，30℃。

Bacillus safensis Satomi et al. 2006

沙福芽孢杆菌

ACCC 06446←中国农科院资划所；原始编号：LAM9004；分离源：水稻土；培养基0002，35℃。

ACCC 06458←中国农科院资划所；原始编号：LAM9016；分离源：盐碱土；培养基0002，35℃。

ACCC 06468←中国农科院资划所；原始编号：LAM9026；分离源：沼液；培养基0002，35℃。

ACCC 06496←中国农科院资划所；原始编号：LAM0061；分离源：10% 柴油沼液；培养基0002，30℃。

ACCC 61545←福建省农业科学院；原始编号：DSM 19292；培养基 0220，30℃。

ACCC 61654←南京农大；原始编号：LY-3；促进植物生长；分离源：土壤；培养基 0033，30℃。

ACCC 61657←南京农大；原始编号：LY-9；促进植物生长；分离源：土壤；培养基 0033，30℃。

ACCC 61660←南京农大；原始编号：LY-14；促进植物生长；分离源：土壤；培养基 0033，30℃。

ACCC 61662←南京农大；原始编号：LY-19；促进植物生长；分离源：土壤；培养基 0033，30℃。

ACCC 61663←南京农大；原始编号：LY-20；促进植物生长；分离源：土壤；培养基 0033，30℃。

ACCC 61670←南京农大；原始编号：LY-47；促进植物生长；分离源：土壤；培养基 0033，30℃。

Bacillus selenitireducens Switzer Blum et al. 2001

还原硒酸盐芽孢杆菌

ACCC 60422←福建省农业科学院；原始编号：DSM 15326；培养基 0033，26℃。

Bacillus shackletonii Logan et al. 2004

沙氏芽孢杆菌

ACCC 61544←福建省农业科学院；原始编号：DSM 18868；分离源：火山土；培养基 0001，30℃。

Bacillus siamensis Sumpavapol et al. 2010

ACCC 19948←中国农科院资划所；原始编号：R003；分离源：桃树根系；培养基 0033，28℃。

ACCC 60411←中国农科院加工所；原始编号：JS30B；拮抗真菌；分离源：小麦；培养基 0033，30℃。

ACCC 61759←中国农科院资划所；原始编号：S847；拮抗植物病原菌；分离源：土壤；培养基 0033，28℃。

Bacillus silvestris Rheims et al. 1999

森林芽孢杆菌

ACCC 01925←中国农科院资划所←新疆农科院微生物所；原始编号：XD42；分离源：甘草；培养基 0033，37℃。

ACCC 10200←DSMZ←H. Rheims；=DSM 12223＝ATCC BAA-269；培养基 0002，30℃。

Bacillus simplex（ex Meyer & Gottheil 1901）Priest et al. 1989

简单芽孢杆菌

ACCC 01215←新疆农科院微生物所；原始编号：XJAA10310，LB25；培养基 0033，20～25℃。

ACCC 01999←新疆农科院微生物所；原始编号：LB41B，XAAS10431；分离地点：新疆布尔津县；培养基 0033，20℃。

ACCC 02007←新疆农科院微生物所；原始编号：LB9B，XAAS10421；分离地点：新疆布尔津县；培养基 0033，20℃。

ACCC 02051←新疆农科院微生物所；原始编号：LB17A，XAAS10422；分离地点：新疆布尔津县；培养基 0033，20～35℃。

ACCC 02301←中国农科院生物技术所；原始编号：C-A-2；极端环境下，耐盐等特殊功能的研究；培养基 0033，30℃。

ACCC 05675←DSMZ←European Space Agency, Noordwijk, Netherlands；ES2-W8c1←P. Rettberg；培养基 0002，28℃。

ACCC 06369←中国农科院资划所；原始编号：LAM-L6；培养基 0002，30℃。

Bacillus siralis Pettersson et al. 2000

青贮窖芽孢杆菌

ACCC 05715←山西省交城县农科所；原始编号：Ju-s05；分离源：交城骏枣；培养基 0073，28℃。

Bacillus smithii Nakamura et al. 1988

史氏芽孢杆菌

ACCC 10240←DSMZ←NRRL；=DSM 4216＝IFO 15311＝NRRL NRS 173；培养基 0266，55℃。

Bacillus soli Heyrman et al. 2004

土壤芽孢杆菌

ACCC 61541←福建省农业科学院；原始编号：DSM 15604；分离源：土壤；培养基 0001，30℃。

ACCC 61566←福建省农业科学院；原始编号：DSM 15604；分离源：土壤；培养基 0001，30℃。

Bacillus solisalsi Liu et al. 2009

ACCC 03015←中国农科院资划所；原始编号：GD-57-2-4，7096；分离源：土壤；培养基 0065，28℃。

Bacillus sonorensis Palmisano et al. 2001

索诺拉沙漠芽孢杆菌

ACCC 03011←中国农科院资划所；原始编号：GD-1-1-2，7092；可用来研发生产生物肥料；分离地点：北京农科院试验地；培养基 0065，28℃。

ACCC 05683←DSMZ←NRRL←NRS；分离源：土壤；培养基 0802，30℃。

Bacillus sp.

芽孢杆菌

ACCC 01738←中国农科院饲料所；原始编号：FRI2007067，B288；饲料用植酸酶等的筛选；分离地点：浙江；培养基 0002，37℃。

ACCC 01042←中国农科院资划所；原始编号：GD-31-2-1；具有生产固氮生物肥料潜力；分离地点：河北高碑店；培养基 0065，28℃。

ACCC 01051←中国农科院资划所；原始编号：DF1-4-2；具有作为动物益生菌、生产饲料淀粉酶潜力；分离地点：中国农科院试验地；培养基 0002，28℃。

ACCC 01082←中国农科院资划所；原始编号：GD-7-2-3；具有生产固氮生物肥料潜力；分离地点：北京朝阳；培养基 0065，28℃。

ACCC 01083←中国农科院资划所；原始编号：GD-8-2-2；具有生产固氮生物肥料潜力；分离地点：北京朝阳；培养基 0065，28℃。

ACCC 01088←中国农科院资划所；原始编号：DF1-5-1；具有作为动物益生菌、生产饲料淀粉酶潜力；分离地点：河北邯郸；培养基 0002，28℃。

ACCC 01099←中国农科院资划所；原始编号：DF1-1-4；具有作为动物益生菌、生产饲料淀粉酶潜力；分离地点：北京农科院试验地；培养基 0002，28℃。

ACCC 01103←中国农科院资划所；原始编号：Hg-15-2；具有用作耐重金属基因资源潜力；分离地点：北京市大兴县电镀厂；培养基 0002，28℃。

ACCC 01108←中国农科院资划所；原始编号：FX2-2-17；具有处理富营养水体和养殖废水潜力；分离地点：河北邯郸；培养基 0002，28℃。

ACCC 01117←中国农科院资划所；原始编号：Zn-17-1-1；具有用作耐重金属基因资源潜力；分离地点：北京市大兴县电镀厂；培养基 0002，28℃。

ACCC 01135←中国农科院资划所；原始编号：DF1-1-3；具有作为动物益生菌、生产饲料淀粉酶潜力；分离地点：北京农科院试验地；培养基 0002，28℃。

ACCC 01143←中国农科院资划所；原始编号：FX2-5-3；具有处理富营养水体和养殖废水潜力；分离地点：河北邯郸；培养基 0002，28℃。

ACCC 01147←中国农科院资划所；原始编号：DF1-4-1；具有作为动物益生菌、生产饲料淀粉酶潜力；分离地点：中国农科院试验地；培养基 0002，28℃。

ACCC 01153←中国农科院资划所；原始编号：S2；培养基 0033，30℃。

ACCC 01158←中国农科院资划所；原始编号：S8；培养基 0033，28℃。

ACCC 01161←中国农科院资划所；原始编号：S11；培养基 0033，30℃。

ACCC 01162←中国农科院资划所；原始编号：S12；培养基 0033，28℃。

ACCC 01167←中国农科院资划所；原始编号：S18；培养基 0033，30℃。

ACCC 01268←广东微生物所；原始编号：GIMV1.0001，1-B-1；检测生产；分离地点：越南 DALAT；培养基 0002，30～37℃。

ACCC 01271←广东微生物所；原始编号：GIMV1.0005，2-B-1；检测、生产；分离地点：越南 DALAT；培养基 0002，30～37℃。

ACCC 01281←广东微生物所；原始编号：GIMV1.0025，7-B-3；检测、生产；分离地点：越南 DALAT；培养基 0002，30～37℃。

ACCC 01287←广东微生物所；原始编号：GIMV1.0047，15-B-1；检测、生产；分离地点：越南 DALAT；培养基 0002，30～37℃。

ACCC 01289←广东微生物所；原始编号：GIMV1.0049，18-B-1；检测、生产；分离地点：越南 DALAT 生物所；培养基 0002，30～37℃。

ACCC 01291←广东微生物所；原始编号：GIMV1.0053，20-B；检测、生产；分离地点：越南 DALAT 生物所；培养基 0002，30～37℃。

ACCC 01296←广东微生物所；原始编号：GIMV1.0068，36-B-4；检测、生产；分离地点：越南 DALAT；培养基 0002，30～37℃。

ACCC 01297←广东微生物所；原始编号：GIMV1.0069，36-B-5；检测、生产；分离地点：越南 DALAT；培养基 0002，30～37℃。

ACCC 01298←广东微生物所；原始编号：GIMV1.0073，38-B；检测、生产；分离地点：越南 DALAT；培养基 0002，30～37℃。

ACCC 01299←广东微生物所；原始编号：GIMV1.0074，39-B；检测、生产；分离地点：越南 DALAT；培养基 0002，30～37℃。

ACCC 01302←广东微生物所；原始编号：GIMV1.0078，46-B-1；检测、生产；分离地点：越南 DALAT；培养基 0002，30～37℃。

ACCC 01377←山东农业大学；原始编号：SDAUMCC100001，ZB-337；分离源：小麦根际土壤；培养基 0325，37℃。

ACCC 01378←山东农业大学；原始编号：SDAUMCC100002，ZB-40；分离源：小麦根际土壤；培养基 0325，37℃。

ACCC 01379←山东农业大学；原始编号：SDAUMCC100003，ZB-6；分离源：小麦根际土壤；培养基 0325，37℃。

ACCC 01380←山东农业大学；原始编号：SDAUMCC100004，ZB-8；分离源：小麦根际土壤；培养基 0325，37℃。

ACCC 01381←山东农业大学；原始编号：SDAUMCC100005，ZB-12；分离源：小麦根际土壤；培养基 0325，37℃。

ACCC 01384←山东农业大学；原始编号：SDAUMCC100007，ZB-388；分离源：活性污泥；培养基 0325，37℃。

ACCC 01385←山东农业大学；原始编号：SDAUMCC100008，ZB-101；分离源：活性污泥；培养基 325，37℃。

ACCC 01388←山东农业大学；原始编号：SDAUMCC100011，ZB-263；分离源：污泥；培养基 325，37℃。

ACCC 01389←山东农业大学；原始编号：SDAUMCC100012，ZB-247；分离源：污泥；培养基 0325，37℃。

ACCC 01395←山东农业大学；原始编号：SDAUMCC100018，ZB-176；分离源：活性污泥；培养基 0325，37℃。

ACCC 01396←山东农业大学；原始编号：SDAUMCC100019，ZB-179；分离源：污泥；培养基 0325，37℃。

ACCC 01397←山东农业大学；原始编号：SDAUMCC100020，ZB-133；分离源：污泥；培养基 0325，37℃。

ACCC 01398←山东农业大学；原始编号：SDAUMCC100021，ZB-135；分离源：污泥；培养基 0325，37℃。

ACCC 01399←山东农业大学；原始编号：SDAUMCC100022，ZB-147；分离源：污泥；培养基 0325，37℃。

ACCC 01403←山东农业大学；原始编号：SDAUMCC100026，ZB-158；分离源：污泥；培养基 0325，37℃。

ACCC 01433←山东农业大学；原始编号：SDAUMCC100067，ZB-395；分离源：耕作土壤；培养基 0325，37℃。

ACCC 01445←山东农业大学；原始编号：SDAUMCC100175，ZB-188；分离源：河水；培养基 0002，37℃。

ACCC 01446←山东农业大学；原始编号：SDAUMCC100176，ZB-189；分离源：水；培养基 0002，37℃。

ACCC 01448←山东农业大学；原始编号：SDAUMCC100178，ZB-191；分离源：水；培养基 0002，37℃。

ACCC 01452←山东农业大学；原始编号：SDAUMCC100182，ZB-195；分离源：水；培养基 0002，37℃。

ACCC 01453←山东农业大学；原始编号：SDAUMCC100183，ZB-196；分离源：水；培养基 0002，37℃。

ACCC 01454←山东农业大学；原始编号：SDAUMCC100184，ZB-186；分离源：水；培养基 0002，37℃。

ACCC 01456←山东农业大学；原始编号：SDAUMCC100186，ZB-065；分离源：土壤；培养基 0002，37℃。

ACCC 01457←山东农业大学；原始编号：SDAUMCC100187，ZB-069；分离源：土壤；培养基 0002，37℃。

ACCC 01459←山东农业大学；原始编号：SDAUMCC100189，ZB-075；分离源：土壤；培养基 0002，37℃。

ACCC 01460←山东农业大学；原始编号：SDAUMCC100190，ZB-076；分离源：土壤；培养基 0002，37℃。

ACCC 01461←山东农业大学；原始编号：SDAUMCC100191，ZB-077；分离源：土壤；培养基 0002，37℃。

ACCC 01464←山东农业大学；原始编号：SDAUMCC100194，ZB-080；分离源：土壤；培养基 0002，37℃。

ACCC 01467←山东农业大学；原始编号：SDAUMCC100197，Y502；分离源：土壤；培养基 0033，37℃。

ACCC 01487←广东微生物所；原始编号：GIMV1.0005，2-B-1；培养基 0002，30～37℃。

ACCC 01488←广东微生物所；原始编号：GIMV1.0047，15-B-1；培养基 0002，30～37℃。

ACCC 01489←广东微生物所；原始编号：GIMV1.0056，25-B-1；培养基 0002，30～37℃。

ACCC 01490←广东微生物所；原始编号：GIMV1.0058，28-B-2；培养基 0002，30～37℃。

ACCC 01491←广东微生物所；原始编号：GIMV1.0059，29-B；培养基 0002，30～37℃。

ACCC 01492←广东微生物所；原始编号：GIMV1.0060，30-B-1；培养基 0002，30～37℃。

ACCC 01493←广东微生物所；原始编号：GIMV1.0064，34-B-2；培养基 0002，30～37℃。

ACCC 01494←广东微生物所；原始编号：GIMV1.0066，36-B-2；培养基 0002，30～37℃。

ACCC 01495←广东微生物所；原始编号：GIMV1.0067，36-B-3；培养基 0002，30～37℃。

ACCC 01856←福建农林大学生物农药与化学生物学教育部重点实验室；原始编号：BCBKL 0050，TB1；分离源：福建罗源；培养基 0002，30℃。

ACCC 02055←新疆农科院微生物所；原始编号：LB31，XAAS10357；分离地点：新疆布尔津县；培养基 0033，20℃。

ACCC 02496←南京农大农业环境微生物中心；原始编号：BFF-4，NAECC0876；在 LB 液体培养基中培养成膜能力较强；分离源：南化二厂曝气池；培养基 0033，30℃。

ACCC 02503←南京农大农业环境微生物中心；原始编号：NSA-30，NAECC883；←南京农大农业环境微生物中心；原始编号：NSA-31，NAECC884；能够在含 15% NaCl 的 LB 液体培养基中生长，表现出中度耐盐性；分离源：盐城滨海晒盐厂；培养基 0033，30℃。

ACCC 02517←南京农大农业环境微生物中心；原始编号：Y12，NAECC1004；耐受高浓度的异丙醇，可降解异丙醇，降解率达 40%；分离地点：江苏南京玄武区；培养基 0033，30℃。

ACCC 02731←南京农大农业环境微生物中心；原始编号：JP-A，NAECC1396；在 10%NaCl 培养基上能够生长；分离地点：南京江浦农场；培养基 0002，30℃。

ACCC 02754←南京农大农业环境微生物中心；原始编号：ZYJ2-1，NAECC1565；能于 2 天降解 500 mg/L 菲 50%～60%，菲为唯一碳源（无机盐培养基）；分离地点：山东东营胜利油田；培养基 0002，30℃。

ACCC 02791←南京农大农业环境微生物中心；原始编号：LC-3，NAECC1270；对 500 mg/L 的甲磺隆有抗性；分离地点：南京玄武区；培养基 0002，30℃。

ACCC 02853←南京农大农业环境微生物中心；原始编号：SY8，NAECC1294；在 10%NaCl 培养基上能够生长；分离源：市场上购买的酸菜卤汁；培养基 0002，30℃。

ACCC 02861←南京农大农业环境微生物中心；原始编号：SY4，NAECC1317；在 10%NaCl 培养基上能够生长；分离源：市场上购买的酸菜卤汁；培养基 0002，30℃。

ACCC 06386←中国农科院资划所；原始编号：LAM-PEG3/LAM0824；培养基 0002，30～35℃。

ACCC 10107←中国农科院土肥所；原始编号：K-38；分离源：土壤；分离地点：山东临沂苍山县；培养基 0033，28℃。

ACCC 10108←中国农科院土肥所；培养基 0033，28℃。

ACCC 10398←首都师范大学←CGMCC←JCM←ATCC←MP Starr←M. Patel 16；=ATCC 11645= ICMP 441=LMG 498=NCPPB 570=PDDCC 441；培养基 0002，26℃。

ACCC 10614←中科院微生物所；培养基 0032，37℃。

ACCC 10681←南京农大农业环境微生物中心；=NAECC 0045；原始编号：H3（JX）；培养基 0002，30℃。

ACCC 10685←南京农大农业环境微生物中心；=NAECC 0046；原始编号：jnw-4；降解甲萘威（3 天能够降解 40% 的 100 mg/L 甲萘威）；分离源：土壤；分离地点：江苏泰兴；培养基 0002，30℃。

ACCC 11610←南京农大农业环境微生物中心；原始编号：SD2，NAECC0631；分离源：土壤；分离地点：江苏南京；培养基 0033，30℃。

ACCC 11622←南京农大农业环境微生物中心；原始编号：BM4-2，NAECC1122；分离源：污泥；分离地点：江苏南京；培养基 0033，30℃。

ACCC 11636←南京农大农业环境微生物中心；原始编号：Z-1，NAECC0659；分离源：淤泥；分离地点：山东东营；培养基 0033，50℃。

ACCC 11638←南京农大农业环境微生物中心；原始编号：MH-21，NAECC0664；高温菌，能于 60℃、48 小时内降解 60% 以上的浓度为 60 μL/100 mL 的十八烷；分离源：污染水样；分离地点：山东东营；培养基 0971，60℃。

ACCC 11664←南京农大农业环境微生物中心；原始编号：BM-g，NAECC0709；产生生物表面活性剂；分离源：淤泥；分离地点：山东东营；培养基 0033，57℃。

ACCC 11672←南京农大农业环境微生物中心；原始编号：YS2，NAECC0728；分离源：淤泥；分离地点：山东东营；培养基 0033，30℃。

ACCC 11697←南京农大农业环境微生物中心；原始编号：AT43-2，NAECC0790；6 天内吡虫啉降解率 30% 左右；分离源：土壤；分离地点：山东淄博临淄区；培养基 0033，30℃。

ACCC 11699←南京农大农业环境微生物中心；原始编号：BCL23-1 NAECC0792；6 天内吡虫啉降解率 30% 左右；分离源：土壤；分离地点：山东淄博临淄区；培养基 0033，30℃。

ACCC 11709←南京农大农业环境微生物中心；原始编号：Atl-22，NAECC0810；在无机盐培养基中降解 100 mg/L 邻苯二酚，降解率为 80%～90%；分离源：水；分离地点：南京农大；培养基 0033，30℃。

ACCC 11719←南京农大农业环境微生物中心；原始编号：ACM2，NAECC0831；分离源：植物根际土壤；分离地点：山东东营；培养基 0033，28℃。

ACCC 11721←南京农大农业环境微生物中心；原始编号：BBZ4，NAECC0833；分离源：植物根际土壤；分离地点：江苏连云港；培养基 0033，28℃。

ACCC 11722←南京农大农业环境微生物中心；原始编号：BC3-1，NAECC0834；分离源：土壤；分离地点：江苏徐州；培养基 0033，28℃。

ACCC 11723←南京农大农业环境微生物中心；原始编号：BC3-2，NAECC0835；分离源：土壤；分离地点：江苏徐州；培养基 0033，28℃。

ACCC 11724←南京农大农业环境微生物中心；原始编号：BC3-3，NAECC0836；分离源：土壤；分离地点：江苏徐州；培养基 0033，28℃。

ACCC 11725←南京农大农业环境微生物中心；原始编号：BCD3-2，NAECC0837；分离源：植物根际土壤；分离地点：江苏徐州；培养基 0033，28℃。

ACCC 11726←南京农大农业环境微生物中心；原始编号：BCQ4，NAECC0838；分离源：植物根际土壤；分离地点：江苏连云港；培养基 0033，28℃。

ACCC 11727←南京农大农业环境微生物中心；原始编号：BCZ3-1，NAECC0839；分离源：植物根际土壤；分离地点：江苏徐州；培养基 0033，28℃。

ACCC 11728←南京农大农业环境微生物中心；原始编号：BCZ3-3，NAECC0840；分离源：植物根际土壤；分离地点：江苏徐州；培养基 0033，28℃。

ACCC 11729←南京农大农业环境微生物中心；原始编号：BH1，NAECC0841；分离源：土壤；分离地点：江苏南京；培养基 0033，28℃。

ACCC 11730←南京农大农业环境微生物中心；原始编号：BHC3，NAECC0842；分离源：植物根际土壤；分离地点：江苏徐州；培养基 0033，28℃。

ACCC 11731←南京农大农业环境微生物中心；原始编号：BHL1，NAECC0843；分离源：植物根际土壤；分离地点：江苏南京；培养基 0033，28℃。

ACCC 11733←南京农大农业环境微生物中心；原始编号：BHZ1，NAECC0845；分离源：植物根际土壤；分离地点：江苏南京；培养基 0033，28℃。

ACCC 11734←南京农大农业环境微生物中心；原始编号：BJ5，NAECC0846；分离源：土壤；分离地点：江苏苏州；培养基 0033，28℃。

ACCC 11735←南京农大农业环境微生物中心；原始编号：BJQ5，NAECC0847；分离源：植物根际土壤；分离地点：江苏苏州；培养基 0033，28℃。

ACCC 11736←南京农大农业环境微生物中心；原始编号：BJW5，NAECC0848；分离源：植物根际土壤；分离地点：江苏苏州；培养基 0033，28℃。

ACCC 11737←南京农大农业环境微生物中心；原始编号：BS-2，NAECC0849；分离源：土壤；分离地点：江苏盐城；培养基 0033，28℃。

ACCC 11738←南京农大农业环境微生物中心；原始编号：BSL2，NAECC0850；分离源：植物根际土壤；分离地点：江苏盐城；培养基 0033，28℃。

ACCC 11739←南京农大农业环境微生物中心；原始编号：BSQ2，NAECC0851；分离源：植物根际土壤；分离地点：江苏盐城；培养基 0033，28℃。

ACCC 11740←南京农大农业环境微生物中心；原始编号：BSX2，NAECC0852；分离源：植物根际土壤；分离地点：江苏盐城；培养基 0033，28℃。

ACCC 11742←南京农大农业环境微生物中心；原始编号：BW5，NAECC0854；分离源：植物根际土壤；分离地点：江苏盐城；培养基 0033，28℃。

ACCC 11744←南京农大农业环境微生物中心；原始编号：BWQ5，NAECC0856；分离源：植物根际土壤；分离地点：江苏苏州；培养基 0033，28℃。

ACCC 11745←南京农大农业环境微生物中心；原始编号：BWS5，NAECC0857；分离源：植物根际土壤；分离地点：江苏苏州；培养基 0033，28℃。

ACCC 11747←南京农大农业环境微生物中心；原始编号：BZG4，NAECC0859；分离源：植物根际土壤；分离地点：江苏连云港；培养基 0033，28℃。

ACCC 11748←南京农大农业环境微生物中心；原始编号：ASY1，NAECC0860；分离源：植物根际土壤；分离地点：山东东营；培养基 0033，28℃。

ACCC 11788←南京农大农业环境微生物中心；原始编号：PNP12，NAECC0996；耐受高浓度的对硝基酚，可降解对硝基酚，降解率达 50%～80%；分离源：土壤；培养基 0971，30℃。

ACCC 11794←南京农大农业环境微生物中心；原始编号：Y6，NAECC01002；可降解异丙醇，降解率达 30%～50%；分离源：土壤；培养基 0971，30℃。

ACCC 11795←南京农大农业环境微生物中心；原始编号：Y11，NAECC01003；可降解异丙醇，降解率达 30%～50%；分离源：土壤；培养基 0971，30℃。

ACCC 19833←中国农科院资划所；原始编号：NF01-6；可以发酵大豆，饲料添加剂菌种；分离源：大豆等发酵物；培养基 0002，30℃。

ACCC 60046←农业部沼气科学研究所；原始编号：BERC-11；分离源：羊瘤胃；培养基 0847，30℃。

ACCC 60062←黑龙江省农业科学院土壤肥料与环境资源研究所；原始编号：X-3；分离源：腐烂秸秆；培养基 0002，37℃。

ACCC 60063←黑龙江省农业科学院土壤肥料与环境资源研究所；原始编号：BA-1；分离源：土壤；培养基 0033，30℃。

ACCC 60070←中国农科院资划所；原始编号：17-SMS-01；分离源：菌棒；培养基 0033，37℃。

ACCC 60085←中国农科院资划所；原始编号：WN066；分离源：盐碱土；培养基 0033，37℃。

ACCC 60091←中国农科院资划所；原始编号：GWR6；促进马铃薯幼苗生长；分离源：马铃薯根际土壤；培养基 0002，28℃。

ACCC 60099←中国农科院资划所；原始编号：CM-6-叶锈-1；分离源：草莓根茎叶部；培养基 0002，28℃。

ACCC 60131←中国农科院资划所；原始编号：LMYGS-1；培养基 0002，37℃。

ACCC 60137←中国农科院资划所；原始编号：LMYGS-59；培养基 0002，37℃。

ACCC 60138←中国农科院资划所；原始编号：LMYGS-50；培养基 0002，37℃。

ACCC 60181←中国农科院资划所；原始编号：zz11-5；具有较弱的拮抗作用；分离源：水稻茎秆；培养基 0847，30℃。

ACCC 60204←中国农科院资划所；原始编号：J11-7；产 IAA 能力；分离源：水稻茎秆；培养基 0847，30℃。

ACCC 60245←中国农科院资划所；原始编号：J8-1；具有较弱的拮抗作用，具有 β 溶血作用；分离源：水稻茎秆；培养基 0847，30℃。

ACCC 60249←中国农科院资划所；原始编号：J19-6；产 IAA 能力，具有较弱的拮抗作用，具有 β 溶血作用；分离源：水稻茎秆；培养基 0847，30℃。

ACCC 60271←中国农科院资划所；原始编号：177；产 IAA 能力，具有 α 溶血作用；分离源：水稻种子；培养基 0847，30℃。

ACCC 60300←中国农科院资划所；原始编号：Z22-4；产 IAA 能力；分离源：水稻种子；培养基 0847，30℃。

ACCC 60354←中国农科院资划所；原始编号：Z2-7；分离源：水稻种子；培养基 0847，30℃。

ACCC 60395←西安交通大学生命科学与技术学院；原始编号：WRN014-0；分离源：严重发病的香蕉田里的健康植根系；培养基 0033，30℃。

ACCC 60396←西安交通大学生命科学与技术学院；原始编号：WRN014-1；分离源：实验室等离子诱变 WRN014；培养基 0033，30℃。

ACCC 60397←西安交通大学生命科学与技术学院；原始编号：WRN014-2；分离源：实验室等离子诱变 WRN014；培养基 0033，30℃。

ACCC 60398←西安交通大学生命科学与技术学院；原始编号：WRN014-3；分离源：实验室等离子诱变 WRN014；培养基 0033，30℃。

ACCC 60399←西安交通大学生命科学与技术学院；原始编号：WRN014-4；分离源：实验室等离子诱变 WRN014；培养基 0033，30℃。

ACCC 60400←西安交通大学生命科学与技术学院；原始编号：WRN014-5；分离源：实验室等离子诱变 WRN014；培养基 0033，30℃。

ACCC 60401←西安交通大学生命科学与技术学院；原始编号：WRN014-6；分离源：实验室等离子诱变 WRN014；培养基 0033，30℃。

ACCC 60402←西安交通大学生命科学与技术学院；原始编号：WRN014-7；分离源：实验室等离子诱变 WRN014；培养基 0033，30℃。

ACCC 60403←西安交通大学生命科学与技术学院；原始编号：WRN014-8；分离源：实验室等离子诱变 WRN014；培养基 0033，30℃。

ACCC 60404←西安交通大学生命科学与技术学院；原始编号：WRN014-9；分离源：实验室等离子诱变 WRN014；培养基 0033，30℃。

ACCC 60405←西安交通大学生命科学与技术学院；原始编号：WRN014-10；分离源：实验室等离子诱变 WRN014；培养基 0033，30℃。

ACCC 60406←西安交通大学生命科学与技术学院；原始编号：WRN014-11；分离源：实验室等离子诱变 WRN014；培养基 0033，30℃。

ACCC 60407←西安交通大学生命科学与技术学院；原始编号：WRN014-12；分离源：实验室等离子诱变 WRN014；培养基 0033，30℃。

ACCC 60408←西安交通大学生命科学与技术学院；原始编号：WRN014-13；分离源：实验室等离子诱变 WRN014；培养基 0033，30℃。

ACCC 60409←西安交通大学生命科学与技术学院；原始编号：WRN014-14；分离源：实验室等离子诱变 WRN014；培养基 0033，30℃。

ACCC 60412←中国农科院研究生院；原始编号：KQ-3；分离源：泥水混合物；培养基 0033，30℃。

ACCC 60414←中国农科院研究生院；原始编号：DQ-f2；分离源：土壤；培养基 0033，30℃。

ACCC 60419←福建省农业科学院；原始编号：CGMCC1.10116；分离源：海泥；培养基 0514，37℃。

ACCC 61737←济宁市农业科学研究院；原始编号：SC2-5；对镰孢菌和弯孢菌的生长有抑制作用；分离源：土壤；培养基 0002，37℃。

ACCC 61738←济宁市农业科学研究院；原始编号：SC2-6；对镰孢菌和弯孢菌的生长有抑制作用；分离源：土壤；培养基 0002，37℃。

ACCC 61739←济宁市农业科学研究院；原始编号：SC2-7；对镰孢菌和弯孢菌的生长有抑制作用；分离源：土壤；培养基 0002，37℃。

ACCC 61740←济宁市农业科学研究院；原始编号：SC3-2；对镰孢菌和弯孢菌的生长有抑制作用；分离源：土壤；培养基 0002，37℃。

ACCC 61741←济宁市农业科学研究院；原始编号：SC3-3；对镰孢菌和弯孢菌的生长有抑制作用；分离源：土壤；培养基 0002，37℃。

ACCC 61743←济宁市农业科学研究院；原始编号：SC5-2；对镰孢菌和弯孢菌的生长有抑制作用；分离源：土壤；培养基 0002，37℃。

ACCC 61747←中国农科院北京畜牧兽医研究所；原始编号：Z11；促进有益厌氧微生物的繁殖，抑制有害细菌生长；分离源：北方民族大学明湖，湖水与湖岸相接边缘的土壤，土壤表皮 5 cm 左右；培养基 0033，30℃。

ACCC 61748←中国农科院北京畜牧兽医研究所；原始编号：Z20 分离源：促进有益厌氧微生物的繁殖，抑制有害细菌生长；分离源：北方民族大学明湖，湖水与湖岸相接边缘的土壤，土壤表皮 5 cm 左右；培养基 0033，30℃。

ACCC 61750←中国农科院北京畜牧兽医研究所；原始编号：Z1；生产实践中目的产物的转化生产；分离源：种植芦荟的盆栽土样；培养基 0033，30℃。

Bacillus sphaericus Meyer & Neide 1904

球形芽孢杆菌

ACCC 01116←中国农科院资划所；原始编号：Hg-16-1-1；具有用作耐重金属基因资源潜力；分离地点：北京市大兴县电镀厂；培养基 0002，28℃。

ACCC 01307←湖北省生物农药工程研究中心；原始编号：IEDA 00515，wa-8086；产生代谢产物具有抑菌活性；分离地点：江苏；培养基 0012，28℃。

ACCC 01871←中国农科院资划所←新疆农科院微生物所；原始编号：DB14；分离源：植物体内；培养基 0033，30℃。

ACCC 03545←中国农科院麻类所；原始编号：IBFC W0839；红麻、亚麻脱胶，24 小时脱胶程度为 6；分离地点：湖南南县；培养基 0014，34℃。

ACCC 03546←中国农科院麻类所；原始编号：IBFC W0840；红麻、亚麻脱胶，24 小时脱胶程度为 5；分离地点：湖南南县；培养基 0014，34℃。

ACCC 03601←中国农科院麻类所；原始编号：IBFC W0921；红麻、亚麻脱胶，24 小时脱胶程度为 7；分离地点：湖南沅江；培养基 0014，34℃。

ACCC 04266←广东微生物所；原始编号：F1.184；杀蚊子；分离地点：广东广州；培养基 0002，30℃。

ACCC 10241←DSMZ←ATCC←R. E. Gordon←T. Gibson，1013←Král Collection←M. Wund；=DSM 28= ATCC 14577=CCM 2120=JCM 2502=NCIB 9370=NCTC 10338；培养基 0266，30℃。

ACCC 11081←中科院微生物所；原始编号：75414；防治花生线虫病；培养基 0002，30℃。

ACCC 11096←中科院微生物所←美国；=AS 1.1672；原始编号：2115；杀蚊子；培养基 0002，30℃。

Bacillus sporothermodurans Pettersson et al. 1996

耐热芽孢杆菌

ACCC 04246←广东微生物所；原始编号：1t；培养基 0002，30℃。

Bacillus stratosphericus Shivaji et al. 2006

平流层芽孢杆菌

ACCC 06475←中国农科院资划所；原始编号：LAM9033；分离源：沼液；培养基 0002，35℃。

Bacillus subtilis（Ehrenberg 1835）Cohn 1872

枯草芽孢杆菌

ACCC 01031←中国农科院资划所；原始编号：FX2-5-6；具有处理富营养水体和养殖废水潜力；分离地点：河北邯郸；培养基 0002，28℃。

ACCC 01055←中国农科院资划所；原始编号：DF1-5-3；具有作为动物益生菌、生产饲料淀粉酶潜力；分离地点：河北邯郸；培养基 0002，28℃。

ACCC 01101←中国农科院资划所；原始编号：FX2-5-5；具有处理富营养水体和养殖废水潜力；分离地点：河北邯郸；培养基 0002，28℃。

ACCC 01170←新疆农科院微生物所；原始编号：XJAA10272，B13；培养基 0033，35～40℃。

ACCC 01175←新疆农科院微生物所；原始编号：XJAA10278，B23；培养基 0033，20～30℃。

ACCC 01178←新疆农科院微生物所；原始编号：XJAA10282，B36；培养基 0033，35～40℃。

ACCC 01179←新疆农科院微生物所；原始编号：XJAA10285，B57；培养基 0033，35～40℃。

ACCC 01181←新疆农科院微生物所；原始编号：XJAA10287，B66；培养基 0033，20～30℃。

ACCC 01182←新疆农科院微生物所；原始编号：XJAA10288，B70；培养基 0033，20～30℃。

ACCC 01183←新疆农科院微生物所；原始编号：XJAA10289，B80；培养基 0033，20～30℃。

ACCC 01185←新疆农科院微生物所；原始编号：XJAA10291，B100；培养基 0033，20～30℃。

ACCC 01188←新疆农科院微生物所；原始编号：XJAA10294，B111；培养基 0033，20～30℃。

ACCC 01190←新疆农科院微生物所；原始编号：XJAA10296，B129；培养基 0033，20～30℃。

ACCC 01191←新疆农科院微生物所；原始编号：XJAA10297，B132；培养基 0033，20～30℃。

ACCC 01192←新疆农科院微生物所；原始编号：XJAA10298，B141；培养基 0033，20～30℃。

ACCC 01195←新疆农科院微生物所；原始编号：XJAA10301，B183；培养基 0033，20～30℃。

ACCC 01196←新疆农科院微生物所；原始编号：XJAA10302，B195；培养基 0033，20～30℃。

ACCC 01197←新疆农科院微生物所；原始编号：XJAA10303，B210；培养基 0033，20～30℃。

ACCC 01199←新疆农科院微生物所；原始编号：XJAA10305，B222；培养基 0033，20～30℃。

ACCC 01260←新疆农科院微生物所；原始编号：XJAA10348，SB32；培养基 0033，20～30℃。

ACCC 01266←新疆农科院微生物所；原始编号：XJAA10355，SB91；培养基 0033，20～30℃。

ACCC 01430←山东农业大学；原始编号：SDAUMCC100064，DOM-4；培养基 0325，37℃。

ACCC 01472←中国农科院生物技术所；原始编号：GIMNX-1NX-1；分离源：空心菜；培养基 0002，30℃。

ACCC 01659←广东微生物所；原始编号：GIMT1.073；分离地点：广东广州；培养基 0002，30℃。

ACCC 01680←中国农科院饲料所；原始编号：FRI2007054，B218；短鳍红娘鱼肠胃道；培养基 0002，37℃。

ACCC 01698←中国农科院饲料所；原始编号：FRI2007004，B241；饲料用植酸酶等的筛选；分离地点：浙江嘉兴鱼塘；培养基 0002，37℃。

ACCC 01746←中国农科院饲料所；原始编号：FRI20070676，B297；饲料用植酸酶、淀粉酶和蛋白酶等的筛选；分离地点：浙江；培养基 0033，37℃。

ACCC 01851←福建农林大学生物农药与化学生物学教育部重点实验室；原始编号：BCBKL 0045，22；分离源：福建福州；培养基 0002，30℃。

ACCC 01852←福建农林大学生物农药与化学生物学教育部重点实验室；原始编号：BCBKL 0046，EPL8；分离源：福建福州；培养基 0002，30℃。

ACCC 01853←福建农林大学生物农药与化学生物学教育部重点实验室；原始编号：BCBKL 0047，BS1；分离源：福建福州；培养基 0002，30℃。

ACCC 01854←福建农林大学生物农药与化学生物学教育部重点实验室；原始编号：BCBKL 0048，BS2；培养基 0002，30℃。

ACCC 01857←中国农科院资划所←新疆农科院微生物所；原始编号：1；分离源：土壤；培养基 0476，20℃。

ACCC 01872←中国农科院资划所←新疆农科院微生物所；原始编号：DB17；分离源：植物体内；培养基 0033，30℃。

ACCC 01873←中国农科院资划所←新疆农科院微生物所；原始编号：DB2；甘草；培养基 0033，30℃。

ACCC 01896←中国农科院资划所←新疆农科院微生物所；原始编号：XA12；分离源：甘草；培养基 0033，37℃。

ACCC 01907←中国农科院资划所←新疆农科院微生物所；原始编号：XD1；分离源：甘草；培养基 0033，37℃。

ACCC 01911←中国农科院资划所←新疆农科院微生物所；原始编号：XD17；分离源：甘草；培养基 0033，25～30℃。

ACCC 01914←中国农科院资划所←新疆农科院微生物所；原始编号：XD20；分离源：甘草；培养基 0033，37℃。

ACCC 01917←中国农科院资划所←新疆农科院微生物所；原始编号：XD25-1；分离源：甘草；培养基 0033，37℃。

ACCC 01930←中国农科院资划所←新疆农科院微生物所；原始编号：XD50-3；分离源：甘草；培养基 0033，37℃。

ACCC 01944←中国农科院资划所←新疆农科院微生物所；原始编号：XD9；分离源：甘草；培养基 0033，37℃。

ACCC 01998←新疆农科院微生物所；原始编号：PB9，XAAS10384；分离地点：新疆吐鲁番；培养基 0033，20～30℃。

ACCC 02043←新疆农科院微生物所；原始编号：B120，XAAS10476；分离地点：新疆吐鲁番；培养基 0033，20℃。

ACCC 02049←新疆农科院微生物所；原始编号：B38，XAAS10283；分离地点：新疆吐鲁番；培养基 0033，20～35℃。

ACCC 02120←中国农科院资划所←新疆农科院微生物所；原始编号：XA13；分离源：甘草；培养基 0033，25～30℃。

ACCC 02132←中国农科院资划所←新疆农科院微生物所；原始编号：XD10-1；分离源：甘草；培养基 0033，37℃。

ACCC 02133←中国农科院资划所←新疆农科院微生物所；原始编号：XD11；分离源：甘草；培养基 0033，37℃。

ACCC 02136←中国农科院资划所←新疆农科院微生物所；原始编号：XD25-2；分离源：甘草；培养基 0033，37℃。

ACCC 02151←中国农科院资划所←新疆农科院微生物所；原始编号：XD55；分离源：甘草；培养基 0033，37℃。

ACCC 02153←中国农科院资划所←新疆农科院微生物所；原始编号：XD7；分离源：甘草；培养基 0033，37℃。

ACCC 02230←广东微生物所；原始编号：GIMT1.086；培养基 0002，30℃。

ACCC 02380←山东农业大学菌种保藏中心；原始编号：I13；培养基 0002，37℃。

ACCC 02385←山东农业大学菌种保藏中心；原始编号：1962-02-01；分离源：盐碱地植物根际土壤；培养基 0002，37℃。

ACCC 02694←南京农大农业环境微生物中心；原始编号：D1，NAECC1369；在基础盐加农药培养基上降解丁草胺，降解率 50%；分离地点：江苏昆山；培养基 0002，30℃。

ACCC 02695←南京农大农业环境微生物中心；原始编号：D3，NAECC1371；在基础盐加农药培养基上降解丁草胺，降解率 50%；分离地点：江苏昆山；培养基 0002，30℃。

ACCC 02696←南京农大农业环境微生物中心；原始编号：D4，NAECC1372；在基础盐加农药培养基上降解丁草胺，降解率 50%；分离地点：江苏昆山；培养基 0002，30℃。

ACCC 02733←南京农大农业环境微生物中心；原始编号：JP-D，NAECC1398；在 10% NaCl 培养基上能够生长；分离地点：南京江浦农场；培养基 0002，30℃。

ACCC 02973←中国农科院资划所；原始编号：GD-44-2-4，7049；可用来研发生产生物肥料；分离地点：内蒙古牙克石；培养基 0002，28℃。

ACCC 03120←中国农科院资划所；原始编号：GD-58-1-2，7237；可用来研发生产生物肥料；分离源：黑龙江五常；培养基 0065，28℃。

ACCC 03184←中国农科院麻类所；原始编号：1245-4；麻类脱胶、草类制浆、生物糖化；培养基 0002，35℃。

ACCC 03186←中国农科院麻类所；原始编号：1354；麻类脱胶、草类制浆、生物糖化；培养基 0002，35℃。

ACCC 03187←中国农科院麻类所；原始编号：1354-15；麻类脱胶、草类制浆、生物糖化；培养基 0002，35℃。

ACCC 03189←中国农科院麻类所；原始编号：1354-22；麻类脱胶、草类制浆、生物糖化；培养基 0002，35℃。

ACCC 03190←中国农科院麻类所；原始编号：1345-23；麻类脱胶、草类制浆、生物糖化；培养基 0002，35℃。

ACCC 03210←中国农科院麻类所；原始编号：IBFC W0564；红麻脱胶；培养基 0014，33℃。

ACCC 03214←中国农科院麻类所；原始编号：IBFC W0638；麻类脱胶、草类制浆、生物糖化；培养基 0002，35℃。

ACCC 03215←中国农科院麻类所；原始编号：IBFC W0639；麻类脱胶、草类制浆、生物糖化；培养基 0002，35℃。

ACCC 03220←中国农科院麻类所；原始编号：IBFC W0640；麻类脱胶、草类制浆、生物糖化；培养基 0002，35℃。

ACCC 03221←中国农科院麻类所；原始编号：IBFC W0641；麻类脱胶、草类制浆、生物糖化；培养基0002，35℃。

ACCC 03282←山东农业大学菌种保藏中心；原始编号：16-1；分离源：旱生芦苇根际土壤；培养基0002，37℃。

ACCC 03307←山东农业大学菌种保藏中心；原始编号：41-4；分离源：荒滩土壤；培养基0002，37℃。

ACCC 03317←山东农业大学菌种保藏中心；原始编号：32-3；分离源：盐碱地植物根际土壤；培养基0002，37℃。

ACCC 03321←山东农业大学菌种保藏中心；原始编号：41-3；培养基0002，37℃。

ACCC 03325←山东农业大学菌种保藏中心；原始编号：D5；分离源：植被有无交界处土壤；培养基0002，37℃。

ACCC 03332←山东农业大学菌种保藏中心；原始编号：89B；分离源：棉花根际土壤；培养基0002，37℃。

ACCC 03357←山东农业大学菌种保藏中心；原始编号：I14；培养基0002，37℃。

ACCC 03361←山东农业大学菌种保藏中心；原始编号：65-1；分离源：水边植物根际土壤；培养基0002，37℃。

ACCC 03416←中国农科院麻类所；原始编号：IBFC W0707；麻类脱胶、草类制浆、生物糖化；分离地点：中南林业科技大学；培养基0002，35℃。

ACCC 03420←中国农科院麻类所；原始编号：IBFC W0775；麻类脱胶、草类制浆、生物糖化；分离地点：中南林业科技大学；培养基0002，35℃。

ACCC 03423←中国农科院麻类所；原始编号：IBFC W0830；麻类脱胶、草类制浆、生物糖化；培养基0002，35℃。

ACCC 03427←中国农科院麻类所；原始编号：IBFC W0668；麻类脱胶、草类制浆、生物糖化；分离地点：中南林业科技大学；培养基0002，35℃。

ACCC 03428←中国农科院麻类所；原始编号：IBFC W0641；麻类脱胶、草类制浆、生物糖化；分离地点：湖南沅江；培养基0002，35℃。

ACCC 03433←中国农科院麻类所；原始编号：IBFC W0677；麻类脱胶、草类制浆、生物糖化；分离地点：中南林业科技大学；培养基0002，35℃。

ACCC 03443←中国农科院麻类所；原始编号：IBFC W0743；麻类脱胶、草类制浆、生物糖化；分离地点：中南林业科技大学；培养基0002，35℃。

ACCC 03455←中国农科院麻类所；原始编号：IBFC W0678；麻类脱胶、草类制浆、生物糖化；分离地点：中南林业科技大学；培养基0002，35℃。

ACCC 03460←中国农科院麻类所；原始编号：IBFC W0740；麻类脱胶、草类制浆、生物糖化；培养基0002，35℃。

ACCC 03464←中国农科院麻类所；原始编号：IBFC W0741；麻类脱胶、草类制浆、生物糖化；分离地点：中南林业科技大学；培养基0002，35℃。

ACCC 03466←中国农科院麻类所；原始编号：IBFC W0723；麻类脱胶、草类制浆、生物糖化；分离地点：中南林业科技大学；培养基0002，35℃。

ACCC 03473←中国农科院麻类所；原始编号：IBFC W0667；麻类脱胶、草类制浆、生物糖化；分离地点：中南林业科技大学；培养基0002，35℃。

ACCC 03477←中国农科院麻类所；原始编号：IBFC W0708；麻类脱胶、草类制浆、生物糖化；分离地点：中南林业科技大学；培养基0002，35℃。

ACCC 03483←中国农科院麻类所；原始编号：IBFC W0713；麻类脱胶、草类制浆、生物糖化；分离地点：中南林业科技大学；培养基0033，35℃。

ACCC 03488←中国农科院麻类所；原始编号：IBFC W0777；麻类脱胶、草类制浆、生物糖化；分离地点：中南林业科技大学；培养基0002，35℃。

ACCC 03489←中国农科院麻类所；原始编号：IBFC W0662；麻类脱胶、草类制浆、生物糖化；分离地点：中南林业科技大学；培养基0002，35℃。

ACCC 03494←中国农科院麻类所；原始编号：IBFC W0773；麻类脱胶、草类制浆、生物糖化；分离地点：中南林业科技大学；培养基 0002，35℃。

ACCC 03496←中国农科院麻类所；原始编号：IBFC W0770；麻类脱胶、草类制浆、生物糖化；分离地点：中南林业科技大学；培养基 0002，35℃。

ACCC 03507←中国农科院麻类所；原始编号：IBFC W0769；麻类脱胶、草类制浆、生物糖化；分离地点：中南林业科技大学；培养基 0002，35℃。

ACCC 03511←中国农科院麻类所；原始编号：IBFC W0711；麻类脱胶、草类制浆、生物糖化；分离地点：中南林业科技大学；培养基 0002，35℃。

ACCC 03538←中国农科院资划所中国农科院麻类所；原始编号：1769-1；分离源：土壤；培养基 0002，35℃。

ACCC 03549←中国农科院麻类所；原始编号：IBFC W0844；苎麻脱胶、龙须草制浆，24 小时脱胶程度为 5；分离地点：湖南沅江；培养基 0002，35℃。

ACCC 03550←中国农科院麻类所；原始编号：IBFC W0845；苎麻脱胶、龙须草制浆，24 小时脱胶程度为 4；分离地点：浙江杭州；培养基 0002，35℃。

ACCC 03551←中国农科院麻类所；原始编号：IBFC W0846；苎麻脱胶、龙须草制浆，24 小时脱胶程度为 7；分离地点：湖南沅江；培养基 0002，35℃。

ACCC 03555←中国农科院麻类所；原始编号：IBFC W0858；苎麻脱胶、龙须草制浆，24 小时脱胶程度为 6；分离地点：湖南沅江；培养基 0002，35℃。

ACCC 03560←中国农科院麻类所；原始编号：IBFC W0863；苎麻脱胶、龙须草制浆，24 小时脱胶程度为 7；分离地点：湖南南县；培养基 0002，35℃。

ACCC 03566←中国农科院麻类所；原始编号：IBFC W0870；苎麻脱胶、龙须草制浆，24 小时脱胶程度为 8；分离地点：湖南沅江；培养基 0002，35℃。

ACCC 03569←中国农科院麻类所；原始编号：IBFC W0879；苎麻脱胶、龙须草制浆，24 小时脱胶程度为 3；分离地点：湖南沅江；培养基 0002，35℃。

ACCC 03580←中国农科院麻类所；原始编号：IBFC W0895；苎麻脱胶、龙须草制浆，24 小时脱胶程度为 5；分离地点：湖南沅江；培养基 0002，35℃。

ACCC 04177←广东微生物所；原始编号：东莞 1-5B5；培养基 0002，30℃。

ACCC 04178←广东微生物所；原始编号：1 m；培养基 0002，30℃。

ACCC 04179←广东微生物所；原始编号：Sp0728-HE；培养基 0002，30℃。

ACCC 04181←广东微生物所；原始编号：1 s；培养基 0002，30℃。

ACCC 04254←广东微生物所；原始编号：F1.19；产 α- 淀粉酶；分离源：广东广州；培养基 0002，30℃。

ACCC 04265←广东微生物所；原始编号：F1.135；产中性蛋白酶；分离源：广东广州；培养基 0002，30～37℃。

ACCC 04269←广东微生物所；原始编号：F1.286；产淀粉酶；分离地点：广东广州；培养基 0002，30～37℃。

ACCC 04295←广东微生物所；原始编号：20-B-1；木质素和纤维素生产菌；分离地点：越南；培养基 0002，30～37℃。

ACCC 04303←广东微生物所；原始编号：36-B-5；纤维素酶产生菌；分离地点：越南；培养基 0002，30～37℃。

ACCC 04367←福建省农业科学院农业生物资源研究所←福建农林大学生物农药研究中心；原始编号：4481；分离源：土壤；培养基 0002，30℃。

ACCC 04388←中国农科院环发所；原始编号：A- 亚 -C-3；分离源：猪粪水；培养基 0002，30℃。

ACCC 04396←广东微生物所；原始编号：GIMT1，135；分离源：肥料；培养基 0002，30℃。

ACCC 04401←广东微生物所；原始编号：F1.48；分离源：肥料；培养基 0002，30℃。

ACCC 05297←山东农业大学菌种保藏中心；原始编号：D7；培养基 0002，37℃。

ACCC 05298←山东农业大学菌种保藏中心；原始编号：E10；培养基 0002，37℃。

ACCC 05299←山东农业大学菌种保藏中心；原始编号：E11；培养基 0002，37℃。

ACCC 05303←山东农业大学菌种保藏中心；原始编号：88C；分离源：棉花根际土壤；培养基0002，37℃。

ACCC 05305←山东农业大学菌种保藏中心；原始编号：E12；分离源：树林植物根际土壤；培养基0002，37℃。

ACCC 05320←山东农业大学菌种保藏中心；原始编号：NK；培养基0002，37℃。

ACCC 05322←山东农业大学菌种保藏中心；原始编号：3-Na；培养基0002，37℃。

ACCC 05673←DSMZ←A. P. Rooney, NRRL；NRRLB-23052←F. M. Cohan, Wesleyan University；原始编号：DV7-B-4.；分离源：荒芜土壤；培养基0002，30℃。

ACCC 05728←中国农科院环发所；原始编号：A-亚-C-3；分离源：猪粪水；培养基0002，30℃。

ACCC 06374←中国农科院资划所；原始编号：LAM-PEG-4；培养基0002，30℃。

ACCC 10114←中科院微生物所；=AS 1.762；原始编号：1.4；腐蚀高分子材料；分离源：橡胶；培养基0002，30℃。

ACCC 10115←中科院微生物所；=AS 1.763；腐蚀高分子材料；分离源：橡胶；培养基0002，30℃。

ACCC 10116←中科院微生物所←浙江医科大学；=AS 1.884；原始编号：71-007；活菌口服剂，治疗肠炎、慢性气管炎；培养基0002，30℃。

ACCC 10118←上海水产大学渔业学院；原始编号：BS水大；培养基0002，28℃。

ACCC 10124←上海水产大学←武汉大学菌种保藏管理中心←陕西微生物所；=AS1.361=AB 93151；原始编号：097106；产蛋白酶、果胶酸；培养基0002，30℃。

ACCC 10125←上海水产大学←东海水产研究所；培养基0002，30℃。

ACCC 10126←上海水产大学←东海水产研究所；培养基0002，30℃。

ACCC 10127←上海水产大学←东海水产研究所；培养基0002，30℃。

ACCC 10128←上海水产大学；培养基0002，30℃。

ACCC 10129←上海水产大学；培养基0002，30℃。

ACCC 10147←中科院微生物所；=AS 1.769；产蛋白酶；培养基0002，30℃。

ACCC 10148←中科院微生物所；=AS 1.354；产蛋白酶，丝绸脱胶；分离源：八哥粪；培养基0002，30℃。

ACCC 10149←中科院微生物所；=AS 1.892；产中性蛋白酶；培养基0002，28℃。

ACCC 10157←中国农科院土肥所；饲料添加剂；培养基0002，30℃。

ACCC 10167←中国农科院土肥所；菌肥生产用菌；培养基0002，30℃。

ACCC 10242←DSMZ←L. K. Nakamura, NRRL；=DSM 15029= NRRL B-23049；培养基0266，30℃。

ACCC 10243←ACCC 10243←DSMZ←ATCC←H. J. Conn；=ATCC 6051-U=CCM 2216=CCRC 10255；培养基0266，30℃。

ACCC 10270←广东微生物所←中科院微生物所←上海溶剂厂←北京纺织科学研究院；=AS 1.210=GIM 1.19；产α-淀粉酶；培养基0002，30℃。

ACCC 10271←广东微生物所←中科院微生物所；=AS 1.286=GIM 1.20；原始编号：B10；培养基0002，30℃。

ACCC 10388←首都师范大学←中科院微生物所；培养基0067，30℃。

ACCC 10475←中国农科院麻类所；原始编号：H747；分离源：T61菌悬液沸水处理；分离地点：湖南沅江；培养基0002，35～37℃。

ACCC 10616←中国农科院土肥所；原始编号：B1308；产蛋白酶；培养基0141，30～35℃。

ACCC 10617←中国农科院土肥所；原始编号：B2353；产蛋白酶；分离源：鲫鱼消化道；分离地点：河北；培养基0141，30～35℃。

ACCC 10618←中国农科院土肥所；原始编号：B3-383；产蛋白酶；分离源：鲢鱼消化道；分离地点：北京；培养基0002，30～35℃。

ACCC 10619←中国农科院土肥所；原始编号：B3390；产蛋白酶，用于饲料用微生物活菌添加剂生产；分离源：鲢鱼消化道；分离地点：北京；培养基0141，30～35℃。

ACCC 10622←中国农科院土肥所；原始编号：B6372；产蛋白酶；分离源：小麦根系；分离地点：北京；培养基 0141，30～35℃。

ACCC 10623←中国农科院土肥所；原始编号：B6373；产蛋白酶；分离源：小麦根系；分离地点：北京；培养基 0141，30～35℃。

ACCC 10624←中国农科院土肥所；原始编号：B6378；产蛋白酶；分离源：小麦根系；分离地点：北京；培养基 0141，30～35℃。

ACCC 10625←中国农科院土肥所；原始编号：B8395；产蛋白酶；分离源：小麦根系；培养基 0141，30～35℃。

ACCC 10626←中国食品发酵工业研究院；=IFFI 10210；产脂肪酶；培养基 0002，30℃。

ACCC 10627←中国食品发酵工业研究院；=IFFI 10028；淀粉液化力强；培养基 0002，29～30℃。

ACCC 10628←中国食品发酵工业研究院；=IFFI 10082；产肌苷；培养基 0097，30℃。

ACCC 10629←中国食品发酵工业研究院；=IFFI 10078；苧麻脱胶；培养基 0097，28～32℃。

ACCC 10632←中科院微生物所；=AS 1.107；防治花生线虫病；培养基 0002，30℃。

ACCC 10633←中国食品发酵工业研究院；=IFFI 10074；产 α- 淀粉酶；培养基 0002，30℃。

ACCC 10634←中国农科院土肥所；原始编号：枯 2；产淀粉酶、蛋白酶；微生物肥料和微生物饲料用菌；培养基 0002，28～30℃。

ACCC 10635←中国农科院土肥所；原始编号：枯 1；产淀粉酶；微生物肥料和微生物饲料用菌；培养基 0002，30℃。

ACCC 10655←南京农大农业环境微生物中心；原始编号：B122；广谱抑制真菌类病原菌的生长和繁殖；培养基 0002，30℃。

ACCC 10692←中国农科院麻类所；原始编号：H731；分离源：T61 菌悬液沸水处理；分离地点：湖南沅江；培养基 0002，35～37℃。

ACCC 10693←中国农科院麻类所；原始编号：H732；分离源：T61 菌悬液沸水处理；分离地点：湖南沅江；培养基 0002，35～37℃。

ACCC 10696←中国农科院麻类所；原始编号：T28；分离源：塘泥；分离地点：湖南沅江；培养基 0002，42～44℃。

ACCC 10701←中国农科院麻类所；原始编号：H738；分离源：T61 菌悬液沸水处理；分离地点：湖南沅江；培养基 0002，35～37℃。

ACCC 10704←新疆农科院微生物所；=CGMCC 1.892；用于青贮饲料；培养基 0033，28℃。

ACCC 10719←中国农科院植保所；原始编号：Sep-79；三七根腐病菌的拮抗菌；分离源：三七根际；分离源：云南省文山县；培养基 0002，28℃。

ACCC 10720←中国农科院植保所；原始编号：Apr-81；三七根腐病菌的拮抗菌；分离源：三七根际；分离源：云南省马关县；培养基 0002，28℃。

ACCC 10726←中国农科院麻类所；原始编号：H733；分离源：T61 菌悬液沸水处理；分离地点：湖南沅江；培养基 0002，35～37℃。

ACCC 10727←中国农科院麻类所；原始编号：T1055；分离源：黄麻土壤；分离地点：湖南沅江；培养基 0002，32℃。

ACCC 10735←中国农科院麻类所；原始编号：T1025；分离源：竹林土壤；分离地点：湖南沅江；培养基 0002，32℃。

ACCC 10737←中国农科院麻类所；原始编号：T86；分离源：牛屎；分离地点：湖南沅江；培养基 0002，42℃。

ACCC 10741←中国农科院麻类所；原始编号：H737；分离源：T61 菌悬液沸水处理；分离地点：湖南沅江；培养基 0002，35～37℃。

ACCC 10744←中国农科院麻类所；原始编号：H743；分离源：T61 菌悬液沸水处理；分离地点：湖南沅江；培养基 0002，35～37℃。

ACCC 10746←中国农科院麻类所；原始编号：H741；分离源：T61 菌悬液沸水处理；分离地点：湖南沅江；培养基 0002，35～37℃。

ACCC 10747←中国农科院麻类所；原始编号：H739；分离源：T61 菌悬液沸水处理；分离地点：湖南沅江；培养基 0002，35～37℃。

ACCC 10749←中国农科院麻类所；原始编号：H736；分离源：T61 菌悬液沸水处理；分离地点：湖南沅江；培养基 0002，35～37℃。

ACCC 10752←中国农科院麻类所；原始编号：T470-2；分离源：牛屎；分离地点：湖南沅江；培养基 0002，42℃。

ACCC 10754←中国农科院麻类所；原始编号：H746；分离源：T61 菌悬液沸水处理；分离地点：湖南沅江；培养基 0002，35～37℃。

ACCC 10757←中国农科院麻类所 ＝CCGMC 1.943；原始编号：T66；分离源：T66 菌悬液；分离地点：湖南沅江；培养基 0002，42～44℃。

ACCC 10758←中国农科院麻类所；原始编号：H750；分离源：T61 菌悬液沸水处理；分离地点：湖南沅江；培养基 0002，35～37℃。

ACCC 10759←中国农科院麻类所；原始编号：T587-2；分离源：牛屎；分离地点：湖南沅江；培养基 0002，32℃。

ACCC 10762←中国农科院麻类所；原始编号：H730；分离源：T28 菌悬液；分离地点：湖南沅江；培养基 0002，35～37℃。

ACCC 11009←中科院微生物所；＝AS1.88；抗生素检定菌；培养基 0002，30℃。

ACCC 11010←中国农科院土肥所←中科院微生物所；＝AS1.308；卡那霉素测定菌；培养基 0002，30℃。

ACCC 11011←中国农科院土肥所；原始编号：枯 1；培养基 0002，30℃。

ACCC 11012←中国农科院土肥所；原始编号：枯 2；培养基 0002，30℃。

ACCC 11025←中国农科院土肥所←山东聊城原始编号：BHL0201；专用于畜禽饲料添加剂；培养基 0002，30℃。

ACCC 11060←中科院微生物所←上海溶剂厂←北京纺织科学研究所；＝AS 1.210；原始编号：京分 2-2；产 α- 淀粉酶；培养基 0002，30℃。

ACCC 11062←中国食品发酵工业研究院；＝IFFI 10081；产中性蛋白酶；培养基 0002，30℃。

ACCC 11070←中国农科院土肥所；原始编号：12910；产 α 淀粉酶，生产菌株；培养基 0002，30℃。

ACCC 11088←中科院微生物所；＝AS 1.0933；防治花生线虫病；培养基 0002，32℃。

ACCC 11089←中国食品发酵工业研究院；＝IFFI 10088；用于分解半纤维素；培养基 0002，28～30℃。

ACCC 11112←中科院微生物所；＝AS 1.140；春雷霉素测定菌；培养基 0002，30℃。

ACCC 11113←中科院微生物所；＝AS 1.338；产蛋白酶，用于生丝脱胶；培养基 0002，30℃。

ACCC 19269←中国农科院资划所←中国农科院麻类所；原始编号：IBFCW20130139；分离源：菜园土壤；培养基 0002，33℃。

ACCC 19373←中国农科院资划所←韩国典型菌种保藏中心；原始编号：X12；降解纤维素；分离源：土壤；培养基 0002，37℃。

ACCC 19374←中国农科院资划所←韩国典型菌种保藏中心；原始编号：X13；降解纤维素；分离源：土壤；培养基 0033，37℃。

ACCC 19742←中国农科院资划所←山东农科院资环所；原始编号：SDZHYB-1；可用于制备微生物肥料和生物有机肥；分离源：土壤；培养基 0847，30～35℃。

ACCC 19743←中国农科院资划所←山东农科院资环所；原始编号：SDZHYB-10；可用于制备微生物肥料和生物有机肥；分离源：土壤；培养基 0847，30～35℃。

ACCC 60364←中国农科院资划所；原始编号：3072；微生物肥料生产；分离源：土壤；培养基 0033，30℃。

ACCC 60383←甘肃农业大学；原始编号：BsP-003；植物真菌病害生物防治；分离源：梨树韧皮组织；培养基 0033，30℃。

ACCC 60429←山西省植物内生菌资源共享服务平台；原始编号：XJ8；微生物农药及菌肥的开发及应用；分离源：番茄；培养基 0014，28℃。

ACCC 61652←河北农业大学；原始编号：ZD01；科学研究；分离源：马铃薯根际土壤；培养基0033，30℃。

ACCC 61678←南京农大；原始编号：LY-73；促进植物生长；分离源：土壤；培养基0033，30℃。

ACCC 61711←济宁市农业科学研究院；原始编号：8s；拮抗菌；分离源：土壤；培养基0002，30℃。

ACCC 61735←济宁市农业科学研究院；原始编号：SC1-1；对镰孢菌和弯孢菌的生长有抑制作用；分离源：土壤；培养基0002，37℃。

ACCC 61742←济宁市农业科学研究院；原始编号：SC3-5；对镰孢菌和弯孢菌的生长有抑制作用；分离源：土壤；培养基0002，37℃。

ACCC 61744←济宁市农业科学研究院；原始编号：SC5-1-2；对镰孢菌和弯孢菌的生长有抑制作用；分离源：土壤；培养基0002，37℃。

ACCC 61760←中国农科院资划所；原始编号：S1054；拮抗植物病原菌；分离源：土壤；培养基0033，28℃。

ACCC 61761←中国农科院资划所；原始编号：S1098；拮抗植物病原菌；分离源：土壤；培养基0033，28℃。

ACCC 61762←中国农科院资划所；原始编号：S738；拮抗植物病原菌；分离源：土壤；培养基0033，28℃。

ACCC 61763←中国农科院资划所；原始编号：S774；拮抗植物病原菌；分离源：土壤；培养基0033，28℃。

ACCC 61813←中国农科院资划所；原始编号：2F-431；拮抗作用；分离源：土壤；培养基0033，30℃。

ACCC 61823←中国农科院资划所；原始编号：3F235；具有促生功能；分离源：番茄土壤；培养基0033，30℃。

ACCC 61824←中国农科院资划所；原始编号：1F2315；具有促生功能；分离源：番茄土壤；培养基0033，30℃。

ACCC 61826←中国农科院资划所；原始编号：1F211；具有促生功能；分离源：番茄土壤；培养基0033，30℃。

ACCC 61877←中国农科院资划所；原始编号：YN-3-6；分离源：大蒜；培养基0512，30℃。

ACCC 61882←中国农科院资划所；原始编号：YN-3-12；分离源：大蒜；培养基0512，30℃。

ACCC 61887←中国农科院资划所；原始编号：35；分离源：大蒜；培养基0512，30℃。

ACCC 61916←中国农科院资划所；原始编号：PY3-4-3；分离源：大蒜；培养基0512，30℃。

Bacillus subtilis subsp. *inaquosorum* Rooney et al. 2009

枯草芽孢杆菌沙漠亚种

ACCC 05609←中国农科院资划所；分离源：水稻根内生；分离地点：湖南祁阳县官山坪；培养基0441，37℃。

Bacillus tequilensis Gaston et al. 2006

特基拉芽孢杆菌

ACCC 06525←中国农科院资划所；原始编号：LAM-X1；培养基0002，30℃。

ACCC 19994←中国农科院资划所；原始编号：WRN032；分离源：盐碱土；培养基0033，37℃。

ACCC 60410←中国农科院加工所；原始编号：JS20H；拮抗真菌；分离源：小麦；培养基0033，30℃。

Bacillus thermoaerophilus Meier-Stauffer et al. 1996

嗜热脂肪芽孢杆菌

ACCC 10269←广东微生物所；GIM 1.114；用于灭菌效果的监测；培养基0033，55℃。

ACCC 11074←中国农科院土肥所←中科院微生物所←JCM；=JCM 2501=ATCC 12980=AS 1.1923；培养基0002，30℃。

ACCC 11085←中国农科院土肥所←中科院微生物所←上海农科院畜牧所；原始编号：高温一号菌；培养基0002，55℃。

Bacillus thermotolerans Yang et al. 2013

ACCC 61617←福建省农业科学院；原始编号：CCTCC AB 2012108=KACC 16706；培养基0220，30℃。

ACCC 61827←中国农科院资划所；原始编号：JT31；分离源：番茄根际土；培养基0847，30℃。

Bacillus thuringiensis Berliner 1915

苏云金芽孢杆菌

ACCC 01002←中国热科院；培养基0002，28℃。

ACCC 01003←中国热科院；培养基0002，28℃。

ACCC 01004←中国热科院；培养基0002，28℃。

ACCC 01005←中国热科院；培养基0002，28℃。

ACCC 01006←中国热科院；培养基0002，28℃。

ACCC 01007←中国热科院；培养基0002，28℃。

ACCC 01202←新疆农科院微生物所；原始编号：XJAA10388，LB3；培养基0033，20℃。

ACCC 01204←新疆农科院微生物所；原始编号：XJAA10389，LB6；培养基0033，20℃。

ACCC 01205←新疆农科院微生物所；原始编号：XJAA10308，LB7；培养基0033，20～25℃。

ACCC 01206←新疆农科院微生物所；原始编号：XJAA10309，LB8；培养基0033，20～25℃。

ACCC 01207←新疆农科院微生物所；原始编号：XJAA10390，LB12；培养基0033，20℃。

ACCC 01208←新疆农科院微生物所；原始编号：XJAA10392，LB14；培养基0033，20℃。

ACCC 01209←新疆农科院微生物所；原始编号：XJAA10393，LB15；培养基0033，20℃。

ACCC 01210←新疆农科院微生物所；原始编号：XJAA10394，LB16；培养基0033，20℃。

ACCC 01211←新疆农科院微生物所；原始编号：XJAA10395，LB18；培养基0033，20℃。

ACCC 01213←新疆农科院微生物所；原始编号：XJAA10397，LB22；培养基0033，20℃。

ACCC 01218←新疆农科院微生物所；原始编号：XJAA10401，LB28；培养基0033，20℃。

ACCC 01219←新疆农科院微生物所；原始编号：XJAA10403，LB38；培养基0033，20℃。

ACCC 01222←新疆农科院微生物所；原始编号：XJAA10407，LB55；培养基0033，20℃。

ACCC 01223←新疆农科院微生物所；原始编号：XJAA10408，LB57；培养基0033，20℃。

ACCC 01225←新疆农科院微生物所；原始编号：XJAA10410，LB61；培养基0033，20℃。

ACCC 01226←新疆农科院微生物所；原始编号：XJAA10320，LB63；培养基0033，20℃。

ACCC 01227←新疆农科院微生物所；原始编号：XJAA10411，LB64；培养基0033，20℃。

ACCC 01230←新疆农科院微生物所；原始编号：XJAA10359，LB69；培养基0033，20℃。

ACCC 01240←新疆农科院微生物所；原始编号：XJAA10415，LB92；培养基0033，20℃。

ACCC 01243←新疆农科院微生物所；原始编号：XJAA10416，LB96；培养基0033，20℃。

ACCC 01248←新疆农科院微生物所；原始编号：XJAA10340，LB103；培养基0033，20℃。

ACCC 01250←新疆农科院微生物所；原始编号：XJAA10417，LB110；培养基0033，20℃。

ACCC 01251←新疆农科院微生物所；原始编号：XJAA10418，LB113；培养基0033，20℃。

ACCC 01252←新疆农科院微生物所；原始编号：XJAA10419，LB114；培养基0033，20℃。

ACCC 01475←广东微生物所；原始编号：GIM1.144，Pipelz；杀鳞翅目昆虫；培养基0002，30℃。

ACCC 01476←广东微生物所；原始编号：GIM1.145，HD320；杀夜蛾科小菜蛾昆虫；培养基0002，30℃。

ACCC 01477←广东微生物所；原始编号：GIM1.147，PG14；杀甜菜夜蛾小菜蛾昆虫；培养基0002，30℃。

ACCC 01478←广东微生物所；原始编号：GIM1.148，SCg04-02；杀双翅目昆虫，但杀虫力较弱；培养基0002，30℃。

ACCC 01479←广东微生物所；原始编号：GIM1.149，1897-10；杀双翅目昆虫，但杀虫力较弱；培养基0002，30℃。

ACCC 01480←广东微生物所；原始编号：GIM1.150，GIB163-132；杀双翅目昆虫；培养基0002，30℃。

ACCC 01481←广东微生物所；原始编号：GIM1.151，SOS001；培养基0002，30℃。

ACCC 01497←新疆农科院微生物所；原始编号：XAAS10179，1.179；分离地点：新疆布尔津县；培养基0033，20℃。

ACCC 01498←新疆农科院微生物所；原始编号：XAAS10198，1.198；分离地点：新疆布尔津县；培养基0033，20℃。

ACCC 01559←中国农科院植保所；原始编号：BRI00212，SC-4-E10；用于抗虫基因的分离和抗虫相关基础研究；分离地点：河北；培养基0002，30℃。

ACCC 01560←中国农科院植保所；原始编号：BRI00213，SC-4-E11；用于抗虫基因的分离和抗虫相关基础研究；分离地点：河北；培养基0002，30℃。

ACCC 01561←中国农科院植保所；原始编号：BRI00214，SC-2-E2；用于抗虫基因的分离和抗虫相关基础研究；分离地点：河北；培养基0002，30℃。

ACCC 01562←中国农科院植保所；原始编号：BRI00215，SC-2-E3；用于抗虫基因的分离和抗虫相关基础研究；分离源：云南；培养基0002，30℃。

ACCC 01563←中国农科院植保所；原始编号：BRI00216，SC-2-E4；用于抗虫基因的分离和抗虫相关基础研究；分离源：云南；培养基0002，30℃。

ACCC 01564←中国农科院植保所；原始编号：BRI00217，SC-2-E5；用于抗虫基因的分离和抗虫相关基础研究；分离源：云南；培养基0002，30℃。

ACCC 01565←中国农科院植保所；原始编号：BRI00218，SC-2-E11；用于抗虫基因的分离和抗虫相关基础研究；分离源：云南；培养基0002，30℃。

ACCC 01567←中国农科院植保所；原始编号：BRI00220，SC-2-F1；用于抗虫基因的分离和抗虫相关基础研究；分离源：云南；培养基0002，30℃。

ACCC 01568←中国农科院植保所；原始编号：BRI00221，SC-2-F2；用于抗虫基因的分离和抗虫相关基础研究；分离源：云南；培养基0002，30℃。

ACCC 01569←中国农科院植保所；原始编号：BRI00222，SC-2-F7；用于抗虫基因的分离和抗虫相关基础研究；分离地点：海南；培养基0002，30℃。

ACCC 01570←中国农科院植保所；原始编号：BRI00223，SC-2-F8；用于抗虫基因的分离和抗虫相关基础研究；分离地点：海南；培养基0002，30℃。

ACCC 01571←中国农科院植保所；原始编号：BRI00224，SC-2-F9；分离地点：海南；培养基0002，30℃。

ACCC 01572←中国农科院植保所；原始编号：BRI00225，SC-2-F10；用于抗虫基因的分离和抗虫相关基础研究；分离地点：海南；培养基0002，30℃。

ACCC 01573←中国农科院植保所；原始编号：BRI00226，SC-2-F11；用于抗虫基因的分离和抗虫相关基础研究；分离地点：海南；培养基0002，30℃。

ACCC 01574←中国农科院植保所；原始编号：BRI00227，SC-2-G1；用于抗虫基因的分离和抗虫相关基础研究；分离地点：海南；培养基0002，30℃。

ACCC 01575←中国农科院植保所；原始编号：BRI00228，SC-2-G2；用于抗虫基因的分离和抗虫相关基础研究；分离地点：海南；培养基0002，30℃。

ACCC 01576←中国农科院植保所；原始编号：BRI00229，SC-2-G3；用于抗虫基因的分离和抗虫相关基础研究；分离地点：海南；培养基0002，30℃。

ACCC 01577←中国农科院植保所；原始编号：BRI00230，SC-2-G4；用于抗虫基因的分离和抗虫相关基础研究；分离地点：河北；培养基0002，30℃。

ACCC 01578←中国农科院植保所；原始编号：BRI00231，SC-2-G5；用于抗虫基因的分离和抗虫相关基础研究；分离地点：河北；培养基0002，30℃。

ACCC 01579←中国农科院植保所；原始编号：BRI00232，SC-2-G6；用于抗虫基因的分离和抗虫相关基础研究；分离地点：河北；培养基0002，30℃。

ACCC 01580←中国农科院植保所；原始编号：BRI00233，SC-2-G7；用于抗虫基因的分离和抗虫相关
基础研究；分离地点：河北；培养基 0002，30℃。

ACCC 01581←中国农科院植保所；原始编号：BRI00234，SC-2-G8；用于抗虫基因的分离和抗虫相关
基础研究；分离地点：河北；培养基 0002，30℃。

ACCC 01582←中国农科院植保所；原始编号：BRI00235，SC-2-G9；用于抗虫基因的分离和抗虫相关
基础研究；分离地点：河北；培养基 0002，30℃。

ACCC 01583←中国农科院植保所；原始编号：BRI00236，SC-2-G10；用于抗虫基因的分离和抗虫相关
基础研究；分离地点：河北；培养基 0002，30℃。

ACCC 01584←中国农科院植保所；原始编号：BRI00237，SC-2-G11；用于抗虫基因的分离和抗虫相关
基础研究；分离地点：河北；培养基 0002，30℃。

ACCC 01585←中国农科院植保所；原始编号：BRI00238，SC-4-A10；用于抗虫基因的分离和抗虫相关
基础研究；分离地点：河北；培养基 0002，30℃。

ACCC 01586←中国农科院植保所；原始编号：BRI00239，SC-4-A11；用于抗虫基因的分离和抗虫相关
基础研究；分离地点：河北；培养基 0002，30℃。

ACCC 01587←中国农科院植保所；原始编号：BRI00240，SC-4-A12；用于抗虫基因的分离和抗虫相关
基础研究；分离地点：河北；培养基 0002，30℃。

ACCC 01588←中国农科院植保所；原始编号：BRI00241，SC-4-B1；用于抗虫基因的分离和抗虫相关
基础研究；分离地点：河北；培养基 0002，30℃。

ACCC 01589←中国农科院植保所；原始编号：BRI00242，SC-4-B2；用于抗虫基因的分离和抗虫相关
基础研究；分离地点：海南；培养基 0002，30℃。

ACCC 01590←中国农科院植保所；原始编号：BRI00243，SC-4-B3；用于抗虫基因的分离和抗虫相关
基础研究；分离地点：海南；培养基 0002，30℃。

ACCC 01591←中国农科院植保所；原始编号：BRI00244，SC-4-B4；用于抗虫基因的分离和抗虫相关
基础研究；分离地点：海南；培养基 0002，30℃。

ACCC 01592←中国农科院植保所；原始编号：BRI00245，SC-4-B5；用于抗虫基因的分离和抗虫相关
基础研究；分离地点：海南；培养基 0002，30℃。

ACCC 01593←中国农科院植保所；原始编号：BRI00246，SC-4-B6；用于抗虫基因的分离和抗虫相关
基础研究；分离地点：海南；培养基 0002，30℃。

ACCC 01594←中国农科院植保所；原始编号：BRI00247，SC-4-B7；用于抗虫基因的分离和抗虫相关
基础研究；分离地点：海南；培养基 0002，30℃。

ACCC 01595←中国农科院植保所；原始编号：BRI00248，SC-4-B8；用于抗虫基因的分离和抗虫相关
基础研究；分离地点：海南；培养基 0002，30℃。

ACCC 01596←中国农科院植保所；原始编号：BRI00249，SC-4-B9；用于抗虫基因的分离和抗虫相关
基础研究；分离源：云南；培养基 0002，30℃。

ACCC 01597←中国农科院植保所；原始编号：BRI00250，SC-4-B10；用于抗虫基因的分离和抗虫相关
基础研究；分离源：云南；培养基 0002，30℃。

ACCC 01598←中国农科院植保所；原始编号：BRI00251，SC-4-B11；用于抗虫基因的分离和抗虫相关
基础研究；分离源：云南；培养基 0002，30℃。

ACCC 01599←中国农科院植保所；原始编号：BRI00252，SC-4-B12；用于抗虫基因的分离和抗虫相关
基础研究；分离源：云南；培养基 0002，30℃。

ACCC 01600←中国农科院植保所；原始编号：BRI00253，SC-4-C1；用于抗虫基因的分离和抗虫相关
基础研究；分离源：云南；培养基 0002，30℃。

ACCC 01601←中国农科院植保所；原始编号：BRI00254，SC-4-C2；用于抗虫基因的分离和抗虫相关
基础研究；分离源：云南；培养基 0002，30℃。

ACCC 01602←中国农科院植保所；原始编号：BRI00255，SC-4-C3；用于抗虫基因的分离和抗虫相关
基础研究；分离源：云南；培养基 0002，30℃。

ACCC 01603←中国农科院植保所；原始编号：BRI00256，SC-4-C4；用于抗虫基因的分离和抗虫相关基础研究；分离源：云南；培养基 0002，30℃。

ACCC 01604←中国农科院植保所；原始编号：BRI00257，SC-4-C5；用于抗虫基因的分离和抗虫相关基础研究；分离源：云南；培养基 0002，30℃。

ACCC 01605←中国农科院植保所；原始编号：BRI00258，SC-4-E7；用于抗虫基因的分离和抗虫相关基础研究；分离源：云南；培养基 0002，30℃。

ACCC 01607←中国农科院植保所；原始编号：BRI00260，SC-4-E9；用于抗虫基因的分离和抗虫相关基础研究；分离源：云南；培养基 0002，30℃。

ACCC 01739←中国农科院饲料所；原始编号：FRI20070678，B289；饲料用植酸酶等的筛选；分离地点：浙江省；培养基 0002，37℃。

ACCC 01807←福建农林大学生物农药与化学生物学教育部重点实验室；原始编号：BCBKL 0001，8010；作为生物农药使用；分离源：福建沙县；培养基 0002，30℃。

ACCC 01808←福建农林大学生物农药与化学生物学教育部重点实验室；原始编号：BCBKL 0002，WB1；分离源：福建武夷山；培养基 0002，30℃。

ACCC 01809←福建农林大学生物农药与化学生物学教育部重点实验室；原始编号：BCBKL 0003，WB2；分离源：福建武夷山；培养基 0002，30℃。

ACCC 01810←福建农林大学生物农药与化学生物学教育部重点实验室；原始编号：BCBKL 0004，WB3；分离源：福建武夷山；培养基 0002，30℃。

ACCC 01811←福建农林大学生物农药与化学生物学教育部重点实验室；原始编号：BCBKL 0005，WB4；分离源：福建武夷山；培养基 0002，30℃。

ACCC 01813←福建农林大学生物农药与化学生物学教育部重点实验室；原始编号：BCBKL 0007，WB6；分离源：福建武夷山；培养基 0002，30℃。

ACCC 01815←福建农林大学生物农药与化学生物学教育部重点实验室；原始编号：BCBKL 0009，WB9；分离源：福建武夷山；培养基 0002，30℃。

ACCC 01816←福建农林大学生物农药与化学生物学教育部重点实验室；原始编号：BCBKL 0010，WB10；分离源：福建武夷山；培养基 0002，30℃。

ACCC 01817←福建农林大学生物农药与化学生物学教育部重点实验室；原始编号：BCBKL 0011，WB12；分离源：福建武夷山；培养基 0002，30℃。

ACCC 01818←福建农林大学生物农药与化学生物学教育部重点实验室；原始编号：BCBKL 0012，LLP4；分离源：福建福州；培养基 0002，30℃。

ACCC 01819←福建农林大学生物农药与化学生物学教育部重点实验室；原始编号：BCBKL 0013，LLP5；分离源：福建福州；培养基 0002，30℃。

ACCC 01821←福建农林大学生物农药与化学生物学教育部重点实验室；原始编号：BCBKL 0015，LLP61；分离源：福建福州；培养基 0002，30℃。

ACCC 01822←福建农林大学生物农药与化学生物学教育部重点实验室；原始编号：BCBKL 0016，LLP62；分离源：福建福州；培养基 0002，30℃。

ACCC 01823←福建农林大学生物农药与化学生物学教育部重点实验室；原始编号：BCBKL 0017，LLP63；分离源：福建福州；培养基 0002，30℃。

ACCC 01824←福建农林大学生物农药与化学生物学教育部重点实验室；原始编号：BCBKL 0018，LLP91；分离源：福建武夷山；培养基 0002，30℃。

ACCC 01825←福建农林大学生物农药与化学生物学教育部重点实验室；原始编号：BCBKL 0019，LLB15；分离源：福建武夷山；培养基 0002，30℃。

ACCC 01826←福建农林大学生物农药与化学生物学教育部重点实验室；原始编号：BCBKL 0020，LLB19；分离源：福建武夷山；培养基 0002，30℃。

ACCC 01827←福建农林大学生物农药与化学生物学教育部重点实验室；原始编号：BCBKL 0021，LLB31；分离源：福建武夷山；培养基 0002，30℃。

ACCC 01828←福建农林大学生物农药与化学生物学教育部重点实验室；原始编号：BCBKL 0022，LLS2；分离源：福建永泰；培养基 0002，30℃。

ACCC 01829←福建农林大学生物农药与化学生物学教育部重点实验室；原始编号：BCBKL 0023，LLS9；分离源：福建永泰；培养基 0002，30℃。

ACCC 01830←福建农林大学生物农药与化学生物学教育部重点实验室；原始编号：BCBKL 0024，HZM1；分离源：福建三明；培养基 0002，30℃。

ACCC 01831←福建农林大学生物农药与化学生物学教育部重点实验室；原始编号：BCBKL 0025，HZM2；分离源：福建三明；培养基 0002，30℃。

ACCC 01832←福建农林大学生物农药与化学生物学教育部重点实验室；原始编号：BCBKL 0026，HZM3；分离源：福建三明；培养基 0002，30℃。

ACCC 01833←福建农林大学生物农药与化学生物学教育部重点实验室；原始编号：BCBKL 0027，HZM4；分离源：福建三明；培养基 0002，30℃。

ACCC 01834←福建农林大学生物农药与化学生物学教育部重点实验室；原始编号：BCBKL 0028，HZM5；分离源：福建三明；培养基 0002，30℃。

ACCC 01835←福建农林大学生物农药与化学生物学教育部重点实验室；原始编号：BCBKL 0029，HZM6；分离源：福建三明；培养基 0002，30℃。

ACCC 01836←福建农林大学生物农药与化学生物学教育部重点实验室；原始编号：BCBKL 0030，HZM7；分离源：福建三明；培养基 0002，30℃。

ACCC 01837←福建农林大学生物农药与化学生物学教育部重点实验室；原始编号：BCBKL 0031，TS16；培养基 0002，30℃。

ACCC 01839←福建农林大学生物农药与化学生物学教育部重点实验室；原始编号：BCBKL 0033，005；培养基 0002，30℃。

ACCC 01840←福建农林大学生物农药与化学生物学教育部重点实验室；原始编号：BCBKL 0034，009；培养基 0002，30℃。

ACCC 01841←福建农林大学生物农药与化学生物学教育部重点实验室；原始编号：BCBKL 0035，010；培养基 0002，30℃。

ACCC 01842←福建农林大学生物农药与化学生物学教育部重点实验室；原始编号：BCBKL 0036，012；培养基 0002，30℃。

ACCC 01843←福建农林大学生物农药与化学生物学教育部重点实验室；原始编号：BCBKL 0037，013；培养基 0002，30℃。

ACCC 01844←福建农林大学生物农药与化学生物学教育部重点实验室；原始编号：BCBKL 0038，016；培养基 0002，30℃。

ACCC 01845←福建农林大学生物农药与化学生物学教育部重点实验室；原始编号：BCBKL 0039，021；培养基 0002，30℃。

ACCC 01846←福建农林大学生物农药与化学生物学教育部重点实验室；原始编号：BCBKL 0040，023；培养基 0002，30℃。

ACCC 01847←福建农林大学生物农药与化学生物学教育部重点实验室；原始编号：BCBKL 0041，072；培养基 0002，30℃。

ACCC 01849←福建农林大学生物农药与化学生物学教育部重点实验室；原始编号：BCBKL 0043，096；培养基 0002，30℃。

ACCC 01850←福建农林大学生物农药与化学生物学教育部重点实验室；原始编号：BCBKL 0044，140；培养基 0002，30℃。

ACCC 01954←中国农科院资划所；原始编号：18，50-7；纤维素降解菌；分离地点：浙江富阳；培养基 0002，30℃。

ACCC 02000←新疆农科院微生物所；原始编号：1.189，XAAS10189；分离地点：新疆布尔津县；培养基 0033，20℃。

ACCC 02003←新疆农科院微生物所；原始编号：1.174，XAAS10174；分离地点：新疆布尔津县；培养基 0033，20～30℃。

ACCC 02004←新疆农科院微生物所；原始编号：1.168，XAAS10168；分离地点：新疆布尔津县；培养基 0033，20～30℃。

ACCC 02009←新疆农科院微生物所；原始编号：1.191，XAAS10191；分离地点：新疆布尔津县；培养基 0033，20℃。

ACCC 02010←新疆农科院微生物所；原始编号：1.195，XAAS10195；分离地点：新疆布尔津县；培养基 0033，20℃。

ACCC 02015←新疆农科院微生物所；原始编号：LB59B，XAAS10435；分离地点：新疆布尔津县；培养基 0033，20℃。

ACCC 02016←新疆农科院微生物所；原始编号：LB71B，XAAS10439；分离地点：新疆布尔津县；培养基 0033，20℃。

ACCC 02018←新疆农科院微生物所；原始编号：1.193，XAAS10193；分离地点：新疆布尔津县；培养基 0033，20℃。

ACCC 02019←新疆农科院微生物所；原始编号：1.169，XAAS10169；分离地点：新疆布尔津县；培养基 0033，20℃。

ACCC 02020←新疆农科院微生物所；原始编号：1.170，XAAS10170；分离地点：新疆布尔津县；培养基 0033，20℃。

ACCC 02021←新疆农科院微生物所；原始编号：1.171，XAAS10171；分离地点：新疆布尔津县；培养基 0033，20℃。

ACCC 02022←新疆农科院微生物所；原始编号：1.172，XAAS10172；分离地点：新疆布尔津县；培养基 0033，20℃。

ACCC 02023←新疆农科院微生物所；原始编号：1.176，XAAS10176；分离地点：新疆布尔津县；培养基 0033，20℃。

ACCC 02025←新疆农科院微生物所；原始编号：1.178，XAAS10178；分离地点：新疆布尔津县；培养基 0033，20℃。

ACCC 02026←新疆农科院微生物所；原始编号：1.180，XAAS10180；分离地点：新疆布尔津县；培养基 0033，20℃。

ACCC 02027←新疆农科院微生物所；原始编号：1.181，XAAS10181；分离地点：新疆布尔津县；培养基 0033，20℃。

ACCC 02028←新疆农科院微生物所；原始编号：1.182，XAAS10182；分离地点：新疆布尔津县；培养基 0033，20℃。

ACCC 02029←新疆农科院微生物所；原始编号：1.183，XAAS10183；分离地点：新疆布尔津县；培养基 0033，20℃。

ACCC 02030←新疆农科院微生物所；原始编号：1.185，XAAS10185；分离地点：新疆布尔津县；培养基 0033，20℃。

ACCC 02031←新疆农科院微生物所；原始编号：1.186，XAAS10186；分离地点：新疆布尔津县；培养基 0033，20℃。

ACCC 02032←新疆农科院微生物所；原始编号：1.187，XAAS10187；分离地点：新疆布尔津县；培养基 0033，20℃。

ACCC 02033←新疆农科院微生物所；原始编号：1.190，XAAS10190；分离地点：新疆布尔津县；培养基 0033，20℃。

ACCC 02034←新疆农科院微生物所；原始编号：1.192，XAAS10192；分离地点：新疆布尔津县；培养基 0033，20℃。

ACCC 02035←新疆农科院微生物所；原始编号：1.194，XAAS10194；分离地点：新疆布尔津县；培养基 0033，20℃。

ACCC 02036←新疆农科院微生物所；原始编号：1.196，XAAS10196；分离地点：新疆布尔津县；培养基 0033，20℃。

ACCC 02037←新疆农科院微生物所；原始编号：1.197，XAAS10197；分离地点：新疆布尔津县；培养基 0033，20℃。

ACCC 02038←新疆农科院微生物所；原始编号：1.199，XAAS10199；分离地点：新疆布尔津县；培养基 0033，20℃。

ACCC 02039←新疆农科院微生物所；原始编号：1.200，XAAS10200；分离地点：新疆布尔津县；培养基 0033，20℃。

ACCC 02040←新疆农科院微生物所；原始编号：1.201，XAAS10201；分离地点：新疆布尔津县；培养基 0033，20℃。

ACCC 02304←中国农科院生物技术所；原始编号：BBRI00363；用于抗虫基因的分离和抗虫相关基础研究；培养基 0002，30℃。

ACCC 02305←中国农科院生物技术所；原始编号：BBRI00364；用于抗虫基因的分离和抗虫相关基础研究；培养基 0033，30℃。

ACCC 02306←中国农科院生物技术所；原始编号：BBRI00365；用于抗虫基因的分离和抗虫相关基础研究；培养基 0002，30℃。

ACCC 02307←中国农科院生物技术所；原始编号：BBRI00366；用于抗虫基因的分离和抗虫相关基础研究；培养基 0002，30℃。

ACCC 02308←中国农科院生物技术所；原始编号：BBRI00367；用于抗虫基因的分离和抗虫相关基础研究；培养基 0002，30℃。

ACCC 02309←中国农科院生物技术所；原始编号：BBRI00368；用于抗虫基因的分离和抗虫相关基础研究；培养基 0002，30℃。

ACCC 02310←中国农科院生物技术所；原始编号：BBRI00369；用于抗虫基因的分离和抗虫相关基础研究；培养基 0002，30℃。

ACCC 02311←中国农科院生物技术所；原始编号：BBRI00370；用于抗虫基因的分离和抗虫相关基础研究；培养基 0002，30℃。

ACCC 02312←中国农科院生物技术所；原始编号：BBRI00371；用于抗虫基因的分离和抗虫相关基础研究；培养基 0002，30℃。

ACCC 02313←中国农科院生物技术所；原始编号：BBRI00372；用于抗虫基因的分离和抗虫相关基础研究；培养基 0002，30℃。

ACCC 02314←中国农科院生物技术所；原始编号：BBRI00373；用于抗虫基因的分离和抗虫相关基础研究；培养基 0002，30℃。

ACCC 02315←中国农科院生物技术所；原始编号：BBRI00374；用于抗虫基因的分离和抗虫相关基础研究；培养基 0002，30℃。

ACCC 02316←中国农科院生物技术所；原始编号：BBRI00375；用于抗虫基因的分离和抗虫相关基础研究；培养基 0002，30℃。

ACCC 02317←中国农科院生物技术所；原始编号：BBRI00376；用于抗虫基因的分离和抗虫相关基础研究；培养基 0002，30℃。

ACCC 02318←中国农科院生物技术所；原始编号：BBRI00377；用于抗虫基因的分离和抗虫相关基础研究；培养基 0002，30℃。

ACCC 02319←中国农科院生物技术所；原始编号：BBRI00378；用于抗虫基因的分离和抗虫相关基础研究；培养基 0002，30℃。

ACCC 02320←中国农科院生物技术所；原始编号：BBRI00379；用于抗虫基因的分离和抗虫相关基础研究；培养基 0002，30℃。

ACCC 02321←中国农科院生物技术所；原始编号：BBRI00380；用于抗虫基因的分离和抗虫相关基础研究；培养基 0002，30℃。

ACCC 02322←中国农科院生物技术所；原始编号：BBRI00381；用于抗虫基因的分离和抗虫相关基础研究；培养基 0002，30℃。

ACCC 02324←中国农科院生物技术所；原始编号：BBRI00383；用于抗虫基因的分离和抗虫相关基础研究；培养基 0002，30℃。

ACCC 02325←中国农科院生物技术所；原始编号：BBRI00384；用于抗虫基因的分离和抗虫相关基础研究；培养基 0002，30℃。

ACCC 02326←中国农科院生物技术所；原始编号：BBRI00385；用于抗虫基因的分离和抗虫相关基础研究；培养基 0002，30℃。

ACCC 02328←中国农科院生物技术所；原始编号：BBRI00387；用于抗虫基因的分离和抗虫相关基础研究；培养基 0002，30℃。

ACCC 02329←中国农科院生物技术所；原始编号：BBRI00388；用于抗虫基因的分离和抗虫相关基础研究；培养基 0002，30℃。

ACCC 02330←中国农科院生物技术所；原始编号：BBRI00389；用于抗虫基因的分离和抗虫相关基础研究；培养基 0002，30℃。

ACCC 02331←中国农科院生物技术所；原始编号：BBRI00390；用于抗虫基因的分离和抗虫相关基础研究；培养基 0002，30℃。

ACCC 02332←中国农科院生物技术所；原始编号：BBRI00391；用于抗虫基因的分离和抗虫相关基础研究；培养基 0002，30℃。

ACCC 02333←中国农科院生物技术所；原始编号：BBRI00392；用于抗虫基因的分离和抗虫相关基础研究；培养基 0002，30℃。

ACCC 02334←中国农科院生物技术所；原始编号：BBRI00393；用于抗虫基因的分离和抗虫相关基础研究；培养基 0002，30℃。

ACCC 02335←中国农科院生物技术所；原始编号：BBRI00394；用于抗虫基因的分离和抗虫相关基础研究；培养基 0002，30℃。

ACCC 02336←中国农科院生物技术所；原始编号：BBRI00395；用于抗虫基因的分离和抗虫相关基础研究；培养基 0002，30℃。

ACCC 02337←中国农科院生物技术所；原始编号：BBRI00396；用于抗虫基因的分离和抗虫相关基础研究；培养基 0002，30℃。

ACCC 02338←中国农科院生物技术所；原始编号：BBRI00397；用于抗虫基因的分离和抗虫相关基础研究；培养基 0002，30℃。

ACCC 02339←中国农科院生物技术所；原始编号：BBRI00398；用于抗虫基因的分离和抗虫相关基础研究；培养基 0002，30℃。

ACCC 02340←中国农科院生物技术所；原始编号：BBRI00399；用于抗虫基因的分离和抗虫相关基础研究；培养基 0002，30℃。

ACCC 02341←中国农科院生物技术所；原始编号：BBRI00400；用于抗虫基因的分离和抗虫相关基础研究；培养基 0002，30℃。

ACCC 02388←中国农科院植保所；原始编号：Bt00058，sc-4d9；培养基 0002，30℃。

ACCC 02389←中国农科院植保所；原始编号：Bt00090，sc-2a3；培养基 0002，30℃。

ACCC 02390←中国农科院植保所；原始编号：Bt00097，sc-2d12；培养基 0002，30℃。

ACCC 02391←中国农科院植保所；原始编号：Bt00081，sc-2c8；培养基 0002，30℃。

ACCC 02392←中国农科院植保所；原始编号：Bt00090，sc-2a4；培养基 0002，30℃。

ACCC 02393←中国农科院植保所；原始编号：Bt00098，sc-2c7；培养基 0002，30℃。

ACCC 02394←中国农科院植保所；原始编号：Bt00093，sc-2a8；培养基 0002，30℃。

ACCC 02395←中国农科院植保所；原始编号：Bt00074，sc-4d10；培养基 0002，30℃。

ACCC 02396←中国农科院植保所；原始编号：Bt00065，sc-2f5；培养基 0002，30℃。

ACCC 02397←中国农科院植保所；原始编号：Bt00066，sc-2c4；培养基 0002，30℃。

ACCC 02398←中国农科院植保所；原始编号：Bt00094，sc-2a5；培养基 0002，30℃。

ACCC 02399←中国农科院植保所；原始编号：Bt00063，sc-2c5；培养基 0002，30℃。
ACCC 02400←中国农科院植保所；原始编号：Bt00096，sc-2h12；培养基 0002，30℃。
ACCC 02402←中国农科院植保所；原始编号：Bt00060，sc-2f6；培养基 0002，30℃。
ACCC 02403←中国农科院植保所；原始编号：Bt00046，sc-2c2；培养基 0002，30℃。
ACCC 02404←中国农科院植保所；原始编号：Bt00015，sc-2a11；培养基 0002，30℃。
ACCC 02406←中国农科院植保所；原始编号：Bt00054，sc-7d1；培养基 0002，30℃。
ACCC 02407←中国农科院植保所；原始编号：Bt00039，sc-2h2；培养基 0002，30℃。
ACCC 02408←中国农科院植保所；原始编号：Bt00022，sc-4a9；培养基 0002，30℃。
ACCC 02409←中国农科院植保所；原始编号：Bt00010，sc-4d11；培养基 0002，30℃。
ACCC 02410←中国农科院植保所；原始编号：Bt00018，sc-2a12；培养基 0002，30℃。
ACCC 02411←中国农科院植保所；原始编号：Bt00021，sc-4d1；培养基 0002，30℃。
ACCC 02412←中国农科院植保所；原始编号：Bt00047，sc-4d7；培养基 0002，30℃。
ACCC 02413←中国农科院植保所；原始编号：Bt00034，sc-2c1；培养基 0002，30℃。
ACCC 02414←中国农科院植保所；原始编号：Bt00089，sc-2d2；培养基 0002，30℃。
ACCC 02416←中国农科院植保所；原始编号：Bt00031，sc-2f4；培养基 0002，30℃。
ACCC 02417←中国农科院植保所；原始编号：Bt00048，sc-4a6；培养基 0002，30℃。
ACCC 02418←中国农科院植保所；原始编号：Bt00027，sc-2h4；培养基 0002，30℃。
ACCC 02419←中国农科院植保所；原始编号：Bt00036，sc-4c11；培养基 0002，30℃。
ACCC 02420←中国农科院植保所；原始编号：Bt00042，sc-4d12；培养基 0002，30℃。
ACCC 02421←中国农科院植保所；原始编号：Bt00029，sc-2h5；培养基 0002，30℃。
ACCC 02422←中国农科院植保所；原始编号：Bt00002，sc-4a9；培养基 0002，30℃。
ACCC 02423←中国农科院植保所；原始编号：Bt00045，sc-2f3；培养基 0002，30℃。
ACCC 02424←中国农科院植保所；原始编号：Bt00033，sc-4a8；培养基 0002，30℃。
ACCC 02426←中国农科院植保所；原始编号：Bt00043，sc-4c10；培养基 0002，30℃。
ACCC 02427←中国农科院植保所；原始编号：Bt00067，sc-2h9；培养基 0002，30℃。
ACCC 02428←中国农科院植保所；原始编号：Bt00009，sc-4c9；培养基 0002，30℃。
ACCC 02429←中国农科院植保所；原始编号：Bt00003，sc-2b1；培养基 0002，30℃。
ACCC 02430←中国农科院植保所；原始编号：Bt00016，sc-4e3；培养基 0002，30℃。
ACCC 02431←中国农科院植保所；原始编号：Bt00028，sc-2b12；培养基 0002，30℃。
ACCC 02432←中国农科院植保所；原始编号：Bt00019，sc-4e4；培养基 0002，30℃。
ACCC 02433←中国农科院植保所；原始编号：Bt00026，sc-2b9；培养基 0002，30℃。
ACCC 02434←中国农科院植保所；原始编号：Bt00023，sc-2b3；培养基 0002，30℃。
ACCC 02435←中国农科院植保所；原始编号：Bt00087，sc-2c3；培养基 0002，30℃。
ACCC 02436←中国农科院植保所；原始编号：Bt00068，sc-2h11；培养基 0002，30℃。
ACCC 02437←中国农科院植保所；原始编号：Bt00061，sc-2h1；培养基 0002，30℃。
ACCC 02438←中国农科院植保所；原始编号：Bt00059，sc-2b6；培养基 0002，30℃。
ACCC 02439←中国农科院植保所；原始编号：Bt00082，sc-2d3；培养基 0002，30℃。
ACCC 02441←中国农科院植保所；原始编号：Bt00064，sc-2d10；培养基 0002，30℃。
ACCC 02442←中国农科院植保所；原始编号：Bt00100，sc-2a6；培养基 0002，30℃。
ACCC 02443←中国农科院植保所；原始编号：Bt00001，sc-4c6；培养基 0002，30℃。
ACCC 02444←中国农科院植保所；原始编号：Bt00050，sc-2b11；培养基 0002，30℃。
ACCC 02445←中国农科院植保所；原始编号：Bt00004，sc-2b2；培养基 0002，30℃。
ACCC 02446←中国农科院植保所；原始编号：Bt00030，sc-2a10；培养基 0002，30℃。
ACCC 02447←中国农科院植保所；原始编号：Bt00032，sc-4d3；培养基 0002，30℃。
ACCC 02448←中国农科院植保所；原始编号：Bt00080，sc-2d11；培养基 0002，30℃。
ACCC 02449←中国农科院植保所；原始编号：Bt00052，sc-6f10；培养基 0002，30℃。
ACCC 02450←中国农科院植保所；原始编号：Bt00053，sc-4c12；培养基 0002，30℃。

ACCC 02451←中国农科院植保所；原始编号：Bt00037，sc-2h3；培养基0002，30℃。
ACCC 02452←中国农科院植保所；原始编号：Bt00020，sc-4d2；培养基0002，30℃。
ACCC 02453←中国农科院植保所；原始编号：Bt00072，sc-2e8；培养基0002，30℃。
ACCC 02454←中国农科院植保所；原始编号：Bt00071，sc-2e6；培养基0002，30℃。
ACCC 02455←中国农科院植保所；原始编号：Bt00091，sc-2c6；培养基0002，30℃。
ACCC 02456←中国农科院植保所；原始编号：Bt00069，sc-2c9；培养基0002，30℃。
ACCC 02457←中国农科院植保所；原始编号：Bt00025，sc-4e5；培养基0002，30℃。
ACCC 02458←中国农科院植保所；原始编号：Bt00012，sc-4a7；培养基0002，30℃。
ACCC 02459←中国农科院植保所；原始编号：Bt00007，sc-4c8；培养基0002，30℃。
ACCC 02460←中国农科院植保所；原始编号：Bt00086，sc-2d9；培养基0002，30℃。
ACCC 02461←中国农科院植保所；原始编号：Bt00055，sc-4d5；培养基0002，30℃。
ACCC 02462←中国农科院植保所；原始编号：Bt00040，sc-2e10；培养基0002，30℃。
ACCC 02463←中国农科院植保所；原始编号：Bt00092，sc-2d5；培养基0002，30℃。
ACCC 02464←中国农科院植保所；原始编号：Bt00014，sc-4e2；培养基0002，30℃。
ACCC 02465←中国农科院植保所；原始编号：Bt00070，sc-2a2；培养基0002，30℃。
ACCC 02466←中国农科院植保所；原始编号：Bt00017，sc-4e6；培养基0002，30℃。
ACCC 02467←中国农科院植保所；原始编号：Bt00044，sc-2g12；培养基0002，30℃。
ACCC 02468←中国农科院植保所；原始编号：Bt00068，sc-2h11；培养基0002，30℃。
ACCC 02469←中国农科院植保所；原始编号：Bt00095，sc-2d8；培养基0002，30℃。
ACCC 02470←中国农科院植保所；原始编号：Bt00056，sc-2b7；培养基0002，30℃。
ACCC 02471←中国农科院植保所；原始编号：Bt00076，sc-2d7；培养基0002，30℃。
ACCC 02472←中国农科院植保所；原始编号：Bt00078，sc-4a4；培养基0002，30℃。
ACCC 02473←中国农科院植保所；原始编号：Bt00057，sc-4a5；培养基0002，30℃。
ACCC 02474←中国农科院植保所；原始编号：Bt00099，sc-2d4；培养基0002，30℃。
ACCC 02477←中国农科院植保所；原始编号：Bt00062，sc-2c10；培养基0002，30℃。
ACCC 02478←中国农科院植保所；原始编号：Bt00041，sc-2e1；培养基0002，30℃。
ACCC 02479←中国农科院植保所；原始编号：Bt00008，sc-2h7；培养基0002，30℃。
ACCC 02480←中国农科院植保所；原始编号：Bt00075，sc-2d6；培养基0002，30℃。
ACCC 02481←中国农科院植保所；原始编号：Bt00051，sc-6f9；培养基0002，30℃。
ACCC 02482←中国农科院植保所；原始编号：Bt00013，sc-2h6；培养基0002，30℃。
ACCC 02795←南京农大农业环境微生物中心；原始编号：NC4，NAECC1175；对500 mg/L的甲磺隆有抗性；分离地点：南京玄武区；培养基0033，30℃。
ACCC 03181←中国农科院麻类所；原始编号：1217；32℃，96小时脱红麻3$^+$；培养基0033，35℃。
ACCC 03192←中国农科院麻类所；原始编号：1054；32℃，96小时脱红麻3$^+$；培养基0033，35℃。
ACCC 03193←中国农科院麻类所；原始编号：1055；32℃，96小时脱红麻3$^+$；培养基0033，35℃。
ACCC 03195←中国农科院麻类所；原始编号：1054-5；32℃，96小时脱红麻3$^+$；培养基0033，35℃。
ACCC 03280←山东农业大学菌种保藏中心；原始编号：64-8；培养基0002，37℃。
ACCC 03336←山东农业大学菌种保藏中心；原始编号：64-4；分离源：海边盐碱地土壤；培养基0002，37℃。
ACCC 03341←山东农业大学菌种保藏中心；原始编号：71-7；分离源：人工河道植物根际土壤；培养基0002，37℃。
ACCC 03360←山东农业大学菌种保藏中心；原始编号：23-7；分离源：旱生芦苇根际土壤；培养基0002，37℃。
ACCC 03463←中国农科院麻类所；原始编号：IBFC W0791；32℃，96小时脱红麻3$^+$；分离地点：中南林业科技大学；培养基0033，33℃。
ACCC 03499←中国农科院麻类所；原始编号：IBFC W0539；32℃，96小时脱红麻3$^+$；分离地点：河南信阳；培养基0002，35℃。

ACCC 03609←福建农林大学生物农药与化学生物学教育部重点实验室；原始编号：BCBKL0101；能产生杀虫晶体蛋白和其他杀虫毒素，用于科研和开发生物农药；培养基0002，30℃。

ACCC 03610←福建农林大学生物农药与化学生物学教育部重点实验室；原始编号：BCBKL0102；能产生杀虫晶体蛋白和其他杀虫毒素，用于科研和开发生物农药；培养基0002，30℃。

ACCC 03611←福建农林大学生物农药与化学生物学教育部重点实验室；原始编号：BCBKL0103；能产生杀虫晶体蛋白和其他杀虫毒素，用于科研和开发生物农药；培养基0002，30℃。

ACCC 03612←中国农科院麻类所；原始编号：BCBKL0104；能产生杀虫晶体蛋白和其他杀虫毒素，用于科研和开发生物农药；培养基0002，30℃。

ACCC 03613←福建农林大学生物农药与化学生物学教育部重点实验室；原始编号：BCBKL0105；能产生杀虫晶体蛋白和其他杀虫毒素，用于科研和开发生物农药；培养基0002，30℃。

ACCC 03614←福建农林大学生物农药与化学生物学教育部重点实验室；原始编号：BCBKL0106；能产生杀虫晶体蛋白和其他杀虫毒素，用于科研和开发生物农药；培养基0002，30℃。

ACCC 03615←福建农林大学生物农药与化学生物学教育部重点实验室；原始编号：BCBKL0107；能产生杀虫晶体蛋白和其他杀虫毒素，用于科研和开发生物农药；培养基0002，30℃。

ACCC 03616←福建农林大学生物农药与化学生物学教育部重点实验室；原始编号：BCBKL0108；能产生杀虫晶体蛋白和其他杀虫毒素，用于科研和开发生物农药；培养基0002，30℃。

ACCC 03617←福建农林大学生物农药与化学生物学教育部重点实验室；原始编号：BCBKL0109；能产生杀虫晶体蛋白和其他杀虫毒素，用于科研和开发生物农药；培养基0002，30℃。

ACCC 03618←福建农林大学生物农药与化学生物学教育部重点实验室；原始编号：BCBKL0110；能产生杀虫晶体蛋白和其他杀虫毒素，用于科研和开发生物农药；培养基0002，30℃。

ACCC 03619←福建农林大学生物农药与化学生物学教育部重点实验室；原始编号：BCBKL0111；能产生杀虫晶体蛋白和其他杀虫毒素，用于科研和开发生物农药；培养基0002，30℃。

ACCC 03620←福建农林大学生物农药与化学生物学教育部重点实验室；原始编号：BCBKL0112；能产生杀虫晶体蛋白和其他杀虫毒素，用于科研和开发生物农药；培养基0002，30℃。

ACCC 03621←福建农林大学生物农药与化学生物学教育部重点实验室；原始编号：BCBKL0113；能产生杀虫晶体蛋白和其他杀虫毒素，用于科研和开发生物农药；培养基0002，30℃。

ACCC 03622←福建农林大学生物农药与化学生物学教育部重点实验室；原始编号：BCBKL0114；能产生杀虫晶体蛋白和其他杀虫毒素，用于科研和开发生物农药；培养基0002，30℃。

ACCC 03623←福建农林大学生物农药与化学生物学教育部重点实验室；原始编号：BCBKL0115；能产生杀虫晶体蛋白和其他杀虫毒素，用于科研和开发生物农药；培养基0002，30℃。

ACCC 03624←福建农林大学生物农药与化学生物学教育部重点实验室；原始编号：BCBKL0116；能产生杀虫晶体蛋白和其他杀虫毒素，用于科研和开发生物农药；培养基0002，30℃。

ACCC 03625←福建农林大学生物农药与化学生物学教育部重点实验室；原始编号：BCBKL0117；能产生杀虫晶体蛋白和其他杀虫毒素，用于科研和开发生物农药；培养基0002，30℃。

ACCC 03626←福建农林大学生物农药与化学生物学教育部重点实验室；原始编号：BCBKL0118；能产生杀虫晶体蛋白和其他杀虫毒素，用于科研和开发生物农药；培养基0002，30℃。

ACCC 03627←福建农林大学生物农药与化学生物学教育部重点实验室；原始编号：BCBKL0119；能产生杀虫晶体蛋白和其他杀虫毒素，用于科研和开发生物农药；培养基0002，30℃。

ACCC 03628←福建农林大学生物农药与化学生物学教育部重点实验室；原始编号：BCBKL0120；能产生杀虫晶体蛋白和其他杀虫毒素，用于科研和开发生物农药；培养基0002，30℃。

ACCC 03629←福建农林大学生物农药与化学生物学教育部重点实验室；原始编号：BCBKL0121；能产生杀虫晶体蛋白和其他杀虫毒素，用于科研和开发生物农药；培养基0002，30℃。

ACCC 03630←福建农林大学生物农药与化学生物学教育部重点实验室；原始编号：BCBKL0122；能产生杀虫晶体蛋白和其他杀虫毒素，用于科研和开发生物农药；培养基0002，30℃。

ACCC 03631←福建农林大学生物农药与化学生物学教育部重点实验室；原始编号：BCBKL0123；能产生杀虫晶体蛋白和其他杀虫毒素，用于科研和开发生物农药；培养基0002，30℃。

ACCC 03632←福建农林大学生物农药与化学生物学教育部重点实验室；原始编号：BCBKL0124；能产生杀虫晶体蛋白和其他杀虫毒素，用于科研和开发生物农药；培养基 0002，30℃。

ACCC 03633←福建农林大学生物农药与化学生物学教育部重点实验室；原始编号：BCBKL0125；能产生杀虫晶体蛋白和其他杀虫毒素，用于科研和开发生物农药；培养基 0002，30℃。

ACCC 03634←福建农林大学生物农药与化学生物学教育部重点实验室；原始编号：BCBKL0126；能产生杀虫晶体蛋白和其他杀虫毒素，用于科研和开发生物农药；培养基 0002，30℃。

ACCC 03635←福建农林大学生物农药与化学生物学教育部重点实验室；原始编号：BCBKL0127；能产生杀虫晶体蛋白和其他杀虫毒素，用于科研和开发生物农药；培养基 0002，30℃。

ACCC 03637←福建农林大学生物农药与化学生物学教育部重点实验室；原始编号：BCBKL0129；能产生杀虫晶体蛋白和其他杀虫毒素，用于科研和开发生物农药；培养基 0002，30℃。

ACCC 03638←福建农林大学生物农药与化学生物学教育部重点实验室；原始编号：BCBKL0130；能产生杀虫晶体蛋白和其他杀虫毒素，用于科研和开发生物农药；培养基 0002，30℃。

ACCC 03639←福建农林大学生物农药与化学生物学教育部重点实验室；原始编号：BCBKL0131；能产生杀虫晶体蛋白和其他杀虫毒素，用于科研和开发生物农药；培养基 0002，30℃。

ACCC 03640←福建农林大学生物农药与化学生物学教育部重点实验室；原始编号：BCBKL0132；能产生杀虫晶体蛋白和其他杀虫毒素，用于科研和开发生物农药；培养基 0002，30℃。

ACCC 03641←福建农林大学生物农药与化学生物学教育部重点实验室；原始编号：BCBKL0133；能产生杀虫晶体蛋白和其他杀虫毒素，用于科研和开发生物农药；培养基 0002，30℃。

ACCC 03642←福建农林大学生物农药与化学生物学教育部重点实验室；原始编号：BCBKL0134；能产生杀虫晶体蛋白和其他杀虫毒素，用于科研和开发生物农药；培养基 0002，30℃。

ACCC 03643←福建农林大学生物农药与化学生物学教育部重点实验室；原始编号：BCBKL0135；能产生杀虫晶体蛋白和其他杀虫毒素，用于科研和开发生物农药；培养基 0002，30℃。

ACCC 03644←福建农林大学生物农药与化学生物学教育部重点实验室；原始编号：BCBKL0136；能产生杀虫晶体蛋白和其他杀虫毒素，用于科研和开发生物农药；培养基 0002，30℃。

ACCC 03645←福建农林大学生物农药与化学生物学教育部重点实验室；原始编号：BCBKL0137；能产生杀虫晶体蛋白和其他杀虫毒素，用于科研和开发生物农药；培养基 0002，30℃。

ACCC 03646←福建农林大学生物农药与化学生物学教育部重点实验室；原始编号：BCBKL0138；能产生杀虫晶体蛋白和其他杀虫毒素，用于科研和开发生物农药；培养基 0002，30℃。

ACCC 03647←福建农林大学生物农药与化学生物学教育部重点实验室；原始编号：BCBKL0139；能产生杀虫晶体蛋白和其他杀虫毒素，用于科研和开发生物农药；培养基 0002，30℃。

ACCC 03648←福建农林大学生物农药与化学生物学教育部重点实验室；原始编号：BCBKL0140；能产生杀虫晶体蛋白和其他杀虫毒素，用于科研和开发生物农药；培养基 0002，30℃。

ACCC 03649←福建农林大学生物农药与化学生物学教育部重点实验室；原始编号：BCBKL0141；能产生杀虫晶体蛋白和其他杀虫毒素，用于科研和开发生物农药；培养基 0002，30℃。

ACCC 03650←福建农林大学生物农药与化学生物学教育部重点实验室；原始编号：BCBKL0142；能产生杀虫晶体蛋白和其他杀虫毒素，用于科研和开发生物农药；培养基 0002，30℃。

ACCC 03651←福建农林大学生物农药与化学生物学教育部重点实验室；原始编号：BCBKL0143；能产生杀虫晶体蛋白和其他杀虫毒素，用于科研和开发生物农药；培养基 0002，30℃。

ACCC 03652←福建农林大学生物农药与化学生物学教育部重点实验室；原始编号：BCBKL0144；能产生杀虫晶体蛋白和其他杀虫毒素，用于科研和开发生物农药；培养基 0002，30℃。

ACCC 03653←福建农林大学生物农药与化学生物学教育部重点实验室；原始编号：BCBKL0145；能产生杀虫晶体蛋白和其他杀虫毒素，用于科研和开发生物农药；培养基 0002，30℃。

ACCC 03654←中国农科院麻类所；原始编号：BCBKL0146；能产生杀虫晶体蛋白和其他杀虫毒素，用于科研和开发生物农药；培养基 0002，30℃。

ACCC 03655←福建农林大学生物农药与化学生物学教育部重点实验室；原始编号：BCBKL0147；能产生杀虫晶体蛋白和其他杀虫毒素，用于科研和开发生物农药；培养基 0002，30℃。

ACCC 03656←福建农林大学生物农药与化学生物学教育部重点实验室；原始编号：BCBKL0148；能产生杀虫晶体蛋白和其他杀虫毒素，用于科研和开发生物农药；培养基0002，30℃。

ACCC 03657←福建农林大学生物农药与化学生物学教育部重点实验室；原始编号：BCBKL0149；能产生杀虫晶体蛋白和其他杀虫毒素，用于科研和开发生物农药；培养基0002，30℃。

ACCC 03658←福建农林大学生物农药与化学生物学教育部重点实验室；原始编号：BCBKL0150；能产生杀虫晶体蛋白和其他杀虫毒素，用于科研和开发生物农药；培养基0002，30℃。

ACCC 03770←中国农科院植保所；原始编号：Ipp194；培养基0002，30℃。

ACCC 03771←中国农科院植保所；原始编号：Ippsu4；培养基0002，30℃。

ACCC 03772←中国农科院植保所；培养基0002，30℃。

ACCC 03773←中国农科院植保所；原始编号：Ipp212；培养基0002，30℃。

ACCC 03774←中国农科院植保所；原始编号：Ipp21120；培养基0002，30℃。

ACCC 03775←中国农科院植保所；原始编号：Ipp185；培养基0002，30℃。

ACCC 03776←中国农科院植保所；原始编号：Ipp11；培养基0002，30℃。

ACCC 03777←中国农科院植保所；原始编号：Ipp25727；培养基0002，30℃。

ACCC 03778←中国农科院植保所；原始编号：Ipp14；培养基0002，30℃。

ACCC 03779←中国农科院植保所；原始编号：Ipp81-58h；培养基0002，30℃。

ACCC 03780←中国农科院植保所；原始编号：Ipp17；培养基0002，30℃。

ACCC 03781←中国农科院植保所；原始编号：Ipp12；培养基0002，30℃。

ACCC 03782←中国农科院植保所；原始编号：Ipp167；培养基0002，30℃。

ACCC 03783←中国农科院植保所；原始编号：Ipp211；培养基0002，30℃。

ACCC 03784←中国农科院植保所；原始编号：Ipp21811；培养基0002，30℃。

ACCC 03785←中国农科院植保所；原始编号：Ipp1；培养基0002，30℃。

ACCC 03786←中国农科院植保所；原始编号：Ipp21727；培养基0002，30℃。

ACCC 03787←中国农科院植保所；原始编号：Ipp18；培养基0002，30℃。

ACCC 03788←中国农科院植保所；原始编号：Ipp217；培养基0002，30℃。

ACCC 03790←中国农科院植保所；原始编号：Ipp35864；培养基0002，30℃。

ACCC 03791←中国农科院植保所；原始编号：Ipp19；培养基0002，30℃。

ACCC 03792←中国农科院植保所；原始编号：Ipp21；培养基0002，30℃。

ACCC 03793←中国农科院植保所；原始编号：Ipp23425；培养基0002，30℃。

ACCC 03794←中国农科院植保所；原始编号：Ipph06；培养基0002，30℃。

ACCC 03795←中国农科院植保所；原始编号：Ipp23426；培养基0002，30℃。

ACCC 03796←中国农科院植保所；原始编号：Ipp145；培养基0002，30℃。

ACCC 03797←中国农科院植保所；原始编号：Ipp9；培养基0002，30℃。

ACCC 03798←中国农科院植保所；原始编号：Ipp8；培养基0002，30℃。

ACCC 03799←中国农科院植保所；原始编号：Ipp10；培养基0002，30℃。

ACCC 03800←中国农科院植保所；原始编号：Ipp6；培养基0002，30℃。

ACCC 03801←中国农科院植保所；原始编号：Ipp13；培养基0002，30℃。

ACCC 03802←中国农科院植保所；原始编号：Ipp5；培养基0002，30℃。

ACCC 03803←中国农科院植保所；原始编号：Ipp32；培养基0002，30℃。

ACCC 03804←中国农科院植保所；原始编号：Ipp31；培养基0002，30℃。

ACCC 03805←中国农科院植保所；原始编号：Ipp16；培养基0002，30℃。

ACCC 03806←中国农科院植保所；原始编号：Ipp15；培养基0002，30℃。

ACCC 03807←中国农科院植保所；原始编号：Ipp4；培养基0002，30℃。

ACCC 03808←中国农科院植保所；原始编号：Ipp2；培养基0002，30℃。

ACCC 03809←中国农科院植保所；原始编号：Ippwy2-6d；培养基0002，30℃。

ACCC 03810←中国农科院植保所；原始编号：Ippwy2-6c；培养基0002，30℃。

ACCC 03813←中国农科院植保所；原始编号：Ippwy2-6h；培养基0002，30℃。

ACCC 03814←中国农科院植保所；原始编号：Ippwy2-6g；培养基 0002，30℃。
ACCC 03815←中国农科院植保所；原始编号：Ippwy2-6f；培养基 0002，30℃。
ACCC 03816←中国农科院植保所；原始编号：Ippwy2-6e；培养基 0002，30℃。
ACCC 03818←中国农科院植保所；原始编号：Ippwy2-4b；培养基 0002，30℃。
ACCC 03819←中国农科院植保所；原始编号：Ippwy2-4a；培养基 0002，30℃。
ACCC 03820←中国农科院植保所；原始编号：Ippwy2-4h；培养基 0002，30℃。
ACCC 03821←中国农科院植保所；原始编号：Ippwy2-4g；培养基 0002，30℃。
ACCC 03822←中国农科院植保所；原始编号：Ippwy2-4f；培养基 0002，30℃。
ACCC 03823←中国农科院植保所；原始编号：Ippwy2-4e；培养基 0002，30℃。
ACCC 03824←中国农科院植保所；原始编号：Ippwy2-4d；培养基 0002，30℃。
ACCC 03825←中国农科院植保所；原始编号：Ippwy2-1c；培养基 0002，30℃。
ACCC 03826←中国农科院植保所；原始编号：Ippwy2-1b；培养基 0002，30℃。
ACCC 03827←中国农科院植保所；原始编号：Ippwy2-1h；培养基 0002，30℃。
ACCC 03828←中国农科院植保所；原始编号：Ippwy2-1g；培养基 0002，30℃。
ACCC 03829←中国农科院植保所；原始编号：Ippwy2-1f；培养基 0002，30℃。
ACCC 03830←中国农科院植保所；原始编号：Ippwy2-1e；培养基 0002，30℃。
ACCC 03831←中国农科院植保所；原始编号：Ippwy2-1d；培养基 0002，30℃。
ACCC 03832←中国农科院植保所；原始编号：Ippmos-1e；培养基 0002，30℃。
ACCC 03833←中国农科院植保所；原始编号：Ippmos-1c；培养基 0002，30℃。
ACCC 03834←中国农科院植保所；原始编号：Ippmos-1c；培养基 0002，30℃。
ACCC 03835←中国农科院植保所；原始编号：Ippmos-1b；培养基 0002，30℃。
ACCC 03836←中国农科院植保所；原始编号：Ippmos-1a；培养基 0002，30℃。
ACCC 03837←中国农科院植保所；原始编号：Ippmos-1h；培养基 0002，30℃。
ACCC 03838←中国农科院植保所；原始编号：Ippmos-1g；培养基 0002，30℃。
ACCC 03839←中国农科院植保所；原始编号：Ippwy2-12d；培养基 0002，30℃。
ACCC 03840←中国农科院植保所；原始编号：Ippwy2-12c；培养基 0002，30℃。
ACCC 03841←中国农科院植保所；原始编号：Ippwy2-12b；培养基 0002，30℃。
ACCC 03842←中国农科院植保所；原始编号：Ippwy2-12a；培养基 0002，30℃。
ACCC 03843←中国农科院植保所；原始编号：Ippwy2-12h；培养基 0002，30℃。
ACCC 03844←中国农科院植保所；原始编号：Ippwy2-12g；分离源：土壤；培养基 0002，30℃。
ACCC 03845←中国农科院植保所；原始编号：Ippwy2-12f；培养基 0002，30℃。
ACCC 03846←中国农科院植保所；原始编号：Ippwy2-12e；培养基 0002，30℃。
ACCC 03847←中国农科院植保所；原始编号：Ippwy2-11d；培养基 0002，30℃。
ACCC 03848←中国农科院植保所；原始编号：Ippwy2-11c；培养基 0002，30℃。
ACCC 03849←中国农科院植保所；原始编号：Ippwy2-11b；培养基 0002，30℃。
ACCC 03850←中国农科院植保所；原始编号：Ippwy2-11a；培养基 0002，30℃。
ACCC 03851←中国农科院植保所；原始编号：Ippwy2-11h；培养基 0002，30℃。
ACCC 03852←中国农科院植保所；原始编号：Ippwy2-11g；培养基 0002，30℃。
ACCC 03853←中国农科院植保所；原始编号：Ippwy2-11f；培养基 0002，30℃。
ACCC 03854←中国农科院植保所；原始编号：Ippwy2-11e；培养基 0002，30℃。
ACCC 03855←中国农科院植保所；原始编号：Ippwy2-10d；培养基 0002，30℃。
ACCC 03856←中国农科院植保所；原始编号：Ippwy2-10c；培养基 0002，30℃。
ACCC 03857←中国农科院植保所；原始编号：Ippwy2-10b；培养基 0002，30℃。
ACCC 03859←中国农科院植保所；原始编号：Ippwy2-10h；培养基 0002，30℃。
ACCC 03860←中国农科院植保所；原始编号：Ippwy2-10g；培养基 0002，30℃。
ACCC 03861←中国农科院植保所；原始编号：Ippwy2-10f；培养基 0002，30℃。
ACCC 03863←中国农科院植保所；原始编号：Ippwy2-9d；培养基 0002，30℃。

ACCC 03864←中国农科院植保所；原始编号：Ippwy2-9c；培养基0002，30℃。

ACCC 03865←中国农科院植保所；原始编号：Ippwy2-9b；培养基0002，30℃。

ACCC 03866←中国农科院植保所；原始编号：Ippwy2-9a；培养基0002，30℃。

ACCC 03867←中国农科院植保所；原始编号：Ippwy2-9h；培养基0002，30℃。

ACCC 03868←中国农科院植保所；原始编号：Ippwy2-9g；培养基0002，30℃。

ACCC 03869←中国农科院植保所；原始编号：Ippwy2-9f；培养基0002，30℃。

ACCC 04255←广东微生物所；杀鳞翅目昆虫，分离地点：广东广州；培养基0002，37℃。

ACCC 04256←广东微生物所；原始编号：F1.28；杀鳞翅目昆虫；分离地点：广东佛山；培养基0002，37℃。

ACCC 04308←广东微生物所；原始编号：5-b-4；杀鳞翅目昆虫；分离地点：越南；培养基0002，37℃。

ACCC 04311←广东微生物所；原始编号：9-b-1；纤维素酶木质素酶产生菌；分离地点：越南；培养基0002，37℃。

ACCC 04317←广东微生物所；原始编号：F1.60；分离地点：广东广州；培养基0002，37℃。

ACCC 04322←广东微生物所；原始编号：v-36-b-4；β-葡聚糖酶和甘露糖酶产生菌；分离地点：越南；培养基0002，37℃。

ACCC 04340←福建农林大学生物农药研究中心；原始编号：BRC-LJ6；分离源：果冻；培养基0033，30℃。

ACCC 05271←山东农业大学菌种保藏中心；原始编号：28；分离源：芦苇根际土壤；培养基0002，37℃。

ACCC 10016←武汉微生物农药厂；原始编号：O96；制备抗原标准菌株，毒杀鳞翅目昆虫；培养基0002，30～32℃。

ACCC 10018←武汉微生物农药厂；制备抗原标准菌株，毒杀鳞翅目昆虫；培养基0002，30～32℃。

ACCC 10020←中国农科院土肥所；培养基0002，30℃。

ACCC 10024←武汉微生物农药厂；原始编号：O10；制备抗原标准菌株，毒杀鳞翅目昆虫；培养基0002，30～32℃。

ACCC 10031←武汉微生物农药厂；原始编号：O12；毒杀鳞翅目昆虫；培养基0002，30～32℃。

ACCC 10035←中国农科院土肥所；原始编号：D25；抗噬菌体、毒杀玉米螟；分离源：从HD-187菌株中自然选育而得；培养基0002，30～32℃。

ACCC 10038←成都华宏实业公司←山东泰安生物研究所←世界卫生组织（WHO）；杀灭蚊子幼虫效果较好；培养基0012，32～35℃。

ACCC 10063←中国林科院森保所；=CFCC 1088；培养基0002，30～32℃。

ACCC 10065←武汉微生物农药厂；培养基0002，30～32℃。

ACCC 10073←中国农科院土肥所；原始编号：T3；分离地点：泰安；培养基0002，30～32℃。

ACCC 10074←吉林省农业科学院植物保护研究所←中科院微生物所；原始编号：391；培养基0002，30℃。

ACCC 10075←吉林省农业科学院植物保护研究所；原始编号：506；培养基0002，30～32℃。

ACCC 10076←中科院沈阳生态所；原始编号：1.16；培养基0002，30～32℃。

ACCC 10077←长春地区农科所；原始编号：1.189；培养基0002，30～32℃。

ACCC 10078←中科院微生物所；原始编号：1.5；培养基0002，30～32℃。

ACCC 10079←吉林省农业科学院植物保护研究所；原始编号：507；培养基0002，30～32℃。

ACCC 10301←中国林科院森保所；=CFCC 1030；培养基0002，30～32℃。

ACCC 10303←中国林科院森保所；=CFCC 1032；培养基0002，30～32℃。

ACCC 10306←中国林科院森保所；=CFCC 1054；培养基0002，30～32℃。

ACCC 10307←中国林科院森保所；=CFCC 1055；培养基0012，30～33℃。

ACCC 10308←中国林科院森保所；=CFCC 1056；培养基0002，30～32℃。

ACCC 10309←中国林科院森保所；=CFCC 1063；培养基0002，30～32℃。

ACCC 10311←中国林科院森保所；=CFCC 1069；培养基 0002，30～32℃。

ACCC 10315←中国林科院森保所；=CFCC 1076；培养基 0002，30～32℃。

ACCC 10317←中国林科院森保所；=CFCC 1086；培养基 0002，30～32℃。

ACCC 10318←中国林科院森保所；=CFCC 1087；培养基 0002，30～32℃。

ACCC 10321←中国林科院森保所；=CFCC 1092；培养基 0002，30～32℃。

ACCC 10322←武汉微生物农药厂；杀鳞翅目昆虫；培养基 0002，30℃。

ACCC 10323←中科院微生物所←中科院动物研究所；培养基 0002，30℃。

ACCC 10324←中科院微生物所←中科院动物研究所；培养基 0002，30℃。

ACCC 10325←DSMZ←ATCC←E. A. Steinhaus←O. Mattes；=DSM 2046= ATCC 10792=CCM 19=NCIB 9134；培养基 0266，30℃。

ACCC 11075←中国农科院土肥所←中科院微生物所←武汉大学←英国；=AS 1.904；原始编号：96；培养基 0002，30℃。

ACCC 11156←中国农科院生物技术所；原始编号：IPP Y44，BRI 00032；科研研究；分离源：1～5 cm 土壤；培养基 0002，30℃。

ACCC 11157←中国农科院生物技术所；原始编号：IPP Y30，BRI 00027；科研研究；分离源：1～5 cm 土壤；培养基 0002，30℃。

ACCC 11158←中国农科院生物技术所；原始编号：IPP Qi5，BRI 00003；科研研究；分离源：1～5 cm 土壤；培养基 0002，30℃。

ACCC 11160←中国农科院生物技术所；原始编号：IPP Bt55，BRI 00009；科研研究；分离源：1～5 cm 土壤；培养基 0002，30℃。

ACCC 11162←中国农科院生物技术所；原始编号：IPP Bt53，BRI 00008；科研研究；分离源：1～5 cm 土壤；培养基 0002，30℃。

ACCC 11163←中国农科院生物技术所；原始编号：IPP Wu4，BRI 00002；科研研究；分离源：1～5 cm 土壤；培养基 0002，30℃。

ACCC 11173←中国农科院生物技术所；原始编号：IPP B5，BRI 00001；科研研究；培养基 0002，30℃。

ACCC 11174←中国农科院生物技术所；原始编号：IPP Y23，BRI 00025；科研研究；分离源：1～5 cm 土壤；培养基 0002，30℃。

ACCC 11178←中国农科院生物技术所；原始编号：IPP Bt89，BRI 00010；分离源：土壤；培养基 0002，30℃。

ACCC 11182←中国农科院生物技术所；原始编号：IPP BtC009，BRI 00007；科研研究；分离源：1～5 cm 土壤；培养基 0002，30℃。

ACCC 11184←中国农科院生物技术所；原始编号：IPP Y51，BRI 00035；科研研究；分离源：1～5 cm 土壤；培养基 0002，30℃。

ACCC 11188←中国农科院资划所←中国农科院植保所；原始编号：IPPY70；分离源：1～5 cm 土壤；培养基 0002，30℃。

ACCC 11190←中国农科院生物技术所；原始编号：IPP Y69，BRI 00039；科研研究；分离源：1～5 cm 土壤；培养基 0002，30℃。

ACCC 11191←中国农科院生物技术所；原始编号：IPP Y61，BRI 00036；科研研究；分离源：1～5 cm 土壤；培养基 0002，30℃。

ACCC 11193←中国农科院生物技术所；原始编号：IPP Y35，BRI 00029；科研研究；分离源：1～5 cm 土壤；培养基 0002，30℃。

ACCC 11194←中国农科院生物技术所；原始编号：IPP Y36，BRI 00030；科研研究；分离源：1～5 cm 土壤；培养基 0002，30℃。

ACCC 11195←中国农科院生物技术所；原始编号：IPP BtC005，BRI 00005；科研研究；分离源：1～5 cm 土壤；培养基 0002，30℃。

ACCC 11197←中国农科院生物技术所；原始编号：IPP Y26，BRI 00026；科研研究；分离源：1～5 cm
土壤；培养基 0002，30℃。

ACCC 11201←中国农科院生物技术所；原始编号：IPP Y68，BRI 00038；科研研究；分离源：1～5 cm
土壤；培养基 0002，30℃。

ACCC 11211←中国农科院生物技术所；原始编号：IPP H6，BRI 00004；科研研究；分离源：1～5 cm
土壤；培养基 0002，30℃。

ACCC 19967←吉林省农业科学院；原始编号：JN001；分离源：玉米田土壤；培养基 0033，30℃。

ACCC 61703←黑龙江格芙科技有限公司；原始编号：8 月 -19；用于杀虫剂；分离源：土壤；培养基
0014，30℃。

Bacillus thuringiensis subsp. *berliner* Klier et al. 1982

苏云金芽孢杆菌柏氏亚种

ACCC 10021←武汉微生物农药厂；原始编号：O09；制备抗原标准菌株，毒杀鳞翅目昆虫；培养基
0002，30～32℃。

ACCC 10022←中国农科院土肥所；原始编号：D26；防治鳞翅目昆虫；分离源：菌粉；培养基 0002，
30～32℃。

Bacillus thuringiensis subsp. *colmeri* De Lucca et al. 1984

苏云金芽孢杆菌科尔默亚种

ACCC 10302←中国林科院森保所；=CFCC 1031；培养基 0002，30～32℃。

Bacillus thuringiensis subsp. *darmstadiensis* Ohba et al. 1979

苏云金芽孢杆菌达姆斯塔特亚种

ACCC 10304←中国林科院森保所；=CFCC 1033；培养基 0002，30～32℃。

Bacillus thuringiensis subsp. *dendrolimus* Chen et al. 2004

苏云金芽孢杆菌松蜀亚种

ACCC 10023←武汉微生物农药厂；原始编号：O23；培养基 0002，30～32℃。

ACCC 10062←苏联；毒杀松毛虫；培养基 0002，30～32℃。

Bacillus thuringiensis subsp. *entomocidus*

苏云金芽孢杆菌杀虫亚种

ACCC 10024←武汉微生物农药厂；原始编号：O10；制备抗原标准菌株，毒杀鳞翅目昆虫；培养基
0002，30～32℃。

Bacillus thuringiensis subsp. *galleriae* Sakanian et al. 1982

苏云金芽孢杆菌蜡螟亚种

ACCC 10026←中国农科院土肥所；防治鳞翅目害虫、抗噬菌体 DV3；分离源：从 D25 抗噬菌体培养物
中分离；培养基 0002，30～32℃。

ACCC 10027←中科院微生物所；毒杀菜青虫；培养基 0002，30～32℃。

ACCC 10028←中国农科院土肥所；原始编号：7231；毒杀玉米螟；分离源：经紫外光照射诱变而得；
培养基 0002，30～32℃。

ACCC 10029←武汉微生物农药厂；原始编号：O87；制备抗原标准菌株，毒杀鳞翅目昆虫；培养基
0002，30～32℃。

ACCC 10030←武汉微生物农药厂；原始编号：HD-187；培养基 0002，30℃。

ACCC 10061←湖北省天门县微生物所；原始编号：140；培养基 0002，30～32℃。

ACCC 10067←中国农科院土肥所；原始编号：723；从棉花红铃虫幼虫虫体分离；培养基 0002，30℃。

ACCC 10068←中国农科院土肥所；原始编号：721；培养基 0002，30～32℃。

ACCC 10069←中国农科院土肥所；原始编号：727；培养基 0002，30～32℃。

ACCC 10070←中国农科院土肥所；原始编号：728；培养基 0002，30～32℃。

ACCC 10071←中国农科院土肥所；原始编号：713；培养基 0002，30～32℃。

ACCC 10072←中国农科院资划所←福建浦城生物化学有限公司；分离源：菌粉；培养基 0002，28℃。

ACCC 10305←中国林科院森保所；=CFCC 1043；培养基 0002，30～32℃。

Bacillus thuringiensis subsp. *kurstaki* Bulla et al. 1979

苏云金芽孢杆菌库尔斯塔克亚种

ACCC 10017←中国农科院土肥所；原始编号：8010；分离源：菌粉；分离源：福建蒲城；培养基 0002，30℃。

ACCC 10019←中国农科院土肥所；原始编号：457；培养基 0002，30℃。

ACCC 10037←河南农业大学；原始编号：HD-1；培养基 0002，30～32℃。

ACCC 10064←中科院微生物所；原始编号：DH-1；培养基 0002，30～32℃。

ACCC 10066←湖北省天门县微生物所；原始编号：7216；毒杀鳞翅目昆虫幼虫；分离源：棉红铃虫；培养基 0002，30～32℃。

ACCC 10310←中国林科院森保所；=CFCC 1064；培养基 0002，30～32℃。

Bacillus thuringiensis subsp. *morrisoni* Cantwell et al. 1982

苏云金芽孢杆菌莫里逊亚种

ACCC 10312←中国林科院森保所；=CFCC 1070；培养基 0002，30～32℃。

Bacillus thuringiensis subsp. *pakistani* Barjac et al. 1977

苏云金芽孢杆菌巴基斯坦亚种

ACCC 10313←中国林科院森保所；=CFCC 1072；培养基 0002，30～32℃。

Bacillus thuringiensis subsp. *shandongiensis* Wang et al. 1986

苏云金芽孢杆菌山东亚种

ACCC 10314←中国林科院森保所；=CFCC 1073；培养基 0002，30～32℃。

Bacillus thuringiensis subsp. *sotto* Shibano et al. 1985

苏云金芽孢杆菌猝倒亚种

ACCC 10033←武汉微生物农药厂；原始编号：o16；制备抗原标准菌株、毒杀鳞翅目昆虫；培养基 0002，30～32℃。

Bacillus thuringiensis subsp. *thompsoni* Calabrese & Nickerson 1980

苏云金芽孢杆菌汤普逊亚种

ACCC 10316←中国林科院森保所；=CFCC 1077；培养基 0002，30～32℃。

Bacillus thuringiensis subsp. *toumanoffii* Krieg 1969

苏云金芽孢杆菌托马诺夫亚种

ACCC 10320←中国林科院森保所；=CFCC 1090；培养基 0002，30～32℃。

Bacillus vallismortis Roberts et al. 1996

死谷芽孢杆菌

ACCC 01173←新疆农科院微生物所；原始编号：XJAA10275, B18；细菌蛋白酶；培养基 0033，20～30℃。

ACCC 01263←新疆农科院微生物所；原始编号：XJAA10352, SB81；培养基 0033，20～30℃。

ACCC 02068←新疆农科院微生物所；原始编号：P3, XAAS10371；分离地点：新疆布尔津县；培养基 0033，20℃。

ACCC 02069←新疆农科院微生物所；原始编号：P4, XAAS10372；分离地点：新疆布尔津县；培养基 0033，20℃。

ACCC 05738←DSMZ←NRRL；原始编号：DV1-F-3；分离源：土壤；培养基 0033，30℃。

Bacillus vedderi Agnew et al. 1996

威氏芽孢杆菌

ACCC 61560←福建省农业科学院；原始编号：CGMCC1.3496；培养基 0002，30℃。

Bacillus velezensis Ruiz-García et al. 2005
贝莱斯芽孢杆菌
ACCC 02747←南京农大农业环境微生物中心；原始编号：TS8；分离地点：江苏南京；培养基 0033，30℃。

ACCC 03040←中国农科院资划所；原始编号：GD-57-1-1'，7130；可用来研发生产生物肥料；分离地点：山东蓬莱；培养基 0002，28℃。

ACCC 60130←中国农科院植保所；原始编号：B006；可应用于农业和畜牧业病害防治；分离源：土壤；培养基 0847，28℃。

ACCC 60431←中国农科院加工所；原始编号：JS27A；拮抗真菌；分离源：小麦；培养基 0847，28℃。

ACCC 61650←河北农业大学；原始编号：HN-Q-8；科学研究；分离源：马铃薯根际土壤；培养基 0033，30℃。

ACCC 61651←河北农业大学；原始编号：C16；分离源：科学研究；分离源：马铃薯根际土壤；培养基 0033，30℃。

ACCC 61693←南京农大；原始编号：mcpA；促进植物生长；分离源：根际土壤；培养基 0033，30℃。

ACCC 61694←南京农大；原始编号：ysnE；促进植物生长；分离源：根际土壤；培养基 0033，30℃。

ACCC 61695←南京农大；原始编号：abrb；促进植物生长；分离源：根际土壤；培养基 0033，30℃。

ACCC 61696←南京农大；原始编号：luxS；促进植物生长；分离源：根际土壤；培养基 0033，30℃。

ACCC 61697←南京农大；原始编号：degQ；促进植物生长；分离源：根际土壤；培养基 0033，30℃。

ACCC 61702←南京农大；原始编号：swrA；促进植物生长；分离源：根际土壤；培养基 0033，30℃。

ACCC 61708←兰州交通大学；原始编号：F3A；生物防治及土壤改良；分离源：土壤；培养基 0033，30℃。

ACCC 61712←兰州交通大学；原始编号：YG；生物防治及土壤改良；分离源：土壤；培养基 0033，30℃。

ACCC 61736←济宁市农业科学研究院；原始编号：SC2-4；对镰孢菌和弯孢菌的生长有抑制作用；分离源：土壤；培养基 0002，37℃。

Bacillus vietnamensis Noguchi et al. 2004
越南芽孢杆菌
ACCC 60436←福建省农业科学院；原始编号：DSM 18898；分离源：鱼露；培养基 0847，30℃。

Bacillus vini Ma et al. 2017
ACCC 06413←中国农科院资划所；原始编号：LAM0415；分离源：白酒窖泥；培养基 0002，35℃。

Bacillus vireti Heyrman et al. 2004
原野芽孢杆菌
ACCC 03088←中国农科院资划所；原始编号：GD-51-2-3，7195；可用来研发生产生物肥料；分离源：内蒙古乌海；培养基 0065，28℃。

ACCC 60434←福建省农业科学院；原始编号：DSM 15602；分离源：土壤；培养基 0847，30℃。

ACCC 61638←福建省农业科学院；原始编号：DSM 15602；分离源：土壤；培养基 0001，30℃。

Bacillus weihenstephanensis Lechner et al. 1998
魏登施泰芽孢杆菌
ACCC 01508←新疆农科院微生物所；原始编号：XAAS10480，LB37；分离地点：新疆布尔津县；培养基 0033，20℃。

ACCC 01960←中国农科院资划所；原始编号：26，L38-1；纤维素降解菌；分离源：吉林安图长白山；培养基 0002，30℃。

ACCC 01961←中国农科院资划所；原始编号：56，1-15-2；纤维素降解菌；分离源：吉林安图长白山；培养基 0002，30℃。

ACCC 01962←中国农科院资划所；原始编号：82，c29-3；纤维素降解菌；分离地点：浙江宁波；培养基 0002，28℃。

ACCC 01963←中国农科院资划所；原始编号：83，c3-5；纤维素降解菌；分离地点：浙江宁波；培养基
0002，28℃。

ACCC 01964←中国农科院资划所；原始编号：84，c24-6；纤维素降解菌；分离地点：浙江宁波；培养
基 0002，28℃。

ACCC 01965←中国农科院资划所；原始编号：86，C5-7；纤维素降解菌；分离地点：浙江宁波；培养
基 0002，28℃。

ACCC 01966←中国农科院资划所；原始编号：92，C6-1-a；纤维素降解菌；分离地点：浙江宁波；培养
基 0002，28℃。

ACCC 01967←中国农科院资划所；原始编号：08，c7-1-a；纤维素降解菌；分离地点：吉林安图长白
山；培养基 0002，28℃。

ACCC 01968←中国农科院资划所；原始编号：27，28-7-a；纤维素降解菌；分离地点：浙江富阳市；培
养基 0002，28℃。

ACCC 02064←新疆农科院微生物所；原始编号：LB58，XAAS10409；分离地点：新疆布尔津县；培养
基 0033，20℃。

ACCC 02166←中国农科院资划所；原始编号：196，7-7；纤维素降解菌；分离地点：吉林安图长白山；
培养基 0002，30℃。

Bacillus xiaoxiensis Chen et al. 2011
ACCC 61530←福建省农业科学院；原始编号：DSM 21943；培养基 0220，30℃。

Bacillus zhanjiangensis Chen et al. 2012
ACCC 61639←福建省农业科学院；原始编号：DSM 23010；分离源：牡蛎；培养基 0514，30℃。

Beijerinckia indica（Starkey & De 1939）Derx 1950
印度拜叶林克氏菌
ACCC 10483←ATCC←NCIMB←H. L. Jensen←F. Kauffmann；＝ATCC 19361＝NCIB 8846；培养基 0003，
30℃。

Bhargavaea beijingensis
ACCC 61519←福建省农业科学院；原始编号：DSM 19037；分离源：人参根的内部组织；培养基 0220，
30℃。

Bordetella petrii Von Wintzingerode et al. 2001
彼得里鲍特氏菌
ACCC 02808←南京农大农业环境微生物中心；原始编号：菲 -4-9；在基础盐加 30 mg/L 菲的培养基中
接种，3 天的降解率可达 60%；分离地点：中原油田采油三厂；培养基 0002，28℃。

ACCC 03049←中国农科院资划所；原始编号：F-23-4，7140；可用来研发农田土壤及环境修复微生物
制剂；分离地点：北京大兴礼贤乡；培养基 0002，28℃。

Bordetella sp.
鲍特氏菌
ACCC 60009←中国农科院资划所；原始编号：221；分离源：土壤；培养基 0033，30℃。

Brachybacterium hainanense Liu et al. 2015
海南小短杆菌
ACCC 60371←中国农科院资划所；原始编号：DSM 29535；分离源：海南西沙诺尼根；培养基 0092，
28℃。

Brachybacterium nesterenkovii Gvozdyak et al. 1992
ACCC 61626←北京科技大学；原始编号：CIP104813；分离源：牛奶；培养基 0033，30℃。

Brachybacterium paraconglomeratum Takeuchi et al. 1995
副凝聚小短杆菌
ACCC 01109←中国农科院资划所；原始编号：Hg-k-3-2；具有用作耐重金属基因资源潜力；分离地点：
河北邯郸；培养基 0002，28℃。

ACCC 01127←中国农科院资划所；原始编号：Hg-k-4；具有用作耐重金属基因资源潜力；分离地点：中国农科院试验地；培养基 0002，28℃。

ACCC 01890←中国农科院资划所←新疆农科院微生物所；原始编号：MB83；分离源：甘草；培养基 0033，35℃。

Brachybacterium rhamnosum Takeuchi et al. 1995

鼠李糖小短杆菌

ACCC 61586←北京科技大学；原始编号：LMG19848；分离源：玉米浆；培养基 0033，30℃。

Bradyrhizobium elkanii Kuykendall et al. 1993

埃尔坎尼中慢生根瘤菌

ACCC 15791←中国农科院资划所←中国农大；分离地点：云南思茅；分离源：四棱豆根瘤；原始编号：CCBAU65668，043-4-4，结瘤固氮功能；培养基 0063，28～30℃。

ACCC 15792←中国农科院资划所←中国农大；分离地点：云南思茅；分离源：四棱豆根瘤；原始编号：CCBAU65669，043-4-5，结瘤固氮功能；培养基 0063，28～30℃。

ACCC 15793←中国农科院资划所←中国农大；分离地点：云南思茅；分离源：四棱豆根瘤；原始编号：CCBAU65670，043-4-6；结瘤固氮功能；培养基 0063，28～30℃。

ACCC 15804←中国农科院资划所←中国农大；分离地点：云南思茅；分离源：四棱豆根瘤；原始编号：CCBAU65701，043-4-2；结瘤固氮功能；培养基 0063，28～30℃。

ACCC 15805←中国农科院资划所←中国农大；分离地点：云南德宏潞西勐戛；分离源：毛蔓豆根瘤；原始编号：CCBAU65702，140d；结瘤固氮功能；培养基 0063，28～30℃。

ACCC 15807←中国农科院资划所←中国农大；分离地点：云南德宏潞西三台山老公路边；分离源：猪屎豆根瘤；原始编号：CCBAU65717，105-3-2；结瘤固氮功能；培养基 0063，28～30℃。

ACCC 15808←中国农科院资划所←中国农大；分离地点：云南德宏潞西东裕村公路边；分离源：葛藤根瘤；原始编号：CCBAU65721，124a；结瘤固氮功能；培养基 0063，28～30℃。

ACCC 15809←中国农科院资划所←中国农大；分离地点：云南德宏潞西东裕村公路边；分离源：葛藤根瘤；原始编号：CCBAU65722，124b；结瘤固氮功能；培养基 0063，28～30℃。

ACCC 15810←中国农科院资划所←中国农大；分离地点：云南德宏潞西勐戛季风常绿阔叶林下；分离源：毛蔓豆根瘤；原始编号：CCBAU65723，135-1-1；结瘤固氮功能；培养基 0063，28～30℃。

ACCC 15811←中国农科院资划所←中国农大；分离地点：云南德宏潞西勐戛季风常绿阔叶林下；分离源：毛蔓豆根瘤；原始编号：CCBAU65724，135-1-2；结瘤固氮功能；培养基 0063，28～30℃。

ACCC 15812←中国农科院资划所←中国农大；分离地点：云南德宏潞西勐戛季风常绿阔叶林下；分离源：毛蔓豆根瘤；原始编号：CCBAU65725，105-2-1；结瘤固氮功能；培养基 0063，28～30℃。

ACCC 15813←中国农科院资划所←中国农大；分离地点：云南德宏潞西勐戛季风常绿阔叶林下；分离源：毛蔓豆根瘤；原始编号：CCBAU65726，105-2-2；结瘤固氮功能；培养基 0063，28～30℃。

ACCC 15814←中国农科院资划所←中国农大；分离地点：云南德宏潞西勐戛季风常绿阔叶林下；分离源：毛蔓豆根瘤；原始编号：CCBAU65727，105-2-3；结瘤固氮功能；培养基 0063，28～30℃。

ACCC 15830←中国农科院资划所←中国农大；分离地点：云南西双版纳景洪热带作物研究所；分离源：金花生根瘤；原始编号：063-1-1；结瘤固氮功能；培养基 0063，28～30℃。

ACCC 15831←中国农科院资划所←中国农大；分离地点：云南西双版纳景洪热带作物研究所；分离源：金花生根瘤；原始编号：CCBAU65771，063-1-2；结瘤固氮功能；培养基 0063，28～30℃。

ACCC 15832←中国农科院资划所←中国农大；分离地点：云南西双版纳景洪热带作物研究所；分离源：金花生根瘤；原始编号：CCBAU65772，063-1-2；结瘤固氮功能；培养基 0063，28～30℃。

ACCC 15844←中国农科院资划所←中国农大；分离地点：云南德宏瑞丽姐告公路边草坪；分离源：小叶三点金根瘤；原始编号：CCBAU65820，146-1-2；结瘤固氮功能；培养基 0063，28～30℃。

ACCC 15845←中国农科院资划所←中国农大；分离地点：云南德宏瑞丽姐告公路边草坪；分离源：小叶三点金根瘤；原始编号：CCBAU65821，146-1-3；结瘤固氮功能；培养基 0063，28～30℃。

Bradyrhizobium japonicum（Kirchner）Jordan 1982

慢生大豆根瘤菌

ACCC 15005←中国农科院土肥所←美国根瘤菌公司 3I1b39；培养基 0063，28～30℃。

ACCC 15006←中国农科院土肥所；分离地点：山东菏泽；培养基 0063，28～30℃。

ACCC 15007←中国农科院土肥所；分离源：土壤；培养基 0063，28～30℃。

ACCC 15018←中国农科院土肥所←中科院沈阳生态所；培养基 0063，28～30℃。

ACCC 15020←中国农科院土肥所←贵州省农业科学院；培养基 0063，28～30℃。

ACCC 15021←中国农科院土肥所←山东省农业科学院；培养基 0063，28～30℃。

ACCC 15022←中国农科院土肥所←山东省农业科学院；培养基 0063，28～30℃。

ACCC 15023←中国农科院土肥所←河南农学院；培养基 0063，28～30℃。

ACCC 15027←中国农科院土肥所；分离源：美国商业菌剂；培养基 0063，28～30℃。

ACCC 15028←中国农科院土肥所；原始编号：2028；具有较好的共生固氮效果；分离地点：山东；培养基 0063，28～30℃。

ACCC 15031←中国农科院土肥所；分离地点：山东藤县；培养基 0063，28～30℃。

ACCC 15032←中国农科院土肥所←美国农业部；原始编号：3I1b6；培养基 0063，28～30℃。

ACCC 15033←中国农科院土肥所←美国农业部；原始编号：3I1b71a；培养基 0063，28～30℃。

ACCC 15034←中国农科院土肥所←美国农业部；原始编号：3I1b110；培养基 0063，28～30℃。

ACCC 15035←中国农科院土肥所←美国农业部；原始编号：3I1b122；培养基 0063，28～30℃。

ACCC 15036←中国农科院土肥所←美国农业部；原始编号：3I1b123；培养基 0063，28～30℃。

ACCC 15037←中国农科院土肥所←美国农业部；原始编号：3I1b138；培养基 0063，28～30℃。

ACCC 15038←中国农科院土肥所←美国农业部；原始编号：3I1b142；培养基 0063，28～30℃。

ACCC 15039←中国农科院土肥所←美国农业部；原始编号：3I1b143；血清型 110-122；培养基 0063，28～30℃。

ACCC 15040←中国农科院土肥所←美国农业部；原始编号：SM31；血清型 76；培养基 0063，28～30℃。

ACCC 15041←中国农科院土肥所←美国农业部；原始编号：SM35；血清型 76；培养基 0063，28～30℃。

ACCC 15042←中国农科院土肥所←美国 Wisconsin 大学；原始编号：61A76；血清型 76；培养基 0063，28～30℃。

ACCC 15043←中国农科院土肥所←澳大利亚联邦科学与工业研究组织；原始编号：CB1809；血清型 123；培养基 0063，28～30℃。

ACCC 15044←中国农科院土肥所←美国农业部；原始编号：3I1b135；血清型 135；培养基 0063，28～30℃。

ACCC 15045←中国农科院土肥所←美国农业部 Rj24，无效菌株（作标记用）；培养基 0063，28～30℃。

ACCC 15046←中国农科院土肥所←阿根廷 E41；培养基 0063，28～30℃。

ACCC 15047←中国农科院土肥所←中国农科院油料所 C33←美国；培养基 0063，28～30℃。

ACCC 15049←中国农科院土肥所←中国农科院油料所61A96←美国根瘤菌公司；培养基0063，28～30℃。

ACCC 15051←中国农科院土肥所←中国农科院油料所←ATCC10324，标准菌株；培养基0063，28～30℃。

ACCC 15052←中国农科院土肥所002←广西玉林农药厂分离，血清型S2-1；培养基0063，28～30℃。

ACCC 15053←中国农科院土肥所305←中国农科院油料所从武汉分离，血清型2-4；培养基0063，28～30℃。

ACCC 15054←中国农科院土肥所←中国农科院油料所从湖南秋大豆田分离113-2；培养基0063，28～30℃。

ACCC 15055←中国农科院土肥所←中国农科院油料所从武汉植物园分离121-6，血清型S2-6；培养基0063，28～30℃。

ACCC 15057←中国农科院土肥所←阿根廷E45；培养基0063，28～30℃。

ACCC 15058←中国农科院土肥所←阿根廷E84；培养基0063，28～30℃。

ACCC 15059←中国农科院土肥所←美国根瘤菌公司61A101；分离地点：玻利维亚；培养基0063，28～30℃。

ACCC 15060←中国农科院土肥所←美国根瘤菌公司61A124；分离地点：新西兰；培养基0063，28～30℃。

ACCC 15062←中国农科院土肥所←中国农科院油料所Y-11←美国；培养基0063，28～30℃。

ACCC 15063←中国农科院土肥所←中科院沈阳生态所B16-11←辽宁省农业科学院；培养基0063，28～30℃。

ACCC 15064←中国农科院土肥所←中国农科院油料所，大豆31←印度国际半干旱研究所；培养基0063，28～30℃。

ACCC 15065←中国农科院土肥所←中国农科院油料所，大豆RCR3407←美国；培养基0063，28～30℃。

ACCC 15066←中国农科院土肥所←中国农科院油料所，大豆5A/70←印度国际半干旱研究所；培养基0063，28～30℃。

ACCC 15078←中国农科院土肥所胡济生教授从我国土壤分离，Hu7；培养基0063，28～30℃。

ACCC 15081←中国农科院土肥所胡济生教授分离自我国西北地区土壤；原始编号：Hu24，与黑豆有较好的共生效应；培养基0063，28～30℃。

ACCC 15083←中国农科院土肥所胡济生教授分离3F-6，能与我国栽培大豆结瘤固氮；培养基0063，28～30℃。

ACCC 15093←中国农科院土肥所←中国农科院作物所丁安林赠←加拿大←美国根瘤菌公司61A101C；培养基0063，28～30℃。

ACCC 15095←中国农科院土肥所←中国农科院作物所丁安林赠←加拿大←美国根瘤菌公司61A124C；培养基0063，28～30℃。

ACCC 15096←中国农科院土肥所←中国农科院作物所←美国根瘤菌公司61A148。可用于生产根瘤菌菌剂；培养基0063，28～30℃。

ACCC 15097←中国农科院土肥所←中国农科院作物所←美国根瘤菌公司USDA113。可用于生产根瘤菌菌剂；培养基0063，28～30℃。

ACCC 15150←中国农科院土肥所宁国赞1981年从广西武宣采瘤分离，野大豆2号，与野大豆共生固氮；培养基0063，28～30℃。

ACCC 15155←中国农科院土肥所刘惠琴1990年从江西南昌山地黄壤黏土（pH值6.15）采集大豆（矮脚早）根瘤分离，与大豆共生固氮；培养基pH值4.5生长；原始编号：30；培养基0063，28～30℃。

ACCC 15156←中国农科院土肥所宁国赞1990年从江西南昌山地黄壤黏土（pH值6.15）采集大豆（矮脚早）根瘤分离，与大豆共生固氮；培养基pH值4.5生长；原始编号：31；培养基0063，28～30℃。

ACCC 15157←中国农科院土肥所刘惠琴 1990 年从江西南昌山地黄壤黏土（pH 值 6.15）采集大豆（矮脚早）根瘤分离，与大豆共生固氮；培养基 pH 值 4.5 生长；原始编号：35；培养基 0063，28～30℃。

ACCC 15158←中国农科院土肥所宁国赞 1990 年从江西南昌山地黄壤黏土（pH 值 4.93）采集大豆（矮脚早）根瘤分离，与大豆共生固氮；培养基 pH 值 4.5 生长；原始编号：40；培养基 0063，28～30℃。

ACCC 15159←中国农科院土肥所刘惠琴 1990 年从江西进贤山地黄壤黏土（pH 值 4.93）采集大豆（矮脚早）根瘤分离，与大豆共生固氮；培养基 pH 值 4.5 生长；原始编号：41；培养基 0063，28～30℃。

ACCC 15161←中国农科院土肥所宁国赞 1990 年从福建福田山地黏土（pH 值 5.17）采集大豆（古田豆）根瘤分离，与大豆共生固氮；培养基 pH 值 4.5 生长；原始编号：49；培养基 0063，28～30℃。

ACCC 15162←中国农科院土肥所刘惠琴 1990 年从福建福田稻田灰色黏土（pH 值 4.90）采集大豆（龙豆）根瘤分离，与大豆共生固氮；培养基 pH 值 4.5 生长；原始编号：63；培养基 0063，28～30℃。

ACCC 15163←中国农科院土肥所宁国赞 1990 年从福建福田稻田灰色黏土（pH 值 4.90）采集大豆（龙豆）根瘤分离，与大豆共生固氮；培养基 pH 值 4.5 生长；原始编号：64；培养基 0063，28～30℃。

ACCC 15164←中国农科院土肥所刘惠琴 1990 年从广东惠阳山地红壤黏土（pH 值 4.85）采集大豆（龙豆）根瘤分离，与大豆共生固氮；培养基 pH 值 4.5 生长；原始编号：72；培养基 0063，28～30℃。

ACCC 15165←中国农科院土肥所刘惠琴 1990 年从广东惠阳山地红壤黏土（pH 值 4.91）采集大豆（龙豆）根瘤分离，与大豆共生固氮；培养基 pH 值 4.5 生长；原始编号：74；培养基 0063，28～30℃。

ACCC 15166←中国农科院土肥所宁国赞 1990 年从广西宁明红壤（pH 值 5.4）采集大豆（鸡蛋豆）根瘤分离，与大豆共生固氮；培养基 pH 值 4.30 生长；原始编号：83；培养基 0063，28～30℃。

ACCC 15167←中国农科院土肥所刘惠琴 1990 年从广西宁明红壤（pH 值 5.4）采集大豆（鸡蛋豆）根瘤分离，与大豆共生固氮；培养基 pH 值 4.30 生长；原始编号：84；培养基 0063，28～30℃。

ACCC 15168←中国农科院土肥所刘惠琴 1990 年从广西南宁黄壤（pH 值 5.4）采集大豆（黄豆）根瘤分离，与大豆共生固氮；培养基 pH 值 4.40 生长；原始编号：87；培养基 0063，28～30℃。

ACCC 15169←中国农科院土肥所宁国赞 1990 年从广西宁明红壤（pH 值 5.4）采集大豆（鸡蛋豆）根瘤分离，与大豆共生固氮；培养基 pH 值 4.30 生长；原始编号：88；培养基 0063，28～30℃。

ACCC 15170←中国农科院土肥所刘惠琴 1990 年从广西南宁沙壤（pH 值 6.0）采集大豆（黄豆）根瘤分离，与大豆共生固氮；培养基 pH 值 4.30 生长；原始编号：89；培养基 0063，28～30℃。

ACCC 15171←中国农科院土肥所刘惠琴 1990 年从广西梅县柑橘园分离，与大豆共生固氮；培养基 pH 值 4.50 生长；原始编号：94；培养基 0063，28～30℃。

ACCC 15172←中国农科院土肥所宁国赞 1990 年从湖南长沙红壤黏土（pH 值 4.92）采集大豆（云赤早）根瘤分离，与大豆共生固氮；培养基 pH 值 4.50 生长；原始编号：101；培养基 0063，28～30℃。

ACCC 15173←中国农科院土肥所宁国赞 1990 年从湖南长沙红壤黏土（pH 值 4.92）采集大豆（云赤早）根瘤分离，与大豆共生固氮；培养基 pH 值 4.20 生长；原始编号：114；培养基 0063，28～30℃。

ACCC 15174←中国农科院土肥所刘惠琴 1990 年从湖南长沙红壤黏土（pH 值 5.31）采集大豆（湘春 13 号）根瘤分离，与大豆共生固氮；培养基 pH 值 4.40 生长；原始编号：121；培养基 0063，28～30℃。

ACCC 15175←中国农科院土肥所宁国赞 1990 年从湖南长沙红壤黏土（pH 值 5.31）采集大豆（湘春 13 号）根瘤分离，与大豆共生固氮；培养基 pH 值 4.30 生长；原始编号：125；培养基 0063，28～30℃。

ACCC 15176←中国农科院土肥所刘惠琴 1990 年从湖南长沙丘陵黄壤黏土（pH 值 5.30）采集大豆（褐皮豆）根瘤分离，与大豆共生固氮；培养基 pH 值 4.50 生长；原始编号：148；培养基 0063，28～30℃。

ACCC 15177←中国农科院土肥所宁国赞 1990 年从湖南长沙丘陵黄壤黏土（pH 值 5.30）采集大豆（六月火暴）根瘤分离，与大豆共生固氮；培养基 pH 值 4.50 生长；原始编号：185；培养基 0063，28～30℃。

ACCC 15178←中国农科院土肥所马晓彤 1990 年从湖南长沙丘陵黄壤黏土（pH 值 5.30）采集大豆（六月火暴）根瘤分离，与大豆共生固氮；培养基 pH 值 4.50 生长；原始编号：186；培养基 0063，28～30℃。

ACCC 15179←中国农科院土肥所刘惠琴 1990 年从湖南长沙丘陵黄壤黏土（pH 值 5.30）采集大豆（六月火暴）根瘤分离，与大豆共生固氮；培养基 pH 值 4.50 生长；原始编号：193；培养基 0063，28～30℃。

ACCC 15180←中国农科院土肥所马晓彤 1990 年从湖南长沙丘陵黄壤黏土（pH 值 5.30）采集大豆（六月火暴）根瘤分离，与大豆共生固氮；培养基 pH 值 4.50 生长；原始编号：195；培养基 0063，28～30℃。

ACCC 15181←中国农科院土肥所马晓彤 1990 年从湖南长沙丘陵黄壤黏土（pH 值 5.30）采集大豆（五月拔）根瘤分离，与大豆共生固氮；培养基 pH 值 4.50 生长，田间试验用菌；原始编号：205；培养基 0063，28～30℃。

ACCC 15183←中国农科院土肥所刘惠琴 1990 年从湖南长沙丘陵黄壤黏土（pH 值 4.91）采集大豆（湘春 5 号）根瘤分离，与大豆共生固氮；培养基 pH 值 4.40 生长，生产用菌；原始编号：248；培养基 0063，28～30℃。

ACCC 15184←中国农科院土肥所马晓彤 1990 年从湖南长沙丘陵黄壤黏土（pH 值 9.41）采集大豆（五月拔）根瘤分离，与大豆共生固氮；培养基 pH 值 4.40 生长；原始编号：270；培养基 0063，28～30℃。

ACCC 15185←中国农科院土肥所马晓彤 1990 年从湖南长沙丘陵黄壤黏土（pH 值 4.92）采集大豆（云赤早）根瘤分离，与大豆共生固氮；培养基 pH 值 4.50 生长，生产用菌；原始编号：276；培养基 0063，28～30℃。

ACCC 15186←中国农科院土肥所刘惠琴 1990 年从湖南长沙丘陵黄壤黏土（pH 值 5.30）采集大豆（褐皮豆）根瘤分离，与大豆共生固氮；培养基 pH 值 4.80 生长；原始编号：284；培养基 0063，28～30℃。

ACCC 15187←中国农科院土肥所刘惠琴 1990 年从湖南长沙丘陵黄壤黏土（pH 值 4.91）采集大豆（湘春 5 号）根瘤分离，与大豆共生固氮；培养基 pH 值 4.40 生长；原始编号：302；培养基 0063，28～30℃。

ACCC 15188←中国农科院土肥所刘惠琴 1990 年从江西南昌山地黄壤黏土（pH 值 6.15）采集大豆（矮脚早）根瘤分离，与大豆共生固氮；培养基 pH 值 4.40 生长；原始编号：314；培养基 0063，28～30℃。

ACCC 15189←中国农科院土肥所马晓彤 1990 年从江西进贤山地黄壤黏土（pH 值 6.27）采集大豆（矮脚早）根瘤分离，与大豆共生固氮；培养基 pH 值 4.50 生长；原始编号：323；培养基 0063，28～30℃。

ACCC 15190←中国农科院土肥所刘惠琴 1990 年从江西进贤山地黄壤黏土（pH 值 6.27）采集大豆（矮脚早）根瘤分离，与大豆共生固氮；培养基 pH 值 4.50 生长；原始编号：324；培养基 0063，28～30℃。

ACCC 15191←中国农科院土肥所刘惠琴 1990 年从江西进贤山地黄壤黏土（pH 值 6.27）采集大豆（矮脚早）根瘤分离，与大豆共生固氮；培养基 pH 值 4.80 生长；原始编号：325；培养基 0063，28～30℃。

ACCC 15192←中国农科院土肥所马晓彤 1990 年从江西进贤山地黄壤黏土（pH 值 6.27）采集大豆（矮脚早）根瘤分离，与大豆共生固氮；培养基 pH 值 4.40 生长；原始编号：330；培养基 0063，28～30℃。

ACCC 15193←中国农科院土肥所刘惠琴 1990 年从湖南长沙红壤黏土（pH 值 4.88）采集大豆（六月白）根瘤分离，与大豆共生固氮；培养基 pH 值 4.40 生长；原始编号：348；培养基 0063，28～30℃。

ACCC 15194←中国农科院土肥所马晓彤 1990 年从湖南长沙红壤黏土（pH 值 4.88）采集大豆（五月拔）根瘤分离，与大豆共生固氮；培养基 pH 值 4.40 生长；原始编号：352；培养基 0063，28～30℃。

ACCC 15195←中国农科院土肥所马晓彤 1990 年从湖南长沙红壤黏土（pH 值 4.88）采集大豆（六月白）根瘤分离，与大豆共生固氮；培养基 pH 值 4.20 生长；原始编号：354；培养基 0063，28～30℃。

ACCC 15196←中国农科院土肥所刘惠琴 1990 年从湖南长沙红壤黏土（pH 值 4.88）采集大豆（云赤早）根瘤分离，与大豆共生固氮；培养基 pH 值 4.20 生长；原始编号：361；培养基 0063，28～30℃。

ACCC 15197←中国农科院土肥所刘惠琴 1990 年从湖南长沙红壤黏土（pH 值 4.88）采集大豆（云赤早）根瘤分离，与大豆共生固氮；培养基 pH 值 4.20 生长；原始编号：368；培养基 0063，28～30℃。

ACCC 15198←中国农科院土肥所刘惠琴 1990 年从江西南昌山地黄壤黏土（pH 值 6.15）采集大豆（矮脚早）根瘤分离，与大豆共生固氮；培养基 pH 值 4.50 生长；原始编号：376；培养基 0063，28～30℃。

ACCC 15200←中国农科院土肥所马晓彤 1990 年从江西南昌山地黄壤黏土（pH 值 6.15）采集大豆（矮脚早）根瘤分离，与大豆共生固氮；培养基 pH 值 4.40 生长；原始编号：407；培养基 0063，28～30℃。

ACCC 15201←中国农科院土肥所刘惠琴 1990 年从江西南昌山地黄壤黏土（pH 值 6.15）采集大豆（矮脚早）根瘤分离，与大豆共生固氮；培养基 pH 值 4.40 生长；原始编号：415；培养基 0063，28～30℃。

ACCC 15202←中国农科院土肥所刘惠琴 1990 年从江西进贤山地黄壤黏土（pH 值 6.27）采集大豆（矮脚早）根瘤分离，与大豆共生固氮；培养基 pH 值 4.20 生长；原始编号：423；培养基 0063，28～30℃。

ACCC 15203←中国农科院土肥所刘惠琴 1990 年从江西进贤山地黄壤黏土（pH 值 6.27）采集大豆（矮脚早）根瘤分离，与大豆共生固氮；培养基 pH 值 4.30 生长；原始编号：430；培养基 0063，28～30℃。

ACCC 15204←中国农科院土肥所马晓彤，1990 年从江西进贤山地黄壤黏土（pH 值 4.93）采集大豆（矮脚早）根瘤分离，与大豆共生固氮；培养基 pH 值 4.30 生长；原始编号：441；培养基 0063，28～30℃。

ACCC 15205←中国农科院土肥所马晓彤 1990 年从江西进贤山地黄壤黏土（pH 值 5.11）采集大豆（矮脚早）根瘤分离，与大豆共生固氮；培养基 pH 值 4.50 生长；原始编号：465；培养基 0063，28～30℃。

ACCC 15206←中国农科院土肥所刘惠琴 1990 年从福建福田灰色黏土（pH 值 5.17）采集大豆（矮脚早）根瘤分离，与大豆共生固氮；培养基 pH 值 4.50 生长；原始编号：483；培养基 0063，28～30℃。

ACCC 15210←中国农科院土肥所白新学 1990 年从福建福田灰色黏土（pH 值 4.94）采集大豆（蒲豆）根瘤分离，与大豆共生固氮；培养基 pH 值 4.60 生长；原始编号：522；培养基 0063，28～30℃。

ACCC 15211←中国农科院土肥所宁国赞 1990 年从福建福田灰色黏土（pH 值 4.94）采集大豆（蒲田8008）根瘤分离，与大豆共生固氮；培养基 pH 值 4.50 生长；原始编号：532；培养基0063，28～30℃。

ACCC 15212←中国农科院土肥所白新学 1990 年从福建福田灰色黏土（pH 值 4.49）采集大豆（古田豆）根瘤分离，与大豆共生固氮；培养基 pH 值 4.40 生长；原始编号：554；培养基 0063，28～30℃。

ACCC 15213←中国农科院土肥所宁国赞 1990 年从福建福田灰色黏土（pH 值 4.49）采集大豆（古田豆）根瘤分离，与大豆共生固氮，生产用菌；培养基 pH 值 4.20 生长；原始编号：556；培养基 0063，28～30℃。

ACCC 15214←中国农科院土肥所白新学 1990 年从福建福田灰色黏土（pH 值 4.90）采集大豆（龙豆）根瘤分离，与大豆共生固氮；培养基 pH 值 4.50 生长；原始编号：578；培养基 0063，28～30℃。

ACCC 15215←中国农科院土肥所白新学 1990 年从福建福田山地红黄壤黏土（pH 值 4.84）采集大豆（古田豆）根瘤分离，与大豆共生固氮；培养基 pH 值 4.50 生长；原始编号：592；培养基 0063，28～30℃。

ACCC 15216←中国农科院土肥所宁国赞 1990 年从福建福田山地灰黄壤黏土（pH 值 4.84）采集大豆（蒲田豆 8008）根瘤分离，与大豆共生固氮；培养基 pH 值 4.50 生长；原始编号：597；培养基 0063，28～30℃。

ACCC 15217←中国农科院土肥所白新学 1990 年从福建福田山地灰黄壤黏土（pH 值 4.55）采集大豆（蒲田豆 8008）根瘤分离，与大豆共生固氮；培养基 pH 值 4.80 生长；原始编号：610；培养基 0063，28～30℃。

ACCC 15218←中国农科院土肥所白新学 1990 年从福建福田山地灰黄壤黏土（pH 值 4.84）采集大豆（大黄豆）根瘤分离，与大豆共生固氮；培养基 pH 值 4.50 生长；原始编号：628；培养基 0063，28～30℃。

ACCC 15220←中国农科院土肥所宁国赞 1990 年从广东惠阳山地红壤黏土（pH 值 4.85）采集大豆（大黄豆）根瘤分离，与大豆共生固氮；培养基 pH 值 4.80 生长；原始编号：639；培养基 0063，28～30℃。

ACCC 15221←中国农科院土肥所宁国赞 1990 年从广东惠阳山地红壤黏土（pH 值 4.85）采集大豆（大黄豆）根瘤分离，与大豆共生固氮；培养基 pH 值 4.60 生长；原始编号：643；培养基 0063，28～30℃。

ACCC 15222←中国农科院土肥所白新学，1990 年从广东惠阳山地红壤黏土（pH 值 4.85）采集大豆（大黄豆）根瘤分离，与大豆共生固氮；培养基 pH 值 4.50 生长；原始编号：647；培养基 0063，28～30℃。

ACCC 15223←中国农科院土肥所白新学 1990 年从广东惠阳山地红壤黏土（pH 值 4.85）采集大豆（大黄豆）根瘤分离，与大豆共生固氮；培养基 pH 值 4.50 生长；原始编号：656；培养基 0063，28～30℃。

ACCC 15224←中国农科院土肥所宁国赞 1990 年从广东惠阳山地红壤黏土（pH 值 4.33）采集大豆（大黄豆）根瘤分离，与大豆共生固氮；培养基 pH 值 4.20 生长；原始编号：658；培养基 0063，28～30℃。

ACCC 15225←中国农科院土肥所宁国赞 1990 年从广东惠阳山地红壤黏土（pH 值 4.33）采集大豆（大黄豆）根瘤分离，与大豆共生固氮；原始编号：669；培养基 0063，28～30℃。

ACCC 15226←中国农科院土肥所宁国赞 1990 年从广东惠阳山地红壤黏土（pH 值 4.33）采集大豆（大黄豆）根瘤分离，与大豆共生固氮；原始编号：671；培养基 0063，28～30℃。

ACCC 15227←中国农科院土肥所白新学 1990 年从广东惠阳山地灰色黏土（pH 值 4.91）采集大豆（大黄豆）根瘤分离，与大豆共生固氮；培养基 pH 值 4.20 生长；原始编号：678；培养基 0063，28～30℃。

ACCC 15228←中国农科院土肥所宁国赞 1990 年从广东惠阳山地灰色黏土（pH 值 4.91）采集大豆（大黄豆）根瘤分离，与大豆共生固氮；培养基 pH 值 4.40 生长；原始编号：679；培养基 0063，28～30℃。

ACCC 15229←中国农科院土肥所宁国赞，1990 年从广东惠阳山地灰色黏土（pH 值 4.91）采集大豆（大黄豆）根瘤分离，与大豆共生固氮；培养基 pH 值 4.60 生长；原始编号：685；培养基 0063，28～30℃。

ACCC 15230←中国农科院土肥所白新学，1990 年从广东惠阳山地灰色黏土（pH 值 4.33）采集大豆（大黄豆）根瘤分离，与大豆共生固氮；培养基 pH 值 4.50 生长；原始编号：688；培养基 0063，28～30℃。

ACCC 15231←中国农科院土肥所宁国赞 1990 年从广东惠阳山地灰色黏土（pH 值 4.91）采集大豆（大黄豆）根瘤分离，与大豆共生固氮；培养基 pH 值 4.20 生长；原始编号：695；培养基 0063，28～30℃。

ACCC 15232←中国农科院土肥所宁国赞 1990 年从广东惠阳山地灰色黏土（pH 值 4.84）采集大豆（小黄豆）根瘤分离，与大豆共生固氮；培养基 pH 值 4.40 生长；原始编号：696；培养基 0063，28～30℃。

ACCC 15233←中国农科院土肥所宁国赞 1990 年从广东惠阳山地黄壤黏土（pH 值 4.84）采集大豆（小黄豆）根瘤分离，与大豆共生固氮；培养基 pH 值 4.20 生长；原始编号：697；培养基 0063，28～30℃。

ACCC 15234←中国农科院土肥所宁国赞 1990 年从广东惠阳山地黄壤黏土（pH 值 4.84）采集大豆（小黄豆）根瘤分离，与大豆共生固氮；培养基 pH 值 4.20 生长；原始编号：701；培养基 0063，28～30℃。

ACCC 15235←中国农科院土肥所宁国赞 1990 年从广东惠阳山地黄壤黏土（pH 值 4.84）采集大豆（小黄豆）根瘤分离，与大豆共生固氮；培养基 pH 值 4.50 生长；原始编号：708；培养基 0063，28～30℃。

ACCC 15236←中国农科院土肥所刘惠琴 1990 年从广东惠阳山地黄壤黏土（pH 值 4.84）采集大豆（小黄豆）根瘤分离，与大豆共生固氮，生产用菌；培养基 pH 值 4.40 生长；原始编号：712；培养基 0063，28～30℃。

ACCC 15238←中国农科院土肥所白新学，1990 年从广东惠阳山地黄壤沙土（pH 值 4.27）采集大豆（小黄豆）根瘤分离，与大豆共生固氮；培养基 pH 值 4.70 生长；原始编号：729；培养基 0063，28～30℃。

ACCC 15239←中国农科院土肥所刘惠琴 1990 年从广东惠阳山地黄壤沙土（pH 值 4.27）采集大豆（小黄豆）根瘤分离，与大豆共生固氮；培养基 pH 值 4.30 生长；原始编号：731；培养基 0063，28～30℃。

ACCC 15241←中国农科院土肥所刘惠琴 1990 年从广东惠阳山地黄壤沙土（pH 值 4.27）采集大豆（小黄豆）根瘤分离，与大豆共生固氮；培养基 pH 值 4.50 生长；原始编号：736；培养基 0063，28～30℃。

ACCC 15242←中国农科院土肥所刘惠琴 1990 年从广西宁明红壤（pH 值 5.40）采集大豆（鸡蛋豆）根瘤分离，与大豆共生固氮；培养基 pH 值 4.30 生长；原始编号：761；培养基 0063，28～30℃。

ACCC 15243←中国农科院土肥所刘惠琴 1990 年从广西宁明红壤（pH 值 5.40）采集大豆（鸡蛋豆）根瘤分离，与大豆共生固氮；培养基 pH 值 4.30 生长；原始编号：762；培养基 0063，28～30℃。

ACCC 15244←中国农科院土肥所刘惠琴1990年从广西宁明沙壤（pH值5.40）采集大豆（鸡蛋豆）根瘤分离，与大豆共生固氮；培养基pH值4.50生长；原始编号：786；培养基0063，28～30℃。

ACCC 15245←中国农科院土肥所刘惠琴1990年从广东梅州柑橘园地（pH值5.0）采集大豆根瘤分离，与大豆共生固氮；培养基pH值4.30生长；原始编号：789；培养基0063，28～30℃。

ACCC 15246←中国农科院土肥所白新学1990年从广东梅州柑橘园地采集大豆根际分离，与大豆共生固氮；培养基pH值4.30生长；原始编号：790；培养基0063，28～30℃。

ACCC 15247←中国农科院土肥所刘惠琴1990年从广东梅州柑橘园地采集大豆根瘤分离，与大豆共生固氮；培养基pH值4.30生长；原始编号：791；培养基0063，28～30℃。

ACCC 15248←中国农科院土肥所刘惠琴1990年从广西南宁黄壤（pH值5.40）采集大豆（鸡蛋豆）根瘤分离，与大豆共生固氮；培养基pH值4.50生长；原始编号：793；培养基0063，28～30℃。

ACCC 15249←中国农科院土肥所宁国赞1990年从福建福田灰色黏土（pH值4.94）采集大豆（蒲田8008）根瘤分离，与大豆共生固氮；培养基pH值4.80生长；原始编号：54；培养基0063，28～30℃。

ACCC 15250←中国农科院土肥所宁国赞1990年从福建福田灰色黏土（pH值4.94）采集大豆（蒲田8008）根瘤分离，与大豆共生固氮；培养基pH值4.40生长；原始编号：55；培养基0063，28～30℃。

ACCC 15251←中国农科院土肥所宁国赞1990年从福建福田灰色黏土（pH值4.94）采集大豆（古田豆）根瘤分离，与大豆共生固氮；培养基pH值4.50生长；原始编号：59；培养基0063，28～30℃。

ACCC 15252←中国农科院土肥所刘惠琴1990年从福建福田灰色黏土（pH值4.94）采集大豆（古田豆）根瘤分离，与大豆共生固氮；培养基pH值4.40生长；原始编号：61；培养基0063，28～30℃。

ACCC 15255←中国农科院土肥所马晓彤1993年从湖南长沙丘陵黄壤，采集'六月爆'根瘤分离，与大豆结瘤固氮良好，耐受pH值4.30；原始编号：18；培养基0063，28～30℃。

ACCC 15257←中国农科院土肥所马晓彤1993年从福建福田山地灰土，采集'蒲豆808'根瘤分离，与大豆结瘤固氮，耐受pH值4.30；原始编号：68；培养基0063，28～30℃。

ACCC 15258←中国农科院土肥所马晓彤1993年从广西宁明红壤，采集黄豆根瘤分离，与大豆结瘤固氮，耐受pH值4.50；原始编号：86；培养基0063，28～30℃。

ACCC 15259←中国农科院土肥所马晓彤1993年从广东梅县红壤，采集黄豆根瘤分离，与大豆结瘤固氮，耐受pH值4.40；原始编号：95；培养基0063，28～30℃。

ACCC 15260←中国农科院土肥所马晓彤1993年从湖南长沙山地红壤，采集'湘春13'根瘤分离，与大豆结瘤固氮良好，耐受pH值4.20；原始编号：130；培养基0063，28～30℃。

ACCC 15262←中国农科院土肥所马晓彤1993年湖南长沙红黏土，采集'六月爆'根瘤分离，与大豆结瘤固氮良好，耐受pH值4.20；原始编号：169；培养基0063，28～30℃。

ACCC 15263←中国农科院土肥所马晓彤1993年湖南长沙红黄黏土，采集'五月拔'根瘤分离，与大豆结瘤固氮良好，耐受pH值4.20；原始编号：199；培养基0063，28～30℃。

ACCC 15264←中国农科院土肥所马晓彤1993年湖南长沙红黄黏土，采集'五月拔'根瘤分离，与大豆结瘤固氮良好，耐受pH值4.20；原始编号：204；培养基0063，28～30℃。

ACCC 15269←中国农科院土肥所马晓彤1993年从湖南长沙红壤黏土，采集'五月拔'根瘤分离，与大豆结瘤固氮良好，耐受pH值4.30；原始编号：266；培养基0063，28～30℃。

ACCC 15273←中国农科院土肥所马晓彤1993年从江西南昌山黄黏土，采集'矮脚早'根瘤分离，与大豆结瘤固氮良好，耐受pH值4.20；原始编号：379；培养基0063，28～30℃。

ACCC 15276←中国农科院土肥所马晓彤1993年从江西南昌山红黏土，采集'六月白'根瘤分离，与大豆结瘤固氮良好，耐受pH值4.50；原始编号：400；培养基0063，28～30℃。

ACCC 15277←中国农科院土肥所马晓彤 1993 年从江西进贤山黄黏土，采集'矮脚早'根瘤分离，与大豆结瘤固氮良好，耐受 pH 值 4.30；原始编号：421；培养基 0063，28～30℃。

ACCC 15280←中国农科院土肥所马晓彤 1993 年从福建福田山地红壤，采集古田豆根瘤分离，与大豆结瘤固氮良好，耐受 pH 值 4.20；原始编号：514；培养基 0063，28～30℃。

ACCC 15281←中国农科院土肥所马晓彤 1993 年从福建福田稻田灰土，采集龙豆根瘤分离，与大豆结瘤固氮良好，耐受 pH 值 4.50；原始编号：575；培养基 0063，28～30℃。

ACCC 15282←中国农科院土肥所马晓彤 1993 年从福建福田稻田灰土，采集龙豆根瘤分离，与大豆结瘤固氮良好，耐受 pH 值 4.60；原始编号：582；培养基 0063，28～30℃。

ACCC 15283←中国农科院土肥所马晓彤 1993 年从福建福田山红黄壤，采集'蒲豆 808'根瘤分离，与大豆结瘤固氮良好，耐受 pH 值 4.50；原始编号：585；培养基 0063，28～30℃。

ACCC 15284←中国农科院土肥所马晓彤 1993 年从福建福田山灰黄壤，采集'蒲豆 808'根瘤分离，与大豆结瘤固氮，耐受 pH 值 4.20；原始编号：614；培养基 0063，28～30℃。

ACCC 15289←中国农科院土肥所马晓彤 1993 年从广西宁明红壤，采集黄豆根瘤分离，与大豆结瘤固氮良好，耐受 pH 值 4.30；原始编号：767；培养基 0063，28～30℃。

ACCC 15291←中国农科院土肥所马晓彤 1993 年从广西宁明红壤，采集黄豆根瘤分离，与大豆结瘤固氮良好，耐受 pH 值 4.50；原始编号：776；培养基 0063，28～30℃。

ACCC 15293←中国农科院土肥所马晓彤 1993 年从广东梅县红壤，采集黄豆根瘤分离，与大豆结瘤固氮。耐受 pH 值 4.50；原始编号：795；培养基 0063，28～30℃。

ACCC 15601←中国农科院土肥所←中科院植物所←美国 Wisconsin 大学生物固氮中心；原始编号：sm1；培养基 0063，28～30℃。

ACCC 15603←中国农科院土肥所←中科院植物所←美国 Wisconsin 大学生物固氮中心；原始编号：sm2；培养基 0063，28～30℃。

ACCC 15604←中国农科院土肥所←中科院植物所←美国 Wisconsin 大学生物固氮中心；原始编号：sm3；培养基 0063，28～30℃。

ACCC 15605←中国农科院土肥所←中科院植物所←美国 Wisconsin 大学生物固氮中心；原始编号：sm4；培养基 0063，28～30℃。

ACCC 15606←中国农科院土肥所←中国农大陈文新教授赠←美国农业部；原始编号：USDA6；能与 Glycine max 共生结瘤；培养基 0063，28～30℃。

ACCC 15607←中国农科院土肥所，胡济生教授 1981 年在美国合作研究期间从中国的土壤中分离的菌株；原始编号：Hu10；培养基 0063，28～30℃。

ACCC 15608←中国农科院土肥所，胡济生教授在美国合作研究期间从中国的土壤中分离的菌株；原始编号：Hu6；能与中国大豆共生固氮；培养基 0063，28～30℃。

ACCC 15610←中国农科院土肥所←美国根瘤菌公司；原始编号：61A88；能与中国栽培大豆共生固氮；培养基 0063，28～30℃。

ACCC 15611←中国农科院土肥所分离；原始编号：2026；能与中国栽培大豆共生固氮；培养基 0063，28～30℃。

ACCC 15631←中国农科院土肥所，分离采集自内蒙古，与大豆结瘤固氮良好。原始编号：109①；培养基 0063，28～30℃。

ACCC 15633←中国农科院土肥所，分离采集自内蒙古，与大豆结瘤固氮良好。原始编号：110①；培养基 0063，28～30℃。

Bradyrhizobium liaoningensis

辽宁超慢生根瘤菌

ACCC 15788←中国农科院资划所←中国农大；分离源：云南四棱豆根瘤；原始编号：CCBAU 65660，043-2-4；结瘤固氮功能；培养基 0063，28～30℃。

ACCC 15790←中国农科院资划所←中国农大；分离源：四棱豆根瘤；原始编号：CCBAU 65662，043-2-6；结瘤固氮功能；培养基 0063，28～30℃。

ACCC 15819←中国农科院资划所←中国农大；分离源：假花生根瘤；原始编号：CCBAU 65749，019-2-1；结瘤固氮功能；培养基 0063，28～30℃。

ACCC 15820←中国农科院资划所←中国农大；分离源：假花生根瘤；原始编号：CCBAU 65750，019-2-2；结瘤固氮功能；培养基 0063，28～30℃。

ACCC 15821←中国农科院资划所←中国农大；分离源：猪屎豆根瘤；原始编号：CCBAU 65756，038-1-1；结瘤固氮功能；培养基 0063，28～30℃。

ACCC 15822←中国农科院资划所←中国农大；分离源：猪屎豆根瘤；原始编号：CCBAU 65757，038-2-2；结瘤固氮功能；培养基 0063，28～30℃。

ACCC 15823←中国农科院资划所←中国农大；分离源：猪屎豆根瘤；原始编号：CCBAU 65758，038-2-3；结瘤固氮功能；培养基 0063，28～30℃。

ACCC 15825←中国农科院资划所←中国农大；分离源：穗序木蓝根瘤；原始编号：CCBAU 65763，049-1-1；结瘤固氮功能；培养基 0063，28～30℃。

ACCC 15826←中国农科院资划所←中国农大；分离源：小叶三点金根瘤；原始编号：CCBAU 65764，051-1-1；结瘤固氮功能；培养基 0063，28～30℃。

ACCC 15827←中国农科院资划所←中国农大；分离源：小叶三点金根瘤；原始编号：CCBAU 65765，051-1-2；结瘤固氮功能；培养基 0063，28～30℃。

ACCC 15828←中国农科院资划所←中国农大；分离源：穗序木蓝根瘤；原始编号：CCBAU 65768，053-1-1；结瘤固氮功能；培养基 0063，28～30℃。

ACCC 15829←中国农科院资划所←中国农大；分离源：金花生根瘤；原始编号：CCBAU 65769，055-1-1；结瘤固氮功能；培养基 0063，28～30℃。

ACCC 15835←中国农科院资划所←中国农大；分离源：花生根瘤；原始编号：CCBAU 65778，074-1-2；结瘤固氮功能；培养基 0063，28～30℃。

ACCC 15840←中国农科院资划所←中国农大；分离源：花生根瘤；原始编号：CCBAU 65800，123-1-1；结瘤固氮功能；培养基 0063，28～30℃。

ACCC 15841←中国农科院资划所←中国农大；分离地点：云南德宏潞西；分离源：黑叶木蓝根瘤；原始编号：CCBAU65802，126-1-1；结瘤固氮功能；培养基 0063，28～30℃。

ACCC 15842←中国农科院资划所←中国农大；分离地点：云南德宏潞西；分离源：黑叶木蓝根瘤；原始编号：CCBAU65803，126-1-2；结瘤固氮功能；培养基 0063，28～30℃。

ACCC 19945←西北农大；原始编号：CCNWSX0360；具有通抗性机制研究和铜锌污染土壤修复功能；培养基 0402，28～30℃。

Bradyrhizobium sp.

慢生根瘤菌（豇豆族）

ACCC 14010←中国农科院土肥所从绿豆根瘤中分离1010；与花生共生固氮；培养基 0063，28～30℃。

ACCC 14035←中国农科院土肥所1035，广西木豆根瘤菌接种在小豆上再分离；培养基 0063，28～30℃。

ACCC 14046←中国农科院土肥所 1046；与花生共生固氮；培养基 0063，28～30℃。

ACCC 14068←中国农科院土肥所←美国农业部 Tha201；与花生共生固氮；培养基 0063，28～30℃。

ACCC 14070←中国农科院土肥所←美国农业部 8B6；与花生共生固氮；培养基 0063，28～30℃。

ACCC 14071←中国农科院土肥所←美国农业部 8A11；培养基 0063，28～30℃。

ACCC 14075←中国农科院土肥所←美国根瘤菌公司 32H1；与花生共生固氮；培养基 0063，28～30℃。

ACCC 14076←中国农科院土肥所←澳大利亚联邦科学与工业研究组织 Dr. R. A. Date 赠；原始编号：CB765；与花生共生固氮；培养基 0063，28～30℃。

ACCC 14077←中国农科院土肥所←澳大利亚联邦科学与工业研究组织 Dr. R. A. Date 赠；原始编号：CB82；与花生共生固氮；培养基 0063，28～30℃。

ACCC 14080←中国农科院土肥所←阿根廷 C95；与花生共生固氮；培养基 0063，28～30℃。

ACCC 14082←中国农科院土肥所←中国农科院油料所，与花生有较好的共生固氮效果，是近几年推广的菌株之一；培养基0063，28～30℃。

ACCC 14084←中国农科院土肥所←中国农科院油料所←印度国际半干旱研究所NC；与花生共生固氮；培养基0063，28～30℃。

ACCC 14090←中国农科院土肥所←中国农科院油料所036；与花生共生固氮；培养基0063，28～30℃。

ACCC 14091←中国农科院土肥所←中国农科院油料所97-1；与花生有较好的共生固氮效果；培养基0063，28～30℃。

ACCC 14092←中国农科院土肥所←广东省农业科学院土壤肥料研究所C1；与花生共生固氮；培养基0063，28～30℃。

ACCC 14094←中国农科院土肥所←美国根瘤菌公司10A3；与花生共生固氮；培养基0063，28～30℃。

ACCC 14095←中国农科院土肥所←美国根瘤菌公司47A1；与花生共生固氮；培养基0063，28～30℃。

ACCC 14096←中国农科院土肥所←美国根瘤菌公司32F1；与花生共生固氮；培养基0063，28～30℃。

ACCC 14101←中国农科院土肥所←美国Nif.；原始编号：TAL176；与花生共生固氮；培养基0063，28～30℃。

ACCC 14104←中国农科院土肥所←美国Nif.；原始编号：TAL295；与花生共生固氮；培养基0063，28～30℃。

ACCC 14113←中国农科院土肥所←美国Nif.；原始编号：TAL437；与花生共生固氮；培养基0063，28～30℃。

ACCC 14114←中国农科院土肥所←美国根瘤菌公司25B7；与花生共生固氮；培养基0063，28～30℃。

ACCC 14116←中国农科院土肥所←中国农科院油料所←印度国际半干旱研究所3G4b10；与花生共生固氮；培养基0063，28～30℃。

ACCC 14125←中国农科院土肥所←中国农科院油料所M-30；从大翼豆根瘤上分离而得，与花生共生固氮；培养基0063，28～30℃。

ACCC 14131←中国农科院土肥所刘惠琴1985年从院内试验地分离；原始编号：008；与绿豆、花生共生固氮；培养基0063，28～30℃。

ACCC 14132←中国农科院土肥所刘惠琴1985年从院内试验地分离；原始编号：147；与绿豆、花生共生固氮；培养基0063，28～30℃。

ACCC 14133←中国农科院土肥所刘惠琴1985年从院内试验地分离；原始编号：217；与绿豆、花生共生固氮；培养基0063，28～30℃。

ACCC 14134←中国农科院土肥所关妙等分离；原始编号：76；与绿豆、花生共生固氮；培养基0063，28～30℃。

ACCC 14150←中国农科院土肥所李元芳1981年从广西采瘤分离；原始编号：3-1；与柱花草共生固氮；培养基0063，28～30℃。

ACCC 14151←中国农科院土肥所宁国赞1981年从广西采瘤分离；原始编号：5-1；与柱花草共生固氮；培养基0063，28～30℃。

ACCC 14160←中国农科院土肥所宁国赞1987年从内蒙古科左右旗采瘤分离；原始编号：胡枝子9；与胡枝子共生固氮；培养基0063，28～30℃。

ACCC 14161←中国农科院土肥所宁国赞1987年从内蒙古科左右旗采瘤分离；原始编号：胡枝子10；与胡枝子共生固氮；培养基0063，28～30℃。

ACCC 14162←中国农科院土肥所宁国赞1987年从内蒙古科左右旗采瘤分离；原始编号：胡枝子12；与胡枝子共生固氮；培养基0063，28～30℃。

ACCC 14163←中国农科院土肥所白新学1987年从内蒙古科左右旗采瘤分离；原始编号：胡枝子14；与胡枝子共生固氮；培养基0063，28～30℃。

ACCC 14164←中国农科院土肥所白新学1987年从内蒙古科左右旗采瘤分离；原始编号：胡枝子16；与胡枝子共生固氮；培养基0063，28～30℃。

ACCC 14166←中国农科院资划所马晓彤2004年从内蒙古采集胡枝子根瘤分离，与胡枝子结瘤固氮；原始编号：W22-1；培养基0063，28～30℃。

ACCC 14167←中国农科院资划所马晓彤 2004 年从内蒙古采集胡枝子根瘤分离，与胡枝子结瘤固氮；原始编号：W22-2；培养基 0063，28～30℃。

ACCC 14168←中国农科院资划所马晓彤 2004 年从内蒙古采集胡枝子根瘤分离，与胡枝子结瘤固氮；原始编号：W23-1；培养基 0063，28～30℃。

ACCC 14169←中国农科院资划所马晓彤 2004 年从内蒙古采集胡枝子根瘤分离，与胡枝子结瘤固氮；原始编号：W23-2；培养基 0063，28～30℃。

ACCC 14170←中国农科院资划所马晓彤 2004 年从内蒙古采集胡枝子根瘤分离，与胡枝子结瘤固氮；原始编号：W26-1；培养基 0063，28～30℃。

ACCC 14171←中国农科院资划所马晓彤 2004 年从内蒙古采集胡枝子根瘤分离，与胡枝子结瘤固氮；原始编号：W26-2；培养基 0063，28～30℃。

ACCC 14172←中国农科院资划所马晓彤 2004 年从内蒙古采集胡枝子根瘤分离，与胡枝子结瘤固氮；原始编号：W29-1；培养基 0063，28～30℃。

ACCC 14173←中国农科院资划所马晓彤 2004 年从内蒙古采集胡枝子根瘤分离，与胡枝子结瘤固氮；原始编号：W29-2；培养基 0063，28～30℃。

ACCC 14174←中国农科院资划所马晓彤 2004 年从内蒙古采集胡枝子根瘤分离，与胡枝子结瘤固氮；原始编号：W30-1；培养基 0063，28～30℃。

ACCC 14175←中国农科院资划所马晓彤 2004 年从内蒙古采集胡枝子根瘤分离，与胡枝子结瘤固氮；原始编号：W30-2；培养基 0063，28～30℃。

ACCC 14176←中国农科院资划所马晓彤 2004 年从内蒙古采集胡枝子根瘤分离，与胡枝子结瘤固氮；原始编号：W31-1；培养基 0063，28～30℃。

ACCC 14177←中国农科院资划所马晓彤 2004 年从内蒙古采集胡枝子根瘤分离，与胡枝子结瘤固氮；原始编号：W31-2；培养基 0063，28～30℃。

ACCC 14178←中国农科院资划所马晓彤 2004 年从内蒙古采集胡枝子根瘤分离，与胡枝子结瘤固氮；原始编号：W32-1；培养基 0063，28～30℃。

ACCC 14179←中国农科院资划所马晓彤 2004 年从内蒙古采集胡枝子根瘤分离，与胡枝子结瘤固氮；原始编号：W32-2；培养基 0063，28～30℃。

ACCC 14182←中国农科院土肥所李元芳 1981 年从广西采瘤分离；原始编号：大 9；与大翼豆共生固氮；培养基 0063，28～30℃。

ACCC 14190←中国农科院土肥所李元芳 1981 年从广西采瘤分离；原始编号：大结 3；与大翼豆共生固氮；培养基 0063，28～30℃。

ACCC 14191←中国农科院土肥所宁国赞 1981 年从广西采瘤分离；原始编号：大结 6；与大结豆共生固氮；培养基 0063，28～30℃。

ACCC 14200←中国农科院土肥所李元芳 1981 年从广西采瘤分离；原始编号：山 1；与绿叶、银叶山蚂蝗共生固氮；培养基 0063，28～30℃。

ACCC 14202←中国农科院土肥所宁国赞 1981 年从广西武宣采瘤分离；原始编号：山 3；与绿叶、银叶山蚂蝗共生固氮；培养基 0063，28～30℃。

ACCC 14203←中国农科院土肥所宁国赞、李元芳 1981 年从广西武宣采瘤分离；原始编号：山 4；与绿叶、银叶山蚂蝗共生固氮；培养基 0063，28～30℃。

ACCC 14204←中国农科院土肥所←澳大利亚，与山蚂蝗等豇豆属植物共生固氮；原始编号：CB627；培养基 0063，28～30℃。

ACCC 14205←中国农科院土肥所刘惠琴 1985 年从中国农科院作物品种资源研究所实验地绿豆根瘤分离，与绿豆、花生共生固氮；原始编号：169；培养基 0063，28～30℃。

ACCC 14207←中国农科院土肥所刘惠琴 1985 年从中国农科院作物品种资源研究所实验地绿豆根瘤分离，与绿豆、花生共生固氮；原始编号：090；培养基 0063，28～30℃。

ACCC 14208←中国农科院土肥所刘惠琴 1985 年从中国农科院作物品种资源研究所实验地绿豆根瘤分离，与绿豆、花生共生固氮；原始编号：001；培养基 0063，28～30℃。

ACCC 14210←中国农科院土肥所刘惠琴 1985 年从中国农科院作物品种资源研究所实验地绿豆根瘤分离，与绿豆、花生共生固氮；原始编号：207；培养基 0063，28～30℃。

ACCC 14211←中国农科院土肥所刘惠琴 1985 年从中国农科院作物品种资源研究所实验地绿豆根瘤分离，与绿豆、花生共生固氮；原始编号：164；培养基 0063，28～30℃。

ACCC 14214←中国农科院土肥所刘惠琴 1985 年从中国农科院作物品种资源研究所实验地绿豆根瘤分离，与绿豆、花生共生固氮；原始编号：097；培养基 0063，28～30℃。

ACCC 14215←中国农科院土肥所刘惠琴 1985 年从中国农科院作物品种资源研究所实验地绿豆根瘤分离，与绿豆、花生共生固氮；原始编号：42；培养基 0063，28～30℃。

ACCC 14217←中国农科院资划所马晓彤 2004 年从内蒙古采集紫穗槐根瘤分离，与胡枝子结瘤固氮；原始编号：W33-1；培养基 0063，28～30℃。

ACCC 14218←中国农科院资划所马晓彤 2004 年从内蒙古采集紫穗槐根瘤分离，与胡枝子结瘤固氮；原始编号：W33-2；培养基 0063，28～30℃。

ACCC 14219←中国农科院资划所马晓彤 2004 年从内蒙古采集紫穗槐根瘤分离，与胡枝子结瘤固氮；原始编号：W33-4；培养基 0063，28～30℃。

Bradyrhizobium vigna Grönemeyer et al. 2016

豇豆慢生根瘤菌

ACCC 19530←中国农科院土肥所；原始编号：金 33；与金合欢、黑荆相思树共生固氮；培养基 0063，28～30℃。

ACCC 19531←中国农科院土肥所；原始编号：金 34；与金合欢、黑荆相思树共生固氮；培养基 0063，28～30℃。

ACCC 19532←中国农科院土肥所；原始编号：金 35；与金合欢、黑荆相思树共生固氮；培养基 0063，28～30℃。

ACCC 19533←中国农科院土肥所；原始编号：金 36；与金合欢、黑荆相思树共生固氮；培养基 0063，28～30℃。

ACCC 19534←中国农科院土肥所；原始编号：金 37；与金合欢、黑荆相思树共生固氮；培养基 0063，28～30℃。

ACCC 19535←中国农科院土肥所；原始编号：金 39；与金合欢、黑荆相思树共生固氮；培养基 0063，28～30℃。

ACCC 19536←中国农科院土肥所；原始编号：金 40；与金合欢、黑荆相思树共生固氮；培养基 0063，28～30℃。

ACCC 19537←中国农科院土肥所；原始编号：金 41；与金合欢、黑荆相思树共生固氮；培养基 0063，28～30℃。

ACCC 19560←中国农科院土肥所；原始编号：黑 1；与黑荆树、金合欢、大叶相思树共生固氮；培养基 0063，28～30℃。

ACCC 19561←中国农科院土肥所；原始编号：黑 2；与黑荆树、金合欢、大叶相思树共生固氮；培养基 0063，28～30℃。

ACCC 19562←中国农科院土肥所；原始编号：黑 5；与黑荆树、金合欢、大叶相思树共生固氮；培养基 0063，28～30℃。

ACCC 19563←中国农科院土肥所；原始编号：黑 8；与黑荆树、金合欢、大叶相思树共生固氮；培养基 0063，28～30℃。

Bradyrhizobium yuanmingense Yao et al. 2002

圆明慢生根瘤菌

ACCC 15796←中国农科院资划所←中国农大；分离地点：云南思茅景谷城外老公路边；分离源：小叶三点金根瘤；原始编号：CCBAU65676，069-2；结瘤固氮功能；培养基 0063，28～30℃。

ACCC 15817←中国农科院资划所←中国农大；分离地点：云南德宏瑞丽江畹町；分离源：降三叶草根瘤；原始编号：CCBAU65743，166a；结瘤固氮功能；培养基 0063，28～30℃。

ACCC 15818←中国农科院资划所←中国农大；分离地点：云南德宏瑞丽江畹町；分离源：降三叶草根瘤；原始编号：CCBAU65744，166b，结瘤固氮功能；培养基0063，28～30℃。

ACCC 15833←中国农科院资划所←中国农大；分离地点：云南思茅景谷城外老公路边；分离源：小叶三点金根瘤；原始编号：CCBAU65775，071-1-1；结瘤固氮功能；培养基0063，28～30℃。

ACCC 15834←中国农科院资划所←中国农大；分离地点：云南思茅景谷城外老公路边；分离源：小叶三点金根瘤；原始编号：CCBAU65776，071-1-3；结瘤固氮功能；培养基0063，28～30℃。

ACCC 15836←中国农科院资划所←中国农大；分离地点：云南德宏潞西芒究生态园内路边；分离源：猪屎豆根瘤；原始编号：CCBAU65785，096-1-1；结瘤固氮功能；培养基0063，28～30℃。

ACCC 15837←中国农科院资划所←中国农大；分离地点：云南德宏潞西芒究生态园内路边；分离源：猪屎豆根瘤；原始编号：CCBAU65786，096-1-2；结瘤固氮功能；培养基0063，28～30℃。

ACCC 15838←中国农科院资划所←中国农大；分离地点：云南德宏潞西芒究生态园内路边；分离源：猪屎豆根瘤；原始编号：CCBAU65787，096-1-3；结瘤固氮功能；培养基0063，28～30℃。

ACCC 15843←中国农科院资划所←中国农大；分离地点：云南德宏潞西木康村；分离源：花生根瘤；原始编号：CCBAU65089，134-1-2；结瘤固氮功能；培养基0063，28～30℃。

ACCC 15846←中国农科院资划所←中国农大；分离地点：云南德宏瑞丽陇川弄秀；分离源：小叶三点金根瘤；原始编号：CCBAU65823，152-1-1；结瘤固氮功能；培养基0063，28～30℃。

ACCC 15847←中国农科院资划所←中国农大；分离地点：云南德宏瑞丽陇川弄秀；分离源：小叶三点金根瘤；原始编号：CCBAU65824，152-1-2；结瘤固氮功能；培养基0063，28～30℃。

ACCC 15848←中国农科院资划所←中国农大；分离地点：云南德宏瑞丽陇川弄秀；分离源：小叶三点金根瘤；原始编号：CCBAU65825，152-1-3；结瘤固氮功能；培养基0063，28～30℃。

ACCC 15849←中国农科院资划所←中国农大；分离地点：云南德宏瑞丽江莫里；分离源：小叶三点金根瘤；原始编号：CCBAU65826，161-1-1；结瘤固氮功能；培养基0063，28～30℃。

Brevibacillus agri（Nakamura 1993）Shida et al. 1996
土壤短芽孢杆菌

ACCC 03016←中国农科院资划所；原始编号：GD-67-2-4，7098；可用来研发生产生物肥料；分离地点：内蒙古牙克石；培养基0065，28℃。

ACCC 03587←中国农科院麻类所；原始编号：IBFC W0902；红麻脱胶，24小时脱胶程度为6；分离地点：湖南南县；培养基0002，35℃。

ACCC 04176←广东微生物所；原始编号：070606B106-1；培养基0002，30℃。

ACCC 10247←DSMZ←NRRL；NRS 1219←C. Lamanna，Camp Detrick；=DSM 6348＝ATCC 5166＝IFO 15538＝JCM 9067＝LMG 15103＝Vitek 202316；培养基0266，30℃。

ACCC 10732←中国农科院麻类所；原始编号：T1530；分离源：红麻土壤；分离地点：安徽蚌埠；培养基0002，32℃。

Brevibacillus borstelensis（Shida et al. 1995）Shida et al. 1996
波茨坦短芽孢杆菌

ACCC 02014←新疆农科院微生物所；原始编号：B17，XAAS10274；分离地点：新疆吐鲁番；培养基0033，20℃。

ACCC 61534←福建省农业科学院；原始编号：DSM 298；培养基0001，30℃。

Brevibacillus brevis（Migula 1900）Shida et al. 1996
短短芽孢杆菌

ACCC 03330←山东农业大学菌种保藏中心；原始编号：61-4；分离源：海边盐碱地土壤；培养基0002，37℃。

ACCC 03331←山东农业大学菌种保藏中心；原始编号：61-5；分离源：海边盐碱地土壤；培养基0002，37℃。

ACCC 03387←中国农科院麻类所；原始编号：IBFC W0588；红麻脱胶；培养基0032，35℃。

ACCC 03389←中国农科院麻类所；原始编号：IBFC W0591；红麻脱胶；分离地点：湖南沅江；培养基 0032，35℃。

ACCC 03401←中国农科院麻类所；原始编号：IBFC W0589；红麻脱胶；培养基 0032，35℃。

ACCC 03407←中国农科院麻类所；原始编号：IBFC W0592；红麻脱胶；分离地点：湖南沅江；培养基 0032，35℃。

ACCC 03418←中国农科院麻类所；原始编号：IBFC W0590；红麻脱胶；分离地点：湖南沅江；培养基 0032，35℃。

ACCC 10248←DSMZ←ATCC←NR Smith←J. Porter←NCTC 2611←W. Ford 27B；＝DSM 30＝ATCC 8246＝CCM 2050＝JCM 2503＝LMG 16703＝NCIB 9372＝NCTC 2611；培养基 0266，30℃。

ACCC 10659←南京农大农业环境微生物中心；原始编号：B113；分离源：植物根际土壤；培养基 0002，30℃。

ACCC 10687←南京农大农业环境微生物中心；原始编号：B15；分离源：植物根际土壤；培养基 0002，30℃。

ACCC 61659←南京农大；原始编号：LY-11；促进植物生长；分离源：土壤；培养基 0033，30℃。

Brevibacillus choshinensis（Takagi et al. 1993）Shida et al. 1996

短芽孢杆菌

ACCC 03062←中国农科院资划所；原始编号：GD-21-2-4，7161；可用来研发生产生物肥料；分离地点：北京大兴天堂河；培养基 0065，28℃。

ACCC 03102←中国农科院资划所；原始编号：GD-66-2-2，7214；可用来研发生产生物肥料；分离地点：内蒙古牙克石七队；培养基 0065，28℃。

ACCC 05737←DSMZ←O. Shida；分离源：土壤；培养基 0802，30℃。

Brevibacillus formosus（Shida et al. 1995）Shida et al. 1996

美丽短芽孢杆菌

ACCC 03023←中国农科院资划所；原始编号：GD-17-2-4，7107；可用来研发生产生物肥料；分离地点：北京大兴礼贤乡；培养基 0065，28℃。

ACCC 03261←中国农科院资划所；原始编号：GD-49-2-2；可用来研发生产生物肥料；培养基 0065，28℃。

ACCC 60416←福建省农业科学院；原始编号：DSM 5620；培养基 0001，30℃。

Brevibacillus halotolerans Song et al. 2017

ACCC 06527←中国农科院资划所；原始编号：LAM0312；分离源：水稻土；培养基 0002，30℃。

Brevibacillus laterosporus（Laubach 1916）Shida et al. 1996

侧孢短芽孢杆菌

ACCC 01282←广东微生物所；原始编号：GIMV1.0034，11-B-1；检测生产；分离地点：越南 DALAT；培养基 0002，30～37℃。

ACCC 05440←中国农科院资划所←中科院微生物所←IFFI；原始编号：IFFI 9012；培养基 0002，30℃。

ACCC 10249←ATCC←AMC‐Walter Reed Army Medical Center←AMNH 797←W. Ford 29；＝DSMZ 25＝AMC 797＝ATCC 4517；培养基 0266，30℃。

ACCC 10275←轻工部食品发酵所；用于麻发酵；培养基 0033，30℃。

ACCC 11079←中科院微生物所；＝AS 1.864；能杀死蚊子幼虫，产溶菌酶，抗多种植物病害，并能促进作物生长，用于做微生物肥料的良好用菌；培养基 0002，28～30℃。

Brevibacillus limnophilus Goto et al. 2004

嗜湖短芽孢杆菌

ACCC 05677←DSMZ←NRRL←J. R. Porter, Univ. of Iowa, 1940；培养基 0045，40℃。

Brevibacillus parabrevis（Takagi et al. 1993）Shida et al. 1996
类短短芽孢杆菌
ACCC 02972←中国农科院资划所；原始编号：GD-44-2-2，7047；可用来研发生产生物肥料；分离地点：内蒙古牙克石；培养基 0002，28℃。

ACCC 05283←山东农业大学菌种保藏中心；原始编号：59-1；分离源：海边护堤泥土；培养基 0002，37℃。

ACCC 05699←DSMZ；=DSM 8376=ATCC 10027=CIP 103840=IFO 12334=JCM 8506=NBRC 12334；培养基 0002，30℃。

ACCC 05741←DSMZ←IFO *B. brevis*←ATCC←N. R. Smith，605←J. R. Porter；原始编号：NRS605；分离源：土壤；培养基 0002，30℃。

Brevibacillus reuszeri Shida et al. 1996
茹氏短芽孢杆菌
ACCC 61527←福建省农业科学院；原始编号：DSM 9887；培养基 0220，30℃。

Brevibacillus sp.
短芽孢杆菌
ACCC 02644←南京农大农业环境微生物中心；原始编号：BC-2，NAECC0646；分离地点：山东东营；培养基 0033，50℃。

ACCC 11684←南京农大农业环境微生物中心；原始编号：Lm-2-2，NAECC0762；可以在含 5 000 mg/L 的氯嘧磺隆无机盐培养基中生长；分离源：土壤；分离地点：山东淄博；培养基 0971，30℃。

ACCC 11833←南京农大农业环境微生物中心；原始编号：M22，NAECC1079；2 天内孔雀石绿降解率大于 50%；分离源：市售水产体表；分离地点：江苏连云港市场；培养基 0033，30℃。

Brevibacillus thermoruber Shida et al. 1996
热红短芽孢杆菌
ACCC 05678←DSMZ←P. L. Manachini.；分离源：蘑菇生产用堆肥；培养基 0572，45℃。

Brevibacterium casei Collins et al. 1983
乳酪短杆菌
ACCC 10519←CGMCC←JCM←ATCC←NCDO - National Collection of Dairy Organisms←M. E. Sharpe C；=ATCC 35513；培养基 0006，37℃。

Brevibacterium epidermidis Collins et al. 1983
表皮短杆菌
ACCC 02655←南京农大农业环境微生物中心；原始编号：J3，NAECC1175；分离地点：江苏南京卫岗菜园；培养基 0971，30℃。

ACCC 61874←中国农科院资划所；原始编号：YN3-10；分离源：大蒜；培养基 0512，30℃。

Brevibacterium frigoritolerans Delaporte & Sasson 1967
耐寒短杆菌
ACCC 60417←福建省农业科学院；原始编号：DSM 8801；分离源：土壤；培养基 0092，30℃。

Brevibacterium halotolerans Delaporte & Sasson 1967
耐盐短杆菌
ACCC 02050←新疆农科院微生物所；原始编号：B39，XAAS10284；分离地点：新疆吐鲁番；培养基 0033，20～35℃。

Brevibacterium linens（Wolff 1910）Breed 1953
扩展短杆菌
ACCC 10508←ATCC←RS Breed←C. Kelly←H. Weigmann；=ATCC 9172；培养基 0002，30℃。

Brevibacterium sp.

短杆菌

ACCC 02679←南京农大农业环境微生物中心；原始编号：SC9，NAECC1187；在 10%NaCl 培养基上能够生长；分离源：市场上购买的酸菜卤汁；培养基 0002，30℃。

ACCC 11680←南京农大农业环境微生物中心；原始编号：N6，NAECC0743；耐盐菌；分离源：土壤；分离源：山西运城；培养基 0971，30℃。

ACCC 11775←南京农大农业环境微生物中心；原始编号：D2，NAECC0981；在无机盐培养基中添加 100 mg/L 的敌稗，降解率达 30%～50%；分离源：土壤；培养基 0971，30℃。

Brevundimonas aurantiaca（ex Poindexter 1964）Abraham et al. 1999

黄色短波单胞菌

ACCC 01712←中国农科院饲料所；原始编号：FRI2007005，B256；饲料用植酸酶等的筛选；分离地点：浙江；培养基 0002，37℃。

ACCC 01725←中国农科院饲料所；原始编号：FRI2007090，B272；饲料用植酸酶等的筛选；分离地点：浙江；培养基 0002，37℃。

ACCC 01726←中国农科院饲料所；原始编号：FRI2007022，B273；饲料用植酸酶等的筛选；分离地点：浙江；培养基 0002，37℃。

Brevundimonas diminuta（Leifson & Hugh 1954）Segers et al. 1994

缺陷短波单胞菌

ACCC 01652←广东微生物所；原始编号：GIMT1.071；分离地点：广东广州；培养基 0002，30℃。

ACCC 10507←ATCC；＝ATCC11568＝DSM 7234＝CCEB 513＝CCM 2657；培养基 0002，26℃。

ACCC 10520←中科院微生物所；＝DSM 7234＝ATCC 11568；产辅酶 Q-10；培养基 0033，30℃。

Brevundimonas kwangchunensis Yoon et al. 2006

光村短波单胞菌

ACCC 03017←中国农科院资划所；原始编号：BaP-7-1，7099；可用来研发农田土壤及环境修复微生物制剂；分离地点：北京朝阳黑庄户；培养基 0002，28℃。

ACCC 03084←中国农科院资划所；原始编号：BaP-7-2，7191；可用来研发农田土壤及环境修复微生物制剂；分离地点：北京朝阳黑庄户；培养基 0002，28℃。

ACCC 03246←中国农科院资划所；原始编号：BaP-7-3；可用来研发农田土壤及环境修复微生物制剂；培养基 0002，28℃。

Brevundimonas naejangsanensis Kang et al. 2009

ACCC 06472←中国农科院资划所；原始编号：LAM9030；分离源：沼液；培养基 0002，35℃。

ACCC 61881←中国农科院资划所；原始编号：YN-3-13；分离源：大蒜；培养基 0512，30℃。

Brevundimonas sp.

短波单胞菌

ACCC 19824←西北农大；原始编号：CCNWSP10；分离源：大豆根瘤表面；培养基 0147，28℃。

Brevundimonas vesicularis（Büsing et al. 1953）Segers et al. 1994

泡囊短波单胞菌

ACCC 01062←中国农科院资划所；原始编号：Hg-23-1；具有用作耐重金属基因资源潜力；分离地点：北京大兴礼贤乡；培养基 0002，28℃。

ACCC 01095←中国农科院资划所；原始编号：Hg-15-1；具有用作耐重金属基因资源潜力；分离地点：北京市大兴县电镀厂；培养基 0002，28℃。

ACCC 01683←中国农科院饲料所；原始编号：FRI2007057，B221；饲料用植酸酶等的筛选；分离地点：海南三亚；培养基 0002，37℃。

ACCC 01688←中国农科院饲料所；原始编号：FRI2007064，B228；饲料用植酸酶等的筛选，鱼胃肠道微生物生态分析；分离地点：海南三亚；培养基 0002，37℃。

ACCC 61838←中国农科院资划所；原始编号：Y7-3-2；分离源：番茄根际土；培养基 0847，30℃。

ACCC 61870←中国农科院资划所；原始编号：PY3-8-2；分离源：大蒜；培养基 0512，30℃。

Brochothrix thermosphacta（McLean & Sulzbacher 1953）Sneath & Jones 1976

热杀索丝菌

ACCC 03870←中国农科院饲料所；原始编号：B362；饲料用纤维素酶、植酸酶、木聚糖酶等的筛选；
分离地点：江西鄱阳县；培养基 0002，26℃。

ACCC 03872←中国农科院饲料所；原始编号：B364；饲料用纤维素酶、植酸酶、木聚糖酶等的筛选；
分离地点：江西鄱阳县；培养基 0002，26℃。

Brucella intermedia（Velasco et al. 1998）Hördt et al. 2020

ACCC 61820←中国农科院资划所；原始编号：1Y226；分离源：番茄土壤；培养基 0512，30℃。

ACCC 61821←中国农科院资划所；原始编号：1L331；分离源：番茄土壤；具有促生功能；培养基
0033，30℃。

ACCC 61825←中国农科院资划所；原始编号：3F218；分离源：番茄土壤；具有促生功能；培养基
0033，30℃。

Burkholderia cepacia（Palleroni & Holmes 1981）Yabuuchi et al. 1993

洋葱伯克霍尔德氏菌

ACCC 01068←中国农科院资划所；原始编号：FXH2-3-3；具有处理富营养水体和养殖废水潜力；分离
地点：河北邯郸鱼塘；培养基 0002，28℃。

ACCC 02947←中国农科院资划所；原始编号：GD-57-1-1，7016；可用来研发生产生物肥料；分离源：
黑龙江五常；培养基 0065，28℃。

ACCC 04150←华南农大农学院；原始编号：J025；分离地点：华南农大；培养基 0003，30℃。

ACCC 10044←中国农科院土肥所；油污处理；培养基 0002，30℃。

ACCC 04205←华南农大农学院；原始编号：X23；培养基 0002，30℃。

ACCC 04221←华南农大农学院；原始编号：YH30；培养基 0002，30℃。

ACCC 04222←华南农大农学院；原始编号：YH39；培养基 0002，30℃。

ACCC 10506←ATCC←RW Ballard←M. Starr ICPB PC 25←W. H. Burkholder；=ATCC 25416=UCB
717=ICPB PC 25=NCTC 10743；培养基 0002，30℃。

Burkholderia contaminans Vanlaere et al. 2009

ACCC 61690←南京农大资环学院；原始编号：XL73；培养基 0847，30℃。

Burkholderia pickettii（Ralston et al. 1973）Yabuuchi et al. 1993

皮氏伯克霍尔德氏菌

ACCC 10521←中科院微生物所；培养基 0033，30℃。

Buttiauxella agrestis Ferragut et al. 1982

乡间布丘氏菌

ACCC 10477←ATCC←H Leclerc←F. Gavini F-44；=ATCC 33320=CUETM 77-167=CIP 80-31；培养基
0002，30℃。

Caballeronia glathei（Zolg & Ottow 1975）Dobritsa & Samadpour 2016

ACCC 60367←中国农科院资划所；原始编号：DSM 50014；分离源：砖红壤土；培养基 0001，30℃。

Caldalkalibacillus uzonensis Zhao et al. 2008

乌宗山热碱芽孢杆菌

ACCC 61634←福建省农业科学院；原始编号：DSM 17740；分离源：扎尔瓦尔津二世温泉边缘；培养基
0514，30℃。

Catellibacterium sp.

ACCC 02847←中国农科院资划所←南京农大农业环境微生物中心；原始编号：QMT-4，NAECC 1732；
分离源：土壤；培养基 0033，30℃。

Cellulomonas biazotea（Kellerman et al. 1913）Bergey et al. 1923

双氮纤维单胞菌

ACCC 10527←CGMCC←JCM←K. Suzuki CNF 025←AJ 1571←ATCC 484←N. R. Smith 133；＝AS 1.1900＝ATCC 484＝BCRC 14867＝CCUG 24087＝CECT 4283＝CIP 102114＝DSM 20113；培养基 0002，30℃。

Cellulomonas flavigena（Kellerman & McBeth 1912）Bergey et al. 1923

产黄纤维单胞菌

ACCC 04313←广东微生物所；原始编号：F1.187；利用纤维素能力强；分离地点：广东广州；培养基 0002，30℃。

ACCC 10485←ATCC←NR Smith；＝ATCC 482＝NRS 134＝BUCSAV 180＝NCIB 8073＝QM B-528；培养基 0002，30℃。

ACCC 11055←中科院微生物所；＝AS 1.1002；利用纤维素能力强；培养基 0002，30～34℃。

Cellulomonas hominis Funke et al. 1996

人纤维单胞菌

ACCC 06499←中国农科院资划所；原始编号：LAM0064；分离源：冻土样本；培养基 0002，30℃。

Cellulomonas sp.

纤维单胞菌

ACCC 11614←南京农大农业环境微生物中心；原始编号：SDE NAECC0640；分离源：土壤；分离地点：江苏南京；培养基 0033，30℃。

ACCC 41924←中国医科学院医药生物技术研究所；原始编号：201809-BZ33；降解纤维素，产内切葡聚糖酶；分离地点：内蒙古；分离源：柽柳科红砂属植物；培养基 0002，28℃。

ACCC 41934←中国医科学院医药生物技术研究所；原始编号：201809-BZ45；分离地点：内蒙古；分离源：白刺科白刺属植物；培养基 0002，28℃。

Cellulomonas uda（Kellerman et al. 1913）Bergey et al. 1923

潮湿纤维单胞菌

ACCC 11097←中科院微生物所←TCM←ATCC；＝AS 1.1916＝JCM 1492＝ATCC 491；模式菌株；培养基 0002，30℃。

Cellulosimicrobium cellulans（Metcalf & Brown 1957）Schumann et al. 2001

纤维化纤维微菌

ACCC 01019←中国农科院资划所；原始编号：GD-6-1-1；具有生产生物肥料潜力；分离地点：北京朝阳；培养基 0002，28℃。

Cellulosimicrobium sp.

纤维微菌

ACCC 02877←南京农大农业环境微生物中心；原始编号：3-H，NAECC1540；分离地点：南京江心洲废水处理厂；培养基 0033，30℃。

Chelatobacter heintzii Auling et al. 1993

ACCC 03250←中国农科院资划所；原始编号：bap-25-1；可用来研发农田土壤及环境修复微生物制剂；培养基 0002，28℃。

Chitiniphilus sp.

信浓嗜几丁菌

ACCC 61579←南京农大；原始编号：HX-2-15；分离源：污泥；培养基 0512，30℃。

Chitinophaga ginsengisegetis Lee et al. 2007

人参土噬几丁质菌

ACCC 02993←中国农科院资划所；原始编号：GD-71-2-1，7072；可用来研发生产生物肥料；分离地点：内蒙古牙克石；培养基 0065，28℃。

ACCC 03099←中国农科院资划所；原始编号：GD-72-1-1，7210；可用来研发生产生物肥料；分离地点：内蒙古牙克石特尼河农场；培养基 0065，28℃。

ACCC 03106←中国农科院资划所；原始编号：GD-57-1-2，7218；可用来研发生产生物肥料；分离源：黑龙江五常；培养基 0065，28℃。

Chitinophaga sp.
噬几丁质菌

ACCC 60081←农业部沼气科学研究所；原始编号：BERC-15；分离源：竹虫肠道；培养基 0847，30℃。

ACCC 60125←中国农科院生物技术所；原始编号：T22；培养基 0033，28℃。

ACCC 61757←中国农科院资划所；原始编号：2R12；分离源：花叶玉簪根际土；培养基 0512，30℃。

Chromobacterium haemolyticum Han et al. 2008
溶血色杆菌

ACCC 05528←中国农科院资划所；分离源：水稻根内生；分离地点：湖南祁阳县官山坪；培养基 0441，37℃。

Chromohalobacter israelensis（Huval et al. 1996）Arahal et al. 2001
以色列色盐杆菌

ACCC 02805←南京农大农业环境微生物中心；原始编号：2-NaCl；在含 12%NaCl 的 LB 培养基上可以生长；分离源：中原油田采油三厂；培养基 0002，28℃。

ACCC 02832←南京农大农业环境微生物中心；原始编号：ny1-2-1，NAECC1548；能够耐受 15% 的盐；分离地点：山东东营胜利油田；培养基 0002，30℃。

Chromobacterium violaceum Bergonzini 1880（Approved Lists 1980）

ACCC 61906←深圳合民生物科技有限公司；原始编号：HMJZ-C6001V；分离源：土壤；产生抗生素；培养基 0033，30℃。

Chryseobacterium gleum（Holmes et al. 1984）Vandamme et al. 1994
粘金黄菌

ACCC 03431←中国农科院麻类所；原始编号：IBFC W0797；分离地点：中南林业科技大学；培养基 0002，35℃。

Chryseobacterium taeanense Park et al. 2006
大安金黄杆菌

ACCC 05573←中国农科院资划所；分离源：水稻根内生；分离地点：湖南祁阳县官山坪；培养基 0512，37℃。

Chryseobacterium sp.
金黄杆菌

ACCC 11754←南京农大农业环境微生物中心；原始编号：BJSF，NAECC0956；在无机盐培养基中添加 100 mg/L 的苯甲酸，降解率达 40% 左右；分离源：土壤；分离地点：江苏南京卫岗菜园；培养基 0033，30℃。

ACCC 60232←中国农科院资划所；原始编号：J6-4；具有 ACC 脱氨酶活性；分离源：水稻茎秆；培养基 0847，30℃。

Citrobacter freundii（Braak 1928）Werkman & Gillen 1932
弗氏柠檬酸杆菌

ACCC 01327←山东农业大学；原始编号：SDAUMCC100120171+1①；分离源：空气；培养基 0002，37℃。

ACCC 01920←中国农科院资划所←新疆农科院微生物所；原始编号：XD30；分离源：甘草；培养基 0033，37℃。

ACCC 03417←中国农科院麻类所；原始编号：IBFC W0812；红麻脱胶，24 小时脱胶程度为 7；分离地点：中南林业科技大学；培养基 0002，34℃。

ACCC 04280←广东微生物所；原始编号：G33；分离地点：广东广州；培养基 0002，37℃。

ACCC 05411←清华大学化学工程系；用于做蓝色素合成基因的表达；培养基 0033，28℃。

ACCC 10490←ATCC；＝ATCC 8090＝ATCC 13316＝NCTC 9750；培养基 0002，37℃。

Citrobacter sp.

柠檬酸杆菌

ACCC 60116←上海出入境检验检疫局；原始编号：CS-SHCIQPD2017-1；分离源：德国小蠊；培养基 0110，35℃。

Citrobacter werkmanii Brenner et al. 1993

魏氏柠檬酸杆菌

ACCC 61889←中国农科院资划所；原始编号：PY3-15-1；分离源：大蒜；培养基 0512，30℃。

Clavibacter michiganensis corrig.（Smith 1910）Davis et al. 1984

密执安棍状杆菌

ACCC 01233←新疆农科院微生物所；原始编号：XJAA10326，LB78；培养基 0033，20℃。

Clostridium clostridioforme corrig.（Burri & Ankersmit 1906）Kaneuchi et al. 1976

梭状梭菌

ACCC 03374←中国农科院麻类所；原始编号：IBFC W0782；红麻脱胶，24 小时脱胶程度为 7；分离地点：中南林业科技大学；培养基 0002，35℃。

ACCC 03381←中国农科院麻类所；原始编号：W12；分离源：土壤；培养基 0080，35℃。

ACCC 03382←中国农科院麻类所；原始编号：IBFC W0829；红麻脱胶，24 小时脱胶程度为 7；培养基 0033，35℃。

ACCC 03384←中国农科院麻类所；原始编号：IBFC W0722；培养基 0033，35℃。

ACCC 03388←中国农科院麻类所；原始编号：IBFC W0784；红麻脱胶，24 小时脱胶程度为 7；培养基 0033，35℃。

ACCC 03391←中国农科院麻类所；原始编号：IBFC W0705；培养基 0033，35℃。

ACCC 03399←中国农科院麻类所；原始编号：IBFC W0801；红麻脱胶，24 小时脱胶程度为 7；培养基 0002，35℃。

ACCC 03408←中国农科院麻类所；原始编号：IBFC W0757；红麻脱胶，24 小时脱胶程度为 7；分离地点：中南林业科技大学；培养基 0002，35℃。

ACCC 03412←中国农科院麻类所；原始编号：IBFC W0731；红麻脱胶，24 小时脱胶程度为 7；分离地点：中南林业科技大学；培养基 0002，35℃。

ACCC 03415←中国农科院麻类所；原始编号：IBFC W0676；红麻脱胶，24 小时脱胶程度为 5；分离地点：中南林业科技大学；培养基 0002，35℃。

ACCC 03419←中国农科院麻类所；原始编号：IBFC W0750；红麻脱胶，24 小时脱胶程度为 7；培养基 0002，35℃。

ACCC 03426←中国农科院麻类所；原始编号：IBFC W0828；分离地点：中南林业科技大学；培养基 0002，35℃。

ACCC 03447←中国农科院麻类所；原始编号：IBFC W0818；红麻脱胶，24 小时脱胶程度为 7；分离地点：中南林业科技大学；培养基 0002，35℃。

ACCC 03457←中国农科院麻类所；原始编号：IBFC W0819；红麻脱胶，24 小时脱胶程度为 7；分离地点：中南林业科技大学；培养基 0033，35℃。

ACCC 03467←中国农科院麻类所；原始编号：IBFC W0728；红麻脱胶，24 小时脱胶程度为 7；分离地点：中南林业科技大学；培养基 0033，35℃。

ACCC 03469←中国农科院麻类所；原始编号：IBFC W0681；红麻脱胶，24 小时脱胶程度为 7；分离地点：中南林业科技大学；培养基 0002，35℃。

ACCC 03470←中国农科院麻类所；原始编号：IBFC W0660；红麻脱胶，24 小时脱胶程度为 5；分离地
　　　　点：中南林业科技大学；培养基 0002，35℃。

ACCC 03479←中国农科院麻类所；原始编号：IBFC W0730；红麻脱胶，24 小时脱胶程度为 7；分离地
　　　　点：中南林业科技大学；培养基 0033，35℃。

ACCC 03481←中国农科院麻类所；原始编号：IBFC W0749；红麻脱胶，24 小时脱胶程度为 7；分离地
　　　　点：中南林业科技大学；培养基 0033，35℃。

ACCC 03491←中国农科院麻类所；原始编号：IBFC W0720；红麻脱胶，24 小时脱胶程度为 7；分离地
　　　　点：中南林业科技大学；培养基 0002，35℃。

ACCC 03508←中国农科院麻类所；原始编号：IBFC W0665；红麻脱胶，24 小时脱胶程度为 7；分离地
　　　　点：中南林业科技大学；培养基 0002，35℃。

ACCC 03510←中国农科院麻类所；原始编号：IBFC W0675；红麻脱胶，24 小时脱胶程度为 4；分离地
　　　　点：中南林业科技大学；培养基 0002，35℃。

ACCC 03513←中国农科院麻类所；原始编号：IBFC W0703；红麻脱胶，24 小时脱胶程度为 7；分离地
　　　　点：中南林业科技大学；培养基 0002，35℃。

ACCC 03516←中国农科院麻类所；原始编号：IBFC W0786；红麻脱胶，24 小时脱胶程度为 7；分离地
　　　　点：中南林业科技大学；培养基 0002，35℃。

ACCC 03604←中国农科院麻类所；原始编号：IBFC W0927；红麻脱胶，24 小时脱胶程度为 5；分离地
　　　　点：湖南沅江；培养基 0002，33℃。

Clostridium tertium（Henry 1917）Bergey et al. 1923
第三梭菌

ACCC 03372←中国农科院麻类所；原始编号：IBFC W0526 Y697-2；红麻脱胶，96 小时脱胶程度为 7；
　　　　培养基 0002，35℃。

ACCC 03396←中国农科院麻类所；原始编号：IBFC W0527；红麻脱胶，96 小时脱胶程度为 7；培养基
　　　　0002，35℃。

ACCC 03429←中国农科院麻类所；原始编号：IBFC W0535；红麻脱胶，96 小时脱胶程度为 7；分离地
　　　　点：浙江上虞；培养基 0002，35℃。

ACCC 03432←中国农科院麻类所；原始编号：IBFC W0528；红麻脱胶，96 小时脱胶程度为 7；分离地
　　　　点：浙江上虞；培养基 0002，35℃。

ACCC 03437←中国农科院麻类所；原始编号：IBFC W0533；红麻脱胶，96 小时脱胶程度为 7；分离地
　　　　点：浙江上虞；培养基 0002，35℃。

ACCC 03454←中国农科院麻类所；原始编号：IBFC W0531；红麻脱胶，96 小时脱胶程度为 7；培养基
　　　　0002，35℃。

ACCC 03485←中国农科院麻类所；原始编号：IBFC W0525；红麻脱胶，96 小时脱胶程度为 7；分离地
　　　　点：浙江上虞；培养基 0002，35℃。

ACCC 03493←中国农科院麻类所；原始编号：IBFC W0534；红麻脱胶，96 小时脱胶程度为 7；分离地
　　　　点：浙江上虞；培养基 0002，35℃。

Comamonas aquatica（Hylemon et al. 1973）Wauters et al. 2003
水生丛毛单胞菌

ACCC 02629←南京农大农业环境微生物中心；原始编号：Y14B，NAECC1228；72 小时十八烷烃降解
　　　　率约为 80%；分离地点：山东东营；培养基 0033，30℃。

Comamonas sp.
丛毛单胞菌

ACCC 02484←南京农大农业环境微生物中心；原始编号：P1-5+4，NAECC1131；在无机盐培养基中
　　　　添加 100 mg/L 的 DEHP，经过紫外扫描能降解形成代谢中间产物但不能开环；分离地
　　　　点：江浦农场；培养基 0033，30℃。

ACCC 02488←南京农大农业环境微生物中心；原始编号：p5-8＋5，NAECC1136；分离地点：南京轿
子山；培养基 0033，30℃。

ACCC 02489←南京农大农业环境微生物中心；原始编号：p5-8＋6，NAECC1137；分离地点：南京轿
子山；培养基 0033，30℃。

ACCC 02784←南京农大农业环境微生物中心；原始编号：BF-4，NAECC1740；在无机盐培养基中以
100 mg/L 的苯酚为唯一碳源培养，3 天内降解率大于 90%；分离地点：江苏徐州；培养
基 0002，30℃。

ACCC 11682←南京农大农业环境微生物中心；原始编号：Bhl-5，NAECC0759；在无机盐培养基中添
加 50 mg/L 的苄磺隆，6 天内降解率 20% 左右；分离源：土壤；分离地点：江苏常熟；
培养基 0971，30℃。

ACCC 11770←南京农大农业环境微生物中心；原始编号：DJF2，NAECC0976；在无机盐培养基中添
加 100 mg/L 的对甲酚，降解率达 40% 左右；分离源：土壤；培养基 0033，30℃。

ACCC 11831←南京农大农业环境微生物中心；原始编号：BJS-Z-2，NAECC1074；在无机盐培养基中
以 60 mg/L 的苯甲酸为唯一碳源培养，3 天内降解率大于 90%；分离源：土壤；培养基
0033，30℃。

ACCC 11853←南京农大农业环境微生物中心；原始编号：MQ2-B，NAECC1111；分离源：污泥；培养
基 0033，30℃。

Comamonas testosteroni（Marcus & Talalay 1956）Tamaoka et al. 1987
睾丸酮丛毛单胞菌

ACCC 02534←南京农大农业环境微生物中心；原始编号：P3-3，NAECC1192；可以苯酚为唯一碳源
生长，在 3 天的时间内可以降解 400 mg/L 的苯酚 90%；分离源：江苏徐州新宜农药厂；
培养基 0002，30℃。

ACCC 02585←南京农大农业环境微生物中心；原始编号：P4-4，NAECC1193；可以苯酚为唯一碳源
生长，在 3 天的时间内可以降解 100 mg/L 的苯酚 90%；分离源：江苏徐州新宜农药厂；
培养基 0002，30℃。

ACCC 02640←南京农大农业环境微生物中心；原始编号：N19-3，NAECC1221；能于 30℃、48 小时降
解约 1000 mg/L 的萘，降解率为 98%；分离地点：山东东营；培养基 0033，30℃。

ACCC 02770←南京农大农业环境微生物中心；原始编号：P3-13，NAECC1721；可以苯酚为唯一碳源
生长，在 3 天的时间内可以降解 400 mg/L 的苯酚 90%；分离地点：江苏徐州新宜农药
厂；培养基 0002，30℃。

ACCC 02838←南京农大农业环境微生物中心；原始编号：FP2-2，NAECC1510；能于 30℃、36 小时降
解约 300 mg/L 的苯酚，降解率为 90%，苯酚为唯一碳源（无机盐培养基）；分离地点：
江苏省泰兴市化工厂；培养基 0002，30℃。

ACCC 02881←南京农大农业环境微生物中心；原始编号：BFSY-3，NAECC1709；可以 100 mg/L 苯酚
为唯一碳源生长，24 小时内降解率 97.8%；分离地点：江苏省无锡市锡南农药厂；培养
基 0971，30℃。

ACCC 10192←DSMZ；培养基 0002，30℃。

ACCC 10660←南京农大农业环境微生物中心；＝NAECC0039；原始编号：A3 分离地点：江苏泰兴；
培养基 0002，30℃。

Corynebacterium glutamicum（Kinoshita et al. 1958）Abe et al. 1967
谷氨酸棒状杆菌

ACCC 04261←广东微生物所；原始编号：F1.41；产肌苷酸；分离地点：广东广州；培养基 0002，
30℃。

ACCC 10159←广东微生物所←中科院微生物所←上海天厨味精厂；＝GIM 1.41＝AS1.805；原始编号：
265；产肌苷；培养基 0002，30℃。

ACCC 10522←CGMCC←JCM；＝ATCC 13032＝AS 1.1886＝JCM 1318；培养基 0002，25℃。

ACCC 11065←中国农科院土肥所←浙江兰溪县味精厂←上海味精厂；原始编号：L-A111（味）；产赖氨酸；培养基 0002，30℃。

ACCC 11066←中国农科院土肥所←浙江兰溪县味精厂←上海工微所；原始编号：L-A111（工）；产赖氨酸；培养基 0006，30℃。

ACCC 11067←北京农业大学微生物教研室；原始编号：赖 89；培养基 0002，28℃。

Corynebacterium pseudodiphtheriticum Lehmann & Neumann 1896

类白喉棒杆菌

ACCC 01292←广东微生物所；原始编号：GIMV1.0054，23-B-1；检测、生产；分离地点：越南 Dpo Xong Pha；培养基 0002，30～37℃。

Corynebacterium sp.

棒杆菌

ACCC 01293←广东微生物所；原始编号：GIMV1.0055，23-B-2；检测、生产；分离地点：越南 DpoXong Pha；培养基 0002，30～37℃。

ACCC 10160←广东微生物所←中科院微生物所；=GIM 1.40=AS 1.295；原始编号：2002-7-2；产谷氨酸；培养基 0002，30℃。

Crabtreella saccharophila Xie & Yokota 2006

嗜糖克拉布特里氏菌

ACCC 03059←中国农科院资划所；原始编号：BaP-19-2，7155；可用来研发农田土壤及环境修复微生物制剂；分离地点：北京大兴礼贤乡；培养基 0002，28℃。

Cronobacter sp. Lversen et al. 2008

年轻泰坦杆菌

ACCC 60305←中国农科院资划所；原始编号：Z16-3；溶磷能力，产 IAA 能力；培养基 0847，30℃。

Cupriavidus alkaliphilus Estrada-de Los Santos et al. 2012

ACCC 61842←中国农科院资划所；原始编号：HY43；分离源：番茄根际土；培养基 0847，30℃。

Cupriavidus basilensis（Steinle et al. 1999）Vandamme & Coenye 2004

巴塞尔贪铜菌

ACCC 02582←南京农大农业环境微生物中心；原始编号：BFXJ-4，NAECC1200；可以 500 mg/L 苯酚为唯一碳源生长；分离地点：江苏省无锡市锡南农药厂；培养基 0002，30℃。

ACCC 10191←DSMZ；=DSM 11853；分离源：实验室固定床反应堆；培养基 0002，30℃。

Cupriavidus necator Makkar & Casida 1987

杀虫贪铜菌

ACCC 02586←南京农大农业环境微生物中心；原始编号：BFXJ-6，NAECC1201；可以 100 mg/L 苯酚为唯一碳源生长，24 小时内降解率 98%；分离地点：江苏省无锡市锡南农药厂；培养基 0002，30℃。

Curtobacterium citreum（Komagata & Iizuka 1964）Yamada & Komagata 1972

柠檬色短小杆菌

ACCC 10504←ATCC；=ATCC 15828；培养基 0002，30℃。

Curtobacterium sp.

短小杆菌

ACCC 60221←中国农科院资划所；原始编号：120；分离源：水稻种子；溶磷能力，产 IAA 能力，具有 ACC 脱氨酶活性；培养基 0847，30℃。

ACCC 60239←中国农科院资划所；原始编号：J21-5；分离源：水稻茎秆；溶磷能力，产 IAA 能力；培养基 0847，30℃。

ACCC 60243←中国农科院资划所；原始编号：Z22-2；分离源：水稻种子；溶磷能力，产 IAA 能力；培养基 0847，30℃。

ACCC 60314←中国农科院资划所；原始编号：J5-12；分离源：水稻茎秆；培养基 0481，30℃。

ACCC 60315←中国农科院资划所；原始编号：J9-11；分离源：水稻茎秆；培养基 0481，30℃。

ACCC 60321←中国农科院资划所；原始编号：J1-16；分离源：水稻茎秆；培养基 0481，30℃。

ACCC 60331←中国农科院资划所；原始编号：J9-13；分离源：水稻茎秆；培养基 0847，30℃。

Deinococcus deserti de Groot et al. 2005

沙漠奇异球菌

ACCC 05475←中国农科院资划所←DSMZ←T. Heulin←V. Chapon，VCD 115. De；分离源：美国干啤；培养基 0033，28℃。

Deinococcus radiodurans（ex Raj et al. 1960）Brooks & Murray 1981

耐辐射异常球菌

ACCC 01642←中国农科院生物技术所；原始编号：BRI-00297，ΔDR1337；教学科研，探讨磷酸戊糖途径与 DNA 辐射损伤修复机制的关系；培养基 0033，30℃。

ACCC 10492←ATCC；＝ATCC 13939；培养基 0033，30℃。

Delftia sp.

代尔夫特菌

ACCC 01079←中国农科院资划所；原始编号：Cd-7-1；具有用作耐重金属基因资源潜力；分离地点：北京朝阳黑庄户；培养基 0002，28℃。

ACCC 01145←中国农科院资划所；原始编号：Cd-8-1；具有用作耐重金属基因资源潜力；分离地点：北京朝阳黑庄户；培养基 0002，28℃。

ACCC 02663←南京农大农业环境微生物中心；原始编号：JNW11，NAECC0990；在无机盐培养基中添加 100 mg/L 的甲萘威，降解率达 35%；分离地点：江苏南京玄武区；培养基 0033，30℃。

ACCC 02700←南京农大农业环境微生物中心；原始编号：bnan-3，NAECC1551；能于 30℃、48 小时降解 500 mg/L 的苯胺，降解率为 90%；分离地点：江苏省扬子石化污水处理厂；培养基 0002，30℃。

ACCC 10385←首都师范大学←中科院微生物所；降解苯胺；培养基 0033，30℃。

ACCC 11784←南京农大农业环境微生物中心；原始编号：JNW11 NAECC0990；在无机盐培养基中添加 100 mg/L 的甲萘威，降解率达 30%～50%；分离源：土壤；培养基 0971，30℃。

ACCC 11824←南京农大农业环境微生物中心；原始编号：XSP-ZM-1 NAECC1063；在无机盐培养基中以 100 mg/L 的辛硫磷为唯一碳源培养，2 天内降解率约为 90% 以上；分离源：土壤；培养基 0033，30℃。

Delftia tsuruhatensis Shigematsu et al. 2003

鹤羽田戴尔福特菌

ACCC 02766←南京农大农业环境微生物中心；原始编号：Xim1，NAECC1715；可以辛硫磷为唯一碳源生长，在 1 天的时间内可以降解 100 mg/L 的辛硫磷 90%；分离地点：江苏徐州新宜农药厂；培养基 0002，30℃。

ACCC 02835←南京农大农业环境微生物中心；原始编号：AP1-2，NAECC1507；能于 30℃、36 小时降解约 300 mg/L 的苯胺，降解率为 90%，苯胺为唯一碳源（无机盐培养基）；分离地点：江苏苏州苏州新区；培养基 0002，30℃。

ACCC 10371←首都师范大学宋未←IFO←Kumamoto Univ.（*T. Shigematsu*，T7）；＝ATCC BAA-554＝NBRC 16741＝IFO 6741；培养基 0002，30℃。

ACCC 10377←首都师范大学；培养基 0033，30℃。

ACCC 10381←首都师范大学；原始编号：R4Bgfp；培养基 0033，30℃。

ACCC 10414←首都师范大学；原始编号：M11；培养基 0033，30℃。

ACCC 10452←首都师范大学；原始编号：F2Y；培养基 0033，28℃。

Diaphorobacter sp.

ACCC 19739←中国农科院资划所←北京农业生物技术研究中心；原始编号：SL-205；分离源：利用固体碳源 PHBV 进行反硝化的反应器生物膜；培养基 0033，28℃。

Dickeya sp.

迪克氏菌

ACCC 60362←中国农科院南方经济作物有害生物防控团队；原始编号：Secpp1600；培养基 0033，35℃。

ACCC 61554←中国农科院资划所；原始编号：ZYY5；分离源：水稻根或种子；分类、研究，可用来研发生产生物肥料；培养基 0847，30℃。

Domibacillus robiginosus Seiler et al. 2013

ACCC 60103←福建省农业科学院；原始编号：DSM25058；分离源：空气；培养基 0220，30℃。

Duganella sp.

杜擀氏菌

ACCC 11628←南京农大农业环境微生物中心；原始编号：HF15，NAECC1128；分离源：土壤；分离地点：江苏南京；培养基 0033，30℃。

Duganella zoogloeoides Hiraishi et al. 1997

类动胶杜擀氏菌

ACCC 11045←JCM；=JCM 20792=ATCC 25935= IMA 12670；培养基 0002，25℃。

Dyadobacter fermentans Chelius & Triplett 2000

发酵成对杆菌

ACCC 01072←中国农科院资划所；原始编号：GDJ-28-1-1；具有生产生物肥料潜力；分离地点：北京顺义；培养基 0002，28℃。

ACCC 02939←中国农科院资划所；原始编号：GD-20-1-2，7005；可用来研发生产生物肥料；分离地点：北京大兴；培养基 0065，28℃。

ACCC 03012←中国农科院资划所；原始编号：GD-67-1-1，7093；可用来研发生产生物肥料；分离地点：内蒙古牙克石；培养基 0065，28℃。

ACCC 03249←中国农科院资划所；可用来研发农田土壤及环境修复微生物制剂；培养基 0002，28℃。

ACCC 01141←中国农科院资划所；原始编号：GD-GS-31-2；具有生产固氮生物肥料潜力；分离地点：河北高碑店辛庄镇；培养基 0002，28℃。

Dyella sp.

戴氏菌

ACCC 05405←南京农大农业环境微生物中心；原始编号：JW-64-1；培养基 0033，30℃。

Edwardsiella tarda Ewing & McWhorter 1965

迟钝爱得华氏菌

ACCC 01686←中国农科院饲料所；原始编号：FRI2007060，B224；饲料用植酸酶等的筛选；分离地点：海南三亚；培养基 0002，37℃。

ACCC 61745←中国农科院饲料所；原始编号：FRI-GEL200716；饲料用抗菌肽的筛选；分离源：加州鲈鱼肝组织；培养基 0847，28℃。

Eiseniicola sp.

ACCC 60127←中国农科院生物技术所；原始编号：T15；培养基 0033，28℃。

Empedobacter brevis（Holmes & Owen 1982）Vandamme et al. 1994

短黄杆菌

ACCC 02769←南京农大农业环境微生物中心；原始编号：PH7-1，NAECC1719；可以苯酚为唯一碳源生长，在 3 天内可以降解 100 mg/L 的苯酚 90%；分离地点：河北石家庄井陉县；培养基 0002，30℃。

Ensifer adhaerens Casida 1982

粘着剑菌

ACCC 03138←中国农科院资划所；原始编号：GD-2-1-2，7256；可用来研发生产生物肥料；分离地点：河北邯郸；培养基 0065，28℃。

ACCC 02943←中国农科院资划所；原始编号：GD-16-2-3，7011；可用来研发生产生物肥料；分离地点：北京大兴礼贤乡；培养基 0065，28℃。

ACCC 02971←中国农科院资划所；原始编号：GD-16-1-5，7045；可用来研发生产生物肥料；分离地点：北京大兴礼贤乡；培养基 0002，28℃。

ACCC 02990←中国农科院资划所；原始编号：GD-35-1-2，7066；可用来研发生产生物肥料；分离地点：山东蓬莱；培养基 0065，28℃。

ACCC 03027←中国农科院资划所；原始编号：GD-B-CL2-1-6，7113；可用来研发生产生物肥料；分离地点：北京试验地；培养基 0065，28℃。

ACCC 03138←中国农科院资划所；原始编号：GD-2-1-2；培养基 0065，28℃。

Enterobacter aerogenes Hormaeche & Edwards 1960

产气肠杆菌

ACCC 01620←中国农科院生物技术所；原始编号：BRI-00275，SL612；草甘膦抗性基因的筛选；分离地点：四川乐山；培养基 0033，37℃。

Enterobacter asburiae Brenner et al. 1988

阿氏肠杆菌

ACCC 02657←南京农大农业环境微生物中心；原始编号：J11，NAECC1178；在 M9 培养基中抗甲磺隆的浓度达 500 mg/L；分离地点：江苏南京卫岗菜园；培养基 0220，30℃。

ACCC 02811←南京农大农业环境微生物中心；原始编号：G1，NAECC1350；在 M9 培养基中抗异噁草松的浓度达 500 mg/L；分离地点：山东泰安；培养基 0220，30℃。

ACCC 04116←华南农大农学院；原始编号：BL12；分离地点：华南农大；培养基 0220，30℃。

Enterobacter cancerogenus（Urosevic 1966）Dickey & Zumoff 1988

ACCC 05598←中国农科院资划所；分离源：水稻根内生；分离地点：湖南祁阳县官山坪；培养基 0220，37℃。

ACCC 05600←中国农科院资划所；分离源：水稻根内生；分离地点：湖南祁阳县官山坪；培养基 0220，37℃。

ACCC 05601←中国农科院资划所；分离源：水稻根内生；分离地点：湖南祁阳县官山坪；培养基 0220，37℃。

ACCC 61832←中国农科院资划所；原始编号：QSYD11；分离源：番茄根际土；拮抗青枯菌；培养基 0847，30℃。

Enterobacter cloacae（Jordan 1890）Hormaeche & Edwards 1960

阴沟肠杆菌

ACCC 04158←华南农大农学院；原始编号：Wu8；培养基 0003，30℃。

ACCC 04182←广东微生物所；原始编号：YG104；培养基 0002，30℃。

ACCC 04186←华南农大农学院；原始编号：ZC34；培养基 0002，30℃。

ACCC 04187←华南农大农学院；原始编号：ZC41；培养基 0002，30℃。

ACCC 04200←华南农大农学院；原始编号：Wu59；培养基 0002，30℃。

ACCC 04208←华南农大农学院；原始编号：Y3201；培养基 0002，30℃。

ACCC 04212←华南农大农学院；原始编号：YG101；培养基 0002，30℃。

ACCC 04214←华南农大农学院；原始编号：YG104；培养基 0002，30℃。

ACCC 04217←华南农大农学院；原始编号：YH3；培养基 0002，30℃。

ACCC 04244←广东微生物所；原始编号：1o；培养基 0002，30℃。

ACCC 04283←广东微生物所；原始编号：G40；分离地点：广东广州；培养基 0002，33℃。

Enterobacter gergoviae Brenner et al. 1980

日勾维肠杆菌

ACCC 01280←广东微生物所；原始编号：GIMV1.0016，4-B-3；检测生产；分离地点：越南DALAT；
培养基0002，30～37℃。

Enterobacter hormaechei O'Hara et al. 1990

霍氏肠杆菌

ACCC 02486←南京农大农业环境微生物中心；原始编号：P2-6+1，NAECC1134；在无机盐培养基中
添加100 mg/L的DEHP，经过紫外扫描测得降解率为37.5%；分离地点：江苏省农业科
学院；培养基0033，30℃。

ACCC 61863←中国农科院资划所；原始编号：PY3-4-1；分离源：大蒜；培养基0512，30℃。

ACCC 61880←中国农科院资划所；原始编号：YN-3-②；分离源：大蒜；培养基0512，30℃。

Enterobacter ludwigii Hoffmann et al. 2005

ACCC 01918←中国农科院资划所←新疆农科院微生物所；原始编号：XD27-1；分离源：甘草；培养基
0033，37℃。

ACCC 19439←中国农科院资划所←华南农大农学院；原始编号：YY18；具有固氮作用；分离源：野生
稻组织；培养基0033，37℃。

ACCC 19441←中国农科院资划所←华南农大农学院；原始编号：YY20；具有固氮作用；分离源：野生
稻组织；培养基0033，37℃。

ACCC 19445←中国农科院资划所←华南农大农学院；原始编号：YY24；具有固氮作用；分离源：野生
稻组织；培养基0033，37℃。

Enterobacter radicincitans Kämpfer et al. 2005

促根生肠杆菌

ACCC 02814←南京农大农业环境微生物中心；原始编号：L4，NAECC1355；在M9培养基中抗氯磺隆
的浓度达500 mg/L；分离地点：江苏南京玄武区；培养基0002，30℃。

Enterobacter roggenkampii Sutton et al. 2018

ACCC 61878←中国农科院资划所；原始编号：YN-3-5；分离源：大蒜；培养基0512，30℃。

ACCC 61883←中国农科院资划所；原始编号：YN-1-8；分离源：大蒜；培养基0512，30℃。

Enterobacter sp.

肠杆菌

ACCC 01717←中国农科院饲料所；原始编号：FRI2007095 B264；饲料用木聚糖酶、葡聚糖酶、蛋白
酶、植酸酶等的筛选；分离地点：浙江省；培养基0002，37℃。

ACCC 02192←中国农科院资划所；原始编号：415，32-2；以磷酸三钙、磷矿石作为唯一磷源生长；分
离地点：湖北钟祥；培养基0002，30℃。

ACCC 02195←中国农科院资划所；原始编号：504，20-2；以磷酸三钙、磷矿石作为唯一磷源生长；分
离地点：湖北钟祥；培养基0002，30℃。

ACCC 01036←中国农科院资划所；原始编号：GD-33'-1-1；具有生产生物肥料潜力；分离地点：河北
高碑店；培养基0002，28℃。

ACCC 01992←中国农科院资划所；原始编号：12，32-1；分离源：矿石；培养基0002，30℃。

ACCC 02199←中国农科院资划所；原始编号：510，25-8；以磷酸三钙、磷矿石作为唯一磷源生长；分
离地点：湖北钟祥；培养基0002，30℃。

ACCC 02200←中国农科院资划所；原始编号：515，32-8；以磷酸三钙、磷矿石作为唯一磷源生长；分
离地点：湖北钟祥；培养基0002，30℃。

ACCC 02650←南京农大农业环境微生物中心；原始编号：S52，NAECC1163；可以在含1 000 mg/L的苄
磺隆的无机盐培养基中生长；分离地点：江苏南京玄武区；培养基0033，30℃。

ACCC 02774←南京农大农业环境微生物中心；原始编号：Y5，NAECC1433；在基础盐培养基中 2 天降解 100 mg/L 的氟铃脲降解率 50%；分离地点：江苏南京玄武区；培养基 0002，30℃。

ACCC 10428←首都师范大学；培养基 0033，28℃。

ACCC 10433←首都师范大学；培养基 0033，28℃。

ACCC 10453←首都师范大学；培养基 0033，28℃。

ACCC 11687←南京农大农业环境微生物中心；原始编号：sa，NAECC0770；可以在含 5 000 mg/L 的噻磺隆的无机盐培养基中生长；分离源：土壤；分离地点：苏州；培养基 0033，30℃。

ACCC 11688←南京农大农业环境微生物中心；原始编号：sb-2，NAECC0771；可以在含 5 000 mg/L 的噻磺隆的无机盐培养基中生长；分离源：土壤；分离地点：长青农化有限公司；培养基 0033，30℃。

ACCC 11690←南京农大农业环境微生物中心；原始编号：sb-3，NAECC0773；可以在含 5 000 mg/L 的噻磺隆的无机盐培养基中生长；分离源：土壤；分离地点：江苏常熟宝带生物农药有限公司；培养基 0033，30℃。

ACCC 60028←中国农科院资划所；原始编号：9-2；分离源：盐碱土；培养基 0033，37℃。

ACCC 60119←北京理工大学；原始编号：JLIY2；研究致病机理；分离源：患姜瘟病姜块；培养基 0014，28～30℃。

ACCC 60202←中国农科院资划所；原始编号：J1-11；溶磷能力，产 IAA 能力，产铁载体能力，具有 β 溶血作用；分离源：水稻茎秆；培养基 0481，30℃。

ACCC 60218←中国农科院资划所；原始编号：111；溶磷能力，产 IAA 能力，具有 ACC 脱氨酶活性；分离源：水稻种子；培养基 0847，30℃。

ACCC 60297←中国农科院资划所；原始编号：159；溶磷能力，产 IAA 能力；分离源：水稻种子；培养基 0847，30℃。

ACCC 60319←中国农科院资划所；原始编号：23；分离源：水稻茎秆；培养基 0847，30℃。

ACCC 60327←中国农科院资划所；原始编号：J6-1；分离源：水稻茎秆；培养基 0847，30℃。

ACCC 60332←中国农科院资划所；原始编号：J10-12；分离源：水稻茎秆；培养基 0481，30℃。

ACCC 60341←中国农科院资划所；原始编号：170；分离源：水稻种子；培养基 0847，30℃。

ACCC 60355←中国农科院资划所；原始编号：124；分离源：水稻种子；培养基 0847，30℃。

ACCC 60358←中国农科院资划所；原始编号：J9-2；分离源：水稻茎秆；培养基 0847，30℃。

Enterococcus faecalis（Andrewes & Horder 1906）Schleifer & Kilpper-Bälz 1984

粪肠球菌

ACCC 10180←中国农科院土肥所←中科院微生物所←日本本田制药株式会社；＝AS 1.130；乳酸菌制剂，可用于饲料添加剂、青贮饲料等；培养基 0006，28℃。

ACCC 10705←新疆农科院微生物所；＝CGMCC 1.1301；用于青贮饲料；培养基 0033，28℃。

Enterococcus lactis Morandi et al. 2012

ACCC 06385←中国农科院资划所；原始编号：LAM-WL；培养基 0006，35℃。

ACCC 60061←中国农科院资划所；原始编号：CICC24101；分离源：生奶酪；培养基 0006，37℃。

Epilithonimonas hominis（Vaneechoutte et al. 2007）Nicholson et al. 2020

ACCC 61872←中国农科院资划所；原始编号：PY3-3；分离源：大蒜；培养基 0512，30℃。

Erwinia amylovora（Burrill 1882）Winslow et al. 1920

解淀粉欧文氏菌

ACCC 10484←ATCC；＝ATCC 15580＝CCM 1114＝D. Dye EA169＝ICMP 1540＝IFO 13538＝NCPPB 683；培养基 0002，26℃。

Erwinia cypripedii（Hori 1911）Bergey et al. 1923

杓兰欧文氏菌

ACCC 02580←南京农大农业环境微生物中心；原始编号：Atl-10，NAECC0808；在无机盐培养基中降解100 mg/L 对邻苯二酚，降解率为80%～90%；分离地点：南京农大；培养基0033，30℃。

Erwinia tasmaniensis Geider et al. 2006

塔斯曼尼亚欧文氏菌

ACCC 02193←中国农科院资划所；原始编号：501，23-1；以磷酸三钙、磷矿石作为唯一磷源生长；分离地点：湖北钟祥；培养基0002，30℃。

Escherichia coli（Migula 1895）Castellani & Chalmers 1919

大肠杆菌

ACCC 01548←中国农科院生物技术所；原始编号：BRI00201，pET-29a；培养基0033，37℃。

ACCC 01549←中国农科院生物技术所；原始编号：BRI00202，pTWINI；培养基0033，37℃。

ACCC 01550←中国农科院生物技术所；原始编号：BRI00203，pMXB10；培养基0033，37℃。

ACCC 01551←中国农科院生物技术所；原始编号：BRI00204，pTYB11；培养基0033，37℃。

ACCC 01552←中国农科院生物技术所；原始编号：BRI00205，p19SGN；培养基0033，37℃。

ACCC 01553←中国农科院生物技术所；原始编号：BRI00206，pGFP；培养基0033，37℃。

ACCC 01554←中国农科院生物技术所；原始编号：BRI00207，pTGN；培养基0033，37℃。

ACCC 01623←中国农科院生物技术所；原始编号：BRI-01278，pbenA926；培养基0033，37℃。

ACCC 01626←中国农科院生物技术所；原始编号：BRI-01281，pEMRP-64；培养基0033，37℃。

ACCC 01627←中国农科院生物技术所；原始编号：BRI-01282，pEMRP-74；培养基0033，37℃。

ACCC 01628←中国农科院生物技术所；原始编号：BRI-01283，pEMRP-16；培养基0033，37℃。

ACCC 01629←中国农科院生物技术所；原始编号：BRI-01284，pEMRP-17；培养基0033，37℃。

ACCC 01631←中国农科院生物技术所；原始编号：BRI-01286，pVK21；培养基0033，37℃。

ACCC 01632←中国农科院生物技术所；原始编号：BRI-01287，pKDR；培养基0033，37℃。

ACCC 01633←中国农科院生物技术所；原始编号：BRI-01288，pKDN；培养基0033，37℃。

ACCC 01634←中国农科院生物技术所；原始编号：BRI-01289，pKD8；培养基0033，37℃。

ACCC 01638←中国农科院生物技术所；原始编号：BRI-00293，pET828；用于表达orf8蛋白；培养基0033，30℃。

ACCC 01643←中国农科院生物技术所；原始编号：BRI-01298，pGDRP926；培养基0033，30℃。

ACCC 01665←广东微生物所；原始编号：GIMT1.055 M-2；分离地点：广东佛山；培养基0002，30℃。

ACCC 02245←中国农科院生物技术所；原始编号：BRIL00304；培养基0033，37℃。

ACCC 02246←中国农科院生物技术所；原始编号：BRIL00305；培养基0033，37℃。

ACCC 02247←中国农科院生物技术所；原始编号：BRIL00306；培养基0033，37℃。

ACCC 02248←中国农科院生物技术所；原始编号：BRIL00307；培养基0033，37℃。

ACCC 02249←中国农科院生物技术所；原始编号：BRIL00308；培养基0033，37℃。

ACCC 02250←中国农科院生物技术所；原始编号：BRIL00309；培养基0033，37℃。

ACCC 02252←中国农科院生物技术所；原始编号：BRIL00311；培养基0033，37℃。

ACCC 02253←中国农科院生物技术所；原始编号：BRIL00312；培养基0033，37℃。

ACCC 02254←中国农科院生物技术所；原始编号：BRIL00313；培养基0033，37℃。

ACCC 02256←中国农科院生物技术所；原始编号：BRIL00315；培养基0033，37℃。

ACCC 02257←中国农科院生物技术所；原始编号：BRIL00316；培养基0033，37℃。

ACCC 02258←中国农科院生物技术所；原始编号：BCBKL00317；培养基0033，37℃。

ACCC 02278←中国农科院生物技术所；原始编号：BCBKL00337；培养基0033，37℃。

ACCC 02279←中国农科院生物技术所；原始编号：BCBKL00338；培养基0033，37℃。

ACCC 02280←中国农科院生物技术所；原始编号：BCBKL00339；培养基0033，37℃。

ACCC 02281←中国农科院生物技术所；原始编号：BCBKL00340；培养基0033，37℃。

ACCC 02282←中国农科院生物技术所；原始编号：BCBKL00341；培养基 0033，37℃。
ACCC 02283←中国农科院生物技术所；原始编号：BCBKL00342；培养基 0033，37℃。
ACCC 02284←中国农科院生物技术所；原始编号：BRIL00343；培养基 0033，37℃。
ACCC 02562←NAECC←ATCC；原始编号：BL21，NAECC1903；培养基 0002，30℃。
ACCC 02564←NAECC←ATCC←Cold Spring Harbor；原始编号：DH5，NAECC1902；培养基 0002，30℃。
ACCC 03668←中国农科院生物技术所；原始编号：GR01（ERAM1）；培养基 0033，37℃。
ACCC 03669←中国农科院生物技术所；原始编号：GR01BH-28a-BL21；培养基 0033，37℃。
ACCC 03670←中国农科院生物技术所；原始编号：GR79（又名 AM79 测）；培养基 0033，37℃。
ACCC 03671←中国农科院生物技术所；原始编号：GR79BH-28a-BL21；培养基 0033，37℃。
ACCC 03672←中国农科院生物技术所；原始编号：X1X2BH-28a-BL21（PAM1N-PG2C）；培养基 0033，37℃。
ACCC 03673←中国农科院生物技术所；原始编号：X1X5X4BH-28a-BL21（PAM1N-PAM1C）；培养基 0033，37℃。
ACCC 03674←中国农科院生物技术所；原始编号：X3X4BH-28a-BL21（PG2N-PAM1C）；培养基 0033，37℃。
ACCC 03675←中国农科院生物技术所；原始编号：CP4EV/SP-184-ER2799；培养基 0033，37℃。
ACCC 03677←中国农科院生物技术所；原始编号：0971501-N130W-28a-DMT；培养基 0033，37℃。
ACCC 03678←中国农科院生物技术所；原始编号：pntrB1；培养基 0033，37℃。
ACCC 03679←中国农科院生物技术所；原始编号：G18；培养基 0033，37℃。
ACCC 03680←中国农科院生物技术所；原始编号：hbg-BL21；培养基 0033，37℃。
ACCC 03682←中国农科院生物技术所；原始编号：K12-xylAB；培养基 0033，37℃。
ACCC 03683←中国农科院生物技术所；原始编号：K12-talB；培养基 0033，37℃。
ACCC 03685←中国农科院生物技术所；原始编号：eno-talB-tktA；培养基 0033，37℃。
ACCC 03686←中国农科院生物技术所；原始编号：gap-xylAB；培养基 0033，37℃。
ACCC 03688←中国农科院生物技术所；原始编号：BW25113（xylAB）；培养基 0033，37℃。
ACCC 03689←中国农科院生物技术所；原始编号：LML2（DE3）；培养基 0033，37℃。
ACCC 03697←中国农科院生物技术所；原始编号：BRIL00406；培养基 0033，37℃。
ACCC 03698←中国农科院资划所；原始编号：pLAFR643；培养基 0033，37℃。
ACCC 03700←中国农科院资划所；原始编号：pVI401；培养基 0033，37℃。
ACCC 03701←中国农科院资划所；原始编号：RCP；培养基 0033，37℃。
ACCC 03702←中国农科院资划所；原始编号：RCP643；培养基 0033，37℃。
ACCC 03703←中国农科院资划所；原始编号：TH1；培养基 0033，37℃。
ACCC 03704←中国农科院资划所；原始编号：TH1RP；培养基 0033，37℃。
ACCC 03705←中国农科院资划所；原始编号：pK-rnfC；培养基 0033，30℃。
ACCC 03706←中国农科院资划所；原始编号：pK-rnfC；培养基 0033，37℃。
ACCC 03707←中国农科院资划所；原始编号：pK-rnfC；培养基 0033，37℃。
ACCC 03708←中国农科院资划所；原始编号：pK-rnfC；培养基 0033，37℃。
ACCC 03709←中国农科院资划所；原始编号：LWL-118（CC118）；培养基 0033，37℃。
ACCC 03711←中国农科院生物技术所；原始编号：pK-rnfG；培养基 0033，37℃。
ACCC 03713←中国农科院生物技术所；原始编号：pB1H1；培养基 0033，37℃。
ACCC 03715←中国农科院资划所；原始编号：pH3U3；培养基 0033，37℃。
ACCC 03716←中国农科院资划所；原始编号：pH3U3P；培养基 0033，37℃。
ACCC 03717←中国农科院资划所；原始编号：pGFP；培养基 0033，37℃。
ACCC 03718←中国农科院资划所；原始编号：PhoA；培养基 0033，37℃。
ACCC 03720←中国农科院资划所；原始编号：Origami（DE3）；培养基 0033，37℃。
ACCC 03722←中国农科院资划所；原始编号：pASEB-ZHL；培养基 0033，37℃。
ACCC 03723←中国农科院资划所；原始编号：pMXB10-ZHL；培养基 0033，37℃。

ACCC 03724←中国农科院资划所；原始编号：pTYB11-ZHL；培养基 0033，37℃。

ACCC 03725←中国农科院资划所；原始编号：pMAEB-ZHL；培养基 0033，37℃。

ACCC 03727←中国农科院资划所；原始编号：pBEB-ZHL；培养基 0033，37℃。

ACCC 03728←中国农科院资划所；原始编号：pGEB6th-ZHL；培养基 0033，37℃。

ACCC 03729←中国农科院资划所；原始编号：pTG-ZHL；培养基 0033，37℃。

ACCC 04191←广东微生物所；原始编号：1.112；培养基 0002，30℃。

ACCC 04233←广东微生物所；原始编号：1.108；培养基 0002，30℃。

ACCC 04248←广东微生物所；原始编号：G34；分离地点：广东广州；培养基 0002，37℃。

ACCC 04281←广东微生物所；原始编号：G33；分离地点：广东广州；培养基 0002，30℃。

ACCC 05460←ATCC；原始编号：K12；培养基 0033，37℃。

ACCC 10009←中国农科院土肥所←中科院植物所←比利时 FAJLab；原始编号：PSA30；培养基 0033，37℃。

ACCC 10034←中国农大；原始编号：K12；杀鳞翅目昆虫；培养基 0002，28～30℃。

ACCC 10134←山东大学；原始编号：1077；培养基 0002，37℃。

ACCC 10135←山东大学；原始编号：WI177；培养基 0002，37℃。

ACCC 10136←山东大学；=AS 1.1103；培养基 0002，37℃。

ACCC 10140←中国兽药监察所←丹麦国家血清研究所；原始编号：44674；测壮观霉素用；培养基 0002，37℃。

ACCC 10141←中国农科院土肥所←上海水产大学生命学院←CCTCC←武汉大学生命科学学院沈萍←波士顿生物研究所；=AB90054=AS2.637；原始编号：K12C600；培养基 0002，37℃。

ACCC 10143←上海水产大学←无锡淡水研究所；原始编号：E.coli-陈；培养基 0002，37℃。

ACCC 10144←上海水产大学←无锡淡水研究所；原始编号：E.coli-陈-21；培养基 0002，37℃。

ACCC 10145←上海水产大学；培养基 0002，37℃。

ACCC 10196←DSMZ；=DSM 5189；培养基 0002，30℃。

ACCC 10326←中国农科院土肥所←中科院植物所李久蒂研究员←美国 Wisconsin 大学；原始编号：2-18；培养基 0033，37℃。

ACCC 10327←中国农科院土肥所←中科院植物所李久蒂研究员←美国 Wisconsin 大学；原始编号：2-15；培养基 0033，37℃。

ACCC 10328←中国农科院土肥所←中科院植物所；原始编号：2-21；培养基 0033，37℃。

ACCC 10329←中国农科院土肥所←中科院植物所；原始编号：2-22；培养基 0033，37℃。

ACCC 10330←中国农科院土肥所←中科院植物所；原始编号：2-23；培养基 0033，37℃。

ACCC 10331←中国农科院土肥所←中科院植物所；原始编号：2-24；培养基 0033，37℃。

ACCC 10333←中国农科院土肥所←中科院植物所；原始编号：2-36；培养基 0033，37℃。

ACCC 10334←中国农科院土肥所←中科院植物所←比利时 FAJLab；原始编号：2-40；培养基 0033，37℃。

ACCC 10335←中国农科院土肥所←中科院植物所←比利时；原始编号：2-41；培养基 0033，37℃。

ACCC 10336←中国农科院土肥所←中科院植物所←比利时 FAJLab；原始编号：2-42；培养基 0033，37℃。

ACCC 10337←中国农科院土肥所←中科院植物所；原始编号：2-43；培养基 0033，37℃。

ACCC 10338←中国农科院土肥所←中科院植物所；原始编号：2-44；培养基 0033，37℃。

ACCC 10339←中国农科院土肥所←中科院植物所；原始编号：2-45；培养基 0033，37℃。

ACCC 10341←中国农科院土肥所←中科院植物所；原始编号：2-47；培养基 0033，37℃。

ACCC 10342←中国农科院土肥所←中科院植物所；原始编号：2-48；培养基 0033，37℃。

ACCC 10344←中国农科院土肥所←中科院植物所←比利时 FAJLab；原始编号：2-50；培养基 0033，37℃。

ACCC 10345←中国农科院土肥所←中科院植物所←比利时 FAJLab；原始编号：2-51；培养基 0033，37℃。

ACCC 10347←中国农科院土肥所←中科院植物所李久蒂研究员←比利时 FAJLab；原始编号：2-53；培养基 0033，37℃。

ACCC 10348←中国农科院土肥所←中科院植物所←比利时 FAJLab；原始编号：2-54；培养基 0033，37℃。

ACCC 10349←中国农科院土肥所←中科院植物所←比利时 FAJLab；原始编号：2-55；培养基 0033，37℃。

ACCC 10350←中国农科院土肥所←中科院植物所←比利时 FAJLab；原始编号：2-56；培养基 13，37℃。

ACCC 10351←中国农科院土肥所←中科院植物所←比利时 FAJLab；原始编号：2-57；培养基 0033，37℃。

ACCC 10352←中国农科院土肥所←中科院植物所←比利时 FAJLab；原始编号：2-58；培养基 0033，37℃。

ACCC 10354←中国农科院土肥所←中科院植物所←比利时 FAJLab；原始编号：2-60；培养基 0033，37℃。

ACCC 10355←中国农科院土肥所←中科院植物所←比利时 FAJLab；原始编号：2-61；培养基 0033，37℃。

ACCC 10356←中国农科院土肥所←中科院植物所←比利时 FAJLab；原始编号：2-62；培养基 0033，37℃。

ACCC 10358←中国农科院土肥所←中科院植物所←比利时 FAJLab；原始编号：2-64；培养基 0033，37℃。

ACCC 10359←中国农科院土肥所←中科院植物所李久蒂研究员←比利时 FAJLab；原始编号：2-65；培养基 0033，37℃。

ACCC 10360←中国农科院土肥所←中科院植物所←比利时 FAJLab；原始编号：2-66；培养基 0033，37℃。

ACCC 10361←中国农科院土肥所←中科院植物所←比利时 FAJLab；原始编号：2-67；培养基 0033，37℃。

ACCC 10362←中国农科院土肥所←中科院植物所←比利时 FAJLab；原始编号：2-68；培养基 0033，37℃。

ACCC 10363←中国农科院土肥所←中科院植物所←比利时 FAJLab；原始编号：2-69；培养基 0033，37℃。

ACCC 10364←中国农科院土肥所←中科院植物所←美国斯坦福大学；原始编号：2-76；培养基 0033，37℃。

ACCC 10365←中国农科院土肥所←中科院植物所←比利时 FAJLab；原始编号：2-97；培养基 0033，37℃。

ACCC 10503←ATCC←NCTC←F. Kaufmann U 5/41；=ATCC11775=NCTC 9001；培养基 0002，37℃。

ACCC 10943←中国农科院资划所←中国农科院饲料所；原始编号：FRI6046；培养基 0033，37℃。

ACCC 10946←中国农科院资划所←中国农科院饲料所；原始编号：FRI6031；培养基 0033，37℃。

ACCC 10951←中国农科院资划所←中国农科院饲料所；原始编号：FRI6034；培养基 0033，37℃。

ACCC 10953←中国农科院资划所←中国农科院饲料所；原始编号：FRI6024；培养基 0033，37℃。

ACCC 10955←中国农科院资划所←中国农科院饲料所；原始编号：FRI6049；培养基 0033，37℃。

ACCC 10956←中国农科院资划所←中国农科院饲料所；原始编号：FRI6044；培养基 0033，37℃。

ACCC 10972←中国农科院资划所←中国农科院饲料所；原始编号：FRI6072；培养基 0033，37℃。

ACCC 10973←中国农科院资划所←中国农科院饲料所；原始编号：PUCm-T-BD5063-B；培养基 0033，37℃。

ACCC 10974←中国农科院资划所←中国农科院饲料所；原始编号：PUC19-BD5063-ABD；培养基 0033，37℃。

ACCC 10975←中国农科院资划所←中国农科院饲料所；原始编号：PUC19-BD5063-AGA；培养基 0033，37℃。

ACCC 10977←中国农科院资划所←中国农科院饲料所；原始编号：PUC19-BD5063-AOXS；培养基 0033，37℃。

ACCC 10978←中国农科院资划所←中国农科院饲料所；原始编号：PIC9-α-amy'；培养基 0033，37℃。

ACCC 10979←中国农科院资划所←中国农科院饲料所；原始编号：PUCm-T-AGAc；培养基 0033，37℃。

ACCC 10980←中国农科院资划所←中国农科院饲料所；原始编号：PGEX-5X-1-ORF5；培养基 0033，37℃。

ACCC 10981←中国农科院资划所←中国农科院饲料所；原始编号：PUCm-T-1-BD5063-A；培养基 0033，37℃。

ACCC 10982←中国农科院资划所←中国农科院饲料所；原始编号：PGEX-5X-1-amy'；培养基 0033，37℃。

ACCC 10984←中国农科院资划所←中国农科院饲料所；原始编号：PUC19-amy-C；培养基 0033，37℃。

ACCC 10986←中国农科院资划所←中国农科院饲料所；原始编号：PIC9α-BD5063-AGA；培养基 0033，37℃。

ACCC 10987←中国农科院资划所←中国农科院饲料所；原始编号：PUCm-T-BD5063-E；培养基 0033，37℃。

ACCC 10990←中国农科院资划所←中国农科院饲料所；原始编号：PUC19-BD5063-AB；培养基 0033，37℃。

ACCC 10991←中国农科院资划所←中国农科院饲料所；原始编号：FRI2013；培养基 0033，37℃。

ACCC 10993←中国农科院资划所←中国农科院饲料所；原始编号：FRI2027；培养基 0033，37℃。

ACCC 10995←中国农科院资划所←中国农科院饲料所；原始编号：PIC9α-amy1；培养基 0033，37℃。

ACCC 10996←中国农科院资划所←中国农科院饲料所；原始编号：FRI2038；培养基 0033，37℃。

ACCC 10997←中国农科院资划所←中国农科院饲料所；原始编号：FRI2029；培养基 0033，37℃。

ACCC 10999←中国农科院资划所←中国农科院饲料所；原始编号：FRI2065；培养基 0033，37℃。

ACCC 11121←中国农科院资划所←中国农科院饲料所；原始编号：FRI7101；培养基 0033，37℃。

ACCC 11122←中国农科院资划所←中国农科院饲料所；原始编号：FRI2007；培养基 0033，37℃。

ACCC 11123←中国农科院资划所←中国农科院饲料所；原始编号：FRI2050；培养基 0033，37℃。

ACCC 11125←中国农科院资划所←中国农科院饲料所；原始编号：FRI2067；培养基 0033，37℃。

ACCC 11128←中国农科院资划所←中国农科院饲料所；原始编号：FRI2028；培养基 0033，37℃。

ACCC 11130←中国农科院资划所←中国农科院饲料所；原始编号：FRI2057；培养基 0033，37℃。

ACCC 11131←中国农科院资划所←中国农科院饲料所；原始编号：FRI2025；培养基 0033，37℃。

ACCC 11132←中国农科院资划所←中国农科院饲料所；原始编号：FRI2046；培养基 0033，37℃。

ACCC 11133←中国农科院资划所←中国农科院饲料所；原始编号：FRI2041；培养基 0033，37℃。

ACCC 11136←中国农科院资划所←中国农科院饲料所；原始编号：FRI2039；培养基 0033，37℃。

ACCC 11137←中国农科院资划所←中国农科院饲料所；原始编号：FRI2005；培养基 0033，37℃。

ACCC 11138←中国农科院资划所←中国农科院饲料所；原始编号：FRI2068；培养基 0033，37℃。

ACCC 11139←中国农科院资划所←中国农科院饲料所；原始编号：FRI2056；培养基 0033，37℃。

ACCC 11141←中国农科院资划所←中国农科院饲料所；原始编号：FRI2049；培养基 0033，37℃。

ACCC 11142←中国农科院资划所←中国农科院饲料所；原始编号：FRI2015；培养基 0033，37℃。

ACCC 11143←中国农科院资划所←中国农科院饲料所；原始编号：FRI2047；培养基 0033，37℃。

ACCC 11144←中国农科院资划所←中国农科院饲料所；原始编号：FRI2037；培养基 0033，37℃。

ACCC 11150←中国农科院资划所←中国农科院饲料所；原始编号：FRI2033；培养基 0033，37℃。

ACCC 11192←中国农科院资划所←中国农科院植保所；原始编号：PSUP204；培养基 0002，37℃。

ACCC 11212←中国农科院资划所；原始编号：BL-9；培养基 0033，37℃。

ACCC 11213←中国农科院资划所；原始编号：BL-14；培养基 0033，37℃。

ACCC 11214←中国农科院资划所；原始编号：L-9；培养基 0033，37℃。

ACCC 11215←中国农科院资划所；原始编号：L-6；培养基 0033，37℃。

ACCC 11216←中国农科院资划所；原始编号：L-10；培养基 0033，37℃。

ACCC 11223←中国农科院资划所；原始编号：L-3；培养基 0033，37℃。

ACCC 11224←中国农科院资划所；原始编号：JM109；培养基 0033，37℃。

ACCC 11857←中国农科院生物技术所；原始编号：HB-18，BRI00082；基因重组菌株；分离源：高温土壤；培养基 0033，37℃。

ACCC 11858←中国农科院生物技术所；原始编号：HB-21，BRI00083；基因重组菌株；分离源：高温土壤；培养基 0033，37℃。

ACCC 11859←中国农科院生物技术所；原始编号：HB-35，BRI00084；基因重组菌株；分离源：高温土壤；培养基 0033，37℃。

ACCC 11860←中国农科院生物技术所；原始编号：HB-37，BRI00085；基因重组菌株；分离源：高温土壤；培养基 0033，37℃。

ACCC 11861←中国农科院生物技术所；原始编号：HB-40，BRI00086；基因重组菌株；分离源：高温土壤；培养基 0033，37℃。

ACCC 11863←中国农科院生物技术所；原始编号：HB-43，BRI00088；基因重组菌株；分离源：高温土壤；培养基 0033，37℃。

ACCC 11864←中国农科院生物技术所；原始编号：HB-51，BRI00090；基因重组菌株；分离源：高温土壤；培养基 0033，37℃。

ACCC 11882←中国农科院生物技术所；原始编号：HB-26，00165；基因重组菌株；培养基 0033，37℃。

ACCC 11883←中国农科院生物技术所；原始编号：HB-27，00166；基因重组菌株；培养基 0033，37℃。

ACCC 11888←中国农科院生物技术所；原始编号：HB-46，00171；基因重组菌株；培养基 0033，37℃。

ACCC 11889←中国农科院生物技术所；原始编号：HB-50，00172；基因重组菌株；培养基 0033，37℃。

ACCC 11890←中国农科院生物技术所；原始编号：HB-53，00173；基因重组菌株；培养基 0033，37℃。

ACCC 11891←中国农科院生物技术所；原始编号：HB-57，00174；基因重组菌株；培养基 0033，37℃。

ACCC 11892←中国农科院生物技术所；原始编号：HB-58，00175；基因重组菌株；培养基 0033，37℃。

ACCC 11893←中国农科院生物技术所；原始编号：HB-62，00176；基因重组菌株；培养基 0033，37℃。

ACCC 11894←中国农科院生物技术所；原始编号：HB-63，00177；基因重组菌株；培养基 0033，37℃。

ACCC 11895←中国农科院生物技术所；原始编号：HB-65，00178；基因重组菌株；培养基 0033，37℃。

ACCC 11896←中国农科院生物技术所；原始编号：HB-66，00179；基因重组菌株；培养基 0033，37℃。

ACCC 11897←中国农科院生物技术所；原始编号：HB-71，00180；基因重组菌株；分离源：高温土壤；培养基 0033，37℃。

ACCC 11898←中国农科院生物技术所；原始编号：HB-74，00181；基因重组菌株；培养基 0033，37℃。

ACCC 11900←中国农科院生物技术所；原始编号：HB-77，00183；基因重组菌株；培养基 0033，37℃。

ACCC 11903←中国农科院生物技术所；原始编号：HB-85，00186；基因重组菌株；培养基 0033，37℃。

ACCC 61846←中国农科院资划所；原始编号：HB101；分离源：土壤；检验参比菌；培养基 0033，37℃。

ACCC 60047←中国农科院资划所；原始编号：1；培养基 0033，37℃。

ACCC 60048←中国农科院资划所；原始编号：2；培养基 0033，37℃。

ACCC 60049←中国农科院资划所；原始编号：3；培养基 0033，37℃。

ACCC 60050←中国农科院资划所；原始编号：4；培养基 0033，37℃。

ACCC 60051←中国农科院资划所；原始编号：6；培养基 0033，37℃。

ACCC 60052←中国农科院资划所；原始编号：7；培养基 0033，37℃。

ACCC 60053←中国农科院资划所；原始编号：8；培养基 0033，37℃。

ACCC 60054←中国农科院资划所；原始编号：9；培养基 0033，37℃。

Escherichia hermannii Brenner et al. 1983

赫氏埃希菌

ACCC 01733←中国农科院饲料所；原始编号：FRI2007089，B283；饲料用植酸酶等的筛选；分离地点：浙江；培养基 0002，37℃。

ACCC 02158←中国农科院资划所；原始编号：322，24-1；以磷酸三钙、磷矿石作为唯一磷源生长；分离地点：湖北钟祥；培养基 0002，30℃。

ACCC 02183←中国农科院资划所；原始编号：320，G2；以磷酸三钙、磷矿石作为唯一磷源生长；分离地点：湖北钟祥；培养基 0002，30℃。

ACCC 02184←中国农科院资划所；原始编号：321，21-4；以磷酸三钙、磷矿石作为唯一磷源生长；分离地点：湖北钟祥；培养基 0002，30℃。

Escherichia sp.

埃希氏菌

ACCC 01313←山东农业大学；原始编号：SDAUMCC1000966-5；分离源：空气；培养基 0002，37℃。

ACCC 01317←山东农业大学；原始编号：SDAUMCC1001006-9；分离源：空气；培养基 0002，37℃。

ACCC 01318←山东农业大学；原始编号：SDAUMCC1001016-10；分离源：空气；培养基 0002，37℃。

ACCC 01426←山东农业大学；原始编号：SDAUMCC100060，DOM-1；培养基 0325，37℃。

ACCC 02180←中国农科院资划所；原始编号：314，41-4a；以磷酸三钙、磷矿石作为唯一磷源生长；分离地点：湖北钟祥；培养基 0002，30℃。

ACCC 60118←上海出入境检验检疫局；原始编号：EH-SHCIQPD2017-1；分离源：家蝇；培养基 0110，35℃。

ACCC 60350←中国农科院资划所；原始编号：J10-10；分离源：水稻茎秆；培养基 0847，30℃。

Exiguobacterium acetylicum（Levine & Soppeland 1926）Farrow et al. 1994

乙酰微小杆菌（乙酰短杆菌）

ACCC 02565←NAECC←DSMZ←H. Seiler←ATCC←M. Levine；原始编号：NAECC1904，DSM 20416，ATCC 953；培养基 0002，30℃。

Exiguobacterium antarcticum Frühling et al. 2002

ACCC 02561←NAECC←DSMZ；原始编号：NAECC1906；分离地点：南极洲弗里克塞尔湖；培养基 0002，30℃。

Exiguobacterium aurantiacum Collins et al. 1984

金橙黄微小杆菌

ACCC 02560←NAECC←DSMZ←NCDO←M. D. Collins←B. M. Lund；原始编号：NAECC1905；分离地点：英国；培养基 0002，30℃。

Exiguobacterium marinum Kim et al. 2005

ACCC 06501←中国农科院资划所；原始编号：LAM0066；分离源：冻土样本；培养基 0002，30℃。

Exiguobacterium oxidotolerans Yumoto et al. 2004

耐氧化微小杆菌

ACCC 10866←首都师范大学；原始编号：J3-A122；分离源：水稻根际；分离地点：唐山滦南县；培养基 0033，30℃。

Exiguobacterium profundum Crapart et al. 2007

ACCC 06502←中国农科院资划所；原始编号：LAM0067；分离源：冻土样本；培养基 0002，30℃。

Exiguobacterium sp.

微小杆菌

ACCC 02533←南京农大农业环境微生物中心；原始编号：C1482，NAECC1077；5 天内氯霉素降解率大于 50%；分离地点：江苏赣榆县河蟹育苗池；培养基 0033，30℃。

ACCC 11618←南京农大农业环境微生物中心；原始编号：3-B-1，NAECC1118；分离源：土壤；分离地点：江苏南京；培养基 0033，30℃。

ACCC 11835←南京农大农业环境微生物中心；原始编号：M78，NAECC1085；2 天内孔雀石绿降解率大于 70%；分离源：市售水产体表；分离地点：江苏连云港市场；培养基 0033，30℃。

ACCC 60325←中国农科院资划所；原始编号：J2-3；分离源：水稻茎秆；培养基 0847，30℃。

Exiguobacterium undae Frühling et al. 2002

水域微小杆菌

ACCC 02559←NAECC←DSMZ←E. Stackebrandt；原始编号：NAECC1907；培养基 0002，30℃。

Fictibacillus barbaricus（Täubel et al. 2003）Glaeser et al. 2013

ACCC 61636←福建省农业科学院；原始编号：DSM 14730；培养基 0001，30℃。

Fictibacillus sp.

ACCC 60229←中国农科院资划所；原始编号：J1-2；产 IAA 能力；分离源：水稻茎秆；培养基 0847，30℃。

ACCC 60376←中国农科院资划所；原始编号：j1-12；分离源：水稻种子；培养基 0847，30℃。

Flavobacterium anhuiense Liu et al. 2008

安徽黄杆菌

ACCC 03241←中国农科院资划所；可用来研发生产生物肥料；培养基 0065，28℃。

ACCC 61681←北京科技大学；原始编号：D3；分离源：田间土壤；培养基 0033，30℃。

Flavobacterium aquatile Bergey et al. 1923〔Approved Lists 1980〕
水生黄杆菌

ACCC 61576←中国农科院资划所；原始编号：1132；好氧，革兰氏阴性；分离源：深井水；培养基 0512，30℃。

Flavobacterium johnsoniae corrig.（Stanier 1947）Bernardet et al. 1996
约氏黄杆菌

ACCC 03076←中国农科院资划所；原始编号：GD-B-CK1-1-1，7180；可用来研发生产生物肥料；分离地点：北京试验地；培养基 0065，28℃。

ACCC 03886←中国农科院饲料所；原始编号：B378；饲料用纤维素酶、植酸酶、木聚糖酶等的筛选；分离地点：江西鄱阳县；培养基 0002，26℃。

ACCC 03945←中国农科院饲料所；原始编号：B442；饲料用纤维素酶、植酸酶、木聚糖酶等的筛选；分离地点：江西鄱阳县；培养基 0002，26℃。

Flavobacterium mizutaii（Yabuuchi et al. 1983）Holmes et al. 1988
水氏黄杆菌（噬果胶黄杆菌）

ACCC 03071←中国农科院资划所；原始编号：BaP-21-1，7171；可用来研发农田土壤及环境修复微生物制剂；分离地点：北京大兴天堂河；培养基 0002，28℃。

Flavobacterium nitrogenifigens Kämpfer et al. 2015

ACCC 61687←北京科技大学；原始编号：NXU-44；分离源：柳枝根际；培养基 0033，30℃。

Flavobacterium odoratum Stutzer 1929
气味黄杆菌

ACCC 02528←南京农大农业环境微生物中心；原始编号：PH3-2，NAECC1704；可以苯酚为唯一碳源生长，在 3 天的时间内可以降解 400 mg/L 的苯酚 90%；分离地点：河北石家庄井陉县；培养基 0002，30℃。

Flavobacterium sp.
黄杆菌

ACCC 05409←南京农大农业环境微生物中心；原始编号：LQY-7；分离地点：江苏扬州；培养基 0033，30℃。

ACCC 60093←中国农科院资划所；原始编号：CM-12-叶 -2；分离源：草莓根茎叶部；培养基 0014，28℃。

ACCC 60096←中国农科院资划所；原始编号：CM-5-茎 -3；分离源：草莓根茎叶部；培养基 0014，28℃。

ACCC 60097←中国农科院资划所；原始编号：CM-5-茎 -7；分离源：草莓根茎叶部；培养基 0014，28℃。

ACCC 60126←中国农科院生物技术所；原始编号：T13；培养基 0033，28℃。

ACCC 60128←中国农科院生物技术所；原始编号：C7；培养基 0033，28℃。

ACCC 60295←中国农科院资划所；原始编号：135；溶磷能力；分离源：水稻种子；培养基 0847，30℃。

ACCC 60296←中国农科院资划所；原始编号：154；溶磷能力，产 IAA 能力；分离源：水稻种子；培养基 0847，30℃。

ACCC 60310←中国农科院资划所；原始编号：J2-4；分离源：水稻茎秆；培养基 0847，30℃。

ACCC 60311←中国农科院资划所；原始编号：J2-9；分离源：水稻茎秆；培养基 0847，30℃。

ACCC 60313←中国农科院资划所；原始编号：J3-2；分离源：水稻茎秆；培养基 0847，30℃。

ACCC 60316←中国农科院资划所；原始编号：J11-4；分离源：水稻茎秆；培养基 0847，30℃。

ACCC 60317←中国农科院资划所；原始编号：J13-13；分离源：水稻茎秆；培养基 0481，30℃。

ACCC 60320←中国农科院资划所；原始编号：43；分离源：水稻种子；培养基 0847，30℃。

ACCC 60322←中国农科院资划所；原始编号：J1-10；分离源：水稻茎秆；培养基 0847，30℃。

ACCC 60323←中国农科院资划所；原始编号：J1-9；分离源：水稻茎秆；培养基 0847，30℃。

ACCC 60324←中国农科院资划所；原始编号：J1-17；分离源：水稻茎秆；培养基 0481，30℃。

ACCC 60326←中国农科院资划所；原始编号：J2-6；分离源：水稻茎秆；培养基 0847，30℃。

ACCC 60329←中国农科院资划所；原始编号：J9-15；分离源：水稻茎秆；培养基 0481，30℃。

ACCC 60330←中国农科院资划所；原始编号：J9-14；分离源：水稻茎秆；培养基 0481，30℃。

ACCC 60334←中国农科院资划所；原始编号：J11-10；分离源：水稻茎秆；培养基0847，30℃。

ACCC 60335←中国农科院资划所；原始编号：J13-14；分离源：水稻茎秆；培养基0481，30℃。

ACCC 60336←中国农科院资划所；原始编号：J13-11；分离源：水稻茎秆；培养基0481，30℃。

ACCC 60337←中国农科院资划所；原始编号：J14-12；分离源：水稻茎秆；培养基0481，30℃。

ACCC 60340←中国农科院资划所；原始编号：J15-11；分离源：水稻茎秆；培养基0481，30℃。

ACCC 60342←中国农科院资划所；原始编号：J1-14；分离源：水稻茎秆；培养基0481，30℃。

ACCC 60343←中国农科院资划所；原始编号：J5-11；分离源：水稻茎秆；培养基0481，30℃。

ACCC 60344←中国农科院资划所；原始编号：J7-10；分离源：水稻茎秆；培养基0847，30℃。

ACCC 60345←中国农科院资划所；原始编号：J7-12；分离源：水稻茎秆；培养基0481，30℃。

ACCC 60346←中国农科院资划所；原始编号：J9-12；分离源：水稻茎秆；培养基0481，30℃。

ACCC 60347←中国农科院资划所；原始编号：J9-10；分离源：水稻茎秆；培养基0847，30℃。

ACCC 60348←中国农科院资划所；原始编号：J9-1；分离源：水稻茎秆；培养基0847，30℃。

ACCC 60349←中国农科院资划所；原始编号：J10-11；分离源：水稻茎秆；培养基0481，30℃。

ACCC 60351←中国农科院资划所；原始编号：J13-10；分离源：水稻茎秆；培养基0847，30℃。

ACCC 60360←中国农科院资划所；原始编号：98；分离源：水稻种子；培养基0847，30℃。

ACCC 60375←中国农科院资划所；原始编号：165；分离源：水稻种子；培养基0847，30℃。

ACCC 60377←中国农科院资划所；原始编号：zz9-4；分离源：水稻种子；培养基0847，30℃。

ACCC 60378←中国农科院资划所；原始编号：zz2-14；分离源：水稻种子；培养基0847，30℃。

ACCC 60379←中国农科院资划所；原始编号：j22-1；分离源：水稻种子；培养基0847，30℃。

ACCC 61686←北京科技大学；原始编号：THG-107；分离源：人参田土壤；培养基0033，30℃。

Flavobacterium tistrianum Suwannachart et al. 2016

ACCC 61684←北京科技大学；原始编号：GB56.1；分离源：生物圈保护区的土壤；培养基0033，30℃。

Flavobacterium ustbae Liu et al. 2019

ACCC 61682←北京科技大学；原始编号：T13；分离源：石斛根际土壤；培养基0033，30℃。

Fluviicola sp.

ACCC 60388←中国农科院资划所；原始编号：SGL-29；植物促生菌；分离源：土壤；培养基0033，30℃。

Fontibacillus aquaticus Saha et al. 2010

ACCC 61522←福建省农业科学院；原始编号：DSM 17643；分离源：暖泉水；培养基0220，30℃。

Frateuria sp.

弗拉特氏菌

ACCC 02515←南京农大农业环境微生物中心；原始编号：Ni-H2-1，NAECC1058；能够耐受2 mmol/L的重金属 Ni^{2+}；能够耐受2 mmol/L的重金属 Ni^{2+}；培养基0033，30℃。

ACCC 61897←中国林科院林业所；原始编号：STR12；分离源：毛竹根；培养基0512，30℃。

Geobacillus sp.

土芽孢杆菌

ACCC 02535←南京农大农业环境微生物中心；原始编号：1Y，NAECC1226；分离地点：江苏南京；培养基0033，50℃。

ACCC 02642←南京农大农业环境微生物中心；原始编号：Z-2，NAECC0660；分离地点：山东东营；培养基0033，30℃。

ACCC 02727←南京农大农业环境微生物中心；原始编号：A，NAECC1520；分离地点：江苏省南京市江宁区山田奶牛场；培养基0002，55℃。

ACCC 02729←南京农大农业环境微生物中心；原始编号：LV-3，NAECC1524；分离地点：江苏省南京市江宁区山田奶牛厂；培养基0002，55℃。

ACCC 02730←南京农大农业环境微生物中心；原始编号：T4，NAECC1525；分离地点：江苏省南京市江宁区山田奶牛厂；培养基 0002，55℃。

ACCC 11637←南京农大农业环境微生物中心；原始编号：CK-2 NAECC0663；分离源：土壤；分离地点：山东东营；培养基 0971，70℃。

ACCC 61556←中国农科院资划所；原始编号：TD8；分离源：水稻根或种子；培养基 0847，30℃。

ACCC 61557←江苏省农业科学院；原始编号：HT-B；分离源：堆肥；培养基 0002，70℃。

Geobacillus stearothermophilus （Donk 1920）Nazina et al. 2001

嗜热脂肪地芽孢杆菌

ACCC 04271←广东微生物所；原始编号：G06；分离地点：广东广州；培养基 0002，37℃。

ACCC 05425←中国农科院资划所←中科院微生物所←The University of Queensland，Aust；原始编号：UQM298；培养基 0002，45℃。

ACCC 05427←中国农科院资划所←中科院微生物所←The University of Queensland，Aust；原始编号：UQM2104；培养基 0002，45℃。

ACCC 05462←ATCC←RE Gordon←ATCC7954←C. P. Hegarty←NCA 1503；培养基 0033，45℃。

ACCC 05463←ATCC；=ATCC 7953；培养基 0033，55℃。

ACCC 10253←DSMZ←ATCC←NCA，26；=DSM22=ATCC 12980=CCM 2062=CCUG 26241=IAM 11062=IFO 12550=NCIB 8923=NCTC 10339=VKM B-2231；培养基 0266，55℃。

Geobacillus subterraneus Nazina et al. 2001

地表地芽孢杆菌

ACCC 05426←中国农科院资划所←中科院微生物所←俄罗斯科学院微生物研究所；培养基 0002，55～60℃。

Geobacillus tepidamans Schäffer et al. 2004

喜温地芽孢杆菌

ACCC 02556←南京农大农业环境微生物中心；原始编号：T2，NAECC1224；分离地点：江苏南京；培养基 0033，50℃。

Geobacillus thermoleovorans （Zarilla & Perry 1988）Nazina et al. 2001

喜热嗜油地芽孢杆菌

ACCC 10255←DSMZ←ATCC←J. J. Perry，LEH-1；=DSM 5366= ATCC 43513=VKM B-2230；培养基 0266，60℃。

Geobacillus thermoglucosidasius （Suzuki 1984）Nazina et al. 2001

嗜热葡糖苷地芽孢杆菌

ACCC 05697←DSMZ←Y. Suzuki，KP1006（*Bacillus thermoglucosidius*）；分离源：土壤；培养基 0002，55℃。

Geobacillus uzenensis Nazina et al. 2001

乌津油田地芽孢杆菌

ACCC 05428←中国农科院资划所←中科院微生物所←俄罗斯科学院微生物研究所；原始编号：UT；培养基 0002，55～60℃。

Gluconacetobacter hansenii corrig. （Gosselé et al. 1983）Yamada et al. 1998

汉氏葡糖酸醋杆菌

ACCC 05452←ATCC←NCIMB←J. L. Shimwell←M. Schrom；培养基 0033，26℃。

Gluconobacter oxydans （Henneberg 1897）De Ley 1961

氧化葡萄糖杆菌

ACCC 10493←ATCC←NCIMB←J. G. Carr 1；=ATCC 19357=NCIB 9013；培养基 0010，26℃。

Gordonia alkanivorans Kummer et al. 1999

食碱戈登氏菌

ACCC 02664←南京农大农业环境微生物中心；原始编号：1-3（12），NAECC1214；分离地点：江苏南京；培养基 0033，30℃。

ACCC 02665←南京农大农业环境微生物中心；原始编号：1-3（s），NAECC1214；分离源：污泥；培养基 0033，30℃。

Gordonia amicalis Kim et al. 2000

ACCC 40316←中国农科院资划所；原始编号：LBM 3；培养基 0033，30℃

ACCC 40317←中国农科院资划所；石油降解；分离源：石油；培养基 0033，31℃

ACCC 41037←DSMZ←NCIB（*Nocardia rubropertincta*）←ATCC；＝DSM43197＝ATCC 14352；产肌动蛋白；分离源：土壤；培养基 0033，30℃。

ACCC 41073←DSMZ；＝DSM 44461＝CIP 108824＝KCTC 9940；分离源：花园土；培养基 0441；28℃。

Gordonia sp.

戈登氏菌

ACCC 02487←南京农大农业环境微生物中心；原始编号：p5-8＋3，NAECC1135；分离地点：南京轿子山；培养基 0033，30℃。

ACCC 02507←南京农大农业环境微生物中心；原始编号：BL2，NAECC0650；分离源：土壤；培养基 0033，30℃。

ACCC 60002←中国农科院资划所；原始编号：SL-79；分离源：土壤；培养基 0033，30℃。

ACCC 60005←中国农科院资划所；原始编号：91；分离源：土壤；培养基 0033，30℃。

ACCC 60010←中国农科院资划所；原始编号：234；分离源：土壤；培养基 0033，30℃。

Gordonia rubripertinctus

ACCC 01865←中国农科院资划所←新疆农业科学院；原始编号：2.051-2；培养基 0277，20℃。

Gordonia terrae corrig.（Tsukamura 1971）Stackebrandt et al. 1989

ACCC 19804←中国农科院资划所；原始编号：JCM3206；培养基 0847，30℃。

ACCC 19805←中国农科院资划所；原始编号：JCM18296；培养基 0847，30℃。

Gracilibacillus dipsosauri（Lawson et al. 1996）Waine et al. 1999

蜥蜴纤细芽孢杆菌

ACCC 61528←福建省农业科学院；原始编号：DSM 11125；培养基：0220，30℃。

Halobacillus halophilus（Claus et al. 1984）Spring et al. 1996

喜盐喜盐芽孢杆菌

ACCC 10256←DSM←H. J. Rolf，3；＝DSM 2266＝ATCC 35676＝NCIMB 2269；培养基 0442，30℃。

Halobacillus litoralis Spring et al. 1996

岸喜盐芽孢杆菌

ACCC 10257←DSMZ←S. Spring；＝DSM 10405＝ATCC 700076；培养基 0290，30℃。

Halobacillus sp.

喜盐芽孢杆菌

ACCC 02680←南京农大农业环境微生物中心；原始编号：YC1，NAECC1188；分离地点：连云港盐场；培养基 0002，30℃。

ACCC 02681←南京农大农业环境微生物中心；原始编号：YC3，NAECC1189；分离地点：连云港盐场；培养基 0002，30℃。

ACCC 02786←南京农大农业环境微生物中心；原始编号：T10-1，NAECC1332；分离地点：河北沧州沧县菜地；培养基 0002，30℃。

ACCC 02789←南京农大农业环境微生物中心；原始编号：T20-B，NAECC1335；分离地点：河北沧州沧县菜地；培养基 0002，30℃。

ACCC 02790←南京农大农业环境微生物中心；原始编号：T20-S，NAECC1336；分离地点：河北沧州沧县菜地；培养基 0002，30℃。

ACCC 10665←南京农大农业环境微生物中心；原始编号：I122；分离源：草坪表层 1~5 cm 土壤；分离地点：江苏南京玄武区；培养基 0002，30℃。

ACCC 10668←南京农大农业环境微生物中心；原始编号：I101；分离源：草坪表层 1~5 cm 土壤；分离地点：江苏南京玄武区；培养基 0002，30℃。

ACCC 10675←南京农大农业环境微生物中心；＝NAECC007；培养基 0002，30℃。

Halobacillus trueperi Spring et al. 1996

特氏喜盐芽孢杆菌

ACCC 02634←南京农大农业环境微生物中心；原始编号：NT-B，NAECC1171；分离地点：南京玄武区；培养基 0002，30℃。

ACCC 02635←南京农大农业环境微生物中心；原始编号：NT-DR，NAECC1172；分离地点：南京玄武区；培养基 0002，30℃。

ACCC 02678←南京农大农业环境微生物中心；原始编号：SC3，NAECC1186；分离源：市场上购买的酸菜卤汁；培养基 0002，30℃。

ACCC 02827←南京农大农业环境微生物中心；原始编号：YST2，NAECC1505；分离地点：上海郊区；培养基 0002，30℃。

Halomonas andesensis Guzmán et al. 2010

ACCC 61601←中国农科院资划所；原始编号：HA；培养基：0223，30℃。

Halomonas elongata Vreeland et al. 1980

伸长盐单胞菌

ACCC 02828←南京农大农业环境微生物中心；原始编号：ny1-1，NAECC1543；分离地点：山东东营胜利油田；培养基 0002，30℃。

Halomonas lutea Wang et al. 2008

ACCC 60075←中国林科院林业所；原始编号：KCTC12847；分离源：盐湖；培养基 0223，30℃。

Halomonas muralis Heyrman et al. 2002

壁盐单胞菌

ACCC 02583←南京农大农业环境微生物中心；原始编号：N4，NAECC1191；分离地点：江苏徐州新宜农药厂；培养基 0002，30℃。

Halomonas nanhaiensis Long et al. 2013

ACCC 61602←中国农科院资划所；原始编号：HN；培养基 0223，37℃。

Halomonas pantelleriensis corrig. Romano et al. 1997

ACCC 60025←中国农科院资划所；原始编号：DSM 9661；分离地点：潘泰莱里亚岛；培养基 0033，37℃。

Halomonas socia Cao et al. 2020

ACCC 60022←中国农科院资划所；原始编号：KCTC23671；培养基 0033，37℃。

Halomonas songnenensis Jiang et al. 2014

ACCC 61603←中国农科院资划所；原始编号：HS；培养基 0223，37℃。

Halomonas sp.

盐单胞菌

ACCC 02091←中国农科院资划所←新疆农科院微生物所；原始编号：M10045；分离源：土壤；培养基 0033，37℃。

ACCC 02511←南京农大农业环境微生物中心；原始编号：N8，NAECC0744；耐盐菌；分离地点：山西运城；培养基 0033，30℃。

ACCC 02833←南京农大农业环境微生物中心；原始编号：ny1-3，NAECC1549；分离地点：山东东营；培养基 0002，30℃。

ACCC 02854←南京农大农业环境微生物中心；原始编号：WS1，NAECC1295；分离地点：南京友谊河；培养基 0002，30℃。

ACCC 02856←南京农大农业环境微生物中心；原始编号：WS3，NAECC1297；分离地点：南京友谊河；培养基 0002，30℃。

ACCC 02858←南京农大农业环境微生物中心；原始编号：HD3，NAECC1314；分离地点：南京菜市场；培养基 0002，30℃。

ACCC 02862←南京农大农业环境微生物中心；原始编号：SY5，NAECC1318；分离地点：南京菜市场；培养基 0002，30℃。

ACCC 11681←南京农大农业环境微生物中心；原始编号：N9，NAECC0747；耐盐菌；分离源：土壤；分离地点：山西运城；培养基 0971，30℃。

ACCC 19974←中国农科院资划所；原始编号：WRN001；分离源：土壤；培养基 0223，28℃。

ACCC 60132←中国农科院资划所；原始编号：LMYGS-28；培养基 0002，37℃。

ACCC 60134←中国农科院资划所；原始编号：LMYGS-13；培养基 0002，37℃。

ACCC 60139←中国农科院资划所；原始编号：LMYGS-3；培养基 0002，37℃。

Halomonas variabilis（Fendrich 1989）Dobson & Franzmann 1996

ACCC 60018←中国农科院资划所；原始编号：DSM 3051；分离地点：美国犹他州；培养基 0033，37℃。

Halomonas ventosae Martínez-Cánovas et al. 2004

ACCC 60024←中国农科院资划所；原始编号：DSM 15911；分离源：盐碱地；培养基 0033，37℃。

Halorubrum kocurii Gutiérrez et al. 2008

ACCC 60019←中国农科院资划所；原始编号：CGMCC1.7018；分离源：盐湖；培养基 0033，37℃。

Herbaspirillum rubrisubalbicans（Christopher & Edgerton 1930）Baldani et al. 1996

红白草螺菌

ACCC 05563←中国农科院资划所；分离源：水稻根内生；分离地点：湖南祁阳县官山坪；培养基 0512，37℃。

ACCC 05602←中国农科院资划所；分离源：水稻根内生；分离地点：湖南祁阳县官山坪；培养基 0002，37℃。

Herbaspirillum sp.

草螺菌

ACCC 60235←中国农科院资划所；原始编号：J10-14；分离源：水稻茎秆；培养基 0481，30℃。

Ideonella dechloratans Malmqvist et al. 1994

ACCC 05545←中国农科院资划所；分离源：水稻根内生；分离地点：湖南祁阳县官山坪；培养基 0002，37℃。

Inquilinus ginsengisoli Jung et al. 2011

ACCC 02976←中国农科院资划所；原始编号：GD-66-1-3，7052；可用来研发生产生物肥料；分离地点：内蒙古牙克石；培养基 0002，28℃。

Janthinobacterium sp.

紫色杆菌

ACCC 05613←中国农科院饲料所；原始编号：TN115；产碱性植酸酶；分离地点：江西；培养基 0033，26℃。

Jeotgalibacillus campisalis（Yoon et al. 2004）Yoon et al. 2010

ACCC 60101←福建省农业科学院；原始编号：DSM 18983；分离源：盐场；培养基 0514，30℃。

Jeotgalibacillus soli Cunha et al. 2012

ACCC 60102←福建省农业科学院；原始编号：DSM 23228；分离源：盐碱地；培养基 0514，30℃。

Kitasatospora arboriphila Groth et al. 2004

喜树北里孢菌

ACCC 05547←中国农科院资划所；分离源：水稻根内生；分离地点：湖南祁阳县官山坪；培养基 0002，37℃。

Kitasatospora niigatensis Tajima et al. 2001

新泻北里孢菌

ACCC 05603←中国农科院资划所；分离源：水稻根内生；分离地点：湖南祁阳县官山坪；培养基 0002，37℃。

ACCC 05606←中国农科院资划所；分离源：水稻根内生；分离地点：湖南祁阳县官山坪；培养基 0002，37℃。

Kitasatospora viridis Liu et al. 2005

绿色北里孢菌

ACCC 02567←南京农大农业环境微生物中心；原始编号：CAD，NAECC1209；分离地点：浙江；培养基 0033，30℃。

ACCC 02571←南京农大农业环境微生物中心；原始编号：CG5，NAECC1211；分离地点：南京江心洲果园；培养基 0033，30℃。

Klebsiella ornithinolytica Sakazaki et al. 1989

解鸟氨酸克雷伯氏菌

ACCC 03896←中国农科院饲料所；原始编号：B388；分离地点：江西鄱阳县；培养基 0002，26℃。

ACCC 03913←中国农科院饲料所；原始编号：B409；分离地点：江西鄱阳县；培养基 0002，26℃。

Klebsiella oxytoca（Flügge 1886）Lautrop 1956

产酸克雷伯氏菌

ACCC 01753←中国农科院饲料所；原始编号：FRI2007037，B329；草鱼胃肠道微生物多样性生态研究；分离地点：浙江；培养基 0002，37℃。

ACCC 02605←南京农大农业环境微生物中心；原始编号：YDWJ-1，NAECC0754；分离地点：南京玄武区；培养基 0033，30℃。

ACCC 02792←南京农大农业环境微生物中心；原始编号：LC-ZB，NAECC1271；分离地点：南京玄武区；培养基 0033，30℃。

ACCC 04218←华南农大农学院；原始编号：YH4；培养基 0002，30℃。

ACCC 10370←首都师范大学；培养基 0033，30℃。

ACCC 10378←首都师范大学；原始编号：NG14A；培养基 0033，30℃。

ACCC 10379←首都师范大学；原始编号：NG14B；培养基 0033，30℃。

ACCC 10383←首都师范大学；培养基 0033，30℃。

Klebsiella pneumoniae（Schroeter 1886）Trevisan 1887

肺炎克雷伯氏菌

ACCC 01703←中国农科院饲料所；原始编号：FRI2007010，B246；分离地点：浙江嘉兴鱼塘；培养基 0002，37℃。

ACCC 01708←中国农科院饲料所；原始编号：FRI2007015，B251；分离地点：浙江嘉兴鱼塘；培养基 0002，37℃。

ACCC 02741←南京农大农业环境微生物中心；原始编号：LHLR4，NAECC1255；培养基 0033，30℃。

ACCC 04139←华南农大农学院；原始编号：H39；培养基 0003，30℃。

ACCC 04153←华南农大农学院；原始编号：LS2；分离地点：华南农大；培养基 0003，30℃。

ACCC 04163←华南农大农学院；原始编号：Wu38；分离地点：华南农大；培养基 0003，30℃。

ACCC 04189←华南农大农学院；原始编号：LS13；培养基 0002，30℃。

ACCC 04201←华南农大农学院；原始编号：X1；培养基 0002，30℃。

ACCC 04204←华南农大农学院；原始编号：X11；培养基 0002，30℃。

ACCC 04206←华南农大农学院；原始编号：X24；培养基 0002，30℃。

ACCC 04211←华南农大农学院；原始编号：YE02；培养基 0002，30℃。

ACCC 04230←广东微生物所；原始编号：4230；分离地点：广东广州；培养基 0002，30℃。

ACCC 04238←广东微生物所；原始编号：1.115；培养基 0002，30℃。

ACCC 04240←广东微生物所；原始编号：1.121；培养基 0002，30℃。

ACCC 04245←广东微生物所；原始编号：1q；分离地点：广东广州；培养基 0002，30℃。

ACCC 04272←广东微生物所；原始编号：G10；分离地点：广东广州；培养基 0002，37℃。

ACCC 04277←广东微生物所；原始编号：G32；分离地点：广东广州；培养基 0002，37℃。

ACCC 04319←广东微生物所；原始编号：F1.89；分离地点：广东广州；培养基 0002，37℃。

ACCC 10082←北京农科院土壤肥料研究所；原始编号：549；可作菌肥；分离源：玉米根际土壤；培养
基 0003，30℃。

ACCC 10084←山东省科学院生物所；原始编号：Me1；固氮酶活性较高，曾用于生产固氮菌肥；培养
基 0063，28～30℃。

ACCC 10498←ATCC←NCTC←NCDC；=ATCC 13883=NCTC 9633=NCDC 298-53=NCDC 410-68；培
养基 0002，37℃。

Klebsiella sp.
克雷伯氏菌

ACCC 02815←南京农大农业环境微生物中心；原始编号：L6，NAECC1356；分离地点：江苏南京玄
武区；培养基 0002，30℃。

ACCC 02872←南京农大农业环境微生物中心；原始编号：P3，NAECC1357；分离地点：江苏南京玄武
区；培养基 0002，30℃。

ACCC 02875←南京农大农业环境微生物中心；原始编号：P7，NAECC1360；分离地点：江苏南京玄武
区；培养基 0002，30℃。

ACCC 11617←南京农大农业环境微生物中心；原始编号：2-B-1，NAECC1117；分离源：土壤；分离地
点：江苏南京；培养基 0033，30℃。

ACCC 11624←南京农大农业环境微生物中心；原始编号：HF2，NAECC1124；分离源：土壤；分离地
点：江苏南京；培养基 0033，30℃。

ACCC 11627←南京农大农业环境微生物中心；原始编号：HF13，NAECC1127；分离源：土壤；分离
地点：江苏南京；培养基 0033，30℃。

ACCC 11692←南京农大农业环境微生物中心；原始编号：sc-2，NAECC0775；分离源：土壤；分离地
点：江苏常熟宝带生物农药有限公司；培养基 0971，30℃。

ACCC 60095←中国农科院资划所；原始编号：CM-3-茎-2；分离源：草莓根茎叶部；培养基 0014，
28℃。

Klebsiella terrigena Izard et al. 1981
土生克雷伯氏菌

ACCC 03897←中国农科院饲料所；原始编号：B389；分离地点：江西鄱阳县；培养基 0002，26℃。

Klebsiella variicola Rosenblueth et al. 2004
黑座克雷伯氏菌

ACCC 01700←中国农科院饲料所；原始编号：FRI2007031，B243；草鱼胃肠道微生物多样性生态研
究；分离地点：浙江嘉兴鱼塘；培养基 0002，37℃。

ACCC 01706←中国农科院饲料所；原始编号：FRI2007009，B249；分离地点：浙江嘉兴鱼塘；培养基
0002，37℃。

ACCC 01707←中国农科院饲料所；原始编号：FRI2007016，B250；草鱼胃肠道微生物多样性生态研
究；分离地点：浙江嘉兴鱼塘；培养基 0002，37℃。

ACCC 01751←中国农科院饲料所；原始编号：FRI20070345，B322；草鱼胃肠道微生物多样性生态研究；分离地点：浙江；培养基 0002，37℃。

ACCC 19402←中国农科院资划所←华南农大农学院；原始编号：YK24；具有固氮作用；分离源：野生稻组织；培养基 0033，37℃。

ACCC 19403←中国农科院资划所←华南农大农学院；原始编号：YK25；具有固氮作用；分离源：野生稻组织；培养基 0033，37℃。

ACCC 19404←中国农科院资划所←华南农大农学院；原始编号：YK26；具有固氮作用；分离源：野生稻组织；培养基 0033，37℃。

ACCC 19405←中国农科院资划所←华南农大农学院；原始编号：YK27；具有固氮作用；分离源：野生稻组织；培养基 0033，37℃。

ACCC 19407←中国农科院资划所←华南农大农学院；原始编号：YK29；具有固氮作用；分离源：野生稻组织；培养基 0033，37℃。

ACCC 19408←中国农科院资划所←华南农大农学院；原始编号：YK30；具有固氮作用；分离源：野生稻组织；培养基 0033，37℃。

ACCC 19409←中国农科院资划所←华南农大农学院；原始编号：YK31；具有固氮作用；分离源：野生稻组织；培养基 0033，37℃。

ACCC 19410←中国农科院资划所←华南农大农学院；原始编号：YK32；具有固氮作用；分离源：野生稻组织；培养基 0033，37℃。

ACCC 19411←中国农科院资划所←华南农大农学院；原始编号：YK33；具有固氮作用；分离源：野生稻组织；培养基 0033，37℃。

ACCC 19414←中国农科院资划所←华南农大农学院；原始编号：YK36；具有固氮作用；分离源：野生稻组织；培养基 0033，37℃。

ACCC 19415←中国农科院资划所←华南农大农学院；原始编号：YK37；具有固氮作用；分离源：野生稻组织；培养基 0033，37℃。

ACCC 19416←中国农科院资划所←华南农大农学院；原始编号：YK38；具有固氮作用；分离源：野生稻组织；培养基 0033，37℃。

ACCC 19417←中国农科院资划所←华南农大农学院；原始编号：YK39；具有固氮作用；分离源：野生稻组织；培养基 0033，37℃。

ACCC 19418←中国农科院资划所←华南农大农学院；原始编号：YK40；具有固氮作用；分离源：野生稻组织；培养基 0033，37℃。

ACCC 19419←中国农科院资划所←华南农大农学院；原始编号：YK41；具有固氮作用；分离源：野生稻组织；培养基 0033，37℃。

ACCC 19420←中国农科院资划所←华南农大农学院；原始编号：YK42；具有固氮作用；分离源：野生稻组织；培养基 0033，37℃。

ACCC 19421←中国农科院资划所←华南农大农学院；原始编号：YK43；具有固氮作用；分离源：野生稻组织；培养基 0033，37℃。

Kluyvera cryocrescens Farmer et al. 1981

栖冷克品沃尔氏菌

ACCC 01364←山东农业大学；原始编号：SDAUMCC100082，4；培养基 0808，37℃。

Kluyvera sp.

ACCC 60115←上海出入境检验检疫局；原始编号：KG-SHCIQPD2017-1；分离源：黑胸大蠊；培养基 0110，35℃。

Kocuria carniphila Tvrzová et al. 2005

ACCC 60011←中国农科院资划所；原始编号：JCM14118；分离源：肉；培养基 0033，37℃。

Kocuria marina Kim et al. 2004

海考克氏菌

ACCC 01678←中国农科院饲料所；原始编号：FRI2007052，B216；分离地点：海南三亚；培养基 0002，37℃。

ACCC 60015←中国农科院资划所；原始编号：JCM13363；分离源：海底沉积物；培养基0033，37℃。

Kocuria palustris Kovács et al. 1999

沼泽考克氏菌

ACCC 01675←中国农科院饲料所；原始编号：FRI2007049，B213；分离地点：海南三亚；培养基 0002，37℃。

ACCC 01676←中国农科院饲料所；原始编号：FRI2007050，B214；分离地点：海南三亚；培养基 0002，37℃。

ACCC 01909←中国农科院资划所←新疆农科院微生物所；原始编号：XD13；分离源：甘草；培养基 0033，37℃。

ACCC 01927←中国农科院资划所←新疆农科院微生物所；原始编号：XD45；分离源：甘草；培养基 0033，25～30℃。

ACCC 02108←中国农科院资划所←新疆农科院微生物所；原始编号：M62；分离源：土壤；培养基 0033，37℃。

Kocuria polaris Reddy et al. 2003

ACCC 02117←中国农科院资划所←新疆农科院微生物所；原始编号：ng18-3；分离源：土壤；培养基 0033，37℃。

Kocuria rhizophila Kovács et al. 1999

ACCC 60023←中国农科院资划所；原始编号：JCM11653；分离源：植物根际；培养基0033，37℃。

Kocuria rosea（Flügge 1886）Stackebrandt et al. 1995

玫瑰色考克氏菌

ACCC 01689←中国农科院饲料所；原始编号：FRI2007065，B229；分离地点：海南三亚；培养基 0002，37℃。

ACCC 01893←中国农科院资划所←新疆农科院微生物所；原始编号：ng18-2；分离源：土壤样品；培 养基0033，37℃。

ACCC 10488←ATCC←RS Breed←Kral Collection；＝ATCC 186＝CCM 679＝IAM 1315＝IFO 3768＝ NCIB 11696＝NCTC 7523；培养基0002，26℃。

Kocuria sp.

考克氏菌

ACCC 01889←中国农科院资划所←新疆农科院微生物所；原始编号：MB20-2；分离源：土壤；培养基 0033，37℃。

ACCC 41931←中国医学科学院医药生物技术研究所；原始编号：201809-BZ42；降解纤维素；分离地 点：内蒙古；分离源：柽柳科红砂属植物；培养基0002，28℃。

ACCC 41932←中国医学科学院医药生物技术研究所；原始编号：201809-BZ43；降解纤维素；分离地 点：内蒙古；分离源：柽柳科红砂属植物；培养基0002，28℃。

ACCC 41941←中国医学科学院医药生物技术研究所；原始编号：201809-BZ50；降解纤维素；分离地 点：内蒙古；分离源：柽柳科红砂属植物；培养基0002，28℃。

ACCC 60042←中国农科院资划所；原始编号：WN036；分离源：盐碱地；培养基0033，37℃。

ACCC 60169←中国农科院资划所；原始编号：zz3-7；分离源：水稻茎秆；产IAA能力，具有ACC脱 氨酶活性；培养基0847，30℃。

Lacticaseibacillus argentoratensis

ACCC 61845←中国农科院资划所；原始编号：WC4-1；分离源：幼儿粪便；培养基0692，37℃。

Lacticaseibacillus chiayiensis（Huang et al. 2018）Zheng et al. 2020

ACCC 61774←中国农科院资划所；原始编号：GS-3；分离源：幼儿粪便；肠道益生菌；培养基0692， 37℃。

Lacticaseibacillus paracasei（Collins et al. 1989）Zheng et al. 2020

副干酪乳杆菌

ACCC 61770←中国农科院资划所；原始编号：GS-4；分离源：幼儿粪便；肠道益生菌；培养基 0692，37℃。

ACCC 61844←中国农科院资划所；原始编号：EB5-3；分离源：幼儿粪便；人体肠道有益微生物；培养基 0692，37℃。

Lacticaseibacillus pingfangensis

ACCC 61903←中国农科院资划所；原始编号：WC6-2；分离源：幼儿粪便；培养基 0692，37℃。

Lacticaseibacillus zeae（Dicks et al. 1996）Liu & Gu 2020

ACCC 61772←中国农科院资划所；原始编号：GS-6；分离源：幼儿粪便；肠道益生菌；培养基 0692，37℃。

Lactiplantibacillus plantarum（Orla-Jensen 1919）Zheng et al. 2020

ACCC 61773←中国农科院资划所；原始编号：GS-2；分离源：幼儿粪便；肠道益生菌；培养基 0692，37℃。

Lactobacillus acidophilus Johnson et al. 1980

嗜酸乳杆菌

ACCC 05489←DSMZ←E. Lauer←F. Gasser←M. E. Sharpe，A16；培养基 0006，37℃。

ACCC 10637←中国食品发酵工业研究院；=IFFI 6006；生产饲料添加剂；培养基 0002，37℃。

Lactobacillus animalis Dent & Williams 1983

动物乳杆菌

ACCC 05466←中国农科院资划所←中科院微生物所←JCM；原始编号：JCM 5670；培养基 0006，37℃。

Lactobacillus brevis（Orla-Jensen 1919）Zheng et al. 2020

短乳杆菌

ACCC 03953←中国农科院饲料所；原始编号：B467；分离源：妇女生殖道；培养基 0006，37℃。

ACCC 05488←DSMZ←W. Back，D13；分离源：变质的啤酒；培养基 0802，30℃。

Lactobacillus bulgaricus（Orla-Jensen 1919）Rogosa & Hansen 1971

保加利亚乳杆菌

ACCC 11057←中科院微生物所；=AS 1.1480；制作酸奶；培养基 0006，37℃。

Lactobacillus casei（Orla-Jensen 1916）Hansen & Lessel 1971（Approved Lists 1980）

干酪乳杆菌

ACCC 03967←中国农科院饲料所；原始编号：B481；分离源：妇女生殖道；培养基 0006，37℃。

ACCC 05494←DSMZ←ATCC←G. J. Hucker，03←S.Orla-Jensen，7；分离源：奶酪；培养基 0802，30℃。

ACCC 10639←中国食品发酵工业研究院；=IFFI 6002；培养基 0006，28～30℃。

ACCC 10640←中国食品发酵工业研究院；=IFFI 6033；培养基 0006，30℃。

Lactobacillus collinoides Carr & Davies 1972

丘状菌落乳杆菌

ACCC 10172←中国农科院土肥所←中国农大资环学院；原始编号：农大 6；培养基 0006，37℃。

Lactobacillus curvatus（Troili-Petersson 1903）Abo-Elnaga & Kandler 1965

弯曲乳杆菌

ACCC 05491←DSMZ←O. Kandler，Tro17；分离源：发酵卷心菜叶；培养基 0802，30℃。

ACCC 10641←中国食品发酵工业研究院；=IFFI 6031；培养基 0006，37℃。

Lactobacillus delbrueckii subsp. *bulgaricus*（Orla-Jensen 1919）Weiss et al. 1984

德氏乳杆菌保加利亚亚种

ACCC 05464←中国农科院资划所←中科院微生物所←中国食品发酵工业研究院；原始编号：IFFI 6047；分离源：酸奶；培养基 0044，30～35℃。

ACCC 05467←中国农科院资划所←中科院微生物所；原始编号：6-1；培养基 0044，37℃。

ACCC 05468←中国农科院资划所←中科院微生物所；原始编号：4-5；分离源：酸奶；培养基 0044，30℃。

Lactobacillus delbrueckii subsp. *lactis*（Orla-Jensen 1919）Weiss et al. 1984

德氏乳杆菌乳亚种

ACCC 05432←中国农科院资划所←中科院微生物所←JCM；=JCM 1248=AS 1.2132；培养基 0006，37℃。

Lactobacillus fermentum Beijerinck 1901

发酵乳杆菌

ACCC 05478←中国农科院资划所←DSMZ←Difco Lab.←ATCC←H. P. Sarett；分离源：美国干啤；培养基 0033，37℃。

Lactobacillus helveticus（Orla-Jensen 1919）Bergey et al. 1925

瑞士乳杆菌

ACCC 10532←CGMCC←JCM←ATCC；=ATCC 15009=AS 1.1877=JCM 1120；培养基 0006，37℃。

Lactobacillus murinus Hemme et al. 1982

鼠乳杆菌

ACCC 05465←中国农科院资划所←中科院微生物所←JCM；=JCM 1717；培养基 0006，37℃。

Lactobacillus pentosus（ex Fred et al. 1921）Zanoni et al. 1987

戊糖乳杆菌

ACCC 01521←新疆农科院微生物所；原始编号：XAAS10383，PB8；培养基 0033，20~30℃。

ACCC 61843←中国农科院资划所；原始编号：JA4-1；分离源：幼儿粪便；人体肠道有益微生物；培养基 0692，37℃。

Lactobacillus plantarum（Orla-Jensen 1919）Bergey et al. 1923

植物乳杆菌

ACCC 10171←中国农科院土肥所←中国农大资环学院；原始编号：农大 5；培养基 0006，37℃。

ACCC 10182←中国农科院土肥所←中科院微生物所←黄海化学工业研究所黄海 1003←ATCC；=ATCC 8014=AS 1.3；测烟酸等；培养基 0002，30℃。

ACCC 10533←CGMCC；=ATCC 8014=AS1.1856；培养基 0006，37℃。

ACCC 10643←中国食品发酵工业研究院；=IFFI 6009；培养基 0006，37℃。

ACCC 10644←中国食品发酵工业研究院；=IFFI 6026；用于青贮饲料；培养基 0006，30℃。

ACCC 11016←中科院微生物所；=AS 1.557；产酸较多，可做青贮饲料；培养基 0006，30℃。

ACCC 11028←薛景珍；原始编号：A；培养基 0006，37℃。

ACCC 11095←中国食品发酵工业研究院；=IFFI 6015；用于青贮饲料；分离地点：沈阳；培养基 0006，28~33℃。

ACCC 11118←中国农科院土肥所←中国农科院饲料所；原始编号：L.P-1；用于青贮饲料；培养基 0006，37℃。

Lactobacillus reuteri Kandler et al. 1982

罗伊氏乳杆菌

ACCC 03949←中国农科院饲料所；原始编号：B463；分离源：妇女生殖道；培养基 0006，37℃。

Lactobacillus rhamnosus（Hansen 1968）Collins et al. 1989

鼠李糖乳杆菌

ACCC 05433←中国农科院资划所←中科院微生物所←JCM；原始编号：L614；培养基 0006，30℃。

ACCC 05434←中国农科院资划所←中科院微生物所←北京制药厂←中央卫生研究院；原始编号：L614；测定核黄素（VB2）；培养基 0006，30℃。

ACCC 05450←中国农科院资划所←中科院微生物所←波兰；原始编号：Nr91/50；培养基 0002，30℃。

ACCC 10534←CGMCC←中科院上海植生所；=ATCC 7469=BUCSAV 227=M. Rogosa V300=M. E. Sharpe H2=NCDO 243=NCIB 6375=NCIB 8010=NCTC 6375=NRC 488=P. A. Hansen 300=R. P. Tittsler 300；培养基0006，37℃。

ACCC 61771←中国农科院资划所；原始编号：GS-5；分离源：幼儿粪便；肠道益生菌；培养基0692，37℃。

Lactobacillus rossiae corrig. Corsetti et al. 2005

罗氏乳杆菌

ACCC 05483←中国农科院资划所←DSMZ←A. Corsetii, CS1；分离源：小麦酵母；培养基0033，30℃。

Lactobacillus sakei subsp. *sakei* corrig. Katagiri et al. 1934

清酒乳杆菌

ACCC 05429←中国农科院资划所←中科院微生物所←黄海化学工业研究社；原始编号：黄海1006；培养基0006，30℃。

Lactobacillus sp.

乳杆菌

ACCC 03877←中国农科院饲料所；原始编号：B484；用作饲料添加剂，益生菌等；分离地点：北京海淀；培养基0002，26℃。

ACCC 11026←薛景珍；原始编号：CSN0031；培养基0006，28℃。

ACCC 11027←薛景珍；原始编号：CSN0033；培养基0006，28℃。

ACCC 11049←中国农科院土肥所；=ACCC 11049；原始编号：1529；培养基0006，37℃。

ACCC 11050←中国农科院土肥所；原始编号：1663；培养基0006，37℃。

Lactococcus lactis（Lister 1873）Schleifer et al. 1986

乳酸乳球菌

ACCC 10179←ATCC←NCTC←P. M. F. Shattock；=NCTC 6681=BUCSAV 302=DSM 20481=NCDO 604；培养基0006，37℃。

ACCC 10535←CGMCC←JCM←ATCC←NCTC←P. M. F. Shattock；=ATCC 19435=NCTC 6681 =BUCSAV 302=DSM 20481=NCDO 604=NCIB 6681=AS 1.1936；培养基0006，37℃。

ACCC 11048←中国农科院土肥所；原始编号：1059；培养基0006，37℃。

ACCC 11092←中国农科院土肥所←中国食品发酵工业研究院；=IFFI6015；用于制酸奶；分离源：酸奶；培养基0006，30℃。

ACCC 11093←中国农科院土肥所←中国食品发酵工业研究院；=IFFI 6017；用于制酸奶；培养基0006，30℃。

ACCC 11094←中国农科院土肥所←中国食品发酵工业研究院；=IFFI 6029；用于制酸奶；培养基0006，30℃。

Lactococcus lactis subsp. *lactis*（Lister 1873）Schleifer et al. 1986

乳酸链球菌

ACCC 10295←DSMZ；=DSM 20481=ATCC 19435=CCM 1877=NCDO 604= NCIB 6681= NCTC 6681；培养基0006，30℃。

Lactococcus lactis subsp. *cremoris*（Orla-Jensen 1919）Schleifer et al. 1986

乳酸乳球菌乳脂亚种

ACCC 10284←DSMZ←ATCC←NCDO←NIRD←Whitehead；=DSM 20069=ATCC 19257=NCDO 607 =NCIB 8662；原始编号：HP；培养基0441，30℃。

Lampropedia sp.

ACCC 19957←农业部沼气科学研究所；原始编号：BRTC-2；分离源：竹虫肠道；培养基0847，30℃。

Leifsonia ginsengi Qiu et al. 2007
人参雷夫松氏菌
ACCC 11169←首都师范大学；原始编号：wged11T；培养基 0033，28℃。

Lentzea sp.
ACCC 61784←河北大学生命科学学院；原始编号：HBU208010；分离源：土壤；培养基 0512，28℃。

Leptothrix discophora（ex Schwers 1912）Spring et al. 1997
盘状纤发菌
ACCC 05584←中国农科院资划所；分离源：水稻根内生；分离地点：湖南祁阳县官山坪；培养基 0512，37℃。

Leucobacter chromiireducens Morais et al. 2005
ACCC 02645←南京农大农业环境微生物中心；原始编号：sls-2，NAECC1230；分离地点：江苏省南通市江山农药化工厂；培养基 0002，30℃。

Leuconostoc citreum Farrow et al. 1989
柠檬色明串珠菌
ACCC 05482←中国农科院资划所←DSMZ←W. Holzapfel；培养基 0033，30℃。

Leuconostoc mesenteroides（Tsenkovskii 1878）van Tieghem 1878
肠膜明串珠菌
ACCC 03915←中国农科院饲料所；原始编号：B412；分离地点：江西鄱阳县；培养基 0002，26℃。
ACCC 05479←DSMZ；分离源：美国干啤；培养基 0033，30℃。

Leuconostoc pseudomesenteroides Farrow et al. 1989
假肠膜明串珠菌
ACCC 05458←ATCC；＝ATCC 12291；培养基 0033，26℃。
ACCC 10282←DSMZ；分离源：甘蔗汁；培养基 0006，30℃。

Listeria monocytogenes（Murray et al. 1926）Pirie 1940
单核细胞增生李氏杆菌
ACCC 11120←中国兽医监察所；原始编号：C53003，L208；分离源：李氏杆菌病牛脾；分离地点：丹麦；培养基 0033，37℃。

Litoribacter ruber Tian et al. 2010
ACCC 05414←云南大学微生物研究所；原始编号：B2-5-10；培养基 0002，28℃。
ACCC 05415←云南大学微生物研究所；原始编号：B2-5-16；培养基 0002，28℃。
ACCC 05416←云南大学微生物研究所；原始编号：B4-5-7；培养基 0002，28℃。
ACCC 11120←中国兽医监察所 1597；原始编号：C53003，L208；分离源：李氏杆菌病牛脾；培养基 0033，37℃。

Luteimonas sp.
藤黄色单胞菌
ACCC 60359←中国农科院资划所；原始编号：Z9-1；分离源：水稻种子；培养基 0847，30℃。

Lysinibacillus boronitolerans Ahmed et al. 2007
ACCC 61614←福建省农业科学院；原始编号：DSM 17140；分离源：土壤；培养基 0220，30℃。

Lysinibacillus contaminans Kämpfer et al. 2013
ACCC 61567←福建省农业科学院；原始编号：DSM 25560；分离源：地表水；培养基 0220，30℃。

Lysinibacillus composti Hayat et al. 2014
长赖氨酸芽孢杆菌
ACCC 61616←福建省农业科学院；原始编号：DSM 24785；分离源：果蔬废弃物；培养基 0220，30℃。

Lysinibacillus fusiformis（Priest et al. 1989）Ahmed et al. 2007
ACCC 60107←福建省农业科学院；原始编号：CCUG28888；培养基 0001，30℃。

***Lysinibacillus macroides*（ex Bennett & Canale-Parola 1965）Coorevits et al. 2012**

ACCC 61521←福建省农业科学院；原始编号：DSM 54；分离源：牛粪；培养基 0220，30℃。

ACCC 61653←南京农大；原始编号：LY-1；分离源：土壤；促进植物生长；培养基 0033，30℃。

ACCC 61656←南京农大；原始编号：LY-7；分离源：土壤；促进植物生长；培养基 0033，30℃。

ACCC 61677←南京农大；原始编号：LY-65；分离源：土壤；促进植物生长；培养基 0033，30℃。

ACCC 61680←南京农大；原始编号：LY-92；分离源：土壤；促进植物生长；培养基 0033，30℃。

ACCC 61831←中国农科院资划所；原始编号：DXFD5；分离源：番茄根际土；培养基 0847，30℃。

***Lysinibacillus manganicus* Liu et al. 2013**

ACCC 61552←福建省农业科学院；原始编号：DSM 26584；分离源：矿山土样；培养基 0001，37℃。

***Lysinibacillus mangiferihumi* corrig. Yang et al. 2012**

ACCC 61553←福建省农业科学院；原始编号：DSM 24076；分离源：杧果根际土；培养基 0220，30℃。

***Lysinibacillus odysseyi*（La Duc et al. 2004）Jung et al. 2012**

ACCC 61563←福建省农业科学院；原始编号：DSM 18869；培养基 0001，30℃。

***Lysinibacillus pakistanensis* Ahmed et al. 2014**

巴基斯坦赖氨酸芽孢杆菌

ACCC 61661←南京农大；原始编号：LY-18；分离源：土壤；促进植物生长；培养基 0033，30℃。

***Lysinibacillus xylanilyticus* Lee et al. 2010**

ACCC 19485←中国农科院资划所←华南农大农学院；原始编号：YY64；具有固氮作用；分离源：野生稻组织；培养基 0033，37℃。

ACCC 61549←福建省农业科学院；原始编号：DSM 23493；分离源：森林腐殖质；培养基 0033，30℃。

***Lysobacter antibioticus* Christensen & Cook 1978**

抗生素溶杆菌（抗生溶杆菌）

ACCC 03089←中国农科院资划所；原始编号：GD-28-1-3，7196；可用来研发生产生物肥料；分离地点：北京顺义；培养基 0065，28℃。

***Lysobacter enzymogenes* Christensen & Cook 1978**

产酶溶杆菌产酶亚种

ACCC 06451←中国农科院资划所；原始编号：LAM9009；分离源：盐碱地；培养基 0002，35℃。

ACCC 10291←ATCC；＝ATCC 29487＝UASM 495；分离源：土壤；培养基 0002，30℃。

***Lysobacter gummosus* Christensen & Cook 1978**

胶状溶杆菌（胶状质溶杆菌）

ACCC 03100←中国农科院资划所；原始编号：GD-B-CL1-1-4，7212；可用来研发生产生物肥料；分离地点：北京试验地；培养基 0065，28℃。

***Lysobacter panacisoli* Choi et al. 2014**

ACCC 61716←中国农科院资划所；原始编号：DSM 101805；培养基 0002，30℃。

***Lysobacter soli* Srinivasan et al. 2010**

ACCC 61692←南京农大资环学院；原始编号：XL170；培养基 0847，30℃。

ACCC 61715←中国农科院资划所；原始编号：DSM 24712；培养基 0002，30℃。

***Lysobacter* sp.**

ACCC 61714←中国农科院资划所；原始编号：CM-3-T8；分离源：土壤；培养基 0002，30℃。

***Macrococcus caseolyticus*（Schleifer et al. 1982）Kloos et al. 1998**

解酪蛋白巨大球菌

ACCC 01661←广东微生物所；原始编号：GIMT1.067；分离地点：广东广州；培养基 0002，37℃。

ACCC 01680←中国农科院饲料所；原始编号：FRI2007054，B218；分离源：短鳍红娘鱼肠胃道；培养基 0002，37℃。

ACCC 01681←中国农科院饲料所；原始编号：FRI2007055，B219；分离源：短鳍红娘鱼肠胃道；培养基 0002，37℃。

Mammaliicoccus sciuri（Kloos et al. 1976）Madhaiyan et al. 2020

ACCC 61854←中国农科院资划所；原始编号：BDS-1-1；分离源：大蒜；培养基 0512，30℃。

ACCC 61858←中国农科院资划所；原始编号：BDS-2-1；分离源：大蒜；培养基 0512，30℃。

Mangrovibacter sp.

ACCC 19709←南京农大农业微生物研究室；原始编号：TULL-A；分离源：农田土壤；培养基 0033，30℃。

Marinococcus halophilus（Novitsky & Kushner 1976）Hao et al. 1985

海生嗜盐球菌

ACCC 10690←南京农大农业环境微生物中心；原始编号：IV4；分离源：草坪表层 1～5 cm 土壤；分离地点：江苏南京玄武区；培养基 0002，30℃。

Marinococcus sp.

海球菌

ACCC 10662←南京农大农业环境微生物中心；原始编号：IV10；分离源：草坪表层 1～5 cm 土壤；分离地点：江苏南京玄武区；培养基 0002，30℃。

ACCC 10667←南京农大农业环境微生物中心；原始编号：63；分离源：菜园土表层 1～5 cm 土壤；分离地点：江苏南京玄武区；培养基 0002，30℃。

Massilia sp.

马赛菌

ACCC 61911←中国林科院林业所；原始编号：G4R7；分离源：毛竹根；培养基 0512，31℃。

Mesorhizobium albiziae Wang et al. 2007

骆驼刺中慢生根瘤菌

ACCC 10005←中国农科院资划所←华中农业大学；原始编号：Z11；具有固氮功能；培养基 0063，28～30℃。

ACCC 14517←中国农科院资划所←西北农大；分离源：甘肃安西骆驼刺；原始编号：CCNWAX41-1，CCNWGS0070；培养基 0063，28～30℃。

ACCC 14549←中国农科院资划所←西北农大；分离源：新疆阿拉尔骆驼刺；原始编号：CCNWXJ40-4，CCNWXJ0112；培养基 0063，28～30℃。

ACCC 14550←中国农科院资划所←西北农大；分离源：新疆阿拉尔骆驼刺；原始编号：CCNWXJ34-1，CCNWXJ0115；培养基 0063，28～30℃。

ACCC 14551←中国农科院资划所←西北农大；分离源：新疆阿拉尔骆驼刺；原始编号：CCNWXJ31-1，CCNWXJ0116；培养基 0063，28～30℃。

ACCC 14552←中国农科院资划所←西北农大；分离源：新疆阿拉尔骆驼刺；原始编号：CCNWXJ16-1，CCNWXJ0117；培养基 0063，28～30℃。

ACCC 14553←中国农科院资划所←西北农大；分离源：新疆阿拉尔骆驼刺；原始编号：CCNWXJ32-3，CCNWXJ0118；培养基 0063，28～30℃。

ACCC 14554←中国农科院资划所←西北农大；分离源：新疆阿拉尔骆驼刺；原始编号：CCNWXJ11-2，CCNWXJ0119；培养基 0063，28～30℃。

ACCC 14555←中国农科院资划所←西北农大；分离源：新疆阿拉尔骆驼刺；原始编号：CCNWXJ05-2，CCNWXJ0121；培养基 0063，28～30℃。

ACCC 14556←中国农科院资划所←西北农大；分离源：新疆阿拉尔骆驼刺；原始编号：CCNWXJ03-4，CCNWXJ0122；培养基 0063，28～30℃。

ACCC 14557←中国农科院资划所←西北农大；分离源：新疆阿拉尔骆驼刺；原始编号：CCNWXJ19-1，CCNWXJ0123；培养基 0063，28～30℃。

ACCC 14558←中国农科院资划所←西北农大；分离源：新疆阿拉尔骆驼刺；原始编号：CCNWXJ36-1，CCNWXJ0124；培养基 0063，28～30℃。

ACCC 14559←中国农科院资划所←西北农大；分离源：新疆阿拉尔刺槐；原始编号：CCNWXJ01-2C，
　　CCNWXJ0125；培养基 0063，28～30℃。

ACCC 14560←中国农科院资划所←西北农大；分离源：新疆骆驼刺；原始编号：CCNWXJ02-1，
　　CCNWXJ0126；培养基 0063，28～30℃。

ACCC 14561←中国农科院资划所←西北农大；分离源：新疆阿拉尔刺槐；原始编号：CCNWXJ12-2，
　　CCNWXJ0127；培养基 0063，28～30℃。

ACCC 14562←中国农科院资划所←西北农大；分离源：新疆阿拉尔骆驼刺；原始编号：CCNWXJ12-3，
　　CCNWXJ0128；培养基 0063，28～30℃。

ACCC 14563←中国农科院资划所←西北农大；分离源：新疆阿拉尔骆驼刺；原始编号：CCNWXJ12-1，
　　CCNWXJ0129；培养基 0063，28～30℃。

ACCC 14564←中国农科院资划所←西北农大；分离源：新疆阿拉尔骆驼刺；原始编号：CCNWXJ36-2，
　　CCNWXJ0130；培养基 0063，28～30℃。

ACCC 14585←中国农科院资划所←西北农大；分离源：甘肃安西骆驼刺；原始编号：CCNWGS0004-2；
　　培养基 0063，28～30℃。

ACCC 14587←中国农科院资划所←西北农大；分离源：新疆阿拉尔骆驼刺；原始编号：CCNWXJ38-1，
　　CCNWXJ0113；培养基 0063，28～30℃。

ACCC 14520←中国农科院资划所←西北农大；分离源：甘肃安西骆驼刺；原始编号：CCNWAX23-1，
　　CCNWGS0072；培养基 0063，28～30℃。

ACCC 14523←中国农科院资划所←西北农大；分离源：甘肃安西骆驼刺；原始编号：CCNWAX44-1，
　　CCNWGS0074；培养基 0063，28～30℃。

ACCC 14524←中国农科院资划所←西北农大；分离源：甘肃安西骆驼刺；原始编号：CCNWAX34-1，
　　CCNWGS0075；培养基 0063，28～30℃。

ACCC 14526←中国农科院资划所←西北农大；分离源：甘肃安西骆驼刺；原始编号：CCNWAX39-1，
　　CCNWGS0076；培养基 0063，28～30℃。

ACCC 14528←中国农科院资划所←西北农大；分离源：甘肃安西骆驼刺；原始编号：CCNWAX33-1，
　　CCNWGS0077；培养基 0063，28～30℃。

ACCC 14529←中国农科院资划所←西北农大；分离源：甘肃安西骆驼刺；原始编号：CCNWAX28-1，
　　CCNWGS0078；培养基 0063，28～30℃。

ACCC 14539←中国农科院资划所←西北农大；分离源：甘肃安西骆驼刺；原始编号：CCNWAX45-1，
　　CCNWGS0084；培养基 0063，28～30℃。

Mesorhizobium amorphae Wang et al. 1999
紫穗槐中间根瘤菌

ACCC 03111←中国农科院资划所；原始编号：bap-31-2，7226；可用来研发农田土壤及环境修复微生物
　　制剂；分离地点：河北高碑店辛庄镇；培养基 0002，28℃。

ACCC 14224←中国农科院资划所←中国农大；原始编号：CCBAU 01450，NMCL024；分离源：内蒙
　　古中间锦鸡儿根瘤；具有共生固氮功能；培养基 0063，28～30℃。

ACCC 19661←中国农科院土肥所；刘惠琴 1989 从中国农科院采瘤分离；原始编号：16-2；与紫穗槐共
　　生固氮；培养基 0063，28～30℃。

ACCC 19662←中国农科院土肥所；刘惠琴 1989 从中国农科院采瘤分离；原始编号：14-1；与紫穗槐共
　　生固氮；培养基 0063，28～30℃。

ACCC 19664←中国农科院土肥所；管南株 1989 从中国农科院采瘤分离；原始编号：44-1；与紫穗槐共
　　生固氮；培养基 0063，28～30℃。

ACCC 19665←中国农科院土肥所；刘惠琴 1989 从中国农科院采瘤分离；原始编号：25-2；与紫穗槐共
　　生固氮；培养基 0063，28～30℃。

ACCC 19666←中国农科院土肥所；管南株 1989 从中国农科院采瘤分离；原始编号：40-2；与紫穗槐共
　　生固氮；培养基 0063，28～30℃。

ACCC 19667←中国农科院土肥所；刘惠琴1989从中国农科院采瘤分离；原始编号：7-1；与紫穗槐共生固氮；培养基0063，28～30℃。

ACCC 19670←中国农科院土肥所；管南株1989从中国农科院采瘤分离；原始编号：19-1；与紫穗槐共生固氮；培养基0063，28～30℃。

ACCC 19672←中国农科院土肥所；刘惠琴1989从中国农科院采瘤分离；原始编号：57-1；与紫穗槐共生固氮；培养基0063，28～30℃。

ACCC 19673←中国农科院土肥所；刘惠琴、管南株1989从中国农科院采瘤分离；原始编号：59-2；与紫穗槐共生固氮；培养基0063，28～30℃。

ACCC 19674←中国农科院土肥所；刘惠琴1989从中国农科院采瘤分离；原始编号：69-1；与紫穗槐共生固氮；培养基0063，28～30℃。

ACCC 19675←中国农科院土肥所；管南株1989从中国农科院采瘤分离；原始编号：69-2；与紫穗槐共生固氮；培养基0063，28～30℃。

ACCC 19676←中国农科院土肥所；管南株1989从中国农科院采瘤分离；原始编号：45-2；与紫穗槐共生固氮；培养基0063，28～30℃。

ACCC 19677←中国农科院土肥所；管南株1989从中国农科院采瘤分离；原始编号：81-2；与紫穗槐共生固氮；培养基0063，28～30℃。

ACCC 14237←中国农科院资划所←中国农大；分离源：内蒙古中间锦鸡儿根瘤；原始编号：CCBAU 01441，NMCL001；与中间锦鸡儿结瘤固氮；培养基0063，28～30℃。

ACCC 14238←中国农科院资划所←中国农大；分离源：内蒙古中间锦鸡儿根瘤；原始编号：CCBAU 01443，NMCL006；与中间锦鸡儿结瘤固氮；培养基0063，28～30℃。

ACCC 14239←中国农科院资划所←中国农大；分离源：内蒙古中间锦鸡儿根瘤；原始编号：CCBAU 01444，NMCL007；与中间锦鸡儿结瘤固氮；培养基0063，28～30℃。

ACCC 14240←中国农科院资划所←中国农大；分离源：内蒙古中间锦鸡儿根瘤；原始编号：CCBAU 01445，NMCL008；与中间锦鸡儿结瘤固氮；培养基0063，28～30℃。

ACCC 14241←中国农科院资划所←中国农大；分离源：内蒙古中间锦鸡儿根瘤；原始编号：CCBAU 01446，NMCL011；与中间锦鸡儿结瘤固氮；培养基0063，28～30℃。

ACCC 14242←中国农科院资划所←中国农大；分离源：内蒙古中间锦鸡儿根瘤；原始编号：CCBAU 01447，NMCL014；与中间锦鸡儿结瘤固氮；培养基0063，28～30℃。

ACCC 14245←中国农科院资划所←中国农大；分离源：内蒙古中间锦鸡儿根瘤；原始编号：CCBAU 01451，NMCL025；与中间锦鸡儿结瘤固氮；培养基0063，28～30℃。

ACCC 14249←中国农科院资划所←中国农大；分离源：内蒙古中间锦鸡儿根瘤；原始编号：CCBAU 01455，NMCL034；与中间锦鸡儿结瘤固氮；培养基0063，28～30℃。

ACCC 14257←中国农科院资划所←中国农大；分离源：内蒙古中间锦鸡儿根瘤；原始编号：CCBAU 01463，NMCL044；与中间锦鸡儿结瘤固氮；培养基0063，28～30℃。

ACCC 14265←中国农科院资划所←中国农大；分离源：内蒙古中间锦鸡儿根瘤；原始编号：CCBAU 01471，NMCL059；与中间锦鸡儿结瘤固氮；培养基0063，28～30℃。

ACCC 14271←中国农科院资划所←中国农大；分离源：内蒙古中间锦鸡儿根瘤；原始编号：CCBAU 01478，NMCL068；具有共生固氮功能；培养基0063，28～30℃。

ACCC 14272←中国农科院资划所←中国农大；分离源：内蒙古中间锦鸡儿根瘤；原始编号：CCBAU 01477，NMCL067；与中间锦鸡儿结瘤固氮；培养基0063，28～30℃。

ACCC 14308←中国农科院资划所←中国农大；分离源：内蒙古中间锦鸡儿根瘤；原始编号：CCBAU 01516，NMCL162；与中间锦鸡儿结瘤固氮；培养基0063，28～30℃。

ACCC 14310←中国农科院资划所←中国农大；分离源：内蒙古中间锦鸡儿根瘤；原始编号：CCBAU 01518，NMCL168；与中间锦鸡儿结瘤固氮；培养基0063，28～30℃。

ACCC 14314←中国农科院资划所←中国农大；分离源：内蒙古中间锦鸡儿根瘤；原始编号：CCBAU 01522，NMCL178；与中间锦鸡儿结瘤固氮；培养基0063，28～30℃。

ACCC 14327←中国农科院资划所←中国农大；分离源：内蒙古中间锦鸡儿根瘤；原始编号：CCBAU 01536，NMCL267；与中间锦鸡儿结瘤固氮；培养基 0063，28～30℃。

ACCC 14329←中国农科院资划所←中国农大；分离源：山西中间锦鸡儿根瘤；原始编号：CCBAU 03240，34；与中间锦鸡儿结瘤固氮；培养基 0063，28～30℃。

ACCC 14330←中国农科院资划所←中国农大；分离源：山西中间锦鸡儿根瘤；原始编号：CCBAU 03241，35；与中间锦鸡儿结瘤固氮；培养基 0063，28～30℃。

ACCC 14331←中国农科院资划所←中国农大；分离源：山西中间锦鸡儿根瘤；原始编号：CCBAU 03242，36；与中间锦鸡儿结瘤固氮；培养基 0063，28～30℃。

ACCC 14332←中国农科院资划所←中国农大；分离源：山西中间锦鸡儿根瘤；原始编号：CCBAU 03243，37；与中间锦鸡儿结瘤固氮；培养基 0063，28～30℃。

ACCC 14333←中国农科院资划所←中国农大；分离源：山西中间锦鸡儿根瘤；原始编号：CCBAU 03244，38；与中间锦鸡儿结瘤固氮；培养基 0063，28～30℃。

ACCC 14334←中国农科院资划所←中国农大；分离源：山西中间锦鸡儿根瘤；原始编号：CCBAU 03245，39；与中间锦鸡儿结瘤固氮；培养基 0063，28～30℃。

ACCC 14336←中国农科院资划所←中国农大；分离源：山西中间锦鸡儿根瘤；原始编号：CCBAU 03249，43；与中间锦鸡儿结瘤固氮；培养基 0063，28～30℃。

ACCC 14341←中国农科院资划所←中国农大；分离源：山西中间锦鸡儿根瘤；原始编号：CCBAU 03255，49；与中间锦鸡儿结瘤固氮；培养基 0063，28～30℃。

ACCC 14343←中国农科院资划所←中国农大；分离源：山西中间锦鸡儿根瘤；原始编号：CCBAU 03257，82；与中间锦鸡儿结瘤固氮；培养基 0063，28～30℃。

ACCC 14346←中国农科院资划所←中国农大；分离源：山西中间锦鸡儿根瘤；原始编号：CCBAU 03267，145；与中间锦鸡儿结瘤固氮；培养基 0063，28～30℃。

ACCC 14347←中国农科院资划所←中国农大；分离源：山西中间锦鸡儿根瘤；原始编号：CCBAU 03269，224；与中间锦鸡儿结瘤固氮；培养基 0063，28～30℃。

ACCC 14349←中国农科院资划所←中国农大；分离源：山西中间锦鸡儿根瘤；原始编号：CCBAU 03272，234；与中间锦鸡儿结瘤固氮；培养基 0063，28～30℃。

ACCC 14356←中国农科院资划所←中国农大；分离源：山西中间锦鸡儿根瘤；原始编号：CCBAU 03286，326；与中间锦鸡儿结瘤固氮；培养基 0063，28～30℃。

ACCC 14359←中国农科院资划所←中国农大；分离源：山西中间锦鸡儿根瘤；原始编号：CCBAU 03289，329；与中间锦鸡儿结瘤固氮；培养基 0063，28～30℃。

ACCC 14366←中国农科院资划所←中国农大；分离源：山西中间锦鸡儿根瘤；原始编号：CCBAU 03297，449；与中间锦鸡儿结瘤固氮；培养基 0063，28～30℃。

ACCC 14375←中国农科院资划所←中国农大；分离源：山西中间锦鸡儿根瘤；原始编号：CCBAU 03299，504；与中间锦鸡儿结瘤固氮；培养基 0063，28～30℃。

ACCC 14376←中国农科院资划所←中国农大；分离源：山西中间锦鸡儿根瘤；原始编号：CCBAU 03300，506；与中间锦鸡儿结瘤固氮；培养基 0063，28～30℃。

ACCC 14378←中国农科院资划所←中国农大；分离源：山西中间锦鸡儿根瘤；原始编号：CCBAU 03302，631；与中间锦鸡儿结瘤固氮；培养基 0063，28～30℃。

ACCC 14379←中国农科院资划所←中国农大；分离源：山西中间锦鸡儿根瘤；原始编号：CCBAU 03304，633；与中间锦鸡儿结瘤固氮；培养基 0063，28～30℃。

ACCC 14380←中国农科院资划所←中国农大；分离源：山西中间锦鸡儿根瘤；原始编号：CCBAU 03306，635；与中间锦鸡儿结瘤固氮；培养基 0063，28～30℃。

ACCC 14502←中国农科院资划所←西北农大；分离源：陕西杨凌刺槐；原始编号：CCNWSX0056，NWYC116；培养基 0063，28～30℃。

Mesorhizobium ciceri（Nour et al. 1994）Jarvis et al. 1997
鹰嘴豆中间根瘤菌

ACCC 14250←中国农科院资划所←中国农大；分离源：内蒙古中间锦鸡儿根瘤；原始编号：CCBAU
01456，NMCL036；与中间锦鸡儿结瘤固氮；培养基 0063，28～30℃。

ACCC 14252←中国农科院资划所←中国农大；分离源：内蒙古中间锦鸡儿根瘤；原始编号：CCBAU
01458，NMCL038；与中间锦鸡儿结瘤固氮；培养基 0063，28～30℃。

ACCC 14258←中国农科院资划所←中国农大；分离源：内蒙古中间锦鸡儿根瘤；原始编号：CCBAU
01464，NMCL046；与中间锦鸡儿结瘤固氮；培养基 0063，28～30℃。

ACCC 14260←中国农科院资划所←中国农大；分离源：内蒙古中间锦鸡儿根瘤；原始编号：CCBAU
01466，NMCL054；与中间锦鸡儿结瘤固氮；培养基 0063，28～30℃。

ACCC 14261←中国农科院资划所←中国农大；分离源：内蒙古中间锦鸡儿根瘤；原始编号：CCBAU
01467，NMCL055；与中间锦鸡儿结瘤固氮；培养基 0063，28～30℃。

ACCC 14268←中国农科院资划所←中国农大；分离源：内蒙古中间锦鸡儿根瘤；原始编号：CCBAU
01474，NMCL063；与中间锦鸡儿结瘤固氮；培养基 0063，28～30℃。

ACCC 14269←中国农科院资划所←中国农大；分离源：内蒙古中间锦鸡儿根瘤；原始编号：CCBAU
01475，NMCL065；与中间锦鸡儿结瘤固氮；培养基 0063，28～30℃。

ACCC 14278←中国农科院资划所←中国农大；分离源：内蒙古中间锦鸡儿根瘤；原始编号：CCBAU
01485，NMCL087；与中间锦鸡儿结瘤固氮；培养基 0063，28～30℃。

ACCC 14392←中国农科院资划所←中国农大；分离源：云南中间锦鸡儿根瘤；原始编号：CCBAU
65327，309；与中间锦鸡儿结瘤固氮；培养基 0063，28～30℃。

ACCC 14395←中国农科院资划所←中国农大；分离源：云南中间锦鸡儿根瘤；原始编号：CCBAU
65332，325；与中间锦鸡儿结瘤固氮；培养基 0063，28～30℃。

ACCC 14398←中国农科院资划所←中国农大；分离源：云南中间锦鸡儿根瘤；原始编号：CCBAU
65336，375；与中间锦鸡儿结瘤固氮；培养基 0063，28～30℃。

Mesorhizobium huakuii（Chen et al. 1991）Jarvis et al. 1997
华癸中间根瘤菌

ACCC 14247←中国农科院资划所←中国农大；分离源：内蒙古中间锦鸡儿根瘤；原始编号：CCBAU
01453，NMCL029；具有共生固氮功能；培养基 0063，28～30℃。

ACCC 14262←中国农科院资划所←中国农大；分离源：内蒙古中间锦鸡儿根瘤；原始编号：CCBAU
01468，NMCL056；具有共生固氮功能；培养基 0063，28～30℃。

ACCC 14694←中国农科院资划所←南京农大；分离源：浙江临安紫云英根系根瘤；原始编号：As18，
NAECC 0619；具有生物固氮功能；培养基 0064，28～30℃。

ACCC 14695←中国农科院资划所←南京农大；分离源：浙江临安紫云英根系根瘤；原始编号：As19，
NAECC 0618；具有生物固氮功能；培养基 0064，28～30℃。

ACCC 14697←中国农科院资划所←南京农大；分离源：浙江武义紫云英根系根瘤；原始编号：As14，
NAECC 0623；具有生物固氮功能；培养基 0064，28～30℃。

ACCC 14698←中国农科院资划所←南京农大；分离源：江苏南京紫云英根系根瘤；原始编号：As5，
NAECC 0672；具有生物固氮功能；培养基 0064，28～30℃。

ACCC 14699←中国农科院资划所←南京农大；分离源：浙江开化紫云英根系根瘤；原始编号：As15，
NAECC 0622；具有生物固氮功能；培养基 0064，28～30℃。

ACCC 14700←中国农科院资划所←南京农大；分离源：浙江永康紫云英根系根瘤；原始编号：As16，
NAECC 0621；具有生物固氮功能；培养基 0064，28～30℃。

ACCC 14701←中国农科院资划所←南京农大；分离源：浙江余杭紫云英根系根瘤；原始编号：As25，
NAECC 0612；具有生物固氮功能；培养基 0064，28～30℃。

ACCC 14702←中国农科院资划所←南京农大；分离源：浙江金华紫云英根系根瘤；原始编号：As7，
NAECC 0626；具有生物固氮功能；培养基 0064，28～30℃。

ACCC 14703←中国农科院资划所←南京农大；分离源：浙江黄岩紫云英根系根瘤；原始编号：As17，NAECC 0620；具有生物固氮功能；培养基 0064，28～30℃。

ACCC 14704←中国农科院资划所←南京农大；分离源：浙江金华紫云英根系根瘤；原始编号：As10，NAECC 0505；具有生物固氮功能；培养基 0064，28～30℃。

ACCC 14707←中国农科院资划所←南京农大；分离源：浙江义乌紫云英根系根瘤；原始编号：As12，NAECC 0507；具有生物固氮功能；培养基 0064，28～30℃。

ACCC 14708←中国农科院资划所←南京农大；分离源：浙江金华紫云英根系根瘤；原始编号：As22，NAECC 0615；具有生物固氮功能；培养基 0064，28～30℃。

ACCC 14709←中国农科院资划所←南京农大；分离源：浙江义乌紫云英根系根瘤；原始编号：As11，NAECC 0506；具有生物固氮功能；培养基 0064，28～30℃。

ACCC 14710←中国农科院资划所←南京农大；分离源：浙江金华紫云英根系根瘤；原始编号：As9，NAECC 0624；具有生物固氮功能；培养基 0064，28～30℃。

ACCC 14711←中国农科院资划所←南京农大；分离源：浙江临安紫云英根系根瘤；原始编号：As21，NAECC 0616；具有生物固氮功能；培养基 0064，28～30℃。

ACCC 14712←中国农科院资划所←南京农大；分离源：江苏淮阴紫云英根系根瘤；原始编号：As2，NAECC 0629；具有生物固氮功能；培养基 0064，28～30℃。

ACCC 14719←中国农科院资划所←南京农大；分离源：江苏南京紫云英根系根瘤；原始编号：As3，NAECC 0628；具有生物固氮功能；培养基 0064，28～30℃。

ACCC 14723←中国农科院资划所←南京农大；分离源：浙江临安紫云英根系根瘤；原始编号：As23，NAECC 0614；具有生物固氮功能；培养基 0064，28～30℃。

ACCC 14726←中国农科院资划所←南京农大；分离源：浙江余杭紫云英根系根瘤；原始编号：As24，NAECC 0613；具有生物固氮功能；培养基 0064，28～30℃。

ACCC 14394←中国农科院资划所←中国农大；分离源：云南二色锦鸡儿根瘤；原始编号：CCBAU 65330，321；与二色锦鸡儿结瘤固氮；培养基 0063，28～30℃。

ACCC 14396←中国农科院资划所←中国农大；分离源：云南中间锦鸡儿根瘤；原始编号：CCBAU 65333，326；与中间锦鸡儿结瘤固氮；培养基 0063，28～30℃。

ACCC 14801←中国农科院资划所←中国农大；分离源：山东歪头菜根瘤；原始编号：CCBAU 25062；与歪菜头结瘤固氮；培养基 0064，28～30℃。

ACCC 14809←中国农科院资划所←中国农大；分离源：山东歪头菜根瘤；原始编号：CCBAU 25147；与歪菜头结瘤固氮；培养基 0064，28～30℃。

ACCC 14812←中国农科院资划所←中国农大；分离源：山东歪头菜根瘤；原始编号：CCBAU 25215；与歪头菜结瘤固氮；培养基 0063，28～30℃。

ACCC 14813←中国农科院资划所←中国农大；分离源：山东歪头菜根瘤；原始编号：CCBAU 25246；与歪头菜结瘤固氮；培养基 0063，28～30℃。

Mesorhizobium loti（Jarvis et al. 1982）Jarvis et al. 1997

百脉根中间根瘤菌

ACCC 18101←中国农科院土肥所←阿根廷赠（LL22）；与百脉根共生固氮；培养基 0063，28～30℃。

ACCC 18102←中国农科院土肥所←阿根廷赠（LL40）；与百脉根共生固氮；培养基 0063，28～30℃。

ACCC 18103←中国农科院土肥所←中科院植物所；与百脉根共生固氮；培养基 0063，28～30℃。

ACCC 18104←中国农科院土肥所←阿根廷赠（LL41）；与百脉根共生固氮；培养基 0063，28～30℃。

ACCC 18105←中国农科院土肥所←北京农业大学植保系←ATCC33669←美国 Wisconsin 大学生物中心；培养基 0063，28～30℃。

ACCC 18106←中国农科院土肥所；李元芳1981年从贵州威宁采瘤分离；原始编号：CL8101，百脉根 A；与百脉根共生固氮；培养基 0063，28～30℃。

ACCC 18107←中国农科院土肥所；宁国赞1981年从贵州威宁采瘤分离；原始编号：CL8102，百脉根 B；与百脉根共生固氮；培养基 0063，28～30℃。

ACCC 18109←中国农科院土肥所←北京植物所 1986 年从美国引进；原始编号：95E6A；与百脉根共生固氮；培养基 0063，28～30℃。

ACCC 19581←中国农科院土肥所；胡济生从澳大利亚引进；原始编号：CB81；与银合欢共生固氮；培养基 0063，28～30℃。

ACCC 19580←中国农科院土肥所；李元芳 1983 从广西采瘤分离；原始编号：LE83；与银合欢共生固氮；培养基 0063，28～30℃。

ACCC 19582←中国农科院土肥所；胡济生从澳大利亚引进；原始编号：CB3060；与银合欢共生固氮；培养基 0063，28～30℃。

ACCC 14251←中国农科院资划所←中国农大；分离源：内蒙古中间锦鸡儿根瘤；原始编号：CCBAU 01457，NMCL037；与中间锦鸡儿结瘤固氮；培养基 0063，28～30℃。

ACCC 14253←中国农科院资划所←中国农大；分离源：内蒙古中间锦鸡儿根瘤；原始编号：CCBAU 01459，NMCL039；与中间锦鸡儿结瘤固氮；培养基 0063，28～30℃。

ACCC 14254←中国农科院资划所←中国农大；分离源：内蒙古中间锦鸡儿根瘤；原始编号：CCBAU 01460，NMCL041；与中间锦鸡儿结瘤固氮；培养基 0063，28～30℃。

ACCC 14255←中国农科院资划所←中国农大；分离源：内蒙古中间锦鸡儿根瘤；原始编号：CCBAU 01461，NMCL042；与中间锦鸡儿结瘤固氮；培养基 0063，28～30℃。

ACCC 14256←中国农科院资划所←中国农大；分离源：内蒙古中间锦鸡儿根瘤；原始编号：CCBAU 01462，NMCL043；与中间锦鸡儿结瘤固氮；培养基 0063，28～30℃。

ACCC 14259←中国农科院资划所←中国农大；分离源：内蒙古中间锦鸡儿根瘤；原始编号：CCBAU 01465，NMCL047；与中间锦鸡儿结瘤固氮；培养基 0063，28～30℃

ACCC 14264←中国农科院资划所←中国农大；分离源：内蒙古中间锦鸡儿根瘤；原始编号：CCBAU 01470，NMCL058；与中间锦鸡儿结瘤固氮；培养基 0063，28～30℃

Mesorhizobium mediterraneum（Nour et al. 1995）Jarvis et al. 1997
地中海中间根瘤菌

ACCC 14220←中国农科院资划所←中国农大；分离源：内蒙古中间锦鸡儿根瘤；原始编号：CCBAU 01385，230；与中间锦鸡儿结瘤固氮；培养基 0063，28～30℃。

ACCC 14221←中国农科院资划所←中国农大；分离源：内蒙古中间锦鸡儿根瘤；原始编号：CCBAU 01386，243；与中间锦鸡儿结瘤固氮；培养基 0063，28～30℃。

ACCC 14222←中国农科院资划所←中国农大；分离源：内蒙古中间锦鸡儿根瘤；原始编号：CCBAU 01387，256；与中间锦鸡儿结瘤固氮；培养基 0063，28～30℃。

ACCC 14228←中国农科院资划所←中国农大；分离源：内蒙古二色锦鸡儿根瘤；原始编号：CCBAU 01394，360；与二色锦鸡儿结瘤固氮；培养基 0063，28～30℃。

ACCC 14229←中国农科院资划所←中国农大；分离源：内蒙古二色锦鸡儿根瘤；原始编号：CCBAU 01397，375；与二色锦鸡儿结瘤固氮；培养基 0063，28～30℃。

ACCC 14231←中国农科院资划所←中国农大；分离源：内蒙古中间锦鸡儿根瘤；原始编号：CCBAU 01399，442；与中间锦鸡儿结瘤固氮；培养基 0063，28～30℃。

ACCC 14233←中国农科院资划所←中国农大；分离源：内蒙古中间锦鸡儿根瘤；原始编号：CCBAU 01404，503；与中间锦鸡儿结瘤固氮；培养基 0063，28～30℃。

ACCC 14234←中国农科院资划所←中国农大；分离源：内蒙古中间锦鸡儿根瘤；原始编号：CCBAU 01405，571；与中间锦鸡儿结瘤固氮；培养基 0063，28～30℃。

ACCC 14335←中国农科院资划所←中国农大；分离源：山西中间锦鸡儿根瘤；原始编号：CCBAU 03248，42；与中间锦鸡儿结瘤固氮；培养基 0063，28～30℃。

ACCC 14344←中国农科院资划所←中国农大；分离源：山西中间锦鸡儿根瘤；原始编号：CCBAU 03259，93；与中间锦鸡儿结瘤固氮；培养基 0063，28～30℃。

ACCC 14345←中国农科院资划所←中国农大；分离源：山西中间锦鸡儿根瘤；原始编号：CCBAU 03263，97；与中间锦鸡儿结瘤固氮；培养基 0063，28～30℃。

ACCC 14351←中国农科院资划所←中国农大；分离源：山西中间锦鸡儿根瘤；原始编号：CCBAU 03278, 258；与中间锦鸡儿结瘤固氮；培养基 0063，28～30℃。

ACCC 14374←中国农科院资划所←中国农大；分离源：山西中间锦鸡儿根瘤；原始编号：CCBAU 03298, 450；与中间锦鸡儿结瘤固氮；培养基 0063，28～30℃。

ACCC 14381←中国农科院资划所←中国农大；分离源：山西中间锦鸡儿根瘤；原始编号：CCBAU 03307, 636；与中间锦鸡儿结瘤固氮；培养基 0063，28～30℃。

ACCC 14391←中国农科院资划所←中国农大；分离源：云南二色锦鸡儿根瘤；原始编号：CCBAU 65326, 308；与二色锦鸡儿结瘤固氮；培养基 0063，28～30℃。

ACCC 14393←中国农科院资划所←中国农大；分离源：云南二色锦鸡儿根瘤；原始编号：CCBAU 65328, 310；与二色锦鸡儿结瘤固氮；培养基 0063，28～30℃。

ACCC 14503←中国农科院资划所←西北农大；分离源：陕西杨凌刺槐；原始编号：CCNWSX0057, NWYC122；培养基 0063，28～30℃。

ACCC 14505←中国农科院资划所←西北农大；分离源：陕西杨凌刺槐；原始编号：CCNWSX0059, NWYC129；培养基 0063，28～30℃。

ACCC 14507←中国农科院资划所←西北农大；分离源：陕西杨凌刺槐；原始编号：CCNWSX0061, NWYC148；培养基 0063，28～30℃。

ACCC 14508←中国农科院资划所←西北农大；分离源：陕西杨凌刺槐；原始编号：CCNWSX0062, NWYC126；培养基 0063，28～30℃。

ACCC 14509←中国农科院资划所←西北农大；分离源：陕西杨凌刺槐；原始编号：CCNWSX0063, NWYC124；培养基 0063，28～30℃。

ACCC 14510←中国农科院资划所←西北农大；分离源：陕西杨凌刺槐；原始编号：CCNWSX0064, NWYC142；培养基 0063，28～30℃。

ACCC 14511←中国农科院资划所←西北农大；分离源：陕西杨凌刺槐；原始编号：CCNWSX0065, NWYC134；培养基 0063，28～30℃。

ACCC 14512←中国农科院资划所←西北农大；分离源：陕西杨凌刺槐；原始编号：CCNWSX0066, NWYC123；培养基 0063，28～30℃。

ACCC 14513←中国农科院资划所←西北农大；分离源：陕西杨凌刺槐；原始编号：CCNWSX0067, NWYC146；培养基 0063，28～30℃。

ACCC 14514←中国农科院资划所←西北农大；分离源：陕西杨凌刺槐；原始编号：CCNWSX0068, NWYC111；培养基 0063，28～30℃。

ACCC 14515←中国农科院资划所←西北农大；分离源：陕西杨凌刺槐；原始编号：CCNWSX0069, NWYC132；培养基 0063，28～30℃。

ACCC 14516←中国农科院资划所←西北农大；分离源：陕西杨凌刺槐；原始编号：CCNWSX0070, NWYC147；培养基 0063，28～30℃。

ACCC 14518←中国农科院资划所←西北农大；分离源：陕西杨凌刺槐；原始编号：CCNWSX0071, NWYC135；培养基 0063，28～30℃。

ACCC 14519←中国农科院资划所←西北农大；分离源：陕西杨凌刺槐；原始编号：CCNWSX0072, NWYC118；培养基 0063，28～30℃。

ACCC 14521←中国农科院资划所←西北农大；分离源：陕西杨凌刺槐；原始编号：CCNWSX0073, NWYC137；培养基 0063，28～30℃。

ACCC 14522←中国农科院资划所←西北农大；分离源：陕西杨凌刺槐；原始编号：CCNWSX0074, NWYC145；培养基 0063，28～30℃。

ACCC 14525←中国农科院资划所←西北农大；分离源：陕西杨凌刺槐；原始编号：CCNWSX0075, NWYC125；培养基 0063，28～30℃。

ACCC 14527←中国农科院资划所←西北农大；分离源：陕西杨凌刺槐；原始编号：CCNWSX0076, NWYC136；培养基 0063，28～30℃。

ACCC 14531←中国农科院资划所←西北农大；分离源：陕西杨凌刺槐；原始编号：NWYC131，CCNWSX0079；培养基 0063，28～30℃。

ACCC 14533←中国农科院资划所←西北农大；分离源：陕西杨凌刺槐；原始编号：NWYC149，CCNWSX0080；培养基 0063，28～30℃。

ACCC 14534←中国农科院资划所←西北农大；分离源：陕西杨凌刺槐；原始编号：NWYC119，CCNWSX0081；培养基 0063，28～30℃。

ACCC 14538←中国农科院资划所←西北农大；分离源：陕西杨凌刺槐；原始编号：NWYC112，CCNWSX0083；培养基 0063，28～30℃。

ACCC 14540←中国农科院资划所←西北农大；分离源：陕西杨凌刺槐；原始编号：NWYC150，CCNWSX0084；培养基 0063，28～30℃。

ACCC 14541←中国农科院资划所←西北农大；分离源：陕西杨凌刺槐；原始编号：NWYC141，CCNWSX0085；培养基 0063，28～30℃。

ACCC 14542←中国农科院资划所←西北农大；分离源：陕西杨凌刺槐；原始编号：NWYC121，CCNWSX0086；培养基 0063，28～30℃。

ACCC 14543←中国农科院资划所←西北农大；分离源：陕西杨凌刺槐；原始编号：NWYC115，CCNWSX0087；培养基 0063，28～30℃。

ACCC 14544←中国农科院资划所←西北农大；分离源：陕西杨凌刺槐；原始编号：NWYC130，CCNWSX0088；培养基 0063，28～30℃。

ACCC 14586←中国农科院资划所←西北农大；分离源：陕西杨凌刺槐；原始编号：NWYC133，CCNWSX0077；培养基 0063，28～30℃。

ACCC 15645←中国农科院资划所←西北农大；分离源：陕西定边县披针叶黄华；原始编号：DB47-2；固氮功能；培养基 0063，28～30℃。

ACCC 15652←中国农科院资划所←西北农大；分离源：甘肃平凉四十里铺披针叶黄华；原始编号：PLSSLP16-3；固氮功能；培养基 0063，28～30℃。

Mesorhizobium sp.

中间根瘤菌（紫云英）

ACCC 13004←中国农科院土肥所←浙江省农业科学院微生物研究所；原始编号：38D；与紫云英共生固氮，制菌肥；培养基 0064，28～30℃。

ACCC 13005←中国农科院土肥所←江苏省农业科学院；原始编号：紫31；与紫云英共生固氮，制菌肥；培养基 0064，28～30℃。

ACCC 13025←中国农科院土肥所←江苏农业科学院←杭州农科所7653-1；培养基 0064，28～30℃。

ACCC 13035←中国农科院土肥所←扬州农科所7653；与紫云英共生固氮；培养基 0064，28～30℃。

ACCC 13036←中国农科院土肥所←中科院病毒所F6/WIV；培养基 0064，28～30℃。

ACCC 13037←中国农科院土肥所←中科院病毒所9/WIV；培养基 0064，28～30℃。

ACCC 13038←中国农科院土肥所←中科院病毒所111/WIV；培养基 0064，28～30℃。

ACCC 13046←中国农科院土肥所←淮阴农科所，淮39；与紫云英共生固氮；培养基 0063，28～30℃。

ACCC 13047←中国农科院土肥所刘惠琴1991年从广西玉林石南镇紫云英根瘤分离鉴定；原始编号：2，与紫云英共生结瘤固氮；培养基 0063，28～30℃。

ACCC 13048←中国农科院土肥所刘惠琴1991年从广西玉林石南镇紫云英根瘤分离鉴定；原始编号：4，与紫云英共生结瘤固氮；培养基 0063，28～30℃。

ACCC 13049←中国农科院土肥所宁国赞1991年从广西玉林石南镇紫云英根瘤分离鉴定；原始编号：8，与紫云英共生结瘤固氮；培养基 0063，28～30℃。

ACCC 13050←中国农科院土肥所宁国赞1991年从广西玉林石南镇紫云英根瘤分离鉴定；原始编号：10，与紫云英共生结瘤固氮；培养基 0063，28～30℃。

ACCC 13052←中国农科院土肥所刘惠琴1991年从广西玉林石南镇紫云英根瘤分离鉴定；原始编号：14，与紫云英共生结瘤固氮；培养基 0063，28～30℃。

ACCC 13053←中国农科院土肥所刘惠琴 1991 年从广西玉林石南镇紫云英根瘤分离鉴定；原始编号：15；与紫云英共生结瘤固氮；培养基 0063，28～30℃。

ACCC 13054←中国农科院土肥所宁国赞 1991 年从广西玉林雅桥紫云英根瘤分离鉴定；原始编号：16；与紫云英共生结瘤固氮；培养基 0063，28～30℃。

ACCC 13055←中国农科院土肥所刘惠琴 1991 年从广西玉林林雅桥紫云英根瘤分离鉴定；原始编号：17；与紫云英共生结瘤固氮；培养基 0063，28～30℃。

ACCC 13056←中国农科院土肥所宁国赞 1991 年从广西玉林林雅桥紫云英根瘤分离鉴定；原始编号：20；与紫云英共生结瘤固氮；培养基 0063，28～30℃。

ACCC 13057←中国农科院土肥所宁国赞 1991 年从广西玉林林雅桥紫云英根瘤分离鉴定；原始编号：22；与紫云英共生结瘤固氮；培养基 0063，28～30℃。

ACCC 13058←中国农科院土肥所刘惠琴 1991 年从广西宁明县紫云英根瘤分离鉴定；原始编号：24；与紫云英共生结瘤固氮；培养基 0063，28～30℃。

ACCC 13059←中国农科院土肥所刘惠琴 1991 年从广西宁明县紫云英根瘤分离鉴定；原始编号：26；与紫云英共生结瘤固氮；培养基 0063，28～30℃。

ACCC 13060←中国农科院土肥所马晓彤 1991 年从广西宁明县紫云英根瘤分离鉴定；原始编号：33；与紫云英共生结瘤固氮；培养基 0063，28～30℃。

ACCC 13061←中国农科院土肥所马晓彤 1991 年从广东梅县紫云英根瘤分离鉴定；原始编号：48；与紫云英共生结瘤固氮；培养基 0063，28～30℃。

ACCC 13062←中国农科院土肥所刘惠琴 1991 年从广东梅县紫云英根瘤分离鉴定；原始编号：54；与紫云英共生结瘤固氮；培养基 0063，28～30℃。

ACCC 13063←中国农科院土肥所刘惠琴 1991 年从江西宁都县紫云英根瘤分离鉴定；原始编号：63；与紫云英共生结瘤固氮；培养基 0063，28～30℃。

ACCC 13064←中国农科院土肥所马晓彤 1991 年从安徽宣州紫云英根瘤分离鉴定；原始编号：C2；与紫云英共生结瘤固氮；培养基 0063，28～30℃。

ACCC 13065←中国农科院土肥所刘惠琴 1991 年从安徽宣州紫云英根瘤分离鉴定；原始编号：C14；与紫云英共生结瘤固氮；培养基 0063，28～30℃。

ACCC 13066←中国农科院土肥所刘惠琴 1991 年从安徽宣州紫云英根瘤分离鉴定；原始编号：C12；与紫云英共生结瘤固氮；培养基 0063，28～30℃。

ACCC 13067←中国农科院土肥所马晓彤 1991 年从安徽宣州紫云英根瘤分离鉴定；原始编号：D8；与紫云英共生结瘤固氮；培养基 0063，28～30℃。

ACCC 13068←中国农科院土肥所刘惠琴 1991 年从安徽宣州紫云英根瘤分离鉴定；原始编号：F2；与紫云英共生结瘤固氮；培养基 0063，28～30℃。

ACCC 13069←中国农科院土肥所马晓彤 1991 年从安徽宣州紫云英根瘤分离鉴定；原始编号：F4；与紫云英共生结瘤固氮；培养基 0063，28～30℃。

ACCC 13070←中国农科院土肥所 CA8416，沙 16，宁国赞从畜牧所试验地采瘤分离；与沙打旺、达乌里黄芪、草木樨状黄芪、膜荚黄芪共生固氮，但不能侵染紫云英；培养基 0063，28～30℃。

ACCC 13071←中国农科院土肥所于代冠 1983 年从内蒙古科左右旗采瘤分离；原始编号：CA8212，沙 12；与沙打旺共生固氮；培养基 0063，28～30℃。

ACCC 13072←中国农科院土肥所宁国赞 1983 年从土肥所网室采瘤分离；原始编号：CA8213；与沙打旺共生固氮；培养基 0063，28～30℃。

ACCC 13073←中国农科院土肥所宁国赞 1983 年从吉林通榆采瘤分离；原始编号：CA8222；与沙打旺共生固氮；培养基 0063，28～30℃。

ACCC 13074←中国农科院土肥所宁国赞 1983 年从吉林通榆采瘤分离；原始编号：CA8227；与沙打旺共生固氮；培养基 0063，28～30℃。

ACCC 13075←中国农科院土肥所于代冠 1983 年从内蒙古科左右旗采瘤分离；原始编号：CA83-4；与沙打旺共生固氮；培养基 0063，28～30℃。

ACCC 13076←中国农科院土肥所宁国赞 1983 年从内蒙古科左右旗采瘤分离；原始编号：CA83-5；与沙打旺共生固氮；培养基 0063，28～30℃。

ACCC 13077←中国农科院土肥所宁国赞 1983 年从内蒙古科左右旗采瘤分离；原始编号：CA83-6；与沙打旺共生固氮；培养基 0063，28～30℃。

ACCC 13078←中国农科院土肥所于代冠 1983 年从河北平山县采瘤分离；原始编号：CA83-8；与沙打旺共生固氮；培养基 0063，28～30℃。

ACCC 13080←中国农科院土肥所黄岩玲 1985 年从内蒙古清水河采瘤分离；原始编号：CA85-14；与沙打旺共生固氮；培养基 0063，28～30℃。

ACCC 13081←中国农科院土肥所吴育英 1985 年从河南民权采瘤分离；原始编号：CA85-112；与沙打旺共生固氮；培养基 0063，28～30℃。

ACCC 13086←中国农科院土肥所宁国赞 1985 年从内蒙古清水河采瘤分离；原始编号：CA85132-1；与沙打旺、斜茎黄芪共生固氮；培养基 0063，28～30℃。

ACCC 13087←中国农科院土肥所宁国赞 1985 年从内蒙古清水河采瘤分离；原始编号：CA85132-2；与沙打旺、斜茎黄芪共生固氮；培养基 0063，28～30℃。

ACCC 13090←中国农科院土肥所黄岩玲 1985 年从内蒙古清水河采瘤分离；原始编号：CA85135；与沙打旺、斜茎黄芪共生固氮；培养基 0063，28～30℃。

ACCC 13091←中国农科院土肥所宁国赞 1985 年从内蒙古清水河采瘤分离；原始编号：CA85136；与沙打旺、斜茎黄芪共生固氮；培养基 0063，28～30℃。

ACCC 13150←中国农科院土肥所宁国赞 1985 年从中国农科院土肥所网室采瘤分离；原始编号：CA8561；与膜荚黄芪、沙打旺共生固氮；培养基 0063，28～30℃。

ACCC 13151←中国农科院土肥所宁国赞 1985 从中国农科院土肥所网室采瘤分离；原始编号：CA8563；与膜荚黄芪、沙打旺共生固氮；培养基 0063，28～30℃。

ACCC 13152←中国农科院土肥所宁国赞 1985 年从中国农科院土肥所网室采瘤分离；原始编号：CA8566；与膜荚黄芪、沙打旺共生固氮；培养基 0063，28～30℃。

ACCC 13153←中国农科院土肥所宁国赞 1985 年从中国农科院土肥所网室采瘤分离；原始编号：CA8567；与膜荚黄芪、沙打旺共生固氮；培养基 0063，28～30℃。

ACCC 13154←中国农科院土肥所宁国赞 1985 年从中国农科院土肥所网室采瘤分离；原始编号：CA8569；与膜荚黄芪、沙打旺共生固氮；培养基 0063，28-30。

ACCC 13156←中国农科院土肥所宁国赞 1985 年从中国农科院土肥所网室采瘤分离；原始编号：CA8576；与膜荚黄芪、沙打旺共生固氮；培养基 0063，28～30℃。

ACCC 13157←中国农科院土肥所宁国赞 1985 年从陕西榆林采瘤分离；原始编号：CA8591；与膜荚黄芪、沙打旺共生固氮；培养基 0063，28～30℃。

ACCC 13158←中国农科院土肥所宁国赞 1985 年从陕西榆林采瘤分离；原始编号：CA8592；与膜荚黄芪、沙打旺共生固氮；培养基 0063，28～30℃。

ACCC 13159←中国农科院土肥所宁国赞 1985 年从陕西榆林采瘤分离；原始编号：CA8593；与膜荚黄芪、沙打旺共生固氮；培养基 0063，28～30℃。

ACCC 13160←中国农科院土肥所宁国赞 1985 年从陕西榆林采瘤分离；原始编号：CA8594；与膜荚黄芪、沙打旺共生固氮；培养基 0063，28～30℃。

ACCC 13161←中国农科院土肥所刘惠琴 1991 年从安徽宣州紫云英根瘤分离鉴定；原始编号：F6；与紫云英共生结瘤固氮；培养基 0063，28～30℃。

ACCC 13162←中国农科院土肥所刘惠琴 1991 年从安徽宣州紫云英根瘤分离鉴定；原始编号：F8；与紫云英共生结瘤固氮；培养基 0063，28～30℃。

ACCC 13192←中国农科院土肥所宁国赞 1985 年从内蒙古清古水河采瘤分离；原始编号：达 103；与达乌里黄芪、沙打旺共生固氮；培养基 0063，28～30℃。

ACCC 13193←中国农科院土肥所黄岩玲 1985 年从内蒙古清水河采瘤分离；原始编号：达 104；与达乌里黄芪、沙打旺共生固氮；培养基 0063，28～30℃。

Mesorhizobium temperatum Gao et al. 2004

温带中间根瘤菌

ACCC 14230←中国农科院资划所←中国农大；分离源：内蒙古中间锦鸡儿根瘤；原始编号：CCBAU
01398，441；与中间锦鸡儿结瘤固氮；培养基 0063，28～30℃。

ACCC 14236←中国农科院资划所←中国农大；分离源：内蒙古中间锦鸡儿根瘤；原始编号：CCBAU
03278，258；与中间锦鸡儿结瘤固氮；培养基 0063，28～30℃。

ACCC 15879←中国农科院资划所←中国农大；分离源：都兰小花棘豆根瘤；原始编号：CCBAU85062；
与小花棘豆结瘤固氮；培养基 0063，28～30℃。

ACCC 15883←中国农科院资划所←中国农大；分离源：都兰小花棘豆根瘤；原始编号：CCBAU85070；
与小花棘豆结瘤固氮；培养基 0063，28～30℃。

ACCC 15886←中国农科院资划所←中国农大；分离源：安多克什米尔棘豆根瘤；原始编号：
CCBAU85075；与克什米尔棘豆结瘤固氮；培养基 0063，28～30℃。

ACCC 15887←中国农科院资划所←中国农大；分离源：那曲高山米口袋根瘤；原始编号：
CCBAU85078；与高山米口袋结瘤固氮；培养基 0063，28～30℃。

ACCC 15889←中国农科院资划所←中国农大；分离源：安多克什米尔棘豆根瘤；原始编号：
CCBAU85082；与克什米尔棘豆结瘤固氮；培养基 0063，28～30℃。

ACCC 15890←中国农科院资划所←中国农大；分离源：当雄冈仁波齐黄芪根瘤；原始编号：
CCBAU85083；与岗仁布齐黄芪结瘤固氮；培养基 0063，28～30℃。

ACCC 15891←中国农科院资划所←中国农大；分离源：当雄冈仁波齐黄芪根瘤；原始编号：
CCBAU85086；与岗仁布齐黄芪结瘤固氮；培养基 0063，28～30℃。

Mesorhizobium tianshanense（Chen et al. 1995）Jarvis et al. 1997

天山中间根瘤菌

ACCC 14246←中国农科院资划所←中国农大；分离源：内蒙古中间锦鸡儿根瘤；原始编号：CCBAU
01452，NMCL027；与中间锦鸡儿结瘤固氮；培养基 0063，28～30℃。

ACCC 14248←中国农科院资划所←中国农大；分离源：内蒙古中间锦鸡儿根瘤；原始编号：CCBAU
01454，NMCL031；与中间锦鸡儿结瘤固氮；培养基 0063，28～30℃。

ACCC 14263←中国农科院资划所←中国农大；分离源：内蒙古中间锦鸡儿根瘤；原始编号：CCBAU
01469，NMCL057；与中间锦鸡儿结瘤固氮；培养基 0063，28～30℃。

ACCC 14266←中国农科院资划所←中国农大；分离源：内蒙古中间锦鸡儿根瘤；原始编号：CCBAU
01472，NMCL060；与中间锦鸡儿结瘤固氮；培养基 0063，28～30℃。

ACCC 14267←中国农科院资划所←中国农大；分离源：内蒙古中间锦鸡儿根瘤；原始编号：CCBAU
01473，NMCL062；与中间锦鸡儿结瘤固氮；培养基 0063，28～30℃。

ACCC 14270←中国农科院资划所←中国农大；分离源：内蒙古中间锦鸡儿根瘤；原始编号：CCBAU
01476，NMCL066；与中间锦鸡儿结瘤固氮；培养基 0063，28～30℃。

ACCC 14273←中国农科院资划所←中国农大；分离源：内蒙古中间锦鸡儿根瘤；原始编号：CCBAU
01479，NMCL072；与中间锦鸡儿结瘤固氮；培养基 0063，28～30℃。

ACCC 14274←中国农科院资划所←中国农大；分离源：内蒙古中间锦鸡儿根瘤；原始编号：CCBAU
01481，NMCL075；与中间锦鸡儿结瘤固氮；培养基 0063，28～30℃。

ACCC 14279←中国农科院资划所←中国农大；分离源：内蒙古中间锦鸡儿根瘤；原始编号：CCBAU
01486，NMCL089；与中间锦鸡儿结瘤固氮；培养基 0063，28～30℃。

ACCC 14280←中国农科院资划所←中国农大；分离源：内蒙古中间锦鸡儿根瘤；原始编号：CCBAU
01487，NMCL092；与中间锦鸡儿结瘤固氮；培养基 0063，28～30℃。

ACCC 14281←中国农科院资划所←中国农大；分离源：内蒙古中间锦鸡儿根瘤；原始编号：CCBAU
01488，NMCL097；与中间锦鸡儿结瘤固氮；培养基 0063，28～30℃。

ACCC 14282←中国农科院资划所←中国农大；分离源：内蒙古中间锦鸡儿根瘤；原始编号：CCBAU
01489，NMCL098；与中间锦鸡儿结瘤固氮；培养基 0063，28～30℃。

ACCC 14283←中国农科院资划所←中国农大；分离源：内蒙古中间锦鸡儿根瘤；原始编号：CCBAU 01490，NMCL103；与中间锦鸡儿结瘤固氮；培养基 0063，28～30℃。

ACCC 14284←中国农科院资划所←中国农大；分离源：内蒙古中间锦鸡儿根瘤；原始编号：CCBAU 01491，NMCL106；与中间锦鸡儿结瘤固氮；培养基 0063，28～30℃。

ACCC 14285←中国农科院资划所←中国农大；分离源：内蒙古中间锦鸡儿根瘤；原始编号：CCBAU 01492，NMCL110；与中间锦鸡儿结瘤固氮；培养基 0063，28～30℃。

ACCC 14286←中国农科院资划所←中国农大；分离源：内蒙古中间锦鸡儿根瘤；原始编号：CCBAU 01494，NMCL113；与中间锦鸡儿结瘤固氮；培养基 0063，28～30℃。

ACCC 14287←中国农科院资划所←中国农大；分离源：内蒙古中间锦鸡儿根瘤；原始编号：CCBAU 01495，NMCL115；与中间锦鸡儿结瘤固氮；培养基 0063，28～30℃。

ACCC 14288←中国农科院资划所←中国农大；分离源：内蒙古中间锦鸡儿根瘤；原始编号：CCBAU 01496，NMCL117；与中间锦鸡儿结瘤固氮；培养基 0063，28～30℃。

ACCC 14289←中国农科院资划所←中国农大；分离源：内蒙古中间锦鸡儿根瘤；原始编号：CCBAU 01497，NMCL119；与中间锦鸡儿结瘤固氮；培养基 0063，28～30℃。

ACCC 14290←中国农科院资划所←中国农大；分离源：内蒙古中间锦鸡儿根瘤；原始编号：CCBAU 01498，NMCL123；与中间锦鸡儿结瘤固氮；培养基 0063，28～30℃。

ACCC 14291←中国农科院资划所←中国农大；分离源：内蒙古中间锦鸡儿根瘤；原始编号：CCBAU 01499，NMCL125；与中间锦鸡儿结瘤固氮；培养基 0063，28～30℃。

ACCC 14292←中国农科院资划所←中国农大；分离源：内蒙古中间锦鸡儿根瘤；原始编号：CCBAU 01500，NMCL127；与中间锦鸡儿结瘤固氮；培养基 0063，28～30℃。

ACCC 14293←中国农科院资划所←中国农大；分离源：内蒙古中间锦鸡儿根瘤；原始编号：CCBAU 01501，NMCL129；与中间锦鸡儿结瘤固氮；培养基 0063，28～30℃。

ACCC 14294←中国农科院资划所←中国农大；分离源：内蒙古中间锦鸡儿根瘤；原始编号：CCBAU 01502，NMCL131；与中间锦鸡儿结瘤固氮；培养基 0063，28～30℃。

ACCC 14295←中国农科院资划所←中国农大；分离源：内蒙古中间锦鸡儿根瘤；原始编号：CCBAU 01503，NMCL132；与中间锦鸡儿结瘤固氮；培养基 0063，28～30℃。

ACCC 14296←中国农科院资划所←中国农大；分离源：内蒙古中间锦鸡儿根瘤；原始编号：CCBAU 01504，NMCL134；与中间锦鸡儿结瘤固氮；培养基 0063，28～30℃。

ACCC 14297←中国农科院资划所←中国农大；分离源：内蒙古中间锦鸡儿根瘤；原始编号：CCBAU 01505，NMCL138；与中间锦鸡儿结瘤固氮；培养基 0063，28～30℃。

ACCC 14298←中国农科院资划所←中国农大；分离源：内蒙古中间锦鸡儿根瘤；原始编号：CCBAU 01506，NMCL140；与中间锦鸡儿结瘤固氮；培养基 0063，28～30℃。

ACCC 14301←中国农科院资划所←中国农大；分离源：内蒙古中间锦鸡儿根瘤；原始编号：CCBAU 01509，NMCL146；与中间锦鸡儿结瘤固氮；培养基 0063，28～30℃。

ACCC 14302←中国农科院资划所←中国农大；分离源：内蒙古中间锦鸡儿根瘤；原始编号：CCBAU 01510，NMCL148；与中间锦鸡儿结瘤固氮；培养基 0063，28～30℃。

ACCC 14303←中国农科院资划所←中国农大；分离源：内蒙古中间锦鸡儿根瘤；原始编号：CCBAU 01511，NMCL150；与中间锦鸡儿结瘤固氮；培养基 0063，28～30℃。

ACCC 14304←中国农科院资划所←中国农大；分离源：内蒙古中间锦鸡儿根瘤；原始编号：CCBAU 01512，NMCL152；与中间锦鸡儿结瘤固氮；培养基 0063，28～30℃。

ACCC 14305←中国农科院资划所←中国农大；分离源：内蒙古中间锦鸡儿根瘤；原始编号：CCBAU 01513，NMCL156；与中间锦鸡儿结瘤固氮；培养基 0063，28～30℃。

ACCC 14306←中国农科院资划所←中国农大；分离源：内蒙古中间锦鸡儿根瘤；原始编号：CCBAU 01514，NMCL158；与中间锦鸡儿结瘤固氮；培养基 0063，28～30℃。

ACCC 14307←中国农科院资划所←中国农大；分离源：内蒙古中间锦鸡儿根瘤；原始编号：CCBAU 01515，NMCL161；与中间锦鸡儿结瘤固氮；培养基 0063，28～30℃。

ACCC 14309←中国农科院资划所←中国农大；分离源：内蒙古中间锦鸡儿根瘤；原始编号：CCBAU 01517，NMCL164；与中间锦鸡儿结瘤固氮；培养基0063，28～30℃。

ACCC 14311←中国农科院资划所←中国农大；分离源：内蒙古中间锦鸡儿根瘤；原始编号：CCBAU 01519，NMCL172；与中间锦鸡儿结瘤固氮；培养基0063，28～30℃。

ACCC 14312←中国农科院资划所←中国农大；分离源：内蒙古中间锦鸡儿根瘤；原始编号：CCBAU 01520，NMCL174；与中间锦鸡儿结瘤固氮；培养基0063，28～30℃。

ACCC 14313←中国农科院资划所←中国农大；分离源：内蒙古中间锦鸡儿根瘤；原始编号：CCBAU 01521，NMCL176；与中间锦鸡儿结瘤固氮；培养基0063，28～30℃。

ACCC 14315←中国农科院资划所←中国农大；分离源：内蒙古中间锦鸡儿根瘤；原始编号：CCBAU 01523，NMCL180；与中间锦鸡儿结瘤固氮；培养基0063，28～30℃。

ACCC 14316←中国农科院资划所←中国农大；分离源：内蒙古中间锦鸡儿根瘤；原始编号：CCBAU 01524，NMCL186；与中间锦鸡儿结瘤固氮；培养基0063，28～30℃。

ACCC 14317←中国农科院资划所←中国农大；分离源：内蒙古中间锦鸡儿根瘤；原始编号：CCBAU 01525，NMCL188；与中间锦鸡儿结瘤固氮；培养基0063，28～30℃。

ACCC 14318←中国农科院资划所←中国农大；分离源：内蒙古中间锦鸡儿根瘤；原始编号：CCBAU 01526，NMCL190；与中间锦鸡儿结瘤固氮；培养基0063，28～30℃。

ACCC 14319←中国农科院资划所←中国农大；分离源：内蒙古中间锦鸡儿根瘤；原始编号：CCBAU 01527，NMCL194；与中间锦鸡儿结瘤固氮；培养基0063，28～30℃。

ACCC 14320←中国农科院资划所←中国农大；分离源：内蒙古中间锦鸡儿根瘤；原始编号：CCBAU 01528，NMCL202；与中间锦鸡儿结瘤固氮；培养基0063，28～30℃。

ACCC 14321←中国农科院资划所←中国农大；分离源：内蒙古中间锦鸡儿根瘤；原始编号：CCBAU 01529，NMCL204；与中间锦鸡儿结瘤固氮；培养基0063，28～30℃。

ACCC 14322←中国农科院资划所←中国农大；分离源：内蒙古中间锦鸡儿根瘤；原始编号：CCBAU 01530，NMCL206；与中间锦鸡儿结瘤固氮；培养基0063，28～30℃。

ACCC 14324←中国农科院资划所←中国农大；分离源：内蒙古中间锦鸡儿根瘤；原始编号：CCBAU 01533，NMCL218；与中间锦鸡儿结瘤固氮；培养基0063，28～30℃。

ACCC 14325←中国农科院资划所←中国农大；分离源：内蒙古中间锦鸡儿根瘤；原始编号：CCBAU 01534，NMCL225；与中间锦鸡儿结瘤固氮；培养基0063，28～30℃。

ACCC 14326←中国农科院资划所←中国农大；分离源：内蒙古中间锦鸡儿根瘤；原始编号：CCBAU 01535，NMCL231；与中间锦鸡儿结瘤固氮；培养基0063，28～30℃。

ACCC 14339←中国农科院资划所←中国农大；分离源：山西中间锦鸡儿根瘤；原始编号：CCBAU 03252，46；与中间锦鸡儿结瘤固氮；培养基0063，28～30℃。

ACCC 14340←中国农科院资划所←中国农大；分离源：山西中间锦鸡儿根瘤；原始编号：CCBAU 03254，48；与中间锦鸡儿结瘤固氮；培养基0063，28～30℃。

ACCC 14352←中国农科院资划所←中国农大；分离源：山西中间锦鸡儿根瘤；原始编号：CCBAU 03281，321；与中间锦鸡儿结瘤固氮；培养基0063，28～30℃。

ACCC 14532←中国农科院资划所←西北农大；分离源：甘肃安西骆驼刺；原始编号：CCNWAX24-1，CCNWGS0080；培养基0063，28～30℃。

ACCC 14535←中国农科院资划所←西北农大；分离源：甘肃安西骆驼刺；原始编号：CCNWAX24-2，CCNWGS0081；培养基0063，28～30℃。

ACCC 14536←中国农科院资划所←西北农大；分离源：甘肃安西骆驼刺；原始编号：CCNWAX40-1，CCNWGS0082；培养基0063，28～30℃。

ACCC 14537←中国农科院资划所←西北农大；分离源：甘肃安西骆驼刺；原始编号：CCNWAX32-1，CCNWGS0083；培养基0063，28～30℃。

ACCC 14565←中国农科院资划所←西北农大；分离源：新疆骆驼刺；原始编号：CCNWXJ35-1，CCNWXJ0132；培养基0063，28～30℃。

ACCC 15654←中国农科院资划所←西北农大；分离源：甘肃平凉市四十里铺披针叶黄华；原始编号：PLSSLP16-1；培养基 0063，28～30℃。

Metabacillus sp.

副芽孢杆菌

ACCC 61900←中国农科院资划所；原始编号：DBTR6；分离源：土壤；培养基 0847，31℃。

Methylobacterium aquaticum Gallego et al. 2005

水甲基杆菌

ACCC 03242←中国农科院资划所；原始编号：GD-75-1-3；可用来研发生产生物肥料；培养基 0065，28℃。

Methylobacterium sp.

ACCC 40620←湖北省生物农药工程研究中心；原始编号：IEDA 00510，wa-8118；产生代谢产物具有抑菌活性；分离地点：江西；培养基 0012，54℃

Methylomonas rhizoryzae Zhu et al. 2020

甲基单胞菌

ACCC 61706←江苏省农业科学院水稻种植基地；原始编号：GJ1；分离地点：江苏；培养基 0014，30℃。

Microbacteriaceae sp.

ACCC 61815←中国林科院林业所；原始编号：STN6；分离源：毛竹根；培养基 0002，30℃。

ACCC 61895←湖南农业大学；原始编号：NH1-1；分离源：红花檵木叶片；培养基 0512，30℃。

Microbacterium arthrosphaerae Kämpfer et al. 2011

ACCC 61818←中国农科院资划所；原始编号：T43；分离源：番茄根际土；培养基 0847，30℃。

Microbacterium barkeri（Collins et al. 1983）Takeuchi & Hatano 1998

巴氏微杆菌

ACCC 10516←CGMCC←JCM；＝ATCC 15954＝JCM 1343＝AS 1.1902；培养基 0002，37℃。

Microbacterium hydrocarbonoxydans Schippers et al. 2005

氯化烃微杆菌

ACCC 01066←中国农科院资划所；原始编号：FXH2-4-11；具有处理富营养水体和养殖废水潜力；分离地点：中国农科院试验地；培养基 0002，28℃。

Microbacterium lacticum Orla-Jensen 1919

乳微杆菌

ACCC 02539←南京农大农业环境微生物中心；原始编号：Atl-19，NAECC0809；分离地点：南京农大；培养基 0033，30℃。

ACCC 10178←ATCC←CS Pederson←S. Orla-Jensen；＝ATCC 8180＝NCIB 8540；培养基 0002，26℃。

Microbacterium oxydans（Chatelain & Second 1966）Schumann et al. 1999

氧化微杆菌

ACCC 01721←中国农科院饲料所；原始编号：FRI2007024，B268；分离地点：浙江；培养基 0002，37℃。

ACCC 01727←中国农科院饲料所；原始编号：FRI2007021，B274；分离地点：浙江；培养基 0002，37℃。

Microbacterium paraoxydans Laffineur et al. 2003

副氧化微杆菌

ACCC 02850←南京农大农业环境微生物中心；原始编号：JQ-5，NAECC1735；分离地点：江苏徐州；培养基 0033，30℃。

Microbacterium resistens（Funke et al. 1998）Behrendt et al. 2001

ACCC 61879←中国农科院资划所；原始编号：YN-3-3；分离源：大蒜；培养基 0512，30℃。

Microbacterium yannicii Karojet et al. 2012

ACCC 61869←中国农科院资划所；原始编号：27；分离源：大蒜；培养基 0512，30℃。

Microbacterium sp.

微杆菌

ACCC 01731←中国农科院饲料所；原始编号：FRI2007086，B281；分离地点：浙江；培养基 0002，37℃。

ACCC 01753←中国农科院资划所；原始编号：H10；分离地点：唐山滦南县；培养基 0033，30℃。

ACCC 02485←南京农大农业环境微生物中心；原始编号：P1-5+2，NAECC1132；分离地点：江浦农场；培养基 0033，30℃。

ACCC 02538←南京农大农业环境微生物中心；原始编号：M63-2，NAECC1083；分离地点：江苏连云港市场；培养基 0033，30℃。

ACCC 10415←首都师范大学；原始编号：XL7；培养基 0033，30℃

ACCC 11626←南京农大农业环境微生物中心；原始编号：HF12 NAECC1126；分离源：土壤；分离地点：江苏南京；培养基 0033，30℃。

ACCC 11629←南京农大农业环境微生物中心；原始编号：HF17 NAECC1129；分离源：土壤；分离地点：江苏南京；培养基 0033，30℃。

ACCC 11813←南京农大农业环境微生物中心；原始编号：BMA-5 NAECC1039；分离源：土壤；分离地点：江苏省南京市第一农药厂；培养基 0033，30℃。

ACCC 41917←中国医学科学院医药生物技术研究所；原始编号：201809-BZ19；分离地点：内蒙古巴丹吉林沙漠；分离源：柽柳科红砂属植物；培养基 0002，28℃。

ACCC 60088←中国农科院资划所；原始编号：MLS-1-7；分离源：马铃薯根际土壤；促进马铃薯幼苗生长；培养基 0847，28℃。

ACCC 60113←中国农科院资划所；原始编号：MLS-4-x7；分离源：马铃薯根际土壤；促进马铃薯幼苗生长；培养基 0002，28℃。

ACCC 60148←中国农科院资划所；原始编号：zz3-1；分离源：水稻种子；产 IAA 能力，具有 ACC 脱氨酶活性；培养基 0847，30℃。

ACCC 60149←中国农科院资划所；原始编号：zz4-1；分离源：水稻种子；产 IAA 能力，具有 ACC 脱氨酶活性；培养基 0847，30℃。

ACCC 60150←中国农科院资划所；原始编号：zz6-1；分离源：水稻种子；溶磷能力，产 IAA 能力；培养基 0847，30℃。

ACCC 60157←中国农科院资划所；原始编号：zz13-9；分离源：水稻茎秆；产 IAA 能力，具有 β 溶血作用；培养基 0847，30℃。

ACCC 60165←中国农科院资划所；原始编号：zz3-2；分离源：水稻茎秆；产 IAA 能力，具有 ACC 脱氨酶活性；培养基 0847，30℃。

ACCC 60166←中国农科院资划所；原始编号：zz3-4；分离源：水稻茎秆；溶磷能力，产 IAA 能力；培养基 0847，30℃。

ACCC 60167←中国农科院资划所；原始编号：zz3-5；分离源：水稻茎秆；产 IAA 能力，具有 ACC 脱氨酶活性；培养基 0847，30℃。

ACCC 60168←中国农科院资划所；原始编号：zz3-6；分离源：水稻茎秆；溶磷能力，产 IAA 能力，具有 ACC 脱氨酶活性；培养基 0847，30℃。

ACCC 60170←中国农科院资划所；原始编号：zz3-9；分离源：水稻茎秆；产 IAA 能力，具有 ACC 脱氨酶活性；培养基 0847，30℃。

ACCC 60173←中国农科院资划所；原始编号：zz8-1；分离源：水稻茎秆；产 IAA 能力；培养基 0847，30℃。

ACCC 60174←中国农科院资划所；原始编号：zz9-6；分离源：水稻茎秆；产 IAA 能力；培养基 0847，30℃。

ACCC 60178←中国农科院资划所；原始编号：zz10-10；分离源：水稻茎秆；产IAA能力，具有β溶血作用；培养基0847，30℃。

ACCC 60183←中国农科院资划所；原始编号：zz11-9；分离源：水稻茎秆；溶磷能力，产IAA能力；培养基0847，30℃。

ACCC 60185←中国农科院资划所；原始编号：zz12-3；分离源：水稻茎秆；溶磷能力，产IAA能力，产铁载体能力；培养基0847，30℃。

ACCC 60187←中国农科院资划所；原始编号：zz13-8；分离源：水稻茎秆；溶磷能力，产IAA能力；培养基0847，30℃。

ACCC 60194←中国农科院资划所；原始编号：zz18-4；分离源：水稻茎秆；产IAA能力；培养基0847，30℃。

ACCC 60198←中国农科院资划所；原始编号：zz20-8；分离源：水稻茎秆；溶磷能力，产IAA能力；培养基0847，30℃。

ACCC 60256←中国农科院资划所；原始编号：ZZ3-3；分离源：水稻种子；产IAA能力；培养基0847，30℃。

ACCC 60257←中国农科院资划所；原始编号：ZZ3-8；分离源：水稻种子；产IAA能力，具有ACC脱氨酶活性；培养基0847，30℃。

ACCC 60259←中国农科院资划所；原始编号：ZZ13-3；分离源：水稻种子；溶磷能力，产IAA能力；培养基0847，30℃。

ACCC 60374←中国农科院资划所；原始编号：zz3-10；分离源：水稻种子；培养基0847，30℃。

ACCC 61806←中国林科院林业所；原始编号：ND2G5；分离源：毛竹根；培养基0512，30℃。

ACCC 61807←中国林科院林业所；原始编号：W1N；分离源：车前草茎；培养基0002，30℃。

ACCC 61808←中国林科院林业所；原始编号：W2R；分离源：荇菜茎；培养基0512，30℃。

Micrococcus alkanovora

ACCC 01687←中国农科院饲料所；原始编号：FRI2007061，B225；分离源：短鳍红娘鱼肠胃道；培养基0002，37℃。

Micrococcus flavus **Liu et al. 2007**

黄色微球菌

ACCC 05514←中国农科院资划所；分离源：水稻根内生；分离地点：湖南祁阳县官山坪；培养基0441，37℃。

Micrococcus kristinae **Kloos et al. 1974**

克氏微球菌

ACCC 04284←广东微生物所；原始编号：G42；分离地点：广东广州；培养基0002，30℃。

Micrococcus luteus（**Schroeter 1872**）**Cohn 1872**

藤黄微球菌

ACCC 01121←中国农科院资划所；原始编号：Hg-k-3-1；具有用作耐重金属基因资源潜力；分离地点：河北邯郸鱼塘；培养基0002，28℃。

ACCC 01522←新疆农科院微生物所；原始编号：XAAS10425 2-3-3；分离地点：新疆吐鲁番；培养基0033，20～30℃。

ACCC 01541←新疆农科院微生物所；原始编号：XAAS10464 AB1；分离地点：新疆吐鲁番；培养基0033，20～30℃。

ACCC 02630←南京农大农业环境微生物中心；原始编号：Y14C，NAECC1229；分离地点：山东东营；培养基0033，30℃。

ACCC 02944←中国农科院资划所；原始编号：GD-19-2-5，7012；可用来研发生产生物肥料；分离地点：北京大兴礼贤乡；培养基0065，28℃。

Micrococcus lylae Kloos et al. 1974

里拉微球菌

ACCC 01259←新疆农科院微生物所；原始编号：XJAA10346，SB23；培养基 0033，20～30℃。

ACCC 01744←中国农科院饲料所；原始编号：FRI20070674，B295；饲料用植酸酶等的筛选；分离地点：浙江；培养基 0002，37℃。

Micrococcus lysodeik

ACCC 04399←广东微生物所；原始编号：F1.132；分离源：土壤；培养基 0012，37℃。

Micrococcus sp.

微球菌

ACCC 01258←新疆农科院微生物所；原始编号：XJAA10345，SB10；培养基 0033，20～30℃。

ACCC 11829←南京农大农业环境微生物中心；原始编号：LBRF-6，NAECC1071；分离源：土壤；分离地点：江苏省南京市第一农药厂；培养基 0033，30℃。

ACCC 11849←南京农大农业环境微生物中心；原始编号：M3451，NAECC1102；分离源：市售水产体表；分离地点：江苏连云港市场；培养基 0033，30℃。

Micrococcus varians Migula 1900

变异微球菌

ACCC 04282←广东微生物所；原始编号：G41；分离地点：广东广州；培养基 0002，30℃。

Micromonospora auratinigra corrig. Thawai et al. 2004

金黑小单胞菌

ACCC 01540←新疆农科院微生物所；原始编号：XAAS20068 1-5-4；分离地点：新疆吐鲁番；培养基 0277，20℃。

Micromonospora peucetia Kroppenstedt et al. 2005

阿普利亚小单胞菌

ACCC 05541←中国农科院资划所；分离源：水稻根内生；分离地点：湖南祁阳县官山坪；培养基 0002，37℃。

Moraxella osloensis Bøvre & Henriksen 1967

ACCC 05517←中国农科院资划所；分离源：水稻根内生；分离地点：湖南祁阳县官山坪；培养基 0441，37℃。

ACCC 61862←中国农科院资划所；原始编号：PY3-8；分离源：大蒜；培养基 0512，30℃。

Morganella sp.

ACCC 60117←上海出入境检验检疫局；原始编号：MM-SHCIQPD2017-1；分离源：家蝇；培养基 0110，35℃。

Mycobacterius frederiksbergense Willumsen et al. 2001

腓特烈斯堡分枝杆菌

ACCC 01895←中国农科院资划所←新疆农科院微生物所；原始编号：NG3-3；分离源：土壤样品；培养基 0033，37℃。

Mycobacterium sp.

分枝杆菌

ACCC 02483←南京农大农业环境微生物中心；原始编号：P2-4+2，NAECC1130；分离地点：江苏省农业科学院；培养基 0033，30℃。

ACCC 19995←中国农科院资划所；原始编号：SL-30；分离源：土壤；培养基 0033，30℃。

Mycolicibacterium poriferae（Padgitt & Moshier 1987）Gupta et al. 2018

ACCC 61866←中国农科院资划所；原始编号：PY3-5-2；分离源：大蒜；培养基 0512，30℃。

Myroides odoratimimus Vancanneyt et al. 1996

拟香味类香味菌

ACCC 02755←南京农大农业环境微生物中心；原始编号：ZYJ2-3，NAECC1566；分离地点：山东东营胜利油田；培养基0002，30℃。

ACCC 02760←南京农大农业环境微生物中心；原始编号：DA-3，NAECC1571；分离地点：南京农大排污口；培养基0002，30℃。

Myroides sp.

类香味菌

ACCC 02611←南京农大农业环境微生物中心；原始编号：N2，NAECC0993；分离地点：南京玄武区；培养基0033，30℃。

Niallia nealsonii（Venkateswaran et al. 2003）Gupta et al. 2020

ACCC 61885←中国农科院资划所；原始编号：YN1-3；分离源：大蒜；培养基0001，30℃。

Niastella caeni Sheng et al. 2020

ACCC 61580←南京农大；原始编号：HX-16-21；分离源：污泥；培养基0512，30℃。

Niastella sp.

农研所丝杆菌

ACCC 05418←西北农大；原始编号：JCN-23；分离地点：甘肃金昌；培养基0512，28℃。

Nitratireductor aquibiodomus Labbé et al. 2004

ACCC 61571←中国农科院资划所；原始编号：NL21；分离源：海水；培养基0847，30℃。

Nocardioides sp.

诺卡氏菌

ACCC 61800←河北大学生命科学学院；原始编号：HBU208019；分离源：土壤；培养基0512，28℃。

ACCC 61836←中国农科院资划所；原始编号：G4-1；培养基0847，30℃。

Nubsella zeaxanthinifaciens Asker et al. 2008

产玉米黄素鲁布斯菌

ACCC 05520←中国农科院资划所；分离源：水稻根内生；分离地点：湖南祁阳县官山坪；培养基0441，37℃。

Oceanobacillus picturae（Heyrman et al. 2003）Lee et al. 2006

图画大洋芽孢杆菌

ACCC 02736←南京农大农业环境微生物中心；原始编号：SDZ-a，NAECC1402；分离地点：南京东郊；培养基0002，30℃。

Oceanobacillus sp.

海洋芽孢杆菌

ACCC 02743←南京农大农业环境微生物中心；原始编号：Ts14，NAECC1257；分离地点：新疆农业大学试验田；培养基0033，30℃。

ACCC 10661←南京农大农业环境微生物中心；＝AECC 0010；原始编号：III13；分离源：菜园土壤；分离地点：南京农大；培养基0002，30℃。

Ochrobactrum anthropi Holmes et al. 1988

人苍白杆菌

ACCC 02178←中国农科院资划所；原始编号：310，B-S5；以菲、芴作为唯一碳源生长；分离地点：山东东营胜利油田；培养基0002，30℃。

ACCC 02181←中国农科院资划所；原始编号：315，B-58；以菲、芴作为唯一碳源生长；分离地点：山东东营胜利油田；培养基0002，30℃。

ACCC 02185←中国农科院资划所；原始编号：324，B-N15；以菲、芴作为唯一碳源生长；分离地点：山东东营胜利油田；培养基0002，30℃。

Ochrobactrum gallinifaecis Kämpfer et al. 2003
母鸡粪苍白杆菌
ACCC 61628←中国农科院资划所；原始编号：DSM 15295；分离源：鸡粪；培养基 0847，30℃。

Ochrobactrum intermedium Velasco et al. 1998
中间苍白杆菌
ACCC 02968←中国农科院资划所；原始编号：BaP-20-3，7040；可用来研发农田土壤及环境修复微生物制剂；分离地点：北京大兴；培养基 0002，28℃。

ACCC 02997←中国农科院资划所；原始编号：BaP-18-2，7076；可用来研发农田土壤及环境修复微生物制剂；分离地点：北京大兴礼贤乡；培养基 0002，28℃。

ACCC 03039←中国农科院资划所；原始编号：BaP-35-1，7129；可用来研发农田土壤及环境修复微生物制剂；分离地点：山东蓬莱；培养基 0002，28℃。

ACCC 03046←中国农科院资划所；原始编号：BaP-44-1，7136；可用来研发农田土壤及环境修复微生物制剂；分离地点：内蒙古牙克石；培养基 0065，28℃。

ACCC 03053←中国农科院资划所；原始编号：BaP-44-2，7145；可用来研发农田土壤及环境修复微生物制剂；分离地点：内蒙古牙克石；培养基 0065，28℃。

ACCC 03058←中国农科院资划所；原始编号：BaP-16-1，7152；可用来研发农田土壤及环境修复微生物制剂；分离地点：北京大兴礼贤乡；培养基 0002，28℃。

ACCC 03061←中国农科院资划所；原始编号：BaP-11-2，7158；可用来研发农田土壤及环境修复微生物制剂；分离地点：北京朝阳黑庄户；培养基 0065，28℃。

ACCC 03070←中国农科院资划所；原始编号：BaP-43-1，7169；可用来研发农田土壤及环境修复微生物制剂；分离地点：大港油田石油污染土；培养基 0065，28℃。

ACCC 03077←中国农科院资划所；原始编号：BaP-21-4，7181；可用来研发农田土壤及环境修复微生物制剂；分离地点：北京大兴天堂河；培养基 0002，28℃。

ACCC 03083←中国农科院资划所；原始编号：F-20-2，7189；可用来研发农田土壤及环境修复微生物制剂；分离地点：北京大兴；培养基 0002，28℃。

ACCC 03109←中国农科院资划所；原始编号：BaP-20-1，7223；可用来研发农田土壤及环境修复微生物制剂；分离地点：北京大兴；培养基 0002，28℃。

ACCC 03121←中国农科院资划所；原始编号：BaP-21-2，7238；可用来研发农田土壤及环境修复微生物制剂；分离地点：北京大兴天堂河；培养基 0002，28℃。

ACCC 03238←中国农科院资划所；可用来研发农田土壤及环境修复微生物制剂；培养基 0002，28℃。

ACCC 03257←中国农科院资划所；原始编号：F-11-4；可用来研发农田土壤及环境修复微生物制剂；培养基 0002，28℃。

Ochrobactrum oryzae Tripathi et al. 2006
水稻苍白杆菌
ACCC 61629←中国农科院资划所；原始编号：DSM 17490；分离源：深水水稻；培养基 0847，30℃。

Ochrobactrum pseudintermedium Teyssier et al. 2007
假中间苍白杆菌
ACCC 61630←中国农科院资划所；原始编号：DSM 17471；培养基 0847，30℃。

Ochrobactrum sp.
苍白杆菌
ACCC 02164←中国农科院资划所；原始编号：109，68-1；以磷酸三钙、磷矿石作为唯一磷源生长；分离地点：湖北钟祥；培养基 0002，30℃。

ACCC 02690←南京农大农业环境微生物中心；原始编号：B1，NAECC1366；分离地点：江苏昆山；培养基 0002，30℃。

ACCC 02691←南京农大农业环境微生物中心；原始编号：B3，NAECC1367；分离地点：江苏昆山；培养基 0002，30℃。

ACCC 02720←南京农大农业环境微生物中心；原始编号：CGL-1，NAECC1375；分离地点：南京玄武区；培养基 0002，30℃。

ACCC 10085←山东农学院；原始编号：832；能产生有机酸类物质，溶解不溶性磷化物；培养基 0002，30℃。

ACCC 11245←中国农科院资划所；原始编号：LBM-199；培养基 0033，30℃。

ACCC 11750←南京农大农业环境微生物中心；原始编号：BJS2，NAECC0951；分离源：土壤；分离地点：江苏南京卫岗菜园；培养基 0033，30℃。

ACCC 11771←南京农大农业环境微生物中心；原始编号：DJFX，NAECC0977；分离源：土壤；分离地点：江苏南京卫岗菜园；培养基 0033，30℃。

ACCC 11802←南京农大农业环境微生物中心；原始编号：B7，NAECC01013；分离源：土壤；分离地点：江苏南京卫岗菜园；培养基 0971，30℃。

ACCC 60007←中国农科院资划所；原始编号：SL-198；分离源：土壤；培养基 0033，30℃。

ACCC 61731←中国农科院资划所；原始编号：CM-21-5；分离源：土壤；检测潜在新种；培养基 0002，30℃。

Olivibacter soli Wang et al. 2008
土壤橄榄形菌

ACCC 02948←中国农科院资划所；原始编号：GD-65-1-1，7017；分离源：土壤；培养基 0065，28℃。

Oxalicibacterium sp.

ACCC 05417←西北农林科技大学；原始编号：JCN-21；分离地点：甘肃金昌；培养基 0512，28℃。

Paenibacillus agarexedens（ex Wieringa 1941）Uetanabaro et al. 2003

ACCC 02961←中国农科院资划所；原始编号：GD-21-1-3，7032；可用来研发生产生物肥料；分离地点：北京大兴；培养基 0065，28℃。

ACCC 03028←中国农科院资划所；原始编号：GD-B-CL2-1-1，7114；可用来研发生产生物肥料；分离地点：北京试验地；培养基 0065，28℃。

ACCC 03060←中国农科院资划所；原始编号：GD-13-1-4，7157；可用来研发生产生物肥料；分离地点：北京朝阳王四营；培养基 0065，28℃。

ACCC 03068←中国农科院资划所；原始编号：GD-35-1-1，7167；可用来研发生产生物肥料；分离地点：山东蓬莱；培养基 0065，28℃。

ACCC 03095←中国农科院资划所；原始编号：GD-58-1-4，7205；可用来研发生产生物肥料；分离地点：黑龙江五常；培养基 0065，28℃。

ACCC 03137←中国农科院资划所；原始编号：GD-19-1-1，7255；可用来研发生产生物肥料；分离地点：北京大兴；培养基 0065，28℃。

ACCC 03139←中国农科院资划所；原始编号：GD-19-2-3，7257；可用来研发生产生物肥料；分离地点：北京大兴礼贤乡；培养基 0065，28℃。

ACCC 03239←中国农科院资划所；原始编号：GD-58-1-6；可用来研发生产生物肥料；培养基 0065，28℃。

Paenibacillus agaridevorans Uetanabaro et al. 2003
食琼脂类芽孢杆菌

ACCC 01519←新疆农科院微生物所；原始编号：XAAS10420 LB9A；分离地点：新疆布尔津县；培养基 0033，20℃。

Paenibacillus alginolyticus（Nakamura 1987）Shida et al. 1997
解藻酸类芽孢杆菌

ACCC 02967←中国农科院资划所；原始编号：GD-21-2-2，7038；可用来研发生产生物肥料；分离地点：北京大兴天堂河；培养基 0065，28℃。

Paenibacillus alkaliterrae Yoon et al. 2005

耐碱类芽孢杆菌

ACCC 02937←中国农科院资划所；原始编号：GD-7-2-1，7003；可用来研发生产生物肥料；分离地点：北京朝阳黑庄户；培养基 0065，28℃。

Paenibacillus alvei（Cheshire & Cheyne 1885）Ash et al. 1994

蜂房类芽孢杆菌

ACCC 10186←DSMZ；＝ATCC 6344＝CCM 2051＝IFO 3343＝LMG 13253＝ NBRC 3343＝ NCIB 9371＝NCTC 6352；分离源：蜂群；培养基 0002，30℃。

Paenibacillus amylolyticus（Nakamura 1984）Ash et al. 1994

解淀粉类芽孢杆菌

ACCC 01256←新疆农科院微生物所；原始编号：XJAA10437，LB62-B；培养基 0033，20℃。

ACCC 01969←中国农科院资划所；原始编号：6，H12-4；纤维素降解菌；分离地点：吉林安图；培养基 0002，30℃。

ACCC 01970←中国农科院资划所；原始编号：17，H11-3；纤维素降解菌；分离地点：吉林松江河镇；培养基 0002，30℃。

ACCC 01972←中国农科院资划所；原始编号：30，H13-2；纤维素降解菌；分离地点：吉林抚松县；培养基 0002，30℃。

ACCC 01938←新疆农科院微生物所；原始编号：XD65；分离源：甘草；培养基 0033，37℃。

ACCC 02012←新疆农科院微生物所；原始编号：LB68，XAAS10358；分离地点：新疆乌鲁木齐；培养基 0033，20℃。

ACCC 02123←新疆农科院微生物所；原始编号：XA23；分离源：甘草；培养基 0033，37℃。

ACCC 03124←中国农科院资划所；原始编号：GD-12-1-8，7242；可用来研发生产生物肥料；分离地点：北京朝阳王四营；培养基 0065，28℃。

ACCC 60100←福建省农业科学院；原始编号：DSM11730；培养基 0514，30℃。

Paenibacillus antarcticus Montes et al. 2004

南极类芽孢杆菌

ACCC 02065←新疆农科院微生物所；原始编号：LB76，XAAS10412；分离地点：新疆布尔津县；培养基 0033，20℃。

ACCC 19726←中国农科院资划所←中科院生态环境研究中心；原始编号：LMG22078T；分离源：南极沉积物；培养基 0847，20℃。

Paenibacillus apiarius（ex Katznelson 1955）Nakamura 1996

蜜蜂类芽孢杆菌

ACCC 10193←DSMZ；＝DSM 5581＝ATCC 29575；分离源：幼蜂；培养基 0002，30℃。

Paenibacillus azoreducens Meehan et al. 2001

氮还原类芽孢杆菌

ACCC 10250←DSMZ←G. Mc Mullan；＝ DSM 13822＝ NCIMB 13761；培养基 0266，30℃。

Paenibacillus azotofixans（Seldin et al. 1984）Ash et al. 1994

固氮类芽胞杆菌

ACCC 10251←DSMZ←ATCC←L. Seldin，P3 L-5；＝DSM 5976＝ATCC 35681＝LMG 14658；培养基 0441，30℃。

ACCC 11008←中国农科院土肥所；原始编号：97-1；培养基 0002，30℃。

Paenibacillus barcinonensis Sánchez et al. 2005

巴塞罗那类芽孢杆菌

ACCC 05515←中国农科院资划所；分离源：水稻根内生；分离地点：湖南祁阳县官山坪；培养基 0441，37℃。

ACCC 05532←中国农科院资划所；分离源：水稻根内生；分离地点：湖南祁阳县官山坪；培养基 0441，37℃。

ACCC 61674←南京农大；原始编号：LY-55；分离源：土壤；促进植物生长；培养基 0033，30℃。

ACCC 61675←南京农大；原始编号：LY-57；分离源：土壤；促进植物生长；培养基 0033，30℃。

ACCC 61699←南京农大；原始编号：LY-60；分离源：土壤；促进植物生长；培养基 0033，30℃。

Paenibacillus barengoltzii Osman et al. 2006

巴伦氏类芽孢杆菌

ACCC 03243←中国农科院资划所；原始编号：GD-62-2-4；可用来研发生产生物肥料；培养基 0065，28℃。

Paenibacillus caespitis

ACCC 03258←中国农科院资划所；原始编号：GD-65-2-4；分离源：土壤；培养基 0065，28℃。

Paenibacillus chibensis Shida et al. 1997

千叶类芽孢杆菌

ACCC 10391←首都师范大学←中科院微生物所；=PCM1398=ATCC 9966= DSM 329=AS 1.2008；培养基 0033，30℃。

ACCC 61623←北京科技大学；原始编号：JCM9905；分离源：土壤；培养基 0002，30℃。

ACCC 61700←北京科技大学；原始编号：4R1；分离源：玉米种子；培养基 0033，30℃。

Paenibacillus chitinolyticus（Kuroshima et al. 1996）Lee et al. 2004

解几丁质类芽孢杆菌

ACCC 10227←DSMZ←IFO←R. Takata, Ehime University；=DSM 11030；培养基 0002，30℃。

Paenibacillus cineris Logan et al. 2004

ACCC 61819←中国农科院资划所；原始编号：HY49；分离源：番茄根际土；培养基 0847，30℃。

Paenibacillus curdlanolyticus（Kanzawa et al. 1995）Shida et al. 1997

ACCC 61562←福建省农业科学院；原始编号：DSM 10247；分离源：土壤；培养基 0001，30℃。

Paenibacillus daejeonensis Lee et al. 2002

大田类芽孢杆菌

ACCC 03066←中国农科院资划所；原始编号：GD-A-CK2-2-1，7165；可用来研发生产生物肥料；分离地点：北京试验地；培养基 0065，28℃。

ACCC 03114←中国农科院资划所；原始编号：GD-11-2-1，7230；可用来研发生产生物肥料；分离地点：北京朝阳黑庄户；培养基 0065，28℃。

Paenibacillus forsythiae Ma & Chen 2008

雪柳类芽孢杆菌

ACCC 03090←中国农科院资划所；原始编号：GD-64-2-2，7197；可用来研发生产生物肥料；分离地点：内蒙古牙克石七队；培养基 0065，28℃。

Paenibacillus fujiensis

ACCC 03131←中国农科院资划所；原始编号：GD-72-2-2，7249；分离源：土壤；培养基 0065，28℃。

Paenibacillus glacialis Kishore et al. 2010

ACCC 19727←中国农科院资划所←中科院生态环境研究中心；原始编号：KFC91T；分离源：土壤；培养基 0847，20℃。

Paenibacillus glucanolyticus（Alexander & Priest 1989）Shida et al. 1997

ACCC 61520←福建省农业科学院；原始编号：DSM 5162；培养基 0220，30℃。

Paenibacillus glycanilyticus Dasman et al. 2002

解聚糖类芽孢杆菌

ACCC 03004←中国农科院资划所；原始编号：GD-27-1-1，7083；可用来研发生产生物肥料；分离地点：河北高碑店；培养基 0065，28℃。

ACCC 03014←中国农科院资划所；原始编号：GD-12-2-5，7095；可用来研发生产生物肥料；分离地点：北京朝阳王四营；培养基 0065，28℃。

ACCC 03122←中国农科院资划所；原始编号：GD-B-CK1-1-3，7240；可用来研发生产生物肥料；分离地点：北京试验地；培养基 0065，28℃。

Paenibacillus graminis Berge et al. 2002

草类芽孢杆菌

ACCC 03092←中国农科院资划所；原始编号：GD-12-1-1，7199；可用来研发生产生物肥料；分离地点：北京朝阳王四营；培养基 0065，28℃。

Paenibacillus harenae Jeon et al. 2009

ACCC 19716←中国农科院资划所；原始编号：KCTC3951；培养基 0002，35℃。

Paenibacillus hordei Kim et al. 2013

ACCC 61587←北京科技大学；原始编号：RH-N24；分离源：大麦；过氧化氢酶阳性，氧化酶阴性；培养基 0002，37℃。

Paenibacillus humicus Vaz-Moreira et al. 2007

腐殖质类芽孢杆菌

ACCC 02965←中国农科院资划所；原始编号：GD-51-2-2，7036；可用来研发生产生物肥料；分离地点：内蒙古乌海；培养基 0065，28℃。

ACCC 02984←中国农科院资划所；原始编号：GD-58-1-3，7060；可用来研发生产生物肥料；分离地点：黑龙江五常；培养基 0065，28℃。

ACCC 02995←中国农科院资划所；原始编号：GD-68-2-2，7074；可用来研发生产生物肥料；分离地点：内蒙古牙克石；培养基 0065，28℃。

ACCC 03078←中国农科院资划所；原始编号：GD-B-CK1-2-2，7184；可用来研发生产生物肥料；分离地点：北京试验地；培养基 0065，28℃。

ACCC 03082←中国农科院资划所；原始编号：GD-13-2-1，7188；可用来研发生产生物肥料；分离地点：北京朝阳王四营；培养基 0065，28℃。

ACCC 03128←中国农科院资划所；原始编号：GD-72-2-1，7246；可用来研发生产生物肥料；分离地点：内蒙古牙克石特尼河农场；培养基 0065，28℃。

ACCC 03240←中国农科院资划所；原始编号：GD-16-2-1；可用来研发生产生物肥料；培养基 0065，28℃。

ACCC 03259←中国农科院资划所；原始编号：GD-12-2-1；可用来研发生产生物肥料；培养基 0065，28℃。

Paenibacillus illinoisensis Shida et al. 1997

ACCC 61584←北京科技大学；原始编号：NRRLNRS-1356；分离源：土壤；培养基 0002，30℃。

Paenibacillus jilunlii Jin et al. 2011

ACCC 03231←中国农科院资划所；原始编号：7013；分离源：土壤；培养基 0065，28℃。

Paenibacillus kobensis（Kanzawa et al. 1995）Shida et al. 1997

神户类芽孢杆菌

ACCC 02978←中国农科院资划所；原始编号：GD-57-2-1，7054；可用来研发生产生物肥料；分离地点：黑龙江五常；培养基 0002，28℃。

ACCC 03000←中国农科院资划所；原始编号：GD-68-2-1，7079；可用来研发生产生物肥料；分离地点：内蒙古牙克石；培养基 0065，28℃。

ACCC 03112←中国农科院资划所；原始编号：GD-9-2-1，7228；可用来研发生产生物肥料；分离地点：北京朝阳黑庄户；培养基 0065，28℃。

Paenibacillus konsisdensis

ACCC 19807←中国农科院资划所；原始编号：JCM14798；培养基 0847，30℃。

Paenibacillus lactis Scheldeman et al. 2004

ACCC 61618←福建省农业科学院；原始编号：DSM 15596；分离源：生奶；培养基0220，30℃。

ACCC 61625←北京科技大学；原始编号：MB1871；分离源：未消毒的牛奶；培养基0002，30℃。

Paenibacillus lautus（Nakamura 1984）Heyndrickx et al. 1996

ACCC 61611←福建省农业科学院；原始编号：DSM 3035；分离源：儿童肠道；培养基0001，30℃。

ACCC 61624←北京科技大学；原始编号：NRRLNRS-666；分离源：儿童肠道；培养基0002，30℃。

Paenibacillus macerans（Schardinger 1905）Ash et al. 1994

浸麻类芽孢杆菌

ACCC 11115←中国农科院土肥所←中科院微生物所←黄海化学工业研究所；=AS 1.64；产丙酮、乙醇；培养基0002，30℃。

ACCC 61529←福建省农业科学院；原始编号：DSM 24；培养基0220，30℃。

Paenibacillus macquariensis（Marshall & Ohye 1966）Ash et al. 1994

马阔里类芽孢杆菌

ACCC 05443←中国农科院资划所←中科院微生物所；原始编号：N-17；培养基0002，37℃。

ACCC 19725←中国农科院资划所←中科院生态环境研究中心；原始编号：LMG6935T；分离源：土壤；培养基0847，20℃。

Paenibacillus motobuensis Iida et al. 2005

ACCC 19806←中国农科院资划所；原始编号：JCM12774；培养基0847，37℃。

Paenibacillus mucilaginosus（Avakyan et al. 1998）Hu et al. 2010

胶冻样类芽孢杆菌

ACCC 01075←中国农科院资划所；原始编号：GDJ-18-1-1；具有生产固氮生物肥料潜力；分离地点：北京大兴；培养基0065，28℃。

ACCC 02983←中国农科院资划所；原始编号：GD-64-2-3，7059；可用来研发生产生物肥料；分离地点：内蒙古牙克石；培养基0065，28℃。

ACCC 10012←中国农科院土肥所；原始编号：AM1.05；培养基0067，28～30℃。

ACCC 10013←中国农科院土肥所；原始编号：308；制造细菌肥料；培养基0067，28～30℃。

ACCC 10015←中国农科院土肥所；原始编号：HuK；培养基0067，28～30℃。

ACCC 10090←北京大学地矿部；钾肥生产；培养基0033，30℃。

ACCC 10091←中国农科院土肥所；原始编号：E4；生产细菌肥料；培养基0067，28～30℃。

ACCC 10092←北京大学地矿部；原始编号：907；培养基0002，30℃。

ACCC 10094←山东省长清市生物农药厂；原始编号：DK；生产细菌肥料；培养基0067，28～30℃。

ACCC 10095←中国农科院土肥所；原始编号：K9；生产细菌肥料；培养基0067，30℃。

ACCC 10106←中国农科院土肥所；原始编号：K7B；培养基0067，30℃。

ACCC 11003←中国林科院林业所←中科院微生物所；=AS 1.153；培养基0067，30℃。

ACCC 11004←中国林科院林业所←中科院微生物所←北京细菌肥料厂；=AS 1.231；培养基0067，30℃。

ACCC 11005←中国林科院林业所←中科院微生物所 =AS 1.910；培养基0067，30℃。

ACCC 19749←中国农科院资划所←山东农科院资环所；原始编号：SDZHYB-14；分离源：商品菌剂；培养基0847，30～35℃。

Paenibacillus nobinense

ACCC 61710←中科院成都生物研究所；原始编号：G12；分离源：金钗石斛；培养基0512，30℃。

Paenibacillus odorifer Berge et al. 2002

ACCC 61619←福建省农业科学院；原始编号：DSM 15391；分离源：小麦根；培养基0220，30℃。

Paenibacillus pabuli（Nakamura 1984）Ash et al. 1994

饲料类芽孢杆菌

ACCC 01974←中国农科院资划所；原始编号：7，L55-1；纤维素降解菌；分离地点：山东东营胜利油田；培养基0002，30℃。

ACCC 10273←中国农科院资划所；分解纤维素，用于秸秆降解、腐熟；培养基 0002，30℃。

ACCC 61613←福建省农业科学院；原始编号：DSM 3036；分离源：绿色发酵饲料；培养基 0002，30℃。

Paenibacillus panacisoli Ten et al. 2006

人参土地类芽孢菌

ACCC 01520←新疆农科院微生物所；原始编号：XAAS10382，PB7；培养基 0033，20～30℃。

Paenibacillus pectinilyticus Park et al. 2009

ACCC 19790←中国农科院资划所；原始编号：RCB-08；培养基 0451，30℃。

Paenibacillus peoriae（Montefusco et al. 1993）Heyndrickx et al. 1996

皮尔瑞俄类芽孢杆菌

ACCC 01499←新疆农科院微生物所；原始编号：XAAS10203，1.203；分离地点：新疆布尔津县；培养基 0033，20℃。

ACCC 61547←福建省农业科学院；原始编号：DSM 8320；分离源：土壤；培养基 0001，30℃。

Paenibacillus phyllosphaerae Rivas et al. 2005

ACCC 19786←中国农科院资划所←DSMZ；原始编号：PALXIL04；培养基 0451，30℃。

Paenibacillus polymyxa（Prazmowski 1880）Ash et al. 1994

多粘类芽孢杆菌

ACCC 01043←中国农科院资划所；原始编号：GD-25-2-2；具有生产固氮生物肥料潜力；分离地点：河北高碑店；培养基 0065，28℃。

ACCC 01529←新疆农科院微生物所；原始编号：XAAS10064，1.064；分离地点：焉耆博湖；培养基 0476，20℃。

ACCC 01542←新疆农科院微生物所；原始编号：XAAS10467，AB4；分离地点：库尔勒上户谷地；培养基 0033，20℃。

ACCC 01543←新疆农科院微生物所；原始编号：XAAS10468，AB5；分离地点：库尔勒上户谷地；培养基 0033，20℃。

ACCC 01544←新疆农科院微生物所；原始编号：XAAS10470，AB7；分离地点：焉耆博湖；培养基 0033，20℃。

ACCC 01892←中国农科院资划所←新疆农科院微生物所；原始编号：NA56-1；分离源：土壤样品；培养基 0033，30℃。

ACCC 03043←中国农科院资划所；原始编号：GD-8-1-2，7133；可用来研发生产生物肥料；分离地点：北京朝阳黑庄户；培养基 0065，28℃。

ACCC 03064←中国农科院资划所；原始编号：GD-64-1-4，7163；可用来研发生产生物肥料；分离地点：内蒙古牙克石七队；培养基 0065，28℃。

ACCC 03134←中国农科院资划所；原始编号：GD-55-1-4，7252；可用来研发生产生物肥料；分离地点：辽宁师范大学；培养基 0065，28℃。

ACCC 03145←中国农科院麻类所；红麻、亚麻脱胶，24 小时脱胶程度为 6；培养基 0014，33℃。

ACCC 03146←中国农科院麻类所；原始编号：IBFC W0559；红麻、亚麻脱胶，24 小时脱胶程度为 6；培养基 0014，33℃。

ACCC 03147←中国农科院麻类所；原始编号：IBFC W0560；红麻、亚麻脱胶，24 小时脱胶程度为 6；培养基 0014，33℃。

ACCC 03148←中国农科院麻类所；原始编号：IBFC W0561；红麻、亚麻脱胶，24 小时脱胶程度为 6；培养基 0014，33℃。

ACCC 03149←中国农科院麻类所；原始编号：IBFC W0562；红麻、亚麻脱胶，24 小时脱胶程度为 6；培养基 0014，33℃。

ACCC 03150←中国农科院资划所；原始编号：IBFCW0568；培养基 0081，33℃。

ACCC 03151←中国农科院麻类所；原始编号：IBFC W0570；红麻脱胶；培养基 0081，33℃。

ACCC 03152←中国农科院麻类所；原始编号：IBFC W0571；红麻脱胶；培养基 0081，33℃。

ACCC 03153←中国农科院麻类所；原始编号：IBFC W0572；红黄麻脱胶；培养基 0081，33℃。
ACCC 03154←中国农科院资划所；原始编号：IBFCW0573；培养基 0014，33℃。
ACCC 03155←中国农科院资划所；原始编号：IBFCW0574；培养基 0014，33℃。
ACCC 03156←中国农科院资划所；原始编号：IBFCW0575；培养基 0014，33℃。
ACCC 03157←中国农科院资划所；原始编号：IBFCW0576；培养基 0014，33℃。
ACCC 03158←中国农科院资划所；原始编号：IBFCW0577；培养基 0014，33℃。
ACCC 03159←中国农科院资划所；原始编号：IBFCW0578；培养基 0014，33℃。
ACCC 03160←中国农科院资划所；原始编号：IBFCW0579；培养基 0014，33℃。
ACCC 03162←中国农科院资划所；原始编号：IBFCW0162；培养基 0014，33℃。
ACCC 03163←中国农科院资划所；原始编号：IBFCW0582；培养基 0014，33℃。
ACCC 03164←中国农科院资划所；原始编号：IBFCW0583；培养基 0014，33℃。
ACCC 03165←中国农科院资划所；原始编号：IBFCW0624；分离源：T1163 菌液（NTG 诱变选育，
　　　　NTG 浓度为 0.5 g/L）；培养基 0014，33℃。
ACCC 03166←中国农科院资划所；原始编号：IBFCW0625；分离源：T1163 菌液（NTG 诱变选育，
　　　　NTG 浓度为 1.0 g/L）；培养基 0014，33℃。
ACCC 03167←中国农科院资划所；原始编号：IBFCW0626；分离源：T1163 菌液（NTG 诱变选育，
　　　　NTG 浓度为 1.5 g/L）；培养基 0014，33℃。
ACCC 03168←中国农科院资划所；原始编号：IBFCW0627；分离源：T1163 菌液（NTG 诱变选育，
　　　　NTG 浓度为 2.0 g/L）；培养基 0014，33℃。
ACCC 03169←中国农科院资划所；原始编号：IBFCW0628；分离源：T1163 菌液（NTG 诱变选育，
　　　　NTG 浓度为 2.5 g/L）；培养基 0014，33℃。
ACCC 03171←中国农科院资划所；原始编号：IBFCW0630；分离源：T1163 菌液（NTG 诱变选育，
　　　　NTG 浓度为 3.5 g/L）；培养基 0014，33℃。
ACCC 03172←中国农科院资划所；原始编号：IBFCW0631；分离源：T1163 菌液（NTG 诱变选育，
　　　　NTG 浓度为 4.0 g/L）；培养基 0014，33℃。
ACCC 03173←中国农科院资划所；原始编号：IBFCW0632；分离源：T1163 菌液（NTG 诱变选育，
　　　　NTG 浓度为 4.5 g/L）；培养基 0014，33℃。
ACCC 03174←中国农科院资划所；原始编号：IBFCW0633；分离源：T1163 菌液（NTG 诱变选育，
　　　　NTG 浓度为 5.0 g/L）；培养基 0014，33℃。
ACCC 03175←中国农科院资划所；原始编号：IBFCW0634；分离源：T1163 菌液（NTG 诱变选育，
　　　　NTG 浓度为 5.5 g/L）；培养基 0014，33℃。
ACCC 03176←中国农科院资划所；原始编号：IBFCW0635；分离源：T1163 菌液（NTG 诱变选育，
　　　　NTG 浓度为 6.0 g/L）；培养基 0014，33℃。
ACCC 03177←中国农科院资划所；原始编号：IBFCW0636；分离源：T1163 菌液（NTG 诱变选育，
　　　　NTG 浓度为 6.5 g/L）；培养基 0014，33℃。
ACCC 03178←中国农科院麻类所；原始编号：IBFC W0654；红麻脱胶；培养基 0081，33℃。
ACCC 03179←中国农科院麻类所；原始编号：T2123-7；红麻脱胶；培养基 0081，33℃。
ACCC 03180←中国农科院麻类所；原始编号：IBFC W0656；红麻脱胶；培养基 0081，33℃。
ACCC 03211←中国农科院麻类所；原始编号：IBFC W0565；红麻脱胶；培养基 0014，33℃。
ACCC 03212←中国农科院麻类所；原始编号：IBFC W0566；红麻脱胶；培养基 0014，33℃。
ACCC 03213←中国农科院麻类所；原始编号：IBFC W0567；红麻脱胶；培养基 0081，33℃。
ACCC 03219←中国农科院麻类所；原始编号：IBFC W0563；红麻脱胶；培养基 0014，35℃。
ACCC 03196←中国农科院麻类所；原始编号：Y186；红麻、亚麻脱胶，24 小时脱胶程度为 6；培养基
　　　　0014，33℃。
ACCC 03197←中国农科院麻类所；原始编号：Y187；红麻、亚麻脱胶，24 小时脱胶程度为 6；培养基
　　　　0014，33℃。

ACCC 03198←中国农科院麻类所；原始编号：Y188；红麻、亚麻脱胶，24 小时脱胶程度为 6；培养基 0014，33℃。

ACCC 03199←中国农科院麻类所；原始编号：IBFC W0544；红麻、亚麻脱胶，24 小时脱胶程度为 6；培养基 0014，33℃。

ACCC 03200←中国农科院麻类所；红麻、亚麻脱胶，24 小时脱胶程度为 6；培养基 0014，33℃。

ACCC 03201←中国农科院麻类所；原始编号：IBFC W0546；红麻、亚麻脱胶，24 小时脱胶程度为 6；培养基 0014，33℃。

ACCC 03202←中国农科院麻类所；原始编号：IBFC W0547；红麻、亚麻脱胶，24 小时脱胶程度为 6；培养基 0014，33℃。

ACCC 03203←中国农科院麻类所；原始编号：IBFC W0548；红麻、亚麻脱胶，24 小时脱胶程度为 6；培养基 0014，33℃。

ACCC 03204←中国农科院麻类所；原始编号：IBFC W0549；红麻、亚麻脱胶，24 小时脱胶程度为 6；培养基 0014，33℃。

ACCC 03205←中国农科院麻类所；红麻、亚麻脱胶，24 小时脱胶程度为 6；培养基 0014，33℃。

ACCC 03206←中国农科院麻类所；原始编号：IBFC W0551；红麻、亚麻脱胶，24 小时脱胶程度为 6；培养基 0014，33℃。

ACCC 03207←中国农科院麻类所；原始编号：IBFC W0552；红麻、亚麻脱胶，24 小时脱胶程度为 6；培养基 0014，33℃。

ACCC 03208←中国农科院麻类所；红麻、亚麻脱胶，24 小时脱胶程度为 6；培养基 0014，33℃。

ACCC 03209←中国农科院麻类所；原始编号：IBFC W0555；红麻、亚麻脱胶，24 小时脱胶程度为 6；培养基 0014，33℃。

ACCC 03218←中国农科院麻类所；原始编号：IBFC W0557；红麻、亚麻脱胶，24 小时脱胶程度为 6；培养基 0014，33℃。

ACCC 03411←中国农科院麻类所；原始编号：IBFC W0558；红麻、亚麻脱胶，24 小时脱胶程度为 6；分离地点：湖南沅江实验室；培养基 0014，33℃。

ACCC 03425←中国农科院麻类所；原始编号：IBFC W0560；红麻、亚麻脱胶，24 小时脱胶程度为 6；分离地点：湖南沅江实验室；培养基 0014，33℃。

ACCC 03434←中国农科院麻类所；原始编号：IBFC W0781；红麻、亚麻脱胶，24 小时脱胶程度为 6；分离地点：中南林业科技大学；培养基 0014，33℃。

ACCC 03461←中国农科院麻类所；原始编号：IBFC W0795；红麻、亚麻脱胶，24 小时脱胶程度为 6；分离地点：中南林业科技大学；培养基 0014，33℃。

ACCC 03474←中国农科院麻类所；原始编号：IBFC W0753；红麻、亚麻脱胶，24 小时脱胶程度为 6；分离地点：中南林业科技大学；培养基 0014，33℃。

ACCC 03475←中国农科院麻类所；原始编号：IBFC W0553；红麻、亚麻脱胶，24 小时脱胶程度为 6；分离地点：湖南沅江实验室；培养基 0014，33℃。

ACCC 03537←中国农科院麻类所；原始编号：IBFC W0831；红麻、亚麻脱胶，24 小时脱胶程度为 6-7；分离地点：湖南南县；培养基 0014，34℃。

ACCC 03540←中国农科院麻类所；原始编号：IBFC W0834；红麻、亚麻脱胶，24 小时脱胶程度为 6-7；分离地点：湖南南县；培养基 0014，34℃。

ACCC 03542←中国农科院麻类所；原始编号：IBFC W0836；红麻、亚麻脱胶，24 小时脱胶程度为 6-7；分离地点：湖南沅江；培养基 0014，34℃。

ACCC 03556←中国农科院麻类所；原始编号：IBFC W0859；红麻、亚麻脱胶，24 小时脱胶程度为 5；分离地点：湖南南县；培养基 0014，34℃。

ACCC 03557←中国农科院麻类所；原始编号：IBFC W0860；红麻、亚麻脱胶，24 小时脱胶程度为 6；分离地点：湖南南县；培养基 0014，34℃。

ACCC 03564←中国农科院麻类所；原始编号：IBFC W0868；红麻、亚麻脱胶，24 小时脱胶程度为 5；分离地点：湖南沅江；培养基 0014，34℃。

ACCC 03565←中国农科院麻类所；原始编号：IBFC W0869；红麻、亚麻脱胶，24 小时脱胶程度为 5；分离地点：湖南南县；培养基 0014，34℃。

ACCC 03570←中国农科院麻类所；原始编号：IBFC W0881；红麻、亚麻脱胶，24 小时脱胶程度为 6；分离地点：湖南南县；培养基 0014，34℃。

ACCC 03571←中国农科院麻类所；原始编号：IBFC W0882；红麻、亚麻脱胶，24 小时脱胶程度为 7；分离地点：湖南南县；培养基 0014，34℃。

ACCC 03572←中国农科院麻类所；原始编号：IBFC W0884；红麻、亚麻脱胶，24 小时脱胶程度为 7；分离地点：湖南南县；培养基 0014，34℃。

ACCC 03578←中国农科院麻类所；原始编号：IBFC W0892；红麻、亚麻脱胶，24 小时脱胶程度为 6；分离地点：湖南南县；培养基 0014，34℃。

ACCC 03579←中国农科院麻类所；原始编号：IBFC W0894；红麻、亚麻脱胶，24 小时脱胶程度为 7；分离地点：湖南南县；培养基 0014，34℃。

ACCC 03583←中国农科院麻类所；原始编号：IBFC W0898；红麻、亚麻脱胶，24 小时脱胶程度为 7；分离地点：湖南沅江；培养基 0014，34℃。

ACCC 03584←中国农科院麻类所；原始编号：IBFC W0899；红麻、亚麻脱胶，24 小时脱胶程度为 7；分离地点：湖南沅江；培养基 0014，34℃。

ACCC 03588←中国农科院麻类所；原始编号：IBFC W0903；红麻、亚麻脱胶，24 小时脱胶程度为 6；分离地点：湖南南县；培养基 0014，34℃。

ACCC 03590←中国农科院麻类所；原始编号：IBFC W0906；红麻、亚麻脱胶，24 小时脱胶程度为 6；分离地点：湖南沅江；培养基 0014，34℃。

ACCC 03591←中国农科院麻类所；原始编号：IBFC W0907；红麻、亚麻脱胶，24 小时脱胶程度为 8；分离地点：湖南沅江；培养基 0014，34℃。

ACCC 03592←中国农科院麻类所；原始编号：IBFC W0909；红麻、亚麻脱胶，24 小时脱胶程度为 8；分离地点：湖南南县；培养基 0014，34℃。

ACCC 03593←中国农科院麻类所；原始编号：IBFC W0911；红麻、亚麻脱胶，24 小时脱胶程度为 6；分离地点：湖南南县；培养基 0014，34℃。

ACCC 03594←中国农科院麻类所；原始编号：IBFC W0912；红麻、亚麻脱胶，24 小时脱胶程度为 7；分离地点：湖南沅江；培养基 0014，34℃。

ACCC 03595←中国农科院麻类所；原始编号：IBFC W0913；红麻、亚麻脱胶，24 小时脱胶程度为 4；分离地点：湖南沅江；培养基 0014，34℃。

ACCC 03596←中国农科院麻类所；原始编号：IBFC W0914；红麻、亚麻脱胶，24 小时脱胶程度为 6；分离地点：湖南沅江；培养基 0014，34℃。

ACCC 03597←中国农科院麻类所；原始编号：IBFC W0916；红麻、亚麻脱胶，24 小时脱胶程度为 6；分离地点：湖南沅江；培养基 0014，34℃。

ACCC 03598←中国农科院麻类所；原始编号：IBFC W0917；红麻、亚麻脱胶，24 小时脱胶程度为 6；分离地点：湖南南县；培养基 0014，34℃。

ACCC 03602←中国农科院麻类所；原始编号：IBFC W0922；红麻、亚麻脱胶，24 小时脱胶程度为 7；分离地点：湖南沅江；培养基 0014，34℃。

ACCC 03605←中国农科院麻类所；原始编号：IBFC W0929；红麻、亚麻脱胶，24 小时脱胶程度为 7；分离地点：浙江杭州；培养基 0014，34℃。

ACCC 03606←中国农科院麻类所；原始编号：IBFC W0930；红麻、亚麻脱胶，24 小时脱胶程度为 6；分离地点：浙江杭州；培养基 0014，34℃。

ACCC 03607←中国农科院麻类所；原始编号：IBFC W0931；红麻、亚麻脱胶，24 小时脱胶程度为 6；分离地点：浙江杭州；培养基 0014，34℃。

ACCC 03608←中国农科院麻类所；原始编号：IBFC W0934；红麻、亚麻脱胶，24 小时脱胶程度为 6；分离地点：浙江杭州；培养基 0014，34℃。

ACCC 05445←中国农科院资划所；原始编号：C3；培养基 0002，30℃。

ACCC 10122←中国农科院资划所；=AS 1.154；产多粘菌素 E；培养基 0002，30℃。

ACCC 10252←DSMZ←ATCC←A. J. Kluyver；=DSM 36=ATCC 842=CCM 1459=JCM 2507=LMG 13294=NCIB 8158=NCTC 10343；培养基 0266，30℃。

ACCC 10267←广东微生物所；产 2-3-丁二醇；培养基 0002，30℃。

ACCC 10369←首都师范大学；原始编号：WY110；植物内生菌，拮抗多种植物病害；培养基 0033，30℃。

ACCC 10447←首都师范大学；培养基 0033，28℃。

ACCC 10679←南京农大农业环境微生物中心；=NAECC 0018；原始编号：B110；分离源：植物根际土壤；分离地点：山东莱阳农学院；培养基 0002，30℃。

ACCC 10694←中国农科院麻类所；原始编号：T1249；分离源：红麻土壤；分离地点：安徽蚌埠；培养基 0002，32℃。

ACCC 10725←中国农科院麻类所；原始编号：T1158-2；分离源：红麻土壤；分离地点：湖南南县；培养基 0002，32℃。

ACCC 10728←中国农科院麻类所；原始编号：T1165；分离源：红麻土壤；分离地点：湖南南县；培养基 0002，32℃。

ACCC 10730←中国农科院麻类所；原始编号：T1166-2；分离源：红麻土壤；分离地点：湖南南县；培养基 0002，32℃。

ACCC 10731←中国农科院麻类所；原始编号：T1248；分离源：红麻土壤；分离地点：安徽蚌埠；培养基 0002，32℃。

ACCC 10733←中国农科院麻类所；原始编号：T1160；分离源：红麻土壤；分离地点：湖南南县；培养基 0002，32℃。

ACCC 10734←中国农科院麻类所；原始编号：266；分离源：1163EB 诱变液；分离地点：湖南沅江；培养基 0002，37℃。

ACCC 10736←中国农科院麻类所；原始编号：263；分离源：1163EB 诱变液；分离地点：湖南沅江；培养基 0002，30℃。

ACCC 10739←中国农科院麻类所；原始编号：T1163；分离源：红麻土壤；分离地点：湖南南县；培养基 0002，32℃。

ACCC 10740←中国农科院麻类所；原始编号：T1166-1；分离源：红麻土壤；分离地点：湖南南县；培养基 0002，32℃。

ACCC 10750←中国农科院麻类所；原始编号：T1155-1；分离源：土壤；分离地点：湖南南县；培养基 0002，32℃。

ACCC 10751←中国农科院麻类所；原始编号：T1158-1；分离源：红麻土壤；分离地点：湖南南县；培养基 0002，32℃。

ACCC 10753←中国农科院麻类所；原始编号：271-1；分类研究；分离地点：湖南沅江；培养基 0002，37℃。

ACCC 10755←中国农科院麻类所；原始编号：8（2-4）；分离源：土壤与腐烂稻草；分离地点：湖北；培养基 0002，35℃。

ACCC 10760←中国农科院麻类所；原始编号：T1155-2；分离源：红麻土壤；分离地点：湖南南县；培养基 0002，32℃。

ACCC 11116←中国农科院土肥所←中科院微生物所；=AS1.794；产 β-淀粉酶；培养基 0002，30℃。

ACCC 61665←南京农大；原始编号：LY-25；分离源：土壤；促进植物生长；培养基 0033，30℃。

ACCC 61709←兰州交通大学；原始编号：YF；分离源：羊粪堆肥；生物防治及土壤改良；培养基 0033，30℃。

Paenibacillus populi Han et al. 2015

ACCC 06427←中国农科院资划所；原始编号：LAM0705；培养基 0002，28℃。

Paenibacillus pulvifaciens（Nakamura 1984）Ash et al. 1994

尘埃类芽孢杆菌

ACCC 05436←中国农科院资划所←中科院微生物所←波兰；原始编号：10068；粟细菌性褐条病菌；培养基0002，30℃。

Paenibacillus sabinae Ma et al. 2007

圆柏类芽孢杆菌

ACCC 01093←中国农科院资划所；原始编号：GD-28-2-1；具有生产固氮生物肥料潜力；分离地点：北京顺义；培养基0065，28℃。

ACCC 02942←中国农科院资划所；原始编号：GD-20-1-1，7009；可用来研发生产生物肥料；分离地点：北京大兴；培养基0065，28℃。

ACCC 02957←中国农科院资划所；原始编号：GD-50-2-2，7028；可用来研发生产生物肥料；分离地点：宁夏平罗县；培养基0065，28℃。

ACCC 02969←中国农科院资划所；原始编号：GD-12-2-2，7042；可用来研发生产生物肥料；分离地点：北京朝阳王四营；培养基0002，28℃。

ACCC 02977←中国农科院资划所；原始编号：GD-66-2-1，7053；可用来研发生产生物肥料；分离地点：内蒙古牙克石；培养基0002，28℃。

ACCC 03006←中国农科院资划所；原始编号：GD-47-2-1，7085；可用来研发生产生物肥料；分离地点：宁夏石嘴山市；培养基0065，28℃。

ACCC 03007←中国农科院资划所；原始编号：GD-61-2-1，7086；可用来研发生产生物肥料；分离地点：内蒙古牙克石杨喜清农场；培养基0065，28℃。

ACCC 03030←中国农科院资划所；原始编号：GD-54-2-2，7118；可用来研发生产生物肥料；分离地点：内蒙古太仆寺旗；培养基0065，28℃。

ACCC 03072←中国农科院资划所；原始编号：GD-60-2-1，7173；可用来研发生产生物肥料；分离地点：内蒙古牙克石杨喜清农场；培养基0065，28℃。

ACCC 03086←中国农科院资划所；原始编号：GD-62-2-3，7193；可用来研发生产生物肥料；分离地点：内蒙古牙克石七队；培养基0065，28℃。

ACCC 61904←中国农科院资划所；原始编号：DSM1735；分离源：土壤；生物肥料；培养基0033，37℃。

Paenibacillus sacheonensiss

ACCC 19789←中国农科院资划所；原始编号：SY01；培养基0451，30℃。

Paenibacillus silvae Huang et al. 2017

ACCC 61664←南京农大；原始编号：LY-22；分离源：土壤；促进植物生长；培养基0033，30℃。

Paenibacillus solani Liu et al. 2016

ACCC 61701←北京科技大学；原始编号：6R2；模式菌株；分离源：玉米种子；培养基0033，30℃。

Paenibacillus sp.

ACCC 01084←中国农科院资划所；原始编号：GD-25-1-1；具有生产固氮生物肥料潜力；分离地点：河北高碑店；培养基0065，28℃。

ACCC 01105←中国农科院资划所；原始编号：GDJ-18-2-1；具有生产固氮生物肥料潜力；分离地点：北京大兴；培养基0065，28℃。

ACCC 01155←中国农科院资划所；原始编号：S5；培养基0033，28℃。

ACCC 01973←中国农科院资划所；原始编号：31，H10-3；纤维素降解菌；分离地点：四川马尔康；培养基0002，30℃。

ACCC 02186←中国农科院资划所；原始编号：402，WG5-6；以菲、芴作为唯一碳源生长；分离地点：湖北武汉；培养基0002，30℃。

ACCC 05615←中国农科院饲料所；产碱性木聚糖酶；分离地点：河南；培养基0033，37℃。

ACCC 10695←中国农科院麻类所；原始编号：T1145；分离源：土壤；分离地点：湖南南县；培养基 0002，32℃。

ACCC 10698←中国农科院麻类所；原始编号：T1149；分离源：土壤；分离地点：湖南南县；培养基 0002，32℃。

ACCC 10718←首都师范大学；原始编号：Fel05；分离源：水稻种子；培养基 0033，28℃。

ACCC 10756←中国农科院麻类所；原始编号：T1150-1；分离源：土壤；分离地点：湖南南县；培养基 0002，32℃。

ACCC 11046←首都师范大学；原始编号：ge21；培养基 0002，30℃。

ACCC 11611←南京农大农业环境微生物中心；原始编号：SD6，NAECC0634；分离源：土壤；分离地点：江苏南京；培养基 0033，30℃。

ACCC 60060←中国农科院资划所；原始编号：BERC-10；分离源：竹虫肠道；培养基 0847，30℃。

ACCC 60190←中国农科院资划所；原始编号：zz16-1；分离源：水稻茎秆；溶磷能力；培养基 0847，30℃。

ACCC 60252←中国农科院资划所；原始编号：Z7-2；分离源：水稻种子；溶磷能力，产 IAA 能力；培养基 0847，30℃。

ACCC 60254←中国农科院资划所；原始编号：Z20-2；分离源：水稻种子；溶磷能力，产 IAA 能力；培养基 0847，30℃。

ACCC 60280←中国农科院资划所；原始编号：Z7-1；分离源：水稻种子；溶磷能力，产 IAA 能力；培养基 0847，30℃。

ACCC 60281←中国农科院资划所；原始编号：Z7-3；分离源：水稻种子；产 IAA 能力；培养基 0847，30℃。

ACCC 60282←中国农科院资划所；原始编号：Z7-4；分离源：水稻种子；溶磷能力，产 IAA 能力；培养基 0847，30℃。

ACCC 60308←中国农科院资划所；原始编号：zz16-5；分离源：水稻茎秆；培养基 0847，30℃。

ACCC 60356←中国农科院资划所；原始编号：Z20-1；分离源：水稻种子；培养基 0847，30℃。

ACCC 61713←河北大学生命科学学院；原始编号：R196；分离源：春兰根；培养基 0512，30℃。

ACCC 61751←中国农科院资划所；原始编号：DXFW5T；培养基 0847，30℃。

ACCC 61834←中国农科院资划所；原始编号：HTT12-2；培养基 0847，30℃。

Paenibacillus stellifer Suominen et al. 2003

星孢类芽孢杆菌

ACCC 02959←中国农科院资划所；原始编号：GD-59-2-1，7030；可用来研发生产生物肥料；分离地点：黑龙江双城；培养基 0065，28℃。

Paenibacillus taichungensis Lee et al. 2008

ACCC 61640←福建省农业科学院；原始编号：DSM 19942；模式菌株；分离源：土壤；培养基 0220，30℃。

Paenibacillus thailandensis Khianngam et al. 2009

ACCC 03237←中国农科院资划所；可用来研发生产生物肥料；培养基 0065，28℃。

Paenibacillus thermoaerophilus Ueda et al. 2013

ACCC 61635←福建省农业科学院；原始编号：DSM 26310；分离源：堆肥；培养基 0092，30℃。

Paenibacillus tundrae Nelson et al. 2009

ACCC 61812←中国农科院资划所；原始编号：1L-011；分离源：土壤；拮抗作用；培养基 0033，30℃。

Paenibacillus validus（Nakamura 1984）Ash et al. 1994

强壮类芽孢杆菌

ACCC 03013←中国农科院资划所；原始编号：GD-B-Cl1-2-1，7094；可用来研发生产生物肥料；分离地点：北京试验地；培养基 0065，28℃。

ACCC 03063←中国农科院资划所；原始编号：GD-6-2-1，7162；可用来研发生产生物肥料；分离地点：北京朝阳黑庄户；培养基 0065，28℃。

ACCC 03065←中国农科院资划所；原始编号：GD-6-2-1；培养基 0065，28℃。

ACCC 03118←中国农科院资划所；原始编号：GD-60-2-2，7234；可用来研发生产生物肥料；分离地点：内蒙古牙克石杨喜清农场；培养基 0065，28℃。

ACCC 03132←中国农科院资划所；原始编号：GD-75-1-4，7250；可用来研发生产生物肥料；分离地点：内蒙古牙克石特尼河农场；培养基 0065，28℃。

ACCC 10278←DSMZ←F. Pichinoty；=DSM 6390；分离源：土壤；培养基 0002，32℃。

Paenibacillus xylanexedens

ACCC 06461←中国农科院资划所；原始编号：LAM9019；分离源：盐碱地；培养基 0067，35℃。

***Pandoraea pnomenusa* Coenye et al. 2000**

肺炎潘多拉菌

ACCC 04228←广东微生物所；原始编号：4228；环境治理；分离地点：广东罗定；培养基 0002，30℃。

***Pantoea agglomerans*（Ewing & Fife 1972）Gavini et al. 1989**

成团泛菌

ACCC 01718←中国农科院饲料所；原始编号：FRI2007087，B265；草鱼胃肠道微生物多样性生态研究；分离地点：浙江；培养基 0002，37℃。

ACCC 01735←中国农科院饲料所；原始编号：FRI2007030，B285；草鱼胃肠道微生物多样性生态研究；分离地点：浙江；培养基 0002，37℃。

ACCC 01752←中国农科院饲料所；原始编号：FRI2007036，B327；草鱼胃肠道微生物多样性生态研究；分离地点：浙江；培养基 0002，37℃。

ACCC 01991←中国农科院资划所；原始编号：11，1-1；以磷酸三钙、磷矿石作为唯一磷源生长；分离地点：湖北钟祥；培养基 0002，30℃。

ACCC 02196←中国农科院资划所；原始编号：505，42-3；以磷酸三钙、磷矿石作为唯一磷源生长；分离地点：湖南浏阳；培养基 0002，30℃。

ACCC 02197←中国农科院资划所；原始编号：506，32-1；以磷酸三钙、磷矿石作为唯一磷源生长；分离地点：湖北钟祥；培养基 0002，30℃。

ACCC 02198←中国农科院资划所；原始编号：508，29-2a；以磷酸三钙、磷矿石作为唯一磷源生长；分离地点：湖南浏阳；培养基 0002，30℃。

ACCC 02615←南京农大农业环境微生物中心；原始编号：P707-2，NAECC0763；可以在含 3 000 mg/L 的普施特的无机盐培养基中生长；分离地点：南京玄武区；培养基 0002，30℃。

ACCC 02740←南京农大农业环境微生物中心；原始编号：LHLR3，NAECC1254；可以在含 500 mg/L 的氯磺隆的无机盐培养基中生长；培养基 0033，30℃。

ACCC 03891←中国农科院饲料所；原始编号：B383；饲料用纤维素酶、植酸酶、木聚糖酶等的筛选；分离地点：江西鄱阳县；培养基 0002，26℃。

ACCC 04210←华南农大农学院；原始编号：YC05；培养基 0002，30℃。

ACCC 10372←首都师范大学；原始编号：YS19B；培养基 0033，30℃。

ACCC 10397←首都师范大学←ATCC←NJ Palleroni←M. Pickett K-288；=ATCC 27511=ICPB 3981；培养基 0002，30℃。

ACCC 10410←首都师范大学；原始编号：CS14；培养基 0033，30℃。

ACCC 10424←首都师范大学；原始编号：HZ8；分离源：水稻植株；培养基 0033，30℃。

ACCC 10441←首都师范大学；原始编号：B23；培养基 0033，30℃。

ACCC 10454←首都师范大学；原始编号：YS2；分离源：水稻植株；培养基 0033，30℃。

ACCC 10469←首都师范大学；培养基 0033，28℃。

ACCC 10470←首都师范大学；培养基 0033，28℃。

ACCC 10885←首都师范大学；原始编号：J3-A47；分离源：水稻根际；分离地点：唐山滦南县；培养基 0033，30℃。

Pantoea ananatis corrig.（Serrano 1928）Mergaert et al. 1993

菠萝泛菌

ACCC 10466←首都师范大学；培养基 0033，28℃。

Pantoea fluorescens

ACCC 03892←中国农科院饲料所；原始编号：B384；分离源：天牛肠道；培养基 0002，26℃。

Pantoea sp.

泛菌

ACCC 01273←广东微生物所；原始编号：GIMV1.0008，3-B-1；检测生产；分离地点：越南 DALAT；培养基 0002，30～37℃。

ACCC 60114←中国农科院资划所；原始编号：MLS-26-JHP-22；分离源：马铃薯根际土壤；促进马铃薯幼苗生长；培养基 0002，28℃。

ACCC 60151←中国农科院资划所；原始编号：zz10-2；分离源：水稻茎秆；溶磷能力，产 IAA 能力；培养基 0847，30℃。

ACCC 60153←中国农科院资划所；原始编号：zz11-2；分离源：水稻茎秆；溶磷能力，产 IAA 能力；培养基 0847，30℃。

ACCC 60154←中国农科院资划所；原始编号：zz11-3；分离源：水稻茎秆；溶磷能力，产 IAA 能力，具有 ACC 脱氨酶活性；培养基 0847，30℃。

ACCC 60159←中国农科院资划所；原始编号：zz18-2；分离源：水稻茎秆；溶磷能力，具有 ACC 脱氨酶活性；培养基 0847，30℃。

ACCC 60160←中国农科院资划所；原始编号：zz18-3；分离源：水稻茎秆；溶磷能力，产 IAA 能力；培养基 0847，30℃。

ACCC 60161←中国农科院资划所；原始编号：zz21-11；分离源：水稻茎秆；溶磷能力；培养基 0481，30℃。

ACCC 60162←中国农科院资划所；原始编号：zz21-14；分离源：水稻茎秆；溶磷能力，产 IAA 能力；培养基 0847，30℃。

ACCC 60172←中国农科院资划所；原始编号：zz7-11；分离源：水稻茎秆；具有 ACC 脱氨酶活性；培养基 0481，30℃。

ACCC 60179←中国农科院资划所；原始编号：zz10-11；分离源：水稻茎秆；溶磷能力，产 IAA 能力；培养基 0481，30℃。

ACCC 60180←中国农科院资划所；原始编号：zz10-12；分离源：水稻茎秆；溶磷能力，产铁载体能力；培养基 0481，30℃。

ACCC 60184←中国农科院资划所；原始编号：zz12-1；分离源：水稻茎秆；溶磷能力；培养基 0847，30℃。

ACCC 60195←中国农科院资划所；原始编号：zz18-5；分离源：水稻茎秆；溶磷能力，产 IAA 能力；培养基 0847，30℃。

ACCC 60197←中国农科院资划所；原始编号：zz20-5；分离源：水稻茎秆；溶磷能力，产 IAA 能力；培养基 0847，30℃。

ACCC 60199←中国农科院资划所；原始编号：zz21-12；分离源：水稻茎秆；溶磷能力，产 IAA 能力；培养基 0481，30℃。

ACCC 60200←中国农科院资划所；原始编号：zz21-15；分离源：水稻茎秆；溶磷能力；培养基 0481，30℃。

ACCC 60203←中国农科院资划所；原始编号：J4-2；分离源：水稻茎秆；溶磷能力，产 IAA 能力，具有较弱的拮抗作用；培养基 0847，30℃。

ACCC 60208←中国农科院资划所；原始编号：22；分离源：水稻茎秆；溶磷能力，产 IAA 能力，产铁
　　　载体能力；培养基 0847，30℃。

ACCC 60209←中国农科院资划所；原始编号：36；分离源：水稻茎秆；溶磷能力，产 IAA 能力，具有
　　　ACC 脱氨酶活性，产铁载体能力；培养基 0847，30℃。

ACCC 60211←中国农科院资划所；原始编号：38；分离源：水稻茎秆；溶磷能力，产 IAA 能力；培养
　　　基 0847，30℃。

ACCC 60212←中国农科院资划所；原始编号：Z6-7；分离源：水稻种子；溶磷能力，产 IAA 能力；培
　　　养基 0847，30℃。

ACCC 60213←中国农科院资划所；原始编号：41；分离源：水稻种子；溶磷能力；培养基 0847，30℃。

ACCC 60215←中国农科院资划所；原始编号：72；分离源：水稻种子；溶磷能力，产 IAA 能力；培养
　　　基 0847，30℃。

ACCC 60216←中国农科院资划所；原始编号：76；分离源：水稻种子；溶磷能力，产 IAA 能力，产铁
　　　载体能力；培养基 0847，30℃。

ACCC 60217←中国农科院资划所；原始编号：78；分离源：水稻种子；溶磷能力，产 IAA 能力，产铁
　　　载体能力；培养基 0847，30℃。

ACCC 60219←中国农科院资划所；原始编号：117；分离源：水稻种子；溶磷能力，产 IAA 能力；培养
　　　基 0847，30℃。

ACCC 60220←中国农科院资划所；原始编号：118；分离源：水稻种子；溶磷能力，产 IAA 能力；培养
　　　基 0847，30℃。

ACCC 60222←中国农科院资划所；原始编号：125；分离源：水稻种子；溶磷能力，产 IAA 能力，具
　　　有 ACC 脱氨酶活性；培养基 0847，30℃。

ACCC 60223←中国农科院资划所；原始编号：128；分离源：水稻种子；溶磷能力，产 IAA 能力；培
　　　养基 0847，30℃。

ACCC 60224←中国农科院资划所；原始编号：130；分离源：水稻种子；溶磷能力，产铁载体能力，具
　　　有 ACC 脱氨酶活性；培养基 0847，30℃。

ACCC 60225←中国农科院资划所；原始编号：133；分离源：水稻种子；溶磷能力，产铁载体能力，具
　　　有 ACC 脱氨酶活性；培养基 0847，30℃。

ACCC 60226←中国农科院资划所；原始编号：161；分离源：水稻种子；溶磷能力，产铁载体能力，具
　　　有 ACC 脱氨酶活性；培养基 0847，30℃。

ACCC 60227←中国农科院资划所；原始编号：171；分离源：水稻种子；培养基 0847，30℃。

ACCC 60228←中国农科院资划所；原始编号：173；分离源：水稻种子；溶磷能力，产铁载体能力；培
　　　养基 0847，30℃。

ACCC 60230←中国农科院资划所；原始编号：J4-1；分离源：水稻茎秆；溶磷能力，产铁载体能力，
　　　具有 ACC 脱氨酶活性；培养基 0847，30℃。

ACCC 60233←中国农科院资划所；原始编号：J8-2；分离源：水稻茎秆；具有较弱的拮抗作用；培养
　　　基 0847，30℃。

ACCC 60237←中国农科院资划所；原始编号：J15-13；分离源：水稻茎秆；溶磷能力，具有较弱的拮
　　　抗作用；培养基 0847，30℃。

ACCC 60240←中国农科院资划所；原始编号：40；分离源：水稻种子；溶磷能力，产 IAA 能力；培养
　　　基 0847，30℃。

ACCC 60241←中国农科院资划所；原始编号：54；分离源：水稻种子；溶磷能力；培养基 0847，30℃。

ACCC 60242←中国农科院资划所；原始编号：131；分离源：水稻种子；溶磷能力；培养基 0847，
　　　30℃。

ACCC 60244←中国农科院资划所；原始编号：J2-2；分离源：水稻茎秆；具有较弱的拮抗作用；培养
　　　基 0847，30℃。

ACCC 60246←中国农科院资划所；原始编号：J11-5；分离源：水稻茎秆；具有较弱的拮抗作用；培养
　　　基 0847，30℃。

ACCC 60247←中国农科院资划所；原始编号：J12-3；分离源：水稻茎秆；溶磷能力；培养基 0847，30℃。

ACCC 60248←中国农科院资划所；原始编号：J13-5；分离源：水稻茎秆；具有 ACC 脱氨酶活性，具有较弱的拮抗作用；培养基 0847，30℃。

ACCC 60250←中国农科院资划所；原始编号：Z3-6；分离源：水稻种子；溶磷能力，产 IAA 能力，具有 ACC 脱氨酶活性；培养基 0847，30℃。

ACCC 60251←中国农科院资划所；原始编号：Z5-2；分离源：水稻种子；具有 ACC 脱氨酶活性；培养基 0847，30℃。

ACCC 60253←中国农科院资划所；原始编号：46；分离源：水稻种子；溶磷能力，产 IAA 能力；培养基 0847，30℃。

ACCC 60255←中国农科院资划所；原始编号：188；分离源：水稻种子；溶磷能力；培养基 0847，30℃。

ACCC 60258←中国农科院资划所；原始编号：ZZ10-7；分离源：水稻种子；产 IAA 能力；培养基 0847，30℃。

ACCC 60265←中国农科院资划所；原始编号：Z3-7；分离源：水稻种子；溶磷能力，产 IAA 能力，ACC 脱氨酶活性初筛有活性；培养基 0847，30℃。

ACCC 60266←中国农科院资划所；原始编号：Z3-5；分离源：水稻种子；溶磷能力，产 IAA 能力，具有 ACC 脱氨酶活性；培养基 0847，30℃。

ACCC 60267←中国农科院资划所；原始编号：25；分离源：水稻种子；溶磷能力，产 IAA 能力；培养基 0847，30℃。

ACCC 60268←中国农科院资划所；原始编号：34；分离源：水稻种子；溶磷能力，产 IAA 能力；培养基 0847，30℃。

ACCC 60269←中国农科院资划所；原始编号：35；分离源：水稻种子；溶磷能力，产 IAA 能力，具有 ACC 脱氨酶活性；培养基 0847，30℃。

ACCC 60270←中国农科院资划所；原始编号：37；分离源：水稻种子；溶磷能力；培养基 0847，30℃。

ACCC 60272←中国农科院资划所；原始编号：Z5-5；分离源：水稻种子；溶磷能力；培养基 0847，30℃。

ACCC 60273←中国农科院资划所；原始编号：Z5-4；分离源：水稻种子；溶磷能力，具有 ACC 脱氨酶活性，具有较弱的拮抗作用，具有 β 溶血作用；培养基 0847，30℃。

ACCC 60274←中国农科院资划所；原始编号：Z5-3；分离源：水稻种子；溶磷能力，具有 ACC 脱氨酶活性，具有较弱的拮抗作用，具有 β 溶血作用；培养基 0847，30℃。

ACCC 60275←中国农科院资划所；原始编号：Z6-9；分离源：水稻种子；溶磷能力，产 IAA 能力；培养基 0847，30℃。

ACCC 60276←中国农科院资划所；原始编号：Z6-8；分离源：水稻种子；溶磷能力，产 IAA 能力；培养基 0847，30℃。

ACCC 60277←中国农科院资划所；原始编号：Z6-6；分离源：水稻种子；溶磷能力，产 IAA 能力；培养基 0847，30℃。

ACCC 60278←中国农科院资划所；原始编号：Z6-3；分离源：水稻种子；溶磷能力，产 IAA 能力；培养基 0847，30℃。

ACCC 60279←中国农科院资划所；原始编号：Z6-1；分离源：水稻种子；溶磷能力，产 IAA 能力，具有 ACC 脱氨酶活性；培养基 0847，30℃。

ACCC 60283←中国农科院资划所；原始编号：Z9-3；分离源：水稻种子；溶磷能力；培养基 0847，30℃。

ACCC 60284←中国农科院资划所；原始编号：47；分离源：水稻种子；溶磷能力，产 IAA 能力，具有 β 溶血作用；培养基 0847，30℃。

ACCC 60285←中国农科院资划所；原始编号：53；分离源：水稻种子；溶磷能力；培养基 0847，30℃。

ACCC 60286←中国农科院资划所；原始编号：73；分离源：水稻种子；溶磷能力；培养基 0847，30℃。

ACCC 60287←中国农科院资划所；原始编号：75；分离源：水稻种子；溶磷能力，产IAA能力；培养基 0847，30℃。

ACCC 60288←中国农科院资划所；原始编号：105；分离源：水稻种子；溶磷能力，具有ACC脱氨酶活性；培养基 0847，30℃。

ACCC 60289←中国农科院资划所；原始编号：110；分离源：水稻种子；溶磷能力；培养基 0847，30℃。

ACCC 60290←中国农科院资划所；原始编号：113；分离源：水稻种子；溶磷能力，产IAA能力；培养基 0847，30℃。

ACCC 60291←中国农科院资划所；原始编号：123；分离源：水稻种子；溶磷能力，产IAA能力；培养基 0847，30℃。

ACCC 60292←中国农科院资划所；原始编号：127；分离源：水稻种子；溶磷能力；培养基 0847，30℃。

ACCC 60293←中国农科院资划所；原始编号：132；分离源：水稻种子；溶磷能力，产IAA能力；培养基 0847，30℃。

ACCC 60294←中国农科院资划所；原始编号：134；分离源：水稻种子；溶磷能力；培养基 0847，30℃。

ACCC 60298←中国农科院资划所；原始编号：189；分离源：水稻种子；溶磷能力，产IAA能力；培养基 0847，30℃。

ACCC 60299←中国农科院资划所；原始编号：190；分离源：水稻种子；溶磷能力，产IAA能力，具有ACC脱氨酶活性；培养基 0847，30℃。

ACCC 60301←中国农科院资划所；原始编号：Z22-1；分离源：水稻种子；ACC脱氨酶活性初筛有活性；培养基 0847，30℃。

ACCC 60302←中国农科院资划所；原始编号：26；分离源：水稻种子；溶磷能力，产IAA能力；培养基 0847，30℃。

ACCC 60303←中国农科院资划所；原始编号：74；分离源：水稻种子；溶磷能力，产IAA能力；培养基 0847，30℃。

ACCC 60304←中国农科院资划所；原始编号：116；分离源：水稻种子；溶磷能力；培养基 0847，30℃。

ACCC 60306←中国农科院资划所；原始编号：122；分离源：水稻种子；溶磷能力，产IAA能力；培养基 0847，30℃。

ACCC 60312←中国农科院资划所；原始编号：J2-7；分离源：水稻茎秆；培养基 0847，30℃。

ACCC 60328←中国农科院资划所；原始编号：J8-10；分离源：水稻茎秆；培养基 0847，30℃。

ACCC 60333←中国农科院资划所；原始编号：J11-11；分离源：水稻茎秆；培养基 0847，30℃。

ACCC 60338←中国农科院资划所；原始编号：J15-15；分离源：水稻茎秆；培养基 0847，30℃。

ACCC 60353←中国农科院资划所；原始编号：J15-10；分离源：水稻茎秆；培养基 0847，30℃。

ACCC 60357←中国农科院资划所；原始编号：ZZ9-13；分离源：水稻种子；培养基 0847，30℃。

ACCC 60373←中国农科院资划所；原始编号：z3-4；分离源：水稻种子；培养基 0847，30℃。

Paracoccus aminovorans Urakami et al. 1990

食氨副球菌

ACCC 02653←南京农大农业环境微生物中心；原始编号：MDV-1，NAECC1165；分离地点：江苏省南通市江山农药化工厂；培养基 0002，30℃。

Paracoccus chinensis Li et al. 2009

ACCC 60016←中国农科院资划所；原始编号：CGMCC1.7655；分离源：水库沉积物；培养基 0033，37℃。

***Paracoccus denitrificans*（Beijerinck & Minkman 1910）Davis 1969**

脱氮副球菌

ACCC 10489←ATCC←RY Stanier←C. B. van Niel；= ATCC 17741=CIP 106306=CIP 106400=DSM 413=IAM 12479=ICPB 3979=IFO 16712=JCM 6892=LMD 22.21=LMG 4218=NCCB 22021=NCIB 11627=VKM B-1324；培养基 0002，26℃。

***Paracoccus halophilus* Liu et al. 2008**

ACCC 60026←中国农科院资划所；原始编号：CGMCC1.6117；分离源：海洋沉积物；培养基 0033，37℃。

***Paracoccus homiensis* Kim et al. 2006**

海角副球菌

ACCC 03266←中国农科院资划所；原始编号：BaP-23-2；可用来研发农田土壤及环境修复微生物制剂；培养基 0002，28℃。

***Paracoccus niistensis* Dastager et al. 2012**

ACCC 60017←中国农科院资划所；原始编号：KCTC22789；分离源：印度森林土壤；培养基 0033，37℃。

***Pararhodobacter aggregans* Foesel et al. 2013**

聚集副红杆菌

ACCC 61578←中国农科院资划所；原始编号：D1-19；分离源：盐湖沉积物；好氧，革兰氏阴性；培养基 0223，30℃。

***Parapedobacter* sp.**

副土地杆菌

ACCC 60386←中国农科院资划所；原始编号：SGR-10；分离源：土壤；植物促生菌；培养基 0033，30℃。

***Parapusillimona* sp.**

副极小单胞菌

ACCC 60390←中国农科院资划所；原始编号：SG0002-6；分离源：土壤；植物促生菌；培养基 0033，30℃。

***Patulibacter* sp.**

ACCC 41919←中国医学科学院医药生物技术研究所；原始编号：201809-BZ21；降解纤维素，产内切葡聚糖酶；分离地点：内蒙古巴丹吉林沙漠；分离源：白刺科白刺属植物；培养基 0002，28℃。

ACCC 41940←中国医学科学院医药生物技术研究所；原始编号：201809-BZ49；降解纤维素；分离地点：内蒙古；分离源：柽柳科红砂属植物；培养基 0002，28℃。

Peanibacillus cereus

ACCC 02714←中国农科院资划所←南京农大；原始编号：sq5；分离源：土壤；培养基 0220，30℃。

***Pectobacterium atrosepticum*（van Hall 1902）Gardan et al. 2003**

黑腐坚固杆菌

ACCC 19901←河北农业大学植物保护学院；原始编号：ECA8；分离源：马铃薯茎部病斑；培养基 0033，25℃。

***Pectobacterium polaris* Dees et al. 2017**

ACCC 61631←中国农科院资划所；原始编号：DSM 105255；分离源：马铃薯块茎；培养基 0847，30℃。

***Pectobacterium carotovorum*（Jones 1901）Waldee 1945（Approved Lists 1980）**

ACCC 61641←康奈尔大学；原始编号：NCPPB312；模式菌株；培养基 0033，30℃。

ACCC 61642←康奈尔大学；原始编号：NCPPB3839；模式菌株；培养基 0033，30℃。

Pectobacterium sp.

ACCC 61643←康奈尔大学；原始编号：NY1765A；培养基 0033，30℃。

ACCC 61644←康奈尔大学；原始编号：NY1753B；培养基 0033，30℃。

Pediococcus acidilactici **Lindner 1887**

乳酸片球菌

ACCC 05480←中国农科院资划所←DSMZ←ATCC←R. P. Tittsler；分离地点：dried American beer；培养基 0033，30℃。

Pediococcus pentosaceus **Mees 1934**

戊糖片球菌

ACCC 05481←中国农科院资划所←DSMZ←NCDO←H. L. Günther←Techn. Hoo；分离地点：dried American beer；培养基 0033，30℃。

Pedobacter sp.

土地杆菌

ACCC 60238←中国农科院资划所；原始编号：J17-1；分离源：水稻茎秆；产 IAA 能力，具有 β 溶血作用；培养基 0847，30℃。

Phyllobacterium brassicacearum **Mantelin et al. 2006**

油菜叶杆菌

ACCC 02962←中国农科院资划所；原始编号：GD-55-1-3，7033；可用来研发生产生物肥料；分离地点：辽宁师范大学；培养基 0065，28℃。

ACCC 03129←中国农科院资划所；原始编号：GD-75-1-1，7247；可用来研发生产生物肥料；分离地点：新疆；培养基 0065，28℃。

Phyllobacterium ifriqiyense **Mantelin et al. 2006**

突尼斯叶杆菌

ACCC 02994←中国农科院资划所；原始编号：GD-71-1-3，7073；可用来研发生产生物肥料；分离地点：内蒙古牙克石；培养基 0065，28℃。

ACCC 03025←中国农科院资划所；原始编号：GD-68-1-2，7110；可用来研发生产生物肥料；分离地点：内蒙古牙克石杨喜清农场；培养基 0065，28℃。

ACCC 03032←中国农科院资划所；原始编号：GD-65-1-2，7120；可用来研发生产生物肥料；分离地点：内蒙古牙克石；培养基 0065，28℃。

ACCC 03057←中国农科院资划所；原始编号：GD-71-1-2，7151；可用来研发生产生物肥料；分离地点：内蒙古牙克石特尼河农场；培养基 0065，28℃。

ACCC 01933←中国农科院资划所←新疆农科院微生物所；原始编号：XD59；分离源：甘草；培养基 0033，37℃。

Phyllobacterium myrsinacearum（ex Knösel 1962）**Knösel 1984**

ACCC 60077←中国林科院林业所←DSMZ；原始编号：DSM 5892；分离源：热带温室中卷心菜叶根瘤；培养基 0001，26℃。

Phyllobacterium trifolii **Valverde et al. 2005**

三叶草叶杆菌

ACCC 02945←中国农科院资划所；原始编号：GD-62-1-4，7014；可用来研发生产生物肥料；分离地点：内蒙古牙克石；培养基 0065，28℃。

Pimelobacter sp.

脂肪杆菌

ACCC 01285←广东微生物所；原始编号：GIMV1.0044，14-B-3；检测、生产；分离地点：越南 DALAT；培养基 0002，30～37℃。

ACCC 01286←广东微生物所；原始编号：GIMV1.0046，14-B-5；检测、生产；分离地点：越南 DALAT；培养基 0002，30～37℃。

ACCC 01288←广东微生物所；原始编号：GIMV1.0048，15-B-2；检测、生产；分离地点：越南 DALAT xuanthq；培养基 0002，30～37℃。

ACCC 02540←南京农大农业环境微生物中心；原始编号：Zn-d-2，NAECC1065；能够耐受 2 mmol/L 的重金属 Zn^{2+}；分离地点：江苏省无锡市惠山农药厂；培养基 0033，30℃。

ACCC 11840←南京农大农业环境微生物中心；原始编号：M184 NAECC1091；分离源：市售水产体表；分离地点：江苏连云港市场；培养基 0033，30℃。

Planomicrobium chinense Dai et al. 2005

中华游动微菌

ACCC 03253←中国农科院资划所；原始编号：bap-9-2；可用来研发农田土壤及环境修复微生物制剂；培养基 0002，28℃。

Polymorphospora sp.

多形孢菌

ACCC 61783←河北大学生命科学学院；原始编号：HBU208002；分离源：土壤；能还原硝酸盐；产纤维素酶；产蛋白酶；培养基 0512，28℃。

Poseidonocella pacifica Romanenko et al. 2012

ACCC 61599←中国农科院资划所；原始编号：KMM9010；培养基 0223，30℃。

Priestia flexa（Priest et al. 1989）Gupta et al. 2020

ACCC 61873←中国农科院资划所；原始编号：YN4-6；分离源：大蒜；培养基 0512，30℃。

ACCC 61886←中国农科院资划所；原始编号：YN-1-29；分离源：大蒜；培养基 0512，30℃。

Promicromonospora thailandica Thawai & Kudo 2012

原小单孢菌

ACCC 61822←中国农科院资划所；原始编号：3F238；分离源：番茄土壤；具有促生功能；培养基 0033，30℃。

Promicromonospora vindobonesis Busse et al. 2003

维也纳原小单孢菌

ACCC 01891←中国农科院资划所←新疆农科院微生物所；原始编号：NA37；分离源：土壤样品；培养基 0033，30℃。

Proteus hauseri O'Hara et al. 2000

豪氏变形杆菌

ACCC 10497←ATCC；＝ATCC13315＝CCUG 6327＝CDC 1086-80＝DSM 30118＝NCIB 4175；培养基 0451，30℃。

Proteus vulgaris Hauser 1885

普通变形菌

ACCC 11013←中国农科院土肥所←中国农大；培养基 0002，30℃。

Pseudacidovorax intermedius Kämpfer et al. 2008

中间假食酸菌

ACCC 05549←中国农科院资划所；分离源：水稻根内生；分离地点：湖南祁阳县官山坪；培养基 0002，37℃。

ACCC 05605←中国农科院资划所；分离源：水稻根内生；分离地点：湖南祁阳县官山坪；培养基 0002，37℃。

Pseudoalteromonas sp.

假交替单胞菌

ACCC 11837←南京农大农业环境微生物中心；原始编号：M117-2，NAECC1088；分离源：水样；分离
地点：江苏赣榆县河蟹育苗池；培养基0033，30℃。

Pseudobacter ginsenosidimutans **Siddiqi & Im 2016**

ACCC 60369←中国农科院资划所；原始编号：DSM 18116；分离源：土壤；培养基0033，28℃。

Pseudoflavitalea rhizosphaerae **Kim et al. 2016**

ACCC 60361←河北大学；原始编号：KACC18655；分离源：番茄根际；培养基0512，28℃。

Pseudomonas aeruginosa（**Schroeter 1872**）**Migula 1900**

铜绿假单胞菌

ACCC 01981←中国农科院资划所；原始编号：41，C1；以菲、蒽、芴作为唯一碳源生长；分离地点：
大庆油田；培养基0002，30℃。

ACCC 02237←广东微生物所；培养基0002，30℃。

ACCC 02369←山东农业大学菌种保藏中心；原始编号：76-2B-1；分离源：盐碱地植物根际土壤；培养
基0002，37℃。

ACCC 02581←南京农大农业环境微生物中心；原始编号：Ben-21，NAECC0812；分离地点：南京农
大；培养基0033，30℃。

ACCC 02625←南京农大农业环境微生物中心；原始编号：SBL，NAECC0690；分离地点：山东东营；
培养基0033，30℃。

ACCC 02659←南京农大农业环境微生物中心；原始编号：J13，NAECC1180；分离地点：江苏南京卫
岗菜园；培养基0971，30℃。

ACCC 02660←南京农大农业环境微生物中心；原始编号：J16，NAECC1182；分离地点：江苏南京卫
岗菜园；培养基0971，30℃。

ACCC 02722←南京农大农业环境微生物中心；原始编号：CGL-3，NAECC1377；分离地点：南京玄武
区；培养基0002，30℃。

ACCC 02812←南京农大农业环境微生物中心；原始编号：G3，NAECC1351；分离地点：山东泰安；
培养基0002，30℃。

ACCC 02843←南京农大农业环境微生物中心；原始编号：L-4，NAECC1728；分离地点：江苏徐州；
培养基0033，30℃。

ACCC 02845←南京农大农业环境微生物中心；原始编号：NF-1，NAECC1730；分离地点：江苏徐州；
培养基0033，30℃。

ACCC 03271←中国农科院资划所；原始编号：63-3B；培养基0002，37℃。

ACCC 03292←山东农业大学菌种保藏中心；原始编号：63-3A；分离源：盐碱地植物根际土壤；培养基
0002，37℃。

ACCC 10130←上海水产大学←中科院微生物所；=AS 1.5；培养基0002，30℃。

ACCC 10133←中科院微生物所；=AS 1.512；培养基0002，30℃。

ACCC 10500←ATCC；=ACCC 10500=ATCC 10145=CCEB 481=MDB菌株BU 277=NCIB 8295=NCPPB
1965=NCTC 10332=NRRL B-771；培养基0002，37℃。

ACCC 10647←轻工部食品发酵所；可利用石油产蛋白酶；培养基0002，28～30℃。

ACCC 11244←中国农科院资划所；原始编号：LBM-158；培养基0033，30℃。

ACCC 11652←南京农大农业环境微生物中心；原始编号：SB6-1，NAECC0686；分离源：水样；分离
地点：山东东营；培养基0033，30℃。

ACCC 60036←中国农科院资划所；原始编号：CCTCCAB2013092；培养基0002，37℃。

ACCC 60037←中国农科院资划所；原始编号：CCTCCAB2013264；培养基0002，30℃。

ACCC 60038←中国农科院资划所；原始编号：CCTCCAB91095；培养基0002，30℃。

ACCC 60039←中国农科院资划所；原始编号：CCTCCAB2010470；培养基0002，30℃。

ACCC 60040←中国农科院资划所；原始编号：CCTCCAB93072；培养基 0002，30℃。

ACCC 60041←中国农科院资划所；原始编号：CCTCCAB93078；培养基 0002，30℃。

ACCC 60043←中国农科院资划所；原始编号：1.10712；培养基 0002，30℃。

ACCC 60044←中国农科院资划所；原始编号：1.10452；培养基 0002，30℃。

ACCC 60045←中国农科院资划所；原始编号：1.10274；培养基 0002，30℃。

Pseudomonas alcaliphila Yumoto et al. 2001

嗜碱假单胞菌

ACCC 10864←首都师范大学；原始编号：BN90-3-46；分离源：水稻根际；分离地点：河北唐山滦县；培养基 0033，30℃。

Pseudomonas anguilliseptica Wakabayashi & Egusa 1972

病鳝假单胞菌

ACCC 01086←中国农科院资划所；原始编号：FXH2-3-1；具有处理养殖废水潜力；分离地点：河北邯郸鱼塘；培养基 0002，28℃。

Pseudomonas balearica Bennasar et al. 1996

巴利阿里假单胞菌

ACCC 02824←南京农大农业环境微生物中心；原始编号：N9-5，NAECC1559；分离地点：山东东营胜利油田；培养基 0002，30℃。

Pseudomonas beteli corrig.（Ragunathan 1928）Savulescu 1947

ACCC 05594←中国农科院资划所；分离源：水稻根内生；分离地点：湖南祁阳县官山坪；培养基 0002，37℃。

Pseudomonas brassicacearum Achouak et al. 2000

油菜假单胞菌

ACCC 01057←中国农科院资划所；原始编号：FX1H-1-18；具有处理富营养水体和养殖废水潜力；分离地点：北京农科院试验地；培养基 0002，28℃。

Pseudomonas chlororaphis（Guignard & Sauvageau 1894）Bergey et al. 1930

绿针假单胞菌

ACCC 05437←中国农科院资划所←中科院微生物所←JCM；原始编号：JCM2778；培养基 0002，26℃。

Pseudomonas citronellolis Seubert 1960

香茅醇假单胞菌

ACCC 02557←南京农大农业环境微生物中心←ATCC←F Kavanagh←Merck sharp Dohme；原始编号：15131134101，NAECC1910；分离地点：德国；培养基 0002，30℃。

ACCC 02717←南京农大农业环境微生物中心；原始编号：J9，NAECC1281；分离地点：江苏南京卫岗菜园地；培养基 0002，30℃。

ACCC 02761←南京农大农业环境微生物中心；原始编号：ZD-5，NAECC1556；分离地点：江苏省南京市江心洲污水处理厂；培养基 0002，30℃。

ACCC 02839←南京农大农业环境微生物中心；原始编号：FP2-3，NAECC1511；分离地点：江苏省泰兴市化工厂；培养基 0002，30℃。

Pseudomonas congelans Behrendt et al. 2003

结冰假单胞菌

ACCC 01253←新疆农科院微生物所；原始编号：XJAA10343，LB117；培养基 0033，20℃。

ACCC 01512←新疆农科院微生物所；原始编号：XAAS10481，LB53；分离地点：新疆布尔津县；培养基 0033，20℃。

ACCC 02062←新疆农科院微生物所；原始编号：LB51，XAAS10317；分离地点：新疆布尔津县；培养基 0033，20℃。

Pseudomonas cremoricolorata Uchino et al. 2002

乳脂色假单胞菌

ACCC 05583←中国农科院资划所；分离源：水稻根内生；分离地点：湖南祁阳县官山坪；培养基 0512，37℃。

Pseudomonas flectens Johnson 1956

弯曲假单胞菌

ACCC 10161←广东微生物所←中科院微生物所；=GIM 1.48；培养基 0002，30℃。

Pseudomonas fluorescens Migula 1895

荧光假单胞菌

ACCC 01014←中国农科院资划所；原始编号：FXH-1-15；具有处理养殖废水潜力；分离地点：北京农科院试验地；培养基 0002，28℃。

ACCC 01047←中国农科院资划所；原始编号：FX1H-1-22；具有处理富营养水体和养殖废水潜力；分离地点：北京农科院试验地；培养基 0002，28℃。

ACCC 01053←中国农科院资划所；原始编号：FX1H-1-1；具有处理富营养水体和养殖废水潜力；分离地点：北京农科院试验地；培养基 0002，28℃。

ACCC 01058←中国农科院资划所；原始编号：FX1H-1-19；具有处理富营养水体和养殖废水潜力；分离地点：北京农科院试验地；培养基 0002，28℃。

ACCC 01067←中国农科院资划所；原始编号：FXH2-4-5；具有处理富营养水体和养殖废水潜力；分离地点：中国农科院试验地；培养基 0002，28℃。

ACCC 01090←中国农科院资划所；原始编号：FX1H-1-3；具有处理养殖废水潜力；分离地点：北京农科院试验地；培养基 0002，28℃。

ACCC 01118←中国农科院资划所；原始编号：Hg-17-5；具有用作耐重金属基因资源潜力；分离地点：北京市大兴县电镀厂；培养基 0002，28℃。

ACCC 01144←中国农科院资划所；原始编号：FX1H-1-9；具有处理养殖废水潜力；分离地点：北京农科院试验地；培养基 0002，28℃。

ACCC 01148←中国农科院资划所；原始编号：FX1H-1-13；具有处理富营养水体和养殖废水潜力；分离地点：北京农科院试验地；培养基 0002，28℃。

ACCC 01224←新疆农科院微生物所；原始编号：XJAA10319，LB60；培养基 0033，20℃。

ACCC 01235←新疆农科院微生物所；原始编号：XJAA10328，LB86；培养基 0033，20～25℃。

ACCC 01241←新疆农科院微生物所；原始编号：XJAA10333，LB94；培养基 0033，20℃。

ACCC 01674←中国农科院饲料所；原始编号：FRI2007048，B212；饲料用木聚糖酶、葡聚糖酶、蛋白酶、植酸酶等的筛选；分离地点：海南三亚；培养基 0002，37℃。

ACCC 01913←中国农科院资划所←新疆农科院微生物所；原始编号：XD2；分离源：甘草；培养基 0033，37℃。

ACCC 01932←中国农科院资划所←新疆农科院微生物所；原始编号：XD52；分离源：甘草；培养基 0033，37℃。

ACCC 02137←中国农科院资划所←新疆农科院微生物所；原始编号：XD26；分离源：甘草；培养基 0033，37℃。

ACCC 02148←中国农科院资划所←新疆农科院微生物所；原始编号：XD50-2；分离源：甘草；培养基 0033，37℃。

ACCC 02149←中国农科院资划所←新疆农科院微生物所；原始编号：XD53；分离源：甘草；培养基 0033，37℃。

ACCC 02150←中国农科院资划所←新疆农科院微生物所；原始编号：XD54；分离源：甘草；培养基 0033，37℃。

ACCC 02152←中国农科院资划所←新疆农科院微生物所；原始编号：XD6；分离源：甘草；培养基 0033，37℃。

ACCC 02606←南京农大农业环境微生物中心；原始编号：XLL-5，NAECC0753；用于教学或科研；分离地点：江苏南京玄武区；培养基 0033，30℃。

ACCC 02662←南京农大农业环境微生物中心；原始编号：XLL-4，NAECC0752；用于教学或科研；分离地点：江苏南京玄武区；培养基 0033，30℃。

ACCC 03074←中国农科院资划所；原始编号：GD-B-CL1-1-1'；可用来研发生产生物肥料；培养基 0065，28℃。

ACCC 03260←中国农科院资划所；原始编号：GD-19-2-2；可用来研发生产生物肥料；培养基 0065，28℃。

ACCC 03875←中国农科院饲料所；原始编号：B367；饲料用纤维素酶、植酸酶、木聚糖酶等的筛选；分离地点：江西鄱阳县；培养基 0002，26℃。

ACCC 03878←中国农科院饲料所；原始编号：B370；饲料用纤维素酶、植酸酶、木聚糖酶等的筛选；分离地点：江西鄱阳县；培养基 0002，26℃。

ACCC 03881←中国农科院饲料所；原始编号：B373；饲料用纤维素酶、植酸酶、木聚糖酶等的筛选；分离地点：江西鄱阳县；培养基 0002，26℃。

ACCC 03885←中国农科院饲料所；原始编号：B377；饲料用纤维素酶、植酸酶、木聚糖酶等的筛选；分离地点：江西鄱阳县；培养基 0002，26℃。

ACCC 03887←中国农科院饲料所；原始编号：B379；饲料用纤维素酶、植酸酶、木聚糖酶等的筛选；分离地点：江西鄱阳县；培养基 0002，26℃。

ACCC 03894←中国农科院饲料所；原始编号：B386；饲料用纤维素酶、植酸酶、木聚糖酶等的筛选；分离地点：江西鄱阳县；培养基 0002，26℃。

ACCC 03922←中国农科院饲料所；原始编号：B419；饲料用纤维素酶、植酸酶、木聚糖酶等的筛选；分离地点：江西鄱阳县；培养基 0002，26℃。

ACCC 03932←中国农科院饲料所；原始编号：B429；饲料用纤维素酶、植酸酶、木聚糖酶等的筛选；分离地点：江西鄱阳县；培养基 0002，26℃。

ACCC 04316←广东微生物所；原始编号：F1.49；分离地点：广东广州；培养基 0002，37℃。

ACCC 05435←中国农科院资划所←中科院微生物所←JCM；原始编号：JCM5963；模式菌株；培养基 0002，26℃。

ACCC 10040←中国农科院土肥所；分离源：土壤；分离地点：山东泰安；培养基 0002，30℃。

ACCC 10042←上海水产大学←武汉大学菌种保藏管理中心←中科院微生物所；＝AB93064＝AS1.33；原始编号：A003；培养基 0033，28℃。

ACCC 10043←上海水产大学←青岛黄海研究所；分离源：淡水鱼；分离地点：山东青岛；培养基 0002，30℃。

ACCC 10190←DSMZ；＝DSM 50090＝ATCC 13525＝ICPB 3200＝NCIB 9046＝NCTC 10038；培养基 0002，30℃。

ACCC 10645←中科院微生物所；＝AS 1.55；培养基 0002，20～25℃。

ACCC 10878←首都师范大学；原始编号：BN90-3-53；培养基 0033，30℃。

ACCC 10920←首都师范大学；原始编号：B92-10-62；分离源：水稻根际；分离地点：河北唐山滦县；培养基 0033，30℃。

ACCC 10925←首都师范大学；原始编号：B92-10-54；分离源：水稻根际；分离地点：河北唐山滦县；培养基 0033，30℃。

ACCC 10935←首都师范大学；原始编号：B92-10-35；分离源：水稻根际；分离地点：河北唐山滦县；培养基 0033，30℃。

Pseudomonas fragi（Eichholz 1902）Gruber 1905
草莓假单胞菌

ACCC 03879←中国农科院饲料所；原始编号：B371；饲料用纤维素酶、植酸酶、木聚糖酶等的筛选；分离地点：江西鄱阳县；培养基 0002，26℃。

ACCC 03880←中国农科院饲料所；原始编号：B372；饲料用纤维素酶、植酸酶、木聚糖酶等的筛选；
分离地点：江西鄱阳县；培养基 0002，26℃。

ACCC 03920←中国农科院饲料所；原始编号：B417；饲料用纤维素酶、植酸酶、木聚糖酶等的筛选；
分离地点：江西鄱阳县；培养基 0002，26℃。

Pseudomonas fulva Iizuka & Komagata 1963

黄褐假单胞菌

ACCC 01026←中国农科院资划所；原始编号：FXH1-2-4；具有处理养殖废水潜力；分离地点：河北邯
郸大社鱼塘；培养基 0002，28℃。

ACCC 02547←南京农大农业环境微生物中心；原始编号：PHP-1，NAECC1207；分离地点：江苏高淳
县；培养基 0002，28℃。

ACCC 05444←中国农科院资划所←中科院微生物所←JCM；原始编号：JCM2780；培养基 0002，
30℃。

Pseudomonas guguanensis Liu et al. 2013

ACCC 61572←中国农科院资划所；原始编号：CC-G9A；模式菌株；分离源：热泉水；好氧、革兰氏阴
性、可移动、杆状；培养基 0002，30℃。

Pseudomonas halophila Fendrich 1989

ACCC 60020←中国农科院资划所；原始编号：DSM 3050；分离地点：美国犹他州；培养基 0033，
37℃。

Pseudomonas hibiscicola Moniz 1963

栖木假单胞菌

ACCC 02684←南京农大农业环境微生物中心；原始编号：X10，NAECC1264；可以在含 1 000 mg/L 的
甲磺隆的无机盐培养基中生长；分离地点：黑龙江齐齐哈尔；培养基 0002，30℃。

ACCC 02796←南京农大农业环境微生物中心；原始编号：HB，NAECC1276；耐受 10% 的 NaCl；分离
地点：南京玄武区；培养基 0002，30℃。

ACCC 60055←中国农科院资划所；原始编号：JCM13361；分离源：甘蔗；培养基 0033，37℃。

Pseudomonas indoloxydans Manickam et al. 2008

ACCC 61573←中国农科院资划所；原始编号：IPL-1；分离源：土样；培养基 0847，30℃。

Pseudomonas jessenii Verhille et al. 1999

杰氏假单胞菌

ACCC 01048←中国农科院资划所；原始编号：FX1H-1-14；具有处理富营养水体和养殖废水潜力；分
离地点：北京农科院试验地；培养基 0002，28℃。

ACCC 01081←中国农科院资划所；原始编号：FX1H-1-5；具有处理富营养水体和养殖废水潜力；分离
地点：北京农科院试验地；培养基 0002，28℃。

Pseudomonas jinjuensis Kwon et al. 2003

晋州假单胞菌

ACCC 02620←南京农大农业环境微生物中心；原始编号：J8，NAECC1177；分离地点：江苏南京卫岗
菜园；培养基 0971，30℃。

ACCC 02661←南京农大农业环境微生物中心；原始编号：J14，NAECC1181；分离地点：江苏南京卫
岗菜园；培养基 0971，30℃。

ACCC 02658←南京农大农业环境微生物中心；原始编号：J12，NAECC1179；分离地点：江苏南京卫
岗菜园；培养基 0971，30℃。

Pseudomonas kilonensis Sikorski et al. 2001

ACCC 61841←中国农科院资划所；原始编号：10D-1-DX；分离源：番茄根际土；培养基 0847，30℃。

Pseudomonas knackmussii Stolz et al. 2007

克氏假单胞菌

ACCC 05571←中国农科院资划所；分离源：水稻根内生；分离地点：湖南祁阳县官山坪；培养基 0512，37℃。

Pseudomonas laurylsulfativorans corrig. Furmanczyk et al. 2019

ACCC 61839←中国农科院资划所；原始编号：D2；分离源：番茄根际土；培养基 0847，30℃。

Pseudomonas lini Delorme et al. 2002

亚麻假单胞菌

ACCC 05595←中国农科院资划所；分离源：水稻根内生；分离地点：湖南祁阳县官山坪；培养基 0002，37℃。

Pseudomonas marginalis（Brown 1918）Stevens 1925

边缘假单胞菌

ACCC 01015←中国农科院资划所；原始编号：FXH-2-07；具有处理养殖废水潜力；分离地点：河北邯郸鱼塘；培养基 0002，28℃。

ACCC 03923←中国农科院饲料所；原始编号：B420；饲料用纤维素酶、植酸酶、木聚糖酶等的筛选；分离地点：江西鄱阳县；培养基 0002，26℃。

ACCC 03931←中国农科院饲料所；原始编号：B428；饲料用纤维素酶、植酸酶、木聚糖酶等的筛选；分离地点：江西鄱阳县；培养基 0002，26℃。

Pseudomonas mendocina Palleroni 1970

门多萨假单胞菌

ACCC 01078←中国农科院资划所；原始编号：GDJ-31-1-1；具有生产固氮生物肥料和修复农田有机污染潜力；分离地点：北京大兴；培养基 0002，28℃。

ACCC 02173←中国农科院资划所；原始编号：216，WG8-1；以菲、芴作为唯一碳源生长；分离地点：湖北武汉；培养基 0002，30℃。

ACCC 02752←南京农大农业环境微生物中心；原始编号：ZYJ1-4，NAECC1563；分离地点：山东东营胜利油田；培养基 0002，30℃。

Pseudomonas migulae Verhille et al. 1999

米氏假单胞菌

ACCC 02061←新疆农科院微生物所；原始编号：LB50，XAAS10316；分离地点：新疆布尔津县；培养基 0033，20℃。

ACCC 05574←中国农科院资划所；分离源：水稻根内生；分离地点：湖南祁阳县官山坪；培养基 0512，37℃。

Pseudomonas monteilii Elomari et al. 1997

蒙氏假单胞菌

ACCC 02654←南京农大农业环境微生物中心；原始编号：PNP-1，NAECC1167；分离地点：江苏南京高淳县；培养基 0002，28℃。

ACCC 02721←南京农大农业环境微生物中心；原始编号：CGL-2，NAECC1376；可以在含 1000 mg/L 的草甘膦的无机盐培养基中生长；分离地点：南京玄武区；培养基 0002，30℃。

ACCC 02762←南京农大农业环境微生物中心；原始编号：ZD-7，NAECC1557；分离地点：江苏淮安楚州区季桥镇；培养基 0002，30℃。

ACCC 02834←南京农大农业环境微生物中心；原始编号：AP1-1，NAECC1506；分离地点：江苏苏州苏州新区；培养基 0002，30℃。

ACCC 02837←南京农大农业环境微生物中心；原始编号：FP2-1，NAECC1509；分离地点：江苏省泰兴市化工厂；培养基 0002，30℃。

ACCC 02880←南京农大农业环境微生物中心；原始编号：BFSY-1，NAECC1708；分离地点：江苏省无锡市锡南农药厂；培养基 0002，30℃。

Pseudomonas nitroreducens Iizuka & Komagata 1964

硝基还原假单胞菌

ACCC 01073←中国农科院资划所；原始编号：Hg-17-4；具有用作耐重金属基因资源潜力；分离地点：北京大兴；培养基 0002，28℃。

ACCC 02563←NAECC←DSMZ←JCM←K. Komagata；原始编号：NAECC1908；分离地点：日本；培养基 0002，30℃。

ACCC 02716←南京农大农业环境微生物中心；原始编号：J4，NAECC1280；分离地点：江苏南京卫岗菜园地；培养基 0002，30℃。

ACCC 02719←南京农大农业环境微生物中心；原始编号：J17，NAECC1283；分离地点：江苏南京卫岗菜园地；培养基 0002，30℃。

ACCC 02797←南京农大农业环境微生物中心；原始编号：NH3，NAECC1277；耐受 10% 的 NaCl；分离地点：南京玄武区；培养基 0002，30℃。

ACCC 04193←广东微生物所；原始编号：1.123；培养基 0002，30℃。

ACCC 05439←中国农科院资划所←中科院微生物所←JCM；原始编号：JCM2782；培养基 0002，30℃。

ACCC 04184←广东微生物所；原始编号：YG801；环境治理；培养基 0002，30℃。

Pseudomonas oleovorans Lee & Chandler 1941

食油假单胞菌

ACCC 05449←中国农科院资划所←ATCC；原始编号：ATCC 8062；培养基 0002，26℃。

Pseudomonas oryzihabitans Kodama et al. 1985

栖稻假单胞菌

ACCC 02651←南京农大农业环境微生物中心；原始编号：S53，NAECC1164；可以在含 1 000 mg/L 的苄磺隆的无机盐培养基中生长；分离地点：江苏常熟宝带生物农药有限公司；培养基 0033，30℃。

Pseudomonas plecoglossicida Nishimori et al. 2000

香鱼假单胞菌

ACCC 01024←中国农科院资划所；原始编号：FX1H-32-4；具有处理养殖废水潜力；分离地点：河北高碑店；培养基 0002，28℃。

ACCC 02518←南京农大农业环境微生物中心；原始编号：X5，NAECC1702；分离地点：江苏徐州；培养基 0033，30℃。

ACCC 02689←南京农大农业环境微生物中心；原始编号：Lm10，NAECC1269；可以在含 3 000 mg/L 的甲磺隆的无机盐培养基中生长；分离地点：南京玄武区；培养基 0002，30℃。

ACCC 02830←南京农大农业环境微生物中心；原始编号：N5-2，NAECC1545；分离地点：山东东营胜利油田；培养基 0002，30℃。

Pseudomonas poae Behrendt et al. 2003

草假单胞菌

ACCC 02798←南京农大农业环境微生物中心；原始编号：ST250，NAECC1743；耐盐细菌；分离地点：江苏连云港新浦区；培养基 0033，30℃。

Pseudomonas pseudoalcaligenes Stanier 1966

类产碱假单胞菌

ACCC 01694←中国农科院饲料所；原始编号：FRI20070211，B235；饲料用木聚糖酶、葡聚糖酶、蛋白酶、植酸酶等的筛选；分离地点：浙江嘉兴鱼塘；培养基 0002，37℃。

ACCC 01711←中国农科院饲料所；原始编号：FRI2007014，B255；饲料用木聚糖酶、葡聚糖酶、蛋白酶、植酸酶等的筛选；分离地点：浙江；培养基 0002，37℃。

ACCC 01715←中国农科院饲料所；原始编号：FRI2007084，B262；饲料用木聚糖酶、葡聚糖酶、蛋白酶、植酸酶等的筛选；分离地点：浙江；培养基 0002，37℃。

ACCC 01716←中国农科院饲料所；原始编号：FRI2007085，B263；饲料用木聚糖酶、葡聚糖酶、蛋白酶、植酸酶等的筛选；分离地点：浙江；培养基 0002，37℃。

ACCC 01750←中国农科院饲料所；原始编号：FRI2007034，B313；饲料用木聚糖酶、葡聚糖酶、蛋白酶、植酸酶等的筛选；分离地点：浙江；培养基 0002，37℃。

ACCC 02628←南京农大农业环境微生物中心；原始编号：FSB，NAECC1227；分离地点：山东东营；培养基 0033，30℃。

ACCC 02846←南京农大农业环境微生物中心；原始编号：NF-2，NAECC1731；分离地点：江苏徐州；培养基 0033，30℃。

ACCC 03245←中国农科院资划所；原始编号：BaP-11-3；可用来研发农田土壤及环境修复微生物制剂；培养基 0002，28℃。

ACCC 03251←中国农科院资划所；原始编号：BaP-11-1；可用来研发农田土壤及环境修复微生物制剂；培养基 0002，28℃。

ACCC 04143←华南农大农学院；原始编号：58；培养基 0003，30℃。

ACCC 04145←华南农大农学院；原始编号：581；培养基 0003，30℃。

ACCC 04146←华南农大农学院；原始编号：582；培养基 0003，30℃。

ACCC 05448←中国农科院资划所←中科院微生物所←JCM；原始编号：JCM5968；培养基 0002，26℃。

ACCC 05477←DSMZ←K.Furukawa；KF707；分离源：土壤样品；培养基 0847，30℃。

Pseudomonas putida（Trevisan 1889）Migula 1895

恶臭假单胞菌

ACCC 01027←中国农科院资划所；原始编号：FX1-1-17；具有处理养殖废水潜力；分离地点：北京农科院试验地；培养基 0002，28℃。

ACCC 01100←中国农科院资划所；原始编号：FX1H-1-6；具有处理养殖废水潜力；分离地点：北京农科院试验地；培养基 0002，28℃。

ACCC 01228←新疆农科院微生物所；原始编号：XJAA10321，LB66；培养基 0033，20℃。

ACCC 01269←广东微生物所；原始编号：GIMV1.0003，1-B-4；检测生产；分离地点：越南DALAT；培养基 0002，30～37℃。

ACCC 01982←中国农科院资划所；原始编号：35，46-2；以菲、蒽、芴作为唯一碳源生长；分离地点：大庆油田；培养基 0002，30℃。

ACCC 01984←中国农科院资划所；原始编号：80，17FCT；以菲、蒽、芴作为唯一碳源生长；分离地点：大庆油田；培养基 0002，30℃。

ACCC 02160←中国农科院资划所；原始编号：103，WG2-2；以菲、芴作为唯一碳源生长；分离地点：湖北武汉；培养基 0002，30℃。

ACCC 02174←中国农科院资划所；原始编号：217，WG7-1；以菲、芴作为唯一碳源生长；分离地点：湖北武汉；培养基 0002，30℃。

ACCC 02176←中国农科院资划所；原始编号：306，EnC4；以菲、芴、蒽作为唯一碳源生长；分离地点：大庆油田；培养基 0002，30℃。

ACCC 02235←广东微生物所；原始编号：GIMT1.092；培养基 0002，30℃。

ACCC 02609←南京农大农业环境微生物中心；原始编号：sw6，NAECC0803；分离地点：山东省淄博市博山区农药厂；培养基 0033，30℃。

ACCC 02624←南京农大农业环境微生物中心；原始编号：萘w-2，NAECC0705；分离地点：山东东营；培养基 0033，30℃。

ACCC 02764←南京农大农业环境微生物中心；原始编号：ZD-4，NAECC1573；分离地点：江苏淮安楚州区季桥镇；培养基 0002，30℃。

ACCC 02807←南京农大农业环境微生物中心；原始编号：菲-3-4；分离地点：中原油田采油三厂；培养基0002，28℃。

ACCC 02842←南京农大农业环境微生物中心；原始编号：L-1，NAECC1727；分离地点：江苏徐州；培养基0033，30℃。

ACCC 03871←中国农科院饲料所；原始编号：B362；饲料用纤维素酶、植酸酶、木聚糖酶等的筛选；分离地点：江西鄱阳县；培养基0002，26℃。

ACCC 03895←中国农科院饲料所；原始编号：B387；饲料用纤维素酶、植酸酶、木聚糖酶等的筛选；分离地点：江西鄱阳县；培养基0002，26℃。

ACCC 03928←中国农科院饲料所；原始编号：B425；饲料用纤维素酶、植酸酶、木聚糖酶等的筛选；分离地点：江西鄱阳县；培养基0002，26℃。

ACCC 04148←华南农大农学院；原始编号：HN4；培养基0003，30℃。

ACCC 04192←广东微生物所；原始编号：1.122；培养基0002，30℃。

ACCC 04194←广东微生物所；原始编号：1.124；培养基0002，30℃。

ACCC 04262←广东微生物所；原始编号：F1.57；产黄纤维单胞菌的伴生菌；分离地点：广东广州；培养基0002，30℃。

ACCC 04263←广东微生物所；原始编号：F1.57；产黄纤维单胞菌的伴生菌；分离地点：广东广州；培养基0002，30℃。

ACCC 05447←中国农科院资划所；原始编号：S.48；培养基0002，30℃。

ACCC 10162←广东微生物所←中科院微生物所；=GIM 1.57=As 1.1003；培养基0002，30℃。

ACCC 10185←DSMZ；=ATCC 12633= DSM 50202=ICPB 2963=NCTC 10936；降解芳香族化合物；分离源：乳酸富集；培养基0002，30℃。

ACCC 10472←中国农科院土肥所←首都师范大学宋未教授赠←中科院微生物所；=AS 1.643=AS 1.870；原始编号：S.39；培养基0002，28℃。

ACCC 10938←首都师范大学；原始编号：B92-10-39；培养基0033，30℃。

ACCC 11662←南京农大农业环境微生物中心；原始编号：萘NAA，NAECC0703；分离源：土壤；分离地点：山东东营；培养基0033，30℃。

ACCC 19235←中国农科院资划所←中国农科院麻类所；原始编号：IBFCW201320130101；分离源：菜园土壤；培养基0002，32℃。

ACCC 19236←中国农科院资划所←中国农科院麻类所；原始编号：IBFCW201320130103；分离源：菜园土壤；培养基0002，32℃。

ACCC 19237←中国农科院资划所←中国农科院麻类所；原始编号：IBFCW201320130104；分离源：菜园土壤；培养基0002，32℃。

ACCC 19252←中国农科院资划所←中国农科院麻类所；原始编号：IBFCW20130122；分离源：菜园土壤；培养基0002，32℃。

ACCC 19272←中国农科院资划所←中国农科院麻类所；原始编号：IBFCW20130143；分离源：菜园土壤；培养基0002，32℃。

ACCC 19274←中国农科院资划所←中国农科院麻类所；原始编号：IBFCW20130145；分离源：菜园土壤；培养基0002，32℃。

ACCC 19279←中国农科院资划所←中国农科院麻类所；原始编号：IBFCW20130150；分离源：菜园土壤；培养基0002，32℃。

ACCC 19283←中国农科院资划所←中国农科院麻类所；原始编号：IBFCW20130155；分离源：菜园土壤；培养基0002，32℃。

ACCC 19288←中国农科院资划所←中国农科院麻类所；原始编号：IBFCW20130160；分离源：菜园土壤；培养基0002，32℃。

ACCC 19289←中国农科院资划所←中国农科院麻类所；原始编号：IBFCW20130161；分离源：菜园土壤；培养基0002，32℃。

ACCC 19291←中国农科院资划所←中国农科院麻类所；原始编号：IBFCW20130163；分离源：菜园土
壤；培养基0002，32℃。

ACCC 19299←中国农科院资划所←中国农科院麻类所；原始编号：IBFCW20130171；分离源：菜园土
壤；培养基0002，32℃。

ACCC 19300←中国农科院资划所←中国农科院麻类所；原始编号：IBFCW20130172；分离源：菜园土
壤；培养基0002，32℃。

ACCC 19312←中国农科院资划所←中国农科院麻类所；原始编号：IBFCW20130184；分离源：菜园土
壤；培养基0002，32℃。

ACCC 61817←中国农科院资划所；原始编号：T36；分离源：番茄根际土；培养基0847，30℃。

Pseudomonas reactans **Preece & Wong 1982**

ACCC 19313←中国农科院资划所←中国农科院麻类所；原始编号：IBFCW20130185；分离源：菜园土
壤；培养基0002，32℃。

Pseudomonas resinovorans **Delaporte et al. 1961**

食树脂假单孢菌

ACCC 02566←NAECC←LMG←ATCC←B. Delaporte←Raynaud & Daste；原始编号：NAECC1912；分
离地点：法国；培养基0002，30℃。

Pseudomonas rhodesiae **Coroler et al. 1997**

霍氏假单胞菌

ACCC 01128←中国农科院资划所；原始编号：FX1H-2-3；具有处理养殖废水潜力；分离地点：河北邯
郸大社鱼塘；培养基0002，28℃。

ACCC 01692←中国农科院饲料所；原始编号：FRI2007094，B233；饲料用木聚糖酶、葡聚糖酶、蛋白
酶、植酸酶等的筛选；分离地点：浙江嘉兴鱼塘；培养基0002，37℃。

ACCC 01693←中国农科院饲料所；原始编号：FRI2007029，B234；饲料用木聚糖酶、葡聚糖酶、蛋白
酶、植酸酶等的筛选；分离地点：浙江嘉兴鱼塘；培养基0002，37℃。

ACCC 01724←中国农科院饲料所；原始编号：FRI2007091，B271；饲料用木聚糖酶、葡聚糖酶、蛋白
酶、植酸酶等的筛选；分离地点：浙江；培养基0002，37℃。

Pseudomonas **sp.**

假单胞菌

ACCC 01021←中国农科院资划所；原始编号：GD-33'-1-3；具有生产生物肥料潜力；分离地点：河北
高碑店；培养基0002，28℃。

ACCC 01028←中国农科院资划所；原始编号：FX1-1-21；具有处理养殖废水潜力；分离地点：北京农
科院试验地；培养基0002，28℃。

ACCC 01056←中国农科院资划所；原始编号：FX2-1-10；具有处理富营养水体和养殖废水潜力；分离
地点：北京农科院试验地；培养基0002，28℃。

ACCC 01060←中国农科院资划所；原始编号：FX1H-1-4；具有处理富营养水体和养殖废水潜力；分离
地点：北京农科院试验地；培养基0002，28℃。

ACCC 01063←中国农科院资划所；原始编号：Hg-22-3；具有用作耐重金属基因资源潜力；分离地点：
北京大兴；培养基0002，28℃。

ACCC 01096←中国农科院资划所；原始编号：Hg-17-1-2；具有用作耐重金属基因资源潜力；分离地
点：北京大兴；培养基0002，28℃。

ACCC 01104←中国农科院资划所；原始编号：FX1H-3-5；具有处理富营养水体和养殖废水潜力；分离
地点：河北邯郸大社鱼塘；培养基0002，28℃。

ACCC 01107←中国农科院资划所；原始编号：Hg-23-3；具有用作耐重金属基因资源潜力；分离地点：
北京市大兴县电镀厂；培养基0002，28℃。

ACCC 01110←中国农科院资划所；原始编号：GDJ-25-2-1；具有生产生物肥料潜力；分离地点：河北
高碑店；培养基0002，28℃。

ACCC 01124←中国农科院资划所；原始编号：Hg-21-2；具有用作耐重金属基因资源潜力；分离地点：北京市大兴县电镀厂；培养基 0002，28℃。

ACCC 01134←中国农科院资划所；原始编号：Hg-20-3；具有用作耐重金属基因资源潜力；分离地点：北京市大兴县电镀厂；培养基 0065，28℃。

ACCC 01156←中国农科院资划所；原始编号：S6；培养基 0033，28℃。

ACCC 01163←中国农科院资划所；原始编号：S13；培养基 0033，30℃。

ACCC 01164←中国农科院资划所；原始编号：S14；培养基 0033，30℃。

ACCC 01165←中国农科院资划所；原始编号：S21；培养基 0033，30℃。

ACCC 01166←中国农科院资划所；原始编号：S22；培养基 0033，30℃。

ACCC 01234←新疆农科院微生物所；原始编号：XJAA10327，LB82；培养基 0033，20℃。

ACCC 01246←新疆农科院微生物所；原始编号：XJAA10337，LB101；培养基 0033，20℃。

ACCC 01276←广东微生物所；原始编号：GIMV1.0012，3-B-5；检测、生产；分离地点：越南 DALAT；培养基 0002，30～37℃。

ACCC 01278←广东微生物所；原始编号：GIMV1.0014，4-B-1；检测、生产；分离地点：越南 DALAT；培养基 0002，30～37℃。

ACCC 01300←广东微生物所；原始编号：GIMV1.0075，40-B-2；检测、生产；分离地点：越南 DALAT；培养基 0002，30～37℃。

ACCC 01709←中国农科院饲料所；原始编号：FRI2007007，B252；饲料用木聚糖酶、葡聚糖酶、蛋白酶、植酸酶等的筛选；分离地点：浙江；培养基 0002，37℃。

ACCC 01986←中国农科院资划所；原始编号：105，WG-5-3a；以菲、蒽、芴作为唯一碳源生长；分离地点：大庆油田；培养基 0002，30℃。

ACCC 02162←中国农科院资划所；原始编号：106，WG-5；以菲、芴作为唯一碳源生长；分离地点：胜利油田；培养基 0002，30℃。

ACCC 02167←中国农科院资划所；原始编号：201，55；以菲、芴作为唯一碳源生长；分离地点：胜利油田；培养基 0002，30℃。

ACCC 02168←中国农科院资划所；原始编号：203，W26-3；以菲、芴、蒽作为唯一碳源生长；分离地点：大庆油田；培养基 0002，30℃。

ACCC 02169←中国农科院资划所；原始编号：204，W20-2；以菲、芴、蒽作为唯一碳源生长；分离地点：大庆油田；培养基 0002，30℃。

ACCC 02171←中国农科院资划所；原始编号：214，AC15-2；以菲、芴作为唯一碳源生长；分离地点：湖北武汉；培养基 0002，30℃。

ACCC 02172←中国农科院资划所；原始编号：215，WG-3a；以菲、芴作为唯一碳源生长；分离地点：胜利油田；培养基 0002，30℃。

ACCC 02206←中国农科院资划所；原始编号：608，WG12-2；以菲、芴作为唯一碳源生长；分离地点：湖北武汉；培养基 0002，30℃。

ACCC 02491←南京农大农业环境微生物中心；原始编号：P6-4+2，NAECC1139；分离地点：南京轿子山；培养基 0033，30℃。

ACCC 02497←南京农大农业环境微生物中心；原始编号：BFF-5，NAECC0877；在 LB 液体培养基中培养成膜能力较强；分离地点：南化二厂曝气池；培养基 0033，30℃。

ACCC 02499←南京农大农业环境微生物中心；原始编号：BFF-7，NAECC0879；在 LB 液体培养基中培养成膜能力较强；培养基 0033，30℃。

ACCC 02500←南京农大农业环境微生物中心；原始编号：BFF-8，NAECC0880；成膜能力较强；培养基 0033，30℃。

ACCC 02502←南京农大农业环境微生物中心；原始编号：DNP-2，NAECC0882；能降 2,4-二硝基苯酚 45% 以上。可以耐受 5 000 mg/L 的 2,4-二硝基苯酚；分离地点：南京化工二厂；培养基 0033，30℃。

ACCC 02506←南京农大农业环境微生物中心；原始编号：PNP-2，NAECC0886；在 MM 培养基中，能降解对硝基苯酚 95% 以上；分离地点：南京化工二厂；培养基 0033，30℃。

ACCC 02509←南京农大农业环境微生物中心；原始编号：BMW6-1，NAECC1110；分离地点：江苏南京；培养基 0033，30℃。

ACCC 02510←南京农大农业环境微生物中心；原始编号：BXWY3，NAECC0655；能于 30℃、24 小时降解约 50% 浓度为 100 mg/L 的苯甲酸，苯甲酸为唯一碳源（无机盐培养基）；分离地点：江苏无锡；培养基 0033，30℃。

ACCC 02545←南京农大农业环境微生物中心；原始编号：BJS-X-1，NAECC1073；在无机盐培养基中以 60 mg/L 的苯甲酸为唯一碳源培养，3 天内降解率大于 90%；分离地点：江苏省南京市第一农药厂；培养基 0033，30℃。

ACCC 02548←南京农大农业环境微生物中心；原始编号：LQL1-5，NAECC1057；在无机盐培养基中以 20 mg/L 的氯氰菊酯为唯一碳源培养，3 天内降解率大于 40%；分离地点：江苏省南京市第一农药厂；培养基 0033，28℃。

ACCC 02549←南京农大农业环境微生物中心；原始编号：Cu-Z-1，NAECC1051；能够耐受 2 mmol/L 的重金属 Cu^{2+}；分离地点：河南永信生物农药股份有限公司；培养基 0033，30℃。

ACCC 02552←南京农大农业环境微生物中心；原始编号：BF2-3，NAECC1076；在无机盐培养基中以 50 mg/L 的苯酚为唯一碳源培养，3 天内降解率大于 90%；分离地点：江苏省南京市第一农药厂；培养基 0033，30℃。

ACCC 02568←南京农大农业环境微生物中心；原始编号：CWX5，NAECC1213；能于 30℃水解几丁质，酶活达到 104.34 μg/（mL·h）；分离地点：江苏无锡；培养基 0033，30℃。

ACCC 02613←南京农大农业环境微生物中心；原始编号：S8，NAECC0681；以无机盐培养基加对硝基苯酚，能于 48 小时降解 45% 的浓度为 100 mg/L 的对硝基苯酚；分离地点：江苏无锡中南路芦村；培养基 0033，30℃。

ACCC 02619←南京农大农业环境微生物中心；原始编号：BSL18，NAECC0972；在无机盐培养基中添加 100 mg/L 的倍硫磷，降解率达 42%；分离地点：江苏南京；培养基 0033，30℃。

ACCC 02627←南京农大农业环境微生物中心；原始编号：CLSD，NAECC1225；能于 30℃、1 000 mg/L 的十八烷烃无机盐培养基中，48 小时降解率约为 91%，十八烷烃为唯一碳源（无机盐培养基）；分离地点：山东东营；培养基 0033，30℃。

ACCC 02652←南京农大农业环境微生物中心；原始编号：Jb-1，NAECC1234；可以在含 1 000 mg/L 的甲磺隆的无机盐培养基中生长；分离地点：江苏常熟宝带生物农药有限公司；培养基 0033，30℃。

ACCC 02683←南京农大农业环境微生物中心；原始编号：B10，NAECC1260；可以在含 1 000 mg/L 的甲磺隆的无机盐培养基中生长；分离地点：黑龙江齐齐哈尔；培养基 0002，30℃。

ACCC 02692←南京农大农业环境微生物中心；原始编号：B4，NAECC1368；在基础盐加农药培养基上降解丙草胺，降解率 50%；分离地点：江苏昆山；培养基 0002，30℃。

ACCC 02697←南京农大农业环境微生物中心；原始编号：D5，NAECC1373；在基础盐加农药培养基上降解丁草胺，降解率 50%；分离地点：江苏昆山；培养基 0002，30℃。

ACCC 02702←南京农大农业环境微生物中心；原始编号：bnan-15，NAECC1553；能于 30℃、48 小时降解约 500 mg/L 的苯胺，降解率为 90%，苯胺为唯一碳源（无机盐培养基）；分离地点：江苏省连云港市污水处理厂；培养基 0002，30℃。

ACCC 02723←南京农大农业环境微生物中心；原始编号：CGL-4，NAECC1378；可以在含 800 mg/L 的草甘膦的无机盐培养基中生长；分离地点：南京玄武区；培养基 0002，30℃。

ACCC 02734←南京农大农业环境微生物中心；原始编号：LHL-SA，NAECC1399；在 M9 培养基中抗氯磺隆的浓度达 500 mg/L；分离地点：山东泰安市；培养基 0002，30℃。

ACCC 02763←南京农大农业环境微生物中心；原始编号：ZD-3，NAECC1572；能于 30℃、48 小时降解约 300 mg/L 的苯酚，降解率为 100%，苯酚为唯一碳源（无机盐培养基）；分离地点：江苏省南京市江心洲污水处理厂；培养基 0033，30℃。

ACCC 02771←南京农大农业环境微生物中心；原始编号：BF-6，NAECC1430；在基础盐培养基中 2 天降解 100 mg/L 的苯酚降解率 50%；分离地点：南京玄武区；培养基 0002，30℃。

ACCC 02772←南京农大农业环境微生物中心；原始编号：BF-12，NAECC1431；在基础盐培养基中 2 天降解 100 mg/L 的苯酚降解率 50%；分离地点：南京玄武区；培养基 0002，30℃。

ACCC 02781←南京农大农业环境微生物中心；原始编号：BF-2，NAECC1737；在无机盐培养基中以 100 mg/L 的苯酚为唯一碳源培养，3 天内降解率大于 90%；分离地点：江苏徐州；培养基 0002，30℃。

ACCC 02783←南京农大农业环境微生物中心；原始编号：SCT，NAECC1739；在无机盐培养基中以 20 mg/L 的三唑酮为唯一碳源培养，3 天内降解率大于 50%；分离地点：江苏徐州；培养基 0002，30℃。

ACCC 02844←南京农大农业环境微生物中心；原始编号：LF-1，NAECC1729；在无机盐培养基中以 50 mg/L 的邻苯二酚为唯一碳源培养，3 天内降解率大于 90%；分离地点：江苏徐州；培养基 0033，30℃。

ACCC 02876←南京农大农业环境微生物中心；原始编号：F4-3，NAECC1539；分离地点：江苏扬州；培养基 0033，30℃。

ACCC 02878←南京农大农业环境微生物中心；原始编号：2-1，NAECC1541；分离地点：江苏省南京市江心洲废水处理厂；培养基 0033，30℃。

ACCC 02879←南京农大农业环境微生物中心；原始编号：5-2，NAECC1542；分离地点：江苏扬州；培养基 0033，30℃。

ACCC 03518←中国热科院；原始编号：QDB002；培养基 0702，25～28℃。

ACCC 05510←中国农科院生物技术所；原始编号：1-7；有机磷类污染物的降解；分离地点：天津农药厂；培养基 0033，28℃。

ACCC 10014←中国农科院土肥所；原始编号：陈K；分离源：土壤；培养基 0002，30℃。

ACCC 10419←首都师范大学；培养基 0033，28℃。

ACCC 10426←首都师范大学；培养基 0033，30℃。

ACCC 10431←首都师范大学；分离源：水稻根际；培养基 0033，28℃。

ACCC 10464←首都师范大学；培养基 0033，28℃。

ACCC 10599←南京农大农业环境微生物中心；原始编号：D8；用于降解敌稗；分离源：土壤；分离地点：江苏南京；培养基 0002，30℃。

ACCC 10654←南京农大农业环境微生物中心；原始编号：J20；用于降解甲萘威；分离源：土壤；分离地点：江苏南京玄武区；培养基 0002，30℃。

ACCC 10657←南京农大农业环境微生物中心；原始编号：S1-22；分离源：土壤；分离地点：江苏南京；培养基 0002，30℃。

ACCC 10671←南京农大农业环境微生物中心；原始编号：S2-11；用于降解速灭威；分离源：土壤；分离地点：江苏南京；培养基 0002，30℃。

ACCC 10677←南京农大农业环境微生物中心；原始编号：Y2-1；分离源：活性污泥；分离地点：江苏无锡中南路芦村；培养基 0002，30℃。

ACCC 10686←南京农大农业环境微生物中心；原始编号：S2-15；用于教学或科研；分离源：土壤；分离地点：江苏南京；培养基 0002，30℃。

ACCC 10688←南京农大农业环境微生物中心；原始编号：D22；用于降解敌稗；分离源：土壤；分离地点：江苏南京；培养基 0002，30℃。

ACCC 10853←首都师范大学；原始编号：J3-AN38；分离源：水稻根际；分离地点：唐山滦南县；培养基 0033，30℃。

ACCC 10854←首都师范大学；原始编号：J3-A91；分离源：水稻根际；分离地点：唐山滦南县；培养基 0033，30℃。

ACCC 10859←首都师范大学；原始编号：J3-A13；分离源：水稻根际；分离地点：唐山滦南县；培养基 0033，30℃。

ACCC 10862←首都师范大学；原始编号：BN90-3-13；分离源：水稻根际；分离地点：河北唐山滦县；培养基 0033，30℃。

ACCC 10874←首都师范大学；原始编号：J3-A50；分离源：土壤；分离地点：唐山滦南县；培养基 0033，30℃。

ACCC 11615←南京农大农业环境微生物中心；原始编号：SDL，NAECC0643；分离源：土壤；分离地点：江苏南京；培养基 0033，30℃。

ACCC 11621←南京农大农业环境微生物中心；原始编号：6-SLL，NAECC1121；分离源：污泥；分离地点：江苏南京；培养基 0033，30℃。

ACCC 11630←南京农大农业环境微生物中心；原始编号：BJSWY1，NAECC0647；分离源：污泥；分离地点：江苏省南京市江心洲污水处理厂；培养基 0971，30℃。

ACCC 11631←南京农大农业环境微生物中心；原始编号：BJSWY5，NAECC0648；分离源：污泥；分离地点：江苏省南京市江心洲；培养基 0971，30℃。

ACCC 11632←南京农大农业环境微生物中心；原始编号：BL1，NAECC0649；分离源：土壤；分离地点：江苏南京；培养基 0971，30℃。

ACCC 11633←南京农大农业环境微生物中心；原始编号：BL4，NAECC0652；分离源：土壤；分离地点：江苏南京；培养基 0971，30℃。

ACCC 11634←南京农大农业环境微生物中心；原始编号：BXWY1，NAECC0653；分离源：土壤；分离地点：江苏无锡；培养基 0971，30℃。

ACCC 11635←南京农大农业环境微生物中心；原始编号：BXWY2，NAECC0654；分离源：土壤；分离地点：江苏无锡；培养基 0971，30℃。

ACCC 11642←南京农大农业环境微生物中心；原始编号：DE-4，NAECC0672；分离源：活性污泥；分离地点：云南；培养基 0971，30℃。

ACCC 11646←南京农大农业环境微生物中心；原始编号：S4，NAECC0677；成膜菌；分离源：活性污泥；分离地点：江苏无锡；培养基 0033，30℃。

ACCC 11647←南京农大农业环境微生物中心；原始编号：S5，NAECC0678；分离源：活性污泥；分离地点：江苏无锡；培养基 0971，30℃。

ACCC 11648←南京农大农业环境微生物中心；原始编号：S6，NAECC0679；分离源：活性淤泥；分离地点：江苏无锡；培养基 0971，30℃。

ACCC 11649←南京农大农业环境微生物中心；原始编号：S7，NAECC0680；分离源：活性淤泥；分离地点：江苏无锡；培养基 0971，30℃。

ACCC 11655←南京农大农业环境微生物中心；原始编号：SBNo.3，NAECC0691；分离源：石油；分离地点：山东东营；培养基 0033，30℃。

ACCC 11663←南京农大农业环境微生物中心；原始编号：萘 w-1，NAECC0704；分离源：水样；分离地点：山东东营；培养基 0033，30℃。

ACCC 11665←南京农大农业环境微生物中心；原始编号：BYS1，NAECC0710；分离源：土壤；分离地点：江苏无锡；培养基 0971，30℃。

ACCC 11666←南京农大农业环境微生物中心；原始编号：BYS3，NAECC0711；分离源：土壤；分离地点：江苏无锡；培养基 0971，30℃。

ACCC 11667←南京农大农业环境微生物中心；原始编号：BYT1，NAECC0712；分离源：土壤；分离地点：江苏无锡；培养基 0971，30℃。

ACCC 11668←南京农大农业环境微生物中心；原始编号：BYT3，NAECC0713；分离源：土壤；分离地点：江苏无锡；培养基 0971，30℃。

ACCC 11676←南京农大农业环境微生物中心；原始编号：MO2，NAECC0739；成膜菌；分离源：土壤；分离地点：江苏南京；培养基 0971，30℃。

ACCC 11678←南京农大农业环境微生物中心；原始编号：MO4，NAECC0741；成膜菌；分离源：土壤；分离地点：江苏南京；培养基 0971，30℃。

ACCC 11679←南京农大农业环境微生物中心；原始编号：MO5，NAECC0742；成膜菌；分离源：土壤；分离地点：江苏南京；培养基 0971，30℃。

ACCC 11683←南京农大农业环境微生物中心；原始编号：Lm-2-2，NAECC0761；可以在含 5 000 mg/L 的氯嘧磺隆无机盐培养基中生长；分离源：土壤；分离地点：山东淄博；培养基 0971，30℃。

ACCC 11689←南京农大农业环境微生物中心；原始编号：sb-2，NAECC0772；可以在含 5 000 mg/L 的噻吩磺隆的无机盐培养基中生长；分离源：土壤；分离地点：长青农化有限公司；培养基 0971，30℃。

ACCC 11691←南京农大农业环境微生物中心；原始编号：sc-1，NAECC0774；可以在含 5 000 mg/L 的噻吩磺隆的无机盐培养基中生长；分离源：土壤；分离地点：江苏常熟宝带生物农药有限公司；培养基 0971，30℃。

ACCC 11693←南京农大农业环境微生物中心；原始编号：BM2，NAECC0778；3 天内完全降解 50 mg/L 的苯氧基苯甲醇；分离源：污泥；分离地点：江苏江宁铜山第一农药厂；培养基 0033，30℃。

ACCC 11696←南京农大农业环境微生物中心；原始编号：DK8，NAECC0782；在以 5 g/L 葡萄糖为碳源的 M9 基础盐培养基中，能耐受 1 000 mg/L 的丁草胺；分离源：污水；培养基 0033，30℃。

ACCC 11708←南京农大农业环境微生物中心；原始编号：XLL-8，NAECC0807；分离源：土壤；分离地点：山东省淄博市博山区农药厂；培养基 0033，30℃。

ACCC 11712←南京农大农业环境微生物中心；原始编号：Ben-1，NAECC0816；在无机盐培养基中降解 100 mg/L 苯酚，降解率为 80%～90%；分离源：草坪土；分离地点：南京农大；培养基 0033，30℃。

ACCC 11713←南京农大农业环境微生物中心；原始编号：Dui-7，NAECC0818；在无机盐培养基中降解 100 mg/L 对氨基苯甲酸，降解率为 80%～90%；分离源：土壤；分离地点：南京农大；培养基 0033，30℃。

ACCC 11715←南京农大农业环境微生物中心；原始编号：FND-1 NAECC0820；在无机盐培养基中降解 100 mg/L 呋喃丹，降解率为 40%～50%；分离源：水；分离地点：江苏徐州；培养基 0033，30℃。

ACCC 11757←南京农大农业环境微生物中心；原始编号：BJSX，NAECC0959；分离源：土壤；分离地点：江苏南京卫岗菜园；培养基 0033，30℃。

ACCC 11758←南京农大农业环境微生物中心；原始编号：BJSY，NAECC0960；分离源：土壤；分离地点：江苏南京卫岗菜园；培养基 0033，30℃。

ACCC 11759←南京农大农业环境微生物中心；原始编号：BJSZ，NAECC0961；分离源：土壤；分离地点：江苏南京卫岗菜园；培养基 0033，30℃。

ACCC 11760←南京农大农业环境微生物中心；原始编号：BSL1，NAECC0962；分离源：土壤；分离地点：江苏南京卫岗菜园；培养基 0033，30℃。

ACCC 11762←南京农大农业环境微生物中心；原始编号：BSL2A，NAECC0964；分离源：土壤；分离地点：江苏南京卫岗菜园；培养基 0033，30℃。

ACCC 11763←南京农大农业环境微生物中心；原始编号：BSL2B，NAECC0965；分离源：土壤；分离地点：江苏南京卫岗菜园；培养基 0033，30℃。

ACCC 11764←南京农大农业环境微生物中心；原始编号：BSL3，NAECC0966；分离源：土壤；分离地点：江苏南京卫岗菜园；培养基 0033，30℃。

ACCC 11767←南京农大农业环境微生物中心；原始编号：BSLX，NAECC0973；分离源：土壤；分离地点：江苏南京卫岗菜园；培养基 0033，30℃。

ACCC 11769←南京农大农业环境微生物中心；原始编号：DJF1，NAECC0975；分离源：土壤；分离地点：江苏南京卫岗菜园；培养基 0033，30℃。

ACCC 11773←南京农大农业环境微生物中心；原始编号：DJFZ，NAECC0978；分离源：土壤；分离地点：江苏南京卫岗菜园；培养基 0033，30℃。

ACCC 11776←南京农大农业环境微生物中心；原始编号：D9，NAECC0982；可耐受高浓度敌稗，降解敌稗，降解率达 30%～50%；分离源：土壤；培养基 0971，30℃。

ACCC 11777←南京农大农业环境微生物中心；原始编号：D25，NAECC0983；可耐受高浓度敌稗，降解敌稗；分离源：土壤；培养基 0971，30℃。

ACCC 11780←南京农大农业环境微生物中心；原始编号：DB5，NAECC0986；可耐受高浓度敌稗，降解敌稗；分离源：土壤；培养基 0971，30℃。

ACCC 11781←南京农大农业环境微生物中心；原始编号：JNW1，NAECC0987；可耐受高浓度甲萘威，降解甲萘威；分离源：土壤；培养基 0971，30℃。

ACCC 11783←南京农大农业环境微生物中心；原始编号：JNW8，NAECC0989；可耐受高浓度甲萘威，降解甲萘威；分离源：土壤；培养基 0971，30℃。

ACCC 11786←南京农大农业环境微生物中心；原始编号：PNP1，NAECC0994；可耐受高浓度对硝基酚，降解对硝基酚；分离源：土壤；培养基 0971，30℃。

ACCC 11789←南京农大农业环境微生物中心；原始编号：PNP13，NAECC0997；可耐受高浓度对硝基酚，降解对硝基酚；分离源：土壤；培养基 0971，30℃。

ACCC 11790←南京农大农业环境微生物中心；原始编号：PNP15，NAECC0998；可耐受高浓度对硝基酚，降解对硝基酚；分离源：土壤；培养基 0971，30℃。

ACCC 11791←南京农大农业环境微生物中心；原始编号：SMW2，NAECC0999；可耐受高浓度速灭威，降解速灭威；分离源：土壤；培养基 0971，30℃。

ACCC 11793←南京农大农业环境微生物中心；原始编号：SMW6，NAECC01001；可耐受高浓度速灭威，降解速灭威；分离源：土壤；培养基 0971，30℃。

ACCC 11800←南京农大农业环境微生物中心；原始编号：4H1，NAECC01009；分离源：土壤；分离地点：江西省余江县红壤生态实验站；培养基 0971，30℃。

ACCC 11803←南京农大农业环境微生物中心；原始编号：BJC3，NAECC01015；分离源：土壤；分离地点：江西省余江县红壤生态实验站；培养基 0971，30℃。

ACCC 11805←南京农大农业环境微生物中心；原始编号：FLL10，NAECC1023；分离源：土壤；分离地点：江苏省大丰市丰山农药厂；培养基 0971，30℃。

ACCC 11809←南京农大农业环境微生物中心；原始编号：L31，NAECC1032；分离源：土壤；分离地点：江苏南京卫岗菜园；培养基 0971，30℃。

ACCC 11814←南京农大农业环境微生物中心；原始编号：PDS-7，NAECC1041；分离源：土壤；分离地点：江苏省南京市第一农药厂；培养基 0033，30℃。

ACCC 11816←南京农大农业环境微生物中心；原始编号：PYX1，NAECC1043；分离源：土壤；分离地点：江苏省无锡市锡南农药厂；培养基 0033，30℃。

ACCC 11822←南京农大农业环境微生物中心；原始编号：QWM1-2，NAECC1061；分离源：土壤；分离地点：江苏省南京市第一农药厂；培养基 0033，30℃。

ACCC 11823←南京农大农业环境微生物中心；原始编号：XSP-ZL-3，NAECC1062；分离源：土壤；分离地点：河南永信生物农药股份有限公司；培养基 0033，30℃。

ACCC 11827←南京农大农业环境微生物中心；原始编号：BJS-Z-1，NAECC1069；分离源：土壤；培养基 0033，30℃。

ACCC 11830←南京农大农业环境微生物中心；原始编号：LIN 2-2，NAECC1072；分离源：土壤；分离地点：江苏省南京市第一农药厂；培养基 0033，30℃。

ACCC 11841←南京农大农业环境微生物中心；原始编号：M191，NAECC1092；分离源：市售水产体表；分离地点：江苏连云港市场；培养基 0033，30℃。

ACCC 11847←南京农大农业环境微生物中心；原始编号：M343，NAECC1100；分离源：土壤；分离地点：江苏南京玄武区；培养基 0033，30℃。

ACCC 11848←南京农大农业环境微生物中心；原始编号：M1463，NAECC1101；分离源：水样；分离地点：江苏赣榆县河蟹育苗池；培养基 0033，30℃。

ACCC 11851←南京农大农业环境微生物中心；原始编号：6-SL3，NAECC1105；分离源：污泥；分离地点：江苏南京；培养基 0033，30℃。

ACCC 11852←南京农大农业环境微生物中心；原始编号：6-SLY，NAECC1106；分离源：污泥；分离地点：江苏南京；培养基 0033，30℃。

ACCC 11854←南京农大农业环境微生物中心；原始编号：Na-A3-1，NAECC1114；分离源：淤泥；分离地点：山东东营；培养基 0033，30℃。

ACCC 11836←南京农大农业环境微生物中心；原始编号：M92-1，NAECC1086；分离源：市售水产体表；分离地点：江苏连云港市场；培养基 0033，30℃。

ACCC 60035←中国农科院资划所；原始编号：WN033；分离源：盐碱地；培养基 0033，37℃。

ACCC 60090←中国农科院资划所；原始编号：MLS-6-2；分离源：马铃薯根际土壤；促进马铃薯幼苗生长；培养基 0002，28℃。

ACCC 60094←中国农科院资划所；原始编号：CM-1-茎-5；分离源：草莓根茎叶部；培养基 0014，28℃。

ACCC 60110←中国农科院资划所；原始编号：MLS-2-1；分离源：马铃薯根际土壤；促进马铃薯幼苗生长；培养基 0002，28℃。

ACCC 60111←中国农科院资划所；原始编号：MLS-2-8；分离源：马铃薯根际土壤；促进马铃薯幼苗生长；培养基 0002，28℃。

ACCC 60112←中国农科院资划所；原始编号：MLS-6-4；分离源：马铃薯根际土壤；促进马铃薯幼苗生长；培养基 0002，28℃。

ACCC 60147←中国农科院资划所；原始编号：zz1-11；分离源：水稻种子；溶磷能力，产 IAA 能力；培养基 0481，30℃。

ACCC 60152←中国农科院资划所；原始编号：zz10-4；分离源：水稻茎秆；具有 ACC 脱氨酶活性；培养基 0847，30℃。

ACCC 60176←中国农科院资划所；原始编号：zz9-10；分离源：水稻茎秆；溶磷能力，产 IAA 能力；培养基 0847，30℃。

ACCC 60191←中国农科院资划所；原始编号：zz16-2；分离源：水稻茎秆；溶磷能力，产 IAA 能力；培养基 0847，30℃。

ACCC 60205←中国农科院资划所；原始编号：J15-3；分离源：水稻茎秆；溶磷能力，产 IAA 能力，具有 ACC 脱氨酶活性；培养基 0847，30℃。

ACCC 60210←中国农科院资划所；原始编号：J5-1；分离源：水稻茎秆；产 IAA 能力；培养基 0847，30℃。

ACCC 60214←中国农科院资划所；原始编号：63；分离源：水稻种子；产 IAA 能力，具有 ACC 脱氨酶活性；培养基 0847，30℃。

ACCC 60231←中国农科院资划所；原始编号：J5-13；分离源：水稻茎秆；产铁载体能力；培养基 0481，30℃。

ACCC 60318←中国农科院资划所；原始编号：J15-14；分离源：水稻茎秆；培养基 0481，30℃。

ACCC 60339←中国农科院资划所；原始编号：J15-12；分离源：水稻茎秆；培养基 0481，30℃。

ACCC 60352←中国农科院资划所；原始编号：J14-11；分离源：水稻茎秆；培养基 0481，30℃。

ACCC 61555←中国农科院资划所；原始编号：RY24；分离源：水稻根或种子；分类、研究，可用来研发生产生物肥料；培养基 0847，30℃。

ACCC 60156←中国农科院资划所；原始编号：zz16-3；分离源：水稻茎秆；溶磷能力；培养基 0847，30℃。

Pseudomonas straminea corrig. Iizuka & Komagata 1963

稻草假单胞菌

ACCC 10526←中科院微生物所；培养基 0033，30℃。

Pseudomonas stutzeri（Lehmann & Neumann 1896）Sijderius 1946

斯氏假单胞菌

ACCC 01614←中国农科院生物技术所；原始编号：BRI-01268，pPS-glnk-K；分离源：水稻根际土壤；培养基 0003，30℃。

ACCC 01615←中国农科院生物技术所；原始编号：BRI-01270，PSUP208；分离源：水稻根际土壤；培养基 0003，30℃。

ACCC 01619←中国农科院生物技术所；原始编号：BRI-01274，pPS-glnk-1506；分离源：水稻根际土壤；培养基 0003，30℃。

ACCC 01639←中国农科院生物技术所；原始编号：BRI-00294，ΔluxR；教学科研，探讨趋化性与固氮酶活性；分离地点：广东；培养基 0003，30℃。

ACCC 01640←中国农科院生物技术所；原始编号：BRI-00295，ΔfleR；教学科研，探讨细菌趋化性；分离地点：广东；培养基 0003，30℃。

ACCC 01641←中国农科院生物技术所；原始编号：BRI-00296，ΔfleQ；教学科研，探讨对细菌趋化性的影响；分离地点：广东；培养基 0003，30℃。

ACCC 01975←中国农科院资划所；原始编号：20，LF-4-2；纤维素降解菌；分离地点：山西临汾；培养基 0002，30℃。

ACCC 02159←中国农科院资划所；原始编号：102，AN36；以菲、芴作为唯一碳源生长；分离地点：山东东营胜利油田；培养基 0002，30℃。

ACCC 02259←中国农科院生物技术所；原始编号：BCBKL00318；培养基 0003，30℃。

ACCC 02260←中国农科院生物技术所；原始编号：BCBKL00319；培养基 0003，30℃。

ACCC 02261←中国农科院生物技术所；原始编号：BCBKL00320；培养基 0003，30℃。

ACCC 02262←中国农科院生物技术所；原始编号：BCBKL00321；培养基 0003，30℃。

ACCC 02263←中国农科院生物技术所；原始编号：BCBKL00322；培养基 0003，30℃。

ACCC 02265←中国农科院生物技术所；原始编号：BCBKL00324；培养基 0003，30℃。

ACCC 02266←中国农科院生物技术所；原始编号：BRIL00325；培养基 0003，30℃。

ACCC 02268←中国农科院生物技术所；原始编号：BCBKL00327；培养基 0003，30℃。

ACCC 02269←中国农科院生物技术所；原始编号：BCBKL00328；培养基 0003，30℃。

ACCC 02270←中国农科院生物技术所；原始编号：BCBKL00329；培养基 0003，30℃。

ACCC 02271←中国农科院生物技术所；原始编号：BCBKL00330；培养基 0003，30℃。

ACCC 02273←中国农科院生物技术所；原始编号：BCBKL00332；培养基 0003，30℃。

ACCC 02274←中国农科院生物技术所；原始编号：BCBKL00333；培养基 0003，30℃。

ACCC 02275←中国农科院生物技术所；原始编号：BCBKL00334；培养基 0003，30℃。

ACCC 02276←中国农科院生物技术所；原始编号：BCBKL00335；培养基 0003，30℃。

ACCC 02294←中国农科院生物技术所；原始编号：BRIL00353；研究 BenR 调控蛋白的作用；培养基 0033，30℃。

ACCC 02295←中国农科院生物技术所；原始编号：BRIL00354；研究 PcaR 调控蛋白的作用；培养基 0033，30℃。

ACCC 02521←南京农大农业环境微生物中心；原始编号：X3，NAECC1195；在无机盐培养基中降解 30 mg/L 甲萘维，降解率为 100%，且能降解 30 mg/L 1- 萘酚，降解率为 100%；分离地点：江苏徐州；培养基 0033，30℃。

ACCC 02823←南京农大农业环境微生物中心；原始编号：N9-4，NAECC1558；能于 30℃、24 小时降解约 1 000 mg/L 的萘，降解率为 85%，萘为唯一碳源（无机盐培养基）；分离地点：山东东营胜利油田；培养基 0002，30℃。

ACCC 03736←中国农科院资划所；原始编号：ΔgacA；培养基 0003，30℃。

ACCC 03739←中国农科院资划所；原始编号：Gulp-cobs；培养基 0003，30℃。

ACCC 03741←中国农科院资划所；原始编号：nifL-lacZ；培养基 0003，30℃。

ACCC 03742←中国农科院资划所；原始编号：Rnf-nifL-lacZ；培养基 0003，30℃。

ACCC 03743←中国农科院资划所；原始编号：Δnqr；培养基 0003，30℃。

ACCC 03752←中国农科院资划所；原始编号：0971506-rnfA-lacZ；培养基 0003，30℃。

ACCC 03754←中国农科院资划所；原始编号：ΔrnfD；培养基 0003，30℃。

ACCC 04243←广东微生物所；原始编号：D 桶 3Y2；培养基 0002，30℃。

ACCC 06513←中国农科院资划所；原始编号：LAM0078；分离源：大港油水样；培养基 0002，30℃。

ACCC 61691←南京农大资源与环境科学学院；原始编号：XL272；植物促生菌；培养基 0847，30℃。

Pseudomonas synxantha（Ehrenberg 1840）Holland 1920

产黄假单胞菌

ACCC 01046←中国农科院资划所；原始编号：FX1H-2-1；具有处理富营养水体和养殖废水潜力；分离地点：河北邯郸大社鱼塘；培养基 0002，28℃。

Pseudomonas syringae van Hall 1902

丁香假单胞菌

ACCC 03874←中国农科院饲料所；原始编号：B366；分离地点：江西鄱阳县；培养基 0002，26℃。

ACCC 03876←中国农科院饲料所；原始编号：B368；饲料用纤维素酶、植酸酶、木聚糖酶等的筛选；分离地点：江西鄱阳县；培养基 0002，26℃。

ACCC 03890←中国农科院饲料所；原始编号：B382；饲料用纤维素酶、植酸酶、木聚糖酶等的筛选；分离地点：江西鄱阳县；培养基 0002，26℃。

ACCC 03898←中国农科院饲料所；原始编号：B390；饲料用纤维素酶、植酸酶、木聚糖酶等的筛选；分离地点：江西鄱阳县；培养基 0002，26℃。

ACCC 03902←中国农科院饲料所；原始编号：B396；饲料用纤维素酶、植酸酶、木聚糖酶等的筛选；分离地点：江西鄱阳县；培养基 0002，26℃。

ACCC 03903←中国农科院饲料所；原始编号：B398；饲料用纤维素酶、植酸酶、木聚糖酶等的筛选；分离地点：江西鄱阳县；培养基 0002，26℃。

ACCC 03906←中国农科院饲料所；原始编号：B401；饲料用纤维素酶、植酸酶、木聚糖酶等的筛选；分离地点：江西鄱阳县；培养基 0002，26℃。

ACCC 03907←中国农科院饲料所；原始编号：B402；饲料用纤维素酶、植酸酶、木聚糖酶等的筛选；分离地点：江西鄱阳县；培养基 0002，26℃。

ACCC 03910←中国农科院饲料所；原始编号：B405；饲料用纤维素酶、植酸酶、木聚糖酶等的筛选；分离地点：江西鄱阳县；培养基 0002，26℃。

ACCC 03912←中国农科院饲料所；原始编号：B408；饲料用纤维素酶、植酸酶、木聚糖酶等的筛选；分离地点：江西鄱阳县；培养基 0002，26℃。

ACCC 03919←中国农科院饲料所；原始编号：B416；饲料用纤维素酶、植酸酶、木聚糖酶等的筛选；分离地点：江西鄱阳县；培养基 0002，26℃。

ACCC 03924←中国农科院饲料所；原始编号：B421；饲料用纤维素酶、植酸酶、木聚糖酶等的筛选；分离地点：江西鄱阳县；培养基 0002，26℃。

ACCC 03926←中国农科院饲料所；原始编号：B423；饲料用纤维素酶、植酸酶、木聚糖酶等的筛选；分离地点：江西鄱阳县；培养基 0002，26℃。

ACCC 03927←中国农科院饲料所；原始编号：B424；饲料用纤维素酶、植酸酶、木聚糖酶等的筛选；分离地点：江西鄱阳县；培养基 0002，26℃。

ACCC 03930←中国农科院饲料所；原始编号：B427；饲料用纤维素酶、植酸酶、木聚糖酶等的筛选；分离地点：江西鄱阳县；培养基 0002，26℃。

ACCC 03935←中国农科院饲料所；原始编号：B432；饲料用纤维素酶、植酸酶、木聚糖酶等的筛选；分离地点：江西鄱阳县；培养基 0002，26℃。

ACCC 03937←中国农科院饲料所；原始编号：B434；饲料用纤维素酶、植酸酶、木聚糖酶等的筛选；分离地点：江西鄱阳县；培养基 0002，26℃。

ACCC 03938←中国农科院饲料所；原始编号：B435；饲料用纤维素酶、植酸酶、木聚糖酶等的筛选；分离地点：江西鄱阳县；培养基 0002，26℃。

ACCC 10396←首都师范大学←中科院微生物所；＝ATCC 19875＝AS 1.1794；培养基 0033，30℃。

Pseudomonas taetrolens Haynes 1957

腐臭假单胞菌

ACCC 01114←中国农科院资划所；原始编号：Hg-17-2；具有用作耐重金属基因资源潜力；分离地点：北京市大兴县电镀厂；培养基 0002，28℃。

Pseudomonas taiwanensis Wang et al. 2010

台湾假单菌

ACCC 05529←中国农科院资划所；分离源：水稻根内生；分离地点：湖南祁阳县官山坪；培养基 0441，37℃。

Pseudomonas thivervalensis Achouak et al. 2000

赛维瓦尔假单胞菌

ACCC 01049←中国农科院资划所；原始编号：FX1H-1-2；具有处理富营养水体和养殖废水潜力；分离地点：北京农科院试验地；培养基 0002，28℃。

ACCC 05526←中国农科院资划所；分离源：水稻根内生；分离地点：湖南祁阳县官山坪；培养基 0441，37℃。

Pseudomonas tolaasii Paine 1919

托拉氏假单胞菌

ACCC 01267←中国农科院资划所；培养基 0002，30℃。

Pseudomonas trivialis Behrendt et al. 2003

平凡假单胞菌

ACCC 01232←新疆农科院微生物所；原始编号：XJAA10361，LB77；培养基 0033，20℃。

Pseudomonas umsongensis Kwon et al. 2003

阴城假单胞菌

ACCC 05513←中国农科院资划所；分离源：水稻根内生；分离地点：湖南祁阳县官山坪；培养基 0441，37℃。

ACCC 05523←中国农科院资划所；分离源：水稻根内生；分离地点：湖南祁阳县官山坪；培养基 0441，37℃。

ACCC 05548←中国农科院资划所；分离源：水稻根内生；分离地点：湖南祁阳县官山坪；培养基 0441，37℃。

ACCC 05562←中国农科院资划所；分离源：水稻根内生；分离地点：湖南祁阳县官山坪；培养基 0512，37℃。

Pseudomonas veronii Elomari et al. 1996

威隆假单胞菌

ACCC 02524←南京农大农业环境微生物中心；原始编号：BFXJ-8，NAECC1204；分离地点：江苏省无锡市锡南农药厂；培养基 0002，30℃。

ACCC 02656←南京农大农业环境微生物中心；原始编号：J7，NAECC1176；分离地点：江苏南京卫岗菜园；培养基 0971，30℃。

ACCC 02706←南京农大农业环境微生物中心；原始编号：BM3，NAECC1383；在M9培养基中以氯嘧磺隆为唯一氮源培养，6天内降解率可达50%左右；分离地点：江苏金坛农田；培养基0971，30℃。

ACCC 02707←南京农大农业环境微生物中心；原始编号：BM4，NAECC1384；在M9培养基中以氯嘧磺隆为唯一氮源培养，6天内降解率可达50%左右；分离地点：江苏金坛农田；培养基0971，30℃。

ACCC 05575←中国农科院资划所；分离源：水稻根内生；分离地点：湖南祁阳县官山坪；培养基0512，37℃。

ACCC 05577←中国农科院资划所；分离源：水稻根内生；分离地点：湖南祁阳县官山坪；培养基0512，37℃。

ACCC 02710←中国农科院资划所←南京农大；原始编号：LW3；培养基0220，30℃。

Pseudomonas viridiflava（**Burkholder 1930**）**Dowson 1939**

浅绿黄假单胞菌（菜豆荚斑病假单胞菌）

ACCC 10922←首都师范大学；原始编号：B92-10-99；培养基0033，30℃。

Pseudoxanthomonas mexicana **Thierry et al. 2004**

墨西哥假黄单胞菌

ACCC 02780←南京农大农业环境微生物中心；原始编号：P2-3，NAECC1720；分离地点：江苏省徐州市新宜农药厂；培养基0002，30℃。

ACCC 03228←中国农科院资划所；原始编号：GDJ-2-1-1；可用来研发生产生物肥料；分离地点：河北邯郸；培养基0065，28℃。

ACCC 03269←中国农科院资划所；原始编号：BaP-23-1；可用来研发农田土壤及环境修复微生物制剂；培养基0002，28℃。

Pseudoxanthomonas **sp.**

假黄单胞菌

ACCC 60391←中国农科院资划所；原始编号：SGT-18；分离源：土壤；植物促生菌；培养基0033，30℃。

Psychrobacillus psychrotolerans（**Abd El-Rahman et al. 2002**）**Krishnamurthi et al. 2011**

ACCC 61517←福建省农业科学院；原始编号：DSM 11706；分离源：土壤；培养基0220，30℃。

Psychrobacter **sp.**

嗜冷单胞菌

ACCC 02170←中国农科院资划所；原始编号：211，AC15-1；以菲、芴作为唯一碳源生长；分离地点：湖北武汉；培养基0002，30℃。

ACCC 02201←中国农科院资划所；原始编号：601，L23；以菲、芴作为唯一碳源生长；分离地点：湖北武汉；培养基0002，30℃。

ACCC 11832←南京农大农业环境微生物中心；原始编号：M14，NAECC1078；分离源：市售水产体表；分离地点：江苏连云港市场；培养基0033，30℃。

ACCC 11838←南京农大农业环境微生物中心；原始编号：M176，NAECC1089；分离源：市售水产体表；分离地点：江苏连云港市场；培养基0033，30℃。

ACCC 11839←南京农大农业环境微生物中心；原始编号：M178，NAECC1090；分离源：市售水产体表；分离地点：江苏连云港市场；培养基0033，30℃。

Psychroflexus aestuariivivens **Park et al. 2016**

ACCC 61574←中国农科院资划所；原始编号：DB-3；分离源：海水；好氧，革兰氏阴性；培养基0223，30℃。

Pusillimonas sp.

极小单胞菌

ACCC 60393←中国农科院资划所；原始编号：SGD-2；分离源：土壤；植物促生菌；培养基 0033，30℃。

Rahnella aquatilis Izard et al. 1981

水生拉恩氏菌

ACCC 02189←中国农科院资划所；原始编号：411，F24；以磷酸三钙、磷矿石作为唯一磷源生长；分离地点：湖南浏阳；培养基 0002，30℃。

Ralstonia eutropha（Davis 1969）Yabuuchi et al. 1996

富养罗尔斯通氏菌

ACCC 01020←中国农科院资划所；原始编号：GD-35-1-13；具有生产生物肥料潜力；分离地点：山东蓬莱；培养基 0065，28℃。

Ralstonia solanacearum（Smith 1896）Yabuuchi et al. 1996

茄科雷尔氏菌

ACCC 01472←中国农科院生物技术所；原始编号：GIMNX-1NX-1；分离源：空心菜；培养基 0002，30℃。

ACCC 01473←广东微生物所；原始编号：GIM RR-2 RR-2；花生品种抗性水平鉴定；培养基 0002，30℃。

ACCC 01474←广东微生物所；原始编号：GIM YC-35 YC-35；沙姜品种抗性水平鉴定；培养基 0002，30℃。

ACCC 03535←中国热科院环植所；原始编号：CATAS EPPI2118；分离地点：海南儋州；培养基 0014，28～30℃。

ACCC 03536←中国热科院环植所；原始编号：CATAS EPPI2120；分离地点：海南儋州；培养基 0014，28～30℃。

ACCC 60145←中国热科院环植所；原始编号：PLU-3；可用于青枯雷尔氏菌的分类研究；培养基 0002，30℃。

ACCC 60146←中国热科院环植所；原始编号：PLU-6；可用于青枯雷尔氏菌的分类研究；培养基 0002，31℃。

ACCC 61704←中国农科院资划所；原始编号：SL02；分离源：烟草；青枯病致病菌；培养基 0033，30℃。

ACCC 61705←中国农科院资划所；原始编号：LC01；分离源：烟草；青枯病致病菌；培养基 0033，30℃。

Ralstonia sp.

雷尔氏菌

ACCC 02550←南京农大农业环境微生物中心；原始编号：D1-6，NAECC1075；分离地点：江苏省南京市第一农药厂；在无机盐培养基中以 50 mg/L 的对氨基苯甲酸为唯一碳源培养，3 天内降解率大于 90%；培养基 0033，30℃。

ACCC 02553←南京农大农业环境微生物中心；原始编号：D1-3，NAECC1052；培养基 0033，30℃。

ACCC 60123←中国农科院植保所；原始编号：Z-A9-1；分离源：患姜瘟病姜块；研究致病机理；培养基 0002，30℃。

ACCC 60027←中国农科院资划所；原始编号：10-1；分离源：盐碱土壤；培养基 0033，37℃。

Ralstonia taiwanensis Chen et al. 2001

台湾雷尔氏菌

ACCC 03117←中国农科院资划所；原始编号：BaP-19-1，7233；可用来研发农田土壤及环境修复微生物制剂；分离地点：北京大兴礼贤乡；培养基 0002，28℃。

ACCC 03254←中国农科院资划所；原始编号：BaP-18-1；可用来研发农田土壤及环境修复微生物制剂；培养基 0002，28℃。

Rathayibacter tritici（Carlson & Vidaver 1982）Zgurskaya et al. 1993

小麦蜜穗棒形杆菌

ACCC 03104←中国农科院资划所；原始编号：GD-57-1-4，7216；可用来研发生产生物肥料；分离地点：黑龙江五常；培养基 0065，28℃。

Rheinheimera baltica Brettar et al. 2002

波罗的海莱茵海默氏菌

ACCC 10046←DSMZ；=DSM 14885；培养基 0033，28℃。

ACCC 61604←中国农科院资划所；原始编号：Rb；培养基 0033，28℃。

Rheinheimera pacifica Romanenko et al. 2003

太平洋莱茵海默氏菌

ACCC 05484←中国农科院资划所←DSMZ←CCUG←L. A. Romanenko，KMM；培养基 0033，28℃。

Rheinheimera soli Ryu et al. 2008

ACCC 61605←中国农科院资划所；原始编号：Rs；培养基 0512，28℃。

Rhizobacter dauci corrig. Goto & Kuwata 1988

胡萝卜根杆菌（胡萝卜根瘤杆菌）

ACCC 10509←ATCC←M Goto←H. Kuwata；=ATCC4 3778=ICMP 9400；培养基：0452，28℃。

Rhizobium etli Segovia et al. 1993

埃特里根瘤菌

ACCC 01534←新疆农科院微生物所；原始编号：XAAS10089 1.089；分离地点：焉耆博湖；培养基 0476，20℃。

ACCC 14243←中国农科院资划所←中国农大；分离源：内蒙古中间锦鸡儿根瘤；原始编号：CCBAU 01448，NMCL018；与中间锦鸡儿结瘤固氮；培养基 0063，28~30℃。

ACCC 18501←中国农科院土肥所←阿根廷赠（F46）；与菜豆共生固氮；培养基 0063，28~30℃。

ACCC 18502←中国农科院土肥所←阿根廷赠（F47）；与菜豆共生固氮；培养基 0063，28~30℃。

ACCC 18503←中国农科院土肥所←阿根廷赠（F48）；与菜豆共生固氮；培养基 0063，28~30℃。

ACCC 18504←中国农科院土肥所←美国（2667）；与菜豆共生固氮；培养基 0063，28~30℃。

ACCC 18505←中国农科院土肥所←美国根瘤菌公司（127K17）；与菜豆、四季豆共生固氮；培养基 0063，28~30℃。

ACCC 18506←中国农科院土肥所←美国根瘤菌公司（127K80）；与菜豆共生固氮；培养基 0063，28~30℃。

Rhizobium galegae Lindström 1989

山羊豆根瘤菌

ACCC 19010←中国农科院土肥所葛诚赠；与山羊豆共生固氮；培养基 0063，28~30℃。

ACCC 14227←中国农科院资划所←中国农大；分离源：内蒙古中间锦鸡儿根瘤；原始编号：CCBAU 01393，359；与中间锦鸡儿结瘤固氮；培养基 0063，28~30℃。

ACCC 14357←中国农科院资划所←中国农大；分离源：山西中间锦鸡儿根瘤；原始编号：CCBAU 03287，327；与中间锦鸡儿结瘤固氮；培养基 0063，28~30℃。

ACCC 14358←中国农科院资划所←中国农大；分离源：山西中间锦鸡儿根瘤；原始编号：CCBAU 03288，328；与中间锦鸡儿结瘤固氮；培养基 0063，28~30℃。

Rhizobium gallicum Amarger et al. 1997

高卢根瘤菌

ACCC 14223←中国农科院资划所←中国农大；分离源：内蒙古中间锦鸡儿根瘤；原始编号：CCBAU 01388，351；与中间锦鸡儿结瘤固氮；培养基 0063，28~30℃。

ACCC 14225←中国农科院资划所←中国农大；分离源：内蒙古中间锦鸡儿根瘤；原始编号：CCBAU
　　　01390，355；与中间锦鸡儿结瘤固氮；培养基 0063，28～30℃。

ACCC 14226←中国农科院资划所←中国农大；分离源：内蒙古中间锦鸡儿根瘤；原始编号：CCBAU
　　　01392，357；与中间锦鸡儿结瘤固氮；培养基 0063，28～30℃。

ACCC 14323←中国农科院资划所←中国农大；分离源：内蒙古中间锦鸡儿根瘤；原始编号：CCBAU
　　　01532，NMCL214；与中间锦鸡儿结瘤固氮；培养基 0063，28～30℃。

ACCC 14354←中国农科院资划所←中国农大；分离源：山西中间锦鸡儿根瘤；原始编号：CCBAU
　　　03283，323；与中间锦鸡儿结瘤固氮；培养基 0063，28～30℃。

ACCC 14355←中国农科院资划所←中国农大；分离源：山西中间锦鸡儿根瘤；原始编号：CCBAU
　　　03285，325；与中间锦鸡儿结瘤固氮；培养基 0063，28～30℃。

ACCC 14360←中国农科院资划所←中国农大；分离源：山西中间锦鸡儿根瘤；原始编号：CCBAU
　　　03290，353；与中间锦鸡儿结瘤固氮；培养基 0063，28～30℃。

ACCC 14361←中国农科院资划所←中国农大；分离源：山西中间锦鸡儿根瘤；原始编号：CCBAU
　　　03291，354；与中间锦鸡儿结瘤固氮；培养基 0063，28～30℃。

ACCC 14362←中国农科院资划所←中国农大；分离源：山西中间锦鸡儿根瘤；原始编号：CCBAU
　　　03293，377；与中间锦鸡儿结瘤固氮；培养基 0063，28～30℃。

ACCC 14363←中国农科院资划所←中国农大；分离源：山西中间锦鸡儿根瘤；原始编号：CCBAU
　　　03294，378；与中间锦鸡儿结瘤固氮；培养基 0063，28～30℃。

ACCC 14364←中国农科院资划所←中国农大；分离源：山西中间锦鸡儿根瘤；原始编号：CCBAU
　　　03295，380；与中间锦鸡儿结瘤固氮；培养基 0063，28～30℃。

ACCC 14365←中国农科院资划所←中国农大；分离源：山西中间锦鸡儿根瘤；原始编号：CCBAU
　　　03296，446；与中间锦鸡儿结瘤固氮；培养基 0063，28～30℃。

ACCC 14382←中国农科院资划所←中国农大；分离源：山西中间锦鸡儿根瘤；原始编号：CCBAU
　　　03310，640；与中间锦鸡儿结瘤固氮；培养基 0063，28～30℃。

ACCC 14384←中国农科院资划所←中国农大；分离源：云南中间锦鸡儿根瘤；原始编号：CCBAU
　　　65318，166；与中间锦鸡儿结瘤固氮；培养基 0063，28～30℃。

ACCC 14385←中国农科院资划所←中国农大；分离源：云南二色锦鸡儿根瘤；原始编号：CCBAU
　　　65319，198；与二色锦鸡儿结瘤固氮；培养基 0063，28～30℃。

ACCC 14386←中国农科院资划所←中国农大；分离源：云南中间锦鸡儿根瘤；原始编号：CCBAU
　　　65321，202；与中间锦鸡儿结瘤固氮；培养基 0063，28～30℃。

ACCC 14388←中国农科院资划所←中国农大；分离源：云南中间锦鸡儿根瘤；原始编号：CCBAU
　　　65323，204；与中间锦鸡儿结瘤固氮；培养基 0063，28～30℃。

ACCC 14389←中国农科院资划所←中国农大；分离源：云南中间锦鸡儿根瘤；原始编号：CCBAU
　　　65324，2028；与中间锦鸡儿结瘤固氮；培养基 0063，28～30℃。

ACCC 14390←中国农科院资划所←中国农大；分离源：云南锦鸡儿根瘤；原始编号：CCBAU 65325，
　　　268；与锦鸡儿结瘤固氮；培养基 0063，28～30℃。

ACCC 14771←中国农科院资划所←中国农大；分离源：山西歪头菜根瘤；原始编号：CCBAU 03069；
　　　与歪头菜结瘤固氮；培养基 0063，28～30℃。

ACCC 14850←中国农科院资划所←中国农大；分离源：云南野豌豆根瘤；原始编号：CCBAU 65309；
　　　与野豌豆结瘤固氮；培养基 0063，28～30℃。

ACCC 14851←中国农科院资划所←中国农大；分离源：云南野豌豆根瘤；原始编号：CCBAU 65308；
　　　与野豌豆结瘤固氮；培养基 0063，28～30℃。

ACCC 14853←中国农科院资划所←中国农大；分离源：甘肃文县刘家坪广布野豌豆根瘤；原始编号：
　　　CCBAU 73048；与广布野豌豆结瘤固氮；培养基 0063，28～30℃。

ACCC 14866←中国农科院资划所←中国农大；分离源：甘肃文县窄叶野豌豆根瘤；原始编号：CCBAU
　　　73055；与窄叶野豌豆结瘤固氮；培养基 0063，28～30℃。

ACCC 15853←中国农科院资划所←中国农大；分离源：达孜棘豆根瘤；原始编号：CCBAU85006；具
共生固氮功能；培养基0402，28℃。

ACCC 15858←中国农科院资划所←中国农大；分离源：达孜锦鸡儿根瘤；原始编号：CCBAU85012；
具共生固氮功能；培养基0402，28℃。

Rhizobium giardinii Amarger et al. 1997

吉氏根瘤菌

ACCC 02940←中国农科院资划所；原始编号：GD-7-1-1，7006；可用来研发生产生物肥料；分离地点：
北京朝阳黑庄户；培养基0065，28℃。

ACCC 02952←中国农科院资划所；原始编号：GD-55-1-2，7021；可用来研发生产生物肥料；分离地
点：辽宁师范大学；培养基0065，28℃。

ACCC 02980←中国农科院资划所；原始编号：GD-33-1-2，7056；可用来研发生产生物肥料；分离地
点：河北高碑店辛庄镇；培养基0065，28℃。

ACCC 03001←中国农科院资划所；原始编号：GD-B-CL2-1-2，7080；可用来研发生产生物肥料；分离
地点：北京试验地；培养基0065，28℃。

Rhizobium huautlense Wang et al. 1998

华特拉根瘤菌

ACCC 01538←新疆农科院微生物所；原始编号：XAAS10114 1.114；分离地点：库尔勒上户谷地；培
养基0476，20℃。

Rhizobium leguminosarum（Frank 1879）Frank 1889

豌豆根瘤菌

ACCC 16001←中国农科院土肥所从野豌豆根瘤分离（5001）；与豌豆共生固氮；培养基0063，28~30℃。

ACCC 16004←中国农科院土肥所从野豌豆根瘤分离（5002）；与豌豆共生固氮；培养基0063，28~30℃。

ACCC 16010←中国农科院土肥所从华南苕子根瘤分离（5010）；与豌豆共生固氮；培养基0063，
28~30℃。

ACCC 16017←中国农科院土肥所从陕西武功野豌豆根瘤分离（5017）；蚕豆、豌豆共生固氮；培养基
0063，28~30℃。

ACCC 16042←中国农科院土肥所（5042）←罗马尼亚（225）；与豌豆共生固氮；培养基0063，28~30℃。

ACCC 16050←中国农科院土肥所（5057）←四川农学院（川蚕57）；与豌豆共生固氮；培养基0063，
28~30℃。

ACCC 16053←中国农科院土肥所（5053）←四川农学院（川蚕2号）；与豌豆共生固氮；培养基0063，
28~30℃。

ACCC 16054←中国农科院土肥所←四川农学院（川蚕128）；与豌豆共生固氮；培养基0063，
28~30℃。

ACCC 16058←中国农科院土肥所←广东省农科院土肥所（B13）；与豌豆共生固氮；培养基0063，
28~30℃。

ACCC 16059←中国农科院土肥所←广东省农科院土肥所（A17）；与豌豆共生固氮；培养基0063，
28~30℃。

ACCC 16063←中国农科院土肥所←美国农业部（Hoq18）；与豌豆共生固氮；培养基0063，28~30℃。

ACCC 16064←中国农科院土肥所←美国农业部（3H0Q44）；与豌豆共生固氮；培养基0063，
28~30℃。

ACCC 16067←中国农科院土肥所←美国（2355）；与蚕豆、豌豆共生固氮；培养基0063，28~30℃。

ACCC 16068←中国农科院土肥所←美国（2356）；与蚕豆、豌豆共生固氮；培养基0063，28~30℃。

ACCC 16069←中国农科院土肥所←美国农业部（2357）；与蚕豆、豌豆共生固氮；培养基0063，
28~30℃。

ACCC 16072←中国农科院土肥所←阿根廷赠（D1）；与豌豆共生固氮；培养基0063，28~30℃。

ACCC 16073←中国农科院土肥所←阿根廷赠（D53）；与豌豆、蚕豆共生固氮；培养基 0063，28～30℃。

ACCC 16074←中国农科院土肥所←阿根廷赠（D138）；与豌豆、蚕豆共生固氮；培养基 0063，28～30℃。

ACCC 16075←中国农科院土肥所←云南省农业科学院土壤肥料研究所（蚕豆 27-3）；与豌豆、蚕豆共生固氮；培养基 0063，28～30℃。

ACCC 16076←中国农科院土肥所←云南省农业科学院土壤肥料研究所（蚕豆 49）；与豌豆、蚕豆共生固氮；培养基 0063，28～30℃。

ACCC 16077←中国农科院土肥所←云南省农业科学院土壤肥料研究所（蚕豆 12-3）；与豌豆、蚕豆共生固氮；培养基 0063，28～30℃。

ACCC 16078←中国农科院土肥所←云南省农业科学院土壤肥料研究所（蚕豆 22-4-1）；与豌豆、蚕豆共生固氮；培养基 0063，28～30℃。

ACCC 16079←中国农科院土肥所←中科院微生物所（1.87）；与豌豆、蚕豆共生固氮；培养基 0063，28～30℃。

ACCC 16080←中国农科院土肥所←中科院微生物所（1.144）；与豌豆、蚕豆共生固氮；培养基 0063，28～30℃。

ACCC 16081←中国农科院土肥所←中科院微生物所（1.145）；与豌豆、蚕豆共生固氮；培养基 0063，28～30℃。

ACCC 16082←中国农科院土肥所葛诚赠←中国农大←美国（ATCC10004）；模式菌株；培养基 0063，28～30℃。

ACCC 16110←中国农科院土肥所刘惠琴 1986 年从畜牧所采瘤分离；原始编号：CP8612；与豌豆、蚕豆、苕子共生固氮；培养基 0063，28～30℃。

ACCC 16101←中国农科院土肥所宁国赞 1986 年从畜牧所采瘤分离；原始编号：CP8613；与豌豆、蚕豆、苕子共生固氮；培养基 0063，28～30℃。

ACCC 16102←中国农科院土肥所刘惠琴 1986 年从畜牧所采瘤分离；原始编号：CP8618；与豌豆、蚕豆、苕子共生固氮；培养基 0063，28～30℃。

ACCC 16103←中国农科院土肥所刘惠琴 1986 年从畜牧所采瘤分离；原始编号：CP8630；与豌豆、蚕豆、苕子共生固氮；培养基 0063，28～30℃。

ACCC 16104←中国农科院土肥所刘惠琴、宁国赞 1986 年从畜牧所采瘤分离；原始编号：CP8636；与豌豆、蚕豆、苕子共生固氮；培养基 0063，28～30℃。

ACCC 16105←中国农科院土肥所刘惠琴 1986 年从畜牧所采瘤分离；原始编号：CP8642；与豌豆、蚕豆、苕子共生固氮；培养基 0063，28～30℃。

ACCC 16106←中国农科院土肥所刘惠琴 1986 年从畜牧所采瘤分离；原始编号：CP8643；与豌豆、蚕豆、苕子共生固氮；培养基 0063，28～30℃。

ACCC 16107←中国农科院土肥所刘惠琴 1986 年从畜牧所采瘤分离；原始编号：CP8649；与豌豆、蚕豆、苕子共生固氮；培养基 0063，28～30℃。

ACCC 16108←中国农科院土肥所宁国赞 1986 年从畜牧所采瘤分离；原始编号：CP8666；与豌豆、蚕豆、苕子共生固氮；培养基 0063，28～30℃。

ACCC 16113←中国农科院资划所←南京农大农业环境微生物中心；原始编号：Pi4，NAECC0909；分离源：浙江温州豌豆根系根瘤；共生固氮；培养基 0402，28℃。

ACCC 16119←中国农科院资划所←南京农大农业环境微生物中心；原始编号：Pi12，NAECC0915；分离源：浙江温州豌豆根系根瘤；共生固氮；培养基 0402，28℃。

ACCC 16120←中国农科院资划所←南京农大农业环境微生物中心；原始编号：Pi13，NAECC0916；分离源：浙江余杭豌豆根系根瘤；共生固氮；培养基 0402，28℃。

ACCC 16125←中国农科院资划所←南京农大农业环境微生物中心；原始编号：Pi18，NAECC0921；分离源：浙江临安豌豆根系根瘤；共生固氮；培养基 0402，28℃。

ACCC 16127←中国农科院资划所←南京农大农业环境微生物中心；原始编号：Pi24，NAECC0923；分离源：浙江龙游豌豆根系根瘤；共生固氮；培养基0402，28℃。

ACCC 14232←中国农科院资划所←中国农大；分离源：内蒙古中间锦鸡儿根瘤；原始编号：CCBAU 01401，445；与中间锦鸡儿结瘤固氮；培养基0063，28～30℃。

ACCC 14235←中国农科院资划所←中国农大；分离源：内蒙古中间锦鸡儿根瘤；原始编号：CCBAU 01407，573；与中间锦鸡儿结瘤固氮；培养基0063，28～30℃。

ACCC 14337←中国农科院资划所←中国农大；分离源：山西中间锦鸡儿根瘤；原始编号：CCBAU 03250，44；与中间锦鸡儿结瘤固氮；培养基0063，28～30℃。

ACCC 14338←中国农科院资划所←中国农大；分离源：山西中间锦鸡儿根瘤；原始编号：CCBAU 03251，45；与中间锦鸡儿结瘤固氮；培养基0063，28～30℃。

ACCC 14545←中国农科院资划所←西北农大；分离源：新疆南口镇骆驼刺；原始编号：CCNWOX01-2，CCNWXJ0103；培养基0063，28～30℃。

ACCC 14546←中国农科院资划所←西北农大；分离源：新疆南口镇骆驼刺；原始编号：CCNWOX05-1，CCNWXJ0108；培养基0063，28～30℃。

ACCC 14547←中国农科院资划所←西北农大；分离源：新疆南口镇骆驼刺；原始编号：CCNWOX07-1，CCNWXJ0109；培养基0063，28～30℃。

ACCC 14548←中国农科院资划所←西北农大；分离源：新疆南口镇骆驼刺；原始编号：CCNWOX07-2，CCNWXJ0110；培养基0063，28～30℃。

ACCC 14742←中国农科院资划所←中国农大；分离源：山西歪头菜根瘤；原始编号：CCBAU 65336，375；与歪头菜结瘤固氮；培养基0063，28～30℃。

ACCC 14743←中国农科院资划所←中国农大；分离源：内蒙古歪头菜根瘤；原始编号：CCBAU 03096，SX153；与歪头菜结瘤固氮；培养基0063，28～30℃。

ACCC 14744←中国农科院资划所←中国农大；分离源：内蒙古大野豌豆根瘤；原始编号：CCBAU 01222，NM322；与大野豌豆结瘤固氮；培养基0063，28～30℃。

ACCC 14745←中国农科院资划所←中国农大；分离源：内蒙古山野豌豆根瘤；原始编号：CCBAU 01050；与山野豌豆结瘤固氮；培养基0063，28～30℃。

ACCC 14746←中国农科院资划所←中国农大；分离源：山西豌豆根瘤；原始编号：CCBAU 03031；与豌豆结瘤固氮；培养基0063，28～30℃。

ACCC 14747←中国农科院资划所←中国农大；分离源：山西歪头菜根瘤；原始编号：CCBAU 03130，SX215；与歪头菜结瘤固氮；培养基0063，28～30℃。

ACCC 14748←中国农科院资划所←中国农大；分离源：内蒙古大叶野豌豆根瘤；原始编号：CCBAU 01162，NM259；与大叶野豌豆结瘤固氮；培养基0063，28～30℃。

ACCC 14749←中国农科院资划所←中国农大；分离源：内蒙古大叶野豌豆根瘤；原始编号：CCBAU 01167，NM266；与大叶野豌豆结瘤固氮；培养基0063，28～30℃。

ACCC 14752←中国农科院资划所←中国农大；分离源：内蒙古大叶野豌豆根瘤；原始编号：CCBAU 01031，NM052；与大叶野豌豆结瘤固氮；培养基0063，28～30℃。

ACCC 14753←中国农科院资划所←中国农大；分离源：内蒙古救荒野豌豆根瘤；原始编号：CCBAU 01221；与救荒野豌豆结瘤固氮；培养基0063，28～30℃。

ACCC 14754←中国农科院资划所←中国农大；分离源：内蒙古大野豌豆根瘤；原始编号：CCBAU 01069，NM116；与大野豌豆结瘤固氮；培养基0063，28～30℃。

ACCC 14757←中国农科院资划所←中国农大；分离源：内蒙古广布野豌豆根瘤；原始编号：CCBAU 01093；与广布野豌豆结瘤固氮；培养基0063，28～30℃。

ACCC 14758←中国农科院资划所←中国农大；分离源：内蒙古救荒野豌豆根瘤；原始编号：CCBAU 01100，NM155；与救荒野豌豆结瘤固氮；培养基0063，28～30℃。

ACCC 14759←中国农科院资划所←中国农大；分离源：内蒙古山野豌豆根瘤；原始编号：CCBAU 01208；与山野豌豆结瘤固氮；培养基0063，28～30℃。

ACCC 14760←中国农科院资划所←中国农大；分离源：内蒙古救荒野豌豆根瘤；原始编号：CCBAU 01066；与救荒野豌豆结瘤固氮；培养基 0063，28～30℃。

ACCC 14761←中国农科院资划所←中国农大；分离源：山西豌豆根瘤；原始编号：CCBAU 03047；与豌豆结瘤固氮；培养基 0063，28～30℃。

ACCC 14763←中国农科院资划所←中国农大；分离源：内蒙古豌豆根瘤；原始编号：CCBAU 01195；与豌豆结瘤固氮；培养基 0063，28～30℃。

ACCC 14764←中国农科院资划所←中国农大；分离源：内蒙古救荒野豌豆根瘤；原始编号：CCBAU 01067；与救荒野豌豆结瘤固氮；培养基 0063，28～30℃。

ACCC 14765←中国农科院资划所←中国农大；分离源：山西巢菜根瘤；原始编号：CCBAU 03198，SX287-2；与巢菜结瘤固氮；培养基 0063，28～30℃。

ACCC 14766←中国农科院资划所←中国农大；分离源：河北广布野豌豆根瘤；原始编号：CCBAU 05124；与广布野豌豆结瘤固氮；培养基 0063，28～30℃。

ACCC 14767←中国农科院资划所←中国农大；分离源：内蒙古山野豌豆根瘤；原始编号：CCBAU 01214；与山野豌豆结瘤固氮；培养基 0063，28～30℃。

ACCC 14773←中国农科院资划所←中国农大；分离源：内蒙古多茎野豌豆根瘤；原始编号：CCBAU 01194；与多茎野豌豆结瘤固氮；培养基 0063，28～30℃。

ACCC 14774←中国农科院资划所←中国农大；分离源：内蒙古豌豆根瘤；原始编号：CCBAU 01009；与豌豆结瘤固氮；培养基 0063，28～30℃。

ACCC 14775←中国农科院资划所←中国农大；分离源：河北广布野豌豆根瘤；原始编号：CCBAU 05064；与广布野豌豆结瘤固氮；培养基 0063，28～30℃。

ACCC 14776←中国农科院资划所←中国农大；分离源：山西野豌豆根瘤；原始编号：CCBAU 03062，SX110；与野豌豆结瘤固氮；培养基 0063，28～30℃。

ACCC 14778←中国农科院资划所←中国农大；分离源：内蒙古广布野豌豆根瘤；原始编号：CCBAU 01030，NM550；与广布野豌豆结瘤固氮；培养基 0063，28～30℃。

ACCC 14779←中国农科院资划所←中国农大；分离源：山西山野豌豆根瘤；原始编号：CCBAU 03142，SX225；与山野豌豆结瘤固氮；培养基 0063，28～30℃。

ACCC 14780←中国农科院资划所←中国农大；分离源：山西大野豌豆根瘤；原始编号：CCBAU 03139，SX222；与大野豌豆结瘤固氮；培养基 0063，28～30℃。

ACCC 14781←中国农科院资划所←中国农大；分离源：山西山野豌豆根瘤；原始编号：CCBAU 03064，SX112；与山野豌豆结瘤固氮；培养基 0063，28～30℃。

ACCC 14782←中国农科院资划所←中国农大；分离源：河北歪头菜根瘤；原始编号：CCBAU 05061；与歪头菜结瘤固氮；培养基 0063，28～30℃。

ACCC 14785←中国农科院资划所←中国农大；分离源：内蒙古脉叶野豌豆根瘤；原始编号：CCBAU 01033；与脉叶野豌豆结瘤固氮；培养基 0063，28～30℃。

ACCC 14786←中国农科院资划所←中国农大；分离源：内蒙古救荒野豌豆根瘤；原始编号：CCBAU 01220；与救荒野豌豆结瘤固氮；培养基 0063，28～30℃。

ACCC 14787←中国农科院资划所←中国农大；分离源：内蒙古索伦野豌豆根瘤；原始编号：CCBAU 01029；与索伦野豌豆结瘤固氮；培养基 0063，28～30℃。

ACCC 14788←中国农科院资划所←中国农大；分离源：内蒙古歪头菜根瘤；原始编号：CCBAU 01080；与歪头菜结瘤固氮；培养基 0063，28～30℃。

ACCC 14789←中国农科院资划所←中国农大；分离源：内蒙古多茎野豌豆根瘤；原始编号：CCBAU 01008；与多茎野豌豆结瘤固氮；培养基 0063，28～30℃。

ACCC 14790←中国农科院资划所←中国农大；分离源：内蒙古大叶野豌豆根瘤；原始编号：CCBAU 01202；与大叶野豌豆结瘤固氮；培养基 0063，28～30℃。

ACCC 14791←中国农科院资划所←中国农大；分离源：内蒙古大叶野豌豆根瘤；原始编号：CCBAU 01143；与大叶野豌豆结瘤固氮；培养基 0063，28～30℃。

ACCC 14792←中国农科院资划所←中国农大；分离源：内蒙古歪头菜根瘤；原始编号：CCBAU 01032；与歪头菜结瘤固氮；培养基 0063，28～30℃。

ACCC 14793←中国农科院资划所←中国农大；分离源：内蒙古山野豌豆根瘤；原始编号：CCBAU 01079，NM129；与山野豌豆结瘤固氮；培养基 0063，28～30℃。

ACCC 14796←中国农科院资划所←中国农大；分离源：辽宁鞍山市千山大叶野豌豆根瘤；原始编号：CCBAU 11001；与大叶野豌豆结瘤固氮；培养基 0063，28～30℃。

ACCC 14797←中国农科院资划所←中国农大；分离源：辽宁山野豌豆根瘤；原始编号：CCBAU 13077；与山野豌豆结瘤固氮；培养基 0063，28～30℃。

ACCC 14798←中国农科院资划所←中国农大；分离源：辽宁广布野豌豆根瘤；原始编号：CCBAU 11057；与广布野豌豆结瘤固氮；培养基 0063，28～30℃。

ACCC 14799←中国农科院资划所←中国农大；分离源：辽宁鞍山市千山歪头菜根瘤；原始编号：CCBAU 11008；与歪头菜结瘤固氮；培养基 0063，28～30℃。

ACCC 14804←中国农科院资划所←中国农大；分离源：山东歪头菜根瘤；原始编号：CCBAU 25092；与歪头菜结瘤固氮；培养基 0063，28～30℃。

ACCC 14805←中国农科院资划所←中国农大；分离源：山东歪头菜根瘤；原始编号：CCBAU 25238；与歪头菜结瘤固氮；培养基 0063，28～30℃。

ACCC 14806←中国农科院资划所←中国农大；分离源：山东歪头菜根瘤；原始编号：CCBAU 25251；与歪头菜结瘤固氮；培养基 0063，28～30℃。

ACCC 14807←中国农科院资划所←中国农大；分离源：安徽豌豆根瘤；原始编号：CCBAU 23102；与豌豆结瘤固氮；培养基 0063，28～30℃。

ACCC 14808←中国农科院资划所←中国农大；分离源：山东歪头菜根瘤；原始编号：CCBAU 25158；与歪头菜结瘤固氮；培养基 0063，28～30℃。

ACCC 14811←中国农科院资划所←中国农大；分离源：山东歪头菜根瘤；原始编号：CCBAU 25257；与歪头菜结瘤固氮；培养基 0063，28～30℃。

ACCC 14814←中国农科院资划所←中国农大；分离源：山东歪头菜根瘤；原始编号：CCBAU 25259；与歪头菜结瘤固氮；培养基 0063，28～30℃。

ACCC 14815←中国农科院资划所←中国农大；分离源：安徽豌豆根瘤；原始编号：CCBAU 23105；与豌豆结瘤固氮；培养基 0063，28～30℃。

ACCC 14817←中国农科院资划所←中国农大；分离源：安徽豌豆根瘤；原始编号：CCBAU 23103；与豌豆结瘤固氮；培养基 0063，28～30℃。

ACCC 14819←中国农科院资划所←中国农大；分离源：江西豌豆根瘤；原始编号：CCBAU 33211；与豌豆结瘤固氮；培养基 0063，28～30℃。

ACCC 14820←中国农科院资划所←中国农大；分离源：江西豌豆根瘤；原始编号：CCBAU 33208；与豌豆结瘤固氮；培养基 0063，28～30℃。

ACCC 14821←中国农科院资划所←中国农大；分离源：江西豌豆根瘤；原始编号：CCBAU 33207；与豌豆结瘤固氮；培养基 0063，28～30℃。

ACCC 14822←中国农科院资划所←中国农大；分离源：河南歪头菜根瘤；原始编号：CCBAU 45160；与歪头菜结瘤固氮；培养基 0063，28～30℃。

ACCC 14826←中国农科院资划所←中国农大；分离源：河南歪头菜根瘤；原始编号：CCBAU 45203；与歪头菜结瘤固氮；培养基 0063，28～30℃。

ACCC 14828←中国农科院资划所←中国农大；分离源：河南野豌豆根瘤；原始编号：CCBAU 45132；与野豌豆结瘤固氮；培养基 0063，28～30℃。

ACCC 14831←中国农科院资划所←中国农大；分离源：湖北华中野豌豆根瘤；原始编号：CCBAU 43165；与华中野豌豆结瘤固氮；培养基 0063，28～30℃。

ACCC 14832←中国农科院资划所←中国农大；分离源：河南歪头菜根瘤；原始编号：CCBAU 45017；与歪头菜结瘤固氮；培养基 0063，28～30℃。

ACCC 14835←中国农科院资划所←中国农大；分离源：河南歪头菜根瘤；原始编号：CCBAU 45170；与歪头菜结瘤固氮；培养基 0063，28～30℃。

ACCC 14836←中国农科院资划所←中国农大；分离源：湖北豌豆根瘤；原始编号：CCBAU 43227；与豌豆结瘤固氮；培养基 0063，28～30℃。

ACCC 14838←中国农科院资划所←中国农大；分离源：河南确山野豌豆根瘤；原始编号：CCBAU 45009；与确山野豌豆结瘤固氮；培养基 0063，28～30℃。

ACCC 14839←中国农科院资划所←中国农大；分离源：河南野豌豆根瘤；原始编号：CCBAU 45173；与野豌豆结瘤固氮；培养基 0063，28～30℃。

ACCC 14840←中国农科院资划所←中国农大；分离源：云南野豌豆根瘤；原始编号：CCBAU 65030；与野豌豆结瘤固氮；培养基 0063，28～30℃。

ACCC 14842←中国农科院资划所←中国农大；分离源：云南广布野豌豆根瘤；原始编号：CCBAU 65033；与广布野豌豆结瘤固氮；培养基 0063，28～30℃。

ACCC 14844←中国农科院资划所←中国农大；分离源：云南野豌豆根瘤；原始编号：CCBAU 65622，091-1；与野豌豆结瘤固氮；培养基 0063，28～30℃。

ACCC 14848←中国农科院资划所←中国农大；分离源：云南广布野豌豆根瘤；原始编号：CCBAU 65031；与广布野豌豆结瘤固氮；培养基 0063，28～30℃。

ACCC 14852←中国农科院资划所←中国农大；分离源：甘肃长柔毛野豌豆根瘤；原始编号：CCBAU 73135，G402；与长柔毛野豌豆结瘤固氮；培养基 0063，28～30℃。

ACCC 14854←中国农科院资划所←中国农大；分离源：甘肃长柔毛野豌豆根瘤；原始编号：CCBAU 73096；与长柔毛野豌豆结瘤固氮；培养基 0063，28～30℃。

ACCC 14855←中国农科院资划所←中国农大；分离源：甘肃救荒野豌豆根瘤；原始编号：CCBAU 73056，G134；与救荒野豌豆结瘤固氮；培养基 0063，28～30℃。

ACCC 14856←中国农科院资划所←中国农大；分离源：甘肃长柔毛野豌豆根瘤；原始编号：CCBAU 73143，G422；与长柔毛野豌豆结瘤固氮；培养基 0063，28～30℃。

ACCC 14857←中国农科院资划所←中国农大；分离源：甘肃长柔毛野豌豆根瘤；原始编号：CCBAU 73128；与长柔毛野豌豆结瘤固氮；培养基 0063，28～30℃。

ACCC 14858←中国农科院资划所←中国农大；分离源：甘肃山野豌豆根瘤；原始编号：CCBAU 73050；与山野豌豆结瘤固氮；培养基 0063，28～30℃。

ACCC 14859←中国农科院资划所←中国农大；分离源：甘肃广布野豌豆根瘤；原始编号：CCBAU 73182；与广布野豌豆结瘤固氮；培养基 0063，28～30℃。

ACCC 14860←中国农科院资划所←中国农大；分离源：甘肃野豌豆根瘤；原始编号：CCBAU 73115；与野豌豆结瘤固氮；培养基 0063，28～30℃。

ACCC 14861←中国农科院资划所←中国农大；分离源：甘肃广布野豌豆根瘤；原始编号：CCBAU 73094，G288；与广布野豌豆结瘤固氮；培养基 0063，28～30℃。

ACCC 14862←中国农科院资划所←中国农大；分离源：陕西救荒野豌豆根瘤；原始编号：CCBAU 71205，sh396；与救荒野豌豆结瘤固氮；培养基 0063，28～30℃。

ACCC 14863←中国农科院资划所←中国农大；分离源：陕西宽苞豌豆根瘤；原始编号：CCBAU 71159；与宽苞豌豆结瘤固氮；培养基 0063，28～30℃。

ACCC 14864←中国农科院资划所←中国农大；分离源：甘肃长柔毛野豌豆根瘤；原始编号：CCBAU 73108；与长柔毛野豌豆结瘤固氮；培养基 0063，28～30℃。

ACCC 14865←中国农科院资划所←中国农大；分离源：甘肃救荒野豌豆根瘤；原始编号：CCBAU 73064，G146；与救荒野豌豆结瘤固氮；培养基 0063，28～30℃。

ACCC 14867←中国农科院资划所←中国农大；分离源：陕西救荒野豌豆根瘤；原始编号：CCBAU 71207，sh397；与救荒野豌豆结瘤固氮；培养基 0063，28～30℃。

ACCC 14868←中国农科院资划所←中国农大；分离源：陕西歪头菜根瘤；原始编号：CCBAU 71196；与歪头菜结瘤固氮；培养基 0063，28～30℃。

ACCC 14870←中国农科院资划所←中国农大；分离源：陕西野豌豆根瘤；原始编号：CCBAU 71193；与野豌豆结瘤固氮；培养基 0063，28～30℃。

ACCC 14871←中国农科院资划所←中国农大；分离源：陕西救荒野豌豆根瘤；原始编号：CCBAU 71125；与救荒野豌豆结瘤固氮；培养基 0063，28～30℃。

ACCC 14872←中国农科院资划所←中国农大；分离源：陕西野豌豆根瘤；原始编号：CCBAU 71015，Sh0375；与野豌豆结瘤固氮；培养基 0063，28～30℃。

ACCC 14873←中国农科院资划所←中国农大；分离源：救荒野豌豆根瘤；原始编号：CCBAU 71124；与救荒野豌豆结瘤固氮；培养基 0063，28～30℃。

ACCC 14874←中国农科院资划所←中国农大；分离源：甘肃野豌豆根瘤；原始编号：CCBAU 73031；与野豌豆结瘤固氮；培养基 0063，28～30℃。

ACCC 14875←中国农科院资划所←中国农大；分离源：陕西山野豌豆根瘤；原始编号：CCBAU 71040；与山野豌豆结瘤固氮；培养基 0063，28～30℃。

ACCC 14876←中国农科院资划所←中国农大；分离源：甘肃窄叶野豌豆根瘤；原始编号：CCBAU 73070，G168；与窄叶野豌豆结瘤固氮；培养基 0063，28～30℃。

ACCC 14877←中国农科院资划所←中国农大；分离源：甘肃野豌豆根瘤；原始编号：CCBAU 73131；与野豌豆结瘤固氮；培养基 0063，28～30℃。

ACCC 14879←中国农科院资划所←中国农大；分离源：青海救荒野豌豆根瘤；原始编号：CCBAU 81027，QH188；与救荒野豌豆结瘤固氮；培养基 0063，28～30℃。

ACCC 14880←中国农科院资划所←中国农大；分离源：新疆野豌豆根瘤；原始编号：CCBAU 83449；与野豌豆结瘤固氮；培养基 0063，28～30℃。

ACCC 14883←中国农科院资划所←中国农大；分离源：新疆野豌豆根瘤；原始编号：CCBAU 03130，SX215；与野豌豆结瘤固氮；培养基 0063，28～30℃。

ACCC 14885←中国农科院资划所←中国农大；分离源：新疆豌豆根瘤；原始编号：CCBAU 83460；与豌豆结瘤固氮；培养基 0063，28～30℃。

ACCC 14886←中国农科院资划所←中国农大；分离源：青海长柔毛野豌豆根瘤；原始编号：CCBAU 81015，QH043；与长柔毛野豌豆结瘤固氮；培养基 0063，28～30℃。

ACCC 14887←中国农科院资划所←中国农大；分离源：青海窄叶野豌豆根瘤；原始编号：CCBAU 81080，QH422；与窄叶野豌豆结瘤固氮；培养基 0063，28～30℃。

ACCC 14888←中国农科院资划所←中国农大；分离源：新疆野豌豆根瘤；原始编号：CCBAU 83451；与野豌豆结瘤固氮；培养基 0063，28～30℃。

ACCC 14890←中国农科院资划所←中国农大；分离源：青海山野豌豆根瘤；原始编号：CCBAU 81091；与山野豌豆结瘤固氮；培养基 0063，28～30℃。

ACCC 15734←中国农科院资划所←西北农大；原始编号：NQ10-1；分离源：宁夏隆德野豌豆；具有固氮功能；培养基 0063，28℃。

ACCC 15735←中国农科院资划所←西北农大；原始编号：SXH12-2-1；分离源：陕西红河谷野豌豆；具有固氮功能；培养基 0063，28℃。

ACCC 15737←中国农科院资划所←西北农大；原始编号：SXH13-2；分离源：陕西红河谷野豌豆；具有固氮功能；培养基 0063，28℃。

ACCC 15738←中国农科院资划所←西北农大；原始编号：NQ11-1；分离源：宁夏隆德野豌豆；具有固氮功能；培养基 0063，28℃。

ACCC 15744←中国农科院资划所←西北农大；原始编号：SXH17-2；分离源：陕西红河谷野豌豆；具有固氮功能；培养基 0063，28℃。

ACCC 15774←中国农科院资划所←西北农大；原始编号：XJWSS4-1；分离源：新疆琼博拉野豌豆；具有植物互作功能；培养基 0063，28℃。

ACCC 15777←中国农科院资划所←西北农大；原始编号：YDHC18-2；分离源：甘肃永登红城野豌豆；具有固氮功能；培养基 0063，28℃。

ACCC 15782←中国农科院资划所←西北农大；原始编号：YCHSY49-1；分离源：甘肃永昌混山窑野豌豆；具有固氮功能；培养基 0063，28℃。

ACCC 15783←中国农科院资划所←中国农大；原始编号：CCBAU65629；分离源：云南昆明安宁温泉镇田西南野豌豆根瘤；具有固氮功能；培养基 0063，28℃。

ACCC 15854←中国农科院资划所←中国农大；分离源：达孜蚕豆根瘤；原始编号：CCBAU85007；与蚕豆结瘤固氮；培养基 0063，28～30℃。

ACCC 15857←中国农科院资划所←中国农大；分离源：达孜锦鸡儿根瘤；原始编号：CCBAU85010；与锦鸡儿结瘤固氮；培养基 0063，28～30℃。

ACCC 15861←中国农科院资划所←中国农大；分离源：扎囊香豌豆根瘤；原始编号：CCBAU85018；与香豌豆结瘤固氮；培养基 0063，28～30℃。

ACCC 15862←中国农科院资划所←中国农大；分离源：扎囊西藏野豌豆根瘤；原始编号：CCBAU85020；与西藏野豌豆结瘤固氮；培养基 0063，28～30℃。

ACCC 15863←中国农科院资划所←中国农大；分离源：贡嘎西藏野豌豆根瘤；原始编号：CCBAU85021；与西藏野豌豆结瘤固氮；培养基 0063，28～30℃。

ACCC 15868←中国农科院资划所←中国农大；分离源：德庆西藏野豌豆根瘤；原始编号：CCBAU85028；与西藏野豌豆结瘤固氮；培养基 0063，28～30℃。

ACCC 15870←中国农科院资划所←中国农大；分离源：都兰西藏野豌豆根瘤；原始编号：CCBAU85030；与西藏野豌豆结瘤固氮；培养基 0063，28～30℃。

ACCC 15873←中国农科院资划所←中国农大；分离源：安多克什米尔棘豆根瘤；原始编号：CCBAU85043；与克什米尔棘豆结瘤固氮；培养基 0063，28～30℃。

Rhizobium leguminosarum bv. *trifolii*（Frank 1879）Frank 1889

三叶草根瘤菌

ACCC 18001←中国农科院土肥所←美国农业部 2046；与红三叶草共生固氮；培养基 0063，28～30℃。

ACCC 18002←中国农科院土肥所←新西兰（NZP540）；与红三叶草共生固氮；培养基 0063，28～30℃。

ACCC 18003←中国农科院土肥所←新西兰（NZP565）；与红三叶草共生固氮；培养基 0063，28～30℃。

ACCC 18004←中国农科院土肥所←新西兰（NZP561）；与红三叶草共生固氮；培养基 0063，28～30℃。

ACCC 18005←中国农科院土肥所←美国根瘤菌公司（162BB1）；与三叶草共生固氮；培养基 0063，28～30℃。

ACCC 18006←中国农科院土肥所←美国农业部（3DIK5）；与三叶草共生固氮；培养基 0063，28～30℃。

ACCC 18007←中国农科院土肥所←美国农业部（2065）；与白三叶草共生固氮；培养基 0063，28～30℃。

ACCC 18008←中国农科院土肥所←美国农业部（2066）；与白三叶草共生固氮；培养基 0063，28～30℃。

ACCC 18009←中国农科院土肥所←新西兰 NZP1；与白三叶草共生固氮；培养基 0063，28～30℃。

ACCC 18010←中国农科院土肥所←阿根廷（A22）；与地三叶草共生固氮；培养基 0063，28～30℃。

ACCC 18011←中国农科院土肥所←阿根廷（A43）；与地三叶草共生固氮；培养基 0063，28～30℃。

ACCC 18012←中国农科院土肥所←阿根廷（A45）；与地三叶草共生固氮；培养基 0063，28～30℃。

ACCC 18013←中国农科院土肥所（3001）←罗马尼亚（331）；与三叶草共生固氮；培养基 0063，28～30℃。

ACCC 18014←中国农科院土肥所（3002）←罗马尼亚（2）；与三叶草共生固氮；培养基 0063，28～30℃。

ACCC 18015←中国农科院土肥所←美国根瘤菌公司（162P17）；与三叶草共生固氮；培养基 0063，28～30℃。

ACCC 18016←中国农科院土肥所←农业部畜牧局李毓堂 1983 年从新西兰引进；原始编号：NZ560-82；与白三叶草共生固氮，1984 年开始在南方各省大面积应用；培养基 0063，28～30℃。

ACCC 18017←中国农科院土肥所黄岩玲 1983 从昆明野生三叶草采瘤分离；原始编号：CTR831；与白三叶、红三叶草共生固氮，1984 年开始在南方大面积应用；培养基 0063，28～30℃。

ACCC 18018←中国农科院土肥所胡济生从国外引进；原始编号：A12，与地三叶草共生固氮；培养基 0063，28～30℃。

ACCC 18019←中国农科院土肥所宁国赞 1981 年从广西采瘤分离；原始编号：8101；与白三叶共生固氮；培养基 0063，28～30℃。

ACCC 18023←中国农科院土肥所 1992 年采集；分离源：云南曲靖三叶草根瘤；原始编号：92-31；与三叶草共生固氮；培养基 0063，28～30℃。

ACCC 18024←中国农科院土肥所 1992 年采集；分离源：云南曲靖三叶草根瘤；原始编号：92-33；与三叶草共生固氮；培养基 0063，28～30℃。

ACCC 18025←中国农科院土肥所 1992 年采集；分离源：云南曲靖三叶草根瘤；原始编号：92-34；与三叶草共生固氮；培养基 0063，28～30℃。

ACCC 18026←中国农科院土肥所 1992 年采集；分离源：云南曲靖三叶草根瘤；原始编号：92-35；与三叶草共生固氮；培养基 0063，28～30℃。

ACCC 18027←中国农科院土肥所 1992 年采集；分离源：云南曲靖三叶草根瘤；原始编号：92-36；与三叶草共生固氮；培养基 0063，28～30℃。

ACCC 18028←中国农科院土肥所 1992 年采集；分离源：云南曲靖三叶草根瘤；原始编号：92-37；与三叶草共生固氮；培养基 0063，28～30℃。

ACCC 18029←中国农科院土肥所 1992 年采集；分离源：云南曲靖三叶草根瘤；原始编号：92-38；与三叶草共生固氮；培养基 0063，28～30℃。

ACCC 18030←中国农科院土肥所 1992 年采集；分离源：云南曲靖三叶草根瘤；原始编号：92-39；与三叶草共生固氮；培养基 0063，28～30℃。

ACCC 18031←中国农科院土肥所 1992 年采集；分离源：云南曲靖三叶草根瘤；原始编号：92-40；与三叶草共生固氮；培养基 0063，28～30℃。

ACCC 18032←中国农科院土肥所 1992 年采集；分离源：云南曲靖三叶草根瘤；原始编号：92-45；与三叶草共生固氮；培养基 0063，28～30℃。

ACCC 18033←中国农科院土肥所 1992 年采集；分离源：云南曲靖三叶草根瘤；原始编号：92-46；与三叶草共生固氮；培养基 0063，28～30℃。

ACCC 18034←中国农科院土肥所 1992 年采集；分离源：云南曲靖三叶草根瘤；原始编号：92-48；与三叶草共生固氮；培养基 0063，28～30℃。

ACCC 18035←中国农科院土肥所 1992 年采集；分离源：云南曲靖三叶草根瘤；原始编号：92-49；与三叶草共生固氮；培养基 0063，28～30℃。

ACCC 18036←中国农科院土肥所 1992 年采集；分离源：云南曲靖三叶草根瘤；原始编号：92-50；与三叶草共生固氮；培养基 0063，28～30℃。

ACCC 18037←中国农科院土肥所 1992 年采集；分离源：云南曲靖三叶草根瘤；原始编号：92-53；与三叶草共生固氮；培养基 0063，28～30℃。

ACCC 18038←中国农科院土肥所 1992 年采集；分离源：云南曲靖三叶草根瘤；原始编号：92-54；与三叶草共生固氮；培养基 0063，28～30℃。

ACCC 18039←中国农科院土肥所 1992 年采集；分离源：云南曲靖三叶草根瘤；原始编号：92-55；与三叶草共生固氮；培养基 0063，28～30℃。

ACCC 18040←中国农科院土肥所 1992 年采集；分离源：云南曲靖三叶草根瘤；原始编号：92-56；与三叶草共生固氮；培养基 0063，28～30℃。

ACCC 18041←中国农科院土肥所 1992 年采集；分离源：云南曲靖三叶草根瘤；原始编号：92-57；与三叶草共生固氮；培养基 0063，28～30℃。

ACCC 18042←中国农科院土肥所 1992 年采集；分离源：云南曲靖三叶草根瘤；原始编号：92-58；与三叶草共生固氮；培养基 0063，28～30℃。

ACCC 18043←中国农科院土肥所 1992 年采集；分离源：云南曲靖三叶草根瘤；原始编号：92-61；与三叶草共生固氮；培养基 0063，28～30℃。

ACCC 18044←中国农科院土肥所 1992 年采集；分离源：云南曲靖三叶草根瘤；原始编号：92-62；与三叶草共生固氮；培养基 0063，28～30℃。

ACCC 18045←中国农科院土肥所 1992 年采集；分离源：云南陆良三叶草根瘤；原始编号：92-63；与三叶草共生固氮；培养基 0063，28～30℃。

ACCC 18046←中国农科院土肥所 1992 年采集；分离源：云南陆良三叶草根瘤；原始编号：92-64；与三叶草共生固氮；培养基 0063，28～30℃。

ACCC 18047←中国农科院土肥所 1992 年采集；分离源：云南陆良三叶草根瘤；原始编号：92-65；与三叶草共生固氮；培养基 0063，28～30℃。

ACCC 18048←中国农科院土肥所 1992 年采集；分离源：云南陆良三叶草根瘤；原始编号：92-66；与三叶草共生固氮；培养基 0063，28～30℃。

ACCC 18049←中国农科院土肥所 1992 年采集；分离源：云南陆良三叶草根瘤；原始编号：92-68；与三叶草共生固氮；培养基 0063，28～30℃。

ACCC 18050←中国农科院土肥所 1992 年采集；分离源：云南陆良三叶草根瘤；原始编号：92-69；与三叶草共生固氮；培养基 0063，28～30℃。

ACCC 18051←中国农科院土肥所 1992 年采集；分离源：云南陆良三叶草根瘤；原始编号：92-70；与三叶草共生固氮；培养基 0063，28～30℃。

ACCC 18052←中国农科院土肥所 1992 年采集；分离源：云南陆良三叶草根瘤；原始编号：92-71；与三叶草共生固氮；培养基 0063，28～30℃。

ACCC 18053←中国农科院土肥所 1992 年采集；分离源：云南陆良三叶草根瘤；原始编号：92-72；与三叶草共生固氮；培养基 0063，28～30℃。

ACCC 18054←中国农科院土肥所 1992 年采集；分离源：云南陆良三叶草根瘤；原始编号：92-73；与三叶草共生固氮；培养基 0063，28～30℃。

ACCC 18055←中国农科院土肥所 1992 年采集；分离源：云南陆良三叶草根瘤；原始编号：92-74；与三叶草共生固氮；培养基 0063，28～30℃。

ACCC 18056←中国农科院土肥所 1992 年采集；分离源：云南陆良三叶草根瘤；原始编号：92-75；与三叶草共生固氮；培养基 0063，28～30℃。

ACCC 18057←中国农科院土肥所 1992 年采集；分离源：云南陆良三叶草根瘤；原始编号：92-76；与三叶草共生固氮；培养基 0063，28～30℃。

ACCC 18058←中国农科院土肥所 1992 年采集；分离源：云南寻甸三叶草根瘤；原始编号：92-77；与三叶草共生固氮；培养基 0063，28～30℃。

ACCC 18059←中国农科院土肥所 1992 年采集；分离源：云南寻甸三叶草根瘤；原始编号：92-78；与三叶草共生固氮；培养基 0063，28～30℃。

ACCC 18060←中国农科院土肥所 1992 年采集；分离源：云南寻甸三叶草根瘤；原始编号：92-79；与三叶草共生固氮；培养基 0063，28～30℃。

ACCC 18061←中国农科院土肥所 1992 年采集；分离源：云南寻甸三叶草根瘤；原始编号：92-80；与三叶草共生固氮；培养基 0063，28～30℃。

ACCC 18062←中国农科院土肥所 1992 年采集；分离源：云南寻甸三叶草根瘤；原始编号：92-81；与三叶草共生固氮；培养基 0063，28～30℃。

ACCC 18063←中国农科院土肥所 1992 年采集；分离源：云南寻甸三叶草根瘤；原始编号：92-82；与三叶草共生固氮；培养基 0063，28～30℃。

ACCC 18064←中国农科院土肥所 1992 年采集；分离源：云南寻甸三叶草根瘤；原始编号：92-83；与三叶草共生固氮；培养基 0063，28～30℃。

ACCC 18065←中国农科院土肥所 1992 年采集；分离源：云南寻甸三叶草根瘤；原始编号：92-84；与三叶草共生固氮；培养基 0063，28～30℃。

ACCC 18066←中国农科院土肥所 1992 年采集；分离源：云南寻甸三叶草根瘤；原始编号：92-85；与三叶草共生固氮；培养基 0063，28～30℃。

ACCC 18067←中国农科院土肥所 1992 年采集；分离源：云南寻甸三叶草根瘤；原始编号：92-86；与三叶草共生固氮；培养基 0063，28～30℃。

ACCC 18068←中国农科院土肥所 1992 年采集；分离源：云南寻甸三叶草根瘤；原始编号：92-87；与三
　　　　　叶草共生固氮；培养基 0063，28～30℃。

ACCC 18069←中国农科院土肥所 1992 年采集；分离源：云南寻甸三叶草根瘤；原始编号：92-89；与三
　　　　　叶草共生固氮；培养基 0063，28～30℃。

ACCC 18070←中国农科院土肥所 1992 年采集；分离源：云南寻甸三叶草根瘤；原始编号：92-91；与三
　　　　　叶草共生固氮；培养基 0063，28～30℃。

ACCC 18071←中国农科院土肥所 1992 年采集；分离源：云南寻甸三叶草根瘤；原始编号：92-93；与三
　　　　　叶草共生固氮；培养基 0063，28～30℃。

ACCC 18072←中国农科院土肥所 1992 年采集；分离源：云南寻甸三叶草根瘤；原始编号：92-94；与三
　　　　　叶草共生固氮；培养基 0063，28～30℃。

ACCC 18073←中国农科院土肥所 1992 年采集；分离源：云南寻甸三叶草根瘤；原始编号：92-96；与三
　　　　　叶草共生固氮；培养基 0063，28～30℃。

ACCC 18074←中国农科院土肥所 1992 年采集；分离源：云南寻甸三叶草根瘤；原始编号：92-97；与三
　　　　　叶草共生固氮；培养基 0063，28～30℃。

ACCC 18075←中国农科院土肥所 1992 年采集；分离源：云南寻甸三叶草根瘤；原始编号：92-98；与三
　　　　　叶草共生固氮；培养基 0063，28～30℃。

ACCC 18076←中国农科院资划所 2003 年采集；分离源：山东潍坊白三叶草根瘤；原始编号：SDWF1；
　　　　　与白三叶草结瘤固氮；培养基 0063，28～30℃。

ACCC 18078←中国农科院资划所 2003 年采集；分离源：山东潍坊白三叶草根瘤；原始编号：SDWF3；
　　　　　与白三叶草结瘤固氮；培养基 0063，28～30℃。

Rhizobium loti Jarvis et al. 1982

百脉根中间根瘤菌

ACCC 10292←ATCC；分离源：羽扇豆；培养基 0063，30℃。

Rhizobium smilacinae Zhang et al. 2015

根瘤菌

ACCC 61591←中国林科院林业所←CCTCC；原始编号：CCTCC AB2013016；分离源：鹿药；培养基
　　　　　0402，30℃。

Rhizobium sp.

根瘤菌（羽扇豆）

ACCC 17001←中国农科院土肥所←罗马尼亚 4；培养基 0063，28～30℃。

ACCC 17002←中国农科院土肥所←美国农业部 3061；培养基 0063，28～30℃。

ACCC 17003←中国农科院土肥所←阿根廷赠 G13；培养基 0063，28～30℃。

ACCC 17004←中国农科院土肥所←阿根廷赠 G52；培养基 0063，28～30℃。

ACCC 17005←中国农科院土肥所←中国农大陈文新教授赠←美国 ATCC 10318；模式菌株；培养基
　　　　　0063，28～30℃。

ACCC 17006←中国农科院土肥所←中科院植物所荆玉祥教授赠←美国 Wisconsin 96A6；培养基 0063，
　　　　　28～30℃。

Rhizobium sp.

根瘤菌（山蠨豆）

ACCC 19030←中国农科院土肥所宁国赞 1992 年从青岛崂山山蠨豆根瘤分离鉴定；原始编号：11；与山
　　　　　蠨豆共生固氮；培养基 0063，28～30℃。

ACCC 19031←中国农科院土肥所宁国赞 1992 年从青岛崂山山蠨豆根瘤分离鉴定；原始编号：1；与山
　　　　　蠨豆共生固氮；培养基 0063，28～30℃。

ACCC 19032←中国农科院土肥所宁国赞 1992 年从青岛崂山山蠨豆根瘤分离鉴定；原始编号：102；与
　　　　　山蠨豆共生固氮；培养基 0063，28～30℃。

ACCC 19033←中国农科院土肥所宁国赞 1992 年从青岛崂山山黧豆根瘤分离鉴定；原始编号：103；与山黧豆共生固氮；培养基 0063，28～30℃。

ACCC 19034←中国农科院土肥所宁国赞 1992 年从青岛崂山山黧豆根瘤分离鉴定；原始编号：104；与山黧豆共生固氮；培养基 0063，28～30℃。

ACCC 19035←中国农科院土肥所宁国赞 1992 年从青岛崂山山黧豆根瘤分离鉴定；原始编号：105；与山黧豆共生固氮；培养基 0063，28～30℃。

Rhizobium sp.
根瘤菌（柠条）

ACCC 19640←中国农科院土肥所宁国赞、白新学 1987 从内蒙古科左右旗采瘤分离；原始编号：柠 14；与柠条共生固氮；培养基 0063，28～30℃。

ACCC 19641←中国农科院土肥所宁国赞 1988 年从内蒙古科左后旗采柠条根瘤分离；原始编号：柠 19641；与柠条共生固氮；培养基 0063，28～30℃。

ACCC 19642←中国农科院土肥所宁国赞 1988 从内蒙古科左后旗采柠条根瘤分离；原始编号：柠 60；与柠条共生固氮；培养基 0063，28～30℃。

ACCC 19643←中国农科院土肥所宁国赞 1988 年从内蒙古科左后旗采柠条根瘤分离；原始编号：柠 74；与柠条共生固氮；培养基 0063，28～30℃。

ACCC 19644←中国农科院土肥所宁国赞 1988 年从内蒙古科左后旗采柠条根瘤分离；原始编号：柠 89；与柠条共生固氮；培养基 0063，28～30℃。

ACCC 19645←中国农科院土肥所宁国赞 1988 年从内蒙古科左后旗采柠条根瘤分离；原始编号：柠 127；与柠条共生固氮；培养基 0063，28～30℃。

ACCC 19646←中国农科院土肥所宁国赞 1988 年从内蒙古科左后旗采柠条根瘤分离；原始编号：柠 138；与柠条共生固氮；培养基 0063，28～30℃。

ACCC 19647←中国农科院土肥所宁国赞 1988 年从内蒙古科左后旗采柠条根瘤分离；原始编号：柠 184；与柠条共生固氮；培养基 0063，28～30℃。

ACCC 19648←中国农科院土肥所宁国赞 1992 年从内蒙古科左后旗柠条根瘤分离鉴定；原始编号：18；与柠条共生固氮；培养基 0063，28～30℃。

ACCC 19650←中国农科院土肥所宁国赞 1992 年从内蒙古科左后旗柠条根瘤分离鉴定；原始编号：20；与柠条共生固氮；培养基 0063，28～30℃。

ACCC 19652←中国农科院土肥所宁国赞 1992 年从内蒙古科左后旗柠条根瘤分离鉴定；原始编号：21；与柠条共生固氮；培养基 0063，28～30℃。

ACCC 19653←中国农科院土肥所宁国赞 1992 年从内蒙古科左后旗柠条根瘤分离鉴定；原始编号：22；与柠条共生固氮；培养基 0063，28～30℃。

ACCC 19654←中国农科院土肥所宁国赞 1992 年从内蒙古科左后旗柠条根瘤分离鉴定；原始编号：203；与柠条共生固氮；培养基 0063，28～30℃。

ACCC 19655←中国农科院土肥所宁国赞 1992 年从内蒙古科左后旗柠条根瘤分离鉴定；原始编号：24；与柠条共生固氮；培养基 0063，28～30℃。

ACCC 19656←中国农科院土肥所宁国赞 1992 年从内蒙古科左后旗柠条根瘤分离鉴定；原始编号：25；与柠条共生固氮；培养基 0063，28～30℃。

ACCC 19657←中国农科院土肥所马晓彤 1992 年从内蒙古科左后旗柠条根瘤分离鉴定；原始编号：30；与柠条共生固氮；培养基 0063，28～30℃。

ACCC 19658←中国农科院土肥所马晓彤 1992 年从内蒙古科左后旗柠条根瘤分 离鉴定；原始编号：31；与柠条共生固氮；培养基 0063，28～30℃。

ACCC 19659←中国农科院土肥所马晓彤 1992 年从内蒙古科左后旗柠条根瘤分离鉴定；原始编号：34；与柠条共生固氮；培养基 0063，28～30℃。

ACCC 19800←中国农科院土肥所马晓彤 1992 年从内蒙古科左后旗柠条根瘤分离鉴定；原始编号：40；与柠条共生固氮；培养基 0063，28～30℃。

ACCC 19801←中国农科院土肥所宁国赞 1992 年从内蒙古科左后旗柠条根瘤分离鉴定；原始编号：43；
与柠条共生固氮；培养基 0063，28～30℃。

ACCC 19802←中国农科院土肥所宁国赞 1992 年从内蒙古科左后旗柠条根瘤分离鉴定；原始编号：49；
与柠条共生固氮；培养基 0063，28～30℃。

ACCC 19803←中国农科院土肥所宁国赞 1992 年从内蒙古科左后旗柠条根瘤分离鉴定；原始编号：160；
与柠条共生固氮；培养基 0063，28～30℃。

Rhizobium sp.

根瘤菌（小冠花）

ACCC 19620←中国农科院土肥所宁国赞 1981 从中国农科院畜牧兽医研究所采瘤分离；原始编号：
CV8101；与小冠花共生固氮；1983 年开始在陕西应用；培养基 0063，28～30℃。

ACCC 19621←中国农科院土肥所宁国赞 1984 从中国农科院农场采瘤分离；原始编号：CV8401；与小
冠花共生固氮；培养基 0063，28～30℃。

ACCC 19625←中国农科院土肥所宁国赞 1984 从中国农科院农场采瘤分离；原始编号：CV8406；与小
冠花共生固氮；培养基 0063，28～30℃。

ACCC 19626←中国农科院土肥所宁国赞 1984 从中国农科院农场采瘤分离；原始编号：CV8407；与小
冠花共生固氮；培养基 0063，28～30℃。

ACCC 19627←中国农科院土肥所黄岩玲 1984 从中国农科院农场采瘤分离；原始编号：CV8408；与小
冠花共生固氮；培养基 0063，28～30℃。

Rhizobium sp.

根瘤菌（柽麻）

ACCC 19002←中国农科院土肥所←美国 Wisconsin 大学 Bill 教授赠；原始编号：3025a；与柽麻共生固
氮；培养基 0063，28～30℃。

ACCC 19004←中国农科院土肥所←武汉病毒所（柽 1）；与柽麻共生固氮；培养基 0063，28～30℃。

ACCC 19005←中国农科院土肥所程桂荪 1974 自河南洛阳柽麻根瘤中分离；原始编号：74-柽 1；与柽麻
共生固氮；培养基 0063，28～30℃。

ACCC 19006←中国农科院土肥所程桂荪 1974 自河南洛阳柽麻根瘤中分离；原始编号：74-柽 2；与柽麻
共生固氮；培养基 0063，28～30℃。

ACCC 19007←中国农科院土肥所程桂荪 1974 自河南洛阳柽麻根瘤中分离；原始编号：74-柽 3；与柽麻
共生固氮；培养基 0063，28～30℃。

Rhizobium sp.

根瘤菌（蒙古岩黄芪）

ACCC 19700←中国农科院土肥所黄岩玲 1985 从内蒙古清水河采瘤分离；原始编号：CH8519；与蒙古
岩黄芪共生固氮；培养基 0063，28～30℃。

ACCC 19701←中国农科院土肥所宁国赞 1985 从内蒙古清水河采瘤分离；原始编号：CH8521；与蒙古
岩黄芪共生固氮；培养基 0063，28～30℃。

ACCC 19702←中国农科院土肥所宁国赞 1985 从内蒙古清水河采瘤分离；原始编号：CH8523；与蒙古
岩黄芪共生固氮；培养基 0063，28～30℃。

ACCC 19703←中国农科院土肥所宁国赞 1985 从内蒙古清水河采瘤分离；原始编号：CH8524；与蒙古
岩黄芪共生固氮；1986 年开始用于菌剂生产；培养基 0063，28～30℃。

ACCC 19704←中国农科院土肥所黄岩玲 1985 年从内蒙古清水河采瘤分离；原始编号：CH8525；与蒙
古岩黄芪共生固氮；1986 年开始用于菌剂生产；培养基 0063，28～30℃。

ACCC 19705←中国农科院土肥所宁国赞 1985 年从内蒙古清水河采瘤分离；原始编号：CH8532；与蒙
古岩黄芪共生固氮；1987 年开始用于菌剂生产；培养基 0063，28～30℃。

Rhizobium sp.

根瘤菌（红豆草）

ACCC 19600←中国农科院土肥所宁国赞 1981 年从中国农科院畜牧兽医研究所采瘤分离；原始编号：
C08105；与红豆草共生固氮；1984 年开始用于生产；培养基 0063，28～30℃。

ACCC 19601←中国农科院土肥所宁国赞 1982 年从中国农科院畜牧兽医研究所采瘤分离；原始编号：
C08202；与红豆草共生固氮；培养基 0063，28～30℃。

ACCC 19602←中国农科院土肥所宁国赞 1982 年从中国农科院畜牧兽医研究所采瘤分离；原始编号：
C08203；与红豆草共生固氮；培养基 0063，28～30℃。

ACCC 19603←中国农科院土肥所宁国赞 1982 年从中国农科院畜牧兽医研究所采瘤分离；原始编号：
C08205；与红豆草共生固氮；培养基 0063，28～30℃。

ACCC 19604←中国农科院土肥所宁国赞 1982 年从中国农科院畜牧兽医研究所采瘤分离；原始编号：
C08206；与红豆草共生固氮；培养基 0063，28～30℃。

ACCC 19605←中国农科院土肥所宁国赞 1982 年从中国农科院畜牧兽医研究所采瘤分离；原始编号：
C08208；与红豆草共生固氮；培养基 0063，28～30℃。

ACCC 19606←中国农科院土肥所宁国赞 1982 年从中国农科院畜牧兽医研究所采瘤分离；原始编号：
C08209；与红豆草共生固氮；培养基 0063，28～30℃。

Rhizobium sp.

根瘤菌（紫穗槐）

ACCC 19678←中国农科院资划所；原始编号：W4-1-13；2005 年分离自内蒙古紫穗槐根瘤；与紫穗槐结
瘤固氮；培养基 0063，28～30℃。

ACCC 19680←中国农科院资划所；原始编号：W4-1-18；2005 年分离自内蒙古紫穗槐根瘤；与紫穗槐结
瘤固氮；培养基 0063，28～30℃。

ACCC 19681←中国农科院资划所；原始编号：W4-1-17；2005 年分离自内蒙古紫穗槐根瘤；与紫穗槐结
瘤固氮；培养基 0063，28～30℃。

ACCC 19682←中国农科院资划所；原始编号：W4-2-15；2005 年分离自内蒙古紫穗槐根瘤；与紫穗槐结
瘤固氮；培养基 0063，28～30℃。

ACCC 19683←中国农科院资划所；原始编号：W4-2-16；2005 年分离自内蒙古紫穗槐根瘤；与紫穗槐结
瘤固氮；培养基 0063，28～30℃。

ACCC 19684←中国农科院资划所；原始编号：W5-1；2005 年分离自内蒙古紫穗槐根瘤；与紫穗槐结瘤
固氮；培养基 0063，28～30℃。

ACCC 19685←中国农科院资划所；原始编号：W5-3；2005 年分离自内蒙古紫穗槐根瘤；与紫穗槐结瘤
固氮；培养基 0063，28～30℃。

ACCC 19686←中国农科院资划所；原始编号：W5-2-1；2005 年分离自内蒙古紫穗槐根瘤；与紫穗槐结
瘤固氮；培养基 0063，28～30℃。

ACCC 19687←中国农科院资划所；原始编号：W5-2-2；2005 年分离自内蒙古紫穗槐根瘤；与紫穗槐结
瘤固氮；培养基 0063，28～30℃。

ACCC 19690←中国农科院资划所；原始编号：W5-7-1；2005 年分离自内蒙古紫穗槐根瘤；与紫穗槐结
瘤固氮；培养基 0063，28～30℃。

ACCC 19691←中国农科院资划所；原始编号：W5-7-2；2005 年分离自内蒙古紫穗槐根瘤；与紫穗槐结
瘤固氮；培养基 0063，28～30℃。

ACCC 19693←中国农科院资划所；原始编号：W5-8-1；2005 年分离自内蒙古紫穗槐根瘤；与紫穗槐结
瘤固氮；培养基 0063，28～30℃。

ACCC 19694←中国农科院资划所；原始编号：W5-8-2；2005 年分离自内蒙古紫穗槐根瘤；与紫穗槐结
瘤固氮；培养基 0063，28～30℃。

ACCC 19695←中国农科院资划所；原始编号：W8-2-3；2005 年分离自内蒙古紫穗槐根瘤；与紫穗槐结
瘤固氮；培养基 0063，28～30℃。

ACCC 19696←中国农科院资划所；原始编号：W8-1-3；2005 年分离自内蒙古紫穗槐根瘤；与紫穗槐结瘤固氮；培养基 0063，28～30℃。

ACCC 19697←中国农科院资划所；原始编号：W8-1-4；2005 年分离自内蒙古紫穗槐根瘤；与紫穗槐结瘤固氮；培养基 0063，28～30℃。

ACCC 19698←中国农科院资划所；原始编号：W8-2-2；2005 年分离自内蒙古紫穗槐根瘤；与紫穗槐结瘤固氮；培养基 0063，28～30℃。

ACCC 19699←中国农科院资划所；原始编号：W8-2-1；2005 年分离自内蒙古紫穗槐根瘤；与紫穗槐结瘤固氮；培养基 0063，28～30℃。

Rhizobium sp.

根瘤菌

ACCC 19962←中国农科院资划所；原始编号：N19；分离源：河北水稻根；培养基 0065，30℃。

ACCC 19963←中国农科院资划所；原始编号：MH17；分离源：湖南水稻根际；培养基 0065，30℃。

ACCC 60078←中国农科院资划所←DSMZ；原始编号：26376；分离采集自印度勒克瑙地下水；培养基 0098，28℃。

ACCC 60079←中国农科院资划所←DSMZ；原始编号：22668；分离自印度鹰嘴豆根际土；培养基 0098，28℃。

ACCC 60080←中国农科院资划所←KCTC；原始编号：32148；培养基 0002，25℃。

ACCC 60089←中国农科院资划所；原始编号：MLS-4-7；分离源：内蒙古呼和浩特武川县厂汉木台村马铃薯根际土壤；具有促进马铃薯幼苗生长功能；培养基 0002，28℃。

ACCC 60163←中国农科院资划所；原始编号：zz22-2；分离源：湖南祁阳水稻茎秆；产 IAA 能力；培养基 0847，28℃。

ACCC 60171←中国农科院资划所；原始编号：zz6-4；分离源：湖南祁阳水稻茎秆；产 IAA 能力；培养基 0847，28℃。

ACCC 60175←中国农科院资划所；原始编号：zz9-9；分离源：湖南祁阳水稻茎秆；产 IAA 能力；培养基 0847，28℃。

ACCC 60177←中国农科院资划所；原始编号：zz10-8；分离源：湖南祁阳水稻茎秆；产 IAA 能力；培养基 0847，28℃。

ACCC 60182←中国农科院资划所；原始编号：zz11-7；分离源：湖南祁阳水稻茎秆；产 IAA 能力；培养基 0847，28℃。

ACCC 60186←中国农科院资划所；原始编号：zz13-5；分离源：湖南祁阳水稻茎秆；溶磷能力，产 IAA 能力，初筛有 ACC 脱氨酶活性；培养基 0847，28℃。

ACCC 60193←中国农科院资划所；原始编号：zz16-7；分离源：湖南祁阳水稻茎秆；产 IAA 能力；培养基 0847，28℃。

ACCC 60236←中国农科院资划所；原始编号：J13-1；分离源：湖南祁阳水稻茎秆；产 IAA 能力；培养基 0847，28℃。

ACCC 60262←中国农科院资划所；原始编号：zz22-9；分离源：湖南祁阳水稻种子；初筛有 ACC 脱氨酶活性；培养基 0847，28℃。

ACCC 60264←中国农科院资划所；原始编号：J15-4；分离源：湖南祁阳水稻茎秆；溶磷能力，产 IAA 能力；培养基 0847，28℃。

ACCC 60307←中国农科院资划所；原始编号：zz9-5；分离源：湖南祁阳水稻茎秆；培养基 0065，28℃。

ACCC 60368←中国农科院资划所←NCIMB←NRRL；原始编号：DSM 7307；培养基 0002，28℃。

ACCC 61707←中国农科院资划所；原始编号：DBTS2；分离源：北京大兴长子营镇东北的土壤；培养基 0002，28℃。

Rhizobium sp.

根瘤菌（非豆科共生）

ACCC 01039←中国农科院资划所；原始编号：GD-7-1-2；具有生产固氮生物肥料潜力；分离地点：北京朝阳；培养基 0065，28℃。

ACCC 01074←中国农科院资划所；原始编号：GDJ-9-1-1；具有生产固氮生物肥料潜力；分离源：北京朝阳黑庄户油菜；培养基 0065，28℃。

ACCC 01131←中国农科院资划所；原始编号：GD-28-1-2；具有生产固氮生物肥料潜力；分离地点：北京顺义；培养基 0065，28℃。

ACCC 01988←中国农科院资划所；原始编号：40，22；以菲、蒽、芴作为唯一碳源生长；分离地点：湖南邵阳；培养基 0002，30℃。

ACCC 02685←南京农大农业环境微生物中心；原始编号：SC-W，NAECC1265；可以在含 1 000 mg/L 的甲磺隆的无机盐培养基中生长；分离地点：黑龙江齐齐哈尔；培养基 0002，30℃。

ACCC 02708←南京农大农业环境微生物中心；原始编号：L-1，NAECC1385；在 M9 培养基中以氯嘧磺隆为唯一氮源培养，6 天内降解率可达 50% 左右；分离地点：江苏金坛农田；培养基 0971，30℃。

ACCC 02709←南京农大农业环境微生物中心；原始编号：L-4，NAECC1386；在 M9 培养基中以氯嘧磺隆为唯一氮源培养，6 天内降解率可达 50% 左右；分离地点：江苏金坛农田；培养基 0971，30℃。

ACCC 10380←首都师范大学；原始编号：J3-A127；培养基 0002，30℃。

ACCC 10865←首都师范大学；原始编号：BN90-3-18；培养基 0033，30℃。

ACCC 10873←首都师范大学；原始编号：J3-A28；培养基 0063，30℃。

ACCC 10875←首都师范大学；原始编号：J3-A9；培养基 0063，30℃。

ACCC 10918←首都师范大学；原始编号：N90-3-43；分离源：水稻根际；分离地点：唐山滦南县；培养基 0063，28℃。

Rhizobium sullae Squartini et al. 2002

岩黄芪根瘤菌

ACCC 02955←中国农科院资划所；原始编号：GD-33-1-1，7026；可用来研发生产生物肥料；分离地点：河北高碑店辛庄镇；培养基 0065，28℃。

Rhizobium wenxiniae Gao et al. 2017

根瘤菌

ACCC 61592←中国林科院林业所←北京农科院；原始编号：CGMCC1.15279；分离源：玉米；培养基 0402，30℃。

Rhodococcus baikonurensis Li et al. 2004

拜科罗尔红球菌

ACCC 02526←南京农大农业环境微生物中心；原始编号：BF-1b，NAECC1706；培养基 0002，28℃。

ACCC 02668←南京农大农业环境微生物中心；原始编号：15-3，NAECC1218；分离地点：山东东营；培养基 0033，30℃。

Rhodococcus erythropolis（Gray & Thornton 1928）Goodfellow & Alderson 1979

红城红球菌（红串红球菌）

ACCC 02579←南京农大农业环境微生物中心；原始编号：BFXJ-1，NAECC1203；分离地点：江苏省无锡市锡南农药厂；培养基 0002，28℃。

ACCC 02667←南京农大农业环境微生物中心；原始编号：13-7，NAECC1217；分离地点：山东东营；培养基 0033，30℃。

ACCC 05455←ATCC←NCIMB←CCM 277←P. Gray；产胆固醇氧化醇；培养基 0033，26℃。

ACCC 10188←DSMZ；=ATCC 15591=DSM 312；产柠檬酸（U. S. Pat. 3.691.012），L- 谷氨酸（U. S. Pat. 3，764，473）；培养基 0002，30℃。

ACCC 10542←中国农科院研究生院；原始编号：J1；生物脱硫；培养基 0033，30℃。

ACCC 10543←中国农科院研究生院；原始编号：J2；生物脱硫；分离源：石油土壤；培养基 0033，30℃。

ACCC 40318←中国农科院资划所；原始编号：LBM-5；石油降解；培养基 0033，32℃。

ACCC 40320←中国农科院资划所；原始编号：LBM-49；石油降解菌；分离源：石油；培养基 0033，33℃。

ACCC 40321←中国农科院资划所；原始编号：LBM-51；石油降解；培养基 0033，34℃。

ACCC 40323←中国农科院资划所；原始编号：LBM-77；石油降解；分离源：石油；培养基 0033，36℃。

ACCC 41030←DSMZ←CCM（*Nocardia erythropolis*）←P. H. Gray；=DSM 43066=ATCC 25544，ATCC 4277，CBS 266.39，CCM 277，CIP 104179，DSM 763，IFO 15567，JCM 3201，NBRC 15567，NCIB 11148，NCIB 9158，NRRL B-16025；分离源：土壤；培养基 0033，30℃。

Rhodococcus gordoniae Jones et al. 2004

戈氏红球菌

ACCC 02529←南京农大农业环境微生物中心；原始编号：BF-4，NAECC1202；分离地点：南京农大校园；培养基 0002，28℃。

Rhodococcus luteus（ex Söhngen 1913）Nesterenko et al. 1982

藤黄红球菌

ACCC 41385←湖北省生物农药工程研究中心；原始编号：HBERC 00663；培养基 0027，28℃。

Rhodococcus opacus Klatte et al. 1995

浑浊红球菌

ACCC 41021←DSMZ；=DSM 43250=ATCC 51882；降解芳香族化合物，苯酚；分离源：土壤；培养基 0033，30℃。

ACCC 41043←DSMZ；分离源：土壤；培养基 0033，30℃。

Rhodococcus pyridinivorans Yoon et al. 2000

食吡啶红球菌

ACCC 02748←南京农大农业环境微生物中心；原始编号：Z2，NAECC1526；分离地点：江苏省苏州市苏州新区污水处理厂；培养基 0002，30℃。

ACCC 02836←南京农大农业环境微生物中心；原始编号：FP1-1，NAECC1508；分离地点：江苏省苏州市苏州新区；培养基 0002，30℃。

Rhodococcus rhodochrous（Zopf 1891）Tsukamura 1974

紫红红球菌（玫瑰红红球菌）

ACCC 02840←南京农大农业环境微生物中心；原始编号：FP3-1，NAECC1512；分离地点：江苏省泰兴市化工厂；培养基 0002，30℃。

ACCC 10494←ATCC；=ATCC 13808=ICPB 4420=KMRh=NRRL B-16536；培养基 0002，26℃。

ACCC 41057←DSMZ←IMET←D. Janke（*Rhodococcus* sp. An117）；=DSM 6263=IMET 7497；培养基 0033，30℃。

ACCC 40322←中国农科院资划所；原始编号：LBM-60；石油降解；分离源：石油；培养基 0033，35℃。

ACCC 40324←中国农科院资划所；原始编号：LBM-91；石油降解；分离源：石油；培养基 0033，37℃。

ACCC 40325←中国农科院资划所；原始编号：LBM-163；石油降解；分离源：石油；培养基 0033，38℃。

ACCC 41041←DSMZ←M. Goodfellow，N361←M. Tsukamura，M-1（*Nocardia rubra*）←N. M. McClung；=DSM 43338=IFO 15591=KCC A-0205= NBRC 15591；培养基 0012，30℃。

ACCC 61830←中国农科院资划所；原始编号：DBTP13；分离源：番茄根际土；培养基 0847，30℃。

Rhodococcus sp.

红球菌

ACCC 01679←中国农科院饲料所；原始编号：FRI2007078，B217；饲料用木聚糖酶、葡聚糖酶、蛋白酶、植酸酶等的筛选；分离地点：海南三亚；培养基 0002，37℃。

ACCC 02776←南京农大农业环境微生物中心；原始编号：Y10，NAECC1435；在基础盐培养基中 2 天降解 100 mg/L 的氟铃脲降解率 50%；培养基 0002，30℃。

ACCC 19996←中国农科院资划所；原始编号：31；分离源：土壤；培养基 0033，30℃。

ACCC 19997←中国农科院资划所；原始编号：49；分离源：土壤；培养基 0033，30℃。

ACCC 19999←中国农科院资划所；原始编号：60；分离源：土壤；培养基 0033，30℃。

ACCC 60000←中国农科院资划所；原始编号：SL-65；分离源：土壤；培养基 0033，30℃。

ACCC 60001←中国农科院资划所；原始编号：77；分离源：土壤；培养基 0033，30℃。

ACCC 60003←中国农科院资划所；原始编号：83；分离源：土壤；培养基 0033，30℃。

ACCC 60004←中国农科院资划所；原始编号：89；分离源：土壤；培养基 0033，30℃。

ACCC 60006←中国农科院资划所；原始编号：SL-163；分离源：土壤；培养基 0033，30℃。

ACCC 60389←中国农科院资划所；原始编号：SGA-6-6；分离源：土壤；植物促生菌；培养基 0033，30℃。

Rhodococcus zopfii Stoecker et al. 1994

佐氏红球菌

ACCC 02527←南京农大农业环境微生物中心；原始编号：BFXJ-2，NAECC1199；分离地点：江苏省无锡市锡南农药厂；培养基 0002，28℃。

Rhodopseudomonas palustris（Molisch 1907）van Niel 1944

沼泽红假单胞菌

ACCC 10649←中国农科院土肥所；原始编号：981；用于微生物肥料，水产养殖，污水处理；分离源：市售光合菌产品中分离；培养基 0137，28～30℃。

ACCC 10650←中国农科院土肥所；原始编号：982；用于微生物肥料，水产养殖，污水处理；分离源：市售光合菌产品中分离；培养基 0317，28～30℃。

Roseibaca ekhonensis Labrenz et al. 2009

ACCC 61577←中国农科院资划所；原始编号：EL-50；分离源：养殖池污泥；好氧，革兰氏阴性；培养基 0223，30℃。

Roseivivax halodurans Suzuki et al. 1999

ACCC 61600←中国农科院资划所；原始编号：Och239；培养基 0223，30℃。

Roseococcus sp.

ACCC 61589←中国林科院林业所；原始编号：RC615；分离源：假俭草；培养基 0908，30℃。

Roseococcus suduntuyensis Boldareva et al. 2009

ACCC 61590←中国林科院林业所←DSMZ；原始编号：DSM19979；分离源：沉积物；培养基 0512，30℃。

Roseomonas cervicalis Rihs et al. 1998

颈玫瑰单胞菌

ACCC 01987←中国农科院资划所；原始编号：44，Fen36；以菲、蒽、芴作为唯一碳源生长；分离地点：湖南邵阳；培养基 0002，30℃。

Roseovarius azorensis Rajasabapathy et al. 2014

ACCC 61569←中国农科院资划所；原始编号：Ra；分离源：表层海水；培养基 0223，30℃。

Roseovarius halotolerans Oh et al. 2009

ACCC 60084←中国农科院资划所；原始编号：DSM 29589；分离源：深海沉积物；培养基 0514，30℃。

Roseovarius mucosus **Biebl et al. 2005**

ACCC 61570←中国农科院资划所；原始编号：Rm；培养基 0514，30℃。

Roseovarius pacificus **Wang et al. 2009**

ACCC 60083←中国农科院资划所；原始编号：DSM 29507；分离源：土壤；培养基 0514，25℃。

Rubrivivax gelatinosus（**Molisch 1907**）**Willems et al. 1991**

胶状红长命菌

ACCC 05591←中国农科院资划所；分离源：水稻根内生；分离地点：湖南祁阳县官山坪；培养基 0512，37℃。

Rummeliibacillus pycnus（**Nakamura et al. 2002**）**Vaishampayan et al. 2009**

ACCC 61518←福建省农业科学院；原始编号：DSM 15030；分离源：土壤；培养基 0220，30℃。

ACCC 61548←福建省农业科学院；原始编号：DSM 15030；分离源：土壤；培养基 0001，30℃。

Salegentibacter catena **Ying et al. 2007**

ACCC 61575←中国农科院资划所；原始编号：HY1；模式菌株；分离源：海水；好氧，革兰氏阴性；培养基 0223，30℃。

Salimicrobium album（**Hao et al. 1985**）**Yoon et al. 2007**

ACCC 60033←中国农科院资划所；原始编号：JCM2574；培养基 0033，37℃。

Salimicrobium flavidum **Yoon et al. 2009**

ACCC 60032←中国农科院资划所；原始编号：KCTC13260；模式菌株；分离源：韩国海洋日光盐；培养基 0033，37℃。

Salimicrobium halophilum（**Ventosa et al. 1990**）**Yoon et al. 2007**

ACCC 60031←中国农科院资划所；原始编号：JCM12305；分离源：太平洋腐木；培养基 0033，37℃。

Salimicrobium jeotgali **Choi et al. 2014**

ACCC 60034←中国农科院资划所；原始编号：JCM19758；分离源：发酵海鲜；培养基 0033，37℃。

Salimicrobium luteum **Yoon et al. 2007**

ACCC 60029←中国农科院资划所；原始编号：KCTC3989；分离源：韩国海洋日光盐；培养基 0033，37℃。

Salimicrobium salexigens **de la Haba et al. 2011**

ACCC 60030←中国农科院资划所；原始编号：JCM16414；模式菌株；分离源：咸皮；培养基 0033，37℃。

Salinococcus **sp.**

盐水球菌

ACCC 10656←南京农大农业环境微生物中心；原始编号：III10；分离源：草地土壤；分离地点：江苏南京玄武区；培养基 0002，30℃。

Salipaludibacillus **sp.**

ACCC 60430←中国农科院研究生院；原始编号：KQ-12；分离源：泥水混合物；培养基 0847，30℃。

Salipaludibacillus neizhouensis（**Chen et al. 2009**）**Sultanpuram & Mothe 2016**

ACCC 61637←福建省农业科学院；原始编号：DSM 19794；分离源：植物；培养基 0514，30℃。

Salmonella enterica（**ex Kauffmann & Edwards 1952**）**Le Minor & Popoff 1987**

肠道沙门氏菌

ACCC 01996←中国农科院资划所；原始编号：98，18-2；以磷酸三钙、磷矿石作为唯一磷源生长；分离地点：湖北钟祥；培养基 0002，30℃。

Salmonella **sp.**

沙门氏菌

ACCC 01319←山东农业大学；原始编号：SDAUMCC100160194；分离源：空气；培养基 0002，37℃。

ACCC 01321←山东农业大学；原始编号：SDAUMCC100161196；分离源：空气；培养基 0002，37℃。

ACCC 61847←中国农科院资划所；原始编号：GB4789.28；分离源：土壤；检验参比菌；培养基 0033，37℃。

Serratia grimesii Grimont et al. 1983

格氏沙雷菌

ACCC 01695←中国农科院饲料所；原始编号：FRI2007019，B236；草鱼胃肠道微生物多样性生态研究；分离地点：浙江嘉兴鱼塘；培养基 0002，37℃。

Serratia marcescens Bizio 1823

粘质沙雷氏菌

ACCC 01274←广东微生物所；原始编号：GIMV1.0009，3-B-2；检测生产；分离地点：越南 DALAT；培养基 0002，30～37℃。

ACCC 03873←中国农科院饲料所；原始编号：B364；饲料用纤维素酶、植酸酶、木聚糖酶等的筛选；分离地点：江西鄱阳县；培养基 0002，26℃。

ACCC 03883←中国农科院饲料所；原始编号：B375；饲料用纤维素酶、植酸酶、木聚糖酶等的筛选；分离地点：江西鄱阳县；培养基 0002，26℃。

ACCC 03884←中国农科院饲料所；原始编号：B376；饲料用纤维素酶、植酸酶、木聚糖酶等的筛选；分离地点：江西鄱阳县；培养基 0002，26℃。

ACCC 03899←中国农科院饲料所；原始编号：B391；饲料用纤维素酶、植酸酶、木聚糖酶等的筛选；分离地点：江西鄱阳县；培养基 0002，26℃。

ACCC 03900←中国农科院饲料所；原始编号：B391；饲料用纤维素酶、植酸酶、木聚糖酶等的筛选；分离地点：江西鄱阳县；培养基 0002，26℃。

ACCC 03901←中国农科院饲料所；原始编号：B395；饲料用纤维素酶、植酸酶、木聚糖酶等的筛选；分离地点：江西鄱阳县；培养基 0002，26℃。

ACCC 10119←中科院微生物所←辉瑞制药有限公司；＝ATCC 14041＝AS 1.1857；培养基 0002，30℃。

ACCC 10120←中科院微生物所←中科院上海生化所；＝AS 1.1652；培养基 0002，30℃。

ACCC 19450←中国农科院资划所←华南农大农学院；原始编号：YY29；具有固氮作用；分离源：野生稻组织；培养基 0033，37℃。

Serratia marcescens subsp. *marcescens* Bizio 1823

褪色沙雷氏菌退色亚种

ACCC 05539←中国农科院资划所；分离源：水稻根内生；分离地点：湖南祁阳县官山坪；培养基 0973，37℃。

Serratia plymuthica（Lehmann & Neumann 1896）Breed et al. 1948

普利茅斯沙雷氏菌

ACCC 01503←新疆农科院微生物所；原始编号：XAAS10486，LB116；培养基 0033，20℃。

ACCC 02146←中国农科院资划所←新疆农科院微生物所；原始编号：XD5；分离源：甘草；培养基 0033，25～30℃。

Serratia serratiaplymuthica

ACCC 61749←兰州交通大学；原始编号：MM；生物防治及土壤改良；分离源：土壤；培养基 0033，30℃。

Serratia sp.

沙雷氏菌

ACCC 01294←广东微生物所；原始编号：GIMV1.0057，28-B-1；检测、生产；分离地点：越南 HoChiMinh CanGio；培养基 0002，30～37℃。

Serratia ureilytica Bhadra et al. 2005

解脲沙雷氏菌

ACCC 05534←中国农科院资划所；分离源：水稻根内生；分离地点：湖南祁阳县官山坪；培养基 0973，37℃。

ACCC 05535←中国农科院资划所；分离源：水稻根内生；分离地点：湖南祁阳县官山坪；培养基 0973，37℃。

ACCC 05611←中国农科院资划所；分离源：水稻根内生；分离地点：湖南祁阳县官山坪；培养基 0973，37℃。

Shewanella decolorationis Xu et al. 2005

脱色希瓦氏菌

ACCC 01697←中国农科院饲料所；原始编号：FRI2007083，B240；饲料用木聚糖酶、葡聚糖酶、蛋白酶、植酸酶等的筛选；分离地点：浙江嘉兴鱼塘；培养基 0002，37℃。

Shewanella putrefaciens（Lee et al. 1981）MacDonell & Colwell 1986

腐败希瓦菌

ACCC 01749←中国农科院饲料所；原始编号：FRI2007100，B305；饲料用木聚糖酶、葡聚糖酶、蛋白酶、植酸酶等的筛选；分离地点：浙江；培养基 0002，37℃。

Shigella sp.

ACCC 01690←中国农科院饲料所；原始编号：FRI2007066，B231；饲料用木聚糖酶、葡聚糖酶、蛋白酶、植酸酶等的筛选；分离地点：海南三亚；培养基 0002，37℃。

Shinella zoogloeoides An et al. 2006

动胶菌样申氏菌

ACCC 02775←南京农大农业环境微生物中心；原始编号：Y7，NAECC1434；分离地点：南京玄武区；培养基 0002，30℃。

Shinella sp.

申氏菌

ACCC 60008←中国农科院资划所；原始编号：215；分离源：土壤；培养基 0033，30℃。

Sinorhizobium fredii（Scholla & Elkan 1984）Chen et al. 1988

弗氏中华根瘤菌

ACCC 03009←中国农科院资划所；原始编号：GD-20-1-4，7090；可用来研发生产生物肥料；分离地点：北京大兴；培养基 0065，28℃。

ACCC 15061←中国农科院土肥所←中国农科院油料所；原始编号：马大3；从马桑根瘤中分离；能在大豆上结瘤固氮，YMA培养基上生长速度快，产酸；培养基 0063，28～30℃。

ACCC 15067←中国农科院土肥所从USDA191自然选育获得；原始编号：191-1；在YMA培养基上生长速度快，并明显产酸，具有较广泛的和较高的共生固氮效果；培养基 0063，28～30℃。

ACCC 15068←中国农科院土肥所←北京农大植物保护系←美国USDA192；YMA培养基上生长速度快；keyser等从我国山东分离，产酸；在我国某些栽培大豆品种上有较高的固氮效能；培养基 0063，28～30℃。

ACCC 15069←中国农科院土肥所←中国农大植物保护系←美国USDA193（HU15）；YMA培养基上生长速度快，产酸；中国农科院土肥所胡济生教授从我国山西土壤分离；能与我国栽培大豆共生固氮；培养基 0063，28～30℃。

ACCC 15070←中国农科院土肥所←中国农大植物保护系←美国USDA194；Keyser等从我国河南土壤分离；YMA培养基上生长速度快，产酸；能与我国部分栽培大豆结瘤并固氮；培养基 0063，28～30℃。

ACCC 15071←中国农科院土肥所←中国农大植物保护系←美国 USDA201；Keyser 等从我国河南土壤分离；YMA 培养基上生长速度快，产酸；能与我国部分栽培大豆结瘤并固氮；培养基 0063，28～30℃。

ACCC 15072←中国农科院土肥所←中国农大植物保护系←美国 USDA205；Keyser 等从我国河南土壤分离；YMA 培养基上生长速度快，产酸；能与我国部分栽培大豆结瘤并固氮；培养基 0063，28～30℃。

ACCC 15073←中国农科院土肥所←中国农大植物保护系←美国 USDA208；Keyser 等从我国河南土壤分离；YMA 培养基上生长速度快，产酸；能与我国部分栽培大豆结瘤并固氮；培养基 0063，28～30℃。

ACCC 15075←中国农科院土肥所←中国农大植物保护系←美国 USDA214；Keyser 等从我国河南土壤分离；YMA 培养基上生长速度快，产酸；能与我国部分栽培大豆结瘤并固氮；培养基 0063，28～30℃。

ACCC 15076←中国农科院土肥所←中国农大植物保护系←美国 USDA217；Keyser 等从我国河南土壤分离；YMA 培养基上生长速度快，产酸；能与我国部分栽培大豆结瘤并固氮；培养基 0063，28～30℃。

ACCC 15077←中国农科院土肥所←中国农大植物保护保系←美国 USDA257；Keyser 等从我国山西土壤分离；YMA 培养基上生长速度快，产酸；能与我国部分栽培大豆结瘤并固氮；培养基 0063，28～30℃。

ACCC 15082←中国农科院土肥所←江苏农学院；原始编号：7501；YMA 培养基上生长速度快，产酸；能与我国部分栽培大豆结瘤固氮；培养基 0063，28～30℃。

ACCC 15084←中国农科院土肥所←中国农科院油料所；原始编号：马大 4；从马桑根瘤中分离；能在大豆上结瘤固氮，YMA 培养基上生长速度快，产酸；能与我国部分栽培大豆共生固氮；培养基 0063，28～30℃。

ACCC 15085←中国农科院土肥所关妙姬从北京昌平小白豆根瘤菌分离（J1-3）；产酸；能与我国栽培大豆共生固氮；培养基 0063，28～30℃。

ACCC 15086←中国农科院土肥所关妙姬从北京昌平充黄豆根瘤分离（J4-1）；能与我国栽培大豆共生固氮；培养基 0063，28～30℃。

ACCC 15087←中国农科院土肥所关妙姬从北京昌平麦豆根瘤分离（J5-1）；产酸；能与我国栽培大豆共生固氮；培养基 0063，28～30℃。

ACCC 15090←中国农科院土肥所关妙姬从山东陵县文丰 7 号大豆根瘤分离（d2-2）；能与我国栽培大豆共生固氮；培养基 0063，28～30℃。

ACCC 15091←中国农科院土肥所关妙姬从山东陵县大粒黑大豆根瘤分离（d1-2）；能与我国栽培大豆共生固氮；培养基 0063，28～30℃。

ACCC 15092←中国农科院土肥所关妙姬从新疆玛纳斯县大粒黑大豆根瘤分离（S1-1）；能与我国栽培大豆共生固氮；培养基 0063，28～30℃。

ACCC 15101←中国农科院土肥所关妙姬从北京昌平充黄 1 号大豆根瘤分离（J24-6）；产酸；能与我国栽培大豆共生固氮；培养基 0063，28～30℃。

ACCC 15102←中国农科院土肥所梁绍芬从山东陵县文丰 7 号大豆根瘤分离（d22-12）；能与我国栽培大豆共生固氮；培养基 0063，28～30℃。

ACCC 15104←中国农科院土肥所梁绍芬从新疆玛纳斯县黑药豆根瘤分离（S22-2）；产酸；能与我国栽培大豆共生固氮；培养基 0063，28～30℃。

ACCC 15105←中国农科院土肥所梁绍芬从宁夏大豆根瘤分离（N3）；能与我国栽培大豆共生固氮；培养基 0063，28～30℃。

ACCC 15106←中国农科院土肥所梁绍芬从宁夏大豆根瘤分离（N3）；能与我国栽培大豆共生固氮；培养基0063，28～30℃。

ACCC 15107←中国农科院土肥所梁绍芬从山东陵县土壤分离（d2-11）；能与我国栽培大豆共生固氮；培养基0063，28～30℃。

ACCC 15108←中国农科院土肥所梁绍芬从山东嘉祥县土壤分离（g2）；能与我国栽培大豆共生固氮；培养基0063，28～30℃。

ACCC 15109←中国农科院土肥所梁绍芬从山东陵县文丰7号大豆根瘤中分离（d2-14）；能与我国栽培大豆共生固氮；培养基0063，28～30℃。

ACCC 15117←中国农科院土肥所关妙姬从北京昌平小白豆根瘤分离（J1-2）；能与我国栽培大豆共生固氮；培养基0063，28～30℃。

ACCC 15118←中国农科院土肥所关妙姬从北京昌平小白豆根瘤分离（J1-4）；能与我国栽培大豆共生固氮；培养基0063，28～30℃。

ACCC 15119←中国农科院土肥所关妙姬从北京昌平冀8322-113大豆根瘤分离（J2-1）；能与我国栽培大豆共生固氮；培养基0063，28～30℃。

ACCC 15120←中国农科院土肥所关妙姬从北京昌平冀8322-113大豆根瘤分离（J2-2）；能与我国栽培大豆共生固氮；培养基0063，28～30℃。

ACCC 15121←中国农科院土肥所关妙姬从北京昌平兖黄1号大豆根瘤分离（J4-3）；能与我国栽培大豆共生固氮；培养基0063，28～30℃。

ACCC 15122←中国农科院土肥所关妙姬从北京昌平兖黄1号大豆根瘤分离（J4-5）；能与我国栽培大豆共生固氮；培养基0063，28～30℃。

ACCC 15123←中国农科院土肥所关妙姬从北京昌平麦豆根瘤分离（J5-2）；能与我国栽培大豆共生固氮；培养基0063，28～30℃。

ACCC 15124←中国农科院土肥所关妙姬从北京昌平麦豆根瘤分离（J5-4）；能与我国栽培大豆共生固氮；培养基0063，28～30℃。

ACCC 15125←中国农科院土肥所关妙姬从北京昌平麦豆根瘤分离（J5-5）；能与我国栽培大豆共生固氮；培养基0063，28～30℃。

ACCC 15126←中国农科院土肥所梁绍芬从山东陵县土壤中分离（d1-2）；能与我国栽培大豆共生固氮；培养基0063，28～30℃。

ACCC 15127←中国农科院土肥所梁绍芬从山东陵县土壤中分离（d1-15）；能与我国栽培大豆共生固氮；培养基0063，28～30℃。

ACCC 15128←中国农科院土肥所梁绍芬从山东陵县土壤中分离（d1-16-2）；能与我国栽培大豆共生固氮；培养基0063，28～30℃。

ACCC 15129←中国农科院土肥所梁绍芬从山东陵县土壤中分离（d1-17）；能与我国栽培大豆共生固氮；培养基0063，28～30℃。

ACCC 15130←中国农科院土肥所梁绍芬从山东陵县土壤中分离（d1-13）；能与我国栽培大豆共生固氮；培养基0063，28～30℃。

ACCC 15131←中国农科院土肥所梁绍芬从山东陵县土壤中分离（d2-15）；能与我国栽培大豆共生固氮；培养基0063，28～30℃。

ACCC 15132←中国农科院土肥所梁绍芬从山东陵县土壤中分离（d2-17）；能与我国栽培大豆共生固氮；培养基0063，28～30℃。

ACCC 15133←中国农科院土肥所姜瑞波从新疆玛纳斯县黑豆根瘤分离（S1-2）；能与我国栽培大豆共生固氮；培养基0063，28～30℃。

ACCC 15134←中国农科院土肥所姜瑞从新疆玛纳斯县黑豆根瘤分离（S1-12）；能与我国栽培大豆共生固氮；培养基0063，28～30℃。

ACCC 15135←中国农科院土肥所姜瑞波从新疆玛纳斯县固阳黑豆根瘤分离（S2-1）；能与我国栽培大豆共生固氮；产酸；培养基 0063，28～30℃。

ACCC 15136←中国农科院土肥所姜瑞波从新疆玛纳斯县固阳黑豆根瘤分离（S2-4）；能与我国栽培大豆共生固氮；产酸；培养基 0063，28～30℃。

ACCC 15137←中国农科院土肥所姜瑞波从新疆玛纳斯县黑豆根瘤分离（S2-5）；产酸；能与我国栽培大豆共生固氮；培养基 0063，28～30℃。

ACCC 15138←中国农科院土肥所姜瑞波从新疆玛纳斯县黑豆根瘤分离（S2-6）；产酸；能与我国栽培大豆共生固氮；培养基 0063，28～30℃。

ACCC 15139←中国农科院土肥所姜瑞波从新疆玛纳斯县黑豆根瘤分离（S2-11）；产酸；能与我国栽培大豆共生固氮；培养基 0063，28～30℃。

ACCC 15140←中国农科院土肥所姜瑞波从新疆玛纳斯县黑豆根瘤分离（S2-12）；产酸；能与我国栽培大豆共生固氮；培养基 0063，28～30℃。

ACCC 15141←中国农科院土肥所姜瑞波等从新疆玛纳斯县黑豆根瘤分离（S2-13）；产酸；能与我国栽培大豆共生固氮；培养基 0063，28～30℃。

ACCC 15142←中国农科院土肥所姜瑞波从新疆玛纳斯县黑豆根瘤分离（S2-14）；产酸；能与我国栽培大豆共生固氮；培养基 0063，28～30℃。

ACCC 15143←中国农科院土肥所姜瑞波从新疆玛纳斯县黑豆根瘤分离（S2-15）；产酸；能与我国栽培大豆共生固氮；培养基 0063，28～30℃。

ACCC 15145←中国农科院土肥所梁绍芬从山东嘉祥县土壤分离（g-11）；能与我国栽培大豆共生固氮；培养基 0063，28～30℃。

ACCC 15146←中国农科院土肥所梁绍芬等从宁夏土壤分离（N2）；能与我国栽培大豆共生固氮；培养基 0063，28～30℃。

ACCC 15147←中国农科院土肥所←北京农业大学植物保护系←美国 USDA191；Keyser 等从我国上海采土分离的菌株；产酸；能与我国部分栽培大豆共生固氮；培养基 0063，28～30℃。

Sinorhizobium meliloti（Dangeard 1926）De Lajudie et al. 1994

苜蓿中华根瘤菌

ACCC 01528←新疆农科微生物所；原始编号：XAAS10063，1.063；分离地点：焉耆博湖；培养基 0476，20℃。

ACCC 01531←新疆农科院微生物所；原始编号：XAAS10074，1.074；分离地点：乌市 109 团；培养基 0476，20℃。

ACCC 01533←新疆农科院微生物所；原始编号：XAAS10083，1.083；分离地点：乌市 109 团；培养基 0476，20℃。

ACCC 01536←新疆农科院微生物所；原始编号：XAAS10100，1.100；分离地点：库尔勒上户谷地；培养基 0476，20℃。

ACCC 14488←中国农科院资划所←西北农大；分离源：甘肃成县骆驼刺；原始编号：CCNWGS0006；培养基 0063，28～30℃。

ACCC 14489←中国农科院资划所←西北农大；分离源：甘肃成县白香草木樨；原始编号：CCNWGS0007；培养基 0063，28～30℃。

ACCC 14490←中国农科院资划所←西北农大；分离源：陕西凤县三叉镇白香草木樨；原始编号：CCNWSX0007；培养基 0063，28～30℃。

ACCC 14491←中国农科院资划所←西北农大；分离源：甘肃成县白香草木樨；原始编号：CCNWGS0008；培养基 0063，28～30℃。

ACCC 14492←中国农科院资划所←西北农大；分离源：陕西凤县三叉镇白香草木樨；原始编号：CCNWSX0008；培养基 0063，28～30℃。

ACCC 14493←中国农科院资划所←西北农大；分离源：陕西凤县三叉镇白香草木樨；原始编号：CCNWSX0009；培养基 0063，28～30℃。

ACCC 14494←中国农科院资划所←西北农大；分离源：甘肃成县白香草木樨；原始编号：CCNWGS0009；培养基 0063，28～30℃。

ACCC 14495←中国农科院资划所←西北农大；分离源：陕西凤县三叉镇白香草木樨；原始编号：CCNWSX0010；培养基 0063，28～30℃。

ACCC 14496←中国农科院资划所←西北农大；分离源：宁夏平罗草木樨；原始编号：CCNWNX0010；培养基 0063，28～30℃。

ACCC 14497←中国农科院资划所←西北农大；分离源：宁夏平罗草木樨；原始编号：CCNWNX0016；培养基 0063，28～30℃。

ACCC 14498←中国农科院资划所←西北农大；分离源：宁夏银川细齿草木樨；原始编号：CCNWNX0024；培养基 0063，28～30℃。

ACCC 14499←中国农科院资划所←西北农大；分离源：宁夏中卫细齿草木樨；原始编号：CCNWNX0032；培养基 0063，28～30℃。

ACCC 14500←中国农科院资划所←西北农大；分离源：宁夏中卫细齿草木樨；原始编号：CCNWNX0035；培养基 0063，28～30℃。

ACCC 14501←中国农科院资划所←西北农大；分离源：陕西杨凌刺槐；原始编号：CCNWSX0055，NWYC120；培养基 0063，28～30℃。

ACCC 14506←中国农科院资划所←西北农大；分离源：陕西杨凌刺槐；原始编号：CCNWSX0060，NWYC139；培养基 0063，28～30℃。

ACCC 14566←中国农科院资划所←西北农大；分离源：陕西凤县唐藏镇草木樨；原始编号：CCNWSX0003-3；培养基 0063，28～30℃。

ACCC 14567←中国农科院资划所←西北农大；分离源：陕西凤县唐藏镇草木樨；原始编号：CCNWSX0004-1；培养基 0063，28～30℃。

ACCC 14568←中国农科院资划所←西北农大；分离源：宁夏隆德草木樨；原始编号：CCNWNX0004-1；培养基 0063，28～30℃。

ACCC 14569←中国农科院资划所←西北农大；分离源：甘肃成县白香草木樨；原始编号：CCNWGS0004-2；培养基 0063，28～30℃。

ACCC 14570←中国农科院资划所←西北农大；分离源：陕西凤县唐藏镇草木樨；原始编号：CCNWSX0005-1；培养基 0063，28～30℃。

ACCC 14571←中国农科院资划所←西北农大；分离源：甘肃成县白香草木樨；原始编号：CCNWGS0005-1；培养基 0063，28～30℃。

ACCC 14572←中国农科院资划所←西北农大；分离源：甘肃成县白香草木樨；原始编号：CCNWGS0005-2；培养基 0063，28～30℃。

ACCC 14573←中国农科院资划所←西北农大；分离源：宁夏平罗草木樨；原始编号：CCNWNX0009-2；培养基 0063，28～30℃。

ACCC 14574←中国农科院资划所←西北农大；分离源：宁夏平罗草木樨；原始编号：CCNWNX0013-2；培养基 0063，28～30℃。

ACCC 14575←中国农科院资划所←西北农大；分离源：宁夏平罗草木樨；原始编号：CCNWNX0013-2；培养基 0063，28～30℃。

ACCC 14576←中国农科院资划所←西北农大；分离源：宁夏平罗草木樨；原始编号：CCNWNX0015-1；培养基 0063，28～30℃。

ACCC 14577←中国农科院资划所←西北农大；分离源：宁夏平罗草木樨；原始编号：CCNWNX0017-1；培养基 0063，28～30℃。

ACCC 14578←中国农科院资划所←西北农大；分离源：宁夏银川细齿草木樨；原始编号：CCNWNX0023-1；培养基 0063，28～30℃。

ACCC 14579←中国农科院资划所←西北农大；分离源：宁夏银川细齿草木樨；原始编号：CCNWNX0025-1；培养基 0063，28～30℃。

ACCC 14580←中国农科院资划所←西北农大；分离源：宁夏银川细齿草木樨；原始编号：CCNWNX0026-1；培养基 0063，28～30℃。

ACCC 14581←中国农科院资划所←西北农大；分离源：宁夏中卫细齿草木樨；原始编号：CCNWNX0033-1；培养基 0063，28～30℃。

ACCC 14582←中国农科院资划所←西北农大；分离源：宁夏中卫细齿草木樨；原始编号：CCNWNX0033-2；培养基 0063，28～30℃。

ACCC 14583←中国农科院资划所←西北农大；分离源：宁夏中卫细齿草木樨；原始编号：CCNWNX0034-1；培养基 0063，28～30℃。

ACCC 14584←中国农科院资划所←西北农大；分离源：宁夏中卫细齿草木樨；原始编号：CCNWNX0036-1；培养基 0063，28～30℃。

ACCC 14768←中国农科院资划所←中国农大；分离源：河北广布野豌豆根瘤；原始编号：CCBAU 05115；与广布野豌豆结瘤固氮；培养基 0063，28～30℃。

ACCC 14878←中国农科院资划所←中国农大；分离源：甘肃救荒野豌豆根瘤；原始编号：CCBAU 73038，G087；与救荒野豌豆结瘤固氮；培养基 0063，28～30℃。

ACCC 14882←中国农科院资划所←中国农大；分离源：青海窄叶野豌豆根瘤；原始编号：CCBAU 81054，QH347；与窄叶野豌豆结瘤固氮；培养基 0063，28～30℃。

ACCC 14884←中国农科院资划所←中国农大；分离源：青海歪头菜根瘤；原始编号：CCBAU 81002；与歪头菜结瘤固氮；培养基 0063，28～30℃。

ACCC 14889←中国农科院资划所←中国农大；分离源：青海窄叶叶野豌豆根瘤；原始编号：CCBAU 81090，QH462；与窄叶野豌豆结瘤固氮；培养基 0063，28～30℃。

ACCC 15892←中国农科院资划所←中国农大；分离源：达孜黄花苜蓿根瘤；原始编号：CCBAU85088；与黄花苜蓿结瘤固氮；培养基 0063，28～30℃。

ACCC 15893←中国农科院资划所←中国农大；分离源：达孜黄花苜蓿根瘤；原始编号：CCBAU85089；与黄花苜蓿结瘤固氮；培养基 0063，28～30℃。

ACCC 15894←中国农科院资划所←中国农大；分离源：林周黄花苜蓿根瘤；原始编号：CCBAU85090；与黄花苜蓿结瘤固氮；培养基 0063，28～30℃。

ACCC 15895←中国农科院资划所←中国农大；分离源：林周黄花草木樨根瘤；原始编号：CCBAU85092；与黄花草木樨结瘤固氮；培养基 0063，28～30℃。

ACCC 15896←中国农科院资划所←中国农大；分离源：林周藏青葫芦巴根瘤；原始编号：CCBAU85097；与藏青葫芦巴结瘤固氮；培养基 0063，28～30℃。

ACCC 15897←中国农科院资划所←中国农大；分离源：林周藏青葫芦巴根瘤；原始编号：CCBAU85098；与藏青葫芦巴结瘤固氮；培养基 0063，28～30℃。

ACCC 15898←中国农科院资划所←中国农大；分离源：林周根瘤；原始编号：CCBAU85100；与结瘤固氮；培养基 0063，28～30℃。

ACCC 15899←中国农科院资划所←中国农大；分离源：林周黄花苜蓿根瘤；原始编号：CCBAU85104；与黄花苜蓿结瘤固氮；培养基 0063，28～30℃。

ACCC 15900←中国农科院资划所←中国农大；分离源：贡嘎黄花苜蓿根瘤；原始编号：CCBAU85105；与黄花苜蓿结瘤固氮；培养基 0063，28～30℃。

ACCC 15901←中国农科院资划所←中国农大；分离源：贡嘎白花草木樨根瘤；原始编号：CCBAU85108；与白花草木樨结瘤固氮；培养基 0063，28～30℃。

ACCC 15902←中国农科院资划所←中国农大；分离源：日喀则紫花苜蓿根瘤；原始编号：CCBAU85109；
与紫花苜蓿结瘤固氮；培养基 0063，28～30℃。

ACCC 15903←中国农科院资划所←中国农大；分离源：日喀则紫花苜蓿根瘤；原始编号：CCBAU85111；
与紫花苜蓿结瘤固氮；培养基 0063，28～30℃。

ACCC 15905←中国农科院资划所←中国农大；分离源：贡嘎根瘤；原始编号：CCBAU85115；与结瘤
固氮；培养基 0063，28～30℃。

ACCC 15906←中国农科院资划所←中国农大；分离源：日喀则黄花草木樨根瘤；原始编号：
CCBAU85116；与黄花草木樨结瘤固氮；培养基 0063，28～30℃。

ACCC 15907←中国农科院资划所←中国农大；分离源：贡嘎黄花草木樨根瘤；原始编号：CCBAU85117；
与黄花草木樨结瘤固氮；培养基 0063，28～30℃。

ACCC 15908←中国农科院资划所←中国农大；分离源：贡嘎黄花草木樨根瘤；原始编号：CCBAU85118；
与黄花草木樨结瘤固氮；培养基 0063，28～30℃。

ACCC 15909←中国农科院资划所←中国农大；分离源：日喀则藏青葫芦巴根瘤；原始编号：
CCBAU85121；与藏青葫芦巴结瘤固氮；培养基 0063，28～30℃。

ACCC 15910←中国农科院资划所←中国农大；分离源：林周黄花苜蓿根瘤；原始编号：CCBAU85123；
与黄花苜蓿结瘤固氮；培养基 0063，28～30℃。

ACCC 15911←中国农科院资划所←中国农大；分离源：林周黄花苜蓿根瘤；原始编号：CCBAU85128；
与黄花苜蓿结瘤固氮；培养基 0063，28～30℃。

ACCC 15912←中国农科院资划所←中国农大；分离源：贡嘎白花草木樨根瘤；原始编号：
CCBAU85129；与白花草木樨结瘤固氮；培养基 0063，28～30℃。

ACCC 15913←中国农科院资划所←中国农大；分离源：达孜黄花苜蓿根瘤；原始编号：CCBAU85130；
与黄花苜蓿结瘤固氮；培养基 0063，28～30℃。

ACCC 15915←中国农科院资划所←中国农大；分离源：曲水黄花苜蓿根瘤；原始编号：CCBAU85132；
与黄花苜蓿结瘤固氮；培养基 0063，28～30℃。

ACCC 15916←中国农科院资划所←中国农大；分离源：贡嘎黄花苜蓿根瘤；原始编号：CCBAU85135；
与黄花苜蓿结瘤固氮；培养基 0063，28～30℃。

ACCC 15917←中国农科院资划所←中国农大；分离源：曲水黄花苜蓿根瘤；原始编号：CCBAU85136；
与黄花苜蓿结瘤固氮；培养基 0063，28～30℃。

ACCC 15918←中国农科院资划所←中国农大；分离源：贡嘎黄花苜蓿根瘤；原始编号：CCBAU85137；
与黄花苜蓿结瘤固氮；培养基 0063，28～30℃。

ACCC 17500←中国农科院土肥所←美国 Wisconsin 大学 104A14（B）；与草木樨共生固氮；培养基
0063，28～30℃。

ACCC 17501←中国农科院土肥所←美国农业研究中心植物生理研究所（Beltsville Agriculture Research
Center Institute of Plant Physiology），3D0a10；与紫花苜蓿共生固氮；培养基 0063，
28～30℃。

ACCC 17502←中国农科院土肥所←美国农业研究中心植物生理研究所（3d0a18）；与紫花苜蓿和草木樨
共生固氮；培养基 0063，28～30℃。

ACCC 17503←中国农科院土肥所←美国农业研究中心植物生理研究所（草木樨 1083）；与草木樨共生
固氮；培养基 0063，28～30℃。

ACCC 17504←中国农科院土肥所←美国农业研究中心植物生理研究所（苜蓿 1068）；与紫花苜蓿共生
固氮；培养基 0063，28～30℃。

ACCC 17505←中国农科院土肥所←美国农业研究中心植物生理研究所（苜蓿 1029）；与草木樨共生固
氮；培养基 0063，28～30℃。

ACCC 17506←中国农科院土肥所←阿根廷赠（B36）；与紫花苜蓿共生固氮；培养基 0063，28～30℃。

ACCC 17507←中国农科院土肥所←阿根廷赠（B310）；与紫花苜蓿共生固氮；培养基 0063，28～30℃。

ACCC 17508←中国农科院土肥所←阿根廷赠（B322）；与紫花苜蓿共生固氮；培养基 0063，28～30℃。

ACCC 17509←中国农科院土肥所←新西兰（NZP4008）；与紫花苜蓿共生固氮；培养基 0063，28～30℃。

ACCC 17510←中国农科院土肥所←新西兰（NZP4009）；与紫花苜蓿共生固氮；培养基 0063，28～30℃。

ACCC 17512←中国农科院土肥所宁国赞、胡济生从山东德州分离；原始编号：CM7302，苜 2；与苜蓿、草木樨共生固氮；1982 年开始用于苜蓿大面积接种；培养基 0063，28～30℃。

ACCC 17513←中国农科院土肥所宁国赞、胡济生从山东德州分离；原始编号：CM7309，苜 9；与苜蓿、草木樨共生固氮；是国内苜蓿根瘤菌剂主要生产用菌；培养基 0063，28～30℃。

ACCC 17514←中国农科院土肥所←美国根瘤菌公司 104B4；与苜蓿、草木樨共生固氮；培养基 0063，28～30℃。

ACCC 17515←中国农科院土肥所←美国根瘤菌公司 102D6；与苜蓿、草木樨共生固氮；培养基 0063，28～30℃。

ACCC 17516←中国农科院土肥所←北京农业大学植物保护系（ATCC9930）；模式菌株；培养基 0063，28～30℃。

ACCC 17517←中国农科院土肥所宁国赞 1987 年从黑龙江采苜蓿根瘤分离；原始编号：CM87167；与苜蓿共生固氮；培养基 0063，28～30℃。

ACCC 17518←中国农科院土肥所宁国赞 1987 年从黑龙江采苜蓿根瘤分离；原始编号：CM87182；与苜蓿共生固氮；培养基 0063，28～30℃。

ACCC 17520←中国农科院土肥所宁国赞 1985 年采瘤分离；原始编号：葫 34；与葫芦巴（Trigomella）共生固氮；培养基 0063，28～30℃。

ACCC 17521←中国农科院土肥所宁国赞 1985 年采瘤分离；原始编号：葫 35；与葫芦巴（Trigomella）共生固氮；培养基 0063，28～30℃。

ACCC 17522←中国农科院土肥所宁国赞 1985 年采瘤分离；原始编号：葫 36；与葫芦巴（Trigomella）共生固氮；培养基 0063，28～30℃。

ACCC 17523←中国农科院土肥所宁国赞 1985 年采瘤分离；原始编号：葫 37；与葫芦巴（Trigomella）共生固氮；培养基 0063，28～30℃。

ACCC 17524←中国农科院土肥所宁国赞 1985 年采瘤分离；原始编号：葫 38；与葫芦巴（Trigomella）共生固氮；培养基 0063，28～30℃。

ACCC 17526←中国农科院土肥所宁国赞 1985 年从内蒙古清水河采瘤分离；原始编号：CT85153；与扁蓿豆、苜蓿共生固氮；培养基 0063，28～30℃。

ACCC 17527←中国农科院土肥所黄岩玲 1985 年从内蒙古清水河采瘤分离；原始编号：CT85154；与扁蓿豆、苜蓿共生固氮；培养基 0063，28～30℃。

ACCC 17528←中国农科院土肥所黄岩玲 1985 年从内蒙古清水河采瘤分离；原始编号：CT85155；与扁蓿豆、苜蓿共生固氮；培养基 0063，28～30℃。

ACCC 17529←中国农科院土肥所宁国赞 1985 年从内蒙古清水河采瘤分离；原始编号：CT85158；与扁蓿豆、苜蓿共生固氮；培养基 0063，28～30℃。

ACCC 17530←中国农科院土肥所宁国赞 1985 年从内蒙古清水河采瘤分离；原始编号：CT85159；与扁蓿豆、苜蓿共生固氮；培养基 0063，28～30℃。

ACCC 17531←中国农科院土肥所宁国赞 1987 年从黑龙江佳木斯美国苜蓿根瘤分离；与苜蓿共生固氮，2.3% NaCl 生长；原始编号：129（85f-1-21）；培养基 0063，28～30℃。

ACCC 17532←中国农科院土肥所宁国赞 1987 年从黑龙江佳木斯美国苜蓿根瘤分离；与苜蓿共生固氮，2.3% NaCl 生长；原始编号：132（85f-1-24）；培养基 0063，28～30℃。

ACCC 17534←中国农科院土肥所宁国赞 1987 年从黑龙江佳木斯美国苜蓿根瘤分离；与苜蓿共生固氮，3.48% NaCl 生长；原始编号：138（85f-1-53）；培养基 0063，28～30℃。

ACCC 17535←中国农科院土肥所宁国赞 1987 年从黑龙江佳木斯美国苜蓿根瘤分离；与苜蓿共生固氮，3.48% NaCl 生长；原始编号：143（披斯 3）；培养基 0063，28～30℃。

ACCC 17536←中国农科院土肥所白新学 1987 年从黑龙江佳木斯美国苜蓿根瘤分离；与苜蓿共生固氮，2.9% NaCl 生长；原始编号：150（披斯 Q）；培养基 0063，28～30℃。

ACCC 17537←中国农科院土肥所宁国赞 1987 年从黑龙江佳木斯美国苜蓿根瘤分离；与苜蓿共生固氮，3.48% NaCl 生长；原始编号：151（披斯 R）；培养基 0063，28～30℃。

ACCC 17538←中国农科院土肥所宁国赞 1987 年从黑龙江佳木斯美国苜蓿根瘤分离；与苜蓿共生固氮，2.9% NaCl 生长；原始编号：152（披斯 t）；培养基 0063，28～30℃。

ACCC 17539←中国农科院土肥所宁国赞 1987 年从黑龙江佳木斯美国苜蓿根瘤分离；与苜蓿共生固氮，2.9% NaCl 生长；原始编号：171（伊鲁玫斯 16）；培养基 0063，28～30℃。

ACCC 17540←中国农科院土肥所白新学 1987 年从黑龙江佳木斯美国苜蓿根瘤分离；与苜蓿共生固氮，2.3% NaCl 生长；原始编号：174（格里姆 2）；培养基 0063，28～30℃。

ACCC 17541←中国农科院土肥所宁国赞 1987 年从黑龙江佳木斯美国苜蓿根瘤分离；与苜蓿共生固氮，2.3% NaCl 生长；原始编号：196（85f-1-56）；培养基 0063，28～30℃。

ACCC 17542←中国农科院土肥所宁国赞 1987 年分离、鉴定；与苜蓿共生固氮，2.9% NaCl 生长；原始编号：46（庆阳 64）；培养基 0063，28～30℃。

ACCC 17544←中国农科院土肥所宁国赞 1987 年从新疆大叶苜蓿根瘤分离；与苜蓿共生固氮，2.9% NaCl 生长；原始编号：6-3；培养基 0063，28～30℃。

ACCC 17545←中国农科院土肥所白新学 1987 年从新疆大叶苜蓿根瘤分离；与苜蓿共生固氮，2.9% NaCl 生长；原始编号：6-5；培养基 0063，28～30℃。

ACCC 17546←中国农科院土肥所宁国赞 1987 年从新疆大叶苜蓿根瘤分离；与苜蓿共生固氮，2.9% NaCl 生长；原始编号：7-0；培养基 0063，28～30℃。

ACCC 17547←中国农科院土肥所宁国赞 1987 年从新疆大叶苜蓿根瘤分离；与苜蓿共生固氮，2.9% NaCl 生长；原始编号：7-1；培养基 0063，28～30℃。

ACCC 17548←中国农科院土肥所宁国赞 1987 年从新疆大叶苜蓿根瘤分离；与苜蓿共生固氮，2.9% NaCl 生长；原始编号：7-5；培养基 0063，28～30℃。

ACCC 17549←中国农科院土肥所宁国赞 1987 年从新疆大叶苜蓿根瘤分离；与苜蓿共生固氮，2.9% NaCl 生长；原始编号：8-1；培养基 0063，28～30℃。

ACCC 17550←中国农科院土肥所宁国赞 1987 年从新疆大叶苜蓿根瘤分离；与苜蓿共生固氮，2.9% NaCl 生长；原始编号：8-5；培养基 0063，28～30℃。

ACCC 17551←中国农科院土肥所宁国赞 1987 年从新疆大叶苜蓿根瘤分离；与苜蓿共生固氮，2.9% NaCl 生长；原始编号：8-7；培养基 0063，28～30℃。

ACCC 17552←中国农科院土肥所白新学 1987 年从新疆大叶苜蓿根瘤分离；与苜蓿共生固氮，3.48% NaCl 生长；原始编号：8-9；培养基 0063，28～30℃。

ACCC 17553←中国农科院土肥所宁国赞 1986 年从内蒙古苜蓿根瘤分离；与苜蓿共生固氮；原始编号：CM862；培养基 0063，28～30℃。

ACCC 17554←中国农科院土肥所宁国赞 1986 年从内蒙古苜蓿根瘤分离；与苜蓿共生固氮；原始编号：CM863；培养基 0063，28～30℃。

ACCC 17555←中国农科院土肥所宁国赞 1987 年从甘肃庆阳苜蓿根瘤分离；与苜蓿共生固氮，2.9% NaCl 生长；原始编号：18（庆阳 25）；培养基 0063，28～30℃。

ACCC 17556←中国农科院土肥所白新学 1987 年从甘肃庆阳苜蓿根瘤分离；与苜蓿共生固氮，2.9% NaCl 生长；原始编号：25（庆阳 32）；培养基 0063，28～30℃。

ACCC 17557←中国农科院土肥所白新学 1987 年从甘肃庆阳苜蓿根瘤分离；与苜蓿共生固氮，2.9% NaCl 生长；原始编号：33（庆阳 44）；培养基 0063，28～30℃。

ACCC 17558←中国农科院土肥所白新学 1987 年从甘肃庆阳苜蓿根瘤分离；与苜蓿共生固氮，3.48%
　　NaCl 生长；原始编号：50（庆阳 71）；培养基 0063，28～30℃。

ACCC 17559←中国农科院土肥所宁国赞 1987 年从甘肃庆阳苜蓿根瘤分离；与苜蓿共生固氮，2.3%
　　NaCl 生长；原始编号：54（庆阳 5）；培养基 0063，28～30℃。

ACCC 17560←中国农科院土肥所宁国赞 1987 年从黑龙江公农一号苜蓿根瘤分离；与苜蓿共生固氮，
　　2.9% NaCl 生长；原始编号：61（公农 12）；培养基 0063，28～30℃。

ACCC 17561←中国农科院土肥所宁国赞 1987 年从黑龙江公农一号苜蓿根瘤分离；与苜蓿共生固氮，
　　2.9% NaCl 生长；原始编号：65（公农 17）；培养基 0063，28～30℃。

ACCC 17562←中国农科院土肥所宁国赞 1987 年从甘肃庆阳苜蓿根瘤分离；与苜蓿共生固氮，3.48%
　　NaCl 生长；原始编号：79（方山 6）；培养基 0063，28～30℃。

ACCC 17563←中国农科院土肥所宁国赞 1990 年从甘肃庆阳草原生态站土著苜蓿根瘤分离；与庆阳苜蓿
　　共生固氮良好，2.9% NaCl 生长；原始编号：A1；培养基 0063，28～30℃。

ACCC 17564←中国农科院土肥所宁国赞 1990 年从甘肃庆阳草原生态站土著苜蓿根瘤分离；与庆阳苜蓿
　　共生固氮良好，2.9% NaCl 生长；原始编号：A3；培养基 0063，28～30℃。

ACCC 17565←中国农科院土肥所宁国赞 1990 年从甘肃庆阳草原生态站土著苜蓿根瘤分离；与庆阳苜蓿
　　共生固氮良好，2.3% NaCl 生长；原始编号：A4；培养基 0063，28～30℃。

ACCC 17566←中国农科院土肥所宁国赞 1990 年从甘肃庆阳草原生态站土著苜蓿根瘤分离；与庆阳苜蓿
　　共生固氮良好，2.3% NaCl 生长；原始编号：A5；培养基 0063，28～30℃。

ACCC 17567←中国农科院土肥所白新学 1990 年从甘肃庆阳草原生态站土著苜蓿根瘤分离；与庆阳苜蓿
　　共生固氮良好，2.3% NaCl 生长；原始编号：A6；培养基 0063，28～30℃。

ACCC 17568←中国农科院土肥所宁国赞 1990 年从甘肃庆阳草原生态站土著苜蓿根瘤分离；与庆阳苜蓿
　　共生固氮良好，3.48% NaCl 生长；原始编号：A8；培养基 0063，28～30℃。

ACCC 17569←中国农科院土肥所宁国赞 1990 年从甘肃庆阳草原试验站土著苜蓿根瘤分离；与庆阳苜蓿
　　共生固氮良好，3.48% NaCl 生长；原始编号：A9；培养基 0063，28～30℃。

ACCC 17570←中国农科院土肥所宁国赞 1990 年从甘肃庆阳草原试验站土著苜蓿根瘤分离；与庆阳苜蓿
　　共生固氮良好，2.3% NaCl 生长；原始编号：A10；培养基 0063，28～30℃。

ACCC 17571←中国农科院土肥所宁国赞 1990 年从甘肃庆阳草原试验站土著苜蓿根瘤分离；与庆阳苜蓿
　　共生固氮良好，2.3% NaCl 生长；原始编号：A11；培养基 0063，28～30℃。

ACCC 17572←中国农科院土肥所宁国赞 1990 年从甘肃庆阳草原试验站土著苜蓿根瘤分离；与庆阳苜蓿
　　共生固氮良好，2.3% NaCl 生长；原始编号：A12；培养基 0063，28～30℃。

ACCC 17573←中国农科院土肥所宁国赞 1990 年从甘肃庆阳草原试验站土著苜蓿根瘤分离；与庆阳苜蓿
　　共生固氮良好，2.3% NaCl 生长；原始编号：A13；培养基 0063，28～30℃。

ACCC 17574←中国农科院土肥所宁国赞 1990 年从甘肃庆阳草原生态站土著苜蓿根瘤分离；与庆阳苜蓿
　　共生固氮良好，3.48% NaCl 生长；原始编号：A14；培养基 0063，28～30℃。

ACCC 17575←中国农科院土肥所白新学 1990 年从甘肃庆阳草原生态站土著苜蓿根瘤分离；与庆阳苜蓿
　　共生固氮良好，3.48% NaCl 生长；原始编号：A16；培养基 0063，28～30℃。

ACCC 17576←中国农科院土肥所宁国赞 1990 年从甘肃庆阳草原生态站土著苜蓿根瘤分离；与庆阳苜蓿
　　共生固氮良好，3.48% NaCl 生长；原始编号：A17；培养基 0063，28～30℃。

ACCC 17577←中国农科院土肥所宁国赞 1990 年从甘肃庆阳草原生态站土著苜蓿根瘤分离；与庆阳苜蓿
　　共生固氮良好，3.48% NaCl 生长；原始编号：A18；培养基 0063，28～30℃。

ACCC 17578←中国农科院土肥所宁国赞 1990 年从甘肃庆阳草原生态站土著苜蓿根瘤分离；与庆阳苜蓿
　　共生固氮良好，3.48% NaCl 生长；原始编号：A19；培养基 0063，28～30℃。

ACCC 17579←中国农科院土肥所宁国赞 1990 年从甘肃庆阳草原生态站土著苜蓿根瘤分离；与庆阳苜蓿
　　共生固氮良好，3.48% NaCl 生长；原始编号：A20；培养基 0063，28～30℃。

ACCC 17580←中国农科院土肥所宁国赞 1990 年从甘肃庆阳草原生态站土著苜蓿根瘤分离；与庆阳苜蓿
共生固氮良好，3.48% NaCl 生长；原始编号：A22；培养基 0063，28～30℃。

ACCC 17581←中国农科院土肥所宁国赞 1990 年从甘肃庆阳草原生态站土著苜蓿根瘤分离；与庆阳苜蓿
共生固氮良好，3.48% NaCl 生长；原始编号：A23；培养基 0063，28～30℃。

ACCC 17582←中国农科院土肥所白新学 1990 年从甘肃庆阳草原生态站土著苜蓿根瘤分离；与庆阳苜蓿
共生固氮良好，3.48% NaCl 生长；原始编：A24；培养基 0063，28～30℃。

ACCC 17583←中国农科院土肥所宁国赞 1990 年从甘肃庆阳草原生态站土著苜蓿根瘤分离；与庆阳苜蓿
共生固氮良好，3.48% NaCl 生长；原始编号：A25；培养基 0063，28～30℃。

ACCC 17584←中国农科院土肥所宁国赞 1990 年从甘肃庆阳土桥乡生态治理区庆阳苜蓿根瘤分离；与庆
阳苜蓿共生固氮良好，3.48% NaCl 生长；原始编号：B2；培养基 0063，28～30℃。

ACCC 17585←中国农科院土肥所宁国赞 1990 年从甘肃庆阳土桥乡生态治理区庆阳苜蓿根瘤分离；与庆
阳苜蓿共生固氮良好，3.48% NaCl 生长；原始编号：B2；培养基 0063，28～30℃。

ACCC 17586←中国农科院土肥所宁国赞 1990 年从甘肃庆阳土桥乡生态治理区庆阳苜蓿根瘤分离；与庆
阳苜蓿共生固氮良好，3.48% NaCl 生长；原始编号：B5；培养基 0063，28～30℃。

ACCC 17587←中国农科院土肥所宁国赞 1990 年从甘肃庆阳土桥乡生态治理区庆阳苜蓿根瘤分离；与庆
阳苜蓿共生固氮良好，3.48% NaCl 生长；原始编号：B6；培养基 0063，28～30℃。

ACCC 17588←中国农科院土肥所宁国赞 1990 年从甘肃庆阳土桥乡生态治理区庆阳苜蓿根瘤分离；与庆
阳苜蓿共生固氮良好，3.48% NaCl 生长；原始编号：B7；培养基 0063，28～30℃。

ACCC 17589←中国农科院土肥所宁国赞 1990 年从甘肃庆阳土桥乡生态治理区庆阳苜蓿根瘤分离；与庆
阳苜蓿共生固氮良好，3.48% NaCl 生长；原始编号：B8；培养基 0063，28～30℃。

ACCC 17590←中国农科院土肥所宁国赞 1990 年从甘肃庆阳土桥乡生态治理区庆阳苜蓿根瘤分离；与庆
阳苜蓿共生固氮良好，3.48% NaCl 生长；原始编号：B9；培养基 0063，28～30℃。

ACCC 17591←中国农科院土肥所宁国赞 1990 年从甘肃庆阳土桥乡生态治理区庆阳苜蓿根瘤分离；与庆
阳苜蓿共生固氮良好，3.48% NaCl 生长；原始编号：B10；培养基 0063，28～30℃。

ACCC 17592←中国农科院土肥所宁国赞 1990 年从甘肃庆阳土桥乡生态治理区庆阳苜蓿根瘤分离；与庆
阳苜蓿共生固氮良好，3.48% NaCl 生长；原始编号：B11；培养基 0063，28～30℃。

ACCC 17593←中国农科院土肥所宁国赞 1990 年从甘肃草原实验站草木樨根瘤分离；与苜蓿、草木樨共
生固氮良好，3.48% NaCl 生长；原始编号：D3；培养基 0063，28～30℃。

ACCC 17594←中国农科院土肥所宁国赞 1990 年从甘肃草原实验站草木樨根瘤分离；与苜蓿、草木樨共
生固氮良好，3.48% NaCl 生长；原始编号：D4；培养基 0063，28～30℃。

ACCC 17595←中国农科院土肥所宁国赞 1990 年从甘肃草原实验站草木樨根瘤分离；与苜蓿、草木樨共
生固氮良好，3.48% NaCl 生长；原始编号：D5；培养基 0063，28～30℃。

ACCC 17596←中国农科院土肥所宁国赞 1990 年从甘肃庆阳苜蓿根瘤分离；与苜蓿共生固氮，3.48%
NaCl 生长；原始编号：庆 3；培养基 0063，28～30℃。

ACCC 17597←中国农科院土肥所宁国赞 1990 年从甘肃庆阳苜蓿根瘤分离；与苜蓿共生固氮，3.48%
NaCl 生长；原始编号：庆 4；培养基 0063，28～30℃。

ACCC 17598←中国农科院土肥所白新学 1990 年从甘肃庆阳苜蓿根瘤分离；与苜蓿共生固氮，3.48%
NaCl 生长；原始编号：庆 6；培养基 0063，28～30℃。

ACCC 17599←中国农科院土肥所白新学 1990 年从甘肃庆阳苜蓿根瘤分离；与苜蓿共生固氮，3.48%
NaCl 生长；原始编号：庆 7；培养基 0063，28～30℃。

ACCC 17600←中国农科院土肥所白新学 1990 年从甘肃庆阳苜蓿根瘤分离；与苜蓿共生固氮，3.48%
NaCl 生长；原始编号：庆 8；培养基 0063，28～30℃。

ACCC 17601←中国农科院土肥所宁国赞 1990 年从甘肃庆阳苜蓿根瘤分离；与苜蓿共生固氮，3.48%
NaCl 生长；原始编号：庆 9；培养基 0063，28～30℃。

ACCC 17602←中国农科院土肥所宁国赞 1990 年从甘肃庆阳苜蓿根瘤分离；与苜蓿共生固氮，3.48%
　　　NaCl 生长；原始编号：庆 10；培养基 0063，28～30℃。

ACCC 17603←中国农科院土肥所宁国赞 1990 年从甘肃庆阳苜蓿根瘤分离；与苜蓿共生固氮，3.48%
　　　NaCl 生长；原始编号：庆 11；培养基 0063，28～30℃。

ACCC 17604←中国农科院土肥所宁国赞 1990 年从甘肃庆阳苜蓿根瘤分离；与苜蓿共生固氮，3.48%
　　　NaCl 生长；原始编号：庆 13；培养基 0063，28～30℃。

ACCC 17605←中国农科院土肥所白新学 1990 年从甘肃庆阳苜蓿根瘤分离；与苜蓿共生固氮，3.48%
　　　NaCl 生长；原始编号：庆 14；培养基 0063，28～30℃。

ACCC 17606←中国农科院土肥所白新学 1990 年从甘肃庆阳苜蓿根瘤分离；与苜蓿共生固氮，3.48%
　　　NaCl 生长；原始编号：庆 15；培养基 0063，28～30℃。

ACCC 17607←中国农科院土肥所宁国赞 1990 年从甘肃庆阳苜蓿根瘤分离；与苜蓿共生固氮，3.48%
　　　NaCl 生长；原始编号：庆 16；培养基 0063，28～30℃。

ACCC 17608←中国农科院土肥所宁国赞 1990 年从甘肃庆阳苜蓿根瘤分离；与苜蓿共生固氮，3.48%
　　　NaCl 生长；原始编号：庆 17；培养基 0063，28～30℃。

ACCC 17609←中国农科院土肥所宁国赞 1990 年从甘肃庆阳苜蓿根瘤分离；与苜蓿共生固氮，3.48%
　　　NaCl 生长；原始编号：庆 18；培养基 0063，28～30℃。

ACCC 17610←中国农科院土肥所白新学 1990 年从甘肃庆阳苜蓿根瘤分离；与苜蓿共生固氮，3.48%
　　　NaCl 生长；原始编号：庆 20；培养基 0063，28～30℃。

ACCC 17611←中国农科院土肥所宁国赞 1990 年从甘肃庆阳苜蓿根瘤分离；与苜蓿共生固氮，3.48%
　　　NaCl 生长；原始编号：庆 21；培养基 0063，28～30℃。

ACCC 17612←中国农科院土肥所宁国赞 1990 年从甘肃庆阳苜蓿根瘤分离；与苜蓿共生固氮，3.48%
　　　NaCl 生长；原始编号：庆 22；培养基 0063，28～30℃。

ACCC 17613←中国农科院土肥所白新学 1990 年从甘肃庆阳苜蓿根瘤分离；与苜蓿共生固氮，3.48%
　　　NaCl 生长；原始编号：庆 23；培养基 0063，28～30℃。

ACCC 17614←中国农科院土肥所白新学 1990 年从甘肃庆阳苜蓿根瘤分离；与苜蓿共生固氮，3.48%
　　　NaCl 生长；原始编号：庆 24；培养基 0063，28～30℃。

ACCC 17615←中国农科院土肥所宁国赞 1990 年从甘肃庆阳苜蓿根瘤分离；与苜蓿共生固氮，3.48%
　　　NaCl 生长；原始编号：庆 25；培养基 0063，28～30℃。

ACCC 17616←中国农科院土肥所宁国赞 1990 年从甘肃庆阳苜蓿根瘤分离；与苜蓿共生固氮，3.48%
　　　NaCl 生长；原始编号：庆 26；培养基 0063，28～30℃。

ACCC 17617←中国农科院土肥所宁国赞 1990 年从甘肃庆阳澳大利亚苜蓿根瘤分离；与苜蓿共生固氮，
　　　3.48% NaCl 生长；原始编号：SWR；培养基 0063，28～30℃。

ACCC 17618←中国农科院土肥所宁国赞 1990 年从甘肃庆阳苜蓿根瘤分离；与苜蓿共生固氮，3.48%
　　　NaCl 生长；原始编号：崇 2；培养基 0063，28～30℃。

ACCC 17619←中国农科院土肥所宁国赞 1990 年从甘肃庆阳苜蓿根瘤分离；与苜蓿共生固氮，3.48%
　　　NaCl 生长；原始编号：崇 3；培养基 0063，28～30℃。

ACCC 17620←中国农科院土肥所宁国赞 1990 年从甘肃庆阳苜蓿根瘤分离；与苜蓿共生固氮，3.48%
　　　NaCl 生长；原始编号：宁县 1；培养基 0063，28～30℃。

ACCC 17621←中国农科院土肥所宁国赞 1990 年从甘肃庆阳苜蓿根瘤分离；与苜蓿共生固氮，3.48%
　　　NaCl 生长；原始编号：环 3；培养基 0063，28～30℃。

ACCC 17622←中国农科院土肥所宁国赞 1990 年从甘肃庆阳苜蓿根瘤分离；与苜蓿共生固氮，3.48%
　　　NaCl 生长；原始编号：合水 1；培养基 0063，28～30℃。

ACCC 17623←中国农科院土肥所宁国赞 1990 年从甘肃庆阳苜蓿根瘤分离；与苜蓿共生固氮，3.48%
　　　NaCl 生长；原始编号：镇原 1；培养基 0063，28～30℃。

ACCC 17624←中国农科院土肥所宁国赞 1990 年从甘肃庆阳苜蓿根瘤分离；与苜蓿共生固氮，3.48% NaCl 生长；原始编号：灵台；培养基 0063，28～30℃。

ACCC 17625←中国农科院土肥所宁国赞 1990 年从甘肃庆阳苜蓿根瘤分离；与苜蓿共生固氮，3.48% NaCl 生长；原始编号：泾川；培养基 0063，28～30℃。

ACCC 17626←中国农科院土肥所宁国赞 1990 年从甘肃庆阳苜蓿根瘤分离；与苜蓿共生固氮，3.48% NaCl 生长；原始编号：华亭；培养基 0063，28～30℃。

ACCC 17627←中国农科院土肥所宁国赞 1990 年从新疆大叶苜蓿根瘤分离；与苜蓿共生固氮，2.3% NaCl 生长；原始编号：5-2；培养基 0063，28～30℃。

ACCC 17628←中国农科院土肥所宁国赞 1990 年从新疆大叶苜蓿根瘤分离；与苜蓿共生固氮，2.3% NaCl 生长；原始编号：5-3；培养基 0063，28～30℃。

ACCC 17629←中国农科院土肥所宁国赞 1990 年从黑龙江肇东苜蓿根瘤分离；与苜蓿共生固氮，3.48% NaCl 生长；原始编号：99（肇东 4）；培养基 0063，28～30℃。

ACCC 17630←中国农科院土肥所宁国赞 1990 年从甘肃庆阳苜蓿根瘤分离；与苜蓿共生固氮，3.48% NaCl 生长；原始编号：111（泾川 4）；培养基 0063，28～30℃。

ACCC 17631←中国农科院土肥所宁国赞 1990 年从新疆苜蓿根瘤分离；与苜蓿共生固氮；原始编号：115（和田 3）；培养基 0063，28～30℃。

ACCC 17632←中国农科院土肥所宁国赞 1990 年从甘肃庆阳苜蓿根瘤分离；与苜蓿共生固氮，3.48% NaCl 生长；原始编号：121（宁县 2）；培养基 0063，28～30℃。

ACCC 17633←中国农科院土肥所宁国赞 1990 年从甘肃庆阳苜蓿根瘤分离；与苜蓿共生固氮，2.9% NaCl 生长；原始编号：123（宁县 2）；培养基 0063，28～30℃。

ACCC 17650←中国农科院土肥所刘惠琴 1993 年从内蒙古锡林浩特生态站采样分离；与扁蓿豆、紫花苜蓿共生固氮；与扁蓿豆结瘤固氮效果最佳；用于苜蓿根瘤菌接种剂生产；原始编号：531（53-1）；培养基 0063，28～30℃。

ACCC 17651←中国农科院土肥所马晓彤 1993 年从内蒙古锡林浩特生态站采样分离；与扁蓿豆、紫花苜蓿共生固氮；与扁蓿豆结瘤固氮效果最佳；用于苜蓿根瘤菌接种剂生产；原始编号：561（56-1）；培养基 0063，28～30℃。

ACCC 17652←中国农科院土肥所刘惠琴 1993 年从内蒙古锡林浩特生态站采样分离；与扁蓿豆、紫花苜蓿共生固氮；与扁蓿豆结瘤固氮效果最佳；用于苜蓿根瘤菌接种剂生产；原始编号：562（56-2）；培养基 0063，28～30℃。

ACCC 17653←中国农科院土肥所刘惠琴 1993 年从内蒙古锡林浩特生态站采样分离；与扁蓿豆、紫花苜蓿共生固氮；与扁蓿豆结瘤固氮效果最佳；用于苜蓿根瘤菌接种剂生产；原始编号：563（56-3）；培养基 0063，28～30℃。

ACCC 17659←中国农科院土肥所刘惠琴 1993 年从内蒙古锡林浩特生态站分离；与扁蓿豆、紫花苜蓿共生固氮，其中与新疆大叶苜蓿结瘤固氮效果最佳；用于苜蓿根瘤菌接种剂生产；原始编号：644（64-4）；培养基 0063，28～30℃。

ACCC 17670←中国农科院土肥所宁国赞 1990 年从甘肃庆阳土桥乡生态治理区采样分离；与庆阳苜蓿结瘤固氮效果良好；3.48%NaCl 生长；原始编号：B12；培养基 0063，28～30℃。

ACCC 17671←中国农科院土肥所宁国赞 1990 年从甘肃庆阳土桥乡生态治理区采样分离；与庆阳苜蓿结瘤固氮效果良好；3.48%NaCl 生长；原始编号：B13；培养基 0063，28～30℃。

ACCC 17672←中国农科院土肥所宁国赞 1990 年从甘肃庆阳土桥乡生态治理区采样分离；与庆阳苜蓿结瘤固氮效果良好；3.48%NaCl 生长；原始编号：B14；培养基 0063，28～30℃。

ACCC 17674←中国农科院土肥所马晓彤从山东潍坊采样分离；与苜蓿结瘤固氮效果很好；专利菌株；微生物肥料生产用菌；原始编号：201；培养基 0063，28～30℃。

ACCC 17675←中国农科院土肥所马晓彤从山东潍坊采样、分离；与苜蓿结瘤固氮效果很好；微生物肥料生产用菌；原始编号：202；培养基0063，28～30℃。

ACCC 17676←中国农科院土肥所马晓彤从山东潍坊采样、分离；与苜蓿结瘤固氮效果很好；微生物肥料生产用菌；原始编号：203；培养基0063，28～30℃。

ACCC 17680←中国农科院土肥所2000年从新疆采样分离；与苜蓿结瘤共生；原始编号：L8；培养基0063，28～30℃。

ACCC 17681←中国农科院土肥所2000年从新疆采样分离；与苜蓿结瘤共生；原始编号：L10；培养基0063，28～30℃。

ACCC 17684←中国农科院土肥所2000年从新疆采样分离；与苜蓿结瘤共生；原始编号：L13；培养基0063，28～30℃。

ACCC 17685←中国农科院土肥所2000年从新疆采样分离；与苜蓿结瘤共生；原始编号：L15；培养基0063，28～30℃。

ACCC 17689←中国农科院土肥所2000年从新疆采样分离；与苜蓿结瘤共生；原始编号：L21；培养基0063，28～30℃。

ACCC 17690←中国农科院土肥所2000年从新疆采样分离；与苜蓿结瘤共生；原始编号：L22；培养基0063，28～30℃。

ACCC 17691←中国农科院土肥所2000年从新疆采样分离；与苜蓿结瘤共生；原始编号：L23；培养基0063，28～30℃。

ACCC 17692←中国农科院土肥所2000年从新疆采样分离；与苜蓿结瘤共生；原始编号：L24；培养基0063，28～30℃。

ACCC 17695←中国农科院土肥所2000年从新疆采样分离；与苜蓿结瘤共生；原始编号：L27；培养基0063，28～30℃。

ACCC 17697←中国农科院土肥所2000年从新疆采样分离；与苜蓿结瘤共生；原始编号：L29；培养基0063，28～30℃。

ACCC 17698←中国农科院土肥所2000年从新疆采样分离；与苜蓿结瘤共生；原始编号：L30；培养基0063，28～30℃。

ACCC 17699←中国农科院土肥所2000年从新疆采样分离；与苜蓿结瘤共生；原始编号：L31；培养基0063，28～30℃。

ACCC 17703←中国农科院土肥所2000年从新疆采样分离；与苜蓿结瘤共生；原始编号：L35；培养基0063，28～30℃。

ACCC 17704←中国农科院土肥所2000年从新疆采样分离；与苜蓿结瘤共生；原始编号：L36；培养基0063，28～30℃。

ACCC 17705←中国农科院土肥所2000年从新疆采样分离；与苜蓿结瘤共生；原始编号：L37；培养基0063，28～30℃。

ACCC 17707←中国农科院土肥所2000年从新疆采样分离；与苜蓿结瘤共生；原始编号：L40；培养基0063，28～30℃。

ACCC 17708←中国农科院土肥所2000年从新疆采样分离；与苜蓿结瘤共生；原始编号：L41；培养基0063，28～30℃。

ACCC 17709←中国农科院土肥所2000年从新疆采样分离；与苜蓿结瘤共生；原始编号：L42；培养基0063，28～30℃。

ACCC 17710←中国农科院土肥所2000年从新疆采样分离；与苜蓿结瘤共生；原始编号：L43；培养基0063，28～30℃。

ACCC 17711←中国农科院土肥所2000年从新疆采样分离；与苜蓿结瘤共生；原始编号：L44；培养基0063，28～30℃。

ACCC 17712←中国农科院土肥所 2000 年从新疆采样分离；与苜蓿结瘤共生；原始编号：L45；培养基 0063，28～30℃。

ACCC 17713←中国农科院土肥所 2000 年从新疆采样分离；与苜蓿结瘤共生；原始编号：L46；培养基 0063，28～30℃。

ACCC 17714←中国农科院土肥所 2000 年从新疆采样分离；与苜蓿结瘤共生；原始编号：L47；培养基 0063，28～30℃。

ACCC 17716←中国农科院土肥所 2000 年从新疆采样分离；与苜蓿结瘤共生；原始编号：L49；培养基 0063，28～30℃。

ACCC 17721←中国农科院土肥所 2000 年从新疆采样分离；与苜蓿结瘤共生；原始编号：L54；培养基 0063，28～30℃。

ACCC 17722←中国农科院土肥所 2000 年从新疆采样分离；与苜蓿结瘤共生；原始编号：L55；培养基 0063，28～30℃。

ACCC 17725←中国农科院土肥所 2000 年从新疆采样分离；与苜蓿结瘤共生；原始编号：L58；培养基 0063，28～30℃。

ACCC 17726←中国农科院土肥所 2000 年从新疆采样分离；与苜蓿结瘤共生；原始编号：L59；培养基 0063，28～30℃。

ACCC 17728←中国农科院土肥所 2000 年从新疆采样分离；与苜蓿结瘤共生；原始编号：L61；培养基 0063，28～30℃。

ACCC 17729←中国农科院土肥所 2000 年从新疆采样分离；与苜蓿结瘤共生；原始编号：L62；培养基 0063，28～30℃。

ACCC 17730←中国农科院土肥所 2000 年从新疆采样分离；与苜蓿结瘤共生；原始编号：L63；培养基 0063，28～30℃。

ACCC 17731←中国农科院土肥所 2000 年从新疆采样分离；与苜蓿结瘤共生；原始编号：L64；培养基 0063，28～30℃。

ACCC 17732←中国农科院土肥所 2000 年从新疆采样分离；与苜蓿结瘤共生；原始编号：L65；培养基 0063，28～30℃。

ACCC 17733←中国农科院土肥所 2000 年从新疆采样分离；与苜蓿结瘤共生；原始编号：L66；培养基 0063，28～30℃。

ACCC 17734←中国农科院土肥所 2000 年从新疆采样分离；与苜蓿结瘤共生；原始编号：L67；培养基 0063，28～30℃。

ACCC 17735←中国农科院土肥所 2000 年从新疆采样分离；与苜蓿结瘤共生；原始编号：L68；培养基 0063，28～30℃。

ACCC 17737←中国农科院土肥所 2000 年从新疆采样分离；与苜蓿结瘤共生；原始编号：L71；培养基 0063，28～30℃。

ACCC 17739←中国农科院土肥所 2000 年从新疆采样分离；与苜蓿结瘤共生；原始编号：L73；培养基 0063，28～30℃。

ACCC 17741←中国农科院土肥所 2000 年从新疆采样分离；与苜蓿结瘤共生；原始编号：L75；培养基 0063，28～30℃。

ACCC 17748←中国农科院土肥所 2000 年从新疆采样分离；与苜蓿结瘤共生；原始编号：L83；培养基 0063，28～30℃。

ACCC 17751←中国农科院土肥所 2000 年从新疆采样分离；与苜蓿结瘤共生；原始编号：L86；培养基 0063，28～30℃。

ACCC 17752←中国农科院土肥所 2000 年从新疆采样分离；与苜蓿结瘤共生；原始编号：L87；培养基 0063，28～30℃。

ACCC 17754←中国农科院土肥所 2000 年从新疆采样分离；与苜蓿结瘤共生；原始编号：L89；培养基 0063，28～30℃。

ACCC 17756←中国农科院土肥所 2000 年从新疆采样分离；与苜蓿结瘤共生；原始编号：L91；培养基 0063，28～30℃。

ACCC 17758←中国农科院土肥所 2000 年从新疆采样分离；与苜蓿结瘤共生；原始编号：L93；培养基 0063，28～30℃。

ACCC 17759←中国农科院土肥所 2000 年从新疆采样分离；与苜蓿结瘤共生；原始编号：L94；培养基 0063，28～30℃。

ACCC 17760←中国农科院土肥所 2000 年从新疆采样分离；与苜蓿结瘤共生；原始编号：L95；培养基 0063，28～30℃。

ACCC 17763←中国农科院土肥所 2000 年从新疆采样分离；与苜蓿结瘤共生；原始编号：L98；培养基 0063，28～30℃。

ACCC 17764←中国农科院土肥所 2000 年从新疆采样分离；与苜蓿结瘤共生；原始编号：L99；培养基 0063，28～30℃。

ACCC 17769←中国农科院土肥所 2000 年从新疆采样分离；与苜蓿结瘤共生；原始编号：L104；培养基 0063，28～30℃。

ACCC 17770←中国农科院土肥所 2000 年从新疆采样分离；与苜蓿结瘤共生；原始编号：L105；培养基 0063，28～30℃。

ACCC 17773←中国农科院土肥所 2000 年从新疆采样分离；与苜蓿结瘤共生；原始编号：L108；培养基 0063，28～30℃。

ACCC 17777←中国农科院土肥所 2000 年从新疆采样分离；与苜蓿结瘤共生；原始编号：L112；培养基 0063，28～30℃。

ACCC 17779←南京农大农业环境微生物中心；分离源：黄花苜蓿根系根瘤；共生固氮；原始编号：NAECC1144，We2；培养基 0063，28～30℃。

ACCC 17781←南京农大农业环境微生物中心；分离源：黄花苜蓿根系根瘤；共生固氮；原始编号：NAECC1146，We4；培养基 0063，28～30℃。

ACCC 17788←南京农大农业环境微生物中心；分离源：草木樨根系根瘤；共生固氮；原始编号：NAECC1142，Me1；培养基 0063，28～30℃。

Sinorhizobium morelense Wang et al. 2002

莫雷洛斯中华根瘤菌

ACCC 03256←中国农科院资划所；原始编号：GD-B-CL1-1-3；可用来研发生产生物肥料；培养基 0065，28℃。

ACCC 03259←中国农科院资划所；原始编号：GD-B-CL1-1-3；可用来研发生产生物肥料；培养基 0065，28℃。

Sinorhizobium sp.

中华根瘤菌

ACCC 01044←中国农科院资划所；原始编号：GD-6-1-2；具有生产固氮生物肥料潜力；分离地点：北京朝阳黑庄户；培养基 0065，28℃。

ACCC 01089←中国农科院资划所；原始编号：GD-28-1-4；具有生产固氮生物肥料潜力；分离地点：北京顺义；培养基 0065，28℃。

ACCC 01722←中国农科院饲料所；原始编号：FRI2007026，B269；饲料用木聚糖酶、葡聚糖酶、蛋白酶、植酸酶等的筛选；分离地点：浙江；培养基 0002，37℃。

Sphingobacterium arenae Jiang et al. 2014

ACCC 05758←中国农科院资划所←中国农科院生物技术所；原始编号：H12；分离源：沙地；培养基 0002，30℃。

Sphingobacterium bambusae Duan et al. 2010
碱蓬鞘氨醇杆菌

ACCC 60058←中国农科院资划所；原始编号：IBFC2009；分离源：岸边根际盐碱土；培养基0952，30℃。

Sphingobacterium gobiense Zhao et al. 2014

ACCC 05757←中国农科院资划所←中国农科院生物技术所；原始编号：H7；分离源：戈壁滩沙地；培养基0451，30℃。

Sphingobacterium griseoflavum Long et al. 2016
灰黄鞘氨醇杆菌

ACCC 60059←中国农科院资划所；原始编号：SCU-B140；分离源：蟋蟀；培养基0002，37℃。

Sphingobacterium kitahiroshimense Matsuyama et al. 2008
北广岛鞘鞍醇杆菌

ACCC 03882←中国农科院饲料所；原始编号：B374；饲料用纤维素酶、植酸酶、木聚糖酶等的筛选；分离地点：江西鄱阳县；培养基0002，26℃。

ACCC 03888←中国农科院饲料所；原始编号：B380；饲料用纤维素酶、植酸酶、木聚糖酶等的筛选；分离地点：江西鄱阳县；培养基0002，26℃。

Sphingobacterium multivorum（Holmes et al. 1981）Yabuuchi et al. 1983
多食鞘氨醇杆菌

ACCC 01087←中国农科院资划所；原始编号：FX2H-1-5；具有处理富营养水体和养殖废水潜力；分离地点：北京农科院试验地；培养基0002，28℃。

Sphingobacterium olei Liu et al. 2020
鞘氨醇杆菌

ACCC 61581←南京农大；原始编号：HAL-9；分离源：油田；培养基0033，30℃。

Sphingobacterium siyangense Liu et al. 2008
泗阳鞘鞍醇杆菌

ACCC 02987←中国农科院资划所；原始编号：GD-62-1-3，7063；可用来研发生产生物肥料；分离地点：内蒙古牙克石；培养基0065，28℃。

Sphingobacterium sp.
鞘氨醇杆菌

ACCC 05410←南京农大农业环境微生物中心；原始编号：LQY-18；分离地点：江苏扬州；培养基0033，30℃。

ACCC 02885←南京农大农业环境微生物中心；原始编号：PTWY-1，NAECC1713；分离地点：山东省潍坊市一炼油厂；培养基0002，28℃。

ACCC 60057←中国农科院资划所；原始编号：MLS-26-JM13-11；分离源：马铃薯；培养基0512，30℃。

ACCC 60072←中国林科院林业所；原始编号：5JN-11；分离源：梭梭茎；培养基0847，30℃。

ACCC 60387←中国农科院资划所；原始编号：SGG-5；分离源：土壤；植物促生菌；培养基0033，30℃。

ACCC 60392←中国农科院资划所；原始编号：SGL-16；分离源：土壤；植物促生菌；培养基0033，30℃。

ACCC 60394←中国农科院资划所；原始编号：SGR-19；分离源：土壤；植物促生菌；培养基0033，30℃。

Sphingobium limneticum Chen et al. 2013
鞘氨醇菌

ACCC 61849←中国农科院资划所；原始编号：DSM25076；模式菌株；培养基0512，30℃。

Sphingobium sp.

鞘氨醇菌

ACCC 60068←中国农科院资划所；原始编号：HN1-19；分离源：垃圾渗滤液；培养基 0014，37℃。

ACCC 60069←中国农科院资划所；原始编号：HN1-36；分离源：垃圾渗滤液；培养基 0014，37℃。

ACCC 60263←中国农科院资划所；原始编号：zz22-12；分离源：水稻种子；溶磷能力，产 IAA 能力，
　　　　　ACC 脱氨酶活性；培养基 0481，30℃。

ACCC 61803←湖南农业大学；原始编号：RX3-4；分离源：红花檵木叶片；培养基 0512，30℃。

ACCC 61898←中国农科院资划所；原始编号：3R8；分离源：土壤；培养基 0512，30℃。

ACCC 61899←中国农科院资划所；原始编号：R647；分离源：土壤；培养基 0847，30℃。

Sphingobium vermicomposti Vaz-Moreira et al. 2009

蚯蚓堆肥鞘氨醇菌

ACCC 61851←中国农科院资划所；原始编号：DSM 21299；培养基 0512，30℃。

Sphingobium xenophagum（Stolz et al. 2000）Pal et al. 2006

食异源物鞘氨醇菌

ACCC 01684←中国农科院饲料所；原始编号：FRI2007058，B222；饲料用植酸酶等的筛选；分离地
　　　　　点：海南三亚；培养基 0002，37℃。

ACCC 02638←南京农大农业环境微生物中心；原始编号：F1-1，NAECC1219；能于 30℃、48 小时内
　　　　　降解浓度为 100 mg/L 的菲，降解率为 90%；分离地点：山东东营；培养基 0033，30℃。

ACCC 10187←DSMZ；=DSM 6383；培养基 0002，30℃。

Sphingobium yanoikuyae（Yabuuchi et al. 1990）Takeuchi et al. 2001

矢野鞘氨醇菌

ACCC 01065←中国农科院资划所；原始编号：GD-29-2-2；具有生产生物肥料潜力；分离地点：北京顺
　　　　　义；培养基 0002，28℃。

ACCC 02544←南京农大农业环境微生物中心；原始编号：BMA-3，NAECC1037；分离地点：江苏省南
　　　　　京市第一农药厂；培养基 0033，28℃。

Sphingomonas asaccharolytica Takeuchi et al. 1995

不解糖鞘氨醇单胞菌

ACCC 01071←中国农科院资划所；原始编号：GDJ-26-1-1；具有生产生物肥料潜力；分离地点：河北
　　　　　高碑店；培养基 0002，28℃。

Sphingomonas azotifigens Xie & Yokota 2006

固氮鞘氨醇单胞菌

ACCC 03008←中国农科院资划所；原始编号：GD-54-2-3，7087；可用来研发生产生物肥料；分离地
　　　　　点：内蒙古太仆寺旗；培养基 0065，28℃。

ACCC 05581←中国农科院资划所；分离源：水稻根内生；分离地点：湖南祁阳县官山坪；培养基
　　　　　0512，37℃。

ACCC 60129←中国农科院生物技术所；原始编号：JCM12708；分离源：高温堆肥材料；培养基 0381，
　　　　　30℃。

Sphingomonas koreensis Lee et al. 2001

鞘氨醇单胞菌

ACCC 61850←中国农科院资划所；原始编号：DSM 15582；培养基 0512，30℃。

Sphingomonas melonis Buonaurio et al. 2002

瓜类鞘氨醇单胞菌

ACCC 05564←中国农科院资划所；分离源：水稻根内生；分离地点：湖南祁阳县官山坪；培养基
　　　　　0512，37℃。

Sphingomonas pseudosanguinis Kämpfer et al. 2007

伪血鞘氨醇单胞菌

ACCC 03026←中国农科院资划所；原始编号：GD-75-1-2，7111；可用来研发生产生物肥料；分离地
点：新疆；培养基 0065，28℃。

Sphingomonas sp.

鞘氨醇单胞菌

ACCC 01037←中国农科院资划所；原始编号：GD-27-1-3；具有生产生物肥料潜力；分离地点：河北高
碑店；培养基 0002，28℃。

ACCC 02848←南京农大农业环境微生物中心；原始编号：LF-2，NAECC1733；分离地点：江苏徐州；
培养基 0033，30℃。

ACCC 10052←福建农科院土肥所原始编号：F90；联合固氮；分离源：水稻根际土壤；培养基 0002，
28～30℃。

ACCC 11686←南京农大农业环境微生物中心；原始编号：P610-1，NAECC0769；可以在含 3 000 mg/L
的普施特的无机盐培养基中生长；分离源：土壤；分离地点：苏州；培养基 0971，30℃。

Sphingomonas turrisvirgatae Thaller et al. 2018

鞘氨醇单胞菌

ACCC 61848←中国农科院资划所；原始编号：DSM 105457；模式菌株；培养基 0512，30℃。

Sphingopyxis sp.

ACCC 02884←南京农大农业环境微生物中心；原始编号：PHP-5，NAECC1712；分离地点：江苏省泰
兴市一污水处理厂；培养基 0002，28℃。

Sphingosinicella cucumeris Akter et al. 2015

ACCC 60087←中国林科院林业所←CCTCC；原始编号：CCTCC2015120；分离源：土壤；培养基 0002，
28℃。

Sphingosinicella microcystinivorans Maruyama et al. 2006

食微囊藻素鞘氨醇胞菌

ACCC 02532←南京农大农业环境微生物中心；原始编号：CBFR-1，NAECC1206；分离地点：江苏宜
兴丁蜀镇菜园；培养基 0002，28℃。

Sphingosinicella vermicomposti Yasir et al. 2010

ACCC 60086←中国林科院林业所←KCTC；原始编号：KCTC22446；分离源：蚯蚓粪；培养基 0512，
30℃。

Sporolactobacillus inulinus（Kitahara & Suzuki 1963）Kitahara & Lai 1967

菊糖芽孢乳杆菌

ACCC 10175←DSMZ←K. Kitahara；=DSM 20348= ATCC 15538=JCM 6014；培养基 0006，30℃。

Sporolactobacillus laevolacticus（Andersch et al. 1994）Hatayama et al. 2006

乳糖芽孢乳杆菌

ACCC 03229←中国农科院资划所；原始编号：GD-41-2-1；分离源：土壤；培养基 0065，28℃。

Sporolactobacillus nakayamae Yanagida et al. 1997

中山芽孢乳杆菌中山亚种

ACCC 10176←DSMZ←F. Yanagida；= DSM 11696= JCM 3514；培养基 0446，30℃。

Sporolactobacillus terrae Yanagida et al. 1997

土芽孢乳杆菌

ACCC 10177←DSMZ←F. Yanagida；=DSM 11697= JCM 3516；培养基 0446，30℃。

Staphylococcus arlettae Schleifer et al. 1985

阿尔莱特葡萄球菌

ACCC 04229←广东微生物所；原始编号：4229；分离源：腐化植物秸秆；分离地点：广东佛山；培养
基 0002，30℃。

ACCC 04241←广东微生物所；原始编号：1.126；培养基 0002，30℃。

ACCC 61864←中国农科院资划所；原始编号：PY3-11；分离源：大蒜；培养基 0512，30℃。

Staphylococcus aureus Rosenbach 1884

金黄色葡萄球菌

ACCC 01012←中国热科院；培养基 0002，28℃。

ACCC 01331←山东农业大学；原始编号：SDAUMCC100123Y-1-1；分离源：空气；培养基 0002，37℃。

ACCC 01332←山东农业大学；原始编号：SDAUMCC100124Y-1-2；分离源：空气；培养基 0002，37℃。

ACCC 01333←山东农业大学；原始编号：SDAUMCC100124Y-1-3；分离源：空气；培养基 0002，37℃。

ACCC 01334←山东农业大学；原始编号：SDAUMCC100126Y-1-4；分离源：空气；培养基 0002，37℃。

ACCC 01335←山东农业大学；原始编号：SDAUMCC100127Y-1-5；分离源：空气；培养基 0002，37℃。

ACCC 01336←山东农业大学；原始编号：SDAUMCC100128Y-1-6；分离源：空气；培养基 0002，37℃。

ACCC 01337←山东农业大学；原始编号：SDAUMCC100125Y-1-7；分离源：空气；培养基 0002，37℃。

ACCC 01338←山东农业大学；原始编号：SDAUMCC100130Y-1-8；分离源：空气；培养基 0002，35℃。

ACCC 01339←山东农业大学；原始编号：SDAUMCC100131Y-1-9；分离源：空气；培养基 0002，35℃。

ACCC 01340←山东农业大学；原始编号：SDAUMCC100132Y-1-10；分离源：空气；培养基 0002，35℃。

ACCC 01915←中国农科院资划所←新疆农科院微生物所；原始编号：XD22；分离源：甘草；培养基 0033，37℃。

ACCC 06428←中国农科院资划所；原始编号：LYW-D15；培养基 0002，30℃。

ACCC 06526←中国农科院资划所；原始编号：LAM-UREA-2；培养基 0002，30℃。

Staphylococcus caprae Devriese et al. 1983

ACCC 03952←中国农科院饲料所；原始编号：B466；培养基 0006，37℃。

Staphylococcus carnosus Schleifer & Fischer 1982

肉葡萄球菌

ACCC 01657←广东微生物所；原始编号：GIMT1.044；分离地点：广东广州；培养基 0002，37℃。

Staphylococcus cereus

ACCC 01658←广东微生物所；原始编号：GIMT1.058；分离源：肥料；培养基 0002，37℃。

Staphylococcus cohnii Schleifer & Kloos 1975

科氏葡萄球菌

ACCC 01106←中国农科院资划所；原始编号：Zn-16-1；具有用作耐重金属基因资源潜力；分离地点：北京市大兴县电镀厂；培养基 0002，28℃。

ACCC 04174←华南农大农学院；原始编号：GYW；培养基 0002，30℃。

Staphylococcus cohnii subsp. *cohnii* Schleifer & Kloos 1975

科氏葡萄球菌科氏亚种

ACCC 10211←DSMZ←K. H. Schleifer←W. E. Kloos, GH 137. Human skin（615）；=DSM20260＝ATCC 29974, CCM 2736；分离源：人类皮肤；培养基 0033，37℃。

Staphylococcus condimenti Probst et al. 1998

调料葡萄球菌

ACCC 01653←广东微生物所；原始编号：GIMT1.066；分离地点：广东广州；培养基 0002，37℃。

Staphylococcus epidermidis（Winslow & Winslow 1908）Evans 1916

表皮葡萄球菌

ACCC 02742←南京农大农业环境微生物中心；原始编号：Ts13, NAECC1256；分离地点：新疆农业大学；培养基 0033，30℃。

ACCC 04242←广东微生物所；原始编号：2kk；分离源：酱油；培养基 0002，30℃。

Staphylococcus equorum Schleifer et al. 1985

马葡萄球菌（马胃葡萄球菌）

ACCC 02104←中国农科院资划所←新疆农科院微生物所；原始编号：M108；分离源：土壤；培养基 0033，37℃。

ACCC 02109←中国农科院资划所←新疆农科院微生物所；原始编号：M98；分离源：淤泥；培养基 0033，37℃。

ACCC 02799←南京农大农业环境微生物中心；原始编号：ST261，NAECC1744；耐盐细菌，在 10% NaCl 培养基中可生长；分离地点：江苏连云港新浦区；培养基 0033，30℃。

Staphylococcus gallinarum Devriese et al. 1983

鸡葡萄球菌

ACCC 02785←南京农大农业环境微生物中心；原始编号：S10-1，NAECC1330；在 LB 培养基中能耐受 10%NaCl 浓度；分离地点：南京玄武区卫岗菜市场；培养基 0002，30℃。

ACCC 02868←南京农大农业环境微生物中心；原始编号：NY-4，NAECC1246；耐受 10% 的 NaCl；分离地点：南京玄武区；培养基 0002，30℃。

Staphylococcus hominis Kloos & Schleifer 1975

人葡萄球菌

ACCC 01654←广东微生物所；原始编号：GIMT1.079；分离地点：广东广州；培养基 0002，37℃。

Staphylococcus hyicus（Sompolinsky 1953）Devriese et al. 1978（Approved Lists 1980）

猪葡萄球菌

ACCC 61734←中国农科院饲料研究所；原始编号：437-2；仔猪渗出性皮炎研究；分离源：渗出性皮炎仔猪；培养基 0272，37℃。

Staphylococcus sciuri Kloos et al. 1976

松鼠葡萄球菌

ACCC 02633←南京农大农业环境微生物中心；原始编号：NT-7，NAECC1170；耐受 10% 的 NaCl；分离地点：南京玄武区；培养基 0002，30℃。

ACCC 02675←南京农大农业环境微生物中心；原始编号：HD2，NAECC1183；在 10%NaCl 培养基上能够生长；分离地点：南京菜市场；培养基 0002，30℃。

ACCC 02687←南京农大农业环境微生物中心；原始编号：D10，NAECC1267；可以在含 1 000 mg/L 的氯磺隆无机盐培养基中生长；分离地点：黑龙江齐齐哈尔；培养基 0002，30℃。

ACCC 02865←南京农大农业环境微生物中心；原始编号：GN-7，NAECC1242；耐受 10% 的 NaCl；分离地点：江苏南京高淳县；培养基 0002，30℃。

Staphylococcus sp.

葡萄球菌

ACCC 01272←广东微生物所；原始编号：GIMV1.0007，2-B-3；检测生产；分离地点：越南 DALAT；培养基 0002，30～37℃。

ACCC 01306←湖北省生物农药工程研究中心；原始编号：IEDA 00556，wa-8064；产生代谢产物具有抑菌活性；分离地点：湖北；培养基 0012，28℃。

ACCC 01359←山东农业大学；原始编号：SDAUMCC100156107；分离源：空气；培养基 0002，35℃。

ACCC 01360←山东农业大学；原始编号：SDAUMCC100157108；分离源：空气；培养基 0002，35℃。

ACCC 02746←南京农大农业环境微生物中心；原始编号：TS7；分离地点：江苏南京；培养基 0033，30℃。

ACCC 02852←南京农大农业环境微生物中心；原始编号：SY7，NAECC1293；在 10%NaCl 培养基上能够生长；分离地点：南京菜市场；培养基 0002，30℃。

ACCC 10409←首都师范大学；原始编号：HZ4；培养基 0033，30℃。

ACCC 10682←南京农大农业环境微生物中心；原始编号：IV8；分离源：草坪表层 1～5 cm 土壤；分
　　　　离地点：江苏南京玄武区；培养基 0002，30℃。

ACCC 11843←南京农大农业环境微生物中心；原始编号：M208-2 NAECC1095；分离源：市售水产体
　　　　表；分离地点：江苏连云港市场；培养基 0033，30℃。

ACCC 11846←南京农大农业环境微生物中心；原始编号：M241 NAECC1098；分离源：市售水产体表；
　　　　分离地点：江苏连云港市场；培养基 0033，30℃。

ACCC 60196←中国农科院资划所；原始编号：zz19-3；分离源：水稻茎秆；产 IAA 能力；培养基
　　　　0847，30℃。

ACCC 60261←中国农科院资划所；原始编号：ZZ19-1；分离源：水稻种子；产铁载体能力；培养基
　　　　0847，30℃。

ACCC 60380←中国农科院资划所；原始编号：Z19-1；分离源：水稻种子；培养基 0847，30℃。

Staphylococcus warneri Kloos & Schleifer 1975

沃氏葡萄球菌

ACCC 02520←南京农大农业环境微生物中心；原始编号：NaCl-3，NAECC1707；分离自河南省洛阳市
　　　　绿野农药厂土壤；培养基 0002，28℃。

Staphylococcus xylosus Schleifer & Kloos 1975

木糖葡萄球菌

ACCC 02637←南京农大农业环境微生物中心；原始编号：NT-W，NAECC1174；耐受 10 % 的 NaCl；
　　　　分离地点：南京玄武区；培养基 0002，30℃。

ACCC 02869←南京农大农业环境微生物中心；原始编号：NY-5，NAECC1247；耐受 10 % 的 NaCl；
　　　　分离地点：南京玄武区；培养基 0002，30℃。

Stenotrophomonas maltophilia（Hugh 1981）Palleroni & Bradbury 1993

嗜麦芽寡养单胞菌

ACCC 01217←新疆农科院微生物所；原始编号：XJAA10311，LB27；培养基 0033，20～25℃。

ACCC 01701←中国农科院饲料所；原始编号：FRI2007002，B244；饲料用植酸酶等的筛选；分离地
　　　　点：浙江嘉兴鱼塘；培养基 0002，37℃。

ACCC 02617←南京农大农业环境微生物中心；原始编号：bhl-8，NAECC0765；可以在含 5 000 mg/L 的
　　　　苄磺隆的无机盐培养基中生长；分离地点：江苏常熟；培养基 0033，30℃。

ACCC 03080←中国农科院资划所；原始编号：GD-CK2-1-2，7186；可用来研发生产生物肥料；分离地
　　　　点：北京试验地；培养基 0065，28℃。

ACCC 04149←华南农大农学院；原始编号：J022；培养基 0003，30℃。

ACCC 04151←华南农大农学院；原始编号：LL2；分离地点：华南农大；培养基 0003，30℃。

ACCC 04239←广东微生物所；原始编号：1.119；培养基 0002，30℃。

ACCC 10525←CGMCC←JCM；＝ATCC 13637＝JCM1975＝AS1.1788；培养基 0002，30℃。

ACCC 11242←中国农科院资划所；原始编号：LBM-92；石油降解；培养基 0033，30℃。

ACCC 11246←中国农科院资划所；原始编号：LBM-203；培养基 0033，30℃。

ACCC 19448←中国农科院资划所←华南农大农学院；原始编号：YY27；具有固氮作用；分离源：野生
　　　　稻组织；培养基 0033，37℃。

ACCC 19462←中国农科院资划所←华南农大农学院；原始编号：YY41；具有固氮作用；分离源：野生
　　　　稻组织；培养基 0033，37℃。

ACCC 61833←中国农科院资划所；原始编号：QSYD9；分离源：番茄根际土；拮抗青枯菌；培养基
　　　　0847，30℃。

Stenotrophomonas nitritireducens Finkmann et al. 2000

还原亚硝酸盐寡养单胞菌

ACCC 10184←DSMZ；=DSM 12575=ATCC BAA-12；反硝化作用，产生 N_2O；分离源：实验室生物过滤器；培养基 0002，30℃。

Stenotrophomonas rhizophila Wolf et al. 2002

嗜根寡养单胞菌

ACCC 19500←中国农科院资划所；原始编号：DSM 14405；具有固氮作用；培养基 0847，28℃。

ACCC 61829←中国农科院资划所；原始编号：DBTP9；分离源：番茄根际土；培养基 0847，30℃。

Stenotrophomonas sp.

寡养单胞菌

ACCC 01284←广东微生物所；原始编号：GIMV1.0041，13-B-2；检测、生产；分离地点：越南 DALAT；培养基 0002，30～37℃。

ACCC 02537←南京农大农业环境微生物中心；原始编号：M244，NAECC1099；分离地点：江苏赣榆县河蟹育苗池；培养基 0033，30℃。

ACCC 10678←南京农大农业环境微生物中心；原始编号：JJF-2-1；分离源：草坪表层 1～5 cm 土壤、污水处理厂门口表层 1～5 cm 土壤；分离地点：江苏南京江宁区；培养基 0002，30℃。

ACCC 11669←南京农大农业环境微生物中心；原始编号：Na8-3，NAECC0719；分离源：淤泥；分离地点：山东东营；培养基 0033，30℃。

ACCC 11675←南京农大农业环境微生物中心；原始编号：MO1，NAECC0738；成膜菌；分离源：土壤；分离地点：江苏南京；培养基 0971，30℃。

ACCC 11714←南京农大农业环境微生物中心；原始编号：FG6，NAECC0819；在无机盐培养基中降解 100 mg/L 呋喃丹，降解率为 30%；分离源：污泥；分离地点：江苏省南京市第一农药厂；培养基 0033，30℃。

ACCC 11751←南京农大农业环境微生物中心；原始编号：BJS3，NAECC0952；在无机盐培养基中添加 100 mg/L 的苯甲酸，降解率达 40% 左右；分离源：土壤；分离地点：江苏南京卫岗菜园；培养基 0033，30℃。

ACCC 11772←南京农大农业环境微生物中心；原始编号：BSL2C，NAECC0979；在无机盐培养基中添加 100 mg/L 的苯甲酸，降解率达 40% 左右；分离源：土壤；分离地点：江苏南京卫岗菜园；培养基 0033，30℃。

ACCC 11778←南京农大农业环境微生物中心；原始编号：DB1，NAECC0984；在无机盐培养基中添加 100 mg/L 的敌稗，降解率达 30%～50%；分离源：土壤；培养基 0971，30℃。

ACCC 11792←南京农大农业环境微生物中心；原始编号：SMW4，NAECC01000；在无机盐培养基中添加 100 mg/L 的速灭威，降解率达 30%～50%；分离源：土壤；培养基 0971，30℃。

ACCC 11796←南京农大农业环境微生物中心；原始编号：YBC7，NAECC01005；在无机盐培养基中添加 100 mg/L 的异丙醇，降解率达 30%～50%；分离源：土壤；培养基 0971，30℃。

ACCC 11798←南京农大农业环境微生物中心；原始编号：YBC10，NAECC01007；在无机盐培养基中添加 100 mg/L 的异丙醇，降解率达 30%～50%；分离源：土壤；培养基 0971，30℃。

Stigmatella aurantiaca Berkeley & Curtis 1875（Approved Lists 1980）

ACCC 10209←DSMZ←H. Reichenbach，HR 1，（Sg a8）；=DSM 1035；分离源：腐朽的木头；培养基 0757，30℃。

Streptococcus agalactiae Lehmann & Neumann 1896（Approved Lists 1980）

无乳链球菌

ACCC 61733←中国农科院饲料所；原始编号：FRI-GEL181101；分离源：罗非鱼；鱼类胃肠道微生物多样性生态研究；培养基 0847，37℃。

Streptococcus equi subsp. *zooepidemicus*（ex Frost & Englebrecht）Farrow & Collins 1985

马链球菌兽瘟亚种（马链球菌动物传染病亚种）

ACCC 01483←广东微生物所；原始编号：GIMT 1.004 YTX-1；培养基 0002，37℃。

Streptococcus lactis（Lister 1873）Löhnis 1909

乳酸链球菌

ACCC 10652←中国农科院土肥所←轻工部食品发酵所；原始编号：IFFI 6018；用于制小干酪；培养基 0006，30℃。

ACCC 10653←中国农科院土肥所←轻工部食品发酵所；培养基 0006，40℃。

Streptococcus sp.

链球菌

ACCC 01344←山东农业大学；原始编号：SDAUMCC100137yl802；分离源：肠道内容物；培养基 0006，37℃。

ACCC 01345←山东农业大学；原始编号：SDAUMCC100138yl803；分离源：肠道内容物；培养基 0006，37℃。

ACCC 01347←山东农业大学；原始编号：SDAUMCC100140yl805；分离源：肠道内容物；培养基 0006，37℃。

ACCC 01349←山东农业大学；原始编号：SDAUMCC100142yl807；分离源：水；培养基 0006，37℃。

ACCC 01350←山东农业大学；原始编号：SDAUMCC100143yl808；分离源：水；培养基 0006，37℃。

ACCC 01351←山东农业大学；原始编号：SDAUMCC100144yl809；分离源：水；培养基 0006，37℃。

ACCC 01352←山东农业大学；原始编号：SDAUMCC100145yl810；分离源：水；培养基 0006，37℃。

Streptococcus thermophilus Orla-Jensen 1919

嗜热链球菌

ACCC 10651←中国农科院土肥所←轻工部食品发酵所；原始编号：IFFI 6038；培养基 0006，50～63℃。

Streptohalobacillus salinus Wang et al. 2011

ACCC 61633←福建省农业科学院；原始编号：DSM 22440；分离源：地下盐渍土；培养基 0514，30℃。

Terribacillus goriensis（Kim et al. 2007）Krishnamurthi & Chakrabarti 2009

ACCC 61531←福建省农业科学院；原始编号：DSM 18252；分离源：海水表面；培养基 0514，30℃。

Thermus thermophilus（ex Oshima & Imahori 1974）Manaia et al. 1995

ACCC 60064←江苏省农业科学院；原始编号：HT-E；分离源：堆肥；培养基 0002；培养温度 70～80℃。

Thiobacillus thioparus Beijerinck 1904

产硫硫杆菌

ACCC 10288←ATCC；培养基 0033，26℃。

Ureibacillus thermosphaericus（Andersson et al. 1996）Fortina et al. 2001

嗜热球形脲芽孢杆菌

ACCC 10258←DSM←M. Salkinoja-Salonen, University of Helsinki；=DSM 10633；培养基 0002，55℃。

ACCC 60065←江苏省农业科学院；原始编号：HT-A；分离源：堆肥；培养基 0002，60℃。

Vagococcus fluvialis Collins et al. 1990

河流漫游球菌

ACCC 02765←南京农大农业环境微生物中心；原始编号：P1-8，NAECC1714；可以苯酚为唯一碳源生长；分离地点：江苏省徐州市新宜农药厂；培养基 0002，30℃。

Variovorax paradoxus（Davis 1969）Willems et al. 1991
争论贪噬菌
ACCC 03075←中国农科院资划所；原始编号：GD-B-CL2-1-3，7179；可用来研发生产生物肥料；分离地点：北京试验地；培养基0065，28℃。

Vibrio alginolyticus（Miyamoto et al. 1961）Sakazaki 1968
溶藻弧菌
ACCC 02676←南京农大农业环境微生物中心；原始编号：HS1，NAECC1184；在10%NaCl培养基上能够生长；分离地点：山东青岛海滨；培养基0002，30℃。

Vibrio sp.
弧菌
ACCC 02859←南京农大农业环境微生物中心；原始编号：HS2，NAECC1315；在10%NaCl培养基上能够生长；分离地点：山东青岛海滨；培养基0002，30℃。

ACCC 02860←南京农大农业环境微生物中心；原始编号：HS3，NAECC1316；在10%NaCl培养基上能够生长；分离地点：山东青岛海滨；培养基0002，30℃。

Virgibacillus halodenitrificans（Denariaz et al. 1989）Yoon et al. 2004
盐脱氮枝芽孢杆菌
ACCC 02788←南京农大农业环境微生物中心；原始编号：T10-3，NAECC1334；分离地点：河北沧州沧县菜地；培养基0002，30℃。

ACCC 02857←南京农大农业环境微生物中心；原始编号：YY5，NAECC1298；在10%NaCl培养基上能够生长；分离地点：连云港盐场；培养基0002，30℃。

ACCC 10233←DSMZ；=ATCC 49067=DSM 10037；培养基0002，30℃。

Virgibacillus marismortui（Arahal et al. 1999）Heyrman et al. 2003
死海枝芽孢杆菌
ACCC 02632←南京农大农业环境微生物中心；原始编号：NT-6，NAECC1169；耐受10%的NaCl；分离地点：南京玄武区；培养基0002，30℃。

ACCC 02768←南京农大农业环境微生物中心；原始编号：NH5，NAECC1718；耐受12%的Nacl；分离地点：河北石家庄井陉县；培养基0033，30℃。

ACCC 10598←南京农大农业环境微生物中心；原始编号：I15，NAECC0001；分离源：土壤；分离地点：江苏南京玄武区；培养基0002，30℃。

ACCC 61612←福建省农业科学院；原始编号：DSM 12325；模式菌株；分离源：水样；培养基0001，30℃。

Virgibacillus picturae Heyrman et al. 2003
壁画枝芽孢杆菌
ACCC 02080←新疆农科院微生物所；原始编号：SB9，XAAS10344；分离地点：新疆吐鲁番；培养基0033，20～30℃。

Virgibacillus sp.
枝芽孢菌
ACCC 02686←南京农大农业环境微生物中心；原始编号：ny10，NAECC1266；耐受10%的NaCl；分离地点：江苏苏州相城区望亭镇；培养基0002，30℃。

ACCC 10664←南京农大农业环境微生物中心；原始编号：IV9；分离源：菜园土表层1～5 cm土壤；分离地点：江苏南京玄武区；培养基0002，30℃。

ACCC 10670←南京农大农业环境微生物中心；原始编号：23；分离源：菜园土壤；分离地点：江苏南京玄武区；培养基0002，30℃。

ACCC 10672←南京农大农业环境微生物中心；原始编号：I121；分离源：草坪表层1～5 cm土壤；分离地点：江苏南京玄武区；培养基0002，30℃。

ACCC 10689←南京农大农业环境微生物中心；原始编号：I6；分离源：菜园土表层 1～5 cm 土壤；分离地点：江苏南京玄武区；培养基 0002，30℃。

ACCC 60135←中国农科院资划所；原始编号：LMYGS-85；培养基 0002，37℃。

ACCC 60413←中国农科院研究生院；原始编号：SL-A1；分离源：土壤；培养基 0033，30℃。

Vogesella perlucida Chou et al. 2008

透明福格斯氏菌

ACCC 05522←中国农科院资划所；分离源：水稻根内生；分离地点：湖南祁阳县官山坪；培养基 0441，37℃。

Weissella minor（Kandler et al. 1983）Collins et al. 1994

微小威斯杆菌

ACCC 10170←中国农科院土肥所←中国农业大学资环学院；原始编号：农大 2；分离源：青贮饲料；培养基 0006，37℃。

ACCC 10281←DSMZ←I. G. Abo-Elnaga；=DSM 20014=ATCC 35412；原始编号：3；分离源：挤奶机黏液；培养基 0006，30℃。

Xanthobacter autotrophicus（Baumgarten et al. 1974）Wiegel et al. 1978

自养黄色杆菌

ACCC 10201←DSMZ←IMG←D. Siebert，7C；=DSM 432=ATCC 35674；分离源：黑池污泥；培养基 0002，30℃。

ACCC 10478←ATCC←DSMZ←D. Siebert，7C；=ATCC 35674=DSM 432；培养基 0002，30℃。

Xanthobacter flavus Malik & Claus 1979

黄黄色杆菌

ACCC 10195←DSMZ←J. R. Postgate←Kalininskaya，301（*Mycobacterium flavum*）；=DSM 338=ATCC 35867；分离源：草皮磷灰石土壤；培养基 0002，30℃。

Xanthomonas campestris（Pammel 1895）Dowson 1939

野油菜黄单胞菌（甘蓝黑腐病黄单胞菌，野油菜杆菌）

ACCC 10048←中国农科院植保所；原始编号：5；用于石油脱蜡，产黄原胶；分离源：油菜发病花梗；分离地点：湖北；培养基 0002，30℃。

Xanthomonas maltophilia（Hugh 1981）Swings et al. 1983

嗜麦芽黄单胞菌

ACCC 04183←华南农大农学院；原始编号：YG801；培养基 0002，30℃。

ACCC 04216←华南农大农学院；原始编号：2；培养基 0002，30℃。

Xanthomonas oryzae（ex Ishiyama 1922）Swings et al. 1990

稻黄单胞菌稻条斑致病菌

ACCC 05509←上海交通大学农业与生物学院；原始编号：RS105；水稻条斑病致病菌；分离地点：江苏；培养基 0002，30℃。

ACCC 11603←中国农科院蔬菜花卉所；原始编号：JS97-2；培养基 0033，28℃。

ACCC 11605←中国农科院蔬菜花卉所；原始编号：KS6-6；培养基 0033，28℃。

ACCC 11607←中国农科院蔬菜花卉所；原始编号：OS198；培养基 0033，28℃。

Xanthomonas sacchari Vauterin et al. 1995

ACCC 60384←中国农科院资划所；原始编号：R1；培养基 0033，30℃。

ACCC 60385←中国农科院资划所；原始编号：DSM 22617；培养基 0033，30℃。

Xanthomonas sp.

小麦黄单胞菌

ACCC 60158←中国农科院资划所；原始编号：zz16-9；分离源：水稻茎秆；产 IAA 能力；培养基 0847，30℃。

ACCC 60164←中国农科院资划所；原始编号：zz2-15；分离源：水稻茎秆；溶磷能力，产 IAA 能力；
培养基 0481，30℃。

ACCC 60188←中国农科院资划所；原始编号：zz13-15；分离源：水稻茎秆；产 IAA 能力，具有 α 溶血
作用；培养基 0481，30℃。

ACCC 60189←中国农科院资划所；原始编号：zz14-7；分离源：水稻茎秆；溶磷能力，产 IAA 能力，
初筛有 ACC 脱氨酶活性；培养基 0847，30℃。

ACCC 60192←中国农科院资划所；原始编号：zz16-6；分离源：水稻茎秆；有 β 溶血作用，产 IAA 能
力；培养基 0847，30℃。

ACCC 60201←中国农科院资划所；原始编号：zz22-3；分离源：水稻茎秆；ACC 脱氨酶活性；培养基
0847，30℃。

ACCC 60260←中国农科院资划所；原始编号：ZZ14-9；分离源：水稻种子；溶磷能力，产 IAA 能力，
有 β 溶血作用；培养基 0847，30℃。

Xenorhabdus nematophila corrig.（Poinar & Thomas 1965）Thomas & Poinar 1979
嗜线虫致病杆菌

ACCC 10487←ATCC；＝ATCC 19061；培养基 0002，26℃。

Yinghuangia sp.
黄英菌

ACCC 61786←河北大学生命科学学院；原始编号：HBU208046；分离源：土壤；培养基 0512，28℃。

ACCC 61787←河北大学生命科学学院；原始编号：HBU208047；分离源：土壤；培养基 0512，28℃。

Zobellella sp.

ACCC 60074←中国林科院林业所；原始编号：59N8-2；分离源：芦苇；培养基 0002，30℃。

Zymomonas mobilis（Lindner 1928）De Ley & Swings 1976
运动发酵单胞菌

ACCC 10166←广东微生物所←ATCC＝ATCC 29191；培养基 0002，30℃。

ACCC 11020←中国农科院土肥所←中国食品发酵工业研究院←NRRL；＝NRRL B-12526＝IFFI 10225；
可以从葡萄糖产生乙醇，兼性厌氧；培养基 0033，30℃。

二、放线菌（Actinomycets）

Actinocorallia sp.
珊瑚状放线菌

ACCC 40635←湖北省生物农药工程研究中心；原始编号：IEDA 00509，wa-8155；产生代谢产物具有抑菌活性；分离地点：湖北；培养基0012，28℃。

ACCC 40890←湖北省生物农药工程研究中心；原始编号：IEDA 00665，wa-8085；产生代谢产物具有抑菌活性；分离地点：广东；培养基0012，28℃。

Actinokineospora riparia Hasegawa 1988
岸栖放线动孢菌

ACCC 41070←DSMZ；=DSM 49499=IFO 14541=C-39612=JCM 7471=NRRL B-16433；模式菌株；分离源：土壤；分离地点：日本 Ado River，Shiga Pre；培养基0449，28℃。

Actinomadura carminata Gauze et al. 1973
洋红马杜拉放线菌

ACCC 41425←湖北省生物农药工程研究中心；原始编号：HBERC 00679；代谢产物具有弱的抗细菌活性；分离源：土壤；分离地点：湖南石门；培养基0027，28℃。

Actinomadura cremea Preobrazhenskaya et al. 1975
乳脂色马杜拉放线菌

ACCC 40605←湖北省生物农药工程研究中心；原始编号：IEDA 00536，wa-8074；产生代谢产物具有抑菌活性；分离地点：湖北；培养基0012，30℃。

ACCC 40612←湖北省生物农药工程研究中心；原始编号：IEDA 00503，wa-8094；产生代谢产物具有抑菌活性；分离地点：四川；培养基0012，30℃。

ACCC 41368←湖北省生物农药工程研究中心；原始编号：HBERC 00701；培养基0027，28℃。

ACCC 41392←湖北省生物农药工程研究中心；原始编号：HBERC 00676；分离源：土壤；分离地点：湖南石门；培养基0027，28℃。

ACCC 41435←湖北省生物农药工程研究中心；原始编号：HBERC 00761；代谢产物具有抗真菌活性；分离源：土壤；分离地点：四川峨眉山；培养基0027，28℃。

Actinomadura longispora Preobrazhenskaya & Sveshnikova 1974
长孢马杜拉放线菌

ACCC 40591←湖北省生物农药工程研究中心；原始编号：IEDA 00571，wa-8021；产生代谢产物具有抑菌活性；分离地点：四川；培养基0012，32℃。

Actinomadura sp.
马杜拉放线菌

ACCC 40497←湖北省生物农药工程研究中心；原始编号：HBERC 00175，Wa-01436；代谢产物具有抗菌活性；分离源：土壤；分离地点：江西婺源；培养基0012，28℃。

ACCC 40611←湖北省生物农药工程研究中心；原始编号：IEDA 00522，wa-8088；产生代谢产物具有抑菌活性；分离地点：湖北；培养基0012，28℃。

ACCC 40671←湖北省生物农药工程研究中心；原始编号：HBERC 00420，Wa-00749；代谢产物具有抗菌活性；分离源：土壤；分离地点：江苏吴江；培养基0027，28℃。

ACCC 40673←湖北省生物农药工程研究中心；原始编号：HBERC 00412，Wa-00925；代谢产物具有抗菌活性；分离源：土壤；分离地点：河南安阳；培养基0027，28℃。

ACCC 40675←湖北省生物农药工程研究中心；原始编号：HBERC 00221，Wa-00927；代谢产物具有抗菌活性；分离源：土壤；分离地点：湖北天门；培养基 0012，28℃。

ACCC 40678←湖北省生物农药工程研究中心；原始编号：HBERC 00220，Wa-00954；代谢产物具有抗菌活性；分离源：土壤；分离地点：湖北天门；培养基 0027，28℃。

ACCC 40680←湖北省生物农药工程研究中心；原始编号：HBERC 00074，Wa-03030；代谢产物具有抗菌活性；分离源：土壤；分离地点：湖北武汉；培养基 0027，28℃。

ACCC 40681←湖北省生物农药工程研究中心；原始编号：HBERC 00117，Wa-04159；代谢产物具有抗菌活性；分离源：土壤；分离地点：河南桐柏；培养基 0027，28℃。

ACCC 40695←湖北省生物农药工程研究中心；原始编号：HBERC 00270，Wa-05123；代谢产物具有抗菌活性；分离源：土壤；分离地点：河南伏牛山；培养基 0012，28℃。

ACCC 40700←湖北省生物农药工程研究中心；原始编号：HBERC 00276，Wa-05166；代谢产物具有抗菌活性；分离源：土壤；分离地点：河南伏牛山；培养基 0012，28℃。

ACCC 40707←湖北省生物农药工程研究中心；原始编号：HBERC 00287，Wa-05268；代谢产物具有抗菌活性；分离源：土壤；分离地点：河南伏牛山；培养基 0012，28℃。

ACCC 40713←湖北省生物农药工程研究中心；原始编号：HBERC 00422，Wa-05316；代谢产物具有抗菌活性；分离源：土壤；分离地点：江苏昆山；培养基 0027，28℃。

ACCC 40714←湖北省生物农药工程研究中心；原始编号：HBERC 00298，Wa-05322；代谢产物具有抗菌活性；分离源：土壤；分离地点：河南伏牛山；培养基 0027，28℃。

ACCC 40727←湖北省生物农药工程研究中心；原始编号：HBERC00319，Wa-05545；代谢产物具有抗菌活性；分离源：土壤；分离地点：河南伏牛山；培养基 0027，28℃。

ACCC 40769←湖北省生物农药工程研究中心；原始编号：HBERC 00392，Wa-10267；代谢产物具有抗菌活性；分离源：土壤；分离地点：河南洛阳；培养基 0027，28℃。

ACCC 40947←湖北省生物农药工程研究中心；原始编号：HBERC 00064，Wa-04678；代谢产物具有抗真菌活性；分离源：叶渣；分离地点：四川峨眉山；培养基 0027，28℃。

ACCC 40972←湖北省生物农药工程研究中心；原始编号：HBERC 00119，Wa-03121；代谢产物具有抗菌活性；分离源：土壤；分离地点：湖北武汉；培养基 0027，28℃。

ACCC 40978←湖北省生物农药工程研究中心；原始编号：HBERC 00172，Wa-03280；代谢产物具有抗细菌活性；分离源：土壤；分离地点：湖北武汉；培养基 0027，28℃。

ACCC 41007←湖北省生物农药工程研究中心；原始编号：HBERC 00437，Wa-03911；代谢产物具有抗真菌活性；分离源：土壤；分离地点：河南伏牛山；培养基 0027，28℃。

ACCC 41371←湖北省生物农药工程研究中心；原始编号：HBERC 00682；分离源：土壤；分离地点：湖南石门；培养基 0027，28℃。

ACCC 41400←湖北省生物农药工程研究中心；原始编号：HBERC 00675；分离源：土壤；分离地点：湖南石门；培养基 0027，28℃。

ACCC 41410←湖北省生物农药工程研究中心；原始编号：HBERC 00704；代谢产物具有弱的抗细菌活性；分离源：土壤；分离地点：湖南壶瓶山；培养基 0027，28℃。

ACCC 41411←湖北省生物农药工程研究中心；原始编号：HBERC 00845；代谢产物具有抗细菌活性；分离源：土壤；分离地点：四川峨眉山；培养基 0027，28℃。

ACCC 41413←湖北省生物农药工程研究中心；原始编号：HBERC 00690；代谢产物具有弱的抗细菌活性；分离源：土壤；分离地点：湖南壶瓶山；培养基 0027，28℃。

ACCC 41535←湖北省生物农药工程研究中心；原始编号：HBERC 00843；培养基 0027，28℃。

Actinoplanes brasiliensis Thiemann et al. 1969

巴西游动放线菌

ACCC 40122←中科院微生物所；＝AS 4.1158；生产新霉素和弗氏菌素；培养基 0012，28～30℃。

Actinoplanes missouriensis Couch 1963

密苏里游动放线菌

ACCC 40107←ATCC；＝ATCC 14538＝CBS 188.64＝IFO 13243＝KCC A-0121＝ NBRC 13243；模式菌
株；分离源：土壤；分离地点：美国密苏里州汉密尔顿；培养基 0012，28～30℃。

Actinoplanes philippinensis Couch 1950

菲律宾游动放线菌

ACCC 40178←ATCC；＝ATCC 12427；模式菌株；培养基 0012，28℃。

Actinoplanes sp.

游动放线菌

ACCC 41870←西北农大；原始编号：H6；CCNWHQ0070；培养基 0012，28℃。

Actinosporangium sp.

孢囊放线菌

ACCC 40691←湖北省生物农药工程研究中心；原始编号：HBERC 00266，Wa-05113；代谢产物具有抗
菌活性；分离源：土壤；分离地点：河南伏牛山；培养基 0012，28℃。

ACCC 40740←湖北省生物农药工程研究中心；原始编号：HBERC 00353，Wa-05701；代谢产物具有抗
菌活性；分离源：土壤；分离地点：河南伏牛山；培养基 0012，28℃。

ACCC 41336←湖北省生物农药工程研究中心；原始编号：HBERC 00812；分离源：土壤；分离地点：
青海共和；培养基 0027，28℃。

ACCC 41424←湖北省生物农药工程研究中心；原始编号：HBERC 00689；代谢产物具有弱的抗细菌活
性；分离源：土壤；分离地点：湖南壶瓶山；培养基 0027，28℃。

ACCC 41427←湖北省生物农药工程研究中心；原始编号：HBERC 00794；代谢产物具有抗真菌活性；
分离源：土壤；分离地点：福建福州；培养基 0027，28℃。

ACCC 41443←湖北省生物农药工程研究中心；原始编号：HBERC 00775；代谢产物具有抗真菌活性；
分离源：土壤；分离地点：青海共和县；培养基 0027，28℃。

ACCC 41521←湖北省生物农药工程研究中心；原始编号：HBERC 00851；培养基 0027，28℃。

ACCC 41542←湖北省生物农药工程研究中心；原始编号：HBERC 00813；分离源：土壤；分离地点：
青海共和县；培养基 0027，28℃。

Aeromicrobium sp.

气微菌

ACCC 40630←湖北省生物农药工程研究中心；原始编号：IEDA 00547，wa-8135；产生代谢产物具有
抑菌活性；分离地点：四川；培养基 0012，28℃。

Amycolatopsis coloradensis Labeda 1995

科罗拉多拟无枝酸菌

ACCC 40791←新疆农科院微生物所；原始编号：XAAS20064，2-3-5；分离源：土壤；分离地点：新疆
吐鲁番；培养基 0039，20℃。

Amycolatopsis orientalis（Pittenger and Brigham 1956）Lechevalier et al. 1986

东方拟无枝酸菌

ACCC 40175←ATCC←E. B. Shirling←R. Pittenger M-43-05865；＝ATCC 19795＝ISP 5040＝CBS
547.68＝IFO 12806＝IMET 7653＝M-43-05865＝NRRL 2450＝RIA 1074；模式菌株；抗生
素生产；培养基 0455，26℃。

Amycolatopsis sp.

拟无枝酸菌

ACCC 41913←中国医学科学院医药生物技术研究所；原始编号：201809-BZ09；分离地点：内蒙古巴丹
吉林沙漠；分离源：柽柳科红砂属植物；培养基 0038，28℃。

Dactylosporangium aurantiacum Thiemann et al. 1967

橘橙指孢囊菌

ACCC 40816←湖北省生物农药工程研究中心；原始编号：IEDA 00588 wa-8160；*产生代谢产物具有抑菌活性*；分离地点：河北；培养基 0012，28℃。

Dactylosporangium sp.

指孢囊菌

ACCC 40426←湖北省生物农药工程研究中心；原始编号：HBERC 00001，Wa-02128；*具抗菌活性*；分离源：土壤；分离地点：湖北鄂州；培养基 0012，28℃。

ACCC 40654←湖北省生物农药工程研究中心；原始编号：IEDA 00559，wa-8199；*产生代谢产物具有抑菌活性*；分离地点：四川；培养基 0012，28℃。

ACCC 40661←湖北省生物农药工程研究中心；原始编号：HBERC 00236，Wa-00332；*代谢产物具有抗菌活性*；分离源：土壤；分离地点：湖北武汉；培养基 0027，28℃。

Kribbella sp.

克里布所菌

ACCC 40834←湖北省生物农药工程研究中心；原始编号：IEDA 00606，wa-7485；*产生代谢产物具有抑菌活性*；分离地点：北京；培养基 0012，28℃。

Lentzea aerocolonigenes（**Labeda 1986**）**Nouioui et al. 2018**

产气列契瓦尼尔氏菌

ACCC 41054←DSMZ←E. B. Shirling←R. Shinobu，701；*产限制性核酸内切酶 NaeI*；分离源：土壤；分离地点：日本；培养基 0455，30℃。

Microbispora bispora（**Henssen 1957**）**Lechevalier 1965**

双孢小双孢菌

ACCC 40679←湖北省生物农药工程研究中心；原始编号：HBERC 00410，Wa-00968；*代谢产物具有抗菌活性*；分离源：土壤；分离地点：江西九江；培养基 0012，28℃。

Microbispora rosea Nonomura and Ohara 1957

玫瑰小双孢菌

ACCC 40991←湖北省生物农药工程研究中心；原始编号：HBERC 00229，Wa-03712；*代谢产物具有抗菌活性*；分离源：土壤；分离地点：湖北武汉；培养基 0027，28℃。

Microbispora rosea subsp. *aerata*（**Gerber and Lechevalier 1964**）**Miyadoh et al. 1991**

玫瑰小双孢菌青铜亚种

ACCC 41063←KCC（*Microbispora thermodiastatica*）←H. Nonomura，FYU M2-59；=DSM 43166=ATCC 27098=CBS 799.70=KCC A-0110；模式菌株；*降解对羟基苯甲酸甲酯 p-hydroxybenzoate*；分离源：土壤；培养基 0012，37℃。

Microbispora rosea subsp. *rosea* Nonomura and Ohara 1957

玫瑰小双孢菌玫瑰亚种

ACCC 40176←ATCC；=ATCC12950=DSM 43839=CBS 189.57=CBS 307.61=IAM 0114=IFO 14044=IFO 3559=MRU 3757=JCM 3006=KCC A-0006=NCIB 9560=RIA 477=RIA 763；模式菌株；分离源：花园土；培养基 0039，26℃。

ACCC 41069←DSMZ←JCM←KCC；=DSM 43839=ATCC 12950=CBS 189.57=CBS 307.61=IAM 0114= IFO 14044=IFO 3559=IMRU 3757=JCM 3006=KCC A-0006= NBRC 14044=NBRC 3559=NCIB 9560=RIA 477= RIA 763；原始编号：FYU M-20；分离源：花园土；培养基 0449，30℃。

Microbispora sp.

小双孢菌

ACCC 40484←湖北省生物农药工程研究中心；原始编号：HBERC 00128，Wa-02877；具抗菌活性，产生溶菌酶；分离源：泥土；分离地点：湖北武汉；培养基0012，28℃。

ACCC 40493←湖北省生物农药工程研究中心；原始编号：HBERC 00138，Wa-01097；代谢产物具有抗菌活性；分离源：土壤；分离地点：江西婺源；培养基0012，28℃。

ACCC 40682←湖北省生物农药工程研究中心；原始编号：HBERC 00252，Wa-05019；代谢产物具有抗菌活性；分离源：土壤；分离地点：四川峨眉山；培养基0027，28℃。

ACCC 40701←湖北省生物农药工程研究中心；原始编号：HBERC 00280，Wa-05180；代谢产物具有抗菌活性；分离源：土壤；分离地点：四川峨眉山；培养基0012，28℃。

ACCC 40990←湖北省生物农药工程研究中心；原始编号：HBERC 00228，Wa-03705；代谢产物具有抗菌活性；分离源：土壤；分离地点：湖北武汉；培养基0027，28℃。

ACCC 41011←湖北省生物农药工程研究中心；原始编号：HBERC 00441，Wa-03733；代谢产物具有抗真菌活性；分离源：土壤；分离地点：河南伏牛山；培养基0027，28℃。

Micrococcus luteus（Schroeter 1872）Cohn 1872

藤黄微球菌

ACCC 41016←DSMZ←CCM←J.B. Evans←ATCC←A. Fleming（*Micrococcus lysodeikticus*）；=DSM 20030=ATCC 4698=CCM 169=NCIB 9278=NCTC 2665；模式菌株；培养基0455，28℃。

Microellobosporia sp.

小荚孢囊菌

ACCC 40674←湖北省生物农药工程研究中心；原始编号：HBERC 00413，Wa-00926；代谢产物具有抗菌活性；分离源：土壤；分离地点：河南安阳；培养基0012，28℃。

Micromonospora aurantiaca Sveshnikova et al. 1969

橙色小单孢菌

ACCC 40621←湖北省生物农药工程研究中心；原始编号：IEDA 00507，wa-8121；产生代谢产物具有抑菌活性；分离地点：江苏；培养基0012，55℃。

ACCC 40857←湖北省生物农药工程研究中心；原始编号：IEDA 00629，wa-8117；产生代谢产物具有抑菌活性；分离地点：四川；培养基0012，28℃。

ACCC 41101←湖北省生物农药工程研究中心；原始编号：HBERC 00486，Wa-10732；代谢产物具有抗细菌活性；分离源：土壤；分离地点：青海湖；培养基0027，28℃。

ACCC 41102←湖北省生物农药工程研究中心；原始编号：HBERC 00487，Wa-10733；代谢产物具有抗细菌活性；分离源：土壤；分离地点：青海湖；培养基0027，28℃。

ACCC 41115←湖北省生物农药工程研究中心；原始编号：HBERC 00500，Wa-10821；代谢产物具有弱抗真菌活性；分离源：土壤；分离地点：青海湖；培养基0027，28℃。

ACCC 41406←湖北省生物农药工程研究中心；原始编号：HBERC 00655；代谢产物无抗菌活性，仅用于分类研究；分离源：土壤；分离地点：湖南石门；培养基0027，28℃。

ACCC 41430←湖北省生物农药工程研究中心；原始编号：HBERC 00774；代谢产物具抗真菌活性；分离源：土壤；分离地点：青海湖；培养基0027，28℃。

Micromonospora brunnea Sveshnikova et al. 1969

浅褐小单孢菌

ACCC 41122←湖北省生物农药工程研究中心；原始编号：HBERC 00507，Wa-10850；代谢产物具有弱的抗细菌活性；分离源：土壤；分离地点：青海湖；培养基0027，28℃。

Micromonospora carbonacea Luedemann & Brodsky 1965

炭样小单孢菌

ACCC 40980←湖北省生物农药工程研究中心；原始编号：HBERC 00174，Wa-03385；代谢产物具有抗细菌活性；分离源：土壤；分离地点：湖北武汉；培养基0027，28℃。

ACCC 41458←湖北省生物农药工程研究中心；原始编号：HBERC 00765；代谢产物具抗真菌活性；分离源：土壤；分离地点：湖北樊城；培养基 0027，28℃。

Micromonospora carbonacea subsp. *carbonacea* Luedemann & Brodsky 1965
炭样小单孢菌炭样亚种

ACCC 41059←DSMZ←KCC←NRRL←Schering AG←A.Woyciesjes；＝DSM 43168＝ATCC 27114＝JCM 3139＝KCC A-0139＝NRRL 2972；模式菌株；产扁枝衣霉素 everninomicins；分离源：土壤；培养基 0455，30℃。

Micromonospora chalcea（Foulerton 1905）Ørskov 1923
青铜色小单孢菌

ACCC 40173←ATCC；＝ATCC 12452＝CBS 269.62＝IAM 14285＝IFO 13503＝JCM 3031＝KCC A-0031＝NBRC 13503；模式菌株；培养基 0455，26℃。

ACCC 40996←湖北省生物农药工程研究中心；原始编号：HBERC 00318，Wa-03764；代谢产物具有抗细菌活性；分离源：土壤；分离地点：湖北武汉；培养基 0027，28℃。

ACCC 41048←DSMZ←JCM←KCC←KY 11072←ATCC←RTCT，T-1124；＝DSM 43895＝ATCC 21561＝IFO 12988＝JCM 3197＝KCC A-0197＝NBRC 12988；产限制性核酸内切酶 MizI，抗生素复合物，幼霉素；分离源：土壤；培养基 0455，28℃。

ACCC 41119←湖北省生物农药工程研究中心；原始编号：HBERC 00504，Wa-10836；代谢产物具有抗菌活性；分离源：土壤；分离地点：青海湖；培养基 0027，28℃。

Micromonospora echinospora Luedemann & Brodsky 1964
棘孢小单孢菌

ACCC 40139←广东微生物所←中科院微生物所←上海第四制药厂；GIM4.1＝CGMCC 4.890；产庆大霉素（gentamicin）；培养基 0012，28℃。

ACCC 40140←广东微生物所←中科院微生物所；GIM4.56；产庆大霉素；培养基 0012，28℃。

ACCC 40141←广东微生物所←中科院微生物所；＝GIM 4.58；原始编号：抗生素 NG3-8；培养基 0012，28℃。

ACCC 40163←广东微生物所；＝GIM4.60；原始编号：ZC；培养基 0012，28℃。

ACCC 40602←湖北省生物农药工程研究中心；原始编号：IEDA 00505，wa-8060；产生代谢产物具有抑菌活性；分离地点：江苏；培养基 0012，28℃。

ACCC 40615←湖北省生物农药工程研究中心；原始编号：IEDA 00532，wa-8097；产生代谢产物具有抑菌活性；分离地点：河南；培养基 0012，28℃。

ACCC 40815←湖北省生物农药工程研究中心；原始编号：IEDA 00587 wa-8170；产生代谢产物具有抑菌活性；分离地点：河北；培养基 0012，28℃。

ACCC 40817←湖北省生物农药工程研究中心；原始编号：IEDA 00589 wa-8103；产生代谢产物具有抑菌活性；分离地点：云南；培养基 0012，28℃。

ACCC 40840←湖北省生物农药工程研究中心；原始编号：IEDA 00612 wa-8037；产生代谢产物具有抑菌活性；分离地点：北京；培养基 0012，28℃。

ACCC 40892←湖北省生物农药工程研究中心；原始编号：IEDA 00667，wa-8132；产生代谢产物具有抑菌活性；分离地点：福建；培养基 0012，28℃。

ACCC 40893←湖北省生物农药工程研究中心；原始编号：IEDA 00668，wa-071；产生代谢产物具有抑菌活性；分离地点：山西；培养基 0012，28℃。

ACCC 41097←湖北省生物农药工程研究中心；原始编号：HBERC 00481，Wa-10685；代谢产物具抗菌活性，可抑制细菌；分离源：土壤；分离地点：青海湖；培养基 0027，28℃。

ACCC 41116←湖北省生物农药工程研究中心；原始编号：HBERC 00501，Wa-10822；代谢产物具有弱的抗细菌活性；分离源：土壤；分离地点：青海湖；培养基 0027，28℃。

ACCC 41118←湖北省生物农药工程研究中心；原始编号：HBERC 00503，Wa-10835；代谢产物具有抗菌活性；分离源：土壤；分离地点：青海湖；培养基 0027，28℃。

ACCC 41337←湖北省生物农药工程研究中心；原始编号：HBERC 00681；分离源：土壤；分离地点：青海湖；培养基 0027，28℃。

ACCC 41399←湖北省生物农药工程研究中心；原始编号：HBERC 00667；培养基 0027，28℃。

ACCC 41450←湖北省生物农药工程研究中心；原始编号：HBERC 00706；代谢产物无抗菌活性，仅作分类研究之用；分离源：土壤；分离地点：湖南壶瓶山；培养基 0027，28℃。

Micromonospora fulviviridis Kroppenstedt et al. 2005

棕绿小单孢菌

ACCC 41106←湖北省生物农药工程研究中心；原始编号：HBERC 00491，Wa-10782；代谢产物具有抗细菌活性；分离源：土壤；分离地点：青海湖；培养基 0027，28℃。

ACCC 41354←湖北省生物农药工程研究中心；原始编号：HBERC 00754；分离源：土壤；分离地点：河南伏牛山；培养基 0027，28℃。

Micromonospora halophytica Weinstein et al. 1968

嗜盐小单孢菌

ACCC 40786←新疆农科院微生物所；原始编号：XAAS20053，1-5-6；分离源：土壤样品；分离地点：新疆吐鲁番；培养基 0039，20℃。

Micromonospora purpureochromogenes（Waksman & Curtis 1916）Luedemann 1971

绛红产色小单孢菌

ACCC 40819←湖北省生物农药工程研究中心；原始编号：IEDA 00591，wa-8141；产生代谢产物具有抑菌活性；分离地点：云南；培养基 0012，28℃。

ACCC 40975←湖北省生物农药工程研究中心；原始编号：HBERC 00169，Wa-03268；代谢产物具有抗细菌活性；分离源：土壤；分离地点：湖北武汉；培养基 0027，28℃。

ACCC 41096←湖北省生物农药工程研究中心；原始编号：HBERC 00480，Wa-10682；代谢产物无抗菌或杀虫活性；分离源：土壤；分离地点：青海湖；培养基 0027，28℃。

ACCC 41120←湖北省生物农药工程研究中心；原始编号：HBERC 00505，Wa-10838；代谢产物不具有生物活性；分离源：土壤；分离地点：青海湖；培养基 0027，28℃。

ACCC 41446←湖北省生物农药工程研究中心；原始编号：HBERC 795；代谢产物具有抗真菌活性；分离源：土壤；分离地点：河南卢氏五里川；培养基 0027，28℃。

Micromonospora rosaria（ex Wagman et al. 1972）Horan & Brodsky 1986

酒红小单孢菌

ACCC 41335←湖北省生物农药工程研究中心；原始编号：HBERC 00705；培养基 0027，28℃。

Micromonospora sagamiensis Kroppenstedt et al. 2005

相模湾小单孢菌

ACCC 41123←湖北省生物农药工程研究中心；原始编号：HBERC 00508，Wa-10859；代谢产物具有弱的抗细菌活性；分离源：土壤；分离地点：青海湖；培养基 0027，28℃。

Micromonospora sp.

小单孢菌

ACCC 40447←湖北省生物农药工程研究中心；原始编号：HBERC 00023，Wa-00428；具抗真菌作用；分离源：土壤；分离地点：浙江遂昌；培养基 0012，28℃。

ACCC 40485←湖北省生物农药工程研究中心；原始编号：HBERC 00129，Wa-02962；代谢产物具有抗菌活性；分离源：土壤；分离地点：湖北武汉；培养基 0012，28℃。

ACCC 40489←湖北省生物农药工程研究中心；原始编号：HBERC 00134，Wa-02925；代谢产物具有抗菌活性；分离源：土壤；分离地点：湖北武汉；培养基 0012，28℃。

ACCC 40523←湖北省生物农药工程研究中心；原始编号：HBERC 00407，Wa-00179；代谢产物具有抗菌活性；分离源：土壤；分离地点：湖北安陆；培养基 0012，28℃。

ACCC 40595←湖北省生物农药工程研究中心；原始编号：IEDA 00526，wa-8043；产生代谢产物具有抑菌活性；分离地点：江苏；培养基 0012，28℃。

ACCC 40596←湖北省生物农药工程研究中心；原始编号：IEDA 00550，wa-8047；产生代谢产物具有抑菌活性；分离地点：四川；培养基 0012，28℃。

ACCC 40598←湖北省生物农药工程研究中心；原始编号：IEDA 00518，wa-8050；产生代谢产物具有抑菌活性；分离地点：河南；培养基 0012，28℃。

ACCC 40616←湖北省生物农药工程研究中心；原始编号：IEDA 00552，wa-8098；产生代谢产物具有抑菌活性；分离地点：四川；培养基 0012，28℃。

ACCC 40617←湖北省生物农药工程研究中心；原始编号：IEDA 00504，wa-8101；产生代谢产物具有抑菌活性；分离地点：安徽；培养基 0012，28℃。

ACCC 40619←湖北省生物农药工程研究中心；原始编号：IEDA 00521，wa-8104；产生代谢产物具有抑菌活性；分离地点：江西；培养基 0012，28℃。

ACCC 40629←湖北省生物农药工程研究中心；原始编号：IEDA 00548，wa-8133；产生代谢产物具有抑菌活性；分离地点：安徽；培养基 0012，28℃。

ACCC 40641←湖北省生物农药工程研究中心；原始编号：IEDA 00501，wa-8173；产生代谢产物具有抑菌活性；分离地点：河南；培养基 0012，28℃。

ACCC 40653←湖北省生物农药工程研究中心；原始编号：IEDA 00493，wa-8195；产生代谢产物具有抑菌活性；分离地点：江苏；培养基 0012，28℃。

ACCC 40656←湖北省生物农药工程研究中心；原始编号：HBERC 00406，Wa-00076；代谢产物具有抗菌活性；分离地点：湖北安陆；培养基 0027，28℃。

ACCC 40658←湖北省生物农药工程研究中心；原始编号：HBERC 00193，Wa-00198；代谢产物具有抗菌活性；分离源：叶渣；分离地点：湖北鄂州；培养基 0012，28℃。

ACCC 40666←湖北省生物农药工程研究中心；原始编号：HBERC 00244，Wa-00620；代谢产物具有抗菌活性；分离源：土壤；分离地点：湖北宜昌；培养基 0012，28℃。

ACCC 40668←湖北省生物农药工程研究中心；原始编号：HBERC 00246，Wa-00685；代谢产物具有抗菌活性；分离源：土壤；分离地点：湖北宜昌；培养基 0012，28℃。

ACCC 40669←湖北省生物农药工程研究中心；原始编号：HBERC 00248，Wa-00695；代谢产物具有抗菌活性；分离源：土壤；分离地点：湖北武汉；培养基 0012，28℃。

ACCC 40677←湖北省生物农药工程研究中心；原始编号：HBERC 00188，Wa-00940；具抗菌活性；分离源：土壤；分离地点：湖北鄂州；培养基 0012，28℃。

ACCC 40686←湖北省生物农药工程研究中心；原始编号：HBERC 00258，Wa-05053；代谢产物具有抗菌活性；分离源：土壤；分离地点：四川峨眉山；培养基 0027，28℃。

ACCC 40687←湖北省生物农药工程研究中心；原始编号：HBERC 00259，Wa-05054；代谢产物具有抗菌活性；分离源：土壤；分离地点：四川峨眉山；培养基 0012，28℃。

ACCC 40688←湖北省生物农药工程研究中心；原始编号：HBERC 00260，Wa-05055；代谢产物具有抗菌活性；分离源：土壤；分离地点：四川峨眉山；培养基 0012，28℃。

ACCC 40689←湖北省生物农药工程研究中心；原始编号：HBERC 00262，Wa-05074；代谢产物具有抗菌活性；分离源：土壤；分离地点：四川峨眉山；培养基 0027，28℃。

ACCC 40690←湖北省生物农药工程研究中心；原始编号：HBERC 00263，Wa-05093；代谢产物具有抗菌活性；分离源：土壤；分离地点：四川峨眉山；培养基 0027，28℃。

ACCC 40696←湖北省生物农药工程研究中心；原始编号：HBERC 00271，Wa-05129；代谢产物具有抗菌活性；分离源：土壤；分离地点：河南伏牛山；培养基 0027，28℃。

ACCC 40702←湖北省生物农药工程研究中心；原始编号：HBERC 00279，Wa-05200；代谢产物具有抗菌活性；分离源：土壤；分离地点：湖北武汉；培养基 0027，28℃。

ACCC 40705←湖北省生物农药工程研究中心；原始编号：HBERC 00284，Wa-05262；代谢产物具有抗菌活性；分离源：土壤；分离地点：河南伏牛山；培养基 0012，28℃。

ACCC 40708←湖北省生物农药工程研究中心；原始编号：HBERC 00290，Wa-05277；代谢产物具有抗
　　　　菌活性；分离源：土壤；分离地点：河南伏牛山；培养基 0027，28℃。

ACCC 40711←湖北省生物农药工程研究中心；原始编号：HBERC 00296，Wa-05307；代谢产物具有抗
　　　　菌活性；分离源：土壤；分离地点：河南伏牛山；培养基 0012，28℃。

ACCC 40717←湖北省生物农药工程研究中心；原始编号：HBERC 00304，Wa-05355；代谢产物具有抗
　　　　菌活性；分离源：土壤；分离地点：河南伏牛山；培养基 0027，28℃。

ACCC 40718←湖北省生物农药工程研究中心；原始编号：HBERC 00305，Wa-05356；代谢产物具有抗
　　　　菌活性；分离源：土壤；分离地点：河南伏牛山；培养基 0027，28℃。

ACCC 40721←湖北省生物农药工程研究中心；原始编号：HBERC 00300，Wa-05373；代谢产物具有抗
　　　　菌活性；分离源：土壤；分离地点：河南灵宝；培养基 0027，28℃。

ACCC 40722←湖北省生物农药工程研究中心；原始编号：HBERC 00309，Wa-05504；代谢产物具有抗
　　　　菌活性；分离源：土壤；分离地点：四川峨眉山；培养基 0012，28℃。

ACCC 40739←湖北省生物农药工程研究中心；原始编号：HBERC 00352，Wa-05700；代谢产物具有抗
　　　　菌活性；分离源：土壤；分离地点：河南伏牛山；培养基 0012，28℃。

ACCC 40742←湖北省生物农药工程研究中心；原始编号：HBERC 00344，Wa-05726；代谢产物具有抗
　　　　菌活性；分离源：土壤；分离地点：河南伏牛山；培养基 0012，28℃。

ACCC 40750←湖北省生物农药工程研究中心；原始编号：HBERC 00356，Wa-05854；代谢产物具有抗
　　　　菌活性；分离源：土壤；分离地点：四川峨眉山；培养基 0027，28℃。

ACCC 40756←湖北省生物农药工程研究中心；原始编号：HBERC 00373，Wa-05947；代谢产物具有抗
　　　　菌活性；分离源：土壤；分离地点：湖北嘉鱼；培养基 0027，28℃。

ACCC 40759←湖北省生物农药工程研究中心；原始编号：HBERC 00387，Wa-06120；代谢产物具有抗
　　　　菌活性；分离源：土壤；分离地点：四川峨眉山；培养基 0027，28℃。

ACCC 40770←湖北省生物农药工程研究中心；原始编号：HBERC 00393，Wa-10268；代谢产物具有抗
　　　　菌活性；分离源：土壤；分离地点：福建福州；培养基 0012，28℃。

ACCC 40818←湖北省生物农药工程研究中心；原始编号：IEDA 00590 wa-8138；产生代谢产物有抑
　　　　菌活性；分离地点：云南；培养基 0012，28℃。

ACCC 40824←湖北省生物农药工程研究中心；原始编号：IEDA 00596 wa-7489；产生代谢产物有抑
　　　　菌活性；分离地点：北京；培养基 0012，28℃。

ACCC 40839←湖北省生物农药工程研究中心；原始编号：IEDA 00611 wa-8019；产生代谢产物有抑
　　　　菌活性；分离地点：河北；培养基 0012，28℃。

ACCC 40856←湖北省生物农药工程研究中心；原始编号：IEDA 00628，wa-8113；产生代谢产物具有
　　　　抑菌活性；分离地点：广西；培养基 0012，28℃。

ACCC 40863←湖北省生物农药工程研究中心；原始编号：IEDA 00635，wa-8035；产生代谢产物具有
　　　　抑菌活性；分离地点：云南；培养基 0012，28℃。

ACCC 40897←湖北省生物农药工程研究中心；原始编号：IEDA 00672，wa-8038；产生代谢产物具有
　　　　抑菌活性；分离地点：山西；培养基 0012，28℃。

ACCC 40898←湖北省生物农药工程研究中心；原始编号：IEDA 00673，wa-8002；产生代谢产物具有
　　　　抑菌活性；分离地点：福建；培养基 0012，28℃。

ACCC 40900←湖北省生物农药工程研究中心；原始编号：IEDA 00675，wa-8194；产生代谢产物具有
　　　　抑菌活性；分离地点：广东；培养基 0012，28℃。

ACCC 40954←湖北省生物农药工程研究中心；原始编号：HBERC 00071，Wa-10866；代谢产物具有弱
　　　　的抗真菌活性；分离源：土壤；分离地点：青海湖；培养基 0027，28℃。

ACCC 40955←湖北省生物农药工程研究中心；原始编号：HBERC 00072，Wa-10873；代谢产物不具有
　　　　抗菌活性；分离源：土壤；分离地点：青海湖；培养基 0027，28℃。

ACCC 40956←湖北省生物农药工程研究中心；原始编号：HBERC 00073，Wa-10877；代谢产物不具有
　　　　抗菌活性；分离源：土壤；分离地点：青海湖；培养基 0027，28℃。

ACCC 40982←湖北省生物农药工程研究中心；原始编号：HBERC 00216，Wa-03386；代谢产物具有抗菌活性；分离源：土壤；分离地点：湖北武汉；培养基0027，28℃。

ACCC 41013←湖北省生物农药工程研究中心；原始编号：HBERC 00443，Wa-03789；代谢产物具有抗真菌活性；分离源：土壤；分离地点：湖北武汉；培养基0027，28℃。

ACCC 41079←湖北省生物农药工程研究中心；原始编号：HBERC 00463，Wa-10515；代谢产物具有抗真菌活性；分离源：土壤；分离地点：青海湟中；培养基0027，28℃。

ACCC 41080←湖北省生物农药工程研究中心；原始编号：HBERC 00464，Wa-10535；代谢产物具有抗真菌活性；分离源：土壤；分离地点：青海湟中；培养基0027，28℃。

ACCC 41081←湖北省生物农药工程研究中心；原始编号：HBERC 00465，Wa-10536；代谢产物具有抗真菌活性；分离源：土壤；分离地点：青海湟中；培养基0027，28℃。

ACCC 41082←湖北省生物农药工程研究中心；原始编号：HBERC 00466，Wa-10539；代谢产物具有抗真菌活性；分离源：土壤；分离地点：青海湟中；培养基0027，28℃。

ACCC 41085←湖北省生物农药工程研究中心；原始编号：HBERC 00469，Wa-10576；代谢产物具有抗真菌活性；分离源：土壤；分离地点：青海湟源；培养基0027，28℃。

ACCC 41088←湖北省生物农药工程研究中心；原始编号：HBERC 00472，Wa-10609；代谢产物具有抗真菌活性；分离源：土壤；分离地点：青海湖；培养基0027，28℃。

ACCC 41089←湖北省生物农药工程研究中心；原始编号：HBERC 00473，Wa-10612；代谢产物具有抗真菌活性；分离源：土壤；分离地点：青海湖；培养基0027，28℃。

ACCC 41098←湖北省生物农药工程研究中心；原始编号：HBERC 00483，Wa-10691；代谢产物具有抗真菌活性，对少数细菌也有作用；分离源：土壤；分离地点：青海湖；培养基0027，28℃。

ACCC 41108←湖北省生物农药工程研究中心；原始编号：HBERC 00493，Wa-10784；代谢产物具有弱的抗细菌活性；分离源：土壤；分离地点：青海湖；培养基0027，28℃。

ACCC 41110←湖北省生物农药工程研究中心；原始编号：HBERC 00495，Wa-10793；代谢产物具有弱的抗细菌活性；分离源：土壤；分离地点：青海湖；培养基0027，28℃。

ACCC 41111←湖北省生物农药工程研究中心；原始编号：HBERC 00496，Wa-10708；代谢产物具有弱的抗细菌活性；分离源：土壤；分离地点：青海湖；培养基0027，28℃。

ACCC 41114←湖北省生物农药工程研究中心；原始编号：HBERC 00499，Wa-10820；代谢产物具有弱抗真菌活性；分离源：土壤；分离地点：青海湖；培养基0027，28℃。

ACCC 41228←中国热科院环植所；原始编号：CATAS EPPI2241；分离源：海南大枫子根际土壤1～2cm处；分离地点：海南儋州；培养基0012，28℃。

ACCC 41229←中国热科院环植所；原始编号：CATAS EPPI2242；分离源：海南大枫子根际土壤1～2cm处；分离地点：海南儋州；培养基0012，28℃。

ACCC 41230←中国热科院环植所；原始编号：CATAS EPPI2243；分离源：海南大枫子根际土壤1～2cm处；分离地点：海南儋州；培养基0012，28℃。

ACCC 41231←中国热科院环植所；原始编号：CATAS EPPI2244；分离源：海南大枫子根际土壤1～2cm处；分离地点：海南儋州；培养基0012，28℃。

ACCC 41232←中国热科院环植所；原始编号：CATAS EPPI2245；分离源：海南大枫子根际土壤1～2cm处；分离地点：海南儋州；培养基0012，28℃。

ACCC 41233←中国热科院环植所；原始编号：CATAS EPPI2246；分离源：海南大枫子根际土壤1～2cm处；分离地点：海南儋州；培养基0012，28℃。

ACCC 41331←湖北省生物农药工程研究中心；原始编号：HBERC 00680；分离源：土壤；分离地点：湖南石门；培养基0027，28℃。

ACCC 41334←湖北省生物农药工程研究中心；原始编号：HBERC 00660；分离源：土壤；分离地点：湖南石门；培养基0027，28℃。

ACCC 41339←湖北省生物农药工程研究中心；原始编号：HBERC 00740；分离源：土壤；分离地点：湖南壶瓶山；培养基0027，28℃。

ACCC 41346←湖北省生物农药工程研究中心；原始编号：HBERC 00647；分离源：土壤；分离地点：湖南壶瓶山；培养基 0027，28℃。

ACCC 41349←湖北省生物农药工程研究中心；原始编号：HBERC 00844；分离源：土壤；分离地点：四川峨眉山；培养基 0027，28℃。

ACCC 41361←湖北省生物农药工程研究中心；原始编号：HBERC 00809；分离源：土壤；分离地点：青海西宁；培养基 0027，28℃。

ACCC 41364←湖北省生物农药工程研究中心；原始编号：HBERC 00799；分离源：土壤；分离地点：河南西峡；培养基 0027，28℃。

ACCC 41414←湖北省生物农药工程研究中心；原始编号：HBERC 00674；分离源：土壤；分离地点：湖南石门；培养基 0027，28℃。

ACCC 41445←湖北省生物农药工程研究中心；原始编号：HBERC 00783；代谢产物具有抗真菌活性；分离源：土壤；分离地点：新疆阿克苏地区；培养基 0027，28℃。

ACCC 41460←湖北省生物农药工程研究中心；原始编号：HBERC 00752；代谢产物具有杀虫活性；分离源：土壤；分离地点：四川洪雅；培养基 0027，28℃。

ACCC 41925←中国医学科学院医药生物技术研究所；原始编号：201809-BZ35；降解纤维素，产内切葡聚糖酶；分离地点：内蒙古；分离源：柽柳科红砂属植物；培养基 0038，28℃。

ACCC 41930←中国医学科学院医药生物技术研究所；原始编号：201809-BZ41；分离地点：内蒙古；分离源：柽柳科红砂属植物；培养基 0038，29℃。

ACCC 41937←中国医学科学院医药生物技术研究所；原始编号：201809-BZ48；降解纤维素；分离地点：内蒙古；分离源：白刺科白刺属植物；培养基 0038，28℃。

Micropolyspor sp.
小多孢菌

ACCC 40517←湖北省生物农药工程研究中心；原始编号：HBERC 00162，Wa-03335；代谢产物具有抗菌活性；分离源：土壤；分离地点：四川洪雅；培养基 0012，28℃。

ACCC 40478←湖北省生物农药工程研究中心；原始编号：HBERC 00122，Wa-00987；代谢产物具有抗菌活性；分离源：土壤；分离地点：江西瑞昌；培养基 0012，28℃。

ACCC 40459←湖北省生物农药工程研究中心；原始编号：HBERC 00089，Wa-03202；代谢产物具有抗菌活性；分离源：土壤；分离地点：四川洪雅；培养基 0012，28℃。

ACCC 40475←湖北省生物农药工程研究中心；原始编号：HBERC 00115，Wa-00749；代谢产物具有抗菌活性；分离源：土壤；分离地点：四川洪雅；培养基 0012，28℃。

ACCC 40498←湖北省生物农药工程研究中心；原始编号：HBERC 00143，Wa-01430；代谢产物具有抗菌作用；分离源：土壤；分离地点：江西婺源；培养基 0012，28℃。

ACCC 40505←湖北省生物农药工程研究中心；原始编号：HBERC 00150，Wa-01315；代谢产物具有抗菌活性；分离源：土壤；分离地点：浙江开化；培养基 0012，28℃。

ACCC 40507←湖北省生物农药工程研究中心；原始编号：HBERC 00152，Wa-01486；代谢产物具有抗菌活性；分离源：土壤；分离地点：江西婺源；培养基 0012，28℃。

ACCC 40514←湖北省生物农药工程研究中心；原始编号：HBERC 00159，Wa-01395；代谢产物具有抗菌作用；分离源：土壤；分离地点：福建蒲城；培养基 0012，28℃。

ACCC 40697←湖北省生物农药工程研究中心；原始编号：HBERC 00273，Wa-05145；代谢产物具有抗菌活性；分离源：土壤；分离地点：河南伏牛山；培养基 0012，28℃。

ACCC 41084←湖北省生物农药工程研究中心；原始编号：HBERC 00468，Wa-10573；代谢产物具有抗真菌活性；分离源：土壤；分离地点：青海湟源；培养基 0027，28℃。

Microtetraspora glauca Thiemann et al. 1968
青色小四孢菌

ACCC 40924←湖北省生物农药工程研究中心；原始编号：HBERC 00037，Wa-02101；代谢产物具有弱的抗真菌活性；分离源：水底沉积物；分离地点：湖北鄂州；培养基 0027，28℃。

Microtetraspora niveoalba Nonomura and Ohara 1971

雪白小四孢菌

ACCC 40992←湖北省生物农药工程研究中心；原始编号：HBERC 00234，Wa-03720；代谢产物具有抗菌活性；分离源：土壤；分离地点：湖北武汉；培养基 0027，28℃。

Microtetraspore sp.

小四孢菌

ACCC 40435←湖北省生物农药工程研究中心；原始编号：HBERC 00011，Wa-02292；具抗菌活性；分离源：土壤；分离地点：江西浮梁；培养基 0012，28℃。

Mycobacterium sp.

分枝杆菌

ACCC 40642←湖北省生物农药工程研究中心；原始编号：IEDA 00542，wa-8174；产生代谢产物具有抑菌活性；分离地点：安徽；培养基 0012，28℃。

ACCC 40716←湖北省生物农药工程研究中心；原始编号：HBERC 00294，Wa-05331；代谢产物具有抗菌活性；分离源：土壤；分离地点：河南三门峡；培养基 0012，28℃。

ACCC 41095←湖北省生物农药工程研究中心；原始编号：HBERC 00479，Wa-10679；代谢产物不具生物活性；分离源：土壤；分离地点：青海湖；培养基 0027，28℃。

Myxococcus fulvus（Cohn 1875）Jahn 1911

微红黄色粘球菌（橙色粘球菌）

ACCC 41068←DSMZ←H. Reichenbach；=DSM 434；原始编号：Mx f2；产限制性核酸内切酶；分离源：鹿粪便；分离地点：美国明尼苏达州的芬兰森林；培养基 1124，30℃。

Nocardia farcinica Trevisan 1889

鼻疽诺卡氏菌

ACCC 41418←湖北省生物农药工程研究中心；原始编号：HBERC 00668；代谢产物具有弱的抗细菌活性；分离源：土壤；分离地点：湖南壶瓶山；培养基 0027，28℃。

Nocardia ignorata Yassin et al. 2001

未知诺卡氏菌

ACCC 40911←新疆农科院微生物所；原始编号：XAAS20071，NA27；分离源：土壤；分离地点：新疆吐鲁番；培养基 0039，20℃。

Nocardia sp.

诺卡氏菌

ACCC 40470←湖北省生物农药工程研究中心；原始编号：HBERC 00108，Wa-02343；代谢产物具有抗菌活性；分离源：土壤；分离地点：湖北武汉；培养基 0012，28℃。

ACCC 40597←湖北省生物农药工程研究中心；原始编号：IEDA 00565，wa-8048；产生代谢产物具有抑菌活性；分离地点：安徽；培养基 0012，28℃。

ACCC 40599←湖北省生物农药工程研究中心；原始编号：IEDA 00561，wa-8051；产生代谢产物具有抑菌活性；分离地点：江苏；培养基 0012，28℃。

ACCC 40614←湖北省生物农药工程研究中心；原始编号：IEDA 00554，wa-8096；产生代谢产物具有抑菌活性；分离地点：江西；培养基 0012，28℃。

ACCC 40627←湖北省生物农药工程研究中心；原始编号：IEDA 00494，wa-8130；产生代谢产物具有抑菌活性；分离地点：安徽；培养基 0012，28℃。

ACCC 40628←湖北省生物农药工程研究中心；原始编号：IEDA 00516，wa-8131；产生代谢产物具有抑菌活性；分离地点：江苏；培养基 0012，28℃。

ACCC 40632←湖北省生物农药工程研究中心；原始编号：IEDA 00539，wa-8146；产生代谢产物具有抑菌活性；分离地点：安徽；培养基 0012，28℃。

ACCC 40633←湖北省生物农药工程研究中心；原始编号：IEDA 00496，wa-8151；产生代谢产物具有
抑菌活性；分离地点：四川；培养基0012，28℃。

ACCC 40637←湖北省生物农药工程研究中心；原始编号：IEDA 00495，wa-8162；产生代谢产物具有
抑菌活性；分离地点：四川；培养基0012，28℃。

ACCC 40638←湖北省生物农药工程研究中心；原始编号：IEDA 00500，wa-8163；产生代谢产物具有
抑菌活性；分离地点：江西；培养基0012，28℃。

ACCC 40820←湖北省生物农药工程研究中心；原始编号：IEDA 00592，wa-8065；产生代谢产物具有
抑菌活性；分离地点：河北；培养基0012，28℃。

ACCC 40821←湖北省生物农药工程研究中心；原始编号：IEDA 00593，wa-7486；产生代谢产物具有
抑菌活性；分离地点：广西；培养基0012，28℃。

ACCC 40823←湖北省生物农药工程研究中心；原始编号：IEDA 00595，wa-8034；产生代谢产物具有
抑菌活性；分离地点：北京；培养基0012，28℃。

ACCC 40836←湖北省生物农药工程研究中心；原始编号：IEDA 00608，wa-8112；产生代谢产物具有
抑菌活性；分离地点：河北；培养基0012，28℃。

ACCC 40837←湖北省生物农药工程研究中心；原始编号：IEDA 00609，wa-8036；产生代谢产物具有
抑菌活性；分离地点：云南；培养基0012，28℃。

ACCC 40899←湖北省生物农药工程研究中心；原始编号：IEDA 00674，wa-8033；产生代谢产物具有
抑菌活性；分离地点：福建；培养基0012，28℃。

ACCC 41087←湖北省生物农药工程研究中心；原始编号：HBERC 00471，Wa-10601；代谢产物具有抗
真菌活性；分离源：土壤；分离地点：青海湟源；培养基0027，28℃。

ACCC 41366←湖北省生物农药工程研究中心；原始编号：HBERC 00737；分离源：土壤；分离地点：
青海湖；培养基0027，28℃。

ACCC 41386←湖北省生物农药工程研究中心；原始编号：HBERC 00725；分离源：土壤；分离地点：
湖南壶瓶山；培养基0027，28℃。

ACCC 41409←湖北省生物农药工程研究中心；原始编号：HBERC 00641；代谢产物具有弱的抗细菌活
性；分离源：土壤；分离地点：湖南壶瓶山；培养基0027，28℃。

ACCC 41416←湖北省生物农药工程研究中心；原始编号：HBERC 00657；代谢产物具有弱的抗细菌活
性；分离源：土壤；分离地点：湖南壶瓶山；培养基0027，28℃。

ACCC 41420←湖北省生物农药工程研究中心；原始编号：HBERC 00672；代谢产物具有弱的抗细菌活
性；分离源：土壤；分离地点：湖南壶瓶山；培养基0027，28℃。

ACCC 41457←湖北省生物农药工程研究中心；原始编号：HBERC 00739；代谢产物具有抗真菌活性；
分离源：土壤；分离地点：湖南壶瓶山；培养基0027，28℃。

ACCC 41462←湖北省生物农药工程研究中心；原始编号：HBERC 00719；代谢产物具有弱的抗细菌活
性；分离源：土壤；分离地点：湖南壶瓶山；培养基0027，28℃。

ACCC 41467←湖北省生物农药工程研究中心；原始编号：HBERC 00718；代谢产物具有弱的抗细菌活
性；分离源：土壤；分离地点：湖南壶瓶山；培养基0027，28℃。

ACCC 41522←湖北省生物农药工程研究中心；原始编号：HBERC 00846；培养基0027，28℃。

ACCC 41920←中国医学科学院医药生物技术研究所；原始编号：201809-BZ22；分离地点：内蒙古巴丹
吉林沙漠；分离源：白刺科白刺属植物；培养基0038，28℃。

ACCC 41928←中国医学科学院医药生物技术研究所；原始编号：201809-BZ39；降解纤维素；分离地
点：内蒙古；分离源：柽柳科红砂属植物；培养基0038，28℃。

Nocardioides albus Prauser 1976

白色类诺卡氏菌

ACCC 40174←ATCC；＝ATCC 27980＝IMET 7807；培养基0455，26℃。

ACCC 41020←DSMZ←IMET←H. Prauser，652-48；=DSM 43109=ATCC 27980=CCM 2712=IMET 7807=JCM 3185=NCIB 11454；产生黄嘌呤脱氢酶；分离源：薰衣草地土壤；分离地点：Hungary 蒂哈尼半岛；培养基 0455，28℃。

Nocardiopsis dassonvillei（**Brocq-Rousseau 1904**）**Meyer 1976**
达氏拟诺卡氏菌
ACCC 40177←ATCC；=ATCC 23218=IMRU 509=NCTC 10488；模式菌株；培养基 0455，26℃。

Nocardiopsis **sp.**
拟诺卡氏菌
ACCC 40495←湖北省生物农药工程研究中心；原始编号：HBERC 00140，Wa-01280；代谢产物具有抗菌活性；分离源：土壤；分离地点：浙江开化；培养基 0012，28℃。

Nonomuraea fastidiosa **corrig.**（**Soina et al. 1975**）**Zhang et al. 1998**
寡养野野村氏菌
ACCC 41546←湖北省生物农药工程研究中心；原始编号：HBERC 00708；培养基 0027，28℃。

Nonomuraea **sp.**
野野村氏菌
ACCC 40588←湖北省生物农药工程研究中心；原始编号：IEDA 00555，wa-8011；产生代谢产物具有抑菌活性；分离地点：江西；培养基 0012，28℃。

ACCC 40589←湖北省生物农药工程研究中心；原始编号：IEDA 00558，wa-8013；产生代谢产物具有抑菌活性；分离地点：四川；培养基 0012，28℃。

ACCC 40590←湖北省生物农药工程研究中心；原始编号：IEDA 00570，wa-8020；产生代谢产物具有抑菌活性；分离地点：湖北；培养基 0012，28℃。

ACCC 40592←湖北省生物农药工程研究中心；原始编号：IEDA 00566，wa-8024；产生代谢产物具有抑菌活性；分离地点：江苏；培养基 0012，28℃。

ACCC 40623←湖北省生物农药工程研究中心；原始编号：IEDA 00512，wa-8124；产生代谢产物具有抑菌活性；分离地点：湖北；培养基 0012，28℃。

ACCC 40624←湖北省生物农药工程研究中心；原始编号：IEDA 00525，wa-8125；产生代谢产物具有抑菌活性；分离地点：江苏；培养基 0012，28℃。

ACCC 40631←湖北省生物农药工程研究中心；原始编号：IEDA 00547，wa-8135；产生代谢产物具有抑菌活性；分离地点：河南；培养基 0012，28℃。

ACCC 40636←湖北省生物农药工程研究中心；原始编号：IEDA 00537，wa-8158；产生代谢产物具有抑菌活性；分离地点：四川；培养基 0012，28℃。

ACCC 40651←湖北省生物农药工程研究中心；原始编号：IEDA 00567，wa-8191；产生代谢产物具有抑菌活性；分离地点：江苏；培养基 0012，28℃。

ACCC 40652←湖北省生物农药工程研究中心；原始编号：IEDA 00560，wa-8193；产生代谢产物具有抑菌活性；分离地点：四川；培养基 0012，28℃。

ACCC 40830←湖北省生物农药工程研究中心；原始编号：IEDA 00602，wa-7482；产生代谢产物具有抑菌活性；分离地点：云南；培养基 0012，28℃。

Patulibacter **sp.**
蔓生杆菌
ACCC 41919←中国医学科学院医药生物技术研究所；原始编号：201809-BZ21；降解纤维素，产内切葡聚糖酶；分离地点：内蒙古巴丹吉林沙漠；分离源：白刺科白刺属植物；培养基 0038，28℃。

ACCC 41940←中国医学科学院医药生物技术研究所；原始编号：201809-BZ49；降解纤维素；分离地点：内蒙古；分离源：柽柳科红砂属植物；培养基 0038，28℃。

Promicromonospora citrea Krasil'nikov et al. 1961

柠檬原小单孢菌

ACCC 41049←DSMZ←H. Prauser，623-3；=DSM 43875=IMET 7261；分离源：草地土壤；分离地点：
Hungary 巴拉顿湖附近；培养基 0012，30℃。

Promicromonospora sp.

原小单孢菌

ACCC 40645←湖北省生物农药工程研究中心；原始编号：IEDA 00517，wa-8179；产生代谢产物具有
抑菌活性；分离地点：河南；培养基 0012，28℃。

Pseudonocardia sp.

假诺卡氏菌

ACCC 40622←湖北省生物农药工程研究中心；原始编号：IEDA 00544，wa-8123；产生代谢产物具有
抑菌活性；分离地点：湖北；培养基 0012，28℃。

ACCC 40832←湖北省生物农药工程研究中心；原始编号：IEDA 00604，wa-7484；产生代谢产物具有
抑菌活性；分离地点：北京；培养基 0012，28℃。

ACCC 41918←中国医学科学院医药生物技术研究所；原始编号：201809-BZ20；分离地点：内蒙古巴丹
吉林沙漠；分离源：白刺科白刺属植物；培养基 0038，28℃。

Pseudonocardia thermophila Henssen 1957

嗜热假诺卡氏菌

ACCC 40104←中科院微生物所←日本东京科研化学有限公司；=AS 4.1051=KCC A-0032；培养基
0012，40℃。

ACCC 40171←ATCC；=ATCC 19285=CBS 277.66=IAM 14290=JCM 3095=NCIB 10079；模式菌株；
分离源：新鲜马粪；培养基 0456，50℃。

Rhodococcus ruber（Kruse 1896）Goodfellow & Alderson 1977 emend. Nouioui et al. 2018

赤红球菌

ACCC 40038←中科院微生物所；=AS 4.1038=ACCC40101；工业污水净化（腈纶废水）；分离源：塔
式生物滤池上层；分离地点：上海市第二化纤厂；培养基 0002，28~30℃。

ACCC 40100←中科院微生物所；=AS 4.1037；工业污水净化（氧化丙烯腈）；培养基 0012，28℃。

ACCC 40101←中科院微生物所；=AS 4.1038=ACCC40038；工业污水净化；培养基 0002，28℃。

Rhodococcus sp.

红球菌

ACCC 41936←中国医学科学院医药生物技术研究所；原始编号：201809-BZ47；降解纤维素；分离地
点：内蒙古；分离源：白刺科白刺属植物；培养基 0038，28℃。

Saccharococcus thermophilus Nystrand 1984

嗜热糖球菌

ACCC 41071←DSMZ←CCM←R. Nystrand；=DSM 4749=ATCC 43125=CCM 3586；原始编号：657；
模式菌株；分离源：甜菜糖提取物；分离地点：瑞典；培养基 0441，65℃。

Saccharomonospora glauca Greiner-Mai et al. 1988 emend. Nouioui et al. 2018

青色糖单孢菌

ACCC 41055←DSMZ←H. J. Kutzner，K62（*Saccharomonospora viridis*）；=DSM 43769=IFO 14831，
JCM 7444，NBRC 14831；模式菌株；降解纤维素；分离源：堆肥拉圾；培养基 0455，37℃。

Saccharopolyspora erythraea（Waksman 1923）Labeda 1987

红色糖多孢菌

ACCC 40137←中国农科院土肥所←中国医学科学院抗菌素研究所；=AS 4.0198；原始编号：A-5；产
红霉素；培养基 0012，30℃。

Saccharopolyspora hirsuta Lacey & Goodfellow 1975
披发糖多孢菌
ACCC 41027←DSMZ←M. Goodfellow，N 745；=DSM 43463=AS 4.1704=ATCC 27875=CBS 420.74=DSM 43402=IFO 13919=IMET 9709=IMRU 1558=JCM 3170=KCC A-0170= NBRC 13919=NCIB 11079=NRRL B-5792；模式菌株；产 KA-5685（氨基糖苷抗菌素）； 分离源：甘蔗蔗渣；培养基 0455，30℃。

Saccharopolyspora rectivirgula（Krasil'nikov & Agre 1964）Korn-Wendisch et al. 1989
直杆糖多孢菌
ACCC 41060←DSMZ←N. S. Agre，INMI，683（*Micropolyspora rectivirgula*）；=DSM43747 =ATCC 33515=INMI 683=KCC A-0057=VKM Ac-810；分离源：土壤；培养基 0455，45℃。

Saccharothrix sp.
糖丝菌
ACCC 41935←中国医学科学院医药生物技术研究所；原始编号：201809-BZ46；降解纤维素；分离地 点：内蒙古；分离源：白刺科白刺属植物；培养基 0038，28℃。

Spirillospora albida Couch 1963
微白螺孢菌
ACCC 41062←DSMZ←KCC←H. Lechevalier←ATCC←J. N. Couch，UNCC，1030←A. W. Nielsen； =DSM 43034=ATCC 15331=CBS 291.64=IFO 12248=KCC A-0041=NBRC 12248； 模 式菌株；分离源：土壤；培养基 0455，28℃。

Streptomyces abikoensis（Umezawa et al. 1951）Witt & Stackebrandt 1991
阿布拉链霉菌
ACCC 40560←中国热科院环植所；原始编号：CATAS EPPIS0046，JFA-068；分离源：土壤表层 5～ 10 cm 处；分离地点：海南儋州王五镇；培养基 0012，28℃。

Streptomyces aburaviensis Nishimura et al. 1957
油日链霉菌（阿布拉链霉菌）
ACCC 40243←中国农科院环发所药物工程研究室；原始编号：289-21；分离源：土壤；分离地点：河 北；培养基 0012，30℃。

Streptomyces achromogenes Okami & Umezawa 1953
不产色链霉菌
ACCC 40989←湖北省生物农药工程研究中心；原始编号：HBERC 00227，Wa-03610；代谢产物具有抗 菌活性；分离源：土壤；分离地点：湖北武汉；培养基 0027，28℃。

Streptomyces achromogenes subsp. *achromogenes* Okami & Umezawa 1953
不产色链霉菌不产色亚种
ACCC 41018←DSMZ←E. B. Shirling，ISP←Y. Okami，Z-4-1；=DSM 40028=ATCC 12767=ATCC 19719=CBS 458.68=IFO 12735=ISP 5028=JCM 4121=NBRC 12735=RIA 1000； 模式 菌株；产限制性核酸内切酶 SacI and SacII，无色病毒素，杀叠球菌素 sarcidin；分离源： 公园土壤；培养基 0455，28℃。

'Streptomyces ahygroscopicus'（Chiu & Wu 1963）Pridham 1970
不吸水链霉菌
ACCC 40539←中国热科院环植所；原始编号：CATAS EPPIS0024，JFA-023；分离源：土壤表层 5～ 10 cm 处；分离地点：海南三亚；培养基 0012，28℃。

ACCC 40553←中国热科院环植所；原始编号：CATAS EPPIS0039，JFA-055；分离源：土壤表层 5～ 10 cm 处；分离地点：海南昌江；培养基 0012，28℃。

ACCC 40844←湖北省生物农药工程研究中心；原始编号：IEDA 00616，CH96-102；产生代谢产物具有 抑菌活性；分离地点：广西；培养基 0012，28℃。

ACCC 40865←湖北省生物农药工程研究中心；原始编号：IEDA 00637，9686；产生代谢产物具有抑菌活性；分离地点：云南；培养基 0012，28℃。

ACCC 40921←湖北省生物农药工程研究中心；原始编号：HBERC 00034，Wa-01779；代谢产物具有抗结核杆菌活性；分离源：土壤；分离地点：江西浮梁；培养基 0027，28℃。

ACCC 40941←湖北省生物农药工程研究中心；原始编号：HBERC 00058，Wa-04134；代谢产物具有抗菌活性；分离源：土壤；分离地点：河南桐柏；培养基 0027，28℃。

ACCC 40945←湖北省生物农药工程研究中心；原始编号：HBERC 00062，Wa-04476；代谢产物具有抗真菌及杀虫活性；分离源：土壤；分离地点：四川峨眉山；培养基 0027，28℃。

Streptomyces ahygroscopicus var. *gongzhulinggensis*

不吸水链霉菌公主岭变种

ACCC 40076←吉林农科院植保所；原始编号：769；用于预防谷子白粉病；分离源：土壤；分离地点：公主岭；培养基 0012，28℃。

Streptomyces alanosinicus Thiemann & Beretta 1966

丙氨菌素链霉菌

ACCC 41017←DSMZ；＝DSM 40606＝ATCC 15710＝CBS 348.69＝CBS 794.72＝IFO 13493＝ISP 5606＝NBRC 13493＝RIA 1454；模式菌株；产丙氨菌素 alanosine（是一种抗肿瘤、抗病毒和抗真菌的抗生素）；培养基 0455，28℃。

Streptomyces albaduncus Tsukiura et al. 1964

白丘链霉菌

ACCC 41045←DSMZ；＝DSM40478＝ATCC 14698＝CBS 698.72＝IFO 13397＝ISP 5478＝JCM 4715＝KCC S-0715＝NBRC 13397＝RIA 1358；模式菌株；产金黄霉素 chrysomycin M＋V，达诺霉素 danomycin，降解橡胶；培养基 0455，30℃。

Streptomyces albidoflavus（Rossi Doria 1891）Waksman & Henrici 1948

微白黄链霉菌

ACCC 40142←广东微生物所←中科院微生物所；＝GIM4.3＝CGMCC 4.252；产庆大霉素；培养基 0012，28℃。

ACCC 40169←ATCC；＝ATCC 25422＝ISP 5455＝CBS 920.69＝CBS 416.34＝ETH 10209＝IFO 13010＝IMRU 850＝KCC S-0466＝NRRL B-1271＝RIA 1202；模式菌株；培养基 0455，26℃。

ACCC 40170←首都师范大学；培养基 0012，28℃。

ACCC 40444←湖北省生物农药工程研究中心；原始编号：HBERC 00020，Wa-02770；具抗真菌作用；分离源：土壤；分离地点：浙江遂昌；培养基 0012，28℃。

ACCC 40483←湖北省生物农药工程研究中心；原始编号：HBERC 00127，Wa-02644；具抗真菌作用；分离源：土壤；分离地点：浙江开化；培养基 0012，28℃。

ACCC 41003←湖北省生物农药工程研究中心；原始编号：HBERC 00432，Wa-03893；代谢产物具有抗细菌活性；分离源：土壤；分离地点：湖北武汉；培养基 0027，28℃。

ACCC 41121←湖北省生物农药工程研究中心；原始编号：HBERC 00506，Wa-10847；代谢产物具有弱的抗细菌活性；分离源：土壤；分离地点：青海湖；培养基 0027，28℃。

ACCC 41365←湖北省生物农药工程研究中心；原始编号：HBERC 00780；分离源：土壤；分离地点：庐山；培养基 0027，28℃。

ACCC 41382←湖北省生物农药工程研究中心；原始编号：HBERC 00686；培养基 0027，28℃。

ACCC 41906←DSMZ；＝DSM 40455；分离源：土壤；培养基 0455，28℃。

ACCC 41910←DSMZ；＝DSM 40394；分离源：马铃薯疮痂；培养基 0455，28℃。

'Streptomyces albocyaneus'（Krasil'nikov et al.）Yan et al.

白蓝链霉菌

ACCC 40132←中国农科院土肥所←中科院微生物所；＝AS 4.63；抑制芽孢杆菌、腐生，不利用蔗糖，淀粉水解，纤维素上生长好；培养基 0012，30℃。

Streptomyces albogriseolus Benedict et al. 1954

白浅灰链霉菌

ACCC 40001←CGMCC←ATCC←EB Shirling←T. Pridham 7-A←R Benedict；=ATCC 23875=BCRC 12230=CBS 614.68=CIP 104424=CIP 104428=DSM 40003=HUT 6045=IFO 12834=IFO 3413=IFO 3709=ISP 5003=JCM 4616=KCTC 9675=MTCC 2524=NBRC 12834=NBRC 3413=NBRC 3709=NCIMB 9604=NRRL B-1305=RIA 1101=VKM Ac-1200；模式菌株；产新霉素 neomycin；分离源：土壤；培养基 0455，26℃。

Streptomyces albolongus Tsukiura et al. 1964

白长链霉菌

ACCC 40728←湖北省生物农药工程研究中心；原始编号：HBERC 00321，Wa-05567；代谢产物具有抗菌活性；分离源：土壤；分离地点：河南伏牛山；培养基 0012，28℃。

ACCC 41083←湖北省生物农药工程研究中心；原始编号：HBERC 00467，Wa-10543；代谢产物具有抗真菌活性；分离源：土壤；分离地点：青海湟源；培养基 0027，28℃。

ACCC 41369←湖北省生物农药工程研究中心；原始编号：HBERC 00640；分离源：土壤；分离地点：湖南壶瓶山；培养基 0027，28℃。

Streptomyces albospinus Wang et al. 1966

白刺链霉菌

ACCC 41439←湖北省生物农药工程研究中心；原始编号：HBERC 00766；代谢产物具有抗真菌活性；分离源：土壤；分离地点：河南邓州；培养基 0027，28℃。

Streptomyces albosporeus（Krainsky 1914）Waksman & Henrici 1948

白孢链霉菌

ACCC 40559←中国热科院环植所；原始编号：CATAS EPPIS0045，JFA-066；分离源：土壤表层 5～10 cm 处；分离地点：海南儋州王五镇；培养基 0012，28℃。

ACCC 41075←湖北省生物农药工程研究中心；原始编号：HBERC 00452，Wa-06162；代谢产物具有弱的抗细菌活性；分离源：土壤；分离地点：湖北咸宁；培养基 0027，28℃。

Streptomyces albosporeus subsp. *labilomyceticus* Okami et al. 1963

白孢链霉菌易毁霉素亚种

ACCC 40246←中国农科院环发所药物工程研究室；原始编号：H21；分离源：土壤；分离地点：北京；培养基 0012，30℃。

Streptomyces albus（Rossi Doria 1891）Waksman & Henrici 1943

白色链霉菌

ACCC 40165←广东微生物所←波兰；=GIM4.2=CGMCC4.1；培养基 0012，28℃。

ACCC 40191←中国农科院环发所药物工程研究室；原始编号：112；分离源：土壤；分离地点：广西；培养基 0012，30℃。

ACCC 40212←中国农科院环发所药物工程研究室；原始编号：272-12-80；分离地点：云南；培养基 0012，30℃。

ACCC 40481←湖北省生物农药工程研究中心；原始编号：HBERC 00125，Wa-04359；具一定抗菌作用；分离源：土壤；分离地点：四川洪雅；培养基 0012，28℃。

ACCC 41407←湖北省生物农药工程研究中心；原始编号：HBERC 00836；代谢产物具有弱的抗细菌活性；分离源：土壤；分离地点：江西景德镇；培养基 0027，28℃。

ACCC 41437←湖北省生物农药工程研究中心；原始编号：HBERC 00788；代谢产物具有杀草活性；分离源：土壤；分离地点：浙江龙游；培养基 0027，28℃。

ACCC 41464←湖北省生物农药工程研究中心；原始编号：HBERC 00791；代谢产物具有弱的抗细菌及抗真菌活性；分离源：土壤；分离地点：四川峨眉山；培养基 0027，28℃。

ACCC 41501←中国农科院土肥所←中科院微生物所←中国医学科学院抗菌素研究所←俄罗斯 -7=
N3V7；=AS 4.188；原始编号：俄罗斯 -7=N3V7；培养基 0012，30℃。

ACCC 41502←中国农科院土肥所←中科院微生物所←卫生部药品生物制品检定所←波兰 3004；=AS
4.1；培养基 0012，30℃。

Streptomyces albus subsp. *albus*（Rossi Doria 1891）Waksman & Henrici 1943

白色链霉菌白色亚种

ACCC 40002←中科院微生物所←中国医学科学院抗菌素研究所←日本；=AS 4.566=IFO 3195；培养基
0012，28～30℃。

Streptomyces almquistii（Duché 1934）Pridham et al. 1958

阿木氏链霉菌

ACCC 40303←中国农科院环发所药物工程研究室；原始编号：3059；产生代谢产物具有抑菌活性；分
离地点：北京市；培养基 0012，28℃。

ACCC 41470←湖北省生物农药工程研究中心；原始编号：HBERC 00792；代谢产物具有弱的抗细菌活
性；分离源：土壤；分离地点：福建福州；培养基 0027，28℃。

Streptomyces amakusaensis Nagatsu et al. 1963

天草岛链霉菌（天草链霉菌）

ACCC 41058←DSMZ；=DSM 40219=ATCC 23876=CBS 615.68=IFO 12835=ISP 5219=JCM
4167=JCM 4617=NBRC 12835=RIA 1163；模式菌株；产生马铃薯球蛋白 tuberin；降解
苯酸盐 benzoate；分离源：土壤；培养基 0455，30℃。

Streptomyces ambofaciens Pinnert-Sindico 1954

产二素链霉菌

ACCC 40133←中国农科院土肥所←中科院微生物所；=AS 4.782；产生螺旋霉素、刚果霉素，淀粉水
解强，纤维素上生长好；培养基 0012，30℃。

Streptomyces aminophilus Foster 1961

嗜氨基链霉菌

ACCC 41352←湖北省生物农药工程研究中心；原始编号：HBERC 00654；分离源：土壤；分离地点：
湖南石门；培养基 0027，28℃。

Streptomyces antibioticus（Waksman and Woodruff 1941）Waksman and Henrici 1948

抗生链霉菌

ACCC 40003←中科院微生物所；=AS 4.189；培养基 0012，28～30℃。

ACCC 40070←中科院微生物所←ATCC；=AS 4.567=ATCC 10382=JCM 4007=DSM 40764=IFO 3126
=NRRL B-546=CCRC 11639；产生放线菌素 A、B；培养基 0012，28～30℃。

ACCC 40249←中国农科院环发所药物工程研究室；原始编号：206-16-105；分离源：土壤；分离地点：
广西；培养基 0012，30℃。

ACCC 40406←中国农科院环发所药物工程研究室；原始编号：1022-257；产生代谢产物具有抑菌活性；
分离地点：河北；培养基 0012，28℃。

ACCC 40436←湖北省生物农药工程研究中心；原始编号：HBERC 00012，Wa-02769；具抗菌活性；分
离源：草本根际；分离地点：浙江遂昌；培养基 0012，28℃。

ACCC 41028←DSMZ←E. B. Shirling, ISP←IMRU；=DSM 40234=ATCC 23879=ATCC 8663=CBS
659.68=ETH 9875=IFO 12838=IMRU 3435=ISP 5234=NBRC 12838=RIA 1174；模式
菌株；产生放线菌素 actinomycin X（B）；分离源：土壤；培养基 0455，30℃。

ACCC 41370←湖北省生物农药工程研究中心；原始编号：HBERC 00790；分离源：土壤；分离地点：
湖南娄底；培养基 0027，28℃。

Streptomyces anulatus（Beijerinck 1912）Waksman 1953

环圈链霉菌

ACCC 40785←新疆农科院微生物所；原始编号：XAAS20056，1-5-5；分离源：土壤样品；分离地点：新疆吐鲁番；培养基0039，20℃。

ACCC 41356←湖北省生物农药工程研究中心；原始编号：HBERC 00700；分离源：土壤；分离地点：湖南壶瓶山；培养基0027，28℃。

ACCC 41456←湖北省生物农药工程研究中心；原始编号：HBERC 00797；代谢产物具有杀虫活性；分离源：土壤；分离地点：河南卢氏五里川；培养基0027，28℃。

Streptomyces argenteolus Tresner et al. 1961

银样链霉菌

ACCC 40838←湖北省生物农药工程研究中心；原始编号：IEDA 00610 wa-8114；产生代谢产物具有抑菌活性；分离地点：河北；培养基0012，28℃。

Streptomyces armeniacus（Kalakoutskii & Kusnetsov 1964）Wellington & Williams 1981

阿美尼亚链霉菌

ACCC 41033←DSMZ←L. Ettlinger，LBG←R. Hütter，ETH，32694←V. D. Kuznetsov，RIA，26A-3；=DSM43125=ATCC 15676=CBS 559.75=IFO 12555=IMET 9250=JCM 3070=KCC A-0070=LBG A 3125=NBRC 12555=NCIMB 10179=RIA 807=VKM Ac-905；模式菌株；分离源：土壤；培养基0455，30℃。

Streptomyces asterosporus（ex Krasil'nikov 1970）Preobrazhenskaya 1986

星孢链霉菌

ACCC 40259←中国农科院环发所药物工程研究室；原始编号：3485；产生代谢产物具有抑菌活性；分离地点：河北；培养基0012，30℃。

ACCC 40382←中国农科院环发所药物工程研究室；原始编号：3485；产生代谢产物具有抑菌活性；分离地点：河北；培养基0012，28℃。

Streptomyces atroolivaceus（Preobrazhenskaya et al. 1957）Pridham et al. 1958

暗黑橄榄链霉菌

ACCC 40225←中国农科院环发所药物工程研究室；原始编号：2440；分离源：土壤；分离地点：北京；培养基0012，28℃。

ACCC 41901←DSMZ；原始编号：DSM 40137；分离源：土壤；培养基0455，28℃。

Streptomyces atrovirens（ex Preobrazhenskaya et al. 1971）Preobrazhenskaya & Terekhova 1986

暗黑微绿链霉菌

ACCC 40763←湖北省生物农药工程研究中心；原始编号：HBERC 00404，Wa-07629；代谢产物具有抗菌活性；分离源：土壤；分离地点：河南伏牛山；培养基0012，28℃。

ACCC 40977←湖北省生物农药工程研究中心；原始编号：HBERC 00171，Wa-03274；代谢产物具有抗真菌活性；分离源：土壤；分离地点：湖北武汉；培养基0027，28℃。

Streptomyces aurantiacus（Rossi Doria 1891）Waksman 1953

橘橙链霉菌

ACCC 40121←中科院微生物所；=AS 4.191；培养基0012，28～30℃。

ACCC 40194←中国农科院环发所药物工程研究室；原始编号：3472；分离源：土壤；分离地点：北京；培养基0012，30℃。

'*Streptomyces aureochrogmoenes*' Yan et al.

金产色链霉菌

ACCC 40043←中科院微生物所；=AS 4.115；培养基0012，28～30℃。

Streptomyces aureofaciens Duggar 1948

金霉素链霉菌

ACCC 40004←中科院微生物所；＝AS 4.184；产金霉素 aureomycin；培养基 0012，28～30℃。

ACCC 40090←中科院微生物所←天津制药厂 7304；＝AS 4.1041；产金霉素；培养基 0012，28℃。

ACCC 40281←中国农科院环发所药物工程研究室；原始编号：3001；产生代谢产物具有抑菌活性；分离地点：四川；培养基 0012，28℃。

ACCC 40409←中国农科院环发所药物工程研究室；＝NRRL 2858；原始编号：3001 ①；产生代谢产物具有抑菌活性；分离地点：四川；培养基 0012，28℃。

ACCC 41046←DSMZ←E.B. Shirling, ISP←E. Backus, Lederle Labs., A-377；＝DSM40127＝ATCC 10762＝ATCC 23884＝CBS 664.68＝IFO 12594＝IFO 12843＝ISP 5127＝JCM 4008＝NBRC 12594＝NBRC 12843＝NRRL 2209＝RIA 1129；模式菌株；产金霉素，四环素 tetracycline；分离源：土壤；培养基 0455，30℃。

Streptomyces aureorectus（ex Taig et al. 1969）Taig & Solovieva 1986

金直丝链霉菌

ACCC 40943←湖北省生物农药工程研究中心；原始编号：HBERC 00060，Wa-04287；代谢产物具有抗真菌及杀虫活性；分离源：土壤；分离地点：四川洪雅；培养基 0027，28℃。

Streptomyces aureus Manfio et al. 2003

金色链霉菌

ACCC 40231←中国农科院环发所药物工程研究室；原始编号：北抗；分离源：土壤；分离地点：河北；培养基 0012，30℃。

ACCC 40237←中国农科院环发所药物工程研究室；原始编号：4638 ②；分离源：土壤；分离地点：河北；培养基 0012，28℃。

ACCC 40853←湖北省生物农药工程研究中心；原始编号：IEDA 00625，2-0470-31；产生代谢产物具有抑菌活性；分离地点：北京；培养基 0012，28℃。

ACCC 40861←湖北省生物农药工程研究中心；原始编号：IEDA 00633，2500；产生代谢产物具有抑菌活性；分离地点：北京；培养基 0012，28℃。

ACCC 40884←湖北省生物农药工程研究中心；原始编号：IEDA 00656，3698；产生代谢产物具有抑菌活性；分离地点：广西；培养基 0012，28℃。

ACCC 41503←中国农科院土肥所←中科院微生物所；＝AS 4.770；原始编号：3733；培养基 0012，30℃。

Streptomyces avermitilis（ex Burg et al. 1979）Kim & Goodfellow 2002

阿维链霉菌

ACCC 05461←ATCC←NRRL；产阿维菌素 B1a C-076 及其衍生物；培养基 0033，26℃。

ACCC 40167←广东微生物所；＝GIM 4.35；培养基 0012，28℃。

ACCC 40168←山东聊城；原始编号：AVG；培养基 0012，28℃。

Streptomyces azureus Kelly et al. 1959

远青链霉菌

ACCC 41066←DSMZ；＝DSM 40106＝ATCC 14921＝CBS 467.68＝ ETH 28555＝IFO 12744＝ISP 5106＝JCM 4217＝JCM 4564＝NBRC 12744＝RIA 1009；原始编号：SC-2364；产生硫链丝菌素 thiostrepton；培养基 0455，28℃。

Streptomyces badius（Kudrina 1957）Pridham et al. 1958

栗褐链霉菌

ACCC 40005←中科院微生物所；＝AS 4.389；培养基 0012，28～30℃。

ACCC 40172←ATCC←Univ. Idaho←M. B. Phelan；＝ ATCC 39117；分离源：土壤；分离地点：美国爱达荷州；培养基 0455，26℃。

ACCC 41112←湖北省生物农药工程研究中心；原始编号：HBERC 00497，Wa-10713；代谢产物具有弱的抗细菌活性；分离源：土壤；分离地点：青海湖；培养基0027，28℃。

Streptomyces bellus Margalith & Beretta 1960
美丽链霉菌

ACCC 40649←湖北省生物农药工程研究中心；原始编号：IEDA 00557，wa-8186；产生代谢产物具有抑菌活性；分离地点：湖北省；培养基0012，28℃。

ACCC 40942←湖北省生物农药工程研究中心；原始编号：HBERC 00059，Wa-04260；代谢产物具有抗菌活性；分离源：土壤；分离地点：河南桐柏；培养基0027，28℃。

ACCC 41367←湖北省生物农药工程研究中心；原始编号：HBERC 00729，Wa-14698；代谢产物具有弱的抗真菌活性；分离源：土壤；分离地点：河南桐柏；培养基0027，28℃。

Streptomyces bikiniensis Johnstone & Waksman 1947
比基尼链霉菌

ACCC 40099←中科院微生物所←中国药品生物制品检定所←波兰；=AS 4.12；原始编号：波15；分离地点：波兰；培养基0012，25～28℃。

Streptomyces biverticillatus（Preobrazhenskaya 1957）Witt & Stackebrandt 1991
双轮丝链霉菌

ACCC 40006←中科院微生物所；=AS 4.794；抑制阳性细菌部分酵母和丝状真菌；培养基0012，28～30℃。

Streptomyces bobili（Waksman & Curtis 1916）Waksman & Henrici 1948
鲍比氏链霉菌

ACCC 41958←山东农业大学；原始编号：S2-3；研究；分离地点：甘肃定西陇西县；分离源：马铃薯块茎；培养基0012，28℃。

ACCC 41960←山东农业大学；原始编号：7#2；研究；分离地点：甘肃定西临洮县；分离源：马铃薯块茎；培养基0012，28℃。

ACCC 41961←山东农业大学；原始编号：2008-1；研究；分离地点：甘肃定西临洮县；分离源：马铃薯块茎；培养基0012，28℃。

ACCC 41966←中国农科院资划所；原始编号：QSY S18；分离地点：北京；分离源：番茄根际土；培养基0847，30℃。

Streptomyces bottropensis Waksman 1961
波卓链霉菌

ACCC 41512←湖北省生物农药工程研究中心；原始编号：HBERC 00828；培养基0027，28℃。

Streptomyces bungoensis Eguchi et al. 1993
丰后链霉菌

ACCC 40312←中国农科院环发所药物工程研究室；原始编号：3063；产生代谢产物具有抑菌活性；分离地点：四川；培养基0012，28℃。

ACCC 40345←中国农科院环发所药物工程研究室；原始编号：3060；产生代谢产物具有抑菌活性；分离地点：四川；培养基0012，28℃。

ACCC 40346←中国农科院环发所药物工程研究室；原始编号：3061；产生代谢产物具有抑菌活性；分离地点：广西；培养基0012，28℃。

ACCC 40368←中国农科院环发所药物工程研究室；原始编号：3402；产生代谢产物具有抑菌活性；分离地点：云南；培养基0012，28℃。

ACCC 40404←中国农科院环发所药物工程研究室；原始编号：3854①；产生代谢产物具有抑菌活性；分离地点：北京；培养基0012，28℃。

Streptomyces cacaoi subsp. *asoensis*（Waksman 1932）Waksman & Henrici 1948

ACCC 40048←中科院微生物所；=AS 4.909；产多抗霉素，抗水稻纹枯病；培养基0012，28～30℃。

ACCC 40049←中科院微生物所；＝AS 4.910；产多抗霉素，抗水稻纹枯病；培养基 0012，28～30℃。

ACCC 40050←中科院微生物所；＝AS 4.896；产多抗霉素，抗水稻纹枯病；培养基 0012，28～30℃。

Streptomyces caeruleus（Baldacci 1944）Pridham et al. 1958

青蓝链霉菌

ACCC 40381←中国农科院环发所药物工程研究室；原始编号：3484；产生代谢产物具有抑菌活性；分离地点：云南；培养基 0012，28℃。

Streptomyces calvus Backus et al. 1957

秃裸链霉菌

ACCC 40349←中国农科院环发所药物工程研究室；原始编号：3086；产生代谢产物具有抑菌活性；分离地点：云南；培养基 0012，28℃。

ACCC 40352←中国农科院环发所药物工程研究室；原始编号：3095；产生代谢产物具有抑菌活性；分离地点：广西；培养基 0012，28℃。

ACCC 40365←中国农科院环发所药物工程研究室；原始编号：3194；产生代谢产物具有抑菌活性；分离地点：四川；培养基 0012，28℃。

ACCC 41451←湖北省生物农药工程研究中心；原始编号：HBERC 00743；代谢产物具有杀虫活性；分离源：土壤；分离地点：浙江龙游；培养基 0027，28℃。

Streptomyces candidus（ex Krasil'nikov 1941）Sveshnikova 1986

纯白链霉菌

ACCC 40962←湖北省生物农药工程研究中心；原始编号：HBERC 00085，Wa-03593；代谢产物具有抗菌活性；分离源：土壤；分离地点：江西九江；培养基 0027，28℃。

ACCC 40967←湖北省生物农药工程研究中心；原始编号：HBERC 00104，Wa-03901；代谢产物具有弱的抗菌活性；分离源：土壤；分离地点：河南伏牛山；培养基 0027，28℃。

ACCC 40985←湖北省生物农药工程研究中心；原始编号：HBERC 00223，Wa-03467；代谢产物具有抗细菌活性；分离源：土壤；分离地点：湖北武汉；培养基 0027，28℃。

ACCC 40987←湖北省生物农药工程研究中心；原始编号：HBERC 00225，Wa-03586；代谢产物具有抗菌活性；分离源：土壤；分离地点：湖北武汉；培养基 0027，28℃。

ACCC 40999←湖北省生物农药工程研究中心；原始编号：HBERC 00351，Wa-05699；代谢产物具有抗菌活性；分离源：土壤；分离地点：河南伏牛山；培养基 0027，28℃。

ACCC 41009←湖北省生物农药工程研究中心；原始编号：HBERC 00439，Wa-03959；代谢产物具有抗真菌活性；分离源：土壤；分离地点：河南伏牛山；培养基 0027，28℃。

ACCC 41103←湖北省生物农药工程研究中心；原始编号：HBERC 00488，Wa-10744；代谢产物具有抗真菌活性；分离源：土壤；分离地点：青海湖；培养基 0027，28℃。

ACCC 41109←湖北省生物农药工程研究中心；原始编号：HBERC 00494，Wa-10786；代谢产物具有弱的抗细菌活性；分离源：土壤；分离地点：青海湖；培养基 0027，28℃。

Streptomyces caniferus（ex Krasil'nikov 1970）Preobrazhenskaya 1986

生暗灰链霉菌

ACCC 40271←中国农科院环发所药物工程研究室；原始编号：农 4；产生代谢产物具有抑菌活性；分离地点：云南；培养基 0012，28℃。

Streptomyces canus Heinemann et al. 1953

暗灰链霉菌

ACCC 40781←新疆农科院微生物所；原始编号：XAAS20063，1-4-2；分离源：土壤样品；分离地点：新疆吐鲁番；培养基 0039，20℃。

ACCC 40794←新疆农科院微生物所；原始编号：XAAS20052，1-3；分离源：土壤样品；分离地点：新疆吐鲁番；培养基 0039，20℃。

ACCC 41543←湖北省生物农药工程研究中心；原始编号：HBERC 00811；分离源：土壤；分离地点：青海；培养基 0027，28℃。

Streptomyces capillispiralis Mertz & Higgens 1982
微管螺旋链霉菌

ACCC 40380←中国农科院环发所药物工程研究室；原始编号：3482；产生代谢产物具有抑菌活性；分
离地点：云南；培养基0012, 28℃。

ACCC 40385←中国农科院环发所药物工程研究室；原始编号：3491；产生代谢产物具有抑菌活性；分
离地点：河北；培养基0012, 28℃。

Streptomyces catenulae Davisson & Finlay 1961
小串链霉菌

ACCC 41039←DSMZ←E. B. Shirling, ISP←J. Routien, 6563；=DSM 40127=A-377, ATCC 10762=
ATCC 23884=CBS 664.68=IFO 12594=IFO 12843=ISP 5127=JCM 4008=NRRL 2209=
RIA 1129=NBRC 12594=NBRC 12843=KACC 20180；模式菌株；产生新霉素neomycins
E+F（=锁链霉素catenulin=巴龙霉素paromomycin I、II），抑胃酶素pepsinostreptin；分
离源：梯牧草（timothy）地土壤；分离地点：美国密苏里州；培养基0455, 30℃。

Streptomyces cavourensis Skarbek & Brady 1978
卡伍尔链霉菌

ACCC 40184←中国农科院环发所药物工程研究室；原始编号：10386；分离源：土壤；分离地点：云
南；培养基0012, 30℃。

ACCC 40197←中国农科院环发所药物工程研究室；原始编号：B30；分离地点：云南；培养基0012,
30℃。

Streptomyces cellulosae（Krainsky 1914）Waksman & Henrici 1948
纤维素链霉菌

ACCC 40131←中国农科院土肥所←中科院微生物所；=AS 4.437；产生链霉菌素和放线菌素，淀粉水
解强，纤维素上生长好；培养基0002, 30℃。

ACCC 40229←中国农科院环发所药物工程研究室；原始编号：2246；分离源：土壤；分离地点：广西；
培养基0012, 30℃。

Streptomyces champavatii Uma & Narasimha Rao 1959
昌帕瓦特链霉菌

ACCC 40801←新疆农科院微生物所；原始编号：XAAS20049, 2.049；分离源：土壤样品；分离地点：
新疆吐鲁番；培养基0039, 30℃。

Streptomyces chartreusis Leach et al. 1953
教酒链霉菌

ACCC 40787←新疆农科院微生物所；原始编号：XAAS20057, 1-6-2；分离源：土壤样品；分离地点：
新疆吐鲁番；培养基0039, 20℃。

ACCC 41044←DSMZ←E. B. Shirling, ISP←NRRL←Upjohn Comp., UC 2012；=DSM 40085=ATCC
14922=ATCC 19738=CBS 476.68=IFO 12753=ISP 5085=JCM 4570=NBRC 12753=
NRRL 2287=RIA 1018；模式菌株；分离源：土壤；分离地点：非洲；产生酰化氨基酸
水解酶aminoacyclase；培养基0012, 28℃。

Streptomyces chibaensis Suzuki et al. 1958
千叶链霉菌

ACCC 41388←湖北省生物农药工程研究中心；原始编号：HBERC 00699；分离源：土壤；分离地点：
湖南壶瓶山；培养基0027, 28℃。

Streptomyces chromofuscus（Preobrazhenskaya et al. 1957）Pridham et al. 1958
褐色链霉菌

ACCC 40670←湖北省生物农药工程研究中心；原始编号：HBERC 00421, Wa-00713；代谢产物具有抗
菌活性；分离源：土壤；分离地点：江苏吴江；培养基0027, 28℃。

ACCC 40936←湖北省生物农药工程研究中心；原始编号：HBERC 00053，Wa-03875；代谢产物具有弱
　　　　　　抗菌活性；分离源：土壤；分离地点：河南伏牛山；培养基 0027，28℃。

ACCC 40983←湖北省生物农药工程研究中心；原始编号：HBERC 00219，Wa-03392；代谢产物具有抗
　　　　　　真菌活性；分离源：土壤；分离地点：湖北武汉；培养基 0027，28℃。

ACCC 41344←湖北省生物农药工程研究中心；原始编号：HBERC 00650；培养基 0027，28℃。

Streptomyces chromogenes（Lachner-Sandoval）Yan et al.

产色链霉菌

ACCC 40102←中科院微生物所；＝AS 4.273；培养基 0012，25～28℃。

ACCC 40976←湖北省生物农药工程研究中心；原始编号：HBERC 00170，Wa-03271；代谢产物具有抗
　　　　　　真菌活性；分离源：土壤；分离地点：湖北武汉；培养基 0027，28℃。

ACCC 41395←湖北省生物农药工程研究中心；原始编号：HBERC 00695；分离源：土壤；分离地点：
　　　　　　湖南壶瓶山；培养基 0027，28℃。

ACCC 41473←湖北省生物农药工程研究中心；原始编号：HBERC 00773；代谢产物具有抗细菌、抗真
　　　　　　菌活性；分离源：土壤；分离地点：青海湖；培养基 0027，28℃。

ACCC 41531←湖北省生物农药工程研究中心；原始编号：HBERC 00822；培养基 0027，28℃。

Streptomyces chrysomallus Lindenbein 1952

金羊毛链霉菌

ACCC 40871←湖北省生物农药工程研究中心；原始编号：IEDA 00643，3032；产生代谢产物具有抑菌
　　　　　　活性；分离地点：云南；培养基 0012，28℃。

Streptomyces cinerochromogenes Miyairi et al. 1966

产灰烬链霉菌

ACCC 41350←湖北省生物农药工程研究中心；原始编号：HBERC 00853；分离源：土壤；分离地点：
　　　　　　河南伏牛山；培养基 0027，28℃。

ACCC 41904←DSMZ；＝DSM 41651；分离源：土壤；培养基 0455，28℃。

Streptomyces cinereogrieus（Krainsky & Krasil'nikov）Yan et al.

烬灰链霉菌

ACCC 40007←中科院微生物所；＝AS 4.360；抑制革兰氏阳性细菌；培养基 0012，28℃。

ACCC 40008←中科院微生物所；＝AS 4.302；培养基 0012，28～30℃。

ACCC 40125←中科院微生物所；＝AS 4.360；能抑制革兰氏阳性、阴性细菌及丝状真菌；培养基 0012，
　　　　　　28～30℃。

ACCC 40545←中国热科院环植所；原始编号：CATAS EPPIS0030，JFA-037；分离源：土壤表层 5～
　　　　　　10 cm 处；分离地点：海南昌江县；培养基 0012，28℃。

ACCC 40549←中国热科院环植所；原始编号：CATAS EPPIS0035，JFA-046；分离源：土壤表层 5～
　　　　　　10 cm 处；分离地点：海南昌江县；培养基 0012，28℃。

ACCC 40566←中国热科院环植所；原始编号：CATAS EPPIS0051，JFA-091；分离源：土壤表层 5～
　　　　　　10 cm 处；分离地点：海南昌江县；培养基 0012，28℃。

'*Streptomyces cinnamofuscus*' Yan & Zhang

肉桂褐链霉菌

ACCC 40130←中科院微生物所；＝CGMCC 4.1099；解磷解钾功能，增加磷矿粉肥力；分离源：土壤；
　　　　　　采集地点：河北万全县；培养基 0012，28℃。

Streptomyces cinnamonensis Okami 1952

肉桂（地）链霉菌

ACCC 40879←湖北省生物农药工程研究中心；原始编号：IEDA 00651，KT316-857；产生代谢产物具
　　　　　　有抑菌活性；分离地点：四川；培养基 0012，28℃。

Streptomyces cirratus Koshiyama et al. 1963

卷须链霉菌

ACCC 40219←中国农科院环发所药物工程研究室；分离源：土壤；分离地点：云南；培养基 0012，30℃。

Streptomyces clavifer（Millard & Burr 1926）Waksman 1953

钉斑链霉菌

ACCC 40845←湖北省生物农药工程研究中心；原始编号：IEDA 00617，D41-254；产生代谢产物具有抑菌活性；分离地点：河北；培养基 0012，28℃。

ACCC 40904←湖北省生物农药工程研究中心；原始编号：IEDA 00679，Q4-254；产生代谢产物具有抑菌活性；分离地点：山西；培养基 0012，28℃。

Streptomyces coelicolor（Müller 1908）Waksman & Henrici 1948

天蓝色链霉菌

ACCC 40009←中科院微生物所；=AS 4.240；产生石蕊杀菌素和链丝兰素，抑制革兰氏阳性细菌；培养基 0012，28～30℃。

ACCC 40144←广东微生物所←中科院微生物所；=GIM4.10=CGMCC 4.242；培养基 0012，28℃。

ACCC 40145←广东微生物所←中科院微生物所；=GIM4.11=CGMCC 4.262；培养基 0012，28℃。

ACCC 40550←中国热科院环植所；原始编号：CATAS EPPIS0036，JFA-047；分离源：土壤表层 5～10 cm 处；分离地点：海南昌江县；培养基 0012，28℃。

ACCC 41092←湖北省生物农药工程研究中心；原始编号：HBERC 00476，Wa-10629；代谢产物具有抗真菌活性；分离源：土壤；分离地点：青海湖；培养基 0027，28℃。

ACCC 41094←湖北省生物农药工程研究中心；原始编号：HBERC 00478，Wa-10648；代谢产物具有抗真菌活性；分离源：土壤；分离地点：青海湖；培养基 0027，28℃。

Streptomyces coeruleofuscus（Preobrazhenskaya 1957）Pridham et al. 1958

天蓝褐链霉菌

ACCC 41355←湖北省生物农药工程研究中心；原始编号：HBERC 00829；分离源：土壤；分离地点：湖南娄底；培养基 0027，28℃。

Streptomyces coerulescens（Preobrazhenskaya 1957）Pridham et al. 1958

浅天蓝链霉菌

ACCC 40010←中国农科院土肥所；原始编号：H75-2；能防治烟草赤星病，对阳性细菌、白色假丝酵母无作用；分离地点：海南；培养基 0012，28～30℃。

ACCC 40968←湖北省生物农药工程研究中心；原始编号：HBERC 00105，Wa-03950；代谢产物具有弱的抗菌活性；分离源：土壤；分离地点：河南伏牛山；培养基 0027，28℃。

ACCC 41426←湖北省生物农药工程研究中心；原始编号：HBERC 00670；代谢产物具有弱的抗细菌活性；分离源：土壤；分离地点：湖南壶瓶山；培养基 0027，28℃。

Streptomyces collinus Lindenbein 1952

山丘链霉菌

ACCC 40437←湖北省生物农药工程研究中心；原始编号：HBERC 00013，Wa-02773；具抗细菌作用；分离源：土壤；分离地点：浙江遂昌；培养基 0012，28℃。

ACCC 41911←ATCC；原始编号：DSM 40129；分离源：土壤；培养基 0455，28℃。

Streptomyces corchorusii Ahmad & Bhuiyan 1958

黄麻链霉菌

ACCC 40405←中国农科院环发所药物工程研究室；原始编号：088-68-1；产生代谢产物具有抑菌活性；分离地点：河北；培养基 0012，28℃。

ACCC 40843←湖北省生物农药工程研究中心；原始编号：IEDA 00615 579 ② -1；产生代谢产物具有抑菌活性；分离地点：云南；培养基 0012，28℃。

ACCC 41519←湖北省生物农药工程研究中心；原始编号：HBERC 00805；培养基 0027，28℃。

'Streptomyces culicidicus' Yan et al.

灭蚊链霉菌

ACCC 40146←广东微生物所←中科院上海植生所；培养基 0012，28℃。

ACCC 40166←广东微生物所；=GIM4.35；培养基 0012，28℃。

ACCC 41132←广东微生物所←中科院上海植生所；原始编号：GIM4.12 MIK4.1；杀蚊虫幼虫；分离源：土壤；分离地点：广州；培养基 0012，25～28℃。

Streptomyces cyaneofuscatus（Kudrina 1957）Pridham et al. 1958

蓝微褐链霉菌

ACCC 40939←湖北省生物农药工程研究中心；原始编号：HBERC 00056，Wa-10864；代谢产物具有弱的抗细菌活性；分离源：土壤；分离地点：青海湖；培养基 0027，28℃。

Streptomyces cyaneus（Krasil'nikov 1941）Waksman 1953

蓝色链霉菌

ACCC 40784←新疆农科院微生物所；原始编号：XAAS20066，1-5-3；分离源：土壤样品；分离地点：新疆吐鲁番；培养基 0039，20℃。

ACCC 40789←新疆农科院微生物所；原始编号：XAAS20059，1-6-4；分离源：土壤样品；分离地点：新疆吐鲁番；培养基 0039，20℃。

ACCC 40790←新疆农科院微生物所；原始编号：XAAS20065，2-3-1；分离源：土壤样品；分离地点：新疆吐鲁番；培养基 0039，20℃。

'Streptomyces cylindrosporus'

柱形孢链霉菌

ACCC 41001←湖北省生物农药工程研究中心；原始编号：HBERC 00425，Wa-03851；代谢产物具有抗真菌活性；分离源：土壤；分离地点：湖北武汉；培养基 0027，28℃。

ACCC 41362←湖北省生物农药工程研究中心；原始编号：HBERC 00759；培养基 0027，28℃。

ACCC 41374←湖北省生物农药工程研究中心；原始编号：HBERC 00642；培养基 0027，28℃。

Streptomyces cyslabdanicus Take et al. 2015

产西斯菌素链霉菌

ACCC 41965←中国农科院资划所；原始编号：DBT S8；分离地点：北京；分离源：番茄根际土；培养基 0847，30℃。

Streptomyces diastaticus（Krainsky 1914）Waksman & Henrici 1948

淀粉酶链霉菌

ACCC 40291←中国农科院环发所药物工程研究室；原始编号：3082；产生代谢产物具有抑菌活性；分离地点：北京；培养基 0012，28℃。

Streptomyces diastatochromogenes（Krainsky 1914）Waksman & Henrici 1948

淀粉酶产色链霉菌

ACCC 40850←湖北省生物农药工程研究中心；原始编号：IEDA 00622 275；产生代谢产物具有抑菌活性；分离地点：云南；培养基 0012，28℃。

ACCC 40925←湖北省生物农药工程研究中心；原始编号：HBERC 00038，Wa-02258；代谢产物具有抗真菌及杀虫活性；分离源：水底沉积物；分离地点：湖北鄂州；培养基 0027，28℃。

ACCC 40926←湖北省生物农药工程研究中心；原始编号：HBERC 00039，Wa-02347；代谢产物具有抗菌活性；分离源：水底沉积物；分离地点：湖北鄂州；培养基 0027，28℃。

ACCC 41379←湖北省生物农药工程研究中心；原始编号：HBERC 00669；培养基 0027，28℃。

Streptomyces ehimensis corrig.（Shibata et al. 1954）Witt & Stackebrandt 1991

爱媛链轮丝菌

ACCC 40969←湖北省生物农药工程研究中心；原始编号：HBERC 00111，Wa-03976；代谢产物具有弱的抗菌活性；分离源：土壤；分离地点：河南伏牛山；培养基 0027，28℃。

Streptomyces exfoliatus（Waksman & Curtis 1916）Waksman & Henrici 1948

脱叶链霉菌

ACCC 40509←湖北省生物农药工程研究中心；原始编号：HBERC 00154，Wa-01866；代谢产物具有抗菌活性；分离源：土壤；分离地点：福建蒲城；培养基 0012，28℃。

ACCC 41136←广东微生物所←中科院上海植生所；原始编号：GIMV13-A-5 13-A-5；分离源：土壤；分离地点：越南；培养基 0455，25～28℃。

ACCC 41964←中国农科院资划所；原始编号：T44；分离地点：北京；分离源：番茄根际土；培养基 0847，30℃。

Streptomyces fimbriatus（Millard & Burr 1926）Waksman & Lechevalier 1953

镶边链霉菌

ACCC 40841←湖北省生物农药工程研究中心；原始编号：IEDA 00613 EM-1；产生代谢产物具有抑菌活性；分离地点：北京；培养基 0012，28℃。

Streptomyces fimicarius（Duché 1934）Waksman & Henrici 1948

粪生链霉菌

ACCC 40195←中国农科院环发所药物工程研究室；原始编号：14189；分离地点：河北；培养基 0012，30℃。

ACCC 40451←湖北省生物农药工程研究中心；原始编号：HBERC 00030，Wa-03721；代谢产物具有抗菌活性；分离源：土壤；分离地点：湖北武汉；培养基 0012，28℃。

Streptomyces flaveolus（Waksman 1923）Waksman & Henrici 1948

浅黄链霉菌

ACCC 40228←中国农科院环发所药物工程研究室；原始编号：14113；分离源：土壤；分离地点：河北；培养基 0012，28℃。

ACCC 40822←湖北省生物农药工程研究中心；原始编号：IEDA 00594，wa-8031；产生代谢产物具有抑菌活性；分离地点：广西；培养基 0012，28℃。

Streptomyces flavidofuscus Preobrazhenskaya 1986

黄棕色链霉菌

ACCC 40908←新疆农科院微生物所；原始编号：XAAS20058，2.058；分离源：土壤；分离地点：新疆吐鲁番；培养基 0012，30℃。

Streptomyces flavidofuscus Preobrazhenskaya 1986

微黄褐链霉菌

ACCC 40914←新疆农科院微生物所；原始编号：XAAS20075，A158；分离源：土壤；分离地点：新疆吐鲁番；培养基 0305，20℃。

'Streptomyces flavorectus'（Ruan et al.）Yan et al.

黄直链霉菌

ACCC 40046←JCM4897T←KCC S-0897←CGMCC；＝AS 4.747＝HUT 6205＝IFO 13672＝NBRC 13672；模式菌株；对产朊酵母和稻瘟菌有溶菌作用；培养基 0012，28～30℃。

ACCC 40981←湖北省生物农药工程研究中心；原始编号：HBERC 00207，Wa-05283；代谢产物具有抗细菌活性；分离源：土壤；分离地点：河南伏牛山；培养基 0027，28℃。

ACCC 41074←湖北省生物农药工程研究中心；原始编号：HBERC 00451，Wa-06137；代谢产物具有弱的抗细菌活性；分离源：土壤；分离地点：湖北咸宁；培养基 0027，28℃。

ACCC 41113←湖北省生物农药工程研究中心；原始编号：HBERC 00498，Wa-10705；代谢产物具有抗细菌、真菌活性；分离源：土壤；分离地点：青海湖；培养基 0027，28℃。

ACCC 41387←湖北省生物农药工程研究中心；原始编号：HBERC 00664；分离源：土壤；分离地点：湖南壶瓶山；培养基 0027，28℃。

ACCC 41476←湖北省生物农药工程研究中心；原始编号：HBERC 00755；代谢产物具有杀虫及抗细菌活性；分离源：土壤；分离地点：河南伏牛山；培养基 0027，28℃。

ACCC 41526←湖北省生物农药工程研究中心；原始编号：HBERC 00721；培养基 0027，28℃。

Streptomyces flavoviridis（ex Preobrazhenskaya et al.）Preobrazhenskaya 1986
黄绿链霉菌

ACCC 40011←中科院微生物所；＝AS 4.536 培养基 0012，28～30℃。

ACCC 40393←中国农科院环发所药物工程研究室；原始编号：4622；产生代谢产物具有抑菌活性；分离地点：四川；培养基 0012，28℃。

ACCC 40851←湖北省生物农药工程研究中心；原始编号：IEDA 00623，3013；产生代谢产物具有抑菌活性；分离地点：北京；培养基 0012，28℃。

Streptomyces fradiae（Waksman & Curtis 1916）Waksman & Henrici 1948
弗氏链霉菌

ACCC 40012←JCM 4133T←KCC S-0133←K. Tubaki←T. Yamaguchi（IAM 0083）←M. Kuroya←IMR；＝ATCC 10745＝ATCC 19760＝BCRC 12196＝CBS 498.68＝CCM 3174＝CECT 3197＝DSM 40063＝HUT 6095＝IFM 1030＝IFO 12773＝IFO 3439＝IFO 3718＝IMET 42051＝IMI 061202＝ISP 5063＝JCM 4579＝KCTC 9760＝MTCC 321＝NBRC 12773＝NBRC 3439＝NBRC 3718＝NCIMB 11005＝NCIMB 8233；模式菌株；产生新霉素 neomycin；分离源：土壤；培养基 0012，26℃。

ACCC 40124←中科院微生物所；＝AS 4.24；产生新霉素和弗氏菌素；培养基 0012，28～30℃。

ACCC 40809←新疆农科院微生物所；原始编号：XAAS20017，2.017；分离源：土壤样品；分离地点：新疆吐鲁番；培养基 0039，30℃。

ACCC 40811←新疆农科院微生物所；原始编号：XAAS20046，2.046；分离源：土壤样品；分离地点：新疆吐鲁番；培养基 0039，30℃。

ACCC 40876←湖北省生物农药工程研究中心；原始编号：IEDA 00648；产生代谢产物具有抑菌活性；分离地点：河北；培养基 0012，28℃。

ACCC 41086←湖北省生物农药工程研究中心；原始编号：HBERC 00470，Wa-10600；代谢产物具有抗真菌活性；分离源：土壤；分离地点：青海湟源；培养基 0027，28℃。

Streptomyces fragilis Anderson et al. 1956
脆弱链霉菌

ACCC 03947←中国农科院饲料所；原始编号：B461；饲料用纤维素酶、植酸酶、木聚糖酶等的筛选；分离地点：江西鄱阳县；培养基 0002，26℃。

ACCC 40915←新疆农科院微生物所；原始编号：XAAS20076，A382；分离源：土壤；分离地点：新疆吐鲁番；培养基 0039，30℃。

Streptomyces fulvissimus（Jensen 1930）Waksman & Henrici 1948
极暗黄链霉菌

ACCC 40910←新疆农科院微生物所；原始编号：XAAS20069，2-2；分离源：土壤；分离地点：新疆吐鲁番；培养基 0039，32℃。

ACCC 41107←湖北省生物农药工程研究中心；原始编号：HBERC 00492，Wa-10783；代谢产物具有抗真菌活性；分离源：土壤；分离地点：青海湖；培养基 0027，28℃。

Streptomyces fulvoviridis（**Kuchaeva et al. 1960**）**Pridham 1970**
暗黄绿链霉菌

ACCC 41431←湖北省生物农药工程研究中心；原始编号：HBERC 00730；代谢产物具有弱的抗细菌活性；分离源：土壤；分离地点：湖南壶瓶山；培养基 0027，28℃。

'*Streptomyces fumosus*'
烟色链霉菌

ACCC 40530←中国热科院环植所；原始编号：CATAS EPPIS0004，JFA-005；分离源：土壤表层 5～10 cm 处；分离地点：海南三亚；培养基 0012，28℃。

ACCC 40662←湖北省生物农药工程研究中心；原始编号：HBERC 00237，Wa-00360；代谢产物具有抗菌活性；分离源：土壤；分离地点：湖北天门；培养基 0012，28℃。

ACCC 41004←湖北省生物农药工程研究中心；原始编号：HBERC 00434，Wa-03907；代谢产物具有抗真菌活性；分离源：土壤；分离地点：湖北武汉；培养基 0027，28℃。

ACCC 41008←湖北省生物农药工程研究中心；原始编号：HBERC 00438，Wa-03947；代谢产物具有抗真菌活性；分离源：土壤；分离地点：河南伏牛山；培养基 0027，28℃。

Streptomyces galbus **Frommer 1959**
鲜黄链霉菌

ACCC 40211←中国农科院环发所药物工程研究室；原始编号：14253；分离源：土壤；分离地点：广西；培养基 0012，30℃。

Streptomyces galilaeus **Ettlinger et al. 1958**
加利利链霉菌

ACCC 41942←山东农业大学；原始编号：武 3-1，6；马铃薯疮痂病病原菌；分离地点：内蒙古呼和浩特武川县；分离源：马铃薯块茎；培养基 0012，28℃。

ACCC 41956←山东农业大学；原始编号：03-3xx 1；马铃薯疮痂病病原菌；分离地点：内蒙古呼和浩特凉城县；分离源：马铃薯块茎；培养基 0012，28℃。

ACCC 41957←山东农业大学；原始编号：武 6#2；马铃薯疮痂病病原菌；分离地点：内蒙古呼和浩特武川县；分离源：马铃薯块茎；培养基 0012，28℃。

ACCC 41959←山东农业大学；原始编号：Ll2-3；研究；分离地点：甘肃定西临洮县；分离源：马铃薯块茎；培养基 0012，28℃。

Streptomyces glaucescens（**Preobrazhenskaya 1957**）**Pridham et al. 1958**
淡青链霉菌

ACCC 40934←湖北省生物农药工程研究中心；原始编号：HBERC 00051，Wa-03162；代谢产物具有抗真菌活性；分离源：土壤；分离地点：湖北鄂州；培养基 0027，28℃。

'*Streptomyces glaucohygroscopicus*' **Yan & Deng**
青色吸水链霉菌

ACCC 40013←中科院微生物所；＝AS 4.305；培养基 0012，28℃。

Streptomyces glaucus（**ex Lehmann & Schutze 1912**）**Agre & Preobrazhenskaya 1986**
淡灰链霉菌

ACCC 40148←广东微生物所←中科院微生物所；＝GIM4.13＝CGMCC 4.645；培养基 0012，28℃。

ACCC 40149←广东微生物所←中科院微生物所；＝GIM4.16＝CGMCC 4.724；培养基 0012，28℃。

ACCC 40150←广东微生物所←中科院微生物所；＝GIM4.17＝CGMCC 4.743；培养基 0012，28℃。

ACCC 40151←广东微生物所；＝GIM4.40；原始编号：m4.6；培养基 0012，28℃。

ACCC 41459←湖北省生物农药工程研究中心；原始编号：HBERC 00738；代谢产物具抗真菌活性；分离源：土壤；分离地点：湖南壶瓶山；培养基 0027，28℃。

Streptomyces globisporus（Krasil'nikov 1941）Waksman 1953

球孢链霉菌

ACCC 40014←湖北省农科所植保系；原始编号：878；产属于杀子束菌素 - 曲古霉素 - 杀假丝菌素组的七烯大环内酯类抗生素；分离源：棉田土壤；分离地点：武昌；培养基 0012，28～30℃。

ACCC 40039←中科院微生物所；＝AS 4.92；原始编号：3-380；分离源：土壤；分离地点：北京郊区；培养基 0012；28～30℃。

ACCC 40152←广东微生物所；＝GIM4.18＝CGMCC 4.744；培养基 0012，28℃。

ACCC 40153←广东微生物所；＝GIM4.18＝CGMCC 4.52；培养基 0012，28℃。

ACCC 40154←广东微生物所；＝GIM4.54＝CGMCC 4.90；培养基 0012，28℃。

ACCC 40655←湖北省生物农药工程研究中心；原始编号：HBERC 00194，Wa-0036；代谢产物具有抗菌活性；分离地点：河南洛阳；培养基 0012，28℃。

Streptomyces glomerachromogenes Yan & Zhang

球团产色链霉菌

ACCC 40207←中国农科院环发所药物工程研究室；原始编号：14478；分离源：土壤；分离地点：云南；培养基 0012，30℃。

ACCC 41417←湖北省生物农药工程研究中心；原始编号：HBERC 00671；代谢产物具有弱的抗细菌活性；分离源：土壤；分离地点：湖南壶瓶山；培养基 0027，28℃。

Streptomyces goshikiensis Niida 1966

戈壁发链霉菌（戈壁三素链霉菌）

ACCC 40835←湖北省生物农药工程研究中心；原始编号：IEDA 00607，wa-8107；产生代谢产物具有抑菌活性；分离地点：河北；培养基 0012，28℃。

Streptomyces gougerotii（Duché 1934）Waksman & Henrici 1948

谷氏链霉菌

ACCC 40799←新疆农科院微生物所；原始编号：XAAS20028，2.028；分离源：土壤样品；分离地点：新疆吐鲁番；培养基 0039，30℃。

Streptomyces graminearus Preobrazhenskaya 1986

禾栗链霉菌

ACCC 40187←中国农科院环发所药物工程研究室；原始编号：2；分离地点：云南；培养基 0012，30℃。

ACCC 40201←中国农科院环发所药物工程研究室；原始编号：71R-34；分离源：土壤；分离地点：四川；培养基 0012，30℃。

ACCC 40214←中国农科院环发所药物工程研究室；原始编号：14393；分离源：土壤；分离地点：云南；培养基 0012，30℃。

ACCC 41398←湖北省生物农药工程研究中心；原始编号：HBERC 00687；分离源：土壤；分离地点：湖南壶瓶山；培养基 0027，28℃。

ACCC 41402←湖北省生物农药工程研究中心；原始编号：HBERC 00694；分离源：土壤；分离地点：湖南壶瓶山；培养基 0027，28℃。

Streptomyces griseoaurantiacus（Krassilnikov & Yuan 1965）Pridham 1970

灰橙链霉菌

ACCC 40872←湖北省生物农药工程研究中心；原始编号：IEDA 00644，3606；产生代谢产物具有抑菌活性；分离地点：四川；培养基 0012，28℃。

Streptomyces griseocarneus（Benedict et al. 1950）Witt & Stackebrandt 1991

灰肉链霉菌

ACCC 41047←DSMZ←JCM←KCC←IFO←Y. Okami, 1101-A5. [IMC S-0603；IPV 2254]；
=DSM41678=ATCC 29818, DSM 41500, IFO 13861, JCM 5010, KCC S-1010；模式菌
株；产生白轮丝菌素 alboverticillin；分离源：土壤；培养基 0455, 30℃。

Streptomyces griseochromogenes Fukunaga 1955

灰色产色链霉菌

ACCC 40037←中科院微生物所；=AS 4.892；产灭瘟素（miewensu）；培养基 0012, 28～30℃。

ACCC 41019←DSMZ；=DSM 40499=ATCC 14511=CBS 714.72= IFO 13413= ISP 5499= JCM
4039= JCM 4764= NBRC 13413= RIA 1374；模式菌株；产生杀稻瘟菌素 blasticidin
S, 胞霉素 cytomycin, 杀稻瘟菌素 blasticidin A、B、C, toyokamycine, 转化苯二氮化合
物 benzodiazepine compounds；分离源：土壤；培养基 0455, 28℃。

Streptomyces griseoflavus（Krainsky 1914）Waksman & Henrici 1948

灰黄链霉菌

ACCC 40301←中国农科院环发所药物工程研究室；原始编号：3486；产生代谢产物具有抑菌活性；分
离地点：四川；培养基 0012, 28℃。

ACCC 40827←湖北省生物农药工程研究中心；原始编号：IEDA 00599, wa-7488；产生代谢产物具有
抑菌活性；分离地点：云南；培养基 0012, 28℃。

ACCC 41338←湖北省生物农药工程研究中心；原始编号：HBERC 00770；培养基 0027, 28℃。

Streptomyces griseofuscus Sakamoto et al. 1962

灰褐链霉菌

ACCC 40533←中国热科院环植所；原始编号：CATAS EPPIS0007, JFA-010；分离源：土壤表层
5～10 cm 处；分离地点：海南文昌；培养基 0012, 28℃。

ACCC 40540←中国热科院环植所；原始编号：CATAS EPPIS0025, JFA-029；分离源：土壤表层 5～
10 cm 处；分离地点：海南儋州；培养基 0012, 28℃。

ACCC 40558←中国热科院环植所；原始编号：CATAS EPPIS0044, JFA-064；分离源：土壤表层 5～
10 cm 处；分离地点：海南儋州王五镇；培养基 0012, 28℃。

Streptomyces griseolus（Waksman 1923）Waksman & Henrici 1948

浅灰链霉菌

ACCC 40227←中国农科院环发所药物工程研究室；原始编号：2421；分离源：土壤；分离地点：河北；
培养基 0012, 30℃。

ACCC 40852←湖北省生物农药工程研究中心；原始编号：IEDA 00624, 3068；产生代谢产物具有抑菌
活性；分离地点：广西；培养基 0012, 28℃。

ACCC 40867←湖北省生物农药工程研究中心；原始编号：IEDA 00639；产生代谢产物具有抑菌活性；
分离地点：广西；培养基 0012, 28℃。

ACCC 41442←湖北省生物农药工程研究中心；原始编号：HBERC 00762；代谢产物具有抗真菌活性；
分离源：土壤；分离地点：四川峨眉山；培养基 0027, 28℃。

Streptomyces griseolus subsp. **hangzhouensis Yan & Fang**

浅灰链霉菌杭州变种

ACCC 40075←浙江省农业科学院；原始编号：S26；产杀蚜素，对蚜虫、红蜘蛛及某些鳞翅目幼虫毒杀
作用很强；培养基 0012, 28～30℃。

'Streptomyces griseomacrosporus' Yan et al.

灰色大孢链霉菌

ACCC 40726←湖北省生物农药工程研究中心；原始编号：HBERC00315, Wa-05521；代谢产物具有抗
菌活性；分离源：土壤；分离地点：四川峨眉山；培养基 0012, 28℃。

Streptomyces griseoplanus Backus et al. 1957

灰平链霉菌

ACCC 40546←中国热科院环植所；原始编号：CATAS EPPIS0031，JFA-040；分离源：土壤表层5～
10 cm处；分离地点：海南昌江；培养基0012，28℃。

ACCC 40551←中国热科院环植所；原始编号：CATAS EPPIS0037，JFA-052；分离源：土壤表层5～
10 cm处；分离地点：海南儋州王五镇；培养基0012，28℃。

ACCC 40561←中国热科院环植所；原始编号：CATAS EPPIS0047，JFA-080；分离源：土壤表层5～
10 cm处；分离地点：海南儋州王五镇；培养基0012，28℃。

Streptomyces griseorubens（Preobrazhenskaya et al. 1957）Pridham et al. 1958

灰变红链霉菌

ACCC 40779←新疆农科院微生物所；原始编号：XAAS20034，2.034；分离源：土壤样品；分离地点：
新疆吐鲁番；培养基0455，20℃。

Streptomyces griseorubiginosus（Ryabova & Preobrazhenskaya 1957）Pridham et al. 1958

灰锈赤链霉菌

ACCC 40421←中国农科院环发所药物工程研究室；原始编号：B-22；产生代谢产物具有抑菌活性；分
离地点：河北；培养基0012，28℃。

ACCC 41438←湖北省生物农药工程研究中心；原始编号：HBERC 007776；代谢产物具有抗细菌及抗
真菌活性；分离源：土壤；分离地点：青海西宁；培养基0027，28℃。

'*Streptomyces griseosegmentosus*'

灰色裂孢链霉菌

ACCC 40532←中国热科院环植所；原始编号：CATAS EPPIS0006，JFA-007；分离源：土壤表层5～
10 cm处；分离地点：海南文昌；培养基0012，28℃。

ACCC 40979←湖北省生物农药工程研究中心；原始编号：HBERC 00173，Wa-03370；代谢产物具有抗
细菌活性；分离源：土壤；分离地点：湖北武汉；培养基0027，28℃。

Streptomyces griseosporeus Niida & Ogasawara 1960

灰孢链霉菌

ACCC 40864←湖北省生物农药工程研究中心；原始编号：IEDA 00636，289D21；产生代谢产物具有抑
菌活性；分离地点：河北；培养基0012，28℃。

Streptomyces griseostramineus（Preobrazhenskaya et al. 1957）Pridham et al. 1958

灰草黄链霉菌

ACCC 40923←湖北省生物农药工程研究中心；原始编号：HBERC 00036，Wa-01813；代谢产物具有弱
的抗细菌活性；分离源：土壤；分离地点：福建蒲城；培养基0027，28℃。

Streptomyces griseoviridis Anderson et al. 1956

灰绿链霉菌

ACCC 41544←湖北省生物农药工程研究中心；原始编号：HBERC 00814；培养基0027，28℃。

Streptomyces griseus（Krainsky 1914）Waksman & Henrici 1948

灰色链霉菌

ACCC 40103←中科院微生物所；＝AS 4.18；培养基0012，25～28℃。

ACCC 40120←中科学院微生物所；原始编号：11371；能抑制革兰氏阳性、阴性细菌及丝状真菌；培养
基0012，28～30℃。

ACCC 40138←中国农科院土肥所←卫生部生物药品检定所；＝AS 4.29；培养基0012，30℃。

ACCC 40155←广东微生物所；＝GIM4.19＝CGMCC 4.139；培养基0012，28℃。

ACCC 40156←广东微生物所；＝GIM4.20＝CGMCC 4.35；培养基0012，28℃。

ACCC 40226←中国农科院环发所药物工程研究室；原始编号：2273；分离源：土壤；分离地点：四川；
培养基0012，30℃。

ACCC 40306←中国农科院环发所药物工程研究室；原始编号：3196；产生代谢产物具有抑菌活性；分离地点：河北；培养基 0012，28℃。

ACCC 40487←湖北省生物农药工程研究中心；原始编号：HBERC 00132，Wa-03590；具抗菌作用；分离源：树皮；分离地点：湖北武汉；培养基 0012，28℃。

ACCC 40527←中国热科院环植所；原始编号：CATAS EPPIS0001，JFA-001；分离源：土壤表层 5～10 cm 处；分离地点：海南儋州王五镇；培养基 0012，28℃。

ACCC 40854←湖北省生物农药工程研究中心；原始编号：IEDA 00626，57-P20；产生代谢产物具有抑菌活性；分离地点：河北；培养基 0012，28℃。

ACCC 40858←湖北省生物农药工程研究中心；原始编号：IEDA 00630，HF-207；产生代谢产物具有抑菌活性；分离地点：河北；培养基 0012，28℃。

Streptomyces heliomycini（ex Braznikova et al. 1958）Preobrazhenskaya，1986
日光霉素链霉菌

ACCC 61890←中国农科院资划所；原始编号：PYN-1；分离地点：云南；分离源：大蒜；培养基 0908，30℃。

Streptomyces hiroshimensis（Shinobu 1955）Witt & Stackebrandt 1991

ACCC 41035←DSMZ←E.B. Shirling，ISP，=ATCC 19807= CBS 560.68= IFO 12817=ISP 5039= JCM 4103=KCC S-0103=KCC S-0607=NBRC 12817= NRRL B-1993= RIA 1087= RIA 552；分离源：土壤；具抗真菌和抗细菌活性；分离源：土壤；培养基 0012，30℃。

Streptomyces humidus Nakazawa & Shibata 1956
湿链霉菌

ACCC 05597←中国农科院资划所；分离源：水稻根内生；分离地点：湖南祁阳县官山坪；培养基 0002，37℃。

ACCC 40403←中国农科院环发所药物工程研究室；原始编号：3016①；产生代谢产物具有抑菌活性；分离地点：河北；培养基 0012，28℃。

Streptomyces hygroscopicus（Jensen 1931）Waksman & Henrici 1948
吸水链霉菌

ACCC 40015←华南亚热带作物研究所；原始编号：245；产放线酮，可防治多种作物病害；分离源：土壤；分离地点：海南；培养基 0012，28～30℃。

ACCC 40016←中国农科院土肥所；原始编号：SF104；产放线酮；培养基 0012，28～30℃。

ACCC 40017←中国农科院植保所；原始编号：C-227；产放线酮，可防治多种植物真菌病害；分离源：SF104 经氮芥和紫外光复合处理新得菌株；培养基 0012，28～30℃。

ACCC 40018←中国农科院土肥所；原始编号：UV002；产放线酮，可防治多种植物真菌病害；分离源：由 SF104 经紫外光照射处理得菌株；培养基 0012，28～30℃。

ACCC 40019←中国农科院土肥所；原始编号：1283；产放线酮，G57 可防治多种植物真菌病害；培养基 0012，28～30℃。

ACCC 40052←中国农科院土肥所；原始编号：F32；产放线酮，可防治多种植物真菌病害；分离源：SF104 人工诱变菌株；培养基 0012，28～30℃。

ACCC 40071←中国农科院土肥所；原始编号：r-38；产放线酮，可防治多种植物真菌病害；分离源：SF104 经 r 射线处理所得菌株；培养基 0012，28～30℃。

ACCC 40157←广东微生物所；=GIM4.21=CGMCC 4.557；培养基 0012，28℃。

ACCC 40158←广东微生物所；=GIM4.22=CGMCC 4.555；培养基 0012，28℃。

ACCC 40164←广东微生物所；=GIM4.50；培养基 0012，28℃。

ACCC 40417←中国农科院环发所药物工程研究室；原始编号：579②-2；产生代谢产物具有抑菌活性；分离地点：河北；培养基 0012，28℃。

ACCC 40473←湖北省生物农药工程研究中心；原始编号：HBERC 00113，Wa-01173；代谢产物具有抗菌活性；分离源：土壤；分离地点：浙江开化；培养基 0012，28℃。

ACCC 40535←中国热科院环植所；原始编号：CATAS EPPIS0009，JFA-016；分离源：土壤表层 5～10 cm 处；分离地点：海南文昌；培养基 0012，28℃。

ACCC 40542←中国热科院环植所；原始编号：CATAS EPPIS0027，JFA-031；分离源：土壤表层 5～10 cm 处；分离地点：海南昌江；培养基 0012，28℃。

ACCC 40543←中国热科院环植所；原始编号：CATAS EPPIS0028，JFA-032；分离源：土壤表层 5～10 cm 处；分离地点：海南三亚；培养基 0012，28℃。

ACCC 40547←中国热科院环植所；原始编号：CATAS EPPIS0032，JFA-041；分离源：土壤表层 5～10 cm 处；分离地点：海南昌江；培养基 0012，28℃。

ACCC 40552←中国热科院环植所；原始编号：CATAS EPPIS0038，JFA-054；分离源：土壤表层 5～10 cm 处；分离地点：海南三亚；培养基 0012，28℃。

ACCC 40869←湖北省生物农药工程研究中心；原始编号：IEDA 00641，N4-127；产生代谢产物具有抑菌活性；分离地点：北京；培养基 0012，28℃。

ACCC 40882←湖北省生物农药工程研究中心；原始编号：IEDA 00654，KT84-408-1；产生代谢产物具有抑菌活性；分离地点：北京；培养基 0012，28℃。

ACCC 40887←湖北省生物农药工程研究中心；原始编号：IEDA 00660，P14-127-1；产生代谢产物具有抑菌活性；分离地点：河北；培养基 0012，28℃。

ACCC 41133←广东微生物所←中科院上海植生所；原始编号：GIM4.50 MIK4.16；对防治水稻纹枯病有效；分离源：土壤；分离地点：广东广州；培养基 0012，25～28℃。

ACCC 41508←中国农科院土肥所←中科院微生物所←浙江省农业科学院植物保护研究所；＝AS 4.940；对水稻纹枯病有效；培养基 0002，28℃。

Streptomyces hygroscopicus subsp. *griseus* Li

吸水链霉菌灰色变种

ACCC 40541←中国热科院环植所；原始编号：CATAS EPPIS0026，JFA-030；分离源：土壤表层 5～10 cm 处；分离地点：海南昌江；培养基 0012，28℃。

Streptomyces hygroscopicus subsp. *jinggangensis* Yan et al.

吸水链霉菌井冈变种

ACCC 40051←中国农科院原子能所←宜兴生物农药厂；产生井冈霉素防治水稻纹枯病；培养基 0012，28～30℃。

Streptomyces hygroscopicus subsp. *violaceus*（Yan & Deng）Yan et al.

吸水链霉菌紫色变种

ACCC 40034←中科院微生物所；＝AS 4.298；原始编号：放线菌组 21-164；模式菌株；培养基 0012，28～30℃。

ACCC 41525←湖北省生物农药工程研究中心；原始编号：HBERC 00834；培养基 0027，28℃。

Streptomyces hygroscopicus subsp. *yingchengensis* Yan & Ruan

吸水链霉菌应城变种

ACCC 40036←华中农业大学微生物室；原始编号：5102-6F5；产 5102-1、5102-2-1、5102-3 等素，其中 5102-1 和日本 Volidamycin 或我国的井冈霉素相似。对水稻纹枯病、稻小球菌核病、棉花立枯病有特效；培养基 0012，28～30℃。

ACCC 40053←华中农业大学微生物教研组；原始编号：UA-10-69F；分离源：菌株 5102-6 诱变而得；培养基 0012，28～30℃。

Streptomyces hygrospinocus var. *beigingensis* Tao et al.

吸水链霉菌北京变种

ACCC 40033←中国农科院土肥所 TF120；培养基 0012，28～30℃。

ACCC 40068←中国农科院土肥所 TF120-N，由 TF120-N 自然分离的菌株；产碱性水溶性核苷类抗生素；培养基 0012，28～30℃。

ACCC 40073←中国农科院土肥所 TF120-6，由 TF120 复壮的菌株；产碱性水溶性核苷类抗生素；培养
基 0012，28～30℃。

ACCC 40074←中国农科院土肥所 120-13F2，由 TF120 复壮的菌株；产碱性水溶性核苷类抗菌素；培养
基 0012，28～30℃。

Streptomyces hygroscopicus var. *kungmingensis* Yan & Zhang

吸水链霉菌昆明变种

ACCC 40020←中国农科院土肥所←云南植物研究所 S-10；＝AS 4.1004；培养基 0012，28～30℃。

Streptomyces intermedius（Krüger 1904）Waksman 1953

中间型链霉菌

ACCC 41372←湖北省生物农药工程研究中心；原始编号：HBERC 00665；培养基 0027，28℃。

Streptomyces inusitatus Hasegawa et al. 1978

不寻常链霉菌

ACCC 40849←湖北省生物农药工程研究中心；原始编号：IEDA 00621，11076M＋；产生代谢产物具有
抑菌活性；分离地点：广西；培养基 0012，28℃。

'Streptomyces jingyangensis' Tao et al.

泾阳链霉菌

ACCC 40021←中国农大；原始编号：5406；产细胞分裂素和抗生素类物质，用于抗生素肥生产；分离
源：老苜蓿根际土壤；分离地点：山西泾阳；培养基 0012，28～30℃。

ACCC 40022←中国农大；原始编号：G4；产生刺激素和抗生素；分离源：棉花根际土壤；分离地点：
山西运城；培养基 0012，28～30℃。

ACCC 40023←中国农科院原子能所；原始编号：5406U2；5406 的诱变菌株，可生产抗生素菌肥；培养
基 0012，28～30℃。

ACCC 40040←中国农科院原子能所；原始编号：5406 红外；可生产抗生菌肥料；分离源：经红外线处
理后获得的菌株；培养基 0012，28～30℃。

ACCC 40041←中国农科院原子能所；原始编号：5406-1-1；5406 自然选育产孢量多的菌株；培养基
0012，28～30℃。

ACCC 40042←中国农科院原子能所；原始编号：5406-Co60；抗生菌肥料；分离源：5406 经 ^{60}Co 诱变处
理后的菌株；培养基 0012，28～30℃。

ACCC 40056←中国农科院原子能所；原始编号：F358；培养基 0012，28～30℃。

ACCC 40057←中国农科院原子能所；原始编号：A94；产生刺激素和抗生素；培养基 0012，28～30℃。

ACCC 40058←中国农科院原子能所；原始编号：103；产生长刺激素和抗生素；培养基 0012，28～30℃。

ACCC 40059←中国农科院原子能所；原始编号：103A2；产生长刺激素和抗生素；培养基 0012，28～
30℃。

ACCC 40065←中国农科院植保所；原始编号：508；培养基 0012，28～30℃。

ACCC 40066←中国农科院植保所；原始编号：219；培养基 0012，28～30℃。

ACCC 40067←中国农科院原子能所；原始编号：259；培养基 0012，28～30℃。

ACCC 40081←中国农大；原始编号：5406 光 1；培养基 0012，28～30℃。

ACCC 40082←中国农大；原始编号：5406 光 2；培养基 0012，28～30℃。

ACCC 40083←中国农大；原始编号：5406 光 3；培养基 0012，28～30℃。

ACCC 40084←中国农大；原始编号：5406 光 4；培养基 0012，28～30℃。

ACCC 40085←中国农大；原始编号：5406 光（2）；培养基 0012，28℃。

ACCC 40086←中国农大；原始编号：5406 光（3）；培养基 0012，28℃。

ACCC 40087←中国农大；原始编号：5406 光（5）；培养基 0012，28℃。

ACCC 40126←中国农科院原子能所；产生激素和抗生素，形成孢子较多，易变粉红色，可用于生产抗
生菌肥料；培养基 0012，28～30℃。

ACCC 40127←中国农科院原子能所；产生激素和抗生素，可用于生产抗生菌肥料；培养基0012，
28～30℃。

Streptomyces laurentii Trejo et al. 1979

劳氏链霉菌

ACCC 02572←南京农大农业环境微生物菌种保藏中心；原始编号：CAH3，NAECC1210；能于30℃水
解几丁质，酶活达到126.79U；分离地点：浙江；培养基0455，30℃。

Streptomyces lavendulae（Waksman & Curtis 1916）Waksman & Henrici 1948

浅紫灰链霉菌

ACCC 40024←中科院微生物所；＝AS 4.415；培养基0012，28～30℃。

ACCC 40160←广东微生物所；＝GIM4.23＝CGMCC 4.583；培养基0012，28℃。

ACCC 40161←广东微生物所；＝GIM4.24＝CGMCC 4.201；培养基0012，28℃。

ACCC 40182←中国农科院环发所药物工程研究室；原始编号：12763；分离地点：北京；培养基0012，
30℃。

ACCC 40205←中国农科院环发所药物工程研究室；原始编号：14357；分离源：土壤；分离地点：四
川；培养基0012，30℃。

ACCC 40210←中国农科院环发所药物工程研究室；原始编号：14250；分离地点：四川；培养基0012，
30℃。

ACCC 40223←中国农科院环发所药物工程研究室；原始编号：2401；分离源：土壤；分离地点：云南；
培养基0012；25℃。

ACCC 40248←中国农科院环发所药物工程研究室；原始编号：2241；分离源：土壤；分离地点：云南；
培养基0012，30℃。

ACCC 40529←中国热科院环植所；原始编号：CATAS EPPIS0003，JFA-004；分离源：土壤表层5～
10 cm处；分离地点：海南三亚；培养基0012，28℃。

ACCC 40536←中国热科院环植所；原始编号：CATAS EPPIS0010，JFA-017；分离源：土壤表层5～
10 cm处；分离地点：海南文昌；培养基0012，28℃。

ACCC 40643←湖北省生物农药工程研究中心；原始编号：IEDA 00543，wa-8175；产生代谢产物具有
抑菌活性；分离地点：安徽；培养基0012，28℃。

ACCC 40647←湖北省生物农药工程研究中心；原始编号：IEDA 00553，wa-8183；产生代谢产物具有
抑菌活性；分离地点：湖北；培养基0012，28℃。

ACCC 40749←湖北省生物农药工程研究中心；原始编号：HBERC 00355，Wa-05835；代谢产物具有抗
菌活性；分离源：土壤；分离地点：河南灵宝；培养基0012，28℃。

ACCC 40780←新疆农科院微生物所；原始编号：XAAS20040，2.040；分离源：土壤样品；分离地点：
新疆吐鲁番；培养基0039，20℃。

ACCC 40800←新疆农科院微生物所；原始编号：XAAS20043，2.043；分离源：土壤样品；分离地点：
新疆吐鲁番；培养基0039，30℃。

ACCC 40804←新疆农科院微生物所；原始编号：XAAS20060，2.060；分离源：土壤样品；分离地点：
新疆吐鲁番；培养基0305，30℃。

ACCC 40808←新疆农科院微生物所；原始编号：XAAS20024，2.024；分离源：土壤样品；分离地点：
新疆吐鲁番；培养基0455，30℃。

ACCC 40812←新疆农科院微生物所；原始编号：XAAS20063，2.063；分离源：土壤样品；分离地点：
新疆吐鲁番；培养基0039，30℃。

ACCC 40873←湖北省生物农药工程研究中心；原始编号：IEDA 00645，A131；产生代谢产物具有抑菌
活性；分离地点：广西；培养基0012，28℃。

ACCC 41396←湖北省生物农药工程研究中心；原始编号：HBERC 00651；培养基0027，28℃。

ACCC 41419←湖北省生物农药工程研究中心；原始编号：HBERC 00697；代谢产物具有弱的抗细菌活
性；分离源：土壤；分离地点：湖南壶瓶山；培养基0027，28℃。

ACCC 41471←湖北省生物农药工程研究中心；原始编号：HBERC 00731；代谢产物具有弱的抗细菌活性；分离源：土壤；分离地点：湖南壶瓶山；培养基 0027，28℃。

Streptomyces lavendulae subsp. *grasserius*（Kuchaeva et al. 1961）Pridham 1970
淡紫灰链霉菌淡青变种
ACCC 05546←中国农科院资划所；分离源：水稻根内生；分离地点：湖南祁阳官山坪；培养基 0512，30℃。

ACCC 05612←中国农科院资划所；分离源：水稻根内生；分离地点：湖南祁阳官山坪；培养基 0512，30℃。

ACCC 40424←中国农科院环发所药物工程研究室；原始编号：H2；产生代谢产物具有抑菌活性；分离地点：云南；培养基 0012，28℃。

Streptomyces litmocidini（Ryabova & Preobrazhenskaya 1957）Pridham et al. 1958
石蕊杀菌素链霉菌
ACCC 40242←中国农科院环发所药物工程研究室；原始编号：779；分离源：土壤；分离地点：河北；培养基 0012，30℃。

Streptomyces longisporoflavus Waksman 1953
黄色长孢链霉菌
ACCC 40025←中科院微生物所；＝AS 4.529；抑制阳性细菌；培养基 0012，28～30℃。

ACCC 40199←中国农科院环发所药物工程研究室；原始编号：2-0429-28；分离地点：北京；培养基 0012，30℃。

ACCC 40313←中国农科院环发所药物工程研究室；原始编号：3036；产生代谢产物具有抑菌活性；分离地点：云南；培养基 0012，28℃。

ACCC 40314←中国农科院环发所药物工程研究室；原始编号：3030；产生代谢产物具有抑菌活性；分离地点：河北；培养基 0012，28℃。

ACCC 40937←湖北省生物农药工程研究中心；原始编号：HBERC 00054，Wa-97；代谢产物具有弱的抗真菌活性；分离源：土壤；分离地点：河南伏牛山；培养基 0027，28℃。

ACCC 41345←湖北省生物农药工程研究中心；原始编号：HBERC 00810；分离源：土壤；分离地点：青海；培养基 0027，28℃。

ACCC 41905←DSMZ；＝DSM 40165；分离源：土壤；培养基 0455，28℃。

Streptomyces longispororuber Waksman 1953
红色长孢链霉菌
ACCC 40233←中国农科院环发所药物工程研究室；原始编号：2-0658-48；分离源：土壤；分离地点：云南；培养基 0012，30℃。

Streptomyces longisporus（Krasil'nikov 1941）Waksman 1953
长孢链霉菌
ACCC 40218←中国农科院环发所药物工程研究室；原始编号：132-H2505；分离源：土壤；分离地点：四川；培养基 0012，30℃。

ACCC 40734←湖北省生物农药工程研究中心；原始编号：HBERC 00329，Wa-05616；代谢产物具有抗菌活性；分离源：土壤；分离地点：河南伏牛山；培养基 0012，28℃。

ACCC 40826←湖北省生物农药工程研究中心；原始编号：IEDA 00598，wa-8109；代谢产物具有抑菌活性；分离地点：河北；培养基 0012，28℃。

Streptomyces lusitanus Villax 1963
葡萄牙链霉菌
ACCC 40664←湖北省生物农药工程研究中心；原始编号：HBERC 00182，Wa-00526；代谢产物具有抗菌活性；分离源：叶渣；分离地点：湖北武汉；培养基 0012，28℃。

ACCC 41064←DSMZ←E. B. Shirling, ISP←NCIB←I. Villax；=DSM 40568＝ATCC 15842＝ ATCC 27444＝ CBS 765.72＝ IFO 13464＝ ISP 5568＝ JCM 4785＝ KCC S-0785＝ NBRC 13464＝ NCIB 9585＝ RIA 1425；模式菌株；产 7-氯四环素 7-chlortetracycline 和四环素 tetracycline；分离源：土壤；培养基 0455，28℃。

Streptomyces luteogriseus Schmitz et al. 1964

藤黄灰链霉菌

ACCC 41537←湖北省生物农药工程研究中心；原始编号：HBERC 00817；培养基 0027，28℃。

Streptomyces lydicus De Boer et al. 1956

利迪链霉菌

ACCC 41902←DSMZ；=DSM 40461；分离源：土壤；培养基 0455，28℃。

Streptomyces macrosporus（ex Krasil'nikov et al. 1968）Goodfellow et al. 1988

大孢子链霉菌

ACCC 40310←中国农科院环发所药物工程研究室；原始编号：3450；产生代谢产物具有抑菌活性；分离地点：河北；培养基 0012，28℃。

ACCC 40329←中国农科院环发所药物工程研究室；原始编号：52；产生代谢产物具有抑菌活性；分离地点：云南；培养基 0012，28℃。

ACCC 40363←中国农科院环发所药物工程研究室；原始编号：3187；产生代谢产物具有抑菌活性；分离地点：河北；培养基 0012，28℃。

ACCC 40372←中国农科院环发所药物工程研究室；原始编号：3450；产生代谢产物具有抑菌活性；分离地点：河北；培养基 0012，28℃。

ACCC 40374←中国农科院环发所药物工程研究室；原始编号：3459；产生代谢产物具有抑菌活性；分离地点：四川；培养基 0012，28℃。

ACCC 40402←中国农科院环发所药物工程研究室；原始编号：Q192；产生代谢产物具有抑菌活性；分离地点：河北；培养基 0012，28℃。

ACCC 41093←湖北省生物农药工程研究中心；原始编号：HBERC 00477，Wa-10647；代谢产物具有抗真菌活性；分离源：土壤；分离地点：青海湖；培养基 0027，28℃。

Streptomyces matensis Margalith et al. 1959

马特链霉菌

ACCC 40357←中国农科院环发所药物工程研究室；原始编号：3162；产生代谢产物具有抑菌活性；分离地点：云南；培养基 0012，28℃。

Streptomyces mediolani Arcamone et al. 1969

梅久兰链霉菌

ACCC 41441←湖北省生物农药工程研究中心；原始编号：HBERC 00723；代谢产物具有弱的抗细菌活性；分离源：土壤；分离地点：湖南壶瓶山；培养基 0027，28℃。

Streptomyces megasporus（ex Krasil'nikov et al. 1968）Agre 1986

巨孢链霉菌

ACCC 41393←湖北省生物农药工程研究中心；原始编号：HBERC 00661；分离源：土壤；分离地点：湖南石门；培养基 0027，28℃。

ACCC 41475←湖北省生物农药工程研究中心；原始编号：HBERC 00798；代谢产物具有抗菌及杀虫活性；分离源：土壤；分离地点：河南西峡；培养基 0027，28℃。

Streptomyces michiganensis Corbaz et al. 1957

密执安链霉菌

ACCC 41513←湖北省生物农药工程研究中心；原始编号：HBERC 00756；培养基 0027，28℃。

Streptomyces microaureus Zhu et al. 2016

小金色链霉菌

ACCC 40060←中科院微生物所←上海农药厂；＝AS 4.1057；产生春雷霉素，防治水稻稻瘟病；培养基 0012，28～30℃。

Streptomyces microflavus（Krainsky 1914）Waksman & Henrici 1948

细黄链霉菌

ACCC 40027←中科院微生物所；＝AS 4.262；抑制阳性和阴性细菌及酵母及丝状真菌；培养基 0012，28～30℃。

ACCC 40775←新疆农科院微生物所；原始编号：XAAS20002，2.002；分离源：土壤样品；分离地点：新疆吐鲁番；培养基 0039，30℃。

ACCC 40776←新疆农科院微生物所；原始编号：XAAS20011，2.011；分离源：土壤样品；分离地点：新疆吐鲁番；培养基 0305，30℃。

ACCC 40795←新疆农科院微生物所；原始编号：XAAS20008，2.008；分离源：土壤样品；分离地点：新疆吐鲁番；培养基 0039，30℃。

ACCC 40796←新疆农科院微生物所；原始编号：XAAS20013，2.013；分离源：土壤样品；分离地点：新疆吐鲁番；培养基 0039，30℃。

ACCC 40802←新疆农科院微生物所；原始编号：XAAS20056，2.056；分离源：土壤样品；分离地点：新疆吐鲁番；培养基 0039，30℃。

ACCC 40803←新疆农科院微生物所；原始编号：XAAS20059，2.059；分离源：土壤样品；分离地点：新疆吐鲁番；培养基 0305，30℃。

ACCC 40906←新疆农科院微生物所；原始编号：XAAS20004，2.004；分离源：土壤；分离地点：新疆吐鲁番；培养基 0039，30℃。

ACCC 40909←新疆农科院微生物所；原始编号：XAAS20003，2.003；分离源：土壤；分离地点：新疆吐鲁番；培养基 0012，30℃。

ACCC 41134←广东微生物所←中科院上海植生所；原始编号：GIM4.52 5406；分离源：土壤；分离地点：广东广州；培养基 0012；25～28℃。

ACCC 61865←中国农科院资划所；原始编号：14；分离源：大蒜；分离地点：云南；培养基 0908，30℃。

Streptomyces minutiscleroticus（Thirumalachar 1965）Pridham 1970

细小菌核链霉菌

ACCC 41053←DSMZ←E. B. Shirling，ISP←M. J. Thirumalachar，HACC；＝DSM 40301＝ATCC 17757＝CBS 662.72＝HACC 147＝IFO 13361＝ISP 5301＝NBRC 13361＝RIA 1322＝RIA 885；模式菌株；产生阿布拉霉素（aburamycin）；培养基 0455，30℃。

Streptomyces mirabilis Ruschmann 1952

奇异链霉菌

ACCC 40970←湖北省生物农药工程研究中心；原始编号：HBERC 00111，Wa-03040；代谢产物具有抗菌活性；分离源：土壤；分离地点：湖北武汉；培养基 0027，28℃。

Streptomyces misakiensis Nakamura 1961

三崎链霉菌

ACCC 40833←湖北省生物农药工程研究中心；原始编号：IEDA 00605，wa-8108；产生代谢产物具有抑菌活性；分离地点：广西；培养基 0012，28℃。

ACCC 40862←湖北省生物农药工程研究中心；原始编号：IEDA 00634，14465；产生代谢产物具有抑菌活性；分离地点：广西；培养基 0012，28℃。

Streptomyces narbonensis Corbaz et al. 1955

那波链霉菌

ACCC 40196←中国农科院环发所药物工程研究室；原始编号：28E-943；分离地点：云南；培养基0012，30℃。

ACCC 40471←湖北省生物农药工程研究中心；原始编号：HBERC 00109，Wa-02388；具有抗菌作用；分离源：土壤；分离地点：湖北武汉；培养基0012，28℃。

ACCC 41341←湖北省生物农药工程研究中心；原始编号：HBERC 00849；分离源：土壤；分离地点：河南伏牛山；培养基0027，28℃。

ACCC 41461←湖北省生物农药工程研究中心；原始编号：HBERC 00782；代谢产物具有抗细菌活性；分离源：土壤；分离地点：青海湖；培养基0027，28℃。

Streptomyces niger（Thirumalachar 1955）Goodfellow et al. 1986

黑色链霉菌

ACCC 40917←湖北省生物农药工程研究中心；原始编号：HBERC 00027，Wa-00961；代谢产物具有抗菌活性，产杀结核菌素；分离源：水草下稀泥；分离地点：浙江遂昌；培养基0027，28℃。

ACCC 41036←DSMZ←KCC←IFO←E. B. Shirling, ISP←M.J. Thirumalachar；＝ATCC 17756＝CBS 230.65＝ CBS 663.72＝DSM 40302＝ HACC 146＝IFO 13362＝ IFO 13902, ISP 5302＝JCM 3158＝ KCC A-0158＝NBRC 13362＝ NBRC 13902＝NCIMB 10992＝ NRRL B-3857＝RIA 1323＝VKM Ac-1736；模式菌株；降解苯酸盐和4- 羟基苯甲酸丙酯；分离源：土壤；培养基0012，30℃。

Streptomyces nitrosporeus Okami 1952

硝孢链霉菌

ACCC 40147←广东微生物所←中科院微生物所；＝GIM4.13＝CGMCC 4.894；曾保存为 *Streptomyces erythraeus*；模式菌株；产红霉素（Erythromycin）；培养基0012，28℃。

Streptomyces niveus Smith et al. 1956

雪白链霉菌

ACCC 40188←中国农科院环发所药物工程研究室；原始编号：10377；分离地点：四川；培养基0012，30℃。

Streptomyces nogalater Bhuyan & Dietz 1966

黑胡桃链霉菌

ACCC 40613←湖北省生物农药工程研究中心；原始编号：IEDA 00520，wa-8095；产生代谢产物具有抑菌活性；分离地点：河南；培养基0012，30℃。

Streptomyces nojiriensis Ishida et al. 1967

野尻链霉菌

ACCC 40600←湖北省生物农药工程研究中心；原始编号：IEDA 00519，wa-8054；产生代谢产物具有抑菌活性；分离地点：河南；培养基0012，30℃。

Streptomyces noursei Brown et al. 1953

诺尔斯链霉菌

ACCC 40029←中科院微生物所；＝AS 4.214；产生抗真菌的制霉菌素（Nystatin）；培养基0012，28～30℃。

ACCC 41478←湖北省生物农药工程研究中心；原始编号：Wa-11885；代谢产物具有弱的抗细菌活性；分离源：土壤；分离地点：青海西宁；培养基0027，28℃。

Streptomyces ochraceiscleroticus Pridham 1970

赫黄菌核链霉菌

ACCC 41051←DSMZ←E.B. Shirling, ISP←ATCC←V.D. Kuznetsov, RIA, 10A-30；＝DSM40594＝ATCC 15814＝CBS 168.62＝CBS 784.72＝DSM 43155＝IFO 13483＝ISP

5594=JCM 3048=JCM 4801=KCC A-0048=KCC S-0801=NBRC 13483=RIA 1444=RIA 710；模式菌株；降解苯酸盐和 4- 羟基苯甲酸丙酯；分离源：土壤；培养基 0455，30℃。

Streptomyces olivaceiscleroticus **Pridham 1970**

橄榄色菌核链霉菌

ACCC 41022←DSMZ←E. B. Shirling, ISP←ATCC←H. A. Lechevalier, IMRU←M. J. Thirumala；=DSM 40595=ATCC 15722=CBS 785.72=IMRU 3751=ISP 5595=JCM 3045=JCM 4805=RIA 1445；模式菌株；降解苯酸盐和 p- 羟基苯甲酸丙酯；分离源：土壤；培养基 0455，30℃。

Streptomyces olivaceoviridis（**Preobrazhenskaya & Ryabova 1957**）**Pridham et al. 1958**

橄榄绿链霉菌

ACCC 40866←湖北省生物农药工程研究中心；原始编号：IEDA 00638，3476 ①；产生代谢产物具有抑菌活性；分离地点：北京；培养基 0012，28℃。

Streptomyces olivaceus（**Waksman 1923**）**Waksman & Henrici 1948**

橄榄色链霉菌

ACCC 40097←中科院微生物所；=AS 4.215；抗水稻白叶枯病；培养基 0012，25～28℃。

ACCC 40351←中国农科院环发所药物工程研究室；原始编号：3093；产生代谢产物具有抑菌活性；分离地点：北京；培养基 0012，28℃。

ACCC 40358←中国农科院环发所药物工程研究室；原始编号：3174；产生代谢产物具有抑菌活性；分离地点：云南；培养基 0012，28℃。

ACCC 40480←湖北省生物农药工程研究中心；原始编号：HBERC 00124，Wa-03999；代谢产物具有抗菌活性；分离源：土壤；分离地点：河南伏牛山；培养基 0012，28℃。

ACCC 40868←湖北省生物农药工程研究中心；原始编号：IEDA 00640，3131；产生代谢产物具有抑菌活性；分离地点：北京；培养基 0012，28℃。

Streptomyces olivochromogenes（**Waksman 1923**）**Waksman & Henrici 1948**

橄榄产色链霉菌

ACCC 40848←湖北省生物农药工程研究中心；原始编号：IEDA 00620，3604；产生代谢产物具有抑菌活性；分离地点：北京；培养基 0012，28℃。

ACCC 41472←湖北省生物农药工程研究中心；原始编号：HBERC 00716；代谢产物具有弱的抗细菌活性；分离源：土壤；分离地点：湖南壶瓶山；培养基 0027，28℃。

Streptomyces omiyaensis **Umezawa & Okami 1950**

大宫链霉菌

ACCC 41360←湖北省生物农药工程研究中心；原始编号：HBERC 00854；分离源：土壤；培养基 0027，28℃。

Streptomyces parvulus **corrig. Waksman & Gregory 1954**

微小链霉菌

ACCC 40030←中科院微生物所；=AS 4.776；产放线菌素 D（actinomycin D）；培养基 0012，28～30℃。

ACCC 41077←湖北省生物农药工程研究中心；原始编号：HBERC 00458，Wa-06376；代谢产物具有抗真菌活性；分离源：土壤；分离地点：湖北咸宁；培养基 0027，28℃。

Streptomyces parvus（**Krainsky 1914**）**Waksman & Henrici 1948**

小链霉菌

ACCC 40305←中国农科院环发所药物工程研究室；原始编号：3182；产生代谢产物具有抑菌活性；分离地点：河北；培养基 0012，28℃。

Streptomyces phaeochromogenes（**Conn 1917**）**Waksman 1957**

暗产色链霉菌

ACCC 40092←中科院微生物所←中国医学科学院抗菌素研究所；=AS 4.219；原始编号：A-101；培养基 0012，28℃。

ACCC 40093←ATCC；＝ATCC 3338＝ATCC 23945＝BUCSAV 17＝BUCSAV 4＝CBS 929.68＝ETH 14851＝ETH 20197＝IFO 12898＝ISP 5073＝NCIB 8505＝RIA 1119；模式菌株；培养基 0455，28℃。

ACCC 40105←中科院微生物所；＝AS 4.612；培养基 0012，25～28℃。

ACCC 41533←湖北省生物农药工程研究中心；原始编号：HBERC 00821；培养基 0027，28℃。

Streptomyces pluricolorescens Okami & Umezawa 1961

浅多色链霉菌

ACCC 40825←湖北省生物农药工程研究中心；原始编号：IEDA 00597，wa-7487；产生代谢产物具有抑菌活性；分离地点：河北；培养基 0012，28℃。

Streptomyces praecox（**Millard & Burr 1926**）**Waksman 1953**

早期链霉菌

ACCC 40855←湖北省生物农药工程研究中心；原始编号：IEDA 00627，7271；产生代谢产物具有抑菌活性；分离地点：北京；培养基 0012，28℃。

Streptomyces prunicolor（**Ryabova & Preobrazhenskaya 1957**）**Pridham et al. 1958**

李色链霉菌

ACCC 40295←中国农科院环发所药物工程研究室；原始编号：3446；产生代谢产物具有抑菌活性；分离地点：北京；培养基 0012，28℃。

ACCC 40298←中国农科院环发所药物工程研究室；原始编号：3474；产生代谢产物具有抑菌活性；分离地点：四川；培养基 0012，28℃。

Streptomyces pseudogriseolus Okami & Umezawa 1955

假浅灰链霉菌

ACCC 40875←湖北省生物农药工程研究中心；原始编号：IEDA 00647，02；产生代谢产物具有抑菌活性；分离地点：四川；培养基 0012，28℃。

ACCC 40889←湖北省生物农药工程研究中心；原始编号：IEDA 00664，wa-7481；产生代谢产物具有抑菌活性；分离地点：北京；培养基 0012，28℃。

ACCC 41032←DSMZ←NRRL；＝DSM 921＝NRRL 3985；产生林可霉素；培养基 0455，30℃。

Streptomyces purpurascens Lindenbein 1952

浅绛红链霉菌

ACCC 40335←中国农科院环发所药物工程研究室；原始编号：696；产生代谢产物具有抑菌活性；分离地点：四川；培养基 0012，28℃。

Streptomyces purpurogeneiscleroticus Pridham 1970

成紫菌核链霉菌（成紫硬块链霉菌）

ACCC 41026←DSMZ←KCC←V. D. Kuznetsov, RIA←Hindustan Antibiotics Ltd., HACC 186；＝DSM 43156＝ATCC 19348＝CBS 409.66＝CBS 659.72＝DSM 40271＝IFO 13001＝IFO 13358＝IFO 13903＝ISP 5271＝JCM 3080＝JCM 3103＝JCM 4818＝KCC A-0103＝KCC S-0818＝NBRC 13001＝NBRC 13358＝NBRC 13903＝NCIB 10981＝NRRL B-2952＝RIA 1319＝RIA 886；模式菌株；降解苯酸盐、3- 羟基苯甲酸丙酯、4- 羟基苯酸丙酯；分离源：土壤；培养基 0455，30℃。

Streptomyces rectiviolaceus（**ex Artamonova**）**Sveshnikova 1986**

直丝紫链霉菌

ACCC 40958←湖北省生物农药工程研究中心；原始编号：HBERC 00077，Wa-03210；代谢产物不具有抗菌活性；分离源：土壤；分离地点：湖北鄂州；培养基 0027，28℃。

Streptomyces resistomycificus Lindenbein 1952

拒霉素链霉菌

ACCC 40185←中国农科院环发所药物工程研究室；原始编号：12203；分离源：土壤；分离地点：云南；培养基 0012，30℃。

ACCC 41903←DSMZ；=DSM 40133；分离源：土壤；培养基 0455，28℃。

Streptomyces rimosus Sobin et al. 1953
龟裂链霉菌

ACCC 40031←中国农科院土肥所；原始编号：1013；产生四烯类抗生素，能防治棉花苗期病害，可作抗生菌肥料的形式施用于土壤；培养基 0012，28～30℃。

ACCC 40063←北京东北旺土霉素厂；产龟裂霉素（rimocidin）；培养基 0012，28～30℃。

ACCC 40079←吉林省农科院土肥所微生物室；原始编号：2.282；培养基 0012，28℃。

ACCC 40453←湖北省生物农药工程研究中心；原始编号：HBERC 00031，Wa-03858；代谢产物具有抗菌活性；分离源：土壤；分离地点：河南伏牛山；培养基 0012，28℃。

ACCC 40519←湖北省生物农药工程研究中心；原始编号：HBERC 00164，Wa-03185；具抗真菌作用；分离源：垃圾；分离地点：湖北武汉；培养基 0012，28℃。

Streptomyces rimosus subsp. *rimosus* Sobin et al. 1953
龟裂链霉菌龟裂亚种

ACCC 41052←DSMZ←E. B. Shirling，ISP←J. B. Routien，Chas. Pfizer & Co., Inc., FD 10326；=DSM 40260=ATCC 10970=ATCC 23955=CBS 437.51=CBS 938.68=CUB 205=DSM 41132=IFO 12907=IMRU 3558=ISP 5260=JCM 4073=JCM 4667=NBRC 12907=NCIMB 8229=NRRL 2234=RIA 1185=RIA 606；模式菌株；产生土霉素（oxytetracycline）、龟裂霉素（rimocidin）；分离源：土壤；培养基 0455，30℃。

Streptomyces rishiriensis Kawaguchi et al. 1965
利尻链霉菌

ACCC 41520←湖北省生物农药工程研究中心；原始编号：HBERC 00801；培养基 0027，28℃。

Streptomyces rochei Berger et al. 1953
娄彻链霉菌

ACCC 40224←中国农科院环发所药物工程研究室；原始编号：2214；分离源：土壤；分离地点：四川；培养基 0012，30℃。

ACCC 41042←DSMZ←E.B. Shirling，ISP；=DSM 40231=ATCC 10739=ATCC 19245=ATCC 23956=CBS 224.46=CBS 939.68=CUB 519=IFO 12908=IMET 41386=IMRU 3602=ISP 5231=JCM 4074=JCM 4668=KCC S-0074=KCC S-0668=NBRC 12908=NRRL 3533=NRRL B-1559=NRRL B-2410=PSA 83=RIA 1171；产生疏螺体素（borrelidin）；分离源：土壤；分离地点：苏联；培养基 0455，30℃。

ACCC 41433←湖北省生物农药工程研究中心；原始编号：HBERC 00757；代谢产物具有杀虫活性；分离源：土壤；分离地点：武汉江夏五里界；培养基 0027，28℃。

Streptomyces roseofulvus（Preobrazhenskaya 1957）Pridham et al. 1958
玫瑰黄链霉菌

ACCC 40399←中国农科院环发所药物工程研究室；原始编号：7272；产生代谢产物具有抑菌活性；分离地点：广西；培养基 0012，28℃。

ACCC 40400←中国农科院环发所药物工程研究室；原始编号：7273；产生代谢产物具有抑菌活性；分离地点：云南；培养基 0012，28℃。

ACCC 40415←中国农科院环发所药物工程研究室；原始编号：5346 梅花；产生代谢产物具有抑菌活性；分离地点：云南；培养基 0012，28℃。

ACCC 40416←中国农科院环发所药物工程研究室；原始编号：5346 凸；产生代谢产物具有抑菌活性；分离地点：北京；培养基 0012，28℃。

ACCC 40859←湖北省生物农药工程研究中心；原始编号：IEDA 00631，4641；产生代谢产物具有抑菌活性；分离地点：云南；培养基 0012，28℃。

Streptomyces roseolus（Preobrazhenskaya & Sveshnikova 1957）Pridham et al. 1958

浅玫瑰链霉菌

ACCC 41090←湖北省生物农药工程研究中心；原始编号：HBERC 00474，Wa-10615；代谢产物具有抗
真菌活性；分离源：土壤；分离地点：青海湖；培养基 0027，28℃。

Streptomyces roseosporus Falcão de Morais & Dália Maia 1961

玫瑰孢链霉菌

ACCC 40179←中国农科院资划所；培养基 0012，28℃。

Streptomyces roseoviolaceus（Sveshnikova 1957）Pridham et al. 1958

玫瑰紫链霉菌

ACCC 40797←新疆农科院微生物所；原始编号：XAAS20020，2.020；分离源：土壤样品；分离地点：
新疆吐鲁番；培养基 0455，30℃。

Streptomyces rubiginosohelvolus（Kudrina 1957）Pridham et al. 1958

锈赤蜡黄链霉菌

ACCC 05543←中国农科院资划所；分离源：水稻根内生；分离地点：湖南祁阳县官山坪；培养基
0512，30℃。

Streptomyces rubrogriseus（ex Kurylowicz et al. 1970）Terekhova 1986

红灰链霉菌

ACCC 61888←中国农科院资划所；原始编号：PY3-6；分离地点：云南；分离源：大蒜；培养基 0908，
30℃。

ACCC 61891←中国农科院资划所；原始编号：PY3-20；分离地点：云南；分离源：大蒜；培养基
0908，30℃。

ACCC 61892←中国农科院资划所；原始编号：PY3-15-2；分离地点：云南；分离源：大蒜；培养基
0908，30℃。

ACCC 61893←中国农科院资划所；原始编号：PY3-15-3；分离地点：云南；分离源：大蒜；培养基
0908，30℃。

ACCC 61894←中国农科院资划所；原始编号：YN3-9；分离地点：云南；分离源：大蒜；培养基 0908，
30℃。

Streptomyces rutgersensis（Waksman & Curtis 1916）Waksman & Henrici 1948

鲁地链霉菌

ACCC 41415←湖北省生物农药工程研究中心；原始编号：HBERC 00698；代谢产物具有弱的抗细菌活
性；分离源：土壤；分离地点：湖南壶瓶山；培养基 0027，28℃。

ACCC 41429←湖北省生物农药工程研究中心；原始编号：HBERC 00751；代谢产物具有抗真菌活性；
分离源：土壤；分离地点：河南桐柏；培养基 0027，28℃。

ACCC 41504←中国农科院土肥所←中科院微生物所；=AS 4.280；原始编号：S5582；培养基 0012，
30℃。

ACCC 41505←中国农科院土肥所←中科院微生物所；=AS 4.281；原始编号：S5610；培养基 0012，
30℃。

Streptomyces sanglieri Manfio et al. 2003

桑格利娜氏链霉菌

ACCC 40783←新疆农科院微生物所；原始编号：XAAS20062，1-5-2；分离源：土壤样品；分离地点：
新疆吐鲁番；培养基 0039，20℃。

Streptomyces scabiei corrig.（ex Thaxter 1891）Lambert & Loria 1989

疮痂病链霉菌

ACCC 40330←中国农科院环发所药物工程研究室；原始编号：92；产生代谢产物具有抑菌活性；分离
地点：广西；培养基 0012，28℃。

ACCC 41024←DSMZ；=DSM 41658=ATCC 49173=JCM 7914；模式菌株；分离源：马铃薯；分离地
　　　　点：美国纽约；培养基 0455，30℃。

ACCC 41943←山东农业大学；原始编号：扎 002，2；马铃薯疮痂病病原菌；分离地点：内蒙古呼和浩
　　　　特武川县；分离源：马铃薯块茎；培养基 0012，28℃。

ACCC 41944←山东农业大学；原始编号：扎 002，4；马铃薯疮痂病病原菌；分离地点：内蒙古呼和浩
　　　　特武川县；分离源：马铃薯块茎；培养基 0012，28℃。

ACCC 41945←山东农业大学；原始编号：扎 002，5；马铃薯疮痂病病原菌；分离地点：内蒙古呼和浩
　　　　特武川县；分离源：马铃薯块茎；培养基 0012，28℃。

ACCC 41946←山东农业大学；原始编号：阿 02，2；马铃薯疮痂病病原菌；分离地点：内蒙古呼和浩
　　　　特武川县；分离源：马铃薯块茎；培养基 0012，28℃。

ACCC 41947←山东农业大学；原始编号：阿 02，4；马铃薯疮痂病病原菌；分离地点：内蒙古呼和浩
　　　　特武川县；分离源：马铃薯块茎；培养基 0012，28℃。

ACCC 41948←山东农业大学；原始编号：02-4X，3；马铃薯疮痂病病原菌；分离地点：内蒙古呼和浩
　　　　特和林县；分离源：马铃薯块茎；培养基 0012，28℃。

ACCC 41949←山东农业大学；原始编号：02-4X，5；马铃薯疮痂病病原菌；分离地点：内蒙古呼和浩
　　　　特和林县；分离源：马铃薯块茎；培养基 0012，28℃。

ACCC 41950←山东农业大学；原始编号：中 6#3；马铃薯疮痂病病原菌；分离地点：内蒙古乌兰察布
　　　　察右中旗；分离源：马铃薯块茎；培养基 0012，28℃。

ACCC 41951←山东农业大学；原始编号：中 6#4；马铃薯疮痂病病原菌；分离地点：内蒙古乌兰察布
　　　　察右中旗；分离源：马铃薯块茎；培养基 0012，28℃。

Streptomyces sclerotialus Pridham 1970
菌核链霉菌
ACCC 41040←DSMZ，=DSM 43032=ATCC 15721=CBS 167.62=CBS 657.72=DSM 40269=IFO
　　　　12246=IFO 13356=IFO 13904=IMRU 3750=ISP 5269=JCM 3039=JCM 4828=KCC
　　　　A-0039=KCC S-0828=NBRC 13904=RIA 1317；模式菌株；降解苯酸盐；分离源：土
　　　　壤；培养基 0455，30℃。

Streptomyces setonii（Millard & Burr 1926）Waksman 1953
西唐氏链霉菌
ACCC 40262←中国农科院环发所药物工程研究室；原始编号：3004；产生代谢产物具有抑菌活性；分
　　　　离地点：云南；培养基 0012，30℃。

ACCC 40265←中国农科院环发所药物工程研究室；原始编号：3400；产生代谢产物具有抑菌活性；分
　　　　离地点：北京；培养基 0012，28℃。

ACCC 40299←中国农科院环发所药物工程研究室；原始编号：3465；产生代谢产物具有抑菌活性；分
　　　　离地点：广西；培养基 0012，28℃。

ACCC 41907←ATCC；原始编号：DSM 41811；分离源：灌区土壤；培养基 0455，28℃。

ACCC 41909←DSMZ；原始编号：DSM 40395；分离源：马铃薯疮痂；培养基 0455，28℃。

Streptomyces showdoensis Nishimura et al. 1964
晓多链霉菌
ACCC 40200←中国农科院环发所药物工程研究室；原始编号：CH66-226；分离源：土壤；分离地点：
　　　　广西；培养基 0012，30℃。

ACCC 40878←湖北省生物农药工程研究中心；原始编号：IEDA 00650，C1917；产生代谢产物具有抑
　　　　菌活性；分离地点：河北；培养基 0012，28℃。

Streptomyces sindenensis Nakazawa & Fujii 1957
仙台链霉菌
ACCC 40275←中国农科院环发所药物工程研究室；原始编号：344I-130；产生代谢产物具有抑菌活性；
　　　　分离地点：广西；培养基 0012，28℃。

Streptomyces sioyaensis Nishimura et al. 1961

盐屋链霉菌

ACCC 40222←中国农科院环发所药物工程研究室；原始编号：626；分离源：土壤；分离地点：四川；培养基 0012，28℃。

Streptomyces sp.

链霉菌

ACCC 02621←南京农大农业环境微生物菌种保藏中心；原始编号：SD3，NAECC0632；分离地点：江苏南京；培养基 0012，30℃。

ACCC 02622←南京农大农业环境微生物菌种保藏中心；原始编号：SDd，NAECC0639；分离地点：江苏南京；培养基 0012，30℃。

ACCC 40044←中国农科院土肥所；原始编号：516；培养基 0012，28～30℃。

ACCC 40045←中国农科院土肥所；原始编号：A-1；产抗真菌抗生素；培养基 0012，28～30℃。

ACCC 40047←中国农科院土肥所；原始编号：A81；产抗真菌抗生素；培养基 0012，28～30℃。

ACCC 40069←中国农科院土肥所；产抗真菌抗生素；培养基 0012，28～30℃。

ACCC 40072←中国农科院土肥所；原始编号：73；产抗真菌抗菌素；培养基 0012，28℃。

ACCC 40088←中国农科院土肥所；产抗真菌抗生素；培养基 0012，28℃。

ACCC 40134←DSMZ；=DSM 40511=ATCC 27455=CBS 724.72= IFO 13423=ISP 5511=JCM 4186=JCM 4808=NRRL 2558=RIA 1384=RIA 694=NBRC 13423；产生蛎灰菌素（属美加霉素类群），抗 G⁺ 细菌；培养基 0012，30℃。

ACCC 40180←中国农科院环发所药物工程研究室；原始编号：1448；分离源：土壤；分离地点：河北；培养基 0012，30℃。

ACCC 40181←中国农科院环发所药物工程研究室；原始编号：12590；分离地点：北京；培养基 0012，30℃。

ACCC 40202←中国农科院环发所药物工程研究室；原始编号：2-0500-38；分离源：土壤；分离地点：河北；培养基 0012，30℃。

ACCC 40234←中国农科院环发所药物工程研究室；原始编号：222-0-14；分离源：土壤；分离地点：广西；培养基 0012，30℃。

ACCC 40326←中国农科院环发所药物工程研究室；原始编号：3；产生代谢产物具有抑菌活性；分离地点：广西；培养基 0012，28℃。

ACCC 40327←中国农科院环发所药物工程研究室；原始编号：4；产生代谢产物具有抑菌活性；分离地点：广西；培养基 0012，28℃。

ACCC 40328←中国农科院环发所药物工程研究室；原始编号：41；产生代谢产物具有抑菌活性；分离地点：云南；培养基 0012，28℃。

ACCC 40331←中国农科院环发所药物工程研究室；原始编号：111；产生代谢产物具有抑菌活性；分离地点：广西；培养基 0012，28℃。

ACCC 40333←中国农科院环发所药物工程研究室；原始编号：303；产生代谢产物具有抑菌活性；分离地点：北京；培养基 0012，28℃。

ACCC 40334←中国农科院环发所药物工程研究室；原始编号：445；产生代谢产物具有抑菌活性；分离地点：北京；培养基 0012，28℃。

ACCC 40336←中国农科院环发所药物工程研究室；原始编号：1496；产生代谢产物具有抑菌活性；分离地点：四川；培养基 0012，28℃。

ACCC 40339←中国农科院环发所药物工程研究室；原始编号：3024；产生代谢产物具有抑菌活性；分离地点：云南；培养基 0012，28℃。

ACCC 40342←中国农科院环发所药物工程研究室；原始编号：3037；产生代谢产物具有抑菌活性；分离地点：云南；培养基 0012，28℃。

ACCC 40343←中国农科院环发所药物工程研究室；原始编号：3045；产生代谢产物具有抑菌活性；分离地点：云南；培养基 0012，28℃。

ACCC 40350←中国农科院环发所药物工程研究室；原始编号：3090；产生代谢产物具有抑菌活性；分离地点：广西；培养基 0012，28℃。

ACCC 40354←中国农科院环发所药物工程研究室；原始编号：3113；产生代谢产物具有抑菌活性；分离地点：云南；培养基 0012，28℃。

ACCC 40355←中国农科院环发所药物工程研究室；原始编号：3150；产生代谢产物具有抑菌活性；分离地点：云南；培养基 0012，28℃。

ACCC 40356←中国农科院环发所药物工程研究室；原始编号：3161；产生代谢产物具有抑菌活性；分离地点：云南；培养基 0012，28℃。

ACCC 40359←中国农科院环发所药物工程研究室；原始编号：3176；产生代谢产物具有抑菌活性；分离地点：河北；培养基 0012，28℃。

ACCC 40361←中国农科院环发所药物工程研究室；原始编号：3179；产生代谢产物具有抑菌活性；分离地点：广西；培养基 0012，28℃。

ACCC 40364←中国农科院环发所药物工程研究室；原始编号：3193；产生代谢产物具有抑菌活性；分离地点：四川；培养基 0012，28℃。

ACCC 40369←中国农科院环发所药物工程研究室；原始编号：3416；产生代谢产物具有抑菌活性；分离地点：四川；培养基 0012，28℃。

ACCC 40370←中国农科院环发所药物工程研究室；原始编号：3443；产生代谢产物具有抑菌活性；分离地点：北京；培养基 0012，28℃。

ACCC 40376←中国农科院环发所药物工程研究室；原始编号：3469；产生代谢产物具有抑菌活性；分离地点：云南；培养基 0012，28℃。

ACCC 40378←中国农科院环发所药物工程研究室；原始编号：3474；产生代谢产物具有抑菌活性；分离地点：四川；培养基 0012，28℃。

ACCC 40379←中国农科院环发所药物工程研究室；原始编号：3481；产生代谢产物具有抑菌活性；分离地点：云南；培养基 0012，28℃。

ACCC 40384←中国农科院环发所药物工程研究室；原始编号：3489；产生代谢产物具有抑菌活性；分离地点：北京；培养基 0012，28℃。

ACCC 40386←中国农科院环发所药物工程研究室；原始编号：3493；产生代谢产物具有抑菌活性；分离地点：北京；培养基 0012，28℃。

ACCC 40387←中国农科院环发所药物工程研究室；原始编号：3647；产生代谢产物具有抑菌活性；分离地点：四川；培养基 0012，28℃。

ACCC 40388←中国农科院环发所药物工程研究室；原始编号：3717；产生代谢产物具有抑菌活性；分离地点：云南；培养基 0012，28℃。

ACCC 40390←中国农科院环发所药物工程研究室；原始编号：3860；产生代谢产物具有抑菌活性；分离地点：云南；培养基 0012，28℃。

ACCC 40391←中国农科院环发所药物工程研究室；原始编号：3876；产生代谢产物具有抑菌活性；分离地点：北京；培养基 0012，28℃。

ACCC 40396←中国农科院环发所药物工程研究室；原始编号：5323；产生代谢产物具有抑菌活性；分离地点：四川；培养基 0012，28℃。

ACCC 40397←中国农科院环发所药物工程研究室；原始编号：5343；产生代谢产物具有抑菌活性；分离地点：河北；培养基 0012，28℃。

ACCC 40401←中国农科院环发所药物工程研究室；原始编号：303X；产生代谢产物具有抑菌活性；分离地点：四川；培养基 0012，28℃。

ACCC 40410←中国农科院环发所药物工程研究室；原始编号：32（1）；产生代谢产物具有抑菌活性；分离地点：广西；培养基 0012，28℃。

ACCC 40411←中国农科院环发所药物工程研究室；产生代谢产物具有抑菌活性；分离地点：河北；培养基0012，28℃。

ACCC 40413←中国农科院环发所药物工程研究室；原始编号：432-1282；产生代谢产物具有抑菌活性；分离地点：云南；培养基0012，28℃。

ACCC 40414←中国农科院环发所药物工程研究室；原始编号：5340 ①；产生代谢产物具有抑菌活性；分离地点：北京；培养基0012，28℃。

ACCC 40418←中国农科院环发所药物工程研究室；原始编号：Feb-81；产生代谢产物具有抑菌活性；分离地点：河北；培养基0012，28℃。

ACCC 40419←中国农科院环发所药物工程研究室；原始编号：85 甘 103；产生代谢产物具有抑菌活性；分离地点：云南；培养基0012，28℃。

ACCC 40420←中国农科院环发所药物工程研究室；原始编号：B-19；产生代谢产物具有抑菌活性；分离地点：云南；培养基0012，28℃。

ACCC 40422←中国农科院环发所药物工程研究室；原始编号：C19-17；产生代谢产物具有抑菌活性；分离地点：北京；培养基0012，28℃。

ACCC 40423←中国农科院环发所药物工程研究室；原始编号：CH71-21；产生代谢产物具有抑菌活性；分离地点：四川；培养基0012，28℃。

ACCC 40429←湖北省生物农药工程研究中心；原始编号：HBERC 00004，Wa-01567；具抗菌作用；分离源：土壤；分离地点：江西浮梁；培养基0012，28℃。

ACCC 40432←湖北省生物农药工程研究中心；原始编号：HBERC 00007，Wa-01651；具抗真菌作用；分离源：土壤；分离地点：江西浮梁；培养基0012，28℃。

ACCC 40433←湖北省生物农药工程研究中心；原始编号：HBERC 00008，Wa-01656；具抗真菌作用；分离源：土壤；分离地点：江西浮梁；培养基0012，28℃。

ACCC 40434←湖北省生物农药工程研究中心；原始编号：HBERC 00010，Wa-01883；分离源：土壤；分离地点：江西浮梁；培养基0012，28℃。

ACCC 40438←湖北省生物农药工程研究中心；原始编号：HBERC 00014，Wa-02931；具抗真菌作用；分离源：土壤；分离地点：湖北武汉；培养基0012，28℃。

ACCC 40440←湖北省生物农药工程研究中心；原始编号：HBERC 00016，Wa-00716；代谢产物具有抗菌活性；分离源：土壤；分离地点：浙江遂昌；培养基0012，28℃。

ACCC 40441←湖北省生物农药工程研究中心；原始编号：HBERC 00017，Wa-00995；代谢产物具有抗菌活性；分离源：土壤；分离地点：浙江龙游；培养基0012，28℃。

ACCC 40443←湖北省生物农药工程研究中心；原始编号：HBERC 00019，Wa-02767；抗真菌作用；分离源：草本根际；分离地点：浙江遂昌；培养基0012，28℃。

ACCC 40445←湖北省生物农药工程研究中心；原始编号：HBERC 00021，Wa-02921；代谢产物具有抗菌活性；分离源：土壤；分离地点：湖北武汉；培养基0012，28℃。

ACCC 40448←湖北省生物农药工程研究中心；原始编号：HBERC 00024，Wa-00982；具抗真菌作用；分离源：土壤；分离地点：浙江遂昌；培养基0012，28℃。

ACCC 40454←湖北省生物农药工程研究中心；原始编号：HBERC 00080，Wa-02159；代谢产物具有抗菌活性；分离源：土壤；分离地点：湖北武汉；培养基0012，28℃。

ACCC 40460←湖北省生物农药工程研究中心；原始编号：HBERC 00091，Wa-03518；具有一定杀虫活性；分离源：土壤；分离地点：湖北武汉；培养基0012，28℃。

ACCC 40462←湖北省生物农药工程研究中心；原始编号：HBERC 00093，Wa-03699；代谢产物具有抗菌活性；分离源：土壤；分离地点：湖北武汉；培养基0012，28℃。

ACCC 40463←湖北省生物农药工程研究中心；原始编号：HBERC 00094，Wa-03876；代谢产物具有抗菌活性；分离源：土壤；分离地点：河南伏牛山；培养基0012，28℃。

ACCC 40464←湖北省生物农药工程研究中心；原始编号：HBERC 00095，Wa-03934；代谢产物具有抗菌活性；分离源：土壤；分离地点：河南伏牛山；培养基0012，28℃。

ACCC 40467←湖北省生物农药工程研究中心；原始编号：HBERC 00102，Wa-02005；具抗菌作用；分离源：土壤；分离地点：浙江龙游；培养基 0012，28℃。

ACCC 40468←湖北省生物农药工程研究中心；原始编号：HBERC 00106，Wa-02179；具抗菌作用；分离源：土壤；分离地点：湖北鄂州；培养基 0012，28℃。

ACCC 40469←湖北省生物农药工程研究中心；原始编号：HBERC 00107，Wa-02249；具抗菌作用；分离源：土壤；分离地点：湖北鄂州；培养基 0012，28℃。

ACCC 40472←湖北省生物农药工程研究中心；原始编号：HBERC 00110，Wa-03948；具抗菌活性；分离源：土壤；分离地点：河南伏牛山；培养基 0012，28℃。

ACCC 40474←湖北省生物农药工程研究中心；原始编号：HBERC 00114，Wa-01968；具抗真菌作用；分离源：土壤；分离地点：江西浮梁；培养基 0012，28℃。

ACCC 40477←湖北省生物农药工程研究中心；代谢产物具有抗菌活性；分离源：土壤；分离地点：江西景德镇；培养基 0012，28℃。

ACCC 40479←湖北省生物农药工程研究中心；原始编号：HBERC 00123，Wa-01519；具抗真菌作用；分离源：土壤；分离地点：浙江遂昌；培养基 0012，28℃。

ACCC 40488←湖北省生物农药工程研究中心；原始编号：HBERC 00133，Wa-03158；代谢产物具有抗菌活性；分离源：土壤；分离地点：湖北武汉；培养基 0012，28℃。

ACCC 40490←湖北省生物农药工程研究中心；原始编号：HBERC 00135，Wa-04463；产生抗菌酶；分离源：土壤；分离地点：四川峨眉山；培养基 0012，28℃。

ACCC 40491←湖北省生物农药工程研究中心；原始编号：HBERC 00136，Wa-01220；代谢产物具有抗菌活性；分离源：土壤；分离地点：浙江开化；培养基 0012，28℃。

ACCC 40496←湖北省生物农药工程研究中心；原始编号：HBERC 00141，Wa-01454；代谢产物具有抗菌作用；分离源：土壤；分离地点：江西婺源；培养基 0012，28℃。

ACCC 40500←湖北省生物农药工程研究中心；原始编号：HBERC 00145，Wa-01429；代谢产物具有抗菌活性；分离源：土壤；分离地点：江西婺源；培养基 0012，28℃。

ACCC 40502←湖北省生物农药工程研究中心；原始编号：HBERC 00147，Wa-01582；具杀虫活性；分离源：土壤；分离地点：江西浮梁；培养基 0012，28℃。

ACCC 40503←湖北省生物农药工程研究中心；原始编号：HBERC 00148，Wa-01602；具杀虫活性；分离源：土壤；分离地点：江西浮梁；培养基 0012，28℃。

ACCC 40504←湖北省生物农药工程研究中心；原始编号：HBERC 00149，Wa-01391；代谢产物具有抗菌活性；分离源：土壤；分离地点：福建蒲城；培养基 0012，28℃。

ACCC 40506←湖北省生物农药工程研究中心；原始编号：HBERC 00151，Wa-01304；代谢产物具有抗菌活性；分离源：土壤；分离地点：浙江开化；培养基 0012，28℃。

ACCC 40508←湖北省生物农药工程研究中心；原始编号：HBERC 00153，Wa-01084；代谢产物具有抗菌作用；分离源：土壤；分离地点：江西婺源；培养基 0012，28℃。

ACCC 40521←湖北省生物农药工程研究中心；原始编号：HBERC 00166，Wa-03574；代谢产物具有抗菌作用；分离源：土壤；分离地点：湖北武汉；培养基 0012，28℃。

ACCC 40524←湖北省生物农药工程研究中心；原始编号：HBERC 00180，Wa-01521；代谢产物具有抗菌活性；分离源：土壤；分离地点：浙江遂昌；培养基 0012，28℃。

ACCC 40526←湖北省生物农药工程研究中心；原始编号：HBERC 00180，Wa-01521；代谢产物具有抗菌活性；分离源：土壤；分离地点：浙江遂昌；培养基 0012，28℃。

ACCC 40528←中国热科院环植所；原始编号：CATAS EPPIS0002，JFA-003；分离源：土壤表层 5～10 cm 处；分离地点：海南儋州王五镇；培养基 0012，28℃。

ACCC 40531←中国热科院环植所；原始编号：CATASEPPIS0005，JFA-006；分离源：土壤表层 5～10 cm 处；分离地点：海南三亚；培养基 0012，28℃。

ACCC 40538←中国热科院环植所；原始编号：CATAS EPPIS0023，JFA-022；分离源：土壤表层 5～10 cm 处；分离地点：海南儋州王五镇；培养基 0012，28℃。

ACCC 40562←中国热科院环植所；原始编号：CATAS EPPIS0048，JFA-083；分离源：土壤表层 5～10 cm 处；分离地点：海南儋州王五镇；培养基 0012，28℃。

ACCC 40563←中国热科院环植所；原始编号：CATAS EPPIS0049，JFA-088；分离源：土壤表层 5～10 cm 处；分离地点：海南儋州王五镇；培养基 0012，28℃。

ACCC 40567←中国热科院环植所；原始编号：CATAS EPPIS0052，JFA-092；分离源：土壤表层 5～10 cm 处；分离地点：海南三亚；培养基 0012，28℃。

ACCC 40568←中国热科院环植所；原始编号：CATAS EPPIS0053，JFA-093；分离源：土壤表层 5～10 cm 处；分离地点：海南三亚；培养基 0012，28℃。

ACCC 40571←中国热科院环植所；原始编号：CATAS EPPIS0056，JFA-069；分离源：土壤表层 5～10 cm 处；分离地点：海南昌江；培养基 0012，28℃。

ACCC 40572←中国热科院环植所；原始编号：CATAS EPPIS0057，JFA-070；分离源：土壤表层 5～10 cm 处；分离地点：海南三亚；培养基 0012，28℃。

ACCC 40573←中国热科院环植所；原始编号：CATAS EPPIS0058，JFA-105；分离源：土壤表层 5～10 cm 处；分离地点：海南文昌；培养基 0012，28℃。

ACCC 40574←中国热科院环植所；原始编号：CATAS EPPIS0059，JFA-059；分离源：土壤表层 5～10 cm 处；分离地点：海南儋州王五镇；培养基 0012，28℃。

ACCC 40608←湖北省生物农药工程研究中心；原始编号：IEDA 00498，wa-8084；产生代谢产物具有抑菌活性；分离地点：江西；培养基 0012，30℃。

ACCC 40618←湖北省生物农药工程研究中心；原始编号：IEDA 00508，wa-8102；产生代谢产物具有抑菌活性；分离地点：四川；培养基 0012，30℃。

ACCC 40650←湖北省生物农药工程研究中心；原始编号：IEDA 00506，wa-8188；产生代谢产物具有抑菌活性；分离地点：安徽；培养基 0012，30℃。

ACCC 40657←湖北省生物农药工程研究中心；原始编号：HBERC 00424，Wa-00177；代谢产物具有抗菌活性；分离地点：湖北武汉；培养基 0027，30℃。

ACCC 40659←湖北省生物农药工程研究中心；原始编号：HBERC 00192，Wa-00265；代谢产物具有抗菌活性；分离源：土壤；分离地点：湖北鄂州；培养基 0012，30℃。

ACCC 40660←湖北省生物农药工程研究中心；原始编号：HBERC 00235，Wa-00307；代谢产物具有抗菌活性；分离源：土壤；分离地点：湖北鄂州；培养基 0012，30℃。

ACCC 40665←湖北省生物农药工程研究中心；原始编号：HBERC 00243，Wa-00611；代谢产物具有抗菌活性；分离源：土壤；分离地点：湖北汉川；培养基 0012，28℃。

ACCC 40667←湖北省生物农药工程研究中心；原始编号：HBERC 00245，Wa-00670；代谢产物具有抗菌活性；分离源：土壤；分离地点：湖北宜昌；培养基 0012，28℃。

ACCC 40692←湖北省生物农药工程研究中心；原始编号：HBERC 00267，Wa-05116；代谢产物具有抗菌活性；分离源：土壤；分离地点：河南伏牛山；培养基 0012，28℃。

ACCC 40693←湖北省生物农药工程研究中心；原始编号：HBERC 00268，Wa-05119；代谢产物具有抗菌活性；分离源：土壤；分离地点：河南伏牛山；培养基 0012，28℃。

ACCC 40698←湖北省生物农药工程研究中心；原始编号：HBERC 00274，Wa-05159；代谢产物具有抗菌活性；分离源：土壤；分离地点：河南伏牛山；培养基 0012，28℃。

ACCC 40699←湖北省生物农药工程研究中心；原始编号：HBERC 00275，Wa-05161；代谢产物具有抗菌活性；分离源：土壤；分离地点：河南伏牛山；培养基 0012，28℃。

ACCC 40703←湖北省生物农药工程研究中心；原始编号：HBERC 00282，Wa-05253；代谢产物具有抗菌活性；分离源：土壤；分离地点：河南伏牛山；培养基 0027，28℃。

ACCC 40704←湖北省生物农药工程研究中心；原始编号：HBERC 00283，Wa-05256；代谢产物具有抗菌活性；分离源：土壤；分离地点：河南伏牛山；培养基 0012，28℃。

ACCC 40709←湖北省生物农药工程研究中心；原始编号：HBERC 00291，Wa-05280；代谢产物具有抗菌活性；分离源：土壤；分离地点：河南伏牛山；培养基 0012，28℃。

ACCC 40710←湖北省生物农药工程研究中心；原始编号：HBERC 00293，Wa-05295；代谢产物具有抗
菌活性；分离源：土壤；分离地点：河南伏牛山；培养基0012，28℃。

ACCC 40720←湖北省生物农药工程研究中心；原始编号：HBERC 00299，Wa-05365；代谢产物具有抗
菌活性；分离源：土壤；分离地点：江苏江阴；培养基0012，28℃。

ACCC 40724←湖北省生物农药工程研究中心；原始编号：HBERC 00313，Wa-05519；代谢产物具有抗
菌活性；分离源：土壤；分离地点：四川峨眉山；培养基0012，28℃。

ACCC 40725←湖北省生物农药工程研究中心；原始编号：HBERC 00314，Wa-05520；代谢产物具有抗
菌活性；分离源：土壤；分离地点：四川峨眉山；培养基0012，28℃。

ACCC 40729←湖北省生物农药工程研究中心；原始编号：HBERC 00322，Wa-05572；代谢产物具有抗
菌活性；分离源：土壤；分离地点：河南伏牛山；培养基0012，28℃。

ACCC 40730←湖北省生物农药工程研究中心；原始编号：HBERC 00323，Wa-05573；代谢产物具有抗
菌活性；分离源：土壤；分离地点：河南伏牛山；培养基0012，28℃。

ACCC 40731←湖北省生物农药工程研究中心；原始编号：HBERC 00324，Wa-05575；代谢产物具有抗
菌活性；分离源：土壤；分离地点：河南伏牛山；培养基0027，28℃。

ACCC 40733←湖北省生物农药工程研究中心；原始编号：HBERC 00328，Wa-05609；代谢产物具有抗
菌活性；分离源：土壤；分离地点：河南伏牛山；培养基0012，28℃。

ACCC 40735←湖北省生物农药工程研究中心；原始编号：HBERC 00332，Wa-05640；代谢产物具有抗
菌活性；分离源：土壤；分离地点：河南伏牛山；培养基0012，28℃。

ACCC 40736←湖北省生物农药工程研究中心；原始编号：HBERC 00333，Wa-05663；代谢产物具有抗
菌活性；分离源：土壤；分离地点：河南伏牛山；培养基0012，28℃。

ACCC 40737←湖北省生物农药工程研究中心；原始编号：HBERC 00335，Wa-05680；代谢产物具有抗
菌活性；分离源：土壤；分离地点：河南伏牛山；培养基0012，28℃。

ACCC 40741←湖北省生物农药工程研究中心；原始编号：HBERC 00341，Wa-05704；代谢产物具有抗
菌活性；分离源：土壤；分离地点：河南伏牛山；培养基0012，28℃。

ACCC 40743←湖北省生物农药工程研究中心；原始编号：HBERC 00345，Wa-05765；代谢产物具有抗
菌活性；分离源：土壤；分离地点：河南伏牛山；培养基0012，28℃。

ACCC 40744←湖北省生物农药工程研究中心；原始编号：HBERC 00347，Wa-05773；代谢产物具有抗
菌活性；分离源：土壤；分离地点：河南伏牛山；培养基0012，28℃。

ACCC 40745←湖北省生物农药工程研究中心；原始编号：HBERC 00348，Wa-05789；代谢产物具有抗
菌活性；分离源：土壤；分离地点：河南伏牛山；培养基0012，28℃。

ACCC 40746←湖北省生物农药工程研究中心；原始编号：HBERC 00338，Wa-05825；代谢产物具有抗
菌活性；分离源：土壤；分离地点：河南灵宝；培养基0012，28℃。

ACCC 40747←湖北省生物农药工程研究中心；原始编号：HBERC 00428，Wa-05827；代谢产物具有抗
菌活性；分离源：土壤；分离地点：河南灵宝；培养基0027，28℃。

ACCC 40748←湖北省生物农药工程研究中心；原始编号：HBERC 00397，Wa-05832；代谢产物具有抗
菌活性；分离源：土壤；分离地点：湖北武汉；培养基0027，28℃。

ACCC 40752←湖北省生物农药工程研究中心；原始编号：HBERC 00360，Wa-05861；代谢产物具有抗
菌活性；分离源：土壤；分离地点：四川峨眉山；培养基0012，28℃。

ACCC 40755←湖北省生物农药工程研究中心；原始编号：HBERC 00368，Wa-05894；代谢产物具有抗
菌活性；分离源：土壤；分离地点：湖北咸宁；培养基0012，28℃。

ACCC 40757←湖北省生物农药工程研究中心；原始编号：HBERC 00381，Wa-05991；代谢产物具有抗
菌活性；分离源：土壤；分离地点：四川峨眉山；培养基0012，28℃。

ACCC 40758←湖北省生物农药工程研究中心；原始编号：HBERC 00382，Wa-05992；代谢产物具有抗
菌活性；分离源：土壤；分离地点：四川峨眉山；培养基0012，28℃。

ACCC 40761←湖北省生物农药工程研究中心；原始编号：HBERC 00390，Wa-06159；代谢产物具有抗
菌活性；分离源：土壤；分离地点：福建福州；培养基0012，28℃。

ACCC 40762←湖北省生物农药工程研究中心；原始编号：HBERC 00391，Wa-06175；代谢产物具有抗菌活性；分离源：土壤；分离地点：福建福州；培养基 0012，28℃。

ACCC 40764←湖北省生物农药工程研究中心；原始编号：HBERC 00401，Wa-07672；代谢产物具有抗菌活性；分离源：土壤；分离地点：河南洛阳；培养基 0012，28℃。

ACCC 40765←湖北省生物农药工程研究中心；原始编号：HBERC 00402，Wa-07673；代谢产物具有抗菌活性；分离源：土壤；分离地点：河南伏牛山；培养基 0012，28℃。

ACCC 40766←湖北省生物农药工程研究中心；原始编号：HBERC 00403，Wa-07691；代谢产物具有抗菌活性；分离源：土壤；分离地点：河南伏牛山；培养基 0012，28℃。

ACCC 40842←湖北省生物农药工程研究中心；原始编号：IEDA 00614，KT374-1296；产生代谢产物具有抑菌活性；分离地点：广西；培养基 0012，28℃。

ACCC 40847←湖北省生物农药工程研究中心；原始编号：IEDA 00619，3834②；产生代谢产物具有抑菌活性；分离地点：北京；培养基 0012，28℃。

ACCC 40877←湖北省生物农药工程研究中心；原始编号：IEDA 00649，N57-166；产生代谢产物具有抑菌活性；分离地点：北京；培养基 0012，28℃。

ACCC 40901←湖北省生物农药工程研究中心；原始编号：IEDA 00676，wa-7483；产生代谢产物具有抑菌活性；分离地点：广东；培养基 0012，28℃。

ACCC 40902←湖北省生物农药工程研究中心；原始编号：IEDA 00677，wa-7490；产生代谢产物具有抑菌活性；分离地点：河北；培养基 0012，28℃。

ACCC 40949←湖北省生物农药工程研究中心；原始编号：HBERC 00066，Wa-01356；代谢产物具有抗细菌活性；分离源：土壤；分离地点：浙江龙游；培养基 0027，28℃。

ACCC 40950←湖北省生物农药工程研究中心；原始编号：HBERC 00067，Wa-01809；代谢产物具有抗细菌活性；分离源：土壤；分离地点：福建蒲城；培养基 0027，28℃。

ACCC 40951←湖北省生物农药工程研究中心；原始编号：HBERC 00068，Wa-03007；代谢产物具有抗真菌活性；分离源：土壤；分离地点：湖北鄂州；培养基 0027，28℃。

ACCC 40952←湖北省生物农药工程研究中心；原始编号：HBERC 00069，Wa-03034；代谢产物具有抗真菌活性；分离源：土壤；分离地点：湖北鄂州；培养基 0027，28℃。

ACCC 40959←湖北省生物农药工程研究中心；原始编号：HBERC 00078，Wa-03245；代谢产物不具有抗菌活性；分离源：土壤；分离地点：福建蒲城；培养基 0027，28℃。

ACCC 40961←湖北省生物农药工程研究中心；原始编号：HBERC 00082，Wa-03499；代谢产物具有抗菌活性；分离源：土壤；分离地点：河南伏牛山；培养基 0027，28℃。

ACCC 40963←湖北省生物农药工程研究中心；原始编号：HBERC 00097，Wa-03599；代谢产物具有抗菌活性；分离源：土壤；分离地点：江西九江；培养基 0027，28℃。

ACCC 40974←湖北省生物农药工程研究中心；原始编号：HBERC 00168，Wa-03221；代谢产物具有抗菌活性；分离源：土壤；分离地点：湖北武汉；培养基 0027，28℃。

ACCC 40993←湖北省生物农药工程研究中心；原始编号：HBERC 00247，Wa-03722；代谢产物具有抗菌活性；分离源：土壤；分离地点：湖北武汉；培养基 0027，28℃。

ACCC 41014←湖北省生物农药工程研究中心；原始编号：HBERC 00449，Wa-05599；代谢产物具有杀虫及抗真菌活性；分离源：土壤；分离地点：河南伏牛山；培养基 0027，28℃。

ACCC 41076←湖北省生物农药工程研究中心；原始编号：HBERC 00457，Wa-06368；代谢产物具有抗真菌活性；分离源：土壤；分离地点：湖北咸宁；培养基 0027，28℃。

ACCC 41208←中国热科院环植所；原始编号：CATAS EPPI2221；分离源：龙血树根际土壤 1～2 cm 处；分离地点：海南儋州；培养基 0012，28℃。

ACCC 41209←中国热科院环植所；原始编号：CATAS EPPI2222；分离源：龙血树根际土壤 1～2 cm 处；分离地点：海南儋州；培养基 0012，28℃。

ACCC 41210←中国热科院环植所；原始编号：CATAS EPPI2223；分离源：龙血树根际土壤 1～2 cm 处；分离地点：海南儋州；培养基 0012，28℃。

ACCC 41211←中国热科院环植所；原始编号：CATAS EPPI2224；分离源：龙血树根际土壤1～2 cm处；分离地点：海南儋州；培养基0012，28℃。

ACCC 41212←中国热科院环植所；原始编号：CATAS EPPI2225；分离源：龙血树根际土壤1～2 cm处；分离地点：海南儋州；培养基0012，28℃。

ACCC 41213←中国热科院环植所；原始编号：CATAS EPPI2226；分离源：龙血树根际土壤1～2 cm处；分离地点：海南儋州；培养基0012，28℃。

ACCC 41214←中国热科院环植所；原始编号：CATAS EPPI2227；分离源：龙血树根际土壤1～2 cm处；分离地点：海南儋州；培养基0012，28℃。

ACCC 41215←中国热科院环植所；原始编号：CATAS EPPI2228；分离源：龙血树根际土壤1～2 cm处；分离地点：海南儋州；培养基0012，28℃。

ACCC 41216←中国热科院环植所；原始编号：CATAS EPPI2229；分离源：龙血树根际土壤1～2 cm处；分离地点：海南儋州；培养基0012，28℃。

ACCC 41217←中国热科院环植所；原始编号：CATAS EPPI2230；分离源：龙血树根际土壤1～2 cm处；分离地点：海南儋州；培养基0012，28℃。

ACCC 41218←中国热科院环植所；原始编号：CATAS EPPI2231；分离源：龙血树根际土壤1～2 cm处；分离地点：海南儋州；培养基0012，28℃。

ACCC 41219←中国热科院环植所；原始编号：CATAS EPPI2232；分离源：龙血树根际土壤1～2 cm处；分离地点：海南儋州；培养基0012，28℃。

ACCC 41220←中国热科院环植所；原始编号：CATAS EPPI2233；分离源：龙血树根际土壤1～2 cm处；分离地点：海南儋州；培养基0012，28℃。

ACCC 41221←中国热科院环植所；原始编号：CATAS EPPI2234；分离源：龙血树根际土壤1～2 cm处；分离地点：海南儋州；培养基0012，28℃。

ACCC 41222←中国热科院环植所；原始编号：CATAS EPPI2235；分离源：龙血树根际土壤1～2 cm处；分离地点：海南儋州；培养基0012，28℃。

ACCC 41223←中国热科院环植所；原始编号：CATAS EPPI2236；分离源：龙血树根际土壤1～2 cm处；分离地点：海南儋州；培养基0012，28℃。

ACCC 41224←中国热科院环植所；原始编号：CATAS EPPI2237；分离源：龙血树根际土壤1～2 cm处；分离地点：海南儋州；培养基0012，28℃。

ACCC 41225←中国热科院环植所；原始编号：CATAS EPPI2238；分离源：龙血树根际土壤1～2 cm处；分离地点：海南儋州；培养基0012，28℃。

ACCC 41226←中国热科院环植所；原始编号：CATAS EPPI2239；分离源：龙血树根际土壤1～2 cm处；分离地点：海南儋州；培养基0012，28℃。

ACCC 41227←中国热科院环植所；原始编号：CATAS EPPI2240；分离源：龙血树根际土壤1～2 cm处；分离地点：海南儋州；培养基0012，28℃。

ACCC 41234←中国热科院环植所；原始编号：CATAS EPPI2246；分离源：海南大枫子根际土壤1～2 cm处；分离地点：海南儋州；培养基0012，28℃。

ACCC 41235←中国热科院环植所；原始编号：CATAS EPPI2248；分离源：海南大枫子根际土壤1～2 cm处；分离地点：海南儋州；培养基0012，28℃。

ACCC 41236←中国热科院环植所；原始编号：CATAS EPPI2249；分离源：海南大枫子根际土壤1～2 cm处；分离地点：海南儋州；培养基0012，28℃。

ACCC 41237←中国热科院环植所；原始编号：CATAS EPPI2250；分离源：海南大枫子根际土壤1～2 cm处；分离地点：海南儋州；培养基0012，28℃。

ACCC 41238←中国热科院环植所；原始编号：CATAS EPPI2251；分离源：海南大枫子根际土壤1～2 cm处；分离地点：海南儋州；培养基0012，28℃。

ACCC 41239←中国热科院环植所；原始编号：CATAS EPPI2252；分离源：海南大枫子根际土壤1～2 cm处；分离地点：海南儋州；培养基0012，28℃。

ACCC 41240←中国热科院环植所；原始编号：CATAS EPPI2253；分离源：海南大枫子根际土壤1～2 cm处；分离地点：海南儋州；培养基0012，28℃。

ACCC 41241←中国热科院环植所；原始编号：CATAS EPPI2254；分离源：海南大枫子根际土壤1～2 cm处；分离地点：海南儋州；培养基0012，28℃。

ACCC 41242←中国热科院环植所；原始编号：CATAS EPPI2255；分离源：海南大枫子根际土壤1～2 cm处；分离地点：海南儋州；培养基0012，28℃。

ACCC 41243←中国热科院环植所；原始编号：CATAS EPPI2256；分离源：龙血树根际土壤1～2 cm处；分离地点：海南儋州；培养基0012，28℃。

ACCC 41244←中国热科院环植所；原始编号：CATAS EPPI2257；分离源：龙血树根际土壤1～2 cm处；分离地点：海南儋州；培养基0012，28℃。

ACCC 41245←中国热科院环植所；原始编号：CATAS EPPI2258；分离源：龙血树根际土壤1～2 cm处；分离地点：海南儋州；培养基0012，28℃。

ACCC 41246←中国热科院环植所；原始编号：CATAS EPPI2259；分离源：龙血树根际土壤1～2 cm处；分离地点：海南儋州；培养基0012，28℃。

ACCC 41247←中国热科院环植所；原始编号：CATAS EPPI2260；分离源：大叶山棟根际土壤1～2 cm处；分离地点：海南儋州；培养基0012，28℃。

ACCC 41248←中国热科院环植所；原始编号：CATAS EPPI2261；分离源：大叶山棟根际土壤1～2 cm处；分离地点：海南儋州；培养基0012，28℃。

ACCC 41249←中国热科院环植所；原始编号：CATAS EPPI2262；分离源：大叶山棟根际土壤1～2 cm处；分离地点：海南儋州；培养基0012，28℃。

ACCC 41250←中国热科院环植所；原始编号：CATAS EPPI2263；分离源：盾叶鸡蛋花根际土壤1～2 cm处；分离地点：海南儋州；培养基0012，28℃。

ACCC 41251←中国热科院环植所；原始编号：CATAS EPPI2264；分离源：海杧果根际土壤1～2 cm处；分离地点：海南儋州；培养基0012，28℃。

ACCC 41258←中国热科院环植所；原始编号：CATAS EPPI2121；分离源：土壤；分离地点：五指山；培养基0012，28℃。

ACCC 41259←中国热科院环植所；原始编号：CATAS EPPI2122；分离源：土壤；分离地点：五指山；培养基0012，28℃。

ACCC 41260←中国热科院环植所；原始编号：CATAS EPPI2123；分离源：土壤；分离地点：五指山；培养基0012，28℃。

ACCC 41261←中国热科院环植所；原始编号：CATAS EPPI2124；分离源：土壤；分离地点：五指山；培养基0012，28℃。

ACCC 41262←中国热科院环植所；原始编号：CATAS EPPI2125；分离源：土壤；分离地点：五指山；培养基0012，28℃。

ACCC 41263←中国热科院环植所；原始编号：CATAS EPPI2126；分离源：土壤；分离地点：五指山；培养基0012，28℃。

ACCC 41264←中国热科院环植所；原始编号：CATAS EPPI2127；分离源：土壤；分离地点：五指山；培养基0012，28℃。

ACCC 41265←中国热科院环植所；原始编号：CATAS EPPI2129；分离源：土壤；分离地点：五指山；培养基0012，28℃。

ACCC 41266←中国热科院环植所；原始编号：CATAS EPPI2130；分离源：土壤；分离地点：五指山；培养基0012，28℃。

ACCC 41267←中国热科院环植所；原始编号：CATAS EPPI2131；分离源：土壤；分离地点：五指山；培养基0012，28℃。

ACCC 41268←中国热科院环植所；原始编号：CATAS EPPI2132；分离源：土壤；分离地点：五指山；培养基0012，28℃。

ACCC 41269←中国热科院环植所；原始编号：CATAS EPPI2133；分离源：土壤；分离地点：五指山；培养基 0012，28℃。

ACCC 41270←中国热科院环植所；原始编号：CATAS EPPI2134；分离源：土壤；分离地点：五指山；培养基 0012，28℃。

ACCC 41271←中国热科院环植所；原始编号：CATAS EPPI2136；分离源：土壤；分离地点：五指山；培养基 0012，28℃。

ACCC 41272←中国热科院环植所；原始编号：CATAS EPPI2137；分离源：土壤；分离地点：五指山；培养基 0012，28℃。

ACCC 41273←中国热科院环植所；原始编号：CATAS EPPI2138；分离源：土壤；分离地点：五指山；培养基 0012，28℃。

ACCC 41274←中国热科院环植所；原始编号：CATAS EPPI2139；分离源：土壤；分离地点：五指山；培养基 0012，28℃。

ACCC 41329←湖北省生物农药工程研究中心；原始编号：HBERC 00838；分离源：土壤；分离地点：浙江龙游；培养基 0027，28℃。

ACCC 41391←湖北省生物农药工程研究中心；原始编号：HBERC 00658；培养基 0027，28℃。

ACCC 41440←湖北省生物农药工程研究中心；原始编号：HBERC 00766；代谢产物具有抗细菌、抗真菌活性；分离源：土壤；分离地点：江西庐山；培养基 0027，28℃。

ACCC 41449←湖北省生物农药工程研究中心；原始编号：HBERC 00722；代谢产物具有弱的抗细菌活性；分离源：土壤；分离地点：湖南壶瓶山；培养基 0027，28℃。

ACCC 41454←湖北省生物农药工程研究中心；原始编号：HBERC 00781；代谢产物具有抗细菌、抗真菌活性；分离源：土壤；分离地点：青海湖；培养基 0027，28℃。

ACCC 41465←湖北省生物农药工程研究中心；原始编号：HBERC 00748；代谢产物具有杀虫活性；分离源：土壤；分离地点：河南伏牛山；培养基 0027，28℃。

ACCC 41469←湖北省生物农药工程研究中心；原始编号：HBERC 00786；代谢产物具有杀虫活性；分离源：土壤；分离地点：新疆阿克苏地区；培养基 0027，28℃。

ACCC 41500←中国农科院土肥所←东海水产研究所；属于链霉菌灰褐类群，产阿维菌素类杀虫素，对畜禽寄生虫有明显疗效，对多种农业害虫有很强的杀虫作用，尤其对螨类的杀灭作用更突出；培养基 0012，28℃。

ACCC 41516←湖北省生物农药工程研究中心；原始编号：HBERC 00850；培养基 0027，28℃。

ACCC 41524←湖北省生物农药工程研究中心；原始编号：HBERC 00826；培养基 0027，28℃。

ACCC 41527←湖北省生物农药工程研究中心；原始编号：HBERC 00789；培养基 0027，28℃。

ACCC 41871←西北农大；原始编号：K42，CCNWHQ0016；培养基 0012，28℃。

ACCC 41912←中国医学科学院医药生物技术研究所；原始编号：201809-BZ08；分离源：柽柳科红砂属植物；分离地点：内蒙古巴丹吉林沙漠；培养基 0038，28℃。

ACCC 41914←中国医学科学院医药生物技术研究所；原始编号：201809-BZ10；降解纤维素，产内切葡聚糖酶；分离源：柽柳科红砂属植物；分离地点：内蒙古巴丹吉林沙漠；培养基 0038，28℃。

ACCC 41915←中国医学科学院医药生物技术研究所；原始编号：201809-BZ12；降解纤维素，产内切葡聚糖酶；分离源：白刺科白刺属植物；分离地点：内蒙古巴丹吉林沙漠；培养基 0038，28℃。

ACCC 41916←中国医学科学院医药生物技术研究所；原始编号：201809-BZ17；分离源：柽柳科红砂属植物；分离地点：内蒙古巴丹吉林沙漠；培养基 0038，28℃。

ACCC 41921←中国医学科学院医药生物技术研究所；原始编号：201809-BZ26；分离源：白刺科白刺属植物；分离地点：内蒙古巴丹吉林沙漠；培养基 0038，28℃。

ACCC 41922←中国医学科学院医药生物技术研究所；原始编号：201809-BZ27；分离源：白刺科白刺属植物；分离地点：内蒙古巴丹吉林沙漠；培养基 0038，28℃。

ACCC 41923←中国医学科学院医药生物技术研究所；原始编号：201809-BZ28；分离源：白刺科白刺属植物；分离地点：内蒙古巴丹吉林沙漠；培养基 0038，28℃。

ACCC 41926←中国医学科学院医药生物技术研究所；原始编号：201809-BZ37；降解纤维素；分离源：柽柳科红砂属植物；分离地点：内蒙古；培养基 0038，28℃。

ACCC 41929←中国医学科学院医药生物技术研究所；原始编号：201809-BZ40；降解纤维素；分离源：柽柳科红砂属植物；分离地点：内蒙古；培养基 0038，28℃。

ACCC 41938←中国医学科学院医药生物技术研究所；原始编号：201809-BZ31；分离源：柽柳科红砂属植物；分离地点：内蒙古；培养基 0038，28℃。

ACCC 41939←中国医学科学院医药生物技术研究所；原始编号：201809-BZ34；分离源：柽柳科红砂属植物；分离地点：内蒙古；培养基 0038，28℃。

ACCC 41962←自行分离；原始编号：2008-1；分离源：土壤；分离地点：黑龙江省阿城区南岭屯；培养基 0017，28℃。

ACCC 61785←河北大学生命科学学院，河北保定；原始编号：HBU208055；分离源：土壤；分离地点：河北保定白洋淀岸边带；培养基 0908，28℃。

ACCC 61796←河北大学生命科学学院，河北保定；原始编号：HBU208280；分离源：土壤；分离地点：河北保定白洋淀岸边带；培养基 0908，28℃。

ACCC 61797←河北大学生命科学学院，河北保定；原始编号：HBU208281；分离源：土壤；分离地点：河北保定白洋淀岸边带；培养基 0908，28℃。

ACCC 61798←河北大学生命科学学院，河北保定；原始编号：HBU208282；分离源：土壤；分离地点：河北保定白洋淀岸边带；培养基 0908，28℃。

Streptomyces sparsogenes Owen et al. 1963

稀产链霉菌

ACCC 40217←中国农科院环发所药物工程研究室；原始编号：14386；分离源：土壤；分离地点：云南；培养基 0012，30℃。

Streptomyces spectabilis Mason et al. 1961

壮观链霉菌

ACCC 41404←湖北省生物农药工程研究中心；原始编号：HBERC 00643；代谢产物具有较好的抗细菌、真菌及杀虫活性；分离源：土壤；分离地点：湖南石门；培养基 0027，28℃。

Streptomyces spheroides Wallick et al. 1956

类球形链霉菌

ACCC 41333←湖北省生物农药工程研究中心；分离源：土壤；分离地点：湖北樊城；培养基 0027，28℃。

Streptomyces spiroverticillatus Shinobu 1958

螺旋轮生链霉菌

ACCC 40788←新疆农科院微生物所；原始编号：XAAS20058，1-6-3；分离源：土壤样品；分离地点：新疆吐鲁番；培养基 0039，20℃。

Streptomyces subrutilus Arai et al. 1964

亚鲜红链霉菌

ACCC 40798←新疆农科院微生物所；原始编号：XAAS20025，2.025；分离源：土壤样品；分离地点：新疆吐鲁番；培养基 0455，30℃。

Streptomyces tanashiensis Hata et al. 1952

田无链霉菌

ACCC 41506←中国农科院土肥所←中科院微生物所←中国医学科学院抗菌素研究所；＝AS 4.638；原始编号：A304；培养基 0012，30℃。

Streptomyces tateyamensis **Khan et al. 2010**

馆山链霉菌

ACCC 40501←湖北省生物农药工程研究中心；原始编号：HBERC 00146，Wa-01359；代谢产物具有抗
　　　　菌活性；分离源：土壤；分离地点：浙江龙游；培养基0012，28℃。

Streptomyces tauricus（**ex Ivanitskaya et al. 1966**）**Sveshnikova 1986**

公牛链霉菌

ACCC 40813←湖北省生物农药工程研究中心；原始编号：IEDA 00585，wa-8053；产生代谢产物具有
　　　　抑菌活性；分离地点：云南；培养基0012，28℃。

ACCC 40894←湖北省生物农药工程研究中心；原始编号：IEDA 00669，wa-8177；产生代谢产物具有
　　　　抑菌活性；分离地点：内蒙古；培养基0012，28℃。

Streptomyces termitum **Duche et al. 1951**

白蚁链霉菌

ACCC 61814←中国农科院资划所；原始编号：3T-332；分离源：土壤；分离地点：中国农科院温室；
　　　　培养基0012，30℃。

Streptomyces thermovulgaris **Henssen 1957**

热普通链霉菌

ACCC 41056←DSMZ←E. B. Shirling，ISP←A. Henssen，R-10；=DSM 40444=ATCC 19284= CBS
　　　　276.66= CBS 643.69= IFO 13089= IFO 16607= ISP 5444= KCC S-0240= KCC S-0520=
　　　　NBRC 13089= NBRC 16607= RIA 1281；模式菌株；分离源：新鲜牛粪；培养基0455，
　　　　37℃。

Streptomyces toxytricini（**Preobrazhenskaya & Sveshnikova 1957**）**Pridham et al. 1958**

毒三素链霉菌

ACCC 41038←DSMZ←E. B. Shirling，ISP；=DSM 40178=ATCC 19813=CBS 566.68=IFO 12823；培
　　　　养基0455，30℃。

Streptomyces tubercidicus **Nakamura 1961**

杀结核链霉菌

ACCC 40916←湖北省生物农药工程研究中心；原始编号：HBERC 00009，Wa-00818；代谢产物具有
　　　　抗菌活性，产杀结核菌素；分离源：水底沉积物；分离地点：江西婺源；培养基0012，
　　　　28℃。

Streptomyces turgidiscabies **Miyajima et al. 1998**

肿痂链霉菌

ACCC 41908←日本 NBRC；原始编号：DSM 41838；分离源：土豆；培养基0455，28℃。

ACCC 41952←山东农业大学；原始编号：喀01，1；马铃薯疮痂病病原菌；分离源：马铃薯块茎；分
　　　　离地点：内蒙古赤峰喀喇沁旗；培养基0012，28℃。

ACCC 41953←山东农业大学；原始编号：喀01，2；马铃薯疮痂病病原菌；分离源：马铃薯块茎；分
　　　　离地点：内蒙古赤峰喀喇沁旗；培养基0012，28℃。

ACCC 41954←山东农业大学；原始编号：喀01，4；马铃薯疮痂病病原菌；分离源：马铃薯块茎；分
　　　　离地点：内蒙古赤峰喀喇沁旗；培养基0012，28℃。

ACCC 41955←山东农业大学；原始编号：喀02，4；马铃薯疮痂病病原菌；分离源：马铃薯块茎；分
　　　　离地点：内蒙古赤峰喀喇沁旗；培养基0012，28℃。

Streptomyces umbrinus（**Sveshnikova 1957**）**Pridham et al. 1958**

赭褐链霉菌

ACCC 40377←中国农科院环发所药物工程研究室；原始编号：3471；产生代谢产物具有抑菌活性；分
　　　　离地点：四川；培养基0012，28℃。

ACCC 41029←DSMZ←E. B. Shirling, ISP；=DSM 40278=ATCC 19929= ATCC 25503= CBS
645.69=IFO 13091= INA 1703=ISP 5278=NBRC 13091= RIA 1283；模式菌株；分离
源：土壤；分离地点：苏联；降解苯酸盐和 4- 羟基苯甲酸丙酯；培养基 0012，30℃。

Streptomyces variabilis（Preobrazhenskaya et al. 1957）Pridham et al. 1958

变异链霉菌

ACCC 41023←DSMZ←NRRL；=DSM 923=NRRL 5618；产生林可霉素；分离源：土壤；培养基 0455，
30℃。

Streptomyces venezuelae Ehrlich et al. 1948

委内瑞拉链霉菌

ACCC 40098←中科院微生物所；=AS 4.223；产氯霉素；培养基 0012，25～28℃。

ACCC 40810←广东微生物所；原始编号：GIMT 4.001，FJF-1；分离源：土壤；分离地点：广东广州；
培养基 0455，25～28℃。

ACCC 41034←DSMZ←E. B. Shirling, ISP←L. Anderson, Park Davies & Co., PD 04745←P. R；
=DSM40230=ATCC 10712= ATCC 25508= CBS 650.69= DSM 41109= IFO 12595= IFO
13096= IMET 41356= IMRU 3534= IMRU 3625= ISP 5230= JCM 4526= KCC S-0526=
NBRC 12595= NBRC 13096= NRRL B-2277= RIA 1288= VKM Ac-589；产生氯霉素、
贾多霉素 B；分离源：热带土壤；分离地点：委内瑞拉，加拉加斯玻利瓦尔共和国；培养
基 0455，30℃。

Streptomyces vinaceus Jones 1952

酒红链霉菌

ACCC 40276←中国农科院环发所药物工程研究室；原始编号：3177；产生代谢产物具有抑菌活性；分
离地点：河北；培养基 0012，28℃。

ACCC 40294←中国农科院环发所药物工程研究室；原始编号：3451；产生代谢产物具有抑菌活性；分
离地点：河北；培养基 0012，28℃。

ACCC 40874←湖北省生物农药工程研究中心；原始编号：IEDA 00646，3452；产生代谢产物具有抑菌
活性；分离地点：河北；培养基 0012，28℃。

Streptomyces violaceochromogenes（Ryabova & Preobrazhenskaya 1957）Pridham 1970

紫产色链霉菌

ACCC 40860←湖北省生物农药工程研究中心；原始编号：IEDA 00632，305；产生代谢产物具有抑菌
活性；分离地点：北京；培养基 0012，28℃。

ACCC 41963←中国农科院资划所；原始编号：T22；分离源：番茄根际土；培养基 0847，30℃。

Streptomyces violaceorectus（Ryabova & Preobrazhenskaya 1957）Pridham et al. 1958

紫色直丝链霉菌

ACCC 40032←中科院微生物所；=AS 4.393；抑制阳性细菌和丝状真菌；培养基 0012，28～30℃。

ACCC 40935←湖北省生物农药工程研究中心；原始编号：HBERC 00052，Wa-03348；代谢产物具有抗
真菌活性；分离源：土壤；分离地点：湖北鄂州；培养基 0027，28℃。

ACCC 41532←湖北省生物农药工程研究中心；原始编号：HBERC 00830；培养基 0027，28℃。

Streptomyces violaceoruber（Waksman & Curtis 1916）Pridham 1970

紫红链霉菌

ACCC 41377←湖北省生物农药工程研究中心；原始编号：HBERC 00696；分离源：土壤；分离地点：
湖南壶瓶山；培养基 0027，28℃。

Streptomyces violaceus（Rossi Doria 1891）Waksman 1953

紫色链霉菌

ACCC 40986←湖北省生物农药工程研究中心；原始编号：HBERC 00224，Wa-03469；代谢产物具有抗
菌活性；分离源：土壤；分离地点：湖北武汉；培养基 0027，28℃。

ACCC 41091←湖北省生物农药工程研究中心；原始编号：HBERC 00475，Wa-10617；代谢产物具有抗真菌活性；分离源：土壤；分离地点：青海湖；培养基 0027，28℃。

ACCC 41351←湖北省生物农药工程研究中心；原始编号：HBERC 00649；分离源：土壤；分离地点：湖南壶瓶山；培养基 0027，28℃。

ACCC 41536←湖北省生物农药工程研究中心；原始编号：HBERC 00827；培养基 0027，28℃。

Streptomyces violens（Kalakoutskii & Krasil'nikov 1960）Goodfellow et al. 1987
呈紫色链霉菌

ACCC 41025←DSMZ；=DSM 40597=ATCC 15898= CBS 451.65= CBS 787.72= IFO 12557= IFO 13486= IMET 43407= ISP 5597= JCM 3072= JCM 4852= NBRC 12557= NBRC 13486= NRRL B-3484= RIA 1447= RIA 565；模式菌株；降解 4- 羟基苯甲酸丙酯；培养基 0455，30℃。

Streptomyces viridochromogenes（Krainsky 1914）Waksman & Henrici 1948
绿产色链霉菌

ACCC 41050←DSMZ←E. B. Shirling，ISP；=DSM 40110=ATCC 14920=CBS 648.72=ETH 9523=IFO 13347= ISP 5110=NBRC 13347=NRRL B-1511= RIA 1308；培养基 0455，30℃。

ACCC 41389←湖北省生物农药工程研究中心；原始编号：HBERC 00648；培养基 0027，28℃。

ACCC 41507←湖北省生物农药工程研究中心；原始编号：HBERC 00728；培养基 0027，28℃。

Streptomyces virginiae Grundy et al. 1952
弗吉尼亚链霉菌

ACCC 40094←中科院微生物所←中国医学科学院抗菌素研究所；=AS 4.638；原始编号：A-313；培养基 0012，28～30℃。

ACCC 40768←湖北省生物农药工程研究中心；原始编号：HBERC 00177，Wa-07867；代谢产物具有抗菌活性；分离源：土壤；分离地点：河南小浪底；培养基 0012，28℃。

ACCC 41135←广东微生物所←中科院上海植生所；原始编号：GIMV12-A-1 12-A-1；分离源：土壤；分离地点：越南；培养基 0013，25～28℃。

Streptomyces viridodiastaticus（Baldacci et al. 1955）Pridham et al. 1958
绿淀粉酶链霉菌

ACCC 40777←新疆农科院微生物所；原始编号：XAAS20012，2.012；分离源：土壤样品；分离地点：新疆吐鲁番；培养基 0039，20℃。

Streptomyces wedmorensis（ex Milard & Burr 1926）Preobrazhenskaya 1986
威德摩尔链霉菌

ACCC 40676←湖北省生物农药工程研究中心；原始编号：HBERC 00189，Wa-00936；代谢产物具有抗菌活性；分离源：土壤；分离地点：湖北鄂州；培养基 0012，28℃。

ACCC 40965←湖北省生物农药工程研究中心；原始编号：HBERC 00100，Wa-03735；代谢产物具有抗菌活性；分离源：土壤；分离地点：湖北鄂州；培养基 0027，28℃。

ACCC 40966←湖北省生物农药工程研究中心；原始编号：HBERC 00101，Wa-03774；代谢产物具有抗菌活性；分离源：土壤；分离地点：四川峨眉山；培养基 0027，28℃。

ACCC 41447←湖北省生物农药工程研究中心；原始编号：HBERC 00735；代谢产物具有弱的抗细菌活性；分离源：土壤；分离地点：湖南壶瓶山；培养基 0027，28℃。

Streptomyces werraensis Wallhäusser et al. 1964
韦腊链霉菌

ACCC 40389←中国农科院环发所药物工程研究室；原始编号：3854；产生代谢产物具有抑菌活性；分离地点：四川；培养基 0012，28℃。

Streptomyces xanthochromogenes Arishima et al. 1956
黄质产色链霉菌

ACCC 40220←中国农科院环发所药物工程研究室；原始编号：14450；分离源：土壤；分离地点：广西；培养基 0012，30℃。

ACCC 40241←中国农科院环发所药物工程研究室；分离源：土壤；分离地点：河北；培养基 0012，30℃。

ACCC 41378←湖北省生物农药工程研究中心；原始编号：HBERC 00666；分离源：土壤；分离地点：湖南壶瓶山；培养基 0027，28℃。

Streptomyces xanthocidicus Asahi et al. 1966

杀黄菌素链霉菌

ACCC 40778←新疆农科院微生物所；原始编号：XAAS20026，2.026；分离源：土壤样品；分离地点：新疆吐鲁番；培养基 0305，20℃。

Streptomyces xanthophaeus Lindenbein 1952

黄暗色链霉菌

ACCC 05599←中国农科院资划所；分离源：水稻根内生；分离地点：湖南祁阳县官山坪；培养基 0002，30℃。

ACCC 40828←湖北省生物农药工程研究中心；原始编号：IEDA 00600，wa-8110；产生代谢产物具有抑菌活性；分离地点：云南；培养基 0012，28℃。

Streptosporangium albidum Furumai et al. 1968

微白链孢囊菌

ACCC 41353←湖北省生物农药工程研究中心；原始编号：HBERC 00804；分离源：土壤；分离地点：青海湖；培养基 0027，28℃。

Streptosporangium album Nonomura & Ohara 1960

白色链孢囊菌

ACCC 40719←湖北省生物农药工程研究中心；原始编号：HBERC00306，Wa-05358；代谢产物具有抗菌活性；分离源：土壤；分离地点：河南伏牛山；培养基 0027，28℃。

ACCC 40971←湖北省生物农药工程研究中心；原始编号：HBERC 00118，Wa-03068；代谢产物具有抗菌活性；分离源：土壤；分离地点：湖北武汉；培养基 0027，28℃。

ACCC 41517←湖北省生物农药工程研究中心；原始编号：HBERC 00842；培养基 0027，28℃。

Streptosporangium roseum Couch 1955

玫瑰链孢囊菌

ACCC 41031←DSMZ←KCC；=DSM 43021＝ATCC 12428＝CBS 313.56＝IAM 14294＝IFO 3776＝JCM 3005＝KCC A-0005＝NBRC 3776＝NCIB 10171＝NRRL B-2505＝RIA 470；模式菌株；蔬菜花园土壤；培养基 0455，30℃。

Streptosporangium sp.

链孢囊菌

ACCC 40461←湖北省生物农药工程研究中心；原始编号：HBERC 00092，Wa-03576；代谢产物具有抗菌活性；分离源：土壤；分离地点：湖北武汉；培养基 0012，28℃。

ACCC 40607←湖北省生物农药工程研究中心；原始编号：IEDA 00545，wa-8083；产生代谢产物具有抑菌活性；分离地点：湖北；培养基 0012，28℃。

ACCC 40639←湖北省生物农药工程研究中心；原始编号：IEDA 00497，wa-8166；产生代谢产物具有抑菌活性；分离地点：湖北；培养基 0012，28℃。

ACCC 40683←湖北省生物农药工程研究中心；原始编号：HBERC 00255，Wa-05045；代谢产物具有抗菌活性；分离源：土壤；分离地点：四川峨眉山；培养基 0027，28℃。

ACCC 40685←湖北省生物农药工程研究中心；原始编号：HBERC 00257，Wa-05052；代谢产物具有抗菌活性；分离源：土壤；分离地点：四川峨眉山；培养基 0027，28℃。

ACCC 40694←湖北省生物农药工程研究中心；原始编号：HBERC 00269，Wa-05122；代谢产物具有抗菌活性；分离源：土壤；分离地点：河南伏牛山；培养基 0012，28℃。

ACCC 40723←湖北省生物农药工程研究中心；原始编号：HBERC 00310，Wa-05505；代谢产物具有抗菌活性；分离源：土壤；分离地点：四川峨眉山；培养基 0012，28℃。

ACCC 40732←湖北省生物农药工程研究中心；原始编号：HBERC 00326，Wa-05596；代谢产物具有抗菌活性；分离源：土壤；分离地点：河南伏牛山；培养基 0012，28℃。

ACCC 40751←湖北省生物农药工程研究中心；原始编号：HBERC 00358，Wa-05858；代谢产物具有抗菌活性；分离源：土壤；分离地点：四川峨眉山；培养基 0012，28℃。

ACCC 40754←湖北省生物农药工程研究中心；原始编号：HBERC 00363，Wa-05875；代谢产物具有抗菌活性；分离源：土壤；分离地点：湖北嘉鱼；培养基 0012，28℃。

ACCC 40760←湖北省生物农药工程研究中心；原始编号：HBERC 00389，Wa-06153；代谢产物具有抗菌活性；分离源：土壤；分离地点：福建福州；培养基 0027，28℃。

ACCC 40771←湖北省生物农药工程研究中心；原始编号：HBERC 00394，Wa-10269；代谢产物具有抗菌活性；分离源：土壤；分离地点：福建福州；培养基 0012，28℃。

ACCC 40772←湖北省生物农药工程研究中心；原始编号：HBERC 00395，Wa-10270；代谢产物具有抗菌活性；分离源：土壤；分离地点：福建福州；培养基 0012，28℃。

ACCC 40997←湖北省生物农药工程研究中心；原始编号：HBERC 00325，Wa-03839；代谢产物具有抗细菌活性；分离源：土壤；分离地点：河南伏牛山；培养基 0027，28℃。

ACCC 40998←湖北省生物农药工程研究中心；原始编号：HBERC 00346，Wa-03846；代谢产物具有抗菌活性；分离源：土壤；分离地点：河南伏牛山；培养基 0027，28℃。

ACCC 41000←湖北省生物农药工程研究中心；原始编号：HBERC 00398，Wa-03914；代谢产物具有抗真菌活性；分离源：土壤；分离地点：河南伏牛山；培养基 0027，28℃。

ACCC 41002←湖北省生物农药工程研究中心；原始编号：HBERC 00431，Wa-03877；代谢产物具有抗菌活性；分离源：土壤；分离地点：湖北武汉；培养基 0027，28℃。

ACCC 41006←湖北省生物农药工程研究中心；原始编号：HBERC 00436，Wa-03910；代谢产物具有抗真菌活性；分离源：土壤；分离地点：河南伏牛山；培养基 0027，28℃。

ACCC 41358←湖北省生物农药工程研究中心；原始编号：HBERC 00656；分离源：土壤；分离地点：青海湖；培养基 0027，28℃。

ACCC 41408←湖北省生物农药工程研究中心；原始编号：HBERC 00745；代谢产物具有杀虫及抗真菌活性；分离源：土壤；分离地点：青海湖；培养基 0027，28℃。

ACCC 41468←湖北省生物农药工程研究中心；原始编号：HBERC 00742；代谢产物具有抗真菌活性；分离源：土壤；分离地点：湖南壶瓶山；培养基 0027，28℃。

ACCC 41474←湖北省生物农药工程研究中心；原始编号：HBERC 00733；代谢产物具有弱的抗细菌活性；分离源：土壤；分离地点：湖南壶瓶山；培养基 0027，28℃。

Streptosporangium violaceochromogenes Kawamoto et al. 1975

紫产色链孢囊菌

ACCC 40831←湖北省生物农药工程研究中心；原始编号：IEDA 00603，wa-8111；产生代谢产物具有抑菌活性；分离地点：河北；培养基 0012，28℃。

Streptoverticillium sp.

链轮枝菌

ACCC 40439←湖北省生物农药工程研究中心；原始编号：HBERC 00015，Wa-00168；具有抗菌活性；分离源：土壤；分离地点：浙江开化；培养基 0012，28℃。

ACCC 40442←湖北省生物农药工程研究中心；原始编号：HBERC 00018，Wa-01342；代谢产物具有抗菌作用；分离源：土壤；分离地点：江西婺源；培养基 0012，28℃。

ACCC 40446←湖北省生物农药工程研究中心；原始编号：HBERC 00022，Wa-02982；代谢产物具有抗菌活性；分离源：土壤；分离地点：湖北武汉；培养基 0012，28℃。

ACCC 40450←湖北省生物农药工程研究中心；原始编号：HBERC 00026，Wa-01683；具有抗真菌作用；分离源：土壤；分离地点：江西浮梁；培养基 0012，28℃。

ACCC 40452←湖北省生物农药工程研究中心；原始编号：HBERC 00031，Wa-03832；代谢产物具有抗菌活性；分离源：土壤；分离地点：河南南阳；培养基 0012，28℃。

ACCC 40455←湖北省生物农药工程研究中心；原始编号：HBERC 00084，Wa-02945；代谢产物具有抗菌活性；分离源：土壤；分离地点：湖北武汉；培养基 0012，28℃。

ACCC 40456←湖北省生物农药工程研究中心；原始编号：HBERC 00086，Wa-02973；代谢产物具有抗菌活性；分离源：土壤；分离地点：湖北武汉；培养基 0012，28℃。

ACCC 40457←湖北省生物农药工程研究中心；原始编号：HBERC 00087，Wa-03136；代谢产物具有抗菌活性；分离源：土壤；分离地点：湖北武汉；培养基 0012，28℃。

ACCC 40458←湖北省生物农药工程研究中心；原始编号：HBERC 00088，Wa-03156；代谢产物具有抗菌活性；分离源：土壤；分离地点：湖北武汉；培养基 0012，28℃。

ACCC 40465←湖北省生物农药工程研究中心；原始编号：HBERC 00096，Wa-04116；代谢产物具有抗菌活性；分离源：土壤；分离地点：河南桐柏；培养基 0012，28℃。

ACCC 40466←湖北省生物农药工程研究中心；原始编号：HBERC 00098，Wa-00391；代谢产物具有抗菌活性；分离源：土壤；分离地点：浙江遂昌；培养基 0012，28℃。

ACCC 40476←湖北省生物农药工程研究中心；代谢产物具有抗菌活性；分离源：土壤；分离地点：江西婺源；培养基 0012，28℃。

ACCC 40492←湖北省生物农药工程研究中心；原始编号：HBERC 00137，Wa-01498；代谢产物具有抗菌活性；分离源：土壤；分离地点：浙江遂昌；培养基 0012，28℃。

ACCC 40499←湖北省生物农药工程研究中心；原始编号：HBERC 00144，Wa-01497；代谢产物具有抗菌活性；分离源：植物残体；分离地点：浙江遂昌；培养基 0012，28℃。

ACCC 40510←湖北省生物农药工程研究中心；原始编号：HBERC 00155，Wa-01414；代谢产物具有抗菌活性；分离源：土壤；分离地点：福建蒲城；培养基 0012，28℃。

ACCC 40511←湖北省生物农药工程研究中心；原始编号：HBERC 00156，Wa-01208；代谢产物具有抗菌活性；分离源：土壤；分离地点：浙江开化；培养基 0012，28℃。

ACCC 40512←湖北省生物农药工程研究中心；原始编号：HBERC 00157，Wa-01537；代谢产物具有抗菌作用；分离源：土壤；分离地点：浙江遂昌；培养基 0012，28℃。

ACCC 40513←湖北省生物农药工程研究中心；原始编号：HBERC 00158，Wa-01321；代谢产物具有抗菌活性；分离源：土壤；分离地点：江西婺源；培养基 0012，28℃。

ACCC 40515←湖北省生物农药工程研究中心；原始编号：HBERC 00160，Wa-01362；代谢产物具有抗菌作用；分离源：土壤；分离地点：福建蒲城；培养基 0012，28℃。

ACCC 40516←湖北省生物农药工程研究中心；原始编号：HBERC 00161，Wa-03346；代谢产物具有抗菌作用；分离源：土壤；分离地点：四川洪雅；培养基 0012，28℃。

ACCC 40518←湖北省生物农药工程研究中心；原始编号：HBERC 00161，Wa-03346；代谢产物具有抗菌活性；分离源：土壤；分离地点：四川洪雅；培养基 0012，28℃。

ACCC 40520←湖北省生物农药工程研究中心；原始编号：HBERC 00165，Wa-03572；代谢产物具有抗菌活性；分离源：土壤；分离地点：湖北武汉；培养基 0012，28℃。

ACCC 40712←湖北省生物农药工程研究中心；原始编号：HBERC 00297，Wa-05313；代谢产物具有抗菌活性；分离源：土壤；分离地点：河南伏牛山；培养基 0012，28℃。

ACCC 40715←湖北省生物农药工程研究中心；原始编号：HBERC 00307，Wa-05327；代谢产物具有抗菌活性；分离源：土壤；分离地点：河南伏牛山；培养基 0012，28℃。

Thermomonospora curvata Henssen 1957

弯曲高温单孢菌

ACCC 41067←DSMZ←JCM←A. Henssen；=DSM 43183=ATCC 19995= CBS 141.67= IAM 14296= IMET 9551= JCM 3096=KCC A-0096=NCIMB 10081；模式菌株；原始编号：B9；降解纤维素；分离源：秸秆，培养基 0012，45℃。

Thermomonospora sp.

高温单孢菌

ACCC 41252←中国热科院环植所；原始编号：CATAS EPPI2265；分离源：龙血树根际土壤 1～2 cm 处；分离地点：海南儋州；培养基 0012，28℃。

ACCC 41253←中国热科院环植所；原始编号：CATAS EPPI2266；分离源：龙血树根际土壤 1～2 cm 处；分离地点：海南儋州；培养基 0012，28℃。

ACCC 41254←中国热科院环植所；原始编号：CATAS EPPI2267；分离源：龙血树根际土壤1~2 cm 处；分离地点：海南儋州；培养基0012，28℃。

ACCC 41255←中国热科院环植所；原始编号：CATAS EPPI2268；分离源：槟榔根际土壤1~2 cm 处；分离地点：海南儋州；培养基0012，28℃。

ACCC 41256←中国热科院环植所；原始编号：CATAS EPPI2269；分离源：海南大枫子根际土壤 1~2 cm 处；分离地点：海南儋州；培养基0012，28℃。

ACCC 41257←中国热科院环植所；原始编号：CATAS EPPI2270；分离源：海南大枫子根际土壤 1~2 cm 处；分离地点：海南儋州；培养基0012，28℃。

三、酵母菌（Yeasts）

Ambrosiozyma platypodis（Baker & Kreger-van Rij）Van der Walt

扁平虫道酵母

ACCC 20324←中国农科院土肥所←荷兰真菌研究所，=CBS 4111；分离源：昆虫；模式菌株；培养基 0181，25～28℃。

Brettanomyces intermedius（Krumbholz & Tauachanoff）van der Walt & Kerken

间型酒香酵母

ACCC 20233←中国农科院土肥所←轻工部食品所 IFFI 1716；用于酿酒生香；培养基 0077，28～30℃。

Brettanomyces sp.

酒香酵母

ACCC 21122←中国农科院土肥所←山东农业大学 SDAUMCC 200001；原始编号：ZB-296；生产单细胞蛋白；分离源：啤酒渣；培养基 0013，25～28℃。

Candida albicans（Robin）Berkhout

白假丝酵母

ACCC 20100←中国农科院土肥所←中科院微生物所 AS2.538；培养基 0013，25～28℃。

ACCC 20369←荷兰真菌研究所；=CBS 2312；培养基 0436，25℃。

ACCC 20370←荷兰真菌研究所；=CBS 2701；培养基 0436，25℃。

ACCC 20371←荷兰真菌研究所；=CBS 1899；培养基 0436，25℃。

Candida cylindracea Koichi Yamada & Machida ex S. A. Mey. & Yarrow

柱状假丝酵母

ACCC 20339←中国农科院土肥所←荷兰真菌研究所，=CBS 6330；脂肪酶产生菌；分离源：土壤；培养基 0206，25～28℃。

Candida diddensiae（Phaff，Mrak & O. B. Williams）Fell & S. A. Mey.

迪丹斯假丝酵母

ACCC 20373←荷兰真菌研究所，=CBS 2214；培养基 0436，25℃。

Candida dubliniensis D. J. Sullivan，Western.，K. A. Haynes，Dés. E. Benn. & D. C. Coleman

都柏林假丝酵母

ACCC 20362←荷兰真菌研究所，=CBS 8500；培养基 0436，25℃。

ACCC 20368←荷兰真菌研究所，=CBS 8501；培养基 0436，25℃。

Candida glabrata（H. W. Anderson）S. A. Mey. & Yarrow

光滑假丝酵母

ACCC 20356←荷兰真菌研究所，=CBS 860；培养基 0436，25℃。

Candida guilliermondii（Castellani）Langeron & Guerra

季也蒙假丝酵母

ACCC 20232←中国农科院土肥所←轻工食品研究所周元懿分离 IFFI 1274；用于生香；培养基 0077，28～30℃。

Candida inconspicus（Lodder & Kreger）S. A. Mey. & Yarrow

平常假丝酵母

ACCC 21254←广东微生物所菌种组 GIMT2.016；培养基 0013，25℃。

Candida intermedia（Cif. & Ashford）Langeron & Guerra

间型假丝酵母

ACCC 20121←中国农科院土肥所←中科院微生物所 AS2.625；培养基 0013，25～28℃。

Candida kefyr（Beijer.）van Uden & Bukl.

乳酒假丝酵母

ACCC 20254←中国农科院土肥所←中科院微生物所 AS2.68；发酵乳糖酵母；培养基 0013，25～28℃。

ACCC 20278←中国农科院土肥所←广东微生物所 GIM2.112←中科院微生物所 AS2.68；培养基 0013，25～28℃。

ACCC 21275←广东微生物所菌种组 GIMY0015；分离源：未脱脂的牛奶；用于奶酪和乳酒的酿造；培养基 0013，25～28℃。

Candida krusei（Castellani）Berkhout

克鲁斯假丝酵母

ACCC 20196←中国农科院土肥所←郑州嵩山制药厂←轻工部食品发酵所 IFFI 1722；发酵法生产甘油；培养基 0013，25～28℃。

ACCC 20197←中国农科院土肥所←郑州嵩山制药厂←轻工部食品发酵所 IFFI 1684；用于酒精生产、发酵法生产甘油；培养基 0013，25～28℃。

ACCC 21057←中国农科院饲料所 avcY11←中科院微生物所 AS2.1182；原始编号：生香酵母菌 18 号；高温产酯酵母，高温生香酵母；培养基 0013，25～28℃。

Candida kruisii Meyer & Yarrow

克鲁伊假丝酵母

ACCC 20269←中国农科院土肥所←中科院微生物所 AS2.1707←荷兰真菌研究所，＝CBS 7864；培养基 0013，25～28℃。

Candida lambica（Lindner & Genoud）van Uden & Buckley

郎必可假丝酵母

ACCC 20159←中国农科院土肥所←中科院微生物所（生香酵母菌 18 号）AS2.1182；高温产酯酵母；培养基 0013，25～28℃。

Candida lipolytica（Harrison）Diddens & Lodder

解脂假丝酵母

ACCC 20101←中国农科院土肥所←中科院微生物所 AS2.1207；石油脱蜡，以烷烃生产 α- 酮戊二酸；培养基 0013，25～28℃。

ACCC 21262←广东微生物所菌种组 GIMY0002；分离源：石油；用于石油脱蜡；培养基 0013，28℃。

Candida lipolytica var. *lipolytica* Diddens & Lodder

解脂假丝酵母解脂变种

ACCC 20245←中国农科院土肥所←上海工微所←轻工部食品发酵所 IFFI 1670；用于石油发酵产柠檬酸；培养基 0013，28～30℃。

Candida lusitaniae van Uden & do Carmo-Sousa

葡萄牙假丝酵母

ACCC 20201←中国农科院土肥所←郑州嵩山制药厂←轻工部食品发酵所 IFFI1461；用葡萄糖、纤维二糖发酵生产酒精；培养基 0013，25～28℃。

ACCC 21288←广东微生物所 GIMY0029；分离源：葡萄糖、纤维糖发酵液；利用葡萄糖、纤维糖发酵生产酒精；培养基 0013，25～28℃。

ACCC 21338←新疆农科院微生物所 XAAS30036；分离源：沙质土；用于乙醇发酵；培养基 0181，30℃。

ACCC 21339←新疆农科院微生物所 XAAS30037；分离源：沙质土；用于乙醇发酵；培养基 0181，30℃。

ACCC 21343←新疆农科院微生物所 XAAS30041；分离源：沙质土；用于乙醇发酵；培养基 0181，30℃。

ACCC 21344←新疆农科院微生物所 XAAS30042；分离源：沙质土；用于乙醇发酵；培养基 0181，30℃。

ACCC 21345←新疆农科院微生物所 XAAS30043；分离源：沙质土；用于乙醇发酵；培养基 0181，30℃。

Candida macedoniensis（**Castellani & Chalmers**）**Berkhout**

马其顿假丝酵母

ACCC 20277←中国农科院土肥所←广东微生物所 GIM2.111←中科院微生物所 AS2.1504；培养基 0013，
25～28℃。

Candida maltosa **Komagata et al.**

麦芽糖假丝酵母

ACCC 20327←中国农科院土肥所←荷兰真菌研究所，=CBS 5611；模式菌株；培养基 0436，25～28℃。

Candida nitratophila（**Shifrine & Phaff**）**S. A. Mey. & Yarrow**

ACCC 20358←荷兰真菌研究所，=CBS 2027，模式菌株；培养基 0436，25℃。

Candida parapsilosis（**Ashford**）**Langeron & Talice**

近平滑假丝酵母

ACCC 20221←中国农科院土肥所←中科院微生物所 AS2.590←美国 Wisconsin 大学；原始编号 1257；
用戊糖水解液制造饲料酵母；产色氨酸；培养基 0013，25～28℃。

ACCC 20313←中国农科院土肥所←荷兰真菌研究所，=CBS 604；模式菌株；培养基 0436，25～28℃。

ACCC 21282←广东微生物所菌种组 GIMY0022；分离源：石油；用戊糖水解液生产饲料酵母；产色氨
酸；培养基 0013，25～28℃。

Candida quercitrusa **S. A. Meyer & Phaff**

橘假丝酵母

ACCC 21239←广东微生物所 GIMT2.010；分离源：土壤；培养基 0013，25～28℃。

Candida rugosa（**Anderson**）**Diddens & Lodder**

皱褶假丝酵母

ACCC 20280←中国农科院土肥所←广东微生物所 GIM2.5←中科院微生物所 AS2.511；石油发酵生产反
丁烯二酸；培养基 0013，25～28℃。

ACCC 21263←广东微生物所菌种组 GIMY0003；分离源：石油；用于石油发酵生产丁烯二酸；培养基
0013，28℃。

Candida sake（**Saito & M. Ota**）**van Uden & H. R. Buckley**

清酒假丝酵母

ACCC 21355←新疆农科院微生物所 XAAS30054；分离源：泥水；用于污水处理；培养基 0181，20℃。

ACCC 21357←新疆农科院微生物所 XAAS30056；分离源：泥水；用于污水处理；培养基 0181，20℃。

ACCC 21363←新疆农科院微生物所 XAAS30062；分离源：泥水；用于污水处理；培养基 0181，20℃。

ACCC 21370←新疆农科院微生物所 XAAS30069；分离源：泥水；用于污水处理；培养基 0181，20℃。

Candida shehatae var. *shehatae* **Buckley & van Uden**

休哈塔假丝酵母休哈塔亚种

ACCC 20335←中国农科院土肥所←荷兰真菌研究所，=CBS 5813；模式菌株；培养基 0436，25～28℃。

Candida tibetensis **F. Y. Bai & Z. W. Wu**

西藏假丝酵母

ACCC 20347←荷兰真菌研究所，=CBS 10298；原始编号：AS 2.3072；模式菌株；培养基 0436，25℃。

Candida tropicalis（**Castellani**）**Berkhout**

热带假丝酵母

ACCC 20004←中国农科院土肥所←中科院微生物所 AS2.637；饲料酵母；培养基 0013 或 0072，25～28℃。

ACCC 20005←中国农科院土肥所←中科院微生物所 AS2.1397；用烷烃生产饲料酵母；培养基 0013，
25～28℃。

ACCC 20006←中国农科院土肥所←中科院微生物所 AS2.564；水解液发酵用菌；培养基 0013，25～28℃。

ACCC 20148←中国农科院土肥所←中科院微生物所；培养基 0013，25～28℃。

ACCC 20153←中国农科院土肥所←中科院微生物所 AS2.564；水解液发酵用菌；培养基 0013，25～28℃。

ACCC 20198←中国农科院土肥所←郑州嵩山制药厂←轻工部食品发酵所 IFFI 1316；同化五碳糖；培养基 0013，25～28℃。

ACCC 20199←中国农科院土肥所←郑州嵩山制药厂←轻工部食品发酵所 IFFI 1463；同化五碳糖；培养基 0013，25～28℃。

ACCC 20230←中国农科院土肥所←轻工食品研究所 IFFI 1463，美国引进；利用五碳糖和亚硫酸废液培养酵母；培养基 0077，28～30℃。

ACCC 20273←中国农科院土肥所；分离自加拿大堆肥接种物；培养基 0077，28～30℃。

ACCC 20275←中国农科院土肥所←上海水产大学←中科院微生物所 AS2.587；饲料酵母和蛋白质含量较高；培养基 0013，25～28℃。

ACCC 20365←荷兰真菌研究所，=CBS 2424；培养基 0436，25℃。

ACCC 20366←荷兰真菌研究所，=CBS 2313；培养基 0436，25℃。

ACCC 20367←荷兰真菌研究所，=CBS 8072；培养基 0436，25℃。

ACCC 21052←中国农科院饲料所 avcY2←北京市营养源研究所；培养基 0013，25～28℃。

ACCC 21143←中国农科院土肥所←山东农业大学 SDAUMCC 200022；原始编号：ZB-429；分离源：土壤；分离地点：山东泰安；培养基 0013，25～28℃。

ACCC 21145←中国农科院土肥所←山东农业大学 SDAUMCC 200024；原始编号：ZB-430；分离源：土壤；分离地点：山东泰安；培养基 0013，25～28℃。

ACCC 21161←中国农科院饲料所 FRI 2006120；原始编号：Y67；分离源：鱼肠胃；分离地点：海南三亚；培养基 0013，25～28℃。

ACCC 21256←广东微生物所检测组 GIMJC001；分离源：南海海水；培养基 0014，28℃。

ACCC 21264←广东微生物所菌种组 GIMY0004；分离源：土壤；用于制成酵母膏和提取麦角固醇；培养基 0013，35℃。

ACCC 21290←广东微生物所菌种组 GIMF2.147；分离源：土壤；用 L- 烷烃生产饲料酵母；培养基 0013，25～28℃。

ACCC 21428←南京农大农业环境微生物中心 NAECC1502；原始编号：LWS2；培养基 0013，28～30℃。

Candida utilis（Henneberg）Lodder & Kreger-van Rij
产朊假丝酵母

ACCC 20059←中国农科院土肥所←中科院微生物所 AS2.1180←莫斯科大学；饲料酵母；培养基 0013，25～28℃。

ACCC 20060←中国农科院土肥所←中科院微生物所 AS2.281；饲料酵母；培养基 0013，25～28℃。

ACCC 20102←中国农科院土肥所←中科院微生物所 AS2.281；饲料酵母；培养基 0013，25～28℃。

ACCC 21055←中国农科院饲料所 avcY6←北京市营养源研究所←中科院微生物所 AS2.1180；饲料酵母；培养基 0013，25～28℃。

ACCC 21283←广东微生物所菌种组 GIMY0023；分离源：饲料；饲料酵母；培养基 0013，25～28℃。

Candida valida（Leverle）van Uden & Berkley
粗状假丝酵母

ACCC 20231←中国农科院土肥所←轻工部食品发酵所 IFFI 1444←北京啤酒厂；产脂肪酶；培养基 0077，28～30℃。

Candida versatilis（Etchells et Bell）Meyer & Yarrow
皱状假丝酵母

ACCC 20250←中国农科院土肥所←中科院微生物所 AS2.1036；分离自未出厂的茅台酒醅中；培养基 0013 或 0072，25～28℃。

ACCC 20318←中国农科院土肥所←荷兰真菌研究所，=CBS 1752；模式菌株；培养基 0436，25～28℃。

Candida vini（J. N. Vallot ex Desm.）Uden & H. R. Buckley ex S. A. Mey. & Ahearn

ACCC 21151←中国农科院饲料所 FRI 2006109；原始编号：Y49；分离源：鱼肠胃；分离地点：海南三亚；培养基 0013，25～28℃。

Candida viswanathii T. S.Viswan. & H. S.Randhawa ex R. S. Sandhu & H. S. Randhawa

维斯假丝酵母

ACCC 20340←中国农科院土肥所←荷兰真菌研究所，=CBS 7889；脂肪酶产生菌；分离源：植物油；培养基 0206，25～28℃。

Candida zeylanoides（Cast.）Langer. & Guerra

涎沐假丝酵母

ACCC 21365←新疆农科院微生物所 XAAS30064；分离源：泥水；用于污水处理；培养基 0181，20℃。

Clavispora lusitaniae Rodrigues de Miranda

葡萄牙棒孢酵母

ACCC 20325←中国农科院土肥所←荷兰真菌研究所，=CBS 4413；模式菌株；培养基 0436，25～28℃。

Cryptococcus albidus（Saito）Skinn.

浅白隐球酵母

ACCC 21341←新疆农科院微生物所 XAAS30039；分离源：沙质土；用于乙醇发酵；培养基 0181，30℃。

ACCC 21360←新疆农科院微生物所 XAAS30059；分离源：泥水；用于污水处理；培养基 0181，20℃。

Cryptococcus flavus（Saito）Phaff & Fell

黄隐球酵母

ACCC 21244←南京农大；原始编号：WH；分离源：土壤；磺酰脲类除草剂抗性菌株；培养基 0014，28℃。

Cryptococcus humicolus（Daszewska）Golubev

土生隐球酵母

ACCC 20248←中国农科院土肥所←美国典型培养物中心，=ATCC 36992；用于生产赖氨酸；培养基 0013，26℃。

ACCC 20312←中国农科院土肥所←荷兰真菌研究所，=CBS571；模式菌株；培养基 0436，25～28℃。

Cryptococcus laurentii（Kufferath）Skinner

罗伦隐球酵母

ACCC 20007←中国农科院土肥所←中科院微生物所 AS2.114←黄海化学工业研究社，黄海 114；培养基 0013 或 0072，25～28℃。

ACCC 20131←中国农科院土肥所←中科院微生物所 AS2.114；培养基 0013，25～28℃。

ACCC 20309←中国农科院土肥所←荷兰真菌研究所，=CBS 139；模式菌株；培养基 0014，25～28℃。

ACCC 21257←广东微生物所检测组 GIMJC002；培养基 0014，28℃。

Cryptococcus neoformans（Sanfelice）Vuillemin

新型隐球酵母

ACCC 20337←中国农科院土肥所←美国典型培养物中心，=ATCC 32719；模式菌株；培养基 0436，26℃。

Cryptococcus saitoi Á. Fonseca, Scorzetti & Fell

斋藤氏隐球酵母

ACCC 21415←中国农科院资划所戴雨宇自空气中分离；原始编号：P3-5；培养基 0013，28～30℃。

ACCC 21416←中国农科院资划所戴雨宇自空气中分离；原始编号：S3-5；培养基 0013，28～30℃。

Cryptococcus uzbekistanensis Á. Fonseca, Scorzetti & Fell

乌兹别克斯坦隐球酵母

ACCC 21417←中国农科院资划所戴雨宇自空气中分离；原始编号：S6-4；培养基 0013，28～30℃。

ACCC 21418←中国农科院资划所戴雨宇自空气中分离；原始编号：S9-4；培养基 0013，28～30℃。

ACCC 21419←中国农科院资划所戴雨宇自空气中分离；原始编号：S1-7；培养基0013，28～30℃。

ACCC 21420←中国农科院资划所戴雨宇自空气中分离；原始编号：S3-4；培养基0013，28～30℃。

ACCC 21421←中国农科院资划所戴雨宇自空气中分离；原始编号：S9-5；培养基0013，28～30℃。

Cystofilobasidium infirmominiatum（Fell，I. L. Hunter & Tallman）Hamam.，Sugiy. & Komag.

ACCC 21376←新疆农科院微生物所 XAAS30075；分离源：泥水；用于污水处理；培养基0181，20℃。

ACCC 21377←新疆农科院微生物所 XAAS30076；分离源：泥水；用于污水处理；培养基0181，20℃。

ACCC 21379←新疆农科院微生物所 XAAS30078；分离源：泥水；用于污水处理；培养基0181，20℃。

ACCC 21380←新疆农科院微生物所 XAAS30079；分离源：泥水；用于污水处理；培养基0181，20℃。

ACCC 21381←新疆农科院微生物所 XAAS30080；分离源：泥水；用于污水处理；培养基0181，20℃。

ACCC 21385←新疆农科院微生物所 XAAS30086；分离基物：泥水；用于污水处理；培养基0181，20℃。

Debaryomyces hansenii（Zopf）Lodder & Kreger-van Rij

汉逊德巴利酵母

ACCC 21350←新疆农科院微生物所 XAAS30048；分离源：泥水；用于污水处理；培养基0181，20℃。

ACCC 21352←新疆农科院微生物所 XAAS30051；分离源：泥水；用于污水处理；培养基0181，20℃。

ACCC 21354←新疆农科院微生物所 XAAS30053；分离源：泥水；用于污水处理；培养基0181，20℃。

ACCC 21366←新疆农科院微生物所 XAAS30065；分离源：泥水；用于污水处理；培养基0181，20℃。

ACCC 21384←新疆农科院微生物所 XAAS30085；分离源：泥水；用于污水处理；培养基0181，20℃。

Debaryomyces hansenii var. *hanseni*（Zopf）Lodder & Kreger-van Rij

汉逊德巴利酵母汉逊变种

ACCC 21065←中国农科院饲料所 avcY33←中科院微生物所 AS2.1193；饲料酵母；培养基0013，25～28℃。

Debaryomyces kloeckeri Guilliermond & Peju

克洛德巴利酵母

ACCC 20008←中国农科院土肥所←中科院微生物所 AS2.33←东北科学研究所大连分所；大连 Y38；培养基0013 或0072，25～28℃。

ACCC 20009←中国农科院土肥所←中科院微生物所 AS2.34←东北科学研究所大连分所；大连 Y39；培养基0013 或0072，25～28℃。

ACCC 20129←中国农科院土肥所←中科院微生物所 AS2.33；培养基0013，25～28℃。

ACCC 20130←中国农科院土肥所←中科院微生物所 AS2.34；培养基0013，25～28℃。

Debaryomyces nepalensis Goto & Sugiy.

ACCC 20355←荷兰真菌研究所，= CBS 1325=JCM 2164；培养基0436，25℃。

Dekkera anomala Smith & van Grinsven

异型德克酵母

ACCC 20302←中国农科院土肥所←荷兰真菌研究所，=CBS 77；模式菌株；分离源：啤酒；培养基0436，25～28℃。

Dekkera bruxellensis Van der Walt

布鲁塞尔德克酵母

ACCC 20301←中国农科院土肥所←荷兰真菌研究所，=CBS 73；分离源：葡萄汁；培养基0436，25～28℃。

ACCC 20306←中国农科院土肥所←荷兰真菌研究所，=CBS 4914；分离源：茶啤酒；模式菌株；培养基0436，25～28℃。

Endomyces fibuligera

扣囊内孢霉

ACCC 21180←广东微生物所菌种组 GIM2.118；培养基0013，25～28℃。

ACCC 21276←广东微生物所 GIMY0016；分离源：食品；产葡萄糖淀粉酶；培养基0013，25～28℃。

Endomycopsis fibuligera（Lindner）Dekker = *Saccharomycopsis fibuligera*（Linder）Klöcker

扣囊拟内孢霉 = 扣囊复膜孢酵母

ACCC 20015←中国农科院土肥所←中科院微生物所 AS2.1145；抗生素测定菌；培养基 0013，25～28℃。

ACCC 20154←中国农科院土肥所←中科院微生物所 AS2.1145（由北京迎春花上分离）；培养基 0013，25～28℃。

ACCC 21056←中国农科院饲料所 avcY10←北京市营养源研究所；培养基 0013，25～28℃。

ACCC 21062←中国农科院饲料所 avcY23；饲料酵母；培养基 0013，25～28℃。

Geotrichum candidum Link ex Person

白地霉

ACCC 20016←中国农科院土肥所←中科院微生物所 AS2.361←东北科学研究所大连分所，大连 M26；产甘露醇脱氢酶；饲料酵母；培养基 0013，25～28℃。

ACCC 20142←中国农科院土肥所←中科院微生物所 AS2.361；饲料酵母；培养基 0013，25～28℃。

ACCC 20281←中国农科院土肥所←广东微生物所 GIM2.69；原始编号：顺糖 2 号；饲料酵母；培养基 0013，25～28℃。

ACCC 21142←中国农科院土肥所←山东农业大学 SDAUMCC 200021；原始编号：ZB-427；分离源：土壤；分离地点：山东泰安；培养基 0013，25～28℃。

ACCC 21169←中国农科院土肥所←北京联合大学；培养基 0013，25～28℃。

ACCC 21170←中国农科院植保所 SM1020；原始编号：29（24-1-1）；分离源：啤酒渣；分离地点：云南马关县；培养基 0014，25～28℃。

ACCC 21171←新疆农科院微生物所 XAAS40129；原始编号：SF49；分离源：土壤；分离地点：新疆吐鲁番；培养基 0014，25～28℃。

ACCC 21427←南开大学；原始编号：三七-F；产蛋白酶和脂肪酸，抑制其他霉菌；培养基 0013，28～30℃。

Geotrichum robustum Fang et al.

健强地霉

ACCC 20017←中国农科院土肥所←中科院微生物所 AS2.621←中科院上海生化所；模式菌株；培养基 0013，25～28℃。

ACCC 20235←中国农科院土肥所←轻工部食品所 IFFI 1256；美国引进；产油脂；培养基 0077，28～30℃。

Hanseniaspora vineae Van der Walt & Tscheuschner

ACCC 20353←荷兰真菌研究所，=CBS 2171；模式菌株；培养基 0436，25℃。

Hanseniaspora uvarum（Niehaus）Shehata et al.

葡萄酒有孢汉逊酵母

ACCC 20310←中国农科院土肥所←荷兰真菌研究所，=CBS 314；模式菌株；培养基 0436，25～28℃。

ACCC 21393←西南林业大学张汉尧捐赠；原始编号：HT260；培养基 0013，28～30℃。

ACCC 21394←西南林业大学张汉尧捐赠；原始编号：HT261；培养基 0013，28～30℃。

ACCC 21395←西南林业大学张汉尧捐赠；原始编号：HJL3299；培养基 0013，28～30℃。

ACCC 21396←西南林业大学张汉尧捐赠；原始编号：HJL300；培养基 0013，28～30℃。

ACCC 21397←西南林业大学张汉尧捐赠；原始编号：SJ259；培养基 0013，28～30℃。

Hansenula anomala（Hansen）H. & P. Sydow

异常汉逊酵母

ACCC 20018←中国农科院土肥所←中科院微生物所 AS2.300←东北科学研究所大连分所；大连 Y290；产酯生香酵母；培养基 0013 或 0072，25～28℃。

ACCC 20103←中国农科院土肥所←中科院微生物所 AS2.300；提高酒的含酯量，生香味；培养基 0013，25～28℃。

ACCC 20192←中国农科院土肥所←轻工部食品发酵所 IFFI 1645；啤酒酿造（北啤 2 号）；培养基 0013，25～28℃。

ACCC 20193←中国农科院土肥所←轻工部食品发酵所 IFFI 1646；啤酒酿造（北啤 4 号）；培养基 0013，25～28℃。

ACCC 20247←中国农科院土肥所；原始编号：Y401；用于产酯生香；培养基 0013，28℃。

ACCC 21265←广东微生物所菌种组 GIMY0005；分离源：酒曲；产酯、提高酒的含酯量；培养基 0013，28℃。

Hansenula arabitolgenes Fang

产阿拉伯糖醇汉逊酵母

ACCC 20205←中国农科院土肥所←中科院微生物所 AS2.887；模式菌株；耐高渗透压、生产甘油及阿拉伯糖醇；培养基 0013，25～28℃。

Hansenula jadinii（Sartory，R. Sartory，J. Weill & J. Mey.）Wick.

杰丁汉逊酵母

ACCC 20019←中国农科院土肥所←中科院微生物所 AS2.1393←日本大阪发酵研究所，=IFO 0989；培养基 0013 或 0072，25～28℃。

Hansenula saturnus（Klöcker）H. & Sydow

土星汉逊酵母

ACCC 20020←中国农科院土肥所←中科院微生物所 AS2.303←东北科学研究所大连分所；大连 Y293；培养基 0013，25～28℃。

ACCC 20133←中国农科院土肥所←中科院微生物所 AS2.303；培养基 0013，25～28℃。

Kloeckera apiculata（Reess emend. Klocker）Janke

柠檬形克勒克酵母

ACCC 20021←中国农科院土肥所←中科院微生物所 AS2.193←黄海化学工业研究社；黄海 197；分离源：葡萄；培养基 0013 或 0072，25～28℃。

ACCC 20022←中国农科院土肥所←中科院微生物所 AS2.197←北京农业大学；分离源：蜜枣；培养基 0013，25～28℃。

ACCC 20132←中国农科院土肥所←中科院微生物所 AS2.193；培养基 0013，25～28℃。

Kluyveromyces delphensis（Van der Walt & Tscheuschn.）Van der Walt

德地克鲁维酵母

ACCC 21165←广东微生物所 GIMT 2.001；原始编号：HNJ-1；分离源：阔叶林土壤；分离地点：广东广州；培养基 0013，25～28℃。

Kluyveromyces marxianus（Hansen）Van der Walt

马克斯克鲁维酵母

ACCC 20314←中国农科院土肥所←荷兰真菌研究所，=CBS 607；模式菌株；培养基 0436，25～28℃。

Lachancea fermentati（H. Nagan.）Kurtzman

ACCC 20372←荷兰真菌研究所，=CBS 7007；培养基 0436，25℃。

ACCC 20383←荷兰真菌研究所，=CBS 707；培养基 0436，25℃。

Lachancea cidri（Legakis）Kurtzman

ACCC 20376←荷兰真菌研究所，=CBS 5666；培养基 0436，25℃。

Lipomyces kononenkoae Nieuwd. et al

橘林油脂酵母

ACCC 20236←中国农科院土肥所←轻工部食品发酵所 IFFI 1714←上海工微所；用于产油脂；培养基 0077，28～30℃。

Lipomyces starkeyi Lodder & Kreger-van Rij

油脂酵母

ACCC 20024←中国农科院土肥所←中科院微生物所 AS2.1390←东京大学应用微生物研究所；培养基 0013 或 0072，25～28℃。

Lodderomyces elongisporus（Recca & Mrak）Van der Walt

长孢洛德酵母

ACCC 20322←中国农科院土肥所←荷兰真菌研究所，=CBS 2605；模式菌株；分离源：浓缩的橘子汁；培养基 0436，25～28℃。

Metschnikowia pulche Pitt & Miller

美极梅奇酵母

ACCC 21063←中国农科院饲料所 avcY24←中科院微生物所 AS2.492；培养基 0013，25～28℃。

Mrakia nivalis（Fell et al.）Y. Yamada & Komagata

雪地木拉克酵母

ACCC 21351←新疆农科院微生物所 XAAS30049；分离源：泥水；用于污水处理；培养基 0181，20℃。

ACCC 21359←新疆农科院微生物所 XAAS30058；分离源：泥水；用于污水处理；培养基 0181，20℃。

ACCC 21364←新疆农科院微生物所 XAAS30063；分离源：泥水；用于污水处理；培养基 0181，20℃。

ACCC 21367←新疆农科院微生物所 XAAS30066；分离源：泥水；用于污水处理；培养基 0181，20℃。

ACCC 21369←新疆农科院微生物所 XAAS30068；分离源：泥水；用于污水处理；培养基 0181，20℃。

ACCC 21386←新疆农科院微生物所 XAAS30087；分离源：泥水；用于污水处理；培养基 0181，20℃。

Mrakia sp.

木拉克酵母

ACCC 21158←中国农科院饲料所 FRI 2006116；原始编号：Y62；分离源：哈密瓜；分离地点：新疆吐鲁番；培养基 0013，25～28℃。

ACCC 21159←中国农科院饲料所 FRI 2006117；原始编号：Y63；分离源：哈密瓜；分离地点：新疆吐鲁番；培养基 0013，25～28℃。

ACCC 21160←中国农科院饲料所 FRI 2006118；原始编号：Y66；分离源：哈密瓜；分离地点：新疆吐鲁番；培养基 0013，25～28℃。

Pachysolen tannophilus Boidin & Adzet

嗜鞣质菅囊酵母

ACCC 20323←中国农科院土肥所←荷兰真菌研究所，=CBS 4044；产乙醇；模式菌株；培养基 0436，25～28℃。

ACCC 20338←中国农科院土肥所←美国典型培养物中心，=ATCC 32691；发酵木糖生产酒精；培养基 0436，25～28℃。

Pichia anomala（E. C. Hansen）Kurtzman

异常毕赤酵母

ACCC 21128←中国农科院土肥所←山东农业大学 SDAUMCC 200007；原始编号：ZB-305；产香味物质；分离源：白酒窖泥；分离地点：山东泰安；培养基 0013，25～28℃。

ACCC 21337←新疆农科院微生物所 XAAS30035；分离源：沙质土；用于乙醇发酵；培养基 0181，30℃。

ACCC 21346←新疆农科院微生物所 XAAS30044；分离源：沙质土；用于乙醇发酵；培养基 0181，30℃。

Pichia canadensis（Wick.）Kurtzman

加拿大毕赤酵母

ACCC 21152←中国农科院饲料所 FRI 2006110；原始编号：Y54；= CGMCC 2.1481；培养基 0013，25～28℃。

Pichia caribbica（Saito）Bai

卡利比克毕赤酵母

ACCC 21245←南京农大；原始编号：WB；分离源：土壤；磺酰脲类除草剂抗性菌株；培养基 0014，28℃。

Pichia farinosa（Lindner）Hansen

粉状毕赤酵母

ACCC 20025←中国农科院土肥所←中科院微生物所 AS2.86←东北科学研究所大连分所，大连 Y118；培养基 0013，25～28℃。

ACCC 20026←中国农科院土肥所←中科院微生物所 AS2.802；培养基 0013，25～28℃。

ACCC 20268←中国农科院土肥所←中科院微生物所 AS2.803；分离源：酒药；培养基 0013，25～28℃。

ACCC 21153←中国农科院饲料所 FRI 2006111；原始编号：Y55；分离源：鱼肠胃；分离地点：海南三亚；培养基 0013，25～28℃。

ACCC 21279←广东微生物所菌种组 GIMY0018；分离源：白酒糟；用于酿造白酒；培养基 0013，28～30℃。

Pichia fermentans Lodder

发酵毕赤酵母

ACCC 20319←中国农科院土肥所←荷兰真菌研究所，=CBS 1876；分离源：啤酒；模式菌株；培养基 0436，25～28℃。

Pichia guilliermondii Wickerham

季也蒙毕赤酵母

ACCC 20311←中国农科院土肥所←荷兰真菌研究所，=CBS 566；模式菌株；培养基 0436，25～28℃。

ACCC 20320←中国农科院土肥所←荷兰真菌研究所，=CBS 2021；产核黄素和柠檬酸；培养基 0436，25～28℃。

Pichia hangzhouana X. H. Lu & M. X. Li

杭州毕赤酵母

ACCC 21156←中国农科院饲料所 FRI 2006114；原始编号：Y60；= CGMCC 2.1531；培养基 0013，25～28℃。

Pichia jadinii（Wickerham）Kurtzman

杰丁毕赤酵母

ACCC 20315←中国农科院土肥所←荷兰真菌研究所，=CBS 621；模式菌株；分离自酵母工厂；培养基 0436，25～28℃。

ACCC 20332←中国农科院土肥所←荷兰真菌研究所，=CBS 841；模式菌株；培养基 0436，25～28℃。

Pichia kluyveri Bedford

克鲁维毕赤酵母

ACCC 21150←中国农科院饲料所 FRI 2006150；原始编号：Y48；分离源：鱼肠胃；分离地点：海南三亚；培养基 0013，30℃

ACCC 21154←中国农科院饲料所 FRI 2006112；原始编号：Y56；= CGMCC 2.2055；培养基 0013，25～28℃。

Pichia membranaefaciens Hansen

膜醭毕赤酵母

ACCC 20027←中国农科院土肥所←中科院微生物所 AS2.89←东北科学研究所大连分所；大连 Y121；培养基 0013 或 0072，25～28℃。

ACCC 20105←中国农科院土肥所←中科院微生物所 AS2.1039；原始编号：M451；分离源：茅台酒醅；培养基 0013，25～28℃。

ACCC 20308←中国农科院土肥所←荷兰真菌研究所；=CBS 107；模式菌株；培养基 0436，25～28℃。

ACCC 20350←荷兰真菌研究所，＝CBS 636＝ATCC 10642＝NRRL Y-936＝VKM Y-243；培养基 0436，25℃。

ACCC 21374←新疆农科院微生物所 XAAS30073；分离源：泥水；用于污水处理；培养基 0181，20℃。

Pichia ohmeri（Etchells & T. A. Bell）Kreger

奥默毕赤酵母

ACCC 21155←中国农科院饲料所 FRI 2006113；原始编号：Y56；＝CGMCC 2.1789；培养基 0013，25～28℃。

Pichia pastoris（Guillierm.）Phaff

巴斯德毕赤酵母

ACCC 21018←中国农科院饲料所 FRI 3303；原始编号：PIC9-BD5063-39；分泌、表达 α- 淀粉酶；培养基 0097，25～28℃。

ACCC 21019←中国农科院饲料所 FRI 3304；原始编号：PIC9-BD5063-AGA；分泌、表达 α- 淀粉酶；培养基 0097，25～28℃。

ACCC 21020←中国农科院饲料所 FRI 3307；原始编号：PIC9H-BD5063-AOX-S；分泌、表达 α- 淀粉酶；培养基 0097，25～28℃。

ACCC 21021←中国农科院饲料所 FRI 3308；原始编号：PIC9H-BD5063-AOX-L；分泌、表达 α- 淀粉酶；培养基 0097，25～28℃。

ACCC 21071←中国农科院饲料所 FRI 2006201；原始编号：GS-PLA-19；分泌、表达生产磷脂酶；培养基 0013，25～28℃。

ACCC 21072←中国农科院饲料所 FRI 2006202；原始编号：GS-PLA-20；分泌、表达生产磷脂酶；培养基 0013，25～28℃。

ACCC 21073←中国农科院饲料所 FRI 2006203；原始编号：GS-PLA-21；分泌、表达生产磷脂酶；培养基 0013，25～28℃。

ACCC 21074←中国农科院饲料所 FRI 2006204；原始编号：GS-PLA-32；分泌、表达生产磷脂酶；培养基 0013，25～28℃。

ACCC 21075←中国农科院饲料所 FRI 2006205；原始编号：GS-PLA-40；分泌、表达生产磷脂酶；培养基 0013，25～28℃。

ACCC 21076←中国农科院饲料所 FRI 2006206；原始编号：GS-PLA-41；分泌、表达生产磷脂酶；培养基 0013，25～28℃。

ACCC 21077←中国农科院饲料所 FRI 2006207；原始编号：GS-PLA-52；分泌、表达生产磷脂酶；培养基 0013，25～28℃。

ACCC 21078←中国农科院饲料所 FRI 2006208；原始编号：GS-PLA-57；分泌、表达生产磷脂酶；培养基 0013，25～28℃。

ACCC 21079←中国农科院饲料所 FRI 2006209；原始编号：GS-PLA-60；分泌、表达生产磷脂酶；培养基 0013，25～28℃。

ACCC 21080←中国农科院饲料所 FRI 2006210；原始编号：GS-PLA-65；分泌、表达生产磷脂酶；培养基 0013，25～28℃。

ACCC 21081←中国农科院饲料所 FRI 2006211；原始编号：GS-PLA-66；分泌、表达生产磷脂酶；培养基 0013，25～28℃。

ACCC 21082←中国农科院饲料所 FRI 2006212；原始编号：GS-PLA-79；分泌、表达生产磷脂酶；培养基 0013，25～28℃。

ACCC 21083←中国农科院饲料所 FRI 2006213；原始编号：GS-PLA-87；分泌、表达生产磷脂酶；培养基 0013，25～28℃。

ACCC 21084←中国农科院饲料所 FRI 2006214；原始编号：GS-PLAS-9；分泌、表达生产磷脂酶；培养基 0013，25～28℃。

ACCC 21085←中国农科院饲料所 FRI 2006215；原始编号：GS-PLAS-8；分泌、表达生产磷脂酶；培养基 0013，25～28℃。

ACCC 21086←中国农科院饲料所 FRI 2006216；原始编号：GS-PLAS-31；分泌、表达生产磷脂酶；培养基 0013，25～28℃。

ACCC 21087←中国农科院饲料所 FRI 2006217；原始编号：GS-PLAS-47；分泌、表达生产磷脂酶；培养基 0013，25～28℃。

ACCC 21088←中国农科院饲料所 FRI 2006218；原始编号：GS-PLAS-55；分泌、表达生产磷脂酶；培养基 0013，25～28℃。

ACCC 21089←中国农科院饲料所 FRI 2006219；原始编号：GS-PLAS-56；分泌、表达生产磷脂酶；培养基 0013，25～28℃。

ACCC 21090←中国农科院饲料所 FRI 2006220；原始编号：GS-PLAS-62；分泌、表达生产磷脂酶；培养基 0013，25～28℃。

ACCC 21091←中国农科院饲料所 FRI 2006221；原始编号：GS-PLAS-69；分泌、表达生产磷脂酶；培养基 0013，25～28℃。

ACCC 21092←中国农科院饲料所 FRI 2006222；原始编号：GS-PLAS-71；分泌、表达生产磷脂酶；培养基 0013，25～28℃。

ACCC 21093←中国农科院饲料所 FRI 2006223；原始编号：GS-PLAS-79；分泌、表达生产磷脂酶；培养基 0013，25～28℃。

ACCC 21094←中国农科院饲料所 FRI 2006224；原始编号：GS-PLAS-83；分泌、表达生产磷脂酶；培养基 0013，25～28℃。

ACCC 21095←中国农科院饲料所 FRI 2006225；原始编号：GS-PLAS-85；分泌、表达生产磷脂酶；培养基 0013，25～28℃。

ACCC 21096←中国农科院饲料所 FRI 2006226；原始编号：GS-PLAS-89；分泌、表达生产磷脂酶；培养基 0013，25～28℃。

ACCC 21097←中国农科院饲料所 FRI 2006227；原始编号：GS-PLAS-90；分泌、表达生产磷脂酶；培养基 0013，25～28℃。

ACCC 21098←中国农科院饲料所 FRI 2006228；原始编号：GS-PLAS-94；分泌、表达生产磷脂酶；培养基 0013，25～28℃。

ACCC 21099←中国农科院饲料所 FRI 2006229；原始编号：GS-PLAS-95；分泌、表达生产磷脂酶；培养基 0013，25～28℃。

ACCC 21100←中国农科院饲料所 FRI 2006230；原始编号：GS-PLAS-100；分泌、表达生产磷脂酶；培养基 0013，25～28℃。

ACCC 21101←中国农科院饲料所 FRI 2006231；原始编号：GS-GLU-4；分泌、表达生产葡聚糖酶；培养基 0013，25～28℃。

ACCC 21102←中国农科院饲料所 FRI 2006232；原始编号：GS-GLU-6；分泌、表达生产葡聚糖酶；培养基 0013，25～28℃。

ACCC 21103←中国农科院饲料所 FRI 2006233；原始编号：GS-GLU-26；分泌、表达生产葡聚糖酶；培养基 0013，25～28℃。

ACCC 21104←中国农科院饲料所 FRI 2006234；原始编号：GS-GLU-29；分泌、表达生产葡聚糖酶；培养基 0013，25～28℃。

ACCC 21105←中国农科院饲料所 FRI 2006235；原始编号：GS-GLU-30；分泌、表达生产葡聚糖酶；培养基 0013，25～28℃。

ACCC 21106←中国农科院饲料所 FRI 2006236；原始编号：GS-GLU-34；分泌、表达生产葡聚糖酶；培养基 0013，25～28℃。

ACCC 21107←中国农科院饲料所 FRI 2006237；原始编号：GS-GLU-35；分泌、表达生产葡聚糖酶；培养基 0013，25～28℃。

ACCC 21108←中国农科院饲料所 FRI 2006238；原始编号：GS-GLU-36；分泌、表达生产葡聚糖酶；培养基 0013，25～28℃。

ACCC 21109←中国农科院饲料所 FRI 2006239；原始编号：GS-GLU-38；分泌、表达生产葡聚糖酶；培养基 0013，25～28℃。

ACCC 21110←中国农科院饲料所 FRI 2006240；原始编号：GS-GLU-39；分泌、表达生产葡聚糖酶；培养基 0013，25～28℃。

ACCC 21111←中国农科院饲料所 FRI 2006241；原始编号：GS-GLU-40；分泌、表达生产葡聚糖酶；培养基 0013，25～28℃。

ACCC 21112←中国农科院饲料所 FRI 2006242；原始编号：GS-GLU-42；分泌、表达生产葡聚糖酶；培养基 0013，25～28℃。

ACCC 21113←中国农科院饲料所 FRI 2006243；原始编号：GS-GLU-43；分泌、表达生产葡聚糖酶；培养基 0013，25～28℃。

ACCC 21114←中国农科院饲料所 FRI 2006244；原始编号：GS-GLU-45；分泌、表达生产葡聚糖酶；培养基 0013，25～28℃。

ACCC 21115←中国农科院饲料所 FRI 2006245；原始编号：GS-GLU-47；分泌、表达生产葡聚糖酶；培养基 0013，25～28℃。

ACCC 21116←中国农科院饲料所 FRI 2006246；原始编号：GS-GLU-53；分泌、表达生产葡聚糖酶；培养基 0013，25～28℃。

ACCC 21117←中国农科院饲料所 FRI 2006247；原始编号：GS-GLU-54；分泌、表达生产葡聚糖酶；培养基 0013，25～28℃。

ACCC 21118←中国农科院饲料所 FRI 2006248；原始编号：GS-GLU-67；分泌、表达生产葡聚糖酶；培养基 0013，25～28℃。

ACCC 21119←中国农科院饲料所 FRI 2006249；原始编号：GS-GLU-84；分泌、表达生产葡聚糖酶；培养基 0013，25～28℃。

ACCC 21120←中国农科院饲料所 FRI 2006250；原始编号：GS-GLU-89；分泌、表达生产葡聚糖酶；培养基 0013，25～28℃。

ACCC 21121←中国农科院饲料所 FRI 2006251；原始编号：GS-GLU-80；分泌、表达生产葡聚糖酶；培养基 0013，25～28℃。

ACCC 21125←中国农科院土肥所←山东农业大学 SDAUMCC 200004；原始编号：ZB-307；生产单细胞蛋白；分离源：酵引；培养基 0013，25～28℃。

ACCC 21194←中国农科院饲料所 FRI2007154；高效表达、分泌、生产脂肪酶；培养基 0013，30℃。

ACCC 21195←中国农科院饲料所 FRI2007155；高效表达、分泌、生产脂肪酶；培养基 0013，30℃。

ACCC 21196←中国农科院饲料所 FRI2007156；高效表达、分泌、生产脂肪酶；培养基 0013，30℃。

ACCC 21197←中国农科院饲料所 FRI2007157；高效表达、分泌、生产脂肪酶；培养基 0013，30℃。

ACCC 21198←中国农科院饲料所 FRI2007158；高效表达、分泌、生产脂肪酶；培养基 0013，30℃。

ACCC 21199←中国农科院饲料所 FRI2007159；高效表达、分泌、生产脂肪酶；培养基 0013，30℃。

ACCC 21200←中国农科院饲料所 FRI2007160；高效表达、分泌、生产脂肪酶；培养基 0013，30℃。

ACCC 21201←中国农科院饲料所 FRI2007161；高效表达、分泌、生产脂肪酶；培养基 0013，30℃。

ACCC 21202←中国农科院饲料所 FRI2007162；高效表达、分泌、生产脂肪酶；培养基 0013，30℃。

ACCC 21203←中国农科院饲料所 FRI2007163；高效表达、分泌、生产脂肪酶；培养基 0013，30℃。

ACCC 21204←中国农科院饲料所 FRI2007164；高效表达、分泌、生产脂肪酶；培养基 0013，30℃。

ACCC 21205←中国农科院饲料所 FRI2007165；高效表达、分泌、生产脂肪酶；培养基 0013，30℃。

ACCC 21206←中国农科院饲料所 FRI2007166；高效表达、分泌、生产脂肪酶；培养基 0013，30℃。

ACCC 21207←中国农科院饲料所 FRI2007167；高效表达、分泌、生产脂肪酶；培养基 0013，30℃。

ACCC 21208←中国农科院饲料所 FRI2007168；高效表达、分泌、生产脂肪酶；培养基 0013，30℃。

ACCC 21211←中国农科院饲料所 FRI2007171；高效表达、分泌、生产木聚糖酶；培养基 0013，30℃。

ACCC 21212←中国农科院饲料所 FRI2007172；高效表达、分泌、生产木聚糖酶；培养基 0013，30℃。

ACCC 21213←中国农科院饲料所 FRI2007173；高效表达、分泌、生产木聚糖酶；培养基 0013，30℃。

ACCC 21214←中国农科院饲料所 FRI2007174；高效表达、分泌、生产木聚糖酶；培养基 0013，30℃。

ACCC 21215←中国农科院饲料所 FRI2007175；高效表达、分泌、生产木聚糖酶；培养基 0013，30℃。

ACCC 21216←中国农科院饲料所 FRI2007176；高效表达、分泌、生产木聚糖酶；培养基 0013，30℃。

ACCC 21217←中国农科院饲料所 FRI2007177；高效表达、分泌、生产木聚糖酶；培养基 0013，30℃。

ACCC 21218←中国农科院饲料所 FRI2007178；高效表达、分泌、生产木聚糖酶；培养基 0013，30℃。

ACCC 21219←中国农科院饲料所 FRI2007179；高效表达、分泌、生产木聚糖酶；培养基 0013，30℃。

ACCC 21220←中国农科院饲料所 FRI2007180；高效表达、分泌、生产木聚糖酶；培养基 0013，30℃。

ACCC 21221←中国农科院饲料所 FRI2007181；高效表达、分泌、生产木聚糖酶；培养基 0013，30℃。

ACCC 21222←中国农科院饲料所 FRI2007182；高效表达、分泌、生产木聚糖酶；培养基 0013，30℃。

ACCC 21223←中国农科院饲料所 FRI2007183；高效表达、分泌、生产木聚糖酶；培养基 0013，30℃。

ACCC 21224←中国农科院饲料所 FRI2007184；高效表达、分泌、生产甘露聚糖酶；培养基 0013，30℃。

ACCC 21225←中国农科院饲料所 FRI2007185；高效表达、分泌、生产甘露聚糖酶；培养基 0013，30℃。

ACCC 21226←中国农科院饲料所 FRI2007186；高效表达、分泌、生产甘露聚糖酶；培养基 0013，30℃。

ACCC 21227←中国农科院饲料所 FRI2007187；高效表达、分泌、生产甘露聚糖酶；培养基 0013，30℃。

ACCC 21228←中国农科院饲料所 FRI2007188；高效表达、分泌、生产甘露聚糖酶；培养基 0013，30℃。

ACCC 21229←中国农科院饲料所 FRI2007189；高效表达、分泌、生产 β- 半乳糖苷酶；培养基 0013，30℃。

ACCC 21230←中国农科院饲料所 FRI2007190；高效表达、分泌、生产 β- 半乳糖苷酶；培养基 0013，30℃。

ACCC 21231←中国农科院饲料所 FRI2007191；高效表达、分泌、生产 β- 半乳糖苷酶；培养基 0013，30℃。

ACCC 21232←中国农科院饲料所 FRI2007192；高效表达、分泌、生产 β- 半乳糖苷酶；培养基 0013，30℃。

ACCC 21233←中国农科院饲料所 FRI2007193；高效表达、分泌、生产 β- 半乳糖苷酶；培养基 0013，30℃。

ACCC 21234←中国农科院饲料所 FRI2007151；高效表达、分泌、生产脂肪酶；培养基 0013，30℃。

ACCC 21235←中国农科院饲料所 FRI2007152；高效表达、分泌、生产脂肪酶；培养基 0013，30℃。

ACCC 21236←中国农科院饲料所 FRI2007153；高效表达、分泌、生产脂肪酶；培养基 0013，30℃。

ACCC 21237←中国农科院生物技术所←Invitrogen 公司；酵母菌 KM71，BBRI00361；用于高效表达外源蛋白，尤其是表达有重要生物学活性的蛋白；培养基 0206，30℃。

ACCC 21238←中国农科院生物技术所←Invitrogen 公司；酵母菌 GS115，BBRI00362；用于高效表达外源蛋白，尤其是表达有重要生物学活性的蛋白；培养基 0206，30℃。

ACCC 21260←中国农科院生物技术所 BRIL00479；His4 缺陷型；培养基 0013，30℃。

ACCC 21261←中国农科院生物技术所 BRIL00490；His4 缺陷型；培养基 0013，30℃。

ACCC 21291←中国农科院饲料所 FRI2008101；分泌、表达生产木聚糖酶；培养基 0013，30℃。

ACCC 21292←中国农科院饲料所 FRI2008102；分泌、表达生产木聚糖酶；培养基 0013，30℃。

ACCC 21293←中国农科院饲料所 FRI2008103；分泌、表达生产木聚糖酶；培养基 0013，30℃。

ACCC 21294←中国农科院饲料所 FRI2008104；分泌、表达生产木聚糖酶；培养基 0013，30℃。

ACCC 21295←中国农科院饲料所 FRI2008105；分泌、表达生产木聚糖酶；培养基 0013，30℃。

ACCC 21296←中国农科院饲料所 FRI2008106；分泌、表达生产木聚糖酶；培养基 0013，30℃。

ACCC 21297←中国农科院饲料所 FRI2008107；分泌、表达生产木聚糖酶；培养基 0013，30℃。

ACCC 21298←中国农科院饲料所 FRI2008108；分泌、表达生产木聚糖酶；培养基 0013，30℃。

ACCC 21299←中国农科院饲料所 FRI2008109；分泌、表达生产木聚糖酶；培养基 0013，30℃。

ACCC 21300←中国农科院饲料所 FRI2008110；分泌、表达生产木聚糖酶；培养基 0013，30℃。

ACCC 21301←中国农科院饲料所 FRI2008111；分泌、表达生产木聚糖酶；培养基 0013，30℃。

ACCC 21302←中国农科院饲料所 FRI2008112；分泌、表达生产植酸酶；培养基 0013，30℃。

ACCC 21303←中国农科院饲料所 FRI2008113；分泌、表达生产植酸酶；培养基 0013，30℃。
ACCC 21304←中国农科院饲料所 FRI2008114；分泌、表达生产植酸酶；培养基 0013，30℃。
ACCC 21305←中国农科院饲料所 FRI2008115；分泌、表达生产植酸酶；培养基 0013，30℃。
ACCC 21306←中国农科院饲料所 FRI2008116；分泌、表达生产植酸酶；培养基 0013，30℃。
ACCC 21307←中国农科院饲料所 FRI2008117；分泌、表达生产植酸酶；培养基 0013，30℃。
ACCC 21308←中国农科院饲料所 FRI2008118；分泌、表达生产地衣多糖酶；培养基 0013，30℃。
ACCC 21309←中国农科院饲料所 FRI2008119；分泌、表达生产地衣多糖酶；培养基 0013，30℃。
ACCC 21310←中国农科院饲料所 FRI2008120；分泌、表达生产地衣多糖酶；培养基 0013，30℃。
ACCC 21311←中国农科院饲料所 FRI2008121；分泌、表达生产地衣多糖酶；培养基 0013，30℃。
ACCC 21312←中国农科院饲料所 FRI2008122；分泌、表达生产地衣多糖酶；培养基 0013，30℃。
ACCC 21313←中国农科院饲料所 FRI2008123；分泌、表达生产地衣多糖酶；培养基 0013，30℃。
ACCC 21314←中国农科院饲料所 FRI2008124；分泌、表达生产地衣多糖酶；培养基 0013，30℃。
ACCC 21315←中国农科院饲料所 FRI2008125；分泌、表达生产地衣多糖酶；培养基 0013，30℃。
ACCC 21316←中国农科院饲料所 FRI2008126；分泌、表达生产地衣多糖酶；培养基 0013，30℃。
ACCC 21317←中国农科院饲料所 FRI2008127；分泌、表达生产地衣多糖酶；培养基 0013，30℃。
ACCC 21318←中国农科院饲料所 FRI2008128；分泌、表达生产地衣多糖酶；培养基 0013，30℃。
ACCC 21319←中国农科院饲料所 FRI2008129；分泌、表达生产地衣多糖酶；培养基 0013，30℃。
ACCC 21320←中国农科院饲料所 FRI2008130；分泌、表达生产地衣多糖酶；培养基 0013，30℃。
ACCC 21321←中国农科院饲料所 FRI2008131；分泌、表达生产地衣多糖酶；培养基 0013，30℃。
ACCC 21322←中国农科院饲料所 FRI2008133；分泌、表达生产地衣多糖酶；培养基 0013，30℃。
ACCC 21323←中国农科院饲料所 FRI2008134；分泌、表达生产地衣多糖酶；培养基 0013，30℃。
ACCC 21325←中国农科院饲料所 FRI2008136；分泌、表达生产植酸酶；培养基 0013，30℃。
ACCC 21326←中国农科院饲料所 FRI2008137；分泌、表达生产抗菌肽；培养基 0013，30℃。
ACCC 21327←中国农科院饲料所 FRI2008138；分泌、表达生产抗菌肽；培养基 0013，30℃。
ACCC 21328←中国农科院饲料所 FRI2008139；分泌、表达生产植酸酶；培养基 0013，30℃。
ACCC 21329←中国农科院饲料所 FRI2008140；分泌、表达生产植酸酶；培养基 0013，30℃。
ACCC 21330←中国农科院饲料所 FRI2008141；分泌、表达生产肌醇单磷酸酶；培养基 0013，30℃。
ACCC 21331←中国农科院饲料所 FRI2008142；分泌、表达生产植酸酶；培养基 0013，30℃。
ACCC 21332←中国农科院饲料所 FRI2008145；分泌、表达生产植酸酶；培养基 0013，30℃。
ACCC 21333←中国农科院饲料所 FRI2008146；分泌、表达生产抗菌肽；培养基 0013，30℃。
ACCC 21334←中国农科院饲料所 FRI2008147；分泌、表达生产抗菌肽；培养基 0013，30℃。
ACCC 21335←中国农科院饲料所 FRI2008148；分泌、表达生产抗菌肽；培养基 0013，30℃。
ACCC 21336←中国农科院饲料所 FRI2008150；分泌、表达生产抗菌肽；培养基 0013，30℃。

Pichia sp. Hansen

毕赤酵母

ACCC 21000←中国农科院饲料所；原始编号：FRI 2011；培养基 0097，25~28℃。
ACCC 21001←中国农科院饲料所；原始编号：FRI 2030；培养基 0097，25~28℃。
ACCC 21002←中国农科院饲料所；原始编号：FRI 2031；培养基 0097，25~28℃。
ACCC 21003←中国农科院饲料所；原始编号：FRI 2052；培养基 0097，25~28℃。
ACCC 21004←中国农科院饲料所；原始编号：FRI 2058；培养基 0097，25~28℃。
ACCC 21005←中国农科院饲料所；原始编号：FRI 2061；培养基 0097，25~28℃。
ACCC 21006←中国农科院饲料所；原始编号：FRI 2062；培养基 0097，25~28℃。
ACCC 21007←中国农科院饲料所；原始编号：FRI 2064；培养基 0097，25~28℃。
ACCC 21008←中国农科院饲料所；原始编号：FRI 7104；发酵生产木聚糖酶；培养基 0097，25~28℃。
ACCC 21009←中国农科院饲料所；原始编号：FRI 7105；发酵生产木聚糖酶；培养基 0097，25~28℃。
ACCC 21010←中国农科院饲料所；原始编号：FRI 7106；发酵生产木聚糖酶；培养基 0097，25~28℃。

ACCC 21011←中国农科院饲料所；原始编号：FRI 7107；发酵生产木聚糖酶；培养基0097，25～28℃。

ACCC 21012←中国农科院饲料所；原始编号：FRI 7108；发酵生产木聚糖酶；培养基0097，25～28℃。

ACCC 21013←中国农科院饲料所；原始编号：FRI 1003；携带耐热植酸酶基因；培养基0097，25～28℃。

ACCC 21014←中国农科院饲料所；原始编号：FRI 1005；携带耐热植酸酶基因；培养基0097，25～28℃。

ACCC 21015←中国农科院饲料所；原始编号：FRI 1019；携带耐热植酸酶基因；培养基0097，25～28℃。

ACCC 21016←中国农科院饲料所；原始编号：FRI 1027；携带耐热植酸酶基因；培养基0097，25～28℃。

ACCC 21017←中国农科院饲料所；原始编号：FRI 1069；携带木聚糖酶基因；培养基0097，25～28℃。

ACCC 21022←中国农科院饲料所；原始编号：FRI 6056；表达脂肪酶；培养基0097，25～28℃。

ACCC 21023←中国农科院饲料所；原始编号：FRI 6057；表达脂肪酶；培养基0097，25～28℃。

ACCC 21024←中国农科院饲料所；原始编号：FRI 6058；表达脂肪酶；培养基0097，25～28℃。

ACCC 21025←中国农科院饲料所；原始编号：FRI 6059；表达脂肪酶；培养基0097，25～28℃。

ACCC 21026←中国农科院饲料所；原始编号：FRI 7209；生产饲料用植酸酶；培养基0097，25～28℃。

ACCC 21027←中国农科院饲料所；原始编号：FRI 7210；生产饲料用植酸酶；培养基0097，25～28℃。

ACCC 21028←中国农科院饲料所；原始编号：FRI 7221；发酵生产植酸酶；培养基0097，25～28℃。

ACCC 21029←中国农科院饲料所；原始编号：FRI 7222；发酵生产植酸酶；培养基0097，25～28℃。

ACCC 21030←中国农科院饲料所；原始编号：FRI 7223；发酵生产植酸酶；培养基0097，25～28℃。

ACCC 21031←中国农科院饲料所；原始编号：FRI 7224；发酵生产植酸酶；培养基0097，25～28℃。

ACCC 21032←中国农科院饲料所；原始编号：FRI 7225；发酵生产植酸酶；培养基0097，25～28℃。

ACCC 21033←中国农科院饲料所；原始编号：FRI 7226；发酵生产植酸酶；培养基0097，25～28℃。

ACCC 21034←中国农科院饲料所；原始编号：FRI 7227；发酵生产植酸酶；培养基0097，25～28℃。

ACCC 21035←中国农科院饲料所；原始编号：FRI 7228；发酵生产植酸酶；培养基0097，25～28℃。

ACCC 21036←中国农科院饲料所；原始编号：FRI 7229；发酵生产植酸酶；培养基0097，25～28℃。

ACCC 21037←中国农科院饲料所；原始编号：FRI 7230；发酵生产植酸酶；培养基0097，25～28℃。

ACCC 21038←中国农科院饲料所；原始编号：FRI 7241；发酵生产植酸酶；培养基0097，25～28℃。

ACCC 21039←中国农科院饲料所；原始编号：FRI 7242；发酵生产植酸酶；培养基0097，25～28℃。

ACCC 21040←中国农科院饲料所；原始编号：FRI 9011；生产饲料用植酸酶；培养基0097，25～28℃。

ACCC 21041←中国农科院饲料所；原始编号：FRI 5027；表达甘露聚糖酶；培养基0097，25～28℃。

ACCC 21042←中国农科院饲料所；原始编号：FRI 5028；表达甘露聚糖酶；培养基0097，25～28℃。

ACCC 21043←中国农科院饲料所；原始编号：FRI 5029；表达甘露聚糖酶；培养基0097，25～28℃。

ACCC 21044←中国农科院饲料所；原始编号：FRI 5030；表达甘露聚糖酶；培养基0097，25～28℃。

ACCC 21045←中国农科院饲料所；原始编号：FRI 5031；表达甘露聚糖酶；培养基0097，25～28℃。

ACCC 21046←中国农科院饲料所；原始编号：FRI 5032；表达甘露聚糖酶；培养基0097，25～28℃。

ACCC 21047←中国农科院饲料所；原始编号：FRI 5033；表达甘露聚糖酶；培养基0097，25～28℃。

ACCC 21048←中国农科院饲料所；原始编号：FRI 5034；表达甘露聚糖酶；培养基0097，25～28℃。

ACCC 21049←中国农科院饲料所；原始编号：FRI 5035；表达甘露聚糖酶；培养基0097，25～28℃。

ACCC 21050←中国农科院饲料所；原始编号：FRI 5036；表达甘露聚糖酶；培养基0097，25～28℃。

ACCC 21051←中国农科院饲料所；原始编号：FRI 5037；表达甘露聚糖酶；培养基0097，25～28℃。

ACCC 21168←广东微生物所GIMT 2.005；原始编号：J-3；分离源：微生物肥料；分离地点：广东广州杨康生物公司；培养基0013，25～28℃。

Rhodosporidium toruloides Banno

红冬孢酵母

ACCC 20341←中国农科院土肥所←荷兰真菌研究所，=CBS 14；分离源：木质纸浆；培养基0206，25～28℃。

ACCC 21167←广东微生物所GIMT 2.004；原始编号：J-1；分离源：植物根系土壤；分离地点：广东广州；产类胡萝卜素色素；培养基0013，25～28℃。

Rhodotorula aurantiaca（Saito）Lodder

橙黄红酵母

ACCC 20029←中国农科院土肥所←中科院微生物所 AS2.280←东北科学研究所大连分所；大连 Y256；
用于生产胞外蛋白；培养基 0013，25～28℃。

ACCC 20156←中国农科院土肥所←中科院微生物所 AS2.280；培养基 0013，25～28℃。

ACCC 21157←中国农科院饲料所 FRI 2006115；原始编号：Y61；分离源：海水；分离地点：海南三
亚；培养基 0013，25～28℃。

Rhodotorula glutinis（Fresenius）Harrison

粘红酵母

ACCC 20030←中国农科院土肥所←中科院微生物所 AS2.499←美国；产苯丙氨酸；培养基 0013，
25～28℃。

ACCC 20125←中国农科院土肥所←中科院微生物所 AS2.499；培养基 0013，25～28℃。

ACCC 20270←中国农科院土肥所←中科院微生物所 AS2.1146←南京师范大学；用于制造人造肉；培养
基 0013，25～28℃。

ACCC 21149←中国农科院土肥所←山东农业大学 SDAUMCC 200028；原始编号：红 Y；分离源：土
壤；分离地点：山东泰安；培养基 0013，25～28℃。

ACCC 21163←中国农科院饲料所 FRI 2006122；原始编号：Y69；分离源：鱼肠胃；分离地点：海南三
亚；培养基 0013，25～28℃。

ACCC 21253←广东微生物所菌种组 GIMT2.015；培养基 0013，25℃。

ACCC 21284←广东微生物所 GIMY0024；分离源：食品；产苯丙氨酸；培养基 0013，25～28℃。

ACCC 21422←中国农科院资划所戴雨宇自空气中分离；原始编号：S10-5；培养基 0013，28～30℃。

Rhodotorula graminis di Menna

牧草红酵母

ACCC 20334←中国农科院土肥所←荷兰真菌研究所，＝CBS 2826；模式菌株；培养基 0014，25～28℃。

Rhodotorula minuta（Saito）Harrison

小红酵母

ACCC 20282←中国农科院土肥所←广东微生物所 GIM2.29←中科院微生物所 AS2.640；分离源：西凤
酒曲；培养基 0013，25～28℃。

ACCC 21258←广东微生物所检测组 GIMJC003；培养基 0014，28℃。

Rhodotorula mucilaginosa（A. Jörg.）F. C. Harrison

胶红酵母

ACCC 21164←中国农科院饲料所 FRI 2006123；原始编号：Y70；分离源：鱼肠胃；分离地点：海南三
亚；培养基 0013，25～28℃。

ACCC 21174←广东微生物所 GIMT 2.008；分离源：土壤；培养基 0013，25～28℃。

ACCC 21192←中国农大，路鹏、李国学等捐赠；原始编号：MO3；分离源：土壤；培养基 0013，
27～35℃。

ACCC 21243←南京农大；原始编号：WW；分离源：土壤；磺酰脲类除草剂抗性菌株；培养基 0014，
28℃。

ACCC 21146←中国农科院土肥所←山东农业大学 SDAUMCC 200025；原始编号：深红 Y；分离源：土
壤；分离地点：山东泰安；培养基 0013，25～28℃。

ACCC 21259←广东微生物所检测组 GIMJC004；分离源：食品；培养基 0014，28℃。

ACCC 21372←新疆农科院微生物所 XAAS30071；分离源：泥水；用于污水处理；培养基 0181，20℃。

ACCC 21389←中国热科院热带生物技术研究所；培养基 0013，25～28℃。

ACCC 21430←南京农大农业环境微生物中心 NAECC1501；原始编号：LWS1；培养基 0013，28～30℃。

Rhodotorula rubra（Demme）Lodder
深红酵母
ACCC 20031←中国农科院土肥所←中科院微生物所 AS2.282←东北科学研究所大连分所；大连 Y260；培养基 0013，25～28℃。

ACCC 20252←中国农科院土肥所←中科院微生物所 AS2.530←波兰微生物所克利分所；利用木材废液发酵产酒精；培养基 0013，25～28℃

ACCC 21285←广东微生物所菌种组 GIMY0025；分离源：废水；利用废水生产酒精培养基 0013，25～28℃。

Saccharomyces bayanus Sacc.
贝酵母
ACCC 20200←中国农科院土肥所←轻工部食品发酵所 IFFI 1408；用于酿造白葡萄酒，耐酒精18%；培养基 0013，25～28℃。

ACCC 21281←广东微生物所菌种组 GIMY0020；分离源：白葡萄酒；用于酿造白葡萄酒，耐酒精18%；培养基 0013，28～30℃。

Saccharomyces carlsbergensis Hansen
卡尔斯伯酵母
ACCC 20032←中国农科院土肥所←中科院微生物所 AS2.500；培养基 0013，25～28℃。

ACCC 20033←中国农科院土肥所←中科院微生物所 AS2.604；培养基 0013，25～28℃。

ACCC 20106←中国农科院土肥所←中科院微生物所 AS2.604；培养基 0013，25～28℃。

ACCC 20134←中国农科院土肥所←中科院微生物所 AS2.500；培养基 0013，25～28℃。

ACCC 21178←广东微生物所 GIM2.76；分离源：酒曲；培养基 0013，25～28℃。

ACCC 21266←广东微生物所菌种组 GIMY0006；分离源：酒曲；啤酒酵母；培养基 0013，25℃。

Saccharomyces cerevisiae Meyen ex Hansen
酿酒酵母
ACCC 20035←中国农科院土肥所←上海光华啤酒厂；作抗生素效价测定指示菌；培养基 0013 或 0072，25～28℃。

ACCC 20037←中国农科院土肥所←中科院微生物所 AS2.126←黄海化学工业研究社，黄海126；培养基 0013，25～28℃。

ACCC 20038←中国农科院土肥所←中科院微生物所 AS2.128←黄海化学工业研究社，黄海128；培养基 0013，25～28℃。

ACCC 20042←中国农科院土肥所←中科院微生物所 AS2.1392←上海工农酒厂，工农501；糯米黄酒酵母；培养基 0013，25～28℃。

ACCC 20063←中国农科院土肥所←轻工部食品发酵所 IFFI 1346；酿葡萄酒、啤酒和其他果酒；培养基 0013，25～28℃。

ACCC 20064←中国农科院土肥所←轻工部食品发酵所 IFFI 1363；酿葡萄酒、啤酒和其他果酒；培养基 0013，25～28℃。

ACCC 20065←中国农科院土肥所←轻工部食品发酵所 IFFI 1450←日本引进；酿干白葡萄酒；培养基 0013，25～28℃。

ACCC 20144←中国农科院土肥所←上海光华啤酒厂；作抗生素效价测定指示菌；培养基 0013，25～28℃。

ACCC 20157←中国农科院土肥所←中科院微生物所 AS2.399；糖化淀粉液制酒精；培养基 0013，25～28℃。

ACCC 20158←中国农科院土肥所←中科院微生物所 AS2.1392；培养基 0013，25～28℃。

ACCC 20161←中国农科院土肥所←中科院微生物所 AS2.982←苏联←法国 Ephrussi 实验室；培养基 0013，25～28℃。

ACCC 20167←中国农科院土肥所←郑州食品总厂；啤酒生产用菌；培养基 0013，25～28℃。

ACCC 20168←中国农科院土肥所←郑州食品总厂；开封啤酒厂生产优质啤酒用菌（西德啤酒酵母）；培养基 0013，25～28℃。

ACCC 20203←中国农科院土肥所←北京农业大学 2.606；培养基 0013，25～28℃。

ACCC 20219←中国农科院土肥所←中科院微生物所 AS2.374←兰州工业实验所 L1212；酒精酵母；培养基 0013，25～28℃。

ACCC 20237←中国农科院土肥所←轻工部食品发酵所 IFFI 1338←上海酵母厂；用于麦角甾醇的生物合成；培养基 0077，28～30℃。

ACCC 20251←中国农科院土肥所←中科院微生物所 AS2.536←苏联；可以利用废水中的亚硫酸盐和水解的木质产生酒精；培养基 0013 或 0072，25～28℃。

ACCC 20276←中国农科院土肥所←上海水产大学；培养基 0013，25～28℃。

ACCC 20279←中国农科院土肥所←广东微生物所 GIM2.4←中科院微生物所 AS2.1195；培养基 0013，25～28℃。

ACCC 20283←中国农科院土肥所←广东微生物所 GIM2.43←中科院微生物所 AS2.1190；用于甘蔗糖蜜生产罗姆酒；利用亚硫酸钠法进行甘油发酵，培养基 0013，25～28℃。

ACCC 20284←中国农科院土肥所←广东微生物所 GIM2.113；原始编号：古巴 2 号；培养基 0013，25～28℃。

ACCC 20286←中国农科院土肥所←广东微生物所 GIM2.51←中科院微生物所 AS2.156；用于酿造葡萄酒，培养基 0013，25～28℃。

ACCC 20289←中国农科院土肥所←广东微生物所 GIM2.60←中科院微生物所 AS2.434；葡萄酒酵母，耐高温达 55℃；培养基 0013，25～28℃。

ACCC 20317←中国农科院土肥所←荷兰真菌研究所，=CBS1171；模式菌株；分离源：啤酒，培养基 0436，25～28℃。

ACCC 20349←荷兰真菌研究所，=CBS 400；培养基 0436，25℃。

ACCC 20351←荷兰真菌研究所，=CBS 382；培养基 0436，25℃。

ACCC 20352←荷兰真菌研究所，=CBS 1508；培养基 0436，25℃。

ACCC 20359←荷兰真菌研究所，=CBS 1227；培养基 0436，25℃。

ACCC 21053←中国农科院饲料所 avcY2←北京市营养源研究所←中科院微生物所 AS2.558；用于面包发酵，培养基 0013，25～28℃。

ACCC 21054←中国农科院饲料所 avcY5←北京市营养源研究所←中科院微生物所 AS2.1396；用于生产啤酒，培养基 0013，25～28℃。

ACCC 21058←中国农科院饲料所 avcY14；培养基 0013，25～28℃。

ACCC 21059←中国农科院饲料所 avcY15；培养基 0013，25～28℃。

ACCC 21060←中国农科院饲料所 avcY17；培养基 0013，25～28℃。

ACCC 21064←中国农科院饲料所 avcY28；培养基 0013，25～28℃。

ACCC 21069←中国农科院饲料所 avcY41；原始编号：YJ1；产酒；培养基 0013，25～28℃。

ACCC 21070←中国农科院饲料所 avcY42；原始编号：JY001；培养基 0013，25～28℃。

ACCC 21123←中国农科院土肥所←山东农业大学 SDAUMCC 200002；原始编号：ZB-298；生产单细胞蛋白；分离源：白酒糟；培养基 0013，25～28℃。

ACCC 21124←中国农科院土肥所←山东农业大学 SDAUMCC 200003；原始编号：ZB-306；生产单细胞蛋白；分离源：酵引；培养基 0013，25～28℃。

ACCC 21126←中国农科院土肥所←山东农业大学 SDAUMCC 200005；原始编号：ZB-292；啤酒发酵；分离源：啤酒渣；培养基 0013，25～28℃。

ACCC 21132←中国农科院土肥所←山东农业大学 SDAUMCC 200011；原始编号：ZB-318；产酒精；分离源：酒糟；培养基 0013，25～28℃。

ACCC 21134←中国农科院土肥所←山东农业大学 SDAUMCC 200013；原始编号：ZB-303；产单细胞蛋白；分离源：食品；分离地点：山东泰安；培养基 0013，25～28℃。

ACCC 21135←中国农科院土肥所←山东农业大学 SDAUMCC 200014；原始编号：DOM-4；分离源：啤酒糟；分离地点：山东泰安；培养基 0013，25～28℃。

ACCC 21136←中国农科院土肥所←山东农业大学 SDAUMCC 200015；原始编号：SDAU YCr5；分离源：土壤；分离地点：山东泰安；培养基 0013，25～28℃。

ACCC 21137←中国农科院土肥所←山东农业大学 SDAUMCC 200016；原始编号：SDAU YCr15；分离源：土壤；分离地点：山东泰安；培养基 0013，25～28℃。

ACCC 21138←中国农科院土肥所←山东农业大学 SDAUMCC 200017；原始编号：SDAU YCr20；分离源：土壤；分离地点：山东泰安；培养基 0013，25～28℃。

ACCC 21139←中国农科院土肥所←山东农业大学 SDAUMCC 200018；原始编号：SDAU YCu1；分离源：土壤；分离地点：山东泰安；培养基 0013，25～28℃。

ACCC 21140←中国农科院土肥所←山东农业大学 SDAUMCC 200019；原始编号：SDAU YCu3；分离源：土壤；分离地点：山东泰安；培养基 0013，25～28℃。

ACCC 21141←中国农科院土肥所←山东农业大学 SDAUMCC 200020；原始编号：SDAU YCu8；分离源：土壤；分离地点：山东泰安；培养基 0013，25～28℃。

ACCC 21144←中国农科院土肥所←山东农业大学 SDAUMCC 200023；原始编号：ZB-428；分离源：土壤；分离地点：山东泰安；培养基 0013，25～28℃。

ACCC 21162←中国农科院饲料所 FRI 2006121；原始编号：Y68；= CGMCC 2.118；培养基 0013，25～28℃。

ACCC 21166←广东微生物所 GIMT 2.002；原始编号：SCY1；分离源：松树林土壤；分离地点：广东清远；培养基 0013，25～28℃。

ACCC 21175←新疆农科院微生物所 XAAS30028；分离源：土壤；培养基 0181，30℃。

ACCC 21177←新疆农科院微生物所 XAAS30034；分离源：土壤；培养基 0181，30℃。

ACCC 21179←广东微生物所 GIM2.110；分离源：啤酒；培养基 0013，25～28℃。

ACCC 21181←广东微生物所 GIM2.84←广东甘蔗研究所；分离源：酒糟；培养基 0013，25～28℃。

ACCC 21182←广东微生物所 GIM2.86；分离源：肥料；培养基 0013，25～28℃。

ACCC 21183←广东微生物所 GIM2.89←上海华东化工学院；分离源：水果；培养基 0013，25～28℃。

ACCC 21184←广东微生物所 GIM2.102←广东食品发酵工业研究所；分离源：水果；培养基 0013，25～28℃。

ACCC 21185←广东微生物所 GIM2.103←广东食品发酵工业研究所；分离源：酒曲；培养基 0013，25～28℃。

ACCC 21186←广东微生物所 GIM2.117←江门生物科技开发中心；培养基 0013，25～28℃。

ACCC 21187←广东微生物所 GIM2.124；分离源：食品；培养基 0013，25～28℃。

ACCC 21190←广东微生物所 GIM2.99←广东食品发酵研究所；食用酵母；培养基 0013，25～28℃。

ACCC 21240←中国农科院土肥所；产酒精高；培养基 0013，30℃。

ACCC 21246←中国农科院麻类所 IBFC W0644；原始编号：酵母 -Y2；用于麻类脱胶、草类制浆；培养基 0013，30℃。

ACCC 21251←广东微生物所菌种组 GIMT2.011；培养基 0013，25℃。

ACCC 21252←广东微生物所菌种组 GIMT2.012；培养基 0013，25℃。

ACCC 21267←广东微生物所菌种组 GIMY0007；分离源：酒糟；强发酵淀粉糖化液、酒精及白酒酵母；培养基 0013，30℃。

ACCC 21268←广东微生物所 GIMY0008；分离源：酒糟；橡子糖化液发酵用菌；培养基 0013，30℃。

ACCC 21277←广东微生物所 GIMY0017；分离源：酒；培养基 0013，25～28℃。

ACCC 21278←广东微生物所菌种组；原始编号 Y-17；分离源：面包酵母粉；培养基 0013，28～30℃。

ACCC 21280←广东微生物所 GIMY0019；分离源：酒糟；用于白酒生产；培养基 0013，25～28℃。

ACCC 21287←广东微生物所 GIMY0028；分离源：酒糟；用于酒精发酵；培养基 0013，25～28℃。

ACCC 21340←新疆农科院微生物所 XAAS30038；分离源：沙质土；用于乙醇发酵；培养基 0181，30℃。

ACCC 21390←中国农科院土肥所←中科院微生物所 AS2.597；培养基 0013，25～28℃。

ACCC 21429←山东农业大学周波捐赠；原始编号：AMCC200080；培养基 0013，28～30℃。

Saccharomyces cerevisiae var. *ellipsoideus*（Hansen）Dekker

椭圆酿酒酵母

ACCC 20109←中国农科院土肥所←中科院微生物所 AS2.541←南阳酒精厂；橡子糖化液发酵用菌；培养基 0013，25～28℃。

ACCC 20120←中国农科院土肥所←中科院微生物所 AS2.3←东北科学研究所大连分所；大连 Y3；啤酒酵母（英国啤酒厂）；培养基 0013，25～28℃。

ACCC 20149←中国农科院土肥所←中科院微生物所 AS2.606←南阳酒精厂；南阳 5 号；橡子原料酿酒；培养基 0013，25～28℃。

ACCC 20155←中国农科院土肥所←中科院微生物所 AS2.611；高温型水果酒酵母；培养基 0013，25～28℃。

ACCC 21188←广东微生物所 GIM2.82←广东甘蔗研究所；分离源：酒曲；培养基 0013，25～28℃。

ACCC 21189←广东微生物所 GIM2.83←广东甘蔗研究所；分离源：酒曲；培养基 0013，25～28℃。

ACCC 21274←广东微生物所 GIMY0014；分离源：酒曲；清酒酵母；培养基 0013，30℃。

Saccharomyces diastaticus Andrews，Gilliland & van der Walt

糖化酵母

ACCC 20204←中国农科院土肥所←轻工部食品发酵所 IFFI 1752；引自美国；培养基 0013，25～28℃。

Saccharomyces kluyveri Phaff，M. W. Mill. & Shifrine

克鲁维酵母

ACCC 21191←中国农大，路鹏、李国学等捐赠；原始编号：MO2；分离源：土壤；培养基 0013，27～35℃。

Saccharomyces pastori（Guillier.）Lodder & van Rij

巴斯德酵母

ACCC 20124←中国农科院土肥所←中科院微生物所；培养基 0013，25～28℃。

Saccharomyces rouxii Boutroux

鲁酵母

ACCC 20287←中国农科院土肥所←广东微生物所 GIM2.54←中科院微生物所 AS2.181；酱油酵母；培养基 0013，25～28℃。

ACCC 20288←中国农科院土肥所←广东微生物所 GIM2.56←中科院微生物所 AS2.371；甜酱酵母；培养基 0013，25～28℃。

ACCC 21270←广东微生物所菌种组 GIMY0010；分离源：酱油；培养基 0013，28℃。

Saccharomyces sake Yabe

清酒酵母

ACCC 20045←中国农科院土肥所←上海第三制药厂；作抗生素效价测定指示菌；培养基 0013，25～28℃。

ACCC 20146←中国农科院土肥所←上海第三制药厂；作抗生素效价测定指示菌；培养基 0013，25～28℃。

ACCC 20246←中国农科院土肥所；作抗生素效价测定指示菌；培养基 0013，25～28℃。

Saccharomyces uvarum Beijerinck

葡萄汁酵母

ACCC 20202←中国农科院土肥所←轻工部食品发酵所 IFFI 1032；金培松分离；酿造黄酒；培养基 0013，25～28℃。

Saccharomyces willianus Sacc.

威尔酵母

ACCC 21271←广东微生物所菌种组 GIMY0011；分离源：亚硫酸盐废液；利用亚硫酸盐废液酒精发酵；培养基 0013，28℃。

Saccharomycopsis lipolytica（Wicherham et al.）Yarrow

解脂复膜孢酵母

ACCC 20239←中国农科院土肥所←轻工部食品发酵所 IFFI 1459←美国典型培养物中心，＝ATCC20237；
以石油为原料发酵柠檬酸；培养基 0077，25～28℃。

ACCC 20240←中国农科院土肥所←轻工部食品发酵所 IFFI 1460←美国典型培养物中心，＝ATCC20461；
以石油为原料发酵柠檬酸；培养基 0077，25～28℃。

Schizosaccharomyces pombe Lindner

粟酒裂殖酵母

ACCC 20047←中国农科院土肥所←中科院微生物所 AS2.214←东北科学研究所大连分所；大连 Y161；
培养基 0013 或 0072，25～28℃。

ACCC 20048←中国农科院土肥所←中科院微生物所 AS2.247；培养基 0013 或 0072，25～28℃。

ACCC 20150←中国农科院土肥所←中科院微生物所 AS2.214；培养基 0013 或 0072，25～28℃。

Schwanniomyces etchellsii（Kreger）Maeda et al.

埃切许旺酵母

ACCC 20360←荷兰真菌研究所，＝CBS 2011；培养基 0436，25℃。

Schwanniomyces occidentalis Klocker

许旺酵母

ACCC 20194←中国农科院土肥所←轻工部食品发酵所 IFFI 1763←美国典型培养物中心，＝ATCC26074；
糖化淀粉；培养基 0013，25～28℃。

ACCC 20195←中国农科院土肥所←轻工部食品发酵所 IFFI 1764←美国典型培养物中心，＝ATCC26077；
糖化淀粉；培养基 0013，25～28℃。

Sporidiobolus pararoseus Fell & Tallman

近玫色锁掷孢酵母

ACCC 21423←中国农科院资划所戴雨宇自空气中分离；原始编号：S4-5；培养基 0013，28～30℃。

Sporobolomyces beijingensis F. Y. Bai & Q. M. Wang

北京掷孢酵母

ACCC 21426←中国农科院资划所戴雨宇自空气中分离；原始编号：S6-3；培养基 0013，28～30℃。

Sporobolomyces roseus Kluyver & van Niel

掷孢酵母

ACCC 20049←中国农科院土肥所←中科院微生物所 AS2.618；培养基 0013 或 0072，25～28℃。

ACCC 20050←中国农科院土肥所←中科院微生物所 AS2.619；分离源：空气；产生物素；培养基 0013，
25～28℃。

Sporobolomyces salmonicolor（Fischer & Brebeck）Kluyver & van Niel

赭色掷孢酵母

ACCC 20115←中国农科院土肥所←中科院微生物所 AS2.261；培养基 0013 或 0072，25～28℃。

Sporopachydermia lactativora Rodrigues de Miranda

乳状原孢酵母

ACCC 20307←中国农科院土肥所←荷兰真菌研究所，＝CBS 5771；模式菌株；分离源：海水；培养基
0436，25～28℃。

ACCC 20329←中国农科院土肥所←荷兰真菌研究所，＝CBS 6192；模式菌株；分离自人的口腔；培养
基 0436，25～28℃。

Stephanoascus ciferrii Smith et al.

西弗冠孢酵母

ACCC 20326←中国农科院土肥所←荷兰真菌研究所，＝CBS 5295；培养基 0436，25～28℃。

ACCC 20330←中国农科院土肥所←荷兰真菌研究所，=CBS 6699；分离源：土壤；培养基 0436，25～28℃。

Torulaspora delbrueckii（Lindner）Lindner

戴尔有孢圆酵母

ACCC 20011←中国农科院土肥所←中科院微生物所 AS2.473；培养基 0013，25～28℃。

ACCC 20122←中国农科院土肥所←中科院微生物所 AS2.227；培养基 0013，25～28℃。

ACCC 20160←中国农科院土肥所←中科院微生物所 AS2.631←上海轻工业研究所←德国 NO.74；培养基 0013，25～28℃。

ACCC 20285←中国农科院土肥所←广东微生物所 GIM2.49←中科院微生物所 AS2.286；培养基 0013，25～28℃。

ACCC 20381←荷兰真菌研究所，=CBS 1146；模式菌株；培养基 0436，25℃。

ACCC 21408←西南林业大学张汉尧捐赠；原始编号：MLGY3-1；培养基 0013，28～30℃。

ACCC 21409←西南林业大学张汉尧捐赠；原始编号：MLGY3-2；培养基 0013，28～30℃。

ACCC 21410←西南林业大学张汉尧捐赠；原始编号：MLGY3-3；培养基 0013，28～30℃。

ACCC 21411←西南林业大学张汉尧捐赠；原始编号：MLGY3-4；培养基 0013，28～30℃。

ACCC 21412←西南林业大学张汉尧捐赠；原始编号：MLGY3-5；培养基 0013，28～30℃。

Torulaspora pretoriensis（Van der Walt & Tscheuschner）Van der Walt & Johannsen

有孢圆酵母

ACCC 20321←中国农科院土肥所←荷兰真菌研究所，=CBS 2187；分离源：土壤；培养基 0436，25～28℃。

Torulopsis bombicola Rosa & Lachance

球拟酵母

ACCC 20343←中国农科院土肥所←荷兰真菌研究所，=CBS 6009；模式菌株；分离源：蜂蜜；培养基 0206，25～28℃。

Torulopsis candida（Saito）Lodder

白球拟酵母

ACCC 20052←中国农科院土肥所←中科院微生物所 AS2.270←东北科学研究所大连分所；大连 Y241；饲料酵母；培养基 0013 或 0072，25～28℃。

ACCC 20110←中国农科院土肥所←中科院微生物所 AS2.270；培养基 0013，25～28℃。

Torulopsis famta（Harrison）Lodder & van Rij

无名球拟酵母

ACCC 20053←中国农科院土肥所←中科院微生物所 AS2.685；培养基 0013 或 0072，25～28℃。

Torulopsis globosa（Olson & Hammer）Lodder & van Rij

圆球拟酵母

ACCC 20111←中国农科院土肥所←中科院微生物所 AS2.202；培养基 0013，25～28℃。

Trichosporon akiyoshidainum

ACCC 21362←新疆农科院微生物所 XAAS30061；分离源：泥水；用于污水处理；培养基 0181，20℃。

Trichosporon aquatile L. R. Hedrick & P. D. Dupont

水栖丝孢酵母

ACCC 21193←中国农大，路鹏、李国学等捐赠；原始编号：MO4；分离源：土壤；培养基 0013，27～35℃。

Trichosporon asahii Akagi

阿萨希丝孢酵母

ACCC 21289←广东微生物所菌种组 GIMT2.017；分离源：酱油；酱油生产；培养基 0013，25～28℃。

Trichosporon behrendii Lodder & Kreger-van Rij
贝雷丝孢酵母

ACCC 20055←中国农科院土肥所←中科院微生物所 AS2.1193；能利用淀粉、米糠培养后有酒香味，生米糠发酵后牲畜喜食；培养基 0013，25～28℃。

ACCC 20222←中国农科院土肥所←中科院微生物所 AS2.1193；培养基 0013，25～28℃。

Trichosporon capitatum Diddens & Lodder
头状丝孢酵母

ACCC 20056←中国农科院土肥所←中科院微生物所 AS2.1385←兰州大学 3512；产脂肪酶；培养基 0013，25～28℃。

ACCC 20127←中国农科院土肥所←中科院微生物所 AS2.1385；产脂肪酶；培养基 0013，25～28℃。

Trichosporon cutaneum（de Beurm et al.）Ota
皮状丝孢酵母

ACCC 20119←中国农科院土肥所←中科院微生物所 AS2.571←苏联；原始编号：paca6；油脂酵母，含油 30%；培养基 0013，25～28℃。

ACCC 20253←中国农科院土肥所←中科院微生物所 AS2.570←苏联；利用水解液及废液培养食用及饲料酵母；培养基 0014，25～28℃。

ACCC 20271←中国农科院土肥所←中科院微生物所 AS2.1374←杭州炼油厂；用于石油脱蜡；培养基 0013，25～28℃。

ACCC 21272←广东微生物所菌种组 GIMY0012；分离源：造纸水解废液；培养基 0013，28℃。

ACCC 21273←广东微生物所菌种组 GIMY0013；分离源：造纸水解废液；培养基 0013，28℃。

Trishosporon fermentans Diddens & Lodder
发酵丝孢酵母

ACCC 20243←中国农科院土肥所←轻工部食品发酵所 IFFI 1368←苏联；油脂酵母；培养基 0077，28～30℃。

Trichosporon laibachii（Windisch）E. Guého & M. T. Sm.
赖巴克丝孢酵母

ACCC 21382←新疆农科院微生物所 XAAS30083；分离源：泥水；用于污水处理；培养基 0181，20℃。

Trichosporon lignicola
木生丝孢酵母

ACCC 21371←新疆农科院微生物所 XAAS30070；分离源：泥水；用于污水处理；培养基 0181，20℃。

Trichosporon pullullans（Lindn.）Didd. & Lodd.
茁芽丝孢酵母

ACCC 21342←新疆农科院微生物所 XAAS30040；分离源：沙质土；用于乙醇发酵；培养基 0181，30℃。

ACCC 21349←新疆农科院微生物所 XAAS30047；分离源：泥水；用于污水处理；培养基 0181，30℃。

ACCC 21361←新疆农科院微生物所 XAAS30060；分离源：泥水；用于污水处理；培养基 0181，30℃。

ACCC 21368←新疆农科院微生物所 XAAS30067；分离源：泥水；用于污水处理；培养基 0181，20℃。

ACCC 21373←新疆农科院微生物所 XAAS30072；分离源：泥水；用于污水处理；培养基 0181，20℃。

ACCC 21375←新疆农科院微生物所 XAAS30074；分离源：泥水；用于污水处理；培养基 0181，20℃。

ACCC 21383←新疆农科院微生物所 XAAS30084；分离源：泥水；用于污水处理；培养基 0181，20℃。

Wickerhamia fluorescens（Soneda）Soneda
荧光威克酵母

ACCC 20058←中国农科院土肥所←中科院微生物所 AS2.1388←东京大学应用微生物所；模式菌株；培养基 0013，25～28℃。

ACCC 20147←中国农科院土肥所←中科院微生物所 AS2.1388；培养基 0013，25～28℃。

Wickerhamomyces anomalus（E. C. Hansen）Kurtzman, Robnett & Bas.-Powers

ACCC 20139←中国农科院土肥所←中科院微生物所 AS2.607←南阳酒精厂；南阳 6 号；橡子原料酿酒；培养基 0013，25～28℃。

ACCC 21127←中国农科院土肥所←山东农业大学 SDAUMCC 200006；原始编号：ZB-304；生产单细胞蛋白；分离源：腐败食品；培养基 0013，25～28℃。

ACCC 21129←中国农科院土肥所←山东农业大学 SDAUMCC 200008；原始编号：ZB-289；产香味物质；分离源：白酒窖泥；分离地点：山东曲阜；培养基 0013，25～28℃。

ACCC 21130←中国农科院土肥所←山东农业大学 SDAUMCC 200009；原始编号：ZB-290；产香味；分离源：白酒窖泥；分离地点：山东济南；培养基 0013，25～28℃。

ACCC 21131←中国农科院土肥所←山东农业大学 SDAUMCC 200010；原始编号：ZB-393；发酵果汁产酸产气；分离源：汇源果汁污染样品；分离地点：北京汇源果汁公司；培养基 0013，25～28℃。

ACCC 21133←中国农科院土肥所←山东农业大学 SDAUMCC 200012；原始编号：ZB-291；分离源：葡萄；分离地点：山东济南；培养基 0013，25～28℃。

ACCC 21148←中国农科院土肥所←山东农业大学 SDAUMCC 200027；原始编号：ZB-431；分离源：土壤；分离地点：山东泰安；培养基 0013，25～28℃。

ACCC 21413←山东农科院资环所任海霞捐赠；原始编号：FSDZH-6；培养基 0013，28～30℃。

Williopsis californica（Lodder）Krassiln.

加利福尼亚拟威尔酵母

ACCC 21356←新疆农科院微生物所 XAAS30055；分离源：泥水；用于污水处理；培养基 0181，20℃。

Yarrowia lipolytica（Wickerham et al.）van der Walt & von Arx

解脂耶罗威亚酵母

ACCC 20242←中国农科院土肥所←轻工部食品发酵所 IFFI 1778，由美国引进；培养基 0313，24℃。

ACCC 20328←中国农科院土肥所←荷兰真菌研究所，＝CBS 6124；模式菌株；分离源：加工玉米；培养基 0181 或 0436，25～28℃。

ACCC 21173←广东微生物所 GIMT 2.009；分离源：果酒；发酵生产酒；培养基 0013，25～28℃。

ACCC 21391←DSMZ，＝DSM 8218；培养基 0436，25～28℃。

Zygosaccharomyces bailii（Lindner）Guilliermond

拜赖接合酵母

ACCC 20303←中国农科院土肥所←荷兰真菌研究所，＝CBS 680；模式菌株；培养基 0436，25～28℃。

Zygosaccharomyces pseudorouxii

假鲁氏接合酵母

ACCC 21255←广东微生物所菌种组 GIMFM3；培养基 0013，28℃。

Zygosaccharomyces rouxii（Boutroux）Yarrow

鲁氏接合酵母

ACCC 20316←中国农科院土肥所←荷兰真菌研究所，＝CBS 732；模式菌株；分离源：浓缩的发酵黑葡萄汁；培养基 0436，25～28℃。

ACCC 21269←广东微生物所菌种组 GIMY0009；分离源：酱油发酵液；培养基 0013，28℃。

四、丝状真菌（Filamentous Fungi）

Absidia blakesleeana **Lendner**

布氏犁头霉

ACCC 30510←中国农科院土肥所←荷兰真菌研究所；＝CBS100.28；模式菌株；分离源：巴西坚果；培养基0014，25～28℃。

Absidia cuneospora **Orr & Plunkett**

楔孢犁头霉

ACCC 30512←中国农科院土肥所←荷兰真菌研究所；＝CBS101.59；模式菌株；分离源：砂型土壤；培养基0014，25～28℃。

Acaulium album（**Costantin**）**Seifert & Woudenb.**

ACCC 39738←中国农科院资划所←荷兰真菌研究所；CBS 539.85←K. A. Seifert；模式菌株；分离源：猫粪便中的毛发；培养基0434或0618，25℃。

Acaulium retardatum（**Udagawa & T. Muroi**）**Lei Su**

ACCC 39740←中国农科院资划所←荷兰真菌研究所；CBS 707.82←S. Udagawa；模式菌株；分离源：稻田土壤（rice-field soil）；培养基0421或0618，25℃。

ACCC 39777←中国医科院动研所；原始编号：TBS429；分离自中国医科院动研所北方资源中心的毛丝鼠粪便；分解纤维素；培养基0014，25～28℃。

Acremonium implicatum（**J. C. Gilman & E. V. Abbott**）**W. Gams**

ACCC 37391←中国农科院资划所；原始编号：2；培养基0014，25～28℃。

ACCC 37392←中国农科院资划所；原始编号：3；培养基0014，25～28℃。

Acremonium sclerotigenun（**Moreau & R. Moreau ex Valenta**）**W. Gams**

ACCC 39310←西北农大；原始编号：YLC-3-1；分离自陕西杨凌苹果皮（组织分离）；培养基0014，25～28℃。

ACCC 39311←西北农大；原始编号：QXD-1C；分离自陕西乾县苹果皮（组织分离）；培养基0014，25～28℃。

ACCC 39312←西北农大；原始编号：YXZ-9；分离自陕西杨凌烟霞镇苹果皮（组织分离）；培养基0014，25～28℃。

Acremonium strictum **W. Gams**

点枝顶孢

ACCC 30554←中国农科院土肥所←美国典型物培养中心，＝ATCC48379；用于液化淀粉、纤维素、明胶；培养基0014，26℃。

ACCC 36977←中国热科环植所←华南热带农业大学环境与植物保护学院；分离自海南省热带植物园山地土壤；培养基0014，28℃。

ACCC 36978←中国热科院环植所←华南热带农业大学环境与植物保护学院；分离自海南儋州橡胶林土壤；培养基0014，20℃。

Acrophialophora levis **Samson & Mahmoud**

光滑端梗孢

ACCC 30555←中国农科院土肥所←美国典型物培养中心，＝ATCC48380；用于液化淀粉、纤维素、明胶；培养基0014，40℃。

Acrophialophora nainiana Edward

奈恩端梗孢

ACCC 30511←中国农科院土肥所←荷兰真菌研究所，=CBS100.60；模式菌株；分离源：农场土壤；培养基 0014，25～28℃。

Actinomucor elegans（Eidam）Benjamin & Hesseltine

雅致放射毛霉

ACCC 30393←中国农科院土肥所←中科院微生物所 AS2.778；分离源：豆腐乳；培养基 0014，25～28℃。

ACCC 30923←中国农科院饲料所 FRI2006079；原始编号：F118；分离源：土壤；分离地点：海南三亚；培养基 0014，25～28℃。

ACCC 32312←广东微生物所菌种组 GIMF-1；原始编号：F-1；培养基 0014，25℃。

ACCC 32313←广东微生物所菌种组 GIMF-2；原始编号：F-2；培养基 0014，25℃。

ACCC 32324←广东微生物所菌种组 GIMF-13；原始编号：F-13；腐乳生产菌；培养基 0014，25℃。

ACCC 32559←广东微生物所；原始编号：GIMT 3.114；培养基 0014，25～28℃。

ACCC 39690←济宁市农业科学研究院；原始编号：JSS7；山东济宁大蒜根部土壤；培养基 0014，25～28℃。

Alternaria alternata（Fries）Keissler

交链格孢

ACCC 30560←中国农科院土肥所←美国典型物培养中心，=ATCC42012；分离源：落叶；用于降解纤维素；培养基 0014，24～30℃。

ACCC 30561←中国农科院土肥所←美国典型物培养中心，=ATCC52170；用于降解纤维素；培养基 0014，24℃。

ACCC 30925←中国农科院饲料所 FRI2006081；原始编号：F120；分离源：植物根部土壤；分离地点：海南三亚；培养基 0014，25～28℃。

ACCC 30945←中国农科院饲料所 FRI2006101；原始编号：F140；分离源：植物根部土壤；分离地点：海南三亚；培养基 0014，25～28℃。

ACCC 32600←中国农科院饲料所王苑捐赠；原始编号：WSWZJ201201；培养基 0014，25～28℃。

ACCC 36130←中国农科院蔬菜花卉所；分离自河南郑州梨树黑斑病叶片；培养基 0014，25℃。

ACCC 36135←中国农科院资划所←中国农科院蔬菜花卉所；原始编号：IVF129，050519；分离自中国农科院果树所苹果园苹果果实；培养基 0014，25～28℃。

ACCC 36139←中国农科院资划所←中国农科院蔬菜花卉所；原始编号：IVF133，050520；分离自中国农科院果树所苹果园苹果叶片；培养基 0014，25～28℃。

ACCC 36171←中国农科院资划所；原始编号：HN-021；分离自河南农业大学科教试验园区实验田烟草病株组织；培养基 0014，25～28℃。

ACCC 36969←中国农科院资划所←中国热科院环植所；原始编号：CATAS EPPI2069，Z20070069；分离自湖北武汉豇豆叶片；培养基 0014，25～28℃。

ACCC 36970←中国热科院环植所；分离自湖北武汉草莓黑斑病病斑；培养基 0014，28℃。

ACCC 37532←中国农科院资划所←中国热科院环植所；原始编号：CATAS2536；分离自海南大学城西校区落葵；培养基 0014，25～28℃。

ACCC 37538←中国农科院资划所←中国热科院环植所；原始编号：CATAS2543；分离自海南大学儋州校区南药圃泽兰；培养基 0014，25～28℃。

ACCC 37587←中国农科院资划所←中国热科院环植所；原始编号：CATAS2567；分离自广州市越秀公园落葵；培养基 0014，25～28℃。

ACCC 37593←中国农科院资划所←中国热科院环植所；原始编号：CATAS2573；分离自广州市越秀公园银海枣；培养基 0014，25～28℃。

ACCC 37607←中国热科院环植所；分离自海南儋州丘陵细辛黑斑病病组织；培养基 0014，28℃。

ACCC 38000←西北农大；分离自陕西扶风苹果霉心病果实；培养基 0014，25℃。

ACCC 38066←中国农科院资划所←云南省烟草科学研究院；原始编号：DHAa01；分离自云南德宏烟草成熟期叶片病斑；培养基 0014，25～28℃。

ACCC 38664←云南省烟草科学研究院；原始编号：KMLQ10；分离自云南禄劝烟草叶片；培养基 0014，25～28℃。

ACCC 38665←云南省烟草科学研究院；原始编号：BSTC107；分离自云南腾冲烟草叶片；培养基 0014，25～28℃。

ACCC 38667←云南省烟草科学研究院；原始编号：LCYX149；分离自云南云县烟草叶片；培养基 0014，25～28℃。

ACCC 38673←云南省烟草科学研究院；原始编号：LCCY89；分离自云南沧源烟草叶片；培养基 0014，25～28℃。

ACCC 38676←云南省烟草科学研究院；原始编号：YXHT110；分离自云南红塔烟草叶片；培养基 0014，25～28℃。

ACCC 38682←云南省烟草科学研究院；原始编号：CXDH98；分离自云南楚雄烟草叶片；培养基 0014，25～28℃。

ACCC 38685←云南省烟草科学研究院；原始编号：YXTH21；分离自云南通海烟草叶片；培养基 0014，25～28℃。

ACCC 38688←云南省烟草科学研究院；原始编号：ZTZX116；分离自云南镇雄烟草叶片；培养基 0014，25～28℃。

ACCC 38690←云南省烟草科学研究院；原始编号：CXYA56；分离自云南姚安烟草叶片；培养基 0014，25～28℃。

ACCC 38691←云南省烟草科学研究院；原始编号：LCYX152；分离自云南云县烟草叶片；培养基 0014，25～28℃。

ACCC 38692←云南省烟草科学研究院；原始编号：CXWD27；分离自云南武定烟草叶片；培养基 0014，25～28℃。

ACCC 38699←云南省烟草科学研究院；原始编号：WSMG135；分离自云南马关烟草叶片；培养基 0014，25～28℃。

ACCC 38709←云南省烟草科学研究院；原始编号：CXYR81；分离自云南永仁烟草叶片；培养基 0014，25～28℃。

ACCC 38718←云南省烟草科学研究院；原始编号：KMWH154；分离自云南盘龙烟草叶片；培养基 0014，25～28℃。

ACCC 38719←云南省烟草科学研究院；原始编号：BSCN174；分离自云南昌宁烟草叶片；培养基 0014，25～28℃。

ACCC 38922←江苏省农业科学院农业生物技术研究所；原始编号：Jaas B-3；分离自江苏南京水稻叶片；培养基 0014，15-30 ℃。

ACCC 39066←中国热科院环植所；原始编号：EPPI20140014；分离自海南三亚杧果果实；培养基 0014，25～28℃。

ACCC 39067←中国热科院环植所；原始编号：EPPI20140015；分离自云南保山杧果果实；培养基 0014，25～28℃。

ACCC 39086←中国热科院环植所；原始编号：EPPI20140037；分离自海南海口火龙果果实；培养基 0014，25～28℃。

ACCC 39134←云南农业大学植物保护学院；原始编号：A2-1；分离自云南石林县圭山镇亩竹箐村三七茎病斑；培养基 0014，25～28℃。

ACCC 39705←浙江省生物计量及检验检疫技术重点实验室；原始编号：S8-1；分离自浙江金华武义寿仙谷种植基地铁皮石斛；培养基 0014，25～28℃。

ACCC 39708←浙江省生物计量及检验检疫技术重点实验室；原始编号：A-3；分离自浙江桐乡杭白菊种植基地杭白菊；培养基 0014，25～28℃。

Alternaria brassicicola（**Schwein.**）**Wiltshire**

芸薹链格孢

ACCC 37290←中国农科院蔬菜花卉所；分离自北京海淀温室甘蓝黑斑病叶片；培养基 0014，25℃。

ACCC 37296←中国农科院蔬菜花卉所；分离自北京海淀温室菜薹黑斑病叶片；培养基 0014，25℃。

ACCC 37430←中国农科院蔬菜花卉所；分离自河北张家口萝卜黑斑病叶片；培养基 0014，25℃。

ACCC 37449←中国农科院蔬菜花卉所；分离自北京大兴甘蓝黑斑病叶片；培养基 0014，25℃。

Alternaria cucumerina（**Ellis & Everh.**）**J. A. Elliott**

瓜链格孢

ACCC 37429←中国农科院蔬菜花卉所；分离自北京顺义南瓜黑斑病叶片；培养基 0014，25℃。

Alternaria gaisen **Nagano ex Hara**

梨黑斑链格孢

ACCC 36429←中国农科院蔬菜花卉所←中国农科院郑州果树研究所；分离自河南郑州梨黑斑病叶片；培养基 0014，25℃。

Alternaria longipes（**Ellis & Everh.**）**E. W. Mason**

长柄链格孢（烟草赤星病菌）

ACCC 30002←中国农科院土肥所←山东省烟草研究所；病原菌；培养基 0014，24～28℃。

ACCC 30324←中国农科院土肥所←中国农科院原子能所 3.02←山东省烟草研究所；病原菌；培养基 0014，24～28℃。

Alternaria mali **Roberts**

苹果链格孢

ACCC 30003←中国农科院土肥所；苹果轮斑病菌；培养基 0014，24～28℃。

ACCC 37394←中国农科院果树所；分离自苹果斑点落叶病叶片；培养基 0014，25℃。

ACCC 37395←中国农科院果树所；分离自苹果斑点落叶病叶片；培养基 0014，25℃。

Alternaria panax **Whetzel**

人参链格孢

ACCC 39140←云南农业大学植物保护学院；原始编号：AP2-MS-4；分离自云南石林县圭山镇亩竹箐村三七茎病斑；培养基 0014，25～28℃。

Alternaria polytricha（**Cooke**）**E. G. Simmons**

多毛链格孢

ACCC 37409←中国农科院蔬菜花卉所；分离自北京顺义温室茄子叶斑病叶片；培养基 0014，25℃。

Alternaria porri（**Ellis**）**Cif.**

葱链格孢（葱紫斑病菌）

ACCC 36111←中国农科院蔬菜花卉所；分离自北京顺义大葱紫斑病叶片；培养基 0014，25℃。

Alternaria solani **Sorauer**

茄链格孢

ACCC 36023←中国农科院蔬菜花卉所；分离自山东济南蔬菜温室番茄早疫病叶片；番茄早疫病菌；培养基 0014，25℃。

ACCC 36110←中国农科院资划所←中国农科院蔬菜花卉所；原始编号：IVF094，FQ06090601；分离自北京大兴榆垡镇西黄垡村蔬菜设施大棚番茄早疫病叶片；培养基 0014，25～28℃。

ACCC 37458←中国农科院资划所←中国农科院蔬菜花卉所；原始编号：IVF535 MLS08102001；分离自北京海淀中国农科院蔬菜花卉所南温室马铃薯叶片；培养基 0014，25～28℃。

ACCC 37717←中国农科院资划所←中国农科院植保所←江苏省农业科学院植物保护研究所；原始编号：JSAAS0080；分离自江苏南京番茄；培养基 0014，25～28℃。

ACCC 39354←中国农科院资划所；原始编号：20-1-Z17；分离自河北省张家口市沽源县马铃薯；培养基 0014，25～28℃。

Alternaria sp.
链格孢
ACCC 36843←中国农科院资划所←中国热科院环植所；原始编号：Al-8；分离自海南海口桂林洋水稻果实；培养基 0014，25～28℃。

ACCC 38925←中国农科院果树研究所果树病害实验室分离；原始编号：PGBDLY1；分离自辽宁兴城苹果叶片；培养基 0014，25～28℃。

ACCC 38943←中国农科院果树研究所果树病害实验室分离；原始编号：BLW1；分离自辽宁兴城蓝莓（品种：尼尔森）叶斑；培养基 0014，25～28℃。

ACCC 38944←中国农科院果树研究所果树病害实验室分离；原始编号：BLW2；分离自辽宁兴城蓝莓（品种：达柔）叶斑；培养基 0014，25～28℃。

ACCC 38945←中国农科院果树研究所果树病害实验室分离；原始编号：BLW4；分离自辽宁兴城蓝莓（品种：伯克利）叶斑；培养基 0014，25～28℃。

Alternaria tenuissima（Kunze）Wiltshire
细极链格孢
ACCC 31826←新疆农科院微生物所 XAAS40083；原始编号：F97；分离地点：新疆一号冰川；分离源：土壤；培养基 0014，25～28℃。

ACCC 31834←新疆农科院微生物所 XAAS40070；原始编号：F81；分离地点：新疆一号冰川；分离源：土壤；培养基 0014，25～28℃。

ACCC 31847←新疆农科院微生物所 XAAS40041；原始编号：F29；分离地点：新疆一号冰川；分离源：土壤；培养基 0014，25～28℃。

ACCC 36930←中国农科院资划所←新疆农科院微生物所；原始编号：XAAS40202，LE18；分离自新疆和硕县荒漠平原中麻黄植物体内；培养基 0014，25～28℃。

ACCC 37286←中国农科院蔬菜花卉所；分离自北京丰台菊花黑斑病叶片；培养基 0014，25℃。

ACCC 37410←中国农科院蔬菜花卉所；分离自北京昌平马铃薯黑斑病叶片；培养基 0014，25℃。

Alternaria zinniae M. B. Ellis
百日菊链格孢（百日草黑斑病菌）
ACCC 36115←中国农科院蔬菜花卉所；分离自北京海淀百日草黑斑病叶片；培养基 0014，25～28℃。

Ambomucor seriatoinflatus
ACCC 31857←新疆农科院微生物所 XAAS40167；原始编号：LF31；分离自一号冰川的土壤样品；培养基 0014，20℃。

Amorphotheca resinae Parbery
ACCC 37629←中国农科院资划所←新疆农科院微生物所；原始编号：XAAS40255，LE24；分离自新疆南疆库车县玉其吾斯塘乡农田植物体内；培养基 0014，25～28℃。

Ampelomyces humuli（Fautrey）Rudakov
白粉寄生孢
ACCC 36952←中国农科院资划所←新疆农科院微生物所；原始编号：XAAS40203，LE19；分离自新疆和硕县荒漠平原植物体内；培养基 0014，30℃。

Arthrinium arundinis（Corda）Dyko & B. Sutton
ACCC 39635←山东农业大学植物保护学院；原始编号：HSAUP II 073065；分离自青海同仁的湿地土；培养基 0014，25～28℃。

Arthrinium phaeospermum（Corda）M. B. Ellis
ACCC 39637←山东农业大学植物保护学院；原始编号：HSAUP II 073653；分离自青海都兰县的农田土；培养基 0014，25～28℃。

Arthrinium sacchari（Speg.）M. B. Ellis
糖节孢霉
ACCC 37186←山东农业大学；分离自西藏日喀则土壤；培养基 0014，25℃。

ACCC 37189←山东农业大学；分离自西藏康马土壤；培养基 0014，25℃。

Arthrobotrys oligospora Fres.

少孢节丛孢

ACCC 30507←石河子大学王为升捐赠；原始编号 B-XJ2；分离自天山北坡牧场的土壤样品；培养基 0014，24℃。

ACCC 30508←石河子大学王为升捐赠；原始编号 C-XJ3；分离自天山北坡牧场的土壤样品；培养基 0014，24℃。

ACCC 30509←石河子大学王为升捐赠；原始编号 D-XJ4；分离自天山北坡牧场的土壤样品；培养基 0014，24℃。

ACCC 30510←石河子大学王为升捐赠；原始编号 H-XJ8；分离自天山北坡牧场的土壤样品；培养基 0014，24℃。

ACCC 30511←石河子大学王为升捐赠；原始编号 J-XJ10；分离自天山北坡牧场的土壤样品；培养基 0014，24℃。

ACCC 30512←石河子大学王为升捐赠；原始编号 K-XJ11；分离自天山北坡牧场的土壤样品；培养基 0014，24℃。

ACCC 30513←石河子大学王为升捐赠；原始编号 L-XJ12；分离自天山北坡牧场的土壤样品；培养基 0014，24℃。

ACCC 30514←石河子大学王为升捐赠；原始编号 M-XJ13；分离自天山北坡牧场的土壤样品；培养基 0014，24℃。

ACCC 30515←石河子大学王为升捐赠；原始编号 72-4；分离自天山北坡牧场的土壤样品；培养基 0014，24℃。

ACCC 30516←石河子大学王为升捐赠；原始编号 A-XJ1；分离自天山北坡牧场的土壤样品；培养基 0014，24℃。

Arthrobotrys javanica（Rifai & R. C. Cooke）Jarowaja

爪哇节丛孢

ACCC 32129←中国农科院植保所 SM1134；原始编号：118（858）；分离源：大田土壤；培养基 0014，25℃。

ACCC 37133←中国农科院植保所；分离源：土壤；培养基 0014，25℃。

Arthrobotrys robusta Duddington

强力节丛孢

ACCC 32126←中国农科院植保所 SM1106；原始编号：044（244）；分离源：菜地土壤；培养基 0014，25℃。

Arthrobotrys superba Corda

多孢节丛孢

ACCC 31528←中国农科院植保所 SM3001；分离地点：黑龙江牡丹江；分离源：土壤；培养基 0014，25～28℃。

ACCC 31529←中国农科院植保所 SM3002；分离地点：黑龙江五大连池；分离源：土壤；培养基 0014，25～28℃。

ACCC 31531←中国农科院植保所 SM3004；分离地点：黑龙江省农业科学院；分离源：土壤；培养基 0014，25～28℃。

Arthroderma corniculatum（Takashio & De Vroey）Weitzman

小角状节皮菌

ACCC 30525←中国农科院土肥所←荷兰真菌研究所，=CBS364.81；模式菌株；分离源：土壤；培养基 0014，25～28℃。

ACCC 30526←中国农科院土肥所←荷兰真菌研究所，=CBS365.81；培养基 0014，25～28℃。

Arthroderma cuniculi Dawson
穴形节皮菌
ACCC 30531←中国农科院土肥所←荷兰真菌研究所，=CBS492.71；模式菌株；培养基 0014，24℃。
ACCC 30532←中国农科院土肥所←荷兰真菌研究所，=CBS495.71；模式菌株；培养基 0014，24℃。

Arthroderma tuberculatum Kuehn
肿状节皮菌
ACCC 30529←中国农科院土肥所←荷兰真菌研究所，=CBS473.77；模式菌株；培养基 0014，25～28℃。

Aschersonia aleyrodis Webber
粉虱座壳孢
ACCC 32151←福建农林大学生物农药教育部重点实验室 BCBKL 0095；原始编号：430；可作为生物农药用于防治粉虱、介壳虫等；培养基 0014，26℃。

Aschersonia sp.
座壳孢
ACCC 32133←福建农林大学生物农药与化学生物学教育部重点实验室 BCBKL 0073；原始编号：Wys36；可作为生物农药用于防治粉虱、介壳虫等；培养基 0014，26℃。
ACCC 32134←福建农林大学生物农药与化学生物学教育部重点实验室 BCBKL 0074；原始编号：Jos83；可作为生物农药用于防治粉虱、介壳虫等；培养基 0014，26℃。
ACCC 32135←福建农林大学生物农药与化学生物学教育部重点实验室 BCBKL 0075；原始编号：Wys40；可作为生物农药用于防治粉虱、介壳虫等；培养基 0014，26℃。
ACCC 32138←福建农林大学生物农药与化学生物学教育部重点实验室 BCBKL 0078；原始编号：Jos89；可作为生物农药用于防治粉虱、介壳虫等；培养基 0014，26℃。
ACCC 32140←福建农林大学生物农药与化学生物学教育部重点实验室 BCBKL 0080；原始编号：Jos70；可作为生物农药用于防治粉虱、介壳虫等；培养基 0014，26℃。
ACCC 32144←福建农林大学生物农药与化学生物学教育部重点实验室 BCBKL 0086；原始编号：Wys46；可作为生物农药用于防治粉虱、介壳虫等；培养基 0014，26℃。
ACCC 32152←福建农林大学生物农药教育部重点实验室 BCBKL 0096；原始编号：Wys42；可作为生物农药用于防治粉虱、介壳虫等；培养基 0014，26℃。
ACCC 32153←福建农林大学生物农药教育部重点实验室 BCBKL 0097；原始编号：Wys43；可作为生物农药用于防治粉虱、介壳虫等；培养基 0014，26℃。
ACCC 32154←福建农林大学生物农药教育部重点实验室 BCBKL 0098；原始编号：Jos009；可作为生物农药用于防治粉虱、介壳虫等；培养基 0014，26℃。
ACCC 32155←福建农林大学生物农药教育部重点实验室 BCBKL 0099；原始编号：Wys7；可作为生物农药用于防治粉虱、介壳虫等；培养基 0014，26℃。
ACCC 32156←福建农林大学生物农药教育部重点实验室 BCBKL 0100；原始编号：Wys29；可作为生物农药用于防治粉虱、介壳虫等；培养基 0014，26℃。
ACCC 36950←中国农科院资划所←中国农科环发所；原始编号：Jos55；培养基 0014，25～28℃。

Aschersonia turbinate Berk.
锥形座壳孢
ACCC 32137←福建农林大学生物农药与化学生物学教育部重点实验室 BCBKL 0077；原始编号：1030；可作为生物农药用于防治粉虱、介壳虫等；培养基 0014，26℃。

Ascochyta citrullina（Chester）C. O. Smith
西瓜壳二孢（瓜类蔓枯病菌）
ACCC 36440←中国农科院蔬菜花卉所；原始编号：IVF193；分离自山东济南温室甜瓜蔓枯病叶片；培养基 0014，25℃。

ACCC 37312←中国农科院蔬菜花卉所；原始编号：IVF407；分离自河北永清甜瓜蔓枯病茎；培养基 0014，25℃。

ACCC 37313←中国农科院蔬菜花卉所；原始编号：IVF408；分离自河北廊坊广阳甜瓜蔓枯病茎；培养基 0014，25℃。

ACCC 37314←中国农科院蔬菜花卉所；原始编号：IVF409；分离自河北廊坊广阳甜瓜蔓枯病叶片；培养基 0014，25℃。

ACCC 37315←中国农科院蔬菜花卉所；原始编号：IVF410；分离自河北廊坊广阳甜瓜蔓枯病茎；培养基 0014，25℃。

ACCC 37316←中国农科院蔬菜花卉所；原始编号：IVF411；分离自山东寿光丝瓜蔓枯病叶片；培养基 0014，25℃。

ACCC 37317←中国农科院资划所←中国农科院蔬菜花卉所；原始编号：SG08041701，IVF412；分离自山东寿光洛城镇河东隅村温室丝瓜果实；培养基 0014，25～28℃。

ACCC 37318←中国农科院资划所←中国农科院蔬菜花卉所；原始编号：SG08032102，IVF413；分离自山东寿光纪台镇青邱村温室丝瓜叶片；培养基 0014，25～28℃。

ACCC 37319←中国农科院资划所←中国农科院蔬菜花卉所；原始编号：SG08032101，IVF414；分离自北京昌平南口镇通信部队温室丝瓜叶片；培养基 0014，25～28℃。

ACCC 37320←中国农科院资划所←中国农科院蔬菜花卉所；原始编号：SG08022701，IVF415；分离自山东寿光稻田镇东稻田村温室丝瓜叶片；培养基 0014，25～28℃。

ACCC 37322←中国农科院资划所←中国农科院蔬菜花卉所；原始编号：KG08032201，IVF417；分离自山东寿光孙集镇大李村温室苦瓜叶片；培养基 0014，25～28℃。

ACCC 37323←中国农科院资划所←中国农科院蔬菜花卉所；原始编号：KG08022802，IVF418；分离自山东寿光文家街道韩家村温室苦瓜叶片；培养基 0014，25～28℃。

ACCC 37324←中国农科院资划所←中国农科院蔬菜花卉所；原始编号：KG08022801，IVF419；分离自山东寿光文家街道南泮村温室苦瓜叶片；培养基 0014，25～28℃。

ACCC 37325←中国农科院资划所←中国农科院蔬菜花卉所；原始编号：HG08041702，IVF420；分离自山东寿光孙集街道陈家村温室黄瓜叶片；培养基 0014，25～28℃。

ACCC 37326←中国农科院蔬菜花卉所；原始编号：IVF421；分离自山东寿光黄瓜蔓枯病叶片；培养基 0014，25℃。

ACCC 37327←中国农科院蔬菜花卉所；原始编号：IVF422；分离自山东寿光黄瓜蔓枯病叶片；培养基 0014，25℃。

ACCC 37420←中国农科院蔬菜花卉所；原始编号：IVF497；分离自北京大兴丝瓜蔓枯病叶片；培养基 0014，25℃。

ACCC 37425←中国农科院蔬菜花卉所；原始编号：IVF502；分离自北京海淀温室南瓜蔓枯病果实；培养基 0014，25℃。

ACCC 37433←中国农科院蔬菜花卉所；原始编号：IVF510；分离自山东寿光温室苦瓜蔓枯病果实；培养基 0014，25℃。

ACCC 37437←中国农科院蔬菜花卉所；原始编号：IVF514；分离自山东寿光温室黄瓜蔓枯病叶片；培养基 0014，25℃。

ACCC 37442←中国农科院蔬菜花卉所；原始编号：IVF519；分离自北京昌平瓠子蔓枯病叶片；培养基 0014，25℃。

ACCC 37443←中国农科院蔬菜花卉所；原始编号：IVF520；分离自北京昌平葫芦蔓枯病叶片；培养基 0014，25℃。

Ascochyta rabiei（Pass.）Labr.

狂犬壳二孢

ACCC 39265←中国农科院作科所；原始编号：ZZD004；分离自河北张家口张北鹰嘴豆病叶和病豆荚；培养基 0014，25～28℃。

Aspergillus aculeatus Iizuka

棘孢曲霉

ACCC 31713←中国农科院资划所；原始编号：西1；分离自浙江杭州西湖土壤；培养基0014，28℃。

ACCC 31714←中国农科院资划所；原始编号：西3；分离自浙江杭州西湖土壤；培养基0014，28℃。

ACCC 32502←中国农科院油料所胡小加提供；原始编号：7号；分离源：油菜田土壤；培养基0014，25～28℃。

ACCC 32599←中国农科院资划所范丙全提供；原始编号：P93；培养基0014，25～28℃。

Aspergillus amstelodami（Mangin）Thom & Church

阿姆斯特丹曲霉

ACCC 32729←江南大学生物工程学院顾秋亚提供；培养基0014，25～28℃。

Aspergillus asperescens Stolk

糙孢曲霉

ACCC 30578←中国农科院土肥所←DSMZ，=DSM 871；模式菌株；分离源：土壤；产腐殖菌素；培养基0014，25～28℃。

Aspergillus avenaceus Smith

燕麦曲霉

ACCC 30544←中国农科院土肥所←荷兰真菌研究所，=CBS109.46；模式菌株；分离源：豌豆种子；培养基0014，25～28℃。

Aspergillus awamori Nakazawa

泡盛曲霉

ACCC 30156←中国农科院土肥所←轻工部食品发酵所 IFFI 2298；以淀粉原料发酵柠檬酸；培养基0015，28～30℃。

ACCC 30368←中国农科院土肥所←中科院微生物所 AS3.350←黄海化学工业研究所；黄海350；产酸性蛋白酶；培养基0015，25～28℃。

ACCC 30438←中国农科院土肥所←中科院微生物所 AS3.939←苏联；柠檬酸深层发酵菌；培养基0014，25～28℃。

ACCC 30477←中国农科院土肥所←中科院微生物所 AS3.2783；产糖化酶、果胶酶、柠檬酸；培养基0014，25～28℃。

ACCC 31815←新疆农科院微生物所 XAAS40110；原始编号：SF23；分离地点：新疆一号冰川；分离源：土壤；培养基0014，25～28℃。

ACCC 32263←广东微生物所菌种组 GIMT3.042；培养基0014，25℃。

ACCC 32314←广东微生物所菌种组 GIMF-3；原始编号：F-3；酿酒生产菌；培养基0014，25℃。

ACCC 32315←广东微生物所菌种组 GIMF-4；原始编号：F-4；产酸性蛋白酶、果胶酶；培养基0014，25℃。

ACCC 32316←广东微生物所菌种组 GIMF-5；原始编号：F-5；酱油糖化菌；培养基0014，25℃。

ACCC 32317←广东微生物所菌种组 GIMF-6；原始编号：F-6；酒精糖化菌；培养基0014，25℃。

ACCC 32415←广东微生物所菌种组 GIMT3.051；分离自阔叶林土壤；培养基0014，25℃。

ACCC 32560←广东微生物所；原始编号：GIMT 3.104；培养基0014，25～28℃。

Aspergillus caespitosus Raper & Thom

丛簇曲霉

ACCC 30513←中国农科院土肥所←荷兰真菌研究所，=CBS103.45；模式菌株；分离源：土壤；培养基0014，25～28℃。

ACCC 31867←新疆农科院微生物所 XAAS40109；原始编号：SF22；分离自新疆吐鲁番的土壤样品；培养基0014，20℃。

ACCC 31868←新疆农科院微生物所 XAAS40103；原始编号：SF16；分离自新疆吐鲁番的土壤样品；培养基 0014，20℃。

Aspergillus candidus Link
亮白曲霉

ACCC 30347←中国农科院土肥所郭好礼从饲料中分离；原始编号：19-白；培养基 0014，25～28℃。

ACCC 31947←广东微生物所菌种组 GIM3.258；分离自广州农地土壤；培养基 0014，25～28℃。

ACCC 32318←广东微生物所菌种组 GIMF-7；原始编号：F-7；酿酒生产菌；培养基 0014，25℃。

Aspergillus carbonarius（Bainier）Thom
炭黑曲霉

ACCC 30157←中国农科院土肥所←轻工部食品发酵所 IFFI 2301；以淀粉原料发酵柠檬酸；培养基 0015，28～30℃。

ACCC 32187←中国热科院环植所 EPPI2303←华南热带农业大学农学院；原始编号：QZ-24；分离自海南儋州中国热科院品种资源研究所南药资源圃土壤；培养基 0014，28℃。

ACCC 32275←中国热科院环植所 EPPI2679←海南大学农学院；原始编号：D3；分离源：大叶山楝根际土壤；培养基 0014，28℃。

ACCC 32319←广东微生物所菌种组 GIMF-8；原始编号：F-8；柠檬酸生产菌；培养基 0014，25℃。

ACCC 32320←广东微生物所菌种组 GIMF-9；原始编号：F-9；柠檬酸生产菌；培养基 0014，25℃。

Aspergillus clavatus Desmazieres
棒曲霉

ACCC 30579←中国农科院土肥所←DSMZ，=DSM 816；模式菌株，产青霉素；培养基 0014，25～28℃。

ACCC 30783←中国农科院土肥所←中国农科院饲料所；原始编号：avcF90；产糖化酶；培养基 0014，25～28℃。

ACCC 32185←中国热科院环植所 EPPI2300←华南热带农业大学农学院；原始编号：QZ-05；分离自海南儋州品质所南药资源圃土壤；培养基 0014，28℃。

ACCC 32266←广东微生物所菌种组 GIMFM1；分离自造纸腐浆；培养基 0014，25℃。

ACCC 32268←中国热科院环植所 EPPI2671←海南大学农学院；原始编号：308201；分离自海南大学农学院甘蔗根际土壤；培养基 0014，28℃。

ACCC 32271←中国热科院环植所 EPPI2674←海南大学农学院；原始编号：B-4；分离自海南大学农学院波罗蜜根际土壤；培养基 0014，28℃。

ACCC 32294←中国热科院环植所 EPPI2700←海南大学农学院；原始编号：J31；分离自见血封喉根际土壤；培养基 0014，28℃。

ACCC 32308←中国热科院环植所 EPPI2717←海南大学农学院；原始编号：XY3；分离自海南儋州那大汽修厂附近土壤；培养基 0014，28℃。

Aspergillus cremeus Kwon & Fenn.
淡黄曲霉

ACCC 32191←中国热科院环植所 EPPI2312←华南热带农业大学农学院；原始编号：XJ-06；分离自香蕉资源圃土壤；产纤维素酶；培养基 0014，28℃。

Aspergillus deflectus Fenn. & Raper
弯头曲霉

ACCC 32300←中国热科院环植所 EPPI2707←海南大学农学院；原始编号：M9；分离自杧果根际土壤；培养基 0014，28℃。

Aspergillus ficuum（Reichardt）Hennings
无花果曲霉

ACCC 30158←中国农科院土肥所←轻工部食品发酵所 IFFI 2305；以淀粉原料发酵柠檬酸；培养基 0002、0013 或 0015，28～30℃。

ACCC 30360←中国农科院土肥所郭好礼分离；培养基 0015，28～30℃。

ACCC 30366←中国农科院土肥所←中科院微生物所 AS3.324←黄海 324；产淀粉酶和单宁酶；培养基 0015，25～28℃。

Aspergillus flavipes（Bain. & Sart.）Thom & Church

黄柄曲霉

ACCC 32366←中国农科院资划所；原始编号：ES-11-1；培养基 0014，25～28℃。

Aspergillus flavus Link

黄曲霉

ACCC 30321←中国农科院土肥所←中科院微生物所 AS3.3554；分解果胶；培养基 0015，25～28℃。

ACCC 30899←中国农科院蔬菜花卉所 IVF116←聊城大学；原始编号：MH06110903；分离地点：山东聊城东昌府区；分离源：棉花；培养基 0014，25～28℃。

ACCC 30939←中国农科院饲料所 FRI2006095；原始编号：F134；分离地点：海南三亚；分离源：水稻种子；培养基 0014，25～28℃。

ACCC 31913←广东微生物所菌种组 GIM T3.022；分离自广州农田土壤；培养基 0014，25℃。

ACCC 32184←中国热科院环植所 EPPI2299←华南热带农业大学农学院；原始编号：QZ-02；分离自海南儋州中国热科院品种资源研究所南药资源圃土壤；培养基 0014，28℃。

ACCC 32556←广东微生物所；原始编号：GIMT 3.081；培养基 0014，25～28℃。

ACCC 32557←广东微生物所；原始编号：GIMT 3.105；培养基 0014，25～28℃。

ACCC 32561←广东微生物所；原始编号：GIMT 3.103；培养基 0014，25～28℃。

ACCC 32656←中国农科院加工所；分离自湖北团风县花生地土壤；原始编号：TF-12；培养基 0014，25～28℃。

ACCC 32657←中国农科院加工所；分离自湖北新洲县花生地土壤；原始编号：XinZ-16；培养基 0014，25～28℃。

Aspergillus foetidus（Nakazawa）Thom & Raper

臭曲霉

ACCC 30126←中国农科院土肥所←中科院微生物所 AS3.73；糖化酶产生菌；培养基 0015，25～28℃。

ACCC 30128←中国农科院土肥所←中科院微生物所 AS3.4325←美国 Wisconsin 大学；糖化酶产生菌；培养基 0015，25～28℃。

ACCC 30580←中国农科院土肥所←DSMZ，=DSM 734；利用淀粉废液产淀粉酶和柠檬酸；培养基 0014，25～28℃。

ACCC 31550←新疆农科院微生物所 XAAS40125；原始编号：SF45；分离地点：新疆吐鲁番；分离源：土壤；培养基 0014，25～28℃。

ACCC 31552←新疆农科院微生物所 XAAS40091；原始编号：SF2；分离地点：新疆吐鲁番；分离源：土壤；培养基 0014，25～28℃。

Aspergillus fumigatus Fresenius

烟曲霉

ACCC 30367←中国农科院土肥所←中科院微生物所 AS3.3572；分解纤维素；培养基 0015，25～28℃。

ACCC 30556←中国农科院土肥所←美国典型物培养中心，=ATCC 52171；纤维素降解菌；培养基 0014，24℃。

ACCC 30797←中国农科院土肥所←中国农科院饲料所；原始编号：avcF54；=ATCC 34625；产植酸酶；培养基 0015，25～28℃。

ACCC 30956←广东微生物所 GIM N1；原始编号：HKZ；分离地点：广东广州；分离源：土壤；培养基 0014，25～28℃。

ACCC 31551←新疆农科院微生物所 XAAS40122；原始编号：SF41；分离地点：新疆吐鲁番；分离源：土壤；培养基 0014，25～28℃。

ACCC 31562←新疆农科院微生物所 XAAS40081；原始编号：F92-2；分离地点：新疆一号冰川；分离源：土壤；培养基 0014，25～28℃。

ACCC 31563←新疆农科院微生物所 XAAS40087；原始编号：F104；分离地点：新疆一号冰川；分离源：土壤；培养基 0014，25～28℃。

ACCC 31684←中国农科院资划所；原始编号：保 7-3；分离自保定南郊土壤；培养基 0014，28℃。

ACCC 31685←中国农科院资划所；原始编号：崇礼 3-2；分离自张家口崇礼杨树林土壤；培养基 0014，28℃。

ACCC 31828←新疆农科院微生物所 XAAS40080；原始编号：F92-1；分离地点：新疆一号冰川；分离源：土壤；培养基 0014，25～28℃。

ACCC 31841←新疆农科院微生物所 XAAS40053；原始编号：F55；分离地点：新疆吐鲁番；分离源：土壤；培养基 0014，25～28℃。

ACCC 32267←广东微生物所菌种组 GIMFM2；分离源：造纸腐浆；培养基 0014，25℃。

ACCC 32326←广东微生物所菌种组 GIMF-15；原始编号：F-15；分解纤维素；培养基 0014，25℃。

ACCC 32367←中国农科院资划所；原始编号：Ef-2-1；培养基 0014，25～28℃。

ACCC 32416←广东微生物所菌种组 GIMT3.052；分离源：阔叶林土壤；分解纤维素；培养基 0014，25℃。

Aspergillus glaucus Link

灰绿曲霉

ACCC 30903←中国农科院蔬菜花卉所 IVF121；原始编号：PGQM060918；分离自北京大兴榆垡镇西黄垡村平菇培养料；培养基 0014，25～28℃。

ACCC 32196←中国热科院环植所 EPPI2398←华南热带农业大学农学院；原始编号：33f01；分离自海口茶叶市场的砖茶块；培养基 0014，28℃。

ACCC 32197←中国热科院环植所 EPPI2399←华南热带农业大学农学院；原始编号：33f03；分离自海口茶叶市场的砖茶块；培养基 0014，28℃。

ACCC 32198←中国热科院环植所 EPPI2400←华南热带农业大学农学院；原始编号：Qf11；分离自海口茶叶市场的砖茶块；培养基 0014，28℃。

ACCC 32199←中国热科院环植所 EPPI2401←华南热带农业大学农学院；原始编号：Kf01；分离自海口茶叶市场的砖茶块；培养基 0014，28℃。

ACCC 32200←中国热科院环植所 EPPI2402←华南热带农业大学农学院；原始编号：Ff06；分离自海口茶叶市场的砖茶块；培养基 0014，28℃。

ACCC 32201←中国热科院环植所 EPPI2403←华南热带农业大学农学院；原始编号：Qf32；分离自海口茶叶市场的砖茶块；培养基 0014，28℃。

ACCC 32247←中国农科院环发所 IEDAF3315；原始编号：PF-14；培养基 0436，28℃。

Aspergillus granulosus Raper & Fenn.

粒落曲霉

ACCC 32285←中国热科院环植所 EPPI2689←海南大学农学院；原始编号：GH1；分离自海南儋州那大汽修厂附近土壤；培养基 0014，28℃。

Aspergillus heyangensis Z. T. Qi et al.

合阳曲霉

ACCC 32297←中国热科院环植所 EPPI2704←海南大学农学院；原始编号：M1；分离自杧果根际土壤；培养基 0014，28℃。

Aspergillus japonicus Saito

日本曲霉

ACCC 30581←中国农科院土肥所←DSMZ，=DSM 2345；产羟苯乙烯酸酯酶、胶质裂解酶；培养基 0014，25～28℃。

ACCC 31527←中国农科院环发所 IEDAF3199；原始编号：3199=CE0710101；分离地点：北京植物园樱桃沟；分离源：土壤；培养基 0014，25～28℃。

ACCC 32192←中国热科院环植所 EPPI2313←华南热带农业大学农学院；原始编号：XRZ-03；分离自
　　　海南儋州中国热科院品种资源研究所南药资源圃土壤；培养基 0014，28℃。

ACCC 32365←中国农科院资划所；原始编号：ES-1-4；培养基 0014，25～28℃。

Aspergillus mellaus Yukawa

蜂蜜曲霉

ACCC 32555←广东微生物所；原始编号：GIMT 3.106；培养基 0014，25～28℃。

Aspergillus nidulans（Eidam）Winter

构巢曲霉

ACCC 30469←中国农科院土肥所←广东微生物所 GIM3.394←中科院微生物所 AS3.3916；分离源：发
　　　霉小米；培养基 0014，25～28℃。

Aspergillus niger van Tiegh.

黑曲霉

ACCC 30005←中国农科院土肥所←中国农科院原子能所，抗生素测定菌；培养基 0014，24～28℃。

ACCC 30117←中国农科院土肥所诱变分离←中科院微生物所 AS3.4309；在酒精、白酒、酶法制葡萄
　　　糖，异构酶制糖等工业上广泛应用；培养基 0015，25～28℃。

ACCC 30132←中国农科院土肥所从禹城酒厂曲中分离；糖化菌；培养基 0015，25～28℃。

ACCC 30134←中国农科院土肥所←中科院微生物所 AS3.1858；淀粉糖化菌；培养基 0015，25～28℃。

ACCC 30159←中国农科院土肥所←轻工部食品发酵所 IFFI 2225；甜菜废糖蜜为原料生产柠檬酸；培养
　　　基 0015，29～31℃。

ACCC 30160←中国农科院土肥所←轻工部食品发酵所 IFFI 2160；柠檬酸深层发酵用菌；培养基 0015，
　　　28～30℃。

ACCC 30161←中国农科院土肥所←轻工部食品发酵所 IFFI 2315；以淀粉原料生产柠檬酸；培养基
　　　0076，29～31℃。

ACCC 30162←中国农科院土肥所←轻工部食品发酵所 IFFI 2318；甘蔗糖蜜原料浅盘发酵柠檬酸；培养
　　　基 0015 或 0084，29～31℃。

ACCC 30171←中国农科院土肥所郭好礼分离诱变；糖化酶产量高；培养基 0015，25～28℃。

ACCC 30172←中国农科院土肥所←中国农科院原子能所；糖化酶产量高；培养基 0015，25～28℃。

ACCC 30173←中国农科院土肥所郭好礼从废液中分离；野生型；培养基 0015，25～28℃。

ACCC 30176←中国农科院土肥所←中科院微生物所 AS3.739←食品工业部←德国 Nr15；柠檬酸深层发
　　　酵菌；培养基 0015，25～28℃。

ACCC 30177←中国农科院土肥所←中科院微生物所 AS3.879←上海科学研究所；葡萄糖酸钙和柠檬酸
　　　生产菌；培养基 0015，25～28℃。

ACCC 30362←中国农科院土肥所←新疆科协程远赠；糖化酶生产菌；培养基 0014，25～28℃。

ACCC 30390←中国农科院土肥所←河南省科学院刘庆品赠；是 AS3.4309 的诱变株；液体深层发酵法生
　　　产糖化酶的生产用菌；培养基 0015，30～32℃。

ACCC 30391←中国农科院土肥所←河南省科学院刘庆品赠；是 AS3.4309 的诱变株；液体深层发酵法生
　　　产糖化酶的生产用菌；培养基 0015，30～32℃。

ACCC 30470←中国农科院土肥所←中科院微生物所 AS3.315←黄海化学工业研究社；黄海 315；产单宁
　　　酶；培养基 0014，25～28℃。

ACCC 30557←中国农科院土肥所←美国典型物培养中心，=ATCC52172；纤维素降解菌；培养基
　　　0014，24℃。

ACCC 30582←中国农科院土肥所←DSMZ，=DSM 821；产柠檬酸、葡糖酸、降解类固醇；培养基
　　　0014，25～28℃。

ACCC 30583←中国农科院土肥所←DSMZ，=DSM 11167；分离自石油污染土壤；降解 PAH、菲等；
　　　培养基 0014，25～28℃。

ACCC 30784←中国农科院土肥所←中国农科院饲料所；原始编号：avcF67；产糖化酶；培养基0014，25～28℃。

ACCC 30785←中国农科院土肥所←中国农科院饲料所；原始编号：avcF85；产植酸酶；培养基0014，25～28℃。

ACCC 30786←中国农科院土肥所←中国农科院饲料所；原始编号 avcF86；产纤维素酶和蛋白酶；培养基0014，25～28℃。

ACCC 30787←中国农科院土肥所←中国农科院饲料所；原始编号 avcF89；产蛋白酶；培养基0014，25～28℃。

ACCC 30936←中国农科院饲料所 FRI2006092；原始编号：F131；分离地点：海南三亚；分离源：水稻种子；培养基0014，25～28℃。

ACCC 30959←中国农科院土肥所←山东农业大学 SDAUMCC 300012；原始编号：ZB-325；培养基0014，25～28℃。

ACCC 31494←中国农科院土肥所←山东农业大学 SDAUMCC 300007；原始编号：ZB-338；分离地点：山东济南；分离源：单胃动物粪便；产植酸酶、纤维素酶、蛋白酶；培养基0014，25～28℃。

ACCC 31495←中国农科院土肥所←山东农业大学 SDAUMCC 300008；原始编号：ZB-339；培养基0014，25～28℃。

ACCC 31496←中国农科院土肥所←山东农业大学 SDAUMCC 300009；原始编号：ZB-341；培养基0014，25～28℃。

ACCC 31497←中国农科院土肥所←山东农业大学 SDAUMCC 300010；原始编号：ZB-342；培养基0014，25～28℃。

ACCC 31498←中国农科院土肥所←山东农业大学 SDAUMCC 300011；原始编号：ZB-343；培养基0014，25～28℃。

ACCC 31499←中国农科院土肥所←山东农业大学 SDAUMCC 300013；原始编号：ZB-323；培养基0014，25～28℃。

ACCC 31500←中国农科院土肥所←山东农业大学 SDAUMCC 300014；原始编号：ZB-324；培养基0014，25～28℃。

ACCC 31501←中国农科院土肥所←山东农业大学 SDAUMCC 300015；原始编号：WXJ-1；培养基0014，25～28℃。

ACCC 31502←中国农科院土肥所←山东农业大学 SDAUMCC 300016；原始编号：WXJ-2；培养基0014，25～28℃。

ACCC 31503←中国农科院土肥所←山东农业大学 SDAUMCC 300017；原始编号：WXJ-3；培养基0014，25～28℃。

ACCC 31504←中国农科院土肥所←山东农业大学 SDAUMCC 300018；原始编号：WXJ-4；培养基0014，25～28℃。

ACCC 31511←中国农科院土肥所←山东农业大学 SDAUMCC 300056；原始编号：DOM-3；培养基0014，25～28℃。

ACCC 31524←中国热科院环植所；培养基0014，25～28℃。

ACCC 31541←新疆农院微生物所 XAAS40059；原始编号：F64；分离地点：新疆一号冰川；分离源：土壤；培养基0014，25～28℃。

ACCC 31547←新疆农科院微生物所 XAAS40107；原始编号：SF20；分离地点：新疆吐鲁番；分离源：土壤；培养基0014，25～28℃。

ACCC 31566←新疆农科院微生物所 XAAS40135；原始编号：SF55；分离地点：新疆吐鲁番；分离源：土壤；培养基0014，25～28℃。

ACCC 31838←新疆农科院微生物所 XAAS40061；原始编号：F67；分离地点：新疆吐鲁番；分离源：土壤；培养基0014，25～28℃。

ACCC 31839←新疆农科院微生物所 XAAS40058；原始编号：F64；分离地点：新疆吐鲁番；分离源：土壤；培养基 0014，25～28℃。

ACCC 31597←新疆农科院微生物所 XAAS40175；原始编号：LF47；分离地点：新疆吐鲁番；分离源：土壤；培养基 0014，25～28℃。

ACCC 31819←新疆农科院微生物所 XAAS40098；原始编号：SF10；分离地点：新疆吐鲁番；分离源：土壤；培养基 0014，25～28℃。

ACCC 31829←新疆农科院微生物所 XAAS40079；原始编号：F91；分离地点：新疆一号冰川；分离源：土壤；培养基 0014，25～28℃。

ACCC 31830←新疆农科院微生物所 XAAS40078；原始编号：F90；分离地点：新疆一号冰川；分离源：土壤；培养基 0014，25～28℃。

ACCC 31856←新疆农科院微生物所 XAAS40174；原始编号：LF44；分离自一号冰川的土壤样品；培养基 0014，20℃。

ACCC 31861←新疆农科院微生物所 XAAS40146；原始编号：SF67；分离自新疆吐鲁番的土壤样品；培养基 0014，20℃。

ACCC 31863←新疆农科院微生物所 XAAS40143；原始编号：SF64；分离自新疆吐鲁番的土壤样品；培养基 0014，20℃。

ACCC 31866←新疆农科院微生物所 XAAS40111；原始编号：SF24；分离自新疆吐鲁番的土壤样品；培养基 0014，20℃。

ACCC 31871←新疆农科院微生物所 XAAS40093；原始编号：SF4；分离自新疆吐鲁番的土壤样品；培养基 0014，20℃。

ACCC 31875←新疆农科院微生物所 XAAS40060；原始编号：F66；分离自一号冰川的土壤样品；培养基 0014，20℃。

ACCC 31876←新疆农科院微生物所 XAAS40057；原始编号：F63；分离自一号冰川的土壤样品；培养基 0014，20℃。

ACCC 31941←新疆农科院微生物所 XAAS40131；原始编号：SF51；分离自一号冰川的土壤样品；培养基 0014，20℃。

ACCC 32181←中国热科院环植所 EPPI2291←华南热带农业大学农学院；原始编号：XY-04；分离自海南儋州热带农业大学校园土壤；培养基 0014，28℃。

ACCC 32259←中国热科院环植所；原始编号：CATAS 2594；分离自海南儋州华南热带农业大学农学院基地；培养基 0014，28℃。

ACCC 32260←中国热科院环植所；原始编号：CATAS 2596；分离自海南大学儋州校区南药圃；培养基 0014，28℃。

ACCC 32306←中国热科院环植所 EPPI2714←海南大学农学院；原始编号：XH17；分离自海南儋州那大汽修厂附近土壤；培养基 0014，28℃。

ACCC 32327←广东微生物所菌种组 GIMF-16；原始编号：F-16；产酸性蛋白酶；培养基 0014，25℃。

ACCC 32413←广东微生物所菌种组 GIMT3.046；分离源：酱油；培养基 0014，25℃。

ACCC 32538←中国农科院资划所；原始编号：B-P-7-1；培养基 0014，25～28℃。

ACCC 32548←中国农科院资划所；原始编号：B-P-17-2；培养基 0014，25～28℃。

ACCC 32542←中国农科院资划所；原始编号：B-P-103-1；培养基 0014，25～28℃。

ACCC 32563←广东微生物所；原始编号：GIMT 3.113；培养基 0014，25～28℃。

ACCC 32579←中国农科院资划所龚明波捐赠；原始编号：H；培养基 0014，25～28℃。

ACCC 32589←山东农科院资环所任海霞捐赠；原始编号：FSDZH-1；培养基 0014，25～28℃。

ACCC 32598←中国农科院资划所范丙全提供；原始编号：P85；培养基 0014，25～28℃。

ACCC 39578←中国农科院资划所；原始编号：621；分离自天津蓟县出土岭镇中峪村香菇菌棒；培养基 0014，25～28℃。

ACCC 39580←中国农科院资划所；原始编号：642；分离自天津蓟县出土岭镇中峪村香菇菌棒；培养基 0014，25～28℃。

Aspergillus niveus Blochwitz

雪白曲霉

ACCC 30514←中国农科院土肥所←荷兰真菌研究所，＝CBS115.27；培养基 0014，25～28℃。

ACCC 31835←新疆农科院微生物所 XAAS40068；原始编号：F78；分离地点：新疆一号冰川；分离源：土壤；培养基 0014，25～28℃。

Aspergillus nomius Kurtzman，B. W. Horn & Hesselt

集峰曲霉

ACCC 32558←广东微生物所；原始编号：GIMT 3.080；培养基 0014，25～28℃。

Aspergillus ochraceus Wilhelm

赭曲霉

ACCC 30471←中国农科院土肥所←中科院微生物所 AS3.3876；分离源：霉纸；培养基 0014，25～28℃。

ACCC 31594←新疆农科院微生物所 XAAS40188；原始编号：SF33；分离地点：新疆吐鲁番；分离源：土壤；培养基 0014，25～28℃。

ACCC 31749←中国农科院资划所；原始编号：新 21-4；分离自吐鲁番葡萄沟葡萄根际土；培养基 0014，28℃。

ACCC 32452←中国农科院环发所 IEDAF1580；原始编号：SM-4F2；培养基 0014，28℃。

Aspergillus ornatus Raper et al.

华丽曲霉

ACCC 32189←中国热科院环植所 EPPI2310←华南热带农业大学农学院；原始编号：XJ-08；分离自香蕉资源圃土壤；培养基 0014，28℃。

Aspergillus oryzae（Ahlburg）Cohn

米曲霉

ACCC 30155←中国农科院土肥所←上海市酿造科学研究所 3042；酱油生产菌；培养基 0015，25～28℃。

ACCC 30163←中国农科院土肥所←轻工部食品发酵所 IFFI 2336←上海工微所；曲酸生产用菌；培养基 0077 或 0084，28～32℃。

ACCC 30322←中国农科院土肥所←中国农科院饲料所李淑敏赠；原始编号：F501；酱油制曲；培养基 0014，25～28℃。

ACCC 30323←中国农科院土肥所←中国农科院饲料所李淑敏赠；原始编号：F504；酱油制曲；培养基 0014，25～28℃。

ACCC 30415←中国农科院土肥所←云南大学微生物发酵重点实验室←中科院微生物所 AS3.951；产蛋白酶；培养基 0014，25～28℃。

ACCC 30466←中国农科院土肥所←轻工部食品发酵所 IFFI 2022←金培松赠；用于酱油制曲；培养基 0014，25～28℃。

ACCC 30467←中国农科院土肥所←上海水产大学；原始编号：米 336；培养基 0014，25～28℃。

ACCC 30468←中国农科院土肥所←上海水产大学；原始编号：米丁；培养基 0014，25～28℃。

ACCC 30472←中国农科院土肥所←中科院微生物所 AS3.384；培养基 0014，25～28℃。

ACCC 30473←中国农科院土肥所←中科院微生物所 AS3.800；产糖化酶；培养基 0014，25～28℃。

ACCC 30474←中国农科院土肥所←广东微生物所 GIM3.31←中科院微生物所 AS3.951←上海酿造研究所 3042；产蛋白酶；培养基 0014，25～28℃。

ACCC 30584←中国农科院土肥所←DSMZ，＝DSM 1863；利用玉米生产乙醇；培养基 0014，25～28℃。

ACCC 30788←中国农科院土肥所←中国农科院饲料所；原始编号：avcF33；分离自酒厂废水；能利用淀粉；培养基 0014，25～28℃。

ACCC 30789←中国农科院土肥所←中国农科院饲料所；原始编号：avcF62；用于饼粕发酵；培养基 0014，25～28℃。

ACCC 30790←中国农科院土肥所←中国农科院饲料所；原始编号：avcF99；＝ATCC 20423；产酸性乳糖酶；培养基 0014，25～28℃。

ACCC 31492←中国农科院土肥所←山东农业大学 SDAUMCC 300005；原始编号：ZB-355；分离地点：山东泰安；分离源：霉变饲料；产中性蛋白酶；培养基 0014，25～28℃。

ACCC 31493←中国农科院土肥所←山东农业大学 SDAUMCC 300006；原始编号：ZB-356；分离地点：山东泰山；分离源：腐朽秸秆；产纤维素酶；培养基 0014，25～28℃。

ACCC 32322←广东微生物所菌种组 GIMF-11；原始编号：F-11；曲酸生产菌；培养基 0014，25℃。

ACCC 32498←中国农科院饲料所杨培龙提供；原始编号：S1；培养基 0014，25～28℃。

ACCC 32499←中国农科院饲料所杨培龙提供；原始编号 S2；培养基 0014，25～28℃。

ACCC 32500←中国农科院饲料所杨培龙提供；原始编号 S3；培养基 0014，25～28℃。

ACCC 32727←北京理工大学李艳菊提供；原始编号：LJ366；用于堆肥；培养基 0014，25～28℃。

ACCC 32728←CICC 2724；模式菌株；培养基 0014，25～28℃。

Aspergillus parasiticus Speare
寄生曲霉
ACCC 30915←中国农科院饲料所 FRI2006071；原始编号：F110；=CGMCC 3.124；培养基 0014，25～28℃。

Aspergillus phoenicis（Corda）Thom
海枣曲霉
ACCC 30164←中国农科院土肥所←轻工部食品发酵所 IFFI 2300←上海工微所；糖蜜原料发酵柠檬酸；培养基 0015、0077 或 0088，25℃。

ACCC 32328←广东微生物所菌种组 GIMF-19；原始编号：F-19；以糖蜜原料发酵产柠檬酸；培养基 0014，25℃。

Aspergillus proliferans Smith
多育曲霉
ACCC 30913←中国农科院饲料所 FRI2006069；原始编号：F107；分离地点：新疆吐鲁番；分离源：土壤；培养基 0014，25～28℃。

Aspergillus restrictus Smith
局限曲霉
ACCC 32179←中国热科院环植所 EPPI2288←华南热带农业大学农学院；原始编号：LY-01；分离自海南儋州中国热科院品种资源研究所南药资源圃的土壤；培养基 0014，28℃。

ACCC 32190←中国热科院环植所 EPPI2311←华南热带农业大学农学院；原始编号：XJ-02；分离自香蕉资源圃土壤；培养基 0014，28℃。

ACCC 32269←中国热科院环植所 EPPI2672←海南大学农学院；原始编号：B-1；分离自海南大学农学院波罗蜜根际土壤；培养基 0014，28℃。

Aspergillus rugulosus Thom & Raper
皱褶曲霉
ACCC 30517←中国农科院土肥所←荷兰真菌研究所，=CBS133.60；分离源：土壤；培养基 0014，25～28℃。

Aspergillus sojae Sakaguchi & Yamada
酱油曲霉
ACCC 30475←中国农科院土肥所←中科院微生物所 AS3.495←兰州工业试验所 L102；分离源：酱油；培养基 0014，25～28℃。

ACCC 30550←中国农科院土肥所←美国典型物培养中心，=ATCC42251；模式菌株；分离源：酱油的曲子；培养基 0014，24℃。

Aspergillus sp.
曲霉
ACCC 31903←中国农科院环发所 IEDAF3140；原始编号：CE-HB-021；分离自河北遵化广野的土壤；培养基 0014，28℃。

ACCC 37223←中国农科院资划所；原始编号：jcl023（FD85）；分离自北京大兴基地甜瓜下部茎；培养基 0014，25～28℃。

Aspergillus sparsus Raper & Thom
稀疏曲霉

ACCC 32186←中国热科院环植所 EPPI2302←华南热带农业大学农学院；原始编号：QZ-23；分离自海南儋州中国热科院品种资源研究所南药资源圃土壤；培养基 0014，28℃。

Aspergillus sydowii（Bain. & Sart.）Thom & Church
聚多曲霉

ACCC 30938←中国农科院饲料所 FRI2006094；原始编号：F133，分离地点：海南三亚；分离源：水稻种子；培养基 0014，25～28℃。

ACCC 31548←新疆农科院微生物所 XAAS40096；原始编号：SF8；分离地点：新疆吐鲁番；分离源：土壤；培养基 0014，25～28℃。

ACCC 31814←新疆农科院微生物所 XAAS40114；原始编号：SF27；分离地点：新疆吐鲁番；分离源：土壤；培养基 0014，25～28℃。

ACCC 31820←新疆农科院微生物所 XAAS40095；原始编号：SF6；分离地点：新疆吐鲁番；分离源：土壤；培养基 0014，25～28℃。

Aspergillus tamarii Kita
溜曲霉

ACCC 30585←中国农科院土肥所←DSMZ，=DSM 11167；分离源：绝缘塑料；培养基 0014，25～28℃。

Aspergillus terreus Thom
土曲霉

ACCC 30476←中国农科院土肥所←中科院微生物所 AS3.2811←上海溶剂厂；产甲叉丁二酸；培养基 0014，25～28℃。

ACCC 30558←中国农科院土肥所←美国典型物培养中心，=ATCC42025；纤维素降解菌；培养基 0014，24℃。

ACCC 30586←中国农科院土肥所←DSMZ，=DSM 5770；产甲叉丁二酸；培养基 0014，25～28℃。

ACCC 31543←新疆农科院微生物所 XAAS40072；原始编号：F83；分离地点：新疆一号冰川；分离源：土壤；培养基 0014，25～28℃。

ACCC 31549←新疆农科院微生物所 XAAS40110；原始编号：SF23；分离地点：新疆吐鲁番；分离源：土壤；培养基 0014，25～28℃。

ACCC 31555←新疆农科院微生物所 XAAS40035；原始编号：F17-1；分离地点：新疆吐鲁番；分离源：土壤；培养基 0014，25～28℃。

ACCC 31556←新疆农科院微生物所 XAAS40037；原始编号：F22；分离地点：新疆一号冰川；分离源：土壤；培养基 0014，25～28℃。

ACCC 31558←新疆农科院微生物所 XAAS40044；原始编号：F35；分离地点：新疆一号冰川；分离源：土壤；培养基 0014，25～28℃。

ACCC 31560←新疆农科院微生物所 XAAS40064；原始编号：F72；分离地点：新疆吐鲁番；分离源：土壤；培养基 0014，25～28℃。

ACCC 31567←新疆农科院微生物所 XAAS40139；原始编号：SF60；分离地点：新疆吐鲁番；分离源：土壤；培养基 0014，25～28℃。

ACCC 31811←新疆农科院微生物所 XAAS40119；原始编号：SF34；分离地点：新疆一号冰川；分离源：土壤；培养基 0014，25～28℃。

ACCC 31827←新疆农科院微生物所 XAAS40082；原始编号：F93；分离地点：新疆吐鲁番；分离源：土壤；培养基 0014，25～28℃。

ACCC 31829←新疆农科院微生物所 XAAS40079；原始编号：F91；分离地点：新疆一号冰川；分离源：土壤；培养基 0014，25～28℃。

ACCC 31832←新疆农科院微生物所 XAAS40027；原始编号：F2；分离地点：新疆一号冰川；分离源：土壤；培养基 0014，25～28℃。

ACCC 31833←新疆农科院微生物所 XAAS40072；原始编号：F83；分离地点：新疆吐鲁番；分离源：土壤；培养基 0014，25～28℃。

ACCC 31842←新疆农科院微生物所 XAAS40051；原始编号：F51；分离地点：新疆一号冰川；分离源：土壤；培养基 0014，25～28℃。

ACCC 31843←新疆农科院微生物所 XAAS40049；原始编号：F42；分离地点：新疆一号冰川；分离源：土壤；培养基 0014，25～28℃。

ACCC 31844←新疆农科院微生物所 XAAS40047；原始编号：F39；分离地点：新疆吐鲁番；分离源：土壤；培养基 0014，25～28℃。

ACCC 31845←新疆农科院微生物所 XAAS40043；原始编号：F32；分离地点：新疆一号冰川；分离源：土壤；培养基 0014，25～28℃。

ACCC 31846←新疆农科院微生物所 XAAS40042；原始编号：F30；分离地点：新疆一号冰川；分离源：土壤；培养基 0014，25～28℃。

ACCC 31849←新疆农科院微生物所 XAAS40036；原始编号：F21；分离地点：新疆一号冰川；分离源：土壤；培养基 0014，25～28℃。

ACCC 31860←新疆农科院微生物所 XAAS40148；原始编号：SF69；分离自一号冰川的土壤样品；培养基 0014，20℃。

ACCC 31870←新疆农科院微生物所 XAAS40097；原始编号：SF9；分离自新疆吐鲁番的土壤样品；培养基 0014，20℃。

ACCC 31872←新疆农科院微生物所 XAAS40077；原始编号：F87；分离自一号冰川的土壤样品；培养基 0014，20℃。

ACCC 31873←新疆农科院微生物所 XAAS40076；原始编号：F86；分离自一号冰川的土壤样品；培养基 0014，20℃。

ACCC 31874←新疆农科院微生物所 XAAS40045；原始编号：F37；分离自一号冰川的土壤样品；培养基 0014，20℃。

ACCC 31877←新疆农科院微生物所 XAAS40057；原始编号：F49；分离自一号冰川的土壤样品；培养基 0014，20℃。

ACCC 31878←新疆农科院微生物所 XAAS40040；原始编号：F27；分离自一号冰川的土壤样品；培养基 0014，20℃。

ACCC 31879←新疆农科院微生物所 XAAS40033；原始编号：F13；分离自一号冰川的土壤样品；培养基 0014，20℃。

ACCC 31880←新疆农科院微生物所 XAAS40071；原始编号：F82；分离自一号冰川的土壤样品；培养基 0014，20℃。

ACCC 32472←新疆农科院微生物所 XAAS40249；原始编号：GF6-2；分离自新疆南疆地区沙土；培养基 0014，20℃。

ACCC 32543←中国农科院资划所；原始编号：B-F-102-3；培养基 0014，25～28℃。

Aspergillus tubingensis（Schober）Mosseray

塔宾曲霉

ACCC 30165←中国农科院土肥所←轻工部食品发酵所 IFFI 2302←上海工微所，以废糖蜜为原料生产柠檬酸；培养基 0015，28～30℃。

ACCC 32163←广东微生物所 GIMV3-M-1；分离自越南原始林的土壤；培养基 0014，25℃。

ACCC 32214←CICC2126；糖化酶产生菌，分解果胶；培养基 0014，25～28℃。

ACCC 32407←广东微生物所菌种组 GIMF-54；原始编号：F-54；以废糖蜜为原料生产柠檬酸；培养基 0014，25℃。

Aspergillus usamii Sakaguchi et al.

宇佐美曲霉

ACCC 30122←中国农科院土肥所←中科院微生物所 AS3.758；酒精、白酒等的糖化菌；培养基 0015，25～28℃。

ACCC 30186←中国农科院土肥所分离；柠檬酸产生菌，产酸量同 G_2B_8；培养基 0015，25～28℃。

ACCC 30339←中国农科院土肥所←轻工部食品发酵所 IFFI 2378←上海工微所；变异株，产酸性蛋白酶；培养基 0077，28～30℃。

ACCC 30340←中国农科院土肥所←轻工部食品发酵所 IFFI 2418←无锡酶制剂厂；变异种 B1，产酸性蛋白酶；培养基 0077，28～30℃。

Aspergillus ustus（Bain.）Thom & Church

焦曲霉

ACCC 31764←中国农科院资划所；原始编号：张家界 9-2；分离自湖南张家界黄龙洞黄色风化岩土；培养基 0014，28℃。

Aspergillus versicolor（Vuillemin）Tiraboschi

杂色曲霉

ACCC 30559←中国农科院土肥所←美国典型物培养中心，＝ATCC52173；纤维素降解菌；培养基 0014，24℃。

ACCC 31944←新疆农科院微生物所 XAAS40197；原始编号：AB9；分离自吐鲁番的土壤样品；培养基 0014，20℃。

ACCC 31948←广东微生物所菌种组 GIM3.257；分离自广州农地土壤；培养基 0014，25～28℃。

ACCC 32160←广东微生物所 GIMT3.027；分离自广州的果园土壤；培养基 0014，25℃。

ACCC 32292←中国热科院环植所 EPPI2697←海南大学农学院；原始编号：H6；分离自海南儋州那大汽修厂附近土壤；培养基 0014，28℃。

ACCC 32457←新疆农科院微生物所 XAAS40217；原始编号：AF35-1；分离自新疆南疆地区胡杨林沙土；培养基 0014，20℃。

ACCC 32463←新疆农科院微生物所 XAAS40236；原始编号：AF5-2；分离自新疆南疆地区沙土；培养基 0014，20℃。

Aspergillus wentii Wehmer

温特曲霉

ACCC 30916←中国农科院饲料所 FRI2006072；原始编号：F111；分离地点：海南三亚；分离源：土壤；培养基 0014，25～28℃。

Aspergillus westerdijkiae Frisvad & Samson

ACCC 32458←新疆农科院微生物所 XAAS40230；原始编号：AF36-2；分离自新疆南疆地区胡杨林沙土；培养基 0014，20℃。

Aureobasidium pullulans（de Bary）Arnaud=*Pullularia pullulans*（de Bary）Berkhout

出芽短梗霉 = 出芽茁霉（黑酵母）

ACCC 30142←中国农科院土肥所←中科院微生物所 AS3.933；产多糖；培养基 0014，25～28℃。

ACCC 30143←中国农科院土肥所←中科院微生物所 AS3.2756；产多糖；培养基 0014，25～28℃。

ACCC 30356←中国农科院土肥所←中国农科院研究生院里景伟、张英赠；产真菌多糖；培养基 0015，28～30℃。

ACCC 30478←中国农科院土肥所←广东微生物所 GIM3.384←中科院微生物所 AS3.3984；腐蚀油漆；培养基 0014，25～28℃。

ACCC 32466←新疆农科院微生物所 XAAS40239；原始编号：AF7-5-1；分离自新疆南疆地区沙土；培养基 0014，20℃。

ACCC 38034←西北农大；原始编号：fjwz-001；分离地点：福建；培养基 0014，25～28℃。

Backusella circina Ellis & Hesseltine

螺旋巴克斯霉

ACCC 30515←中国农科院土肥所←荷兰真菌研究所，=CBS128.70；模式菌株；分离自带有地衣的土壤；培养基0014，25～28℃。

ACCC 30516←中国农科院土肥所←荷兰真菌研究所，=CBS129.70；模式菌株；分离源：土壤；培养基0014，25～28℃。

Beauveria aranearum（Petch）von Arx

蜘蛛白僵菌

ACCC 30838←中国农科院环发所；原始编号：1058-2；分离地点：北京；培养基0014，25～28℃。

Beauveria bassiana（Balsamo）Vuillemin

球孢白僵菌

ACCC 30006←中国农科院土肥所←吉林农科院植保所；生物防治；培养基0014，24～28℃。

ACCC 30107←中国农科院土肥所←湖南农科院植保所；分离自水稻害虫（白僵菌A）；生物防治；培养基0014，24～28℃。

ACCC 30108←中国农科院土肥所←湖南省农业科学院植物保护研究所；分离自水稻害虫（白僵菌E）；生物防治；培养基0014，24～28℃。

ACCC 30109←中国农科院土肥所←湖南省农业科学院植物保护研究所；分离自水稻害虫（白僵菌F）；生物防治；培养基0014，24～28℃。

ACCC 30110←中国农科院土肥所←吉林省农业科学院植物保护研究所；生物防治；培养基0014，24～28℃。

ACCC 30111←中国农科院土肥所←吉林省农业科学院植物保护研究所（白僵菌9）；生物防治；培养基0014，24～28℃。

ACCC 30112←中国农科院土肥所←吉林省农业科学院植物保护研究所（白僵菌18）；生物防治；培养基0014，24～28℃。

ACCC 30113←中国农科院土肥所←吉林省农业科学院植物保护研究所（白僵菌B4）；生物防治；培养基0014，24～28℃。

ACCC 30702←中国农科院环发所 IBC1189；原始编号：稻水象甲；分离自感病的稻水象甲；培养基0014，25～28℃。

ACCC 30703←中国农科院环发所 IBC1191；原始编号：天津白蛾；分离自感病的六星黑点豹蠹蛾；培养基0014，25～28℃。

ACCC 30704←中国农科院环发所 IBC1199；原始编号：白星；分离自感病的白星花金龟；培养基0014，25～28℃。

ACCC 30705←中国农科院环发所 IBC1203；原始编号：Cd松；分离自感病的马尾松毛虫；培养基0014，25～28℃。

ACCC 30706←中国农科院环发所 IBC1206；原始编号：滁州叶蝉；分离自感病的茶小绿叶蝉；培养基0014，25～28℃。

ACCC 30707←中国农科院环发所 IBC1207；原始编号：1106-18；分离自菲律宾感病的水稻叶蝉；培养基0014，25～28℃。

ACCC 30708←中国农科院环发所 IBC1043；原始编号：88-2；分离自感病的桃小食心虫；培养基0014，25～28℃。

ACCC 30709←中国农科院环发所 IBC1133；原始编号：0145；培养基0014，25～28℃。

ACCC 30710←中国农科院环发所 IBC1072；原始编号：30112；分离自感病的大豆食心虫；培养基0014，25～28℃。

ACCC 30711←中国农科院环发所 IBC1107；原始编号：0118；分离自感病的褐飞虱；培养基0014，25～28℃。

ACCC 30712←中国农科院环发所 IBC1223；原始编号：HB047；培养基0014，25～28℃。

ACCC 30713←中国农科院环发所 IBC1225；原始编号：D5-100-3；分离自感病的蛴螬；培养基 0014，25～28℃。

ACCC 30714←中国农科院环发所 IBC1227；原始编号：ARS886；培养基 0014，25～28℃。

ACCC 30715←中国农科院环发所 IBC1228；原始编号：ARS730；培养基 0014，25～28℃。

ACCC 30718←中国农科院环发所 IBC1053；原始编号：B-4；分离自感病的椿象；培养基 0014，25～28℃。

ACCC 30719←中国农科院环发所 IBC1220；原始编号：337；分离自感病的马尾松毛虫；培养基 0014，25～28℃。

ACCC 30720←中国农科院环发所 IBC1213；原始编号：HHR14；培养基 0014，25～28℃。

ACCC 30721←中国农科院环发所 IBC1209；原始编号：HLD-15；分离自海南乐东荷兰豆田土壤；培养基 0014，25～28℃。

ACCC 30722←中国农科院环发所 IBC1212；原始编号：HQH-6；培养基 0014，25～28℃。

ACCC 30723←中国农科院环发所 IBC1210；原始编号：HLD13；培养基 0014，25～28℃。

ACCC 30724←中国农科院环发所 IBC1214；原始编号：HSY-10；培养基 0014，25～28℃。

ACCC 30725←中国农科院环发所 IBC1062；原始编号：S61-2；培养基 0014，25～28℃。

ACCC 30726←中国农科院环发所 IBC1115；原始编号：S0199；分离自感病的油松毛虫；培养基 0014，25～28℃。

ACCC 30727←中国农科院环发所 IBC1013；原始编号：87-3；分离自感病的桃小食心虫；培养基 0014，25～28℃。

ACCC 30728←中国农科院环发所 IBC1064；原始编号：S068；培养基 0014，25～28℃。

ACCC 30729←中国农科院环发所 IBC1216；原始编号：S0136；培养基 0014，25～28℃。

ACCC 30730←中国农科院环发所 IBC1218；原始编号：S0173-2；培养基 0014，25～28℃。

ACCC 30731←中国农科院环发所 IBC1219；原始编号：S78-2-1；分离自感病的桃小食心虫；培养基 0014，25～28℃。

ACCC 30732←中国农科院环发所 IBC1215；原始编号：S0115-2；培养基 0014，25～28℃。

ACCC 30733←中国农科院环发所 IBC1029；原始编号：93-1；分离自感病的桃小食心虫；培养基 0014，25～28℃。

ACCC 30734←中国农科院环发所 IBC1001；原始编号：92-4；分离自感病的桃小食心虫；培养基 0014，25～28℃。

ACCC 30735←中国农科院环发所 IBC1002；原始编号：32-1；分离自感病的桃小食心虫；培养基 0014，25～28℃。

ACCC 30736←中国农科院环发所 IBC1003；原始编号：70-1；分离自感病的桃小食心虫；培养基 0014，25～28℃。

ACCC 30737←中国农科院环发所 IBC1004；原始编号：46-1；分离自感病的桃小食心虫；培养基 0014，25～28℃。

ACCC 30738←中国农科院环发所 IBC1005；原始编号：78-1；分离自感病的桃小食心虫；培养基 0014，25～28℃。

ACCC 30739←中国农科院环发所 IBC1006；原始编号：96-1；分离自感病的桃小食心虫；培养基 0014，25～28℃。

ACCC 30740←中国农科院环发所 IBC1008；原始编号：37-1；分离自感病的桃小食心虫；培养基 0014，25～28℃。

ACCC 30741←中国农科院环发所 IBC1014；原始编号：11-4；分离自感病的桃小食心虫；培养基 0014，25～28℃。

ACCC 30742←中国农科院环发所 IBC1017；原始编号：32-1；分离自感病的桃小食心虫；培养基 0014，25～28℃。

ACCC 30743←中国农科院环发所 IBC1249；分离自感病的暗黑鳃金龟；培养基 0014，25～28℃。

ACCC 30744←中国农科院环发所 IBC1025；原始编号：28；培养基 0014，25～28℃。

ACCC 30745←中国农科院环发所 IBC1031；原始编号：S-15；培养基 0014，25～28℃。

ACCC 30746←中国农科院环发所 IBC1032；原始编号：7-1；分离自感病的桃小食心虫；培养基 0014，25～28℃。

ACCC 30747←中国农科院环发所 IBC1033；原始编号：μ-15；分离自感病的蛴螬；培养基 0014，25～28℃。

ACCC 30748←中国农科院环发所 IBC1035；原始编号：YJB1；培养基 0014，25～28℃。

ACCC 30749←中国农科院环发所 IBC1038；原始编号：μ-23；分离自感病的蛴螬；培养基 0014，25～28℃。

ACCC 30750←中国农科院环发所 IBC1039；原始编号：51；培养基 0014，25～28℃。

ACCC 30751←中国农科院环发所 IBC1040；原始编号：59；培养基 0014，25～28℃。

ACCC 30752←中国农科院环发所 IBC1050；原始编号：49；分离自感病的桃小食心虫；培养基 0014，25～28℃。

ACCC 30753←中国农科院环发所 IBC1051；原始编号：48-3；分离自感病的桃小食心虫；培养基 0014，25～28℃。

ACCC 30754←中国农科院环发所 IBC1084；原始编号：G11-2；培养基 0014，25～28℃。

ACCC 30755←中国农科院环发所 IBC1054；原始编号：22#；分离自感病的茉莉莎黑金龟；培养基 0014，25～28℃。

ACCC 30756←中国农科院环发所 IBC1056；原始编号：56-1；分离自感病的桃小食心虫；培养基 0014，25～28℃。

ACCC 30757←中国农科院环发所 IBC1060；原始编号：沧州；分离自感病的蛴螬；培养基 0014，25～28℃。

ACCC 30758←中国农科院环发所 IBC1046；原始编号：56-1；分离自感病的桃小食心虫；培养基 0014，25～28℃。

ACCC 30759←中国农科院环发所 IBC1057；原始编号：24-1；分离自感病的茉莉莎黑金龟；培养基 0014，25～28℃。

ACCC 30760←中国农科院环发所 IBC1061；原始编号：35-2；分离自感病的桃小食心虫；培养基 0014，25～28℃。

ACCC 30762←中国农科院环发所 IBC1052；原始编号：61-2；培养基 0014，25～28℃。

ACCC 30763←中国农科院环发所 IBC1066；原始编号：VP13；培养基 0014，25～28℃。

ACCC 30764←中国农科院环发所 IBC1069；原始编号：U08；分离自感病的蛴螬；培养基 0014，25～28℃。

ACCC 30765←中国农科院环发所 IBC1073；原始编号：52；分离自感病的蛴螬；培养基 0014，25～28℃。

ACCC 30766←中国农科院环发所 IBC1075；原始编号：G5-2-3-1；培养基 0014，25～28℃。

ACCC 30767←中国农科院环发所 IBC1076；原始编号：Y22-1-1；培养基 0014，25～28℃。

ACCC 30768←中国农科院环发所 IBC1077；原始编号：Y22-1；培养基 0014，25～28℃。

ACCC 30769←中国农科院环发所 IBC1078；原始编号：Y25-3-2-2；培养基 0014，25～28℃。

ACCC 30770←中国农科院环发所 IBC1079；原始编号：Y25-3-1；培养基 0014，25～28℃。

ACCC 30771←中国农科院环发所 IBC1080；原始编号：Y18-1-1；培养基 0014，25～28℃。

ACCC 30772←中国农科院环发所 IBC1081；原始编号：G13-2-2；培养基 0014，25～28℃。

ACCC 30773←中国农科院环发所 IBC1083；原始编号：G12-2-3-1；培养基 0014，25～28℃。

ACCC 30774←中国农科院环发所 IBC1086；原始编号：G8-2-2；培养基 0014，25～28℃。

ACCC 30775←中国农科院环发所 IBC1089；原始编号：G5-3-2；培养基 0014，25～28℃。

ACCC 30776←中国农科院环发所 IBC1090；原始编号：G4-3-1；培养基 0014，25～28℃。

ACCC 30777←中国农科院环发所 IBC1091；原始编号：G3-2-2；培养基 0014，25～28℃。

ACCC 30778←中国农科院环发所 IBC1092；原始编号：YP3；培养基 0014，25～28℃。

ACCC 30779←中国农科院环发所 IBC1105；原始编号：皖 9 号；分离自感病的松毛虫；培养基 0014，25～28℃。

ACCC 30780←中国农科院环发所 IBC1109；原始编号：单菌落；分离自感病的油松毛虫；培养基 0014，25～28℃。

ACCC 30781←中国农科院环发所 IBC1114；原始编号：SU2；培养基 0014，25～28℃。

ACCC 30782←中国农科院环发所 IBC1117；原始编号：L2501；培养基 0014，25～28℃。

ACCC 30801←中国农科院环发所；原始编号：1258；分离地点：北京；培养基 0014，25～28℃。

ACCC 30802←中国农科院环发所；原始编号：1190复；分离地点：北京；分离源：感病昆虫；培养基 0014，25～28℃。

ACCC 30803←中国农科院环发所；原始编号：1110；分离地点：辽宁；分离源：感病油松毛虫；培养基 0014，25～28℃。

ACCC 30804←中国农科院环发所；原始编号：1259；分离地点：北京；分离源：感病昆虫；培养基 0014，25～28℃。

ACCC 30805←中国农科院环发所；原始编号：1186；分离地点：贵州；分离源：感病昆虫；培养基 0014，25～28℃。

ACCC 30806←中国农科院环发所；原始编号：1185=G7-2-2；分离源：感病昆虫；培养基 0014，25～28℃。

ACCC 30807←中国农科院环发所；原始编号：1024-2=1024；分离地点：北京；培养基 0014，25～28℃。

ACCC 30808←中国农科院环发所；原始编号：2002=G9-2-1；分离地点：贵州；分离源：土壤；培养基 0014，25～28℃。

ACCC 30809←中国农科院环发所；原始编号：1030=60-1；分离源：感病的桃小食心虫；培养基 0014，25～28℃。

ACCC 30810←中国农科院环发所；原始编号：1145=s113-2-2；分离地点：北京；培养基 0014，25～28℃。

ACCC 30811←中国农科院环发所；原始编号：1260=LUC3（B）；分离地点：北京；培养基 0014，25～28℃。

ACCC 30812←中国农科院环发所；原始编号：1133-2；分离地点：北京；分离源：土壤；培养基 0014，25～28℃。

ACCC 30813←中国农科院环发所；原始编号：1341=T2；培养基 0014，25～28℃。

ACCC 30814←中国农科院环发所；原始编号：1221-2；分离地点：北京；培养基 0014，25～28℃。

ACCC 30815←中国农科院环发所；原始编号：1107-2=1107；分离地点：菲律宾；分离源：感病的褐飞虱；培养基 0014，25～28℃。

ACCC 30816←中国农科院环发所；原始编号：1237-2=1237；分离地点：北京；培养基 0014，25～28℃。

ACCC 30817←中国农科院环发所；原始编号：1019-2；分离地点：北京；分离源：感病的暗黑金龟子；培养基 0014，25～28℃。

ACCC 30818←中国农科院环发所；原始编号：1204-2；分离地点：北京；培养基 0014，25～28℃。

ACCC 30819←中国农科院环发所；原始编号：1211-2；分离地点：北京；培养基 0014，25～28℃。

ACCC 30820←中国农科院环发所；原始编号：1094-2=1094；分离地点：云南大理蝴蝶泉；分离源：蝴蝶蛹；培养基 0014，25～28℃。

ACCC 30821←中国农科院环发所；原始编号：1203-2；分离地点：北京；分离源：感病昆虫；培养基 0014，25～28℃。

ACCC 30822←中国农科院环发所；原始编号：1029；分离源：桃小食心虫；培养基 0014，25～28℃。

ACCC 30823←中国农科院环发所；原始编号：3075；培养基 0014，25～28℃。

ACCC 30825←中国农科院环发所；原始编号：1127（分）；分离地点：山西；分离源：土壤；培养基 0014，25～28℃。

ACCC 30826←中国农科院环发所；原始编号：1340＝Bb白星；分离源：感病的白星鳃金龟；培养基0014，25～28℃。

ACCC 30827←中国农科院环发所；原始编号：1108；分离地点：菲律宾；分离源：感病的褐飞虱；培养基0014，25～28℃。

ACCC 30828←中国农科院环发所；原始编号：1239＝54-2；分离源：桃小食心虫虫尸；培养基0014，25～28℃。

ACCC 30829←中国农科院环发所；分离地点：新疆库尔勒；分离源：果树土壤；培养基0014，25～28℃。

ACCC 30830←中国农科院环发所；原始编号：1094＝YDB4；分离地点：云南大理；分离源：蝴蝶蛹；培养基0014，25～28℃。

ACCC 30831←中国农科院环发所；原始编号：天牛；分离地点：四川；分离源：感病天牛；培养基0014，25～28℃。

ACCC 30832←中国农科院环发所；原始编号：ARS730；培养基0014，25～28℃。

ACCC 30842←中国农科院环发所 IEDA F1371；原始编号：XS-004；分离地点：北京香山退谷口；分离源：感病大蜡螟；培养基0014，25～28℃。

ACCC 30843←中国农科院环发所 IEDA F1372；原始编号：SD-005；分离地点：山东东营；分离源：感病大蜡螟；培养基0014，25～28℃。

ACCC 30844←中国农科院环发所 IEDA F1373；原始编号：XS-006；分离地点：北京香山樱桃沟；分离源：感病大蜡螟；培养基0014，25～28℃。

ACCC 30845←中国农科院环发所 IEDA F1374；原始编号：SD-007；分离地点：山东东营；分离源：感病大蜡螟；培养基0014，25～28℃。

ACCC 30846←中国农科院环发所 IEDA F1375；原始编号：SX-008；分离地点：山西侯城李修村西瓜地；分离源：感病大蜡螟；培养基0014，25～28℃。

ACCC 30847←中国农科院环发所 IEDA F1378；原始编号：SD-010；分离地点：山东东营；分离源：感病大蜡螟；培养基0014，25～28℃。

ACCC 30848←中国农科院环发所 IEDA F1379；原始编号：SD-011；分离地点：山东东营棉田；分离源：感病大蜡螟；培养基0014，25～28℃。

ACCC 30849←中国农科院环发所 IEDA F1380；原始编号：SD-012；分离地点：山东东营；分离源：感病大蜡螟；培养基0014，25～28℃。

ACCC 30850←中国农科院环发所 IEDA F1382；原始编号：SD-014；分离地点：山东东营；分离源：感病大蜡螟；培养基0014，25～28℃。

ACCC 30851←中国农科院环发所 IEDA F1383；原始编号：SX-015；分离地点：山西侯城李修村西瓜地；分离源：感病大蜡螟；培养基0014，25～28℃。

ACCC 30852←中国农科院环发所 IEDA F1384；原始编号：SD-016；分离地点：山东东营；分离源：感病大蜡螟；培养基0014，25～28℃。

ACCC 30853←中国农科院环发所 IEDA F1385；原始编号：SD-017；分离地点：山东东营；分离源：感病大蜡螟；培养基0014，25～28℃。

ACCC 30854←中国农科院环发所 IEDA F1387；原始编号：SD-019；分离地点：山东东营；分离源：感病大蜡螟；培养基0014，25～28℃。

ACCC 30855←中国农科院环发所 IEDA F1388；原始编号：SX-020；分离地点：山西侯城李修村西瓜地；分离源：感病大蜡螟；培养基0014，25～28℃。

ACCC 30856←中国农科院环发所 IEDA F1389；原始编号：SX-015；分离地点：山西侯城李修村西瓜地；分离源：感病大蜡螟；培养基0014，25～28℃。

ACCC 30857←中国农科院环发所 IEDA F1390；原始编号：SX-020；分离地点：山西侯城李修村西瓜地；分离源：感病大蜡螟；培养基0014，25～28℃。

ACCC 30858←中国农科院环发所 IEDA F1391；原始编号：SD-012；分离地点：山东东营；分离源：感病大蜡螟；培养基0014，25～28℃。

ACCC 30859←中国农科院环发所 IEDA F1392；原始编号：SX-021；分离地点：山西太谷；分离源：感病金龟子；培养基 0014，25～28℃。

ACCC 30860←中国农科院环发所 IEDA F1393；原始编号：SX-021；分离地点：山西太谷；分离源：感病金龟子；培养基 0014，25～28℃。

ACCC 30861←中国农科院环发所 IEDA F1394；原始编号：SD-016；分离地点：山东东营；分离源：感病大蜡螟；培养基 0014，25～28℃。

ACCC 30862←中国农科院环发所 IEDA F1395；原始编号：DX-003-1；分离地点：北京大兴东枣林村玉米地；分离源：感病大蜡螟；培养基 0014，25～28℃。

ACCC 30863←中国农科院环发所 IEDA F1396；原始编号：DX-007-1；分离地点：北京大兴东枣林村大白菜地；分离源：感病大蜡螟；培养基 0014，25～28℃。

ACCC 30864←中国农科院环发所 IEDA F1397；原始编号：HLJ-008-1；分离地点：吉林长白山大峡谷；分离源：感病大蜡螟；培养基 0014，25～28℃。

ACCC 30865←中国农科院环发所 IEDA F1398；原始编号：DX-002-3；分离地点：北京大兴东枣林村梨树地；分离源：感病大蜡螟；培养基 0014，25～28℃。

ACCC 30866←中国农科院环发所 IEDA F1399；原始编号：DX-001-1；分离地点：北京大兴东枣林村桃树地；分离源：感病大蜡螟；培养基 0014，25～28℃。

ACCC 30867←中国农科院环发所 IEDA F1402；原始编号：DX-002-4；分离地点：北京大兴东枣林村梨树地；分离源：感病大蜡螟；培养基 0014，25～28℃。

ACCC 30869←中国农科院环发所 IEDA F1404；原始编号：DX-006-1；分离地点：北京大兴东枣林村菜花地；分离源：感病大蜡螟；培养基 0014，25～28℃。

ACCC 30870←中国农科院环发所 IEDA F1406；原始编号：DX-007-1；分离地点：北京大兴东枣林村大白菜地；分离源：感病大蜡螟；培养基 0014，25～28℃。

ACCC 30871←中国农科院环发所 IEDA F1407；原始编号：DX-002-3；分离地点：北京大兴东枣林村梨树地；分离源：感病大蜡螟；培养基 0014，25～28℃。

ACCC 30872←中国农科院环发所 IEDA F1408；原始编号：DX-005-1；分离地点：北京大兴东枣林村茄子地；分离源：感病大蜡螟；培养基 0014，25～28℃。

ACCC 30873←中国农科院环发所 IEDA F1409；原始编号：HLJ-008-1；分离地点：吉林长白山次生林；分离源：感病大蜡螟；培养基 0014，25～28℃。

ACCC 30874←中国农科院环发所 IEDA F1413；原始编号：LN-032-2；分离地点：辽宁白旗；分离源：感病大蜡螟；培养基 0014，25～28℃。

ACCC 30875←中国农科院环发所 IEDA F1414；原始编号：LN-031；分离地点：辽宁同兴草地；分离源：感病大蜡螟；培养基 0014，25～28℃。

ACCC 30877←中国农科院环发所 IEDA F1416；原始编号：DX-001-3；分离地点：北京大兴东枣林村桃树地；分离源：感病大蜡螟；培养基 0014，25～28℃。

ACCC 30878←中国农科院环发所 IEDA F1417；原始编号：DX-003-2；分离地点：北京大兴东枣林村玉米地；分离源：感病大蜡螟；培养基 0014，25～28℃。

ACCC 30879←中国农科院环发所 IEDA F1418；原始编号：DX-004；分离地点：北京大兴东枣林村西红柿地；分离源：感病大蜡螟；培养基 0014，25～28℃。

ACCC 30880←中国农科院环发所 IEDA F1420；原始编号：BJC-023；分离地点：北京中国农科院温室大棚菜花地；分离源：感病大蜡螟；培养基 0014，25～28℃。

ACCC 30881←中国农科院环发所 IEDA F1421；原始编号：LN-031；分离地点：辽宁同兴草地；分离源：感病大蜡螟；培养基 0014，25～28℃。

ACCC 30883←中国农科院环发所 IEDA F1424；原始编号：BJP-026；分离地点：北京北海公园；分离源：感病大蜡螟；培养基 0014，25～28℃。

ACCC 30884←中国农科院环发所 IEDA F1425；原始编号：LN-030；分离地点：辽宁同兴草莓地；分离源：感病大蜡螟；培养基 0014，25～28℃。

ACCC 30885←中国农科院环发所 IEDA F1428；原始编号：GX-036-1；分离地点：辽宁同兴草莓地；分离源：感病大蜡螟；培养基 0014，25～28℃。

ACCC 30886←中国农科院环发所 IEDA F1429；原始编号：LN-034；分离地点：辽宁白旗白菜地；分离源：感病大蜡螟；培养基 0014，25～28℃。

ACCC 30887←中国农科院环发所 IEDA F1430；原始编号：BJP-026-1；分离地点：北京北海公园；分离源：感病大蜡螟；培养基 0014，25～28℃。

ACCC 30888←中国农科院环发所 IEDA F1431；原始编号：BJS-039；分离地点：北京农业职业学院桃树地；分离源：感病大蜡螟；培养基 0014，25～28℃。

ACCC 30889←中国农科院环发所 IEDA F1432；原始编号：BJS-040-2；分离地点：北京农业职业学院空心菜地；分离源：感病大蜡螟；培养基 0014，25～28℃。

ACCC 30890←中国农科院环发所 IEDA F1433；原始编号：BJS-043；分离地点：北京农业职业学院梨树地；分离源：感病大蜡螟；培养基 0014，25～28℃。

ACCC 30891←中国农科院环发所 IEDA F1434；原始编号：LN-034-2；分离地点：辽宁白旗白菜地；分离源：感病大蜡螟；培养基 0014，25～28℃。

ACCC 30892←中国农科院环发所 IEDA F1435；原始编号：BJS-039；分离地点：北京农业职业学院桃树地；分离源：感病大蜡螟；培养基 0014，25～28℃。

ACCC 30893←中国农科院环发所 IEDA F1437；原始编号：DX-002-1；分离地点：北京大兴东枣林村梨树地；分离源：感病大蜡螟；培养基 0014，25～28℃。

ACCC 30894←中国农科院环发所 IEDA F1438；原始编号：BJS-042；分离地点：北京农业职业学院草地；分离源：感病大蜡螟；培养基 0014，25～28℃。

ACCC 30895←中国农科院环发所 IEDA F1439；原始编号：DX-002-2；分离地点：北京大兴东枣林村梨树地；分离源：感病大蜡螟；培养基 0014，25～28℃。

ACCC 30896←中国农科院环发所 IEDA F1440；原始编号：BJS-043-2；分离地点：北京大兴东枣林村梨树地；分离源：感病大蜡螟；培养基 0014，25～28℃。

ACCC 30897←中国农科院环发所 IEDA F1441；原始编号：BJP-026-2；分离地点：北京北海公园；分离源：感病大蜡螟；培养基 0014，25～28℃。

ACCC 31906←中国农科院环发所 IEDAF 1441；原始编号：LN-001；分离自辽宁丹东同兴草莓地的大蜡螟；培养基 0014，28℃。

ACCC 31907←中国农科院环发所 IEDAF 1442；原始编号：LN-003；分离自辽宁丹东山边基地的大蜡螟；培养基 0014，28℃。

ACCC 31908←中国农科院环发所 IEDA F1443；原始编号：SX-007；分离自山西太古番茄地的大蜡螟；培养基 0014，28℃。

ACCC 31971←中国农科院环发所 IEDA F1445；原始编号：SD07018；分离自山东农科院原子能所毛豆试验地的大蜡螟；培养基 0436，27℃。

ACCC 31972←中国农科院环发所 IEDA F1446；原始编号：HN07001；分离自河南花生地的大蜡螟；培养基 0436，27℃。

ACCC 31973←中国农科院环发所 IEDA F1448；原始编号：Jx07001-2；分离自江西井冈山的大蜡螟；培养基 0436，27℃。

ACCC 31974←中国农科院环发所 IEDA F1449；原始编号：LN07015；分离自辽宁丹东同兴大豆地的大蜡螟；培养基 0436，27℃。

ACCC 31975←中国农科院环发所 IEDA F1450；原始编号：LN07016；分离自辽宁丹东凤城草莓地的大蜡螟；培养基 0436，27℃。

ACCC 31976←中国农科院环发所 IEDA F1451；原始编号：HB07010；分离自河北遵化广野小麦地的大蜡螟；培养基 0436，27℃。

ACCC 31977←中国农科院环发所 IEDA F1452；原始编号：HB07013；分离自河北遵化广野花生地的大蜡螟；培养基 0436，27℃。

ACCC 31978←中国农科院环发所 IEDA F1453；原始编号：SD07019；分离自山东济南市原子能所辣椒试验地的大蜡螟；培养基 0436，27℃。

ACCC 31979←中国农科院环发所 IEDA F1456；原始编号：JX07002-1；分离自江西井冈山牛吼江竹子根下的大蜡螟；培养基 0436，27℃。

ACCC 31993←中国农科院环发所 IEDA F1507；原始编号：1507；分离自北京植物园樱桃沟的大蜡螟；培养基 0436，28℃。

ACCC 31995←中国农科院环发所 IEDA F1052；原始编号：1502；分离自北京植物园的飞蛾；培养基 0436，28℃。

ACCC 31996←中国农科院环发所 IEDA F3149；原始编号：1503；分离自北京植物园的大蜡螟；培养基 0436，28℃。

ACCC 32002←福建农林大学生物农药与化学生物学教育部重点实验室 BCBKL 0094；原始编号：BJJ；分离自黑龙江的玉米螟；可作为生物农药防治植物害虫；培养基 0014，26℃。

ACCC 32008←中国农科院环境发所 IEDA F1444；原始编号：LN07012；分离自辽宁丹东汤山城的大蜡螟；培养基 0436，28℃。

ACCC 32215←中国农科院环发所 IEDA F1506；原始编号：M010800；分离自新疆伊犁马铃薯甲虫；培养基 0436，28℃。

ACCC 32216←中国农科院环发所 IEDA F1507；原始编号：M010801；分离自新疆伊犁马铃薯甲虫；培养基 0436，28℃。

ACCC 32217←中国农科院环发所 IEDA F1508；原始编号：M010802；分离自新疆伊犁马铃薯甲虫；培养基 0436，28℃。

ACCC 32218←中国农科院环发所 IEDA F1509；原始编号：M010803；分离自新疆伊犁马铃薯甲虫；培养基 0436，28℃。

ACCC 32219←中国农科院环发所 IEDA F1510；原始编号：M010804；分离自新疆伊犁马铃薯甲虫；培养基 0436，28℃。

ACCC 32220←中国农科院环发所 IEDA F1511；原始编号：M010805；分离自新疆伊犁马铃薯甲虫；培养基 0436，28℃。

ACCC 32221←中国农科院环发所 IEDA F1512；原始编号：M010806；分离自新疆伊犁马铃薯甲虫；培养基 0436，28℃。

ACCC 32222←中国农科院环发所 IEDA F1513；原始编号：M010807；分离自新疆伊犁马铃薯甲虫；培养基 0436，28℃。

ACCC 32223←中国农科院环发所 IEDA F1514；原始编号：M010808；分离自新疆伊犁马铃薯甲虫；培养基 0436，28℃。

ACCC 32224←中国农科院环发所 IEDA F1515；原始编号：M020809；分离自新疆伊犁马铃薯甲虫；培养基 0436，28℃。

ACCC 32225←中国农科院环发所 IEDA F1516；原始编号：M020810；分离自新疆伊犁马铃薯甲虫；培养基 0436，28℃。

ACCC 32226←中国农科院环发所 IEDA F1517；原始编号：M020811；分离自新疆伊犁马铃薯甲虫；培养基 0436，28℃。

ACCC 32227←中国农科院环发所 IEDA F1518；原始编号：M020812；分离自新疆伊犁马铃薯甲虫；培养基 0436，28℃。

ACCC 32228←中国农科院环发所 IEDA F1519；原始编号：M020813；分离自新疆伊犁马铃薯甲虫；培养基 0436，28℃。

ACCC 32229←中国农科院环发所 IEDA F1520；原始编号：M020814；分离自新疆伊犁马铃薯甲虫；培养基 0436，28℃。

ACCC 32230←中国农科院环发所 IEDA F1521；原始编号：M020815；分离自新疆伊犁马铃薯甲虫；培养基 0436，28℃。

ACCC 32231←中国农科院环发所 IEDA F1522；原始编号：M020816；分离自新疆伊犁马铃薯甲虫；培养基 0436，28℃。

ACCC 32234←中国农科院环发所 IEDA F1523；原始编号：M130817；分离自新疆伊犁马铃薯甲虫；培养基 0436，28℃。

ACCC 32235←中国农科院环发所 IEDA F1524；原始编号：M130818；分离自新疆伊犁马铃薯甲虫；培养基 0436，28℃。

ACCC 32236←中国农科院环发所 IEDA F1525；原始编号：M130819；分离自新疆伊犁马铃薯甲虫；培养基 0436，28℃。

ACCC 32237←中国农科院环发所 IEDA F1526；原始编号：M130820；分离自新疆伊犁马铃薯甲虫；培养基 0436，28℃。

ACCC 32238←中国农科院环发所 IEDA F1527；原始编号：M120821；分离自新疆伊犁马铃薯甲虫；培养基 0436，28℃。

ACCC 32239←中国农科院环发所 IEDA F1528；原始编号：M120822；分离自新疆伊犁马铃薯甲虫；培养基 0436，28℃。

ACCC 32240←中国农科院环发所 IEDA F1529；原始编号：M120823；分离自新疆伊犁马铃薯甲虫；培养基 0436，28℃。

ACCC 32241←中国农科院环发所 IEDA F1530；原始编号：M120824；分离自新疆伊犁马铃薯甲虫；培养基 0436，28℃。

ACCC 32406←广东微生物所菌种组 GIMF-53；原始编号：F-53；生物防治；培养基 0014，25℃。

ACCC 32418←中国农科院环发所 IEDA F1533；原始编号：M080951；分离自新疆阜康玉米螟僵虫；培养基 0436，28℃。

ACCC 32419←中国农科院环发所 IEDA F1534；原始编号：M080952；分离自新疆阜康玉米螟僵虫；培养基 0436，28℃。

ACCC 32420←中国农科院环发所 IEDA F1535；原始编号：M080953；分离自新疆阜康玉米螟僵虫；培养基 0436，28℃。

ACCC 32421←中国农科院环发所 IEDA F1536；原始编号：M080941；分离自新疆阜康玉米螟僵虫；培养基 0436，28℃。

ACCC 32422←中国农科院环发所 IEDA F1537；原始编号：M080942；分离自新疆阜康玉米螟僵虫；培养基 0436，28℃。

ACCC 32423←中国农科院环发所 IEDA F1538；原始编号：M080921；分离自新疆阜康玉米螟僵虫；培养基 0436，28℃。

ACCC 32432←中国农科院环发所 IEDA F1559；原始编号：M0810222；分离自新疆伊犁马铃薯甲虫；培养基 0436，28℃。

ACCC 32433←中国农科院环发所 IEDA F1560；原始编号：M0810291；分离自新疆伊犁马铃薯甲虫；培养基 0436，28℃。

ACCC 32434←中国农科院环发所 IEDA F1561；原始编号：M0810292；分离自新疆伊犁马铃薯甲虫；培养基 0436，28℃。

ACCC 32435←中国农科院环发所 IEDA F1562；原始编号：M0810223；分离自新疆伊犁马铃薯甲虫；培养基 0436，28℃。

ACCC 32436←中国农科院环发所 IEDA F1564；原始编号：M0810411；分离自新疆昌吉马铃薯甲虫；培养基 0436，28℃。

ACCC 32437←中国农科院环发所 IEDA F1565；原始编号：M0810412；分离自新疆昌吉马铃薯甲虫；培养基 0436，28℃。

ACCC 32438←中国农科院环发所 IEDA F1566；原始编号：M0810311；分离自新疆昌吉马铃薯甲虫；培养基 0436，28℃。

ACCC 32439←中国农科院环发所 IEDA F1567；原始编号：M0810312；分离自新疆伊犁马铃薯甲虫；培养基 0436，28℃。

ACCC 32440←中国农科院环发所 IEDA F1568；原始编号：M0810201；分离自新疆伊犁马铃薯甲虫；培养基 0436，28℃。

ACCC 32441←中国农科院环发所 IEDA F1569；原始编号：M0810202；分离自新疆伊犁马铃薯甲虫；培养基 0436，28℃。

ACCC 32442←中国农科院环发所 IEDA F1570；原始编号：M0810141；分离自新疆伊犁马铃薯甲虫；培养基 0436，28℃。

ACCC 32443←中国农科院环发所 IEDA F1571；原始编号：M0810211；分离自新疆伊犁马铃薯甲虫；培养基 0436，28℃。

ACCC 32444←中国农科院环发所 IEDA F1572；原始编号：M0810142；分离自新疆伊犁马铃薯甲虫；培养基 0436，28℃。

ACCC 32445←中国农科院环发所 IEDA F1573；原始编号：M0810212；分离自新疆伊犁马铃薯甲虫；培养基 0436，28℃。

ACCC 32446←中国农科院环发所 IEDA F1574；原始编号：M0810111；分离自新疆伊犁马铃薯甲虫；培养基 0436，28℃。

ACCC 32447←中国农科院环发所 IEDA F1575；原始编号：M0810112；分离自新疆伊犁马铃薯甲虫；培养基 0436，28℃。

ACCC 32448←中国农科院环发所 IEDA F1576；原始编号：M0810321；分离自新疆伊犁马铃薯甲虫；培养基 0436，28℃。

ACCC 32449←中国农科院环发所 IEDA F1577；原始编号：M0810322；分离自新疆伊犁马铃薯甲虫；培养基 0436，28℃。

ACCC 32450←中国农科院环发所 IEDA F1578；原始编号：M0810213；分离自新疆伊犁马铃薯甲虫；培养基 0436，28℃。

ACCC 32451←中国农科院环发所 IEDA F1579；原始编号：M0810143；分离自新疆伊犁马铃薯甲虫；培养基 0436，28℃。

ACCC 32453←中国农科院环发所 IEDA F1581；原始编号：M0810252；分离自新疆伊犁马铃薯甲虫；培养基 0436，28℃。

ACCC 32454←中国农科院环发所 IEDA F1514；原始编号：M0810253；分离自新疆伊犁马铃薯甲虫；培养基 0436，28℃。

ACCC 32726←吉林省农业科学院；分离地点：长春德惠夏家店镇四清咀二队；分离源：初冬季节的玉米秸秆；用于防治玉米螟；培养基 0014，24～28℃。

ACCC 37785←贵州大学；分离自河南信阳震雷山昆虫病体；培养基 0424，25℃。

ACCC 39684←吉林省农业科学院植物保护研究所；原始编号：ZK152；分离自吉林梨树县四棵树乡亚洲玉米螟幼虫僵虫；培养基 0014，25～28℃。

Beauveria brongniartii（Sacc.）Petch

卵孢白僵菌

ACCC 30290←中国农科院土肥所郭好礼分离；生物防治；培养基 0015，25～28℃。

ACCC 30761←中国农科院环发所 IBC1063；原始编号：于 15；培养基 0014，25～28℃。

ACCC 32431←中国农科院环发所 IEDA F1558；原始编号：M0810221；分离自新疆伊犁马铃薯甲虫；培养基 0436，28℃。

Beauveria sp.

白僵菌

ACCC 30824←中国农科院环发所；原始编号：TJ036；分离地点：天津；培养基 0014，25～28℃。

ACCC 30835←中国农科院环发所；原始编号：3062=BJ4；培养基 0014，25～28℃。

ACCC 30839←中国农科院环发所；原始编号：3069；培养基 0014，25～28℃。

Beauveria velata Samson & Evans

粘孢白僵菌

ACCC 30836←中国农科院环发所；原始编号：1222-2；分离地点：北京；培养基 0014，25～28℃。

ACCC 30837←中国农科院环发所；原始编号：1074＝G5-2-3-2；分离地点：贵州；分离源：土壤；培养
基 0014，25～28℃。

ACCC 30876←中国农科院环发所 IEDA F1415；原始编号：DX-001-2；分离地点：北京大兴东枣林村桃
树地；分离源：感病大蜡螟；培养基 0014，25～28℃。

Bipolaris australiensis（M. B. Ellis）Tsuda & Ueyama
澳大利亚平脐蠕孢

ACCC 30568←中国农科院土肥所←美国典型物培养中心，＝ATCC42022；纤维素降解菌；培养基
0014，24℃。

ACCC 38994←山东农业大学；原始编号：AMCC300107；分离源：土壤；培养基 0014，25～28℃。

Bipolaris australis Alcorn

ACCC 38849←澳大利亚 BRIP 2009；原始编号：BRIP 12247a；分离自 *Eragrostis cilianensis*；培养基
0014，25～28℃。

ACCC 38851←澳大利亚 BRIP 2009；原始编号：BRIP 12521a；分离自 *Sporobolus caroli*；培养基 0014，
25～28℃。

Bipolaris cactivora（Petr.）Alcorn

ACCC 39087←中国热科院环植所；原始编号：EPPI20140038；分离自海南儋州火龙果果实；培养基
0014，25～28℃。

Bipolaris eleusines Alcorn & R. G. Shivas
蟋蟀草平脐蠕孢

ACCC 30957←广东微生物所 GIM T3.003；原始编号：ZD0075；分离地点：广东广州；分离源：土壤；
培养基 0014，25～28℃。

Bipolaris maydis（Y. Nisik. & C. Miyake）Shoemaker
玉蜀黍平脐蠕孢

ACCC 30009←中国农科院土肥所；病原菌，玉米小斑病菌；原名称：*Cochliobolus heterostrophus* Drechsler
异旋孢腔菌；培养基 0014，24～28℃。

ACCC 30138←中国农科院土肥所←中科院微生物所 AS3.3119；原名称：*Helminthosporium maydis*
Nishikado & Miyabe；培养基 0015，25～28℃。

ACCC 36265←中国农科院资划所；分离自河北廊坊玉米小斑病叶片；培养基 0014，23℃。

ACCC 36347←华南热带农业大学环境与植物保护学院；原始编号：Z20070039；分离自两院丘陵；培
养基 0014，25～28℃。

ACCC 39293←河南科技大学林学院；原始编号：HKDLIN-020；分离自河南邓州构林镇官刘村玉米叶
片病斑；培养基 0014，25～28℃。

Bipolaris nodulosa（Sacc.）Shoemaker
多节平脐蠕孢

ACCC 38846←澳大利亚 BRIP 2009；原始编号：BRIP 12067a；分离自 *Eleusine indica*；培养基 0014，
25～28℃。

Bipolaris oryzae（Breda de Haan）Shoemaker
稻平脐蠕孢

ACCC 36975←中国农科院资划所←中国热科院环植所；原始编号：CATAS EPPI2100, Z20070100；分
离自海南三亚南滨水稻叶片；培养基 0014，25～28℃。

Bipolaris setariae Shoemaker
狗尾草平脐蠕孢

ACCC 38919←河北省农林科学院谷子研究所；原始编号：Bb；分离自河北谷子叶片；培养基 0014，
25～28℃。

Bipolaris sorokiniana（Sacc.）Shoemaker
麦根腐平脐蠕孢

ACCC 36514←中国农科院资划所←山东农业大学；分离自甘肃兰州试验草坪禾本科植物叶片；培养基 0014，18～22℃。

ACCC 36515←中国农科院资划所←山东农业大学；分离自甘肃山丹胡麻叶片；培养基 0014，18～22℃。

ACCC 36516←中国农科院资划所←山东农业大学；分离自山东泰安狗尾草叶斑、根腐；培养基 0014，18～22℃。

ACCC 36518←中国农科院资划所←山东农业大学；原始编号：DH fungi 048；分离自棕竹叶片；培养基 0014，25～28℃。

ACCC 36522←中国农科院资划所←山东农业大学；原始编号：DH fungi 064；分离自叶片；培养基 0014，25～28℃。

ACCC 36524←中国农科院资划所←山东农业大学；分离自陕西宝鸡植物园玉兰叶片；培养基 0014，18～22℃。

ACCC 36525←中国农科院资划所←山东农业大学；分离自山东泰安冰草叶斑；培养基 0014，18～22℃。

ACCC 36526←中国农科院资划所←山东农业大学；分离自青海西宁珍珠梅叶斑；培养基 0014，18～22℃。

ACCC 36527←中国农科院资划所←山东农业大学；分离自宁夏银川锦葵叶斑；培养基 0014，18～22℃。

ACCC 36528←中国农科院资划所←山东农业大学；分离自宁夏银川碱草叶斑、根腐；培养基 0014，18～22℃。

ACCC 36529←中国农科院资划所←山东农业大学；分离自内蒙古呼和浩特小麦根腐叶斑病叶片；培养基 0014，18～22℃。

ACCC 36530←中国农科院资划所←山东农业大学；分离自青海德令哈番茄叶片；培养基 0014，18～22℃。

ACCC 36531←中国农科院资划所←山东农业大学；原始编号：DH fungi 139；分离自叶片；培养基 0014，25～28℃。

ACCC 36532←中国农科院资划所←山东农业大学；原始编号：DH fungi 143；分离自叶片；培养基 0014，25～28℃。

ACCC 36533←中国农科院资划所←山东农业大学；分离自甘肃张掖玉米叶斑；培养基 0014，18～22℃。

ACCC 36534←中国农科院资划所←山东农业大学；分离自甘肃张掖蚕豆叶斑、黑斑；培养基 0014，18～22℃。

ACCC 36536←中国农科院资划所←山东农业大学；分离自山东泰安鹅观草叶斑；培养基 0014，18～22℃。

ACCC 36537←中国农科院资划所←山东农业大学；分离自甘肃张掖莴苣叶片；培养基 0014，18～22℃。

ACCC 36538←中国农科院资划所←山东农业大学；分离自新疆乌鲁木齐野生似灯心草科植物叶片；培养基 0014，18～22℃。

ACCC 36539←中国农科院资划所←山东农业大学；分离自新疆乌鲁木齐毛白杨叶片；培养基 0014，18～22℃。

ACCC 36540←中国农科院资划所←山东农业大学；分离自甘肃敦煌榆树叶片；培养基 0014，18～22℃。

ACCC 36541←中国农科院资划所←山东农业大学；分离自甘肃张掖紫苜蓿叶片；培养基 0014，18～22℃。

ACCC 36542←中国农科院资划所←山东农业大学；原始编号：DH fungi 277；分离自叶片；培养基 0014，25～28℃。

ACCC 36543←中国农科院资划所←山东农业大学；分离自福建厦门公园凤尾竹叶斑；培养基 0014，18～22℃。

ACCC 36545←中国农科院资划所←山东农业大学；原始编号：DH fungi 088；分离自叶片；培养基 0014，25～28℃。

ACCC 36655←中国农科院资划所←山东农业大学；分离自甘肃敦煌菜豆叶片；培养基 0014，18～22℃。

ACCC 36664←中国农科院资划所←山东农业大学；分离自甘肃张掖向日葵叶片；培养基 0014，18～22℃。

ACCC 36716←中国农科院资划所←山东农业大学；分离自宁夏银川啤酒花叶斑；培养基 0014，18～22℃。

ACCC 36718←中国农科院资划所←山东农业大学；分离自福建厦门植物园蔷薇科植物叶斑；培养基 0014，18～22℃。

ACCC 36726←中国农科院资划所←山东农业大学；分离自甘肃张掖豌豆叶片；培养基0014，18～22℃。

ACCC 36790←中国农科院资划所←山东农业大学；分离自甘肃敦煌花池野生冰草叶片；培养基0014，18～22℃。

ACCC 36805←中国农科院资划所；分离自北京海淀小麦变褐麦粒；培养基0014，23℃。

ACCC 39004←山东农业大学；原始编号：AMCC300117；培养基0014，25～28℃。

Bipolaris sp.

平脐蠕孢

ACCC 36702←中国农科院资划所←山东农业大学；原始编号：BDS Ⅱ（02）170；分离自山西太原臭草叶片；培养基0014，25～28℃。

ACCC 36704←中国农科院资划所←山东农业大学；原始编号：DH fungi 276；分离自新疆阿勒泰百日菊叶片；培养基0014，25～28℃。

ACCC 36724←中国农科院资划所←山东农业大学；原始编号：DH fungi 271；分离自甘肃山丹县大麦叶片；培养基0014，25～28℃。

ACCC 36741←中国农科院资划所←山东农业大学；原始编号：DH fungi 158；分离自青海西宁洋芋叶片；培养基0014，25～28℃。

ACCC 36742←中国农科院资划所←山东农业大学；原始编号：DH fungi 050；分离自新疆乌鲁木齐郊区玉米叶片；培养基0014，25～28℃。

ACCC 36749←中国农科院资划所←山东农业大学；原始编号：DH fungi 123；分离自甘蔗叶片；培养基0014，25～28℃。

ACCC 36753←中国农科院资划所←山东农业大学；原始编号：DH fungi 013；分离自大叶榕叶片；培养基0014，25～28℃。

ACCC 36767←中国农科院资划所←山东农业大学；原始编号：DH fungi 118；分离自竹叶片；培养基0014，25～28℃。

ACCC 36768←中国农科院资划所←山东农业大学；原始编号：DH fungi 012；分离自甘蔗叶片；培养基0014，25～28℃。

ACCC 36773←中国农科院资划所←山东农业大学；原始编号：DH fungi 187；分离自内蒙古包头禾本科植物叶片；培养基0014，25～28℃。

ACCC 36783←中国农科院资划所←山东农业大学；原始编号：BDS fungi Ⅱ（02）510；分离自江苏徐州云龙山似画眉草叶片；培养基0014，25～28℃。

ACCC 36784←中国农科院资划所←山东农业大学；原始编号：BDS fungi Ⅱ（02）532；分离自江苏徐州云龙山结缕草叶片；培养基0014，25～28℃。

ACCC 36786←中国农科院资划所←山东农业大学；原始编号：DH fungi 160；分离自青海西宁草地早熟禾叶片；培养基0014，25～28℃。

ACCC 36789←中国农科院资划所←山东农业大学；原始编号：DH fungi 127；分离自山东济南植物园竹叶叶片；培养基0014，25～28℃。

ACCC 36793←中国农科院资划所←山东农业大学；原始编号：DH fungi 161；分离自香麻叶片；培养基0014，25～28℃。

ACCC 36797←中国农科院资划所←山东农业大学；原始编号：BDS fungi Ⅱ（02）476；分离自上海植物园菰叶片；培养基0014，25～28℃。

ACCC 36799←中国农科院资划所←山东农业大学；原始编号：BDS fungi Ⅱ（02）550-1；分离自江苏徐州云龙山高粱叶片；培养基0014，25～28℃。

Botryodiplodia theobromae Pat.

可可球二孢

ACCC 39072←中国热科院环植所；原始编号：EPPI20140020；分离自海南三亚杧果树枝条；培养基0014，25～28℃。

Botryosphaeria dothidea（Moug.）Ces. & De Not.

葡萄座腔菌

ACCC 37263←中国农科院资划所←中国农科院蔬菜花卉所；原始编号：BH07092106，IVF358；分离自北京昌平盛斯通花卉基地温室百合叶片；培养基 0014，25～28℃。

ACCC 37264←中国农科院资划所←中国农科院蔬菜花卉所；原始编号：DYS07101101，IVF359；分离自北京顺义李桥镇南庄头村温室大叶伞叶片；培养基 0014，25～28℃。

ACCC 37265←中国农科院资划所；原始编号：GH07072103，IVF360；分离自北京昌平露地桂花叶片；培养基 0014，25～28℃。

ACCC 38018←西北农大；分离自陕西杨凌杨树溃疡病病组织；培养基 0014，25℃。

ACCC 38020←西北农大；分离自陕西白水苹果轮纹病病组织；培养基 0014，25℃。

ACCC 38022←西北农大；原始编号：ZS-1；分离自陕西杨凌枣树；培养基 0014，25～28℃。

ACCC 38023←西北农大；分离自陕西武功桃树流胶病病组织；培养基 0014，25℃。

ACCC 38024←西北农大；分离自陕西临潼石榴干腐病病组织；培养基 0014，25℃。

ACCC 38025←西北农大；分离自陕西韩城核桃枝枯病病组织；培养基 0014，25℃。

ACCC 38926←中国农科院果树所果树病害实验室分离；原始编号：PGLW1；分离自辽宁兴城枝条；培养基 0014，25～28℃。

ACCC 38935←中国农科院果树所果树病害实验室分离；原始编号：PC10；分离自辽宁兴城枝条；培养基 0014，25～28℃。

ACCC 38937←中国农科院果树所果树病害实验室分离；原始编号：LB1；分离自辽宁兴城枝条；培养基 0014，25～28℃。

ACCC 38940←中国农科院果树所果树病害实验室分离；原始编号：WBD1；分离自辽宁兴城枝条；培养基 0014，25～28℃。

ACCC 38942←中国农科院果树所果树病害实验室分离；原始编号：PTKY1；分离自辽宁兴城枝条；培养基 0014，25～28℃。

ACCC 39343←山东农业大学；原始编号：BJ；培养基 0014，25～28℃。

Botryosphaeria parva Pennycook & Samuels

ACCC 39313←中国热科院环植所；原始编号：PZ-6；分离自四川攀枝花仁和区总发乡总发村杧果茎、木质部；培养基 0014，25～28℃。

ACCC 39314←中国热科院环植所；原始编号：PZ-11；分离自四川攀枝花仁和区总发乡杧果茎、韧皮部；培养基 0014，25～28℃。

Botryosphaeria rhodina（Berk. & M. A. Curtis）Arx

ACCC 36850←中国农科院资划所←中国热科院环植所；原始编号：Ab7；分离自海口水果市场青枣；培养基 0014，25～28℃。

ACCC 36851←中国农科院资划所←中国热科院环植所；原始编号：Ac1；分离自海口水果市场青枣；培养基 0014，25～28℃。

ACCC 36852←中国农科院资划所←中国热科院环植所；原始编号：Ac5；分离自海口水果市场青枣；培养基 0014，25～28℃。

ACCC 36853←中国农科院资划所←中国热科院环植所；原始编号：Ad2；分离自海口水果市场青枣；培养基 0014，25～28℃。

ACCC 36854←中国农科院资划所←中国热科院环植所；原始编号：A2F1；分离自海口水果市场青枣；培养基 0014，25～28℃。

Botrytis cinerea Pers. ex Fr.

灰葡萄孢

ACCC 30387←中国农科院土肥所←北京农科院李兴红赠；分离自番茄；番茄灰霉病菌；培养基 0014，25～28℃。

ACCC 36027←中国农科院蔬菜花卉所；分离自辽宁抚顺蔬菜温室番茄灰霉病果实；培养基 0014，25℃。

ACCC 36028←中国农科院蔬菜花卉所；分离自北京昌平蔬菜温室番茄灰霉病果实；培养基0014，25℃。

ACCC 36029←中国农科院蔬菜花卉所；分离自辽宁大连蔬菜温室番茄灰霉病果实；培养基0014，25℃。

ACCC 36030←中国农科院蔬菜花卉所；原始编号：F69；分离自辽宁省抚顺市四方台蔬菜温室番茄灰霉病果实；培养基0014，25～28℃。

ACCC 36031←中国农科院资划所←中国农科院蔬菜花卉所；原始编号：CAASF-69，F-69；分离自辽宁抚顺四方台蔬菜温室番茄灰霉病果实；培养基0014，25～28℃。

ACCC 36032←中国农科院资划所←中国农科院蔬菜花卉所；原始编号：CAASF-122，F-122；分离自北京海淀八家村蔬菜生产基地蔬菜温室番茄灰霉病果实；培养基0014，25～28℃。

ACCC 36033←中国农科院资划所←中国农科院蔬菜花卉所；原始编号：CAAST-9（3），T-9（3）；分离自北京市昌平区总参通信部队蔬菜生产基地蔬菜温室番茄灰霉病果实；培养基0014，25～28℃。

ACCC 36034←中国农科院资划所←中国农科院蔬菜花卉所；原始编号：CAASLST，LST；分离自辽宁大连瓦房店蔬菜生产基地蔬菜温室番茄灰霉病果实；培养基0014，25～28℃。

ACCC 36035←中国农科院蔬菜花卉所；分离自北京昌平蔬菜温室番茄灰霉病果实；培养基0014，25℃。

ACCC 36036←中国农科院蔬菜花卉所；分离自辽宁抚顺蔬菜温室番茄灰霉病果实；培养基0014，25℃。

ACCC 36037←中国农科院蔬菜花卉所；分离自辽宁抚顺蔬菜温室番茄灰霉病果实；培养基0014，25℃。

ACCC 36038←中国农科院资划所←中国农科院蔬菜花卉所；原始编号：CAASL81，L81；分离自北京昌平总参通信部队蔬菜生产基地蔬菜温室番茄灰霉病果实；培养基0014，25～28℃。

ACCC 36039←中国农科院资划所←中国农科院蔬菜花卉所；原始编号：CAASHH-G（2），HH-G（2）；分离自北京昌平总参通信部队蔬菜生产基地蔬菜温室黄瓜灰霉病叶片；培养基0014，25～28℃。

ACCC 36040←中国农科院资划所←中国农科院蔬菜花卉所；原始编号：CAASHH-F，HH-F；分离自北京昌平总参通信部队蔬菜生产基地蔬菜温室黄瓜灰霉病叶片；培养基0014，25～28℃。

ACCC 36041←中国农科院蔬菜花卉所；分离自北京昌平蔬菜温室黄瓜灰霉病叶片；培养基0014，25℃。

ACCC 36042←中国农科院蔬菜花卉所；分离自北京昌平蔬菜温室黄瓜灰霉病叶片；培养基0014，25℃。

ACCC 36043←中国农科院资划所←中国农科院蔬菜花卉所；原始编号：CAASH0445，H0445；分离自中国农科院蔬菜花卉所蔬菜温室黄瓜灰霉病果实；培养基0014，25～28℃。

ACCC 36044←中国农科院蔬菜花卉所；分离自辽宁抚顺蔬菜温室苣荬菜灰霉病叶片；培养基0014，25℃。

ACCC 36045←中国农科院蔬菜花卉所；分离自辽宁抚顺蔬菜温室苣荬菜灰霉病叶片；培养基0014，25℃。

ACCC 36046←中国农科院蔬菜花卉所；分离自辽宁北宁蔬菜温室茄子灰霉病果实；培养基0014，25℃。

ACCC 36047←中国农科院蔬菜花卉所；分离自山东寿光日光温室茄子灰霉病果实；培养基0014，25℃。

ACCC 36048←中国农科院资划所←中国农科院蔬菜花卉所；原始编号：CAASQ73，Q73；分离自辽宁北宁中安镇蔬菜生产基地蔬菜温室茄子灰霉病果实；培养基0014，25～28℃。

ACCC 36049←中国农科院蔬菜花卉所；分离自山东寿光日光温室芸豆灰霉病豆荚；培养基0014，25℃。

ACCC 36050←中国农科院蔬菜花卉所；分离自北京昌平蔬菜温室紫背天葵灰霉病叶片；培养基0014，25℃。

ACCC 36051←中国农科院资划所←中国农科院蔬菜花卉所；原始编号：CAASFDG06042903；分离自中国农科院蔬菜温室飞碟瓜灰霉病果实；培养基0014，25～28℃。

ACCC 36052←中国农科院蔬菜花卉所；分离自北京昌平蔬菜温室茴香灰霉病茎；培养基0014，25℃。

ACCC 36054←中国农科院蔬菜花卉所；分离自北京昌平蔬菜温室西葫芦灰霉病果实；培养基0014，25℃。

ACCC 36055←中国农科院蔬菜花卉所；分离自北京昌平蔬菜温室甜瓜灰霉病果实；培养基0014，25℃。

ACCC 36056←中国农科院蔬菜花卉所；分离自山东寿光日光温室尖椒灰霉病果实；培养基0014，25℃。

ACCC 36057←中国农科院蔬菜花卉所；分离自北京昌平蔬菜温室生菜灰霉病叶片；培养基0014，25℃。

ACCC 36058←中国农科院蔬菜花卉所；分离自山东寿光温室桃灰霉病果实；培养基0014，25℃。

ACCC 36059←中国农科院蔬菜花卉所；分离自辽宁大连蔬菜温室非洲菊灰霉病叶片；培养基0014，25℃。

ACCC 36257←中国农科院资划所←北京农科院植环所；分离自北京延庆葡萄灰霉病果穗；培养基0014，20℃。

ACCC 36258←中国农科院资划所←北京农科院植环所；分离自北京延庆茄子灰霉病果柄；培养基0014，20℃。

ACCC 36259←中国农科院资划所←北京农科院植环所；分离自北京密云番茄灰霉病叶柄；培养基0014，20℃。

ACCC 36427←中国农科院蔬菜花卉所；分离自北京昌平温室天竺葵灰霉病土壤样品；培养基0014，25℃。

ACCC 37273←中国农科院蔬菜花卉所；分离自北京海淀油桃灰霉病果实；培养基0014，25℃。

ACCC 37339←中国农科院蔬菜花卉所；分离自北京昌平菜豆灰霉病叶片；培养基0014，25℃。

ACCC 37341←中国农科院蔬菜花卉所；分离自北京大兴番茄灰霉病叶片；培养基0014，25℃。

ACCC 37342←中国农科院蔬菜花卉所；分离自北京顺义番茄灰霉病果柄；培养基0014，25℃。

ACCC 37343←中国农科院蔬菜花卉所；分离自北京顺义番茄灰霉病果柄；培养基0014，25℃。

ACCC 37345←中国农科院蔬菜花卉所；分离自山东寿光番茄灰霉病叶片；培养基0014，25℃。

ACCC 37354←中国农科院蔬菜花卉所；分离自山东寿光辣椒灰霉病果实；培养基0014，25℃。

ACCC 37358←中国农科院蔬菜花卉所；分离自北京昌平茄子灰霉病叶片；培养基0014，25℃。

ACCC 37360←中国农科院蔬菜花卉所；分离自山东寿光茄子灰霉病茎；培养基0014，25℃。

ACCC 37361←中国农科院蔬菜花卉所；分离自北京昌平萝卜灰霉病叶片；培养基0014，25℃。

ACCC 37362←中国农科院蔬菜花卉所；分离自山东寿光南瓜灰霉病叶片；培养基0014，25℃。

ACCC 37366←中国农科院蔬菜花卉所；分离自北京顺义西葫芦灰霉病叶片；培养基0014，25℃。

ACCC 37367←中国农科院蔬菜花卉所；分离自北京昌平莜麦菜灰霉病叶片；培养基0014，25℃。

ACCC 37368←中国农科院蔬菜花卉所；分离自北京大兴莜麦菜灰霉病叶片；培养基0014，25℃。

ACCC 36405←中国农科院资划所←中国农科院蔬菜花卉所；原始编号：IVF154，DSGY07011802；分离自北京大兴榆垡镇西黄垡村温室海芋茎部；培养基0014，25～28℃

ACCC 36415←中国农科院资划所←中国农科院蔬菜花卉所；原始编号：CM07040403，IVF167；分离自河北保定满城县温室土壤样品；培养基0014，25～28℃。

ACCC 37075←中国农科院蔬菜花卉所；原始编号：IVF308；分离自山东寿光洛城镇河东隅村甜椒叶片；培养基0014，25～28℃。

ACCC 37109←中国农科院蔬菜花卉所；原始编号：IVF345；分离自中国农科院院内丽格海棠叶片；培养基0014，25～28℃。

ACCC 37114←中国农科院蔬菜花卉所；原始编号：IVF351；分离自中国农科院蔬菜花卉所7号南温室黄瓜叶片；培养基0014，25～28℃。

ACCC 37259←中国农科院资划所←中国农科院蔬菜花卉所；原始编号：SSJ08051101，IVF354；分离自北京植物园三色堇叶片；培养基0014，25～28℃。

ACCC 37271←中国农科院资划所←中国农科院蔬菜花卉所；原始编号：CM08050601，IVF0366；分离自北京海淀四道口露地草莓果实；培养基0014，25～28℃。

ACCC 37340←中国农科院资划所←中国农科院蔬菜花卉所；原始编号：FQ08041401，IVF435；分离自北京昌平通讯部队温室番茄果柄；培养基0014，25～28℃。

ACCC 37344←中国农科院资划所←中国农科院蔬菜花卉所；原始编号：FQ08031901，IVF439；分离自河北廊坊永清县九州乡东三更生村温室番茄果实；培养基0014，25～28℃。

ACCC 37346←中国农科院资划所←中国农科院蔬菜花卉所；原始编号：FQ08041701，IVF441；分离自山东寿光纪台镇青邱村温室番茄果实；培养基0014，25～28℃。

ACCC 37347←中国农科院资划所←中国农科院蔬菜花卉所；原始编号：HG08022703，IVF442；分离自北京昌平南口镇温室黄瓜叶片；培养基0014，25～28℃。

ACCC 37348←中国农科院资划所←中国农科院蔬菜花卉所；原始编号：LJ08022801，IVF443；分离自山东寿光稻田镇西稻田村温室辣椒果实；培养基0014，25～28℃。

ACCC 37349←中国农科院资划所←中国农科院蔬菜花卉所；原始编号：LJ08031701，IVF444；分离自北京昌平南口镇通讯部队温室辣椒果实；培养基0014，25～28℃。

ACCC 37350←中国农科院资划所←中国农科院蔬菜花卉所；原始编号：LJ08031702，IVF445；分离自北京顺义李桥镇温室辣椒茎；培养基0014，25～28℃。

ACCC 37353←中国农科院资划所←中国农科院蔬菜花卉所；原始编号：LJ08041701，IVF448；分离自山东寿光洛城镇河东隅村温室辣椒果实；培养基0014，25～28℃。

ACCC 37355←中国农科院资划所←中国农科院蔬菜花卉所；原始编号：LJ08050501，IVF450；分离自北京昌平南口镇雪山村温室辣椒茎；培养基0014，25～28℃。

ACCC 37356←中国农科院资划所←中国农科院蔬菜花卉所；原始编号：QZ08022901，IVF451；分离自山东寿光纪台镇青邱村温室茄子果实；培养基0014，25～28℃。

ACCC 37357←中国农科院资划所←中国农科院蔬菜花卉所；原始编号：QZ08032104，IVF452；分离自山东寿光洛城街道陈屯村温室茄子茎；培养基0014，25～28℃。

ACCC 37359←中国农科院资划所←中国农科院蔬菜花卉所；原始编号：QZ08041702，IVF454；分离自山东寿光洛城街道李家尧水后村温室茄子果实；培养基0014，25～28℃。

ACCC 37363←中国农科院资划所←中国农科院蔬菜花卉所；原始编号：RSG08041401，IVF458；分离自北京昌平通讯部队温室人参果叶片；培养基0014，25～28℃。

ACCC 37364←中国农科院资划所←中国农科院蔬菜花卉所；原始编号：SC08041401，IVF459；分离自北京昌平通讯部队温室生菜叶片；培养基0014，25～28℃。

ACCC 37365←中国农科院资划所←中国农科院蔬菜花卉所；原始编号：XHL08041404，IVF460；分离自北京昌平南口镇通讯部队温室西葫芦叶片；培养基0014，25～28℃。

ACCC 37712←中国农科院资划所←中国农科院植保所；原始编号：JSABC0074；分离自江苏南京草莓；培养基0014，25～28℃。

ACCC 37713←中国农科院资划所←中国农科院植保所；原始编号：JSABC0075；分离自江苏南京莴笋；培养基0014，25～28℃。

ACCC 37947←中国农科院资划所←中国农科院蔬菜花卉所；原始编号：IVF270；培养基0014，25～28℃。

ACCC 39336←山东农业大学；原始编号：LH；分离自山东泰安发病果实；培养基0014，25～28℃。

ACCC 39683←中国农科院蔬菜花卉所；原始编号：IVF-F0001；培养基0014，25～28℃。

Brachysporium phragmitis Miyake

芦苇短蠕孢霉

ACCC 30375←中国农科院土肥所←云南农业大学植物病理重点实验室DTZJ0228；土壤真菌，寄生于芦苇，引起长条形叶斑病；培养基0014，26℃。

Byssochlamys fulva Olliver & Smith

纯黄丝衣霉

ACCC 30519←中国农科院土肥所←荷兰真菌研究所，=CBS146.48；模式菌株；分离自罐装水果；培养基0014，30℃。

Cephatothecium roseum（Link ex Fr.）Corda

玫红复端孢（棉花红粉病菌）

ACCC 30210←中国农科院土肥所；分离自棉花，病原菌，生测用；培养基0015，24～28℃。

Cephalotrichum heliciforme T. Y. Zhang

小孢头束霉

ACCC 39520←山东农业大学植物保护学院；原始编号：HSAUP Ⅱ 063214；分离自青海同仁的农田土；培养基0014，25～28℃。

Cephalotrichum microsporum（Sacc.）P. M. Kirk

小孢头束霉

ACCC 39526←山东农业大学植物保护学院；原始编号：HSAUP Ⅱ 063077；分离自内蒙古土壤；培养基0014，25～28℃。

ACCC 39528←山东农业大学植物保护学院；原始编号：HSAUP Ⅱ 065111；分离自青海湖，鸟岛草地土；培养基 0014，25～28℃。

Ceratocystis paradoxa（Dade）C. Moreau
奇异长喙壳菌

ACCC 38907←中国热科院椰子研究所；原始编号：GFC；分离自文昌椰子大观园布迪椰子叶片；培养基 0014，25～28℃。

ACCC 38908←中国热科院椰子研究所；原始编号：xie331-4；分离自文昌椰子大观园椰子茎干；培养基 0014，25～28℃。

ACCC 38909←中国热科院椰子研究所；原始编号：BX3；分离自文昌椰子大观园布迪椰子叶片；培养基 0014，25～28℃。

ACCC 38910←中国热科院椰子研究所；原始编号：GFA；分离自文昌椰子大观园布迪椰子叶片；培养基 0014，25～28℃。

ACCC 38911←中国热科院椰子研究所；原始编号：GFB；分离自文昌椰子大观园布迪椰子叶片；培养基 0014，25～28℃。

ACCC 38914←中国热科院椰子研究所；原始编号：T923；分离自文昌椰子大观园椰子茎干；培养基 0014，25～28℃。

ACCC 38915←中国热科院椰子研究所；原始编号：T924；分离自文昌椰子大观园椰子嫩芽；培养基 0014，25～28℃。

ACCC 38917←中国热科院椰子研究所；原始编号：Br2；分离自文昌椰子大观园椰子嫩芽；培养基 0014，25～28℃。

ACCC 38918←中国热科院椰子研究所；原始编号：Gf924；分离自文昌椰子大观园椰子树冠；培养基 0014，25～28℃。

Cercospora apii Fres.
芹菜尾孢

ACCC 37369←中国农科院资划所←中国农科院蔬菜花卉所；原始编号：QC08061601，IVF464；分离自北京昌平南口镇通讯部队温室芹菜叶片；培养基 0014，25～28℃。

Ceriporiopsis subvermispora（Pilát）Gilb. & Ryvarden
虫拟蜡菌

ACCC 31512←中国农科院土肥所←中国农科院麻类所 IBFC W0427←印度引进；原始编号：C1；分离源：腐烂木材；用于红麻制浆；培养基 0014，25～28℃。

Chaetomium globosum Kunze ex Fries
球毛壳

ACCC 30370←中国农科院土肥所←云南农业大学植物病理重点实验室 DTZJ 0374；存在于各类森林土壤中，能使纤维类的工业制品发霉，引起木材软化，有一定的拮抗活性；培养基 0014，20～25℃。

ACCC 30565←中国农科院土肥所←美国典型物培养中心，=ATCC36703；分离自棉纱；纤维素降解菌；真菌拮抗试验用菌；培养基 0014，24℃。

ACCC 30566←中国农科院土肥所←美国典型物培养中心，=ATCC42026；纤维素降解菌；培养基 0014，24℃。

ACCC 30943←中国农科院饲料所 FRI2006099；原始编号：F138；分离地点：海南三亚；分离源：油菜；培养基 0014，25～28℃。

ACCC 30949←中国农科院饲料所 FRI2006105；原始编号：F145；分离地点：海南三亚；分离源：油菜；培养基 0014，25～28℃。

ACCC 32554←中国农科院资划所；原始编号：B-F-105-6；培养基 0014，25～28℃。

ACCC 32593←山东农科院资环所任海霞捐赠；原始编号：FSDZH-5；培养基 0014，25～28℃。

ACCC 38003←西北农大；原始编号：GL09401；分离自陕西杨凌苹果果实；培养基 0014，25～28℃。

ACCC 39707←浙江省生物计量及检验检疫技术重点实验室；原始编号：H-11；分离自浙江桐乡杭白菊种植基地杭白菊；培养基 0014，25～28℃。

Chaetomium indicum Corda
印度毛壳

ACCC 30562←中国农科院土肥所←美国典型物培养中心，＝ATCC36704；纤维素降解菌；真菌拮抗试验用菌；培养基 0014，24℃。

ACCC 30563←中国农科院土肥所←美国典型物培养中心，＝ATCC48386；分离自城市废弃物；液化纤维素、蔗糖；培养基 0014，26℃。

Chaetomium succineum Ames
琥珀色毛壳

ACCC 30944←中国农科院饲料所 FRI2006100；原始编号：F139；分离地点：海南三亚；分离源：油菜；培养基 0014，25～28℃。

Chrysosporium indicum（H. S. Randhawa & R. S. Sandhu）Garg
印度金孢

ACCC 37724←贵州大学；分离自山西吉县土壤；培养基 0014，25℃。

Chrysosporium pannorum（Link）S. Hughes
毡状金孢

ACCC 39542←山东农业大学植物保护学院；原始编号：HSAUP Ⅱ 063172；分离自青海尖扎森林土；培养基 0014，25～28℃。

ACCC 39543←山东农业大学植物保护学院；原始编号：HSAUP Ⅱ 074054；分离自青海甘德草原湿地土；培养基 0014，25～28℃。

ACCC 39544←山东农业大学植物保护学院；原始编号：HSAUP Ⅱ 074121；分离自青海甘德草原土；培养基 0014，25～28℃。

ACCC 39581←山东农业大学植物保护学院；原始编号：HSAUP Ⅱ 073599；分离自青海德令哈花坛土；培养基 0014，25～28℃。

ACCC 39582←山东农业大学植物保护学院；原始编号：HSAUP Ⅱ 063073；分离自青海循化农田土；培养基 0014，25～28℃。

ACCC 39583←山东农业大学植物保护学院；原始编号：HSAUP Ⅱ 063147；分离自青海河南草原土；培养基 0014，25～28℃。

ACCC 39584←山东农业大学植物保护学院；原始编号：HSAUP Ⅱ 063186；分离自青海河南草原土；培养基 0014，25～28℃。

ACCC 39585←山东农业大学植物保护学院；原始编号：HSAUP Ⅱ 074040；分离自青海班玛草原土；培养基 0014，25～28℃。

ACCC 39586←山东农业大学植物保护学院；原始编号：HSAUP Ⅱ 074079；分离自青海玛多草原湿地土；培养基 0014，25～28℃。

ACCC 39587←山东农业大学植物保护学院；原始编号：HSAUP Ⅱ 074080；分离自青海玛多鄂陵湖草原土；培养基 0014，25～28℃。

ACCC 39588←山东农业大学植物保护学院；原始编号：HSAUP Ⅱ 074286；分离自青海玉树草原湿地土；培养基 0014，25～28℃。

Circinellaum umbellate van Tieghem & Le Monnier
伞形卷霉

ACCC 30350←中国农科院土肥所；原始编号：12-1-8；用于生产饲料；培养基 0014，25～28℃。

Cladosporium cladosporiodes（Fres.）G. A. de Vries
枝状枝孢

ACCC 30952←中国农科院饲料所 FRI2006108；原始编号：F148；分离地点：海南三亚；分离源：鱼肠胃；培养基 0014，25～28℃。

ACCC 37214←中国农科院资划所；分离自北京海淀黄瓜下部茎；内生菌；培养基 0014，25℃。

Cladosporium colocasiae Saw.

芋枝孢

ACCC 31928←广东微生物所菌种组 GIMV41-M-2；分离自越南的原始林土壤；培养基 0014，25℃。

Cladosporium cucumerinum Ellis & Arthur

瓜枝孢（瓜类黑星病菌）

ACCC 36060←中国农科院蔬菜花卉所；分离自山东济南温室黄瓜黑星病果实；培养基 0014，25℃。

ACCC 36062←中国农科院蔬菜花卉所；分离自辽宁大连蔬菜温室甜瓜黑星病叶片；培养基 0014，25℃。

ACCC 37043←中国农科院蔬菜花卉所；分离自山东寿光丝瓜黑星病叶片；培养基 0014，25℃。

Cladosporium fulvum Cooke

黄枝孢（番茄叶霉病菌）

ACCC 36018←中国农科院植保所；分离自山东临清番茄叶霉病病组织；培养基 0014，25℃。

ACCC 36437←中国农科院蔬菜花卉所←山东省农业科学院；分离自山东济南温室番茄叶霉病叶片；培养基 0014，25℃。

ACCC 37293←中国农科院蔬菜花卉所；分离自北京昌平樱桃番茄叶霉病叶片；培养基 0014，25℃。

ACCC 37445←中国农科院蔬菜花卉所；分离自山东寿光温室番茄叶霉病叶片；培养基 0014，25℃。

Cladosporium herbarum（Pers.）Link

草本枝孢霉

ACCC 31564←新疆农科院微生物所 XAAS40089；原始编号：F108-2；分离地点：新疆一号冰川；分离源：土壤；培养基 0014，25～28℃。

ACCC 31592←新疆农科院微生物所 XAAS40193；原始编号：LF42-3；分离地点：新疆一号冰川；分离源：土壤；培养基 0014，25～28℃。

ACCC 32329←广东微生物所菌种组 GIMF-21；原始编号：F-21；除光学仪器外的防霉试验菌株；培养基 0014，25℃。

Cladosporium limoniforme Bensch，Crous & U. Braun

ACCC 32723←中国农科院饲料所马锐提供；原始编号：MR5384；分离自新疆哈密高原土；培养基 0014，25～28℃。

ACCC 32724←中国农科院饲料所马锐提供；原始编号：MR6731；分离自新疆哈密高原土；培养基 0014，25～28℃。

Cladosporium neopsychrotolerans R. Ma & Qian Chen

新嗜冷枝孢

ACCC 32708←中国农科院饲料所马锐提供；原始编号：SL-16；分离自新疆天山雪莲根际土；培养基 0014，25～28℃。

ACCC 32709←中国农科院饲料所马锐提供；原始编号：SL-20；分离自新疆天山雪莲根际土；培养基 0014，25～28℃。

Cladosporium paeoniae Pass.

牡丹枝孢（牡丹叶霉病菌）

ACCC 36063←中国农科院蔬菜花卉所；分离自北京海淀花卉温室牡丹褐斑病（红斑病）叶片；培养基 0014，20～25℃。

ACCC 36064←中国农科院蔬菜花卉所；分离自北京海淀花卉设施温室芍药红斑病叶片；培养基 0014，20℃。

ACCC 36187←中国农科院植保所←河南农业大学植物保护学院；分离自河南郑州牡丹枝孢叶斑病叶片；培养基 0017，27℃。

Cladosporium paralimoniforme R. Ma & Qian Chen

ACCC 32718←中国农科院饲料所马锐提供；原始编号：MR5423；分离自新疆巴音郭楞州高原土；培养
基 0014，25～28℃。

Cladosporium prolongatum R. Ma & Qian Chen

ACCC 32721←中国农科院饲料所马锐提供；原始编号：MR3846；分离自新疆哈密高原土；培养基
0014，25～28℃。

ACCC 32722←中国农科院饲料所马锐提供；原始编号：MR5436；分离自新疆哈密高原土；培养基
0014，25～28℃。

Cladosporium sinuatum R. Ma & Qian Chen

ACCC 32712←中国农科院饲料所马锐提供；原始编号：QH1-5；分离自青海巴颜喀拉山高原土；培养
基 0014，25～28℃。

ACCC 32713←中国农科院饲料所马锐提供；原始编号：QH1-7；分离自青海巴颜喀拉山高原土；培养
基 0014，25～28℃。

ACCC 32714←中国农科院饲料所马锐提供；原始编号：QH1-9；分离自青海巴颜喀拉山高原土；培养
基 0014，25～28℃。

Cladosporium sp.

枝孢霉

ACCC 30383←中国农科院土肥所←云南农业大学植物病理重点实验室；病原菌；培养基 0015，25～28℃。

Cladosporium stercorarium Corda

牛粪枝孢

ACCC 30381←中国农科院土肥所←云南农业大学植物病理重点实验室 MHYAU07860，C1815；纤维分
解菌；培养基 0014，20～25℃。

Cladosporium stercoris Spegazzini

粪生枝孢

ACCC 30380←中国农科院土肥所←云南农业大学植物病理重点实验室 MHYAU07858，C1561；纤维分
解菌；培养基 0014，20～25℃。

Cladosporium tianshanense R. Ma & Qian Chen

天山枝孢

ACCC 32711←中国农科院饲料所马锐提供；原始编号：SL-19；分离自新疆天山雪莲根际土；培养基
0014，25～28℃。

Cladosporium verruculosum R. Ma & Qian Chen

ACCC 32715←中国农科院饲料所马锐提供；原始编号：QH1-6；分离自青海巴颜喀拉山高原土；培养
基 0014，25～28℃。

ACCC 32716←中国农科院饲料所马锐提供；原始编号：QH1-10；分离自青海巴颜喀拉山高原土；培养
基 0014，25～28℃。

Cladosporium xantochromaticum Sand.-Den.，Gené & Cano

ACCC 32719←中国农科院饲料所马锐提供；原始编号：QH2-12；分离自青海互助山高原土；培养基
0014，25～28℃。

ACCC 32720←中国农科院饲料所马锐提供；原始编号：QH2-15；分离自青海互助山高原土；培养基
0014，25～28℃。

Claviceps purpurea（Fr.）Tul.

麦角菌

ACCC 36987←中国热科院环植所；分离自福建龙岩小池镇国道边荒地鹅观草病麦角；培养基 0014，
28℃。

ACCC 36989←中国热科院环植所；分离自福建龙岩小池镇荒坡地鹅观草病麦角；培养基 0014，28℃。

ACCC 36990←中国热科院环植所；分离自广西桂林漓江边无芒雀麦病麦角；培养基 0014，28℃。

ACCC 36991←中国热科院环植所；分离自广西桂林漓江边无芒雀麦病麦角；培养基 0014，28℃。
ACCC 36992←中国热科院环植所；分离自广西桂林漓江边无芒雀麦病麦角；培养基 0014，28℃。
ACCC 36993←中国热科院环植所；分离自福建漳州杂树林边缘燕麦草病麦角；培养基 0014，28℃。
ACCC 36994←中国热科院环植所；分离自福建漳州杂树林边缘燕麦草病麦角；培养基 0014，28℃。
ACCC 36995←中国热科院环植所；分离自福建龙江江堤燕麦草病麦角；培养基 0014，28℃。
ACCC 36996←中国热科院环植所；分离自福建龙岩小池镇国道边荒地白顶早熟禾病麦角；培养基 0014，28℃。
ACCC 36997←中国热科院环植所；分离自福建龙岩小池镇国道边荒地白顶早熟禾病麦角；培养基 0014，28℃。
ACCC 36998←中国热科院环植所；分离自福建龙岩小池镇荒坡地白顶早熟禾病麦角；培养基 0014，28℃。
ACCC 37000←中国热科院环植所；分离自福建龙岩小池镇荒坡地无芒雀麦病麦角；培养基 0014，28℃。
ACCC 37001←中国热科院环植所；分离自福建龙岩小池镇国道边无芒雀麦病麦角；培养基 0014，28℃。
ACCC 37002←中国热科院环植所；分离自福建龙岩小池镇国道边斜坡苇状羊茅病麦角；培养基 0014，28℃。
ACCC 37003←中国热科院环植所；分离自福建龙岩小池镇路边斜坡苇状羊茅病麦角；培养基 0014，28℃。
ACCC 37005←中国热科院环植所；分离自福建龙岩小池镇国道边斜坡佛子茅病麦角；培养基 0014，28℃。
ACCC 37006←中国热科院环植所；分离自福建龙岩小池镇国道边斜坡佛子茅病麦角；培养基 0014，28℃。
ACCC 37007←中国热科院环植所；分离自福建龙岩小池镇海滩湿地佛子茅病麦角；培养基 0014，28℃。
ACCC 37008←中国热科院环植所；分离自福建漳州杂树林边缘鹅观草病麦角；培养基 0014，28℃。
ACCC 37009←中国热科院环植所；分离自福建漳州杂树林边缘鹅观草病麦角；培养基 0014，28℃。
ACCC 37010←中国热科院环植所；分离自福建漳州杂树林鹅观草病麦角；培养基 0014，28℃。
ACCC 37012←中国热科院环植所；分离自福建漳州杂树林白顶早熟禾病麦角；培养基 0014，28℃。
ACCC 37013←中国热科院环植所；分离自福建漳州杂树林边缘白顶早熟禾病麦角；培养基 0014，28℃。
ACCC 37014←中国热科院环植所；分离自广西桂林漓江边燕麦草病麦角；培养基 0014，28℃。
ACCC 37015←中国热科院环植所；分离自广西桂林漓江边燕麦草病麦角；培养基 0014，28℃。
ACCC 37016←中国热科院环植所；分离自广西桂林漓江边燕麦草病麦角；培养基 0014，28℃。
ACCC 37017←中国热科院环植所；分离自广西桂林漓江边佛子茅病麦角；培养基 0014，28℃。
ACCC 37018←中国热科院环植所；分离自广西桂林漓江边佛子茅病麦角；培养基 0014，28℃。
ACCC 37019←中国热科院环植所；分离自广西桂林漓江边佛子茅病麦角；培养基 0014，28℃。

Cochliobolus sativus（Ito & Kuribayashi）Drechsler ex Dastur

禾旋孢腔菌（小麦根腐病菌）

ACCC 30139←中国农科院土肥所←中科院微生物所 AS3.2881；病原菌；培养基 0014，25～28℃。

Colletotrichum acutatum J. H. Simmonds

尖孢炭疽菌

ACCC 38928←中国农科院果树所果树病害实验室分离；原始编号：PT1；分离自辽宁兴城苹果果实；培养基 0014，25～28℃。
ACCC 38933←中国农科院果树所果树病害实验室分离；原始编号：T1；分离自辽宁兴城欧李果实；培养基 0014，25～28℃。
ACCC 38939←中国农科院果树所果树病害实验室分离；原始编号：WCA1；分离自辽宁兴城核桃果实；培养基 0014，25～28℃。
ACCC 39342←四川农业大学；原始编号：WQ1；分离自四川雅安多营镇红阳猕猴桃种植园腐烂的红阳猕猴桃果实；培养基 0014，25～28℃。

Colletotrichum alatae B. S. Weir & P. R. Johnst.

ACCC 39281←海南大学热带农林学院；原始编号：DA1605；分离自海南儋州宝岛新村参薯叶片；培养基 0014，25～28℃。

Colletotrichum arecae Syd. & P. Syd.

ACCC 37598←中国热科院环植所；分离自海南儋州丘陵槟榔炭疽病；培养基0014，28℃。

Colletotrichum capsici（Syd.）Butler & Bisby

辣椒刺盘孢（辣椒炭疽病菌）

ACCC 31218←中国热科院环植所；分离地点：海南省；分离源：菜椒果实；培养基0014，25～28℃。

ACCC 36172←中国农科院植保所←河南农业大学植物保护学院；分离自河南郑州烟草低头黑病病组织；培养基0014，28℃。

ACCC 37044←中国农科院蔬菜花卉所；分离自北京昌平茄子炭疽病茎；培养基0014，25℃。

ACCC 37045←中国农科院蔬菜花卉所；分离自北京大兴南瓜炭疽病叶片；培养基0014，25℃。

ACCC 37046←中国农科院蔬菜花卉所；分离自北京顺义茄子炭疽病叶片；培养基0014，25℃。

ACCC 37049←中国农科院蔬菜花卉所；分离自北京昌平辣椒炭疽病叶片；培养基0014，25℃。

ACCC 37050←中国农科院蔬菜花卉所；分离自北京顺义辣椒炭疽病果实；培养基0014，25℃。

ACCC 37112←中国农科院蔬菜花卉所；原始编号：IVF349；分离自北京植物园红景天叶片；培养基0014，25～28℃。

ACCC 37406←中国农科院资划所←中国农科院蔬菜花卉所；原始编号：IVF483，TG08071501；分离自北京顺义李桥镇北河村露地甜瓜叶片；培养基0014，25～28℃。

ACCC 37419←中国农科院蔬菜花卉所；分离自北京大兴丝瓜炭疽病叶片；培养基0014，25℃。

ACCC 37431←中国农科院蔬菜花卉所；分离自北京顺义辣椒炭疽病果实；培养基0014，25℃。

ACCC 37432←中国农科院资划所←中国农科院蔬菜花卉所；原始编号：IVF509 LJ08072301；分离自北京市顺义区李桥镇南庄头村露地辣椒果实；培养基0014，25～28℃。

ACCC 37448←中国农科院蔬菜花卉所；分离自北京大兴番茄炭疽病果实；培养基0014，25℃。

ACCC 37463←中国农科院蔬菜花卉所；分离自北京海淀牡丹炭疽病叶片；培养基0014，25℃。

Colletotrichum coccodes（Wallr.）S. Hughes

毛核刺盘孢

ACCC 36067←中国农科院蔬菜花卉所；分离自北京海淀花卉设施温室山茶花炭疽病叶片；山茶花炭疽病菌；培养基0014，20℃。

ACCC 39355←中国农科院资划所；原始编号：20-1-Z8；分离自河北张家口沽源县马铃薯；培养基0014，25～28℃。

Colletotrichum dematium（Persoon ex Fries）Grove

束状刺盘孢（束状炭疽菌）

ACCC 30405←中国农科院土肥所；烟草低头黑病菌；病原菌；培养基0014，24～28℃。

ACCC 37048←中国农科院蔬菜花卉所；分离自北京大兴花生炭疽病叶片；培养基0014，25℃。

ACCC 37440←中国农科院蔬菜花卉所；分离自北京大兴花生炭疽病叶片；培养基0014，25℃。

Colletotrichum fructicola Prihast., L. Cai & K. D. Hyde

果生刺盘孢

ACCC 39328←西北农大；原始编号：1104-7；分离自河北晋州苹果叶部；培养基0014，25～28℃。

Colletotrichum gloeosporioides（Penz.）Penz. & Sacc.

盘长孢状刺盘孢（胶胞炭疽菌）

ACCC 30012←中国农科院土肥所←中国农科院植保所；橡胶炭疽病菌；病原菌；培养基0014，24～28℃。

ACCC 31200←中国热科院环植所；原始编号：两院A；分离地点：海南儋州；分离源：杧果果实；培养基0014，25～28℃。

ACCC 31201←中国热科院环植所；原始编号：两院1；分离地点：海南儋州；分离源：杧果果实；培养基0014，25～28℃。

ACCC 31202←中国热科院环植所；原始编号：两院2；分离地点：海南儋州；分离源：杧果果实；培养基0014，25～28℃。

ACCC 31203←中国热科院环植所；原始编号：万宁 1；分离地点：海南万宁；分离源：杧果果实；培养基 0014，25～28℃。

ACCC 31204←中国热科院环植所；原始编号：万宁 2；分离地点：海南万宁；分离源：杧果果实；培养基 0014，25～28℃。

ACCC 31205←中国热科院环植所；原始编号：白沙 1；分离地点：海南白沙；分离源：杧果果实；培养基 0014，25～28℃。

ACCC 31206←中国热科院环植所；原始编号：白沙 2；分离地点：海南白沙；分离源：杧果果实；培养基 0014，25～28℃。

ACCC 31207←中国热科院环植所；原始编号：乐东 1；分离地点：海南乐东；分离源：杧果果实；培养基 0014，25～28℃。

ACCC 31208←中国热科院环植所；原始编号：乐东 2；分离地点：海南乐东；分离源：杧果果实；培养基 0014，25～28℃。

ACCC 31209←中国热科院环植所；原始编号：琼海；分离地点：海南琼海；分离源：杧果果实；培养基 0014，25～28℃。

ACCC 31210←中国热科院环植所；原始编号：东方 1；分离地点：海南东方；分离源：杧果果实；培养基 0014，25～28℃。

ACCC 31211←中国热科院环植所；原始编号：东方 2；分离地点：海南东方；分离源：杧果果实；培养基 0014，25～28℃。

ACCC 31212←中国热科院环植所；原始编号：三亚 1；分离地点：海南三亚；分离源：杧果果实；培养基 0014，25～28℃。

ACCC 31215←中国热科院环植所；原始编号：保亭；分离地点：海南保亭；分离源：杧果果实；培养基 0014，25～28℃。

ACCC 31216←中国热科院环植所；原始编号：五指山；分离地点：海南五指山；分离源：杧果果实；培养基 0014，25～28℃。

ACCC 31219←中国热科院环植所；原始编号：26；分离地点：海南省；分离源：杧果果实；培养基 0014，25～28℃。

ACCC 31221←中国热科院环植所；原始编号：HR4；分离地点：海南省；分离源：杧果果实；培养基 0014，25～28℃。

ACCC 31222←中国热科院环植所；原始编号：HR31；分离地点：海南省；分离源：杧果果实；培养基 0014，25～28℃。

ACCC 31232←中国热科院环植所；原始编号：ZR75；分离地点：广东湛江；分离源：杧果果实；培养基 0014，25～28℃。

ACCC 31233←中国热科院环植所；原始编号：ZS；分离地点：广东湛江；分离源：杧果果实；培养基 0014，25～28℃。

ACCC 31234←中国热科院环植所；原始编号：DR10；分离地点：海南；分离源：杧果果实；培养基 0014，25～28℃。

ACCC 31235←中国热科院环植所；原始编号：DR11；分离地点：海南；分离源：杧果果实；培养基 0014，25～28℃。

ACCC 36096←中国农科院蔬菜花卉所；分离自北京顺义巴西木炭疽病叶片；培养基 0014，25～28℃。

ACCC 36132←中国农科院资划所←中国农科院蔬菜花卉所；原始编号：050830，IVF126；分离自中国农科院果树所苹果园苹果果实；培养基 0014，25～28℃。

ACCC 36155←中国农科院资划所←中国热科院环植所；原始编号：EPPI000961，15-1；分离自兴隆热带植物园苦丁茶叶片；培养基 0014，25～28℃。

ACCC 36158←中国热科院环植所；分离自海南五指山杨桃叶斑病叶片；培养基 0014，28℃。

ACCC 36159←中国农科院资划所←中国热科院环植所；原始编号：EPPI000999，11-1；分离自五指山；培养基 0014，25～28℃。

ACCC 36160←中国农科院资划所←中国热科院环植所；原始编号：EPPI000997，17-1；分离自兴隆热带植物园；培养基 0014，25～28℃。

ACCC 36185←中国农科院植保所←河南农业大学植物保护院；分离自河南郑州丁香炭疽病病组织；培养基 0017，25℃。

ACCC 36193←中国农科院植保所←河南农业大学植物保护院；分离自河南郑州山茱萸炭疽病病组织；培养基 0017，25℃。

ACCC 36199←中国农科院资划所←中国农科院植保所；原始编号：HN-008；分离自河南农业大学科教试验园区实验田苹果炭疽病（组织）；培养基 0014，25～28℃。

ACCC 36320←中国农科院资划所←中国热科院环植所；原始编号：CATAS 2007，Z20070007；分离自福山镇丘陵橡胶叶片；培养基 0014，25～28℃。

ACCC 36324←中国农科院资划所←中国热科院环植所；原始编号：CATAS 2013，Z20070013；分离自三亚丘陵鹅掌柴叶片；培养基 0014，25～28℃。

ACCC 36325←中国农科院资划所←中国热科院环植所；原始编号：CATAS 2014，Z20070014；分离自福山镇丘陵柚树叶片；培养基 0014，25～28℃。

ACCC 36326←中国农科院资划所←中国热科院环植所；原始编号：CATAS 2015，Z20070015；分离自儋州丘陵杧果；培养基 0014，25～28℃。

ACCC 36331←中国农科院资划所←中国热科院环植所；原始编号：CATAS 2021，Z20070021；分离自两院丘陵龟背竹叶片；培养基 0014，25～28℃。

ACCC 36332←中国农科院资划所←中国热科院环植所；原始编号：CATAS EPPI2022，Z20070022；分离自永发镇丘陵波罗蜜；培养基 0014，25～28℃。

ACCC 36333←中国农科院资划所←中国热科院环植所；原始编号：CATAS EPPI2023，Z20070023；分离自两院丘陵柱花草；培养基 0014，25～28℃。

ACCC 36336←中国农科院资划所←中国热科院环植所；原始编号：CATAS EPPI2026，Z20070026；分离自两院丘陵飞机草叶片；培养基 0014，25～28℃。

ACCC 36340←中国农科院资划所←中国热科院环植所；原始编号：CATAS EPPI2030，Z20070030；分离自光雅镇丘陵橡胶叶片；培养基 0014，25～28℃。

ACCC 36350←中国农科院资划所←中国热科院环植所；原始编号：CATAS EPPI2042，Z20070042；分离自福山镇丘陵大王棕叶片；培养基 0014，25～28℃。

ACCC 36351←中国农科院资划所←中国热科院环植所；原始编号：CATAS EPPI2043，Z20070043；分离自两院丘陵荔枝叶片；培养基 0014，25～28℃。

ACCC 36354←中国农科院资划所←中国热科院环植所；原始编号：Z20070047 CATAS，EPPI2047；分离自两院丘陵文心兰叶片；培养基 0014，25～28℃。

ACCC 36364←中国农科院资划所←中国热科院环植所；原始编号：CATAS EPPI2061，Z20070061；分离自两院丘陵闭鞘姜叶片；培养基 0014，25～28℃。

ACCC 36412←中国农科院资划所←中国农科院蔬菜花卉所；原始编号：GSDJ07032013，IVF163；分离自中国农科院蔬菜花卉所南温室高山杜鹃叶片；培养基 0014，25～28℃。

ACCC 36417←中国农科院蔬菜花卉所；分离自北京顺义温室橡皮树炭疽病叶片；培养基 0014，25℃。

ACCC 36418←中国农科院蔬菜花卉所；分离自北京海淀温室山茶炭疽病叶片；培养基 0014，25℃。

ACCC 36420←中国农科院蔬菜花卉所；分离自北京海淀肉桂炭疽病叶片；培养基 0014，25℃。

ACCC 36425←中国农科院蔬菜花卉所；分离自北京顺义温室凤梨炭疽病叶片；培养基 0014，25℃。

ACCC 36431←中国农科院资划所←中国农科院蔬菜花卉所；原始编号：MG06052001-1，IVF184；分离自中国农科院郑州果树研究所露地果实；培养基 0014，25～28℃。

ACCC 36483←中国热科院环植所←华南热带农业大学环境与植物保护学院；分离自海南儋州油梨炭疽病病组织；培养基 0014，28℃。

ACCC 36484←中国农科院资划所←中国热科院环植所；原始编号：CATAS EPPI2009，Z20070009；分离自永发镇丘陵龙眼树叶片；培养基 0014，25～28℃。

ACCC 36485←中国农科院资划所←中国热科院环植所；原始编号：CATAS EPPI2011，Z20070011；分
　　　　离自两院丘陵神秘果叶片；培养基 0014，25～28℃。

ACCC 36486←中国农科院资划所←中国热科院环植所；原始编号：CATAS EPPI2017，Z20070017；分
　　　　离自两院丘陵百合竹叶片；培养基 0014，25～28℃。

ACCC 36496←中国农科院资划所←中国热科院环植所；原始编号：CATAS EPPI2071，Z20070071；分
　　　　离自海南省三亚市丘陵印度紫檀叶片；培养基 0014，25～28℃。

ACCC 36499←中国农科院资划所←中国热科院环植所；原始编号：CATAS EPPI2074，Z20070074；分
　　　　离自黄流镇丘陵；培养基 0014，25～28℃。

ACCC 36500←中国农科院资划所←华南热带农业大学环境与植物保护学院；原始编号：CATAS
　　　　EPPI2075，Z20070075；分离自海口平原；培养基 0014，25～28℃。

ACCC 36809←中国农科院资划所←中国热科院环植所；原始编号：CATAS EPPI2078，Z20070078；分
　　　　离自两院丘陵咖啡叶片；培养基 0014，25～28℃。

ACCC 36812←中国农科院资划所←中国热科院环植所；原始编号：CATAS EPPI2082，Z20070082；分
　　　　离自海南儋州两院丘陵可可叶片；培养基 0014，25～28℃。

ACCC 36813←中国农科院资划所←中国热科院环植所；原始编号：CATAS EPPI2083，Z20070083；分
　　　　离自海南儋州两院丘陵假连翘叶片；培养基 0014，25～28℃。

ACCC 36814←中国热科院环植所←华南热带农业大学环境与植物保护学院；分离自海南儋州杧果炭疽
　　　　病病组织；培养基 0014，28℃。

ACCC 36818←中国农科院资划所←华南热带农业大学环境与植物保护学院；原始编号：CATAS
　　　　EPPI2090，Z20070090；分离自海南万宁兴隆镇丘陵鹅掌柴叶片；培养基 0014，25～28℃。

ACCC 36823←中国农科院资划所←中国热科院环植所；原始编号：CATAS EPPI2097，Z20070097；分
　　　　离自海南万宁兴隆镇丘陵咖啡叶片；培养基 0014，25～28℃。

ACCC 36824←中国热科院环植所←华南热带农业大学环境与植物保护学院；分离自海南万宁丘陵槟榔
　　　　炭疽病病斑；培养基 0014，28℃。

ACCC 37084←中国农科院蔬菜花卉所；原始编号：IVF318；分离自大叶黄杨；培养基 0014，25～28℃。

ACCC 37085←中国农科院蔬菜花卉所；原始编号：IVF319；分离自非洲茉莉；培养基 0014，25～28℃。

ACCC 37086←中国农科院蔬菜花卉所；原始编号：IVF320；分离自红掌；培养基 0014，25～28℃。

ACCC 37096←中国农科院蔬菜花卉所；原始编号：IVF331；分离自北京植物园元宝枫叶片；培养基
　　　　0014，25～28℃。

ACCC 37465←中国农科院资划所←中国农科院蔬菜花卉所；原始编号：IVF542，TMQH08091101；分
　　　　离自北京植物园天目琼花叶片；培养基 0014，25～28℃。

ACCC 37467←中国农科院资划所←中国农科院蔬菜花卉所；原始编号：IVF544，ZT08102001；分离自
　　　　北京植物园紫藤叶片；培养基 0014，25～28℃。

ACCC 37468←中国农科院资划所←中国农科院蔬菜花卉所；原始编号：IVF545，LH08111701；分离
　　　　自山东青州黄楼镇兰花叶片；培养基 0014，25～28℃。

ACCC 37472←中国农科院蔬菜花卉所；分离自湖北宜昌辣椒炭疽病果实；培养基 0014，25℃。

ACCC 37520←中国农科院资划所←中国热科院环植所；原始编号：CATAS2524；分离自广东雷州徐闻
　　　　县丰收农场龙眼；培养基 0014，25～28℃。

ACCC 37522←中国农科院资划所←中国热科院环植所；原始编号：CATAS25261；分离自广东雷州徐
　　　　闻县丰收农场蒲葵；培养基 0014，25～28℃。

ACCC 37523←中国热科院环植所；分离自广东徐闻银边沿阶草炭疽病病组织；培养基 0014，28℃。

ACCC 37525←中国热科院环植所；分离自广东徐闻荔枝炭疽病病组织；培养基 0014，28℃。

ACCC 37527←中国农科院资划所←中国热科院环植所；原始编号：CATAS2531；分离自海南大学城西
　　　　校区观赏凤梨；培养基 0014，25～28℃。

ACCC 37528←中国农科院资划所←中国热科院环植所；原始编号：CATAS2532；分离自海南大学儋州
　　　　校区南药圃益智；培养基 0014，25～28℃。

ACCC 37536←中国农科院资划所←中国热科院环植所；原始编号：CATAS2541；分离自海南大学儋州校区南药圃龙血树；培养基 0014，25～28℃。

ACCC 37540←中国农科院资划所←中国热科院环植所；原始编号：CATAS2545；分离自海南大学儋州校区南药圃小驳骨；培养基 0014，25～28℃。

ACCC 37542←中国农科院资划所←中国热科院环植所；原始编号：CATAS2547；分离自海南大学儋州校区南药圃巴豆；培养基 0014，25～28℃。

ACCC 37545←中国农科院资划所←中国热科院环植所；原始编号：CATAS2550；分离自海南大学儋州校区南药圃佛肚树；培养基 0014，25～28℃。

ACCC 37546←中国农科院资划所←中国热科院环植所；原始编号：CATAS2551；分离自海南大学儋州校区南药圃厚皮树；培养基 0014，25～28℃。

ACCC 37548←中国农科院资划所←中国热科院环植所；原始编号：CATAS2553；分离自海南大学儋州校区南药圃橡皮树；培养基 0014，25～28℃。

ACCC 37549←中国热科院环植所；分离自海南海口麦冬炭疽菌病组织；培养基 0014，28℃。

ACCC 37550←中国农科院资划所←中国热科院环植所；原始编号：CATAS2541；分离自海南大学儋州校区大学校园沿街草；培养基 0014，25～28℃。

ACCC 37551←中国农科院资划所←中国热科院环植所；原始编号：CATAS2556；分离自海南大学儋州校区南药圃粗脉紫金牛；培养基 0014，25～28℃。

ACCC 37553←中国农科院资划所←中国热科院环植所；原始编号：CATAS2558；分离自海南大学儋州校区南药圃紫丹；培养基 0014，25～28℃。

ACCC 37554←中国农科院资划所←中国热科院环植所；原始编号：CATAS2559；分离自海南大学儋州校区南药圃马铃果；培养基 0014，25～28℃。

ACCC 37558←中国农科院资划所←中国热科院环植所；原始编号：CATAS2563；分离自广州市越秀公园龟背竹；培养基 0014，25～28℃。

ACCC 37559←中国农科院资划所←中国热科院环植所；原始编号：CATAS2564；分离自广州市越秀公园观赏凤梨；培养基 0014，25～28℃。

ACCC 37560←中国农科院资划所←中国热科院环植所；原始编号：CATAS2565；分离自广州市越秀公园花叶良姜；培养基 0014，25～28℃。

ACCC 37588←中国农科院资划所←中国热科院环植所；原始编号：CATAS2568；分离自广州市越秀公园鱼尾葵；培养基 0014，25～28℃。

ACCC 37589←中国农科院资划所←中国热科院环植所；原始编号：CATAS2569；分离自广州市越秀公园大叶龙船花；培养基 0014，25～28℃。

ACCC 37591←中国农科院资划所←中国热科院环植所；原始编号：CATAS2571；分离自广州市越秀公园红刺露兜；培养基 0014，25～28℃。

ACCC 37599←中国农科院资划所←中国热科院环植所；原始编号：CATAS2579；分离自海南大学城西校区大学校园银边沿阶草；培养基 0014，25～28℃。

ACCC 37604←中国农科院资划所←中国热科院环植所；原始编号：CATAS2584；分离自海南大学儋州校区园艺学院基地酒瓶兰；培养基 0014，25～28℃。

ACCC 37621←中国农科院资划所←中国热科院环植所；原始编号：CATAS2603；分离自海南大学儋州校区南药圃椰子树；培养基 0014，25～28℃。

ACCC 38880←中科院微生物所；原始编号：LC 2943；分离自四川成都 *Cleyera japonica* 叶片；培养基 0014，25～28℃。

ACCC 38881←中科院微生物所；原始编号：LC 3686；分离自江西 *Camellia* sp. 叶片；培养基 0014，25～28℃。

ACCC 38924←中国农科院果树研究所果树病害实验室分离；原始编号：PGTJ1；分离自辽宁兴城苹果果实；培养基 0014，25～28℃。

ACCC 38931←中国农科院果树研究所果树病害实验室分离；原始编号：LTJ；分离自辽宁兴城梨果实；培养基 0014，25～28℃。

ACCC 38938←中国农科院果树研究所果树病害实验室分离；原始编号：WCG1；分离自辽宁兴城核桃果实；培养基 0014，25～28℃。

ACCC 39054←中国热科院环植所；原始编号：EPPI20140002；分离自四川攀枝花仁和杧果树果实；培养基 0014，25～28℃。

ACCC 39055←中国热科院环植所；原始编号：EPPI20140003；分离自海南儋州杧果叶片；培养基 0014，25～28℃。

ACCC 39056←中国热科院环植所；原始编号：EPPI20140004；分离自云南永德杧果果实；培养基 0014，25～28℃。

ACCC 39057←中国热科院环植所；原始编号：EPPI20140005；分离自广西田东杧果树果实；培养基 0014，25～28℃。

ACCC 39058←中国热科院环植所；原始编号：EPPI20140006；分离自海南东方杧果叶片；培养基 0014，25～28℃。

ACCC 39059←中国热科院环植所；原始编号：EPPI20140007；分离自广西田东杧果果实；培养基 0014，25～28℃。

ACCC 39060←中国热科院环植所；原始编号：EPPI20140008；分离自海南东方杧果果实；培养基 0014，25～28℃。

ACCC 39061←中国热科院环植所；原始编号：EPPI20140009；分离自四川攀枝花仁和杧果果实；培养基 0014，25～28℃。

ACCC 39062←中国热科院环植所；原始编号：EPPI20140010；分离自云南永德杧果果实；培养基 0014，25～28℃。

ACCC 39063←中国热科院环植所；原始编号：EPPI20140011；分离自云南永德杧果果实；培养基 0014，25～28℃。

ACCC 39091←中国热科院环植所；原始编号：EPPI20140042；分离自海南白沙橡胶树叶片；培养基 0014，25～28℃。

ACCC 39100←中国热科院环植所；原始编号：EPPI20140054；分离自海南海口橡胶树叶片；培养基 0014，25～28℃。

ACCC 39101←中国热科院环植所；原始编号：EPPI20140055；分离自海南临高县橡胶树叶片；培养基 0014，25～28℃。

ACCC 39103←中国热科院环植所；原始编号：EPPI20140057；分离自海南琼中县橡胶树叶片；培养基 0014，25～28℃。

ACCC 39104←中国热科院环植所；原始编号：EPPI20140059；分离自云南西双版纳州勐腊县橡胶树叶片；培养基 0014，25～28℃。

ACCC 39105←中国热科院环植所；原始编号：EPPI20140061；分离自广东湛江橡胶树叶片；培养基 0014，25～28℃。

ACCC 39107←中国热科院环植所；原始编号：EPPI20140063；分离自海南琼中县橡胶树叶片；培养基 0014，25～28℃。

ACCC 39108←中国热科院环植所；原始编号：EPPI20140064；分离自云南西双版纳州勐腊县橡胶树叶片；培养基 0014，25～28℃。

ACCC 39109←中国热科院环植所；原始编号：EPPI20140067；分离自广东湛江橡胶树叶片；培养基 0014，25～28℃。

ACCC 39110←中国热科院环植所；原始编号：EPPI20140068；分离自云南西双版纳州勐腊县橡胶树叶片；培养基 0014，25～28℃。

ACCC 39111←中国热科院环植所；原始编号：EPPI20140069；分离自广东湛江市木薯叶片；培养基 0014，25～28℃。

ACCC 39112←中国热科院环植所；原始编号：EPPI20140070；分离自海南海口橡胶树叶片；培养基 0014，25～28℃。

ACCC 39117←中国热科院环植所；原始编号：EPPI20140076；分离自广西东兴橡胶树叶片；培养基
        0014，25～28℃。

ACCC 39120←中国热科院环植所；原始编号：EPPI20140080；分离自海南五指山橡胶树叶片；培养基
        0014，25～28℃。

ACCC 39122←中国热科院环植所；原始编号：EPPI20140082；分离自海南儋州橡胶树叶片；培养基
        0014，25～28℃。

ACCC 39123←中国热科院环植所；原始编号：EPPI20140083；分离自海南海口橡胶树叶片；培养基
        0014，25～28℃。

ACCC 39124←中国热科院环植所；原始编号：EPPI20140085；分离自海南万宁橡胶树叶片；培养基
        0014，25～28℃。

ACCC 39126←中国热科院环植所；原始编号：EPPI20140087；分离自海南文昌橡胶树叶片；培养基
        0014，25～28℃。

ACCC 39127←中国热科院环植所；原始编号：EPPI20140088；分离自云南景洪橡胶树叶片；培养基
        0014，25～28℃。

ACCC 39298←河南科技大学林学院；原始编号：HKDLIN-027；分离自河南洛宁上戈镇下王村苹果果
        实病斑；培养基0014，25～28℃。

ACCC 39300←河南科技大学林学院；原始编号：HKDLIN-032；分离自河南洛阳洛龙区河南科技大学
        开元校区桂花叶片病斑；培养基0014，25～28℃。

ACCC 39340←山东农业大学；原始编号：b；分离自山东泰安核桃果实病斑；培养基0014，25～28℃。

ACCC 39597←西北农大；原始编号：LQ33；分离自陕西李泉农民苹果果园；培养基0014，25～28℃。

Colletotrichum higginsianum Sacc.

希金斯刺盘孢（白菜炭疽病菌）

ACCC 37053←中国农科院蔬菜花卉所；分离自河北张家口白菜炭疽病（叶片）；培养基0014，25℃。

Colletotrichum lagenarium（Passerini）Ellis & Halsted

葫芦科刺盘孢（西瓜炭疽病菌、黄瓜炭疽病菌）

ACCC 30311←中国农科院土肥所；病原菌；培养基0015，25～28℃。

Colletotrichum lindemuthianum（Sacc. & Magnus）Briosi & Cavara

菜豆炭疽菌

ACCC 36434←中国农科院蔬菜花卉所；分离自北京海淀温室菜豆炭疽病叶片；培养基0014，25℃。

Colletotrichum musae（Berk. & Curt.）Arx

香蕉炭疽菌

ACCC 31244←中国热科院环植所；原始编号：白沙01；分离地点：海南白沙；分离源：香蕉果实；培
        养基0014，25～28℃。

ACCC 31245←中国热科院环植所；原始编号：白沙2；分离地点：海南白沙；分离源：香蕉果实；培
        养基0014，25～28℃。

ACCC 31246←中国热科院环植所；原始编号：白沙3；分离地点：海南白沙；分离源：香蕉果实；培
        养基0014，25～28℃。

ACCC 31247←中国热科院环植所；原始编号：白沙4；分离地点：海南白沙；分离源：香蕉果实；培
        养基0014，25～28℃。

ACCC 31248←中国热科院环植所；原始编号：品质1；分离地点：海南儋州；分离源：香蕉果实；培
        养基0014，25～28℃。

ACCC 31249←中国热科院环植所；原始编号：品质2；分离地点：海南儋州；分离源：香蕉果实；培
        养基0014，25～28℃。

ACCC 31250←中国热科院环植所；原始编号：品质3；分离地点：海南儋州；分离源：香蕉果实；培
        养基0014，25～28℃。

ACCC 31251←中国热科院环植所；原始编号：澄迈1；分离地点：海南澄迈；分离源：香蕉果实；培养基0014，25～28℃。

ACCC 31252←中国热科院环植所；原始编号：澄迈2；分离地点：海南澄迈；分离源：香蕉果实；培养基0014，25～28℃。

ACCC 31253←中国热科院环植所；原始编号：中坦2；分离地点：广东中山；分离源：香蕉果实；培养基0014，25～28℃。

ACCC 31255←中国热科院环植所；原始编号：排砂1；分离地点：云南红河；分离源：香蕉果实；培养基0014，25～28℃。

ACCC 31256←中国热科院环植所；原始编号：排砂2；分离地点：云南红河；分离源：香蕉果实；培养基0014，25～28℃。

ACCC 31257←中国热科院环植所；原始编号：排砂3；分离地点：云南红河；分离源：香蕉果实；培养基0014，25～28℃。

ACCC 31258←中国热科院环植所；原始编号：沙口；分离地点：云南红河；分离源：香蕉果实；培养基0014，25～28℃。

ACCC 31259←中国热科院环植所；原始编号：沙口3；分离地点：云南红河；分离源：香蕉果实；培养基0014，25～28℃。

ACCC 31261←中国热科院环植所；原始编号：地龙01；分离地点：云南红河；分离源：香蕉果实；培养基0014，25～28℃。

ACCC 31262←中国热科院环植所；原始编号：隆安；分离地点：广西南宁；分离源：香蕉果实；培养基0014，25～28℃。

ACCC 31263←中国热科院环植所；原始编号：隆安1；分离地点：广西南宁；分离源：香蕉果实；培养基0014，25～28℃。

ACCC 31264←中国热科院环植所；原始编号：隆安2；分离地点：广西南宁；分离源：香蕉果实；培养基0014，25～28℃。

ACCC 31266←中国热科院环植所；原始编号：田东1；分离地点：广西百色；分离源：香蕉果实；培养基0014，25～28℃。

ACCC 31267←中国热科院环植所；原始编号：灵山2；分离地点：广西钦州；分离源：香蕉果实；培养基0014，25～28℃。

ACCC 31268←中国热科院环植所；原始编号：灵山3；分离地点：广西钦州；分离源：香蕉果实；培养基0014，25～28℃。

ACCC 31269←中国热科院环植所；原始编号：儋州1；分离地点：海南儋州；分离源：香蕉果实；培养基0014，25～28℃。

ACCC 31270←中国热科院环植所；原始编号：徐闻1；分离地点：广东湛江；分离源：香蕉果实；培养基0014，25～28℃。

ACCC 39064←中国热科院环植所；原始编号：EPPI20140012；分离自海南儋州香蕉果实；培养基0014，25～28℃。

Colletotrichum orbiculare（Berk. & Mont.）Arx

瓜类炭疽菌

ACCC 36065←中国农科院蔬菜花卉所；分离自北京海淀蔬菜温室黄瓜炭疽病叶片；培养基0014，22～24℃。

ACCC 36948←广东微生物所；分离自广东广州亚麻炭疽病土壤；培养基0014，25℃。

ACCC 37041←中国农科院蔬菜花卉所；原始编号：IVF269；分离自北京顺义北务镇王各庄冬瓜叶片；培养基0014，25～28℃。

ACCC 37042←中国农科院蔬菜花卉所；分离自北京大兴丝瓜炭疽病叶片；培养基0014，25℃。

ACCC 37288←中国农科院资划所←中国农科院蔬菜花卉所；原始编号：DG08031906，IVF383；分离自河北廊坊永清县九州乡东三更生村温室冬瓜叶片；培养基0014，25～28℃。

ACCC 37398←中国农科院资划所←中国农科院蔬菜花卉所；原始编号：IVF475，DG080902；分离自
北京顺义北务镇王各庄露地冬瓜叶片；培养基 0014，25～28℃。

ACCC 37436←中国农科院资划所←中国农科院蔬菜花卉所；原始编号：IVF513，HG08072301；分离
自北京顺义李桥镇北河村露地黄瓜叶片；培养基 0014，25～28℃。

ACCC 37455←中国农科院资划所←中国农科院蔬菜花卉所；原始编号：IVF532，DG08082701；分离
自北京顺义李桥镇北河村露地冬瓜叶片；培养基 0014，25～28℃。

Colletotrichum trichellum（Fr.）Duke

常春藤炭疽病菌

ACCC 36404←中国农科院资划所←中国农科院蔬菜花卉所；原始编号：CCT07051101，IVF153；分离
自北京大兴榆垡镇西黄垡村温室常春藤叶片；培养基 0014，25～28℃。

Colletotrichum papayae Henn.

番木瓜炭疽菌

ACCC 36363←中国热科院环植所；分离自海南儋州丘陵番木瓜炭疽病病组织；培养基 0014，28℃。

Colletotrichum siamense Prihast.，L. Cai & K. D. Hyde

ACCC 38884←中科院微生物所；原始编号：LC 2939；分离自四川成都 *Cleyera japonica* 叶片；培养基
0014，25～28℃。

ACCC 39514←中国农科院资划所；原始编号：CM-3-J1；分离自北京昌平兴寿镇辛庄草莓；培养基
0014，25～28℃。

Colletotrichum sp.

葡萄炭疽病菌

ACCC 36264←中国农科院资划所←中国农科院果树所；分离自葡萄炭疽病病组织；培养基 0014，25℃。

Colletotrichum truncatum（Schwein.）Andrus & W. D. Moore

平头炭疽菌

ACCC 36322←中国热科院环植所；分离自海南澄迈丘陵地豇豆炭疽病病组织；培养基 0014，28℃。

ACCC 36436←中国农科院蔬菜花卉所；分离自北京大兴豇豆炭疽病叶片；培养基 0014，25℃。

ACCC 37040←中国农科院蔬菜花卉所；分离自北京顺义豇豆炭疽病果实；培养基 0014，25℃。

ACCC 37065←中国农科院蔬菜花卉所；分离自北京顺义大豆炭疽病果实；培养基 0014，25℃。

ACCC 37397←中国农科院蔬菜花卉所；分离自北京顺义大豆炭疽病果实；培养基 0014，25℃。

ACCC 37521←中国热科院环植所；分离自广东徐闻花生炭疽病病组织；培养基 0014，28℃。

ACCC 38031←西北农大；分离自陕西杨凌板蓝根炭疽病病组织；培养基 0014，25℃。

Conidiobolus megalotocus Drechsler

大耳霉

ACCC 30502←中国农科院土肥所←荷兰真菌研究所，=CBS139.57；模式菌株；培养基 0014，25～28℃。

Coniothyrium diplodiella（Spegazzini）Saccardo

白腐盾壳霉

ACCC 30088←中国农科院土肥所；葡萄白腐病菌；培养基 0014，25～28℃。

ACCC 36140←中国农科院蔬菜花卉所；分离自辽宁兴城葡萄大棚葡萄白腐病穗轴；培养基 0014，
25～28℃。

Coniothyrium fuckelii Sacc.

蔷薇盾壳霉

ACCC 36408←中国农科院蔬菜花卉所；分离自北京顺义温室玫瑰枝枯病枝条；培养基 0014，25℃。

Copromyces octosporus Jeng & J. C. Krug

八孢粪生菌

ACCC 30509←中国农科院土肥所←荷兰真菌研究所，=CBS386.78；模式菌株；分离自山羊粪；培养基
0014，25～28℃。

Corynascus sepedonium（Emmons）von Arx.

瘤孢棒囊孢壳

ACCC 30551←中国农科院土肥所←美国典型物培养中心，＝ATCC9787；模式菌株；培养基 0014，24℃。

Corynespora cassiicola（Berk. & M. A. Curtis）C. T. Wei

山扁豆生棒孢

ACCC 36068←中国农科院资划所←中国农科院蔬菜花卉所；原始编号：CAAS H05082704，H05082704；分离自山东济南蔬菜生产温室黄瓜叶片；培养基 0014，25～28℃。

ACCC 36409←中国农科院资划所←中国农科院蔬菜花卉所；原始编号：IVF159，KHDL07051801；分离自北京顺义北务镇王各庄温室口红吊兰叶片；培养基 0014，25～28℃。

ACCC 36447←中国农科院资划所←中国农科院蔬菜花卉所；原始编号：FQ061205，IVF201；分离自中国农科院内温室黄瓜叶片；培养基 0014，25～28℃。

ACCC 36452←中国农科院资划所←中国农科院蔬菜花卉所；原始编号：LJ07011808，IVF207；分离自北京大兴榆垡温室辣椒叶片；培养基 0014，25～28℃。

ACCC 36731←中国农科院资划所←山东农业大学；原始编号：ZM fungi 827；分离自山东泰安接缕草叶片；培养基 0014，18～22℃。

ACCC 36732←中国农科院资划所←山东农业大学；原始编号：ZM fungi 521；分离自山东泰安雀稗叶片；培养基 0014，18～22℃。

ACCC 36733←中国农科院资划所←山东农业大学；原始编号：ZM fungi 633；分离自浙江杭州植物园禾本科植物叶片；培养基 0014，18～22℃。

ACCC 36734←中国农科院资划所←山东农业大学；原始编号：ZM fungi 679；分离自甘肃张掖植物叶片；培养基 0014，18～22℃。

ACCC 36735←中国农科院资划所←山东农业大学；原始编号：ZM fungi 565；分离自植物叶片；培养基 0014，18～22℃。

ACCC 36736←中国农科院资划所←山东农业大学；原始编号：ZM fungi 785；分离自新疆阿勒泰植物叶片；培养基 0014，25～28℃。

ACCC 36737←中国农科院资划所←山东农业大学；原始编号：ZM fungi 043；分离自植物叶片；培养基 0014，18～22℃。

ACCC 36738←中国农科院资划所←山东农业大学；原始编号：ZM fungi 124；分离自植物叶片；培养基 0014，18～22℃。

ACCC 36745←中国农科院资划所←山东农业大学；原始编号：ZM fungi 485；分离自江西农业大学禾本科植物叶片；培养基 0014，18～22℃。

ACCC 36747←中国农科院资划所←山东农业大学；原始编号：ZM fungi 549；分离自山东泰安多年茅叶片；培养基 0014，18～22℃。

ACCC 36755←中国农科院资划所←山东农业大学；原始编号：DH fungi 526；分离自江西农业大学酢浆草叶片；培养基 0014，18～22℃。

ACCC 36759←中国农科院资划所←山东农业大学；原始编号：ZM fungi 759；分离自甘肃山丹县大麦叶片；培养基 0014，18～22℃。

ACCC 36761←中国农科院资划所←山东农业大学；原始编号：DH fungi 029；分离自植物叶片；培养基 0014，18～22℃。

ACCC 36763←中国农科院资划所←山东农业大学；原始编号：ZM fungi 061；分离自植物叶片；培养基 0014，18～22℃。

ACCC 36764←中国农科院资划所←山东农业大学；原始编号：ZM fungi 486；分离自江西南昌人民公园竹叶片；培养基 0014，18～22℃。

ACCC 36772←中国农科院资划所←山东农业大学；原始编号：ZM fungi 612；分离自江西南昌人民公园石竹叶片；培养基 0014，18～22℃。

ACCC 36782←中国农科院资划所←山东农业大学；原始编号：ZM fungi 757；分离自甘肃山丹县大麦叶片；培养基 0014，18～22℃。

ACCC 36785←中国农科院资划所←山东农业大学；原始编号：DH fungi 267；分离自江西庐山植物园菖蒲叶片；培养基 0014，18～22℃。

ACCC 36794←中国农科院资划所←山东农业大学；原始编号：ZM fungi 668；分离自四川广元郊区马唐叶片；培养基 0014，18～22℃。

ACCC 36803←中国农科院资划所←山东农业大学；原始编号：DH fungi 066；分离自福建厦门亚热带植物园芋姜；培养基 0014，18～22℃。

ACCC 37081←中国农科院蔬菜花卉所；分离自丁香棒孢叶斑病病斑；培养基 0014，25℃。

ACCC 37083←中国农科院蔬菜花卉所；原始编号：IVF316；分离自茉莉花；培养基 0014，25～28℃。

ACCC 37266←中国农科院蔬菜花卉所；分离自北京大兴一串红棒孢叶斑病叶片；培养基 0014，25℃。

ACCC 37552←中国热科院环植所；分离自海南儋州烟草叶斑病病组织；培养基 0014，28℃。

ACCC 37618←中国热科院环植所；分离自海南儋州黄瓜褐斑病病组织；培养基 0014，28℃。

ACCC 39097←中国热科院环植所；原始编号：EPPI20140051；分离自广东湛江木薯叶片；培养基 0014，25～28℃。

ACCC 39099←中国热科院环植所；原始编号：EPPI20140053；分离自广西东兴橡胶叶片；培养基 0014，25～28℃。

ACCC 39102←中国热科院环植所；原始编号：EPPI20140056；分离自广东阳春橡胶叶片；培养基 0014，25～28℃。

ACCC 39114←中国热科院环植所；原始编号：EPPI20140072；分离自海南省定安县橡胶叶片；培养基 0014，25～28℃。

ACCC 39116←中国热科院环植所；原始编号：EPPI20140074；分离自海南省琼海市橡胶叶片；培养基 0014，25～28℃。

ACCC 39121←中国热科院环植所；原始编号：EPPI20140081；分离自海南省儋州市橡胶叶片；培养基 0014，25～28℃。

Corynespora mazei Güssow
多主棒孢

ACCC 36107←中国农科院蔬菜花卉所；分离自北京大兴蔬菜大棚番茄叶斑病叶片；培养基 0014，25℃。

ACCC 36451←中国农科院蔬菜花卉所；分离自山东寿光温室苦瓜褐斑病果实；培养基 0014，25℃。

ACCC 36458←中国农科院蔬菜花卉所；分离自河北廊坊温室黄瓜褐斑病叶片；培养基 0014，25℃。

ACCC 37021←中国农科院蔬菜花卉所；分离自山东寿光黄瓜褐斑病叶片；培养基 0014，25℃。

ACCC 37022←中国农科院蔬菜花卉所；分离自北京顺义黄瓜褐斑病叶片；培养基 0014，25℃。

ACCC 37023←中国农科院蔬菜花卉所；分离自山东寿光菜豆靶斑病叶片；培养基 0014，25℃。

ACCC 37024←中国农科院蔬菜花卉所；分离自北京顺义温室番茄叶斑病叶片；培养基 0014，25℃。

ACCC 37025←中国农科院蔬菜花卉所；分离自北京大兴温室番茄叶斑病叶片；培养基 0014，25℃。

ACCC 37052←中国农科院蔬菜花卉所；分离自北京海淀温室黄瓜褐斑病叶片；培养基 0014，25℃。

ACCC 37069←中国农科院蔬菜花卉所；分离自山东寿光温室黄瓜褐斑病叶片；培养基 0014，25℃。

ACCC 37328←中国农科院蔬菜花卉所；分离自北京海淀温室番茄叶斑病叶片；培养基 0014，25℃。

ACCC 37330←中国农科院蔬菜花卉所；分离自山东寿光黄瓜褐斑病叶片；培养基 0014，25℃。

ACCC 37331←中国农科院蔬菜花卉所；分离自山东寿光黄瓜褐斑病叶片；培养基 0014，25℃。

ACCC 37332←中国农科院蔬菜花卉所；分离自山东寿光黄瓜褐斑病叶片；培养基 0014，25℃。

ACCC 37333←中国农科院蔬菜花卉所；分离自山东泰安岱岳黄瓜褐斑病叶片；培养基 0014，25℃。

ACCC 37334←中国农科院蔬菜花卉所；分离自山东泰安岱岳黄瓜褐斑病叶片；培养基 0014，25℃。

ACCC 37335←中国农科院蔬菜花卉所；分离自陕西绥德黄瓜褐斑病叶片；培养基 0014，25℃。

ACCC 37336←中国农科院蔬菜花卉所；分离自北京海淀温室黄瓜褐斑病叶片；培养基 0014，25℃。

ACCC 37439←中国农科院蔬菜花卉所；分离自山东寿光温室黄瓜褐斑病叶片；培养基 0014，25℃。

ACCC 37446←中国农科院蔬菜花卉所；分离自北京大兴温室番茄叶斑病叶片；培养基 0014，25℃。

ACCC 37447←中国农科院蔬菜花卉所；分离自北京顺义温室番茄叶斑病叶片；培养基 0014，25℃。

ACCC 37457←中国农科院蔬菜花卉所；分离自山东寿光温室黄瓜褐斑病叶片；培养基 0014，25℃。

ACCC 37597←中国农科院资划所←中国热科院环植所；原始编号：CATAS2577；分离自海南大学儋州校区农学院基地橡胶；培养基 0014，25～28℃。

Corynespora melongenae N. Sharma & Sanj. Srivast.

茄棒孢菌

ACCC 37337←中国农科院资划所←中国农科院蔬菜花卉所；原始编号：QZ08032201，IVF432；分离自山东寿光孙家集街道钓鱼台村露地茄子叶片；培养基 0014，25～28℃。

ACCC 37338←中国农科院资划所←中国农科院蔬菜花卉所；原始编号：QZ08032202，IVF433；分离自山东寿光孙家集街道西屯村露地茄子茎；培养基 0014，25～28℃。

Cryphonectria parasitica（Murrill）M. E. Barr

寄生隐丛赤壳菌（栗疫病菌）

ACCC 39341←山东农业大学；原始编号：LY；分离自山东泰安板栗枝干病斑；培养基 0014，25～28℃。

Cunninghamella echinuata（Thaxt.）Thaxt. ex Blakeslee

刺孢小壳银汉霉

ACCC 30369←中国农科院土肥所←云南农业大学植物病理重点实验室 DTZJ 0239；土壤真菌，有寄生性，可寄生在南瓜花上；培养基 0014，26℃。

ACCC 31576←新疆农科院微生物所 XAAS40158；原始编号：LF14；分离地点：新疆一号冰川；分离源：土壤；培养基 0014，25～28℃。

Cunninghamella elegans Lendn.

雅致小克汉银霉

ACCC 32506←DSMZ，=DSM 8217；培养基 0014，25～28℃。

Curvularia australiensis（Bugnic. ex M. B. Ellis）Manamgoda，L. Cai & K. D. Hyde

ACCC 38839←IMI201212；原始编号：IMI53994 培养基 0014，25～28℃。

ACCC 38847←澳大利亚 BRIP；原始编号：BRIP 12112a；分离自 *Bromus atharticus*；培养基 0014，25～28℃。

Curvularia brachyspora Boedijn

短孢弯孢

ACCC 36800←中国农科院资划所←山东农业大学；原始编号：ZM fungi 835；分离自植物叶片；培养基 0014，25～28℃。

Curvularia clavata B. L. Jain

棒弯孢

ACCC 36554←中国农科院资划所←山东农业大学；分离自陕西安康狗尾草叶片；培养基 0014，25℃。

ACCC 36555←中国农科院资划所←山东农业大学；分离自甘肃山丹田边鹅冠草枯枝叶叶片；培养基 0014，25℃。

ACCC 36556←中国农科院资划所←山东农业大学；分离自山东泰安植物叶片；培养基 0014，25℃。

ACCC 36557←中国农科院资划所←山东农业大学；分离自甘肃山丹菜田生菜叶斑；培养基 0014，25℃。

Curvularia comoriensis Bouriquet & Jauffret ex M. B. Ellis

科摩罗弯孢

ACCC 36657←中国农科院资划所←山东农业大学；分离自植物叶片；培养基 0014，18～22℃。

Curvularia cylindrica M. Zhang & T. Y. Zhang

柱弯孢

ACCC 36559←中国农科院资划所←山东农业大学；分离自新疆乌鲁木齐大葱叶片；培养基 0014，25℃。

Curvularia cymbopogonis（C.W. Dodge）J. W. Groves & Skolko
香茅弯孢
ACCC 37831←山东农业大学；培养基 0014，25℃。

ACCC 37832←山东农业大学；培养基 0014，25℃。

Curvularia eragrostidis（Henn.）J. A. Mey.
画眉草弯孢
ACCC 36562←中国农科院资划所←山东农业大学；分离自广西南宁药用植物园灯心草叶片；培养基 0014，25℃。

ACCC 36565←中国农科院资划所←山东农业大学；分离自植物叶片；培养基 0014，25℃。

ACCC 36760←中国农科院资划所←山东农业大学；分离自植物叶片；培养基 0014，18～22℃。

ACCC 39010←山东农业大学；原始编号：AMCC300124；分离自山东滨州土壤；培养基 0014，25～28℃。

Curvularia geniculata（Tracy & Earle）Boedijn
膝曲弯孢
ACCC 37547←中国热科院环植所；分离自海南儋州丘陵稗草弯孢霉叶斑病病斑；培养基 0014，28℃。

Curvularia hawaiiensis（Bugnic. ex M. B. Ellis）Manamgoda，L. Cai & K. D. Hyde
ACCC 38845←澳大利亚 BRIP；原始编号：BRIP 10971a；分离自 *Chloris gayana* 虎尾草；培养基 0014，25～28℃。

ACCC 38848←澳大利亚 BRIP；原始编号：BRIP 12129a；分离自 *Chloris gayana* 虎尾草；培养基 0014，25～28℃。

ACCC 38853←澳大利亚 BRIP；原始编号：BRIP 15933a；分离自 *Chloris gayana* 虎尾草；培养基 0014，25～28℃。

Curvularia inaequalis（Shear）Boedijn
不等弯孢
ACCC 36567←中国农科院资划所←山东农业大学；分离自新疆乌鲁木齐植物园匍匐剪股颖枯枝、叶斑叶片；培养基 0014，25℃。

ACCC 37833←山东农业大学；培养基 0014，25℃。

ACCC 37834←山东农业大学；培养基 0014，25℃。

ACCC 37835←山东农业大学；培养基 0014，25℃。

ACCC 37836←山东农业大学；培养基 0014，25℃。

ACCC 37837←山东农业大学；培养基 0014，25℃。

ACCC 37838←山东农业大学；培养基 0014，25℃。

ACCC 37839←山东农业大学；培养基 0014，25℃。

ACCC 39011←山东农业大学；原始编号：AMCC300125；分离自山东东营土壤；培养基 0014，25～28℃。

ACCC 39012←山东农业大学；原始编号：AMCC300126；分离自山东烟台土壤；培养基 0014，25～28℃。

Curvularia intermedia Boedijn
间型弯孢
ACCC 36568←中国农科院资划所←山东农业大学；原始编号：ZM fungi 532；分离自山东泰山扇子崖画眉草叶片；培养基 0014，25～28℃。

ACCC 36569←中国农科院资划所←山东农业大学；分离自中科院植物园蒲公英叶片；培养基 0014，25℃。

ACCC 37217←中国农科院资划所；分离自北京大兴丝瓜上部茎；培养基 0014，25℃。

ACCC 37840←山东农业大学；培养基 0014，25℃。

ACCC 37841←山东农业大学；培养基 0014，25℃。

ACCC 37842←山东农业大学；培养基 0014，25℃。

ACCC 37843←山东农业大学；培养基 0014，25℃。

ACCC 39013←山东农业大学；原始编号：AMCC300127；分离自山东滨州土壤；培养基 0014，25～28℃。

Curvularia interseminata（Berk. & Ravenel）J. C. Gilman

土壤弯孢

ACCC 36570←中国农科院资划所←山东农业大学；分离自宁夏银川碱草叶斑、根腐；培养基 0014，25℃。

Curvularia lunata（Wakker）Boedijn

新月弯孢

ACCC 30567←中国农科院土肥所←美国典型物培养中心，＝ATCC42011；分离自落叶；纤维素降解菌；培养基 0014，30℃。

ACCC 36344←中国热科院环植所；原始编号：Z20070036，CATAS EPPI2036；分离自邦溪镇山地橡胶叶片；培养基 0014，25～28℃。

ACCC 36358←中国热科院环植所；分离自海南儋州丘陵菠萝叶褐斑病病斑；培养基 0014，28℃。

ACCC 36572←中国农科院资划所←山东农业大学；分离自广西桂林公园胶树叶片；培养基 0014，25℃。

ACCC 36573←中国农科院资划所←山东农业大学；分离自宁夏银川草地早熟禾叶斑；培养基 0014，25℃。

ACCC 36574←中国农科院资划所←山东农业大学；分离自江西庐山植物园禾本科植物叶斑；培养基 0014，25℃。

ACCC 36575←中国农科院资划所←山东农业大学；分离自浙江杭州春玉米叶斑；培养基 0014，25℃。

ACCC 36576←中国农科院资划所←山东农业大学；分离自上海莘庄绿豆叶斑；培养基 0014，25℃。

ACCC 36577←中国农科院资划所←山东农业大学；分离自江苏无锡菜地玉米叶斑；培养基 0014，25℃。

ACCC 36578←中国农科院资划所←山东农业大学；分离自新疆农科院农田大斑叶片；培养基 0014，25℃。

ACCC 36579←中国农科院资划所←山东农业大学；分离自内蒙古呼和浩特小檗叶斑；培养基 0014，25℃。

ACCC 36580←中国农科院资划所←山东农业大学；分离自内蒙古呼和浩特槭树叶斑；培养基 0014，25℃。

ACCC 36581←中国农科院资划所←山东农业大学；分离自甘肃张掖玉米叶斑；培养基 0014，25℃。

ACCC 36582←中国农科院资划所←山东农业大学；分离自新疆乌鲁木齐植物园新疆小叶白蜡叶斑；培养基 0014，25℃。

ACCC 36584←中国农科院资划所←山东农业大学；分离自甘肃敦煌玉米叶斑；培养基 0014，25℃。

ACCC 36656←中国农科院资划所←山东农业大学；分离自无花果叶片；培养基 0014，18～22℃。

ACCC 36659←中国农科院资划所←山东农业大学；分离自广玉兰叶片；培养基 0014，18～22℃。

ACCC 36660←中国农科院资划所←山东农业大学；分离自旱金莲叶片；培养基 0014，18～22℃。

ACCC 36665←中国农科院资划所←山东农业大学；分离自山药叶片；培养基 0014，18～22℃。

ACCC 36669←中国农科院资划所←山东农业大学；分离自榆叶片；培养基 0014，18～22℃。

ACCC 36673←中国农科院资划所←山东农业大学；分离自龟背竹叶片；培养基 0014，18～22℃。

ACCC 36675←中国农科院资划所←山东农业大学；分离自江西庐山鹅冠草叶斑；培养基 0014，18～22℃。

ACCC 36686←中国农科院资划所←山东农业大学；分离自柿树叶片；培养基 0014，18～22℃。

ACCC 36687←中国农科院资划所←山东农业大学；分离自淡竹叶叶片；培养基 0014，18～22℃。

ACCC 36690←中国农科院资划所←山东农业大学；分离自竹叶片；培养基 0014，18～22℃。

ACCC 36693←中国农科院资划所←山东农业大学；原始编号：ZM fungi 499；分离自安徽水稻叶片；培养基 0014，25～28℃。

ACCC 36740←中国农科院资划所←山东农业大学；分离自陕西安康稗草叶片；培养基 0014，18～22℃。

ACCC 36762←中国农科院资划所←山东农业大学；分离自植物叶片；培养基 0014，18～22℃。

ACCC 37526←中国热科院环植所；分离自广东徐闻玉米弯孢叶斑病病斑；培养基 0014，28℃。

ACCC 37535←中国热科院环植所；分离自海南儋州丘陵狗牙根叶斑病病斑；培养基 0014，28℃。

ACCC 37537←中国热科院环植所；分离自海南儋州薏苡弯孢叶斑病病组织；培养基 0014，28℃。

ACCC 36808←中国农科院资划所←中国热科院环植所；原始编号：CATAS EPPI2077，Z20070077；分离自海南儋州丘陵杧果；培养基 0014，25～28℃。

ACCC 36822←中国农科院资划所←中国热科院环植所；原始编号：Z20070095，CATAS EPPI2095；分离自南滨山地茄子叶片；培养基 0014，25～28℃。

ACCC 36962←中国农科院资划所←广东微生物所←华南农大；原始编号：GIM SCAU252，252；分离自发病玉米植株；培养基 0014，25～28℃。

ACCC 37844←山东农业大学；培养基 0014，25℃。

ACCC 37845←山东农业大学；培养基 0014，25℃。

ACCC 37846←山东农业大学；培养基 0014，25℃。

ACCC 38966←中国农科院资划所；原始编号：D14029-3；分离自北京顺义北石槽村玉米叶片病斑；培养基 0014，23℃。

ACCC 38971←中国农科院资划所；原始编号：GYJ14032；分离自河北唐山迁安市扣庄镇扣庄村玉米地玉米叶片病斑；培养基 0014，25～28℃。

ACCC 38920←江苏省农业科学院农业生物技术所；原始编号：Jaas B-1；分离自江西彭泽水稻叶片；培养基 0014，15～30 ℃。

ACCC 39014←山东农业大学；原始编号：AMCC300128；分离自山东滨州土壤；培养基 0014，25～28℃。

ACCC 39015←山东农业大学；原始编号：AMCC300129；分离自山东滨州土壤；培养基 0014，25～28℃。

ACCC 39016←山东农业大学；原始编号：AMCC300130；分离自山东泰安土壤；培养基 0014，25～28℃。

ACCC 39017←山东农业大学；原始编号：AMCC300131；分离自山东泰安土壤；培养基 0014，25～28℃。

Curvularia oryzae Bugnic.

稻弯孢

ACCC 36586←中国农科院资划所←山东农业大学；分离自广东广州香附子叶斑；培养基 0014，25℃。

Curvularia pallescens Boedijn

苍白弯孢

ACCC 36587←中国农科院资划所←山东农业大学；分离自山东泰安多年生黑麦草叶片；培养基 0014，25℃。

Curvularia pseudorobusta Meng Zhang & T. Y. Zhang

拟粗壮弯孢

ACCC 36590←中国农科院资划所←山东农业大学；分离自广西北海海滨禾本科杂草叶片；培养基 0014，25℃。

Curvularia senegalensis（Speg.）Subram.

塞内加尔弯孢

ACCC 36591←中国农科院资划所←山东农业大学；分离自新疆阿勒泰玫瑰叶斑；培养基 0014，25℃。

ACCC 36592←中国农科院资划所←山东农业大学；分离自新疆阿勒泰番薯叶斑；培养基 0014，25℃。

Curvularia sp.

弯孢

ACCC 36710←中国农科院资划所←山东农业大学；原始编号：ZM fungi 408；分离自植物叶片；培养基 0014，18～22℃。

ACCC 36711←中国农科院资划所←山东农业大学；原始编号：ZM fungi 417；分离自北京东北旺菠菜叶片；培养基 0014，18～22℃。

ACCC 36720←中国农科院资划所←山东农业大学；原始编号：ZM fungi 410；分离自羽叶丁香叶片；培养基 0014，18～22℃。

ACCC 36723←中国农科院资划所←山东农业大学；原始编号：ZM fungi 412；分离自北京东北旺多年生黑麦草叶片；培养基 0014，18～22℃。

ACCC 36725←中国农科院资划所←山东农业大学；原始编号：ZM fungi 740；分离自青海德令哈燕麦叶片和根；培养基 0014，18～22℃。

ACCC 36727←中国农科院资划所←山东农业大学；原始编号：DH fungi 017；分离自喇叭花叶片；培养基 0014，18～22℃。

ACCC 36728←中国农科院资划所←山东农业大学；原始编号：ZM fungi 707；分离自上海莘庄地瓜叶片；培养基 0014，18～22℃。

ACCC 36729←中国农科院资划所←山东农业大学；原始编号：ZM fungi 768；分离自甘肃张掖冰草叶片；培养基 0014，18～22℃。

ACCC 36730←中国农科院资划所←山东农业大学；原始编号：ZM fungi 739；分离自青海德令哈芹菜叶片；培养基 0014，18～22℃。

Curvularia spicifera（Bainier）Boedijn

ACCC 36501←中国农科院资划所←山东农业大学；分离自上海莘庄玉米叶斑；培养基 0014，18～22℃。

ACCC 36502←中国农科院资划所←山东农业大学；分离自山东泰安酢浆草叶斑；培养基 0014，18～22℃。

ACCC 36503←中国农科院资划所←山东农业大学；分离自江西南昌公园内紫藤叶斑；培养基 0014，18～22℃。

ACCC 36504←中国农科院资划所←山东农业大学；分离自上海莘庄美人蕉叶斑；培养基 0014，18～22℃。

ACCC 36505←中国农科院资划所←山东农业大学；分离自新疆乌鲁木齐植物园野牛草叶斑、枯茎；培养基 0014，18～22℃。

ACCC 36506←中国农科院资划所←山东农业大学；分离自甘肃山丹萎陵菜叶斑；培养基 0014，18～22℃。

ACCC 36507←中国农科院资划所←山东农业大学；分离自新疆乌鲁木齐植物园匍匐剪股颖枯枝、叶斑；培养基 0014，18～22℃。

ACCC 36509←中国农科院资划所←山东农业大学；分离自安徽合肥植物园玉兰叶斑；培养基 0014，18～22℃。

ACCC 36510←中国农科院资划所←山东农业大学；分离自福建厦门植物园罗汉松叶斑；培养基 0014，18～22℃。

ACCC 38841←澳大利亚 BRIP；原始编号：BRIP 10939a；分离自小麦；培养基 0014，25～28℃。

ACCC 38842←澳大利亚 BRIP；原始编号：BRIP 10940a；分离自小麦；培养基 0014，25～28℃。

ACCC 39007←山东农业大学；原始编号：AMCC300121；分离自山东东营土壤；培养基 0014，25～28℃。

ACCC 39008←山东农业大学；原始编号：AMCC300122；培养基 0014，25～28℃。

Curvularia trifolii（Kauffman）Boedijn

三叶草弯孢

ACCC 36682←中国农科院资划所←山东农业大学；分离自吉林敦化车轴草叶斑；培养基 0014，18～22℃。

Curvularia trifolii f. sp. *gladioli* Parmelee & Luttr.

三叶草弯孢唐菖蒲专化型

ACCC 36599←中国农科院资划所←山东农业大学；分离自江西农业大学唐菖蒲叶斑；培养基 0014，25℃。

Curvularia tsudae H. Deng，Y. P. Tan & R. G. Shivas

ACCC 38838←ATCC；原始编号：ATCC44764；培养基 0014，25～28℃。

ACCC 38843←澳大利亚 BRIP；原始编号：BRIP 10967a；分离自 *Chloris gayana* 虎尾草；培养基 0014，25～28℃。

ACCC 38844←澳大利亚 BRIP；原始编号：BRIP 10970a；分离自 *Chloris gayana* 虎尾草；培养基 0014，25～28℃。

Daldinia concentrica（Bolt.）Ces. & de Not.

黑轮层炭壳菌

ACCC 30958←广东微生物所 GIM 5.287；原始编号：HMIGD21613；分离地点：阳春鹅凰嶂红花潭；分离源：子实体；药用；培养基 0014，25～28℃。

Diaporthe batatas Harter & E. C. Field

ACCC 39727←广东省农业科学院作物研究所；原始编号：CRI 302-4；分离自浙江台州临海沙溪下村甘薯病株茎基部；培养基 0014，25℃。

Diaporthe destruens（Harter）Hirooka，Minosh. & Rossman

ACCC 39728←广东省农业科学院作物研究所；原始编号：CRI 305-2；分离自浙江台州临海沙溪下村甘薯病株茎基部；培养基 0014，25℃。

Diaporthe perseae（Zerova）R. R. Gomes，Glienke & Crous

ACCC 39726←广东省农业科学院作物研究所；原始编号：GZMT2019YQX22；分离自贵州湄潭县抄乐乡铜鼓井茶园茶树云纹叶枯病的病叶；培养基0014，25℃。

Diaporthe phaseolorum var. _caulivora_ Athow & Caldwell

菜豆间座壳

ACCC 39261←中国农科院作科所；原始编号：SSLP4；分离自韩国水源首尔大学农场；培养基0014，25～28℃。

Doratomyces microsporus（Sacc.）F. J. Morton & G. Sm.

小孢矛束霉

ACCC 37148←山东农业大学；分离自西藏隆子土壤；培养基0014，25℃。

ACCC 37161←山东农业大学；分离自西藏措美土壤；培养基0014，25℃。

ACCC 37165←山东农业大学；分离自西藏措美土壤；培养基0014，25℃。

ACCC 37174←山东农业大学；分离自西藏仁布土壤；培养基0014，25℃。

ACCC 37201←山东农业大学；分离自青海兴海土壤；培养基0014，25℃。

ACCC 37847←山东农业大学；培养基0014，25℃。

ACCC 37848←山东农业大学；培养基0014，25℃。

ACCC 37849←山东农业大学；培养基0014，25℃。

ACCC 37850←山东农业大学；培养基0014，25℃。

ACCC 37851←山东农业大学；培养基0014，25℃。

ACCC 37852←山东农业大学；培养基0014，25℃。

ACCC 37853←山东农业大学；培养基0014，25℃。

ACCC 37854←山东农业大学；培养基0014，25℃。

ACCC 39020←山东农业大学；原始编号：AMCC300134；分离自山东东营土壤；培养基0014，25～28℃。

ACCC 39026←山东农业大学；原始编号：AMCC300145；分离自山东烟台土壤；培养基0014，25～28℃。

Doratomyces nanus（Ehrenb.）F. J. Morton & G. Sm.

第九矛束霉

ACCC 37138←山东农业大学；分离自西藏乃东土壤；培养基0014，25℃。

ACCC 37143←山东农业大学；分离自西藏隆子土壤；培养基0014，25℃。

ACCC 37149←山东农业大学；分离自西藏隆子土壤；培养基0014，25℃。

ACCC 37164←山东农业大学；分离自西藏措美土壤；培养基0014，25℃。

ACCC 37237←山东农业大学；分离自西藏措美土壤；培养基0014，25℃。

ACCC 37244←山东农业大学；分离自西藏仁布土壤；培养基0014，25℃。

ACCC 37246←山东农业大学；分离自西藏日喀则土壤；培养基0014，25℃。

ACCC 37248←山东农业大学；分离自西藏亚东土壤；培养基0014，25℃。

ACCC 37249←山东农业大学；分离自西藏亚东土壤；培养基0014，25℃。

Drechslera avenicola B. D. Sun & T.Y. Zhang

燕麦生内脐蠕孢

ACCC 36600←中国农科院资划所←山东农业大学；原始编号：BDS fungi 005；分离自青海西宁湟源县燕麦叶片；培养基0014，25～28℃。

Drechslera graminea（Rabenh. ex Schltdl.）S. Ito

禾内脐蠕孢

ACCC 36174←中国农科院植保所；原始编号：HN-026；分离自河南农业大学科教试验园区实验田大麦；培养基0014，25～28℃。

ACCC 39601←甘肃农业大学；原始编号：QWC；分离自甘肃兰州秦王川大麦叶片；原名称：_Pyrenophora graminea_；培养基0014，15℃。

ACCC 39602←甘肃农业大学；原始编号：QQ；分离自甘肃张掖清泉镇大麦叶片；原名称：*Pyrenophora graminea*；培养基 0014，15℃。

Elsinoë batatas Viégas & Jenkins

番茄痂囊腔菌

ACCC 39729←广东省农业科学院作物研究所；原始编号：CRI-CJ2；分离自广东省农业科学院白云试验基地国家甘薯资源圃的甘薯病株茎和叶；培养基 0014，25℃。

Emericella dentata（Sandhu）Horie

皱折裸胞壳

ACCC 31559←新疆农科院微生物所 XAAS40052；原始编号：F53；分离地点：新疆吐鲁番；分离源：土壤；培养基 0014，25～28℃。

ACCC 31809←新疆农科院微生物所 XAAS40121；原始编号：SF40；分离地点：新疆吐鲁番；分离源：土壤；培养基 0014，25～28℃。

ACCC 31818←新疆农科院微生物所 XAAS40100；原始编号：SF13；分离地点：新疆吐鲁番；分离源：土壤；培养基 0014，25～28℃。

ACCC 31859←新疆农科院微生物所 XAAS40149；原始编号：SF70；分离自新疆吐鲁番的土壤样品；培养基 0014，20℃。

Emericella nidulans（Eidam）Vuill.

构巢裸胞壳

ACCC 31825←新疆农科院微生物所 XAAS40084；原始编号：F98；分离地点：新疆吐鲁番；分离源：土壤；培养基 0014，25～28℃。

ACCC 31836←新疆农科院微生物所 XAAS40063；原始编号：F70-2；分离地点：新疆吐鲁番；分离源：土壤；培养基 0014，25～28℃。

ACCC 31837←新疆农科院微生物所 XAAS40062；原始编号：F70-2；分离地点：新疆吐鲁番；分离源：土壤；培养基 0014，25～28℃。

ACCC 31840←新疆农科院微生物所 XAAS40055；原始编号：F59；分离地点：新疆吐鲁番；分离源：土壤；培养基 0014，25～28℃。

Emericella quadrilineata（Thom & Raper）C. R. Benj.

四脊裸胞壳

ACCC 31557←新疆农科院微生物所 XAAS40038；原始编号：F23；分离地点：新疆一号冰川；分离源：土壤；培养基 0014，25～28℃。

ACCC 31810←新疆农科院微生物所 XAAS40120；原始编号：SF35；分离地点：新疆一号冰川；分离源：土壤；培养基 0014，25～28℃。

ACCC 31851←新疆农科院微生物所 XAAS40031；原始编号：F10；分离地点：新疆一号冰川；分离源：土壤；培养基 0014，25～28℃。

ACCC 31852←新疆农科院微生物所 XAAS40030；原始编号：F9；分离地点：新疆一号冰川；分离源：土壤；培养基 0014，25～28℃。

ACCC 31853←新疆农科院微生物所 XAAS40029；原始编号：F8；分离地点：新疆一号冰川；分离源：土壤；培养基 0014，25～28℃。

Emericella rugulosa（Thom & Raper）C. R. Benj.

褶皱裸胞壳

ACCC 31817←新疆农科院微生物所 XAAS40101；原始编号：SF14；分离地点：新疆吐鲁番；分离源：土壤；培养基 0014，25～28℃。

ACCC 31824←新疆农科院微生物所 XAAS40085；原始编号：F102；分离地点：新疆吐鲁番；分离源：土壤；培养基 0014，25～28℃。

ACCC 31848←新疆农科院微生物所 XAAS40039；原始编号：F25；分离地点：新疆一号冰川；分离源：土壤；培养基 0014，25～28℃。

Emericella variecolor Berk. & Broome
异冠裸胞壳
ACCC 31544←新疆农科院微生物所 XAAS40056；原始编号：F60；分离地点：新疆一号冰川；分离源：
土壤；培养基 0014，25～28℃。

ACCC 31545←新疆农科院微生物所 XAAS40046；原始编号：F38；分离地点：新疆一号冰川；分离源：
土壤；培养基 0014，25～28℃。

Epicoccum nigrum Link
黑附球霉
ACCC 37857←中国农科院资划所←山东农业大学；原始编号：SDAU40195，HSAUPo3l398；培养基
0014，25～28℃。

ACCC 37858←山东农业大学；培养基 0014，25℃。

ACCC 38006←西北农大；原始编号：GL3303；分离自陕西杨凌苹果果实；培养基 0014，25～28℃。

ACCC 39022←山东农业大学；原始编号：AMCC300136；分离自山东东营土壤；培养基 0014，25～28℃。

ACCC 39023←山东农业大学；原始编号：AMCC300137；分离自山东滨州土壤；培养基 0014，25～28℃。

ACCC 39650←山东农业大学植物保护学院；原始编号：HSAUP Ⅱ 074051；分离自青海兴海草原土；
培养基 0014，25～28℃。

ACCC 39731←贵州大学绿色农药与农业生物工程教育部重点实验室；原始编号：KY1A；分离自贵州
贵阳开阳县茶树叶斑；培养基 0014，25℃。

ACCC 39732←贵州大学绿色农药与农业生物工程教育部重点实验室；原始编号：KY6E；分离自贵州
贵阳开阳县茶树叶斑；培养基 0014，25℃。

ACCC 39733←贵州大学绿色农药与农业生物工程教育部重点实验室；原始编号：SN1-5；分离自贵州
铜仁思南县茶树叶斑；培养基 0014，25℃。

Eupenicillium baarnense（van Beyma）Stolk & Scott
巴恩真青霉
ACCC 30518←中国农科院土肥所←荷兰真菌研究所，=CBS134.41；分离自土壤；培养基 0014，25～
28℃。

ACCC 30523←中国农科院土肥所←荷兰真菌研究所，=CBS315.59；模式菌株；培养基 0014，25～28℃。

Eupenicillium javanicum（van Beyan）Stolk & Scott
爪哇真青霉
ACCC 30403←中国农科院土肥所←中科院微生物所；分离自广西土壤；培养基 0015，25～28℃。

ACCC 31912←广东微生物所菌种组 GIM T3.021；分离自广州白云的农田土壤；培养基 0014，25℃。

Eurotium amstelodami L. Mangin
阿姆斯特丹散囊菌
ACCC 30935←中国农科院饲料所 FRI2006091；原始编号：F130；=CGMCC 3.4059；培养基 0014，
25～28℃。

Eurotium chevalieri L. Mangin
谢瓦散囊菌
ACCC 31813←新疆农科院微生物所 XAAS40116；原始编号：SF31；分离地点：新疆吐鲁番；分离源：
土壤；培养基 0014，25～28℃。

Eurotium cristatum（Raper & Fennell）Malloch & Cain
冠突散囊菌
ACCC 32202←中国热科院环植所 EPPI2368←华南热带农业大学农学院；原始编号：C426；分离自海
口茶叶市场的青砖茶茶块；培养基 0014，28℃。

ACCC 32203←中国热科院环植所 EPPI2369←华南热带农业大学农学院；原始编号：C428；分离自海
口茶叶市场的金尖砖茶茶块；培养基 0014，28℃。

ACCC 32204←中国热科院环植所 EPPI2370←华南热带农业大学农学院；原始编号：C429；分离自海口茶叶市场的金尖砖茶茶块；培养基 0014，28℃。

ACCC 32205←中国热科院环植所 EPPI2371←华南热带农业大学农学院；原始编号：C436；分离自海口茶叶市场的黑砖茶茶块；培养基 0014，28℃。

ACCC 32206←中国热科院环植所 EPPI2372←华南热带农业大学农学院；原始编号：C438；分离自海口茶叶市场的黑砖茶茶块；培养基 0014，28℃。

ACCC 32207←中国热科院环植所 EPPI2373←华南热带农业大学农学院；原始编号：C443；分离自海口茶叶市场的米砖茶茶块；培养基 0014，28℃。

Eurotium fimicola H. Z. Kong & Z. T. Qi

粪生散囊菌

ACCC 30934←中国农科院饲料所 FRI2006090；原始编号：F129；分离地点：海南三亚；分离源：猪粪；培养基 0014，25～28℃。

Eurotium herbariorum（F. H. Wigg.）Link

蜡叶散囊菌

ACCC 32159←广东微生物所 GIMT3.026；分离自广州的果园土壤；培养基 0014，25℃。

Eurotium repens de Bary

匍匐散囊菌

ACCC 32208←中国热科院环植所 EPPI2374←华南热带农业大学农学院；原始编号：Fer01；分离自海口茶叶市场的茯砖茶茶块；培养基 0014，28℃。

ACCC 32209←中国热科院环植所 EPPI2375←华南热带农业大学农学院；原始编号：Fer22；分离自海口茶叶市场的茯砖茶茶块；培养基 0014，28℃。

ACCC 32210←中国热科院环植所 EPPI2376←华南热带农业大学农学院；原始编号：Ker01；分离自海口茶叶市场的康砖茶茶块；培养基 0014，28℃。

ACCC 32211←中国热科院环植所 EPPI2377←华南热带农业大学农学院；原始编号：Ker14；分离自海口茶叶市场的康砖茶茶块；培养基 0014，28℃。

ACCC 32212←中国热科院环植所 EPPI2378←华南热带农业大学农学院；原始编号：Qer06；分离自海口茶叶市场的青砖茶茶块；培养基 0014，28℃。

ACCC 32213←中国热科院环植所 EPPI2379←华南热带农业大学农学院；原始编号：Qer12；分离自海口茶叶市场的青砖茶茶块；培养基 0014，28℃。

Exserohilum fusiforme Alcorn

梭形凸脐蠕孢

ACCC 36602←中国农科院资划所←山东农业大学；分离自四川广元水边莨草叶斑；培养基 0014，24℃。

ACCC 36604←中国农科院资划所←山东农业大学；原始编号：BDS fungi 太原莎草；分离自叶片；培养基 0014，25～28℃。

ACCC 36748←中国农科院资划所←山东农业大学；原始编号：BDS fungi 山西芮草；分离自山西太原芮草叶片；培养基 0014，25～28℃。

ACCC 37859←山东农业大学；培养基 0014，25℃。

Exserohilum pedicellatum（A. W. Henry）K. J. Leonard & Suggs

小柄凸脐蠕孢

ACCC 37860←山东农业大学；培养基 0014，25℃。

ACCC 37861←山东农业大学；培养基 0014，25℃。

Exserohilum phragmatis W. P. Wu

芦苇凸脐蠕孢

ACCC 36751←中国农科院资划所←山东农业大学；分离自河南郑州大田高粱叶斑、坏死叶；培养基 0014，18～22℃。

Exserohilum rostratum（Drechsler）K. J. Leonard & Suggs
嘴突凸脐蠕孢

ACCC 36615←中国农科院资划所←山东农业大学；原始编号：BDS fungi 053；分离自山东泰安孙家庄小麦叶片；培养0014，25～28℃。

ACCC 36616←中国农科院资划所←山东农业大学；原始编号：BDS fungi 054；分离自山东徂徕山小麦叶片；培养基0014，25～28℃。

ACCC 36617←中国农科院资划所←山东农业大学；原始编号：BDS fungi 073；分离自河南郑州狗牙根叶片；培养基0014，25～28℃。

ACCC 36618←中国农科院资划所←山东农业大学；分离自北京香山草坪虮子草叶斑、枯鞘；培养基0014，24℃。

ACCC 36619←中国农科院资划所←山东农业大学；原始编号：BDS fungi 076；分离自河南郑州画眉草叶片；培养基0014，25～28℃。

ACCC 36620←中国农科院资划所←山东农业大学；原始编号：BDS fungi 077；分离自山西太原画眉草叶片；培养基0014，25～28℃。

ACCC 36621←中国农科院资划所←山东农业大学；分离自河南郑州大田玉米叶片；培养基0014，24℃。

ACCC 36623←中国农科院资划所←山东农业大学；原始编号：BDS fungi 087；分离自河北保定禾本科植物叶片；培养基0014，25～28℃。

ACCC 36624←中国农科院资划所←山东农业大学；分离自河南郑州田埂高粱叶斑、叶枯病组织；培养基0014，24℃。

ACCC 36625←中国农科院资划所←山东农业大学；分离自江苏南京湖边枯死禾本科草坪草叶片；培养基0014，24℃。

ACCC 36627←中国农科院资划所←山东农业大学；原始编号：BDS fungi 099；分离自浙江大学华家池校区芦苇叶片；培养基0014，25～28℃。

ACCC 36628←中国农科院资划所←山东农业大学；原始编号：BDS fungi 100；分离自福建厦门芦苇叶片；培养基0014，25～28℃。

ACCC 36630←中国农科院资划所←山东农业大学；原始编号：BDS fungi 119；分离自山东泰安冰草叶片；培养基0014，25～28℃。

ACCC 36632←中国农科院资划所←山东农业大学；原始编号：BDS fungi 132；分离自青海西宁植物园禾本科植物叶片；培养基0014，25～28℃。

ACCC 36634←中国农科院资划所←山东农业大学；原始编号：BDS fungi 135；分离自禾本科植物叶片；培养基0014，25～28℃。

ACCC 36635←中国农科院资划所←山东农业大学；原始编号：BDS fungi 140；分离自甘肃山丹青稞叶片；培养基0014，25～28℃。

ACCC 36638←中国农科院资划所←山东农业大学；原始编号：BDS fungi 149；分离自新疆农业大学校园大蓟叶片；培养基0014，25～28℃。

ACCC 36640←中国农科院资划所←山东农业大学；分离自甘肃张掖紫花苜蓿叶斑；培养基0014，24℃。

ACCC 36641←中国农科院资划所←山东农业大学；原始编号：BDS fungi 170；分离自莲叶片；培养基0014，25～28℃。

ACCC 36642←中国农科院资划所←山东农业大学；原始编号：BDS fungi 134；分离自植物叶片；培养基0014，25～28℃。

ACCC 36643←中国农科院资划所←山东农业大学；原始编号：BDS fungi 240；分离自山东泰安郊区高粱叶片；培养基0014，25～28℃。

ACCC 36644←中国农科院资划所←山东农业大学；原始编号：BDS fungi 261；分离自甘肃张掖车前草叶片；培养基0014，25～28℃。

ACCC 36645←中国农科院资划所←山东农业大学；原始编号：BDS fungi 283；分离自陕西宝鸡植物园画眉草叶片；培养基0014，25～28℃。

ACCC 36646←中国农科院资划所←山东农业大学；原始编号：DH fungi 284；分离自福建厦门园林植物园望天树叶片；培养基 0014，25～28℃。

ACCC 36647←中国农科院资划所←山东农业大学；原始编号：BDS fungi 097；分离自甘肃山丹军马厂小麦叶片；培养基 0014，25～28℃。

ACCC 36667←中国农科院资划所←山东农业大学；分离自浙江杭州芦苇叶斑；培养基 0014，18～22℃。

ACCC 36684←中国农科院资划所←山东农业大学；原始编号：DH fungi 290；分离自福建厦门园林植物园蔷薇科植物叶片；培养基 0014，25～28℃。

ACCC 36695←中国农科院资划所←山东农业大学；原始编号：BDS fungi 081；分离自山东泰安省庄路边鹅冠草叶片；培养基 0014，25～28℃。

ACCC 36699←中国农科院资划所←山东农业大学；原始编号：BDS fungi 172；分离自山苦菜叶片；培养基 0014，25～28℃。

ACCC 36705←中国农科院资划所←山东农业大学；原始编号：BDS fungi 093；分离自看麦娘叶片；培养基 0014，25～28℃。

ACCC 36709←中国农科院资划所←山东农业大学；分离自山东沂水山坡疑似铺地黍叶片；培养基 0014，18～22℃。

ACCC 36721←中国农科院资划所←山东农业大学；原始编号：BDS fungi 080；分离自河北保定白茅叶片；培养基 0014，25～28℃。

ACCC 36766←中国农科院资划所←山东农业大学；原始编号：DH fungi 089；分离自莲叶片；培养基 0014，25～28℃。

ACCC 36771←中国农科院资划所←山东农业大学；原始编号：BDS fungi 101；分离自浙江杭州芦苇叶片；培养基 0014，25～28℃。

ACCC 36774←中国农科院资划所←山东农业大学；原始编号：BDS fungi 061；分离自山东泰安狗尾草叶片；培养基 0014，25～28℃。

ACCC 36787←中国农科院资划所←山东农业大学；原始编号：DH fungi 157；分离自青海德令哈十字花科植物叶片；培养基 0014，25～28℃。

ACCC 36798←中国农科院资划所←山东农业大学；原始编号：BDS fungi 164；分离自植物叶片；培养基 0014，25～28℃。

ACCC 37218←中国农科院资划所；分离自北京大兴西瓜下部茎；内生菌；培养基 0014，25℃。

ACCC 37219←中国农科院资划所；分离自北京大兴丝瓜下部茎；内生菌；培养基 0014，25℃。

ACCC 37862←中国农科院资划所←山东农业大学；原始编号：SDAU40202，HSAUPo3l175；培养基 0014，25～28℃。

ACCC 37863←中国农科院资划所←山东农业大学；原始编号：SDAU40203，HSAUPo3l181；培养基 0014，25～28℃。

ACCC 37864←中国农科院资划所←山东农业大学；原始编号：SDAU40204，HSAUPo3l653；培养基 0014，25～28℃。

ACCC 37865←中国农科院资划所←山东农业大学；原始编号：SDAU40206，HSAUPo3l279；培养基 0014，25～28℃。

ACCC 37866←中国农科院资划所←山东农业大学；原始编号：SDAU40210，HSAUPo3l478；培养基 0014，25～28℃。

Exserohilum sp.

凸脐蠕孢

ACCC 36739←中国农科院资划所←山东农业大学；原始编号：DH fungi 288；分离自福建厦门鼓浪屿天门冬叶片；培养基 0014，25～28℃。

ACCC 39024←山东农业大学；原始编号：AMCC300139；分离自山东滨州土壤；培养基 0014，25～28℃。

ACCC 39025←山东农业大学；原始编号：AMCC300141；分离自土壤；培养基 0014，25～28℃。

Exserohilum turcicum（Pass.）K. J. Leonard & Suggs

大斑病凸脐蠕孢

ACCC 36266←中国农科院资划所；分离自河北廊坊玉米大斑病叶片；培养基 0014，23℃。

Fusariella atrovirens（Berk.）Sacc.

暗绿小镰孢

ACCC 37134←山东农业大学；分离自西藏乃东土壤；培养基 0014，25℃。

ACCC 37180←山东农业大学；分离自西藏仁布土壤；培养基 0014，25℃。

Fusarium annuum Leonian

辣椒镰孢

ACCC 37372←中国农科院蔬菜花卉所；分离自北京昌平辣椒枯萎病茎；培养基 0014，25℃。

Fusarium argillaceum（Fr.）Sacc.

白垩色镰孢

ACCC 30063←中国农科院土肥所←中科院微生物所 AS3.707；培养基 0014，25～28℃。

Fusarium asiaticum O'Donnell，T. Aoki，Kistler & Geiser

亚洲镰孢

ACCC 39255←中国农科院作科所；原始编号：D99；分离自重庆玉米田玉米穗腐病组织；培养基 0497，25～28℃。

Fusarium avenaceum（Fr.）Sacc.

燕麦镰孢

ACCC 30065←中国农科院土肥所←中科院微生物所 AS3.709；培养基 0014，25～28℃。

Fusarium brachygibbosum Padwick

ACCC 39715←黑龙江省农业科学院植物保护研究所；原始编号：P13-1；分离自黑龙江省齐齐哈尔市拜泉县大豆根；培养基 0014，25～28℃。

Fusarium cerealis Cooke

谷类镰孢

ACCC 32253←中国农科院饲料所孟昆提供←JCM9874；培养基 0014，25～28℃。

Fusarium chlamydosporum Wollenw. & Reinking

厚垣镰孢

ACCC 32577←中国农科院资划所；原始编号：B-P-20-2；培养基 0014，25～28℃。

Fusarium culmorum（W. G. Smith）Sacc.

黄色镰孢

ACCC 32249←中国农科院饲料所孟昆提供←DSM 1094；培养基 0014，25～28℃。

ACCC 36937←中国农科院资划所←中国农科院饲料所←DSMZ；原始编号：F155，FRI2007195；分离自德国；培养基 0014，25～28℃。

ACCC 37130←中国农科院植保所；原始编号：SM1169；分离自甘肃兰州草地牧草病草；培养基 0014，25～28℃。

Fusarium equiseti（Corda）Sacc.

木贼镰孢

ACCC 38007←西北农大；原始编号：GL09304；分离自陕西杨凌苹果果实；培养基 0014，25～28℃。

ACCC 38029←西北农大；分离自陕西杨凌向日葵；培养基 0014，25℃。

ACCC 38082←浙江大学农业与生物技术学院作物所；原始编号：hz；分离自浙江杭州发病棉花茎；培养基 0014，25～28℃。

ACCC 38083←浙江大学农业与生物技术学院作物所；原始编号：zz；分离自河南郑州发黄萎蔫的棉花叶片；培养基 0014，25～28℃。

ACCC 39256←中国农科院作科所；原始编号：D56-2；分离自重庆玉米田玉米穗腐病株；培养基 0497，25～28℃。

ACCC 39348←中国农科院资划所；原始编号：11-4-Z1；分离自河北张家口沽源县马铃薯；培养基 0014，25～28℃。

ACCC 39689←济宁市农业科学研究院；原始编号：JSS6；分离自山东济宁大蒜根部；培养基 0014，25～28℃。

Fusariun graminearum Schwabe

禾谷镰孢

ACCC 30068←中国农科院土肥所←中科院微生物所 AS3.712；培养基 0014，25～28℃。

ACCC 32250←中国农科院饲料所孟昆提供←DSM 1095；培养基 0014，25～28℃。

ACCC 32251←中国农科院饲料所孟昆提供←DSM 1096；培养基 0014，25～28℃。

ACCC 36939←中国农科院资划所←中国农科院饲料所←DSMZ；原始编号：F157，FRI2007197；培养基 0014，25～28℃。

ACCC 36940←中国农科院资划所←中国农科院饲料所←DSMZ；原始编号：F158，FRI2007198；培养基 0014，25～28℃。

ACCC 37120←中国农科院植保所；原始编号：SM1170；分离自甘肃兰州大田玉米；培养基 0014，25～28℃。

ACCC 37680←中国农科院资划所←中国农科院植保所；原始编号：JSAFG0041，8003；分离自江西瑞昌小麦；培养基 0014，25～28℃。

ACCC 37681←中国农科院资划所←中国农科院植保所；原始编号：JSAFG0042，5005；分离自湖北襄樊小麦；培养基 0014，25～28℃。

ACCC 37682←中国农科院资划所←中国农科院植保所；原始编号：JSAFG0043；分离自湖北襄樊小麦；培养基 0014，25～28℃。

ACCC 37683←中国农科院资划所←中国农科院植保所；原始编号：JSAFG0044，F0603；分离自江苏丹阳小麦；培养基 0014，25～28℃。

ACCC 37684←中国农科院资划所←中国农科院植保所；原始编号：JSAFG0045，8029；分离自江西瑞昌小麦；培养基 0014，25～28℃。

ACCC 37685←中国农科院资划所←中国农科院植保所；原始编号：JSAFG0046，HD3；分离自河北邯郸小麦；培养基 0014，25～28℃。

ACCC 37686←中国农科院资划所←中国农科院植保所；原始编号：JSAFG0047，AH8；分离自安徽凤阳小麦；培养基 0014，25～28℃。

ACCC 37687←中国农科院资划所←中国农科院植保所；原始编号：JSAFG0048，HLJ9；分离自黑龙江大庆小麦；培养基 0014，25～28℃。

ACCC 37688←中国农科院资划所←中国农科院植保所；原始编号：JSAFG0049，HN3；分离自河南漯河小麦；培养基 0014，25～28℃。

ACCC 37689←中国农科院资划所←中国农科院植保所；原始编号：JSAFG0050，ZJ3；分离自浙江温州小麦；培养基 0014，25～28℃。

ACCC 38946←上海交通大学；原始编号：玉米茎腐病；分离自上海玉米；培养基 0014，25～28℃。

ACCC 39334←山东农业大学；原始编号：WF；分离自山东泰安发病小麦穗部；培养基 0014，25～28℃。

ACCC 39350←中国农科院资划所；原始编号：17-4-Z1；分离自河北张家口沽源县马铃薯；培养基 0014，25～28℃。

Fusarium incarnatum（Desm.）Sacc.

ACCC 31942←新疆农科院微生物所 XAAS40134；原始编号：SF54；分离自一号冰川土壤样品；培养基 0014，20℃。

Fusarium lactis Pirotta & Riboni

乳酸镰孢

ACCC 30070←中国农科院土肥所←中科院微生物所 AS3.714；培养基 0014，25～28℃。

Fusarium lateritium Nees

砖红镰孢

ACCC 30071←中国农科院土肥所←中科院微生物所 AS3.715；培养基 0014，25～28℃。

Fusarium moniliforme Sheldon

串珠镰孢（稻恶苗病菌）

ACCC 30133←中国农科院土肥所；诱变选育，产赤霉素；培养基 0014，25～28℃。

ACCC 30174←中国农科院土肥所←中国农科院原子能所（4303）；产赤霉素；培养基 0014，25～28℃。

ACCC 30175←中国农科院土肥所←中国农科院原子能所←中科院微生物所 AS3.752；产赤霉素；培养基 0014，25～28℃。

ACCC 30325←中国农科院土肥所；郭好礼选育，赤霉素生产用菌；培养基 0014，25～28℃。

ACCC 30331←中国农科院土肥所←中国农科院植保所林德昕赠；产赤霉素；培养基 0014，25～28℃。

Fusarium nioace（Fr.）Cesati

雪腐镰孢

ACCC 30074←中国农科院土肥所←中科院微生物所 AS3.718；培养基 0014，25～28℃。

Fusarium ortuoaras Appel & Wollenweber

直喙镰孢

ACCC 30075←中国农科院土肥所←中科院微生物所 AS3.719；培养基 0014，25～28℃。

Fusarium oxysporum Schltdl.

尖镰孢

ACCC 30069←中国农科院土肥所←中科院微生物所 AS3.713；培养基 0014，25～28℃。

ACCC 30076←中国农科院土肥所←中科院微生物所 AS3.720；培养基 0014，25～28℃。

ACCC 30927←中国农科院饲料所 FRI2006083；原始编号：F122；分离地点：海南三亚；分离源：水稻；培养基 0014，25～28℃。

ACCC 31915←广东微生物所菌种组 GIMV4-M-2；分离自越南的原始林土壤；培养基 0014，25℃。

ACCC 32258←中科院微生物所 AS3.3633；培养基 0014，25～28℃。

ACCC 32261←广东微生物所菌种组 GIMT3.033；培养基 0014，25℃。

ACCC 36070←中国农科院资划所←中国农科院蔬菜花卉所；原始编号：CAASHGKWN1，HGKWN1；分离自中国农科院蔬菜所内大棚黄瓜茎蔓；培养基 0014，25～28℃。

ACCC 36102←中国农科院蔬菜花卉所；分离自河南郑州温室甜瓜枯萎病瓜蔓；培养基 0014，25℃。

ACCC 36157←中国农科院资划所←中国热科院环植所；原始编号：EPPI000966，29-1；分离自海南五指山香蕉根茎；培养基 0014，25～28℃。

ACCC 36173←中国农科院植保所←河南农业大学植物保护学院；分离自河南郑州甜瓜枯萎病病组织；培养基 0014，25℃。

ACCC 36464←中国农科院蔬菜花卉所；分离自山东寿光大蒜腐烂病鳞茎；培养基 0014，25℃。

ACCC 36465←中国农科院蔬菜花卉所；分离自北京顺义番茄枯萎病根；培养基 0014，25℃。

ACCC 36466←中国农科院蔬菜花卉所；分离自北京顺义黄瓜枯萎病根；培养基 0014，25℃。

ACCC 36467←中国农科院资划所←中国农科院蔬菜花卉所；原始编号：HGKW06021601，IVF224；分离自山东寿光露地黄瓜根部；培养基 0014，25～28℃。

ACCC 36468←中国农科院蔬菜花卉所；分离自山东寿光黄瓜枯萎病根；培养基 0014，25℃。

ACCC 36469←中国农科院资划所←中国农科院蔬菜花卉所；原始编号：HGKWB1，IVF228；分离自北京总参通讯部队蔬菜生产基地露地黄瓜根部；培养基 0014，25～28℃。

ACCC 36470←中国农科院资划所←中国农科院蔬菜花卉所；原始编号：HGKWC3，IVF229；分离自中国农科院温室黄瓜根部；培养基 0014，25～28℃。

ACCC 36472←中国农科院蔬菜花卉所；分离自北京昌平辣椒根腐病根；培养基 0014，25℃。

ACCC 36473←中国农科院蔬菜花卉所；分离自山东寿光温室茄子根腐病根；培养基 0014，25℃。

ACCC 36474←中国农科院蔬菜花卉所；分离自山东寿光温室黄瓜枯萎病根；培养基 0014，25℃。

ACCC 36475←中国农科院蔬菜花卉所；分离自山东寿光温室黄瓜枯萎病根；培养基 0014，25℃。

ACCC 36477←中国农科院蔬菜花卉所；分离自山东寿光温室甜瓜枯萎病根；培养基 0014，25℃。

ACCC 36478←中国农科院蔬菜花卉所；分离自山东寿光温室黄瓜镰刀菌果实黄斑病叶片；培养基 0014，25℃。

ACCC 36933←福建农林大学；分离自黄瓜枯萎病病组织；培养基 0014，26℃。

ACCC 37064←中国农科院蔬菜花卉所；分离自北京昌平菜豆枯萎病根部；培养基 0014，25℃。

ACCC 37118←中国农科院植保所；原始编号：SM1168；分离自甘肃兰州棉花大田棉花病根；培养基 0014，25～28℃。

ACCC 37124←中国农科院资划所←中国农科院植保所；原始编号：T11，SM1164；分离自甘肃兰州草地；培养基 0014，25～28℃。

ACCC 37203←中国农科院资划所；原始编号：jcl001（FJ7）；分离自巨山农场黄瓜下部茎；培养基 0014，25～28℃。

ACCC 37262←中国农科院蔬菜花卉所；分离自北京海淀百合根腐病根；培养基 0014，25℃。

ACCC 37279←中国农科院蔬菜花卉所；分离自北京昌平百合根腐病；培养基 0014，25℃。

ACCC 37281←中国农科院资划所←中国农科院蔬菜花卉所；原始编号：DG08031401 IVF376；分离自河北廊坊刘靳各庄乡陈佃庄露地冬瓜茎；培养基 0014，25～28℃。

ACCC 37371←中国农科院蔬菜花卉所；分离自河北永清冬瓜枯萎病茎；培养基 0014，25℃。

ACCC 37375←中国农科院蔬菜花卉所；分离自河北永清冬瓜枯萎病茎；培养基 0014，25℃。

ACCC 37376←中国农科院蔬菜花卉所；分离自河北永清冬瓜枯萎病茎；培养基 0014，25℃。

ACCC 37377←中国农科院蔬菜花卉所；分离自河北廊坊冬瓜枯萎病茎；培养基 0014，25℃。

ACCC 37404←中国农科院蔬菜花卉所；分离自河北廊坊温室人参果枯萎病茎；培养基 0014，25℃。

ACCC 37483←中国农科院资划所←新疆农科院微生物所；原始编号：BJF-8，1565C0001XAAS40211；分离自新疆和硕县荒漠平原植物体内；培养基 0014，25～28℃。

ACCC 37517←中国农科院资划所←中国热科院；原始编号：F0C4-B2；分离自香蕉；培养基 0014，25～28℃。

ACCC 37715←中国农科院资划所←中国农科院植保所←江苏省农业科学院植物保护研究所；原始编号：JSAFO0078；分离自江苏南京丝瓜；培养基 0014，25～28℃。

ACCC 37948←中国农科院资划所←中国农科院蔬菜花卉所；原始编号：IVF217；分离自芹菜；培养基 0014，25～28℃。

ACCC 38906←北京农院植环所；原始编号：FC101；分离自北京延庆菜地土壤；培养基 0014，25～28℃。

ACCC 38987←山东农业大学；原始编号：AMCC300086；分离自土壤；培养基 0014，25～28℃。

ACCC 39049←山东农业大学；原始编号：AMCC300337；分离自土壤；培养基 0014，25～28℃。

ACCC 39200←山东农业大学植物保护学院；原始编号：SG-11；分离自山东寿光孙家集镇周家村苦瓜维管束；培养基 0014，25～28℃。

ACCC 39201←山东农业大学植物保护学院；原始编号：SG-12；分离自山东寿光孙家集镇周家村苦瓜维管束；培养基 0014，25～28℃。

ACCC 39202←山东农业大学植物保护学院；原始编号：SG-13；分离自山东寿光孙家集镇周家村苦瓜维管束；培养基 0014，25～28℃。

ACCC 39203←山东农业大学植物保护学院；原始编号：SG-14；分离自山东寿光孙家集镇周家村苦瓜维管束；培养基 0014，25～28℃。

ACCC 39204←山东农业大学植物保护学院；原始编号：SG-15；分离自山东寿光孙家集镇周家村苦瓜维管束；培养基 0014，25～28℃。

ACCC 39205←山东农业大学植物保护学院；原始编号：SG-16；分离自山东寿光孙家集镇周家村苦瓜维管束；培养基 0014，25～28℃。

ACCC 39206←山东农业大学植物保护学院；原始编号：FC-1；分离自山东寿光孙家集镇周家村苦瓜维管束；培养基 0014，25～28℃。

ACCC 39207←山东农业大学植物保护学院；原始编号：FC-2；分离自山东寿光孙家集镇周家村苦瓜维管束；培养基 0014，25～28℃。

ACCC 39208←山东农业大学植物保护学院；原始编号：HK-1；分离自山东泰安泰山区山东农业大学实验基地黄瓜维管束；培养基 0014，25～28℃。

ACCC 39209←山东农业大学植物保护学院；原始编号：LN-1；分离自山东泰安泰山区山东农业大学实验基地西瓜维管束；培养基 0014，25～28℃。

ACCC 39270←中国农科院作科所；原始编号：F08；分离自河北保定绿豆枯萎病株维管束；培养基 0014，25～28℃。

ACCC 39347←中国农科院资划所；原始编号：11-2-Z1；分离自河北张家口沽源县马铃薯；培养基 0014，25～28℃。

ACCC 39513←中国农科院资划所；原始编号：CM-1-J1；分离自北京昌平兴寿镇辛庄草莓；培养基 0014，25～28℃。

ACCC 39688←济宁市农业科学研究院；原始编号：R917-3；分离自山东济宁大蒜根部；培养基 0014，25～28℃。

ACCC 39691←济宁市农业科学研究院；原始编号：BR917-2；分离自山东济宁大蒜根部；培养基 0014，25～28℃。

ACCC 39692←济宁市农业科学研究院；原始编号：BR917-3；分离自山东济宁大蒜根部；培养基 0014，25～28℃。

Fusarium oxysporum f. sp. *avocado*
油梨尖镰孢（油梨苗枯萎病菌）

ACCC 31345←中国热科院；原始编号：FS2；分离地点：海南；分离源：油梨苗茎；培养基 0014，25～28℃。

ACCC 31347←中国热科院；原始编号：FS3；分离地点：海南；分离源：油梨苗茎；培养基 0014，25～28℃。

Fusarium oxysporum f. sp. *capsicum*
尖镰孢辣椒专化型（辣椒枯萎病菌）

ACCC 31339←中国热科院；原始编号：LF30；分离地点：海南；分离源：辣椒茎；培养基 0014，25～28℃。

ACCC 31340←中国热科院；原始编号：L F28；分离地点：海南；分离源：辣椒茎；培养基 0014，25～28℃。

Fusarium oxysporum f. sp. *cubense*（E. F. Smith）Snyder & Hansen
尖镰孢古巴专化型（香蕉枯萎病菌）

ACCC 31271←中国热科院环植所；原始编号：FOC-1；分离地点：海南东方抱板镇；分离源：香蕉假茎维管束；培养基 0014，25～28℃。

ACCC 31272←中国热科院环植所；原始编号：FOC-6；分离地点：海南东方大田镇；分离源：香蕉假茎维管束；培养基 0014，25～28℃。

ACCC 31273←中国热科院环植所；原始编号：FOC-11；分离地点：海南儋州八一农场；分离源：香蕉假茎维管束；培养基 0014，25～28℃。

ACCC 31274←中国热科院环植所；原始编号：FOC-15；分离地点：海南东方零公里；分离源：香蕉假茎维管束；培养基 0014，25～28℃。

ACCC 31275←中国热科院环植所；原始编号：FOC-7；分离地点：海南昌江县霸王岭；分离源：香蕉假茎维管束；培养基 0014，25～28℃。

ACCC 31276←中国热科院环植所；原始编号：FOC-13；分离地点：海南白沙县邦溪镇；分离源：香蕉假茎维管束；培养基 0014，25～28℃。

ACCC 31277←中国热科院环植所；原始编号：FOC-5；分离地点：海南三亚市；分离源：香蕉假茎维管束；培养基 0014，25～28℃。

ACCC 31278←中国热科院环植所；原始编号：FOC-8；分离地点：海南儋州两院；分离源：香蕉假茎维管束；培养基 0014，25～28℃。

ACCC 31279←中国热科院环植所；原始编号：FOC-16；分离地点：海南琼山甲子镇；分离源：香蕉假茎维管束；培养基 0014，25～28℃。

ACCC 31280←中国热科院环植所；原始编号：FOC-17；分离地点：海南琼山谭文镇；分离源：香蕉假茎维管束；培养基 0014，25～28℃。

ACCC 31281←中国热科院环植所；原始编号：FOC-19；分离地点：海南海口美兰镇；分离源：香蕉假茎维管束；培养基 0014，25～28℃。

ACCC 31282←中国热科院环植所；原始编号：FOC-28；分离地点：海南三亚凤凰镇；分离源：香蕉假茎维管束；培养基 0014，25～28℃。

ACCC 31283←中国热科院环植所；原始编号：FOC-31；分离地点：海南三亚凤凰镇；分离源：香蕉假茎维管束；培养基 0014，25～28℃。

ACCC 31284←中国热科院环植所；原始编号：FOC-24；分离地点：海南昌江县波兰沟；分离源：香蕉假茎维管束；培养基 0014，25～28℃。

ACCC 31285←中国热科院环植所；原始编号：FOC-36；分离地点：海南澄迈县大唐；分离源：香蕉假茎维管束；培养基 0014，25～28℃。

ACCC 31286←中国热科院环植所；原始编号：FOC-37；分离地点：海南海口美兰镇；分离源：香蕉假茎维管束；培养基 0014，25～28℃。

ACCC 36368←中国热科院环植所；分离自海南乐东粉蕉地粉蕉病假茎；培养基 0014，25℃。

ACCC 36369←中国热科院环植所；分离自海南乐东香蕉地香蕉病假茎；培养基 0014，25℃。

ACCC 36817←中国热科院环植所；分离自海南三亚香蕉；培养基 0014，28℃。

ACCC 37950←广东省农业科学院果树研究所；分离自广东东莞香蕉枯萎病假茎；培养基 0014，28℃。

ACCC 37951←广东省农业科学院果树研究所；分离自广东东莞香蕉枯萎病假茎；培养基 0014，28℃。

ACCC 37952←广东省农业科学院果树研究所；分离自广东东莞香蕉枯萎病假茎；培养基 0014，28℃。

ACCC 37953←广东省农业科学院果树研究所；分离自广东东莞香蕉枯萎病假茎；培养基 0014，28℃。

ACCC 37954←广东省农业科学院果树研究所；分离自广东东莞香蕉枯萎病假茎；培养基 0014，28℃。

ACCC 37955←广东省农业科学院果树研究所；分离自广东东莞香蕉枯萎病假茎；培养基 0014，28℃。

ACCC 37956←广东省农业科学院果树研究所；分离自广东东莞香蕉枯萎病假茎；培养基 0014，28℃。

ACCC 37957←广东省农业科学院果树研究所；分离自广东东莞香蕉枯萎病假茎；培养基 0014，28℃。

ACCC 37958←广东省农业科学院果树研究所；分离自广东东莞香蕉枯萎病假茎；培养基 0014，28℃。

ACCC 37959←广东省农业科学院果树研究所；分离自广东东莞香蕉枯萎病假茎；培养基 0014，28℃。

ACCC 37960←广东省农业科学院果树研究所；分离自福建漳州香蕉枯萎病区香蕉枯萎病假茎；培养基 0014，28℃。

ACCC 37961←广东省农业科学院果树研究所；分离自福建漳州香蕉枯萎病区香蕉枯萎病假茎；培养基 0014，28℃。

ACCC 37962←广东省农业科学院果树研究所；分离自福建漳州香蕉枯萎病区香蕉枯萎病假茎；培养基 0014，28℃。

ACCC 37963←广东省农业科学院果树研究所；分离自广东顺德香蕉枯萎病区香蕉枯萎病假茎；培养基 0014，28℃。

ACCC 37964←广东省农业科学院果树研究所；分离自广东惠州香蕉枯萎病区香蕉枯萎病假茎；培养基 0014，28℃。

ACCC 37965←广东省农业科学院果树研究所；分离自广东云浮香蕉枯萎病区香蕉枯萎病假茎；培养基
0014，28℃。

ACCC 37966←广东省农业科学院果树研究所；分离自广东湛江香蕉枯萎病区香蕉枯萎病假茎；培养基
0014，28℃。

ACCC 37967←广东省农业科学院果树研究所；分离自广东中山香蕉枯萎病区香蕉枯萎病假茎；培养基
0014，28℃。

ACCC 37968←广东省农业科学院果树研究所；分离自广东中山香蕉枯萎病区香蕉枯萎病假茎；培养基
0014，28℃。

ACCC 37969←广东省农业科学院果树研究所；分离自广东番禺香蕉枯萎病区香蕉枯萎病假茎；培养基
0014，28℃。

ACCC 37970←广东省农业科学院果树研究所；分离自广东高州香蕉枯萎病区香蕉枯萎病假茎；培养基
0014，28℃。

ACCC 37971←广东省农业科学院果树研究所；分离自广东广州南沙香蕉枯萎病区香蕉枯萎病假茎；培
养基0014，28℃。

ACCC 37972←广东省农业科学院果树研究所；分离自广东番禺香蕉枯萎病区香蕉枯萎病假茎；培养基
0014，28℃。

ACCC 37973←广东省农业科学院果树研究所；分离自广东番禺香蕉枯萎病区香蕉枯萎病假茎；培养基
0014，28℃。

ACCC 37974←广东省农业科学院果树研究所；分离自广东广州南沙香蕉枯萎病区香蕉枯萎病假茎；培
养基0014，28℃。

ACCC 37975←广东省农业科学院果树研究所；分离自广东信宜香蕉枯萎病区香蕉枯萎病假茎；培养基
0014，28℃。

ACCC 37976←广东省农业科学院果树研究所；分离自广西浦北香蕉枯萎病区香蕉枯萎病假茎；培养基
0014，28℃。

ACCC 37977←广东省农业科学院果树研究所；分离自广西南宁香蕉枯萎病区香蕉枯萎病假茎；培养基
0014，28℃。

ACCC 37978←广东省农业科学院果树研究所；分离自广西武鸣香蕉枯萎病区香蕉枯萎病假茎；培养基
0014，28℃。

ACCC 37979←广东省农业科学院果树研究所；分离自广西南宁香蕉枯萎病区香蕉枯萎病假茎；培养基
0014，28℃。

ACCC 37980←广东省农业科学院果树研究所；分离自海南儋州香蕉枯萎病区香蕉枯萎病假茎；培养基
0014，28℃。

ACCC 37981←广东省农业科学院果树研究所；分离自海南昌江香蕉枯萎病区香蕉枯萎病假茎；培养基
0014，28℃。

ACCC 37982←广东省农业科学院果树研究所；分离自海南文昌香蕉枯萎病区香蕉枯萎病假茎；培养基
0014，28℃。

ACCC 37983←广东省农业科学院果树研究所；分离自海南万宁香蕉枯萎病区香蕉枯萎病假茎；培养基
0014，28℃。

ACCC 37984←广东省农业科学院果树研究所；分离自海南三亚香蕉枯萎病区香蕉枯萎病假茎；培养基
0014，28℃。

ACCC 37985←广东省农业科学院果树研究所；分离自广东番禺香蕉枯萎病区香蕉枯萎病假茎；培养基
0014，28℃。

ACCC 37986←广东省农业科学院果树研究所；分离自广东番禺香蕉枯萎病区香蕉枯萎病假茎；培养基
0014，28℃。

ACCC 37987←广东省农业科学院果树研究所；分离自广东番禺香蕉枯萎病区香蕉枯萎病假茎；培养基
0014，28℃。

ACCC 37988←广东省农业科学院果树研究所；分离自广东番禺香蕉枯萎病区香蕉枯萎病假茎；培养基 0014，28℃。

ACCC 37989←广东省农业科学院果树研究所；分离自广东番禺香蕉枯萎病区香蕉枯萎病假茎；培养基 0014，28℃。

ACCC 37990←广东省农业科学院果树研究所；分离自广东番禺香蕉枯萎病区粉蕉枯萎病假茎；培养基 0014，28℃。

ACCC 37991←广东省农业科学院果树研究所；分离自广东番禺香蕉枯萎病区粉蕉枯萎病假茎；培养基 0014，28℃。

ACCC 37992←广东省农业科学院果树研究所；分离自广东番禺香蕉枯萎病区粉蕉枯萎病假茎；培养基 0014，28℃。

ACCC 37993←广东省农业科学院果树研究所；分离自广东番禺香蕉枯萎病区粉蕉枯萎病假茎；培养基 0014，28℃。

ACCC 37994←广东省农业科学院果树研究所；分离自云南河口州香蕉枯萎病区香蕉枯萎病假茎；培养基 0014，28℃。

ACCC 37995←广东省农业科学院果树研究所；分离自云南昆明香蕉枯萎病区香蕉枯萎病假茎；培养基 0014，28℃。

ACCC 37996←广东省农业科学院果树研究所；分离自广东广州南沙香蕉枯萎病区大蕉枯萎病假茎；培养基 0014，28℃。

ACCC 37997←广东省农业科学院果树研究所；分离自广东广州南沙香蕉枯萎病区大蕉枯萎病假茎；培养基 0014，28℃。

ACCC 38875←中国农科院资划所←南京农大 2014；原始编号：FOC4；分离自海南香蕉种植园区发病田块中健康植株的土壤；培养基 0014，25～28℃。

Fusarium oxysporum f. sp. *cucumerinum* J. H. Owen

尖镰孢黄瓜专化型（黄瓜枯萎病菌）

ACCC 30442←中国农科院土肥所←中国农科院蔬菜花卉所植病室；培养基 0014，25～28℃。

ACCC 36966←中国热科院环植所；分离自海南儋州黄瓜枯萎病病组织；培养基 0014，28℃。

ACCC 37374←中国农科院蔬菜花卉所；分离自安徽灵璧黄瓜枯萎病病茎；培养基 0014，25℃。

ACCC 37438←中国农科院蔬菜花卉所；分离自北京海淀温室黄瓜枯萎病病茎；培养基 0014，25℃。

ACCC 39326←中国农科院植保所；原始编号：foc-3b；分离自中国农科院廊坊中试基地黄瓜茎基部；培养基 0014，25～28℃。

ACCC 39679←中国农科院植保所郭荣君提供；原始编号：M7；分离自河北廊坊黄瓜茎；培养基 0014，25～28℃。

Fusarium oxysporum f. sp. *mungcola* Zhu ZD，Sun SL & Sun FF

尖镰孢绿豆专化型

ACCC 39271←中国农科院作科所；原始编号：F04；分离自吉林省白城吉林省农业科学院洮南基地绿豆枯萎病株维管束；培养基 0014，25～28℃。

ACCC 39272←中国农科院作科所；原始编号：F30；分离自内蒙古乌兰察布凉城县崞县镇绿豆枯萎病株维管束；培养基 0014，25～28℃。

ACCC 39273←中国农科院作科所；原始编号：F114；分离自陕西榆林横山县横山镇绿豆枯萎病株维管束；培养基 0014，25～28℃。

ACCC 39274←中国农科院作科所；原始编号：F123；分离自山西大同市大同县瓜园乡绿豆枯萎病株维管束；培养基 0014，25～28℃。

ACCC 39275←中国农科院作科所；原始编号：F180；分离自河北张家口宣化区沙岭子绿豆枯萎病株维管束；培养基 0014，25～28℃。

ACCC 39276←中国农科院作科所；原始编号：F203；分离自黑龙江齐齐哈尔绿豆枯萎病株维管束；培养基 0014，25～28℃。

ACCC 39277←中国农科院作科所；原始编号：F268；分离自河南南阳绿豆枯萎病株维管束；培养基
  0014，25～28℃。

Fusarium oxysporium f. sp. *niveum* W. C. Snyder & H. N. Hansen
尖镰孢西瓜专化型（西瓜枯萎病菌）

ACCC 30024←中国农科院土肥所；病原菌；培养基 0014，24～28℃。

ACCC 31352←中国热科院；原始编号：92CF6-1；分离地点：海南；分离源：西瓜茎；培养基 0014，
  25～28℃。

ACCC 31356←中国热科院；原始编号：920034S；分离地点：海南；分离源：西瓜茎；培养基 0014，
  25～28℃。

ACCC 31357←中国热科院；原始编号：920026；分离地点：海南；分离源：西瓜茎；培养基 0014，
  25～28℃。

ACCC 31362←中国热科院；原始编号：92CF5-9；分离地点：海南；分离源：西瓜茎；培养基 0014，
  25～28℃。

ACCC 31364←中国热科院；原始编号：9200013；分离地点：海南；分离源：西瓜茎；培养基 0014，
  25～28℃。

ACCC 31366←中国热科院；原始编号：92CFJT-1；分离地点：海南；分离源：西瓜茎；培养基 0014，
  25～28℃。

ACCC 31370←中国热科院；原始编号：92FACEA；分离地点：海南；分离源：西瓜茎；培养基 0014，
  25～28℃。

ACCC 31371←中国热科院；原始编号：92CF6-4；分离地点：海南；分离源：西瓜茎；培养基 0014，
  25～28℃。

ACCC 31373←中国热科院；原始编号：920016；分离地点：海南；分离源：西瓜茎；培养基 0014，
  25～28℃。

ACCC 31374←中国热科院；原始编号：92FJP5-1；分离地点：海南；分离源：西瓜茎；培养基 0014，
  25～28℃。

ACCC 31381←中国热科院；原始编号：940802；分离地点：海南；分离源：西瓜茎；培养基 0014，
  25～28℃。

ACCC 31382←中国热科院；原始编号：940347A；分离地点：海南；分离源：西瓜茎；培养基 0014，
  25～28℃。

ACCC 31384←中国热科院；原始编号：9403181；分离地点：海南；分离源：西瓜茎；培养基 0014，
  25～28℃。

ACCC 31385←中国热科院；原始编号：940328SP1；分离地点：海南；分离源：西瓜茎；培养基 0014，
  25～28℃。

ACCC 31387←中国热科院；原始编号：9403123；分离地点：海南；分离源：西瓜茎；培养基 0014，
  25～28℃。

ACCC 31388←中国热科院；原始编号：9403302；分离地点：海南；分离源：西瓜茎；培养基 0014，
  25～28℃。

ACCC 31389←中国热科院；原始编号：940344S1；分离地点：海南；分离源：西瓜茎；培养基 0014，
  25～28℃。

ACCC 31390←中国热科院；原始编号：940345S2；分离地点：海南；分离源：西瓜茎；培养基 0014，
  25～28℃。

ACCC 31392←中国热科院；原始编号：940328SP2；分离地点：海南；分离源：西瓜茎；培养基 0014，
  25～28℃。

ACCC 31393←中国热科院；原始编号：940720SP4；分离地点：海南；分离源：西瓜茎；培养基 0014，
  25～28℃。

ACCC 31394←中国热科院；原始编号：9403481；分离地点：海南；分离源：西瓜茎；培养基 0014，
　　25～28℃。

ACCC 36071←中国农科院蔬菜花卉所；分离自山东济南蔬菜温室西瓜枯萎病茎蔓；培养基 0014，25℃。

ACCC 36116←中国农科院蔬菜花卉所；分离自河南郑州温室西瓜枯萎病瓜蔓；培养基 0014，25℃。

ACCC 36175←中国农科院植保所←河南农业大学植物保护学院；分离自河南郑州西瓜枯萎病病组织；
　　培养基 0014，25℃。

ACCC 36261←中国农科院资划所←北京农科院植环所；分离自北京大兴西瓜枯萎病病秧；培养基
　　0014，28℃。

ACCC 36367←中国热科院环植所；分离自海南东方西瓜地西瓜枯萎病病根；培养基 0014，25℃。

Fusarium oxysporum f. sp. *piperis* Q. S. Cheo & P. K. Chi
尖镰孢胡椒专化型（胡椒枯萎病菌）

ACCC 31322←中国热科院；原始编号：PyF1；分离地点：海南；分离源：胡椒茎；培养基 0014，
　　25～28℃。

ACCC 31324←中国热科院；原始编号：PyF13；分离地点：海南；分离源：胡椒茎；培养基 0014，
　　25～28℃。

ACCC 31325←中国热科院；原始编号：PyF14；分离地点：海南；分离源：胡椒茎；培养基 0014，
　　25～28℃。

ACCC 31327←中国热科院；原始编号：PyF17；分离地点：海南；分离源：胡椒茎；培养基 0014，
　　25～28℃。

ACCC 31329←中国热科院；原始编号：PyF2；分离地点：海南；分离源：胡椒茎；培养基 0014，
　　25～28℃。

ACCC 31332←中国热科院；原始编号：PyF22；分离地点：海南；分离源：胡椒茎；培养基 0014，
　　25～28℃。

ACCC 31333←中国热科院；原始编号：PyF23；分离地点：海南；分离源：胡椒茎；培养基 0014，
　　25～28℃。

ACCC 31335←中国热科院；原始编号：PyF25；分离地点：海南；分离源：胡椒茎；培养基 0014，
　　25～28℃。

Fusarium oxysporum f. sp. *pisi* W. C. Snyder & H. N. Hansen
尖镰孢豌豆专化型（豌豆枯萎病菌）

ACCC 31037←中国农科院植保所；分离自北京豌豆枯萎病病组织；培养基 0066，25～28℃。

Fusarium oxysporum f. sp. *vanillae* Gordon
尖镰孢香草兰专化型（香草兰根疾）

ACCC 31307←中国热科院；原始编号：Fx31；分离地点：海南；分离源：香草兰根；培养基 0014，
　　25～28℃。

ACCC 31308←中国热科院；原始编号：Fx101；分离地点：海南；分离源：香草兰根；培养基 0014，
　　25～28℃。

ACCC 31309←中国热科院；原始编号：Fx35；分离地点：海南；分离源：香草兰根；培养基 0014，
　　25～28℃。

ACCC 31310←中国热科院；原始编号：Fx283；分离地点：海南；分离源：香草兰根；培养基 0014，
　　25～28℃。

ACCC 31311←中国热科院；原始编号：Fx102；分离地点：海南；分离源：香草兰根；培养基 0014，
　　25～28℃。

ACCC 31313←中国热科院；原始编号：屯昌达美根疾；分离地点：海南；分离源：香草兰根；培养基
　　0014，25～28℃。

ACCC 31314←中国热科院；原始编号：洪涛坡根疾；分离地点：海南；分离源：香草兰根；培养基
　　0014，25～28℃。

ACCC 31316←中国热科院；原始编号：VF997；分离地点：海南；分离源：香草兰根；培养基 0014，
　　　　　25～28℃。

ACCC 31319←中国热科院；原始编号：VF995；分离地点：海南；分离源：香草兰根；培养基 0014，
　　　　　25～28℃。

ACCC 31320←中国热科院；原始编号：VF9906；分离地点：海南；分离源：香草兰根；培养基 0014，
　　　　　25～28℃。

ACCC 31350←中国热科院；原始编号：92Fx4R；分离地点：海南；分离源：香草兰根；培养基 0014，
　　　　　25～28℃。

ACCC 31351←中国热科院；原始编号：92Fx4R；分离地点：海南；分离源：香草兰根；培养基 0014，
　　　　　25～28℃。

Fusarium oxyporium f. sp. *vasinfectum*（Atkinson）Snyder & Hansen
尖镰孢棉花专化型（棉花枯萎病菌）

ACCC 30222←中国农科院植保所 99-4←西北农大；生理小种 7 号；分离自浙江慈溪棉花枯萎病茎；培
　　　　　养基 0015，24～28℃。

ACCC 30234←中国农科院植保所 8013-8←西北农大；生理小种 8 号；分离自湖北新州棉花枯萎病茎；
　　　　　培养基 0015，24～28℃。

ACCC 30236←中国农科院植保所 109-1←西北农大；生理小种 8 号；分离自湖北麻城棉花枯萎病茎；培
　　　　　养基 0015，24～28℃。

ACCC 30239←中国农科院植保所 88-04←西北农大；生理小种 8 号；分离自棉花枯萎病茎；培养基
　　　　　0015，24～28℃。

ACCC 31038←中国农科院植保所；生理小种 7 号；分离自湖北新州棉花枯萎病茎；培养基 0014，
　　　　　24～28℃。

ACCC 31039←中国农科院植保所；生理小种 8 号；分离自湖北新州棉花枯萎病茎；培养基 0014，
　　　　　24～28℃。

ACCC 36001←中国农科院植保所；生理小种 7 号；分离自河南新乡棉花枯萎病茎；培养基 0014，25℃。

ACCC 36002←中国农科院植保所；生理小种 7 号；分离自四川蓬溪棉花枯萎病茎；培养基 0014，25℃。

ACCC 36003←中国农科院植保所；生理小种 7 号；分离自河北石家庄棉花枯萎病茎；培养基 0014，25℃。

ACCC 36004←中国农科院植保所；生理小种 7 号；分离自云南大理棉花枯萎病茎；培养基 0014，25℃。

ACCC 36005←中国农科院植保所；生理小种 7 号；分离自河南安阳棉花枯萎病茎；培养基 0014，25℃。

ACCC 36006←中国农科院植保所；生理小种 7 号；分离自山西太原棉花枯萎病茎；培养基 0014，25℃。

ACCC 36007←中国农科院植保所；生理小种 7 号；分离自河北保定棉花枯萎病茎；培养基 0014，25℃。

ACCC 36008←中国农科院植保所；生理小种 7 号；分离自新疆吐鲁番棉花枯萎病茎；培养基 0014，25℃。

ACCC 36401←中国农科院植保所←江苏农科院植保所；分离自江苏南京棉花枯萎病茎；培养基 0014，
　　　　　25℃。

ACCC 36879←中国农科院植保所←新疆石河子大学农学院植病室；分离自新疆疏勒老植棉区棉花枯萎
　　　　　病茎；培养基 0014，25℃。

ACCC 36880←中国农科院植保所←新疆石河子大学农学院植病室；生理小种 7 号；分离自新疆农 7 师
　　　　　123 团棉花枯萎病茎；培养基 0014，25℃。

ACCC 36881←中国农科院植保所←新疆石河子大学农学院植病室；生理小种 7 号；分离自新疆石河子
　　　　　棉花枯萎病茎；培养基 0014，25℃。

ACCC 36882←中国农科院植保所←新疆石河子大学农学院植病室；生理小种 7 号；分离自新疆喀什地
　　　　　区农三师 48 团棉花枯萎病茎；培养基 0014，25℃。

ACCC 36883←中国农科院植保所←新疆石河子大学农学院植病室；生理小种 7 号；分离自新疆石河子
　　　　　棉花枯萎病茎；培养基 0014，25℃。

ACCC 36884←中国农科院植保所←新疆石河子大学农学院植病室；生理小种 7 号；分离自新疆石河子
　　　　　棉花枯萎病茎；培养基 0014，25℃。

ACCC 36885←中国农科院植保所←新疆石河子大学农学院植病室；生理小种 7 号；分离自新疆英吉沙棉花枯萎病茎；培养基 0014，25℃。

ACCC 36886←中国农科院植保所←新疆石河子大学农学院植病室；生理小种 7 号；分离自新疆博乐棉花枯萎病茎；培养基 0014，25℃。

ACCC 36887←中国农科院植保所←新疆石河子大学农学院植病室；生理小种 7 号；分离自新疆南疆棉花枯萎病茎；培养基 0014，25℃。

ACCC 36888←中国农科院植保所←新疆石河子大学农学院植病室；生理小种 7 号；分离自新疆石河子棉花枯萎病茎；培养基 0014，25℃。

ACCC 36889←中国农科院植保所←新疆石河子大学农学院植病室；生理小种 7 号；分离自新疆叶城棉花枯萎病茎；培养基 0014，25℃。

ACCC 36890←中国农科院植保所←新疆石河子大学农学院植病室；生理小种 7 号；分离自新疆伽师棉花枯萎病茎；培养基 0014，25℃。

ACCC 36891←中国农科院植保所←新疆石河子大学农学院植病室；生理小种 7 号；分离自新疆和田棉花枯萎病茎；培养基 0014，25℃。

ACCC 36892←中国农科院植保所←新疆石河子大学农学院植病室；生理小种 7 号；分离自新疆阿拉尔棉花枯萎病茎；培养基 0014，25℃。

ACCC 36893←中国农科院植保所←新疆石河子大学农学院植病室；生理小种 7 号；分离自新疆喀什地区农三师 45 团棉花枯萎病茎；培养基 0014，25℃。

ACCC 36894←中国农科院植保所←新疆石河子大学农学院植病室；生理小种 7 号；分离自新疆石河子棉花枯萎病茎；培养基 0014，25℃。

ACCC 36895←中国农科院植保所←新疆石河子大学农学院植病室；生理小种 7 号；分离自新疆疏附棉花枯萎病茎；培养基 0014，25℃。

ACCC 36951←中国农科院植保所←新疆石河子大学农学院植病室；分离自新疆沙湾老植棉区棉花枯萎病茎；培养基 0014，25℃。

ACCC 37714←中国农科院植保所←江苏省农业科学院植物保护研究所；分离自江苏南京棉花枯萎病茎；培养基 0014，25℃。

Fusarium oxysporum var. *aurantiacum*（Link）Wollenw.

金黄尖镰孢

ACCC 37373←中国农科院蔬菜花卉所；分离自山东寿光苦瓜枯萎病茎；培养基 0014，25℃。

Fusarium proliferatum（Matsush.）Nirenberg ex Gerlach & Nirenberg

层出镰孢

ACCC 36929←中国农科院资划所←新疆农科院微生物所；原始编号：XAAS40200，DM15；分离自新疆和硕县荒漠平原植物体内；植物内生真菌；培养基 0014，30℃。

ACCC 38008←西北农大；原始编号：GL1222；分离自陕西白水苹果果实；培养基 0014，25～28℃。

ACCC 38834←广东微生物所；原始编号：GIMT 3.096；分离自广东广州植物；培养基 0014，25～28℃。

ACCC 39253←中国农科院作科所；原始编号：D93-1；分离自重庆玉米田玉米穗腐病组织；培养基 0497，25～28℃。

Fusarium pseudograminearum O'Donnell & T. Aoki

ACCC 38067←河南农业大学植物保护学院；原始编号：WZ-2B；分离自河南沁阳县小麦白穗；培养基 0014，25～28℃。

ACCC 38068←河南农业大学植物保护学院；原始编号：WZ-8A；分离自河南沁阳县小麦白穗；培养基 0014，25～28℃。

Fusarium redolens Wollenw.

芬芳镰孢

ACCC 39346←中国农科院资划所；原始编号：11-2-Z6；分离自河北张家口沽源县马铃薯；培养基 0014，25～28℃。

Fusarium reticulaceum Mont.

网状镰孢

ACCC 30064←中国农科院土肥所←中科院微生物所 AS3.708；培养基 0014，25～28℃。

Fusarium reticulatum Mont.

多枝镰孢

ACCC 30077←中国农科院土肥所←中科院微生物所 AS3.721；培养基 0014，25～28℃。

Fusarium semitectum Berk. & Rav.

半裸镰孢

ACCC 31945←广东微生物所菌种组 GIMT 3.014；分离自广州农田土壤；培养基 0014，25℃。

Fusarium solani（Mart.）Sacc.

腐皮镰孢

ACCC 30119←中国农科院土肥所←中科院微生物所 AS3.1792；培养基 0014，25～28℃。

ACCC 31287←中国热科院；原始编号：F1；分离地点：广东湛江；分离源：西番莲茎；培养基 0014，25～28℃。

ACCC 31288←中国热科院；原始编号：F10；分离地点：海南；分离源：西番莲茎；培养基 0014，25～28℃。

ACCC 31289←中国热科院；原始编号：F14；分离地点：海南；分离源：西番莲茎；培养基 0014，25～28℃。

ACCC 31290←中国热科院；原始编号：F16；分离地点：海南；分离源：西番莲茎；培养基 0014，25～28℃。

ACCC 31292←中国热科院；原始编号：F19；分离地点：海南；分离源：西番莲茎；培养基 0014，25～28℃。

ACCC 31293←中国热科院；原始编号：F20；分离地点：海南；分离源：西番莲茎；培养基 0014，25～28℃。

ACCC 31295←中国热科院；原始编号：F24；分离地点：海南；分离源：西番莲茎；培养基 0014，25～28℃。

ACCC 31296←中国热科院；原始编号：F25；分离地点：海南；分离源：西番莲茎；培养基 0014，25～28℃。

ACCC 31297←中国热科院；原始编号：F26；分离地点：海南；分离源：西番莲茎；培养基 0014，25～28℃。

ACCC 31299←中国热科院；原始编号：F30；分离地点：海南；分离源：西番莲茎；培养基 0014，25～28℃。

ACCC 31300←中国热科院；原始编号：F31；分离地点：海南；分离源：西番莲茎；培养基 0014，25～28℃。

ACCC 31304←中国热科院；原始编号：F9；分离地点：海南；分离源：西番莲茎；培养基 0014，25～28℃。

ACCC 31305←中国热科院；原始编号：F998；分离地点：海南；分离源：西番莲茎；培养基 0014，25～28℃。

ACCC 36223←中国农科院植保所；分离自云南砚山三七种植园三七根腐病块根病组织；培养基 0014，25℃。

ACCC 36232←中国农科院植保所；分离自云南马关三七种植园三七根腐病块根病组织；培养基 0014，25℃。

ACCC 36234←中国农科院植保所；分离自云南文山三七种植园三七根腐病块根病组织；培养基 0014，25℃。

ACCC 36235←中国农科院植保所；分离自云南文山三七种植园三七根腐病块根病组织；培养基 0014，25℃。

ACCC 36236←中国农科院植保所；分离自云南文山三七种植园三七根腐病块根病组织；培养基 0014，25℃。

ACCC 36241←中国农科院植保所；分离自山东济南大豆根腐病病组织；培养基 0014，26℃。

ACCC 36471←中国农科院蔬菜花卉所；分离自北京大兴温室辣椒根腐病根；培养基 0014，25℃。

ACCC 37119←中国农科院植保所；分离自河北保定黄芪病茎；培养基 0014，25℃。

ACCC 37121←中国农科院植保所；分离自北京怀柔西洋参根腐病根；培养基 0014，25℃。

ACCC 37127←中国农科院植保所；分离自河北安国黄芪根腐病根；培养基 0014，25℃。

ACCC 37381←中国农科院资划所←中国农科院植保所；原始编号：SM1180；培养基 0014，25～28℃。

ACCC 37625←中国农科院资划所←新疆农科院微生物所；原始编号：AF37-3，XAAS40245；分离自新疆南疆库车县玉其吾斯塘乡农田植物体内；培养基 0014，25～28℃。

ACCC 37626←中国农科院资划所←新疆农科院微生物所；原始编号：LB2F，XAAS40250；分离自新疆南疆库车县玉其吾斯塘乡农田植物体内；培养基 0014，25～28℃。

ACCC 37627←中国农科院资划所←新疆农科院微生物所；原始编号：LB40F，XAAS40251；分离自新疆南疆库车县玉其吾斯塘乡农田植物体内；培养基 0014，25～28℃。

ACCC 37628←中国农科院资划所←新疆农科院微生物所；原始编号：LE6，XAAS40252；分离自新疆南疆库车县玉其吾斯塘乡农田植物体内；培养基 0014，25～28℃。

ACCC 39092←中国热科院环植所；原始编号：EPPI20140043；分离自海南白沙橡胶树茎；培养基 0014，25～28℃。

ACCC 39345←中国农科院资划所；原始编号：QB；分离自河北张家口沽源县大蒜；培养基 0014，25～28℃。

ACCC 39351←中国农科院资划所；原始编号：红 9；分离自山东济宁金乡县北周村大蒜；培养基 0014，25～28℃。

ACCC 39693←济宁市农业科学研究院；原始编号：JYR；分离自山东济宁大蒜根部；培养基 0014，25～28℃。

ACCC 39694←济宁市农业科学研究院；原始编号：LZR；分离自山东济宁大蒜根部；培养基 0014，25～28℃。

Fusarium solani var. *marttii* Wollenweber

腐皮镰孢马特变种

ACCC 30120←中国农科院土肥所←中科院微生物所 AS3.3639；植物病原菌；培养基 0014，25～28℃。

Fusarium tricinctum（Corda）Sacc.

三线镰刀菌

ACCC 39349←中国农科院资划所；原始编号：12-4-Z1；分离自河北张家口沽源县马铃薯；培养基 0014，25～28℃。

Fusarium verticillioides（Sacc.）Nirenberg

拟轮枝镰孢

ACCC 39251←中国农科院作科所；原始编号：D72；分离自重庆玉米田玉米穗腐病组织；培养基 0497，25～28℃。

Galactomyces candidum de Hoog & M. T. Sm.

白地霉

ACCC 38985←山东农业大学；原始编号：AMCC300064；分离自土壤；培养基 0014，25～28℃。

ACCC 38986←山东农业大学；原始编号：AMCC300066；分离自土壤；培养基 0014，25～28℃。

Gelasinospora reticulata（C. Booth & Ebben）Cailleux

ACCC 38833←中国农科院烟草研究所；原始编号：CQYY1201；分离自重庆酉阳偏柏乡石卡村烟田烟草根组织；培养基 0014 或 0449，25～28℃。

Gibberella fujikuroi（Saw.）Wollenw.
藤仓赤霉
ACCC 30941←中国农科院饲料所 FRI2006097；原始编号：F136；分离地点：海南三亚；分离源：水
　　　稻；培养基 0014，25～28℃。

Gibberella zeae（Schw.）Petch
玉蜀黍赤霉（麦类赤霉病菌）
ACCC 31054←中国农科院植保所 GzSH1；分离自上海小麦赤霉病穗；用于品种材料抗性鉴定；培养基
　　　0014，25℃。
ACCC 31055←中国农科院植保所 GzJS6；分离自江苏张家港妙桥小麦赤霉病穗；用于品种材料抗性鉴
　　　定；培养基 0014，25℃。
ACCC 31056←中国农科院植保所 GzJS5；分离自江苏张家港杨舍镇小麦赤霉病穗；用于品种材料抗性
　　　鉴定；培养基 0014，25℃。
ACCC 31057←中国农科院植保所 GzJS4←江苏省农业科学院植物保护研究所；分离自江苏太仓小麦赤
　　　霉病穗；用于品种材料抗性鉴定；培养基 0014，25℃。
ACCC 31058←中国农科院植保所 GzJS3←江苏省农业科学院植物保护研究所；分离自江苏大丰小麦赤
　　　霉病穗；用于品种材料抗性鉴定；培养基 0014，25℃。
ACCC 31059←中国农科院植保所 GzJS2←江苏省农业科学院植物保护研究所；分离自江苏常熟小麦赤
　　　霉病穗；用于品种材料抗性鉴定；培养基 0014，25℃。
ACCC 31060←中国农科院植保所 GzJS1←江苏省农业科学院植物保护研究所；分离自江苏海门小麦赤
　　　霉病穗；用于品种材料抗性鉴定；培养基 0014，25℃。
ACCC 36269←中国农科院植保所；分离自江苏张家港小麦赤霉病病穗；培养基 0014，25℃。
ACCC 36270←中国农科院植保所；分离自江苏张家港小麦赤霉病病穗；培养基 0014，25℃。
ACCC 36271←中国农科院植保所；分离自江苏张家港小麦赤霉病病穗；培养基 0014，25℃。
ACCC 36272←中国农科院植保所；分离自江苏张家港小麦赤霉病病穗；培养基 0014，25℃。
ACCC 36273←中国农科院植保所；分离自江苏张家港小麦赤霉病病穗；培养基 0014，25℃。
ACCC 36274←中国农科院植保所；分离自江苏张家港小麦赤霉病病穗；培养基 0014，25℃。
ACCC 36275←中国农科院植保所；分离自江苏张家港小麦赤霉病病穗；培养基 0014，25℃。
ACCC 36276←中国农科院植保所；分离自江苏张家港小麦赤霉病病穗；培养基 0014，25℃。
ACCC 36277←中国农科院植保所；分离自江苏张家港小麦赤霉病病穗；培养基 0014，25℃。
ACCC 37115←中国农科院植保所；分离自甘肃兰州小麦赤霉病病穗；培养基 0014，25℃。

Gliocladium catenulatum Gilm. & Abbott
链孢粘帚霉
ACCC 31538←中国农科院植保所 SM3012；原始编号：SHW-2-1；分离地点：陕西津城；分离源：土
　　　壤；培养基 0014，25～28℃。
ACCC 32487←中国农科院植保所李世东赠送←ATCC 62195；分离自美国伊利诺伊州；培养基 0014，
　　　28℃。
ACCC 32488←中国农科院植保所李世东赠送←ATCC 52622；分离自古巴土壤；培养基 0014，28℃。

Gliocladium nigrovirens van Beyma
黑色粘帚霉
ACCC 31540←中国农科院植保所 SM3014；原始编号：SHW-3-1；分离地点：陕西临渭；分离源：土
　　　壤；培养基 0014，25～28℃。

Gliocladium roseum（Link）Bain.
粉红粘帚霉
ACCC 32486←中国农科院植保所李世东赠送←ATCC 46475；分离自美国阿肯色州大豆根际线虫；培养
　　　基 0014，28℃。

Gliocladium virens Mill.

绿粘帚霉

ACCC 31534←中国农科院植保所 SM3008；原始编号：GW-3-1；分离地点：甘肃凉州；分离源：土壤；培养基 0014，25～28℃。

Gliocladium viride Matruchot

绿色粘帚霉

ACCC 31917←广东微生物所菌种组 GIMV10-M-2；分离自越南的原始林土壤；培养基 0014，25℃。

Gliomastix murorum var. polychrome（Beyma）Dickinson

墙粘鞭菌

ACCC 30569←中国农科院土肥所←美国典型物培养中心，=ATCC48396；分离自城市废弃物；液化淀粉、纤维素、明胶和果胶；培养基 0014，26℃。

Glomerella cingulata（Stonem.）Spauld. & Schrenk

围小丛壳（苹果苦腐病菌）

ACCC 30319←中国农科院土肥所；病原菌；培养基 0015，25～28℃。

ACCC 30328←中国农科院土肥所；病原菌；培养基 0015，25～28℃。

Glomerella gossypii（Southw.）Edg

棉小丛壳

ACCC 30135←中国农科院土肥所←中科院微生物所 AS3.2870；病原菌；培养基 0014，24～28℃。

Gongronella butleri（Lendner）Peyronel & Dal Vesco

卵形孢球托霉

ACCC 32168←广东微生物所 GIMV10-M-1；分离自越南原始林的土壤；培养基 0014，25℃。

Guignardia mangiferae A. J. Roy

芒果球座菌

ACCC 37267←中国农科院资划所←中国农科院蔬菜花卉所；原始编号：FGZ07052501，IVF362；分离自山东寿光富贵竹叶片；培养基 0014，25～28℃。

ACCC 37268←中国农科院资划所←中国农科院蔬菜花卉所；原始编号：GSDJ07032102，IVF363；分离自中国农科院蔬菜花卉所试验温室高山杜鹃叶片；培养基 0014，25～28℃。

Gymnoascus nodulosus（G. R. Ghosh, G. F. Orr & Kuehn）Currah

ACCC 37493←中国农科院资划所←新疆农科院微生物所；原始编号：AF20-2，1565C0001XAAS40223；分离自新疆南疆阿拉尔 12 团 5 连公路边沙地沙土样品；培养基 0014，25～28℃。

Humicola fuscoatra Traaen

棕黑腐质霉

ACCC 37877←山东农业大学；培养基 0014，25℃。

Ilyonectria destructans（Zinssm.）Rossman, L. Lombard & Crous

ACCC 39132←云南农业大学植物保护学院；原始编号：RS006；分离自云南文山砚山县三七块根病部；培养基 0014，225～28℃。

Hypocrea lixii Pat.

ACCC 39512←西南大学植物保护学院；原始编号：TMN-1；培养基 0014，25～28℃。

Hypomyces aurantius（Pers.）Fuckel

金黄菌寄生菌

ACCC 39603←中国农科院资划所；原始编号：Ptp-H.a；分离自白灵侧耳；培养基 0014，25～28℃。

Isaria cateniannulata（Z. Q. Liang）Samson & Hywel-Jones

环链棒束孢

ACCC 37767←贵州大学；分离自云南昆明西山公园昆虫；培养基 0014，25℃。

ACCC 37768←贵州大学；分离自贵州贵阳森林公园昆虫；培养基 0014，25℃。

ACCC 37769←贵州大学；分离自云南昆明西山公园昆虫；培养基 0014，25℃。

ACCC 37777←贵州大学；分离自河南信阳震雷山黄刺蛾；培养基 0424，25℃。

ACCC 37783←贵州大学；分离自河南信阳震雷山袋蛾；培养基 0424，25℃。

ACCC 37784←贵州大学；分离自河南信阳震雷山蛹；培养基 0424，25℃。

ACCC 37793←贵州大学；分离自河南信阳震雷山鳞翅目昆虫；培养基 0424，25℃。

ACCC 37794←贵州大学；分离自河南信阳震雷山鳞翅目昆虫；培养基 0424，25℃。

ACCC 37797←贵州大学；分离自河南信阳震雷山茧；培养基 0424，25℃。

ACCC 37802←贵州大学；分离自河南信阳贤山鳞翅目昆虫；培养基 0424，25℃。

ACCC 37808←贵州大学；分离自河南信阳贤山钻蛀性昆虫；培养基 0424，25℃。

ACCC 37810←贵州大学；分离自河南信阳贤山钻蛀性昆虫；培养基 0424，25℃。

ACCC 37811←贵州大学；分离自河南信阳贤山钻蛀性昆虫；培养基 0424，25℃。

ACCC 37812←贵州大学；分离自河南信阳贤山蛹；培养基 0424，25℃。

ACCC 37813←贵州大学；分离自河南信阳贤山昆虫；培养基 0424，25℃。

ACCC 37815←贵州大学；分离自河南信阳贤山蛹；培养基 0424，25℃。

ACCC 37818←贵州大学；分离自河南信阳贤山钻蛀性昆虫；培养基 0424，25℃。

ACCC 37819←贵州大学；分离自河南信阳贤山昆虫；培养基 0424，25℃。

Isaria cateniobliqua（Z. Q. Liang）Samson & Hywel-Jones
斜链棒束孢

ACCC 37764←贵州大学；分离自贵州贵阳森林公园昆虫；培养基 0014，25℃。

ACCC 37765←贵州大学；分离自贵州贵阳森林公园昆虫；培养基 0014，25℃。

ACCC 37766←贵州大学；分离自贵州贵阳森林公园昆虫；培养基 0014，25℃。

ACCC 37773←贵州大学；分离自贵州贵阳森林公园昆虫；培养基 0014，25℃。

Isaria cicadae Miq.
蝉棒束孢

ACCC 37759←贵州大学；分离自贵州贵阳森林公园昆虫；培养基 0014，25℃。

Isaria farinosa（Holmsk.）Fr.
粉质棒束孢

ACCC 37731←贵州大学；分离自四川康定蝙蝠蛾幼虫；培养基 0014，25℃。

ACCC 37776←贵州大学；分离自河南信阳震雷山鳞翅目幼虫；培养基 0424，25℃。

ACCC 37786←贵州大学；分离自河南信阳震雷山昆虫；培养基 0424，25℃。

ACCC 37788←贵州大学；分离自河南信阳震雷山螳螂；培养基 0424，25℃。

ACCC 37791←贵州大学；分离自河南信阳震雷山蛹；培养基 0424，25℃。

ACCC 37795←贵州大学；分离自河南信阳震雷山鳞翅目昆虫；培养基 0424，25℃。

ACCC 37798←贵州大学；分离自河南信阳贤山昆虫；培养基 0424，25℃。

ACCC 37799←贵州大学；分离自河南信阳贤山昆虫；培养基 0424，25℃。

ACCC 37801←贵州大学；分离自河南信阳贤山蛹；培养基 0424，25℃。

ACCC 37803←贵州大学；分离自河南信阳贤山昆虫；培养基 0424，25℃。

ACCC 37809←贵州大学；分离自河南信阳贤山昆虫；培养基 0424，25℃。

Isaria fumosorosea Wize
玫烟色棒束孢

ACCC 37775←贵州大学；分离自河南信阳鸡公山鳞翅目幼虫；培养基 0424，25℃。

Isaria tenuipes Peck
细脚棒束孢

ACCC 37719←贵州大学；分离自四川瓦屋山蛹；培养基 0015，25℃。

ACCC 37787←贵州大学；分离自河南信阳震雷山蛹；培养基 0424，25℃。

ACCC 37790←贵州大学；分离自河南信阳震雷山蛹；培养基 0424，25℃。

ACCC 37816←贵州大学；分离自河南信阳贤山钻蛀性昆虫；培养基 0424，25℃。

ACCC 37820←贵州大学；分离自河南信阳贤山鳞翅目幼虫；培养基 0424，25℃。

ACCC 37821←贵州大学；分离自河南信阳贤山蛹；培养基 0424，25℃。

ACCC 37824←贵州大学；分离自河南信阳震雷山蛹；培养基 0424，25℃。

Kernia anthracina Lei Su，H. Zhu & C. Qin

ACCC 39781←中国医科院动研所；原始编号：TBS113；其他中心编号：CGMCC 3.19001T；模式菌株；分离自中国医科院动研所北方资源中心的毛丝鼠粪便；分解纤维素；培养基 0449，25～28℃。

ACCC 39782←中国医科院动研所；原始编号：TBS423；其他中心编号：CGMCC 3.19002；分离自中国医科院动研所北方资源中心的毛丝鼠粪便；分解纤维素；培养基 0449，25～28℃。

ACCC 39783←中国医科院动研所；原始编号：TBS522；其他中心编号：CGMCC 3.19003；分离自中国医科院动研所北方资源中心的毛丝鼠粪便；分解纤维素；培养基 0449，25～28℃。

Kernia columnaris（H. J. Swart）Woudenb. & Samson

ACCC 39735←中国农科院资划所←荷兰真菌研究所，CBS159.66←H. J. Swart；其他中心编号：IMI 116691；模式菌株；分离自野兔粪便；培养基 0421，25℃。

Kernia geniculotricha Seth

ACCC 39739←中国农科院资划所←荷兰真菌研究所，CBS 599.68←H. K. Seth；其他中心编号：ATCC 18529，IMI 133118；模式菌株；分离自兔子粪便；培养基 0421 或 0618，25℃。

Kernia hippocrepida Malloch & Cain

ACCC 39789←中国农科院资划所←荷兰真菌研究所，CBS774.70←D. W. Malloch；其他中心编号：ATCC 22154，IMI 151078，TRTC 43764；模式菌株；分离自豪猪粪便；培养基 0421，25℃。

Kernia nitida（Sacc.）Nieuwl.

ACCC 39788←中国农科院资划所←荷兰真菌研究所，CBS282.52←J. Nicot；其他中心编号：IFO 8200，LCP 780；分离自小金龟子（*Chrysolina sanguinolenta*）；培养基 0421，25℃。

Kernia pachypleura Malloch & Cain

ACCC 39736←中国农科院资划所←荷兰真菌研究所，CBS776.70←H. J. Swart；其他中心编号：ATCC 22142，IMI 151091，TRTC 662166g；模式菌株；分离自大象粪便；培养基 0421 或 0618，25℃。

Kernia peruviana Udagawa & Furuya

ACCC 39737←中国农科院资划所←荷兰真菌研究所，CBS320.91←S. Udagawa；其他中心编号：NHL 2985；模式菌株；分离自土壤；培养基 0421，25℃。

Lasiodiplodia pseudotheobromae A. J. L. Phillips，A. Alves & Crous

ACCC 39319←中国热科院环植所；原始编号：ZK201；培养基 0014，25～28℃。

ACCC 39323←中国热科院环植所；原始编号：ZK261；培养基 0014，25～28℃。

Lasiodiplodia theobromae（Pat.）Griffon & Maubl.

ACCC 39797←中国农科院加工所；12818←JCM；分离自福建华安县华安竹种园竹类植物竿部黑斑病组织；培养基 0014，25℃。

Lecanicillium coprophilum Lei Su，Hua Zhu & C. Qin

ACCC 39785←中国医科院动研所；原始编号：TBS415；其他中心编号：CGMCC3.18986T；模式菌株；分离自中国医科院动研所北方资源中心的毛丝鼠粪便；分解纤维素；培养基 0014，25～28℃。

ACCC 39786←中国医科院动研所；原始编号：TBS418；其他中心编号：CGMCC3.18987；分离自中国医科院动研所北方资源中心的毛丝鼠粪便；分解纤维素；培养基 0014，25～28℃。

ACCC 39787←中国医科院动研所；原始编号：TBS419；其他中心编号：CGMCC3.18988；分离自中国医科院动研所北方资源中心的毛丝鼠粪便；分解纤维素；培养基 0014，25～28℃。

Macrophomina phaseolina（Tassi）Goid.
菜豆生壳球孢

ACCC 39266←中国农科院作科所；原始编号：ZZD033-1（ABMP01）；分离自陕西榆林榆阳区鱼河峁
　　　　镇白家沟村小豆茎秆；培养基 0014，25～28℃。

ACCC 39267←中国农科院作科所；原始编号：ZZD039（ABMP03）；分离自北京房山小豆茎秆；培养
　　　　基 0014，25～28℃。

ACCC 39268←中国农科院作科所；原始编号：ZZD035；分离自山西大同阳高县东小村镇深泉堡村小豆
　　　　茎秆；培养基 0014，25～28℃。

Memnoniella echinate（Rivolta）Galloway

ACCC 37883←中国农科院资划所←山东农业大学；原始编号：SDAU40235，HSAUPo3l367；培养基
　　　　0014，25～28℃。

ACCC 39027←山东农业大学；原始编号：AMCC300147；培养基 0014，25～28℃。

ACCC 39028←山东农业大学；原始编号：AMCC300148；培养基 0014，25～28℃。

ACCC 39029←山东农业大学；原始编号：AMCC300149；培养基 0014，25～28℃。

ACCC 39041←山东农业大学；原始编号：AMCC300163；培养基 0014，25～28℃。

ACCC 39042←山东农业大学；原始编号：AMCC300164；培养基 0014，25～28℃。

Metarhizium anisopliae（Metschn.）Sorok.
金龟子绿僵菌

ACCC 30101←中国农科院土肥所←中科院微生物所 AS3.3675←陕西榆林地区治沙所（由白杨透翅蛾幼
　　　　虫上分离）；用于防玉米螟、金龟子、透翅蛾等；培养基 0014，24～28℃。

ACCC 30102←中国农科院土肥所←中科院微生物所 AS3.3676；昆虫生物防治；培养基 0014，24～28℃。

ACCC 30103←中国农科院土肥所←中科院微生物所 AS3.3486；昆虫生物防治；培养基 0014，24～28℃。

ACCC 30104←中国农科院土肥所←轻工业部甘蔗糖业研究所；防治鞘翅目、同翅目害虫；培养基
　　　　0014，24～28℃。

ACCC 30337←中国农科院土肥所←贵州大学农学院植保系刘作易赠送；原始编号 Ma9951；生物防治；
　　　　培养基 0014，25～28℃。

ACCC 30338←中国农科院土肥所←贵州大学农学院植保系刘作易赠送；原始编号 Ma9952；生物防治；
　　　　培养基 0014，25～28℃。

ACCC 30479←中国农科院土肥所←广东微生物所 GIM3.71←中科院武汉病毒研究所；用于防治农业病
　　　　虫害；培养基 0014，25～28℃。

ACCC 30798←中国农科院环发所；原始编号：2001＝M452；分离地点：北京；分离源：感病金龟子；
　　　　培养基 0014，25～28℃。

ACCC 31515←中国热科院环植所；原始编号：8-5-a23；分离地点：海南乐东县尖峰岭国家森林公园；
　　　　分离源：树林表层土壤；用于害虫生物防治；培养基 0014，25～28℃。

ACCC 31518←中国热科院环植所；原始编号：8-8-3；分离地点：海南乐东县尖峰岭国家森林公园；分
　　　　离源：树林表层土壤；用于害虫生物防治；培养基 0014，25～28℃。

ACCC 31519←中国热科院环植所；原始编号：8-9-5；分离地点：海南乐东县尖峰岭国家森林公园；分
　　　　离源：树林表层土壤；用于害虫生物防治；培养基 0014，25～28℃。

ACCC 31521←中国热科院环植所；原始编号：8-5-a1；分离地点：海南乐东县尖峰岭国家森林公园；分
　　　　离源：树林表层土壤；用于害虫生物防治；培养基 0014，25～28℃。

ACCC 31522←中国热科院环植所；原始编号：8-5-a22；分离地点：海南乐东县尖峰岭国家森林公园；
　　　　分离源：树林表层土壤；用于害虫生物防治；培养基 0014，25～28℃。

ACCC 32243←中国农科院环发所 IEDAF1532；原始编号：M110826；分离自新疆伊犁马铃薯甲虫；培
　　　　养基 0436，28℃。

ACCC 32332←广东微生物所菌种组 GIMF-24；原始编号：F-24；生物防治；培养基 0014，25℃。

ACCC 32333←广东微生物所菌种组 GIMF-25；原始编号：F-25；防治松毛虫；培养基 0014，25℃。

ACCC 32335←广东微生物所菌种组 GIMF-27；原始编号：F-27；防治鞘翅目、同翅目害虫；培养基 0014，25℃。

ACCC 32473←新疆农科院微生物所 XAAS40253；原始编号：GF3-2；分离自新疆南疆地区棉田边沙土；培养基 0014，20℃。

Metarhizium anisopliae var. *anisopliae*（Metschn.）Sorok.

金龟子绿僵菌原变种

ACCC 30194←中国农科院土肥所←从美国 NRRL 引进；原始编号：13969；用于生物防治；培养基 0014，25～28℃。

Metarhizium eylindrosporae Chen & Guo

柱孢绿僵菌

ACCC 30114←中国农科院土肥所←中科院微生物所；生物防治用菌；培养基 0014，24～28℃。

Metarhizium flavoviride Gams

黄绿绿僵菌

ACCC 30196←中国农科院土肥所←从美国 NRRL 引进；原始编号：13971；生物防治用菌；培养基 0014，25～28℃。

ACCC 30199←中国农科院土肥所←从美国 NRRL 引进；原始编号：20422；生物防治用菌；培养基 0014，25～28℃。

ACCC 30335←中国农科院土肥所←贵州大学农学院植保系刘作易赠送；原始编号：Mf1877；生物防治用菌；培养基 0014，25～28℃。

Metarhizium flavoviride var. *minus* Rombach

黄绿绿僵菌小孢变种

ACCC 30130←中国农科院土肥所←中科院微生物所；生物防治用菌；培养基 0014，24～28℃。

Metarhizium guizhouense Chen & Guo

贵州绿僵菌

ACCC 30115←中国农科院土肥所←贵州大学农学院微生物教研组赠；原始编号：2902；生物防治用菌；培养基 0014，24～28℃。

Metarhizium iadini Chen，Guo & Zhou

翠绿绿僵菌

ACCC 30124←中国农科院土肥所←贵州省农业科学院植物保护研究所；分离自犁虎，生物防治用菌；培养基 0014，24～28℃。

Metarhizium pingshaense Chen & Guo

平沙绿僵菌

ACCC 30105←中国农科院土肥所←广东国营平沙华侨农场；分离自金龟子幼虫；防治鞘翅目、同翅目的幼虫及成虫；培养基 0014，24～28℃。

Metarhizium sp.

绿僵菌

ACCC 30116←中国农科院土肥所←贵州大学农学院微生物教研室；原始编号：3305；用于生物防治；培养基 0014，25～28℃。

ACCC 30123←中国农科院土肥所←贵州大学农学院微生物教研室；原始编号：3201；用于生物防治；培养基 0014，25～28℃。

Monacrosporium eudermata（Drechsler）Subram.

厚皮单顶孢

ACCC 32127←中国农科院植保所 SM1109；原始编号：047（254）；分离自湖南宁乡菜地土壤；培养基 0014，25℃。

Monascus anka Nakazawa & Sato
红曲

ACCC 30192←中国农科院土肥所←江苏省农业科学院土壤肥料研究所黄隆广赠；生产降脂片；培养基 0015，25～28℃。

ACCC 30341←中国农科院土肥所←轻工部食品发酵所 IFF1 5004←无锡锡惠豆腐厂；用于生产红曲米；培养基 0077，28～30℃。

ACCC 30342←中国农科院土肥所←轻工部食品发酵所 IFF1 5013；用于生产红色素；培养基 0077，28～30℃。

ACCC 30344←中国农科院土肥所←轻工部食品发酵所 IFF1 5031←四川省食品发酵设计院 3.532；用于生产红色素；培养基 0077，28～30℃。

ACCC 30345←中国农科院土肥所←轻工部食品发酵所 IFF1 5032←上海工微所；用于生产红色素；培养基 0077，28～30℃。

ACCC 32339←广东微生物所菌种组 GIMF-31；原始编号：F-31；生产红曲米；培养基 0014，25℃。

ACCC 32405←广东微生物所菌种组 GIMF-51；原始编号：F-51；生产红色素；培养基 0014，25℃。

Monascus purpureus Went
紫红曲

ACCC 30140←中国农科院土肥所；分离源：发酵米粒；培养基 0013，28～30℃。

ACCC 30141←中国农科院土肥所←中科院微生物所 AS3.991；培养基 0013，30～35℃。

ACCC 30352←中国农科院土肥所←江苏省农业科学院土壤肥料研究所黄隆广赠；生产红曲米、红色素；培养基 0014，25～28℃。

ACCC 30501←中国农科院土肥所←荷兰真菌研究所，=CBS109.07；模式菌株；培养基 0014，25～28℃。

Monilia fructigena Honey
仁果丛梗孢

ACCC 37407←中国农科院蔬菜花卉所；分离自北京海淀油桃腐烂病果实；培养基 0014，25℃。

Monilinia fructicola（G. Winter）Honey
美澳型核果链核盘菌（美澳型核果褐腐病菌）

ACCC 36262←中国农科院资划所←北京农科院植环所；分离自北京延庆蟠桃褐腐病果实；培养基 0014，25℃。

ACCC 36263←中国农科院资划所←北京农科院植环所；分离自北京延庆李子褐腐病僵果；培养基 0014，25℃。

Mortierella alpina Peyron.
高山被孢霉

ACCC 31578←新疆农科院微生物所 XAAS40161；原始编号：LF19；分离地点：新疆一号冰川；分离源：土壤；培养基 0014，25～28℃。

ACCC 31925←广东微生物所菌种组 GIMV37-M-1；分离自越南的原始林土壤；培养基 0014，25℃。

ACCC 31929←广东微生物所菌种组 GIMV39-M-a；分离自越南的原始林土壤；培养基 0014，25℃。

ACCC 31943←新疆农科院微生物所 XAAS40196；原始编号：AB25；分离自一号冰川的土壤样品；培养基 0014，20℃。

ACCC 31952←广东微生物所菌种组 GIMV39-M-a；分离自越南的原始林土壤；培养基 0014，25～28℃。

ACCC 32468←新疆农科院微生物所 XAAS40244；原始编号：AF29-1；分离自新疆南疆地区杏树下沙土；培养基 0014，20℃。

Mucor circinelloides van Tiegh.
卷枝毛霉

ACCC 31804←新疆农科院微生物所 XAAS40136；原始编号：SF56；分离地点：新疆吐鲁番；分离源：土壤；培养基 0014，25～28℃。

ACCC 38009←西北农大；原始编号：GL09419；分离自陕西杨凌苹果果实；培养基 0014，25～28℃。

Mucor flavus Bainier

黄色毛霉

ACCC 30919←中国农科院饲料所 FRI2006075；原始编号：F114；分离地点：海南三亚；分离源：土壤；培养基 0014，25～28℃。

Mucor gigasporus G. Q. Chen & R. Y. Zheng

巨孢毛霉

ACCC 30922←中国农科院饲料所 FRI2006078；原始编号：F117；分离地点：海南三亚；分离源：土壤；培养基 0014，25～28℃。

Mucor hiemalis Wehmer

冻土毛霉

ACCC 30924←中国农科院饲料所 FRI2006080；原始编号：F119；分离地点：新疆天山；分离源：土壤；培养基 0014，25～28℃。

ACCC 31591←新疆农科院微生物所 XAAS40191；原始编号：LF77；分离地点：新疆一号冰川；分离源：土壤；培养基 0014，25～28℃。

ACCC 31593←新疆农科院微生物所 XAAS40192；原始编号：LF78；分离地点：新疆一号冰川；分离源：土壤；培养基 0014，25～28℃。

ACCC 31595←新疆农科院微生物所 XAAS40180；原始编号：LF61；分离地点：新疆一号冰川；分离源：土壤；培养基 0014，25～28℃。

Mucor mandshuricus Saito

东北毛霉

ACCC 30920←中国农科院饲料所 FRI2006076；原始编号：F115；分离地点：海南三亚；分离源：猪粪；培养基 0014，25～28℃。

Mucor parvisporus Kanouse

小孢毛霉

ACCC 37126←中国农科院植保所；分离自河北保定山药病根；培养基 0014，25℃。

Mucor prainii Chodat & Nechitsche

普雷恩毛霉

ACCC 32321←广东微生物所菌种组 GIMF-10；原始编号：F-10；腐乳生产菌；培养基 0014，25℃。

Mucor pusillus Lindt

微小毛霉

ACCC 30921←中国农科院饲料所 FRI2006077；原始编号：F116；分离地点：海南三亚；分离源：猪粪；培养基 0014，25～28℃。

Mucor racemosus f. *racemosus* Fresen.

总状毛霉

ACCC 30522←中国农科院土肥所←荷兰真菌研究所，=CBS260.68；模式菌株；培养基 0014，25～28℃。

Mucor wutungkiao Fang

五通桥毛霉

ACCC 30392←中国农科院土肥所←中科院微生物所 AS3.25；从豆腐乳中分离；培养基 0014，15～25℃。

Mycocentrospora acerina（R. Hartig）Deighton

槭菌刺孢

ACCC 39135←云南农业大学植物保护学院；原始编号：HS17-4；分离自云南个旧卡房镇大黑山乡三七叶片病斑；培养基 0014，20℃。

Mycovellosiella nattrassii Deighton

灰毛茄菌绒孢（茄子绒斑病菌）

ACCC 36141←中国农科院蔬菜花卉所；分离自北京海淀蔬菜温室茄子绒斑病叶片；培养基0014，25℃。

Myrothecium melanosporum Chen

黑球漆斑菌

ACCC 30480←中国农科院土肥所←中科院微生物所AS3.3665；分解纤维素；培养基0014，25～28℃。

Myrothecium roridum Tode ex Fries

露湿漆斑菌

ACCC 37076←中国农科院蔬菜花卉所；原始编号：IVF309；分离自北京顺义李桥镇北河村番茄叶片；培养基0014，25～28℃。

ACCC 37077←中国农科院蔬菜花卉所；分离自北京顺义番茄漆腐病叶片；培养基0014，25℃。

ACCC 37097←中国农科院蔬菜花卉所；分离自北京大兴温室凤仙花漆斑病叶片；培养基0014，25℃。

ACCC 37098←中国农科院蔬菜花卉所；分离自北京顺义矮牵牛漆斑病叶片；培养基0014，25℃。

ACCC 37099←中国农科院蔬菜花卉所；分离自北京大兴温室丽格海棠漆斑病叶片；培养基0014，25℃。

ACCC 37100←中国农科院蔬菜花卉所；分离自北京大兴温室小灯笼漆斑病叶片；培养基0014，25℃。

ACCC 37102←中国农科院蔬菜花卉所；分离自北京大兴温室红掌漆斑病叶片；培养基0014，25℃。

ACCC 37103←中国农科院蔬菜花卉所；分离自北京大兴温室瑞典常春藤漆斑病叶片；培养基0014，25℃。

ACCC 37147←山东农业大学；原始编号：SDMCC40016（HSAUP071520）；分离自西藏山南隆子县土壤；培养基0014，25～28℃。

ACCC 37195←山东农业大学；原始编号：SDMCC40092（HSAUP071591）；分离自西藏日喀则聂拉木县土壤；培养基0014，25～28℃。

ACCC 37225←山东农业大学；分离自西藏定日土壤；培养基0014，25℃。

ACCC 37423←中国农科院资划所←中国农科院蔬菜花卉所；原始编号：IVF500，QZ08090502；分离自北京大兴榆垡镇东黄垡村露地茄子叶片；培养基0014，25～28℃。

ACCC 37424←中国农科院资划所←中国农科院蔬菜花卉所；原始编号：IVF501，QZ08072301；分离自北京顺义李桥镇北河村露地茄子叶片；培养基0014，25～28℃。

ACCC 37452←中国农科院资划所←中国农科院蔬菜花卉所；原始编号：IVF529，CD08072303；分离自北京顺义李桥镇北河村露地菜豆叶片；培养基0014，25～28℃。

Myrothecium sp.

漆斑菌

ACCC 30154←中国农科院土肥所←军事医学科学院部队卫生所梁增辉赠送；原始编号：W96；产毒素；培养基0014，25～28℃。

Myrothecium verrucaria（Alb. & Schw.）Ditmar

疣孢漆斑菌

ACCC 30197←中国农科院土肥所←从美国NRRL引进；原始编号：13972；生物防治用菌；培养基0014，25～28℃。

Neocosmospora vasinfecta var. *vasinfecta* E. F. Sm.

ACCC 39262←中国农科院作科所；原始编号：SSLNV17；分离自韩国大邱大豆茎秆病斑；培养基0014，25～28℃。

Neofusicoccum mangiferae（Syd. & P. Syd.）Crous，Slippers & A. J. L. Phillips

ACCC 39315←中国热科院环植所；原始编号：ZK10；分离自海南东方岛西林场杧果果实；培养基0014，25～28℃。

ACCC 39316←中国热科院环植所；原始编号：ZK185；分离自福建福州鼓楼区三坊七巷300年古树杧果叶片；培养基0014，25～28℃。

Neosartorya fischerri（Wehmer）Malloch & Cain

费希新萨托菌

ACCC 32304←中国热科院环植所 EPPI2712←海南大学农学院；原始编号：V-1；分离自白菜地土壤；培养基 0014，28℃。

Neosartorya glabra（Fennell & Raper）Kozak.

光滑新萨托菌

ACCC 32299←中国热科院环植所 EPPI2706←海南大学农学院；原始编号：M4；分离自杧果根际土壤；培养基 0014，28℃。

Neoscytalidium dimidiatum（Penz.）Crous & Slippers

ACCC 38865←广东海洋大学；原始编号：Zjhlg-1；培养基 0014，25～28℃。

ACCC 39211←海南大学热带农林学院；原始编号：DE1606；分离自海南海口三江镇电白村毛薯叶片和茎秆病斑；培养基 0014，25～28℃。

Neurospora crassa Shear & Dodge

粗糙脉孢菌

ACCC 32256←中科院微生物所 AS3.1604；培养基 0014，25～28℃。

ACCC 32257←中科院微生物所 AS3.1602；鸟氨酸缺陷型；培养基 0014，25～28℃。

Neurospora intermedia F. L. Tai

间型脉孢菌

ACCC 30499←中国农科院土肥所←轻工部食品发酵所 IFFI 12003←中科院微生物所 AS3.591；饲料用菌，产维生素 A；培养基 0014，25～28℃。

Neurospora sitophila Shear & Dodge

好食脉孢菌

ACCC 30500←中国农科院土肥所←轻工部食品发酵所 IFFI 12001←中科院微生物所 AS3.592；培养基 0014，25～28℃。

Neurospora sp.

脉孢菌

ACCC 30361←中国农科院土肥所郭好礼从玉米棒生长物中分离；培养基 0015，25～28℃。

ACCC 32585←中国农科院郭荣君捐赠；原始编号：JZ-2；纤维素分解菌；培养基 0014，25～28℃。

Nigrospora oryzae（Berk. & Broome）Petch

稻黑孢

ACCC 39283←河南科技大学林学院；原始编号：HKDLIN-002；分离自河南伊川县平等乡东村水稻叶片病斑；培养基 0014，25～28℃。

Oidiodendron truncatum G. L. Barron

ACCC 39590←山东农业大学植保学院；原始编号：HSAUPⅡ063195；分离自青海泽库草原土；培养基 0014，25～28℃。

ACCC 39591←山东农业大学植保学院；原始编号：HSAUPⅡ063213；分离自青海尖扎戈壁土；培养基 0014，25～28℃。

ACCC 39592←山东农业大学植保学院；原始编号：HSAUPⅡ074041；分离自青海达日草原土；培养基 0014，25～28℃。

ACCC 39593←山东农业大学植保学院；原始编号：HSAUPⅡ074059；分离自青海玛多鄂陵湖畔草原土；培养基 0014，25～28℃。

ACCC 39594←山东农业大学植保学院；原始编号：HSAUPⅡ074136；分离自青海甘德草原土；培养基 0014，25～28℃。

ACCC 39595←山东农业大学植保学院；原始编号：HSAUPⅡ074204；分离自青海称多农田土；培养基 0014，25～28℃。

Paecilomyces farinosus（Dicks.）Brown

粉拟青霉

ACCC 30190←中国农科院土肥所←北京林业大学武觐文赠；原始编号：8601；防治油松毛虫；培养基 0014，25～28℃。

Paecilomyces fumosoroseus（Wize）Brown & Smith

玫烟色拟青霉

ACCC 30444←中国农科院土肥所←中科院微生物所；原始编号：M230-N1074；分离源：柞蚕寄生蝇；生物防治用菌；培养基 0014，25～28℃。

Paecilomyces mandshuricum（Saito）Thom

东北拟青霉

ACCC 30441←中国农科院土肥所←中科院微生物所 AS3.220；培养基 0014，25～28℃。

Paecilomyces heliothis（Charles）Brown & Smith

棉铃虫拟青霉

ACCC 30482←中国农科院土肥所←广东微生物所 GIM3.94←中科院微生物所 AS3.3728；分离源：棉铃虫；生物防治用菌；培养基 0014，25～28℃。

Paecilomyces lilacinus（Thom）Samson

淡紫拟青霉

ACCC 30620←云南省烟草科学研究院祝明亮赠；原始编号：ZML001；分离地点：云南石林；分离源：根结线虫卵；用作生物防治研究；培养基 0014，25～28℃。

ACCC 30621←云南省烟草科学研究院祝明亮赠；原始编号：ZML002；分离地点：云南石林；分离源：根结线虫卵；用作生物防治研究；培养基 0014，25～28℃。

ACCC 30622←云南省烟草科学研究院祝明亮赠；原始编号：ZML003；分离地点：云南石林；分离源：根结线虫卵囊；用作生物防治研究；培养基 0014，25～28℃。

ACCC 30623←云南省烟草科学研究院祝明亮赠；原始编号：ZML004；分离地点：云南石林；分离源：根结线虫卵囊；用作生物防治研究；培养基 0014，25～28℃。

ACCC 30624←云南省烟草科学研究院祝明亮赠；原始编号：ZML005；分离地点：云南石林；分离源：根结线虫卵囊；作生物防治研究；培养基 0014，25～28℃。

ACCC 30625←云南省烟草科学研究院祝明亮赠；原始编号：ZML006；分离地点：云南石林；分离源：根结线虫雌虫；用作生物防治研究；培养基 0014，25～28℃。

ACCC 30626←云南省烟草科学研究院祝明亮赠；原始编号：ZML007；分离地点：云南石林；分离源：根结线虫雌虫；用作生物防治研究；培养基 0014，25～28℃。

ACCC 30627←云南省烟草科学研究院祝明亮赠；原始编号：ZML008；分离地点：云南石林；分离源：根结线虫雌虫；用作生物防治研究；培养基 0014，25～28℃。

ACCC 30628←云南省烟草科学研究院祝明亮赠；原始编号：ZML009；分离地点：云南石林；分离源：根结线虫雌虫；用作生物防治研究；培养基 0014，25～28℃。

ACCC 30629←云南省烟草科学研究院祝明亮赠；原始编号：ZML010；分离地点：云南石林；分离源：根结线虫雌虫；用作生物防治研究；培养基 0014，25～28℃。

ACCC 30630←云南省烟草科学研究院祝明亮赠；原始编号：ZML011；分离地点：云南石林；分离源：根结线虫卵；用作生物防治研究；培养基 0014，25～28℃。

ACCC 30631←云南省烟草科学研究院祝明亮赠；原始编号：ZML012；分离地点：云南石林；分离源：根结线虫卵；用作生物防治研究；培养基 0014，25～28℃。

ACCC 30632←云南省烟草科学研究院祝明亮赠；原始编号：ZML013；分离地点：云南石林；分离源：根结线虫卵；用作生物防治研究；培养基 0014，25～28℃。

ACCC 30633←云南省烟草科学研究院祝明亮赠；原始编号：ZML014；分离地点：云南石林；分离源：根结线虫卵；用作生物防治研究；培养基 0014，25～28℃。

ACCC 30634←云南省烟草科学研究院祝明亮赠；原始编号：ZML015；分离地点：云南石林；分离源：根结线虫卵；用作生物防治研究；培养基0014，25～28℃。

ACCC 30635←云南省烟草科学研究院祝明亮赠；原始编号：ZML016；分离地点：云南石林；分离源：根结线虫卵；用作生物防治研究；培养基0014，25～28℃。

ACCC 30636←云南省烟草科学研究院祝明亮赠；原始编号：ZML017；分离地点：云南祥云；分离源：根结线虫卵；用作生物防治研究；培养基0014，25～28℃。

ACCC 30637←云南省烟草科学研究院祝明亮赠；原始编号：ZML018；分离地点：云南祥云；分离源：根结线虫卵；用作生物防治研究；培养基0014，25～28℃。

ACCC 30638←云南省烟草科学研究院祝明亮赠；原始编号：ZML019；分离地点：云南祥云；分离源：根结线虫卵；用作生物防治研究；培养基0014，25～28℃。

ACCC 30639←云南省烟草科学研究院祝明亮赠；原始编号：ZML020；分离地点：云南祥云；分离源：根结线虫雌虫；用作生物防治研究；培养基0014，25～28℃。

ACCC 30640←云南省烟草科学研究院祝明亮赠；原始编号：ZML021；分离地点：云南祥云；分离源：根结线虫雌虫；用作生物防治研究；培养基0014，25～28℃。

ACCC 30641←云南省烟草科学研究院祝明亮赠；原始编号：ZML022；分离地点：云南祥云；分离源：根结线虫雌虫；用作生物防治研究；培养基0014，25～28℃。

ACCC 30642←云南省烟草科学研究院祝明亮赠；原始编号：ZML023；分离地点：云南祥云；分离源：根结线虫卵；用作生物防治研究；培养基0014，25～28℃。

ACCC 30643←云南省烟草科学研究院祝明亮赠；原始编号：ZML024；分离地点：云南祥云；分离源：根结线虫卵；用作生物防治研究；培养基0014，25～28℃。

ACCC 30644←云南省烟草科学研究院祝明亮赠；原始编号：ZML025；分离地点：云南洱源；分离源：根结线虫卵；用作生物防治研究；培养基0014，25～28℃。

ACCC 30645←云南省烟草科学研究院祝明亮赠；原始编号：ZML026；分离地点：云南洱源；分离源：根结线虫雌虫；用作生物防治研究；培养基0014，25～28℃。

ACCC 30646←云南省烟草科学研究院祝明亮赠；原始编号：ZML027；分离地点：云南洱源；分离源：根结线虫雌虫；用作生物防治研究；培养基0014，25～28℃。

ACCC 30647←云南省烟草科学研究院祝明亮赠；原始编号：ZML028；分离地点：云南饵源；分离源：根结线虫雌虫；用作生物防治研究；培养基0014，25～28℃。

ACCC 30648←云南省烟草科学研究院祝明亮赠；原始编号：ZML029；分离地点：云南洱源；分离源：根结线虫卵；用作生物防治研究；培养基0014，25～28℃。

ACCC 30649←云南省烟草科学研究院祝明亮赠；原始编号：ZML030；分离地点：云南洱源；分离源：根结线虫卵；用作生物防治研究；培养基0014，25～28℃。

ACCC 30650←云南省烟草科学研究院祝明亮赠；原始编号：ZML031；分离地点：云南弥勒；分离源：根结线虫卵；用作生物防治研究；培养基0014，25～28℃。

ACCC 30651←云南省烟草科学研究院祝明亮赠；原始编号：ZML032；分离地点：云南弥勒；分离源：根结线虫卵；用作生物防治研究；培养基0014，25～28℃。

ACCC 30652←云南省烟草科学研究院祝明亮赠；原始编号：ZML033；分离地点：云南祥云；分离源：根结线虫卵；用作生物防治研究；培养基0014，25～28℃。

ACCC 30653←云南省烟草科学研究院祝明亮赠；原始编号：ZML034；分离地点：云南峨山；分离源：根结线虫卵；用作生物防治研究；培养基0014，25～28℃。

ACCC 30654←云南省烟草科学研究院祝明亮赠；原始编号：ZML035；分离地点：云南峨山；分离源：根结线虫卵；用作生物防治研究；培养基0014，25～28℃。

ACCC 30655←云南省烟草科学研究院祝明亮赠；原始编号：ZML036；分离地点：云南峨山；分离源：根结线虫卵；用作生物防治研究；培养基0014，25～28℃。

ACCC 30656←云南省烟草科学研究院祝明亮赠；原始编号：ZML037；分离地点：云南峨山；分离源：根结线虫卵；用作生物防治研究；培养基0014，25～28℃。

ACCC 30657←云南省烟草科学研究院祝明亮赠；原始编号：ZML038；分离地点：云南峨山；分离源：根结线虫卵；用作生物防治研究；培养基0014，25～28℃。

ACCC 30658←云南省烟草科学研究院祝明亮赠；原始编号：ZML039；分离地点：云南峨山；分离源：根结线虫卵；用作生物防治研究；培养基0014，25～28℃。

ACCC 30659←云南省烟草科学研究院祝明亮赠；原始编号：ZML040；分离地点：云南峨山；分离源：根结线虫卵；用作生物防治研究；培养基0014，25～28℃。

ACCC 30660←云南省烟草科学研究院祝明亮赠；原始编号：ZML041；分离地点：云南峨山；分离源：根结线虫雌虫；用作生物防治研究；培养基0014，25～28℃。

ACCC 30661←云南省烟草科学研究院祝明亮赠；原始编号：ZML042；分离地点：云南峨山；分离源：根结线虫雌虫；用作生物防治研究；培养基0014，25～28℃。

ACCC 30662←云南省烟草科学研究院祝明亮赠；原始编号：ZML043；分离地点：云南峨山；分离源：根结线虫雌虫；用作生物防治研究；培养基0014，25～28℃。

ACCC 30663←云南省烟草科学研究院祝明亮赠；原始编号：ZML044；分离地点：云南峨山；分离源：根结线虫雌虫；用作生物防治研究；培养基0014，25～28℃。

ACCC 30664←云南省烟草科学研究院祝明亮赠；原始编号：ZML045；分离地点：云南峨山；分离源：根结线虫雌虫；用作生物防治研究；培养基0014，25～28℃。

ACCC 30665←云南省烟草科学研究院祝明亮赠；原始编号：ZML046；分离地点：云南峨山；分离源：根结线虫雌虫；用作生物防治研究；培养基0014，25～28℃。

ACCC 30666←云南省烟草科学研究院祝明亮赠；原始编号：ZML047；分离地点：云南峨山；分离源：根结线虫雌虫；用作生物防治研究；培养基0014，25～28℃。

ACCC 30667←云南省烟草科学研究院祝明亮赠；原始编号：ZML048；分离地点：云南建水；分离源：根结线虫卵；用作生物防治研究；培养基0014，25～28℃。

ACCC 30668←云南省烟草科学研究院祝明亮赠；原始编号：ZML049；分离地点：云南建水；分离源：根结线虫卵；用作生物防治研究；培养基0014，25～28℃。

ACCC 30669←云南省烟草科学研究院祝明亮赠；原始编号：ZML050；分离地点：云南建水；分离源：根结线虫卵；用作生物防治研究；培养基0014，25～28℃。

ACCC 30670←云南省烟草科学研究院祝明亮赠；原始编号：ZML051；分离地点：云南建水；分离源：根结线虫卵；用作生物防治研究；培养基0014，25～28℃。

ACCC 30671←云南省烟草科学研究院祝明亮赠；原始编号：ZML052；分离地点：云南建水；分离源：根结线虫雌虫；用作生物防治研究；培养基0014，25～28℃。

ACCC 30672←云南省烟草科学研究院祝明亮赠；原始编号：ZML059；分离地点：云南牟定；分离源：根结线虫卵；用作生物防治研究；培养基0014，25～28℃。

ACCC 30673←云南省烟草科学研究院祝明亮赠；原始编号：ZML060；分离地点：云南牟定；分离源：根结线虫卵；用作生物防治研究；培养基0014，25～28℃。

ACCC 30674←云南省烟草科学研究院祝明亮赠；原始编号：ZML055；分离地点：云南牟定；分离源：根结线虫雌虫；用作生物防治研究；培养基0014，25～28℃。

ACCC 30675←云南省烟草科学研究院祝明亮赠；原始编号：ZML056；分离地点：云南牟定；分离源：根结线虫雌虫；用作生物防治研究；培养基0014，25～28℃。

ACCC 30676←云南省烟草科学研究院祝明亮赠；原始编号：ZML063；分离地点：云南蒙自；分离源：根结线虫卵；用作生物防治研究；培养基0014，25～28℃。

ACCC 30677←云南省烟草科学研究院祝明亮赠；原始编号：ZML086；分离地点：云南；分离源：根结线虫卵；用作生物防治研究；培养基0014，25～28℃。

ACCC 30678←云南省烟草科学研究院祝明亮赠；原始编号：ZML087；分离地点：云南；分离源：根结线虫卵；用作生物防治研究；培养基0014，25～28℃。

ACCC 30679←云南省烟草科学研究院祝明亮赠；原始编号：ZML088；分离地点：云南；分离源：根结线虫卵；用作生物防治研究；培养基0014，25～28℃。

ACCC 30680←云南省烟草科学研究院祝明亮赠；原始编号：ZML089；分离地点：云南；分离源：根结线虫卵；用作生物防治研究；培养基 0014，25～28℃。

ACCC 30681←云南省烟草科学研究院祝明亮赠；原始编号：ZML090；分离地点：云南；分离源：根结线虫卵；用作生物防治研究；培养基 0014，25～28℃。

ACCC 30682←云南省烟草科学研究院祝明亮赠；原始编号：ZML093；分离地点：云南；分离源：根结线虫卵；用作生物防治研究；培养基 0014，25～28℃。

ACCC 30683←云南省烟草科学研究院祝明亮赠；原始编号：ZML095；分离地点：云南；分离源：根结线虫卵；用作生物防治研究；培养基 0014，25～28℃。

ACCC 30684←云南省烟草科学研究院祝明亮赠；原始编号：ZML103；分离地点：云南；分离源：根结线虫卵；用作生物防治研究；培养基 0014，25～28℃。

ACCC 30685←云南省烟草科学研究院祝明亮赠；原始编号：ZML106；分离地点：云南；分离源：根结线虫卵；用作生物防治研究；培养基 0014，25～28℃。

ACCC 30686←云南省烟草科学研究院祝明亮赠；原始编号：ZML067；分离地点：云南昆明；分离源：根结线虫卵；用作生物防治研究；培养基 0014，25～28℃。

ACCC 30687←云南省烟草科学研究院祝明亮赠；原始编号：ZML068；分离地点：云南昆明；分离源：根结线虫卵；用作生物防治研究；培养基 0014，25～28℃。

ACCC 30688←云南省烟草科学研究院祝明亮赠；原始编号：ZML069；分离地点：云南蒙自；分离源：根结线虫卵；用作生物防治研究；培养基 0014，25～28℃。

ACCC 30689←云南省烟草科学研究院祝明亮赠；原始编号：ZML070；分离地点：云南蒙自；分离源：根结线虫卵，用作生物防治研究；培养基 0014，25～28℃。

ACCC 30690←云南省烟草科学研究院祝明亮赠；原始编号：ZML084；分离地点：云南昆明；根结线虫幼虫诱集；用作生物防治研究；培养基 0014，25～28℃。

ACCC 30691←云南省烟草科学研究院祝明亮赠；原始编号：ZML072；分离地点：云南石林；蛋白质诱集；用作生物防治研究；培养基 0014，25～28℃。

ACCC 30692←云南省烟草科学研究院祝明亮赠；原始编号：ZML073；分离地点：云南马龙；分离源：根结线虫幼虫；用作生物防治研究；培养基 0014，25～28℃。

ACCC 30693←云南省烟草科学研究院祝明亮赠；原始编号：ZML074；分离地点：云南宜良；分离源：根结线虫幼虫；用作生物防治研究；培养基 0014，25～28℃。

ACCC 30694←云南省烟草科学研究院祝明亮赠；原始编号：ZML109；分离地点：云南；分离源：根结线虫卵；用作生物防治研究；培养基 0014，25～28℃。

ACCC 30695←云南省烟草科学研究院祝明亮赠；原始编号：ZML076；分离地点：云南建水；分离源：根结线虫幼虫；用作生物防治研究；培养基 0014，25～28℃。

ACCC 30696←云南省烟草科学研究院祝明亮赠；原始编号：ZML078；分离地点：云南昆明；用作生物防治研究；培养基 0014，25～28℃。

ACCC 30697←云南省烟草科学研究院祝明亮赠；原始编号：ZML079；分离地点：云南昆明；用作生物防治研究；培养基 0014，25～28℃。

ACCC 30698←云南省烟草科学研究院祝明亮赠；原始编号：ZML111；分离地点：海南儋州；分离源：根结线虫卵；用作生物防治研究；培养基 0014，25～28℃。

ACCC 30699←云南省烟草科学研究院祝明亮赠；原始编号：ZML081；分离地点：云南祥云；根结线虫幼虫诱集；用作生物防治研究；培养基 0014，25～28℃。

ACCC 30700←云南省烟草科学研究院祝明亮赠；原始编号：ZML082；分离地点：云南维西；根结线虫幼虫诱集；用作生物防治研究；培养基 0014，25～28℃。

ACCC 30701←云南省烟草科学研究院祝明亮赠；原始编号：ZML108；分离地点：云南通海；蛋白质诱集；用作生物防治研究；培养基 0014，25～28℃。

ACCC 31532←中国农科院植保所 SM3006；原始编号：HG-47；分离地点：河北沽源；分离源：土壤；培养基 0014，25～28℃。

ACCC 31533←中国农科院植保所 SM3007；原始编号：HG-54；分离地点：河北沽源；分离源：土壤；培养基 0014，25～28℃。

ACCC 31922←广东微生物所菌种组 GIM3.405；分离自广州农地土壤；防治线虫；培养基 0014，25℃。

ACCC 31949←广东微生物所菌种组 GIM3.405；分离自广州农地土壤；培养基 0014，25～28℃。

ACCC 32164←广东微生物所 GIMV4-M-3；分离自越南原始林的土壤；培养基 0014，25℃。

ACCC 32165←广东微生物所 GIMV4-M-6；分离自越南原始林的土壤；培养基 0014，25℃。

ACCC 32166←广东微生物所 GIMV22-M-8；分离自越南原始林的土壤；培养基 0014，25℃。

ACCC 32167←广东微生物所 GIMV24-M-3a-1；分离自越南原始林的土壤；培养基 0014，25℃。

ACCC 32370←中国农科院资划所；原始编号：ES-10-6；培养基 0014，25～28℃。

ACCC 32371←中国农科院资划所；原始编号：ES-12-7；培养基 0014，25～28℃。

ACCC 32459←新疆农科院微生物所 XAAS40232；原始编号：AF18-6；分离自新疆南疆地区核桃树下沙土；培养基 0014，20℃。

ACCC 32480←中国农科院植保所李世东赠送←CBS 431.87；分离自菲律宾昆虫卵；培养基 0014，28℃。

ACCC 32481←中国农科院植保所李世东赠送←CBS 432.87；分离自秘鲁昆虫卵；培养基 0014，28℃。

ACCC 32482←中国农科院植保所李世东赠送←CBS 100379；分离自荷兰栀子花根部昆虫卵；培养基 0014，28℃。

ACCC 32483←中国农科院植保所李世东赠送←ATCC 52200；分离自美国马里兰州核盘菌菌核；培养基 0014，28℃。

ACCC 32484←中国农科院植保所李世东赠送←ATCC 52623；分离自捷克斯洛伐克土壤；培养基 0014，28℃。

ACCC 32485←中国农科院植保所李世东赠送←ATCC 62200；分离自美国伊利诺伊州；培养基 0014，28℃。

ACCC 37116←中国农科院植保所；分离自吉林大豆地土壤；培养基 0014，25℃。

Paecilomyces sp.
拟青霉

ACCC 30800←中国农科院环发所；原始编号：3059＝BJ15；培养基 0014，25～28℃。

Paecilomyces stipitatus Z. Q. Liang & Y. F. Han
具柄拟青霉

ACCC 37734←贵州大学；分离自黑龙江哈尔滨土壤；培养基 0014，25℃。

ACCC 37735←贵州大学；分离自湖北武汉土壤；培养基 0014，25℃。

Paecilomyces variotii Bainier
宛氏拟青霉

ACCC 30148←中国农科院土肥所；培养基 0014，25℃。

ACCC 30445←中国农科院土肥所←中科院微生物所；原始编号：M195-N819；分离源：鹤粪；培养基 0014，25～28℃。

ACCC 30446←中国农科院土肥所←中科院微生物所（上海工作站）；原始编号：68.3；培养基 0014，25～28℃。

Paraconiothyrium brasiliense Verkley

ACCC 38011←西北农大；原始编号：GL09720；分离自陕西扶风苹果果实；培养基 0014，25～28℃。

Penicillium aculeatum Raper & Fennell
棘孢青霉

ACCC 31953←广东微生物所菌种组 GIMV17-M-1b；分离自越南的土壤；培养基 0014，25～28℃。

ACCC 31954←广东微生物所菌种组 GIMV36-M-4a；分离自越南的土壤；培养基 0014，25～28℃。

ACCC 32376←中国农科院资划所；原始编号：ES-6-10；培养基 0014，25～28℃。

ACCC 32537←中国农科院资划所；原始编号：B-P-20-1；培养基 0014，25～28℃。

ACCC 32541←中国农科院资划所；原始编号：B-P-67-1；培养基 0014，25～28℃。

Penicillium adametzi Zalessky

阿达青霉

ACCC 30937←中国农科院饲料所 FRI2006093；原始编号：F132；分离地点：海南三亚；分离源：黄瓜；培养基 0014，25～28℃。

ACCC 31630←中国农科院资划所；原始编号：张家界 3-1；分离自湖南张家界宝峰湖景区土壤；培养基 0014，28℃。

ACCC 32390←中国农科院资划所；原始编号：ES-11-4；培养基 0014，25～28℃。

ACCC 32394←中国农科院资划所；原始编号：ES-13-2；培养基 0014，25～28℃。

Penicillium aurantiogriseum Dierckx

金灰青霉

ACCC 30394←中国农科院土肥所←中科院微生物所；分离自广西土壤；培养基 0015，25～28℃。

ACCC 30933←中国农科院饲料所 FRI2006089；原始编号：F128；分离地点：海南三亚；分离源：黄瓜；培养基 0014，25～28℃。

ACCC 32546←中国农科院资划所；原始编号：B-OP-34-1；培养基 0014，25～28℃。

ACCC 39750←中国医科院动研所；原始编号：MSS1312；分离自中国医科院动研所北方资源中心的毛丝鼠粪便；分解纤维素；培养基 0014，25～28℃。

ACCC 39751←中国医科院动研所；原始编号：MSS16217；分离自中国医科院动研所北方资源中心的毛丝鼠粪便；分解纤维素；培养基 0014，25～28℃。

Penicillium bilaiae Chalabuda

拜赖青霉

ACCC 30440←中国农科院土肥所；培养基 0014，25～28℃。

Penicillium canescens Sopp

变灰青霉

ACCC 31570←新疆农科院微生物所 XAAS40151；原始编号：LF1；分离地点：新疆一号冰川；分离源：土壤；培养基 0014，25～28℃。

ACCC 31599←新疆农科院微生物所 XAAS40164；原始编号：LF28；分离地点：新疆一号冰川；分离源：土壤；培养基 0014，25～28℃。

ACCC 31624←中国农科院资划所；原始编号：5-2-2；分离自北京香山土壤；培养基 0014，28℃。

ACCC 31694←中国农科院资划所；原始编号：蒙 1-5；分离自蒙古乌兰巴托加油站土壤；培养基 0014，28℃。

ACCC 31699←中国农科院资划所；原始编号：蒙古 2-4；分离自蒙古乌兰巴托郊外土壤；培养基 0014，28℃。

ACCC 31756←中国农科院资划所；原始编号：宣化 8-1；分离自河北张家口宣化芹菜土壤；培养基 0014，28℃。

Penicillium chrysogenum Thom

产黄青霉

ACCC 30395←中国农科院土肥所←中科院微生物所；分离自广西土壤；培养基 0015，25～28℃。

ACCC 30524←中国农科院土肥所←荷兰真菌研究所，=CBS355.48；模式菌株；培养基 0014，25～28℃。

ACCC 31510←中国农科院土肥所←山东农业大学 SDAUMCC 300055；原始编号：DOM-2；培养基 0014，25～28℃。

ACCC 31561←新疆农科院微生物所 XAAS40069；原始编号：F80；分离地点：新疆一号冰川；分离源：土壤；培养基 0014，25～28℃。

ACCC 31568←新疆农科院微生物所 XAAS40141；原始编号：SF62；分离地点：新疆吐鲁番；分离源：土壤；培养基 0014，25～28℃。

ACCC 31569←新疆农科院微生物所 XAAS40142；原始编号：SF63；分离地点：新疆吐鲁番；分离源：土壤；培养基 0014，25～28℃。

ACCC 31574←新疆农科院微生物所 XAAS40156；原始编号：LF10；分离地点：新疆一号冰川；分离源：土壤；培养基 0014，25～28℃。

ACCC 31575←新疆农科院微生物所 XAAS40157；原始编号：LF13-1；分离地点：新疆一号冰川；分离源：土壤；培养基 0014，25～28℃。

ACCC 31582←新疆农科院微生物所 XAAS40171；原始编号：LF38；分离地点：新疆一号冰川；分离源：土壤；培养基 0014，25～28℃。

ACCC 31588←新疆农科院微生物所 XAAS40187；原始编号：LF67-2；分离地点：新疆一号冰川；分离源：土壤；培养基 0014，25～28℃。

ACCC 31718←中国农科院资划所；原始编号：新 4-2；分离自新疆布尔津县沙漠植株根际土；培养基 0014，28℃。

ACCC 31862←新疆农科院微生物所 XAAS40145；原始编号：SF66；分离自新疆吐鲁番土壤样品；培养基 0014，20℃。

ACCC 32175←中国热科院环植所 EPPI2278←华南热带农业大学农学院；原始编号：XRZ02；分离自海南省热带植物园土壤；培养基 0014，28℃。

ACCC 32455←新疆农科院微生物所 XAAS40210；原始编号：AF36-1；分离自新疆南疆地区沙土；培养基 0014，20℃。

ACCC 32456←新疆农科院微生物所 XAAS40212；原始编号：AF2-2；分离自新疆南疆地区胡杨林沙土；培养基 0014，20℃。

ACCC 32461←新疆农科院微生物所 XAAS40234；原始编号：A9-2；分离自新疆南疆地区棉田边沙土；培养基 0014，20℃。

ACCC 32469←新疆农科院微生物所 XAAS40246；原始编号：AF38-2；分离自新疆南疆地区棉田边沙土；培养基 0014，20℃。

ACCC 32544←中国农科院资划所；原始编号：B-F-105-2；培养基 0014，25～28℃。

ACCC 32549←中国农科院资划所；原始编号：B-P-22-2；培养基 0014，25～28℃。

ACCC 32550←中国农科院资划所；原始编号：B-P-16-4；培养基 0014，25～28℃。

ACCC 32562←广东微生物所；原始编号：GIMT 3.107；培养基 0014，25～28℃。

ACCC 32575←中国农科院饲料所杨培龙捐赠；培养基 0014，25～28℃。

ACCC 39239←中国农科院资划所；原始编号：JCL038；分离自北京大兴基地甜瓜下部茎，植物内生真菌；培养基 0014，25～28℃

ACCC 39241←中国农科院资划所；原始编号：JCL033；分离自北京大兴基地甜瓜根部，植物内生真菌；培养基 0014，25～28℃。

Penicillium citrinum Thom

橘青霉

ACCC 30396←中国农科院土肥所←中科院微生物所；分离自广西土壤；培养基 0015，25～28℃。

ACCC 30483←中国农科院土肥所←广东微生物所 GIM3.100←中科院微生物所 AS3.2788；产磷酸二酯酶；培养基 0014，25～28℃。

ACCC 30484←中国农科院土肥所←中科院微生物所 AS3.2833←上海工微所；原始编号：M71；用于降解 RNA（提取核酸）；培养基 0014，25～28℃。

ACCC 30485←中国农科院土肥所←广东微生物所 GIM3.351←轻工部食品发酵所 IFFI 4011←上海工微所；原始编号：M71；用于酶解肌苷酸；生产磷酸二酯酶及 5′- 核苷酸；培养基 0014，25～28℃。

ACCC 31565←新疆农科院微生物所 XAAS40132；原始编号：SF52；分离地点：新疆吐鲁番；分离源：土壤；培养基 0014，25～28℃。

ACCC 31743←中国农科院资划所；原始编号：新 17-5；分离自新疆福海县乌伦古湖边沙土；培养基 0014，28℃。

ACCC 31797←中国农科院资划所；原始编号：东湖 5-3；分离自武汉东湖公园水杉林地土壤；培养基 0014，28℃。

ACCC 31905←中国农科院环发所 IEDAF3146；原始编号：P0706104；分离自河北遵化广野的土壤；培养基 0014，28℃。

ACCC 32016←中国农科院环发所 IEDAF3187；原始编号：D0711101；分离自北京植物园樱桃沟松树下的土壤；培养基 0436，28℃。

ACCC 32295←中国热科院环植所 EPPI2702←海南大学农学院；原始编号：J5；分离自见血封喉根际土壤；培养基 0014，28℃。

ACCC 32323←广东微生物所菌种组 GIMF-12；原始编号：F-12；产磷酸二酯酶；培养基 0014，25℃。

ACCC 32384←中国农科院资划所；原始编号：ES-10-4；培养基 0014，25～28℃。

ACCC 39564←中国农科院资划所；原始编号：43；分离自天津蓟县出土岭镇中峪村香菇菌棒；培养基 0014，25～28℃。

ACCC 39565←中国农科院资划所；原始编号：44；分离自天津蓟县出土岭镇中峪村香菇菌棒；培养基 0014，25～28℃。

ACCC 39566←中国农科院资划所；原始编号：45；分离自天津蓟县出土岭镇中峪村香菇菌棒；培养基 0014，25～28℃。

Penicillium clavigevm Demel.

棒束青霉

ACCC 31722←中国农科院资划所；原始编号：新 9-1；分离自新疆布尔津县喀纳斯湖观鱼山土壤；培养基 0014，28℃。

ACCC 31723←中国农科院资划所；原始编号：新 9-2；分离自新疆布尔津县喀纳斯湖观鱼山土壤；培养基 0014，28℃。

ACCC 31724←中国农科院资划所；原始编号：新 9-3；分离自新疆布尔津县喀纳斯湖观鱼山土壤；培养基 0014，28℃。

penicillium commune Thom

普通青霉

ACCC 31850←新疆农科院微生物所 XAAS40188；原始编号：SF16；分离地点：新疆吐鲁番；分离源：土壤；培养基 0014，25～28℃。

ACCC 39796←中国农科院加工所←JCM；=JCM 12818=CBS 855.96；分离自新加坡土壤；水解胶原蛋白制备生物活性肽，将大分子胶原蛋白分解成易吸收的小分子肽；培养基 0014，25℃。

Penicillium crustosum Thom

皮落青霉

ACCC 32462←新疆农科院微生物所 XAAS40235；原始编号：AF4-3；分离自新疆南疆地区沙土；培养基 0014，20℃。

ACCC 32464←新疆农科院微生物所 XAAS40237；原始编号：AF7-3；分离自新疆南疆地区沙土；培养基 0014，20℃。

ACCC 32465←新疆农科院微生物所 XAAS40238；原始编号：AF7-4；分离自新疆南疆地区沙土；培养基 0014，20℃。

Penicillium cyclopium Westling

圆弧青霉

ACCC 30486←中国农科院土肥所←广东微生物所 GIM3.248←上海工微所；原始编号：M208；生产聚糖酶；培养基 0014，25～28℃。

Penicillium decumbens Thom

斜卧青霉

ACCC 32298←中国热科院环植所 EPPI2705←海南大学农学院；原始编号：M3；分离自杧果根际土壤；培养基 0014，28℃。

ACCC 32417←广东微生物所菌种组 GIMT3.053；分离自阔叶林土壤；培养基 0014，25℃。

Penicillium digitatum Saccardo
指状青霉

ACCC 30389←中国农科院土肥所←中国农科院植保所张拥华从福建永春芦柑中分离；病原菌，可引起
柑橘绿霉病；培养基 0013 或 0014，25℃。

Penicillium echinulatum Biourge
棘刺青霉

ACCC 39749←中国医科院动研所；原始编号：TBS5105；分离自中国医科院动研所北方资源中心的土
拨鼠粪便；分解纤维素；培养基 0014，25～28℃。

Penicillium expansum（Link）Thom
扩展青霉

ACCC 30898←中国农科院蔬菜花卉所 IVF105←中国农科院郑州果树研究所；原始编号：L06110105；
分离地点：河南郑州中牟县；分离源：梨果实；培养基 0014，25～28℃。

ACCC 30904←中国农科院蔬菜花卉所 IVF123←中国农科院郑州果树研究所；原始编号：PT06110104；
分离地点：河南郑州中牟县；分离基物：葡萄；培养基 0014，25～28℃。

ACCC 32174←中国热科院环植所 EPPI2276←华南热带农业大学农学院；原始编号：XJ30；分离自海南
省热带植物园土壤；培养基 0014，28℃。

ACCC 36188←中国农科院植保所←河南农业大学植物保护学院；分离自河南郑州苹果青霉病果实；培
养基 0017，30℃。

Penicillium frequentans Westling
常现青霉

ACCC 31891←中国农科院环发所 IEDAF3124；原始编号：P0706101；分离自河北遵化广野的土壤；培
养基 0014，28℃。

ACCC 31893←中国农科院环发所 IEDAF3126；原始编号：D605-4-11；分离自辽宁丹东虎山草地的土
壤；培养基 0014，28℃。

ACCC 31897←中国农科院环发所 IEDAF3131；原始编号：P0707107；分离自河北遵化广野的土壤；培
养基 0014，28℃。

ACCC 31898←中国农科院环发所 IEDAF3134；原始编号：CE-LN-002；分离自辽宁丹东虎山松树的土
壤；培养基 0014，28℃。

ACCC 32172←中国热科院环植所 EPPI2274←华南热带农业大学农学院；原始编号：QZ04；分离自海
南省热带植物园土壤；培养基 0014，28℃。

ACCC 32245←中国农科院环发所 IEDAF3311；原始编号：PF-12；分离自新疆伊犁马铃薯甲虫；培养
基 0436，28℃。

ACCC 32280←中国热科院环植所 EPPI2684←海南大学农学院；原始编号：D7-2；分离自海南儋州那大
汽修厂附近土壤；培养基 0014，28℃。

ACCC 32424←中国农科院环发所 IEDAF1541；原始编号：zj080971；培养基 0436，28℃。

ACCC 32425←中国农科院环发所 IEDAF1542；原始编号：zj080981；培养基 0436，28℃。

Penicillium funiculosum Thom
绳状青霉

ACCC 30397←中国农科院土肥所←中科院微生物所；分离自广西土壤；培养基 0015，25～28℃。

ACCC 30488←中国农科院土肥所←中科院微生物所 AS3.3875；原始编号：P88；培养基 0014，25～28℃。

ACCC 32287←中国热科院环植所 EPPI2691←海南大学农学院；原始编号：H10；分离自海南儋州那大
汽修厂附近土壤；培养基 0014，28℃。

ACCC 32303←中国热科院环植所 EPPI2711←海南大学农学院；原始编号：U7；分离自美登木根际土
壤；培养基 0014，28℃。

ACCC 32309←中国热科院环植所 EPPI2718←海南大学农学院；原始编号：Y1；分离自海南儋州沙田镇水稻根际土壤；培养基 0014，28℃。

Penicillium glabrum（Wehmer）Westling

光滑青霉

ACCC 30398←中国农科院土肥所←中科院微生物所；分离自广西土壤；培养基 0015，25～28℃。

ACCC 32375←中国农科院资划所；原始编号：ES-6-2；培养基 0014，25～28℃。

Penicillium griseofulvum Dierckx

灰黄青霉

ACCC 32386←中国农科院资划所；原始编号：ES-10-7；培养基 0014，25～28℃。

Penicillium halotolerans Frisvad，Houbraken & Samson

ACCC 39242←中国农科院资划所；原始编号：3-3-1-2；分离自北京市植物保护站顺义基地健康黄瓜土；培养基 0014，25～28℃。

Penicillium herquei Bainier & Sartory

梅花状青霉

ACCC 31927←广东微生物所菌种组 GIMV41-M-1；分离自越南的原始林土壤；培养基 0014，25℃。

Penicillium hispanicum C. Ramírez，A. T. Martínez & Ferrer

ACCC 39762←中国医科院动研所；原始编号：TBS118；分离自中国医科院动研所北方资源中心的毛丝鼠粪便；分解纤维素；培养基 0014，25～28℃。

Penicillium implicatun Biourge

纠缠青霉

ACCC 32276←中国热科院环植所 EPPI2680←海南大学农学院；原始编号：D3-1；分离自海南儋州那大汽修厂附近土壤；培养基 0014，28℃。

Penicillium islandicum Sopp

岛青霉

ACCC 31950←广东微生物所菌种组 GIM3.260；分离自广州农地土壤；培养基 0014，25～28℃。

Penicillium italicum Wehmer

意大利青霉

ACCC 30399←中国农科院土肥所←中科院微生物所；分离自广西土壤；培养基 0015，25～28℃。

Penicillium janthinellum Biourge

微紫青霉

ACCC 30170←中国农科院土肥所←中科院沈阳生态所王义甫赠；原始编号：778-1；纤维素酶饲料；培养基 0014，30℃。

ACCC 31799←中国农科院资划所；原始编号：张北 1-1；分离自河北张家口张北草原土；培养基 0014，28℃。

ACCC 32301←中国热科院环植所 EPPI2709←海南大学农学院；原始编号：U4；分离自美登木根际土壤；培养基 0014，28℃。

ACCC 32377←中国农科院资划所；原始编号：ES-6-11；培养基 0014，25～28℃。

ACCC 32379←中国农科院资划所；原始编号：ES-7-6；培养基 0014，25～28℃。

ACCC 32382←中国农科院资划所；原始编号：ES-7-11；培养基 0014，25～28℃。

ACCC 32389←中国农科院资划所；原始编号：ES-11-3；培养基 0014，25～28℃。

ACCC 39229←中国农科院资划所；原始编号：F89；分离自河北廊坊甜瓜茎部，植物内生真菌；培养基 0014，25～28℃。

ACCC 39233←中国农科院资划所；原始编号：3F7；分离自北京延庆东羊坊园区黄瓜京研迷你 2 号根部，植物内生真菌；培养基 0014，25～28℃。

Penicillium lilacinum Thom
淡紫青霉
ACCC 31904←中国农科院环发所 IEDAF3144；原始编号：CE-HB-014；分离自河北遵化广野的土壤；培养基 0014，28℃。

ACCC 32183←中国热科院环植所 EPPI2296←华南热带农业大学农学院；原始编号：XY-15；分离自甘蔗资源圃土壤；培养基 0014，28℃。

ACCC 32283←中国热科院环植所 EPPI2687←海南大学农学院；原始编号：E4；分离自鸡蛋花根际土壤；培养基 0014，28℃。

ACCC 32288←中国热科院环植所 EPPI2692←海南大学农学院；原始编号：H12；分离自海南儋州那大汽修厂附近土壤；培养基 0014，28℃。

Penicillium lividum Westling
铅色青霉
ACCC 32169←中国热科院环植所 EPPI2271←华南热带农业大学农学院；原始编号：LY02；分离自海南省热带植物园土壤；培养基 0014，28℃。

Penicillium melinii Thom
梅林青霉
ACCC 31572←新疆农科院微生物所 XAAS40153；原始编号：LF5；分离地点：新疆一号冰川；分离源：土壤；培养基 0014，25～28℃。

ACCC 31598←新疆农科院微生物所 XAAS40165；原始编号：LF29；分离地点：新疆吐鲁番；分离源：土壤；培养基 0014，25～28℃。

Penicillium montanense M. Chr. & Backus
山地青霉
ACCC 31585←新疆农科院微生物所 XAAS40181；原始编号：LF62-1；分离地点：新疆一号冰川；分离源：土壤；培养基 0014，25～28℃。

ACCC 31586←新疆农科院微生物所 XAAS40182；原始编号：LF62-2；分离地点：新疆一号冰川；分离源：土壤；培养基 0014，25～28℃。

Penicillium nigricans Bainier ex Thom
黑青霉
ACCC 31896←中国农科院环发所 IEDAF3130；原始编号：CE-LN-007；分离自辽宁丹东虎山草地的土壤；培养基 0014，28℃。

ACCC 31991←中国农科院环发所 IEDAF3186；原始编号：D071109；分离自辽宁丹东的土壤；培养基 0436，28℃。

Penicillium notatum Westlimg
特异青霉
ACCC 30443←中国农科院土肥所←轻工部食品发酵所 IFFI 4007；产氧化酶；培养基 0014，25～28℃。

Penicillium ochraceum（Bain.）Thom
赭色青霉
ACCC 31577←新疆农科院微生物所 XAAS40160；原始编号：LF17；分离地点：新疆一号冰川；分离源：土壤；培养基 0014，25～28℃。

Penicillium ochrochloron Biourge
赭绿青霉
ACCC 31762←中国农科院资划所；原始编号：张家界 10-2；分离自湖南张家界金鞭溪森林土壤；培养基 0014，28℃。

ACCC 32380←中国农科院资划所；原始编号：ES-7-7；培养基 0014，25～28℃。

Penicillium olivicolor Pitt

橄榄色青霉

ACCC 30932←中国农科院饲料所 FRI2006088；原始编号：F127；分离地点：海南三亚；分离源：黄瓜；培养基 0014，25～28℃。

Penicillium oxalicum Currie & Thom

草酸青霉

ACCC 31638←中国农科院资划所；原始编号：10；分离自土壤；培养基 0014，28℃。

ACCC 31741←中国农科院资划所；原始编号：新 17-3；分离自新疆福海县乌伦古湖边沙土；培养基 0014，28℃。

ACCC 31745←中国农科院资划所；原始编号：新 20-1；分离自吐鲁番火焰山土壤；培养基 0014，28℃。

ACCC 31746←中国农科院资划所；原始编号：新 20-2；分离自吐鲁番火焰山土壤；培养基 0014，28℃。

ACCC 32574←中国农科院饲料所姚斌捐赠；原始编号：Sx6；培养基 0014，25～28℃。

ACCC 32576←中国农科院资划所沈德龙捐赠；原始编号：M11；培养基 0014，25～28℃。

ACCC 32731←湖南泰谷生态工程有限公司；原始编号：WAF6；分离自湖南望城耕地土壤；培养基 0014，25～28℃。

ACCC 39215←中国农科院资划所；原始编号：C3'R2；分离自山东滨州黄瓜根部，植物内生真菌；培养基 0014，25～28℃。

ACCC 39218←中国农科院资划所；原始编号：SG2S 下 15；分离北京大兴老宋瓜园西瓜品种'京秀'的茎部，植物内生真菌；培养基 0014，25～28℃。

ACCC 39220←中国农科院资划所；原始编号：D5SDI-2；分离自山东滨州黄瓜根部，植物内生真菌；培养基 0014，25～28℃。

ACCC 39224←中国农科院资划所；原始编号：X2SUO-25；分离自北京朝阳蟹岛西瓜品种'京欣'的茎部，植物内生真菌；培养基 0014，25～28℃。

ACCC 39225←中国农科院资划所；原始编号：X3LD-6；分离自北京朝阳蟹岛西瓜品种'京欣'的叶部，植物内生真菌；培养基 0014，25～28℃。

ACCC 39226←中国农科院资划所；原始编号：X3R-21；分离自北京朝阳蟹岛西瓜品种'京欣'的根部，植物内生真菌；培养基 0014，25～28℃。

ACCC 39230←中国农科院资划所；原始编号：F99；分离自河北廊坊甜瓜叶部，植物内生真菌；培养基 0014，25～28℃。

ACCC 39231←中国农科院资划所；原始编号：F100；分离自河北廊坊西瓜根部，植物内生真菌；培养基 0014，25～28℃。

ACCC 39234←中国农科院资划所；原始编号：3F8；分离自北京延庆东羊坊园区黄瓜'京研迷你 2 号'根部，植物内生真菌；培养基 0014，25～28℃。

ACCC 39235←中国农科院资划所；原始编号：4F11-1；分离自北京延庆东羊坊园区黄瓜品种'绿博 3 号'上部茎，植物内生真菌；培养基 0014，25～28℃。

ACCC 39236←中国农科院资划所；原始编号：4F28；分离自北京延庆东羊坊园区黄瓜品种'绿博 3 号'的叶部，植物内生真菌；培养基 0014，25～28℃。

ACCC 39237←中国农科院资划所；原始编号：JCL039；分离自北京市通州区植物保护站基地黄瓜根部，植物内生真菌；培养基 0014，25～28℃。

ACCC 39238←中国农科院资划所；原始编号：JCL037；分离自北京大兴基地甜瓜上部茎，植物内生真菌；培养基 0014，25～28℃。

ACCC 39766←中国医科院动研所；原始编号：MSS31201；分离自中国医科院动研所北方资源中心的毛丝鼠粪便；分解纤维素；培养基 0014，25～28℃。

ACCC 39767←中国医科院动研所；原始编号：MSS1613；分离自中国医科院动研所北方资源中心的毛丝鼠粪便粪便；分解纤维素；培养基 0014，25～28℃。

ACCC 39768←中国医科院动研所；原始编号：MSS1029；分离自中国医科院动研所北方资源中心的毛丝鼠粪便；分解纤维素；培养基 0014，25～28℃。

ACCC 39769←中国医科院动研所；原始编号：MSS31202；分离自中国医科院动研所北方资源中心的毛丝鼠粪便；分解纤维素；培养基 0014，25～28℃。

ACCC 39770←中国医科院动研所；原始编号：MSS1628；分离自中国医科院动研所北方资源中心的毛丝鼠粪便；分解纤维素；培养基 0014，25～28℃。

ACCC 39771←中国医科院动研所；原始编号：MSS1624；分离自中国医科院动研所北方资源中心的毛丝鼠粪便；分解纤维素；培养基 0014，25～28℃。

ACCC 39772←中国医科院动研所；原始编号：MSS1027；分离自中国医科院动研所北方资源中心的毛丝鼠粪便；分解纤维素；培养基 0014，25～28℃。

ACCC 39773←中国医科院动研所；原始编号：MSS1026；分离自中国医科院动研所北方资源中心的毛丝鼠粪便；分解纤维素；培养基 0014，25～28℃。

ACCC 39774←中国医科院动研所；原始编号：MSS1018；分离自中国医科院动研所北方资源中心的毛丝鼠粪便；分解纤维素；培养基 0014，25～28℃。

ACCC 39775←中国医科院动研所；原始编号：MSS1017；分离自中国医科院动研所北方资源中心的毛丝鼠粪便；分解纤维素；培养基 0014，25～28℃。

ACCC 39776←中国医科院动研所；原始编号：MSS1015；分离自中国医科院动研所北方资源中心的毛丝鼠粪便；分解纤维素；培养基 0014，25～28℃。

Penicillium paneum Frisvad

ACCC 39221←中国农科院资划所；原始编号：JFR-3-2；分离自北京大兴老宋瓜园西瓜品种'京欣'的根部，植物内生真菌；培养基 0014，25～28℃。

ACCC 39222←中国农科院资划所；原始编号：JSR-15；分离自北京大兴老宋瓜园西瓜品种'京欣'的根部，植物内生真菌；培养基 0014，25～28℃。

ACCC 39227←中国农科院资划所；原始编号：XLR-2；分离自北京大兴老宋瓜园西瓜品种'新秀'的根部，植物内生真菌；培养基 0014，25～28℃。

ACCC 39746←中国医学科学院医学实验动物研究所；原始编号：TBS123；分离自中国医科院动研所北方资源中心的土拨鼠粪便；分解纤维素；培养基 0014，25～28℃。

Penicillium persicinum L. Wang et al.

桃色青霉

ACCC 30930←中国农科院饲料所 FRI2006086；原始编号：F125；分离地点：海南三亚；分离源：黄瓜；培养基 0014，25～28℃。

Penicillium pinophilum Hedge.

嗜松青霉

ACCC 31687←中国农科院资划所；原始编号：东湖 7-5；分离自武汉东湖土壤；培养基 0014，28℃。

ACCC 31688←中国农科院资划所；原始编号：健杨 -1；培养基 0014，28℃。

ACCC 32255←中国农科院资划所；原始编号：ES-12-6；培养基 0014，25～28℃。

ACCC 32372←中国农科院资划所；原始编号：ES-7-4；培养基 0014，25～28℃。

ACCC 32373←中国农科院资划所；原始编号：ES-1-3；培养基 0014，25～28℃。

ACCC 32374←中国农科院资划所；原始编号：ES-2-1；培养基 0014，25～28℃。

ACCC 32378←中国农科院资划所；原始编号：EF-7-4；培养基 0014，25～28℃。

ACCC 32381←中国农科院资划所；原始编号：ES-7-10；培养基 0014，25～28℃。

ACCC 32387←中国农科院资划所；原始编号：ES-10-8；培养基 0014，25～28℃。

ACCC 32388←中国农科院资划所；原始编号：ES-11-2；培养基 0014，25～28℃。

ACCC 32393←中国农科院资划所；原始编号：ES-13-1；培养基 0014，25～28℃。

ACCC 32426←中国农科院环发所 IEDAF1543；原始编号：SM-10F1；培养基 0436，28℃。

ACCC 32470←新疆农科院微生物所 XAAS40247；原始编号：GF5-1；分离自新疆南疆地区棉田边沙土；
　　　　培养基 0014，20℃。

ACCC 32471←新疆农科院微生物所 XAAS40248；原始编号：GF6-1；分离自新疆南疆地区棉田边沙土；
　　　　培养基 0014，20℃。

ACCC 32553←中国农科院资划所；原始编号：B-OP-21-1；培养基 0014，25～28℃。

Penicillium polonicum Thom

波兰青霉

ACCC 31573←新疆农科院微生物所 XAAS40155；原始编号：LF9；分离地点：新疆一号冰川；分离
　　　　源：土壤；培养基 0014，25～28℃。

ACCC 31579←新疆农科院微生物所 XAAS40162；原始编号：LF24-1；分离地点：新疆一号冰川；分离
　　　　源：土壤；培养基 0014，25～28℃。

ACCC 31583←新疆农科院微生物所 XAAS40172；原始编号：LF42-1；分离地点：新疆一号冰川；分离
　　　　源：土壤；培养基 0014，25～28℃。

ACCC 31584←新疆农科院微生物所 XAAS40173；原始编号：LF43；分离地点：新疆一号冰川；分离
　　　　源：土壤；培养基 0014，25～28℃。

ACCC 31768←中国农科院资划所；原始编号：未名桔 -3；培养基 0014，28℃。

ACCC 31769←中国农科院资划所；原始编号：绿木 5-7；培养基 0014，28℃。

ACCC 39753←中国医科院动研所；原始编号：MSS1032；分离自中国医科院动研所北方资源中心的毛
　　　　丝鼠粪便；分解纤维素；培养基 0014，25～28℃。

ACCC 39754←中国医科院动研所；原始编号：MSS1314；分离自中国医科院动研所北方资源中心的毛
　　　　丝鼠粪便；分解纤维素；培养基 0014，25～28℃。

ACCC 39755←中国医科院动研所；原始编号：MSS1414；分离自中国医科院动研所北方资源中心的毛
　　　　丝鼠粪便；分解纤维素；培养基 0014，25～28℃。

ACCC 39756←中国医科院动研所；原始编号：MSS1426；分离自中国医科院动研所北方资源中心的毛
　　　　丝鼠粪便；分解纤维素；培养基 0014，25～28℃。

ACCC 39757←中国医科院动研所；原始编号：MSS725；分离自中国医科院动研所北方资源中心的毛丝
　　　　鼠粪便；分解纤维素；培养基 0014，25～28℃。

ACCC 39758←中国医科院动研所；原始编号：TBS412；分离自中国医科院动研所北方资源中心的毛丝
　　　　鼠粪便；分解纤维素；培养基 0014，25～28℃。

ACCC 39759←中国医科院动研所；原始编号：TBS417；分离自中国医科院动研所北方资源中心的毛丝
　　　　鼠粪便；分解纤维素；培养基 0014，25～28℃。

Penicillium purpurogenum Stoll

产紫青霉

ACCC 32170←中国热科院环植所 EPPI2272←华南热带农业大学农学院；原始编号：LY08；分离自海
　　　　南省热带植物园土壤；培养基 0014，28℃。

ACCC 32182←中国热科院环植所 EPPI2294←华南热带农业大学农学院；原始编号：ST-10；分离自海
　　　　南儋州沙田村橡胶林土壤；培养基 0014，28℃。

ACCC 32092←中国热科院环植所 EPPI2320←华南热带农业大学农学院；原始编号：XRZ-11；分离自
　　　　海南省热带植物园土壤；培养基 0014，28℃。

ACCC 32414←广东微生物所菌种组 GIMT3.050；分离自阔叶林土壤；培养基 0014，25℃。

Penicillium raperi G. Sm.

ACCC 39232←中国农科院资划所；原始编号：2F12；分离自北京大兴北蒲洲村黄瓜根部；培养基
　　　　0014，25～28℃。

Penicillium restrictum Gilman & Abbott

局限青霉

ACCC 30401←中国农科院土肥所←中科院微生物所；分离自广西土壤；培养基 0015，25～28℃。

ACCC 31806←中国农科院环发所 IEDAF3193；原始编号：3193＝P0707115；分离地点：河北唐山广野
　　食品集团有限公司黄瓜地；分离源：土壤；培养基 0014，25～28℃。

ACCC 32246←中国农科院环发所 IEDAF3309；原始编号：PF-10；培养基 0436，28℃。

Penicillium rubidurum Udagawa & Y. Horie

ACCC 39244←中国农科院资划所；原始编号：7-3-3-3；分离自北京市植物保护站顺义基地健康黄瓜土；
　　培养基 0014，25～28℃。

Penicillium sclerotiorum J. F. H. Beyma

菌核青霉

ACCC 31924←广东微生物所菌种组 GIMV15-M-1；分离自越南的原始林土壤；培养基 0014，25℃。

Penicillium simplicissimum（Oudemans）Thom

简青霉

ACCC 32391←中国农科院资划所；原始编号：ES-12-4；培养基 0014，25～28℃。

Penicillius soppii Zal.

暗边青霉

ACCC 31590←新疆农科院微生物所 XAAS40190；原始编号：LF74；分离地点：新疆吐鲁番；分离源：
　　土壤；培养基 0014，25～28℃。

Penicillium sp.

青霉菌

ACCC 30106←中国农科院土肥所←湖南农科院植保所；培养基 0014，24～28℃。

ACCC 31505←中国农科院土肥所←山东农业大学 SDAUMCC 300019；原始编号：ZB-364；分离地点：
　　山东泰安；分离源：霉变柑橘；培养基 0014，25～28℃。

ACCC 31506←中国农科院土肥所←山东农业大学 SDAUMCC 300020；原始编号：ZB-366；分离地点：
　　山东泰安；分离源：霉变食品；培养基 0014，25～28℃。

ACCC 31508←中国农科院土肥所←山东农业大学 SDAUMCC 300022；原始编号：ZB-392；分离地点：
　　山东泰安；分离源：蔬菜根际土壤；培养基 0014，25～28℃。

ACCC 31900←中国农科院环发所 IEDAF3137；原始编号：CE-HB-009；分离自河北遵化广野的土壤；
　　培养基 0014，28℃。

ACCC 31901←中国农科院环发所 IEDAF3138；原始编号：CE-HB-011；分离自河北遵化广野的土壤；
　　培养基 0014，28℃。

ACCC 31902←中国农科院环发所 IEDAF3139；原始编号：CE-HB-007；分离自河北遵化广野的土壤；
　　培养基 0014，28℃。

ACCC 31984←中国农科院环发所 IEDAF3177；原始编号：CE0710108；分离自北京植物园山桃树下的
　　土壤；培养基 0436，28℃。

ACCC 31986←中国农科院环发所 IEDAF3181；原始编号：D0710101；分离自北京植物园松树下的土
　　壤；培养基 0436，28℃。

ACCC 31990←中国农科院环发所 IEDAF3185；原始编号：D071105；分离自山东寿光韭菜地的土壤；
　　培养基 0436，30℃。

ACCC 32017←中国农科院环发所 IEDAF3189；原始编号：D0711101；分离自北京植物园松树下的土
　　壤；培养基 0436，28℃。

ACCC 32392←中国农科院资划所；原始编号：ES-12-8；培养基 0014，25～28℃。

ACCC 37222←中国农科院资划所；原始编号：jcl022（FD61）；分离自北京大兴基地西瓜上部茎，植物
　　内生真菌；培养基 0014，25～28℃。

ACCC 39217←中国农科院资划所；原始编号：△ D1S 下 4；分离自河南新乡原阳龙王庙村冬瓜下部茎，
　　植物内生真菌；培养基 0014，25～28℃。

Penicillium spinulosum Thom

小刺青霉

ACCC 31858←新疆农科院微生物所 XAAS40159；原始编号：LF15；分离自一号冰川的土壤样品；培养基 0014，20℃。

Penicillium steckii K. M. Zaleski

岐皱青霉

ACCC 32278←中国热科院环植所 EPPI2682←海南大学农学院；原始编号：D4-5；分离自海南儋州那大汽修厂附近土壤；培养基 0014，28℃。

ACCC 39761←中国医学科学院医学实验动物研究所；原始编号：TBS312；分离自中国医科院动研所北方资源中心的毛丝鼠粪便；分解纤维素；培养基 0014，25～28℃。

Penicillium turbatum Westl.

不整青霉

ACCC 31744←中国农科院资划所；原始编号：新 18-1；分离自新疆福海县乌伦古湖边沙土；培养基 0014，28℃。

Penicillium urticae Bainier

荨麻青霉

ACCC 32409←广东微生物所菌种组 GIMF-57；原始编号：F-57；培养基 0014，25℃。

Penicillium variabile Sopp

变幻青霉

ACCC 30402←中国农科院土肥所←中科院微生物所；分离自广西土壤；培养基 0015，25～28℃。

Penicillium verruculosun Peyronel

细疣青霉

ACCC 31914←广东微生物所菌种组 GIM T3.019；分离自广州农田土壤；培养基 0014，25℃。

ACCC 31923←广东微生物所菌种组 GIMV7-M-1a；分离自越南的原始林土壤；培养基 0014，25℃。

ACCC 32383←中国农科院资划所；原始编号：ES-10-2；培养基 0014，25～28℃。

ACCC 32385←中国农科院资划所；原始编号：ES-10-5；培养基 0014，25～28℃。

ACCC 32539←中国农科院资划所；原始编号：B-P-20-2；培养基 0014，25～28℃。

ACCC 32540←中国农科院资划所；原始编号：B-P-39-2；培养基 0014，25～28℃。

ACCC 32545←中国农科院资划所；原始编号：B-P-2-1；培养基 0014，25～28℃。

ACCC 32547←中国农科院资划所；原始编号：B-P-2-2；培养基 0014，25～28℃。

ACCC 32551←中国农科院资划所；原始编号：B-P-21-2；培养基 0014，25～28℃。

Penicillium viridicatum Westling

鲜绿青霉

ACCC 31587←新疆农科院微生物所 XAAS40186；原始编号：LF67-1；分离地点：新疆吐鲁番；分离源：土壤；培养基 0014，25～28℃。

Penicillium vulpinum（Cooke & Massee）Seifert & Samson

狐粪青霉

ACCC 37792←贵州大学；分离自河南信阳震雷山粪；培养基 0424，25℃。

Penicillium waksmanii Zalessky

瓦克青霉

ACCC 30521←中国农科院土肥所←荷兰真菌研究所，=CBS230.28；模式菌株；分离自森林土壤；培养基 0014，25～28℃。

Pestalotia rhododendri Guba
杜鹃盘多毛孢霉
ACCC 30372←中国农科院土肥所←云南农业大学植物病理重点实验室 DTZJ 0486；土壤分离菌，寄生
于杜鹃花属植物，引起叶斑病；培养基 0014，26℃。

Pestalotia theae Sawada
茶盘多毛孢（茶轮斑盘多毛孢菌）
ACCC 36934←中国农科院资划所←福建农林大学；原始编号：CYS-4，BCBKL 0087；分离自茶叶；培
养基 0014，25～28℃。

Pestalotiopsis adusta（**Ellis & Everh.**）**Steyaert**
烟色拟盘多毛孢
ACCC 37470←中国农科院蔬菜花卉所；分离自北京海淀矮牵牛烟色拟盘多毛孢叶斑病叶片；培养基
0014，25℃。

Pestalotiopsis guepinii（**Desm.**）**Steyaert**
茶褐斑拟盘多毛孢
ACCC 37466←中国农科院蔬菜花卉所；分离自北京海淀月季叶斑病叶片；培养基 0014，25℃。
ACCC 37469←中国农科院蔬菜花卉所；分离自江苏无锡惠山杜鹃叶斑病叶片；培养基 0014，25℃。

Pestalotiopsis palmarum（**Cooke**）**Steyaert**
掌状拟盘多毛孢
ACCC 37531←中国热科院环植所；分离自海南海口椰子树灰斑病病斑；培养基 0014，28℃。
ACCC 37620←中国热科院环植所；分离自海南海口椰子拟盘多毛孢灰斑病病组织；培养基 0014，28℃。

Pestalotiopsis sydowiana（**Bresadola**）**Sutton**
赛氏拟盘多毛孢
ACCC 31918←广东微生物所菌种组 GIMV14-M-3；分离自越南的阔叶林土壤；培养基 0014，25℃。

Pestalotiopsis trachicarpicola Yan M. Zhang & K. D. Hyde
ACCC 39730←贵州大学绿色农药与农业生物工程教育部重点实验室；原始编号：5-1-a；分离自贵州遵
义余庆县松烟镇二龙茶区的茶树叶斑；培养基 0014，25～28℃。

Pestalotiopsis vismiae（**Petr.**）**J. X. Zhang & T. Xu**
韦司梅拟盘多毛孢
ACCC 31920←广东微生物所菌种组 GIMV18-M-3；分离自越南的原始林土壤；培养基 0014，25℃。

Phanerochaete chrysosporium Burdsall
黄孢平革菌
ACCC 30414←中国农科院土肥所←广东微生物所 GIM3.383；木质素分解菌；培养基 0014，25～28℃。
ACCC 30530←中国农科院土肥所←荷兰真菌研究所，=CBS481.73；木质素降解菌；模式菌株；培养基
0014，25～28℃。
ACCC 30553←中国农科院土肥所←美国典型物培养中心，=ATCC34541；木质素降解菌；培养基
0014，25℃。
ACCC 30942←中国农科院饲料所 FRI2006098；原始编号：F137；=CGMCC 5.776；培养基 0014，
25～28℃。
ACCC 30953←中国农科院麻类所 IBFC W0420；原始编号：P1；从孟加拉国引进；分离源：腐烂木材；
培养基 0014，25～28℃。
ACCC 30954←中国农科院麻类所 IBFC W0424；原始编号：P3；分离地点：湖南长沙；培养基 0014，
25～28℃。
ACCC 30955←中国农科院麻类所 IBFC W0421；原始编号：P5；从孟加拉国引进；分离源：腐烂木材；
培养基 0014，25～28℃。

ACCC 32120←中国农科院麻类所 IBFC W0788；原始编号：K17；分离自中南林业科技大学的土壤；用于红麻制浆；培养基 0014，28℃。

ACCC 32124←中国农科院麻类所 IBFC W0695；原始编号：P11-5；分离自中南林业科技大学的土壤；用于红麻制浆；培养基 0014，28℃。

ACCC 32125←中国农科院麻类所 IBFC W0696；原始编号：P11-6；分离自中南林业科技大学的土壤；用于红麻制浆；培养基 0014，28℃。

ACCC 32404←广东微生物所菌种组 GIMF-50；原始编号：F-50；降解木质纤维素；培养基 0014，25℃。

ACCC 32477←中国农科院麻类所 IBFC W0977；原始编号：F0815；分离自腐烂木材；用于红麻制浆，还可以用于麦草、龙须草制浆；培养基 0014，30℃。

ACCC 32478←中国农科院麻类所 IBFC W1007；原始编号：F0817；分离自腐烂木材；用于红麻制浆，还可以用于麦草、龙须草制浆；培养基 0014，30℃。

ACCC 32479←中国农科院麻类所 IBFC W1017；原始编号：F0811；分离自腐烂木材；用于红麻制浆，还可以用于麦草、龙须草制浆；培养基 0014，30℃。

Phialophora fastigiata（Lagerberg & Malin）Conant
帚状瓶霉

ACCC 30574←中国农科院土肥所←美国典型物培养中心，=ATCC34157；分离自云杉；降解纤维素；培养基 0014，26℃。

Phialophora hoffmannii（van Beyma）Schol-Schwarz
霍氏瓶霉

ACCC 30575←中国农科院土肥所←美国典型物培养中心，=ATCC34158；分离源：木桩；降解纤维素；培养基 0014，26℃。

Phialophora malorum（Kidd & Beaumont）McColloch

ACCC 37624←中国农科院资划所←新疆农科院微生物所；原始编号：AF12-1，1565C0001XAAS 40242；分离自新疆南疆巴楚县阿娜库勒乡猪毛菜碱地沙土样品；培养基 0014，25～28℃。

Phomopsis asparagi（Sacc.）Grove
石刁柏拟茎点霉

ACCC 36112←中国农科院资划所←中国农科院蔬菜花卉所；原始编号：IVF096，LS06090701；分离自河南辉县峪河镇五街村露地石刁柏茎部；培养基 0014，25～28℃。

ACCC 36943←中国农科院资划所←广东微生物所←华南农大；原始编号：GIM SCAU26，26；分离自发病芦笋植株；培养基 0014，25～28℃。

Phomopsis longicolla Hobbs
长拟茎点霉

ACCC 36982←中国热科院环植所；原始编号：CATAS EPPI2347 Ap13；分离自海南海口水果市场青枣果实；培养基 0014，25～28℃。

ACCC 36984←中国农科院资划所←中国热科院环植所；原始编号：CATAS EPPI2361，Mp05；分离自海南海口水果市场苹果内部；培养基 0014，25～28℃。

ACCC 39260←中国农科院作科所；原始编号：SSLP3；分离自韩国首尔大学水源农场大豆茎秆病斑；培养基 0014，25～28℃。

Phomopsis sp.
拟茎点霉

ACCC 36868←中国热科院；原始编号：CATAS 2340；分离自海南海口水果市场青枣；培养基 0014，25～28℃。

ACCC 36869←中国农科院资划所←中国热科院环植所；原始编号：CATAS EPPI2341 Bj06；分离自海南海口水果市场青枣；培养基 0014，25～28℃。

ACCC 36870←中国农科院资划所←中国热科院环植所；原始编号：CATAS EPPI2342 Bj06；分离自海南海口水果市场青枣；培养基 0014，25～28℃。

ACCC 36871←中国农科院资划所←中国热科院环植所；原始编号：CATAS EPPI2343 Bj15；分离自海南海口水果市场青枣；培养基0014，25~28℃。

ACCC 38934←中国农科院果树研究所果树病害实验室分离；原始编号：PC5；分离自辽宁兴城桃树枝枯病枝条；培养基0014，25~28℃。

Phomopsis vexans Harter

茄褐纹拟茎点霉

ACCC 37428←中国农科院资划所←中国农科院蔬菜花卉所；原始编号：IVF505，QZ08082701；分离自北京昌平通信部队露地茄子果实；培养基0014，25~28℃。

Phyllosticta capitalensis Henn.

ACCC 39723←贵州大学绿色农药与农业生物工程教育部重点实验室；原始编号：GZSN2-7；分离自贵州铜仁思南县张家寨镇欣浩茶园茶树叶片；培养基0014，25~28℃。

Phytophthora cactorum（Lebert & Cohn）J. Schröt.

恶疫霉

ACCC 36421←中国农科院蔬菜花卉所；分离自河北保定温室草莓疫病土壤样品；培养基0014，25℃。

ACCC 39131←云南农业大学植物保护学院；原始编号：D-1；分离自云南文山砚山县三七发病叶片病斑；培养基0014，15℃。

Phytophthora capsici Leonian

辣椒疫霉

ACCC 37300←中国农科院蔬菜花卉所；分离自山东寿光南瓜疫病茎；培养基0014，25℃。

Phytophthora cinnamomi Rands

樟疫霉

ACCC 36073←山东省农业科学院植物保护研究所；分离自山东济南蔬菜生产温室辣椒果实；培养基0014，25~28℃。

ACCC 36278←中国农科院资划所；原始编号：CATAS EPPI2141，LP21；分离自海南海口市蔬菜地辣椒病株的茎；培养基0014，25~28℃。

ACCC 36279←中国农科院资划所；原始编号：CATAS EPPI2142，LP10；分离自海南琼海长坡镇蔬菜地辣椒病株的茎；培养基0014，25~28℃。

ACCC 36284←中国农科院资划所；原始编号：CATAS EPPI2148，25橡c；分离自海南尖峰岭林区土壤中饵钓橡胶叶；培养基0014，25~28℃。

Phytophthora citricola Sawada

柑橘生疫霉

ACCC 36282←中国农科院资划所；原始编号：CATAS EPPI2145，FFML2-2；分离自原始林区原始森林未知名植物病叶；培养基0014，25~28℃。

Phytophthora cryptogea Pethybr. & Laff.

ACCC 37380←中国农科院资划所←中国热科院环植所；原始编号：CATAS EPPI2182，P02；分离自五指山市非洲菊花圃橡胶树病皮；培养基0014，25~28℃。

Phytophthora infestans（Mont.）de Bary

致病疫霉

ACCC 39600←中国农科院蔬菜花卉所；原始编号：89148；作为无致病性菌株从荷兰引进；分离自马铃薯，马铃薯晚疫病菌，非致病菌（无毒）；培养基0014，15℃。

Phytophthora katsurae W. H. Ko & H. S. Chang

ACCC 36309←中国热科院环植所；原始编号：CATAS EPPI2180，80橡a；分离地点：海南儋州；分离自海南尖峰岭自然保护区土壤饵钓橡胶叶；培养基0014，25~28℃。

Phytophthora melonis Katsura

瓜类疫霉

ACCC 38069←广西农科院微生物研究所；原始编号：CZ-1；分离自广西崇左冬瓜病茎组织；培养基 0014，25～28℃。

ACCC 38070←广西农科院微生物研究所；原始编号：GL-9；分离自广西桂林冬瓜病茎组织；培养基 0014，25～28℃。

ACCC 38071←广西农科院微生物研究所；原始编号：GZ-4；分离自广东广州冬瓜病茎组织；培养基 0014，25～28℃。

ACCC 38072←广西农科院微生物研究所；原始编号：LZ-5；分离自广西柳州冬瓜病茎组织；培养基 0014，25～28℃。

ACCC 38074←广西农科院微生物研究所；原始编号：NN-27；分离自广西南宁黄瓜病瓜组织；培养基 0014，25～28℃。

ACCC 38075←广西农科院微生物研究所；原始编号：NN-29；分离自广西南宁黄瓜病瓜组织；培养基 0014，25～28℃。

ACCC 38076←广西农科院微生物研究所；原始编号：YD-6；分离自广东英德冬瓜病茎组织；培养基 0014，25～28℃。

Phytophthora nicotianae Breda de Haan

烟草疫霉

ACCC 36285←中国农科院资划所；原始编号：CATAS EPPI2149 香草；分离自兴隆香草兰种植园病果；培养基 0014，25～28℃。

ACCC 36286←中国农科院资划所；原始编号：香草兰根腐 4；分离自兴隆香草兰种植园香草兰根；培养基 0014，25～28℃。

ACCC 38621←云南农业大学；原始编号：178；分离自云南晋宁县烟草茎秆；培养基 0014，25～28℃。

ACCC 38622←云南农业大学；原始编号：CXCX02；培养基 0014，25～28℃。

ACCC 38623←云南农业大学；原始编号：213；培养基 0014，25～28℃。

ACCC 38624←云南农业大学；原始编号：450；分离自云南文山县烟草茎秆；培养基 0014，25～28℃。

ACCC 38625←云南农业大学；原始编号：325；分离自云南峨山县烟草茎秆；培养基 0014，25～28℃。

ACCC 38626←云南农业大学；原始编号：391；分离自云南红塔区烟草茎秆；培养基 0014，25～28℃。

ACCC 38627←云南农业大学；原始编号：YXCJ103；分离自云南澄江县烟草茎秆；培养基 0014，25～28℃。

ACCC 38628←云南农业大学；原始编号：341；分离自云南华宁县烟草茎秆；培养基 0014，25～28℃。

ACCC 38629←云南农业大学；原始编号：133；分离自云南安宁县烟草茎秆；培养基 0014，25～28℃。

ACCC 38631←云南农业大学；原始编号：249；分离自云南双柏县烟草茎秆；培养基 0014，25～28℃。

ACCC 38632←云南农业大学；原始编号：170；分离自云南禄劝县烟草茎秆；培养基 0014，25～28℃。

ACCC 38633←云南农业大学；原始编号：386；分离自云南元谋县烟草茎秆；培养基 0014，25～28℃。

ACCC 38634←云南农业大学；原始编号：DLXY；分离自云南祥云县烟草茎秆；培养基 0014，25～28℃。

ACCC 38635←云南农业大学；原始编号：123；分离自云南嵩明县烟草茎秆；培养基 0014，25～28℃。

ACCC 38636←云南农业大学；原始编号：ZTZX02；分离自云南镇雄县烟草茎秆；培养基 0014，25～28℃。

ACCC 38637←云南农业大学；原始编号：159；分离自云南富民县烟草茎秆；培养基 0014，25～28℃。

ACCC 38638←云南农业大学；原始编号：YXYKS03；分离自云南红塔区烟草茎秆；培养基 0014，25～28℃。

ACCC 38639←云南农业大学；原始编号：YXYM02；分离自云南易门县烟草茎秆；培养基 0014，25～28℃。

ACCC 38640←云南农业大学；原始编号：SYS；分离自云南红塔区烟草茎秆；培养基0014，25～28℃。

ACCC 38642←云南农业大学；原始编号：ZTZX01；分离自云南镇雄县烟草茎秆；培养基0014，25～28℃。

ACCC 38643←云南农业大学；原始编号：119；分离自云南鲁甸县烟草茎秆；培养基0014，25～28℃。

ACCC 38644←云南农业大学；原始编号：自13；分离自烟草茎秆；培养基0014，25～28℃。

ACCC 38645←云南农业大学；原始编号：YXTH001；分离自云南通海县烟草茎秆；培养基0014，25～28℃。

ACCC 38646←云南农业大学；原始编号：234；分离自云南弥勒县烟草茎秆；培养基0014，25～28℃。

ACCC 38648←云南农业大学；原始编号：YXCJ104；分离自云南澄江县烟草茎秆；培养基0014，25～28℃。

ACCC 38649←云南农业大学；原始编号：Gxbsix；分离自广西省烟草茎秆；培养基0014，25～28℃。

ACCC 38650←云南农业大学；原始编号：YXYKS02；分离自云南红塔区烟草茎秆；培养基0014，25～28℃。

ACCC 38651←云南农业大学；原始编号：169；分离自云南禄劝县烟草茎秆；培养基0014，25～28℃。

ACCC 38652←云南农业大学；原始编号：301；分离自云南楚雄县烟草茎秆；培养基0014，25～28℃。

ACCC 38653←云南农业大学；原始编号：278；分离自云南楚雄县烟草茎秆；培养基0014，25～28℃。

ACCC 38654←云南农业大学；原始编号：DLBC；分离自云南宾川县烟草茎秆；培养基0014，25～28℃。

ACCC 38655←云南农业大学；原始编号：390；分离自云南红塔区烟草茎秆；培养基0014，25～28℃。

ACCC 38656←云南农业大学；原始编号：519；分离自云南丘北县烟草茎秆；培养基0014，25～28℃。

ACCC 38657←云南农业大学；原始编号：302；分离自云南楚雄县烟草茎秆；培养基0014，25～28℃。

ACCC 38721←云南农业大学；原始编号：274；分离自云南姚安县烟草茎秆；培养基0014，25～28℃。

ACCC 38722←云南农业大学；原始编号：303；分离自云南楚雄县烟草茎秆；培养基0014，25～28℃。

ACCC 38724←云南农业大学；原始编号：113H6；分离自云南宾川县烟草茎秆；培养基0014，25～28℃。

ACCC 38725←云南农业大学；原始编号：214；分离自云南武定县烟草茎秆；培养基0014，25～28℃。

ACCC 39210←中国农大植物保护学院；原始编号：PPY001；分离自云南玉溪烟草地土壤；培养基0014，15℃。

Phytophthora sojae Kaufm. & Gerd.

大豆疫霉

ACCC 36911←中国农科院植保所←新疆石河子大学农学院植病室；分离自新疆石河子大豆疫霉病根茎；培养基0014，25℃。

ACCC 36914←中国农科院资划所←中国农科院植保所←新疆石河子；原始编号：大豆Glycine max；分离自新疆石河子农四师71团大豆根茎部；培养基0014，25～28℃。

Phytophthora vignae f. sp. *adzukicola* S. Tsuchiya, Yanagawa & Ogoshi

ACCC 39677←中国农科院作科所；原始编号：PaV1；分离自黑龙江小豆病株土样；培养基0014，15℃。

ACCC 39678←中国农科院作科所；原始编号：PaV2；分离自黑龙江小豆病株土样；培养基0014，15℃。

Phytophthora vignae f. sp. *mungcola* Zhu ZD, Sun SL & Sun FF

ACCC 39666←中国农科院作科所；原始编号：PVMG4；分离自安徽明光绿豆病株土样；培养基0014，15℃。

ACCC 39667←中国农科院作科所；原始编号：PVMG6；分离自安徽明光绿豆病株土样；培养基0014，15℃。

ACCC 39668←中国农科院作科所；原始编号：PVMG24；分离自安徽明光绿豆病株土样；培养基0014，15℃。

ACCC 39669←中国农科院作科所；原始编号：PVM30；分离自安徽合肥绿豆病株土样；培养基0014，15℃。

ACCC 39670←中国农科院作科所；原始编号：PVM33；分离自安徽合肥绿豆病株土样；培养基0014，15℃。

ACCC 39674←中国农科院作科所；原始编号：NJ-8；分离自江苏南京绿豆病株土样；培养基0014，15℃。

Phytophthora vignae f. sp. *vignae* Zhu ZD，Sun SL & Sun FF

ACCC 39675←中国农科院作科所；原始编号：PcV1；分离自福建豇豆病株土样；培养基0014，15℃。

ACCC 39676←中国农科院作科所；原始编号：PcV2；分离自福建豇豆病株土样；培养基0014，15℃。

Pilidium concavum（Desm.）Höhn.

ACCC 37269←中国农科院资划所←中国农科院蔬菜花卉所；原始编号：MD07101901，IVF364；分离自北京植物园牡丹叶片；培养基0014，25～28℃。

Plectosphaerella alismatis（Oudem.）A. J. L. Phillips，Carlucci & M. L. Raimondo

ACCC 39171←中国农科院资划所←CBS；原始编号：CBS 113362^T；模式菌株；培养基0014，25～28℃。

Plectosphaerella cucumerina（Lindf.）W. Gams

ACCC 39173←中国农科院资划所←CBS；原始编号：CBS 131739；培养基0014，25～28℃。

ACCC 39182←中国农科院资划所←CBS；原始编号：CBS 137.37^T；模式菌株；培养基0014，25～28℃。

ACCC 39734←贵州大学绿色农药与农业生物工程教育部重点实验室；原始编号：SQY6-1-3；分离自贵州铜仁石阡县大沙坝乡任家寨的八月瓜病株叶斑；培养基0014，25～28℃。

Plectosphaerella delsorboi（Antignani & W. Gams）A. J. L. Phillips

ACCC 39172←中国农科院资划所←CBS；原始编号：CBS 116708^T；模式菌株；分离自Portici，Italy；红褐色叶斑，*Curcuma alismatifolia*；培养基0014，25～28℃。

Plectosphaerella melonis（Ts. Watan. & Mas. Sato）A. J. L. Phillips

ACCC 39184←中国农科院资划所←CBS；原始编号：CBS 409.95；分离自Texas，USA，*Cucumis melo*；培养基0014，25～28℃。

ACCC 39185←中国农科院资划所←CBS；原始编号：CBS 489.96；分离自Shizuoka，Asaba-chou，Japan；*Cucurbita melo*，根；培养基0014，25～28℃。

Plectosphaerella plurivora A. J. L. Phillips，Carlucci & M. L. Raimondo

ACCC 39176←中国农科院资划所←CBS；原始编号：CBS 131742^T；模式菌株；分离自Borgo Cervaro，Foggia，Italy；芦笋的顶端组织；培养基0014，25～28℃。

Plectosphaerella populi Ullah，Hammerb.，Unsicker & L. Lombard

ACCC 39183←中国农科院资划所←CBS；原始编号：CBS 139623；分离自Germany；黑杨枝条；培养基0014，25～28℃。

Plectosphaerella sp.

ACCC 39144←中国农科院资划所←CBS；原始编号：SL313；分离自河南新乡原阳龙王庙村南瓜下部茎，植物内生真菌；培养基0434，25～28℃。

Pochonia chlamydospora（Goddard）Zare & W. Gams

厚垣孢普可尼亚菌

ACCC 30601←云南省烟草科学研究院；原始编号：ZPC01；分离地点：贵州；分离源：线虫；用作生物防治研究；培养基0014，25～28℃。

ACCC 30602←云南省烟草科学研究院；原始编号：ZPC02；分离地点：巴西；分离源：线虫；用作生物防治研究；培养基0014，25～28℃。

ACCC 30603←云南省烟草科学研究院；原始编号：ZPC03；分离地点：英国；分离源：线虫；用作生物防治研究；培养基0014，25～28℃。

ACCC 30604←云南省烟草科学研究院；原始编号：ZPC04；分离地点：意大利；分离源：线虫；用作生物防治研究；培养基0014，25～28℃。

ACCC 30605←云南省烟草科学研究院；原始编号：ZPC05；分离地点：葡萄牙；分离源：线虫；用作生物防治研究；培养基0014，25～28℃。

ACCC 30606←云南省烟草科学研究院；原始编号：ZPC06；分离地点：西班牙；分离源：线虫；用作生物防治研究；培养基0014，25～28℃。

ACCC 30607←云南省烟草科学研究院；原始编号：ZPC07；分离地点：英国；分离源：线虫；用作生物防治研究；培养基0014，25～28℃。

ACCC 30608←云南省烟草科学研究院；原始编号：ZPC08；分离地点：英国；分离源：线虫；用作生物防治研究；培养基0014，25～28℃。

ACCC 30609←云南省烟草科学研究院；原始编号：ZPC09；分离地点：肯尼亚；分离源：线虫；用作生物防治研究；培养基0014，25～28℃。

ACCC 30610←云南省烟草科学研究院；原始编号：ZPC010；分离地点：海南儋州；分离源：线虫；用作生物防治研究；培养基0014，25～28℃。

ACCC 30611←云南省烟草科学研究院；原始编号：ZPC011；分离地点：海南三亚；分离源：线虫；用作生物防治研究；培养基0014，25～28℃。

ACCC 30612←云南省烟草科学研究院；原始编号：ZPC012；分离地点：北京丰台；分离源：线虫；用作生物防治研究；培养基0014，25～28℃。

ACCC 30613←云南省烟草科学研究院；原始编号：ZPC013；分离地点：海南乐东；分离源：线虫；用作生物防治研究；培养基0014，25～28℃。

ACCC 30614←云南省烟草科学研究院；原始编号：ZPC014；分离地点：海南三亚；分离源：线虫；用作生物防治研究；培养基0014，25～28℃。

ACCC 30615←云南省烟草科学研究院；原始编号：ZPC015；分离地点：海南乐东；分离源：线虫；用作生物防治研究；培养基0014，25～28℃。

ACCC 30616←云南省烟草科学研究院；原始编号：ZPC016；分离地点：海南三亚；分离源：线虫；用作生物防治研究；培养基0014，25～28℃。

ACCC 30617←云南省烟草科学研究院；原始编号：ZPC017；分离地点：云南蒙自；分离源：线虫；用作生物防治研究；培养基0014，25～28℃。

ACCC 30618←云南省烟草科学研究院；原始编号：ZPC018；分离地点：云南宜良；分离源：线虫；用作生物防治研究；培养基0014，25～28℃。

ACCC 30619←云南省烟草科学研究院；原始编号：ZPC019；分离地点：云南石林；分离源：线虫；用作生物防治研究；培养基0014，25～28℃。

Poronia punctata（Linnaeus）Fries
点孔座壳
ACCC 30507←中国农科院土肥所←荷兰真菌研究所，=CBS459.48；分离源：马粪；培养基0014，25～28℃。

Pseudogymnoascus roseus Raillo
玫红假裸囊菌
ACCC 31580←新疆农科院微生物所XAAS40163；原始编号：LF24-2；分离地点：新疆一号冰川；分离源：土壤；培养基0014，25～28℃。

Pyricularia oryzae Cavara
稻梨孢（稻瘟病菌）
ACCC 37631←中国农科院植保所←福建省农业科学院水稻研究所；分离自福建上杭县水稻稻瘟病穗茎；培养基0329，26℃。

ACCC 37647←中国农科院植保所←福建省农业科学院水稻研究所；原始编号：2006105A2，1511C0010 FJAMG0018；分离自福建将乐县水稻穗茎；培养基0014，25～28℃。

ACCC 37648←中国农科院植保所←福建省农业科学院水稻研究所；分离自福建上杭县水稻稻瘟病穗茎；培养基0329，26℃。

ACCC 37649←中国农科院植保所←福建省农业科学院水稻研究所；原始编号：2006106A3，1511C0010 FJAMG0020；分离自福建省上杭县水稻穗茎；培养基 0014，25~28℃。

ACCC 37650←中国农科院植保所←福建省农业科学院水稻研究所；原始编号：2006108A3，1511C0010 FJAMG0021；分离自福建将乐县水稻穗茎；培养基 0014，25~28℃。

ACCC 37656←中国农科院植保所←福建省农业科学院水稻研究所；分离自福建将乐县水稻稻瘟病穗茎；培养基 0329，26℃。

ACCC 37657←中国农科院植保所←福建省农业科学院水稻研究所；分离自福建将乐县水稻稻瘟病穗茎；培养基 0329，26℃。

ACCC 37661←中国农科院植保所←福建省农业科学院水稻研究所；原始编号：2006124A1，1511C0010 FJAMG0032；分离自福建将乐县水稻穗茎；培养基 0014，25~28℃。

ACCC 37670←中国农科院植保所←福建省农业科学院水稻研究所；原始编号：2006186A1，1511C0010 FJAMG0041；分离自福建省将乐县水稻穗茎；培养基 0014，25~28℃。

ACCC 37671←中国农科院植保所←福建省农业科学院水稻研究所；分离自福建将乐县水稻稻瘟病穗茎；培养基 0329，26℃。

ACCC 37677←中国农科院植保所←福建省农业科学院水稻研究所；原始编号：2006176A1，1511C0010 FJAMG0048；分离自福建南平市建瓯水稻穗茎；培养基 0014，25~28℃。

ACCC 37678←中国农科院植保所←福建省农业科学院水稻研究所；原始编号：2006177A2，1511C0010 FJAMG0049；分离自福建南平市建瓯水稻穗茎；培养基 0014，25~28℃。

Pythium acanthicum Drechsler

棘腐霉

ACCC 38753←广西大学；原始编号：GuoLD00054；分离自广西北海草坪土壤；培养基 0014，25~28℃。

Pythium aphanidermatum（Edson）Fitzp.

瓜果腐霉

ACCC 37400←中国农科院蔬菜花卉所；分离自北京大兴西瓜绵疫病植株；培养基 0014，25℃。

ACCC 38064←中国农科院资划所←云南省烟草科学研究院；原始编号：py；分离自山西夏县烟草成株病茎；培养基 0014，25~28℃。

ACCC 38729←广西大学；原始编号：GuoLD00014；分离自广西南宁稻田土壤；培养基 0014，25~28℃。

Pythium aristosporum Vanterp.

ACCC 39248←中国农科院作科所；原始编号：P2；分离自北京玉米田玉米茎腐病株根系；培养基 0014，15℃。

Pythium attrantheridium Allain-Boulé & Lévesque

ACCC 38728←广西大学；原始编号：GuoLD00013；分离自广西柳州草坪土壤；培养基 0014，25~28℃。

ACCC 38749←广西大学；原始编号：GuoLD00046；分离自广西百色草坪土壤；培养基 0014，25~28℃。

ACCC 38781←广西大学；原始编号：GuoLD00113；分离自北京小汤山蔬菜地土壤；培养基 0014，15℃。

Pythium carolinianum V. D. Matthews

ACCC 38051←广西大学农学院；原始编号：GuoLD00048；分离自广西百色草坪土壤；培养基 0014，25~28℃。

Pythium debaryanum R. Hesse

德巴利腐霉

ACCC 37418←中国农科院蔬菜花卉所；分离自北京顺义茄子疫病果实；培养基 0014，25℃。

Pythium delicense Meurs

ACCC 38821←广西大学；原始编号：GuoLD01466；分离自浙江杭州草坪土壤；培养基 0014，15℃。

Pythium dissotocum Drechsler

ACCC 38050←广西大学农学院；原始编号：GuoLD00047；分离自广西桂林草坪土壤；培养基 0014，25~28℃。

ACCC 38737←广西大学；原始编号：GuoLD00023；分离自广西北海草坪土壤；培养基 0014，25~28℃。

Pythium falciforme G. Q. Yuan & C. Y. Lai
镰雄腐霉
ACCC 37389←广西大学农学院；分离自广西南宁幼苗猝倒病、根腐病菜地土壤；培养基0421，25℃。

Pythium helicoides Drechsler
旋柄腐霉
ACCC 36294←中国热科院环植所；从海南昌江剑麻地土壤中通过橡胶叶饵钓获得；培养基0431，25℃。

Pythium heterothallicum W. A. Campb. & F. F. Hendrix
ACCC 38056←广西大学农学院；原始编号：GuoLD00112；分离自中科院植物研究所花园土壤；培养基0014，25~28℃。

ACCC 38735←广西大学；原始编号：GuoLD00021；分离自广西柳州草坪土壤；培养基0014，25~28℃。

ACCC 38754←广西大学；原始编号：GuoLD00055；分离自广西北海草坪土壤；培养基0014，25~28℃。

Pythium indigoferae E. J. Butler
ACCC 37385←广西大学农学院；分离自印度芥菜地土壤；培养基0421，28℃。

Pythium irregulare Buisman
ACCC 38734←广西大学；原始编号：GuoLD00020；分离自广西北海草坪土壤；培养基0014，25~28℃。

Pythium inflatum V. D. Matthews
ACCC 38821←广西大学；原始编号：GuoLD01447；分离自湖南浏阳烟田土壤；培养基0014，15℃。

Pythium intermedium de Bary
ACCC 38769←广西大学；原始编号：GuoLD00095；分离自北京小汤山蔬菜地土壤；培养基0014，15℃。

ACCC 38785←广西大学；原始编号：GuoLD00130；分离自北京东灵山林地土壤；培养基0014，15℃。

Pythium longisporangium B. Paul
ACCC 38792←广西大学；原始编号：GuoLD01404；分离自湖北武汉油茶地土壤；培养基0014，15℃。

Pythium middletonii Sparrow
ACCC 38777←广西大学；原始编号：GuoLD00106；分离自广西北海草坪土壤；培养基0014，15℃。

Pythium myriotylum Drechsler
ACCC 38808←广西大学；原始编号：GuoLD01424；分离自湖南浏阳烟田土壤；培养基0014，15℃。

Pythium nunn Lifsh.
ACCC 38815←广西大学；原始编号：GuoLD01440；分离自河北沽源蔬菜地土壤；培养基0014，15℃。

ACCC 38816←广西大学；原始编号：GuoLD01441；分离自河北沽源蔬菜地土壤；培养基0014，15℃。

Pythium oligandrum Drechsler
ACCC 38048←广西大学农学院；原始编号：AMH11；分离自北京小汤山棉花幼苗根部土壤；培养基0014，25~28℃。

Pythium oopapillum Bala & Lévesque
ACCC 38779←广西大学；原始编号：GuoLD00108；分离自广西北海草坪土壤；培养基0014，15℃。

ACCC 38812←广西大学；原始编号：GuoLD01428；分离自河北沽源蔬菜地土壤；培养基0014，15℃。

Pythium pleroticum Takesi Itô
ACCC 38784←广西大学；原始编号：GuoLD00127；分离自北京东灵山林地土壤；培养基0014，15℃。

ACCC 38796←广西大学；原始编号：GuoLD01410；分离自北京草坪土壤；培养基0014，15℃。

Pythium plurisporium Abad, Shew, Grand & L.T. Lucas
ACCC 38739←广西大学；原始编号：GuoLD00027；分离自广西南宁稻田土壤；培养基0014，25~28℃。

ACCC 38762←广西大学；原始编号：GuoLD00084；分离自北京小汤山蔬菜地土壤；培养基0014，25~28℃。

Pythium recalcitrans Belbahri & E. Moralejo
ACCC 38763←广西大学；原始编号：GuoLD00086；分离自北京大兴蔬菜地土壤；培养基0014，25~28℃。

ACCC 38811←广西大学；原始编号：GuoLD01427；分离自北京小汤山蔬菜地土壤；培养基0014，15℃。

ACCC 38818←广西大学；原始编号：GuoLD01443；分离自北京小汤山蔬菜地土壤；培养基0014，15℃。

Pythium sp.

ACCC 37125←中国农科院植保所；原始编号：SM1179；分离自甘肃兰州三叶草地；培养基0014，25～28℃。

ACCC 38727←广西大学；原始编号：GuoLD00011；分离自广西北海草坪土壤；培养基0014，25～28℃。

ACCC 38730←广西大学；原始编号：GuoLD00015；分离自广西北海草坪土壤；培养基0014，25～28℃。

ACCC 38768←广西大学；原始编号：GuoLD00093；分离自北京大兴小麦地土壤；培养基0014，15℃。

ACCC 38776←广西大学；原始编号：GuoLD00103；分离自广西北海草坪土壤；培养基0014，15℃。

Pythium spinosum Sawada

刺腐霉

ACCC 37388←广西大学农学院；分离自中国台湾幼苗猝倒病、根腐病土壤；培养基0421，32℃。

ACCC 38742←广西大学；原始编号：GuoLD00030；分离自广西桂林草坪土壤；培养基0014，25～28℃。

ACCC 38774←广西大学；原始编号：GuoLD00103；分离自广西钦州草坪土壤；培养基0014，15℃。

ACCC 38775←广西大学；原始编号：GuoLD00104；分离自广西南宁草坪土壤；培养基0014，15℃。

Pythium splendens Hans Braun

华丽腐霉

ACCC 36288←中国热科院环植所；从海南昌江霸王岭油棕苗疫病土壤中草叶饵钓得到；培养基0431，25℃。

ACCC 38759←广西大学；原始编号：GuoLD00063；分离自广西桂林草坪土壤；培养基0014，25～28℃。

Pythium sukuiense W. H. Ko，Shin Y. Wang & Ann

ACCC 38755←广西大学；原始编号：GuoLD00058；分离自广西桂林草坪土壤；培养基0014，25～28℃。

Pythium sylvaticum W. A. Campb. & F. F. Hendrix

森林腐霉

ACCC 36297←中国热科院环植所；从海南海口柚子树下土壤中通过玉米饵钓获得；培养基0431，25℃。

ACCC 38053←广西大学农学院；原始编号：GuoLD00090；分离自北京药用植物研究所草坪土壤；培养基0014，25～28℃。

ACCC 38798←广西大学；原始编号：GuoLD014124；分离自河北沽源蔬菜地土壤；培养基0014，15℃。

Pythium takayamanum Senda & Kageyama

ACCC 38804←广西大学；原始编号：GuoLD01420；分离自广西南宁草坪土壤；培养基0014，15℃。

Pythium torulosum Coker & P. Patt.

肿囊腐霉

ACCC 36301←中国农科院资划所←中国热科院环植所；原始编号：CATAS EPPI2170，东方抱板香蕉麻a；分离自抱板村香蕉地土样土壤中饵钓煮大麻籽；培养基0014，25～28℃。

ACCC 37390←广西大学农学院；分离自美国黑松幼苗立枯病草坪土壤；培养基0421，25℃。

ACCC 38738←广西大学；原始编号：GuoLD00024；分离自广西桂林草坪土壤；培养基0014，25～28℃。

ACCC 38741←广西大学；原始编号：GuoLD00029；分离自广西北海草坪土壤；培养基0014，25～28℃。

ACCC 38778←广西大学；原始编号：GuoLD00107；分离自广西北海草坪土壤；培养基0014，15℃。

ACCC 38826←广西大学；原始编号：GuoLD01461；分离自湖北武汉林地土壤；培养基0014，15℃。

ACCC 38831←广西大学；原始编号：GuoLD01467；分离自浙江杭州草坪土壤；培养基0014，15℃。

Pythium ultimum Trow

终极腐霉

ACCC 37382←广西大学农学院；分离自英国荒地土壤；培养基0421，32℃。

ACCC 37386←广西大学农学院；分离自英国土壤；培养基0421，32℃。

ACCC 38054←广西大学农学院；原始编号：GuoLD00094；分离自北京大兴郊区蔬菜地土壤；培养基0014，25～28℃。

ACCC 38059←广西大学农学院；原始编号：HACM21；分离自北京小汤山草莓园温室土壤；培养基0014，25～28℃。

ACCC 38764←广西大学；原始编号：GuoLD00087；分离自北京大兴小麦地土壤；培养基0014，25～28℃。

ACCC 38765←广西大学；原始编号：GuoLD00089；分离自北京大兴大葱地土壤；培养基0014，15℃。

ACCC 38773←广西大学；原始编号：GuoLD00102；分离自广西南宁林地土壤；培养基0014，15℃。

ACCC 39247←中国农科院作科所；原始编号：P1；分离自北京玉米田玉米茎腐病株根系；培养基0014，15℃。

Rhizoctonia cerealis E. P. Hoeven

禾谷丝核菌（小麦纹枯病菌）

ACCC 37393←中国农科院资划所←中国农科院植保所；分离自小麦；培养基0014，25～28℃。

ACCC 37690←中国农科院植保所←江苏省农业科学院植物保护研究所；分离自江苏大丰小麦纹枯病病组织；培养基0014，25℃。

ACCC 37691←中国农科院植保所←江苏省农业科学院植物保护研究所；分离自江苏南京小麦纹枯病病组织；培养基0014，25℃。

ACCC 37692←中国农科院植保所←江苏省农业科学院植物保护研究所；分离自江苏南京小麦纹枯病病组织；培养基0014，25℃。

ACCC 37694←中国农科院植保所←江苏省农业科学院植物保护研究所；分离自江苏连云港小麦纹枯病病组织；培养基0014，25℃。

ACCC 37695←中国农科院植保所←江苏省农业科学院植物保护研究所；分离自江苏宿迁小麦纹枯病病组织；培养基0014，25℃。

ACCC 37697←中国农科院资划所←中国农科院植保所←江苏省农业科学院植物保护研究所；原始编号：JSARC0058 J32；分离自江苏盐城小麦纹枯病病株；培养基0014，25～28℃。

ACCC 37698←中国农科院资划所←中国农科院植保所←江苏省农业科学院植物保护研究所；原始编号：JSARC0059 C18；分离自江苏徐州小麦纹枯病病株；培养基0014，25～28℃。

Rhizoctonia solani J. G. Kühn

立枯丝核菌

ACCC 30089←中国农科院土肥所；棉花立枯病菌；培养基0014，25～28℃。

ACCC 30332←中国农科院土肥所；病原菌；培养基0015，24～28℃。

ACCC 30951←中国农科院饲料所 FRI2006107；原始编号：F147；分离地点：海南三亚；分离源：土壤；培养基0014，25～28℃。

ACCC 36076←中国农科院蔬菜花卉所；分离自山东济南蔬菜温室黄瓜立枯病茎蔓；培养基0014，25℃。

ACCC 36108←中国农科院蔬菜花卉所；分离自北京顺义大棚茼蒿立枯病茼蒿茎；培养基0014，25℃。

ACCC 36114←中国农科院资划所←中国农科院蔬菜花卉所；原始编号：IVF099，LM06102501；分离自中国农科院蔬菜花卉所试验露地蜡梅茎；培养基0014，25～28℃。

ACCC 36124←中国农科院蔬菜花卉所；分离自北京顺义大棚菠菜根腐病根部；培养基0014，25℃。

ACCC 36246←中国农科院植保所；分离自北京海淀水稻纹枯病病组织；培养基0014，25℃。

ACCC 36316←中国农科院资划所←中国热科院环植所；原始编号：Z20070002，CATAS EPPI2002；分离自两院丘陵香茅叶片；培养基0014，25～28℃。

ACCC 36339←中国农科院资划所←中国热科院环植所；原始编号：CATAS EPPI2029 Z20070029；分离自两院丘陵叶片；培养基0014，25～28℃。

ACCC 36457←中国农科院蔬菜花卉所；分离自北京昌平甘蓝立枯病叶片；培养基0014，25℃。

ACCC 36949←广东微生物所；分离自广东广州棉花立枯病土壤；培养基0014，25℃。

ACCC 37289←中国农科院蔬菜花卉所；分离自北京昌平甘蓝立枯病茎基部；培养基0014，25℃。

ACCC 37435←中国农科院蔬菜花卉所；分离自北京大兴温室茼蒿立枯病茎基部；培养基0014，25℃。

ACCC 37444←中国农科院蔬菜花卉所；分离自北京昌平温室甘蓝立枯病茎基部；培养基0014，25℃。

ACCC 38870←宁夏农林科学院植物保护研究所；原始编号：NX-TX-01；分离自宁夏同心县预旺镇双井村马铃薯薯块黑痣；培养基 0014，25～28℃。

Rhizoctonia sp.

丝核菌

ACCC 37094←中国农科院蔬菜花卉所；原始编号：IVF328；分离自北京大兴榆垡镇西黄垡村蜂鸟花卉瑞典常春藤叶片；培养基 0014，25～28℃。

ACCC 37224←中国农科院资划所；原始编号：jcl025（FD43）；分离自大兴基地黄瓜根部；培养基 0014，25～28℃。

Rhizomucor variabilis R. Y. Zheng & G. Q. Chen

多变根毛霉

ACCC 31803←新疆农科院微生物所 XAAS40137；原始编号：SF57；分离地点：新疆吐鲁番；分离源：土壤；培养基 0014，25～28℃。

Rhizopus arrhizus Fischer

少根根霉

ACCC 30300←中国农科院土肥所←中科院微生物所 AS3.3457；产延胡索酸；培养基 0014，25～28℃。

ACCC 30796←中国农科院土肥所←中国农科院饲料所；原始编号：avcF82；=CGMCC 3.3030= ATCC 56017；用于发酵饲料；培养基 0014，25～28℃。

ACCC 30946←中国农科院饲料所 FRI2006102；原始编号：F142；分离地点：海南三亚；分离源：土壤；培养基 0014，25～28℃。

ACCC 32399←广东微生物所菌种组 GIMF-45；原始编号：F-45；糖化菌；培养基 0014，25℃。

Rhizopus chinensis Saito

华根霉

ACCC 30301←中国农科院土肥所←中科院微生物所 AS3.947；产果胶酶；培养基 0014，25～28℃。

ACCC 32334←广东微生物所菌种组 GIMF-26；原始编号：F-26；产果胶酶；培养基 0014，25℃。

ACCC 32341←广东微生物所菌种组 GIMF-33；原始编号：F-33；产糖化酶；培养基 0014，25℃。

Rhizopus chlamydosporus Boedijn

厚孢根霉

ACCC 30302←中国农科院土肥所←中科院微生物所 AS3.2674；产延胡索酸；培养基 0014，25～28℃。

ACCC 32330←广东微生物所菌种组 GIMF-22；原始编号：F-22；产延胡索酸；培养基 0014，25℃。

Rhizopus cohnii Berlese & de Toni

科恩根霉

ACCC 30303←中国农科院土肥所←中科院微生物所 AS3.2746；制葡萄糖用菌，产生葡萄糖苷酶；培养基 0014，25～28℃。

ACCC 32347←广东微生物所菌种组 GIMF-39；原始编号：F-39；产生葡萄糖苷酶，产延胡索酸；培养基 0014，25℃。

Rhizopus delemar（Boidin）Wehmer & Hanzawa

戴尔根霉

ACCC 30304←中国农科院土肥所←中科院微生物所 AS3.230；产延胡索酸；培养基 0014，25～28℃。

ACCC 30489←中国农科院土肥所←中科院微生物所 AS3.818；产乳酸和延胡索酸；培养基 0014，25～28℃。

ACCC 32342←广东微生物所菌种组 GIMF-34；原始编号：F-34；产延胡索酸；培养基 0014，25℃。

Rhizopus formosensis Nakazawa

台湾根霉

ACCC 30490←中国农科院土肥所←广东微生物所 GIM3.195←轻工部食品发酵所 IFFI 3092；用于淀粉糖化、液化；培养基 0014，28～30℃。

ACCC 30491←中国农科院土肥所←广东微生物所 GIM3.204←中科院微生物所 AS3.235；生产延胡索酸；培养基 0014，25～28℃。

ACCC 32345←广东微生物所菌种组 GIMF-37；原始编号：F-37；糖化菌；培养基 0014，25℃。

ACCC 32346←广东微生物所菌种组 GIMF-38；原始编号：F-38；糖化菌；培养基 0014，25℃。

ACCC 32398←广东微生物所菌种组 GIMF-44；原始编号：F-44；用于淀粉糖化液化；培养基 0014，25℃。

ACCC 32400←广东微生物所菌种组 GIMF-46；原始编号：F-46；糖化菌；培养基 0014，25℃。

Rhizopus japonicus Vuillemin
日本根霉

ACCC 30305←中国农科院土肥所←中科院微生物所 AS3.852；糖化菌；培养基 0014，25～28℃。

ACCC 30492←中国农科院土肥所←广东微生物所 GIM3.224←轻工部食品发酵所 IFFI 3027←引自日本东京大学；用于酿酒；培养基 0014，25～28℃。

ACCC 30795←中国农科院土肥所←中国农科院饲料所；原始编号：avcF78；培养基 0014，25～28℃。

Rhizopus javanicus Takada
爪哇根霉

ACCC 30493←中国农科院土肥所←中科院微生物所 AS3.273←东北科学研究所大连分所；产延胡索酸、苹果酸；培养基 0014，25～28℃。

ACCC 30494←中国农科院土肥所←广东微生物所 GIM3.158←轻工部食品发酵所←引自日本；用于酿酒；培养基 0014，28～30℃。

ACCC 32396←广东微生物所菌种组 GIMF-42；原始编号：F-42；酿酒用菌；培养基 0014，25℃。

ACCC 32397←广东微生物所菌种组 GIMF-43；原始编号：F-43；糖化菌；培养基 0014，25℃。

ACCC 32401←广东微生物所菌种组 GIMF-47；原始编号：F-47；糖化菌；培养基 0014，25℃。

Rhizopus niveus Yamaz.
雪白根霉

ACCC 30495←中国农科院土肥所←广东微生物所 GIM3.222←轻工部食品发酵所 IFFI 3051；产糖化酶；培养基 0014，25～28℃。

ACCC 32340←广东微生物所菌种组 GIMF-32；原始编号：F-32；产糖化酶；培养基 0014，25℃。

Rhizopus oligosporus Saito
少孢根霉

ACCC 30496←中国农科院土肥所←广东微生物所 GIM3.381←澳大利亚昆士兰大学微生物学系；原始编号：186F；培养基 0014，25～28℃。

Rhizopus oryzae Went & Prinsen-Geerligs
米根霉

ACCC 30307←中国农科院土肥所←中科院微生物所 AS3.851；糖化菌，产乳酸；培养基 0014，25～28℃。

ACCC 30447←中国农科院土肥所；培养基 0014，25～28℃。

ACCC 30926←中国农科院饲料所 FRI2006082；原始编号：F121；分离地点：海南三亚；分离源：水稻种子；培养基 0014，25～28℃。

ACCC 30929←中国农科院饲料所 FRI2006085；原始编号：F124；分离地点：海南三亚；分离源：水稻种子；培养基 0014，25～28℃。

ACCC 31821←新疆农科院微生物所 XAAS40094；原始编号：SF5；分离地点：新疆吐鲁番；分离源：土壤；培养基 0014，25～28℃。

ACCC 31823←新疆农科院微生物所 XAAS40090；原始编号：SF1；分离地点：新疆吐鲁番；分离源：土壤；培养基 0014，25～28℃。

ACCC 32337←广东微生物所菌种组 GIMF-29；原始编号：F-29；糖化菌；培养基 0014，25℃。

ACCC 32338←广东微生物所菌种组 GIMF-30；原始编号：F-30；糖化菌；培养基 0014，25℃。

ACCC 32348←广东微生物所菌种组 GIMF-40；原始编号：F-40；产乳酸；培养基 0014，25℃。

ACCC 32349←广东微生物所菌种组 GIMF-41；原始编号：F-35；产乳酸和糖化酶；培养基 0014，25℃。

ACCC 32402←广东微生物所菌种组 GIMF-48；原始编号：F-48；用于腐乳生产；培养基 0014，25℃。

ACCC 32403←广东微生物所菌种组 GIMF-49；原始编号：F-49；产乳酸；培养基 0014，25℃。

ACCC 32592←山东农科院资环所任海霞捐赠；原始编号：FSDZH-4；培养基 0014，25～28℃。

ACCC 36864←中国热科院环植所；分离自海南海口水果储运箱青枣果腐病果实；培养基 0014，28℃。

ACCC 36865←中国热科院环植所；分离自海南海口水果储运箱青枣果腐病果实；培养基 0014，28℃。

ACCC 36867←中国热科院环植所；分离自海南海口水果储运箱青枣果腐病果实；培养基 0014，28℃。

ACCC 39356←中国农科院资划所；原始编号：22-1-Z15；分离自河北张家口沽源县马铃薯；培养基 0014，25～28℃。

Rhizopus reflexus Bainier

点头根霉

ACCC 32344←广东微生物所菌种组 GIMF-36；原始编号：F-36；产延胡索酸；培养基 0014，25℃。

Rhizopus semarangensis Y. Takeda

三宝垄根霉

ACCC 32343←广东微生物所菌种组 GIMF-35；原始编号：F-35；糖化菌；培养基 0014，25℃。

Rhizopus stolonifer（Ehrimbrh ex Fries）Vuill.

匐枝根霉

ACCC 30306←中国农科院土肥所←中科院微生物所 AS3.904；培养基 0014，25～28℃。

ACCC 36973←中国热科院环植所；分离自海南儋州丘陵波罗蜜根霉果腐病病组织；培养基 0014，28℃。

ACCC 37074←中国农科院蔬菜花卉所；分离自山东寿光温室甜椒根霉腐烂病果实；培养基 0014，25℃。

ACCC 37282←中国农科院蔬菜花卉所；分离自北京海淀桃根霉腐烂病果实；培养基 0014，25℃。

ACCC 37295←中国农科院蔬菜花卉所；分离自北京昌平西葫芦根霉腐烂病果实；培养基 0014，25℃。

ACCC 37475←中国农科院蔬菜花卉所；分离自北京海淀温室杏腐烂病果实；培养基 0014，25℃。

ACCC 37476←中国农科院蔬菜花卉所；分离自北京昌平温室油桃腐烂病果实；培养基 0014，25℃。

Rhizopus sp.

根霉

ACCC 31523←中国热科院环植所；分离地点：海南东方祥麟基地；分离源：玉米植株；培养基 0014，25～28℃。

Scedosporium apiospermum（Saccardo）Castellani & Chalmers

单孢霉

ACCC 30570←中国农科院土肥所←美国典型物培养中心，=ATCC48398；用于液化淀粉、纤维素、果胶；培养基 0014，26℃。

Sclerotinia sclerotiorum（Libert）de Bary

核盘菌

ACCC 36019←中国农科院植保所；分离自油菜菌核病病组织；培养基 0014，25℃。

ACCC 36079←中国农科院蔬菜花卉所；分离自北京大兴蔬菜温室番茄菌核病果实；培养基 0014，25℃。

ACCC 36080←中国农科院蔬菜花卉所；分离自北京昌平蔬菜温室菜豆菌核病果实；培养基 0014，25℃。

ACCC 36081←中国农科院蔬菜花卉所；分离自北京昌平蔬菜温室莴苣菌核病病组织；培养基 0014，25℃。

ACCC 36082←中国农科院蔬菜花卉所；分离自北京昌平蔬菜温室南瓜菌核病果实；培养基 0014，25℃。

ACCC 36083←中国农科院蔬菜花卉所；分离自北京昌平蔬菜温室油菜菌核病病组织；培养基 0014，25℃。

ACCC 36084←中国农科院蔬菜花卉所；分离自北京海淀蔬菜温室西葫芦菌核病叶片；培养基 0014，25℃。

ACCC 36085←中国农科院蔬菜花卉所；分离自北京昌平蔬菜温室茄子菌核病果实；培养基 0014，25℃。

ACCC 36142←中国农科院蔬菜花卉所；分离自北京海淀蔬菜温室白菜菌核病叶片；培养基 0014，25℃。

ACCC 36248←中国农科院植保所；分离自黑龙江宝清大豆菌核病病组织；培养基 0014，25℃。

ACCC 36453←中国农科院蔬菜花卉所；分离自北京昌平温室莴苣菌核病根部；培养基 0014，25℃。

ACCC 36480←中国农科院蔬菜花卉所；分离自北京昌平生菜菌核病叶片；培养基 0014，25℃。

ACCC 36896←中国农科院植保所←新疆石河子大学农学院植病室；分离自新疆阿勒泰北屯镇茄子菌核病病组织；培养基 0014，25℃。

ACCC 36897←中国农科院植保所←新疆石河子大学农学院植病室；分离自新疆伊犁地区农四师 75 团油菜菌核病根茎；培养基 0014，25℃。

ACCC 36898←中国农科院植保所←新疆石河子大学农学院植病室；分离自新疆塔城向日葵菌核病病组织；培养基 0014，25℃。

ACCC 36899←中国农科院植保所←新疆石河子大学农学院植病室；分离自新疆阿勒泰地区农十师 183 团向日葵菌核病病组织；培养基 0014，25℃。

ACCC 36900←中国农科院植保所←新疆石河子大学农学院植病室；分离自新疆博乐地区农五师 88 团向日葵菌核病病组织；培养基 0014，25℃。

ACCC 36901←中国农科院植保所←新疆石河子大学农学院植病室；分离自新疆阿勒泰地区农十师 187 团向日葵菌核病病组织；培养基 0014，25℃。

ACCC 36902←中国农科院植保所←新疆石河子大学农学院植病室；分离自新疆农四师 75 团向日葵菌核病病组织；培养基 0014，25℃。

ACCC 36903←中国农科院植保所←新疆石河子大学农学院植病室；分离自黑龙江省农业科学院向日葵菌核病病组织；培养基 0014，25℃。

ACCC 36904←中国农科院植保所←新疆石河子大学农学院植病室；分离自陕西杨凌油菜菌核病病组织；培养基 0014，25℃。

ACCC 36905←中国农科院植保所←新疆石河子大学农学院植病室；分离自新疆石河子大豆菌核病根茎；培养基 0014，25℃。

ACCC 36906←中国农科院植保所←新疆石河子大学农学院植病室；分离自新疆阿勒泰北屯镇向日葵菌核病病组织；培养基 0014，25℃。

ACCC 36907←中国农科院植保所←新疆石河子大学农学院植病室；分离自新疆阿勒泰北屯镇向日葵菌核病病组织；培养基 0014，25℃。

ACCC 36908←中国农科院植保所←新疆石河子大学农学院植病室；分离自新疆阿勒泰地区农十师 185 团马铃薯菌核病病组织；培养基 0014，25℃。

ACCC 36909←中国农科院植保所←新疆石河子大学农学院植病室；分离自新疆石河子红花菌核病病组织；培养基 0014，25℃。

ACCC 36954←中国农科院植保所←新疆石河子大学农学院植病室；分离自新疆阿勒泰北屯镇马铃薯菌核病茎；培养基 0014，25℃。

ACCC 36955←中国农科院植保所←新疆石河子大学农学院植病室；分离自新疆额敏向日葵菌核病病组织；培养基 0014，25℃。

ACCC 36956←中国农科院植保所←新疆石河子大学农学院植病室；分离自新疆石河子地区农八师 143 团大豆菌核病病组织；培养基 0014，25℃。

ACCC 36957←中国农科院植保所←新疆石河子大学农学院植病室；分离自新疆阿勒泰地区农十师 187 团向日葵菌核病病组织；培养基 0014，25℃。

ACCC 36958←中国农科院植保所←新疆石河子大学农学院植病室；分离自新疆乌鲁木齐向日葵菌核病病组织；培养基 0014，25℃。

ACCC 36959←中国农科院植保所←新疆石河子大学农学院植病室；分离自新疆阿勒泰北屯镇大豆菌核病根茎部；培养基 0014，25℃。

ACCC 36960←中国农科院植保所←新疆石河子大学农学院植病室；分离自新疆伊犁地区农四师 79 团向日葵菌核病病组织；培养基 0014，25℃。

ACCC 36961←中国农科院植保所←新疆石河子大学农学院植病室；分离自新疆阿勒泰北屯镇向日葵菌核病病组织；培养基 0014，25℃。

ACCC 37054←中国农科院蔬菜花卉所；分离自河北张家口甜椒菌核病茎；培养基 0014，25℃。

ACCC 37055←中国农科院蔬菜花卉所；分离自河北张家口番茄菌核病茎；培养基 0014，25℃。

ACCC 37302←中国农科院蔬菜花卉所；分离自山东寿光番茄菌核病果实；培养基 0014，25℃。

ACCC 37303←中国农科院资划所←中国农科院蔬菜花卉所；原始编号：HLB080428，IVF398；分离自中国农科院蔬菜花卉所南温室胡萝卜果实；培养基 0014，25～28℃。

ACCC 37304←中国农科院资划所←中国农科院蔬菜花卉所；原始编号：HG08032204，IVF399；分离自山东寿光文家街道南泮村温室黄瓜果实；培养基 0014，25～28℃。

ACCC 37305←中国农科院蔬菜花卉所；分离自山东寿光辣椒菌核病根；培养基 0014，25℃。

ACCC 37306←中国农科院蔬菜花卉所；分离自山东寿光西瓜菌核病果实；培养基 0014，25℃。

ACCC 37307←中国农科院资划所←中国农科院蔬菜花卉所；原始编号：XG08032101，IVF402；分离自山东寿光纪台镇青邱村温室西瓜茎；培养基 0014，25～28℃。

ACCC 37308←中国农科院蔬菜花卉所；分离自北京昌平西葫芦菌核病果实；培养基 0014，25℃。

ACCC 37309←中国农科院蔬菜花卉所；分离自北京昌平西葫芦菌核病果实；培养基 0014，25℃。

ACCC 37310←中国农科院蔬菜花卉所；分离自北京昌平西葫芦菌核病果实；培养基 0014，25℃。

ACCC 37311←中国农科院蔬菜花卉所；分离自北京昌平莜麦菜菌核病叶片；培养基 0014，25℃。

ACCC 37459←中国农科院蔬菜花卉所；分离自山东寿光温室辣椒菌核病果实；培养基 0014，25℃。

ACCC 37700←中国农科院植保所←江苏省农业科学院植物保护研究所；分离自江苏武进油菜菌核病病组织；培养基 0014，25℃。

ACCC 37701←中国农科院植保所←江苏省农业科学院植物保护研究所；分离自江苏大丰油菜菌核病病组织；培养基 0014，25℃。

ACCC 37702←中国农科院植保所←江苏省农业科学院植物保护研究所；分离自江苏高淳油菜菌核病病组织；培养基 0014，25℃。

ACCC 37703←中国农科院植保所←江苏省农业科学院植物保护研究所；分离自江苏海安油菜菌核病病组织；培养基 0014，25℃。

ACCC 37704←中国农科院植保所←江苏省农业科学院植物保护研究所；分离自江苏灌云油菜菌核病病组织；培养基 0014，25℃。

ACCC 37705←中国农科院植保所←江苏省农业科学院植物保护研究所；分离自江苏宜兴油菜菌核病病组织；培养基 0014，25℃。

ACCC 37707←中国农科院资划所←中国农科院植保所←江苏省农业科学院植物保护研究所；原始编号：JSASS0068，S06GC1；分离自江苏高淳油菜；培养基 0014，25～28℃。

ACCC 37708←中国农科院植保所←江苏省农业科学院植物保护研究所；分离自江苏海安油菜菌核病病组织；培养基 0014，25℃。

ACCC 37709←中国农科院资划所←中国农科院植保所←江苏省农业科学院植物保护研究所；原始编号：JSASS0070，S05YD1；分离自江苏盐都油菜；培养基 0014，25～28℃。

ACCC 39161←中国农科院植保所；原始编号：Ss-H；分离自黑龙江宝清县大豆茎秆；培养基 0014，25～28℃。

ACCC 39269←中国农科院作科所；原始编号：ZZD064；分离自大豆田大豆茎秆；培养基 0014，25～28℃。

ACCC 39295←河南科技大学林学院；原始编号：HKDLIN-023；分离自河南洛阳洛龙区李楼乡北王村黄瓜茎部病斑；培养基 0014，25～28℃。

Sclerotium rolfsii Sacc.

齐整小核菌

ACCC 36154←中国热科院环植所；分离自海南保亭南茂农场茄子茎；培养基 0014，28℃。

ACCC 37946←中国农科院资划所←中国农科院蔬菜花卉所；原始编号：IVF122，SR109BS；分离自浙江省杭州新昌露地白术根、茎；培养基 0014，25～28℃。

ACCC 39139←山东农业大学；分离自临沂和平邑徐长卿基部、根部及周围土壤；培养基 0014，25～28℃。

Scolecobasidium constrictum E. V. Abbott

隘缩齿梗孢

ACCC 37887←山东农业大学；培养基 0014，25℃。

ACCC 39030←山东农业大学；原始编号：AMCC300150；培养基 0014，25～28℃。

ACCC 39032←山东农业大学；原始编号：AMCC300153；培养基 0014，25～28℃。

ACCC 39033←山东农业大学；原始编号：AMCC300154；培养基 0014，25～28℃。

Scolecobasidium terreum E. V. Abbott

土色齿梗孢

ACCC 37889←山东农业大学；培养基 0014，25℃。

Scolecobasidium tshawytschae（Doty & D. W. Slater）McGinnis & Ajello

多变齿梗孢

ACCC 37890←山东农业大学；培养基 0014，25℃。

ACCC 37891←山东农业大学；培养基 0014，25℃。

ACCC 37892←山东农业大学；培养基 0014，25℃。

Scopulariopsis croci J. F. H. Beyma

番红花帚霉

ACCC 39546←山东农业大学植物保护学院；原始编号：HSAUP Ⅱ 065163；分离自青海西宁农家小院土；培养基 0014，25～28℃。

Scopulariopsis sp.

帚霉

ACCC 30149←中国农科院土肥所←中科院微生物所 AS3.3986；分离自空气；培养基 0014，25～28℃。

Scytalidium cuboideum（Sacc. & Ellis）Sigler & Kang

ACCC 39563←中国农科院资划所；原始编号：41；分离自天津蓟县出土岭镇中峪村香菇菌棒；培养基 0014，25～28℃。

Septoria lycopersici Speg.

番茄壳针孢

ACCC 37456←中国农科院资划所←中国农科院蔬菜花卉所；原始编号：IVF533，FQ08061701；分离自北京昌平南口镇通讯部队温室番茄番茄斑枯病叶片；培养基 0014，25～28℃。

Setophoma terrestris（H. N. Hansen）Gruyter，Aveskamp & Verkley

ACCC 39358←中国农科院资划所；原始编号：红 5；分离自山东济宁金乡县北周村大蒜；培养基 0014，25～28℃。

Shiraia bambusicola Henn.

竹黄

ACCC 37738←贵州大学；分离自浙江桐庐竹黄子实体；培养基 0014，25℃。

ACCC 37739←贵州大学；分离自浙江桐庐竹黄子实体；培养基 0014，25℃。

ACCC 37741←贵州大学；分离自浙江桐庐竹黄子实体；培养基 0014，25℃。

ACCC 37743←贵州大学；分离自浙江桐庐竹黄子实体；培养基 0014，25℃。

ACCC 37745←贵州大学；分离自浙江桐庐竹黄子实体；培养基 0014，25℃。

ACCC 37746←贵州大学；分离自浙江桐庐竹黄子实体；培养基 0014，25℃。

ACCC 37748←贵州大学；分离自浙江桐庐竹黄子实体；培养基 0014，25℃。

ACCC 37749←贵州大学；分离自浙江桐庐竹黄子实体；培养基 0014，25℃。

ACCC 37752←贵州大学；分离自浙江桐庐竹黄子实体；培养基 0014，25℃。

ACCC 37753←贵州大学；分离自浙江桐庐竹黄子实体；培养基 0014，25℃。

ACCC 37754←贵州大学；分离自浙江桐庐竹黄子实体；培养基 0014，25℃。

ACCC 37755←贵州大学；分离自浙江桐庐竹黄子实体；培养基 0014，25℃。

ACCC 38984←首都师范大学生命科学学院；原始编号：ZZZ816；分离自广西毛竹种子；培养基 0014，25～28℃。

Spencermartinsia viticola（A. J. L. Phillips & J. Luque）A. J. L. Phillips

ACCC 38019←西北农大；原始编号：QY02；分离自陕西千阳杨树溃疡病病组织；培养基 0014，25～28℃。

Sporotrichum thermophile Apinis

嗜热侧孢霉

ACCC 30346←中国农科院土肥所←轻工部食品发酵所 IFFI2441←引自美国；产生纤维素酶；培养基 0014，45℃。

Stachybotrys chartarum（Ehrenb.）S. Hughes

纸状葡萄穗霉

ACCC 31807←新疆农科院微生物所 XAAS40128；原始编号：SF48；分离地点：新疆吐鲁番；分离源：土壤；培养基 0014，25～28℃。

ACCC 37146←山东农业大学；分离自西藏隆子土壤；培养基 0421，25℃。

ACCC 37168←山东农业大学；分离自西藏措美土壤；培养基 0421，25℃。

ACCC 37175←山东农业大学；分离自西藏仁布土壤；培养基 0421，25℃。

ACCC 37182←山东农业大学；分离自西藏日喀则土壤；培养基 0421，25℃。

ACCC 37230←山东农业大学；分离自西藏隆子土壤；培养基 0421，25℃。

ACCC 37235←山东农业大学；分离自西藏措美土壤；培养基 0421，25℃。

ACCC 37238←山东农业大学；分离自西藏措美土壤；培养基 0421，25℃。

ACCC 37239←山东农业大学；分离自西藏措美土壤；培养基 0421，25℃。

ACCC 37241←山东农业大学；分离自西藏措美土壤；培养基 0421，25℃。

ACCC 37242←山东农业大学；分离自西藏措美土壤；培养基 0421，25℃。

ACCC 37494←新疆农科院微生物所；分离自新疆阿拉尔沙地沙土样品；培养基 0014，20℃。

Stachybotrys microspora（B. L. Mathur & Sankhla）S. C. Jong & E. E. Davis

小孢葡萄穗霉

ACCC 37905←山东农业大学；培养基 0014，25℃。

ACCC 39040←山东农业大学；原始编号：AMCC300161；培养基 0014，25～28℃。

Stagonosporopsis cucurbitacearum（Fr.）Aveskamp，Gruyter & Verkley

ACCC 36440←中国农科院蔬菜花卉所；分离自山东济南温室甜瓜蔓枯病叶片；培养基 0014，25℃。

ACCC 37027←中国农科院蔬菜花卉所；分离自北京昌平温室黄瓜蔓枯病叶片；培养基 0014，25℃。

ACCC 37028←中国农科院蔬菜花卉所；分离自北京昌平苦瓜蔓枯病叶片；培养基 0014，25℃。

ACCC 37029←中国农科院蔬菜花卉所；分离自北京昌平丝瓜蔓枯病叶片；培养基 0014，25℃。

ACCC 37030←中国农科院蔬菜花卉所；分离自北京昌平冬瓜蔓枯病叶片；培养基 0014，25℃。

ACCC 37312←中国农科院蔬菜花卉所；分离自河北永清甜瓜蔓枯病茎；培养基 0014，25℃。

ACCC 37313←中国农科院蔬菜花卉所；分离自河北廊坊广阳甜瓜蔓枯病茎；培养基 0014，25℃。

ACCC 37314←中国农科院蔬菜花卉所；分离自河北廊坊广阳甜瓜蔓枯病叶片；培养基 0014，25℃。

ACCC 37315←中国农科院蔬菜花卉所；分离自河北廊坊广阳甜瓜蔓枯病茎；培养基 0014，25℃。

ACCC 37316←中国农科院蔬菜花卉所；分离自山东寿光丝瓜蔓枯病叶片；培养基 0014，25℃。

ACCC 37326←中国农科院蔬菜花卉所；分离自山东寿光黄瓜蔓枯病叶片；培养基 0014，25℃。

ACCC 37327←中国农科院蔬菜花卉所；分离自山东寿光黄瓜蔓枯病叶片；培养基 0014，25℃。

ACCC 37420←中国农科院蔬菜花卉所；分离自北京大兴丝瓜蔓枯病叶片；培养基 0014，25℃。

ACCC 37425←中国农科院蔬菜花卉所；分离自北京海淀温室南瓜蔓枯病果实；培养基 0014，25℃。

ACCC 37433←中国农科院蔬菜花卉所；分离自山东寿光温室苦瓜蔓枯病果实；培养基 0014，25℃。

ACCC 37437←中国农科院蔬菜花卉所；分离自山东寿光温室黄瓜蔓枯病叶片；培养基 0014，25℃。

ACCC 37442←中国农科院蔬菜花卉所；分离自北京昌平瓠子蔓枯病叶片；培养基 0014，25℃。

ACCC 37443←中国农科院蔬菜花卉所；分离自北京昌平葫芦蔓枯病叶片；培养基 0014，25℃。

Staphylotrichum coccosporum J. A. Mey. & Nicot
大孢圆孢霉
ACCC 37907←山东农业大学；培养基 0014，25℃。

ACCC 37909←山东农业大学；培养基 0014，25℃。

Stemphylium sarciniforme（Cavara）Wiltshire
束状葡柄霉
ACCC 38036←西北农大；分离自陕西杨凌三叶草叶斑病病斑；培养基 0014，25℃。

Syncephalastrum racemosum（Cohn）Schroeter
总状共头霉
ACCC 31869←新疆农科院微生物所 XAAS40102；原始编号：SF15；分离自新疆吐鲁番的土壤样品；培养基 0014，20℃。

Taeniolella phialosperma Ts. Watan.
瓶孢小带孢霉
ACCC 37250←山东农业大学；分离自西藏亚东土壤；培养基 0014，25℃。

Taifanglania hechuanensis Z. Q. Liang，Y. F. Han
合川戴氏霉
ACCC 37727←贵州大学；分离自重庆合川土壤；培养基 0014，35～40℃。

Taifanglania major（Z. Q. Liang，H. L. Chu & Y. F. Han）Z. Q. Liang，Y. F. Han & H. L. Chu
大孢戴氏霉
ACCC 37728←贵州大学；分离自河北唐山土壤；培养基 0014，35～40℃。

ACCC 37730←贵州大学；分离自云南腾冲土壤；培养基 0014，35～40℃。

Talaromyces aureolinus L. Wang
橙黄篮状菌
ACCC 33264←中科院微生物所王龙提供；原始编号：BN10-2；模式菌株；分离自云南西双版纳的土壤；培养基 0014，25～28℃。

Talaromyces brevicompactus H. Z. Kong
短密篮状菌
ACCC 30931←中国农科院饲料所 FRI2006087；原始编号：F126；＝CGMCC 3.4676；培养基 0014，25～28℃。

Talaromyces byssochlamydoides Stolk & Samson
丝衣霉状篮状菌
ACCC 32588←CBS 413.71，＝JCM 12813；培养基 0014，40℃。

Talaromyces flavus（Klöcker）Stolk & Samson
黄篮状菌
ACCC 30404←中国农科院土肥所←中科院微生物所；分离自广西土壤；培养基 0015，25～28℃。\

ACCC 30960←广东微生物所 GIMT 3.002；原始编号：S-1；分离地点：广东佛山；分离源：土壤；培养基 0014，25～28℃。

ACCC 32503←中国农科院研究生院宋金龙提供；培养基 0014，25～28℃。

Talaromyces funiculosus（Hedgc.）Samson，N. Yilmaz，Frisvad & Seifert
ACCC 39152←中国农科院资划所；原始编号：JFR-3-3；分离自北京大兴老宋瓜园西瓜根部，植物内生真菌；培养基 0434，25～28℃。

ACCC 39153←中国农科院资划所；原始编号：JFR-3-4；分离自北京大兴老宋瓜园西瓜根部，植物内生真菌；培养基 0434，25～28℃。

ACCC 39155←中国农科院资划所；原始编号：ER003；分离自北京顺义南瓜根，植物内生真菌；培养基 0434，25～28℃。

Talaromyces leycettanus Evans & Stolk

莱色篮状菌

ACCC 32587←CBS 398.68，=JCM 12802；培养基 0014，25～28℃。

Talaromyces pinophilus（Hedgc.）Samson，N. Yilmaz，Frisvad & Seifert

ACCC 39150←中国农科院资划所；原始编号：DG1 上 1；分离自河南新乡原阳龙王庙村冬瓜下部茎，植物内生真菌；培养基 0434，25～28℃。

ACCC 39154←中国农科院资划所；原始编号：ER020；分离自北京顺义丝瓜上部茎，植物内生真菌；培养基 0434，25～28℃。

ACCC 39165←中国农科院资划所；原始编号：ER048；分离自北京顺义丝瓜下部茎，植物内生真菌；培养基 0434，25～28℃。

ACCC 39167←中国农科院资划所；原始编号：F38；分离自河北廊坊西瓜叶部，植物内生真菌；培养基 0434，25～28℃。

ACCC 39169←中国农科院资划所；原始编号：ER018；分离自北京顺义南瓜根部，植物内生真菌；培养基 0434，25～28℃。

Talaromyces radicus（A. D. Hocking & Whitelaw）Samson，N. Yilmaz，Frisvad & Seifert

ACCC 39151←中国农科院资划所；原始编号：W 果 R5；分离自北京大兴大臧村农田路边西瓜根部，植物内生真菌；培养基 0434，25～28℃。

Talaromyces stipitatus（Thom）Benjamin

柄篮状菌

ACCC 30527←中国农科院土肥所←荷兰真菌研究所，=CBS375.48；模式菌株；培养基 0014，25～28℃。

ACCC 32552←中国农科院资划所；原始编号：B-P-78-1；培养基 0014，25～28℃。

Talaromyces thermophilus Stolk

嗜热篮状菌

ACCC 30534←中国农科院土肥所←荷兰真菌研究所，=CBS236.58；模式菌株；培养基 0014，25～28℃。

Thelebolus microsporus（Berk. & Broome）Kimbr.

ACCC 37482←中国农科院资划所←新疆农科院微生物所；原始编号：N-11-2，1565C0001XAAS40209；分离自乌鲁木齐七道湾污水处理厂绿洲泥水样品；培养基 0014，25～28℃。

Thermoascus crustaceus（Apinis & Chesters）Stolk

ACCC 39795←中国农科院加工所←JCM；=JCM 12803=IFO 32239=NBRC 32239；分离自新疆石河子番茄田；水解胶原蛋白制备生物活性肽，将大分子胶原蛋白分解成易吸收的小分子肽；培养基 0014，25℃。

Torula herbarum（Pers.）Link

草色串孢

ACCC 37227←山东农业大学；分离自西藏乃东土壤；培养基 0014，25℃。

ACCC 37231←山东农业大学；分离自西藏错那土壤；培养基 0014，25℃。

ACCC 37234←山东农业大学；分离自西藏错美土壤；培养基 0014，25℃。

Trichoderma aggressivum Samuels & Gams

侵占木霉

ACCC 32040←中国农科院环发所 IEDAF3214←山东农科院原子能所；原始编号：T170；分离自山东青岛的土壤；培养基 0014，30℃。

ACCC 32055←中国农科院环发所 IEDAF3229←山东农科院原子能所；原始编号：T255；分离自山东日照的土壤；培养基 0014，30℃。

ACCC 32075←中国农科院环发所 IEDAF3249←山东农科院原子能所；原始编号：9；分离自山东济南的土壤；培养基 0014，30℃。

ACCC 32079←中国农科院环发所 IEDAF3253←山东农科院原子能所；原始编号：61003；分离自山东济南的土壤；培养基 0014，30℃。

ACCC 32086←中国农科院环发所 IEDAF3260←山东农科院原子能所；原始编号：T15；分离自山东济南的土壤；培养基 0014，30℃。

ACCC 32111←中国农科院环发所 IEDAF3293←山东农科院原子能所；原始编号：T281；分离自山东日照的土壤；培养基 0014，30℃。

Trichoderma asperellum Samuels，Lieckfeldt & Nirenberg
棘孢木霉

ACCC 30536←中国农科院土肥所←荷兰真菌研究所，=CBS433.97；模式菌株；培养基 0014，25～28℃。

ACCC 31650←中国农科院资划所；原始编号：11-3；分离自土壤；培养基 0014，28℃。

ACCC 32359←中国农科院资划所；原始编号：ES-7-2；培养基 0014，25～28℃。

ACCC 32492←中国农科院资划所；原始编号：ES-1-2；培养基 0014，28℃。

ACCC 32590←山东农科院资环所任海霞捐赠；原始编号：FSDZH-2；培养基 0014，25～28℃。

ACCC 32591←山东农科院资环所任海霞捐赠；原始编号：FSDZH-3；培养基 0014，25～28℃。

ACCC 32594←上海交通大学陈捷教授提供；葡聚糖酶对照菌株；培养基 0014，25～28℃。

ACCC 32725←中国农科院资划所仇志恒捐赠←福建农林大学菌物研究中心；分离自广州平菇污染菌棒；培养基 0014，25～28℃。

ACCC 32827←中国农科院资划所；原始编号：24-1M1；分离自河南濮阳南乐县西邵镇玉米地土壤；培养基 0014，25～28℃。

ACCC 32838←中国农科院资划所；原始编号：41-1M1；分离自河南郑州中牟县大孟镇大吕村玉米地土壤；培养基 0014，25～28℃。

ACCC 32839←中国农科院资划所；原始编号：43-1P1；分离自河南郑州中牟县大孟镇李小安村玉米地土壤；培养基 0014，25～28℃。

ACCC 32872←中国农科院资划所；原始编号：72-1P1；分离自河北石家庄新乐县码头铺镇东田村玉米地土壤；培养基 0014，25～28℃。

ACCC 33008←中国农科院资划所；原始编号：194-1M1；分离自河南安阳安阳县永和镇沿村台村小麦地土壤；培养基 0014，25～28℃。

ACCC 39695←兰州交通大学；原始编号：E-4-3；分离自甘肃陇南宕昌县耕地土壤；培养基 0014，25～28℃。

Trichoderma atroviride Bissett
黑绿木霉

ACCC 30153←中国农科院土肥所←从加拿大引进；=DAOM 165773= ATCC 58842=T65=ATCC 28019=CBS 259.85；高温试验中分离；培养基 0014，25～30℃。

ACCC 30417←中国农科院土肥所←云南大学微生物发酵重点实验室；原始编号：T7-4-2；分解纤维素；培养基 0014，25～28℃。

ACCC 30910←中国农科院蔬菜花卉所 IVF140；原始编号：TJ-2；分离地点：山东济南郊区；分离源：平菇培养料；培养基 0014，25～28℃。

ACCC 31600←中国农科院资划所；原始编号：4-1-0；分离自北京香山土壤；培养基 0014，28℃。

ACCC 31619←中国农科院资划所；原始编号：3-1-1；分离自北京香山土壤；培养基 0014，28℃。

ACCC 31926←广东微生物所菌种组 GIMV37-M-2；分离自越南的原始林土壤；培养基 0014，25℃。

ACCC 31938←中国农科院蔬菜花卉所 IVF242；原始编号：Tm-1；分离自山东济南郊区平菇培养料；培养基 0014，25℃。

ACCC 31963←中国农科院环发所 IEDAF3158；原始编号：CE-LN-018；分离自辽宁丹东凤城草莓地的土壤；培养基 0014，30℃。

ACCC 31982←中国农科院环发所 IEDAF3173；原始编号：CE0710104；分离自北京植物园樱桃沟松树下的土壤；培养基 0014，30℃。

ACCC 32350←中国农科院资划所；原始编号：Ef-1-1；培养基 0014，25～28℃。

ACCC 32530←中国农科院资划所；崔西苓分离自山东德州平原县三唐乡西官道孙村棉花种植地土壤；原始编号：28DZ04-2；培养基 0014，25～28℃。

ACCC 32534←中国农科院资划所；崔西苓分离自天津蓟县卢辛庄村林地落叶覆盖土壤；原始编号：28TJ14；培养基 0014，25～28℃。

ACCC 32595←上海交通大学陈捷教授提供；几丁质酶对照菌株；培养基 0014，25～28℃。

ACCC 32730←上海交通大学陈捷教授提供；分离自沈阳农业大学黄瓜试验田土壤；农药残留降解；培养基 0014，25～28℃。

ACCC 32804←中国农科院资划所；原始编号：5-1P1；分离自河北沧州任丘县郑州镇韩家村林地土壤；培养基 0014，25～28℃。

ACCC 32817←中国农科院资划所；原始编号：16-1M1；分离自河北沧州泊头县西辛乡镇冯庄村林地土壤；培养基 0014，25～28℃。

ACCC 32818←中国农科院资划所；原始编号：16-1M2；分离自河北沧州泊头县西辛乡镇冯庄村林地土壤；培养基 0014，25～28℃。

ACCC 32826←中国农科院资划所；原始编号：24-1P3；分离自河南濮阳南乐县西邵镇玉米地土壤；培养基 0014，25～28℃。

ACCC 32859←中国农科院资划所；原始编号：64-1P1；分离自河北邢台邢台县桥东镇北小吕村林地土壤；培养基 0014，25～28℃。

ACCC 32864←中国农科院资划所；原始编号：70-1M1；分离自河北石家庄元氏县南因镇褚固村玉米地土壤；培养基 0014，25～28℃。

ACCC 32866←中国农科院资划所；原始编号：70-1M3；分离自河北石家庄元氏县南因镇褚固村玉米地土壤；培养基 0014，25～28℃。

ACCC 32867←中国农科院资划所；原始编号：71-1M1；分离自河北石家庄元氏 县南因镇褚固村林地土壤；培养基 0014，25～28℃。

ACCC 32869←中国农科院资划所；原始编号：71-1P1；分离自河北石家庄元氏县南因镇褚固村林地土壤；培养基 0014，25～28℃。

ACCC 32871←中国农科院资划所；原始编号：71-1P3；分离自河北石家庄元氏县南因镇褚固村林地土壤；培养基 0014，25～28℃。

ACCC 32885←中国农科院资划所；原始编号：79-1M1；分离自河北保定涿州松树林镇松林村大豆地土壤；培养基 0014，25～28℃。

ACCC 32886←中国农科院资划所；原始编号：79-1P1-1；分离自河北保定涿州松树林镇松林村大豆地土壤；培养基 0014，25～28℃。

ACCC 32924←中国农科院资划所；原始编号：152-1M2；分离自河北廊坊文安县新镇北村小麦地土壤；培养基 0014，25～28℃。

ACCC 32925←中国农科院资划所；原始编号：152-1P1；分离自河北廊坊文安县新镇北村小麦地土壤；培养基 0014，25～28℃。

ACCC 32926←中国农科院资划所；原始编号：152-1P2；分离自河北廊坊文安县新镇北村小麦地土壤；培养基 0014，25～28℃。

ACCC 32927←中国农科院资划所；原始编号：152-1P3；分离自河北廊坊文安县新镇北村小麦地土壤；培养基 0014，25～28℃。

ACCC 32928←中国农科院资划所；原始编号：152-1P4；分离自河北廊坊文安县新镇北村小麦地土壤；培养基 0014，25～28℃。

ACCC 32929←中国农科院资划所；原始编号：152-2M2；分离自河北廊坊文安县新镇北村小麦地土壤；培养基 0014，25～28℃。

ACCC 32979←中国农科院资划所；原始编号：178-2P1；分离自河北衡水冀州县薛家曹庄村树林土壤；培养基 0014，25～28℃。

ACCC 33011←中国农科院资划所；原始编号：194-2P1；分离自河南安阳安阳县永和镇沿村台村小麦地土壤；培养基 0014，25～28℃。

ACCC 33113←中国农科院资划所；原始编号：226-2M2；分离自河北沧州沧县杜生镇辛庄村玉米地土壤；培养基 0014，25～28℃。

ACCC 33133←中国农科院资划所；原始编号：233-2M1；分离自河北沧州东光县码头镇油坊口村玉米地土壤；培养基 0014，25～28℃。

ACCC 33135←中国农科院资划所；原始编号：234-2M2；分离自河北沧州东光县码头镇油坊口村小树林土壤；培养基 0014，25～28℃。

ACCC 33137←中国农科院资划所；原始编号：234-2P2；分离自河北沧州东光县码头镇油坊口村小树林土壤；培养基 0014，25～28℃。

ACCC 33142←中国农科院资划所；原始编号：235-2M1；分离自河北沧州东光县连镇镇秦庄村棉花地土壤；培养基 0014，25～28℃。

ACCC 33151←中国农科院资划所；原始编号：237-2M2；分离自河北沧州吴桥县连镇镇北董庄村棉花地土壤；培养基 0014，25～28℃。

ACCC 33152←中国农科院资划所；原始编号：238-1M1；分离自河北沧州吴桥县连镇镇北董庄村玉米地土壤；培养基 0014，25～28℃。

ACCC 33179←中国农科院资划所；原始编号：245-1P1；分离自山东德州平原县腰站镇北张村玉米地土壤；培养基 0014，25～28℃。

ACCC 33183←中国农科院资划所；原始编号：246-1P1；分离自山东聊城高唐县杨屯镇蛮子营村玉米地土壤；培养基 0014，25～28℃。

ACCC 33193←中国农科院资划所；原始编号：249-1P1；分离自山东德州禹城县辛寨镇老寨子村玉米地土壤；培养基 0014，25～28℃。

Trichoderma aureoviride Rifai
黄绿木霉

ACCC 30909←中国农科院蔬菜花卉所 IVF139；原始编号：TL-8；分离地点：山东济南郊区；分离源：平菇培养料；培养基 0014，25～28℃。

ACCC 31937←中国农科院蔬菜花卉所 IVF241；原始编号：Tj-11-2；分离自山东济南郊区平菇培养料；培养基 0014，25℃。

ACCC 32248←中国农科院资划所；原始编号：B；分离自土样；培养基 0014，25～28℃。

ACCC 32830←中国农科院资划所；原始编号：25-1M1；分离自河南濮阳南乐县西邵镇大豆地土壤；培养基 0014，25～28℃。

Trichoderma brevicompactum Kraus
短密木霉

ACCC 31624←中国农科院资划所；原始编号：95-1；分离自土壤；培养基 0014，28℃。

ACCC 32529←中国农科院资划所；崔西苓分离自山东德州平原县三唐乡西官道孙村棉花种植地土壤；原始编号：28DZ04-1；培养基 0014，25～28℃。

ACCC 32532←中国农科院资划所；崔西苓分离自河北盐山县盐山镇赵庄村小麦种植地土壤；原始编号 28HB19；培养基 0014，25～28℃。

ACCC 32801←中国农科院资划所；原始编号：1-1P1；分离自河北廊坊固安县柳泉镇北辛街村林地土壤；培养基 0014，25～28℃。

ACCC 32802←中国农科院资划所；原始编号：1-1P2；分离自河北廊坊固安县柳泉镇北辛街村林地土壤；培养基 0014，25～28℃。

ACCC 32803←中国农科院资划所；原始编号：4-1P1；分离自河北廊坊文安县新镇镇南舍新村玉米地土壤；培养基 0014，25～28℃。

ACCC 32814←中国农科院资划所；原始编号：11-1M1；分离自河北沧州河间县城关镇四街村玉米地土壤；培养基 0014，25～28℃。

ACCC 32816←中国农科院资划所；原始编号：12-1M1；分离自河北沧州河间县城关镇四街村花生地土壤；培养基 0014，25～28℃。

ACCC 32847←中国农科院资划所；原始编号：56-1P1；分离自河南鹤壁淇县高村镇思德村林地土壤；培养基 0014，25～28℃。

ACCC 32865←中国农科院资划所；原始编号：70-1M2；分离自河北石家庄元氏县南因镇褚固村玉米地土壤；培养基 0014，25～28℃。

ACCC 32883←中国农科院资划所；原始编号：73-2P1；分离自河北石家庄行唐县只里镇霍村玉米地土壤；培养基 0014，25～28℃。

ACCC 32884←中国农科院资划所；原始编号：78-1M1；分离自河北保定涿州县松树林镇松林村玉米地土壤；培养基 0014，25～28℃。

ACCC 32977←中国农科院资划所；原始编号：178-1P3；分离自河北衡水冀州县薛家曹庄村树林土壤；培养基 0014，25～28℃。

ACCC 33203←中国农科院资划所；原始编号：254-2P1；分离自山东济南济阳县崔寨镇张高村玉米地土壤；培养基 0014，25～28℃。

Trichoderma cerinum Bissett，Kubicek & Szakacs

淡黄木霉

ACCC 32177←中国热科院环植所 EPPI2282←华南热带农业大学农学院；原始编号：XJ46；分离自海南省热带植物园土壤；培养基 0014，28℃。

Trichoderma citrinoviride Bissett

柠檬绿木霉

ACCC 30152←中国农科院土肥所←从加拿大引进；=DAOM172792= ATCC58843=79M-115=CBS 258.85 =T6；培养基 0014，24～28℃。

ACCC 30907←中国农科院蔬菜花卉所 IVF137；原始编号：TY-28；分离地点：山东济南郊区；分离源：平菇培养料；培养基 0014，25～28℃。

ACCC 31601←中国农科院资划所；原始编号：141-3；分离自土壤；培养基 0014，28℃。

ACCC 31620←中国农科院资划所；原始编号：8000-2；分离自土壤；培养基 0014，28℃。

ACCC 31645←中国农科院资划所；原始编号：141-4；分离自土壤；培养基 0014，28℃。

ACCC 31736←中国农科院资划所；原始编号：新 14-2；分离自新疆布尔津县月亮湾树林根际土；培养基 0014，28℃。

ACCC 31775←中国农科院资划所；原始编号：新 14-1；分离自新疆布尔津县月亮湾树林根际土；培养基 0014，28℃。

ACCC 31780←中国农科院资划所；原始编号：新 16；分离自新疆布尔津县卧龙湾杂草根际土；培养基 0014，28℃。

ACCC 32363←中国农科院资划所；原始编号：迁 4-5；培养基 0014，28℃。

ACCC 32573←中国农科院资划所；从中国农科院绿化地中丢弃的玉米芯上分离；培养基 0014，25～28℃。

ACCC 32812←中国农科院资划所；原始编号：7-1M2；分离自河北沧州任丘县北辛庄镇姜临河村林地土壤；培养基 0014，25～28℃。

Trichoderma erinaceum Bissett，C. P. Kubicek & Szakács

猬木霉

ACCC 33237←中国农科院资划所；原始编号：287-1M3；分离自河北廊坊大城县里坦镇大邵村杂草土壤；培养基 0014，25～28℃。

Trichoderma fertile Bissett
顶孢木霉

ACCC 32080←中国农科院环发所 IEDAF3254←山东农科院原子能所；原始编号：T51；分离自山东寿光的土壤；培养基 0014，30℃。

ACCC 32084←中国农科院环发所 IEDAF3257←山东农科院原子能所；原始编号：T80；分离自山东寿光的土壤；培养基 0014，30℃。

ACCC 32089←中国农科院环发所 IEDAF3263←山东农科院原子能所；原始编号：T49；分离自山东寿光的土壤；培养基 0014，30℃。

ACCC 32105←中国农科院环发所 IEDAF3279←山东农科院原子能所；原始编号：T34；分离自山东济南的土壤；培养基 0014，30℃。

Trichoderma hamatum（Bonord.）Bainier
钩状木霉

ACCC 30419←中国农科院土肥所←云南大学微生物发酵重点实验室；原始编号：Tj9-22-2；培养基 0014，25～28℃。

ACCC 30420←中国农科院土肥所←云南大学微生物发酵重点实验室；原始编号：T10-1-3；培养基 0014，25～28℃。

ACCC 30421←中国农科院土肥所←云南大学微生物发酵重点实验室；原始编号：T10-15-2；培养基 0014，25～28℃。

ACCC 30587←中国农科院土肥所←DSMZ，=DSM 63055；分离自土壤；培养基 0014，25～28℃。

ACCC 30905←中国农科院蔬菜花卉所 IVF135；原始编号：TY-12；分离地点：山东济南郊区；分离源：平菇培养料；培养基 0014，25～28℃。

ACCC 31647←中国农科院资划所；原始编号：12'；分离自土壤；培养基 0014，28℃。

ACCC 31784←中国农科院资划所；原始编号：11 号；分离自北京东郊焦化厂水池边土壤；培养基 0014，28℃。

ACCC 31939←中国农科院蔬菜花卉所 IVF243；原始编号：TYP-3；分离自山东济南郊区平菇培养料；培养基 0014，25℃。

ACCC 31999←中国农科院环发所 IEDAF3191；原始编号：CE0711105；分离自辽宁丹东蓝莓地的土壤；培养基 0014，30℃。

ACCC 32090←中国农科院环发所 IEDAF3264←山东农科院原子能所；原始编号：63；分离自山东寿光的土壤；培养基 0014，30℃。

Trichoderma harzianum Rifai
哈茨木霉

ACCC 30371←中国农科院土肥所←云南农业大学植物病理重点实验室 DTZJ0125；土壤真菌，有较强的纤维分解能力，对多种真菌有拮抗作用，是良好的生防菌；培养基 0014，26℃。

ACCC 30422←中国农科院土肥所←云南大学微生物发酵重点实验室；原始编号：Tj9-1-1；培养基 0014，25～28℃。

ACCC 30423←中国农科院土肥所←云南大学微生物发酵重点实验室；原始编号：Tj9-23-1；培养基 0014，25～28℃。

ACCC 30424←中国农科院土肥所←云南大学微生物发酵重点实验室；原始编号：Tj10-10-1；培养基 0014，25～28℃。

ACCC 30425←中国农科院土肥所←云南大学微生物发酵重点实验室；原始编号：Tj10-16-1；培养基 0014，25～28℃。

ACCC 30588←中国农科院土肥所←DSMZ，=DSM 63059；分离自土壤；培养基 0014，25～28℃。

ACCC 30596←中国农科院土肥所←CBS，=CBS 354.33；分离自土壤；培养基 0014，25～28℃。

ACCC 30906←中国农科院蔬菜花卉所 IVF136；原始编号：TYP-5；分离地点：山东济南郊区；分离源：平菇培养料；培养基 0014，25～28℃。

ACCC 31602←中国农科院资划所；原始编号：保 1-1；分离自河北保定土壤；培养基 0014，28℃。

ACCC 31603←中国农科院资划所；原始编号：保 1-2；分离自河北保定土壤；培养基 0014，28℃。

ACCC 31604←中国农科院资划所；原始编号：保 1-3；分离自河北保定土壤；培养基 0014，28℃。

ACCC 31606←中国农科院资划所；原始编号：5-9-1；分离自北京香山土壤；培养基 0014，28℃。

ACCC 31607←中国农科院资划所；原始编号：7-2-1；分离自北京香山樱桃沟土壤；培养基 0014，28℃。

ACCC 31608←中国农科院资划所；原始编号：7-2-3；分离自北京香山土壤；培养基 0014，28℃。

ACCC 31609←中国农科院资划所；原始编号：7-3-2；分离自北京香山樱桃沟土壤；培养基 0014，28℃。

ACCC 31610←中国农科院资划所；原始编号：7-7-3；分离自北京香山土壤；培养基 0014，28℃。

ACCC 31612←中国农科院资划所；原始编号：7-8-3；分离自北京香山土壤；培养基 0014，28℃。

ACCC 31613←中国农科院资划所；原始编号：张家界 1-1；分离自湖南张家界天子山土壤；培养基 0014，28℃。

ACCC 31614←中国农科院资划所；原始编号：3-2；分离自北京香山土壤；培养基 0014，28℃。

ACCC 31668←中国农科院资划所；原始编号：7-8-3；分离自土壤；培养基 0014，28℃。

ACCC 31670←中国农科院资划所；原始编号：7-3-2-2；分离自土壤；培养基 0014，28℃。

ACCC 31671←中国农科院资划所；原始编号：7-2-1-3；分离自土壤；培养基 0014，28℃。

ACCC 31672←中国农科院资划所；原始编号：7-2-1-2；分离自土壤；培养基 0014，28℃。

ACCC 31673←中国农科院资划所；原始编号：6；分离自土壤；培养基 0014，28℃。

ACCC 31674←中国农科院资划所；原始编号：5；分离自土壤；培养基 0014，28℃。

ACCC 31679←中国农科院资划所；原始编号：2- 抑禾；分离自北京香山土壤；培养基 0014，28℃。

ACCC 31681←中国农科院资划所；原始编号：1 号抑禾；分离自土壤；培养基 0014，28℃。

ACCC 31705←中国农科院资划所；原始编号：蒙古 5-1；分离自蒙古国加油站旁土壤；培养基 0014，28℃。

ACCC 31707←中国农科院资划所；原始编号：木（24）；培养基 0014，28℃。

ACCC 31716←中国农科院资划所；原始编号：新 3；分离自新疆布尔津湖边湿地根际土；培养基 0014，28℃。

ACCC 31752←中国农科院资划所；原始编号：宣化 2-1；分离自河北宣化污水渠边污泥；培养基 0014，28℃。

ACCC 31757←中国农科院资划所；原始编号：宣化 8-2；分离自河北宣化保护地蔬菜芹菜根际土；培养基 0014，28℃。

ACCC 31777←中国农科院资划所；原始编号：新 15-3；分离自新疆布尔津县月亮湾朽木；培养基 0014，28℃。

ACCC 31778←中国农科院资划所；原始编号：新 15-4；分离自新疆布尔津县月亮湾朽木；培养基 0014，28℃。

ACCC 31782←中国农科院资划所；原始编号：青州 2-2；分离自山东青州夏玉米地土壤；培养基 0014，28℃。

ACCC 31884←中国农科院环发所 IEDAF3103；原始编号：CE-JL-004；分离自吉林长白山的土壤；培养基 0014，30℃。

ACCC 31959←中国农科院环发所 IEDAF3154；原始编号：CE-JX-003；分离自江西井冈山渼波古村的土壤；培养基 0014，30℃。

ACCC 31981←中国农科院环发所 IEDAF3171；原始编号：CE0710102；分离自北京植物园樱桃沟松树下的土壤；培养基 0014，30℃。

ACCC 31989←中国农科院环发所 IEDAF3184；原始编号：CE0711103；分离自辽宁丹东蓝莓地的土壤；培养基 0014，30℃。

ACCC 31997←中国农科院环发所 IEDAF3192；原始编号：CE0711106；分离自辽宁丹东蓝莓地的土壤；培养基 0014，30℃。

ACCC 32021←中国农科院环发所 IEDAF3287←山东农科院原子能所；原始编号：T253；分离自山东日照的土壤；培养基 0014，30℃。

ACCC 32024←中国农科院环发所 IEDAF3290←山东农科院原子能所；原始编号：T276；分离自山东日照的土壤；培养基 0014，30℃。

ACCC 32026←中国农科院环发所 IEDAF3200←山东农科院原子能所；原始编号：T149；分离自山东青岛的土壤；培养基 0014，30℃。

ACCC 32030←中国农科院环发所 IEDAF3204←山东农科院原子能所；原始编号：T155；分离自山东青岛的土壤；培养基 0014，30℃。

ACCC 32041←中国农科院环发所 IEDAF3215←山东农科院原子能所；原始编号：T171；分离自山东青岛的土壤；培养基 0014，30℃。

ACCC 32042←中国农科院环发所 IEDAF3216←山东农科院原子能所；原始编号：T172；分离自山东青岛的土壤；培养基 0014，30℃。

ACCC 32056←中国农科院环发所 IEDAF3230←山东农科院原子能所；原始编号：T256；分离自山东日照的土壤；培养基 0014，30℃。

ACCC 32065←中国农科院环发所 IEDAF3239←山东农科院原子能所；原始编号：T278；分离自山东日照的土壤；培养基 0014，30℃。

ACCC 32068←中国农科院环发所 IEDAF3242←山东农科院原子能所；原始编号：T292；分离自山东日照的土壤；培养基 0014，30℃。

ACCC 32069←中国农科院环发所 IEDAF3243←山东农科院原子能所；原始编号：T305；分离自山东济南的土壤；培养基 0014，30℃。

ACCC 32072←中国农科院环发所 IEDAF3246←山东农科院原子能所；原始编号：T31；分离自山东寿光的土壤；培养基 0014，30℃。

ACCC 32074←中国农科院环发所 IEDAF3248←山东农科院原子能所；原始编号：T46；分离自山东寿光的土壤；培养基 0014，30℃；培养基 0014，30℃。

ACCC 32082←中国农科院环发所 IEDAF3256←山东农科院原子能所；原始编号：T53；分离自山东寿光的土壤；培养基 0014，30℃。

ACCC 32083←中国农科院环发所 IEDAF3257←山东农科院原子能所；原始编号：T13；分离自山东济南的土壤；培养基 0014，30℃。

ACCC 32085←中国农科院环发所 IEDAF3259←山东农科院原子能所；原始编号：T4；分离自山东济南的土壤；培养基 0014，30℃。

ACCC 32088←中国农科院环发所 IEDAF3262←山东农科院原子能所；原始编号：Tri60604；分离自山东济南的土壤；培养基 0014，30℃。

ACCC 32097←中国农科院环发所 IEDAF3271←山东农科院原子能所；原始编号：T2；分离自山东济南的土壤；培养基 0014，30℃。

ACCC 32098←中国农科院环发所 IEDAF3272←山东农科院原子能所；原始编号：T11；分离自山东济南的土壤；培养基 0014，30℃。

ACCC 32103←中国农科院环发所 IEDAF3277←山东农科院原子能所；原始编号：631013；分离自山东济南的土壤；培养基 0014，30℃。

ACCC 32106←中国农科院环发所 IEDAF3280←山东农科院原子能所；原始编号：T176；分离自山东青岛的土壤；培养基 0014，30℃。

ACCC 32107←中国农科院环发所 IEDAF3281←山东农科院原子能所；原始编号：T28；分离自山东济南的土壤；培养基 0014，30℃。

ACCC 32110←中国农科院环发所 IEDAF3292←山东农科院原子能所；原始编号：T280；分离自山东日照的土壤；培养基 0014，30℃。

ACCC 32161←广东微生物所 GIMT3.028；分离自广州树林土壤；培养基 0014，25℃。

ACCC 32351←中国农科院资划所；原始编号：Ef-2-2；培养基 0014，25～28℃。

ACCC 32352←中国农科院资划所；原始编号：Ef-2-3；培养基 0014，25～28℃。

ACCC 32354←中国农科院资划所；原始编号：Ef-4-1；培养基 0014，25～28℃。

ACCC 32355←中国农科院资划所；原始编号：Ef-4-2；培养基 0014，25～28℃。

ACCC 32410←广东微生物所菌种组 GIMF-58；原始编号：F-58；土壤真菌，有较强的纤维分解能力；对多种真菌有拮抗作用，是良好的生防菌；培养基 0014，25℃。

ACCC 32427←中国农科院环发所 IEDAF1545；原始编号：SM-11F4；培养基 0436，28℃。

ACCC 32428←中国农科院环发所 IEDAF1546；原始编号：SM-12F1；培养基 0436，28℃。

ACCC 32501←中国农科院油料所胡小加提供；原始编号：3 号；分离自油菜田土壤；培养基 0014，25～28℃。

ACCC 32517←中国农科院资划所；崔西苓分离自天津蓟县别山镇下里庄村玉米种植地土壤；原始编号：28TJ19；培养基 0014，25～28℃。

ACCC 32519←中国农科院资划所；崔西苓分离自山东德州平原县三唐乡东官道孙村棉花种植地土壤；原始编号：28DZ02；培养基 0014，25～28℃。

ACCC 32520←中国农科院资划所；崔西苓分离自天津蓟县卢辛庄村玉米种植地土壤；原始编号：29TJ15；培养基 0014，25～28℃。

ACCC 32521←中国农科院资划所；崔西苓分离自天津蓟县别山镇杨庄子葱地土壤；原始编号：28TJ16；培养基 0014，25～28℃。

ACCC 32524←中国农科院资划所；崔西苓分离自河北沧州黄骅市中捷 11 队玉米种植地土壤；原始编号：28HB04；培养基 0014，25～28℃。

ACCC 32526←中国农科院资划所；崔西苓分离自河北沧州黄骅市小提柳庄村苹果树种植地土壤；原始编号：28HB20；培养基 0014，25～28℃。

ACCC 32527←中国农科院资划所；崔西苓分离自河北海兴县苏基镇献庄村蔬菜种植地土壤；原始编号：28HB14；培养基 0014，25～28℃。

ACCC 32528←中国农科院资划所；崔西苓分离自山东德州平原县三唐乡官道郑村棉花种植地土壤；原始编号：29DZ09；培养基 0014，25～28℃。

ACCC 32531←中国农科院资划所；崔西苓分离自山东德州平原县三唐乡东官道孙村荒地土壤；原始编号：28DZ03；培养基 0014，25～28℃。

ACCC 32533←中国农科院资划所；崔西苓分离自河北海兴县赵毛陶乡后尤村小麦种植地土壤；原始编号：29HB16；培养基 0014，25～28℃。

ACCC 32535←中国农科院资划所；崔西苓分离自天津静海县大丰堆镇丰普村玉米种植地土壤；原始编号：28TJ05；培养基 0014，25～28℃。

ACCC 32536←中国农科院资划所；崔西苓分离自天津静海县大丰堆镇丰普村芦苇地土壤；原始编号：29HB09；培养基 0014，25～28℃。

ACCC 32806←中国农科院资划所；原始编号：6-1M1；分离自河北沧州任丘县鄚州镇韩家村玉米地土壤；培养基 0014，25～28℃。

ACCC 32807←中国农科院资划所；原始编号：6-2M1；分离自河北沧州任丘县鄚州镇韩家村玉米地土壤；培养基 0014，25～28℃。

ACCC 32808←中国农科院资划所；原始编号：7-1P1；分离自河北沧州任丘县北辛庄镇姜临河村林地土壤；培养基 0014，25～28℃。

ACCC 32809←中国农科院资划所；原始编号：7-1P2；分离自河北沧州任丘县北辛庄镇姜临河村林地土壤；培养基 0014，25～28℃。

ACCC 32810←中国农科院资划所；原始编号：7-1P3；分离自河北沧州任丘县北辛庄镇姜临河村林地土壤；培养基 0014，25～28℃。

ACCC 32811←中国农科院资划所；原始编号：7-1M1；分离自河北沧州任丘县北辛庄镇姜临河村林地土壤；培养基 0014，25～28℃。

ACCC 32819←中国农科院资划所；原始编号：19-1P1；分离自河北衡水武邑县城关镇石家庄村玉米地土壤；培养基 0014，25～28℃。

ACCC 32821←中国农科院资划所；原始编号：19-1M1；分离自河北衡水武邑县城关镇石家庄村玉米地土壤；培养基 0014，25～28℃。

ACCC 32824←中国农科院资划所；原始编号：24-1P1；分离自河南濮阳南乐县西邵镇玉米地土壤；培养基0014，25～28℃。

ACCC 32828←中国农科院资划所；原始编号：24-1M2；分离自河南濮阳南乐县西邵镇玉米地土壤；培养基0014，25～28℃。

ACCC 32834←中国农科院资划所；原始编号：31-1M2；分离自河南新乡封丘县留光镇周庄村玉米地土壤；培养基0014，25～28℃。

ACCC 32840←中国农科院资划所；原始编号：43-1P2；分离自河南郑州中牟县大孟镇李小安村玉米地土壤；培养基0014，25～28℃。

ACCC 32841←中国农科院资划所；原始编号：52-1M1；分离自河南新乡卫辉县汲水镇薛屯村韭菜地土壤；培养基0014，25～28℃。

ACCC 32845←中国农科院资划所；原始编号：55-1P2；分离自河南鹤壁淇县高村镇思德村玉米地小麦土壤；培养基0014，25～28℃。

ACCC 32846←中国农科院资划所；原始编号：55-1P3；分离自河南鹤壁淇县高村镇思德村玉米地小麦土壤；培养基0014，25～28℃。

ACCC 32848←中国农科院资划所；原始编号：57-1P1；分离自河南安阳文峰区宝莲寺镇赵官屯村玉米地土壤；培养基0014，25～28℃。

ACCC 32849←中国农科院资划所；原始编号：57-1P2；分离自河南安阳文峰区宝莲寺镇赵官屯村玉米地土壤；培养基0014，25～28℃。

ACCC 32851←中国农科院资划所；原始编号：57-1P4；分离自河南安阳文峰区宝莲寺镇赵官屯村玉米地土壤；培养基0014，25～28℃。

ACCC 32852←中国农科院资划所；原始编号：57-1P5；分离自河南安阳文峰区宝莲寺镇赵官屯村玉米地土壤；培养基0014，25～28℃。

ACCC 32856←中国农科院资划所；原始编号：58-1M2；分离自河南安阳文峰区宝莲寺镇赵官屯村棉花地土壤；培养基0014，25～28℃。

ACCC 32857←中国农科院资划所；原始编号：58-1M3；分离自河南安阳文峰区宝莲寺镇赵官屯村棉花地土壤；培养基0014，25～28℃。

ACCC 32858←中国农科院资划所；原始编号：59-2M1；分离自河南安阳文峰区宝莲寺镇赵官屯村林地土壤；培养基0014，25～28℃。

ACCC 32874←中国农科院资划所；原始编号：72-1P3；分离自河北石家庄新乐县码头铺镇东田村玉米地土壤；培养基0014，25～28℃。

ACCC 32880←中国农科院资划所；原始编号：73-1P3；分离自河北石家庄行唐县只里镇霍村玉米地土壤；培养基0014，25～28℃。

ACCC 32881←中国农科院资划所；原始编号：73-1M1；分离自河北石家庄行唐县只里镇霍村玉米地土壤；培养基0014，25～28℃。

ACCC 32882←中国农科院资划所；原始编号：73-1M2；分离自河北石家庄行唐县只里镇霍村玉米地土壤；培养基0014，25～28℃。

ACCC 32890←中国农科院资划所；原始编号：88-1M1；分离自河北廊坊永清县曹家务镇大王庄村玉米地土壤；培养基0014，25～28℃。

ACCC 32895←中国农科院资划所；原始编号：122-1P2；分离自河北唐山迁安县扣庄镇扣庄村花生地土壤；培养基0014，25～28℃。

ACCC 32899←中国农科院资划所；原始编号：125-1P1；分离自河北唐山迁安县上庄镇高各庄村大葱地土壤；培养基0014，25～28℃。

ACCC 32902←中国农科院资划所；原始编号：131-1P1；分离自河北秦皇岛昌黎县龙家店镇垂柳庄村污水处理厂（贾河边）土壤；培养基0014，25～28℃。

ACCC 32932←中国农科院资划所；原始编号：156-1M2；分离自河北沧州任丘县鄚州镇韩家村小麦地土壤；培养基0014，25～28℃。

ACCC 32934←中国农科院资划所；原始编号：156-1P2；分离自河北沧州任丘县鄚州镇韩家村小麦地土壤；培养基 0014，25～28℃。

ACCC 32936←中国农科院资划所；原始编号：160-1M1；分离自河北任丘石门桥镇马村小麦地土壤；培养基 0014，25～28℃。

ACCC 32937←中国农科院资划所；原始编号：160-1P1；分离自河北任丘石门桥镇马村小麦地土壤；培养基 0014，25～28℃。

ACCC 32938←中国农科院资划所；原始编号：160-1P2；分离自河北任丘石门桥镇马村小麦地土壤；培养基 0014，25～28℃。

ACCC 32939←中国农科院资划所；原始编号：161-2P1；分离自河北河间果子洼镇果子洼村小麦地土壤；培养基 0014，25～28℃。

ACCC 32940←中国农科院资划所；原始编号：162-1M1；分离自河北河间果子洼镇果子洼村小麦地土壤；培养基 0014，25～28℃。

ACCC 32942←中国农科院资划所；原始编号：163-1M2；分离自河北河间龙华店镇兴隆店村梨树地土壤；培养基 0014，25～28℃。

ACCC 32947←中国农科院资划所；原始编号：171-2P1；分离自河北衡水武邑县何家庄村小麦间作油料作物地土壤；培养基 0014，25～28℃。

ACCC 32949←中国农科院资划所；原始编号：172-1P1；分离自河北衡水武邑县何家庄村小麦地土壤；培养基 0014，25～28℃。

ACCC 32950←中国农科院资划所；原始编号：173-1M1；分离自河北衡水武邑县北云齐村小麦地土壤；培养基 0014，25～28℃。

ACCC 32951←中国农科院资划所；原始编号：173-1P1；分离自河北衡水武邑县北云齐村小麦地土壤；培养基 0014，25～28℃。

ACCC 32953←中国农科院资划所；原始编号：173-2M1；分离自河北衡水武邑县北云齐村小麦土壤；培养基 0014，25～28℃。

ACCC 32954←中国农科院资划所；原始编号：173-2P1；分离自河北衡水武邑县北云齐村小麦地土壤；培养基 0014，25～28℃。

ACCC 32955←中国农科院资划所；原始编号：174-1P1；分离自河北衡水武邑县北云齐村油葵地土壤；培养基 0014，25～28℃。

ACCC 32957←中国农科院资划所；原始编号：174-1P3；分离自河北衡水武邑县北云齐村油葵地土壤；培养基 0014，25～28℃。

ACCC 32958←中国农科院资划所；原始编号：174-2P1；分离自河北衡水武邑县北云齐村油葵地土壤；培养基 0014，25～28℃。

ACCC 32959←中国农科院资划所；原始编号：174-2P2；分离自河北衡水武邑县北云齐村油葵地土壤；培养基 0014，25～28℃。

ACCC 32960←中国农科院资划所；原始编号：175-1M1；分离自河北衡水桃城县善官村小麦地土壤；培养基 0014，25～28℃。

ACCC 32961←中国农科院资划所；原始编号：175-1M3；分离自河北衡水桃城县善官村小麦地土壤；培养基 0014，25～28℃。

ACCC 32962←中国农科院资划所；原始编号：175-1P1；分离自河北衡水桃城县善官村小麦地土壤；培养基 0014，25～28℃。

ACCC 32964←中国农科院资划所；原始编号：175-1P3；分离自河北衡水桃城县善官村小麦地土壤；培养基 0014，25～28℃。

ACCC 32965←中国农科院资划所；原始编号：175-1P4；分离自河北衡水桃城县善官村小麦地土壤；培养基 0014，25～28℃。

ACCC 32966←中国农科院资划所；原始编号：175-1P5；分离自河北衡水桃城县善官村小麦地土壤；培养基 0014，25～28℃。

ACCC 32968←中国农科院资划所；原始编号：175-2M2；分离自河北衡水桃城县善官村小麦地土壤；培养基 0014，25～28℃。

ACCC 32969←中国农科院资划所；原始编号：176-1M1；分离自河北衡水县冀州镇双冢村小麦地土壤；培养基 0014，25～28℃。

ACCC 32970←中国农科院资划所；原始编号：176-1P1；分离自河北衡水县冀州镇双冢村小麦地土壤；培养基 0014，25～28℃。

ACCC 32971←中国农科院资划所；原始编号：176-1P2；分离自河北衡水县冀州镇双冢村小麦地土壤；培养基 0014，25～28℃。

ACCC 32973←中国农科院资划所；原始编号：177-1P1；分离自河北衡水冀州县薛家曹庄村小麦地土壤；培养基 0014，25～28℃。

ACCC 32974←中国农科院资划所；原始编号：177-1P2；分离自河北衡水冀州县薛家曹庄村小麦地土壤；培养基 0014，25～28℃。

ACCC 32980←中国农科院资划所；原始编号：178-2P2；分离自河北衡水冀州县薛家曹庄村树林土壤；培养基 0014，25～28℃。

ACCC 32981←中国农科院资划所；原始编号：179-1M1；分离自河北衡水冀州县大屯镇解村小麦地土壤；培养基 0014，25～28℃。

ACCC 32982←中国农科院资划所；原始编号：179-2M1；分离自河北衡水冀州县大屯镇解村小麦地土壤；培养基 0014，25～28℃。

ACCC 32985←中国农科院资划所；原始编号：185-2P1；分离自河北邯郸馆陶县齐堡村小麦地土壤；培养基 0014，25～28℃。

ACCC 32986←中国农科院资划所；原始编号：186-1M1；分离自河北邯郸馆陶县黄金堤镇翟龙华村小麦地土壤；培养基 0014，25～28℃。

ACCC 32989←中国农科院资划所；原始编号：186-1P3；分离自河北邯郸馆陶县黄金堤镇翟龙华村小麦地土壤；培养基 0014，25～28℃。

ACCC 32994←中国农科院资划所；原始编号：190-1P2；分离自河南濮阳南乐县近德固乡小麦地土壤；培养基 0014，25～28℃。

ACCC 32995←中国农科院资划所；原始编号：190-2M1；分离自河南濮阳南乐县近德固乡小麦地土壤；培养基 0014，25～28℃。

ACCC 32996←中国农科院资划所；原始编号：190-2M2；分离自河南濮阳南乐县近德固乡小麦地土壤；培养基 0014，25～28℃。

ACCC 32997←中国农科院资划所；原始编号：190-2M3；分离自河南濮阳南乐县近德固乡小麦地土壤；培养基 0014，25～28℃。

ACCC 33000←中国农科院资划所；原始编号：190-2P2；分离自河南濮阳南乐县近德固乡小麦地土壤；培养基 0014，25～28℃。

ACCC 33001←中国农科院资划所；原始编号：192-1M1；分离自河南安阳内黄县楚旺镇新沟村大蒜地土壤；培养基 0014，25～28℃。

ACCC 33002←中国农科院资划所；原始编号：192-1M2；分离自河南安阳内黄县楚旺镇新沟村大蒜地土壤；培养基 0014，25～28℃。

ACCC 33004←中国农科院资划所；原始编号：192-1P2；分离自河南安阳内黄县楚旺镇新沟村大蒜地土壤；培养基 0014，25～28℃。

ACCC 33005←中国农科院资划所；原始编号：192-2M1；分离自河南安阳内黄县楚旺镇新沟村大蒜地土壤；培养基 0014，25～28℃。

ACCC 33006←中国农科院资划所；原始编号：192-2P1；分离自河南安阳内黄县楚旺镇新沟村大蒜地土壤；培养基 0014，25～28℃。

ACCC 33009←中国农科院资划所；原始编号：194-1P1；分离自河南安阳安阳县永和镇沿村台村小麦地土壤；培养基 0014，25～28℃。

ACCC 33013←中国农科院资划所；原始编号：195-1P1；分离自河北邯郸临漳县柳园镇西辛庄村小麦地土壤；培养基 0014，25～28℃。

ACCC 33014←中国农科院资划所；原始编号：195-1M1；分离自河北邯郸临漳县柳园镇西辛庄村小麦地土壤；培养基 0014，25～28℃。

ACCC 33016←中国农科院资划所；原始编号：196-1M1；分离自河北邯郸临漳县北张村镇北漳村小麦地土壤；培养基 0014，25～28℃。

ACCC 33019←中国农科院资划所；原始编号：196-1P2；分离自河北邯郸临漳县北张村镇北漳村小麦地土壤；培养基 0014，25～28℃。

ACCC 33022←中国农科院资划所；原始编号：196-2M4；分离自河北邯郸临漳县北张村镇北漳村小麦地土壤；培养基 0014，25～28℃。

ACCC 33026←中国农科院资划所；原始编号：197-2P2；分离自河北邯郸成安县商城镇军庄村小麦地土壤；培养基 0014，25～28℃。

ACCC 33033←中国农科院资划所；原始编号：199-1P1；分离自河北邯郸邯郸县沙河镇南泊村小麦土壤；培养基 0014，25～28℃。

ACCC 33040←中国农科院资划所；原始编号：200-1P1；分离自河北邯郸邯郸县沙河镇南泊村玉米地土壤；培养基 0014，25～28℃。

ACCC 33057←中国农科院资划所；原始编号：202-2M1；分离自河北邢台沙河城镇河南庄村小麦地土壤；培养基 0014，25～28℃。

ACCC 33059←中国农科院资划所；原始编号：204-2P1；分离自河北邢台沙河县东马庄镇新建村小麦地土壤；培养基 0014，25～28℃。

ACCC 33063←中国农科院资划所；原始编号：206-1M1；分离自河北邢台隆尧县尹村镇东尹村小麦地土壤；培养基 0014，25～28℃。

ACCC 33072←中国农科院资划所；原始编号：209-2M2；分离自河北石家庄元氏县大陈庄村小麦地土壤；培养基 0014，25～28℃。

ACCC 33110←中国农科院资划所；原始编号：226-1M1；分离自河北沧州沧县杜生镇辛庄村玉米地土壤；培养基 0014，25～28℃。

ACCC 33116←中国农科院资划所；原始编号：227-2P1；分离自河北沧州沧县崔尔庄镇大垛庄村玉米地土壤；培养基 0014，25～28℃。

ACCC 33119←中国农科院资划所；原始编号：230-1M1；分离自河北泊头县齐桥镇安乐王村玉米地土壤；培养基 0014，25～28℃。

ACCC 33132←中国农科院资划所；原始编号：233-1P1；分离自河北沧州东光县码头镇油坊口村玉米地土壤；培养基 0014，25～28℃。

ACCC 33134←中国农科院资划所；原始编号：234-2M1；分离自河北沧州东光县码头镇油坊口村小树林土壤；培养基 0014，25～28℃。

ACCC 33139←中国农科院资划所；原始编号：235-1M1；分离自河北沧州东光县连镇镇秦庄村棉花地土壤；培养基 0014，25～28℃。

ACCC 33141←中国农科院资划所；原始编号：235-1P1；分离自河北沧州东光县连镇镇秦庄村棉花地土壤；培养基 0014，25～28℃。

ACCC 33148←中国农科院资划所；原始编号：237-1P1；分离自河北沧州吴桥县连镇镇北董庄村棉花地土壤；培养基 0014，25～28℃。

ACCC 33149←中国农科院资划所；原始编号：237-1P2；分离自河北沧州吴桥县连镇镇北董庄村棉花地土壤；培养基 0014，25～28℃。

ACCC 33154←中国农科院资划所；原始编号：238-1P1；分离自河北沧州吴桥县连镇镇北董庄村玉米地土壤；培养基 0014，25～28℃。

ACCC 33156←中国农科院资划所；原始编号：239-2P1；分离自河北沧州吴桥县安陵镇马家圈村玉米地土壤；培养基 0014，25～28℃。

ACCC 33157←中国农科院资划所；原始编号：239-2P2；分离自河北沧州吴桥县安陵镇马家圈村玉米地土壤；培养基 0014，25～28℃。

ACCC 33158←中国农科院资划所；原始编号：240-1M1；分离自河北沧州吴桥县安陵镇马家圈村棉花地土壤；培养基 0014，25～28℃。

ACCC 33159←中国农科院资划所；原始编号：240-1M2；分离自河北沧州吴桥县安陵镇马家圈村棉花地土壤；培养基 0014，25～28℃。

ACCC 33160←中国农科院资划所；原始编号：240-1P1；分离自河北沧州吴桥县安陵镇马家圈村棉花地土壤；培养基 0014，25～28℃。

ACCC 33161←中国农科院资划所；原始编号：240-2P1；分离自河北沧州吴桥县安陵镇马家圈村棉花地土壤；培养基 0014，25～28℃。

ACCC 33162←中国农科院资划所；原始编号：241-1P1；分离自河北沧州吴桥县安陵镇马家圈村辣椒地土壤；培养基 0014，25～28℃。

ACCC 33163←中国农科院资划所；原始编号：242-1M1；分离自山东德州武城县四女寺镇宋奇屯村玉米地土壤；培养基 0014，25～28℃。

ACCC 33164←中国农科院资划所；原始编号：242-1P1；分离自山东德州武城县四女寺镇宋奇屯村玉米地土壤；培养基 0014，25～28℃。

ACCC 33167←中国农科院资划所；原始编号：242-2P1；分离自山东德州武城县四女寺镇宋奇屯村玉米地土壤；培养基 0014，25～28℃。

ACCC 33168←中国农科院资划所；原始编号：243-1M1；分离自山东德州平原县郝王庄镇东孟庄村玉米地土壤；培养基 0014，25～28℃。

ACCC 33169←中国农科院资划所；原始编号：243-1P1；分离自山东德州平原县郝王庄镇东孟庄村玉米地土壤；培养基 0014，25～28℃。

ACCC 33176←中国农科院资划所；原始编号：244-2P1；分离自山东德州平原县郝王庄镇东孟庄村辣椒地土壤；培养基 0014，25～28℃。

ACCC 33177←中国农科院资划所；原始编号：244-2P2；分离自山东德州平原县郝王庄镇东孟庄村辣椒地土壤；培养基 0014，25～28℃。

ACCC 33181←中国农科院资划所；原始编号：246-1M1；分离自山东聊城高唐县杨屯镇蛮子营村玉米地土壤；培养基 0014，25～28℃。

ACCC 33186←中国农科院资划所；原始编号：247-1M1；分离自山东聊城高唐县杨屯镇蛮子营村树林土壤；培养基 0014，25～28℃。

ACCC 33188←中国农科院资划所；原始编号：247-2P1；分离自山东聊城高唐县杨屯镇蛮子营村树林土壤；培养基 0014，25～28℃。

ACCC 33194←中国农科院资划所；原始编号：249-2M1；分离自山东德州禹城县辛寨镇老寨子村玉米地土壤；培养基 0014，25～28℃。

ACCC 33198←中国农科院资划所；原始编号：250-2P1；分离自山东德州禹城县伦镇于庄村玉米地土壤；培养基 0014，25～28℃。

ACCC 33212←中国农科院资划所；原始编号：266-1M1；分离自山东滨州无棣县信阳镇余家村枣树地土壤；培养基 0014，25～28℃。

ACCC 33214←中国农科院资划所；原始编号：271-1M1；分离自河北沧州黄骅县吕桥镇王大本村吕桥南桥玉米地土壤；培养基 0014，25～28℃。

ACCC 33215←中国农科院资划所；原始编号：271-1P1；分离自河北沧州黄骅县吕桥镇王大本村吕桥南桥玉米地土壤；培养基 0014，25～28℃。

ACCC 33216←中国农科院资划所；原始编号：271-2M1；分离自河北沧州黄骅县吕桥镇王大本村吕桥南桥玉米地土壤；培养基 0014，25～28℃。

ACCC 33217←中国农科院资划所；原始编号：273-1M1；分离自天津静海县小中旺村玉米地土壤；培养基 0014，25～28℃。

ACCC 33218←中国农科院资划所；原始编号：273-1M2；分离自天津静海县小中旺村玉米地土壤；培养基 0014，25～28℃。

ACCC 33220←中国农科院资划所；原始编号：273-2M1；分离自天津静海县小中旺村玉米地土壤；培养基 0014，25～28℃。

ACCC 33221←中国农科院资划所；原始编号：275-1P1；分离自天津静海县独流镇国忠汽配维修中心玉米地土壤；培养基 0014，25～28℃。

ACCC 33222←中国农科院资划所；原始编号：276-1M1；分离自天津静海县独流镇独流九街运河桥玉米地土壤；培养基 0014，25～28℃。

ACCC 33223←中国农科院资划所；原始编号：276-1P1；分离自天津静海县独流镇独流九街运河桥玉米地土壤；培养基 0014，25～28℃。

ACCC 33225←中国农科院资划所；原始编号：212-2P1；分离自北京市农业园试验田小麦地土壤；培养基 0014，25～28℃。

ACCC 33230←中国农科院资划所；原始编号：278-2M1；分离自北京大兴青云店镇西庄村苹果地土壤；培养基 0014，25～28℃。

ACCC 33233←中国农科院资划所；原始编号：283-2M1；分离自北京大兴采育镇凤河营村草坪土壤；培养基 0014，25～28℃。

ACCC 33234←中国农科院资划所；原始编号：283-2P1；分离自北京大兴采育镇凤河营村草坪土壤；培养基 0014，25～28℃。

ACCC 33236←中国农科院资划所；原始编号：287-1M2；分离自河北廊坊大城县里坦镇大邵村杂草土壤；培养基 0014，25～28℃。

ACCC 33238←中国农科院资划所；原始编号：287-1M4；分离自河北廊坊大城县里坦镇大邵村杂草土壤；培养基 0014，25～28℃。

ACCC 33242←中国农科院资划所；原始编号：285-1P1；分离自河北廊坊大城县臧屯乡豆庄村杂草土壤；培养基 0014，25～28℃。

ACCC 33243←中国农科院资划所；原始编号：285-1P2；分离自河北廊坊大城县臧屯乡豆庄村杂草土壤；培养基 0014，25～28℃。

ACCC 33244←中国农科院资划所；原始编号：287-1P1；分离自河北廊坊大城县里坦镇大邵村杂草土壤；培养基 0014，25～28℃。

ACCC 33247←中国农科院资划所；原始编号：291-1P2；分离自河北沧头泊头县刘八里乡提口张村小麦地土壤；培养基 0014，25～28℃。

ACCC 33249←中国农科院资划所；原始编号：295-1P1；分离自河北沧州吴桥县第三乡镇小第八屯村小麦地土壤；培养基 0014，25～28℃。

ACCC 33250←中国农科院资划所；原始编号：285-2M1；分离自河北廊坊大城县臧屯乡豆庄村杂草土壤；培养基 0014，25～28℃。

ACCC 33253←中国农科院资划所；原始编号：285-2P1；分离自河北廊坊大城县臧屯乡豆庄村杂草土壤；培养基 0014，25～28℃。

ACCC 33254←中国农科院资划所；原始编号：287-2P1；分离自河北廊坊大城县里坦镇大邵村杂草土壤；培养基 0014，25～28℃。

ACCC 33255←中国农科院资划所；原始编号：294-2P1；分离自河北沧州东兴县连镇镇李大头庄村小麦地土壤；培养基 0014，25～28℃。

ACCC 33256←中国农科院资划所；原始编号：296-1M1；分离自山东德州二屯镇解庄村树林土壤；培养基 0014，25～28℃。

ACCC 33257←中国农科院资划所；原始编号：305-1M1；分离自河北沧州盐山县望树镇后店村小麦地土壤；培养基 0014，25～28℃。

ACCC 33258←中国农科院资划所；原始编号：305-1M2；分离自河北沧州盐山县望树镇后店村小麦地土壤；培养基 0014，25～28℃。

ACCC 33259←中国农科院资划所；原始编号：305-1P1；分离自河北沧州盐山县望树镇后店村小麦地土壤；培养基 0014，25～28℃。

ACCC 33260←中国农科院资划所；原始编号：305-1P2；分离自河北沧州盐山县望树镇后店村小麦地土壤；培养基 0014，25～28℃。

ACCC 33261←中国农科院资划所；原始编号：307-2M1；分离自河北沧州孟村回族自治县高寨镇泊二庄村小麦地土壤；培养基 0014，25～28℃。

ACCC 33262←中国农科院资划所；原始编号：307-1P1；分离自河北沧州孟村回族自治县高寨镇泊二庄村小麦地土壤；培养基 0014，25～28℃。

ACCC 39551←中国农科院资划所；原始编号：11；分离自天津蓟县出土岭镇中峪村香菇菌棒；培养基 0014，25～28℃。

ACCC 39552←中国农科院资划所；原始编号：16；分离自天津蓟县出土岭镇中峪村香菇菌棒；培养基 0014，25～28℃。

ACCC 39553←中国农科院资划所；原始编号：21；分离自天津蓟县出土岭镇中峪村香菇菌棒；培养基 0014，25～28℃。

ACCC 39554←中国农科院资划所；原始编号：22；分离自天津蓟县出土岭镇中峪村香菇菌棒；培养基 0014，25～28℃。

ACCC 39555←中国农科院资划所；原始编号：23；分离自天津蓟县出土岭镇中峪村香菇菌棒；培养基 0014，25～28℃。

ACCC 39556←中国农科院资划所；原始编号：25；分离自天津蓟县出土岭镇中峪村香菇菌棒；培养基 0014，25～28℃。

ACCC 39557←中国农科院资划所；原始编号：26；分离自天津蓟县出土岭镇中峪村香菇菌棒；培养基 0014，25～28℃。

ACCC 39558←中国农科院资划所；原始编号：31；分离自天津蓟县出土岭镇中峪村香菇菌棒；培养基 0014，25～28℃。

ACCC 39559←中国农科院资划所；原始编号：32；分离自天津蓟县出土岭镇中峪村香菇菌棒；培养基 0014，25～28℃。

ACCC 39560←中国农科院资划所；原始编号：33；分离自天津蓟县出土岭镇中峪村香菇菌棒；培养基 0014，25～28℃。

ACCC 39561←中国农科院资划所；原始编号：34；分离自天津蓟县出土岭镇中峪村香菇菌棒；培养基 0014，25～28℃。

ACCC 39562←中国农科院资划所；原始编号：35；分离自天津蓟县出土岭镇中峪村香菇菌棒；培养基 0014，25～28℃。

ACCC 39567←中国农科院资划所；原始编号：52；分离自天津蓟县出土岭镇中峪村香菇菌棒；培养基 0014，25～28℃。

ACCC 39568←中国农科院资划所；原始编号：57；分离自天津蓟县出土岭镇中峪村香菇菌棒；培养基 0014，25～28℃。

ACCC 39569←中国农科院资划所；原始编号：61；分离自天津蓟县出土岭镇中峪村香菇菌棒；培养基 0014，25～28℃。

ACCC 39577←中国农科院资划所；原始编号：472；分离自天津蓟县出土岭镇中峪村香菇菌棒；培养基 0014，25～28℃。

ACCC 39579←中国农科院资划所；原始编号：641；分离自天津蓟县出土岭镇中峪村香菇菌棒；培养基 0014，25～28℃。

Trichoderma konigii Oudem.

康宁木霉

ACCC 30167←中国农科院土肥所←轻工部食品发酵所 IFFI 13031←引自西北水土保持生物所；分解纤维素（作饲料）；培养基 0014，30℃。

ACCC 30168←中国农科院土肥所←轻工部食品发酵所 IFFI 13032←引自中科院上海植生所；产纤维素酶；培养基 0015，30℃。

ACCC 30388←中国农科院土肥所←山东梁山石棉厂；纤维素酶生产用菌；培养基 0015，25～28℃。

ACCC 30426←中国农科院土肥所←云南大学微生物发酵重点实验室；原始编号：T6-3-2；培养基 0014，25～28℃。

ACCC 30437←中国农科院土肥所←云南大学微生物发酵重点实验室；原始编号：T168；培养基 0014，25～28℃。

ACCC 30589←中国农科院土肥所←DSMZ，=DSM 63060；分离自土壤；培养基 0014，25～28℃。

ACCC 30901←中国农科院蔬菜花卉所 IVF118；原始编号：PGKMM060918；分离地点：北京大兴榆垡镇西黄垡村；分离源：平菇培养料；培养基 0014，25～28℃。

ACCC 31919←广东微生物所菌种组 GIMV16-M-1；分离自越南的原始林土壤；培养基 0014，25℃。

ACCC 31934←中国农科院蔬菜花卉所 IVF238；原始编号：J；分离自山东济南郊区平菇培养料；培养基 0014，25℃。

ACCC 32033←中国农科院环发所 IEDAF3207←山东农科院原子能所；原始编号：T161；分离自山东青岛的土壤；培养基 0014，30℃。

ACCC 32037←中国农科院环发所 IEDAF3211←山东农科院原子能所；原始编号：T167；分离自山东青岛的土壤；培养基 0014，30℃。

ACCC 32051←中国农科院环发所 IEDAF3225←山东农科院原子能所；原始编号：T198；分离自山东青岛的土壤；培养基 0014，30℃。

ACCC 32053←中国农科院环发所 IEDAF3227←山东农科院原子能所；原始编号：T251；分离自山东青岛的土壤；培养基 0014，30℃。

ACCC 32176←中国热科院环植所 EPPI2281←华南热带农业大学农学院；原始编号：XJ27；分离自海南省热带植物园土壤；培养基 0014，28℃。

ACCC 32194←中国热科院环植所 EPPI2316←华南热带农业大学农学院；原始编号：GZ-19；分离自甘蔗资源圃土壤；培养基 0014，28℃。

ACCC 32325←广东微生物所菌种组 GIMF-14；原始编号：F-14；产纤维素酶，酿造白酒；培养基 0014，25℃。

ACCC 32360←中国农科院资划所；原始编号：ES-7-3；培养基 0014，25～28℃。

ACCC 32411←广东微生物所菌种组 GIMT3.038；分离自原始林土壤；产纤维素酶；培养基 0014，25℃。

Trichoderma koningiopsis Samuels
拟康宁木霉

ACCC 31637←中国农科院资划所；原始编号：13；分离自土壤；培养基 0014，28℃。

ACCC 31789←中国农科院资划所；原始编号：东湖 7-6；分离自武汉东湖林间地土壤；培养基 0014，28℃。

Trichoderma longbrachiatum Rifai
长柄木霉

ACCC 30150←中国农科院土肥所←从加拿大引进，DAOM167654=ATCC13631=IMI 45548=T. V. B117；产纤维素酶；培养基 0014，24～28℃。

ACCC 30427←中国农科院土肥所←云南大学微生物发酵重点实验室；原始编号：T10-21-1；培养基 0014，25～28℃。

ACCC 30590←中国农科院土肥所←DSMZ，=DSM 768；分离自棉制品；产纤维素酶；培养基 0014，25～28℃。

ACCC 30591←中国农科院土肥所←DSMZ，=DSM 769；产纤维素酶和胶质酶；培养基 0014，25～28℃。

ACCC 30598←中国农科院土肥所←CBS，=CBS 816.68；模式菌株；培养基 0014，25～28℃。

ACCC 31615←中国农科院资划所；原始编号：2-5；分离自北京植物园土壤；培养基 0014，28℃。

ACCC 31616←中国农科院资划所；原始编号：12-2；分离自北京大兴土壤；培养基 0014，28℃。

ACCC 31617←中国农科院资划所；原始编号：健杨 -4；分离自北京土壤；培养基 0014，28℃。

ACCC 31618←中国农科院资划所；原始编号：197-1；分离自土壤；培养基 0014，28℃。

ACCC 31632←中国农科院资划所；原始编号：2-4-1-2；分离自北京香山土壤；培养基 0014，28℃。

ACCC 31676←中国农科院资划所；原始编号：4；分离自土壤；培养基 0014，28℃。

ACCC 31677←中国农科院资划所；原始编号：4-5；分离自土壤；培养基 0014，28℃。

ACCC 31678←中国农科院资划所；原始编号：2-5；分离自土壤；培养基 0014，28℃。

ACCC 31680←中国农科院资划所；原始编号：2-4-1；分离自北京香山土壤；培养基 0014，28℃。

ACCC 31754←中国农科院资划所；原始编号：宣化 6-1；分离自河北宣化污水渠边土壤；培养基 0014，28℃。

ACCC 31755←中国农科院资划所；原始编号：宣化 7-1；分离自河北宣化化肥厂排污口芦苇地土壤；培养基 0014，28℃。

ACCC 31767←中国农科院资划所；原始编号：宣化 9-5；分离自河北张家口宣化造纸厂污水渠边土壤；培养基 0014，28℃。

ACCC 31772←中国农科院资划所；原始编号：西 2-1；分离自杭州西湖土壤；培养基 0014，28℃。

ACCC 31790←中国农科院资划所；原始编号：宣化 9-1；分离自河北张家口宣化造纸厂污水边土壤；培养基 0014，28℃。

ACCC 31831←新疆农科院微生物所 XAAS40075；原始编号：F85-2；分离地点：新疆一号冰川；分离源：土壤；培养基 0014，25～28℃。

ACCC 31864←新疆农科院微生物所 XAAS40127；原始编号：SF47；分离自一号冰川的土壤样品；培养基 0014，20℃。

ACCC 31865←新疆农科院微生物所 XAAS40126；原始编号：SF46；分离自一号冰川的土壤样品；培养基 0014，20℃。

ACCC 31885←中国农科院环发所 IEDAF3104；原始编号：CE-JL-002；分离自吉林长白山的土壤；培养基 0014，30℃。

ACCC 31887←中国农科院环发所 IEDAF3106；原始编号：P070418；分离自北京大兴东枣林村圆白菜地的土壤；降解有机氯；培养基 0014，30℃。

ACCC 31888←中国农科院环发所 IEDAF3108；原始编号：P070403；分离自北京大兴东枣林村西红柿地的土壤；培养基 0014，30℃。

ACCC 31889←中国农科院环发所 IEDAF3109；原始编号：P070402；分离自北京大兴东枣林村圆白菜地的土壤；培养基 0014，30℃。

ACCC 31892←中国农科院环发所 IEDAF3125；原始编号：D0706102；分离自辽宁丹东虎山草地的土壤；降解毒死蜱；培养基 0014，30℃。

ACCC 31933←中国农科院蔬菜花卉所 IVF227；原始编号：TJ-15-3；分离自北京大兴平菇培养料；培养基 0014，25℃。

ACCC 31940←中国农科院蔬菜花卉所 IVF247；原始编号：D；分离自北京房山平菇培养料；培养基 0014，25℃。

ACCC 31956←中国农科院环发所 IEDAF3150；原始编号：CE-LN-009；分离自辽宁丹东汤山城的土壤；培养基 0014，30℃。

ACCC 31958←中国农科院环发所 IEDAF3152；原始编号：CE-LN-011；分离自辽宁丹东宏伟村的土壤；培养基 0014，30℃。

ACCC 31960←中国农科院环发所 IEDAF3155；原始编号：P0707120；分离自河北遵化广野花生地的土壤；培养基 0014，30℃。

ACCC 31962←中国农科院环发所 IEDAF3157；原始编号：CE-LN-016；分离自辽宁丹东凤城草莓地的土壤；培养基 0014，30℃。

ACCC 31965←中国农科院环发所 IEDAF3160；原始编号：CE-LN-017；分离自辽宁丹东同兴大豆地土壤；培养基 0014，30℃。

ACCC 31966←中国农科院环发所 IEDAF3161；原始编号：CE-HB-020；分离自河北遵化广野花生地的土壤；培养基0014，30℃。

ACCC 31967←中国农科院环发所 IEDAF3164；原始编号：CE0709103；分离自江西井冈山牛吼江竹子根下的土壤；培养基0014，30℃。

ACCC 31970←中国农科院环发所 IEDAF3167；原始编号：P0709101；分离自山东济南原子能所麦子秸秆试验地的土壤；培养基0014，30℃。

ACCC 31980←中国农科院环发所 IEDAF3170；原始编号：CE0711104；分离自北京植物园的土壤；培养基0014，30℃。

ACCC 31983←中国农科院环发所 IEDAF3176；原始编号：CE0710107；分离自北京植物园的土壤；培养基0014，30℃。

ACCC 31987←中国农科院环发所 IEDAF3182；原始编号：CE0711101；分离自北京植物园松树下的土壤；培养基0014，30℃。

ACCC 32003←中国农科院环发所 IEDAF3153；原始编号：GY0707102；分离自土壤；培养基0014，30℃。

ACCC 32004←中国农科院环发所 IEDAF3162；原始编号：CE0709105；分离自江西井冈山牛吼江竹子根下土壤；培养基0014，30℃。

ACCC 32006←中国农科院环发所 IEDAF3168；原始编号：P0711104；分离自北京植物园土壤；培养基0014，30℃。

ACCC 32007←中国农科院环发所 IEDAF3169；原始编号：P0707117；分离自河北遵化广野茄子地土壤；培养基0014，30℃。

ACCC 32011←中国农科院环境发所 IEDAF3172；原始编号：CE0710103；分离自北京植物园土壤；培养基0014，30℃。

ACCC 32014←中国农科院环发所 IEDAF3179；原始编号：CE0710109；分离自江西井冈山玉龙潭的土壤；培养基0014，30℃。

ACCC 32018←中国农科院环发所 IEDAF3284←山东农科院原子能所；原始编号：T185；分离自山东青岛的土壤；培养基0014，30℃。

ACCC 32019←中国农科院环发所 IEDAF3285←山东农科院原子能所；原始编号：T187；分离自山东青岛的土壤；培养基0014，30℃。

ACCC 32023←中国农科院环发所 IEDAF3289←山东农科院原子能所；原始编号：T273；分离自山东日照的土壤；培养基0014，30℃。

ACCC 32025←中国农科院环发所 IEDAF3291←山东农科院原子能所；原始编号：T279；分离自山东日照的土壤；培养基0014，30℃。

ACCC 32028←中国农科院环发所 IEDAF3202←山东农科院原子能所；原始编号：T152；分离自山东青岛的土壤；培养基0014，30℃。

ACCC 32034←中国农科院环发所 IEDAF3208←山东农科院原子能所；原始编号：T162；分离自山东青岛的土壤；培养基0014，30℃。

ACCC 32036←中国农科院环发所 IEDAF3210←山东农科院原子能所；原始编号：T165；分离自山东青岛的土壤；培养基0014，30℃。

ACCC 32039←中国农科院环发所 IEDAF3213←山东农科院原子能所；原始编号：T169；分离自山东青岛的土壤；培养基0014，30℃。

ACCC 32044←中国农科院环发所 IEDAF3218←山东农科院原子能所；原始编号：T174；分离自山东青岛的土壤；培养基0014，30℃。

ACCC 32045←中国农科院环发所 IEDAF3219←山东农科院原子能所；原始编号：T175；分离自山东青岛的土壤；培养基0014，30℃。

ACCC 32046←中国农科院环发所 IEDAF3220←山东农科院原子能所；原始编号：T180；分离自山东青岛的土壤；培养基0014，30℃。

ACCC 32047←中国农科院环发所 IEDAF3221←山东农科院原子能所；原始编号：T186；分离自山东日照的土壤；培养基0014，30℃。

ACCC 32048←中国农科院环发所 IEDAF3222←山东农科院原子能所；原始编号：T188；分离自山东日照的土壤；培养基 0014，30℃。

ACCC 32049←中国农科院环发所 IEDAF3223←山东农科院原子能所；原始编号：T193；分离自山东日照的土壤；培养基 0014，30℃。

ACCC 32054←中国农科院环发所 IEDAF3228←山东农科院原子能所；原始编号：T254；分离自山东日照的土壤；培养基 0014，30℃。

ACCC 32057←中国农科院环发所 IEDAF3231←山东农科院原子能所；原始编号：T257；分离自山东日照的土壤；培养基 0014，30℃。

ACCC 32059←中国农科院环发所 IEDAF3233←山东农科院原子能所；原始编号：T259；分离自山东日照的土壤；培养基 0014，30℃。

ACCC 32060←中国农科院环发所 IEDAF3234←山东农科院原子能所；原始编号：T260；分离自山东日照的土壤；培养基 0014，30℃。

ACCC 32061←中国农科院环发所 IEDAF3235←山东农科院原子能所；原始编号：T261；分离自山东日照的土壤；培养基 0014，30℃。

ACCC 32067←中国农科院环发所 IEDAF3241←山东农科院原子能所；原始编号：T290；分离自山东日照的土壤；培养基 0014，30℃。

ACCC 32071←中国农科院环发所 IEDAF3245←山东农科院原子能所；原始编号：16；分离自山东济南的土壤；培养基 0014，30℃。

ACCC 32073←中国农科院环发所 IEDAF3247←山东农科院原子能所；原始编号：T23；分离自山东济南的土壤；培养基 0014，30℃。

ACCC 32077←中国农科院环发所 IEDAF3251←山东农科院原子能所；原始编号：26；分离自山东济南的土壤；培养基 0014，30℃。

ACCC 32078←中国农科院环发所 IEDAF3252←山东农科院原子能所；原始编号：321001；分离自山东济南的土壤；培养基 0014，30℃。

ACCC 32081←中国农科院环发所 IEDAF3255←山东农科院原子能所；原始编号：Tri630812；分离自山东济南的土壤；培养基 0014，30℃。

ACCC 32087←中国农科院环发所 IEDAF3261←山东农科院原子能所；原始编号：Tri0706；分离自山东济南的土壤；培养基 0014，30℃。

ACCC 32095←中国农科院环发所 IEDAF3269←山东农科院原子能所；原始编号：Tri631002；分离自山东济南的土壤；培养基 0014，30℃。

ACCC 32096←中国农科院环发所 IEDAF3270←山东农科院原子能所；原始编号：139；分离自山东济南的土壤；培养基 0014，30℃。

ACCC 32099←中国农科院环发所 IEDAF3273←山东农科院原子能所；原始编号：Tri631014；分离自山东济南的土壤；培养基 0014，30℃。

ACCC 32100←中国农科院环发所 IEDAF3274←山东农科院原子能所；原始编号：631003；分离自山东济南的土壤；培养基 0014，30℃。

ACCC 32101←中国农科院环发所 IEDAF3275←山东农科院原子能所；原始编号：Tri0707；分离自山东济南的土壤；培养基 0014，30℃。

ACCC 32102←中国农科院环发所 IEDAF3276←山东农科院原子能所；原始编号：60605；分离自山东济南的土壤；培养基 0014，30℃。

ACCC 32104←中国农科院环发所 IEDAF3278←山东农科院原子能所；原始编号：61007；分离自山东济南的土壤；培养基 0014，30℃。

ACCC 32108←中国农科院环发所 IEDAF3282←山东农科院原子能所；原始编号：320803；分离自山东济南的土壤；培养基 0014，30℃。

ACCC 32109←中国农科院环发所 IEDAF3283←山东农科院原子能所；原始编号：321003；分离自山东济南的土壤；培养基 0014，30℃。

ACCC 32113←中国农科院环发所 IEDAF3295←山东农科院原子能所；原始编号：T289；分离自山东日照的土壤；培养基 0014，30℃。

ACCC 32114←中国农科院环发所 IEDAF3296←山东农科院原子能所；原始编号：T295；分离自山东日照的土壤；培养基 0014，30℃。

ACCC 32522←中国农科院资划所；崔西苓分离自山东省德州市平原县三唐乡官道郑村棉花种植地土壤；原始编号：28DZ09；培养基 0014，25～28℃。

ACCC 32523←中国农科院资划所；崔西苓分离自天津静海县大丰堆镇丰普村芦苇地土壤；原始编号：29TJ04；培养基 0014，25～28℃。

ACCC 32525←中国农科院资划所；崔西苓分离自河北盐山县盐山镇赵庄村大棚白菜地土壤；原始编号：28HB18；培养基 0014，25～28℃。

ACCC 32584←中国农科院郭荣君捐赠；原始编号：JZ-1；纤维素分解菌；培养基 0014，25～28℃。

ACCC 32999←中国农科院资划所；原始编号：190-2P1；分离自河南濮阳南乐县元村镇井德固村小麦地土壤；培养基 0014，25～28℃。

ACCC 33024←中国农科院资划所；原始编号：197-2M1；分离自河北邯郸成安县商城镇军庄村小麦地土壤；培养基 0014，25～28℃。

ACCC 33025←中国农科院资划所；原始编号：197-2P1；分离自河北邯郸成安县商城镇军庄村小麦地土壤；培养基 0014，25～28℃。

ACCC 33027←中国农科院资划所；原始编号：197-2P3；分离自河北邯郸成安县商城镇军庄村小麦地土壤；培养基 0014，25～28℃。

ACCC 33030←中国农科院资划所；原始编号：198-2P3；分离自河北邯郸成安县商城镇军庄村玉米地土壤；培养基 0014，25～28℃。

ACCC 33031←中国农科院资划所；原始编号：199-1M1；分离自河北邯郸邯郸县沙河镇南泊村小麦地土壤；培养基 0014，25～28℃。

ACCC 33062←中国农科院资划所；原始编号：205-2P1；分离自河北邢台邢台县孝子村小麦地土壤；培养基 0014，25～28℃。

ACCC 33066←中国农科院资划所；原始编号：208-1P1；分离自河北石家庄高邑县鸭鸽营镇连移庄村小麦地土壤；培养基 0014，25～28℃。

ACCC 33067←中国农科院资划所；原始编号：208-2M1；分离自河北石家庄高邑县鸭鸽营镇连移庄村小麦土壤；培养基 0014，25～28℃。

ACCC 33069←中国农科院资划所；原始编号：208-2P2；分离自河北石家庄高邑县鸭鸽营镇连移庄村小麦地土壤；培养基 0014，25～28℃。

ACCC 33126←中国农科院资划所；原始编号：231-2P2；分离自河北泊头堤口村玉米地土壤；培养基 0014，25～28℃。

ACCC 33155←中国农科院资划所；原始编号：238-2P1；分离自河北沧州吴桥县连镇镇北董庄村玉米地土壤；培养基 0014，25～28℃。

ACCC 33196←中国农科院资划所；原始编号：250-1M1；分离自山东德州禹城县伦镇于庄村玉米地土壤；培养基 0014，25～28℃。

ACCC 37208←中国农科院资划所；原始编号：jcl006（FD4）；分离自北京大兴基地黄瓜上部茎；植物内生真菌；培养基 0014，25～28℃。

ACCC 39573←中国农科院资划所；原始编号：81；分离自天津蓟县出土岭镇中峪村香菇菌棒；培养基 0014，25～28℃。

ACCC 39574←中国农科院资划所；原始编号：82；分离自天津蓟县出土岭镇中峪村香菇菌棒；培养基 0014，25～28℃。

ACCC 39575←中国农科院资划所；原始编号：84；分离自天津蓟县出土岭镇中峪村香菇菌棒；培养基 0014，25～28℃。

Trichoderma ovalisporium Samuels & Schroers

卵孢木霉

ACCC 31641←中国农科院资划所；原始编号：6-2-2；分离自土壤；培养基 0014，28℃。

ACCC 31652←中国农科院资划所；原始编号：12'；分离自土壤；培养基 0014，28℃。

Trichoderma polysporum（Link）Rifai

多孢木霉

ACCC 30431←中国农科院土肥所←云南大学微生物发酵重点实验室；原始编号：T10-27-1；培养基 0014，25～28℃。

ACCC 30592←中国农科院土肥所←DSMZ，=DSM 63062；分离自土壤；培养基 0014，25～28℃。

ACCC 31791←中国农科院资划所；原始编号：新 5-2；分离自新疆卡呐斯湖边杉树枯枝落叶土壤；培养基 0014，28℃。

Trichoderma pseudokoningii Rifai

拟康氏木霉

ACCC 30497←中国农科院土肥所←中科院上海植生所；原始编号：EA3-867；培养基 0014，25～28℃。

ACCC 30599←中国农科院土肥所←CBS，=CBS408.81；模式菌株；纤维分解菌；分离自腐木；培养基 0014，25～28℃。

ACCC 30908←中国农科院蔬菜花卉所 IVF138；原始编号：LTR-2；分离地点：山东济南郊区；分离源：平菇培养料；培养基 0014，25～28℃。

ACCC 30940←中国农科院饲料所 FRI2006096；原始编号：F135；分离地点：海南三亚；分离源：土壤；培养基 0014，25～28℃。

ACCC 31881←中国农科院环发所 IEDAF3100；原始编号：06015；培养基 0014，30℃。

ACCC 31886←中国农科院环发所 IEDAF3105；原始编号：P070425；分离自北京大兴东枣林村圆白菜地的土壤；降解有机氯；培养基 0014，30℃。

ACCC 31955←中国农科院环发所 IEDAF3149；原始编号：CE-SD-001；分离自山东寿光韭菜地土壤；培养基 0014，30℃。

ACCC 31957←中国农科院环发所 IEDAF3151；原始编号：CE-LN-010；分离自辽宁丹东同兴大豆地土壤；培养基 0014，30℃。

ACCC 31968←中国农科院环发所 IEDAF3165；原始编号：CE0709101；分离自江西井冈山的土壤；培养基 0014，30℃。

ACCC 31969←中国农科院环发所 IEDAF3166；原始编号：D0709102；分离自山东济南市原子能所麦子秸秆试验地的土壤；培养基 0014，30℃。

ACCC 31994←中国农科院环发所 IEDAF3196；原始编号：P0707103；分离自河北广野黄瓜地的土壤；培养基 0436，30℃。

ACCC 32005←中国农科院环发所 IEDAF3163；原始编号：CE0709104；分离自江西井冈山牛吼江竹子根下土壤；培养基 0014，30℃。

ACCC 32012←中国农科院环发所 IEDAF3174；原始编号：P0707102；分离自河北遵化广野黄瓜地土壤；培养基 0014，30℃。

ACCC 32015←中国农科院环发所 IEDAF3195；原始编号：P0707114；分离自河北遵化广野黄瓜地土壤；培养基 0014，30℃。

ACCC 32020←中国农科院环发所 IEDAF3286←山东农科院原子能所；原始编号：T192；分离自山东日照的土壤；培养基 0014，30℃。

ACCC 32022←中国农科院环发所 IEDAF3288←山东农科院原子能所；原始编号：T266；分离自山东日照的土壤；培养基 0014，30℃。

ACCC 32027←中国农科院环发所 IEDAF3201←山东农科院原子能所；原始编号：T151；分离自山东青岛的土壤；培养基 0014，30℃。

ACCC 32029←中国农科院环发所 IEDAF3203←山东农科院原子能所；原始编号：T154；分离自山东青岛的土壤；培养基 0014，30℃。

ACCC 32032←中国农科院环发所 IEDAF3206←山东农科院原子能所；原始编号：T160；分离自山东青岛的土壤；培养基 0014，30℃。

ACCC 32035←中国农科院环发所 IEDAF3209←山东农科院原子能所；原始编号：T163；分离自山东青岛的土壤；培养基 0014，30℃。

ACCC 32038←中国农科院环发所 IEDAF3212←山东农科院原子能所；原始编号：T168；分离自山东青岛的土壤；培养基 0014，30℃。

ACCC 32043←中国农科院环发所 IEDAF3217←山东农科院原子能所；原始编号：T173；分离自山东青岛的土壤；培养基 0014，30℃。

ACCC 32050←中国农科院环发所 IEDAF3224←山东农科院原子能所；原始编号：T194；分离自山东日照的土壤；培养基 0014，30℃。

ACCC 32052←中国农科院环发所 IEDAF3226←山东农科院原子能所；原始编号：T199；分离自山东日照的土壤；培养基 0014，30℃。

ACCC 32058←中国农科院环发所 IEDAF3232←山东农科院原子能所；原始编号：T258；分离自山东日照的土壤；培养基 0014，30℃。

ACCC 32063←中国农科院环发所 IEDAF3237←山东农科院原子能所；原始编号：T263；分离自山东日照的土壤；培养基 0014，30℃。

ACCC 32064←中国农科院环发所 IEDAF3238←山东农科院原子能所；原始编号：T272；分离自山东日照的土壤；培养基 0014，30℃。

ACCC 32066←中国农科院环发所 IEDAF3240←山东农科院原子能所；原始编号：T287；分离自山东日照的土壤；培养基 0014，30℃。

ACCC 32070←中国农科院环发所 IEDAF3244←山东农科院原子能所；原始编号：T59；分离自山东寿光的土壤；培养基 0014，30℃。

ACCC 32076←中国农科院环发所 IEDAF3250←山东农科院原子能所；原始编号：26；分离自山东济南的土壤；培养基 0014，30℃。

ACCC 32091←中国农科院环发所 IEDAF3265←山东农科院原子能所；原始编号：288；分离自山东日照的土壤；培养基 0014，30℃。

ACCC 32093←中国农科院环发所 IEDAF3267←山东农科院原子能所；原始编号：195；分离自山东日照的土壤；培养基 0014，30℃。

ACCC 32094←中国农科院环发所 IEDAF3268←山东农科院原子能所；原始编号：12；分离自山东济南的土壤；培养基 0014，30℃。

ACCC 32112←中国农科院环发所 IEDAF3294←山东农科院原子能所；原始编号：T282；分离自山东日照的土壤；培养基 0014，30℃。

ACCC 32115←中国农科院环发所 IEDAF3297←山东农科院原子能所；原始编号：T296；分离自山东日照的土壤；培养基 0014，30℃。

ACCC 32232←中国农科院环发所 IEDAF3298；原始编号：LN08051；分离自辽宁丹东凤城蓝莓基地的土壤；培养基 0014，30℃。

Trichoderma reesei E. G. Simmons
里氏木霉

ACCC 30449←中国农科院土肥所；纤维分解菌；培养基 0014，25～28℃。

ACCC 30597←中国农科院土肥所←CBS，=CBS383.78；模式菌株；纤维分解菌；培养基 0014，25～28℃。

ACCC 30911←中国工业微生物菌种中心 CICC 40359；培养基 0014，25～28℃。

ACCC 30912←中国工业微生物菌种中心 CICC 40358←上海工微所←ATCC 26921；培养基 0014，25～28℃。

ACCC 32254←中国农科院资划所；分离自黄瓜茎；培养基 0014，25～28℃。

ACCC 32412←广东微生物所菌种组 GIMT3.039；分离自原始林土壤；产纤维素酶；培养基 0014，25℃。

ACCC 32596←上海交通大学陈捷教授提供；纤维素酶对照菌株；培养基 0014，25～28℃。

Trichoderma saturnisporum Hammill

土星孢木霉

ACCC 32233←中国农科院环发所 IEDAF3299；原始编号：LN08052；分离自辽宁丹东凤城蓝莓基地的土壤；培养基 0014，30℃。

Trichoderma sp.

木霉

ACCC 30121←中国农科院土肥所←广东；纤维素饲料；培养基 0014，24～28℃。

ACCC 30193←中国农科院土肥所←江苏省农业科学院土壤肥料研究所黄隆广赠 12-26；产纤维素酶；培养基 0015，25～28℃。

ACCC 30385←中国农科院土肥所←武汉；产纤维素酶；培养基 0014，24～28℃。

ACCC 30791←中国农科院土肥所←中国农科院饲料所；编号 avcF45；分离自秸秆；用于分解纤维素；培养基 0014，25～28℃。

ACCC 30792←中国农科院土肥所←中国农科院饲料所；编号 avcF73；=CGMCC 3.3030；产纤维素酶；培养基 0014，25～28℃。

ACCC 31488←中国农科院土肥所←山东农业大学 SDAUMCC 300001；原始编号：ZB-346；分离地点：山东泰安；分离源：腐败秸秆；产纤维素酶；培养基 0014，25～28℃。

ACCC 31489←中国农科院土肥所←山东农业大学 SDAUMCC 300002；原始编号：ZB-347；分离地点：山东泰安；分离源：腐败秸秆；产纤维素酶；培养基 0014，25～28℃。

ACCC 31490←中国农科院土肥所←山东农业大学 SDAUMCC 300003；原始编号：ZB-348；分离地点：山东泰安；分离基物：腐败秸秆；产纤维素酶；培养基 0014，25～28℃。

ACCC 31525←中国农科院植保所 SM1007；原始编号：8（4-4）分离地点：云南砚山县；分离源：土壤；培养基 0014，25～28℃。

ACCC 31526←中国农科院植保所 SM1008；原始编号：9（4-5）；分离地点：云南砚山县；分离源：土壤；培养基 0014，25～28℃。

ACCC 31895←中国农科院环发所 IEDAF3128；原始编号：CE-HB-010；分离自辽宁丹东同兴板栗地的土壤；培养基 0014，30℃。

ACCC 32357←中国农科院资划所；原始编号：ES-3-1；培养基 0014，25～28℃。

ACCC 32580←中国医学科学院医药生物技术研究所 CPCC400219；培养基 0014，25～28℃。

ACCC 32581←中国医学科学院医药生物技术研究所 CPCC400223；培养基 0014，25～28℃。

ACCC 32582←中国医学科学院医药生物技术研究所 CPCC400376；培养基 0014，25～28℃。

Trichoderma spirale Bissett

螺旋木霉

ACCC 32358←中国农科院资划所；原始编号：ES-6-7；培养基 0014，25～28℃。

Trichoderma stromaticum Samuels & Pardo-Schulth

子座木霉

ACCC 32062←中国农科院环发所 IEDAF3236←山东农科院原子能所；原始编号：T262；分离自山东日照的土壤；培养基 0014，30℃。

Trichoderma theobromicola Samuels & Evans

可可木霉

ACCC 31651←中国农科院资划所；原始编号：3 号抑木；分离自土壤；培养基 0014，28℃。

Trichoderma velutinum Bissett，Kubicek & Szakacs
毛簇木霉

ACCC 31653←中国农科院资划所；原始编号：5-1-0；分离自土壤；培养基0014，28℃。

Trichoderma virens（Miller，Giddens & Foster）Arx
绿木霉

ACCC 30432←中国农科院土肥所←云南大学微生物发酵重点实验室；原始编号：Tj10-27-1；培养基0014，25～28℃。

ACCC 30433←中国农科院土肥所←云南大学微生物发酵重点实验室；原始编号：Tj10-30-1；培养基0014，25～28℃。

ACCC 30593←中国农科院土肥所←DSMZ，=DSM 1963；分离自土壤，用于降解塑料、真菌抗性试验；培养基0014，25～28℃。

ACCC 30600←中国农科院土肥所←CBS，=CBS 249.59；模式菌株；分离自土壤；培养基0014，25～28℃。

ACCC 31654←中国农科院资划所；原始编号：7；分离自土壤；培养基0014，28℃。

ACCC 31932←中国农科院蔬菜花卉所IVF225；原始编号：T2-7；分离自北京房山平菇培养料；培养基0014，25℃。

ACCC 31936←中国农科院蔬菜花卉所IVF240；原始编号：Tj-5-4；分离自山东济南郊区平菇培养料；培养基0014，25℃。

ACCC 32353←中国农科院资划所；原始编号：Ef-3-1；培养基0014，25～28℃。

ACCC 32356←中国农科院资划所；原始编号：Ef-7-1；培养基0014，25～28℃。

ACCC 32361←中国农科院资划所；原始编号：ES-11-5；培养基0014，25～28℃。

ACCC 32489←中国农科院植保所李世东赠送←ATCC 48179；分离自加拿大白豆核盘菌菌核；培养基0014，28℃。

ACCC 32490←中国农科院植保所李世东赠送←ATCC 58676；分离自美国马里兰州核盘菌菌核；培养基0014，28℃。

ACCC 32493←中国农科院资划所；原始编号：ES-12-10；培养基0014，28℃。

ACCC 32945←中国农科院资划所；原始编号：168-1M2；分离自河北衡水武邑县韩庄镇张村小麦地土壤；培养基0014，25～28℃。

Trichoderma viride Persoon ex Fries=*Trichoderma lignorum*（Tode）Harz
绿色木霉 = 木素木霉

ACCC 30048←中国农科院土肥所←中国农科院原子能所；培养基0014，24～28℃。

ACCC 30062←中国农科院土肥所←中科院微生物所；原始编号：T101；培养基0014，25～28℃。

ACCC 30136←中国农科院土肥所←中科院微生物所AS3.2942；培养基0014，25～28℃。

ACCC 30166←中国农科院土肥所←轻工部食品发酵所IFFI 13038；引自美国；纤维素水解液生产柠檬酸；培养基0014，25～28℃。

ACCC 30169←中国农科院土肥所←轻工部食品发酵所IFFI 13035；引自上海工微所；产纤维素酶；培养基0021，25～28℃。

ACCC 30206←中国农科院土肥所←中科院微生物所AS3.3711←广东微生物所←美国L321；纤维素酶活性高；培养基0014，25～28℃。

ACCC 30386←中国农科院土肥所←中科院微生物所AS3.2876←广东省甘蔗科学研究所；糖研37；提高野生植物制酒率；培养基0014，25～28℃。

ACCC 30434←中国农科院土肥所←云南大学微生物发酵重点实验室；原始编号：T10-22-1；培养基0014，25～28℃。

ACCC 30435←中国农科院土肥所←云南大学微生物发酵重点实验室；原始编号：Tj9-3-2；培养基0014，25～28℃。

ACCC 30436←中国农科院土肥所←云南大学微生物发酵重点实验室；原始编号：Tj9-9-3；培养基 0014，25～28℃。

ACCC 30498←中国农科院土肥所←中科院微生物所 AS3.2941←广东微生物所；原始编号：W15；产纤维素酶；培养基 0014，25～28℃。

ACCC 30552←中国农科院土肥所←美国典型物培养中心，＝ATCC 32630；分离源：山毛榉的木桩；降解纤维素；培养基 0014，24℃。

ACCC 30594←中国农科院土肥所←DSMZ，＝DSM 63065；分离自枯树干；培养基 0014，25～28℃。

ACCC 30595←中国农科院土肥所←CBS，＝CBS 433.34；模式菌株；分离自发霉的苹果核；培养基 0014，25～28℃。

ACCC 30793←中国农科院土肥所←中国农科院饲料所←海林酶制剂厂；编号 avcF74；产纤维素酶；培养基 0014，25～28℃。

ACCC 30794←中国农科院土肥所←中国农科院饲料所←海林酶制剂厂；编号 avcF79；产纤维素酶；培养基 0014，25～28℃。

ACCC 30902←中国农科院蔬菜花卉所 IVF120；原始编号：PGLMM060918；分离地点：北京大兴榆垡镇西黄垡村；分离源：平菇培养料；培养基 0014，25～28℃。

ACCC 31882←中国农科院环发所 IEDAF3101；原始编号：CE-JL-008；分离自吉林长白山的土壤；培养基 0014，30℃。

ACCC 31883←中国农科院环发所 IEDAF3102；原始编号：CE-JL-005；分离自吉林长白山的土壤；培养基 0014，30℃。

ACCC 31911←广东微生物所菌种组 GIM T3.020；分离自广州白云区的果园土壤；培养基 0014，25℃。

ACCC 31930←中国农科院蔬菜花卉所 IVF156；原始编号：K；分离自北京大兴平菇培养料；培养基 0014，25℃。

ACCC 31931←中国农科院蔬菜花卉所 IVF95；原始编号：Tw-4；分离自北京房山平菇培养料；培养基 0014，25℃。

ACCC 31935←中国农科院蔬菜花卉所 IVF239；原始编号：Tj-3-3-4；分离自山东济南市郊区平菇培养料；培养基 0014，25℃。

ACCC 31961←中国农科院环发所 IEDAF3156；原始编号：CE-SX-004；分离自山西太谷侯城乡葡萄地的土壤；培养基 0014，30℃。

ACCC 31964←中国农科院环发所 IEDAF3159；原始编号：CE-LN-015；分离自辽宁丹东同兴大豆地土壤；培养基 0014，30℃。

ACCC 31988←中国农科院环发所 IEDAF3183；原始编号：CE0711102；分离自北京植物园樱桃沟松树下的土壤；培养基 0014，30℃。

ACCC 32331←广东微生物所菌种组 GIMF-23；原始编号：F-23；产纤维素酶，用于酿造白酒；培养基 0014，25℃。

ACCC 32336←广东微生物所菌种组 GIMF-28；原始编号：F-28；产纤维素酶；培养基 0014，25℃。

ACCC 32408←广东微生物所菌种组 GIMF-56；原始编号：F-56；产纤维素酶；培养基 0014，25℃。

ACCC 32505←中国农科院油料所胡小加提供；培养基 0014，25～28℃。

Trichothercium roseum（Pers.）Link

粉红单端孢

ACCC 30928←中国农科院饲料所 FRI2006082；原始编号：F121；分离地点：海南三亚；分离源：黄瓜；培养基 0014，25～28℃。

ACCC 36087←中国农科院蔬菜花卉所；分离自北京昌平温室黄瓜红粉病叶片；培养基 0014，25℃。

ACCC 36088←中国农科院蔬菜花卉所；分离自北京昌平大棚番茄红粉病叶片；培养基 0014，25～28℃。

ACCC 36089←中国农科院蔬菜花卉所；分离自辽宁大连蔬菜温室苦瓜红粉病叶片；培养基 0014，25℃。

ACCC 36090←中国农科院蔬菜花卉所；分离自辽宁大连蔬菜温室甜瓜红粉病叶片；培养基 0014，25℃。

ACCC 36170←中国农科院植保所←河南农业大学植物保护学院；分离自河南郑州棉花红粉病病组织；培养基 0014，26℃。

ACCC 36428←中国农科院蔬菜花卉所←中国农科院郑州果树研究所；分离自河南郑州苹果霉腐病果实；培养基 0014，25℃。

ACCC 36459←中国农科院蔬菜花卉所；分离自北京昌平温室黄瓜红粉病叶片；培养基 0014，25℃。

ACCC 37297←中国农科院蔬菜花卉所；分离自山东泰安岱岳黄瓜红粉病叶片；培养基 0014，25℃。

ACCC 38037←西北农大；原始编号：ys-fhjdb-001；分离自陕西宝鸡眉县杨树；培养基 0014，25～28℃。

ACCC 39081←中国热科院环植所；原始编号：EPPI20140031；分离自海南儋州杧果果实；培养基 0014，25～28℃。

ACCC 39082←中国热科院环植所；原始编号：EPPI20140032；分离自海南三亚杧果果实；培养基 0014，25～28℃。

ACCC 39337←山东农业大学；原始编号：PG-MX；分离自山东烟台腐烂果实；培养基 0014，25～28℃。

Trichurus dendrocephalus Udagawa

树头毛束霉

ACCC 37920←山东农业大学；培养基 0014，25℃。

ACCC 37922←山东农业大学；培养基 0014，25℃。

Trichurus spiralis Hasselbr.

螺旋毛束霉

ACCC 37924←山东农业大学；培养基 0014，25℃。

ACCC 37925←山东农业大学；培养基 0014，25℃。

ACCC 37926←山东农业大学；培养基 0014，25℃。

ACCC 37927←山东农业大学；培养基 0014，25℃。

Ulocladium alternariae（Cooke）E. G. Simmons

链格细基格孢

ACCC 37930←山东农业大学；培养基 0014，25℃。

Ulocladium atrum Preuss

黑细基格孢

ACCC 37135←山东农业大学；分离自西藏乃东土壤；培养基 0390，24℃。

ACCC 37140←山东农业大学；分离自西藏乃东土壤；培养基 0390，24℃。

ACCC 37152←山东农业大学；分离自西藏日当土壤；培养基 0390，24℃。

ACCC 37154←山东农业大学；分离自西藏隆子土壤；培养基 0390，24℃。

ACCC 37159←山东农业大学；分离自西藏错那土壤；培养基 0390，24℃。

ACCC 37162←山东农业大学；分离自西藏措美土壤；培养基 0390，24℃。

ACCC 37166←山东农业大学；分离自西藏措美土壤；培养基 0390，24℃。

ACCC 37169←山东农业大学；分离自西藏措美土壤；培养基 0390，24℃。

ACCC 37173←山东农业大学；分离自西藏措美土壤；培养基 0390，24℃。

ACCC 37178←山东农业大学；分离自西藏日喀则土壤；培养基 0390，24℃。

ACCC 37184←山东农业大学；分离自西藏日喀则土壤；培养基 0390，24℃。

ACCC 37185←山东农业大学；分离自西藏日喀则土壤；培养基 0390，24℃。

ACCC 37187←山东农业大学；分离自西藏康马土壤；培养基 0390，24℃。

ACCC 37191←山东农业大学；分离自西藏康马土壤；培养基 0390，24℃。

ACCC 37192←山东农业大学；分离自西藏康马土壤；培养基 0390，24℃。

ACCC 37194←山东农业大学；分离自西藏聂拉木土壤；培养基 0390，24℃。

ACCC 37251←山东农业大学；分离自西藏康马土壤；培养基 0390，24℃。

ACCC 37931←山东农业大学；培养基 0014，25℃。

ACCC 37932←山东农业大学；培养基 0014，25℃。

ACCC 37933←山东农业大学；培养基 0014，25℃。

ACCC 37934←山东农业大学；培养基 0014，25℃。

ACCC 37935←山东农业大学；培养基 0014，25℃。

ACCC 37936←山东农业大学；培养基 0014，25℃。

ACCC 37937←山东农业大学；培养基 0014，25℃。

Ulocladium consortiale（Thüm.）E. G. Simmons

群生细基格孢

ACCC 37938←山东农业大学；培养基 0014，25℃。

ACCC 37939←山东农业大学；培养基 0014，25℃。

Ulocladium cucurbitae（Letendre & Roum.）Simmons

葫芦细基格孢

ACCC 31800←新疆农科院微生物所 XAAS40150；原始编号：SF73；分离地点：新疆吐鲁番；分离源：土壤；培养基 0014，25～28℃。

ACCC 31801←新疆农科院微生物所 XAAS40147；原始编号：SF68；分离地点：新疆吐鲁番；分离源：土壤；培养基 0014，25～28℃。

ACCC 31802←新疆农科院微生物所 XAAS40144；原始编号：SF65；分离地点：新疆吐鲁番；分离源：土壤；培养基 0014，25～28℃。

ACCC 31822←新疆农科院微生物所 XAAS40092；原始编号：SF3；分离地点：新疆吐鲁番；分离源：土壤；培养基 0014，25～28℃。

ACCC 37136←山东农业大学；分离自西藏乃东土壤；培养基 0390，24℃。

ACCC 37139←山东农业大学；分离自西藏乃东土壤；培养基 0390，24℃。

ACCC 37163←山东农业大学；分离自西藏措美土壤；培养基 0390，24℃。

ACCC 37167←山东农业大学；分离自西藏措美土壤；培养基 0390，24℃。

ACCC 37197←山东农业大学；分离自西藏葛尔土壤；培养基 0390，24℃。

ACCC 37198←山东农业大学；分离自西藏林周土壤；培养基 0390，24℃。

ACCC 37243←山东农业大学；分离自西藏江孜土壤；培养基 0390，24℃。

ACCC 37500←新疆农科院微生物所；分离自新疆新和荒漠土壤样品；培养基 0014，20℃。

Ulocladium multiforme E. G. Simmons

多型细基格孢

ACCC 37487←新疆农科院微生物所；分离自新疆库尔勒土壤样品；培养基 0014，20℃。

ACCC 37491←新疆农科院微生物所；分离自新疆库尔勒土壤样品；培养基 0014，20℃。

Umbelopsis ramanniana（Müller）W. Gams

拉曼伞状霉

ACCC 31581←新疆农科院微生物所 XAAS40169；原始编号：LF33；分离地点：新疆一号冰川；分离源：土壤；培养基 0014，25～28℃。

ACCC 31596←新疆农科院微生物所 XAAS40179；原始编号：LF58；分离地点：新疆吐鲁番；分离源：土壤；培养基 0014，25～28℃。

ACCC 31854←新疆农科院微生物所 XAAS40184；原始编号：LF64；分离自一号冰川的土壤样品；培养基 0014，20℃。

ACCC 31855←新疆农科院微生物所 XAAS40183；原始编号：LF63；分离自一号冰川的土壤样品；培养基 0014，20℃。

Ustilaginoidea virens（Cooke）Takah.

稻绿核菌（稻曲病菌）

ACCC 36443←中国农科院蔬菜花卉所；分离自黑龙江延寿水稻稻曲病稻穗；培养基 0014，25℃。

ACCC 36444←中国农科院蔬菜花卉所；分离自黑龙江延寿水稻稻曲病稻粒；培养基 0014，25℃。

Valsa ambiens（Pers.）Fr.

梨黑腐皮壳

ACCC 36131←中国农科院资划所←中国农科院蔬菜花卉所；原始编号：IVF125，050427；分离自中国
　　　　农科院果树所梨树果园梨果实；培养基 0014，25～28℃。

Valsa sordida Nitschke

污黑腐皮壳菌（杨树腐烂病菌）

ACCC 39339←山东农业大学；原始编号：Cyp；分离自黑龙江大庆杨树腐烂病枝干病斑；培养基 0014，
　　　　25～28℃。

Valsa sp.

ACCC 38936←中国农科院果树研究所果树病害实验室分离；原始编号：PC7；分离自辽宁兴城桃树腐
　　　　烂病枝条；培养基 0014，25～28℃。

Verticillium dahliae Klebahn

大丽花轮枝孢

ACCC 30097←中国农科院土肥所←中国农科院蔬菜花卉所植病室；茄子黄萎病菌；培养基 0014，
　　　　25～28℃。

ACCC 30308←中国农科院土肥所←中国农科院植保所 V6；棉花黄萎病菌；分离自北京地区的棉花；培
　　　　养基 0014，24～28℃。

ACCC 30309←中国农科院土肥所←中国农科院植保所 V5；棉花黄萎病菌；分离自北京地区的棉花；培
　　　　养基 0014，24～28℃。

ACCC 36009←中国农科院植保所；分离自山东诸城棉花黄萎病茎秆；培养基 0014，25℃。

ACCC 36010←中国农科院植保所；分离自山东高唐棉花黄萎病茎秆；培养基 0014，25℃。

ACCC 36011←中国农科院植保所；分离自河南南阳棉花黄萎病茎秆；培养基 0014，25℃。

ACCC 36012←中国农科院植保所；分离自山东聊城棉花黄萎病茎秆；培养基 0014，25℃。

ACCC 36013←中国农科院植保所；分离自河北鸡泽棉花黄萎病茎秆；培养基 0014，25℃。

ACCC 36014←中国农科院植保所；分离自山东汶上棉花黄萎病茎秆；培养基 0014，25℃。

ACCC 36015←中国农科院植保所；分离自河南鄢陵棉花黄萎病茎秆；培养基 0014，25℃。

ACCC 36017←中国农科院植保所；分离自山东临清棉花黄萎病茎秆；培养基 0014，25℃。

ACCC 36091←中国农科院蔬菜花卉所；分离自山东济南温室茄子黄萎病茎秆；培养基 0014，19～24℃。

ACCC 36120←中国农科院植保所；分离自江苏常熟棉花地棉花黄萎病茎秆；培养基 0014，25℃。

ACCC 36129←中国农科院植保所；分离自江苏常熟棉花地棉花黄萎病茎秆；培养基 0014，25℃。

ACCC 36196←中国农科院植保所←英国；分离自英国草莓黄萎病病株；培养基 0017，20～25℃。

ACCC 36197←中国农科院植保所；分离自山东高密棉花黄萎病茎秆；培养基 0014，22～25℃。

ACCC 36198←中国农科院植保所；北京病圃 95 菌系；分离自北京海淀病圃棉花黄萎病茎秆；培养基
　　　　0014，22～25℃。

ACCC 36202←中国农科院植保所；北京农业大学植物保护系菌系；分离自北京海淀棉花黄萎病茎秆；
　　　　培养基 0014，22～25℃。

ACCC 36203←中国农科院植保所；分离自安徽东至棉花黄萎病茎秆；培养基 0014，22～25℃。

ACCC 36205←中国农科院植保所；河北晋州市周家庄菌系；分离自河北晋州棉花黄萎病茎秆；培养基
　　　　0014，22～25℃。

ACCC 36206←中国农科院植保所；分离自河南鄢陵棉花黄萎病茎秆；培养基 0014，22～25℃。

ACCC 36207←中国农科院植保所；安阳菌核型菌系；分离自河南安阳棉花黄萎病茎秆；培养基 0014，
　　　　22～25℃。

ACCC 36208←中国农科院植保所；分离自山东济南棉花黄萎病茎秆；培养基 0014，22～25℃。

ACCC 36209←中国农科院植保所；河北馆陶柴堡村菌系；分离自河北馆陶棉花黄萎病茎秆；培养基
　　　　0014，22～25℃。

ACCC 36210←中国农科院植保所←江苏省农业科学植物保护研究所；分离自江苏常熟棉花黄萎病茎秆；培养基 0014，25℃。

ACCC 36211←中国农科院植保所；河南新乡七里营菌系；分离自河南新乡棉花黄萎病茎秆；培养基 0014，22～25℃。

ACCC 36213←中国农科院植保所←江苏省农业科学植物保护研究；分离自江苏盐城棉花黄萎病茎秆；培养基 0014，25℃。

ACCC 36214←中国农科院植保所；分离自山东东平棉花黄萎病茎秆；培养基 0014，22～25℃。

ACCC 36215←中国农科院植保所；新疆博乐市农 5 师菌系；分离自新疆博乐棉花黄萎病茎秆；培养基 0014，22～25℃。

ACCC 36216←中国农科院植保所；河北省粮作所菌系；分离自河北石家庄棉花黄萎病茎秆；培养基 0014，22～25℃。

ACCC 36217←中国农科院植保所←江苏省农业科学院植物保护研究所；分离自江苏大丰棉花黄萎病茎秆；培养基 0014，25℃。

ACCC 36370←中国农科院植保所←江苏省农业科学院植物保护研究所；分离自江苏阜宁棉花黄萎病茎秆；培养基 0014，25℃。

ACCC 36371←中国农科院植保所←江苏省农业科学院植物保护研究所；分离自江苏灌云棉花黄萎病茎秆；培养基 0014，25℃。

ACCC 36372←中国农科院植保所←江苏省农业科学院植物保护研究所；分离自江苏灌云棉花黄萎病茎秆；培养基 0014，25℃。

ACCC 36373←中国农科院植保所←江苏省农业科学院植物保护研究所；分离自江苏南京棉花黄萎病茎秆；培养基 0014，25℃。

ACCC 36374←中国农科院植保所←江苏省农业科学院植物保护研究所；分离自江苏泗阳棉花黄萎病茎秆；培养基 0014，25℃。

ACCC 36375←中国农科院植保所←江苏省农业科学院植物保护研究所；分离自江苏泗阳棉花黄萎病茎秆；培养基 0014，25℃。

ACCC 36376←中国农科院植保所←江苏省农业科学院植物保护研究所；分离自江苏泗阳棉花黄萎病茎秆；培养基 0014，25℃。

ACCC 36377←中国农科院植保所←江苏省农业科学院植物保护研究所；分离自江苏泗阳棉花黄萎病茎秆；培养基 0014，25℃。

ACCC 36378←中国农科院植保所←江苏省农业科学院植物保护研究所；分离自江苏泗阳棉花黄萎病茎秆；培养基 0014，25℃。

ACCC 36379←中国农科院植保所←江苏省农业科学院植物保护研究所；分离自江苏盐城棉花黄萎病茎秆；培养基 0014，25℃。

ACCC 36380←中国农科院植保所←江苏省农业科学院植物保护研究所；分离自江苏徐州棉花黄萎病茎秆；培养基 0014，25℃。

ACCC 36381←中国农科院植保所←江苏省农业科学院植物保护研究所；分离自江苏徐州棉花黄萎病茎秆；培养基 0014，25℃。

ACCC 36382←中国农科院植保所←江苏省农业科学院植物保护研究所；分离自江苏徐州棉花黄萎病茎秆；培养基 0014，25℃。

ACCC 36383←中国农科院植保所←江苏省农业科学院植物保护研究所；分离自江苏徐州棉花黄萎病茎秆；培养基 0014，25℃。

ACCC 36384←中国农科院植保所←江苏省农业科学院植物保护研究所；分离自江苏徐州棉花黄萎病茎秆；培养基 0014，25℃。

ACCC 36385←中国农科院植保所←江苏省农业科学院植物保护研究所；分离自江苏盐城棉花黄萎病茎秆；培养基 0014，25℃。

ACCC 36387←中国农科院植保所←江苏省农业科学院植物保护研究所；分离自江苏盐城棉花黄萎病茎秆；培养基 0014，25℃。

ACCC 36388←中国农科院植保所←江苏省农业科学院植物保护研究所；分离自江苏盐城棉花黄萎病茎秆；培养基 0014，25℃。

ACCC 36389←中国农科院植保所←江苏省农业科学院植物保护研究所；分离自江苏南京棉花黄萎病茎秆；培养基 0014，25℃。

ACCC 36390←中国农科院植保所←江苏省农业科学院植物保护研究所；分离自江苏大丰棉花黄萎病茎秆；培养基 0014，25℃。

ACCC 36391←中国农科院植保所←江苏省农业科学院植物保护研究所；分离自江苏盐城棉花黄萎病茎秆；培养基 0014，25℃。

ACCC 36392←中国农科院植保所←江苏省农业科学院植物保护研究所；分离自江苏盐城棉花黄萎病茎秆；培养基 0014，25℃。

ACCC 36393←中国农科院植保所←江苏省农业科学院植物保护研究所；分离自江苏盐城棉花黄萎病茎秆；培养基 0014，25℃。

ACCC 36394←中国农科院植保所←江苏省农业科学院植物保护研究所；分离自江苏通州棉花黄萎病茎秆；培养基 0014，25℃。

ACCC 36395←中国农科院植保所←江苏省农业科学院植物保护研究所；分离自江苏常熟茄子黄萎病茎秆；培养基 0014，25℃。

ACCC 36396←中国农科院植保所←江苏省农业科学院植物保护研究所；分离自江苏常熟茄子黄萎病茎秆；培养基 0014，25℃。

ACCC 36397←中国农科院植保所←江苏省农业科学院植物保护研究所；分离自江苏南京棉花黄萎病茎秆；培养基 0014，25℃。

ACCC 36399←中国农科院植保所←江苏省农业科学院植物保护研究所；分离自江苏南京茄子黄萎病茎秆；培养基 0014，25℃。

ACCC 36400←中国农科院植保所←江苏省农业科学院植物保护研究所；分离自江苏泗阳棉花黄萎病茎秆；培养基 0014，25℃。

ACCC 36463←中国农科院蔬菜花卉所；分离自山西长治茄子黄萎病叶片；培养基 0014，25℃。

ACCC 36482←中国农科院植保所←江苏省农业科学院←南京农大；分离自江苏南通棉田棉花黄萎病茎秆；培养基 0014，25℃。

ACCC 36806←中国农科院资划所←北京市海淀区植物组织培养技术实验室；分离自北京海淀茄子黄萎病叶柄；培养基 0014，25℃。

ACCC 36915←中国农科院植保所←新疆石河子大学农学院植病室；分离自新疆博乐地区八十三团棉花黄萎病茎秆；培养基 0014，25℃。

ACCC 36916←中国农科院植保所←新疆石河子大学农学院植病室；分离自新疆阿克苏地区三团棉花黄萎病茎秆；培养基 0014，25℃。

ACCC 36917←中国农科院植保所←新疆石河子大学农学院植病室；分离自新疆阿克苏地区五团棉花黄萎病茎秆；培养基 0014，25℃。

ACCC 36918←中国农科院植保所←新疆石河子大学农学院植病室；分离自新疆阿拉尔棉花黄萎病茎秆；培养基 0014，25℃。

ACCC 36919←中国农科院植保所←新疆石河子大学农学院植病室；分离自新疆阿拉尔棉花黄萎病茎秆；培养基 0014，25℃。

ACCC 36920←中国农科院植保所←新疆石河子大学农学院植病室；分离自新疆阿克苏地区八团棉花黄萎病茎秆；培养基 0014，25℃。

ACCC 36921←中国农科院植保所←新疆石河子大学农学院植病室；分离自新疆阿拉尔棉花黄萎病茎秆；培养基 0014，25℃。

ACCC 36922←中国农科院植保所←新疆石河子大学农学院植病室；分离自新疆阿拉尔棉花黄萎病茎秆；培养基 0014，25℃。

ACCC 36923←中国农科院植保所←新疆石河子大学农学院植病室；分离自新疆阿克苏棉花黄萎病茎秆；培养基 0014，25℃。

ACCC 36924←中国农科院植保所←新疆石河子大学农学院植病室；分离自新疆阿拉尔棉花黄萎病茎秆；
　　　　培养基 0014，25℃。

ACCC 36925←中国农科院植保所←新疆石河子大学农学院植病室；分离自新疆阿拉尔棉花黄萎病茎秆；
　　　　培养基 0014，25℃。

ACCC 36926←中国农科院植保所←新疆石河子大学农学院植病室；分离自新疆阿克苏地区八团棉花黄
　　　　萎病茎秆；培养基 0014，25℃。

ACCC 36927←中国农科院植保所←新疆石河子大学农学院植病室；分离自新疆石河子棉花黄萎病茎秆；
　　　　培养基 0014，25℃。

ACCC 36928←中国农科院植保所←新疆石河子大学农学院植病室；分离自新疆喀什地区 48 团棉花黄萎
　　　　病茎秆；培养基 0014，25℃。

ACCC 36931←新疆农科院微生物所；分离自新疆焉耆棉花黄萎病田土壤；培养基 0014，37℃。

ACCC 36947←广东微生物所；分离自广东广州棉花黄萎病田土壤；培养基 0014，25℃。

ACCC 38079←河北省农林科学院植物保护研究所；原始编号：43550；分离自河北威县棉花；培养基
　　　　0014，25～28℃。

ACCC 38080←河北省农林科学院植物保护研究所；原始编号：165-3；分离自河北成安县棉花；培养基
　　　　0014，25～28℃。

ACCC 38081←浙江大学；原始编号：BP-2；分离自江苏南京棉花；培养基 0014，25～28℃。

ACCC 38084←江苏省农业科学院植物保护研究所；原始编号：V07DF2；分离自江苏大丰棉花；培养基
　　　　0014，25～28℃。

ACCC 38886←宁波检验检疫科学技术研究院；原始编号：V1；分离自新疆 136 团 7 连库内 -15 的棉花；
　　　　培养基 0014，25～28℃。

ACCC 38887←宁波检验检疫科学技术研究院；原始编号：V2；分离自新疆 150 团 4 连 7 的棉花；培养
　　　　基 0014，25～28℃。

ACCC 38888←宁波检验检疫科学技术研究院；原始编号：V3；分离自农七师奎东农场 13# 的棉花；培
　　　　养基 0014，25～28℃。

ACCC 38889←宁波检验检疫科学技术研究院；原始编号：V4；分离自新疆 150 团 13 连 56 东 2 的棉
　　　　花；培养基 0014，25～28℃。

ACCC 38890←宁波检验检疫科学技术研究院；原始编号：V5；分离自新疆石总场 1 分场 7 连 2-3 的棉
　　　　花；培养基 0014，25～28℃。

ACCC 38891←宁波检验检疫科学技术研究院；原始编号：V7；分离自新疆石总场 6 分场 7 连 6 号地的
　　　　棉花；培养基 0014，25～28℃。

ACCC 38892←宁波检验检疫科学技术研究院；原始编号：V8；分离自新疆 143 团 14 连 8# 的棉花；培
　　　　养基 0014，25～28℃。

ACCC 38893←宁波检验检疫科学技术研究院；原始编号：V9；分离自新疆 143 团 21 连 14# 的棉花；
　　　　培养基 0014，25～28℃。

ACCC 38895←宁波检验检疫科学技术研究院；原始编号：V12；分离自湖北潜江江陵县的棉花；培养
　　　　基 0014，25～28℃。

ACCC 38896←宁波检验检疫科学技术研究院；原始编号：V13；分离自湖北潜江渔洋镇的棉花；培养
　　　　基 0014，25～28℃。

ACCC 38897←宁波检验检疫科学技术研究院；原始编号：V15；分离自新疆新湖二场 5 连 17 # 的棉花；
　　　　培养基 0014，25～28℃。

ACCC 38898←宁波检验检疫科学技术研究院；原始编号：V18；分离自新疆 67 团 3 连 5 # 的棉花；培
　　　　养基 0014，25～28℃。

ACCC 38899←宁波检验检疫科学技术研究院；原始编号：V19；分离自新疆 145 团 1 分场 1 连 4-2 的棉
　　　　花；培养基 0014，25～28℃。

ACCC 38900←宁波检验检疫科学技术研究院；原始编号：V20；分离自新疆 81 团 10 连 3 号 1 # 的棉花；
　　　　培养基 0014，25～28℃。

ACCC 38901←宁波检验检疫科学技术研究院；原始编号：V21；分离自新疆 83 团 11 连 4 斗 4 的棉花；培养基 0014，25～28℃。

ACCC 38902←宁波检验检疫科学技术研究院；原始编号：V31；分离自新疆石河子地区的茄子；培养基 0014，25～28℃。

ACCC 38903←宁波检验检疫科学技术研究院；原始编号：V33；分离自新疆石河子地区的茄子；培养基 0014，25～28℃。

ACCC 38904←宁波检验检疫科学技术研究院；原始编号：V34；分离自新疆石河子地区的茄子；培养基 0014，25～28℃。

ACCC 38905←宁波检验检疫科学技术研究院；原始编号：V35；分离自新疆石河子地区的茄子；培养基 0014，25～28℃。

ACCC 39278←中国农科院作科所；原始编号：LV12；分离自山西榆次东阳（山西省农业科学院实验基地）绿豆黄萎病株维管束；培养基 0014，25～28℃。

ACCC 39279←中国农科院作科所；原始编号：LV20；分离自河北南宫大寨绿豆黄萎病株维管束；培养基 0014，25～28℃。

ACCC 39280←中国农科院作科所；原始编号：LV25；分离自内蒙古农牧科学院呼和浩特实验基地绿豆黄萎病株维管束；培养基 0014，25～28℃。

Verticillium lecanii（**Zimm.**）**Viégas**

蜡蚧轮枝菌

ACCC 30840←中国农科院环发所；原始编号：3073（古巴）；分离地点：古巴；培养基 0014，25～28℃。

ACCC 30841←中国农科院环发所；原始编号：3074（古巴）；分离地点：古巴；培养基 0014，25～28℃。

ACCC 32146←福建农林大学生物农药教育部重点实验室 BCBKL 0089；原始编号：VL-15；可作为生物农药用于防治粉虱、蚜虫、蓟马；培养基 0014，26℃。

ACCC 32147←福建农林大学生物农药教育部重点实验室 BCBKL 0090；原始编号：VL-19；可作为生物农药用于防治粉虱、蚜虫、蓟马；培养基 0014，26℃。

ACCC 32148←福建农林大学生物农药教育部重点实验室 BCBKL 0091；原始编号：VL-23；可作为生物农药用于防治粉虱、蚜虫、蓟马；培养基 0014，26℃。

ACCC 32150←福建农林大学生物农药教育部重点实验室 BCBKL 0093；原始编号：VL-12；可作为生物农药用于防治粉虱、蚜虫、蓟马；培养基 0014，26℃。

Verticillium nigrescens **Pethybridge**

变黑轮枝菌

ACCC 30573←中国农科院土肥所←美国典型物培养中心，=ATCC48411；分离自废弃物；液化淀粉、纤维素、明胶和果胶；培养基 0014，25℃。

Yunnania pemicillata **H. Z. Kong**

帚状云南霉

ACCC 30914←中国农科院饲料所 FRI2006070；原始编号：F109；=CGMCC 3.4657；培养基 0014，25～28℃。

五、大型真菌（主要为食用菌）（Mushroom）

Agaricus arvensis Schaeff.

野蘑菇

ACCC 51145←黑龙江省应用微生物研究所←贵州大学农学院，36；培养基0014，25℃。

Agaricus bisporus（J. E. Lange）Imbach

双孢蘑菇

ACCC 50021←厦门罐头厂食用菌室←厦门大学生物系，751；培养基0014，25℃。

ACCC 50032←澳大利亚，LM1；培养基0014，25℃。

ACCC 50033←澳大利亚，M13；培养基0014，25℃。

ACCC 50037←上海农科院食用菌所，176；培养基0014，25℃。

ACCC 50041←上海农科院食用菌所，102-2；培养基0014，25℃。

ACCC 50107←北京丰台食用菌菌种厂；培养基0014，25℃。

ACCC 50217←福建农业大学，8205；培养基0014，25℃。

ACCC 50255←上海农科院食用菌所，102-1；培养基0014，25℃。

ACCC 50306←北京市营养源研究所，8308；培养基0014，25℃。

ACCC 50443←湖南省食用菌研究所，A17；培养基0014，25℃。

ACCC 50444←湖南省食用菌研究所，A18；培养基0014，25℃。

ACCC 50551←中国农大食用菌实验室，124-4；培养基0014，25℃。

ACCC 50554←中国农大食用菌实验室，162-1；培养基0014，25℃。

ACCC 50555←北京农大；培养基0014，25℃。

ACCC 50612←上海农科院食用菌所，U3；培养基0014，25℃。

ACCC 50613←上海农科院食用菌所，152；培养基0014，25℃。

ACCC 50659←浙江省奉化市蘑菇生产专业技术协会←福建省蘑菇菌种站，AS3003；培养基0014，25℃。

ACCC 50660←浙江省奉化市蘑菇生产专业技术协会←福建省蘑菇菌种站，U3；培养基0014，25℃。

ACCC 50842←浙江省奉化市蘑菇生产专业技术协会，召农1号；食用，中国台湾品种；培养基0014，25℃。

ACCC 51483←云南昆明云覃科技开发公司，F56；培养基0014，25℃。

ACCC 51579←山东曹县中国菌种市场；褐蘑菇；培养基0014，25℃。

ACCC 51614←福建农林大学菌物研究中心，948-2；棕色蘑菇；培养基0014，25℃。

ACCC 51682←广东微生物所，GIM5.354；培养基0014，25℃。

ACCC 51732←广东微生物所，GIM5.138；培养基0014，25℃。

ACCC 51733←广东微生物所，GIM5.117；培养基0014，25℃。

ACCC 51763←广东微生物所，GIM5.120；培养基0014，25℃。

ACCC 51870←广东微生物所菌种保藏中心，GIM5.116；培养基0014，25℃。

ACCC 52040←广东微生物所，GIM5.477；棕色蘑菇；培养基0014，25℃。

ACCC 52198←广东微生物所，GIM5.492；培养基0014，25℃。

ACCC 52199←广东微生物所，GIM5.493；培养基0014，25℃。

ACCC 52329←中国农科院资划所，左雪梅分离孢子实体；培养基0014，25℃。

ACCC 52330←中国农科院资划所，左雪梅分离孢子实体；培养基0014，25℃。

ACCC 52355←中国农科院资划所，左雪梅分离孢子实体；褐蘑菇；培养基0014，25℃。

ACCC 52379←北京市农业技术推广站，7206；从荷兰引进；培养基0014，22～24℃。

ACCC 52701←中国农科院资划所←四川农科院土肥所，AgQG811；分离自青海刚察县采集的栽培子实体；培养基 0014，25℃。

ACCC 52702←中国农科院资划所←四川农科院土肥所，AgQG812；分离自青海刚察县采集的栽培子实体；培养基 0014，25℃。

ACCC 52703←中国农科院资划所←四川农科院土肥所，AgQG821；分离自青海刚察县采集的栽培子实体；培养基 0014，25℃。

ACCC 52707←中国农科院资划所←四川农科院土肥所，AgRHS21；分离自四川若尔盖县采集的栽培子实体；培养基 0014，25℃。

ACCC 52710←中国农科院资划所←四川农科院土肥所，AgRHS21；分离自四川若尔盖县采集的栽培子实体；培养基 0014，25℃。

ACCC 52712←中国农科院资划所←四川农科院土肥所，AgRHS141；分离自四川若尔盖县采集的栽培子实体；培养基 0014，25℃。

ACCC 52716←中国农科院资划所←四川农科院土肥所，AgRHS241；分离自四川若尔盖县采集的栽培子实体；培养基 0014，25℃。

ACCC 52718←中国农科院资划所←四川农科院土肥所，AgRHS831；分离自四川红原县采集的栽培子实体；培养基 0014，25℃。

ACCC 52719←中国农科院资划所←四川农科院土肥所，AgH911；分离自四川红原县采集的栽培子实体；培养基 0014，25℃。

ACCC 52722←中国农科院资划所←四川农科院土肥所，AgH951；分离自四川红原县采集的栽培子实体；培养基 0014，25℃。

ACCC 52724←中国农科院资划所←四川农科院土肥所，AgH971；分离自四川红原县采集的栽培子实体；培养基 0014，25℃。

ACCC 52726←中国农科院资划所←四川农科院土肥所，AgH912；分离自四川红原县采集的栽培子实体；培养基 0014，25℃。

Agaricus bitorquis (Quél.) Sacc.

大肥蘑菇

ACCC 50034←澳大利亚，B2/E（奶油菇）；培养基 0014，25℃ ；子实体大。

Agaricus blazei Murrill

巴氏蘑菇（姬松茸）

ACCC 51119←福建省南平市农业科学研究所，6 号；培养基 0014，25℃。

ACCC 51148←武汉新宇食用菌研究所；培养基 0014，25℃。

ACCC 51237←河南省科学院生物研究所申进赠；培养基 0014，25℃。

ACCC 51241←福建农林大学谢宝贵赠，AbM2；培养基 0014，25℃。

ACCC 51392←四川农科院食用菌中心，ab22；培养基 0014，25℃。

ACCC 52195←广东微生物所，GIM 5.470；培养基 0014，25℃。

Agaricus campestris L.

蘑菇

ACCC 52727←中国农科院资划所←四川农科院土肥所，AcR931-2；分离自四川红原县采集的栽培子实体；培养基 0014，25℃。

ACCC 52729←中国农科院资划所←四川农科院土肥所，AcR941；分离自四川红原县采集的栽培子实体；培养基 0014，25℃。

Agaricus edulis Bull.

美味蘑菇

ACCC 51446←张金霞采集于颐和园湖边，自行组织分离；培养基 0014，25℃。

ACCC 51471←内蒙古野生采集；原始编号：X20；培养基 0014，25℃。

ACCC 51475←内蒙古野生采集；培养基 0014，25℃。

Agaricus sp.
蘑菇属
ACCC 50802←中国农科院资划所；白蘑菇；培养基0014，25℃。

ACCC 51013←华中农业大学菌种中心；大棕菇；培养基0014，25℃。

ACCC 51014←华中农业大学菌种中心，297；白蘑菇；培养基0014，25℃。

ACCC 51015←华中农业大学菌种中心吕作舟赠，199；白蘑菇；培养基0014，25℃。

ACCC 51016←华中农业大学菌种中心吕作舟赠，9812；白蘑菇；培养基0014，25℃。

ACCC 51751←黑龙江省应用微生物研究所，5L0723；培养基0014，25℃。

Agrocybe cylindracea（DC.）Maire
柱状田头菇（茶树菇、杨树菇）
ACCC 50653←福建省三明市真菌研究所；培养基0014，25℃。

ACCC 50895←福建省三明市真菌研究所 Ag-3；培养基0014，25℃。

ACCC 50913←中国农科院资划所；培养基0014，25℃。

ACCC 50988←郑美生←福建；培养基0014，25℃。

ACCC 51057←福建省三明市真菌研究所郭美英赠，江西；培养基0014，25℃。

ACCC 51058←福建省三明市真菌研究所郭美英赠，中国台湾；培养基0014，25℃。

ACCC 51059←福建省三明市真菌研究所郭美英赠，江滨；培养基0014，25℃。

ACCC 51065←江西尧九江赠，茶丰9号；培养基0014，25℃。

ACCC 51066←江西尧九江赠，茶9号诱变；培养基0014，25℃。

ACCC 51110←中国农科院资划所，左雪梅分离自子实体；培养基0014，25℃；子实体乳白色，耐高温。

ACCC 51239←福建农林大学谢宝贵赠；培养基0014，25℃；子实体白色。

ACCC 51394←四川农科院食用菌中心 Ac1；培养基0014，25℃。

ACCC 51561←中国农科院资划所，古田；培养基0014，25℃。

ACCC 51621←南京农大 YSG-1；培养基0014，25℃。

ACCC 51640←湖北省武汉市华中食用菌栽培研究所；培养基0014，25℃。

ACCC 51658←湖北省嘉鱼县环宇食用菌研究所16；培养基0014，25℃。

ACCC 51659←湖北省嘉鱼县环宇食用菌研究所17；培养基0014，25℃。

ACCC 51660←湖北省嘉鱼县环宇食用菌研究所18；培养基0014，25℃。

ACCC 51676←广东微生物所 GIM5.359；培养基0014，25℃。

ACCC 51690←广东微生物所 GIM5.336；培养基0014，25℃。

ACCC 52035←广东微生物所 GIM5.468；培养基0014，25℃。

ACCC 52578←福建省农业科学院，B210；培养基0014，25℃。

ACCC 53302←广西壮族自治区农业科学院郎宁提供，AC9；分离自广西弄岗保护区阔叶林子实体；培养基0014，25℃。

Amanita muscaria（L.: Fr.）Lam.
毒蝇鹅膏菌
ACCC 51314←小兴安岭凉水自然保护区野生子实体分离；培养基0014，25℃。

Amauroderma rude（Berk.）Torrend
皱盖假芝（血芝）
ACCC 50879←中科院微生物所；培养基0014，25℃。

ACCC 50880←中科院微生物所；培养基0014，25℃。

ACCC 52331←中科院微生物所，5.76；培养基0014，25℃。

Amauroderma rugosum（Blume & T. Nees）Torrend
假芝
ACCC 51236←中科院微生物所，AS.5.679；培养基0014，25℃。

Amauroderma sp.

血芝

ACCC 51105←华中农业大学植物保护系，台湾血芝；培养基 0014，25℃。

ACCC 51327←江苏省农业科学院食用菌研究开发中心；培养基 0014，25℃。

Armillaria luteovirens（Alb. & Schwein.）Sacc.

黄绿蜜环菌

ACCC 52296←中国农大生物学院王贺祥赠，黄蘑菇；培养基 0014，25℃。

Armillaria sp.

蜜环菌

ACCC 51064←河南省栾川县科委曹淑兰赠；培养基 0014，25℃。

ACCC 51151←河南省栾川县科委曹淑兰赠，234；培养基 0014，25℃。

Armillariella mellea（Vahl）P. Karst.

假蜜环菌（蜜环菌、榛蘑）

ACCC 50063←浙江省微生物研究所←中科院微生物所，ZM5.30；培养基 0014，25℃。

ACCC 50466←吉林省农业科学院长白山资源所；培养基 0014，25℃。

ACCC 50801←香港中文大学生物系←Broedbedrijf Mycobank，CMB051；培养基 0014，25℃。

ACCC 51143←黑龙江省应用微生物研究所分离鉴定，78136；培养基 0014，25℃。

ACCC 51319←小兴安岭带岭自由市场销售鲜品组织分离；培养基 0014，25℃。

ACCC 51744←黑龙江省应用微生物研究所，5L0598；培养基 0014，25℃。

ACCC 52219←张瑞颖采自北京房山云霞岭乡堂上村，组织分离，08-2；培养基 0014，25℃。

ACCC 52220←张瑞颖采自北京房山云霞岭乡堂上村，组织分离，08-4；培养基 0014，25℃。

ACCC 52221←张瑞颖采自北京房山云霞岭乡堂上村，组织分离，08-10；培养基 0014，25℃。

ACCC 52222←张瑞颖采自北京房山云霞岭乡堂上村，组织分离，08-3；培养基 0014，25℃。

ACCC 52223←张瑞颖采自北京房山云霞岭乡堂上村，组织分离，08-9；培养基 0014，25℃。

ACCC 52224←张瑞颖采自北京房山云霞岭乡堂上村，组织分离，08-8；培养基 0014，25℃。

ACCC 52225←张瑞颖采自北京房山云霞岭乡堂上村，组织分离，08-7；培养基 0014，25℃。

ACCC 52226←张瑞颖采自北京房山云霞岭乡堂上村，组织分离，08-6；培养基 0014，25℃。

ACCC 52227←张瑞颖采自北京房山云霞岭乡堂上村，组织分离，08-1 土地上采；培养基 0014，25℃。

ACCC 52228←张瑞颖采自北京房山云霞岭乡堂上村，组织分离，08-2 土地上采；培养基 0014，25℃。

ACCC 52229←张瑞颖采自北京房山云霞岭乡堂上村，组织分离，08-3（土）；培养基 0014，25℃。

ACCC 52230←张瑞颖采自北京房山云霞岭乡堂上村，组织分离，08-4（土）；培养基 0014，25℃。

ACCC 52231←张瑞颖采自北京房山云霞岭乡堂上村，组织分离，08-5（土）；培养基 0014，25℃。

ACCC 52232←张瑞颖采自北京房山云霞岭乡堂上村，组织分离，08-6（土）；培养基 0014，25℃。

ACCC 52268←中国农科院资划所，YKLAB-0021；培养基 0014，25℃。

ACCC 52282←中国农科院资划所，01311；培养基 0014，25℃。

ACCC 52283←中国农科院资划所，01312；培养基 0014，25℃。

ACCC 52284←中国农科院资划所，01309；培养基 0014，25℃。

Armillariella tabescens（Scop.）Singer

发光假蜜环菌

ACCC 50883←中科院微生物所，亮菌；培养基 0014，25℃。

ACCC 51415←四川农科院食用菌中心，At01；培养基 0014，25℃。

ACCC 52205←中国农科院饲料所，F160；培养基 0014，25℃。

ACCC 52267←中国农科院资划所，AtHL6221；培养基 0014，25℃。

ACCC 52270←中国农科院资划所，AtHL6732；培养基 0014，25℃。

ACCC 52271←中国农科院资划所，AtHL6714；培养基 0014，25℃。

ACCC 52292←中国农科院资划所，01095；培养基 0014，25℃。

Auricularia auricula-judae（Bull.）Quél.

黑木耳

ACCC 50057←浙江省微生物研究所←中科院微生物所，ZM5.36；培养基0014，25℃。

ACCC 50133←山西省生物研究所；培养基0014，25℃。

ACCC 50135←中国农科院蔬菜花卉所，80E；培养基0014，25℃。

ACCC 50137←中国农科院蔬菜花卉所，590；培养基0014，25℃。

ACCC 50230←上海农科院食用菌所，沪耳1号；培养基0014，25℃。

ACCC 50354←浙江省庆元县食用菌所，8704；培养基0014，25℃。

ACCC 50355←浙江省庆元县食用菌所，8707；培养基0014，25℃。

ACCC 50356←浙江省庆元县食用菌所，8709；培养基0014，25℃。

ACCC 50366←辽宁省抚顺市外贸公司，860；培养基0014，25℃。

ACCC 50371←陕西省宁强县食用菌研究所←湖北房县，511；段木种型；培养基0014，25℃。

ACCC 50373←陕西省宁强县食用菌研究所←浙江金华，19号；段木、木屑两用种型；培养基0014，25℃。

ACCC 50384←上海农科院食用菌所，沪耳2号；代料种型；培养基0014，25℃。

ACCC 50432←湖南省食用菌研究所，草耳6号；稻草栽培种型；培养基0014，25℃。

ACCC 50437←吉林省农业科学院长白山资源所，Au86；段木、木屑两用种型；培养基0014，25℃。

ACCC 50438←河北农业大学食品系，冀诱1号；紫外线诱变菌株，代料种型；培养基0014，25℃。

ACCC 50530←山东金乡鸡黍菇香菌种厂←福建三明，143；培养基0014，25℃。

ACCC 50531←山东金乡鸡黍菇香菌种厂←浙江淳安，浙5；培养基0014，25℃。

ACCC 50539←河南省农业科学院土壤肥料研究所Au013；段木种型；培养基0014，25℃。

ACCC 50663←河南省农业科学院，Au003；培养基0014，25℃。

ACCC 50665←河南省农业科学院，Au022；段木种型；培养基0014，25℃。

ACCC 50834←福建农业大学菌草室，Au7811；培养基0014，25℃。

ACCC 50837←辽宁省农业科学院食用菌技术开发中心，8808；地栽品种；培养基0014，25℃。

ACCC 50854←陕西省宁强县食用菌工作站，y二号；培养基0014，25℃。

ACCC 50855←陕西省宁强县食用菌工作站，Au05；段木种型；培养基0014，25℃。

ACCC 50856←陕西省宁强县食用菌工作站，96-01号；段木种型；培养基0014，25℃。

ACCC 50859←陕西省宁强县食用菌工作站，秦巴16；段木种型；培养基0014，25℃。

ACCC 50938←上海农科院食用菌所菌种厂，沪耳2号；代料段木两用种，子实体散生，色泽中等，耳片柔软，适于我国南方气候栽培；培养基0014，25℃。

ACCC 50939←上海农科院食用菌所菌种厂，沪耳3号；子实体片大、肉厚，腹面黑亮、背面灰色绒毛状，口感脆而不硬，适宜袋料栽培的品种；培养基0014，25℃。

ACCC 50955←辽宁省朝阳市食用菌所，998-1；培养基0014，25℃。

ACCC 50956←辽宁省朝阳市食用菌所，998-4；培养基0014，25℃。

ACCC 50958←辽宁省朝阳市食用菌所，998-5；培养基0014，25℃。

ACCC 50972←河南省科学院生物研究所菌种厂，大光木耳；培养基0014，25℃。

ACCC 50973←河南省科学院生物研究所菌种厂，雪白木耳；培养基0014，25℃。

ACCC 50974←河南省科学院生物研究所菌种厂，黑6；培养基0014，25℃。

ACCC 50975←河南省科学院生物研究所菌种厂，888；培养基0014，25℃。

ACCC 50995←河南省科学院生物研究所菌种厂，沪耳1号；培养基0014，25℃。

ACCC 50996←河南省科学院生物研究所菌种厂，8129；培养基0014，25℃。

ACCC 50998←河南省科学院生物研究所菌种厂，杂交005；培养基0014，25℃。

ACCC 51000←河南省科学院生物研究所菌种厂，沪耳2号；培养基0014，25℃。

ACCC 51001←河南省科学院生物研究所菌种厂，Au110；培养基0014，25℃。

ACCC 51002←河南省科学院生物研究所菌种厂，793；培养基0014，25℃。

ACCC 51003←河南省科学院生物研究所菌种厂，590；培养基 0014，25℃。

ACCC 51019←华中农业大学菌种中心吕作舟赠，薛坪 10 号；培养基 0014，25℃。

ACCC 51020←华中农业大学菌种中心吕作舟赠，H7；培养基 0014，25℃。

ACCC 51021←华中农业大学菌种中心吕作舟赠，901；培养基 0014，25℃。

ACCC 51022←华中农业大学菌种中心吕作舟赠，伏 6；培养基 0014，25℃。

ACCC 51023←华中农业大学菌种中心吕作舟赠，793；黑褐，质优高产，传统优良种，段木种；培养基 0014，25℃。

ACCC 51024←华中农业大学菌种中心吕作舟赠，A12；培养基 0014，25℃。

ACCC 51025←华中农业大学菌种中心吕作舟赠，沪耳 3 号；培养基 0014，25℃。

ACCC 51026←华中农业大学菌种中心吕作舟赠，H10；培养基 0014，25℃。

ACCC 51027←华中农业大学菌种中心吕作舟赠，黄天菊花；黑褐，出耳快，耳片大，产量高，质优，段木袋料两用种；培养基 0014，25℃。

ACCC 51028←华中农业大学菌种中心吕作舟赠，K3；培养基 0014，25℃。

ACCC 51043←华中农业大学菌种中心吕作舟赠，97-1；培养基 0014，25℃。

ACCC 51044←华中农业大学菌种中心吕作舟赠，延 10；培养基 0014，25℃。

ACCC 51045←华中农业大学菌种中心吕作舟赠，97-4；培养基 0014，25℃。

ACCC 51046←华中农业大学菌种中心吕作舟赠，黑菊 1 号；培养基 0014，25℃。

ACCC 51047←华中农业大学菌种中心吕作舟赠，雨优 3 号；培养基 0014，25℃。

ACCC 51048←华中农业大学菌种中心吕作舟赠，26；培养基 0014，25℃。

ACCC 51049←华中农业大学菌种中心吕作舟赠，9703；培养基 0014，25℃。

ACCC 51050←华中农业大学菌种中心吕作舟赠，97-2；培养基 0014，25℃。

ACCC 51051←华中农业大学菌种中心吕作舟赠，延 7；培养基 0014，25℃。

ACCC 51082←黑龙江省应用微生物研究所郭砚翠赠，643；培养基 0014，25℃。

ACCC 51083←黑龙江省应用微生物研究所郭砚翠赠，天桥岭；培养基 0014，25℃。

ACCC 51084←黑龙江省应用微生物研究所郭砚翠赠←延吉，长白 7；培养基 0014，25℃。

ACCC 51085←黑龙江省应用微生物研究所郭砚翠赠，东宁 15；培养基 0014，25℃。

ACCC 51086←黑龙江省应用微生物研究所郭砚翠赠←延吉，长城 1 号；培养基 0014，25℃。

ACCC 51087←黑龙江省应用微生物研究所郭砚翠赠，草优 1 号；培养基 0014，25℃。

ACCC 51088←黑龙江省应用微生物研究所郭砚翠赠，Au002；培养基 0014，25℃。

ACCC 51089←黑龙江省应用微生物研究所郭砚翠赠，Au004；培养基 0014，25℃。

ACCC 51090←黑龙江省应用微生物研究所郭砚翠赠，AuH-5；培养基 0014，25℃。

ACCC 51091←黑龙江省应用微生物研究所郭砚翠赠，Au86；培养基 0014，25℃。

ACCC 51092←黑龙江省应用微生物研究所郭砚翠赠，8712；培养基 0014，25℃。

ACCC 51093←黑龙江省应用微生物研究所郭砚翠赠，8808；培养基 0014，25℃。

ACCC 51094←黑龙江省应用微生物研究所郭砚翠赠，88016；培养基 0014，25℃。

ACCC 51095←黑龙江省应用微生物研究所郭砚翠赠，9910；培养基 0014，25℃。

ACCC 51096←黑龙江省应用微生物研究所郭砚翠赠，9912；培养基 0014，25℃。

ACCC 51097←黑龙江省应用微生物研究所郭砚翠赠，9913；培养基 0014，25℃。

ACCC 51098←黑龙江省应用微生物研究所郭砚翠赠，9914；培养基 0014，25℃。

ACCC 51154←陕西省宁强县食用菌研究所戴松林赠，RFP8；培养基 0014，25℃。

ACCC 51163←陕西省宁强县食用菌研究所戴松林赠，RF82-4；培养基 0014，25℃。

ACCC 51384←四川农科院食用菌中心王波赠，Au8；培养基 0014，25℃。

ACCC 51385←四川农科院食用菌中心王波赠，Au901；培养基 0014，25℃。

ACCC 51386←四川农科院食用菌中心王波赠，Au129；培养基 0014，25℃。

ACCC 51610←安徽雷炳军赠，新科 5 号；单片朵，色黑，肉厚，产量高；培养基 0014，25℃。

ACCC 51611←安徽雷炳军赠，新科 8 号；色黑，肉厚，产量高；培养基 0014，25℃。

ACCC 51753←黑龙江省应用微生物研究所，5L0667；培养基 0014，25℃。

ACCC 51754←黑龙江省应用微生物研究所，5L0666；培养基 0014，25℃。

ACCC 51755←黑龙江省应用微生物研究所，5L0618（丰收 2 号）；培养基 0014，25℃。

ACCC 51756←黑龙江省应用微生物研究所，5L0137；培养基 0014，25℃。

ACCC 51757←黑龙江省应用微生物研究所，5L0616；培养基 0014，25℃。

ACCC 51758←黑龙江省应用微生物研究所，5L0662；培养基 0014，25℃。

ACCC 51759←黑龙江省应用微生物研究所，5L0663（冬梅一号）；培养基 0014，25℃。

ACCC 51760←黑龙江省应用微生物研究所，5L0664（菊三）；培养基 0014，25℃。

ACCC 51761←黑龙江省应用微生物研究所，5L0093（9809）；培养基 0014，25℃。

ACCC 51810←山东农业大学菌种保藏中心，300068；培养基 0014，25℃。

ACCC 51811←山东农业大学菌种保藏中心，300069；培养基 0014，25℃。

ACCC 51812←山东农业大学菌种保藏中心，300070；培养基 0014，25℃。

ACCC 51825←广东微生物所菌种保藏中心，GIM5.49；培养基 0014，25℃。

ACCC 51835←广东微生物所菌种保藏中心，GIM5.171；培养基 0014，25℃。

ACCC 51840←广东微生物所菌种保藏中心，GIM5.172；培养基 0014，25℃。

ACCC 51953←华中农业大学，细耳 887；培养基 0014，25℃。

ACCC 51954←华中农业大学，细耳 987；培养基 0014，25℃。

ACCC 51955←华中农业大学，C21；培养基 0014，25℃。

ACCC 51956←华中农业大学，C22；培养基 0014，25℃。

ACCC 51957←华中农业大学，黑耳 9 号；培养基 0014，25℃。

ACCC 51958←华中农业大学，地栽 1 号；培养基 0014，25℃。

ACCC 51959←华中农业大学，神龙 A8；培养基 0014，25℃。

ACCC 52039←广东微生物所，GIM5.476；培养基 0014，25℃。

ACCC 52171←山东农业大学，30124；培养基 0014，25℃。

ACCC 52197←广东微生物所菌种保藏中心，GIM5.488；培养基 0014，25℃。

ACCC 52648←中国农科院资划所←北京农科院王守现提供；分离自采集自北京门头沟小龙门的野生子
　　　　实体；培养基 0014，25℃。

Auricularia delicata（**Mont. ex Fr.**）**Henn.**

皱木耳

ACCC 51708←广东微生物所，GIM5.177；培养基 0014，25℃。

ACCC 53293←广西壮族自治区农业科学院郎宁提供，wsw0905-1；分离自广西弄岗保护区阔叶林子实
　　　　体；培养基 0014，25℃。

ACCC 53306←广西壮族自治区农业科学院郎宁提供，wsw0905-2；分离自广西弄岗保护区阔叶林子实
　　　　体；培养基 0014，25℃。

Auricularia fibrillifera **Kobayasi**

ACCC 53302←广西壮族自治区农业科学院郎宁提供，wsw5513-2；分离自广西弄岗保护区阔叶林子实
　　　　体；培养基 0014，25℃。

Auricularia peltata **Lloyd**

盾形木耳

ACCC 50835←福建农业大学菌草室，835；培养基 0014，25℃。

Auricularia polytricha（**Mont.**）**Sacc.**

毛木耳

ACCC 50141←山西省生物研究所；培养基 0014，25℃。

ACCC 50269←福建省三明市真菌研究所，154；培养基 0014，25℃。

ACCC 50359←浙江省庆元县食用菌所；培养基 0014，25℃。

ACCC 50385←上海农科院食用菌所，Ap-4；培养基 0014，25℃。

ACCC 50433←湖南省食用菌研究所←福建省三明市真菌研究所，781；培养基 0014，25℃。

ACCC 50664←河南省农业科学院，Ap10；培养基 0014，25℃。

ACCC 50898←福建农业大学菌草室林占熺赠，AU9343；子实体一般较大；培养基 0014，25℃。

ACCC 50971←河南省科学院生物研究所菌种厂，1 号黄背木耳；培养基 0014，25℃。

ACCC 50976←河南省科学院生物研究所菌种厂，紫木耳；培养基 0014，25℃。

ACCC 50997←河南省科学院生物研究所菌种厂，上海 3 号；培养基 0014，25℃。

ACCC 51108←华中农业大学植保系，781；培养基 0014，25℃。

ACCC 51379←四川农科院食用菌中心王波赠，AP1；培养基 0014，25℃。

ACCC 51380←四川农科院食用菌中心王波赠，AP6；培养基 0014，25℃。

ACCC 51381←四川农科院食用菌中心王波赠，AP7；培养基 0014，25℃。

ACCC 51382←四川农科院食用菌中心王波赠，琥珀；培养基 0014，25℃。

ACCC 51383←四川农科院食用菌中心王波赠，AP159；培养基 0014，25℃。

ACCC 51752←黑龙江省应用微生物研究所，5L0676；培养基 0014，25℃。

ACCC 51834←广东微生物所菌种保藏中心，GIM5.173；培养基 0014，25℃。

ACCC 51876←广东微生物所菌种保藏中心，GIM5.407；培养基 0014，25℃。

ACCC 52041←广东微生物所，GIM5.487；培养基 0014，25℃。

ACCC 52176←山东农业大学，30129；培养基 0014，25℃。

ACCC 52177←山东农业大学，30130；培养基 0014，25℃。

ACCC 52178←山东农业大学，30131；培养基 0014，25℃。

ACCC 52247←中国农科院资划所，01083；培养基 0014，25℃。

ACCC 52248←中国农科院资划所，01085；培养基 0014，25℃。

ACCC 52249←中国农科院资划所，01086；培养基 0014，25℃。

ACCC 52250←中国农科院资划所，01087；培养基 0014，25℃。

ACCC 52251←中国农科院资划所，01088；培养基 0014，25℃。

ACCC 52252←中国农科院资划所，01090；培养基 0014，25℃。

ACCC 52253←中国农科院资划所，01091；培养基 0014，25℃。

ACCC 52254←中国农科院资划所，01092；培养基 0014，25℃。

ACCC 52255←中国农科院资划所，01093；培养基 0014，25℃。

ACCC 52256←中国农科院资划所，01096；培养基 0014，25℃。

ACCC 52257←中国农科院资划所，01101；培养基 0014，25℃。

ACCC 52258←中国农科院资划所，01102；培养基 0014，25℃。

ACCC 52272←中国农科院资划所，01098；培养基 0014，25℃。

ACCC 52273←中国农科院资划所，01097；培养基 0014，25℃。

ACCC 52274←中国农科院资划所，01103；培养基 0014，25℃。

ACCC 52275←中国农科院资划所，1082；培养基 0014，25℃。

ACCC 52276←中国农科院资划所，1089；培养基 0014，25℃。

ACCC 52277←中国农科院资划所，1099；培养基 0014，25℃。

ACCC 52287←中国农科院资划所，01093；培养基 0014，25℃。

ACCC 52288←中国农科院资划所，1216；培养基 0014，25℃。

ACCC 52289←中国农科院资划所，YA1217；培养基 0014，25℃。

ACCC 52291←中国农科院资划所，01084；培养基 0014，25℃。

ACCC 52740←中国农科院资划所←四川农科院土肥所，AP57；采集自四川都江堰；培养基 0014，25℃。

Auricularia sp.

ACCC 50367←北京农科院植保所陈文良赠，大木耳；培养基 0014，25℃。

ACCC 50999←河南省科学院生物研究所菌种厂 2 号，台耳；培养基 0014，25℃。

ACCC 51304←华中农业大学罗信昌赠←华中农业大学菌种实验中心，血耳；培养基 0014，25℃。

Bjerkandera fumosa（Pers.: Fr.）P. Karst.

亚黑管孔菌

ACCC 51133←黑龙江省应用微生物研究所，11；培养基 0014，25℃。

Calvatia craniiformis（Schwein.）Fr. ex De Toni

头状秃马勃

ACCC 51684←广东微生物所，GIM5.325；培养基 0014，25℃；幼时可食，成熟药用。

Climacocystis borealis（Fr.）Kotl. & Pouzar

北方梭囊孔菌

ACCC 51172←东北林业大学，9832；培养基 0014，25℃。

Clitocybe maxima（P. Gaertn., B. Mey. & Scherb.）P. Kumm.

大杯伞

ACCC 51629←中国农科院资划所，左雪梅分离自子实体组织；中国台湾；培养基 0014，25℃。

Coprinus comatus（O. F. Müll.）Pers.

鸡腿菇（毛头鬼伞）

ACCC 50400←河北省获鹿县食用菌技术服务站；当地野生子实体组织分离；培养基 0014，25℃。

ACCC 50917←北京大兴（航天部育种基地）；培养基 0014，25℃。

ACCC 50960←辽宁省朝阳市食用菌所；培养基 0014，25℃。

ACCC 51170←江苏省农业科学院蔬菜研究所，白鸡；培养基 0014，25℃。

ACCC 51325←中国农科院资划所，左雪梅分离自北京大兴青云店野生子实体组织；培养基 0014，25℃。

ACCC 51393←四川农科院食用菌中心，cc1；培养基 0014，25℃。

ACCC 51537←江苏天达食用菌研究所，鸡2004；培养基 0014，25℃；子实体较大。

ACCC 51538←江苏天达食用菌研究所，鸡978；培养基 0014，25℃；子实体较大，浅色。

ACCC 51560←中国农科院资划所，白色品种；培养基 0014，25℃。

ACCC 51571←山东曹县中国菌种市场，Cc44；培养基 0014，25℃；子实体较大。

ACCC 51572←山东曹县中国菌种市场，Cc77；培养基 0014，25℃；子实体较大。

ACCC 51689←广东微生物所，GIM5.335；培养基 0014，25℃。

ACCC 51742←黑龙江省应用微生物研究所，5L0708；野生；培养基 0014，25℃。

ACCC 51770←山东农业大学菌种保藏中心，300023；培养基 0014，25℃。

ACCC 51771←山东农业大学菌种保藏中心，300024；培养基 0014，25℃。

ACCC 51772←山东农业大学菌种保藏中心，300025；培养基 0014，25℃。

ACCC 51773←山东农业大学菌种保藏中心，300026；培养基 0014，25℃。

ACCC 51774←山东农业大学菌种保藏中心，300027；培养基 0014，25℃。

ACCC 51775←山东农业大学菌种保藏中心，300028；培养基 0014，25℃。

ACCC 51832←广东微生物所菌种保藏中心，GIM5.201；培养基 0014，25℃。

ACCC 52020←辽宁省微生物科学研究院，8009（小美白）；培养基 0014，25℃。

ACCC 52119←山东农业大学，30072；培养基 0014，25℃。

ACCC 52120←山东农业大学，30073；培养基 0014，25℃。

ACCC 52122←山东农业大学，30075；培养基 0014，25℃。

ACCC 52164←山东农业大学，30117；培养基 0014，25℃。

ACCC 52165←山东农业大学，30118；培养基 0014，25℃。

ACCC 52166←山东农业大学，30119；培养基 0014，25℃。

ACCC 52167←山东农业大学，30120；培养基 0014，25℃。

ACCC 52620←北京昌平小汤山蔬菜大观园，野生-1；培养基 0014，25℃。

Cordyceps cicadicola Teng

蝉花虫草

ACCC 51169←江苏省农业科学院蔬菜研究所，蝉花；培养基 0014，25℃。

Cordyceps militaris（L.）Fr.

蛹虫草

ACCC 50383←吉林省蚕业科学研究所；培养基 0014，25℃。

ACCC 50387←陕西省宁强县食用菌研究所；巴秦蛹虫草；培养基 0014，25℃。

ACCC 50632←内蒙古赤峰；培养基 0014，25℃。

ACCC 50946←陕西省食用菌菌种场；培养基 0014，25℃。

ACCC 50979←河南省科学院生物研究所菌种厂；培养基 0014，25℃。

ACCC 50985←北京农科院植环所；培养基 0014，25℃。

ACCC 51534←安徽省砀山县天益真菌研究所；培养基 0014，25℃。

ACCC 51574←山东曹县中国菌种市场，特长北虫草；培养基 0014，25℃。

ACCC 51632←中国农科院饲料所，avcF94；培养基 0014，25℃。

ACCC 51762←采自辽宁抚顺哈达乡；培养基 0014，25℃。

ACCC 51949←华中农业大学，虫草 1 号；培养基 0014，25℃。

ACCC 51950←华中农业大学，虫草 2 号；培养基 0014，25℃。

ACCC 51952←华中农业大学，虫草 7 号；培养基 0014，25℃。

ACCC 52028←广东微生物所，GIM5.454；培养基 0014，25℃。

ACCC 52056←广东微生物所，GIM5.453；培养基 0014，25℃。

ACCC 52244←中国农科院资划所←云南省农业科学院，YAASM-0578；培养基 0014，25℃。

ACCC 52245←中国农科院资划所←云南省农业科学院，YAASM-0584；培养基 0014，25℃。

ACCC 52303←江苏省农业科学院食用菌中心，新选 800；培养基 0014，25℃。

ACCC 52308←江苏；培养基 0014，25℃。

ACCC 52345←北京正术富邦生物科技研究所；培养基 0014，25℃。

ACCC 52353←沈阳农业大学土地与环境学院孙军德赠；培养基 0014，25℃。

ACCC 52623←北京市大兴区金叶蛹虫草公司；培养基 0014，25℃。

Cordyceps sinensis（Berk.）Sacc.

冬虫夏草

ACCC 50542←浙江长兴制药厂；培养基 0014，25℃；发酵用菌株。

ACCC 50560←吉林省农业科学院长白山资源所；培养基 0014，25℃。

ACCC 50562←上海农科院食用菌所，0738；培养基 0014，25℃。

ACCC 50623←武汉大学；培养基 0014，25℃。

Cordyceps sobolifera（Hill ex Watson）Berk. & Broome

蝉花虫草

ACCC 51947←雷炳军采自安徽，中国农科院资划所左雪梅进行组织分离；培养基 0014，25℃。

Cordyceps sp.

虫草

ACCC 51159←陕西省宁强县食用菌研究所戴松林赠，G.S.1#；培养基 0014，25℃。

ACCC 51700←广东微生物所，GIM5.268；培养基 0014，25℃。

ACCC 51826←广东微生物所菌种保藏中心，GIM5.267；培养基 0014，25℃。

Coriolopsis gallica（Fr.）Ryvarden

拟革盖菌

ACCC 51235←中科院微生物所，AS5.654；培养基 0014，25℃。

Cyathus stercoreus（Schwein.）De Toni
黑蛋巢菌
ACCC 51654←CBS；培养基 0014，25℃。

Dictyophora duplicate（Bosc）E. Fisch.
短裙竹荪
ACCC 51821←广东微生物所菌种保藏中心，GIM5.59；培养基 0014，25℃。

Dictyophora indusiata（Vent.）Desv.
长裙竹荪
ACCC 51847←广东微生物所菌种保藏中心，GIM5.61；培养基 0014，25℃。

Elaphocordyceps ophioglossoides（J. F. Gmel.）G. H. Sung，J. M. Sung & Spatafora
大团囊虫草
ACCC 51881←广东微生物所菌种保藏中心，GIM5.368；培养基 0014，25℃。

Favolus squamosus（Huds.）Ames
宽鳞大孔菌
ACCC 51523←广东微生物所←福建省三明市真菌研究所，GIM5.62；培养基 0014，25℃。

Fistulina hepatica（Schaeff.）With.
肝色牛排菌（牛舌菌）
ACCC 50885←中科院微生物所；培养基 0014，25℃。
ACCC 50896←福建三明；培养基 0014，25℃。

Flammulina sp.
金针菇
ACCC 53262←中国农科院资划所；工厂生产品种，白色，高产，整齐，分生孢子少；培养基 0014，25℃。

Flammulina velutipes（Curtis）Singer
毛柄金钱菌（金针菇）
ACCC 50007←中科院微生物所；培养基 0014，25℃；淡黄色品种，菌柄和菌盖均为淡黄色。
ACCC 50077←北京市食品研究所，日本种；培养基 0014，25℃；菌盖为淡黄色，菌柄为白色，不易开伞。
ACCC 50078←北京市食品研究所；培养基 0014，25℃；子实体为黄色。
ACCC 50143←中国农科院蔬菜花卉所；培养基 0014，25℃。
ACCC 50145←陕西铜川，铜川 6 号；培养基 0014，25℃。
ACCC 50146←陕西铜川←福建省三明市真菌研究所，三明 1 号；培养基 0014，25℃。
ACCC 50147←福建省三明市真菌研究所，三明 3 号；培养基 0014，25℃。
ACCC 50148←陕西铜川，铜川 2 号；培养基 0014，25℃。
ACCC 50240←南京农大←澳大利亚，FV5；培养基 0014，25℃。
ACCC 50241←南京农大←澳大利亚，FV2；培养基 0014，25℃。
ACCC 50243←南京农大←安徽；培养基 0014，25℃。
ACCC 50251←上海农科院食用菌所；培养基 0014，25℃。
ACCC 50296←天津师范大学生物系，8101；培养基 0014，25℃。
ACCC 50297←天津师范大学生物系，3 号；培养基 0014，25℃。
ACCC 50344←山西省生物研究所，130；培养基 0014，25℃。
ACCC 50350←浙江省庆元县食用菌所，11003，三明 1 号；培养基 0014，25℃。
ACCC 50351←浙江省庆元县食用菌所，11001；日本菌株；培养基 0014。
ACCC 50390←陕西省宁强县食用菌研究所；培养基 0014，25℃。
ACCC 50398←辽宁省外贸公司，1；培养基 0014，25℃；淡色菌株。
ACCC 50402←河北省廊坊市食用菌研究所，14 号；培养基 0014，25℃；淡色菌株。
ACCC 50403←南京市农科所←福建省三明市真菌研究所；培养基 0014，25℃；淡色菌株。

ACCC 50404←江苏省微生物研究所；培养基 0014，25℃。

ACCC 50407←河北大学生物系←四川；培养基 0014，25℃。

ACCC 50412←上海农科院食用菌所，SFV9；培养基 0014，25℃；淡色菌株。

ACCC 50424←浙江常山微生物总厂；培养基 0014，25℃；淡色菌株。

ACCC 50455←山东师范大学生物系，85；培养基 0014，25℃。

ACCC 50467←中国农科院土肥所；培养基 0014，25℃；白色金针菇。

ACCC 50479←福建省三明市真菌研究所；杂交 19；培养基 0014，25℃；淡色菌株。

ACCC 50485←廊坊市农业学校；培养基 0014，25℃。

ACCC 50507←河北省微生物研究所，FV088；培养基 0014；白色菌株。

ACCC 50512←河北省微生物研究所，9 号；培养基 0014，25℃。

ACCC 50525←山东金乡鸡黍菇香菌种厂，9001；培养基 0014，25℃。

ACCC 50526←山东金乡鸡黍菇香菌种厂，沪菌 3 号；培养基 0014，25℃。

ACCC 50527←山东金乡鸡黍菇香菌种厂←日本，8909；培养基 0014，25℃；白色菌株。

ACCC 50529←山东金乡鸡黍菇香菌种厂←昆明，FV8；培养基 0014，25℃。

ACCC 50573←山东省沂南县食用菌所，鲁金 1 号；培养基 0014，25℃。

ACCC 50584←山西省农业科学院食用菌研究所←日本；培养基 0014，25℃；白色菌株。

ACCC 50599←湖南省湘乡市农业局；当地野生子实体组织分离；培养基 0014，25℃。

ACCC 50649←中国农科院植保所食用菌组，8815；辐射突变菌株；培养基 0014，25℃。

ACCC 50650←中国农科院植保所食用菌组，8817；辐射突变菌株；培养基 0014，25℃。

ACCC 50667←河北省食用菌研究所←日本引进，1008；培养基 0014，25℃；白色菌株。

ACCC 50682←中国农科院土肥所，F1-14；培养基 0014，25℃；白色菌株。

ACCC 50698←香港中文大学生物系，F1-1；培养基 0014，25℃。

ACCC 50699←香港中文大学生物系，F1-3；培养基 0014，25℃。

ACCC 50700←香港中文大学生物系，F1-4←泰国；培养基 0014，25℃。

ACCC 50701←香港中文大学生物系，F1-10；培养基 0014，25℃。

ACCC 50755←香港中文大学生物系，F1-5；培养基 0014，25℃。

ACCC 50812←江苏省微生物研究所，苏金 6 号；培养基 0014，25℃；淡色菌株。

ACCC 50813←江苏省微生物研究所，苏金 7 号；培养基 0014，25℃。

ACCC 50814←江苏省微生物研究所，苏金 8 号；培养基 0014，25℃。

ACCC 50839←中国农科院植保所，48；培养基 0014，25℃。

ACCC 50853←陕西省宁强县食用菌工作站，金针菇 1 号；培养基 0014，25℃。

ACCC 50862←北京 113 中学，杂交 40；培养基 0014，25℃；淡色菌株。

ACCC 50871←中国农科院资划所，F 高金菇；高温型；培养基 0014，25℃。

ACCC 50886←河南省农业科学研究院，98-1；培养基 0014，25℃；子实体白色。

ACCC 50911←郑美生；培养基 0014，25℃；子实体白色。

ACCC 50912←郑美生，T-101；培养基 0014，25℃；子实体黄色。

ACCC 51012←分离自房山的子实体组织；培养基 0014，25℃。

ACCC 51062←福建省三明市真菌研究所，杂交 19；培养基 0014，25℃。

ACCC 51099←黑龙江省应用微生物研究所郭砚翠赠←日本，官泽聪，樱花 1 号；培养基 0014，25℃。

ACCC 51355←四川农科院食用菌中心王波赠，Fv411；培养基 0014，25℃。

ACCC 51356←四川农科院食用菌中心王波赠，Fv2；培养基 0014，25℃。

ACCC 51357←四川农科院食用菌中心王波赠，Fv629；培养基 0014，25℃。

ACCC 51428←福建省三明市真菌研究所，杂交 13 号；培养基 0014，25℃。

ACCC 51539←江苏天达食用菌研究所，日本白金；培养基 0014，25℃；纯白色或乳白色，产量高。

ACCC 51540←江苏天达食用菌研究所，1193；培养基 0014，25℃；纯白色或乳白色，出菇整齐，菌柄直。

ACCC 51541←江苏天达食用菌研究所，上海 F-4；培养基 0014，25℃；纯白色或乳白色，出菇整齐，菌柄直，产量高。

ACCC 51542←江苏天达食用菌研究所，江都 18；培养基 0014，25℃；浅黄色，不易开伞，菇柄为实心，出菇整齐，菌柄直。

ACCC 51584←中国农科院资划所；培养基 0014，25℃；白色品种。

ACCC 51627←南京农大，JZG-1；培养基 0014，25℃；子实体成束生长，肉质柔软有弹性；菌盖中央厚，边缘薄，菌柄较长。

ACCC 51710←广东微生物所，GIM5.185；培养基 0014，25℃。

ACCC 51716←南京农大生命科学学院，2 号；培养基 0014，25℃。

ACCC 51792←山东农业大学菌种保藏中心，300045；培养基 0014，25℃。

ACCC 51793←山东农业大学菌种保藏中心，300046；培养基 0014，25℃。

ACCC 51794←山东农业大学菌种保藏中心，300047；培养基 0014，25℃。

ACCC 51795←山东农业大学菌种保藏中心，300048；培养基 0014，25℃。

ACCC 51829←广东微生物所菌种保藏中心，GIM5.55；培养基 0014，25℃。

ACCC 51836←广东微生物所菌种保藏中心，GIM5.52；培养基 0014，25℃。

ACCC 52043←广东微生物所，GIM5.489；培养基 0014，25℃。

ACCC 52067←郑美生赠←福建，18-1（白）；培养基 0014，25℃。

ACCC 52081←福建农林大学菌物研究中心，88；培养基 0014，25℃；菌盖洁白小，菌柄坚挺，嫩。

ACCC 52082←福建农林大学菌物研究中心，8909；培养基 0014，25℃；菌盖洁白小，菌柄坚挺，嫩。

ACCC 52083←福建农林大学菌物研究中心，FL98；培养基 0014，25℃；菌盖洁白小，菌柄坚挺，嫩。

ACCC 52084←福建农林大学菌物研究中心，FL987；培养基 0014，25℃；菌盖洁白小，菌柄坚挺，嫩。

ACCC 52085←福建农林大学菌物研究中心，FLH；培养基 0014，25℃；菌盖洁白小，菌柄坚挺，嫩。

ACCC 52086←福建农林大学菌物研究中心，TK；培养基 0014，23℃；菌盖洁白小，菌柄坚挺，嫩。

ACCC 52087←福建农林大学菌物研究中心，白 15；培养基 0014，25℃；菌盖洁白小，菌柄坚挺，嫩。

ACCC 52088←福建农林大学菌物研究中心，白 208；培养基 0014，25℃；菌盖洁白小，菌柄坚挺，嫩。

ACCC 52089←福建农林大学菌物研究中心，江山白 FJ；培养基 0014，25℃；菌盖洁白小，菌柄坚挺，嫩。

ACCC 52090←福建农林大学菌物研究中心，杂交白金；培养基 0014，25℃；菌盖洁白小，菌柄坚挺，嫩。

ACCC 52091←福建农林大学菌物研究中心，8203；培养基 0014，25℃；菌盖浅黄色，顶端黄色，中等大小；菌柄坚挺，嫩。

ACCC 52093←福建农林大学菌物研究中心，FV908；培养基 0014，25℃；菌盖浅黄色，顶端黄色，中等大小；菌柄坚挺，嫩。

ACCC 52094←福建农林大学菌物研究中心，金 7；培养基 0014，25℃；菌盖浅黄色，顶端黄色，中等大小；菌柄坚挺，嫩。

ACCC 52095←福建农林大学菌物研究中心，金 13；培养基 0014，25℃；菌盖浅黄色，顶端黄色，中等大小；菌柄坚挺，嫩。

ACCC 52096←福建农林大学菌物研究中心，金杰二号；培养基 0014，25℃；菌盖浅黄色，顶端黄色，中等大小；菌柄坚挺，嫩。

ACCC 52123←山东农业大学，30076；培养基 0014，25℃。

ACCC 52124←山东农业大学，30077；培养基 0014，25℃。

ACCC 52179←山东农业大学，30132；培养基 0014，25℃。

ACCC 52180←山东农业大学，30133；培养基 0014，25℃。

ACCC 52181←山东农业大学，30134；培养基 0014，25℃。

ACCC 52182←山东农业大学，30135；培养基 0014，25℃。

ACCC 52183←山东农业大学，30136；培养基 0014，25℃。

ACCC 52218←福建，白 08；培养基 0014，25℃。

ACCC 52367←江苏天达食用菌研究所；培养基 0014，25℃。

ACCC 52368←江苏天达食用菌研究所，43，浅黄色；培养基 0014，25℃。

ACCC 52369←江苏天达食用菌研究所，玉雪 22；培养基 0014，25℃。

ACCC 52683←中国农科院资划所←北京农科院刘宇提供，金针菇 F9309；分离自栽培子实体；培养基 0014，25℃。

ACCC 52684←中国农科院资划所←北京农科院刘宇提供，金针菇杂交 19；分离自栽培子实体；培养基 0014，25℃。

ACCC 52685←中国农科院资划所←北京农科院刘宇提供，金针菇 F8815；分离自栽培子实体；培养基 0014，25℃。

ACCC 52686←中国农科院资划所←北京农科院刘宇提供，金针菇 B；分离自栽培子实体；培养基 0014，25℃。

ACCC 52687←中国农科院资划所←北京农科院刘宇提供，金针菇 F8909；分离自栽培子实体；培养基 0014，25℃。

ACCC 52742←中国农科院资划所←四川农科院土肥所，F70；采集自四川成都；培养基 0014，25℃。

ACCC 52743←中国农科院资划所←四川农科院土肥所，F71；采集自四川成都；培养基 0014，25℃。

ACCC 52744←中国农科院资划所←四川农科院土肥所，F72；采集自四川成都；培养基 0014，25℃。

ACCC 52745←中国农科院资划所←四川农科院土肥所，F73；采集自四川成都；培养基 0014，25℃。

ACCC 52746←中国农科院资划所←四川农科院土肥所，F74；采集自四川成都；培养基 0014，25℃。

ACCC 52747←中国农科院资划所←四川农科院土肥所，F75；采集自四川成都；培养基 0014，25℃。

ACCC 52749←中国农科院资划所←四川农科院土肥所，F77；采集自四川成都；培养基 0014，25℃。

ACCC 52751←中国农科院资划所←四川农科院土肥所，F902；采集自四川成都；培养基 0014，25℃。

Fomes fomentarius（L.：Fr.）Fr.

木蹄层孔菌

ACCC 51139←黑龙江省应用微生物研究所←吉林师范大学生物系抗癌药物研究室，5Lg209；培养基 0014，25℃。

Fomes lignosus（Klotzsch）Bres.

木质层孔菌

ACCC 51996←中国农科院麻类所，IBFC WO610；培养基 0014，25℃。

ACCC 51997←中国农科院麻类所，IBFC WO611；培养基 0014，25℃。

ACCC 51998←中国农科院麻类所，IBFC WO612；培养基 0014，25℃。

ACCC 51999←中国农科院麻类所，IBFC WO613；培养基 0014，25℃。

ACCC 52000←中国农科院麻类所，IBFC WO614；培养基 0014，25℃。

ACCC 52001←中国农科院麻类所，IBFC WO615；培养基 0014，25℃。

ACCC 52002←中国农科院麻类所，IBFC WO616；培养基 0014，25℃。

ACCC 52003←中国农科院麻类所，IBFC WO617；培养基 0014，25℃。

ACCC 52004←中国农科院麻类所，IBFC WO618；培养基 0014，25℃。

ACCC 52005←中国农科院麻类所，IBFC WO619；培养基 0014，25℃。

ACCC 52006←中国农科院麻类所，IBFC WO620；培养基 0014，25℃。

ACCC 52008←中国农科院麻类所，IBFC WO622；培养基 0014，25℃。

ACCC 52009←中国农科院麻类所，IBFC WO623；培养基 0014，25℃。

ACCC 52051←中国农科院麻类所，IBFC WO732；培养基 0014，25℃。

ACCC 52052←中国农科院麻类所，IBFC WO733；培养基 0014，25℃。

ACCC 52316←中国农科院麻类所，IBFC.WO954；培养基 0014，25℃。

ACCC 52317←中国农科院麻类所，IBFC.WO948；培养基 0014，25℃。

ACCC 52323←中国农科院麻类所，IBFC.WO957；培养基 0014，25℃。

Fomitopsis pinicola（Sw.：Fr.）P. Karst.

松生拟层孔菌（红缘拟层孔菌）

ACCC 51704←广东微生物所，GIM5.283；培养基 0014，25℃。

ACCC 51867←广东微生物所菌种保藏中心，GIM5.283；培养基 0014，25℃。

Fuscoporia obliqua（Fr.）Aoshima

桦癌褐孔菌

ACCC 51144←黑龙江省应用微生物研究所←东北林业大学，145；培养基 0014，25℃。

ACCC 51184←东北林业大学，9826；培养基 0014，25℃。

Ganoderma amboinense（Lam.: Fr.）Pat.

拟鹿角灵芝

ACCC 51578←山东曹县中国菌种市场；培养基 0014，25℃；菌柄分枝呈鹿角状，子实层不孕，偶见成熟孢子。

ACCC 51717←南京农大生命科学学院，G-8；培养基 0014，25℃。

ACCC 52014←安徽雷炳军赠，农大（赤芝）；培养基 0014，25℃。

ACCC 52333←子实体分离；培养基 0014，25℃。

Ganoderma applanatum（Pers.）Pat.

树舌灵芝

ACCC 51348←中科院微生物所，5.429；培养基 0014，25℃。

ACCC 51868←广东微生物所，GIM5.225；培养基 0014，25℃；平盖灵芝。

ACCC 51880←广东微生物所菌种保藏中心，GIM5.302；培养基 0014，25℃。

ACCC 52103←云南省农业科学院赵永昌提供，YKLAB-0074；培养基 0014，25℃。

ACCC 52297←江苏大学；培养基 0014，25℃。

Ganoderma australe（Fr.）Pat.

南方灵芝

ACCC 51677←广东微生物所，GIM5.343；培养基 0014，25℃。

ACCC 51695←广东微生物所，GIM5.288；培养基 0014，25℃；引起木材白腐及树木根腐，导致寄生的树木死亡。

Ganoderma capense（Lloyd）Teng

薄树灵芝

ACCC 51229←中科院微生物所，5.71；培养基 0014，25℃。

Ganoderma gibbosum（Blume & T. Nees）Pat.

有柄灵芝

ACCC 51524←广东微生物所，GIM5.6；培养基 0014，25℃。

Ganoderma leucocontextum T. H. Li，W. Q. Deng，Sheng H. Wu，Dong M. Wang & H. P. Hu

ACCC 53307←云南省农业科学院生物技术与种质资源研究所，云南白灵芝新品种，白肉灵芝，云白灵芝 1 号；分离自云南楚雄州南华县兔街镇法乌村会所属的哀牢山地区，青冈树和栎树的树桩或者腐木上的子实体；培养基 0014，25℃。

Ganoderma lucidum（Curtis.）P. Karst.

灵芝

ACCC 50044←上海农科院食用菌所；培养基 0014，25℃。

ACCC 50059←浙江省微生物研究所，ZM5.29；培养基 0014，25℃。

ACCC 50088←中国农科院土肥所；培养基 0014，25℃；自行孢子分离的菌株。

ACCC 50247←中国农科院资划所；培养基 0014，25℃。

ACCC 50360←浙江衢州果汁厂，红灵芝 -2；培养基 0014，25℃。

ACCC 50490←吉林省生物研究所；培养基 0014，25℃。

ACCC 50540←山东金乡鸡枞菇香菌种厂，379；培养基 0014，25℃。

ACCC 50577←香港；培养基 0014，25℃。

ACCC 50582←陕西省汉中市中侨公司←韩国，韩国 860；培养基 0014，25℃。

ACCC 50605←山东寿光←韩国；培养基 0014，25℃。

ACCC 50621←广东微生物所←日本，日本 G4；培养基 0014，25℃。

ACCC 50625←浙江省庆元县灵芝生产基地←日本；培养基 0014，25℃；原木种型。

ACCC 50695←香港中文大学生物系←康道公司←日本，CMB0313；培养基 0014，25℃。

ACCC 50696←香港中文大学生物系←康道公司←日本，CMB0314；培养基 0014，25℃。

ACCC 50697←香港中文大学生物系←康道公司←日本，CMB0315；培养基 0014，25℃。

ACCC 50818←福建农业大学菌草室←福建省三明市真菌研究所，Ga-901；培养基 0014，25℃。

ACCC 50819←福建农业大学菌草室←福建省三明市真菌研究所，Ga-902；培养基 0014，25℃。

ACCC 50832←福建农业大学菌草室，888；培养基 0014，25℃。

ACCC 51347←中科院微生物所张小青赠，山东灵芝；培养基 0014，25℃。

ACCC 51373←四川农科院食用菌中心王波赠，GL6；培养基 0014，25℃。

ACCC 51374←四川农科院食用菌中心王波赠，GL8031；培养基 0014，25℃。

ACCC 51375←四川农科院食用菌中心王波赠，GL1；培养基 0014，25℃。

ACCC 51376←四川农科院食用菌中心王波赠，GL9201；培养基 0014，25℃。

ACCC 51427←福建省三明市真菌研究所，信州；培养基 0014，25℃。

ACCC 51515←广东微生物所←中科院微生物所，AS5.65；培养基 0014，25℃。

ACCC 51563←江都天达食用菌研究所，美芝；培养基 0014，25℃；子实体特大，红褐色，产量高。

ACCC 51564←江都天达食用菌研究所，园艺 6 号；培养基 0014，25℃；子实体漆红色，菌盖圆整，适合做盆景。

ACCC 51698←广东微生物所，GIM5.259；培养基 0014，25℃。

ACCC 51718←南京农大生命科学学院，G-9；培养基 0014，25℃。

ACCC 51719←南京农大生命科学学院，G-6；培养基 0014，25℃。

ACCC 51720←南京农大生命科学学院，G-12；培养基 0014，25℃。

ACCC 51722←南京农大生命科学学院，G-13；培养基 0014，25℃。

ACCC 51723←南京农大生命科学学院，G-14；培养基 0014，25℃。

ACCC 51724←南京农大生命科学学院，G-15；培养基 0014，25℃。

ACCC 51725←南京农大生命科学学院，G-11；培养基 0014，25℃。

ACCC 51726←南京农大生命科学学院，G-4；培养基 0014，25℃。

ACCC 51743←黑龙江省应用微生物研究所，5L0543；兴安灵芝；培养基 0014，25℃。

ACCC 51748←黑龙江省应用微生物研究所，5L0446；漠河灵芝；培养基 0014，25℃。

ACCC 51824←广东微生物所菌种保藏中心，GIM5.250；培养基 0014，25℃。

ACCC 51850←广东微生物所菌种保藏中心，GIM5.11；培养基 0014，25℃。

ACCC 52125←山东农业大学，30078；培养基 0014，25℃。

ACCC 52126←山东农业大学，30079；培养基 0014，25℃。

ACCC 52184←山东农业大学，30137；培养基 0014，25℃。

ACCC 52185←山东农业大学，30138；培养基 0014，25℃。

ACCC 52186←山东农业大学，30139；培养基 0014，25℃。

ACCC 52187←山东农业大学，30140；培养基 0014，25℃。

ACCC 52246←中国农科院资划所←云南省农科院，YAASM-0577；培养基 0014，25℃。

ACCC 52359←中国农科院资划所胡清秀提供，红芝；培养基 0014，25℃。

Ganoderma sinense J. D. Zhao, L. W. Hsu & X. Q. Zhang
紫芝

ACCC 50045←上海农院食用菌所；培养基 0014，25℃。

ACCC 50468←中科院遗传所；培养基 0014，25℃。

ACCC 50817←中科院微生物所，AS 5.69；培养基 0014，25℃。

ACCC 51106←华中农业大学植保系，黑芝；培养基 0014，25℃。

ACCC 51332←江苏省农业科学院食用菌研究开发中心；培养基 0014，25℃。

ACCC 51626←南京农大，G-2；培养基 0014，25℃。

ACCC 51721←南京农大生命科学学院，G-16；培养基 0014，25℃。

Ganoderma sp.

ACCC 50872←潘自航赠，密纹厚芝；培养基 0014，25℃。

ACCC 50881←中科院微生物所，黑芝；培养基 0014，25℃。

ACCC 51107←华中农业大学植物保护系，甜芝；培养基 0014，25℃。

ACCC 51122←河南省栾川县科委曹淑兰赠，花边灵芝；培养基 0014，25℃。

ACCC 51565←江都天达食用菌研究所；菌柄短，菌盖厚，子实体黑色，黑芝；培养基 0014，25℃。

ACCC 51612←中国农大生物学院食用菌实验室；日本灵芝；培养基 0014，25℃。

ACCC 51984←河南鲁山县丁永立←子实体分离，红色野生灵芝；培养基 0014，25℃。

ACCC 52697←中国农科院资划所←北京农科院刘宇提供，韩国灵芝；分离自栽培子实体；培养基 0014，25℃。

ACCC 52698←中国农科院资划所←北京农科院刘宇提供，黑灵芝，黑芝；分离自栽培子实体；培养基 0014，25℃。

ACCC 53295←广西壮族自治区农业科学院郎宁提供，灵芝；分离自广西弄岗保护区阔叶林子实体；培养基 0014，25℃。

Ganoderma tenue J. D. Zhao，L. W. Hsu & X. Q. Zhang 1979

密纹灵芝

ACCC 50602←山东师范大学生物系；培养基 0014，25℃；薄盖泰山灵芝。

ACCC 50604←山东师范大学生物系；培养基 0014，25℃；薄盖泰山灵芝。

Ganoderma tropicum（Jungh.）Bres.

热带灵芝

ACCC 52023←广东微生物所菌种保藏中心，GIM5.289；培养基 0014，25℃。

Ganoderma tsugae Murrill

松杉灵芝

ACCC 51625←南京农大，G-3；培养基 0014，25℃。

Gliocladium sp.

香灰菌

ACCC 51353←福建古田；培养基 0014，25℃。

Gloeophyllum trabeum（Pers.）Murrill

密褐褶菌

ACCC 51714←广东微生物所，GIM5.248；培养基 0014，25℃。

Gloeostereum incarnatum S. Ito & S. Iami

胶韧革菌（榆耳）

ACCC 50139←中国农科院蔬菜花卉所；培养基 0014，25℃。

ACCC 50314←中国农科院土肥所；培养基 0014，25℃。

ACCC 50363←辽宁省抚顺市特产研究所，1 号；培养基 0014，25℃。

ACCC 50364←辽宁省抚顺市特产研究所，2 号；培养基 0014，25℃。

ACCC 50365←辽宁省抚顺市面粉厂；当地野生子实体组织分离；培养基 0014，25℃。

ACCC 50394←中国农科院土肥所；培养基 0014，25℃。

ACCC 50395←中国农科院土肥所；培养基 0014，25℃。

ACCC 50414←江苏省常州市蔬菜研究所←吉林野生分离；培养基 0014，25℃。

ACCC 50423←东北师范大学生物系；培养基 0014，25℃。

ACCC 50469←中国农科院土肥所；培养基 0014，25℃。

ACCC 50472←中国农科院土肥所；培养基 0014，25℃。

ACCC 50473←中国农科院土肥所；培养基 0014，25℃。

ACCC 51746←黑龙江省应用微生物研究所，5L0632；培养基 0014，25℃。

Gomphidius glutinosus（Schaeff.）Fr.

铆钉菇

ACCC 52010←承德隆化县西阿超乡南山根村，承 1；培养基 0014，25℃。

Grifola frondosa（Dicks.；Fr.）Gray

贝叶多孔菌（灰树花）

ACCC 50641←浙江省庆元县食用菌所←日本，140；培养基 0014，25℃。

ACCC 50642←浙江省庆元县食用菌所←日本，166；培养基 0014，25℃。

ACCC 50652←福建省农业科学院植物保护研究所，Gf-2；培养基 0014，25℃。

ACCC 50662←河北省食用菌研究所，5 号；培养基 0014，25℃。

ACCC 50688←香港中文大学生物系←澳大利亚，CMB0302；培养基 0014，25℃。

ACCC 50689←香港中文大学生物系←华中农业大学植物保护系，CMB0303；培养基 0014，25℃。

ACCC 50717←香港中文大学生物系，CMB0110；培养基 0014，25℃。

ACCC 50887←河南省农业科学研究院；培养基 0014，25℃。

ACCC 50981←北京农科院植环所←北京怀柔野生；培养基 0014，25℃。

ACCC 50982←北京农科院植环所←浙江庆元；培养基 0014，25℃。

ACCC 50989←北京农科院植环所←山东，灰树花；培养基 0014，25℃。

ACCC 51100←黑龙江省应用微生物研究所郭砚翠赠←日本，官泽聪；日本灰树花；培养基 0014，25℃。

ACCC 51806←山东农业大学菌种保藏中心，300064；培养基 0014，25℃。

ACCC 51807←山东农业大学菌种保藏中心，300065；培养基 0014，25℃。

ACCC 51818←广东微生物所菌种保藏中心，GIM5.63；培养基 0014，25℃。

ACCC 51979←采自香港，白色；培养基 0014，25℃。

ACCC 52174←山东农业大学，30127；培养基 0014，25℃。

ACCC 52188←山东农业大学，30141；培养基 0014，25℃。

ACCC 52192←广东微生物所，GIM5.463；培养基 0014，25℃。

ACCC 52202←北京密云徐祝安赠；培养基 0014，25℃。

ACCC 52208←河北迁西灰树花栽培基地，白色；培养基 0014，25℃。

ACCC 52310←中国农科院资划所，左雪梅分离自子实体，94；培养基 0014，25℃。

ACCC 52346←北京正术富邦生物科技研究所；培养基 0014，25℃。

ACCC 52689←中国农科院资划所←北京农科院刘宇提供，灰树花 -1；分离自栽培子实体；培养基 0014，25℃。

ACCC 52690←中国农科院资划所←北京农科院刘宇提供，灰树花 -4；分离自栽培子实体；培养基 0014，25℃。

ACCC 52691←中国农科院资划所←北京农科院刘宇提供，灰树花 -5；分离自栽培子实体；培养基 0014，25℃。

Helvella leucopus Pers.

裂盖马鞍菌

ACCC 51605←中国农科院资划所；分离自新疆天山；培养基 0014，25℃。

Hericium erinaceus（Bull.；Fr.）Pers.

猴头菌

ACCC 50011←中国农科院原子能所；培养基 0014，25℃。

ACCC 50022←福建省三明市真菌研究所；培养基 0014，25℃。

ACCC 50043←上海农科院食用菌所；培养基 0014，25℃。

ACCC 50220←中国农科院蔬菜花卉所←浙江常山微生物总厂；培养基 0014，25℃。

ACCC 50221←中国农科院蔬菜花卉所←上海农科院食用菌所；培养基 0014，25℃。

ACCC 50222←中国农科院蔬菜花卉所；培养基 0014，25℃。

ACCC 50227←北京市房山区昊天食用菌试验厂；培养基 0014，25℃。

ACCC 50268←福建省三明市真菌研究所；培养基 0014，25℃。

ACCC 50285←黑龙江省外贸公司；培养基 0014，25℃。

ACCC 50286←黑龙江省外贸公司；培养基 0014，25℃。

ACCC 50325←中国农科院原子能所；培养基 0014，25℃。

ACCC 50361←浙江常山微生物总厂，常山 99；培养基 0014，25℃。

ACCC 50378←山西运城农校，细刺猴头 87；培养基 0014，25℃。

ACCC 50380←山西运城农校，大刺猴头 88；培养基 0014，25℃。

ACCC 50587←山西省农业科学院食用菌研究所；培养基 0014，25℃。

ACCC 50670←山西运城农校食用菌室，H92；培养基 0014，25℃。

ACCC 51168←江苏省农业科学院蔬菜研究所，猴 19；培养基 0014，25℃。

ACCC 51349←中科院微生物所张小青赠，11.54；培养基 0014，25℃。

ACCC 51404←四川农科院食用菌中心，H11；培养基 0014，25℃。

ACCC 51405←四川农科院食用菌中心，H16；培养基 0014，25℃。

ACCC 51628←南京农大，HT-1；培养基 0014，25℃；子实体块状，菌刺覆盖整个子实体，刺呈圆柱
形，子实层生于刺表面。

ACCC 51663←湖北省嘉鱼县环宇食用菌研究所，8；培养基 0014，25℃。

ACCC 51804←山东农业大学菌种保藏中心，300062；培养基 0014，25℃。

ACCC 51805←山东农业大学菌种保藏中心，300063；培养基 0014，25℃。

ACCC 51815←广东微生物所菌种保藏中心，GIM5.65；培养基 0014，25℃。

ACCC 51872←广东微生物所菌种保藏中心，GIM5.346；培养基 0014，25℃。

ACCC 52064←广东微生物所，GIM5.497；培养基 0014，25℃。

ACCC 52065←广东微生物所，GIM5.496；培养基 0014，25℃。

ACCC 52173←山东农业大学，30126；培养基 0014，25℃。

ACCC 52175←山东农业大学，30128；培养基 0014，25℃。

ACCC 52770←中国农科院资划所←四川农科院土肥所，He687；采集自四川马尔康县；培养基 0014，
25℃。

ACCC 52773←中国农科院资划所←四川农科院土肥所，He913；采集自四川马尔康县；培养基 0014，
25℃。

ACCC 52774←中国农科院资划所←四川农科院土肥所，He914；采集自四川马尔康县；培养基 0014，
25℃。

ACCC 52775←中国农科院资划所←四川农科院土肥所，He915；采集自四川马尔康县；培养基 0014，
25℃。

ACCC 52776←中国农科院资划所←四川农科院土肥所，He916；采集自四川马尔康县；培养基 0014，
25℃。

Hohenbuehelia serotina（Pers.）Singer

亚侧耳

ACCC 51276←华中农业大学罗信昌赠←延边农学院←吉林，41；培养基 0014，25℃。

Hypholoma appendiculatum（Bull.：Fr.）Quél.

薄花边伞

ACCC 51607←中国农科院资划所；春至秋季生于腐木上，丛生，可食；培养基 0014，25℃。

Hypholoma fasciculare（Huds.）P. Kumm.

簇生沿丝菌

ACCC 51768←黑龙江野生子实体组织分离；培养基 0014，25℃。

Hypsizygus marmoreus（Peck）H. E. Bigelow
真姬菇（斑玉蕈，海鲜菇）

ACCC 50474←大连理工大学←日本；培养基 0014，25℃。

ACCC 50579←中国农科院土肥所；培养基 0014，25℃。

ACCC 50690←香港中文大学生物系←澳大利亚悉尼大学，CMB0256；培养基 0014，25℃。

ACCC 50691←香港中文大学生物系←澳大利亚悉尼大学，CMB0186；培养基 0014，25℃。

ACCC 50692←中国农科院土肥所，CMB0318；培养基 0014，25℃。

ACCC 50718←香港中文大学生物系←日本，CMB0306；培养基 0014，25℃。

ACCC 51149←湖北省武汉市新宇食用菌研究所；培养基 0014，25℃。

ACCC 51197←分离自深圳工厂化菇厂子实体组织；培养基 0014，25℃。

ACCC 51350←中国农科院资划所，左雪梅分离自上海自由市场的子实体组织；培养基 0014，25℃。

ACCC 51478←上海农科院食用菌所；培养基 0014，25℃。

ACCC 51532←中国农科院资划所，蟹味菇；培养基 0014，25℃。

ACCC 51533←中国农科院资划所，子实体中等至较大，浅色种；培养基 0014，25℃。

ACCC 51536←中国农科院资划所，蟹味菇；子实体中等至较大，浅色种；培养基 0014，25℃。

ACCC 51583←中国农科院资划所；培养基 0014，25℃；子实体白色。

ACCC 51661←湖北省嘉鱼县环宇食用菌研究所；培养基 0014，25℃；子实体白色；。

ACCC 51729←南京农大生命科学学院，ZJG-2；培养基 0014，25℃。

ACCC 51800←山东农业大学菌种保藏中心，300053；培养基 0014，25℃。

ACCC 51819←广东微生物所菌种保藏中心，GIM5.95；培养基 0014，25℃。

ACCC 51948←子实体组织分离，白色；培养基 0014，25℃。

ACCC 52194←广东微生物所，GIM5.467；培养基 0014，25℃。

Inonotus hispidus（Bull.; Fr.）P. Karst.
粗毛纤孔菌

ACCC 51192←东北林业大学，9844；培养基 0014，25℃。

Lactarius deliciosus（L.）Gray
松乳菇

ACCC 51577←山东曹县中国菌种市场；培养基 0014，25℃。

Laetiporus sulphureus（Bull.）Murrill
硫磺菌

ACCC 51408←四川农科院食用菌中心，LS2；培养基 0014，25℃。

ACCC 51879←广东微生物所菌种保藏中心，GIM5.416；培养基 0014，25℃。

Leccinum sp.
疣柄牛肝耳

ACCC 51308←黑龙江省小兴安岭凉水自然保护区野生子实体分离，15 号；培养基 0014，25℃。

ACCC 51309←黑龙江省小兴安岭凉水自然保护区野生子实体分离，14 号；培养基 0014，25℃。

Lentinula edodes（Berk.）Pegler
香菇

ACCC 50012←中国农科院原子能所←朝鲜，L4；培养基 0014，25℃。

ACCC 50023←福建省三明市真菌研究所，L-03；培养基 0014，25℃；中高温型，菌盖较大，抗性较强，发菌快，出菇早，产量高。

ACCC 50040←上海农科院食用菌所←日本，7402；培养基 0014，25℃；中低温型。

ACCC 50054←中科院昆明植物研究所←日本，7405；培养基 0014，25℃。

ACCC 50064←浙江省微生物研究所，鄂 5 号；培养基 0014，25℃。

ACCC 50066←北京市食品研究所←广东微生物所；7402 与广东当地品种杂交种；培养基 0014，25℃。

ACCC 50086←日本，日本2号；培养基0014，25℃。

ACCC 50093←中国农科院原子能所←日本，79034；培养基0014，25℃。

ACCC 50102←北京市丰台区食用菌菌种厂，1303；培养基0014，25℃；中温型，菇型好。

ACCC 50170←中国农科院蔬菜花卉所←中国农大←日本，7901；培养基0014，25℃；栽培用菌株。

ACCC 50171←中国农科院蔬菜花卉所←中国农大←日本，79011；培养基0014，25℃；中低温型。

ACCC 50172←中国农科院蔬菜花卉所←中国农大←日本，79013；培养基0014，25℃；中低温型。

ACCC 50173←中国农科院蔬菜花卉所←中国农大←日本，79014；培养基0014，25℃；中低温型。

ACCC 50174←中国农科院蔬菜花卉所←中国农大←日本，79016；培养基0014，25℃；高温型菌株。

ACCC 50175←中国农科院蔬菜花卉所←中国农大←日本，79017；培养基0014，25℃；中高温型菌株。

ACCC 50176←中国农科院蔬菜花卉所←中国农大←日本，79020；培养基0014，25℃。

ACCC 50177←中国农科院蔬菜花卉所←中国农大←日本，79021；培养基0014，25℃；中低温型菌株。

ACCC 50178←中国农科院蔬菜花卉所←中国农大←日本，79022；培养基0014，25℃；中低温型菌株。

ACCC 50179←中国农科院蔬菜花卉所←中国农大←日本，79023；培养基0014，25℃；低温型菌株。

ACCC 50180←中国农科院蔬菜花卉所←中国农大←日本，79024；培养基0014，25℃；中低温型。

ACCC 50181←中国农科院蔬菜花卉所←中国农大←日本，79025；培养基0014，25℃；高温型。

ACCC 50182←中国农科院蔬菜花卉所←中国农大←日本，79026；培养基00144，25℃；高温型，鲜销种。

ACCC 50183←中国农科院蔬菜花卉所←中国农大←日本，79027；培养基0014，25℃；低温型。

ACCC 50184←中国农科院蔬菜花卉所←中国农大←日本，79028；培养基0014，25℃；低温型。

ACCC 50185←中国农科院蔬菜花卉所←中国农大←日本，79029；培养基0014，25℃；中高温型。

ACCC 50186←中国农科院蔬菜花卉所←中国农大←日本，7405；培养基0014，25℃；高温型菌株。

ACCC 50187←中国农科院蔬菜花卉所←日本，447；培养基0014，25℃。

ACCC 50188←中国农科院蔬菜花卉所←日本，514；培养基0014，25℃；中温型菌株。

ACCC 50189←中国农科院蔬菜花卉所←日本，100；培养基0014，25℃。

ACCC 50195←中国农科院蔬菜花卉所←日本，101；培养基0014，25℃；低温型。

ACCC 50196←中国农科院蔬菜花卉所←日本，128-01；培养基0014，25℃。

ACCC 50197←中国农科院蔬菜花卉所←日本，1610；培养基0014，25℃。

ACCC 50198←中国农科院蔬菜花卉所←上海农科院食用菌所←日本，8001；高温型菌株；培养基0014，25℃。

ACCC 50199←中国农科院蔬菜花卉所←日本，Ty；培养基0014，25℃。

ACCC 50201←中国农科院蔬菜花卉所←日本；培养基0014，25℃。

ACCC 50202←中国农科院蔬菜花卉所，春2号；培养基0014，25℃；低温型菌株。

ACCC 50203←中国农科院蔬菜花卉所，春秋2号；培养基0014，25℃；中低温型菌株。

ACCC 50204←中国农科院蔬菜花卉所，朝鲜香菇；培养基0014，25℃。

ACCC 50205←中国农科院蔬菜花卉所←福建省三明市真菌研究所；培养基0014，25℃。

ACCC 50206←中国农科院蔬菜花卉所←广东，香九；培养基0014，25℃；段木种，中温型菌株。

ACCC 50207←中国农科院蔬菜花卉所←上海农科院食用菌所，大光；培养基0014，25℃；中低温型菌株。

ACCC 50208←中国农科院蔬菜花卉所，三阳5号；培养基0014，25℃；段木种型菌株。

ACCC 50209←北京市营养源研究所；该菌株自465的组织分离获得；培养基0014，25℃。

ACCC 50280←河南省卢氏县食用菌公司←日本，7401；培养基0014，25℃。

ACCC 50290←北京市海淀区外贸公司，79015；培养基0014，25℃；低温型。

ACCC 50291←北京市海淀区外贸公司，建B；培养基0014，25℃。

ACCC 50302←福建省三明市食品发酵研究所，Cr-02；培养基0014，25℃；代料中广温型。

ACCC 50303←福建省三明市食品发酵研究所，Cr-09；培养基0014，25℃；代料种型。

ACCC 50304←福建省三明市食品发酵研究所，Cr-11；培养基0014，25℃；代料种型。

ACCC 50319←浙江省庆元县食用菌所←日本，241；培养基0014，25℃；段木种型。

ACCC 50320←浙江省庆元县食用菌所，8210；培养基0014，25℃；段木种型。

ACCC 50321←河南省卢氏县食用菌公司←日本，507；培养基 0014，25℃。

ACCC 50322←河南省卢氏县食用菌公司←日本，K3；培养基 0014，25℃。

ACCC 50323←河南省卢氏县食用菌公司←日本，101；培养基 0014，25℃。

ACCC 50324←河南省卢氏县食用菌公司，25；培养基 0014，25℃。

ACCC 50335←河南省卢氏县食用菌公司←日本，日本 W4；培养基 0014，25℃。

ACCC 50343←山西生物所，134；培养基 0014，25℃。

ACCC 50352←浙江省庆元县食用菌所，82-2；培养基 0014，25℃；代料种型。

ACCC 50368←陕西省宁强县食用菌研究所←福建古田，886；培养基 0014，25℃；代料种型。

ACCC 50430←湖南省食用菌研究所，793；培养基 0014，25℃。

ACCC 50439←湖南省食用菌研究所，L27；培养基 0014，25℃。

ACCC 50449←黑龙江省牡丹江市东三食用菌所；培养基 0014，25℃；代料地栽品种。

ACCC 50489←辽宁省农业科学院作物研究所←日本，菌兴 115；培养基 0014，25℃。

ACCC 50516←浙江省庆元县食用菌所，856；培养基 0014，25℃；短周期早生代料型。

ACCC 50532←山东金乡鸡枞菇香菌种厂←上海，SL-1；培养基 0014，25℃；代料种型。

ACCC 50533←山东金乡鸡枞菇香菌种厂←上海，SL-2；培养基 0014，25℃。

ACCC 50549←中国农大娄隆后赠，823；培养基 0014，25℃。

ACCC 50550←中国农大娄隆后赠，629；培养基 0014，25℃。

ACCC 50552←中国农大娄隆后赠，638；培养基 0014，25℃。

ACCC 50553←中国农大娄隆后赠，785；培养基 0014，25℃。

ACCC 50557←中国农大娄隆后赠，073；培养基 0014，25℃。

ACCC 50558←中国农大娄隆后赠，220；培养基 0014，25℃。

ACCC 50583←北京燕山区人防栽培的栽培种的继代物；培养基 0014，25℃。

ACCC 50595←浙江省庆元县食用菌所，241-4；培养基 0014，25℃；代料种型。

ACCC 50600←湖南省湘乡市农业局；分离自当地野生子实体组织；培养基 0014，25℃。

ACCC 50624←中科院微生物所，AS5.560；培养基 0014，25℃。

ACCC 50635←浙江省庆元县食用菌所，342；培养基 0014，25℃；段木种型。

ACCC 50636←浙江省庆元县食用菌所，9015；培养基 0014，25℃；断木袋料两用种型，袋料栽培为春栽迟生种。

ACCC 50637←浙江省庆元县食用菌所，9415A；培养基 0014，25℃；段木种型。

ACCC 50638←浙江省庆元县食用菌所，936；培养基 0014，25℃；料迟生种型。

ACCC 50639←浙江省庆元县食用菌所，933；培养基 0014，25℃；代料迟生种型。

ACCC 50644←浙江省庆元县食用菌所，9041；段木种，1990 年引自日本；培养基 0014，25℃。

ACCC 50645←中国农科院土肥所；分离自 Cr-04 组织；培养基 0014，25℃。

ACCC 50646←中国农科院土肥所；培养基 0014，25℃；分离自山西忻州产出口保鲜菇子实体组织，浅色鲜销种。

ACCC 50666←东方农业公司，66；培养基 0014，25℃。

ACCC 50668←河南封丘娄堤栽培场；培养基 0014，25℃。

ACCC 50719←香港中文大学生物系←日本，CMB0272；培养基 0014，25℃。

ACCC 50720←香港中文大学生物系←日本，CMB0274；培养基 0014，25℃。

ACCC 50721←香港中文大学生物系←澳大利亚悉尼大学←日本，CMB0276；培养基 0014，25℃。

ACCC 50722←香港中文大学生物系←日本，CMB0040；培养基 0014，25℃。

ACCC 50723←香港中文大学生物系←日本，CMB0046；培养基 0014，25℃。

ACCC 50724←香港中文大学生物系←日本，CMB0055；培养基 0014，25℃。

ACCC 50725←香港中文大学生物系←泰国，CMB0031；培养基 0014，25℃。

ACCC 50726←香港中文大学生物系←广东微生物所，CMB0299；培养基 0014，25℃。

ACCC 50727←香港中文大学生物系←广东微生物所，CMB0080；培养基 0014，25℃；中国野生种。

ACCC 50728←香港中文大学生物系←广东微生物所，CMB0081；培养基 0014，25℃；中国野生种。

ACCC 50729←香港中文大学生物系←广东微生物所，CMB0085；培养基 0014，25℃；中国野生种。

ACCC 50730←香港中文大学生物系←广东微生物所，CMB0086；培养基 0014，25℃；中国野生种。

ACCC 50731←香港中文大学生物系←广东微生物所，CMB0087；培养基 0014，25℃；中国野生种。

ACCC 50734←香港中文大学生物系←广东微生物所，CMB0095；培养基 0014，25℃。

ACCC 50735←香港中文大学生物系←广东微生物所，CMB0100；培养基 0014，25℃。

ACCC 50736←香港中文大学生物系←广东微生物所，Le88；培养基 0014，25℃。

ACCC 50737←香港中文大学生物系←广东微生物所，CMB0104；培养基 0014，25℃。

ACCC 50739←香港中文大学生物系←中科院微生物所，CMB0135；培养基 0014，25℃。

ACCC 50740←香港中文大学生物系←广东微生物所，CMB0141；培养基 0014，25℃；中国野生种。

ACCC 50741←香港中文大学生物系←广东微生物所，CMB0150；培养基 0014，25℃；中国野生种。

ACCC 50742←香港中文大学生物系←广东微生物所，CMB0151；培养基 0014，25℃；中国野生种。

ACCC 50743←香港中文大学生物系←广东微生物所，CMB0156；培养基 0014，25℃；中国野生种。

ACCC 50744←香港中文大学生物系←广东微生物所，CMB0287；培养基 0014，25℃；中国野生种。

ACCC 50745←香港中文大学生物系←广东微生物所，CMB0289；培养基 0014，25℃；中国野生种。

ACCC 50746←香港中文大学生物系←福建省三明市真菌研究所，CMB0216；培养基 0014，25℃。

ACCC 50747←香港中文大学生物系，Le-172；培养基 0014，25℃。

ACCC 50748←香港中文大学生物系，Le-180；培养基 0014，25℃。

ACCC 50749←香港中文大学生物系←日本，CMB0301；培养基 0014，25℃；质紧香浓型。

ACCC 50750←中国农科院土肥所，CMB0750；分离自香港 Yaohan 超市购买日本产鲜菇组织；培养基 0014，25℃；质紧浓香型。

ACCC 50751←中国农科院土肥所，Le-199；张金霞分离自香港超市售日本产鲜菇（600 号）组织；培养基 0014，25℃。

ACCC 50752←中国农科院土肥所；分离自香港 Yaohan 超市售日本产鲜菇子实体（603）组织；培养基 0014，25℃。

ACCC 50753←中国农科院土肥所；分离自香港 Yaohan 超市售鲜菇子实体组织；培养基 0014，25℃。

ACCC 50762←香港中文大学生物系←韩国；培养基 0014，25℃。

ACCC 50765←香港中文大学生物系←日本，CMB0028；培养基 0014，25℃。

ACCC 50766←香港中文大学生物系←日本，CMB0029；培养基 0014，25℃。

ACCC 50767←香港中文大学生物系←广东微生物所，CMB0084；培养基 0014，25℃；中国野生种。

ACCC 50768←香港中文大学生物系←广东微生物所，CMB009；培养基 0014，25℃；单核体。

ACCC 50769←香港中文大学生物系←福建省三明市真菌研究所，L600；培养基 0014，25℃。

ACCC 50770←香港中文大学生物系←福建省三明市真菌研究所，L27；培养基 0014，25℃。

ACCC 50771←香港中文大学生物系←福建省三明市真菌研究所，L-11；培养基 0014，25℃。

ACCC 50772←香港中文大学生物系←福建省三明市真菌研究所，L507；培养基 0014，25℃。

ACCC 50773←香港中文大学生物系，Le-40；培养基 0014，25℃。

ACCC 50774←香港中文大学生物系←中国台湾，Le-41；培养基 0014，25℃。

ACCC 50775←香港中文大学生物系←福建省三明市真菌研究所，Cr02；培养基 0014，25℃。

ACCC 50776←香港中文大学生物系←福建省三明市真菌研究所，8602-M016；培养基 0014，25℃；单核体；中国野生种 A4B3。

ACCC 50777←香港中文大学生物系←广东微生物所，8603-M016；培养基 0014，25℃；单核体，中国野生种 A5B6。

ACCC 50778←香港中文大学生物系←广东微生物所，Le-84；培养基 0014，25℃；单核体，中国野生种 A6B6。

ACCC 50779←香港中文大学生物系←广东微生物所，Le-91；培养基 0014，25℃；单核体，中国野生种 A10B9。

ACCC 50780←香港中文大学生物系←广东微生物所，Le-94；培养基 0014，25℃；单核体，中国野生种 A11B12。

ACCC 50781←香港中文大学生物系←广东微生物所，Le-96；培养基 0014，25℃；单核体，中国野生种 A12B12。

ACCC 50782←香港中文大学生物系，Le-97；培养基 0014，25℃。

ACCC 50783←香港中文大学生物系←广东微生物所，Le-114；培养基 0014，25℃；中国野生种。

ACCC 50784←香港中文大学生物系←广东微生物所，Le123；培养基 0014，25℃。

ACCC 50785←香港中文大学生物系←广东微生物所，Le-124；培养基 0014，25℃。

ACCC 50786←香港中文大学生物系←广东微生物所，Le125；培养基 0014，25℃；野生。

ACCC 50787←香港中文大学生物系←福建省三明市真菌研究所，Le-161；培养基 0014，25℃。

ACCC 50788←香港中文大学生物系←福建省三明市真菌研究所，Le-162；培养基 0014，25℃。

ACCC 50789←香港中文大学生物系←福建省三明市真菌研究所，Le-168；培养基 0014，25℃。

ACCC 50790←香港中文大学生物系←福建省三明市真菌研究所，Le-169；培养基 0014，25℃。

ACCC 50791←香港中文大学生物系←福建省三明市真菌研究所，Le-170；培养基 0014，25℃。

ACCC 50792←香港中文大学生物系←福建省三明市真菌研究所，Le-175；培养基 0014，25℃。

ACCC 50793←香港中文大学生物系←福建省三明市真菌研究所，Le-179；培养基 0014，25℃。

ACCC 50794←香港中文大学生物系←华中农业大学应用真菌室，Le-189；培养基 0014，25℃。

ACCC 50803←华中农业大学应用真菌室，HL-1；培养基 0014，25℃。

ACCC 50804←华中农业大学应用真菌室，HWL-7；培养基 0014，25℃。

ACCC 50805←华中农业大学应用真菌室，HWL-2；培养基 0014，25℃。

ACCC 50806←华中农业大学应用真菌室，HWL-8；培养基 0014，25℃。

ACCC 50807←华中农业大学应用真菌室，HWL-21；培养基 0014，25℃。

ACCC 50808←华中农业大学应用真菌室，HWL-23；培养基 0014，25℃。

ACCC 50809←华中农业大学应用真菌室，HWL-1；培养基 0014，25℃。

ACCC 50810←华中农业大学应用真菌室，HWL-24；培养基 0014，25℃。

ACCC 50811←福建福州郊区菇场组织分离；培养基 0014，25℃；适用于菌草栽培。

ACCC 50815←丹东市林业科学研究所，1363；培养基 0014，25℃；地栽品种。

ACCC 50824←福建农业大学菌草室，Le206；培养基 0014，25℃。

ACCC 50825←福建农业大学菌草室，Le214；培养基 0014，25℃。

ACCC 50827←福建农业大学菌草室，Le216；培养基 0014，25℃；代料中高温中大型品种。

ACCC 50828←福建农业大学菌草室，Le087；培养基 0014，25℃；代料中温早生品种。

ACCC 50829←福建农业大学菌草室，Le207；培养基 0014，25℃；代料中温早生品种。

ACCC 50830←福建农业大学菌草室，Le109；培养基 0014，25℃；代料中温早生品种。

ACCC 50840←福建福州郊区菇场组织分离；培养基 0014，25℃。

ACCC 50841←河南泌阳组织分离；培养基 0014，25℃；秋种冬收，50 天出菇。

ACCC 50843←福建农业大学，L6581；培养基 0014，25℃。

ACCC 50844←陕西省宁强县食用菌工作站戴松林赠←河南泌阳，泌香 1 号；培养基 0014，25℃。

ACCC 50845←陕西省宁强县食用菌工作站←华中农业大学，森远 2 号；培养基 0014，25℃；木种型。

ACCC 50846←陕西省宁强县食用菌工作站←华中农业大学，L-01；培养基 0014，25℃；代料种型。

ACCC 50847←陕西省宁强县食用菌工作站←华中农业大学，L-02；培养基 0014，25℃；代料种型。

ACCC 50848←陕西省宁强县食用菌工作站←华中农业大学←日本，日本 L-121；培养基 0014，25℃；段木种型。

ACCC 50849←陕西省宁强县食用菌工作站←福建古田←日本，日本大叶；培养基 0014，25℃；段木种型，食用、药用。

ACCC 50850←陕西省宁强县食用菌工作站←陕西师范大学，L-12；培养基 0014，25℃；段木种型。

ACCC 50858←陕西省宁强县食用菌工作站←西北农学院，西优 1 号；培养基 0014，25℃；段木种型。

ACCC 50860←陕西省宁强县食用菌工作站，韩 L-2；培养基 0014，25℃；段木种型。

ACCC 50873←河北遵化平安镇刘满春，申香 4 号；培养基 0014，25℃；高温型。

ACCC 50901←福建农业大学菌草研究室，Lc2141；培养基 0014，25℃。

ACCC 50902←福建省三明市真菌研究所←日本，600；培养基0014，25℃；中低温型。

ACCC 50903←福建省三明市真菌研究所←日本，135；培养基0014，25℃；中低温型。

ACCC 50904←福建省三明市真菌研究所←日本，241；培养基0014，25℃；中低温型。

ACCC 50906←福建省三明市真菌研究所，L18；培养基0014，25℃；中高温型。

ACCC 50907←福建省三明市真菌研究所←日本，66；培养基0014，25℃；中低温型。

ACCC 50908←福建省三明市真菌研究所，Cr-04；培养基0014，25℃；中偏高温型。

ACCC 50909←福建省三明市真菌研究所，闽丰1号；培养基0014，25℃；中高温型。

ACCC 50910←福建省三明市真菌研究所←日本，日本大叶；培养基0014，25℃。

ACCC 50924←北京农科院，L867；培养基0014，25℃；子实体阶段生长最适宜温度1~18℃；子实体中型，菇朵圆整，菌肉厚，菌柄短，菌盖褐色。

ACCC 50925←北京农科院，L937；培养基0014，25℃；出菇最适宜温度10~20℃；子实体中型，菌肉厚，菌柄短，中低温型品种，品质好，韧性强，不易开伞，呈浅褐色。

ACCC 50926←北京农科院，武香1号；培养基0014，25℃；该品种子实体大叶，菌肉肥厚，菌菌盖色较深，柄中粗，稍长，其最大的优点是出菇温度高。

ACCC 50927←北京农科院，雨花3号；培养基0014，25℃。

ACCC 50933←上海农科院食用菌菌种厂，申香4号；培养基0014，25℃；出菇温度为12~26℃，中温偏高，菇形圆整。

ACCC 50934←上海农科院食用菌所菌种厂，申香5号；培养基0014，25℃。

ACCC 50935←上海农科院食用菌所菌种厂，申香6号；培养基0014，25℃；中高温型，早熟品种。

ACCC 50936←上海农科院食用菌所菌种厂，申香2号；培养基0014，25℃；出菇适温18~28℃，适于代料栽培，菇单生，菇肉厚，不宜开伞，产量高。

ACCC 50937←上海农科院食用菌所菌种厂，939；培养基0014，25℃；中低温品种，8~18℃出菇，子实体大型，菌盖肥厚圆整内卷，浅褐至褐色，花菇厚菇比例大，菌柄稍粗，中等长度，适合袋料栽培。

ACCC 50965←河南省科学院生物研究所，苏香2号；培养基0014，25℃。

ACCC 50966←河南省科学院生物研究所，9152；培养基0014，25℃。

ACCC 50967←河南省科学院生物研究所，087；培养基0014，25℃。

ACCC 50968←河南省科学院生物研究所，苏秀1号；培养基0014，25℃。

ACCC 50969←河南省科学院生物研究所，9601；培养基0014，25℃；迟生种，菌种秋冬出。

ACCC 50970←河南省科学院生物研究所菌种厂，9015；培养基0014，25℃。

ACCC 50990←郑美生←福建古田，广温135；培养基0014，25℃。

ACCC 51029←华中农业大学菌种中心吕作舟赠，952；培养基0014，25℃。

ACCC 51030←华中农业大学菌种中心吕作舟赠，闽优5号；培养基0014，25℃。

ACCC 51031←华中农业大学菌种中心吕作舟赠，白花1号；培养基0014，25℃。

ACCC 51032←华中农业大学菌种中心吕作舟赠，白花2号；培养基0014，25℃。

ACCC 51034←华中农业大学菌种中心吕作舟赠，甲优1号；培养基0014，25℃。

ACCC 51035←华中农业大学菌种中心吕作舟赠，903；培养基0014，25℃。

ACCC 51036←华中农业大学菌种中心吕作舟赠，神农5号；培养基0014，25℃。

ACCC 51037←华中农业大学菌种中心吕作舟赠，华香3号；培养基0014，25℃。

ACCC 51038←华中农业大学菌种中心吕作舟赠，华香4号；培养基0014，25℃。

ACCC 51039←华中农业大学菌种中心吕作舟赠，8404；培养基0014，25℃。

ACCC 51040←华中农业大学菌种中心吕作舟赠，T89-1；培养基0014，25℃。

ACCC 51041←华中农业大学菌种中心吕作舟赠，龙优1号；培养基0014，25℃。

ACCC 51042←华中农业大学菌种中心吕作舟赠，9202；培养基0014，25℃。

ACCC 51052←华中农业大学菌种中心吕作舟赠，986；培养基0014，25℃。

ACCC 51101←黑龙江省应用微生物研究所郭砚翠赠←东宁大肚川野生菇木分离，龙香1号；培养基0014，25℃。

ACCC 51102←黑龙江省应用微生物研究所郭砚翠赠←日本，官泽聪，日本低温香菇；培养基 0014，25℃。

ACCC 51117←福建省南平市农业科学研究所，103；培养基 0014，25℃。

ACCC 51156←陕西省宁强县食用菌研究所戴松林赠，QX45；培养基 0014，25℃。

ACCC 51158←陕西省宁强县食用菌研究所戴松林赠，QX51；培养基 0014，25℃。

ACCC 51160←陕西省宁强县食用菌研究所戴松林赠，8205；培养基 0014，25℃。

ACCC 51161←陕西省宁强县食用菌研究所戴松林赠，QX7；培养基 0014，25℃。

ACCC 51201←华中农业大学林芳灿赠，HWL049；培养基 0014，25℃。

ACCC 51202←华中农业大学林芳灿赠，HWL028；培养基 0014，25℃。

ACCC 51203←华中农业大学林芳灿赠，HWL021；培养基 0014，25℃。

ACCC 51204←华中农业大学林芳灿赠，HWL024；培养基 0014，25℃。

ACCC 51205←华中农业大学林芳灿赠，HWL087；培养基 0014，25℃。

ACCC 51207←华中农业大学林芳灿赠，SHL041；培养基 0014，25℃。

ACCC 51208←华中农业大学林芳灿赠，陕西野生，shL021；培养基 0014，25℃。

ACCC 51209←华中农业大学林芳灿赠，陕西野生，shL020；培养基 0014，25℃。

ACCC 51210←华中农业大学林芳灿赠，陕西野生，shL002；培养基 0014，25℃。

ACCC 51211←华中农业大学林芳灿赠，湖南野生，HNL001；培养基 0014，25℃。

ACCC 51212←华中农业大学林芳灿赠，湖南野生，HNL002；培养基 0014，25℃。

ACCC 51213←华中农业大学林芳灿赠，湖南野生，HNL003；培养基 0014，25℃。

ACCC 51214←华中农业大学林芳灿赠，四川野生，SCL002；培养基 0014，25℃。

ACCC 51215←华中农业大学林芳灿赠，四川野生，SCL006；培养基 0014，25℃。

ACCC 51216←华中农业大学林芳灿赠，四川野生，SCL010；培养基 0014，25℃。

ACCC 51217←华中农业大学林芳灿赠，四川野生，SCL022；培养基 0014，25℃。

ACCC 51354←浙江省庆元县食用菌所，庆科 20；培养基 0014，25℃。

ACCC 51397←四川农科院食用菌中心，L16；培养基 0014，25℃。

ACCC 51398←四川农科院食用菌中心，L5；培养基 0014，25℃。

ACCC 51400←四川农科院食用菌中心，SCL023；培养基 0014，25℃。

ACCC 51401←四川农科院食用菌中心，L290；培养基 0014，25℃。

ACCC 51436←福建省三明市真菌研究所，L12；培养基 0014，25℃。

ACCC 51437←福建省三明市真菌研究所，L 秋 2；培养基 0014，25℃。

ACCC 51438←福建省三明市真菌研究所，L087；培养基 0014，25℃。

ACCC 51439←福建省三明市真菌研究所，L236；培养基 0014，25℃。

ACCC 51440←福建省三明市真菌研究所，L2141；培养基 0014，25℃。

ACCC 51441←福建省三明市真菌研究所，L2161；培养基 0014，25℃。

ACCC 51442←福建省三明市真菌研究所，Cr01；培养基 0014，25℃。

ACCC 51443←福建省三明市真菌研究所，L 台；培养基 0014，25℃。

ACCC 51444←福建省三明市真菌研究所，野生香菇；培养基 0014，25℃。

ACCC 51445←福建省三明市真菌研究所，野香 1 号；培养基 0014，25℃。

ACCC 51461←华中农业大学；培养基 0014，25℃。

ACCC 51489←华中农业大学，yN039；培养基 0014，25℃。

ACCC 51490←华中农业大学，yN109；培养基 0014，25℃。

ACCC 51494←华中农业大学，香菇 2 号；培养基 0014，25℃。

ACCC 51496←湖北省宜昌市点军区桥边镇高农科技有限公司，8404；培养基 0014，25℃。

ACCC 51506←华中农业大学应用真菌室；培养基 0014，25℃。

ACCC 51507←华中农业大学应用真菌室，1-SW；培养基 0014，25℃。

ACCC 51508←华中农业大学应用真菌室，y607；培养基 0014，25℃。

ACCC 51509←华中农业大学应用真菌室，290；培养基 0014，25℃。

ACCC 51529←浙江庆元；培养基 0014，25℃；可食用，味道鲜美，可人工栽培。

ACCC 51530←华中农业大学真菌研究室，Y602；培养基 0014，25℃。

ACCC 51623←南京农大，XG-2；培养基 0014，25℃。

ACCC 51624←南京农大，XG-2；培养基 0014，25℃。

ACCC 51681←广东微生物所，GIM5.355；培养基 0014，25℃。

ACCC 51707←广东微生物所，GIM5.21；培养基 0014，25℃。

ACCC 51741←黑龙江省应用微生物研究所，5L0342；培养基 0014，25℃。

ACCC 51777←山东农业大学菌种保藏中心，300030；培养基 0014，25℃。

ACCC 51778←山东农业大学菌种保藏中心，300031；培养基 0014，25℃。

ACCC 51779←山东农业大学菌种保藏中心，300032；培养基 0014，25℃。

ACCC 51780←山东农业大学菌种保藏中心，300033；培养基 0014，25℃。

ACCC 51781←山东农业大学菌种保藏中心，300034；培养基 0014，25℃。

ACCC 51882←广东微生物所菌种保藏中心，GIM5.16；培养基 0014，25℃。

ACCC 51883←广东微生物所菌种保藏中心，IM5.17；培养基 0014，25℃。

ACCC 51884←广东微生物所菌种保藏中心，GIM5.18；培养基 0014，25℃。

ACCC 51890←中国农科院资划所，802；培养基 0014，25℃；单核，绒毛状，稀疏，色白，生长快，A2B1。

ACCC 51891←中国农科院资划所，803；培养基 0014，25℃；单核，绒毛状，浓密，色白，生长较快，A1B1。

ACCC 51892←中国农科院资划所，804；培养基 0014，25℃；单核，绒毛状，稀疏，色白，生长快，A2B2。

ACCC 51893←中国农科院资划所，805；培养基 0014，25℃；单核，绒毛状，浓密，色白，生长较快，A1B1。

ACCC 51894←中国农科院资划所，806；培养基 0014，25℃；单核，绒毛状，稀疏，色白，生长较快，A1B2。

ACCC 51895←中国农科院资划所，807；培养基 0014，25℃；单核，绒毛状，气生丝少，生长很慢，A2B1。

ACCC 51896←中国农科院资划所，808；培养基 0014，25℃；单核，密集，色白，生长较慢，表面有黄色分泌物，A2B2。

ACCC 51897←中国农科院资划所，809；培养基 0014，25℃；单核，密集，色白，生长快，A1B2。

ACCC 51898←中国农科院资划所，810；培养基 0014，25℃；单核，色白，生长较快，A2B1。

ACCC 51899←中国农科院资划所，811；培养基 0014，25℃；单核，色白，密集，生长较慢，A2B2。

ACCC 51900←中国农科院资划所，812；培养基 0014，25℃；单核，色白，生长较快，A1B1。

ACCC 51901←中国农科院资划所，813；培养基 0014，25℃；单核，分泌色素；培养基呈黄褐色，生长慢，A2B2。

ACCC 51902←中国农科院资划所，814；培养基 0014，25℃；单核，色白，生长快，气生丝多，A2B1。

ACCC 51903←中国农科院资划所，815；培养基 0014，25℃；单核，色白，生长慢，密集，A1B2。

ACCC 51904←中国农科院资划所，816；培养基 0014，25℃；单核，色白，生长慢，A1B1。

ACCC 51905←中国农科院资划所，817；培养基 0014，25℃；极性为 A1B2。

ACCC 51906←中国农科院资划所，818；培养基 0014，25℃；极性为 A2B1。

ACCC 51907←中国农科院资划所，819；培养基 0014，25℃；极性为 A1B1。

ACCC 51908←中国农科院资划所，820；培养基 0014，25℃；极性为 A2B2。

ACCC 51937←中国农大，931；培养基 0014，25℃。

ACCC 51940←河北平泉采子实体分离，18；培养基 0014，25℃。

ACCC 51981←河南鲁山县丁永立←河南省西峡县食用菌科研中心，9608；培养基 0014，25℃。

ACCC 51982←河南鲁山县丁永立←浙江庆元，庆丰一号；培养基 0014，25℃。

ACCC 51983←河南鲁山县丁永立←浙江庆元，日丰 34；培养基 0014，25℃。

ACCC 52022←安徽雷炳军赠；培养基 0014，25℃；低温型。

ACCC 52059←广东微生物所，GIM5.483；培养基 0014，25℃。

ACCC 52060←广东微生物所，GIM5.484；培养基 0014，25℃。

ACCC 52061←广东微生物所，GIM5.485；培养基 0014，25℃。

ACCC 52062←广东微生物所，GIM5.486；培养基 0014，25℃。

ACCC 52118←中国农科院资划所，5；培养基 0014，25℃。

ACCC 52139←山东农业大学，30092；培养基 0014，25℃。

ACCC 52140←山东农业大学，30093；培养基 0014，25℃。

ACCC 52141←山东农业大学，30094；培养基 0014，25℃。

ACCC 52142←山东农业大学，30095；培养基 0014，25℃。

ACCC 52143←山东农业大学，30096；培养基 0014，25℃。

ACCC 52357←子实体组织分离，808；培养基 0014，25℃。

ACCC 52624←上海农科院食用菌所，申香 16 号；培养基 0014，25℃。

ACCC 52642←四川昌德县，LDC1409；培养基 0014，25℃。

ACCC 52643←四川昌德县，LDC14010；培养基 0014，25℃。

ACCC 52668←中国农科院资划所←北京农科院刘宇提供，香菇 L867；分离自栽培子实体；培养基 0014，25℃。

ACCC 52669←中国农科院资划所←北京农科院刘宇提供，香菇 L937；分离自栽培子实体；培养基 0014，25℃。

ACCC 52670←中国农科院资划所←北京农科院刘宇提供，香菇 L986；分离自栽培子实体；培养基 0014，25℃。

ACCC 52671←中国农科院资划所←北京农科院刘宇提供，香菇 L988；分离自栽培子实体；培养基 0014，25℃。

ACCC 52672←中国农科院资划所←北京农科院刘宇提供，香菇 L26；分离自栽培子实体；培养基 0014，25℃。

ACCC 52673←中国农科院资划所←北京农科院刘宇提供，香菇 L1363；分离自栽培子实体；培养基 0014，25℃。

ACCC 52674←中国农科院资划所←北京农科院刘宇提供，香菇 L087；分离自栽培子实体；培养基 0014，25℃。

ACCC 52675←中国农科院资划所←北京农科院刘宇提供，香菇泌阳 1 号；分离自栽培子实体；培养基 0014，25℃。

ACCC 52676←中国农科院资划所←北京农科院刘宇提供，香菇泌阳 3 号；分离自栽培子实体；培养基 0014，25℃。

ACCC 52677←中国农科院资划所←北京农科院刘宇提供，香菇神农 5 号；分离自栽培子实体；培养基 0014，25℃。

ACCC 52678←中国农科院资划所←北京农科院刘宇提供，香菇武香 1 号；分离自栽培子实体；培养基 0014，25℃。

ACCC 52679←中国农科院资划所←北京农科院刘宇提供，香菇 Cr66；分离自栽培子实体；培养基 0014，25℃。

ACCC 52680←中国农科院资划所←北京农科院刘宇提供，香菇 Cr04；分离自栽培子实体；培养基 0014，25℃。

ACCC 52681←中国农科院资划所←北京农科院刘宇提供，香菇 Cr62；分离自栽培子实体；培养基 0014，25℃。

ACCC 52682←中国农科院资划所←北京农科院刘宇提供，香菇 L241-4；分离自栽培子实体；培养基 0014，25℃。

ACCC 52783←中国农科院资划所←四川农科院土肥所，SCL1201；采集自四川冕宁县；培养基 0014，25℃。

ACCC 52784←中国农科院资划所←四川农科院土肥所，SCL1202；采集自四川冕宁县；培养基0014，25℃。

ACCC 52785←中国农科院资划所←四川农科院土肥所，SCL1203；采集自四川冕宁县；培养基0014，25℃。

ACCC 52786←中国农科院资划所←四川农科院土肥所，SCL1204；采集自四川冕宁县；培养基0014，25℃。

ACCC 52787←中国农科院资划所←四川农科院土肥所，SCL1205；采集自四川冕宁县；培养基0014，25℃。

ACCC 52788←中国农科院资划所←四川农科院土肥所，SCL1206；采集自四川冕宁县；培养基0014，25℃。

ACCC 52789←中国农科院资划所←四川农科院土肥所，SCL1207；采集自四川冕宁县；培养基0014，25℃。

ACCC 52790←中国农科院资划所←四川农科院土肥所，SCL1208；采集自四川冕宁县；培养基0014，25℃。

ACCC 52791←中国农科院资划所←四川农科院土肥所，SCL1209；采集自四川冕宁县；培养基0014，25℃。

ACCC 52792←中国农科院资划所←四川农科院土肥所，SCL1210；采集自四川冕宁县；培养基0014，25℃。

ACCC 52793←中国农科院资划所←四川农科院土肥所，SCL1211；采集自四川冕宁县；培养基0014，25℃。

ACCC 52794←中国农科院资划所←四川农科院土肥所，SCL1214；采集自四川冕宁县；培养基0014，25℃。

ACCC 52795←中国农科院资划所←四川农科院土肥所，SCL1213；采集自四川冕宁县；培养基0014，25℃。

ACCC 52796←中国农科院资划所←四川农科院土肥所，SCL1214；采集自四川冕宁县；培养基0014，25℃。

ACCC 52797←中国农科院资划所←四川农科院土肥所，SCL1215；采集自四川冕宁县；培养基0014，25℃。

ACCC 52798←中国农科院资划所←四川农科院土肥所，SCL1216；采集自四川冕宁县；培养基0014，25℃。

ACCC 52799←中国农科院资划所←四川农科院土肥所，SCL1217；采集自四川冕宁县；培养基0014，25℃。

ACCC 52800←中国农科院资划所←四川农科院土肥所，SCL1218；采集自四川冕宁县；培养基0014，25℃。

ACCC 52801←中国农科院资划所←四川农科院土肥所，SCL1219；采集自四川冕宁县；培养基0014，25℃。

ACCC 52802←中国农科院资划所←四川农科院土肥所，SCL1220；采集自四川冕宁县；培养基0014，25℃。

ACCC 52803←中国农科院资划所←四川农科院土肥所，SCL1221；采集自四川冕宁县；培养基0014，25℃。

ACCC 52804←中国农科院资划所←四川农科院土肥所，SCL1222；采集自四川冕宁县；培养基0014，25℃。

ACCC 52805←中国农科院资划所←四川农科院土肥所，SCL1223；采集自四川冕宁县；培养基0014，25℃。

ACCC 52806←中国农科院资划所←四川农科院土肥所，SCL1224；采集自四川冕宁县；培养基0014，25℃。

ACCC 52807←中国农科院资划所←四川农科院土肥所，SCL1225；采集自四川冕宁县；培养基0014，25℃。

ACCC 52808←中国农科院资划所←四川农科院土肥所，SCL1226；采集自四川冕宁县；培养基0014，25℃。

ACCC 52809←中国农科院资划所←四川农科院土肥所，SCL1227；采集自四川冕宁县；培养基0014，25℃。

ACCC 52810←中国农科院资划所←四川农科院土肥所，SCL1228；采集自四川冕宁县；培养基0014，25℃。

ACCC 52811←中国农科院资划所←四川农科院土肥所，SCL1229；采集自四川德昌县；培养基0014，25℃。

ACCC 52812←中国农科院资划所←四川农科院土肥所，SCL1230；采集自四川德昌县；培养基0014，25℃。

ACCC 52813←中国农科院资划所←四川农科院土肥所，SCL1231；采集自四川德昌县；培养基0014，25℃。

ACCC 52814←中国农科院资划所←四川农科院土肥所，SCL1232；采集自四川德昌县；培养基0014，25℃。

ACCC 52815←中国农科院资划所←四川农科院土肥所，SCL1233；采集自四川德昌县；培养基0014，25℃。

ACCC 52816←中国农科院资划所←四川农科院土肥所，SCL1234；采集自四川德昌县；培养基0014，25℃。

ACCC 52817←中国农科院资划所←四川农科院土肥所，SCL1235；采集自四川德昌县；培养基0014，25℃。

ACCC 52818←中国农科院资划所←四川农科院土肥所，SCL1236；采集自四川德昌县；培养基0014，25℃。

ACCC 52819←中国农科院资划所←四川农科院土肥所，SCL1237；采集自四川德昌县；培养基0014，25℃。

ACCC 52820←中国农科院资划所←四川农科院土肥所，SCL1238；采集自四川德昌县；培养基0014，25℃。

ACCC 52821←中国农科院资划所←四川农科院土肥所，SCL1239；采集自四川德昌县；培养基0014，25℃。

ACCC 52822←中国农科院资划所←四川农科院土肥所，SCL1240；采集自四川德昌县；培养基0014，25℃。

ACCC 52823←中国农科院资划所←四川农科院土肥所，SCL1241；采集自四川德昌县；培养基0014，25℃。

ACCC 52824←中国农科院资划所←四川农科院土肥所，SCL1242；采集自四川德昌县；培养基0014，25℃。

ACCC 52825←中国农科院资划所←四川农科院土肥所，SCL1243；采集自四川德昌县；培养基0014，25℃。

ACCC 52826←中国农科院资划所←四川农科院土肥所，SCL1244；采集自四川德昌县；培养基0014，25℃。

ACCC 52827←中国农科院资划所←四川农科院土肥所，SCL1245；采集自四川德昌县；培养基0014，25℃。

ACCC 52828←中国农科院资划所←四川农科院土肥所，SCL1246；采集自四川德昌县；培养基0014，25℃。

ACCC 52829←中国农科院资划所←四川农科院土肥所，SCL1247；采集自四川德昌县；培养基0014，25℃。

ACCC 52830←中国农科院资划所←四川农科院土肥所，SCL1248；采集自四川德昌县；培养基 0014，25℃。

ACCC 52831←中国农科院资划所←四川农科院土肥所，SCL1249；采集自四川德昌县；培养基 0014，25℃。

ACCC 52832←中国农科院资划所←四川农科院土肥所，SCL1250；采集自四川德昌县；培养基 0014，25℃。

ACCC 52833←中国农科院资划所←四川农科院土肥所，SCL1251；采集自四川德昌县；培养基 0014，25℃。

ACCC 52834←中国农科院资划所←四川农科院土肥所，SCL1252；采集自四川德昌县；培养基 0014，25℃。

ACCC 52835←中国农科院资划所←四川农科院土肥所，SCL1253；采集自四川德昌县；培养基 0014，25℃。

ACCC 52836←中国农科院资划所←四川农科院土肥所，SCL1254；采集自四川德昌县；培养基 0014，25℃。

ACCC 52837←中国农科院资划所←四川农科院土肥所，SCL1255；采集自四川德昌县；培养基 0014，25℃。

ACCC 52838←中国农科院资划所←四川农科院土肥所，SCL1256；采集自四川德昌县；培养基 0014，25℃。

ACCC 52839←中国农科院资划所←四川农科院土肥所，SCL1257；采集自四川德昌县；培养基 0014，25℃。

ACCC 52840←中国农科院资划所←四川农科院土肥所，SCL1258；采集自四川德昌县；培养基 0014，25℃。

ACCC 52841←中国农科院资划所←四川农科院土肥所，SCL1259；采集自四川德昌县；培养基 0014，25℃。

ACCC 52842←中国农科院资划所←四川农科院土肥所，SCL1260；采集自四川德昌县；培养基 0014，25℃。

ACCC 52843←中国农科院资划所←四川农科院土肥所，SCL1261；采集自四川德昌县；培养基 0014，25℃。

ACCC 52844←中国农科院资划所←四川农科院土肥所，SCL1262；采集自四川德昌县；培养基 0014，25℃。

ACCC 52845←中国农科院资划所←四川农科院土肥所，SCL1263；采集自四川德昌县；培养基 0014，25℃。

ACCC 52869←中国农科院资划所，申香 215；培养基 0014，25℃。

ACCC 52870←中国农科院资划所，939；培养基 0014，25℃。

ACCC 52877←四川米易县，LMY14012；培养基 0014，25℃。

ACCC 52878←四川米易县，LMY14013；培养基 0014，25℃。

ACCC 52879←四川米易县，LMY14014；培养基 0014，25℃。

ACCC 52880←四川米易县，LMY14015；培养基 0014，25℃。

ACCC 52881←四川米易县，LMY14017；培养基 0014，25℃。

ACCC 52882←四川米易县，LMY14018；培养基 0014，25℃。

ACCC 52883←四川米易县，LMY14019；培养基 0014，25℃。

ACCC 52884←四川米易县，LMY14023；培养基 0014，25℃。

ACCC 52888←四川米易县，LMY14027；培养基 0014，25℃。

ACCC 52890←四川米易县，LMY14029；培养基 0014，25℃。

ACCC 52891←四川米易县，LMY14030；培养基 0014，25℃。

ACCC 52892←四川米易县，LMY14031；培养基 0014，25℃。

ACCC 52893←四川米易县，LMY14032；培养基 0014，25℃。

ACCC 52894←四川米易县，LMY1403；培养基 0014，25℃。

ACCC 52895←四川德昌县，LDC1401；培养基 0014，25℃。

ACCC 52896←四川德昌县，LDC1403；培养基 0014，25℃。

ACCC 52897←四川德昌县，LDC1404；培养基 0014，25℃。

ACCC 52898←四川德昌县，LDC1405；培养基 0014，25℃。

ACCC 52899←四川德昌县，LDC1406；培养基 0014，25℃。

ACCC 52900←四川德昌县，LDC1407；培养基 0014，25℃。

ACCC 52904←四川冕宁县，LMD1404；培养基 0014，25℃。

ACCC 52911←四川德昌县，LDC14016；培养基 0014，25℃。

ACCC 53304←广西壮族自治区农业科学院郎宁提供，wsw5217-1；分离自广西弄岗保护区阔叶林子实体；培养基 0014，25℃。

ACCC 53305←广西壮族自治区农业科学院郎宁提供，wsw5217-2；分离自广西弄岗保护区阔叶林子实体；培养基 0014，25℃。

Lentinula squarrosulus Mont.

翘鳞香菇

ACCC 51697←广东微生物所，GIM5.318；培养基 0014，25℃。

Lentinus ciliatus Lév.

粗毛斗菇

ACCC 51873←广东微生物所；分离自海南，GIM5.197；培养基 0014，25℃。

Lentinus giganteus Berk.

大斗菇（大革耳）

ACCC 51324←福建省三明市真菌研究所；培养基 0014，25℃。

Lentinus javanicus Lév.

爪哇香菇

ACCC 50259←北京市太阳能研究所；培养基 0014，25℃。

Lentinus sajor-caju（Fr.）Fr.

环柄香菇

ACCC 53292←广西壮族自治区农业科学院郎宁提供，wsw5584-1；分离自广西弄岗保护区阔叶林子实体；培养基 0014，25℃。

Lentinus tigrinus（Bull.）Fr.

虎皮香菇

ACCC 50627←南京农大资环学院，漏斗香菇；培养基 0014，25℃；幼时可食。

ACCC 52110←浙江省丽水市林业科学研究所应国华赠；培养基 0014，25℃。

Lenzites betulina（L.）Fr.

桦褶孔菌

ACCC 51175←东北林业大学潘学仁赠，9920；培养基 0014，25℃。

Lepiota acutesquamosa（Weinm.）P. Kumm.

锐鳞环柄菇

ACCC 52212←中国农科院资划所，张瑞颖采自路边；培养基 0014，25℃。

Lepiota excoriata（Schaeff.）P. Kumm.

裂皮环柄菌

ACCC 52113←浙江省丽水市林业科学研究所应国华赠；培养基 0014，25℃。

Lepiota nuda（Bull.）Cooke

紫丁香蘑

ACCC 50694←香港中文大学←Broedbedrijf Mycobank，CMB0172；培养基 0014，25℃。

ACCC 51730←南京农大生命科学学院，紫丁香菇 -1；培养基 0014，25℃。

ACCC 51731←南京农大生命科学学院，紫丁香菇 -2；培养基 0014，25℃。

ACCC 51747←黑龙江省应用微生物研究所，5L0576；培养基 0014，25℃。

Lepista sordida（Schumach.）Singer

花脸香蘑

ACCC 50223←中国农科院蔬菜花卉所；培养基 0014，25℃。

ACCC 50685←中国农科院土肥所，紫晶蘑；培养基 0014，25℃。

ACCC 51692←广东微生物所，GIM5.315；培养基 0014，25℃。

ACCC 52236←中国农科院资划所←四川农科院，01067；培养基 0014，25℃。

ACCC 52237←中国农科院资划所←四川农科院，01066；培养基 0014，25℃。

ACCC 52238←中国农科院资划所←四川农科院，01069；培养基 0014，25℃。

ACCC 52260←中国农科院资划所←四川农科院，01337；培养基 0014，25℃。

ACCC 52290←中国农科院资划所，1065；培养基 0014，25℃。

Leucocoprinus birnbaumii（Corda）Singer

黄色白鬼伞

ACCC 51737←中国农科院资划所，左雪梅采自家庭花盆内，6.9；培养基 0014，25℃。

Leucocoprinus sp.

白鬼伞

ACCC 51888←广东微生物所菌种保藏中心，GIM5.337；培养基 0014，25℃。

Linderia columnata（Bosc）G. Cunn.

双柱林德氏鬼笔

ACCC 51693←广东微生物所，GIM5.319；培养基 0014，25℃。

Lycoperdon asperum（Lév.）Speg.

粗皮马勃

ACCC 51685←广东微生物所，GIM5.326；培养基 0014，25℃。

Lycoperdon fuscum Bonord.

褐皮马勃

ACCC 51459←采集自内蒙古，野生；培养基 0014，25℃。

Lycoperdon perlatum Pers.

网纹马勃

ACCC 51317←小兴安岭凉水自然保护区野生子实体分离；培养基 0014，25℃。

Lycoperdon pusillum Batsch

小马勃

ACCC 51457←内蒙古野生采集；培养基 0014，25℃。

Lyophyllum aggregatum（Schaeff.）Kühner

褐离褶伞

ACCC 51502←云南香格里拉野生采集；培养基 0014，25℃。

Lyophyllum cinerascens（Bull.）Konrad & Maubl.

灰离褶伞

ACCC 51580←山东曹县中国菌种市场；培养基 0014，25℃。

Lyophyllum decastes（Fr.）Singer

荷离褶伞

ACCC 51456←云南野生采集；培养基 0014，25℃。

ACCC 52106←云南昆明野生子实体组织分离（赵永昌），1；培养基 0014，25℃。

Lyophyllum fumosum（Pers.）P. D. Orton

烟色离褶伞

ACCC 52279←中国农科院资划所，1229；培养基 0014，25℃。

ACCC 52281←中国农科院资划所，1226；培养基 0014，25℃。

Lyophyllum sp.

离褶伞

ACCC 51921←中国农科院资划所，833；培养基 0014，25℃；野生子实体分离的双核菌丝，菌丝白，生长较慢。

ACCC 51922←中国农科院资划所，834；培养基 0014，25℃；野生子实体分离的双核菌丝，菌丝白，生长较慢。

ACCC 51923←中国农科院资划所，835；培养基 0014，25℃；野生子实体分离的双核菌丝，菌丝白，生长较慢。

ACCC 51924←中国农科院资划所，836；培养基 0014，25℃；野生子实体分离的双核菌丝，菌丝白，生长较慢。

ACCC 51925←中国农科院资划所，837；培养基 0014，25℃；野生子实体分离的双核菌丝，菌丝白，生长较慢。

ACCC 51926←中国农科院资划所，838；培养基 0014，25℃；野生子实体分离的双核菌丝，菌丝白，生长较慢。

ACCC 51927←中国农科院资划所，839；培养基 0014，25℃；野生子实体分离的双核菌丝，菌丝白，生长较慢。

ACCC 51928←中国农科院资划所，840；培养基 0014，25℃；野生子实体分离的双核菌丝，菌丝白，生长较慢。

ACCC 51929←中国农科院资划所，841；培养基 0014，25℃；野生子实体分离的双核菌丝，菌丝白，生长较慢。

ACCC 51930←中国农科院资划所，842；培养基 0014，25℃；野生子实体分离的双核菌丝，菌丝白，生长较慢。

ACCC 51931←中国农科院资划所，843；培养基 0014，25℃；野生子实体分离的双核菌丝，菌丝白，生长较慢。

ACCC 51932←中国农科院资划所，844；培养基 0014，25℃；野生子实体分离的双核菌丝，菌丝白，生长较慢。

ACCC 52259←中国农科院资划所←云南省农业科学院，01338；培养基 0014，25℃。

ACCC 52261←中国农科院资划所←云南省农业科学院，01341；培养基 0014，25℃。

ACCC 52262←中国农科院资划所←云南省农业科学院，01339；培养基 0014，25℃。

Marasmius androsaceus（L.）Fr.

安络小皮伞

ACCC 50030←浙江省桐乡市真菌研究所；培养基 0014，25℃；有镇痛作用。

ACCC 51828←广东微生物所菌种保藏中心，GIM5.97；培养基 0014，25℃。

Marasmius oreades（Bolton）Fr.

硬柄小皮伞

ACCC 52111←浙江省丽水市林业科学研究所应国华赠；培养基 0014，25℃。

Marasmius **sp.**

小皮伞

ACCC 51620←南京农大，XPS-1；培养基 0014，25℃。

Morchella conica（Vent.）**Pers.**

尖顶羊肚菌

ACCC 50537←山东省农业科学院土壤肥料研究所←上海师范大学菌蕈研究所；培养基 0014，25℃。

Morchella crassipes（Vent.）**Pers.**

粗柄羊肚菌

ACCC 50703←香港中文大学生物系，CMB0058；培养基 0014，25℃。

ACCC 50704←香港中文大学生物系，CMB0059；培养基 0014，25℃。

Morchella elata **Fr.**

高羊肚菌

ACCC 50702←香港中文大学生物系，CMB0304；培养基 0014，25℃。

Morchella esculenta（L.）**Pers.**

羊肚菌

ACCC 50764←香港中文大学生物系←美国，CMB0017；培养基 0014，25℃。

ACCC 51009←华中农业大学罗信昌赠←美国，M.e；培养基 0014，25℃。

ACCC 51115←美国伯克莱大学谌漠美教授赠；培养基 0014，25℃。

ACCC 51837←广东微生物所菌种保藏中心，GIM5.69；培养基 0014，25℃。

ACCC 52324←清华大学，Q2-31；培养基 0014，25℃。

ACCC 52325←清华大学；培养基 0014，25℃。

ACCC 52326←清华大学，QF-30；培养基 0014，25℃。

ACCC 52335←子实体分离，90-18；培养基 0014，25℃。

ACCC 52336←子实体分离，90-21；培养基 0014，25℃。

ACCC 52337←子实体分离，90-27；培养基 0014，25℃。

ACCC 52338←子实体分离，09-42；培养基 0014，25℃。

ACCC 52339←子实体分离，09-43；培养基 0014，25℃。

ACCC 52340←子实体分离，09-44；培养基 0014，25℃。

ACCC 52341←子实体分离，09-46；培养基 0014，25℃。

ACCC 52342←子实体分离，09-53；培养基 0014，25℃。

ACCC 52343←子实体分离，09-48；培养基 0014，25℃。

ACCC 52344←子实体分离，09-49；培养基 0014，25℃。

ACCC 52540←云南，6221203；培养基 0014，25℃。

Morchella rotunda（Pers.）**Boud.**

宽圆羊肚菌

ACCC 50759←香港中文大学生物系，CMB0175；培养基 0014，25℃。

Morchella **sp.**

羊肚菌属

ACCC 50648←辽宁建平县万寿乡园田东村 9 组孙绍旺赠；培养基 0014，25℃。

ACCC 51010←华中农业大学罗信昌赠，从湖北鹤峰县采集组织分离；培养基 0014，25℃。

ACCC 51749←黑龙江省应用微生物研究所，5L0706；培养基 0014，25℃。

ACCC 52375←北京正术富邦生物科技研究所；培养基 0014，25℃。

Mycena dendrobii **L. Fan & S.X. Guo**

石斛小菇（天麻萌发菌）

ACCC 50928←辽宁省朝阳市食用菌所，8104 石斛；促进天麻种子萌发效果好；培养基 0014，25℃。

ACCC 51124←河南省栾川县科委曹淑兰赠，8103；培养基 0014，25℃。

Mycena osmundicola J. E. Lange

紫萁小菇（天麻萌发菌）

ACCC 51125←河南省栾川县科委曹淑兰赠，8104；培养基 0014，25℃。

Mycena sp.

小菇（天麻萌发菌）

ACCC 51155←陕西省宁强县食用菌研究所戴松林赠，宁萌 01 号；培养基 0014，25℃。

ACCC 51157←陕西省宁强县食用菌研究所戴松林赠，宁 4；培养基 0014，25℃。

ACCC 51162←陕西省宁强县食用菌研究所戴松林赠；培养基 0014，25℃。

Naematoloma fasciculare（Huds.）P. Karst.

簇生沿丝伞

ACCC 51142←黑龙江省应用微生物研究所←野生分离，5Lg5245；培养基 0014，25℃。

Nigrofomes castaneus（Imazeki）Teng

厚黑层孔菌

ACCC 51173←东北林业大学潘学仁赠，9829；培养基 0014，25℃。

Oudemansiella canarii（Jungh.）Höhn.

热带小奥德蘑

ACCC 51130←黑龙江省应用微生物研究所←野生分离，5Lg8016；培养基 0014，25℃。

ACCC 53303←广西壮族自治区农业科学院郎宁提供，wsw1363；分离自广西弄岗保护区阔叶林子实体；培养基 0014，25℃。

Oudemansiella pudens（Pers.）Pegler & T. W. K. & Young.

绒奥德蘑

ACCC 51683←广东微生物所，GIM5.323；培养基 0014，25℃。

Oudemansiella radicata（Relhan）Singer

长根奥德蘑

ACCC 50053←中科院昆明植物研究所；培养基 0014，25℃。

ACCC 51395←四川农科院食用菌中心；培养基 0014，25℃。

ACCC 51701←广东微生物所，GIM5.279；培养基 0014，25℃。

ACCC 51712←广东微生物所，GIM5.210；培养基 0014，25℃。

ACCC 51848←广东微生物所菌种保藏中心，GIM5.57；培养基 0014，25℃。

ACCC 52042←广东微生物所，GIM5.480；培养基 0014，25℃。

ACCC 52243←中国农科院资划所←云南省农业科学院，01323；培养基 0014，25℃。

Oudemansiella sp.

长根菇

ACCC 51053←福建省三明市真菌研究所郭美英赠；培养基 0014，25℃。

ACCC 51054←福建省三明市真菌研究所郭美英赠；培养基 0014，25℃。

Paecilomyces hepiali Q. T. Chen & R. Q. Dai

蝙蝠蛾拟青霉

ACCC 50677←北京 301 医院，虫草；培养基 0014，25℃。

ACCC 50930←黑龙江大庆，虫草；培养基 0014，25℃。

Panus brunneipes Corner

纤毛革耳

ACCC 51691←广东微生物所，GIM5.314；培养基 0014，25℃。

Panus rudis Fr.

野生革耳

ACCC 51672←广东微生物所，GIM5.002；生产（造纸漂白）；培养基 0014，25℃。

Paxillus involutus（Batsch）Fr.

卷边网褶菌

ACCC 51311←分离自小兴安岭凉水自然保护区野生子实体；网褶孔菌；培养基 0014，25℃。

Phaeolus schweinitzii（Fr.）Pat.

松衫暗孔菌（栗褐暗孔菌）

ACCC 50570←中国农科院土肥所；培养基 0014，25℃。

Phellinus igniarius（L.）Quél.

火木层孔菌（桑黄）

ACCC 51328←山西省生物研究所；培养基 0014，25℃。

ACCC 51638←湖北武汉华中食用菌栽培研究所；培养基 0014，25℃。

ACCC 52363←中国医学科学院药用植物研究所，10127；培养基 0014，25℃。

ACCC 52364←中国医学科学院药用植物研究所，1041；培养基 0014，25℃。

Phellinus linteus（Berk. & M. A. Curtis）Teng

裂蹄木层孔菌

ACCC 51181←东北林业大学，9823；培养基 0014，25℃。

Phellinus lonicericola Parmasto

忍冬木层孔菌

ACCC 51713←广东微生物所，GIM5.212；培养基 0014，25℃。

Phellinus pini（Brot.）Pilát

松木层孔菌

ACCC 51186←东北林业大学，9824；培养基 0014，25℃。

ACCC 52216←中国林科院森保所，86363；培养基 0014，25℃。

Phellinus robustus（P. Karst.）Bourdot & Galzin

稀硬木层孔菌

ACCC 51187←东北林业大学，9827；培养基 0014，25℃。

Phellinus tuberculosus Niemelä

苹果木层孔菌

ACCC 52647←中国农科院资划所←北京农科院王守现提供；分离自北京延庆采集的野生子实体；培养基 0014，25℃。

Pholiota adiposa（Batsch）P. Kumm.

多脂鳞伞（黄伞）

ACCC 50588←山西省农业科学院食用菌研究所←日本；培养基 0014，25℃。

ACCC 50598←莱阳农学院；培养基 0014，25℃。

ACCC 50756←香港中文大学，CMB0179；培养基 0014，25℃。

ACCC 50882←中科院微生物所；培养基 0014，25℃。

ACCC 51121←中国农科院资划所，左雪梅采自干枯的树干上；培养基 0014，25℃。

ACCC 51406←四川农科院食用菌中心，PA1；培养基 0014，25℃。

ACCC 51431←福建省三明市真菌研究所，989；培养基 0014，25℃。

ACCC 51655←采自河北丰宁枯杨树干上，黄1；培养基 0014，25℃。

ACCC 51664←采自北京紫竹院公园；培养基 0014，25℃。

ACCC 51745←黑龙江省应用微生物研究所，5L0705；培养基 0014，25℃。

ACCC 52033←广东微生物所，GIM5.461；培养基 0014，25℃。

Pholiota mutabilis（Schaeff.）P. Kumm.

毛柄鳞伞

ACCC 50707←香港中文大学生物系，CMB0178；培养基 0014，25℃。

Pholiota nameko（T. Ito）S. Ito & S. Imai

滑子蘑（滑菇）

ACCC 50158←北京市海淀区外贸公司，H-5-3；培养基 0014，25℃。

ACCC 50159←北京市海淀区外贸公司，H-1；培养基 0014，25℃。

ACCC 50287←黑龙江省外贸公司，H-83；培养基 0014，25℃。

ACCC 50288←黑龙江省外贸公司，H-84；培养基 0014，25℃。

ACCC 50331←北京房山良乡昊天食用菌试验厂；培养基 0014，25℃。

ACCC 50346←辽宁省抚顺市进出口公司，澳羽 2 号；培养基 0014，25℃。

ACCC 50488←辽宁省农业科学院作物研究所←日本，日本 902；培养基 0014，25℃。

ACCC 50622←大连理工大学，申 -14；培养基 0014，25℃。

ACCC 50626←大连理工大学应用真菌研究室，滑新 1 号；培养基 0014，25℃。

ACCC 50643←浙江省庆元县食用菌所，912；培养基 0014，25℃；从当地野生子实体组织分离，短周期种型，食用。

ACCC 50706←香港中文大学生物系；培养基 0014，25℃。

ACCC 50957←辽宁省朝阳市食用菌所，CJ羽 -5；培养基 0014，25℃。

ACCC 50984←北京农科院植环所；培养基 0014，25℃。

ACCC 51075←大连理工大学珍稀菌物开发中心，SB2；培养基 0014，25℃；低于 20℃出菇，单生，极早生种。

ACCC 51076←大连理工大学珍稀菌物开发中心，C3-1；培养基 0014，25℃；低于 20℃出菇，单生，极早生种。

ACCC 51077←大连理工大学珍稀菌物开发中心，申14；培养基 0014，25℃；低于 20℃出菇，单生，极早生种。

ACCC 51078←大连理工大学珍稀菌物开发中心，CTe；培养基 0014，25℃；低于 18℃出菇，丛生，早生种。

ACCC 51079←大连理工大学珍稀菌物开发中心，S188；培养基 0014，25℃；低于 15℃出菇，丛生，早生种。

ACCC 51080←大连理工大学珍稀菌物开发中心，申15；培养基 0014，25℃；低于 15℃出菇，丛生，早生种。

ACCC 51081←大连理工大学珍稀菌物开发中心，新羽 2；培养基 0014，25℃；低于 12℃出菇，丛生，晚生种。

ACCC 51305←华中农业大学菌种试验中心，26；培养基 0014，25℃。

ACCC 51306←华中农业大学菌种试验中心，30；培养基 0014，25℃。

ACCC 51407←四川农科院食用菌中心，PN200；培养基 0014，25℃。

ACCC 51646←河北省武安市何氏食用菌产业中心，工羽 -3；培养基 0014，25℃。

ACCC 51647←河北省武安市何氏食用菌产业中心，早丰 112；培养基 0014，25℃。

ACCC 51736←河北平泉西城北路 28 号，早生 2 号；培养基 0014，25℃。

ACCC 51934←中国农大，澳羽 32；培养基 0014，25℃。

ACCC 52017←辽宁省微生物科学研究院，c3-1；培养基 0014，25℃。

ACCC 52034←广东微生物所，GIM5.464；光帽黄伞；培养基 0014，25℃。

Pholiota squarrosoides（Peck）Sacc.

尖磷黄伞

ACCC 51817←广东微生物所菌种保藏中心，GIM5.31；培养基 0014，25℃。

Piptoporus betulinus（Bull.）P. Karst.

桦剥管菌（桦滴孔菌）

ACCC 51191←东北林业大学，9907；培养基 0014，25℃。

ACCC 51310←分离自小兴安岭凉水自然保护区野生子实体；培养基 0014，25℃。

ACCC 52210←中国农科院资划所，左雪梅采自内蒙古莫尔道嘎白魔岛森林公园，816；培养基 0014，25℃。

ACCC 52240←中国农科院资划所←吉林农业大学，00793；培养基 0014，25℃。

Pleurotus abalonus Y. H. Han，K. M. Chen & S. Cheng

鲍鱼侧耳

ACCC 50089←中国农科院蔬菜花卉所←中科院微生物所，AS5.183；培养基 0014，25℃。

ACCC 51277←华中农业大学罗信昌赠←华中农业大学菌种实验中心←福建，42；培养基 0014，25℃。

ACCC 51278←华中农业大学罗信昌赠←福建省三明市真菌研究所，43；培养基 0014，25℃。

ACCC 52054←广东微生物所菌种保藏中心，GIM5.363；培养基 0014，25℃。

ACCC 52347←北京正术富邦生物科技研究所；培养基 0014，25℃。

Pleurotus citrinopileatus Singer

金顶侧耳（榆黄蘑）

ACCC 50098←中国农科院土肥所，自行孢子分离菌种；培养基 0014，25℃。

ACCC 50284←黑龙江省外贸公司；培养基 0014，25℃。

ACCC 50345←辽宁省抚顺市进出口公司；培养基 0014，25℃。

ACCC 50874←黑龙江省应用微生物研究所；培养基 0014，25℃。

ACCC 50959←辽宁省朝阳市食用菌所；培养基 0014，25℃。

ACCC 51136←黑龙江省应用微生物研究所，83520；培养基 0014，25℃。

ACCC 51261←华中农业大学罗信昌赠←华中农业大学菌种实验中心←东北，26；培养基 0014，25℃。

ACCC 51303←华中农业大学罗信昌赠←延边农学院←吉林，25；培养基 0014，25℃。

ACCC 51846←广东微生物所菌种保藏中心，GIM5.77；培养基 0014，25℃。

ACCC 51909←中国农科院资划所，821；培养基 0014，25℃；单核，生长较快，气生菌丝多，A1B1。

ACCC 51910←中国农科院资划所，822；培养基 0014，25℃；单核，生长较快，密实，A2B2。

ACCC 51911←中国农科院资划所，823；培养基 0014，25℃；单核，生长慢，气生丝少，A2B1。

ACCC 51912←中国农科院资划所，824；培养基 0014，25℃；单核，生长较快，气生丝多，A2B3。

ACCC 52015←辽宁省微生物科学研究院，1 号；培养基 0014，25℃。

ACCC 52030←广东微生物所，GIM5.457；培养基 0014，25℃。

ACCC 52168←山东农业大学，30121；培养基 0014，25℃。

Pleurotus columbinus Quél.

哥伦比亚侧耳

ACCC 50714←香港中文大学，CMB0174；培养基 0014，25℃。

ACCC 50715←香港中文大学，CMB0169；培养基 0014，25℃。

Pleurotus cornucopiae（Paulet）Quél.

白黄侧耳

ACCC 50234←北京市太阳能研究所←中华全国供销合作总社昆明食用菌研究所，841；孢子少；培养基 0014，25℃。

ACCC 50338←山西省生物研究所，日本小平菇 98 号；培养基 0014，25℃。

ACCC 50499←河北省微生物研究所，冈崎姬菇；培养基 0014，25℃。

ACCC 50524←山东金乡鸡黍菇香菌种厂←日本，9008；培养基 0014，25℃。

ACCC 50940←上海农科院食用菌所菌种厂；培养基 0014，25℃；姬菇品种。

ACCC 51233←中科院微生物所，5.365；培养基 0014，25℃。

ACCC 51263←华中农业大学罗信昌赠←华中农业大学菌种实验中心←上海，28；培养基 0014，25℃。

ACCC 51264←华中农业大学罗信昌赠←华中农业大学菌种实验中心←武汉，29；培养基 0014，25℃。

530　中国农业菌种目录（2021 年版）

ACCC 51265←华中农业大学罗信昌赠←华中农业大学菌种实验中心←河北，30；培养基 0014，25℃。
ACCC 51266←华中农业大学罗信昌赠←华中农业大学菌种实验中心←河北，31；培养基 0014，25℃。
ACCC 51369←四川农科院食用菌中心王波赠，P31；培养基 0014，25℃。
ACCC 51370←四川农科院食用菌中心王波赠，P33；培养基 0014，25℃。
ACCC 51448←CBS，=CBS109623；培养基 0014，25℃。
ACCC 51455←云南野生采集；培养基 0014，25℃。
ACCC 51617←南京农大，GG-1；培养基 0014，25℃；幼菇的菇盖呈灰白色，菌褶菌柄呈白色，菌柄偏生；子实体多为丛生，少为单生。
ACCC 51808←山东农业大学菌种保藏中心，300066；培养基 0014，25℃。
ACCC 51816←广东微生物所菌种保藏中心，GIM5.78；培养基 0014，25℃。
ACCC 51941←北京大兴郑美生赠，姬菇；培养基 0014，25℃。
ACCC 52026←广东微生物所，GIM5.367；培养基 0014，25℃。
ACCC 52077←华中农业大学，姬菇 1 号；23~26℃培养，35 天左右完成发菌，盖小柄长，丛生，蕾多，味美，又名小平菇，适鲜销或盐渍加工；培养基 0014，25℃。
ACCC 52312←中国农科院资划所，小平菇；培养基 0014，25℃。
ACCC 52366←中国农科院资划所；培养基 0014，25℃。

Pleurotus corticatus（Fr.）P. Kumm.
裂皮侧耳
ACCC 50389←陕西省宁强县食用菌研究所；培养基 0014，25℃。
ACCC 51822←广东微生物所菌种保藏中心，GIM5.80；培养基 0014，25℃。

Pleurotus cystidiosus O. K. Mill.
泡囊侧耳
ACCC 50164←中国农科院蔬菜花卉所←菲律宾；培养基 0014，25℃。
ACCC 50166←中科院微生物所，183；培养基 0014，25℃；L1 养。
ACCC 50680←香港中文大学生物系，P1-2；培养基 0014，25℃。
ACCC 50708←香港中文大学生物系，CMB0312；培养基 0014，25℃。
ACCC 50709←香港中文大学生物系，CMB0310；培养基 0014，25℃。
ACCC 51279←华中农业大学罗信昌赠←福建省三明市真菌研究所，45；培养基 0014，25℃。
ACCC 51280←华中农业大学罗信昌赠←福建省三明市真菌研究所，46；培养基 0014，25℃。
ACCC 51282←华中农业大学罗信昌赠←福建省三明市真菌研究所←中国台湾，48；培养基 0014，25℃。
ACCC 51449←CBS，=CBS100129；培养基 0014，25℃。
ACCC 51823←广东微生物所菌种保藏中心，GIM5.81；培养基 0014，25℃。

Pleurotus djamor（Rumph. ex Fr.）Boedijn
红侧耳
ACCC 51300←华中农业大学罗信昌赠←德国 Lelley 教授，21；培养基 0014，25℃。
ACCC 51447←CBS，=CBS665.85；培养基 0014，25℃。

Pleurotus dryinus（Pers.）P. Kumm
栎平菇
ACCC 51152←黑龙江省应用微生物研究所←福建省三明市真菌研究所，5Lg067；培养基 0014，25℃。

Pleurotus eryngii（DC.）Quél.
杏鲍菇
ACCC 50757←香港中文大学生物系←法国，CMB0165；培养基 0014，25℃。
ACCC 50894←福建省三明市真菌研究所←意大利，黑杏鲍菇；培养基 0014，25℃。
ACCC 50931←中国农科院土肥所；培养基 0014，25℃；大型菌株，。
ACCC 50961←华中农业大学应用真菌研究所罗信昌赠←法国，871103；培养基 0014，25℃。
ACCC 50962←华中农业大学应用真菌研究所←福建；培养基 0014，25℃；中低温型。

ACCC 50980←河南省科学院生物研究所菌种厂；培养基 0014，25℃。

ACCC 51006←河南省科学院生物研究所；培养基 0014，25℃。

ACCC 51055←福建省三明市真菌研究所郭美英赠，法国 2 号；培养基 0014，25℃。

ACCC 51056←福建省三明市真菌研究所郭美英赠，1 号；培养基 0014，25℃。

ACCC 51069←江西尧九江赠；培养基 0014，25℃。

ACCC 51074←大连理工大学珍稀菌物开发中心，A；培养基 0014，25℃。

ACCC 51118←福建省南平市农业科学研究所；培养基 0014，25℃。

ACCC 51153←中国农科院土肥所向华提供；培养基 0014，25℃；子实体保龄球状。

ACCC 51198←北京农科院植环所陈文良赠，8 号；培养基 0014，25℃。

ACCC 51199←河南省科学院生物研究所申进文赠；培养基 0014，25℃。

ACCC 51302←华中农业大学罗信昌赠←华中农业大学菌种实验中心←北京，23；培养基 0014，25℃。

ACCC 51330←从安利隆生态山庄采集的开伞组织分离；培养基 0014，25℃。

ACCC 51331←从安利隆生态山庄采集的正常形态子实体组织分离；培养基 0014，25℃。

ACCC 51333←北京超市发超市子实体组织分离；培养基 0014，25℃。

ACCC 51337←福建省三明市真菌研究所郭美英赠，3 号；培养基 0014，25℃；子实体保龄球状。

ACCC 51338←福建省三明市真菌研究所郭美英赠，2 号；培养基 0014，25℃。

ACCC 51344←北京玉雪阿魏菇有限公司，鹿茸菇；培养基 0014，25℃。

ACCC 51387←四川农科院食用菌中心王波赠，e1；培养基 0014，25℃。

ACCC 51388←四川农科院食用菌中心王波赠，Pe3；培养基 0014，25℃。

ACCC 51389←四川农科院食用菌中心王波赠，Pe16；培养基 0014，25℃。

ACCC 51390←四川农科院食用菌中心王波赠，Pe19；培养基 0014，25℃。

ACCC 51391←四川农科院食用菌中心王波赠，Pe528；培养基 0014，25℃；子实体保龄球状。

ACCC 51499←北京金信食用菌公司，子实体组织分离；培养基 0014，25℃。

ACCC 51535←中国农科院资划所；培养基 0014，25℃；子实体棒状。

ACCC 51674←广东微生物所，GIM5.356；培养基 0014，25℃。

ACCC 51678←广东微生物所，GIM5.344；培养基 0014，25℃。

ACCC 51796←山东农业大学菌种保藏中心，300049；培养基 0014，25℃。

ACCC 51797←山东农业大学菌种保藏中心，300050；培养基 0014，25℃。

ACCC 51798←山东农业大学菌种保藏中心，300051；培养基 0014，25℃。

ACCC 51799←山东农业大学菌种保藏中心，300052；培养基 0014，25℃。

ACCC 51869←广东微生物所，GIM5.280；培养基 0014，25℃。

ACCC 51980←北京美佳兴业贸易有限公司←福建三明，3 号（大粒种）；培养基 0014，25℃。

ACCC 52013←子实体分离，0711；培养基 0014，25℃。

ACCC 52018←辽宁省微生物科学研究院，sx-42；培养基 0014，25℃。

ACCC 52036←广东微生物所，GIM5.469；培养基 0014，25℃。

ACCC 52063←广东微生物所，GIM5.491；培养基 0014，25℃。

ACCC 52328←北京密云，杏 9；培养基 0014，25℃；子实体棒状。

ACCC 52351←从购于北京新发地的子实体组织分离；培养基 0014，25℃。

ACCC 52352←分离自子实体组织；培养基 0014，25℃。

ACCC 52602←中国农科院资划所胡清秀提供，1202-2；培养基 0014，25℃。

ACCC 52604←中国农科院资划所胡清秀提供，1206；培养基 0014，25℃。

ACCC 52605←中国农科院资划所胡清秀提供，1205；培养基 0014，25℃。

ACCC 52606←中国农科院资划所胡清秀提供，1216；培养基 0014，25℃。

ACCC 52608←中国农科院资划所胡清秀提供，1204；培养基 0014，25℃。

ACCC 52609←中国农科院资划所胡清秀提供；培养基 0014，25℃。

ACCC 52610←中国农科院资划所胡清秀提供，1223；培养基 0014，25℃。

ACCC 52611←中国农科院资划所胡清秀提供，农杏；培养基 0014，25℃。

ACCC 52612←中国农科院资划所胡清秀提供，1215；培养基 0014，25℃。

ACCC 52613←中国农科院资划所胡清秀提供，1224；培养基 0014，25℃。

ACCC 52614←中国农科院资划所胡清秀提供，1221；培养基 0014，25℃。

ACCC 52615←中国农科院资划所胡清秀提供，武杏；培养基 0014，25℃。

ACCC 52616←中国农科院资划所胡清秀提供，1214（2）；培养基 0014，25℃。

ACCC 52617←中国农科院资划所胡清秀提供，1222；培养基 0014，25℃。

ACCC 52618←中国农科院资划所胡清秀提供，20038；培养基 0014，25℃。

ACCC 52619←中国农科院资划所胡清秀提供，1211；培养基 0014，25℃。

ACCC 52627←中国农科院资划所；培养基 0014，25℃。

ACCC 52694←中国农科院资划所←北京农科院刘宇提供，杏鲍菇 -9；分离自栽培子实体；培养基 0014，25℃。

ACCC 52695←中国农科院资划所←北京农科院刘宇提供，杏鲍菇 -13；分离自栽培子实体；培养基 0014，25℃。

Pleurotus eugrammeus（Mont.）Dennis

真线侧耳

ACCC 51512←广东微生物所←福建省三明市真菌研究所，GIM5.85；培养基 0014，25℃。

ACCC 51520←广东微生物所←福建省三明市真菌研究所，GIM5.74；培养基 0014，25℃。

ACCC 51844←广东微生物所菌种保藏中心，GIM5.85；培养基 0014，25℃。

Pleurotus flexilis S. T. Chang & X. L. Mao

阿魏侧耳

ACCC 50656←福建省三明市真菌研究所；培养基 0014，25℃。

ACCC 50963←华中农业大学应用真菌研究所罗信昌赠；培养基 0014，25℃。

ACCC 51004←河南省科学院生物研究所菌种厂；培养基 0014，25℃；子实体掌状。

ACCC 51435←福建省三明市真菌研究所，15 号；培养基 0014，25℃。

Pleurotus floridanus（Berk. & M. A. Curtis）Sacc.

佛罗里达侧耳

ACCC 50020←浙江省桐乡市真菌研究所←奉化←中国台湾，DP02；培养基 0014，25℃。

ACCC 50035←南京林学院；培养基 0014，25℃；广温型。

ACCC 50153←中国农科院蔬菜花卉所←荷兰；培养基 0014，25℃。

ACCC 50161←中国农科院蔬菜花卉所←中科院微生物所，AS5.184；中蔬 10 号的亲本；培养基 0014，25℃。

ACCC 50165←中国农科院蔬菜花卉所，中蔬 10 号；培养基 0014，25℃。

ACCC 50235←常州市蔬菜研究所，F 平菇；培养基 0014，25℃。

ACCC 50375←山西运城农校←德国，西德无孢平菇；培养基 0014，25℃；无孢子菌株。

ACCC 50410←河北石家庄，冀 4；培养基 0014，25℃。

ACCC 50491←莱阳农学院，F3；培养基 0014，25℃。

ACCC 50498←河北省微生物研究所；培养基 0014，25℃；人工诱变无孢菌株。

ACCC 50534←沈阳市农科所，84；培养基 0014，25℃。

ACCC 50816←江苏江都，江都 792；培养基 0014，25℃。

ACCC 51856←广东微生物所菌种保藏中心，GIM5.79；培养基 0014，25℃。

ACCC 51857←广东微生物所菌种保藏中心，GIM5.83；培养基 0014，25℃；无孢。

Pleurotus geesterani Singer

秀珍菇

ACCC 51371←四川农科院食用菌中心王波赠，Pg1；培养基 0014，25℃；秀珍菇。

ACCC 51372←四川农科院食用菌中心王波赠，Pg2；培养基 0014，25℃；秀珍菇。

ACCC 51675←广东微生物所，GIM5.358；培养基 0014，25℃。

ACCC 51943←北京大兴郑美生赠；培养基 0014，25℃。

ACCC 52116←福建农林大学谢宝贵赠，plg0014；培养基 0014，25℃。

ACCC 52200←中国农大王贺祥送；培养基 0014，25℃。

ACCC 52295←江苏省农业科学院食用菌中心，中国台湾；培养基 0014，25℃。

ACCC 52299←山东省寿光市食用菌研究所，高温型；培养基 0014，25℃。

ACCC 52304←江苏省农业科学院食用菌中心，夏秀；培养基 0014，25℃。

Pleurotus lampas（Berk.）Sacc.

侧耳

ACCC 51451←CBS，=CBS323.29；培养基 0014，25℃。

Pleurotus limpidus（Fr.）P. Karst.

小白侧耳

ACCC 51864←广东微生物所菌种保藏中心，GIM5.389；培养基 0014，25℃。

Pleurotus nebrodensis（Inzenga）Quél.

白灵菇

ACCC 50869←新疆木垒；606；培养基 0014，25℃。

ACCC 50914←新疆木垒；培养基 0014，25℃。

ACCC 50929←湖北省武汉市新宇食用菌研究所，KW-1；培养基 0014，25℃；盖肥大，菌柄粗而短，迟熟品种。

ACCC 51005←陕西省食用菌菌种场；培养基 0014，25℃；子实体掌状。

ACCC 51326←北京金信食用菌公司子实体组织分离；培养基 0014，25℃。

ACCC 51342←北京玉雪阿魏菇有限公司；培养基 0014，25℃；侧耳形。

ACCC 51343←北京玉雪阿魏菇有限公司；培养基 0014，25℃；球形。

ACCC 51402←四川农科院食用菌中心，Pn622；培养基 0014，25℃。

ACCC 51465←新疆哈密八一港 14 号天山菌业研究所，天山一号；培养基 0014，25℃。

ACCC 51466←新疆哈密八一港 14 号天山菌业研究所，天山二号；培养基 0014，25℃。

ACCC 51467←新疆哈密八一港 14 号天山菌业研究所，天山三号；培养基 0014，25℃。

ACCC 51484←昆明云蕈科技开发公司；培养基 0014，25℃。

ACCC 51485←新疆农业大学食用菌教研中心，新农 2 号；培养基 0014，25℃。

ACCC 51486←新疆农业大学食用菌教研中心，新农 4 号；培养基 0014，25℃。

ACCC 51498←子实体组织分离；培养基 0014，25℃。

ACCC 51543←江苏天达食用菌研究所；培养基 0014，25℃；高温型，子实体为手掌形。

ACCC 51585←中国农科院资划所；培养基 0014，25℃。

ACCC 51597←中国农科院资划所，新疆品种；培养基 0014，25℃。

ACCC 51598←中国农科院资划所，山西大同品种；培养基 0014，25℃。

ACCC 51679←广东微生物所，GIM5.345；培养基 0014，25℃。

ACCC 51702←广东微生物所，GIM5.281；培养基 0014，25℃；纯白色。

ACCC 51766←分离自子实体组织；培养基 0014，25℃。

ACCC 51801←山东农业大学菌种保藏中心，300059；培养基 0014，25℃。

ACCC 51802←山东农业大学菌种保藏中心，300060；培养基 0014，25℃。

ACCC 51803←山东农业大学菌种保藏中心，300061；培养基 0014，25℃。

ACCC 51913←中国农科院资划所，825；培养基 0014，25℃；单核，菌丝稀疏，生长较快，气生丝菌多，A1B1。

ACCC 51914←中国农科院资划所，826；培养基 0014，25℃；单核，菌丝浓密，生长较快，气生丝菌发达，A2B2。

ACCC 51916←中国农科院资划所，828；培养基 0014，25℃；单核，生长较快，菌丝稀疏，气生丝菌多，A1B2。

ACCC 51917←中国农科院资划所，829；培养基 0014，25℃；单核，色白，生长较快，菌丝密实，气生丝菌多，A1B1。

ACCC 51918←中国农科院资划所，830；培养基 0014，25℃；单核，生长较快，菌丝稀疏，气生丝菌多，A2B1。

ACCC 51919←中国农科院资划所，831；培养基 0014，25℃；单核，生长较快，菌丝稀疏，气生丝菌多，A2B2。

ACCC 51920←中国农科院资划所，832；培养基 0014，25℃；单核，生长较快，菌丝稀疏，气生丝菌多，A1B2。

ACCC 51935←中国农大，K1；培养基 0014，25℃。

ACCC 51936←中国农大，农大 80；培养基 0014，25℃。

ACCC 52011←河北遵化刘洪利赠，86；培养基 0014，25℃；高温型。

ACCC 52189←河北遵化刘洪利赠，425；培养基 0014，25℃。

ACCC 52190←中国农科院资划所；培养基 0014，25℃。

ACCC 52193←广东微生物所，GIM5.466；培养基 0014，25℃。

ACCC 52207←分离自子实体组织，7907；培养基 0014，25℃。

ACCC 52348←分离自购于北京超市发超市的子实体；培养基 0014，25℃。

ACCC 52349←樊六生赠；分离自子实体；红杏；培养基 0014，25℃。

ACCC 52350←分离自购于北京新发地市场的子实体组织，911；培养基 0014，25℃。

ACCC 52692←中国农科院资划所←北京农科院刘宇提供，白灵菇 -10；分离自栽培子实体；培养基 0014，25℃。

ACCC 52693←中国农科院资划所←北京农科院刘宇提供，白灵菇 -12；分离自栽培子实体；培养基 0014，25℃。

Pleurotus ostreatus（Jacq.）P. Kumm.

糙皮侧耳（平菇）

ACCC 50048←中科院昆明植物研究所←香港，侧 184；培养基 0014，25℃；子实体颜色较深。

ACCC 50050←中科院昆明植物研究所，侧 813；培养基 0014，25℃；高温型。

ACCC 50060←浙江省微生物研究所←上海，ZM5.23；培养基 0014，25℃。

ACCC 50075←北京市饲料所，1112；培养基 0014，25℃。

ACCC 50128←河北大名县；培养基 0014，25℃；中温型品种，子实体丛生，菌柄较短。

ACCC 50149←中国农科院蔬菜花卉所；培养基 0014，25℃；低温型。

ACCC 50154←中国农科院蔬菜花卉所←上海农科院食用菌所；培养基 0014，25℃；低温型。

ACCC 50156←中国农科院蔬菜花卉所←中国台湾，TW；培养基 0014，25℃；低温型。

ACCC 50160←河北省农林科学院经济作物研究所←日本；菌盖为铅灰色，日本菌株；培养基 0014，25℃。

ACCC 50163←中国农科院蔬菜花卉所←福建农学院 PL-25；培养基 0014，25℃；深色，低温性菌株。

ACCC 50236←常州市蔬菜研究所，特白 1 号；培养基 0014，25℃；白色突变菌株，低温型。

ACCC 50276←北京市海淀区外贸公司←黑龙江省土畜产进出口公司，双 - 原 822；培养基 0014，25℃；日本菌株，低温型，食用。

ACCC 50277←北京市海淀区外贸公司←黑龙江省土畜产进出口公司，双 - 原 832；培养基 0014，25℃；日本菌株，低温型，食用。

ACCC 50278←北京市海淀区外贸公司←黑龙江省土畜产进出口公司，双 - 原 833；培养基 0014，25℃；日本菌株，低温型，食用。

ACCC 50279←北京市海淀区外贸公司←黑龙江省土畜产进出口公司，双 - 原 834；培养基 0014，25℃；日本菌株，低温型，食用。

ACCC 50313←常州市蔬菜研究所←湖北沙洋农场农科所；培养基 0014，25℃；自然突变无孢菌株。

ACCC 50376←山西运城农校←山东泰安，4011；培养基 0014，25℃；白色菌株，耐高浓度二氧化碳，食用，低温型。

ACCC 50379←山西运城农校，8405；培养基 0014，25℃；小平菇。

ACCC 50500←河北省微生物研究所；培养基 0014，25℃；超低温平菇。

ACCC 50618←江苏省微生物研究所，野丰 118；培养基 0014，25℃；当地野生子实体组织分离，食用。

ACCC 50711←香港中文大学生物系←法国，CMB0010；培养基 0014，25℃。

ACCC 50763←香港中文大学生物系←美国纽约州立大学←日本，CMB0010；培养基 0014，25℃。

ACCC 50915←河南省农业科学院，新 831；培养基 0014，25℃；高温型，菌盖平展。

ACCC 50918←山西运城农校，杂 18；培养基 0014，25℃。

ACCC 50920←山西运城农校，95 王；培养基 0014，25℃。

ACCC 50921←山西运城农校，P86；培养基 0014，25℃。

ACCC 51289←华中农业大学罗信昌赠←日本 Nakaya 博士←日本，2；培养基 0014，25℃。

ACCC 51290←华中农业大学罗信昌赠←法国波尔多大学 Labarere←西班牙，3；培养基 0014，25℃。

ACCC 51423←江苏省农业科学院食用菌研究中心，黑秀珍菇；培养基 0014，25℃。

ACCC 51424←江苏省农业科学院食用菌研究中心，苏平一号；培养基 0014，25℃。

ACCC 51450←CBS，=CBS145.22；培养基 0014，25℃。

ACCC 51528←中国农科院土肥所，野平；培养基 0014，25℃；可食用，味道鲜美，可人工栽培，是重要栽培食用菌之一。

ACCC 51544←江苏天达食用菌研究所；培养基 0014，25℃；广温型，子实体灰黑色，适合玉米芯栽培料。

ACCC 51545←江苏天达食用菌研究所，澳白；培养基 0014，25℃；广温型，子实体浅灰色，柄短，产量高。

ACCC 51546←江苏天达食用菌研究所，特早新丰；培养基 0014，25℃；广温型，子实体浅灰色，柄短，盖大。

ACCC 51547←江苏天达食用菌研究所，黑平 A3；培养基 0014，25℃；中低温型，子实体黑色，盖大。

ACCC 51548←江苏天达食用菌研究所，法白；培养基 0014，25℃；广温型，子实体灰白色，朵大肉厚。

ACCC 51549←江苏天达食用菌研究所，高温 908；培养基 0014，25℃；高温型，子实体白色，转潮快。

ACCC 51550←江苏天达食用菌研究所，江都 5178；培养基 0014，25℃；广温型，子实体灰黑色，肉厚，韧性好，不易碎。

ACCC 51551←江苏天达食用菌研究所，锡平 1 号；培养基 0014，25℃；广温型，子实体灰黑色，菇大肉厚。

ACCC 51552←江苏天达食用菌研究所，海南 2 号；培养基 0014，25℃；高温型，子实体白色，抗病能力强，产量高。

ACCC 51553←江苏天达食用菌研究所，抗病 2 号；培养基 0014，25℃；广温型，子实体深灰色，抗病能力强，产量高。

ACCC 51554←江苏天达食用菌研究所，太空 2 号；培养基 0014，25℃；广温型，子实体深灰色，朵大肉厚，产量高。

ACCC 51555←江苏天达食用菌研究所，伏原 1 号；培养基 0014，25℃；高温型，子实体白色，肉厚柄短，产量高。

ACCC 51556←江苏天达食用菌研究所，江都 20；培养基 0014，25℃；高温型，子实体浅白色，肉厚柄短，产量高。

ACCC 51557←江苏天达食用菌研究所，基因 2005；培养基 0014，25℃；高温型，灰色，秀珍菇、姬菇、平菇三用品种。

ACCC 51567←江苏天达食用菌研究所，天达 300；培养基 0014，25℃；光温型，子实体丛生，浅色。

ACCC 51568←江苏天达食用菌研究所，冠平 1 号；培养基 0014，25℃；光温型浅色。

ACCC 51573←山东曹县中国菌种市场，黄平；培养基 0014，25℃。

ACCC 51618←南京农大，PG-2；培养基 0014，25℃；温度适应范围广，在 8～32℃都能生长；丛生，菌丝乳白色，菌肉厚。

ACCC 51619←南京农大，PG-1；培养基 0014，25℃；高温型平菇，温度适应范围广，在 8～32℃都能生长；丛生，菌丝乳白色，菌肉厚。

ACCC 51633←河北省石家庄市创新食用菌研究所，2015；培养基 0014，25℃。

ACCC 51634←河北省石家庄市创新食用菌研究所，黑丰 268；培养基 0014，25℃。

ACCC 51635←河北省石家庄市创新食用菌研究所，2018；培养基 0014，25℃。

ACCC 51636←河北省石家庄市创新食用菌研究所，2019；培养基 0014，25℃。

ACCC 51637←河北省石家庄市创新食用菌研究所，5526；培养基 0014，25℃。

ACCC 51648←河北省武安市何氏食用菌产业中心，2002-4；培养基 0014，25℃。

ACCC 51649←河北省武安市何氏食用菌产业中心，2061；培养基 0014，25℃。

ACCC 51650←河北省武安市何氏食用菌产业中心，黑 602；培养基 0014，25℃。

ACCC 51651←河北省武安市何氏食用菌产业中心，H600；培养基 0014，25℃。

ACCC 51652←北京大兴，39；培养基 0014，25℃。

ACCC 51653←河北固安牛驼镇林城铺，2016；培养基 0014，25℃。

ACCC 51727←南京农大生命科学学院，PG3；培养基 0014，25℃。

ACCC 51728←南京农大生命科学学院，PG4；培养基 0014，25℃。

ACCC 51782←山东农业大学菌种保藏中心，300035；培养基 0014，25℃。

ACCC 51783←山东农业大学菌种保藏中心，300036；培养基 0014，25℃。

ACCC 51784←山东农业大学菌种保藏中心，300037；培养基 0014，25℃。

ACCC 51785←山东农业大学菌种保藏中心，300038；培养基 0014，25℃。

ACCC 51786←山东农业大学菌种保藏中心，300039；培养基 0014，25℃。

ACCC 51787←山东农业大学菌种保藏中心，300040；培养基 0014，25℃。

ACCC 51788←山东农业大学菌种保藏中心，300041；培养基 0014，25℃。

ACCC 51789←山东农业大学菌种保藏中心，300042；培养基 0014，25℃。

ACCC 51790←山东农业大学菌种保藏中心，300043；培养基 0014，25℃。

ACCC 51791←山东农业大学菌种保藏中心，300044；培养基 0014，25℃。

ACCC 51851←广东微生物所菌种保藏中心，GIM5.34；培养基 0014，25℃。

ACCC 51865←子实体组织分离（褐色）；培养基 0014，25℃；少孢。

ACCC 51866←广东微生物所菌种保藏中心，白平菇；培养基 0014，25℃。

ACCC 51933←北京大兴，广东 18-1；培养基 0014，25℃。

ACCC 51938←中国农大，6；培养基 0014，25℃。

ACCC 51939←中国农大，4；培养基 0014，25℃。

ACCC 52024←广东微生物所菌种保藏中心，GIM5.361；培养基 0014，25℃。

ACCC 52045←广东微生物所，GIM5.494；培养基 0014，25℃。

ACCC 52046←广东微生物所，GIM5.495；培养基 0014，25℃。

ACCC 52066←子实体分离，615，中高温；培养基 0014，25℃。

ACCC 52068←华中农业大学，802；培养基 0014，25℃；广温出菇，23～26℃培养，35 天左右完成发菌，盖大肉厚，灰黑色，菇形圆整美观，后劲足，丰产性能稳定；生物学效率 150%～280%。

ACCC 52069←华中农业大学，1011；培养基 0014，25℃；23～26℃培养，35 天左右完成发菌，菌盖大，优质，产量较高，耐高温。

ACCC 52070←华中农业大学，AX3；培养基 0014，25℃；23～26℃培养，35 天左右完成发菌，盖大肉厚，菇形圆整美观。

ACCC 52071←华中农业大学，川 -1；培养基 0014，25℃；23～26℃培养，35 天左右完成发菌，盖中大，扇形圆整，韧性好，柄短，肉厚高产。

ACCC 52072←华中农业大学，丰平 5 号；培养基 0014，25℃；23～26℃培养，35 天左右完成发菌，盖中大，扇形，圆整，肉厚，柄短，韧性好，产量高，传统优良品种。

ACCC 52073←华中农业大学，华平 2 号；培养基 0014，25℃；23～26℃培养，35 天左右完成发菌，菌盖大，优质，产量较高，耐高温。

ACCC 52074←华中农业大学，华平 97-2；培养基 0014，25℃；23～26℃培养，35 天左右完成发菌，菌盖大，肉厚，抗杂高产，浅色良种，适多种培养料栽培。

ACCC 52075←华中农业大学，华平 962；培养基 0014，25℃；23～25℃培养，35 天左右完成发菌，菇形好；生物学效率100%～200%。

ACCC 52076←华中农业大学，华平 963-1；培养基 0014，25℃；23～26℃培养，35 天左右完成发菌，朵大，肉厚，柄较短，抗杂高产，适多种培养料栽培。

ACCC 52078←华中农业大学，科大杂优；培养基 0014，25℃；23～26℃培养，35 天左右完成发菌，大朵叠生，盖厚柄短，耐储运，适应性较强，杂交品种。

ACCC 52079←华中农业大学，雄狮 09；培养基 0014，25℃；23～26℃培养，35 天左右完成发菌，盖大，扇形，菇形美观，韧性较好，产量高。

ACCC 52117←华中农业大学，丰抗 90；培养基 0014，25℃；23～26℃培养，35 天左右完成发菌，盖大肉厚，菇形圆整美观。

ACCC 52127←山东农业大学，30080；培养基 0014，25℃。
ACCC 52128←山东农业大学，30081；培养基 0014，25℃。
ACCC 52129←山东农业大学，30082；培养基 0014，25℃。
ACCC 52130←山东农业大学，30083；培养基 0014，25℃。
ACCC 52131←山东农业大学，30084；培养基 0014，25℃。
ACCC 52132←山东农业大学，30085；培养基 0014，25℃。
ACCC 52133←山东农业大学，30086；培养基 0014，25℃。
ACCC 52134←山东农业大学，30087；培养基 0014，25℃。
ACCC 52135←山东农业大学，30088；培养基 0014，25℃。
ACCC 52136←山东农业大学，30089；培养基 0014，25℃。
ACCC 52137←山东农业大学，30090；培养基 0014，25℃。
ACCC 52138←山东农业大学，30091；培养基 0014，25℃。
ACCC 52144←山东农业大学，30097；培养基 0014，25℃。
ACCC 52145←山东农业大学，30098；培养基 0014，25℃。
ACCC 52146←山东农业大学，30099；培养基 0014，25℃。
ACCC 52147←山东农业大学，30100；培养基 0014，25℃。
ACCC 52148←山东农业大学，30101；培养基 0014，25℃。
ACCC 52149←山东农业大学，30102；培养基 0014，25℃。
ACCC 52150←山东农业大学，30103；培养基 0014，25℃。
ACCC 52151←山东农业大学，30104；培养基 0014，25℃。
ACCC 52152←山东农业大学，30105；培养基 0014，25℃。
ACCC 52153←山东农业大学，30106；培养基 0014，25℃。
ACCC 52154←山东农业大学，30107；培养基 0014，25℃。
ACCC 52155←山东农业大学，30108；培养基 0014，25℃。
ACCC 52156←山东农业大学，30109；培养基 0014，25℃。
ACCC 52157←山东农业大学，30110；培养基 0014，25℃。
ACCC 52158←山东农业大学，30111；培养基 0014，25℃。
ACCC 52159←山东农业大学，30112；培养基 0014，25℃。
ACCC 52160←山东农业大学，30113；培养基 0014，25℃。
ACCC 52161←山东农业大学，30114；培养基 0014，25℃。
ACCC 52162←山东农业大学，30115；培养基 0014，25℃。

ACCC 52163←山东农业大学，30116；培养基 0014，25℃。

ACCC 52204←分离自北京大兴采集的子实体组织，650；培养基 0014，25℃。

ACCC 52209←中国农科院资划所，899；培养基 0014，25℃。

ACCC 52211←福建，841；培养基 0014，25℃。

ACCC 52298←山东省寿光市食用菌研究所，高平 2810；培养基 0014，25℃。

ACCC 52300←山东省寿光市食用菌研究所，新平 2005；培养基 0014，25℃。

ACCC 52301←山东省寿光市食用菌研究所，新选 800；培养基 0014，25℃。

ACCC 52302←山东省寿光市食用菌研究所，大丰 8002；培养基 0014，25℃。

ACCC 52305←河北省微生物研究所，世纪 3 号；培养基 0014，25℃。

ACCC 52306←北京密云李彩亮赠，春栽 1 号；培养基 0014，25℃。

ACCC 52307←北京密云李彩亮赠，杂优 2 号；培养基 0014，25℃。

ACCC 52309←北京密云李彩亮赠，601；培养基 0014，25℃。

ACCC 52311←中国农科院资划所，小白平菇；培养基 0014，25℃。

ACCC 52313←野生；培养基 0014，25℃。

ACCC 52334←北京密云李彩亮赠，602；培养基 0014，25℃。

ACCC 52358←郑美生，02；培养基 0014，25℃。

ACCC 52361←中国农科院资划所，05；培养基 0014，25℃。

ACCC 52365←江苏天达食用菌研究所，灰美 2 号；培养基 0014，25℃。

ACCC 52651←中国农科院资划所←北京农科院刘宇提供，黑平 1 号；分离自栽培子实体；培养基 0014，25℃。

ACCC 52652←中国农科院资划所←北京农科院刘宇提供，黑平 2 号；分离自栽培子实体；培养基 0014，25℃。

ACCC 52653←中国农科院资划所←北京农科院刘宇提供，平野 1 号；分离自栽培子实体；培养基 0014，25℃。

ACCC 52655←中国农科院资划所←北京农科院刘宇提供，平菇 99；分离自栽培子实体；培养基 0014，25℃。

ACCC 52656←中国农科院资划所←北京农科院刘宇提供，平菇 2019；分离自栽培子实体；培养基 0014，25℃。

ACCC 52658←中国农科院资划所←北京农科院刘宇提供，天达 788；分离自栽培子实体；培养基 0014，25℃。

ACCC 52661←中国农科院资划所←北京农科院刘宇提供，德国平菇；分离自栽培子实体；培养基 0014，25℃。

ACCC 52664←中国农科院资划所←北京农科院刘宇提供，平菇 9506；分离自栽培子实体；培养基 0014，25℃。

ACCC 52754←中国农科院资划所←四川农科院土肥所，PC11-2；采集自四川理县；培养基 0014，25℃。

ACCC 52757←中国农科院资划所←四川农科院土肥所，P21021；采集自四川广元；培养基 0014，25℃。

ACCC 52758←中国农科院资划所←四川农科院土肥所，P1201；采集自四川什邡；培养基 0014，25℃。

Pleurotus porrigens（Pers.）P. Kumm.

贝形侧耳

ACCC 51519←广东微生物所←福建省三明市真菌研究所，GIM5.84；培养基 0014，25℃。

ACCC 51858←广东微生物所菌种保藏中心，GIM5.84；培养基 0014，25℃。

Pleurotus pulmonarius（Fr.）Quél.

肺形侧耳

ACCC 50090←四川，侧五；培养基 0014，25℃；高温型品种，子实体初呈乳白色，后转为淡白色，丛生或单生，菌盖较小，出菇早，生长周期短，转潮快。

ACCC 50713←香港中文大学生物系←法国，CMB0166；培养基 0014，25℃。

ACCC 50892←中国农科院资划所，3014；培养基 0014，25℃。

ACCC 51297←华中农业大学罗信昌赠←法国波尔多大学 Labarere 教授←希腊，11；培养基 0014，25℃。

ACCC 51298←华中农业大学罗信昌赠←法国波尔多大学 Labarere 教授←欧洲，12；培养基 0014，25℃。

ACCC 51854←广东微生物所菌种保藏中心，GIM5.73；培养基 0014，25℃。

ACCC 52016←辽宁省微生物科学研究院，高温；培养基 0014，25℃。

ACCC 52019←辽宁省微生物科学研究院，日本；培养基 0014，25℃。

ACCC 52044←广东微生物所，GIM5.490；培养基 0014，25℃。

ACCC 52055←广东微生物所，GIM5.366；培养基 0014，25℃。

Pleurotus rhodophyllus Bres.

粉褶侧耳

ACCC 51513←广东微生物所，GIM5.76；培养基 0014，25℃。

ACCC 51855←广东微生物所菌种保藏中心，GIM5.76；培养基 0014，25℃。

Pleurotus sajor-caju（Fr.）Singer

凤尾菇

ACCC 50082←ATCC；培养基 0014，25℃。

ACCC 50168←中国农科院蔬菜花卉所←中科院微生物所←香港，Pl-27；培养基 0014，25℃。

ACCC 50419←北京市太阳能研究所；培养基 0014，25℃；无孢凤尾菇，人工诱变无孢菌株。

ACCC 50496←河北省微生物研究所；培养基 0014，25℃；无孢凤尾菇。

ACCC 50619←广东微生物所，P10；培养基 0014，25℃。

ACCC 51271←华中农业大学罗信昌赠←华中农业大学菌种实验中心←武汉，36；培养基 0014，25℃。

ACCC 51275←华中农业大学罗信昌赠←华中农业大学菌种实验中心←武汉，40；培养基 0014，25℃。

ACCC 51852←广东微生物所菌种保藏中心，GIM5.82；漏斗状侧耳；培养基 0014，25℃。

Pleurotus salmoneostramineus Lj. N. Vassiljeva

桃红侧耳

ACCC 50836←中国农科院土肥所；培养基 0014，25℃；子实体幼时粉红色，高温型。

ACCC 50964←华中农业大学罗信昌赠；培养基 0014，25℃；中高温型，桃红色。

ACCC 51301←华中农业大学罗信昌赠←华中农业大学菌种实验中心←广西，22；培养基 0014，25℃。

ACCC 52029←广东微生物所，GIM5.455；培养基 0014，25℃。

Pleurotus sapidus Sacc.

美味侧耳

ACCC 50099←中国农科院土肥所；自行多孢分离；培养基 0014，25℃。

ACCC 50121←陕西省微生物研究所，EA38；培养基 0014，25℃。

ACCC 50150←中国农科院蔬菜花卉所，农大 11；培养基 0014，25℃。

ACCC 50151←中国农科院蔬菜花卉所←中科院微生物所；培养基 0014，25℃。

ACCC 50152←中国农科院蔬菜花卉所←黑龙江省应用微生物研究所；培养基 0014，25℃。

ACCC 50155←中国农科院蔬菜花卉所←中科院微生物所，AS5.39；培养基 0014，25℃。

ACCC 50162←中国农科院蔬菜花卉所←北京市海淀区外贸公司←日本，PL-37A；培养基 0014，25℃；
中温型菌株。

ACCC 50212←福建农业大学；培养基 0014，25℃。

ACCC 50233←常州市蔬菜研究所，平 6；培养基 0014，25℃；菌盖深黑色。

ACCC 50249←河南省科学院生物研究所，831；培养基 0014，25℃；低温型菌株，产量不高，产孢量
较大，但口感好，味道鲜美。

ACCC 50274←北京市海淀区外贸公司←日本，北研 H5；培养基 0014，25℃。

ACCC 50275←北京市海淀区外贸公司←日本，北研 H2；培养基 0014，25℃。

ACCC 50312←河北省徐水县科学技术协会，无孢 33；少孢子菌株；培养基 0014，25℃。

ACCC 50337←华中农业大学园艺系，园 1；培养基 0014，25℃。

ACCC 50428←河南永城食用菌厂←河北省微生物研究所；培养基 0014，25℃。

ACCC 50436←吉林省农业科学院长白山资源所，公主岭 1 号；培养基 0014，25℃。

ACCC 50497←河北省微生物研究所；无孢紫孢侧耳；培养基 0014，25℃。

ACCC 50603←中国农科院土肥所；培养基 0014，25℃。

Pleurotus sp.

ACCC 50116←山西省生物研究所，8010，平菇；培养基 0014，25℃。

ACCC 50118←江西省林科所，平菇；培养基 0014，高温型品种。

ACCC 50119←江西省林科所，平菇；培养基 0014，中温型品种。

ACCC 50120←江西省林科所，平菇；培养基 0014，低温型品种。

ACCC 50122←陕西西安，云南白，平菇；培养基 0014，25℃。

ACCC 50123←陕西西安，平 2，平菇；培养基 0014，25℃；低温型品种。

ACCC 50124←陕西西安，平菇；培养基 0014，25℃；孢子印紫色，中温型品种。

ACCC 50125←西安市农科所，平菇；培养基 0014，25℃；孢子印紫色。

ACCC 50126←西安市农科所，平菇；培养基 0014，25℃；菌柄较短。

ACCC 50127←西安市农科所，平菇；培养基 0014，25℃；低温型。

ACCC 50129←河北大名县，平菇；培养基 0014，25℃；低温型品种，子实体是大朵型。

ACCC 50130←北京房山良乡试验场，平菇；培养基 0014，25℃；子实体为白色。

ACCC 50157←中国农科院蔬菜花卉所，01，平菇；培养基 0014，25℃；中温型。

ACCC 50228←山东省农业科学院土壤肥料研究所，P-24，平菇；培养基 0014，25℃。

ACCC 50229←上海农科院食用菌所，001，平菇；培养基 0014，25℃。

ACCC 50237←河北省微生物研究所，HP-1，平菇；培养基 0014，25℃；野生种，高温型菌株。

ACCC 50238←常州市蔬菜研究所←南京师范大学，宁杂 1 号，平菇；培养基 0014，25℃；*P. florida* 和 *P. sapidus* 黑色株杂交后代。

ACCC 50250←常州市蔬菜研究所，常州 2 号；培养基 0014，25℃；中低温型平菇，幼菇黑褐色，丛生，排列紧凑，单个菇丛较大，菌盖舒展，菌褶灰白色，菌柄米白色，不易碎；该菌株为野生驯化品种。

ACCC 50272←河北大名县，平菇；培养基 0014，25℃；低温型，黑褐色菌株。

ACCC 50316←辽宁省本溪市蔬菜公司，姬菇 10 号；培养基 0014，25℃。

ACCC 50334←四川剑阁食用菌厂，SZ-P117；黑平菇；培养基 0014，25℃。

ACCC 50339←辽宁省抚顺市进出口公司←日本，876，平菇；培养基 0014，25℃。

ACCC 50340←辽宁省外贸公司，平菇；培养基 0014，25℃。

ACCC 50341←辽宁省抚顺市进出口公司←日本，8603，平菇；培养基 0014，25℃。

ACCC 50374←山西运城农校，平菇；培养基 0014，25℃。

ACCC 50377←山西运城农校，云平 21，平菇；培养基 0014，25℃。

ACCC 50381←山西运城农校，4265，平菇；培养基 0014，25℃；广温耐高温菌株。

ACCC 50396←北京农科院植物保护研究所陈文良赠，大白平菇；培养基 0014，25℃。

ACCC 50397←辽宁本溪市农科所，平菇；培养基 0014，25℃；大姬菇。

ACCC 50416←北京市太阳能研究所，苏平 1 号，平菇；培养基 0014，25℃。

ACCC 50417←山东金乡，P15，平菇；培养基 0014，25℃。

ACCC 50418←山东金乡，杂 3，平菇；培养基 0014，25℃。

ACCC 50426←山西运城农校，沔粮 3 号，平菇；培养基 0014，25℃；广温型浅色菌株。

ACCC 50427←河南永城食用菌厂，青平 1 号，平菇；培养基 0014，25℃。

ACCC 50429←河北省廊坊市食用菌研究所，西德 33，平菇；培养基 0014，25℃；广温型，少孢子菌株。

ACCC 50431←湖南永顺食用菌研究所，38 号，平菇；培养基 0014，25℃；中高温型。

ACCC 50452←辽宁省辽阳市食用菌所，1 号，平菇；培养基 0014，25℃。

ACCC 50475←北京市太阳能研究所，602，平菇；培养基 0014，25℃。

ACCC 50476←中国农大←意大利，亚光 1 号，少孢子菌株；培养基 0014，25℃。

ACCC 50484←武汉大学生物研究中心←法国，法国无孢子 3 号，平菇；培养基 0014，25℃。

ACCC 50493←河北省微生物研究所，冀微 2 号，平菇；培养基 0014，25℃。

ACCC 50494←河北省微生物研究所，西德 32 号，平菇；培养基 0014，25℃。

ACCC 50495←河北省微生物研究所，冀农 11，平菇；培养基 0014，25℃。

ACCC 50513←江苏省农业科学院植物保护研究所，钟山 2 号，平菇；培养基 0014，25℃。

ACCC 50514←江苏省农业科学院植物保护研究所，苏 F-88，平菇；培养基 0014，25℃。

ACCC 50518←山东金乡鸡黍菇香菌种厂←河北省农科院，004，平菇；培养基 0014，25℃。

ACCC 50519←山东金乡鸡黍菇香菌种厂←澳大利亚，P40，平菇；培养基 0014，25℃。

ACCC 50520←山东金乡鸡黍菇香菌种厂←印度，Z0151，平菇；培养基 0014，25℃。

ACCC 50522←山东金乡鸡黍菇香菌种厂←无锡，P46，平菇；培养基 0014，25℃。

ACCC 50523←山东金乡鸡黍菇香菌种厂←澳大利亚，P21，平菇；培养基 0014，25℃。

ACCC 50544←中国农科院土肥所，平菇；北京丰台草桥菇棚子实体组织分离，无孢子 5 号，浅灰色，少孢菌株；培养基 0014，25℃。

ACCC 50545←中国农科院土肥所，平菇；北京丰台草桥菇棚子实体组织分离，T-02，浅灰色；培养基 0014，25℃。

ACCC 50548←中国农大食用菌实验室，WG-Pl，平菇；培养基 0014，25℃。

ACCC 50574←山东沂南食用菌所，当地野生子实体分离驯化；鲁南 2 号，平菇；培养基 0014，25℃。

ACCC 50575←山东沂南食用菌所←法国，Pl-11，平菇；培养基 0014，25℃。

ACCC 50576←山东沂南食用菌所，鲁南 1 号；当地野生子实体分离驯化，平菇；培养基 0014，25℃。

ACCC 50586←山西省农业科学院食用菌研究所←日本，日本 39 号，平菇；培养基 0014，25℃。

ACCC 50589←山西省农业科学院食用菌研究所，晋平，平菇；培养基 0014，25℃。

ACCC 50596←北京 113 中学←河北省食用菌研究所，CCEF89，平菇；培养基 0014，25℃。

ACCC 50597←莱阳农学院，923，平菇；培养基 0014，25℃。

ACCC 50601←湖南省湘乡市农业局，平菇；培养基 0014，25℃。

ACCC 50611←北京 113 中学←唐山市农科所，平菇；灰色，无孢子；培养基 0014，25℃。

ACCC 50615←南京师范大学生物系，平菇；*P. florida* 和 *P. cornucopiae* 杂交种；培养基 0014，25℃。

ACCC 50631←河北省微生物研究所，冀 14，平菇；培养基 0014，25℃。

ACCC 50661←河北省食用菌研究所，CCEF2004，平菇；培养基 0014，25℃。

ACCC 50669←山西运城农业学校，九华 191，平菇；培养基 0014，25℃。

ACCC 50675←河北廊坊，丰收 1 号，平菇；培养基 0014，25℃。

ACCC 50710←香港中文大学生物系，平菇；培养基 0014，25℃。

ACCC 50712←香港中文大学生物系，平菇；培养基 0014，25℃。

ACCC 50758←香港中文大学生物系，Pl-51，平菇；培养基 0014，25℃。

ACCC 50761←香港中文大学生物系，CMB0173，平菇；培养基 0014，25℃。

ACCC 50795←香港中文大学生物系，Pl-7，平菇；培养基 0014，25℃。

ACCC 50797←香港中文大学生物系←法国，Pl-60，平菇；培养基 0014，25℃。

ACCC 50820←福建农业大学菌草室，P928，平菇；培养基 0014，25℃。

ACCC 50821←福建农业大学菌草室，Pl-30，平菇；培养基 0014，25℃。

ACCC 50822←中国农科院土肥所，平菇；培养基 0014，25℃；大叶深灰色低温型菌株。

ACCC 50823←中国农科院土肥所，北京自由市场售子实体组织分离，平菇；培养基 0014，25℃。

ACCC 50838←辽宁省农业科学院食用菌技术开发中心，99，广温菌株；培养基 0014，25℃。

ACCC 50851←陕西省宁强县食用菌工作站，华中 18，平菇；培养基 0014，25℃。

ACCC 50852←陕西省宁强县食用菌工作站，清丰 P3，平菇；与 50822 不拮抗；培养基 0014，25℃。

ACCC 50865←河北廊坊，南京 1 号，平菇；培养基 0014，25℃。

ACCC 50866←河北廊坊，新农 1 号，平菇；培养基 0014，25℃。

ACCC 50867←河北廊坊，廊坊 93，平菇；培养基 0014，25℃；深灰色广温菌株。

ACCC 50868←中国农科院资划所，94，平菇；乳白色，适宜温度15～32℃；培养基0014，25℃。

ACCC 50870←中国农科院植保所，苏引6号，平菇；培养基0014，25℃；菌落洁白，舒展，均匀，无黄梢等，子实体乳白色。

ACCC 50893←分离自波兰商品菇子实体组织，平菇；培养基0014，25℃。

ACCC 50941←上海农科院食用菌所菌种厂，珍珠菇；培养基0014，25℃。

ACCC 50942←陕西省食用菌菌种场，鲁植一号，平菇；培养基0014，25℃；丛生，朵大，菇色灰黑，耐长途运输。

ACCC 50943←陕西省食用菌菌种场，P57，平菇；培养基0014，25℃；菌落舒展，洁白，均匀，无黄梢和菌皮。

ACCC 50944←陕西省食用菌菌种场，加拿大7，平菇；培养基0014，25℃；菌落舒展洁白，无黄梢和菌皮。

ACCC 50945←陕西省食用菌菌种场，5526，平菇；培养基0014，25℃。

ACCC 50947←武汉市新宇食用菌研究所，汉口2号，平菇；培养基0014，25℃。

ACCC 50949←北京农科院植环所，k8902，平菇；培养基0014，25℃。

ACCC 50950←北京农科院植环所，9301，平菇；培养基0014，25℃。

ACCC 50951←北京农科院植环所，平49，平菇；培养基0014，25℃。

ACCC 50952←北京农科院植环所，平421，平菇；培养基0014，25℃。

ACCC 50953←北京农科院植环所，杂17，平菇；培养基0014，25℃。

ACCC 50954←中国农科院植保所，生命1号，平菇；培养基0014，25℃。

ACCC 50983←北京农科院植环所，99，平菇；培养基0014，25℃。

ACCC 50986←北京农科院植环所，2019，平菇；培养基0014，25℃。

ACCC 50991←郑美生←福建古田，高平1号，平菇；培养基0014，25℃。

ACCC 50992←郑美生←福建古田，高平3号，平菇；培养基0014，25℃。

ACCC 50994←山东潍坊野生菇组织分离，姬菇；培养基0014，25℃。

ACCC 51018←华中农业大学菌种中心吕作舟赠，鸡汁菌，平菇；培养基0014，25℃。

ACCC 51067←江西尧九江，白灵1号，白阿魏菇；培养基0014，25℃。

ACCC 51068←江西尧九江，白灵2号，白阿魏菇；培养基0014，25℃。

ACCC 51109←中国农科院资划所，左雪梅分离自郑美生菇棚，白阿魏侧耳；培养基0014，25℃；开片好，掌形，肉厚，大型。

ACCC 51123←中国农科院土肥所向华提供，青岛黑，平菇；培养基0014，25℃。

ACCC 51267←华中农业大学罗信昌赠←福建省三明市真菌研究所，32，平菇；培养基0014，25℃；白秀珍菇。

ACCC 51268←华中农业大学罗信昌赠←福建省三明市真菌研究所，33，平菇；培养基0014，25℃；奇异侧耳。

ACCC 51269←华中农业大学罗信昌赠←三福建省三明市真菌研究所，34，平菇；培养基0014，25℃。

ACCC 51272←华中农业大学罗信昌赠←华中农业大学菌种实验中心←武汉，37，平菇；培养基0014，25℃。

ACCC 51273←华中农业大学罗信昌赠←华中农业大学菌种实验中心←美国，38，平菇；培养基0014，25℃；加州平菇。

ACCC 51274←华中农业大学罗信昌赠←福建省三明市真菌研究所，39，平菇；培养基0014，25℃。

ACCC 51281←华中农业大学罗信昌赠←华中农业大学菌种实验中心←山东，47，平菇；培养基0014，25℃；威海黑平。

ACCC 51283←华中农业大学罗信昌赠←华中农业大学菌种实验中心←四川，49，侧5；培养基0014，25℃。

ACCC 51287←华中农业大学罗信昌赠←华中农业大学菌种实验中心←福建，53，平菇；培养基0014，25℃。

ACCC 51292←华中农业大学罗信昌赠←德国Lelley教授，5，平菇；培养基0014，25℃。

ACCC 51293←华中农业大学罗信昌赠←德国 Lelley 教授，6，平菇；培养基 0014，25℃。

ACCC 51294←华中农业大学罗信昌赠←德国 Lelley 教授，7，平菇；培养基 0014，25℃。

ACCC 51339←北京顺义，江都 71，平菇；培养基 0014，25℃。

ACCC 51340←北京顺义，江都 2026，平菇；培养基 0014，25℃。

ACCC 51341←北京玉雪阿魏菇有限公司，白阿魏菇；培养基 0014，25℃；长柄。

ACCC 51358←四川农科院食用菌中心王波赠，科优 1 号，平菇；培养基 0014，25℃。

ACCC 51359←四川农科院食用菌中心王波赠，P17，平菇；培养基 0014，25℃。

ACCC 51360←四川农科院食用菌中心王波赠，7317，平菇；培养基 0014，25℃。

ACCC 51361←四川农科院食用菌中心王波赠，P2-1，平菇；培养基 0014，25℃。

ACCC 51362←四川农科院食用菌中心王波赠，P42，平菇；培养基 0014，25℃。

ACCC 51363←四川农科院食用菌中心王波赠，黑平 1 号，平菇；培养基 0014，25℃。

ACCC 51364←四川农科院食用菌中心王波赠，P82，平菇；培养基 0014，25℃。

ACCC 51365←四川农科院食用菌中心王波赠，京平，平菇；培养基 0014，25℃。

ACCC 51366←四川农科院食用菌中心王波赠，PW1，平菇；培养基 0014，25℃。

ACCC 51367←四川农科院食用菌中心王波赠，PW2，平菇；培养基 0014，25℃。

ACCC 51368←四川农科院食用菌中心王波赠，PW3，平菇；培养基 0014，25℃。

ACCC 51452←北京金信食用菌公司，新疆 08，阿魏菇；培养基 0014，25℃。

ACCC 51453←北京金信食用菌公司，白阿魏，阿魏菇；培养基 0014，25℃。

ACCC 51454←北京金信食用菌公司，掌状阿魏（新疆），阿魏菇；培养基 0014，25℃。

ACCC 51569←廊坊市农业学校，平菇；培养基 0014，25℃；菌盖盖小。

ACCC 51599←中国农科院资划所，姬菇 1 号，平菇；培养基 0014，25℃。

ACCC 51600←江苏天达食用菌研究所，春栽 1 号，平菇；培养基 0014，25℃；姬菇品种。

ACCC 51601←江苏天达食用菌研究所，615，平菇；培养基 0014，25℃。

ACCC 51602←江苏天达食用菌研究所，265；培养基 0014，25℃；姬菇品种。

ACCC 51603←江苏天达食用菌研究所，台小；培养基 0014，25℃；姬菇品种。

ACCC 51604←江苏天达食用菌研究所，650，平菇；培养基 0014，25℃；姬菇品种。

ACCC 51877←中国农科院资划所，左雪梅从子实体组织分离，平菇；培养基 0014，25℃；菌盖灰黑色，菌褶灰白，菌褶较细，整齐，肉厚，广温型。

ACCC 51942←北京大兴郑美生赠，双抗，平菇；培养基 0014，25℃。

ACCC 52021←中国农科院资划所，左雪梅分离自子实体，黑色平菇；培养基 0014，25℃。

ACCC 52038←广东微生物所，GIM5.474，平菇；培养基 0014，25℃。

ACCC 52191←广东微生物所，GIM5.445，阿魏菇；培养基 0014，25℃。

ACCC 52196←广东微生物所，GIM5.475，平菇；培养基 0014，25℃。

ACCC 52376←北京正术富邦生物科技研究所，白阿魏菇，白阿魏侧耳；培养基 0014，25℃。

ACCC 52959←中国农科院资划所，A24，白灵；培养基 0014，25℃。

ACCC 53261←分离自北京市通州'朵朵鲜'子实体，B2B；白灵菇；培养基 0014，25℃。

Pleurotus spodoleucus（Fr.）Quél.

灰白侧耳

ACCC 51299←华中农业大学罗信昌赠←延边农学院←吉林，20；培养基 0014，25℃。

Pleurotus tuber-regium（Fr.）Singer

菌核侧耳

ACCC 50657←福建省三明市真菌研究所；培养基 0014，25℃。

ACCC 51558←山西省太原市众成农业科技开发有限公司，虎奶菇；培养基 0014，25℃。

Pleurotus ulmarius（Bull.）P. Kumm.

榆干侧耳

ACCC 51522←广东微生物所，GIM5.67；培养基 0014，25℃。

Polyporus alveolaris〔DC.〕**Bondartsev & Singer**

大孔菌

ACCC 51346←中科院微生物所张小青赠，1452；培养基 0014，25℃。

ACCC 52217←中国林科院森保所，81124；培养基 0014，25℃。

Polyporus brumalis〔Pers.〕**Fr.**

冬生多孔菌

ACCC 51178←东北林业大学，9810；培养基 0014，25℃。

Polyporus giganteus〔Pers.〕**Fr.**

巨多孔菌

ACCC 51482←云南省昆明市云蕈科技开发公司，大奇果菌；培养基 0014，25℃。

ACCC 51493←云南省昆明市云蕈科技开发公司，亚灰树花，大奇果菌；培养基 0014，25℃。

Polyporus umbellata〔Pers.〕**Fr.**

猪苓多孔菌

ACCC 50673←上海农科院食用菌所，0208；培养基 0014，25℃。

ACCC 51116←中科院微生物所，As5.173；培养基 0014，25℃。

ACCC 51132←黑龙江省应用微生物研究所，分离穆棱自野生子实体，153；培养基 0014，25℃。

Poria sp.

ACCC 52215←中国林科院森保所，5608；绵皮卧孔菌；培养基 0014，25℃。

Psathyrella velutina〔Pers.〕**Singer**

疣孢脆柄菇

ACCC 50565←中国农科院土肥所；采集野生子实体组织分离；培养基 0014，25℃。

Pycnoporus sanguineus〔L.：Fr.〕**Murrill**

血红密孔菌

ACCC 51180←东北林业大学，9813；培养基 0014，25℃。

Rhodophyllus sp.

赤褶菇

ACCC 50567←中国农科院土肥所；采集野生子实体分离；培养基 0014，25℃。

Schizophyllum commune **Fr.**

裂褶菌

ACCC 50875←中科院微生物所；培养基 0014，25℃。

ACCC 51174←东北林业大学，9801；培养基 0014，25℃。

ACCC 51516←广东微生物所，GIM5.42；培养基 0014，25℃。

ACCC 51517←广东微生物所，GIM5.43；培养基 0014，25℃。

ACCC 51853←广东微生物所菌种保藏中心，GIM5.44；培养基 0014，25℃。

ACCC 52104←四川农科院食用菌中心王波赠，SCHL2；培养基 0014，25℃。

ACCC 52105←四川农科院食用菌中心王波赠，SC671-1；培养基 0014，25℃。

ACCC 52286←中国农科院资划所，01918；培养基 0014，25℃。

ACCC 52356←子实体组织分离；培养基 0014，25℃。

Secotium agaricoides〔Czern.〕**Hollós**

灰包菇

ACCC 51460←内蒙古野生采集；培养基 0014，25℃。

Sparassis crispa〔Wulfen〕**Fr.**

绣球菌

ACCC 51488←CBS，=CBS 716.94；培养基 0014，25℃。

Stereum insigne Bres.

亚大韧革菌

ACCC 51137←黑龙江省应用微生物研究所←中科院微生物所 5.57；培养基 0014，25℃。

Stropharia rugosoannulata Farl. ex Murrill

大球盖菇

ACCC 50655←福建省三明市真菌研究所；培养基 0014，25℃。

ACCC 51164←中国农科院土肥所向华提供；培养基 0014，25℃。

ACCC 51396←四川农科院食用菌中心；培养基 0014，25℃。

ACCC 51711←广东微生物所，GIM5.205；培养基 0014，25℃。

ACCC 52053←广东微生物所菌种保藏中心，GIM5.462；培养基 0014，25℃。

Stropharia sp.

球盖菇

ACCC 51167←江苏省农业科学院蔬菜研究所；培养基 0014，25℃。

Taiwanofungus camphoratus（M. Zang & C. H. Su）Sheng H. Wu et al.

樟芝

ACCC 52360←中科院微生物所；培养基 0014，25℃。

ACCC 53310←江西省农业科学院农业应用微生物研究所魏云辉提供，台樟芝 1 号，采自中国台湾樟树，中温型，椴木栽培法；培养基 0014，25℃。

ACCC 53311←江西省农业科学院农业应用微生物研究所魏云辉提供，台樟芝 2 号，采自中国台湾樟树，中温型，椴木栽培法；培养基 0014，25℃。

Terana coerulea（Lam.）Kuntze

蓝伏革菌

ACCC 51190←东北林业大学，9913；培养基 0014，25℃。

Termitomyces microcarpus（Berk. & Broome）R. Heim

小果鸡枞菌

ACCC 51411←四川农科院食用菌中心，SCTm200240；培养基 0014，25℃。

Trametes cinnabarina（Jacq.）Fr.

朱红栓菌

ACCC 52203←中国农业大学生物学院王贺祥赠；南非；培养基 0014，25℃。

Trametes dickinsii Berk. ex Cooke

肉色栓菌

ACCC 51225←东北林业大学，9830；培养基 0014，25℃。

Trametes hirsuta（Wulfen）Pilát

粗毛栓菌

ACCC 51188←东北林业大学，9820；培养基 0014，25℃。

ACCC 51673←广东微生物所，GIM5.001；培养基 0014，25℃。

Trametes obstinata Cooke

褐带栓菌

ACCC 51129←黑龙江省应用微生物研究所←吉林师范大学生物系抗癌药物研究室，5Lg（2）；培养基 0014，25℃。

Trametes purpurea Cooke

紫带栓菌

ACCC 51135←黑龙江省应用微生物研究所，5Lg300；培养基 0014，25℃。

Trametes suaveolens（L.）Fr.

香栓菌

ACCC 52263←中国农科院资划所←云南省农科院，YAASM-1066；培养基 0014，25℃。

ACCC 52264←中国农科院资划所←云南省农科院，YAASM-1067；培养基 0014，25℃。

ACCC 52265←中国农科院资划所←云南省农科院，YAASM-1068；培养基 0014，25℃。

ACCC 52266←中国农科院资划所←云南省农科院，YAASM-1069；培养基 0014，25℃。

Trametes trogii Berk.

毛栓菌

ACCC 51945←采自北京陶然亭公园，1 号；培养基 0014，25℃。

ACCC 52242←中国农科院资划所，01360；培养基 0014，25℃。

Trametes versicolor（L.）Lloyd

变色栓菌（云芝）

ACCC 50435←吉林省农业科学院长白山资源所；培养基 0014，25℃。

ACCC 50705←香港中文大学；培养基 0014，25℃。

ACCC 51171←东北林业大学，9803；培养基 0014，25℃；彩绒革盖菌。

ACCC 51345←中科院微生物所，1302；培养基 0014，25℃。

ACCC 51709←广东微生物所，GIM5.179；培养基 0014，25℃。

ACCC 51839←广东微生物所菌种保藏中心，GIM5.178；培养基 0014，25℃。

ACCC 52169←山东农业大学，30122；培养基 0014，25℃。

Tremella fuciformis Berk.

银耳

ACCC 51351←福建古田，Tr01；培养基 0014，25℃；银耳芽孢。

ACCC 51352←福建古田，Tr21；培养基 0014，25℃；银耳芽孢。

Tricholoma lobayense R. Heim

洛巴伊口蘑（金福菇）

ACCC 52057←广东微生物所，GIM5.458；培养基 0014，25℃。

Tricholoma matsutake（S. Ito & S. Imai）Singer

松口蘑（松茸）

ACCC 50687←上海农科院食用菌所，0635；培养基 0014，25℃。

Tricholoma sordidum（Schumach.）P. Kumm.

紫晶口蘑

ACCC 51526←广东微生物所，GIM5.88；培养基 0014，25℃。

ACCC 51859←广东微生物所菌种保藏中心，GIM5.88；培养基 0014，25℃。

Tyromyces albidus（Schaeff.）Donk

白干酪菌

ACCC 51182←东北林业大学，9821；培养基 0014，25℃。

Tyromyces sp.

干酪菌

ACCC 52315←中国农科院麻类所，IBFC W0955；培养基 0014，25℃。

Tyromyces subcaesius A. David

近蓝灰干酪菌

ACCC 51986←中国农科院麻类所，IBFC W0598；培养基 0014，25℃。

ACCC 51987←中国农科院麻类所，IBFC W0599；培养基 0014，25℃。

ACCC 52319←中国农科院麻类所，IBFC W1008；培养基 0014，25℃。

ACCC 52321←中国农科院麻类所，IBFC W1021；培养基 0014，25℃。

Volvariella bombycina（Schaeff.）Singer
银丝草菇

ACCC 50386←陕西省宁强县食用菌研究所；培养基 0014，25℃。

ACCC 50446←中国农大；培养基 0014，25℃。

ACCC 50465←山东省农业科学院土壤肥料研究所，V35；培养基 0014，25℃。

ACCC 50897←福建农业大学←广东微生物所，V23；培养基 0014，25℃。

ACCC 50899←福建省三明市真菌研究所，391；培养基 0014，25℃。

ACCC 51875←广东微生物所菌种保藏中心，GIM5.96；培养基 0014，25℃。

Volvariella volvacea（Bull.）Singer
草菇

ACCC 50617←广东微生物所，V906；培养基 0014，25℃。

ACCC 51111←中国农科院资划所，左雪梅分离自郑美生菇房的 803 子实体，亲代来自福建，T-803；培养基 0014，25℃。

ACCC 51112←中国农科院资划所，左雪梅分离自郑美生菇房的 804 子实体，亲代来自福建，T-804；培养基 0014，25℃。

ACCC 51113←中国农科院资划所，左雪梅分离自郑美生菇房的 805 子实体，亲代来自福建，T-805；培养基 0014，25℃。

ACCC 51377←四川农科院食用菌中心王波赠，V53；培养基 0014，25℃。

ACCC 51715←南京农大生命科学学院，NAECC0887；培养基 0014，25℃。

ACCC 52025←广东微生物所菌种保藏中心，GIM5.365；培养基 0014，25℃。

ACCC 52047←广东微生物所，GIM5.498；培养基 0014，25℃。

ACCC 52048←广东微生物所菌种保藏中心，GIM5.499；培养基 0014，25℃。

ACCC 52058←广东微生物所，GIM5.472；培养基 0014，25℃。

ACCC 52206←分离自子实体组织，08516；培养基 0014，25℃。

Wolfiporia cocos（F. A. Wolf）Ryvarden & Gilb.
茯苓

ACCC 50876←中科院微生物所，As5.137；培养基 0014，25℃。

ACCC 51641←湖北武汉华中食用菌栽培研究所，茯苓 28；培养基 0014，25℃。

ACCC 51642←湖北武汉华中食用菌栽培研究所，86；培养基 0014，25℃。

ACCC 51643←陕西洋县槐树关天麻菌种厂，1；培养基 0014，25℃。

ACCC 51644←陕西洋县槐树关天麻菌种厂，901；培养基 0014，25℃。

ACCC 51861←广东微生物所菌种保藏中心，GIM5.99；培养基 0014，25℃。

ACCC 51960←华中农业大学←安徽六安霍山县，云苓 1 号；培养基 0014，25℃。

ACCC 51961←华中农业大学←贵州省习水县习酒镇食用菌研究中心，GI；培养基 0014，25℃。

ACCC 51962←华中农业大学←云南宝山县，YI（宝山）；培养基 0014，25℃。

ACCC 51963←华中农业大学←福建农业大学生命科学院，闽 006（21 号）；培养基 0014，25℃。

ACCC 51964←华中农业大学←四川农科院食用菌中心，SC；培养基 0014，25℃。

ACCC 51965←华中农业大学←湖北省中医研究院，同仁堂 1 号（T1）；培养基 0014，25℃。

ACCC 51966←华中农业大学←广东微生物所，GD；培养基 0014，25℃。

ACCC 51967←华中农业大学←安徽农业大学，A10；培养基 0014，25℃。

ACCC 51968←华中农业大学←陕西省西乡县古城菌研所，靖州 28 号；培养基 0014，25℃。

ACCC 51969←华中农业大学←湖北省英山县陶家河乡，Z（Z）；培养基 0014，25℃。

ACCC 51970←华中农业大学←黑龙江东北食（药）用真菌研究所，DB；培养基 0014，25℃。

ACCC 51971←华中农业大学←采自安徽岳西，岳西；培养基 0014，25℃。

ACCC 51972←华中农业大学←安徽农业大学，A9；培养基 0014，25℃。

ACCC 51973←华中农业大学←湖北英山县，I（1）；培养基 0014，25℃。

ACCC 51974←华中农业大学←福建省三明市真菌研究所，901；培养基 0014，25℃。

ACCC 51975←华中农业大学←河南西峡县菇源菌物研究所，茯苓 3 号；培养基 0014，25℃。

ACCC 51976←华中农业大学←陕西洋县天麻研究所，神苓 1 号（S1）；培养基 0014，25℃。

ACCC 51977←华中农业大学←湖北中医研究院←采于安徽，野生，PO；培养基 0014，25℃。

ACCC 51978←华中农业大学←山东省济宁市光大食用菌研究中心，SD；培养基 0014，25℃。

ACCC 51985←华中农业大学←湖北省中医研究所←采于安徽，野生，L；培养基 0014，25℃。

Xerocomus rugosellus（W. F. Chiu）F. L. Tai
长孢绒盖牛肝菌

ACCC 52114←浙江省丽水市林业科学研究所应国华赠；培养基 0014，25℃。

Xylaria nigripes（Klotzsch）Cooke
黑柄碳角菌

ACCC 51491←云南省昆明市云蕈科技开发公司；培养基 0014，25℃。

附录 I 培养基

0001 醋酸菌培养基

葡萄糖	100.0 g	酵母提取物	10.0 g
$CaCO_3$	20.0 g	琼脂	15.0 g
蒸馏水	1.0 L	pH 值 6.8	

0002 营养肉汁琼脂培养基（NA 培养基）

蛋白胨	10.0 g	牛肉浸取物	3.0 g
NaCl	5.0 g	琼脂	15.0 g
蒸馏水	1.0 L	pH 值 7.0	

0003 固氮菌培养基

KH_2PO_4	0.2 g	K_2HPO_4	0.8 g
$MgSO_4 \cdot 7H_2O$	0.2 g	$CaSO_4 \cdot 2H_2O$	0.1 g
$FeCl_3$	微量	$Na_2MoO_4 \cdot 2H_2O$	微量
酵母提取物	0.5 g	甘露醇	20.0 g
琼脂	15.0 g	蒸馏水	1.0 L
pH 值 7.2			

0004 玉米粉培养基 I

玉米粉	5.0 g	蛋白胨	0.1 g
葡萄糖	1.0 g	琼脂	13.0 g
蒸馏水	1.0 L	自然 pH	

0005 乳酸菌培养基 I

酵母提取物	7.5 g	蛋白胨	7.5 g
葡萄糖	10.0 g	KH_2PO_4	2.0 g
番茄汁	100.0 mL	Tween 80	0.5 mL
蒸馏水	900 mL	pH 值 7.0	

0006 乳酸菌 MRS 培养基

乳酪蛋白胨	10.0 g	牛肉提取物	10.0 g
酵母提取物	5.0 g	葡萄糖	5.0 g
乙酸钠	5.0 g	柠檬酸二胺	2.0 g
Tween 80	1.0 g	K_2HPO_4	2.0 g
$MgSO_4 \cdot 7H_2O$	0.2 g	$MnSO_4 \cdot H_2O$	0.05 g
琼脂	15.0 g	蒸馏水	1.0 L
pH 值 6.5～6.8			

0007 PYG 培养基

蛋白胨	10.0 g	酵母提取物	5.0 g
葡萄糖	1.0 g	琼脂	15.0 g
蒸馏水	1.0 L	pH 值 6.8～7.0	

0008 甘油琼脂培养基

蛋白胨	5.0 g	牛肉提取物	3.0 g
甘油	20.0 g	琼脂	15.0 g
蒸馏水	1.0 L	pH 值 7.0～7.2	

0009　根瘤菌培养基

酵母提取物	1.0 g	甘露醇	10.0 g
土壤提取液	200.0 mL	琼脂	15.0 g
蒸馏水	800.0 mL	pH 值 7.2	

土壤提取液制备：

土壤	50 g	加水	200 mL
121℃蒸煮 1 小时，过滤后加水补足至 200 mL			

0010　甘露醇琼脂培养基

酵母提取物	5.0 g	蛋白胨	3.0 g
甘露醇	25.0 g	琼脂	15.0 g
蒸馏水	1.0 L	pH 值 7.0	

0011　葡萄糖、天门冬素琼脂培养基

葡萄糖	10.0 g	天门冬素	0.5 g
K_2HPO_4	0.5 g	琼脂	15.0 g
蒸馏水	1.0 L	pH 值 7.2～7.4	

0012　高氏合成一号琼脂培养基

可溶性淀粉	20.0 g	KNO_3	1.0 g
K_2HPO_4	0.5 g	$MgSO_4 \cdot 7H_2O$	0.5 g
NaCl	0.5 g	$FeSO_4$	0.01 g
琼脂	15.0 g	蒸馏水	1.0 L

pH 值 7.2～7.4

0013　麦芽汁琼脂Ⅰ

12 Brix. 麦芽汁	1.0 L	琼脂	15.0 g
自然 pH			

0014　PDA 培养基

马铃薯提取液	1.0 L	葡萄糖	20.0 g
琼脂	15.0 g	自然 pH	

马铃薯提取液制备：

取去皮马铃薯 200 g，切成小块，加水 1 000 mL 煮沸 30 分钟，滤去马铃薯块，将滤液补足至 1 000mL

0015　Czapek's 琼脂

蔗糖	30.0 g	$NaNO_3$	3.0 g
$MgSO_4 \cdot 7H_2O$	0.5 g	KCl	0.5 g
$FeSO_4 \cdot 4H_2O$	0.01 g	K_2HPO_4	1.0 g
琼脂	15.0 g	蒸馏水	1.0 L

pH 值 6.0～6.5

0016　浓糖 Czapek's 琼脂

蔗糖	200.0 g	$NaNO_3$	3.0 g
$MgSO_4 \cdot 7H_2O$	0.5 g	KCl	0.5 g
$FeSO_4 \cdot 4H_2O$	0.01 g	K_2HPO_4	1.0 g
琼脂	15.0 g	蒸馏水	1.0 L

pH 值 6.0～6.5

0017　综合 PDA 琼脂

马铃薯提取液	1.0 L	葡萄糖	20.0 g
KH_2PO_4	3.0 g	$MgSO_4 \cdot 7H_2O$	1.5 g
维生素 B_1	微量	琼脂	15.0 g

pH 值 6.0

0018　玉米粉培养基 II

玉米粉	200 g	蒸馏水	1.0 L

自然 pH

0019　滤纸培养基

$(NH_4)_2SO_4$	1.0 g	KH_2PO_4	1.0 g
$MgSO_4 \cdot 7H_2O$	0.7 g	NaCl	0.5 g
蒸馏水	1.0 L	pH 值 7.0	

每个试管放入一条滤纸（6 cm×1 cm）

0020　黄豆饼粉培养基

10% 黄豆饼粉提取液	1.0 L	葡萄糖	10.0 g
NaCl	2.5 g	琼脂	15.0 g

自然 pH

0026　滤纸条培养基 2

$(NH_4)_2SO_4$	1.0 g	KH_2PO_4	1.0 g
$MgSO_4 \cdot 7H_2O$	0.5 g	酵母提取物	0.1 g
蒸馏水	1.0 L	自然 pH	

每个试管放入一条滤纸（7 cm×1 cm）

0027　YM 琼脂 1

酵母提取物	10.0 g	麦芽提取物	10.0 g
葡萄糖	4.0 g	琼脂	15.0 g
蒸馏水	1.0 L	pH 值 7.0	

0029　GYS 琼脂

葡萄糖	10.0 g	酵母提取物	10.0 g
可溶性淀粉	10.0 g	NaCl	5.0 g
$CaCO_3$	3.0 g	琼脂	15.0 g
蒸馏水	1.0 L	pH 值 7.0	

0030　麸皮培养基 1

麸皮	36 g	$(NH_4)_2HPO_4$	3.0 g
K_2PO_4	0.2 g	$MgSO_4 \cdot 7H_2O$	0.1 g
琼脂	15.0 g	蒸馏水	1.0 L

pH 值 7.0

0032　BPY 琼脂培养基

牛肉提取物	5.0 g	蛋白胨	10.0 g
酵母提取物	5.0 g	葡萄糖	5.0 g
NaCl	5.0 g	琼脂	15.0 g
蒸馏水	1.0 L	pH 值 7.0	

0033   LB 培养基

酵母提取物	5.0 g	蛋白胨	10.0 g
NaCl	10.0 g	琼脂	15.0 g
蒸馏水	1.0 L	pH 值 7.0	

0034   Penessay 琼脂培养基

牛肉提取物	1.5 g	酵母提取物	1.5 g
胰蛋白胨	5.0 g	葡萄糖	1.0 g
NaCl	3.5 g	K_2HPO_4	4.8 g
KH_2PO_4	1.32 g	琼脂	15.0 g
蒸馏水	1.0 L	pH 值 7.2	

0036   纤维细菌合成培养基

NaCl	6.0 g	$MgSO_4 \cdot 7H_2O$	0.1 g
KH_2PO_4	0.5 g	$CaCl_2$	0.1 g
K_2HPO_4	2.0 g	$(NH_4)_2SO_4$	2.0 g
酵母提取物	1.0 g	滤纸条	1 片
蒸馏水	1.0 L	pH 值 7.0～7.5	

0037   巴氏梭菌合成培养基

葡萄糖	10.0 g	酵母提取物	0.1 g
蛋白胨	0.1 g	KH_2PO_4	0.5 g
K_2HPO_4	0.5 g	$MgSO_4 \cdot 7H_2O$	0.2 g
NaCl	0.01 g	$MnSO_4$	0.01 g
$FeSO_4$	0.01 g	$CaCO_3$	5.0 g
琼脂	15.0 g	蒸馏水	1.0 L
pH 值 7.0			

0038   ISP-2 培养基

酵母提取物	4.0 g	麦芽提取物	10.0 g
葡萄糖	4.0 g	琼脂	15.0 g
蒸馏水	1.0 L	pH 值 7.3	

0039   燕麦粉琼脂-1（ISP-3）

燕麦粉	20.0 g	微量盐溶液	1.0 mL
琼脂	15.0 g	蒸馏水	1.0 L
pH 值 7.2			

微量盐溶液配方：			
$FeSO_4 \cdot 7H_2O$	0.1 g	$MnCl_2 \cdot 4H_2O$	0.1 g
$ZnSO_4 \cdot 7H_2O$	0.1 g	蒸馏水	100.0 mL

0040   苹果酸钙琼脂培养基

苹果酸钙	10.0 g	甘油	10.0 g
K_2HPO_4	0.05 g	NH_4Cl	0.5 g
琼脂	15.0 g	蒸馏水	1.0 L
pH 值 7.2			

0041　氧化亚铁硫杆菌培养基

$(NH_4)_2SO_4$	0.15 g	KH_2PO_4	0.05 g
KCl	0.05 g	$MgSO_4 \cdot 7H_2O$	0.5 g
$Ca(NO_3)_2 \cdot 4H_2O$	0.01 g	$FeSO_4 \cdot 7H_2O$	50.0 g
蒸馏水	1.0 L	pH 值 2.0	

0042　氧化硫硫杆菌培养基

$(NH_4)_2SO_4$	0.3 g	KH_2PO_4	3～4 g
$CaCl_2$（无水）	0.25 g	$MgSO_4 \cdot 7H_2O$	0.5 g
$FeSO_4 \cdot 7H_2O$	0.001 g	蒸馏水	1.0 L
pH 值 3.5～4.0			

0043　代血浆培养基

蔗糖	130.0 g	蛋白胨	2.0 g
KH_2PO_4	0.3 g	Na_2HPO_4	1.4 g
琼脂	15.0 g	蒸馏水	1.0 L
pH 值 7.0～7.2			

0044　脱脂牛奶培养基

脱脂奶粉	100.0 g	蒸馏水	1.0 L
自然 pH			

0045　豌豆琼脂

葡萄糖	10.0 g	蛋白胨	5.0 g
豌豆提取液（以 NH_2-N 计，每 100 mL 含 12～14 mg）			1.0 L
琼脂	15.0 g	pH 值 7.2～7.5	

0046　GY 琼脂培养基

葡萄糖	10.0 g	酵母提取物	10.0 g
琼脂	15.0 g	蒸馏水	1.0 L
pH 值 7.2			

0051　麦芽汁琼脂 -2

15 Brix. 麦芽汁	1.0 L	琼脂	15.0 g
自然 pH			

0063　根瘤菌琼脂 -1

蔗糖（或甘露醇）	10.0 g	$MgSO_4 \cdot 7H_2O$	0.2 g
K_2HPO_4	0.5 g	$CaSO_4$	0.2 g
NaCl	0.1 g	$NaMoO_4$（1%）	1.0 mL
$MnSO_4$（1%）	1.0 mL	酵母提取物	1.0 g
柠檬酸铁（1%）	1.0 mL	硼酸（1%）	1.0 mL
琼脂	15.0 g	蒸馏水	1.0 L
pH 值 6.8～7.0			

0064　根瘤菌琼脂 -2

甘油	10.0 mL	$K_2HPO_4 \cdot 3H_2O$	0.5 g
NaCl	0.1 g	$CaCO_3$	3.0 g
酵母提取物	1.0 g	$MgSO_4 \cdot 7H_2O$	0.2 g
琼脂	15.0 g	蒸馏水	1.0 L
pH 值 6.8～7.0			

0065　固氮菌琼脂

蔗糖或甘露醇	10.0 g	$CaCO_3$	1.0 g
$K_2HPO_4 \cdot 3H_2O$	0.5 g	$MgSO_4 \cdot 7H_2O$	0.2 g
NaCl	0.2 g	琼脂	15～20 g
蒸馏水	1.0 L	pH 值 7.0～7.2	

0067　钾细菌琼脂

蔗糖	10.0 g	K_2HPO_4	0.5 g
酵母提取物	0.4 g	$MgSO_4 \cdot 7H_2O$	0.2 g
$MgCl_2$	0.2 g	琼脂	15.0 g
蒸馏水	1.0 L	pH 值 7.0～7.2	

0068　金氏 B 琼脂

蛋白胨	20.0 g	K_2HPO_4	1.5 g
$MgSO_4 \cdot 7H_2O$	1.5 g	甘油	10.0 g
琼脂	20.0 g	蒸馏水	1.0 L
用 KOH 调 pH 值 7.2			

0072　麦芽膏琼脂

麦芽膏	20.0 g	琼脂	20.0 g
自来水	1.0 L		

0073　阿氏无氮琼脂

甘露醇	10.0 g	K_2HPO_4	0.2 g
$MgSO_4 \cdot 7H_2O$	0.2 g	NaCl	0.2 g
$CaSO_4 \cdot 2H_2O$	0.2 g	$CaCO_3$	5.0 g
琼脂	15.0 g	蒸馏水	1.0 L

0076　4°Bé 麦芽汁琼脂

4°Bé 麦芽汁	1.0 L	琼脂	15.0 g
自然 pH			

0077　5°Bé 麦芽汁琼脂

5°Bé 麦芽汁	1.0 L	琼脂	15.0 g
自然 pH			

0078　6～8°Bé 麦芽汁琼脂

6～8°Bé 麦芽汁	1.0 L	琼脂	15.0 g
自然 pH			

0079　6～8°Bé 麦芽汁

6～8°Bé 麦芽汁	1.0 L	自然 pH	

0080　5°Bé 麦芽汁

5°Bé 麦芽汁	1.0 L	琼脂	20.0 g
pH 值 6.0			

0081　单宁麦芽汁琼脂

5°Bé 麦芽汁	1.0 L	单宁	10.0 g
琼脂	15.0 g	自然 pH	

0082　土茯苓汁麦芽汁琼脂

5°Bé 麦芽汁	40.0 mL	土茯苓汁	60.0 mL
琼脂	1.5 g	自然 pH	

0083　5°Bé 麦芽汁 -2

5°Bé 麦芽汁	1.0 L	酵母提取物	5.0 g
$CaCO_3$	6.0 g	琼脂	15.0 g
自然 pH			

0084　5°Bé 米曲汁琼脂

5°Bé 米曲汁	1.0 L	琼脂	15.0 g
自然 pH			

0085　6～7°Bé 米曲汁琼脂

6～7°Bé 米曲汁	1.0 L	琼脂	15.0 g
自然 pH			

0086　饴糖培养基

7～8°Bé 饴糖（麦芽糖）溶液	1.0 L	蛋白胨	5.0 g
琼脂	15.0 g	自然 pH	

0087　6～7°Bé 饴糖培养基

6～7°Bé 饴糖（麦芽糖）溶液	1.0 L	蛋白胨	5.0 g
琼脂	15.0 g	自然 pH	

0088　10%～12% 糖蜜培养基

糖蜜	100.0～120.0 g	NH_4NO_3	5.0 g
琼脂	15.0 g	蒸馏水	1.0 L
自然 pH			

0092　马铃薯汁滤纸培养基

马铃薯汁	1 000 mL	葡萄糖	10 g
琼脂	25 g	pH 值 6.7～6.9	

斜面培养基制备好后，将滤纸条放在斜面上即可。

0097　牛肉膏、酵母提取物培养基

牛肉膏	0.5%	酵母提取物	0.5%
蛋白胨	0.5%	NaCl	0.25%
琼脂	2%	pH 值 7.0	

0098　牛肉膏果胶培养基 -1

牛肉膏	1.0%	蛋白胨	1.0
果胶	1.0	葡萄糖	0.5%
K_2HPO_4	0.1%	NaCl	0.3%
琼脂	2%	pH 值 7.0	

0109　血琼脂 -2

牛肉浸液（1∶3）	1.0 L	蛋白胨	10.0 g
NaCl	5.0 g	琼脂	15.0 g
脱纤维羊血	50.0 mL	pH 值 7.2～7.4	

0110　巧克力色血琼脂

牛肉浸液（1∶3）	1.0 L	蛋白胨	10.0 g
NaCl	5.0 g	琼脂	15.0 g
80～90℃时加入脱纤维羊血	50 mL	pH 值 7.2～7.4	

0137　豌豆琼脂

葡萄糖	10.0 g	$(NH_4)_2SO_4$	10.0 g
NaCl	5.0 g	蛋白胨	5.0 g

豌豆浸汁	1.0 L	琼脂	15.0 g

pH 值 7.0～7.2

0141 牛肉膏蛋白胨培养基

牛肉膏	10.0 g	蛋白胨	10.0 g
NaCl	5.0 g	琼脂	15.0 g
蒸馏水	1.0 L	pH 值 7.0～7.2	

0142 葡萄糖蛋白胨培养基

豆饼粉	10.0 g	葡萄糖	10.0 g
蛋白胨	3.0 g	NaCl	2.5 g
$CaCO_3$	2.0 g	琼脂	15.0 g
蒸馏水	1.0 L		

0146 PYE 培养基

植物蛋白胨	5.0 g	酵母提取物	2.5 g
K_2HPO_4	3.7 g	KH_2PO_4	1.3 g
$MgSO_4 \cdot 7H_2O$	0.5 g	NaCl	1.0 g
琼脂	15.0 g	蒸馏水	1.0 L

pH 值 7.2～7.5

0147 TY 培养基

酪蛋白	5.0 g	酵母提取物	3.0 g
$CaCl_2 \cdot 6H_2O$	1.3 g	琼脂	15.0 g
蒸馏水	1.0 L	pH 值 7.0	

0181 酵母菌培养基（Yeast Culture Medium）

酵母提取物	3.0 g	麦芽浸膏	3.0 g
蛋白胨	5.0 g	葡萄糖	10.0 g
琼脂	15.0 g	蒸馏水	1.0 L

0206 YPG 培养基

酵母提取物	5.0 g	蛋白胨	5.0 g
葡萄糖	5.0 g	琼脂	15.0 g
蒸馏水	1.0 L	pH 值 7.2	

0220 M9 培养基

Na_2HPO_4	6.0 g	KH_2PO_4	3.0 g
NaCl	0.5 g	NH_4Cl	1.0 g
0.01 M $CaCl_2$	10.0 mL	1 M $MgSO_4$	1.0 mL
20% 葡萄糖	10.0 mL	硫胺素	1.0 mg
氨基酸蛋白水解液	80.0 mg	蒸馏水	1.0 L

pH 值 7.0

0223 海水 2216 琼脂培养基

海水 2216 琼脂	55.1 g	蒸馏水	1.0 L

pH 值 7.4

0266 营养琼脂培养基

蛋白胨	5.0 g	牛肉膏	3.0 g
琼脂	15.0 g	蒸馏水	1.0 L

pH 值 7.0

0272　MH 培养基

NaCl	60.7 g	$MgCl_2 \cdot 6H_2O$	15.0 g
$MgSO_4 \cdot 7H_2O$	7.4 g	$CaCl_2$	0.27 g
KCl	1.5 g	$NaHCO_3$	0.045 g
NaBr	0.019 g	蛋白胨	5.0 g
酵母提取物	10.0 g	葡萄糖	1.0 g
蒸馏水	1.0 L	pH 值 7.2	

0279　硅酸盐细菌培养基

蔗糖	5.0 g	Na_2HPO_4	2.0 g
$MgSO_4 \cdot 7H_2O$	0.5 g	$FeCl_3$	0.005 g
$CaCO_3$	0.1 g	土壤矿物	1.0 g
琼脂	15.0 g	蒸馏水	1.0 L
pH 值 7.0～7.2			

0290

蛋白胨	10.0 g	酵母提取物	2.0 g
$MgSO_4 \cdot 7H_2O$	1.0 g	NaCl	30.0 g
蒸馏水	1.0 L	琼脂	15.0 g
pH 值 7.0			

0305　Bennett's 琼脂

酵母提取物	1.0 g	牛肉膏	1.0 g
N-Z amine（type A）	2.0 g	葡萄糖	10.0 g
琼脂	15.0 g	蒸馏水	1.0 L
pH 值 7.3			

0306　有机培养基

葡萄糖	10.0 g	蛋白胨	10.0 g
N-Z amine（type A）	2.0 g	酵母提取物	2.0 g
NaCl	6.0 g	琼脂	15.0 g
蒸馏水	1.0 L	pH 值 7.5	

0307　碱性营养琼脂

营养琼脂（见 0002 号培养基）	1.0 L

用倍半碳酸钠溶液调整至 pH 值 9.7

倍半碳酸钠溶液配方：			
$NaHCO_3$	4.2 g	无水 Na_2CO_3	5.3 g
蒸馏水	100.0 mL		

0308　紫菜培养基

蛋白胨	10.0 g	牛肉提取物	3.0 g
酵母提取物	1.0 g	NaCl	15.0 g
琼脂	15.0 g	紫菜浸取液	1.0 L
pH 值 7.2～7.4			

紫菜浸取液：
干紫菜 20 g，加蒸馏水 1 L，煮沸 20 分钟，过滤并将滤液补足至 1.0 L。

0310　奶粉、酵母粉培养基

脱脂奶粉	100.0 g	酵母提取物	10.0 g
蒸馏水	1.0 L	自然 pH	

0311   察氏酵母培养基（CYA）

NaNO$_3$	3.0 g	KH$_2$PO$_4$	1.0 g
KCl	0.5 g	MgSO$_4$ · 7H$_2$O	0.5 g
FeSO$_4$ · 7H$_2$O	0.01 g	酵母提取物	5.0 g
蔗糖	30.0 g	琼脂	15.0 g
蒸馏水	1.0 L		

0312   YM 琼脂

酵母提取物	10.0 g	蛋白胨	20.0 g
葡萄糖	20.0 g	琼脂	15.0 g
蒸馏水	1.0 L	pH 值 6.0	

0313   解脂亚罗酵母培养基

酵母提取物	3.0 g	麦芽提取物	3.0 g
葡萄糖	10.0 g	琼脂	15.0 g
蒸馏水	1.0 L	自然 pH	

0315   麻发酵培养基

5° Bé 麦芽汁	1.0 L	蛋白胨	5.0 g
(NH$_4$)$_2$HPO$_4$	1.0 g	CaCO$_3$	6.0 g
琼脂	15.0 g	pH 值 7.0	

0317   光合细菌培养基

酵母提取物	3.0 g	蛋白胨	3.0 g
MgSO$_4$ · 7H$_2$O	0.5 g	CaCl$_2$	0.3 g
蒸馏水	1.0 L	pH 值 6.8～7.0	

0318   酵母粉蛋白胨综合 PDA 培养基

马铃薯	200.0 g	蛋白胨	2.0 g
酵母提取物	5.0 g	葡萄糖	20.0 g
KH$_2$PO$_4$	3.0 g	MgSO$_4$ · 7H$_2$O	1.5 g
琼脂	15.0 g	蒸馏水	1.0 L
自然 pH			

0325   牛肉膏蛋白胨琼脂培养基

蛋白胨	10.0 g	牛肉提取物	3.0 g
NaCl	5.0 g	琼脂	20.0 g
蒸馏水	1.0 L	pH 值 6.4～6.7	

0329   酵母粉、淀粉琼脂 -1

酵母提取物	2.0 g	可溶性淀粉	10.0 g
琼脂	15.0 g	蒸馏水	1.0 L
pH 值 7.3			

0381   运动发酵单胞菌培养基

葡萄糖	20.0 g	酵母提取物	5.0 g
蒸馏水	1.0 L		

0382   酵母菌培养基

蛋白胨	10.0 g	葡萄糖	20.0 g

| 琼脂 | 15.0 g | 蒸馏水 | 1.0 L |

pH 值 5.6

0402　根瘤菌 YMA 培养基

KH_2PO_4	0.25 g	K_2HPO_4	0.25 g
$MgSO_4 \cdot 7H_2O$	0.2 g	NaCl	0.1 g
酵母提取物	0.8 g	甘露醇	10.0 g
琼脂	18.0 g	蒸馏水	1.0 L

pH 值 7.2

0409　葡萄糖酵母提取物牛肉膏（Emerson's）

葡萄糖	10.0 g	酵母提取物	10.0 g
牛肉提取物	4.0 g	蛋白胨	4.0 g
NaCl	2.5 g	琼脂	15.0 g
蒸馏水	1.0 L	pH 值 7.2～7.4	

0421　CMA 培养基（cornmeal agar ATCC 306）

| 玉米粉 | 50.0 g | 琼脂 | 7.5 g |
| 蒸馏水 | 1.0 L | | |

0424　SABG 培养基（Sabouraud glucose agar）

Neo-pepton（Difco）	10.0 g	葡萄糖	20.0 g
KH_2PO_4	1.0 g	$MgSO_4 \cdot 7H_2O$	1.0 g
琼脂	20.0 g	蒸馏水	1 000.0 mL

0431　V8 汁琼脂

| V8 蔬菜汁 | 200.0 mL | 琼脂 | 15.0 g |
| $CaCO_3$ | 3.0 g | 加自来水至 | 1.0 L |

pH 值 7.2

0432　Malt extract agar（ATCC 325）

麦芽提取物	20.0 g	蛋白胨	1.0 g
葡萄糖	20.0 g	琼脂	20.0 g
蒸馏水	1.0 L		

灭菌前加葡萄糖，在121℃灭菌15分钟。

0434　Malt extract agar（ATCC 324）

| 麦芽提取物 | 20.0 g | 蛋白胨 | 5.0 g |
| 琼脂 | 15.0 g | 蒸馏水 | 1.0 L |

在121℃灭菌15分钟。

0436　GPYA 培养基

葡萄糖	40 g	酵母提取物	5 g
蛋白胨	5 g	琼脂	15 g
水	1 L		

在110℃（0.5大气压）灭菌15分钟。

0437　脂环酸芽孢杆菌培养基

溶液 A：

| $CaCl_2 \cdot 2H_2O$ | 0.25 g | $MgSO_4 \cdot 7H_2O$ | 0.50 g |

$(NH_4)_2SO_4$	0.20 g	酵母提取物	2.00 g
葡萄糖	5.00 g	KH_2PO_4	3.00 g
蒸馏水（液体培养基）	1 000.00 mL		
蒸馏水（固体培养基）	500.00 mL		
pH 值 4.0			

溶液 B：

微量元素溶液 SL-6	1.00 mL		

Trace element solution SL-6：

$ZnSO_4 \cdot 7H_2O$	0.10 g	$MnCl_2 \cdot 4H_2O$	0.03 g
H_3BO_3	0.30 g	$CoCl_2 \cdot 6H_2O$	0.20 g
$CuCl_2 \cdot 2H_2O$	0.01 g	$Na_2MoO_4 \cdot 2H_2O$	0.03 g
$NiCl_2 \cdot 6H_2O$	0.02 g	蒸馏水	1 000 mL

溶液 C：

琼脂	15.00 g	蒸馏水	500.00 mL

以上溶液单独灭菌，A 与 B 混合制成液体培养基，A、B、C 混合制成固体培养基。

0441　胰蛋白酶大豆肉汤琼脂

Trypticase Soy Broth	30.0 g	琼脂	15.0 g
蒸馏水	1 000.0 mL	pH 值 7.3	

在 121℃灭菌 15 分钟

0442　海水琼脂

蛋白胨	5.0g	酵母提取物	1.0 g
琼脂	15.0 g	人工海水	1.0 L

人工海水：			
NaCl	24.00 g	$MgCl_2 \cdot 6H_2O$	11.00 g
Na_2SO_4	4.00 g	$CaCl_2 \cdot 6H_2O$	2.00 g
KCl	0.70 g	KBr	0.10 g
H_3BO_3	0.03 g	$NaSiO_3 \cdot 9H_2O$	5.00 mg
$SrCl_2 \cdot 6H_2O$	0.04 g	NaF	3.00 mg
NH_4NO_3	2.00 mg	$Fe3PO_4 \cdot 4H_2O$	1.00 mg
蒸馏水	1 000.00 mL	pH 值 7.8	

0446　GYP 培养基

葡萄糖	20 g	酵母提取物	10 g
蛋白胨	10 g	乙酸钠	10 g
盐溶液	5 mL	蒸馏水	1 000 mL
pH 值 6.8			

盐溶液配方：

$MgSO_4 \cdot 7H_2O$	40 g	$FeSO_4 \cdot 7H_2O$	2 g
$MnSO_4 \cdot 4H_2O$	2 g	NaCl	2 g
蒸馏水	1 000 mL		

0447　Azotobacter medium

K_2HPO_4	0.05 g	KH_2PO_4	0.15 g
$MgSO_4 \cdot 7H_2O$	0.2 g	$CaCl_2$	0.02 g

Na$_2$MoO$_4$	0.002 g	FeCl$_3$	0.002 g
蔗糖	10 g	蒸馏水	1.0 L

固体培养基加 1.5% 的琼脂
在 121℃灭菌 15 分钟。

0448　固氮螺菌培养基

KH$_2$PO$_4$	0.4 g	CaCl$_2$	0.02 g
K$_2$HPO$_4$	0.1 g	FeCl$_3$	0.01 g
MgSO$_4$ · 7H$_2$O	0.2 g	Na$_2$MoO$_4$ · 2H$_2$O	0.002 g
NaCl	0.1 g	苹果酸钠	5.0 g
酵母提取物	0.05 g	蒸馏水	1.0 L

pH 值 7.2～7.4

0449　燕麦琼脂（Oatmeal agar）

燕麦片	20.0 g	琼脂	12.0 g
微量元素溶液	1.0 mL	蒸馏水	1 000.0 mL

燕麦片煮 20 分钟，过滤，加入琼脂，补足水分至 1 000 mL，再加入微量元素溶液。

微量元素溶液配方：			
FeSO$_4$ · 7H$_2$O	0.1 g	ZnSO$_4$ · 7H$_2$O	0.1 g
MnCl$_2$ · 4H$_2$O	0.1 g	蒸馏水	100.0 mL

0451　胰蛋白酶大豆肉汤琼脂（Trypticase soy agar）

Trypticase Soy Broth	30.0 g	琼脂	15.0 g
蒸馏水	1.0 L		

120℃灭菌 15 分钟。

0456　厄氏琼脂（Emerson agar）

牛肉膏	4.0 g	酵母提取物	1.0 g
蛋白胨	4.0 g	葡萄糖	10.0 g
NaCl	2.5 g	蒸馏水	1.0 L

pH 值 7.0±0.1
121℃灭菌 15 分钟。

0460　碱性营养琼脂

蛋白胨	5.0 g	肉膏	3.0 g
NaCl	50.0 g	琼脂	15.0 g
蒸馏水	900.0 mL		

灭菌后，用 1 mol/L 倍半碳酸钠溶液，将培养基 pH 值调至 9.7。

倍半碳酸钠溶液配方：			
NaHCO$_3$	4.2 g	无水 Na$_2$CO$_3$	5.3 g
蒸馏水	100.0 mL		

0475　改良 PDA 培养基

马铃薯提取液	1.0 L	酵母提取物	1.0 g
蛋白胨	3.0 g	葡萄糖	15.0 g
琼脂	17.0 g		

马铃薯提取液的制备：取去皮马铃薯 200 g，切成小块，加海水 1 000 mL 煮沸 30 分钟，滤去马铃薯块，将滤液补足至 1 000 mL。

0476　YMA 培养基

K$_2$HPO$_4$	0.5 g	NaCl	0.2 g
MgSO$_4 \cdot$ 7H$_2$O	0.2 g	CaSO$_4 \cdot$ 2H$_2$O	0.1 g
CaCO$_3 \cdot$ 2H$_2$O	1.0 g	维生素 B$_1$＋B$_2$	微量
酵母汁	100.0 mL	甘露醇	10.0 g
琼脂	18.0 g	蒸馏水	900.0 mL

pH 值 7.8

0.8 个大气压灭菌 30 分钟。

0481　阿须贝培养基（配 500 mL）

KH$_2$PO$_4$	0.1 g	NaCl	0.1 g
MgSO$_4 \cdot$ 7H$_2$O	0.1 g	CaSO$_4 \cdot$ 2H$_2$O	0.05 g
CaCO$_3$	2.5 g	土壤液	100.0 mL
甘露醇	10.0 g	琼脂	9.0 g

pH 值 7.2～7.4

一个大气压灭菌 20 分钟。

0512　R2A

酵母提取物	0.5 g	蛋白胨	0.5 g
酪蛋白氨基酸	0.5 g	葡萄糖	0.5 g
可溶性淀粉	0.5 g	丙酮酸钠	0.3 g
K$_2$HPO$_4$	0.3 g	MgSO$_4 \cdot$ 7H$_2$O	0.05 g
琼脂	15.0 g	蒸馏水	1.0 L

0513　YPD 培养基

酵母粉	10.0 g	葡萄糖	20.0 g
蛋白胨	20.0 g	琼脂	20.0 g
海水	1.0 L		

0514

黄豆芽汁	100.0 g	蔗糖	30.0 g
MgSO$_4 \cdot$ 7H$_2$O	0.5 g	KH$_2$PO$_4$	0.5 g
琼脂	20.0 g	蒸馏水	1.0 L

pH 值 7.0～7.2

0516　YM（Yeast Malt 琼脂）

酵母提取物	3.0 g	麦芽膏	3.0 g
蛋白胨	5.0 g	琼脂	20.0 g
蒸馏水	1.0 mL	pH 值 6.8	

0517　ISP-4 培养基

可溶性淀粉	10.0 g	K$_2$HPO$_4$	1.0 g
MgSO$_4 \cdot$ 7H$_2$O	1.0 g	NaCl	1.0 g
(NH$_4$)$_2$SO$_4$	2.0 g	CaCO$_3$	2.0 g
FeSO$_4 \cdot$ 7H$_2$O	0.001 g	MnCl$_2 \cdot$ 7H$_2$O	0.001 g
琼脂	20.0 g	蒸馏水	1.0 L

pH 值（7.2±0.2）

0572

牛肉膏	1.5 g	酵母膏	1.5 g

蛋白胨	5.0 g	葡萄糖	1.0 g
NaCl	3.5 g	K_2HPO_4	3.68 g
KH_2PO_4	1.32 g	pH 值 6.8	

0592

酵母提取物	3.0 g	麦芽汁	3.0 g
蛋白胨	5.0 g	甘油	10.0 g
琼脂	20.0 g	蒸馏水	1.0 L
pH 值 7.2			

0618 Oatmeal 琼脂

琼脂	5.0 g	蒸馏水	500.0 mL
加热熔化			
速溶燕麦粉	40.0 g	蒸馏水	250.0 mL
加热熔化后与琼脂液混合加水至 1000 mL		pH 值 5.8	

0691

蛋白胨	5.0 g	酵母提取物	3.0 g
麦芽汁	3.0 g	葡萄糖	10.0 g
琼脂	20.0 g	蒸馏水	1.0 L
pH 值 5.6			

0692 MRS

蛋白胨	10.0 g	牛肉膏	10.0 g
酵母提取物	5.0 g	葡萄糖	10.0 g
琼脂	20.0 g	蒸馏水	1.0 L
pH 值 6.5			

0702

酵母提取物	2.0 g	NH_4Cl	4.0 g
KH_2PO_4	1.0 g	K_2HPO_4	1.0 g
$MgSO_4 \cdot 7H_2O$	00.5 g	葡萄糖	10.0 g
琼脂	20.0 g	蒸馏水	1.0 L
pH 值 6.0			

0703 乳酸钠培养基

乳酸钠	10.0 g	K_2HPO_4	1.67 g
$MgSO_4 \cdot 7H_2O$	0.1 g	KH_2PO_4	0.87 g
NaCl	0.05 g	$CaCl_2$	40.0 mg
$FeCl_3$	4.0 mg	酵母提取物	1.0 g
琼脂	20.0 g	蒸馏水	1.0 L
pH 值 6.8			

0704

胰蛋白胨	16.0 g	酵母提取物	10.0 g
NaCl	5.0 g	琼脂	20.0 g
氨苄青霉素（终浓度）	100 μg/mL	蒸馏水	1.0 L
pH 值 7.0			

0705

蛋白胨	10.0 g	牛肉膏	5.0 g
NaCl	0.5 g	葡萄糖	10.0 g
琼脂	20.0 g	蒸馏水	1.0 L
pH 值 6.7			

0745

NH_4NO_3	2.0 g	NaAc	2.0 g
酵母提取物	0.5 g	蛋白胨	0.5 g
葡萄糖	0.2 g	蔗糖	0.2 g
土豆浸出粉	0.5 g	pH 值 7.4～7.5	

0808　伊红美蓝琼脂

蛋白胨	10.0 g	乳糖	10.0 g
磷酸氢二钾	2.0 g	琼脂	13～15 g
2% 伊红 Y 溶液	20.0 mL	0.65% 美蓝溶液	10.0 mL
蒸馏水	1.0 L	pH 值 7.1	

0847　胰蛋白胨大豆琼脂（TSA）

胰蛋白胨	15.0 g	大豆胨	5.0 g
氯化钠	5.0 g	琼脂	13.0 g
蒸馏水	1.0 L	pH 值（7.3±0.2）	

0908　R2A 培养基（同 0512 培养基）

酵母粉	0.5 g	蛋白胨	0.5 g
酪蛋白氨基酸	0.5 g	葡萄糖	0.5 g
可溶淀粉	0.5 g	丙酮酸钠	0.3 g
磷酸氢二钾	0.3 g	硫酸镁	0.05 g
琼脂	20 g	水	1 000 mL
pH 值 7.0			

0971　A1 培养基

NH_4NO_3	1.00 g	$MgSO_4 \cdot 7H_2O$	0.10 g
$(NH_4)_2SO_4$	0.5 g	KH_2PO_4	0.50 g
NaCl	0.50 g	K_2HPO_4	1.50 g
水	1 000 mL	pH 值 7.0	

0973　A3 培养基

KNO_3	2 g	$MgSO_4 \cdot 7H_2PO$	2 g
K_2HPO_4	0.5 g	酒石酸钾钠	20 g
琼脂	20 g	水	1 000 mL
pH 值 7.0			

1124　CY- 琼脂培养基

酪蛋白胨	3 g	$CaCl_2 \cdot 2H_2O$	1.36 g
酵母提取物	1 g	琼脂	15 g
蒸馏水	1 000 mL		
pH 值 7.2			

附录II：菌种学名索引

菌种名称	页码

菌种名称	页码

菌种名称	页码

附录Ⅲ：菌株编号索引

菌株编号	页码	菌株编号	页码	菌株编号	页码
ACCC 02470	072	ACCC 02547	179	ACCC 02644	099
ACCC 02471	072	ACCC 02548	186	ACCC 02645	133
ACCC 02472	072	ACCC 02549	186	ACCC 02648	042
ACCC 02473	072	ACCC 02550	196	ACCC 02650	111
ACCC 02474	072	ACCC 02551	006	ACCC 02651	181
ACCC 02477	072	ACCC 02552	186	ACCC 02652	186
ACCC 02478	072	ACCC 02553	196	ACCC 02653	171
ACCC 02479	072	ACCC 02556	122	ACCC 02654	180
ACCC 02480	072	ACCC 02557	176	ACCC 02655	099
ACCC 02481	072	ACCC 02559	119	ACCC 02656	194
ACCC 02482	072	ACCC 02560	119	ACCC 02657	110
ACCC 02483	152	ACCC 02561	119	ACCC 02658	179
ACCC 02484	105	ACCC 02562	114	ACCC 02659	175
ACCC 02485	150	ACCC 02563	181	ACCC 02660	175
ACCC 02486	111	ACCC 02564	114	ACCC 02661	179
ACCC 02487	123	ACCC 02565	119	ACCC 02662	178
ACCC 02488	106	ACCC 02566	184	ACCC 02663	108
ACCC 02489	106	ACCC 02567	126	ACCC 02664	123
ACCC 02491	185	ACCC 02568	186	ACCC 02665	123
ACCC 02494	008	ACCC 02569	033	ACCC 02667	214
ACCC 02496	049	ACCC 02571	126	ACCC 02668	214
ACCC 02497	185	ACCC 02572	282	ACCC 02675	239
ACCC 02498	008	ACCC 02579	214	ACCC 02676	243
ACCC 02499	185	ACCC 02580	113	ACCC 02677	020
ACCC 02500	185	ACCC 02581	175	ACCC 02678	124
ACCC 02502	185	ACCC 02582	107	ACCC 02679	100
ACCC 02503	050	ACCC 02583	124	ACCC 02680	123
ACCC 02505	016	ACCC 02585	106	ACCC 02681	123
ACCC 02506	186	ACCC 02586	107	ACCC 02683	186
ACCC 02507	123	ACCC 02588	001	ACCC 02684	179
ACCC 02508	005	ACCC 02605	126	ACCC 02685	214
ACCC 02509	186	ACCC 02606	178	ACCC 02686	243
ACCC 02510	186	ACCC 02609	182	ACCC 02687	239
ACCC 02511	124	ACCC 02611	153	ACCC 02688	005
ACCC 02512	007	ACCC 02612	005	ACCC 02689	181
ACCC 02514	016	ACCC 02613	186	ACCC 02690	154
ACCC 02515	121	ACCC 02615	167	ACCC 02691	154
ACCC 02517	050	ACCC 02617	240	ACCC 02692	186
ACCC 02518	181	ACCC 02619	186	ACCC 02694	056
ACCC 02520	240	ACCC 02620	179	ACCC 02695	056
ACCC 02521	192	ACCC 02621	292	ACCC 02696	056
ACCC 02523	035	ACCC 02622	292	ACCC 02697	186
ACCC 02524	194	ACCC 02624	182	ACCC 02698	033
ACCC 02526	214	ACCC 02625	175	ACCC 02700	108
ACCC 02527	216	ACCC 02626	004	ACCC 02702	186
ACCC 02528	120	ACCC 02627	186	ACCC 02706	195
ACCC 02529	215	ACCC 02628	182	ACCC 02707	195
ACCC 02532	237	ACCC 02629	105	ACCC 02708	214
ACCC 02533	119	ACCC 02630	151	ACCC 02709	214
ACCC 02534	106	ACCC 02631	004	ACCC 02710	195
ACCC 02535	121	ACCC 02632	243	ACCC 02714	172
ACCC 02537	241	ACCC 02633	239	ACCC 02715	042
ACCC 02538	150	ACCC 02634	124	ACCC 02716	181
ACCC 02539	149	ACCC 02635	124	ACCC 02717	176
ACCC 02540	174	ACCC 02637	240	ACCC 02719	181
ACCC 02543	002	ACCC 02638	236	ACCC 02720	155
ACCC 02544	236	ACCC 02640	106	ACCC 02721	180
ACCC 02545	186	ACCC 02642	121	ACCC 02722	175

菌株编号	页码	菌株编号	页码	菌株编号	页码
ACCC 02723	186	ACCC 02798	181	ACCC 02876	187
ACCC 02727	121	ACCC 02799	239	ACCC 02877	102
ACCC 02729	121	ACCC 02800	042	ACCC 02878	187
ACCC 02730	122	ACCC 02801	042	ACCC 02879	187
ACCC 02731	050	ACCC 02802	042	ACCC 02880	181
ACCC 02732	035	ACCC 02803	023	ACCC 02881	106
ACCC 02733	056	ACCC 02804	042	ACCC 02884	237
ACCC 02734	186	ACCC 02805	103	ACCC 02885	235
ACCC 02736	153	ACCC 02807	183	ACCC 02936	033
ACCC 02738	002	ACCC 02808	082	ACCC 02937	156
ACCC 02740	167	ACCC 02811	110	ACCC 02938	029
ACCC 02741	126	ACCC 02812	175	ACCC 02939	109
ACCC 02742	238	ACCC 02813	001	ACCC 02940	199
ACCC 02743	153	ACCC 02814	111	ACCC 02941	030
ACCC 02746	239	ACCC 02815	127	ACCC 02942	165
ACCC 02747	081	ACCC 02816	008	ACCC 02943	110
ACCC 02748	215	ACCC 02822	042	ACCC 02944	151
ACCC 02749	042	ACCC 02823	192	ACCC 02945	173
ACCC 02750	042	ACCC 02824	176	ACCC 02946	030
ACCC 02752	180	ACCC 02827	124	ACCC 02947	101
ACCC 02754	050	ACCC 02828	124	ACCC 02948	155
ACCC 02755	153	ACCC 02830	181	ACCC 02950	042
ACCC 02757	042	ACCC 02831	042	ACCC 02952	199
ACCC 02759	042	ACCC 02832	103	ACCC 02953	016
ACCC 02760	153	ACCC 02833	124	ACCC 02954	036
ACCC 02761	176	ACCC 02834	180	ACCC 02955	214
ACCC 02762	180	ACCC 02835	108	ACCC 02956	029
ACCC 02763	186	ACCC 02836	215	ACCC 02957	165
ACCC 02764	182	ACCC 02837	180	ACCC 02958	042
ACCC 02765	242	ACCC 02838	106	ACCC 02959	166
ACCC 02766	108	ACCC 02839	176	ACCC 02960	027
ACCC 02768	243	ACCC 02840	215	ACCC 02961	155
ACCC 02769	109	ACCC 02841	011	ACCC 02962	173
ACCC 02770	106	ACCC 02842	183	ACCC 02963	037
ACCC 02771	187	ACCC 02843	175	ACCC 02964	015
ACCC 02772	187	ACCC 02844	187	ACCC 02965	158
ACCC 02774	112	ACCC 02845	175	ACCC 02966	016
ACCC 02775	219	ACCC 02846	182	ACCC 02967	155
ACCC 02776	216	ACCC 02847	101	ACCC 02968	154
ACCC 02777	013	ACCC 02848	237	ACCC 02969	165
ACCC 02778	009	ACCC 02850	149	ACCC 02970	037
ACCC 02779	005	ACCC 02851	003	ACCC 02971	110
ACCC 02780	195	ACCC 02852	239	ACCC 02972	099
ACCC 02781	187	ACCC 02853	050	ACCC 02973	056
ACCC 02783	187	ACCC 02854	125	ACCC 02975	033
ACCC 02784	106	ACCC 02856	125	ACCC 02976	125
ACCC 02785	239	ACCC 02857	243	ACCC 02977	165
ACCC 02786	123	ACCC 02858	125	ACCC 02978	158
ACCC 02787	035	ACCC 02859	243	ACCC 02979	037
ACCC 02788	243	ACCC 02860	243	ACCC 02980	199
ACCC 02789	123	ACCC 02861	050	ACCC 02981	015
ACCC 02790	124	ACCC 02862	125	ACCC 02983	159
ACCC 02791	050	ACCC 02865	239	ACCC 02984	158
ACCC 02792	126	ACCC 02866	033	ACCC 02985	015
ACCC 02794	005	ACCC 02868	239	ACCC 02987	235
ACCC 02795	072	ACCC 02869	240	ACCC 02988	030
ACCC 02796	179	ACCC 02872	127	ACCC 02990	110
ACCC 02797	181	ACCC 02875	127	ACCC 02991	037

菌株编号	页码	菌株编号	页码	菌株编号	页码
ACCC 03465	029	ACCC 03546	054	ACCC 03605	163
ACCC 03466	057	ACCC 03547	043	ACCC 03606	163
ACCC 03467	104	ACCC 03548	043	ACCC 03607	163
ACCC 03468	029	ACCC 03549	058	ACCC 03608	163
ACCC 03469	104	ACCC 03550	058	ACCC 03609	073
ACCC 03470	105	ACCC 03551	058	ACCC 03610	073
ACCC 03471	025	ACCC 03552	043	ACCC 03611	073
ACCC 03472	043	ACCC 03553	025	ACCC 03612	073
ACCC 03473	057	ACCC 03554	034	ACCC 03613	073
ACCC 03474	162	ACCC 03555	058	ACCC 03614	073
ACCC 03475	162	ACCC 03556	162	ACCC 03615	073
ACCC 03476	043	ACCC 03557	162	ACCC 03616	073
ACCC 03477	057	ACCC 03558	025	ACCC 03617	073
ACCC 03478	025	ACCC 03559	025	ACCC 03618	073
ACCC 03479	105	ACCC 03560	058	ACCC 03619	073
ACCC 03481	105	ACCC 03561	044	ACCC 03620	073
ACCC 03483	057	ACCC 03562	044	ACCC 03621	073
ACCC 03484	033	ACCC 03563	034	ACCC 03622	073
ACCC 03485	105	ACCC 03564	162	ACCC 03623	073
ACCC 03488	057	ACCC 03565	163	ACCC 03624	073
ACCC 03489	057	ACCC 03566	058	ACCC 03625	073
ACCC 03490	043	ACCC 03567	025	ACCC 03626	073
ACCC 03491	105	ACCC 03568	034	ACCC 03627	073
ACCC 03493	105	ACCC 03569	058	ACCC 03628	073
ACCC 03494	058	ACCC 03570	163	ACCC 03629	073
ACCC 03495	025	ACCC 03571	163	ACCC 03630	073
ACCC 03496	058	ACCC 03572	163	ACCC 03631	073
ACCC 03497	015	ACCC 03573	025	ACCC 03632	074
ACCC 03498	033	ACCC 03574	025	ACCC 03633	074
ACCC 03499	072	ACCC 03575	025	ACCC 03634	074
ACCC 03500	043	ACCC 03576	044	ACCC 03635	074
ACCC 03501	015	ACCC 03578	163	ACCC 03637	074
ACCC 03502	043	ACCC 03579	163	ACCC 03638	074
ACCC 03503	025	ACCC 03580	058	ACCC 03639	074
ACCC 03504	043	ACCC 03581	034	ACCC 03640	074
ACCC 03505	015	ACCC 03582	034	ACCC 03641	074
ACCC 03507	058	ACCC 03583	163	ACCC 03642	074
ACCC 03508	105	ACCC 03584	163	ACCC 03643	074
ACCC 03509	033	ACCC 03585	025	ACCC 03644	074
ACCC 03510	105	ACCC 03586	025	ACCC 03645	074
ACCC 03511	058	ACCC 03587	097	ACCC 03646	074
ACCC 03512	033	ACCC 03588	163	ACCC 03647	074
ACCC 03513	105	ACCC 03589	044	ACCC 03648	074
ACCC 03514	033	ACCC 03590	163	ACCC 03649	074
ACCC 03515	033	ACCC 03591	163	ACCC 03650	074
ACCC 03516	105	ACCC 03592	163	ACCC 03651	074
ACCC 03518	187	ACCC 03593	163	ACCC 03652	074
ACCC 03535	196	ACCC 03594	163	ACCC 03653	074
ACCC 03536	196	ACCC 03595	163	ACCC 03654	074
ACCC 03537	162	ACCC 03596	163	ACCC 03655	074
ACCC 03538	058	ACCC 03597	163	ACCC 03656	075
ACCC 03539	025	ACCC 03598	163	ACCC 03657	075
ACCC 03540	162	ACCC 03599	025	ACCC 03658	075
ACCC 03541	034	ACCC 03600	025	ACCC 03660	017
ACCC 03542	162	ACCC 03601	054	ACCC 03661	004
ACCC 03543	025	ACCC 03602	163	ACCC 03662	004
ACCC 03544	025	ACCC 03603	044	ACCC 03663	004
ACCC 03545	054	ACCC 03604	105	ACCC 03665	010

菌株编号	页码	菌株编号	页码	菌株编号	页码
ACCC 03901	218	ACCC 04190	004	ACCC 04280	104
ACCC 03902	193	ACCC 04191	115	ACCC 04281	115
ACCC 03903	193	ACCC 04192	183	ACCC 04282	152
ACCC 03905	014	ACCC 04193	181	ACCC 04283	110
ACCC 03906	193	ACCC 04194	183	ACCC 04284	151
ACCC 03907	193	ACCC 04200	110	ACCC 04286	025
ACCC 03910	193	ACCC 04201	127	ACCC 04287	025
ACCC 03912	193	ACCC 04204	127	ACCC 04288	037
ACCC 03913	126	ACCC 04205	101	ACCC 04289	025
ACCC 03915	133	ACCC 04206	127	ACCC 04290	044
ACCC 03919	193	ACCC 04208	110	ACCC 04292	044
ACCC 03920	179	ACCC 04210	167	ACCC 04293	026
ACCC 03922	178	ACCC 04211	127	ACCC 04294	026
ACCC 03923	180	ACCC 04212	110	ACCC 04295	058
ACCC 03924	193	ACCC 04214	110	ACCC 04296	037
ACCC 03926	193	ACCC 04216	244	ACCC 04297	044
ACCC 03927	193	ACCC 04217	110	ACCC 04299	026
ACCC 03928	183	ACCC 04218	126	ACCC 04300	044
ACCC 03930	193	ACCC 04221	101	ACCC 04301	044
ACCC 03931	180	ACCC 04222	101	ACCC 04302	022
ACCC 03932	178	ACCC 04228	167	ACCC 04303	058
ACCC 03935	194	ACCC 04229	237	ACCC 04304	020
ACCC 03937	194	ACCC 04230	127	ACCC 04305	044
ACCC 03938	194	ACCC 04232	004	ACCC 04306	044
ACCC 03945	120	ACCC 04233	115	ACCC 04307	037
ACCC 03947	274	ACCC 04235	004	ACCC 04308	077
ACCC 03949	131	ACCC 04238	127	ACCC 04309	044
ACCC 03952	238	ACCC 04239	240	ACCC 04310	026
ACCC 03953	130	ACCC 04240	127	ACCC 04311	077
ACCC 03967	130	ACCC 04241	238	ACCC 04312	034
ACCC 04116	110	ACCC 04242	238	ACCC 04313	102
ACCC 04138	017	ACCC 04243	193	ACCC 04314	037
ACCC 04139	126	ACCC 04244	110	ACCC 04315	026
ACCC 04140	013	ACCC 04245	127	ACCC 04316	178
ACCC 04143	182	ACCC 04246	054	ACCC 04317	077
ACCC 04145	182	ACCC 04248	004	ACCC 04318	012
ACCC 04146	182	ACCC 04248	115	ACCC 04319	127
ACCC 04148	183	ACCC 04249	034	ACCC 04320	034
ACCC 04149	240	ACCC 04250	034	ACCC 04322	077
ACCC 04150	101	ACCC 04251	034	ACCC 04340	077
ACCC 04151	240	ACCC 04252	034	ACCC 04367	058
ACCC 04153	126	ACCC 04254	058	ACCC 04388	058
ACCC 04158	110	ACCC 04255	077	ACCC 04396	058
ACCC 04163	126	ACCC 04256	077	ACCC 04397	019
ACCC 04174	238	ACCC 04261	106	ACCC 04398	044
ACCC 04175	020	ACCC 04262	183	ACCC 04399	152
ACCC 04176	097	ACCC 04263	183	ACCC 04401	058
ACCC 04177	058	ACCC 04265	058	ACCC 05256	026
ACCC 04178	058	ACCC 04266	054	ACCC 05267	026
ACCC 04179	058	ACCC 04267	025	ACCC 05269	026
ACCC 04180	044	ACCC 04269	058	ACCC 05271	077
ACCC 04181	058	ACCC 04270	037	ACCC 05273	026
ACCC 04182	110	ACCC 04271	122	ACCC 05276	026
ACCC 04183	244	ACCC 04272	127	ACCC 05283	099
ACCC 04184	181	ACCC 04273	034	ACCC 05295	026
ACCC 04186	110	ACCC 04274	020	ACCC 05297	058
ACCC 04187	110	ACCC 04277	127	ACCC 05298	058
ACCC 04189	126	ACCC 04279	025	ACCC 05299	058

菌株编号	页码	菌株编号	页码	菌株编号	页码
ACCC 05303	059	ACCC 05480	173	ACCC 05583	177
ACCC 05305	059	ACCC 05481	173	ACCC 05584	133
ACCC 05311	026	ACCC 05482	133	ACCC 05585	013
ACCC 05320	059	ACCC 05483	132	ACCC 05590	014
ACCC 05322	059	ACCC 05484	197	ACCC 05591	217
ACCC 05405	109	ACCC 05485	013	ACCC 05594	176
ACCC 05409	120	ACCC 05488	130	ACCC 05595	180
ACCC 05410	235	ACCC 05489	130	ACCC 05596	014
ACCC 05411	104	ACCC 05491	130	ACCC 05597	279
ACCC 05414	133	ACCC 05494	130	ACCC 05598	110
ACCC 05415	133	ACCC 05509	244	ACCC 05599	306
ACCC 05416	133	ACCC 05510	187	ACCC 05600	110
ACCC 05417	155	ACCC 05513	194	ACCC 05601	110
ACCC 05418	153	ACCC 05514	151	ACCC 05602	125
ACCC 05422	005	ACCC 05515	156	ACCC 05603	126
ACCC 05425	122	ACCC 05516	015	ACCC 05604	014
ACCC 05426	122	ACCC 05517	152	ACCC 05605	174
ACCC 05427	122	ACCC 05520	153	ACCC 05606	126
ACCC 05428	122	ACCC 05522	244	ACCC 05607	014
ACCC 05429	132	ACCC 05523	194	ACCC 05609	062
ACCC 05432	131	ACCC 05524	015	ACCC 05610	039
ACCC 05433	131	ACCC 05526	194	ACCC 05611	219
ACCC 05434	131	ACCC 05528	103	ACCC 05612	283
ACCC 05435	178	ACCC 05529	194	ACCC 05613	125
ACCC 05436	165	ACCC 05530	011	ACCC 05615	165
ACCC 05437	176	ACCC 05531	008	ACCC 05665	031
ACCC 05439	181	ACCC 05532	157	ACCC 05673	059
ACCC 05440	098	ACCC 05533	008	ACCC 05674	030
ACCC 05442	002	ACCC 05534	219	ACCC 05675	046
ACCC 05443	159	ACCC 05535	219	ACCC 05677	098
ACCC 05444	179	ACCC 05537	006	ACCC 05678	099
ACCC 05445	163	ACCC 05539	218	ACCC 05681	031
ACCC 05447	183	ACCC 05541	152	ACCC 05683	047
ACCC 05448	182	ACCC 05543	290	ACCC 05684	021
ACCC 05449	181	ACCC 05545	125	ACCC 05685	030
ACCC 05450	131	ACCC 05546	283	ACCC 05695	027
ACCC 05452	122	ACCC 05547	126	ACCC 05697	122
ACCC 05455	214	ACCC 05548	194	ACCC 05698	019
ACCC 05458	133	ACCC 05549	174	ACCC 05699	099
ACCC 05460	115	ACCC 05556	014	ACCC 05715	046
ACCC 05461	266	ACCC 05561	013	ACCC 05728	059
ACCC 05462	122	ACCC 05562	194	ACCC 05732	002
ACCC 05463	122	ACCC 05563	125	ACCC 05737	098
ACCC 05464	130	ACCC 05564	236	ACCC 05738	080
ACCC 05465	131	ACCC 05565	014	ACCC 05741	099
ACCC 05466	130	ACCC 05568	013	ACCC 05742	020
ACCC 05467	131	ACCC 05570	008	ACCC 05757	235
ACCC 05468	131	ACCC 05571	180	ACCC 05758	234
ACCC 05469	007	ACCC 05572	004	ACCC 06149	034
ACCC 05470	007	ACCC 05573	103	ACCC 06369	046
ACCC 05471	007	ACCC 05574	180	ACCC 06374	059
ACCC 05472	007	ACCC 05575	195	ACCC 06376	035
ACCC 05473	007	ACCC 05576	014	ACCC 06379	038
ACCC 05474	007	ACCC 05577	195	ACCC 06380	038
ACCC 05475	108	ACCC 05578	037	ACCC 06381	021
ACCC 05477	182	ACCC 05579	004	ACCC 06382	021
ACCC 05478	131	ACCC 05581	236	ACCC 06384	021
ACCC 05479	133	ACCC 05582	037	ACCC 06385	112

菌株编号	页码	菌株编号	页码	菌株编号	页码
ACCC 06386	050	ACCC 10029	079	ACCC 10108	050
ACCC 06410	038	ACCC 10030	079	ACCC 10112	001
ACCC 06413	081	ACCC 10031	077	ACCC 10113	044
ACCC 06421	035	ACCC 10033	080	ACCC 10114	059
ACCC 06427	164	ACCC 10034	115	ACCC 10115	059
ACCC 06428	238	ACCC 10035	077	ACCC 10116	059
ACCC 06446	045	ACCC 10037	080	ACCC 10117	026
ACCC 06448	034	ACCC 10038	077	ACCC 10118	059
ACCC 06451	134	ACCC 10040	178	ACCC 10119	218
ACCC 06453	021	ACCC 10042	178	ACCC 10120	218
ACCC 06454	039	ACCC 10043	178	ACCC 10122	164
ACCC 06458	045	ACCC 10044	101	ACCC 10123	029
ACCC 06461	167	ACCC 10046	197	ACCC 10124	059
ACCC 06466	021	ACCC 10048	244	ACCC 10125	059
ACCC 06467	021	ACCC 10052	237	ACCC 10126	059
ACCC 06468	045	ACCC 10053	018	ACCC 10127	059
ACCC 06471	030	ACCC 10054	010	ACCC 10128	059
ACCC 06472	100	ACCC 10055	010	ACCC 10129	059
ACCC 06475	054	ACCC 10056	008	ACCC 10130	175
ACCC 06476	020	ACCC 10058	008	ACCC 10133	175
ACCC 06477	021	ACCC 10060	009	ACCC 10134	115
ACCC 06478	028	ACCC 10061	079	ACCC 10135	115
ACCC 06489	021	ACCC 10062	079	ACCC 10136	115
ACCC 06490	026	ACCC 10063	077	ACCC 10140	115
ACCC 06493	035	ACCC 10064	080	ACCC 10141	115
ACCC 06494	035	ACCC 10065	077	ACCC 10143	115
ACCC 06496	045	ACCC 10066	080	ACCC 10144	115
ACCC 06499	102	ACCC 10067	079	ACCC 10145	115
ACCC 06501	119	ACCC 10068	079	ACCC 10146	034
ACCC 06502	119	ACCC 10069	079	ACCC 10147	059
ACCC 06513	193	ACCC 10070	079	ACCC 10148	059
ACCC 06525	062	ACCC 10071	079	ACCC 10149	059
ACCC 06526	238	ACCC 10072	080	ACCC 10155	012
ACCC 06527	098	ACCC 10073	077	ACCC 10157	059
ACCC 10003	018	ACCC 10074	077	ACCC 10159	106
ACCC 10004	018	ACCC 10075	077	ACCC 10160	107
ACCC 10005	135	ACCC 10076	077	ACCC 10161	177
ACCC 10006	018	ACCC 10077	077	ACCC 10162	183
ACCC 10009	115	ACCC 10078	077	ACCC 10166	245
ACCC 10010	037	ACCC 10079	077	ACCC 10167	059
ACCC 10011	037	ACCC 10082	127	ACCC 10170	244
ACCC 10012	159	ACCC 10084	127	ACCC 10171	131
ACCC 10013	159	ACCC 10085	155	ACCC 10172	130
ACCC 10014	187	ACCC 10087	019	ACCC 10175	237
ACCC 10015	159	ACCC 10090	159	ACCC 10176	237
ACCC 10016	077	ACCC 10091	159	ACCC 10177	237
ACCC 10017	080	ACCC 10092	159	ACCC 10178	149
ACCC 10018	077	ACCC 10094	159	ACCC 10179	132
ACCC 10019	080	ACCC 10095	159	ACCC 10180	112
ACCC 10020	077	ACCC 10096	018	ACCC 10181	001
ACCC 10021	079	ACCC 10097	018	ACCC 10182	131
ACCC 10022	079	ACCC 10098	018	ACCC 10184	241
ACCC 10023	079	ACCC 10100	017	ACCC 10185	183
ACCC 10024	077	ACCC 10103	017	ACCC 10186	156
ACCC 10024	079	ACCC 10104	017	ACCC 10187	236
ACCC 10026	079	ACCC 10105	018	ACCC 10188	214
ACCC 10027	079	ACCC 10106	159	ACCC 10189	030
ACCC 10028	079	ACCC 10107	050	ACCC 10190	178

菌株编号	页码	菌株编号	页码	菌株编号	页码
ACCC 10857	003	ACCC 11023	005	ACCC 11115	159
ACCC 10859	187	ACCC 11024	005	ACCC 11116	164
ACCC 10862	188	ACCC 11025	061	ACCC 11118	131
ACCC 10864	176	ACCC 11026	132	ACCC 11120	133
ACCC 10865	214	ACCC 11027	132	ACCC 11120	133
ACCC 10866	119	ACCC 11028	131	ACCC 11121	117
ACCC 10867	002	ACCC 11029	028	ACCC 11122	117
ACCC 10870	016	ACCC 11032	027	ACCC 11123	117
ACCC 10873	214	ACCC 11033	027	ACCC 11125	117
ACCC 10874	188	ACCC 11034	027	ACCC 11128	117
ACCC 10875	214	ACCC 11037	004	ACCC 11130	117
ACCC 10878	178	ACCC 11038	003	ACCC 11131	117
ACCC 10881	037	ACCC 11039	004	ACCC 11132	117
ACCC 10885	168	ACCC 11040	004	ACCC 11133	117
ACCC 10918	214	ACCC 11041	005	ACCC 11136	117
ACCC 10920	178	ACCC 11045	109	ACCC 11137	117
ACCC 10922	195	ACCC 11046	166	ACCC 11138	117
ACCC 10925	178	ACCC 11048	132	ACCC 11139	117
ACCC 10935	178	ACCC 11049	132	ACCC 11141	117
ACCC 10938	183	ACCC 11050	132	ACCC 11142	117
ACCC 10943	116	ACCC 11055	102	ACCC 11143	117
ACCC 10946	116	ACCC 11057	130	ACCC 11144	117
ACCC 10951	116	ACCC 11060	061	ACCC 11150	117
ACCC 10953	116	ACCC 11062	061	ACCC 11156	078
ACCC 10955	116	ACCC 11065	107	ACCC 11157	078
ACCC 10956	116	ACCC 11066	107	ACCC 11158	078
ACCC 10972	116	ACCC 11067	107	ACCC 11160	078
ACCC 10973	116	ACCC 11070	061	ACCC 11162	078
ACCC 10974	116	ACCC 11072	029	ACCC 11163	078
ACCC 10975	116	ACCC 11074	062	ACCC 11169	133
ACCC 10977	116	ACCC 11075	078	ACCC 11173	078
ACCC 10978	116	ACCC 11076	027	ACCC 11174	078
ACCC 10979	116	ACCC 11077	027	ACCC 11178	078
ACCC 10980	116	ACCC 11078	028	ACCC 11182	078
ACCC 10981	116	ACCC 11079	098	ACCC 11184	078
ACCC 10982	116	ACCC 11080	034	ACCC 11188	078
ACCC 10984	116	ACCC 11081	054	ACCC 11190	078
ACCC 10986	116	ACCC 11083	044	ACCC 11191	078
ACCC 10987	116	ACCC 11085	062	ACCC 11192	117
ACCC 10990	117	ACCC 11086	030	ACCC 11193	078
ACCC 10991	117	ACCC 11088	061	ACCC 11194	078
ACCC 10993	117	ACCC 11089	061	ACCC 11195	078
ACCC 10995	117	ACCC 11090	034	ACCC 11197	079
ACCC 10996	117	ACCC 11092	132	ACCC 11201	079
ACCC 10997	117	ACCC 11093	132	ACCC 11211	079
ACCC 10999	117	ACCC 11094	132	ACCC 11212	117
ACCC 11003	159	ACCC 11095	131	ACCC 11213	117
ACCC 11004	159	ACCC 11096	054	ACCC 11214	117
ACCC 11005	159	ACCC 11097	102	ACCC 11215	117
ACCC 11007	027	ACCC 11099	037	ACCC 11216	117
ACCC 11008	156	ACCC 11102	012	ACCC 11223	117
ACCC 11009	061	ACCC 11105	018	ACCC 11224	117
ACCC 11010	061	ACCC 11106	034	ACCC 11242	240
ACCC 11011	061	ACCC 11107	037	ACCC 11244	175
ACCC 11012	061	ACCC 11108	027	ACCC 11245	155
ACCC 11013	174	ACCC 11109	027	ACCC 11246	240
ACCC 11016	131	ACCC 11112	061	ACCC 11603	244
ACCC 11020	245	ACCC 11113	061	ACCC 11605	244

菌株编号	页码	菌株编号	页码	菌株编号	页码
ACCC 11607	244	ACCC 11681	125	ACCC 11764	189
ACCC 11609	008	ACCC 11682	106	ACCC 11767	189
ACCC 11610	050	ACCC 11683	189	ACCC 11769	189
ACCC 11611	166	ACCC 11684	099	ACCC 11770	106
ACCC 11613	008	ACCC 11685	001	ACCC 11771	155
ACCC 11614	102	ACCC 11686	237	ACCC 11772	241
ACCC 11615	188	ACCC 11687	112	ACCC 11773	190
ACCC 11616	005	ACCC 11688	112	ACCC 11774	005
ACCC 11617	127	ACCC 11689	189	ACCC 11775	100
ACCC 11618	119	ACCC 11690	112	ACCC 11776	190
ACCC 11619	005	ACCC 11691	189	ACCC 11777	190
ACCC 11621	188	ACCC 11692	127	ACCC 11778	241
ACCC 11622	050	ACCC 11693	189	ACCC 11780	190
ACCC 11624	127	ACCC 11696	189	ACCC 11781	190
ACCC 11625	008	ACCC 11697	050	ACCC 11783	190
ACCC 11626	150	ACCC 11699	050	ACCC 11784	108
ACCC 11627	127	ACCC 11708	189	ACCC 11785	001
ACCC 11628	109	ACCC 11709	051	ACCC 11786	190
ACCC 11629	150	ACCC 11710	005	ACCC 11788	052
ACCC 11630	188	ACCC 11712	189	ACCC 11789	190
ACCC 11631	188	ACCC 11713	189	ACCC 11790	190
ACCC 11632	188	ACCC 11714	241	ACCC 11791	190
ACCC 11633	188	ACCC 11715	189	ACCC 11792	241
ACCC 11634	188	ACCC 11719	051	ACCC 11793	190
ACCC 11635	188	ACCC 11721	051	ACCC 11794	052
ACCC 11636	050	ACCC 11722	051	ACCC 11795	052
ACCC 11637	122	ACCC 11723	051	ACCC 11796	241
ACCC 11638	050	ACCC 11724	051	ACCC 11797	005
ACCC 11642	188	ACCC 11725	051	ACCC 11798	241
ACCC 11646	188	ACCC 11726	051	ACCC 11800	190
ACCC 11647	188	ACCC 11727	051	ACCC 11802	155
ACCC 11648	188	ACCC 11728	051	ACCC 11803	190
ACCC 11649	188	ACCC 11729	051	ACCC 11804	005
ACCC 11651	044	ACCC 11730	051	ACCC 11805	190
ACCC 11652	175	ACCC 11731	051	ACCC 11807	006
ACCC 11653	004	ACCC 11733	051	ACCC 11808	009
ACCC 11654	004	ACCC 11734	051	ACCC 11809	190
ACCC 11655	188	ACCC 11735	051	ACCC 11810	006
ACCC 11656	004	ACCC 11736	051	ACCC 11811	006
ACCC 11657	005	ACCC 11737	051	ACCC 11812	006
ACCC 11658	034	ACCC 11738	051	ACCC 11813	150
ACCC 11660	004	ACCC 11739	051	ACCC 11814	190
ACCC 11662	183	ACCC 11740	051	ACCC 11816	190
ACCC 11663	188	ACCC 11742	051	ACCC 11818	016
ACCC 11664	050	ACCC 11744	051	ACCC 11821	001
ACCC 11665	188	ACCC 11745	052	ACCC 11822	190
ACCC 11666	188	ACCC 11747	052	ACCC 11823	190
ACCC 11667	188	ACCC 11748	052	ACCC 11824	108
ACCC 11668	188	ACCC 11749	011	ACCC 11827	190
ACCC 11669	241	ACCC 11750	155	ACCC 11828	006
ACCC 11670	005	ACCC 11751	241	ACCC 11829	152
ACCC 11671	005	ACCC 11754	103	ACCC 11830	190
ACCC 11672	050	ACCC 11757	189	ACCC 11831	106
ACCC 11675	241	ACCC 11758	189	ACCC 11832	195
ACCC 11676	188	ACCC 11759	189	ACCC 11833	099
ACCC 11678	188	ACCC 11760	189	ACCC 11835	119
ACCC 11679	189	ACCC 11762	189	ACCC 11836	191
ACCC 11680	100	ACCC 11763	189	ACCC 11837	175

菌株编号	页码	菌株编号	页码	菌株编号	页码
ACCC 14232	201	ACCC 14294	147	ACCC 14359	138
ACCC 14233	141	ACCC 14295	147	ACCC 14360	198
ACCC 14234	141	ACCC 14296	147	ACCC 14361	198
ACCC 14235	201	ACCC 14297	147	ACCC 14362	198
ACCC 14236	146	ACCC 14298	147	ACCC 14363	198
ACCC 14237	137	ACCC 14301	147	ACCC 14364	198
ACCC 14238	137	ACCC 14302	147	ACCC 14365	198
ACCC 14239	137	ACCC 14303	147	ACCC 14366	138
ACCC 14240	137	ACCC 14304	147	ACCC 14374	142
ACCC 14241	137	ACCC 14305	147	ACCC 14375	138
ACCC 14242	137	ACCC 14306	147	ACCC 14376	138
ACCC 14243	197	ACCC 14307	147	ACCC 14378	138
ACCC 14245	137	ACCC 14308	137	ACCC 14379	138
ACCC 14246	146	ACCC 14309	148	ACCC 14380	138
ACCC 14247	139	ACCC 14310	137	ACCC 14381	142
ACCC 14248	146	ACCC 14311	148	ACCC 14382	198
ACCC 14249	137	ACCC 14312	148	ACCC 14384	198
ACCC 14250	139	ACCC 14313	148	ACCC 14385	198
ACCC 14251	141	ACCC 14314	137	ACCC 14386	198
ACCC 14252	139	ACCC 14315	148	ACCC 14388	198
ACCC 14253	141	ACCC 14316	148	ACCC 14389	198
ACCC 14254	141	ACCC 14317	148	ACCC 14390	198
ACCC 14255	141	ACCC 14318	148	ACCC 14391	142
ACCC 14256	141	ACCC 14319	148	ACCC 14392	139
ACCC 14257	137	ACCC 14320	148	ACCC 14393	142
ACCC 14258	139	ACCC 14321	148	ACCC 14394	140
ACCC 14259	141	ACCC 14322	148	ACCC 14395	139
ACCC 14260	139	ACCC 14323	198	ACCC 14396	140
ACCC 14261	139	ACCC 14324	148	ACCC 14398	139
ACCC 14262	139	ACCC 14325	148	ACCC 14488	222
ACCC 14263	146	ACCC 14326	148	ACCC 14489	222
ACCC 14264	141	ACCC 14327	138	ACCC 14490	222
ACCC 14265	137	ACCC 14329	138	ACCC 14491	222
ACCC 14266	146	ACCC 14330	138	ACCC 14492	222
ACCC 14267	146	ACCC 14331	138	ACCC 14493	223
ACCC 14268	139	ACCC 14332	138	ACCC 14494	223
ACCC 14269	139	ACCC 14333	138	ACCC 14495	223
ACCC 14270	146	ACCC 14334	138	ACCC 14496	223
ACCC 14271	137	ACCC 14335	141	ACCC 14497	223
ACCC 14272	137	ACCC 14336	138	ACCC 14498	223
ACCC 14273	146	ACCC 14337	201	ACCC 14499	223
ACCC 14274	146	ACCC 14338	201	ACCC 14500	223
ACCC 14278	139	ACCC 14339	148	ACCC 14501	223
ACCC 14279	146	ACCC 14340	148	ACCC 14502	138
ACCC 14280	146	ACCC 14341	138	ACCC 14503	142
ACCC 14281	146	ACCC 14343	138	ACCC 14505	142
ACCC 14282	146	ACCC 14344	141	ACCC 14506	223
ACCC 14283	147	ACCC 14345	141	ACCC 14507	142
ACCC 14284	147	ACCC 14346	138	ACCC 14508	142
ACCC 14285	147	ACCC 14347	138	ACCC 14509	142
ACCC 14286	147	ACCC 14349	138	ACCC 14510	142
ACCC 14287	147	ACCC 14351	142	ACCC 14511	142
ACCC 14288	147	ACCC 14352	148	ACCC 14512	142
ACCC 14289	147	ACCC 14354	198	ACCC 14513	142
ACCC 14290	147	ACCC 14355	198	ACCC 14514	142
ACCC 14291	147	ACCC 14356	138	ACCC 14515	142
ACCC 14292	147	ACCC 14357	197	ACCC 14516	142
ACCC 14293	147	ACCC 14358	197	ACCC 14517	135

菌株编号	页码	菌株编号	页码	菌株编号	页码
ACCC 14862	204	ACCC 15054	085	ACCC 15130	221
ACCC 14863	204	ACCC 15055	085	ACCC 15131	221
ACCC 14864	204	ACCC 15057	085	ACCC 15132	221
ACCC 14865	204	ACCC 15058	085	ACCC 15133	221
ACCC 14866	198	ACCC 15059	085	ACCC 15134	221
ACCC 14867	204	ACCC 15060	085	ACCC 15135	222
ACCC 14868	204	ACCC 15061	219	ACCC 15136	222
ACCC 14870	205	ACCC 15062	085	ACCC 15137	222
ACCC 14871	205	ACCC 15063	085	ACCC 15138	222
ACCC 14872	205	ACCC 15064	085	ACCC 15139	222
ACCC 14873	205	ACCC 15065	085	ACCC 15140	222
ACCC 14874	205	ACCC 15066	085	ACCC 15141	222
ACCC 14875	205	ACCC 15067	219	ACCC 15142	222
ACCC 14876	205	ACCC 15068	219	ACCC 15143	222
ACCC 14877	205	ACCC 15069	219	ACCC 15145	222
ACCC 14878	224	ACCC 15070	219	ACCC 15146	222
ACCC 14879	205	ACCC 15071	220	ACCC 15147	222
ACCC 14880	205	ACCC 15072	220	ACCC 15150	085
ACCC 14882	224	ACCC 15073	220	ACCC 15155	085
ACCC 14883	205	ACCC 15075	220	ACCC 15156	085
ACCC 14884	224	ACCC 15076	220	ACCC 15157	086
ACCC 14885	205	ACCC 15077	220	ACCC 15158	086
ACCC 14886	205	ACCC 15078	085	ACCC 15159	086
ACCC 14887	205	ACCC 15081	085	ACCC 15161	086
ACCC 14888	205	ACCC 15082	220	ACCC 15162	086
ACCC 14889	224	ACCC 15083	085	ACCC 15163	086
ACCC 14890	205	ACCC 15084	220	ACCC 15164	086
ACCC 15005	084	ACCC 15085	220	ACCC 15165	086
ACCC 15006	084	ACCC 15086	220	ACCC 15166	086
ACCC 15007	084	ACCC 15087	220	ACCC 15167	086
ACCC 15018	084	ACCC 15090	220	ACCC 15168	086
ACCC 15020	084	ACCC 15091	220	ACCC 15169	086
ACCC 15021	084	ACCC 15092	220	ACCC 15170	086
ACCC 15022	084	ACCC 15093	085	ACCC 15171	086
ACCC 15023	084	ACCC 15095	085	ACCC 15172	086
ACCC 15027	084	ACCC 15096	085	ACCC 15173	086
ACCC 15028	084	ACCC 15097	085	ACCC 15174	087
ACCC 15031	084	ACCC 15101	220	ACCC 15175	087
ACCC 15032	084	ACCC 15102	220	ACCC 15176	087
ACCC 15033	084	ACCC 15104	220	ACCC 15177	087
ACCC 15034	084	ACCC 15105	220	ACCC 15178	087
ACCC 15035	084	ACCC 15106	221	ACCC 15179	087
ACCC 15036	084	ACCC 15107	221	ACCC 15180	087
ACCC 15037	084	ACCC 15108	221	ACCC 15181	087
ACCC 15038	084	ACCC 15109	221	ACCC 15183	087
ACCC 15039	084	ACCC 15117	221	ACCC 15184	087
ACCC 15040	084	ACCC 15118	221	ACCC 15185	087
ACCC 15041	084	ACCC 15119	221	ACCC 15186	087
ACCC 15042	084	ACCC 15120	221	ACCC 15187	087
ACCC 15043	084	ACCC 15121	221	ACCC 15188	087
ACCC 15044	084	ACCC 15122	221	ACCC 15189	087
ACCC 15045	084	ACCC 15123	221	ACCC 15190	088
ACCC 15046	084	ACCC 15124	221	ACCC 15191	088
ACCC 15047	084	ACCC 15125	221	ACCC 15192	088
ACCC 15049	085	ACCC 15126	221	ACCC 15193	088
ACCC 15051	085	ACCC 15127	221	ACCC 15194	088
ACCC 15052	085	ACCC 15128	221	ACCC 15195	088
ACCC 15053	085	ACCC 15129	221	ACCC 15196	088

菌株编号	页码	菌株编号	页码	菌株编号	页码
ACCC 18102	140	ACCC 19383	045	ACCC 19600	212
ACCC 18103	140	ACCC 19387	017	ACCC 19601	212
ACCC 18104	140	ACCC 19393	017	ACCC 19602	212
ACCC 18105	140	ACCC 19402	128	ACCC 19603	212
ACCC 18106	140	ACCC 19403	128	ACCC 19604	212
ACCC 18107	140	ACCC 19404	128	ACCC 19605	212
ACCC 18109	141	ACCC 19405	128	ACCC 19606	212
ACCC 18501	197	ACCC 19407	128	ACCC 19620	211
ACCC 18502	197	ACCC 19408	128	ACCC 19621	211
ACCC 18503	197	ACCC 19409	128	ACCC 19625	211
ACCC 18504	197	ACCC 19410	128	ACCC 19626	211
ACCC 18505	197	ACCC 19411	128	ACCC 19627	211
ACCC 18506	197	ACCC 19414	128	ACCC 19640	210
ACCC 19002	211	ACCC 19415	128	ACCC 19641	210
ACCC 19004	211	ACCC 19416	128	ACCC 19642	210
ACCC 19005	211	ACCC 19417	128	ACCC 19643	210
ACCC 19006	211	ACCC 19418	128	ACCC 19644	210
ACCC 19007	211	ACCC 19419	128	ACCC 19645	210
ACCC 19010	197	ACCC 19420	128	ACCC 19646	210
ACCC 19030	209	ACCC 19421	128	ACCC 19647	210
ACCC 19031	209	ACCC 19423	045	ACCC 19648	210
ACCC 19032	209	ACCC 19425	045	ACCC 19650	210
ACCC 19033	210	ACCC 19428	027	ACCC 19652	210
ACCC 19034	210	ACCC 19430	027	ACCC 19653	210
ACCC 19035	210	ACCC 19431	027	ACCC 19654	210
ACCC 19187	011	ACCC 19433	045	ACCC 19655	210
ACCC 19188	011	ACCC 19434	027	ACCC 19656	210
ACCC 19191	011	ACCC 19439	111	ACCC 19657	210
ACCC 19197	011	ACCC 19441	111	ACCC 19658	210
ACCC 19235	183	ACCC 19445	111	ACCC 19659	210
ACCC 19236	183	ACCC 19448	240	ACCC 19661	136
ACCC 19237	183	ACCC 19450	218	ACCC 19662	136
ACCC 19249	044	ACCC 19462	240	ACCC 19664	136
ACCC 19252	183	ACCC 19480	017	ACCC 19665	136
ACCC 19253	045	ACCC 19485	134	ACCC 19666	136
ACCC 19269	061	ACCC 19500	241	ACCC 19667	137
ACCC 19272	183	ACCC 19501	017	ACCC 19670	137
ACCC 19274	183	ACCC 19502	017	ACCC 19672	137
ACCC 19277	045	ACCC 19503	017	ACCC 19673	137
ACCC 19279	183	ACCC 19504	017	ACCC 19674	137
ACCC 19281	045	ACCC 19505	017	ACCC 19675	137
ACCC 19283	183	ACCC 19506	017	ACCC 19676	137
ACCC 19286	045	ACCC 19507	017	ACCC 19677	137
ACCC 19288	183	ACCC 19530	096	ACCC 19678	212
ACCC 19289	183	ACCC 19531	096	ACCC 19680	212
ACCC 19290	045	ACCC 19532	096	ACCC 19681	212
ACCC 19291	184	ACCC 19533	096	ACCC 19682	212
ACCC 19294	045	ACCC 19534	096	ACCC 19683	212
ACCC 19299	184	ACCC 19535	096	ACCC 19684	212
ACCC 19300	184	ACCC 19536	096	ACCC 19685	212
ACCC 19312	184	ACCC 19537	096	ACCC 19686	212
ACCC 19313	184	ACCC 19560	096	ACCC 19687	212
ACCC 19339	014	ACCC 19561	096	ACCC 19690	212
ACCC 19372	034	ACCC 19562	096	ACCC 19691	212
ACCC 19373	061	ACCC 19563	096	ACCC 19693	212
ACCC 19374	061	ACCC 19580	141	ACCC 19694	212
ACCC 19375	027	ACCC 19581	141	ACCC 19695	212
ACCC 19382	045	ACCC 19582	141	ACCC 19696	213

菌株编号	页码	菌株编号	页码	菌株编号	页码
ACCC 20252	327	ACCC 20341	325	ACCC 21032	325
ACCC 20253	333	ACCC 20343	332	ACCC 21033	325
ACCC 20254	311	ACCC 20347	312	ACCC 21034	325
ACCC 20268	319	ACCC 20349	328	ACCC 21035	325
ACCC 20269	311	ACCC 20350	320	ACCC 21036	325
ACCC 20270	326	ACCC 20351	328	ACCC 21037	325
ACCC 20271	333	ACCC 20352	328	ACCC 21038	325
ACCC 20273	313	ACCC 20353	316	ACCC 21039	325
ACCC 20275	313	ACCC 20355	315	ACCC 21040	325
ACCC 20276	328	ACCC 20356	310	ACCC 21041	325
ACCC 20277	312	ACCC 20358	312	ACCC 21042	325
ACCC 20278	311	ACCC 20359	328	ACCC 21043	325
ACCC 20279	328	ACCC 20360	331	ACCC 21044	325
ACCC 20280	312	ACCC 20362	310	ACCC 21045	325
ACCC 20281	316	ACCC 20365	313	ACCC 21046	325
ACCC 20282	326	ACCC 20366	313	ACCC 21047	325
ACCC 20283	328	ACCC 20367	313	ACCC 21048	325
ACCC 20284	328	ACCC 20368	310	ACCC 21049	325
ACCC 20285	332	ACCC 20369	310	ACCC 21050	325
ACCC 20286	328	ACCC 20370	310	ACCC 21051	325
ACCC 20287	330	ACCC 20371	310	ACCC 21052	313
ACCC 20288	330	ACCC 20372	317	ACCC 21053	328
ACCC 20289	328	ACCC 20373	310	ACCC 21054	328
ACCC 20301	315	ACCC 20376	317	ACCC 21055	313
ACCC 20302	315	ACCC 20381	332	ACCC 21056	316
ACCC 20303	334	ACCC 20383	317	ACCC 21057	311
ACCC 20306	315	ACCC 21000	324	ACCC 21058	328
ACCC 20307	331	ACCC 21001	324	ACCC 21059	328
ACCC 20308	319	ACCC 21002	324	ACCC 21060	328
ACCC 20309	314	ACCC 21003	324	ACCC 21062	316
ACCC 20310	316	ACCC 21004	324	ACCC 21063	318
ACCC 20311	319	ACCC 21005	324	ACCC 21064	328
ACCC 20312	314	ACCC 21006	324	ACCC 21065	315
ACCC 20313	312	ACCC 21007	324	ACCC 21069	328
ACCC 20314	317	ACCC 21008	324	ACCC 21070	328
ACCC 20315	319	ACCC 21009	324	ACCC 21071	320
ACCC 20316	334	ACCC 21010	324	ACCC 21072	320
ACCC 20317	328	ACCC 21011	325	ACCC 21073	320
ACCC 20318	313	ACCC 21012	325	ACCC 21074	320
ACCC 20319	319	ACCC 21013	325	ACCC 21075	320
ACCC 20320	319	ACCC 21014	325	ACCC 21076	320
ACCC 20321	332	ACCC 21015	325	ACCC 21077	320
ACCC 20322	318	ACCC 21016	325	ACCC 21078	320
ACCC 20323	318	ACCC 21017	325	ACCC 21079	320
ACCC 20324	310	ACCC 21018	320	ACCC 21080	320
ACCC 20325	314	ACCC 21019	320	ACCC 21081	320
ACCC 20326	331	ACCC 21020	320	ACCC 21082	320
ACCC 20327	312	ACCC 21021	320	ACCC 21083	320
ACCC 20328	334	ACCC 21022	325	ACCC 21084	320
ACCC 20329	331	ACCC 21023	325	ACCC 21085	321
ACCC 20330	332	ACCC 21024	325	ACCC 21086	321
ACCC 20332	319	ACCC 21025	325	ACCC 21087	321
ACCC 20334	326	ACCC 21026	325	ACCC 21088	321
ACCC 20335	312	ACCC 21027	325	ACCC 21089	321
ACCC 20337	314	ACCC 21028	325	ACCC 21090	321
ACCC 20338	318	ACCC 21029	325	ACCC 21091	321
ACCC 20339	310	ACCC 21030	325	ACCC 21092	321
ACCC 20340	314	ACCC 21031	325	ACCC 21093	321

菌株编号	页码	菌株编号	页码	菌株编号	页码
ACCC 30124	418	ACCC 30290	364	ACCC 30394	428
ACCC 30126	345	ACCC 30300	450	ACCC 30395	428
ACCC 30128	345	ACCC 30301	450	ACCC 30396	429
ACCC 30130	418	ACCC 30302	450	ACCC 30397	431
ACCC 30132	347	ACCC 30303	450	ACCC 30398	432
ACCC 30133	401	ACCC 30304	450	ACCC 30399	432
ACCC 30134	347	ACCC 30305	451	ACCC 30401	436
ACCC 30135	414	ACCC 30306	452	ACCC 30402	438
ACCC 30136	482	ACCC 30307	451	ACCC 30403	395
ACCC 30138	365	ACCC 30308	486	ACCC 30404	457
ACCC 30139	376	ACCC 30309	486	ACCC 30405	377
ACCC 30140	419	ACCC 30311	383	ACCC 30414	439
ACCC 30141	419	ACCC 30319	414	ACCC 30415	350
ACCC 30142	354	ACCC 30321	345	ACCC 30417	459
ACCC 30143	354	ACCC 30322	350	ACCC 30419	463
ACCC 30148	427	ACCC 30323	350	ACCC 30420	463
ACCC 30149	455	ACCC 30324	338	ACCC 30421	463
ACCC 30150	474	ACCC 30325	401	ACCC 30422	463
ACCC 30152	462	ACCC 30328	414	ACCC 30423	463
ACCC 30153	459	ACCC 30331	401	ACCC 30424	463
ACCC 30154	421	ACCC 30332	449	ACCC 30425	463
ACCC 30155	350	ACCC 30335	418	ACCC 30426	474
ACCC 30156	343	ACCC 30337	417	ACCC 30427	474
ACCC 30157	344	ACCC 30338	417	ACCC 30431	479
ACCC 30158	344	ACCC 30339	354	ACCC 30432	482
ACCC 30159	347	ACCC 30340	354	ACCC 30433	482
ACCC 30160	347	ACCC 30341	419	ACCC 30434	482
ACCC 30161	347	ACCC 30342	419	ACCC 30435	482
ACCC 30162	347	ACCC 30344	419	ACCC 30436	483
ACCC 30163	350	ACCC 30345	419	ACCC 30437	474
ACCC 30164	351	ACCC 30346	456	ACCC 30438	343
ACCC 30165	353	ACCC 30347	344	ACCC 30440	428
ACCC 30166	482	ACCC 30350	373	ACCC 30441	423
ACCC 30167	473	ACCC 30352	419	ACCC 30442	406
ACCC 30168	474	ACCC 30356	354	ACCC 30443	433
ACCC 30169	482	ACCC 30360	345	ACCC 30444	423
ACCC 30170	432	ACCC 30361	422	ACCC 30445	427
ACCC 30171	347	ACCC 30362	347	ACCC 30446	427
ACCC 30172	347	ACCC 30366	345	ACCC 30447	451
ACCC 30173	347	ACCC 30367	345	ACCC 30449	480
ACCC 30174	401	ACCC 30368	343	ACCC 30466	350
ACCC 30175	401	ACCC 30369	388	ACCC 30467	350
ACCC 30176	347	ACCC 30370	372	ACCC 30468	350
ACCC 30177	347	ACCC 30371	463	ACCC 30469	347
ACCC 30186	354	ACCC 30372	439	ACCC 30470	347
ACCC 30190	423	ACCC 30375	371	ACCC 30471	350
ACCC 30192	419	ACCC 30380	375	ACCC 30472	350
ACCC 30193	481	ACCC 30381	375	ACCC 30473	350
ACCC 30194	418	ACCC 30383	375	ACCC 30474	350
ACCC 30196	418	ACCC 30385	481	ACCC 30475	351
ACCC 30197	421	ACCC 30386	482	ACCC 30476	352
ACCC 30199	418	ACCC 30387	368	ACCC 30477	343
ACCC 30206	482	ACCC 30388	474	ACCC 30478	354
ACCC 30210	371	ACCC 30389	431	ACCC 30479	417
ACCC 30222	409	ACCC 30390	347	ACCC 30480	421
ACCC 30234	409	ACCC 30391	347	ACCC 30482	423
ACCC 30236	409	ACCC 30392	420	ACCC 30483	429
ACCC 30239	409	ACCC 30393	336	ACCC 30484	429

菌株编号	页码	菌株编号	页码	菌株编号	页码
ACCC 30485	429	ACCC 30555	335	ACCC 30618	445
ACCC 30486	430	ACCC 30556	345	ACCC 30619	445
ACCC 30488	431	ACCC 30557	347	ACCC 30620	423
ACCC 30489	450	ACCC 30558	352	ACCC 30621	423
ACCC 30490	450	ACCC 30559	354	ACCC 30622	423
ACCC 30491	451	ACCC 30560	336	ACCC 30623	423
ACCC 30492	451	ACCC 30561	336	ACCC 30624	423
ACCC 30493	451	ACCC 30562	373	ACCC 30625	423
ACCC 30494	451	ACCC 30563	373	ACCC 30626	423
ACCC 30495	451	ACCC 30565	372	ACCC 30627	423
ACCC 30496	451	ACCC 30566	372	ACCC 30628	423
ACCC 30497	479	ACCC 30567	390	ACCC 30629	423
ACCC 30498	483	ACCC 30568	365	ACCC 30630	423
ACCC 30499	422	ACCC 30569	414	ACCC 30631	423
ACCC 30500	422	ACCC 30570	452	ACCC 30632	423
ACCC 30501	419	ACCC 30573	490	ACCC 30633	423
ACCC 30502	385	ACCC 30574	440	ACCC 30634	424
ACCC 30507	340	ACCC 30575	440	ACCC 30635	424
ACCC 30507	445	ACCC 30578	343	ACCC 30636	424
ACCC 30508	340	ACCC 30579	344	ACCC 30637	424
ACCC 30509	340	ACCC 30580	345	ACCC 30638	424
ACCC 30509	385	ACCC 30581	346	ACCC 30639	424
ACCC 30510	335	ACCC 30582	347	ACCC 30640	424
ACCC 30510	340	ACCC 30583	347	ACCC 30641	424
ACCC 30511	336	ACCC 30584	350	ACCC 30642	424
ACCC 30511	340	ACCC 30585	352	ACCC 30643	424
ACCC 30512	335	ACCC 30586	352	ACCC 30644	424
ACCC 30512	340	ACCC 30587	463	ACCC 30645	424
ACCC 30513	340	ACCC 30588	463	ACCC 30646	424
ACCC 30513	343	ACCC 30589	474	ACCC 30647	424
ACCC 30514	340	ACCC 30590	474	ACCC 30648	424
ACCC 30514	350	ACCC 30591	474	ACCC 30649	424
ACCC 30515	340	ACCC 30592	479	ACCC 30650	424
ACCC 30515	355	ACCC 30593	482	ACCC 30651	424
ACCC 30516	340	ACCC 30594	483	ACCC 30652	424
ACCC 30516	355	ACCC 30595	483	ACCC 30653	424
ACCC 30517	351	ACCC 30596	463	ACCC 30654	424
ACCC 30518	395	ACCC 30597	480	ACCC 30655	424
ACCC 30519	371	ACCC 30598	474	ACCC 30656	424
ACCC 30521	438	ACCC 30599	479	ACCC 30657	425
ACCC 30522	420	ACCC 30600	482	ACCC 30658	425
ACCC 30523	395	ACCC 30601	444	ACCC 30659	425
ACCC 30524	428	ACCC 30602	444	ACCC 30660	425
ACCC 30525	340	ACCC 30603	444	ACCC 30661	425
ACCC 30526	340	ACCC 30604	444	ACCC 30662	425
ACCC 30527	458	ACCC 30605	445	ACCC 30663	425
ACCC 30529	341	ACCC 30606	445	ACCC 30664	425
ACCC 30530	439	ACCC 30607	445	ACCC 30665	425
ACCC 30531	341	ACCC 30608	445	ACCC 30666	425
ACCC 30532	341	ACCC 30609	445	ACCC 30667	425
ACCC 30534	458	ACCC 30610	445	ACCC 30668	425
ACCC 30536	459	ACCC 30611	445	ACCC 30669	425
ACCC 30544	343	ACCC 30612	445	ACCC 30670	425
ACCC 30550	351	ACCC 30613	445	ACCC 30671	425
ACCC 30551	386	ACCC 30614	445	ACCC 30672	425
ACCC 30552	483	ACCC 30615	445	ACCC 30673	425
ACCC 30553	439	ACCC 30616	445	ACCC 30674	425
ACCC 30554	335	ACCC 30617	445	ACCC 30675	425

菌株编号	页码	菌株编号	页码	菌株编号	页码
ACCC 32334	450	ACCC 32397	451	ACCC 32457	354
ACCC 32335	418	ACCC 32398	451	ACCC 32458	354
ACCC 32336	483	ACCC 32399	450	ACCC 32459	427
ACCC 32337	451	ACCC 32400	451	ACCC 32461	429
ACCC 32338	451	ACCC 32401	451	ACCC 32462	430
ACCC 32339	419	ACCC 32402	452	ACCC 32463	354
ACCC 32340	451	ACCC 32403	452	ACCC 32464	430
ACCC 32341	450	ACCC 32404	440	ACCC 32465	430
ACCC 32342	450	ACCC 32405	419	ACCC 32466	354
ACCC 32343	452	ACCC 32406	363	ACCC 32468	419
ACCC 32344	452	ACCC 32407	353	ACCC 32469	429
ACCC 32345	451	ACCC 32408	483	ACCC 32470	436
ACCC 32346	451	ACCC 32409	438	ACCC 32471	436
ACCC 32347	450	ACCC 32410	466	ACCC 32472	353
ACCC 32348	451	ACCC 32411	474	ACCC 32473	418
ACCC 32349	451	ACCC 32412	481	ACCC 32477	440
ACCC 32350	460	ACCC 32413	349	ACCC 32478	440
ACCC 32351	465	ACCC 32414	436	ACCC 32479	440
ACCC 32352	465	ACCC 32415	343	ACCC 32480	427
ACCC 32353	482	ACCC 32416	346	ACCC 32481	427
ACCC 32354	465	ACCC 32417	431	ACCC 32482	427
ACCC 32355	465	ACCC 32418	363	ACCC 32483	427
ACCC 32356	482	ACCC 32419	363	ACCC 32484	427
ACCC 32357	481	ACCC 32420	363	ACCC 32485	427
ACCC 32358	481	ACCC 32421	363	ACCC 32486	413
ACCC 32359	459	ACCC 32422	363	ACCC 32487	413
ACCC 32360	474	ACCC 32423	363	ACCC 32488	413
ACCC 32361	482	ACCC 32424	431	ACCC 32489	482
ACCC 32363	462	ACCC 32425	431	ACCC 32490	482
ACCC 32365	347	ACCC 32426	435	ACCC 32492	459
ACCC 32366	345	ACCC 32427	466	ACCC 32493	482
ACCC 32367	346	ACCC 32428	466	ACCC 32498	351
ACCC 32370	427	ACCC 32431	364	ACCC 32499	351
ACCC 32371	427	ACCC 32432	363	ACCC 32500	351
ACCC 32372	435	ACCC 32433	363	ACCC 32501	466
ACCC 32373	435	ACCC 32434	363	ACCC 32502	343
ACCC 32374	435	ACCC 32435	363	ACCC 32503	457
ACCC 32375	432	ACCC 32436	363	ACCC 32505	483
ACCC 32376	427	ACCC 32437	363	ACCC 32506	388
ACCC 32377	432	ACCC 32438	363	ACCC 32517	466
ACCC 32378	435	ACCC 32439	363	ACCC 32519	466
ACCC 32379	432	ACCC 32440	364	ACCC 32520	466
ACCC 32380	433	ACCC 32441	364	ACCC 32521	466
ACCC 32381	435	ACCC 32442	364	ACCC 32522	478
ACCC 32382	432	ACCC 32443	364	ACCC 32523	478
ACCC 32383	438	ACCC 32444	364	ACCC 32524	466
ACCC 32384	430	ACCC 32445	364	ACCC 32525	478
ACCC 32385	438	ACCC 32446	364	ACCC 32526	466
ACCC 32386	432	ACCC 32447	364	ACCC 32527	466
ACCC 32387	435	ACCC 32448	364	ACCC 32528	466
ACCC 32388	435	ACCC 32449	364	ACCC 32529	461
ACCC 32389	432	ACCC 32450	364	ACCC 32530	460
ACCC 32390	428	ACCC 32451	364	ACCC 32531	466
ACCC 32391	437	ACCC 32452	350	ACCC 32532	461
ACCC 32392	437	ACCC 32453	364	ACCC 32533	466
ACCC 32393	435	ACCC 32454	364	ACCC 32534	460
ACCC 32394	428	ACCC 32455	429	ACCC 32535	466
ACCC 32396	451	ACCC 32456	429	ACCC 32536	466

菌株编号	页码	菌株编号	页码	菌株编号	页码
ACCC 32537	427	ACCC 32714	375	ACCC 32867	460
ACCC 32538	349	ACCC 32715	375	ACCC 32869	460
ACCC 32539	438	ACCC 32716	375	ACCC 32871	460
ACCC 32540	438	ACCC 32718	375	ACCC 32872	459
ACCC 32541	427	ACCC 32719	375	ACCC 32874	467
ACCC 32542	349	ACCC 32720	375	ACCC 32880	467
ACCC 32543	353	ACCC 32721	375	ACCC 32881	467
ACCC 32544	429	ACCC 32722	375	ACCC 32882	467
ACCC 32545	438	ACCC 32723	374	ACCC 32883	462
ACCC 32546	428	ACCC 32724	374	ACCC 32884	462
ACCC 32547	438	ACCC 32725	459	ACCC 32885	460
ACCC 32548	349	ACCC 32726	364	ACCC 32886	460
ACCC 32549	429	ACCC 32727	351	ACCC 32890	467
ACCC 32550	429	ACCC 32728	351	ACCC 32895	467
ACCC 32551	438	ACCC 32729	343	ACCC 32899	467
ACCC 32552	458	ACCC 32730	460	ACCC 32902	467
ACCC 32553	436	ACCC 32731	434	ACCC 32924	460
ACCC 32554	372	ACCC 32801	461	ACCC 32925	460
ACCC 32555	347	ACCC 32802	461	ACCC 32926	460
ACCC 32556	345	ACCC 32803	462	ACCC 32927	460
ACCC 32557	345	ACCC 32804	460	ACCC 32928	460
ACCC 32558	350	ACCC 32806	466	ACCC 32929	461
ACCC 32559	336	ACCC 32807	466	ACCC 32932	467
ACCC 32560	343	ACCC 32808	466	ACCC 32934	468
ACCC 32561	345	ACCC 32809	466	ACCC 32936	468
ACCC 32562	429	ACCC 32810	466	ACCC 32937	468
ACCC 32563	349	ACCC 32811	466	ACCC 32938	468
ACCC 32573	462	ACCC 32812	462	ACCC 32939	468
ACCC 32574	434	ACCC 32814	462	ACCC 32940	468
ACCC 32575	429	ACCC 32816	462	ACCC 32942	468
ACCC 32576	434	ACCC 32817	460	ACCC 32945	482
ACCC 32577	399	ACCC 32818	460	ACCC 32947	468
ACCC 32579	349	ACCC 32819	466	ACCC 32949	468
ACCC 32580	481	ACCC 32821	466	ACCC 32950	468
ACCC 32581	481	ACCC 32824	467	ACCC 32951	468
ACCC 32582	481	ACCC 32826	460	ACCC 32953	468
ACCC 32584	478	ACCC 32827	459	ACCC 32954	468
ACCC 32585	422	ACCC 32828	467	ACCC 32955	468
ACCC 32587	458	ACCC 32830	461	ACCC 32957	468
ACCC 32588	457	ACCC 32834	467	ACCC 32958	468
ACCC 32589	349	ACCC 32838	459	ACCC 32959	468
ACCC 32590	459	ACCC 32839	459	ACCC 32960	468
ACCC 32591	459	ACCC 32840	467	ACCC 32961	468
ACCC 32592	452	ACCC 32841	467	ACCC 32962	468
ACCC 32593	372	ACCC 32845	467	ACCC 32964	468
ACCC 32594	459	ACCC 32846	467	ACCC 32965	468
ACCC 32595	460	ACCC 32847	462	ACCC 32966	468
ACCC 32596	481	ACCC 32848	467	ACCC 32968	469
ACCC 32598	349	ACCC 32849	467	ACCC 32969	469
ACCC 32599	343	ACCC 32851	467	ACCC 32970	469
ACCC 32600	336	ACCC 32852	467	ACCC 32971	469
ACCC 32656	345	ACCC 32856	467	ACCC 32973	469
ACCC 32657	345	ACCC 32857	467	ACCC 32974	469
ACCC 32708	374	ACCC 32858	467	ACCC 32977	462
ACCC 32709	374	ACCC 32859	460	ACCC 32979	461
ACCC 32711	375	ACCC 32864	460	ACCC 32980	469
ACCC 32712	375	ACCC 32865	462	ACCC 32981	469
ACCC 32713	375	ACCC 32866	460	ACCC 32982	469

菌株编号	页码	菌株编号	页码	菌株编号	页码
ACCC 32985	469	ACCC 33157	471	ACCC 36002	409
ACCC 32986	469	ACCC 33158	471	ACCC 36003	409
ACCC 32989	469	ACCC 33159	471	ACCC 36004	409
ACCC 32994	469	ACCC 33160	471	ACCC 36005	409
ACCC 32995	469	ACCC 33161	471	ACCC 36006	409
ACCC 32996	469	ACCC 33162	471	ACCC 36007	409
ACCC 32997	469	ACCC 33163	471	ACCC 36008	409
ACCC 32999	478	ACCC 33164	471	ACCC 36009	486
ACCC 33000	469	ACCC 33167	471	ACCC 36010	486
ACCC 33001	469	ACCC 33168	471	ACCC 36011	486
ACCC 33002	469	ACCC 33169	471	ACCC 36012	486
ACCC 33004	469	ACCC 33176	471	ACCC 36013	486
ACCC 33005	469	ACCC 33177	471	ACCC 36014	486
ACCC 33006	469	ACCC 33179	461	ACCC 36015	486
ACCC 33008	459	ACCC 33181	471	ACCC 36017	486
ACCC 33009	469	ACCC 33183	461	ACCC 36018	374
ACCC 33011	461	ACCC 33186	471	ACCC 36019	452
ACCC 33013	470	ACCC 33188	471	ACCC 36023	338
ACCC 33014	470	ACCC 33193	461	ACCC 36027	368
ACCC 33016	470	ACCC 33194	471	ACCC 36028	369
ACCC 33019	470	ACCC 33196	478	ACCC 36029	369
ACCC 33022	470	ACCC 33198	471	ACCC 36030	369
ACCC 33024	478	ACCC 33203	462	ACCC 36031	369
ACCC 33025	478	ACCC 33212	471	ACCC 36032	369
ACCC 33026	470	ACCC 33214	471	ACCC 36033	369
ACCC 33027	478	ACCC 33215	471	ACCC 36034	369
ACCC 33030	478	ACCC 33216	471	ACCC 36035	369
ACCC 33031	478	ACCC 33217	471	ACCC 36036	369
ACCC 33033	470	ACCC 33218	472	ACCC 36037	369
ACCC 33040	470	ACCC 33220	472	ACCC 36038	369
ACCC 33057	470	ACCC 33221	472	ACCC 36039	369
ACCC 33059	470	ACCC 33222	472	ACCC 36040	369
ACCC 33062	478	ACCC 33223	472	ACCC 36041	369
ACCC 33063	470	ACCC 33225	472	ACCC 36042	369
ACCC 33066	478	ACCC 33230	472	ACCC 36043	369
ACCC 33067	478	ACCC 33233	472	ACCC 36044	369
ACCC 33069	478	ACCC 33234	472	ACCC 36045	369
ACCC 33072	470	ACCC 33236	472	ACCC 36046	369
ACCC 33110	470	ACCC 33237	462	ACCC 36047	369
ACCC 33113	461	ACCC 33238	472	ACCC 36048	369
ACCC 33116	470	ACCC 33242	472	ACCC 36049	369
ACCC 33119	470	ACCC 33243	472	ACCC 36050	369
ACCC 33126	478	ACCC 33244	472	ACCC 36051	369
ACCC 33132	470	ACCC 33247	472	ACCC 36052	369
ACCC 33133	461	ACCC 33249	472	ACCC 36054	369
ACCC 33134	470	ACCC 33250	472	ACCC 36055	369
ACCC 33135	461	ACCC 33253	472	ACCC 36056	369
ACCC 33137	461	ACCC 33254	472	ACCC 36057	369
ACCC 33139	470	ACCC 33255	472	ACCC 36058	369
ACCC 33141	470	ACCC 33256	472	ACCC 36059	369
ACCC 33142	461	ACCC 33257	472	ACCC 36060	374
ACCC 33148	470	ACCC 33258	472	ACCC 36062	374
ACCC 33149	470	ACCC 33259	473	ACCC 36063	374
ACCC 33151	461	ACCC 33260	473	ACCC 36064	374
ACCC 33152	461	ACCC 33261	473	ACCC 36065	384
ACCC 33154	470	ACCC 33262	473	ACCC 36067	377
ACCC 33155	478	ACCC 33264	457	ACCC 36068	386
ACCC 33156	470	ACCC 36001	409	ACCC 36070	401

菌株编号	页码	菌株编号	页码	菌株编号	页码
ACCC 36071	408	ACCC 36205	486	ACCC 36336	379
ACCC 36073	441	ACCC 36206	486	ACCC 36339	449
ACCC 36076	449	ACCC 36207	486	ACCC 36340	379
ACCC 36079	452	ACCC 36208	486	ACCC 36344	390
ACCC 36080	452	ACCC 36209	486	ACCC 36347	365
ACCC 36081	452	ACCC 36210	487	ACCC 36350	379
ACCC 36082	452	ACCC 36211	487	ACCC 36351	379
ACCC 36083	452	ACCC 36213	487	ACCC 36354	379
ACCC 36084	452	ACCC 36214	487	ACCC 36358	390
ACCC 36085	452	ACCC 36215	487	ACCC 36363	385
ACCC 36087	483	ACCC 36216	487	ACCC 36364	379
ACCC 36088	483	ACCC 36217	487	ACCC 36367	408
ACCC 36089	483	ACCC 36223	411	ACCC 36368	404
ACCC 36090	483	ACCC 36232	411	ACCC 36369	404
ACCC 36091	486	ACCC 36234	411	ACCC 36370	487
ACCC 36096	378	ACCC 36235	411	ACCC 36371	487
ACCC 36102	401	ACCC 36236	412	ACCC 36372	487
ACCC 36107	387	ACCC 36241	412	ACCC 36373	487
ACCC 36108	449	ACCC 36246	449	ACCC 36374	487
ACCC 36110	338	ACCC 36248	452	ACCC 36375	487
ACCC 36111	338	ACCC 36257	370	ACCC 36376	487
ACCC 36112	440	ACCC 36258	370	ACCC 36377	487
ACCC 36114	449	ACCC 36259	370	ACCC 36378	487
ACCC 36115	339	ACCC 36261	408	ACCC 36379	487
ACCC 36116	408	ACCC 36262	419	ACCC 36380	487
ACCC 36120	486	ACCC 36263	419	ACCC 36381	487
ACCC 36124	449	ACCC 36264	385	ACCC 36382	487
ACCC 36129	486	ACCC 36265	365	ACCC 36383	487
ACCC 36130	336	ACCC 36266	399	ACCC 36384	487
ACCC 36131	486	ACCC 36269	413	ACCC 36385	487
ACCC 36132	378	ACCC 36270	413	ACCC 36387	487
ACCC 36135	336	ACCC 36271	413	ACCC 36388	488
ACCC 36139	336	ACCC 36272	413	ACCC 36389	488
ACCC 36140	385	ACCC 36273	413	ACCC 36390	488
ACCC 36141	421	ACCC 36274	413	ACCC 36391	488
ACCC 36142	452	ACCC 36275	413	ACCC 36392	488
ACCC 36154	454	ACCC 36276	413	ACCC 36393	488
ACCC 36155	378	ACCC 36277	413	ACCC 36394	488
ACCC 36157	401	ACCC 36278	441	ACCC 36395	488
ACCC 36158	378	ACCC 36279	441	ACCC 36396	488
ACCC 36159	378	ACCC 36282	441	ACCC 36397	488
ACCC 36160	379	ACCC 36284	441	ACCC 36399	488
ACCC 36170	484	ACCC 36285	442	ACCC 36400	488
ACCC 36171	336	ACCC 36286	442	ACCC 36401	409
ACCC 36172	377	ACCC 36288	448	ACCC 36404	385
ACCC 36173	401	ACCC 36294	447	ACCC 36405	370
ACCC 36174	393	ACCC 36297	448	ACCC 36408	385
ACCC 36175	408	ACCC 36301	448	ACCC 36409	386
ACCC 36185	379	ACCC 36309	441	ACCC 36412	379
ACCC 36187	374	ACCC 36316	449	ACCC 36415	370
ACCC 36188	431	ACCC 36320	379	ACCC 36417	379
ACCC 36193	379	ACCC 36322	385	ACCC 36418	379
ACCC 36196	486	ACCC 36324	379	ACCC 36420	379
ACCC 36197	486	ACCC 36325	379	ACCC 36421	441
ACCC 36198	486	ACCC 36326	379	ACCC 36425	379
ACCC 36199	379	ACCC 36331	379	ACCC 36427	370
ACCC 36202	486	ACCC 36332	379	ACCC 36428	484
ACCC 36203	486	ACCC 36333	379	ACCC 36429	338

菌株编号	页码	菌株编号	页码	菌株编号	页码
ACCC 36738	386	ACCC 36864	452	ACCC 36934	439
ACCC 36739	398	ACCC 36865	452	ACCC 36937	399
ACCC 36740	390	ACCC 36867	452	ACCC 36939	400
ACCC 36741	367	ACCC 36868	440	ACCC 36940	400
ACCC 36742	367	ACCC 36869	440	ACCC 36943	440
ACCC 36745	386	ACCC 36870	440	ACCC 36947	489
ACCC 36747	386	ACCC 36871	441	ACCC 36948	384
ACCC 36748	396	ACCC 36879	409	ACCC 36949	449
ACCC 36749	367	ACCC 36880	409	ACCC 36950	341
ACCC 36751	396	ACCC 36881	409	ACCC 36951	410
ACCC 36753	367	ACCC 36882	409	ACCC 36952	339
ACCC 36755	386	ACCC 36883	409	ACCC 36954	453
ACCC 36759	386	ACCC 36884	409	ACCC 36955	453
ACCC 36760	389	ACCC 36885	410	ACCC 36956	453
ACCC 36761	386	ACCC 36886	410	ACCC 36957	453
ACCC 36762	390	ACCC 36887	410	ACCC 36958	453
ACCC 36763	386	ACCC 36888	410	ACCC 36959	453
ACCC 36764	386	ACCC 36889	410	ACCC 36960	453
ACCC 36766	398	ACCC 36890	410	ACCC 36961	453
ACCC 36767	367	ACCC 36891	410	ACCC 36962	391
ACCC 36768	367	ACCC 36892	410	ACCC 36966	406
ACCC 36771	398	ACCC 36893	410	ACCC 36969	336
ACCC 36772	386	ACCC 36894	410	ACCC 36970	336
ACCC 36773	367	ACCC 36895	410	ACCC 36973	452
ACCC 36774	398	ACCC 36896	453	ACCC 36975	365
ACCC 36782	387	ACCC 36897	453	ACCC 36977	335
ACCC 36783	367	ACCC 36898	453	ACCC 36978	335
ACCC 36784	367	ACCC 36899	453	ACCC 36982	440
ACCC 36785	387	ACCC 36900	453	ACCC 36984	440
ACCC 36786	367	ACCC 36901	453	ACCC 36987	375
ACCC 36787	398	ACCC 36902	453	ACCC 36989	375
ACCC 36789	367	ACCC 36903	453	ACCC 36990	375
ACCC 36790	367	ACCC 36904	453	ACCC 36991	376
ACCC 36793	367	ACCC 36905	453	ACCC 36992	376
ACCC 36794	387	ACCC 36906	453	ACCC 36993	376
ACCC 36797	367	ACCC 36907	453	ACCC 36994	376
ACCC 36798	398	ACCC 36908	453	ACCC 36995	376
ACCC 36799	367	ACCC 36909	453	ACCC 36996	376
ACCC 36800	388	ACCC 36911	443	ACCC 36997	376
ACCC 36803	387	ACCC 36914	443	ACCC 36998	376
ACCC 36805	367	ACCC 36915	488	ACCC 37000	376
ACCC 36806	488	ACCC 36916	488	ACCC 37001	376
ACCC 36808	390	ACCC 36917	488	ACCC 37002	376
ACCC 36809	380	ACCC 36918	488	ACCC 37003	376
ACCC 36812	380	ACCC 36919	488	ACCC 37005	376
ACCC 36813	380	ACCC 36920	488	ACCC 37006	376
ACCC 36814	380	ACCC 36921	488	ACCC 37007	376
ACCC 36817	404	ACCC 36922	488	ACCC 37008	376
ACCC 36818	380	ACCC 36923	488	ACCC 37009	376
ACCC 36822	390	ACCC 36924	489	ACCC 37010	376
ACCC 36823	380	ACCC 36925	489	ACCC 37012	376
ACCC 36824	380	ACCC 36926	489	ACCC 37013	376
ACCC 36843	339	ACCC 36927	489	ACCC 37014	376
ACCC 36850	368	ACCC 36928	489	ACCC 37015	376
ACCC 36851	368	ACCC 36929	410	ACCC 37016	376
ACCC 36852	368	ACCC 36930	339	ACCC 37017	376
ACCC 36853	368	ACCC 36931	489	ACCC 37018	376
ACCC 36854	368	ACCC 36933	402	ACCC 37019	376

菌株编号	页码	菌株编号	页码	菌株编号	页码
ACCC 40630	248	ACCC 40696	253	ACCC 40757	297
ACCC 40631	259	ACCC 40697	256	ACCC 40758	297
ACCC 40632	257	ACCC 40698	296	ACCC 40759	254
ACCC 40633	258	ACCC 40699	296	ACCC 40760	307
ACCC 40635	246	ACCC 40700	247	ACCC 40761	297
ACCC 40636	259	ACCC 40701	250	ACCC 40762	298
ACCC 40637	258	ACCC 40702	253	ACCC 40763	265
ACCC 40638	258	ACCC 40703	296	ACCC 40764	298
ACCC 40639	306	ACCC 40704	296	ACCC 40765	298
ACCC 40641	253	ACCC 40705	253	ACCC 40766	298
ACCC 40642	257	ACCC 40707	247	ACCC 40768	305
ACCC 40643	282	ACCC 40708	254	ACCC 40769	247
ACCC 40645	260	ACCC 40709	296	ACCC 40770	254
ACCC 40647	282	ACCC 40710	297	ACCC 40771	307
ACCC 40649	267	ACCC 40711	254	ACCC 40772	307
ACCC 40650	296	ACCC 40712	308	ACCC 40775	285
ACCC 40651	259	ACCC 40713	247	ACCC 40776	285
ACCC 40652	259	ACCC 40714	247	ACCC 40777	305
ACCC 40653	253	ACCC 40715	308	ACCC 40778	306
ACCC 40654	249	ACCC 40716	257	ACCC 40779	278
ACCC 40655	276	ACCC 40717	254	ACCC 40780	282
ACCC 40656	253	ACCC 40718	254	ACCC 40781	268
ACCC 40657	296	ACCC 40719	306	ACCC 40783	290
ACCC 40658	253	ACCC 40720	297	ACCC 40784	272
ACCC 40659	296	ACCC 40721	254	ACCC 40785	265
ACCC 40660	296	ACCC 40722	254	ACCC 40786	252
ACCC 40661	249	ACCC 40723	306	ACCC 40787	269
ACCC 40662	275	ACCC 40724	297	ACCC 40788	302
ACCC 40664	283	ACCC 40725	297	ACCC 40789	272
ACCC 40665	296	ACCC 40726	277	ACCC 40790	272
ACCC 40666	253	ACCC 40727	247	ACCC 40791	248
ACCC 40667	296	ACCC 40728	263	ACCC 40794	268
ACCC 40668	253	ACCC 40729	297	ACCC 40795	285
ACCC 40669	253	ACCC 40730	297	ACCC 40796	285
ACCC 40670	269	ACCC 40731	297	ACCC 40797	290
ACCC 40671	246	ACCC 40732	306	ACCC 40798	302
ACCC 40673	246	ACCC 40733	297	ACCC 40799	276
ACCC 40674	250	ACCC 40734	283	ACCC 40800	282
ACCC 40675	247	ACCC 40735	297	ACCC 40801	269
ACCC 40676	305	ACCC 40736	297	ACCC 40802	285
ACCC 40677	253	ACCC 40737	297	ACCC 40803	285
ACCC 40678	247	ACCC 40739	254	ACCC 40804	282
ACCC 40679	249	ACCC 40740	248	ACCC 40808	282
ACCC 40680	247	ACCC 40741	297	ACCC 40809	274
ACCC 40681	247	ACCC 40742	254	ACCC 40810	304
ACCC 40682	250	ACCC 40743	297	ACCC 40811	274
ACCC 40683	306	ACCC 40744	297	ACCC 40812	282
ACCC 40685	306	ACCC 40745	297	ACCC 40813	303
ACCC 40686	253	ACCC 40746	297	ACCC 40815	251
ACCC 40687	253	ACCC 40747	297	ACCC 40816	249
ACCC 40688	253	ACCC 40748	297	ACCC 40817	251
ACCC 40689	253	ACCC 40749	282	ACCC 40818	254
ACCC 40690	253	ACCC 40750	254	ACCC 40819	252
ACCC 40691	248	ACCC 40751	306	ACCC 40820	258
ACCC 40692	296	ACCC 40752	297	ACCC 40821	258
ACCC 40693	296	ACCC 40754	307	ACCC 40822	273
ACCC 40694	306	ACCC 40755	297	ACCC 40823	258
ACCC 40695	247	ACCC 40756	254	ACCC 40824	254

菌株编号	页码	菌株编号	页码	菌株编号	页码
ACCC 41045	262	ACCC 41111	255	ACCC 41249	300
ACCC 41046	266	ACCC 41112	267	ACCC 41250	300
ACCC 41047	277	ACCC 41113	274	ACCC 41251	300
ACCC 41048	251	ACCC 41114	255	ACCC 41252	308
ACCC 41049	260	ACCC 41115	250	ACCC 41253	308
ACCC 41050	305	ACCC 41116	251	ACCC 41254	309
ACCC 41051	286	ACCC 41118	251	ACCC 41255	309
ACCC 41052	289	ACCC 41119	251	ACCC 41256	309
ACCC 41053	285	ACCC 41120	252	ACCC 41257	309
ACCC 41054	249	ACCC 41121	262	ACCC 41258	300
ACCC 41055	260	ACCC 41122	250	ACCC 41259	300
ACCC 41056	303	ACCC 41123	252	ACCC 41260	300
ACCC 41057	215	ACCC 41132	272	ACCC 41261	300
ACCC 41058	264	ACCC 41133	280	ACCC 41262	300
ACCC 41059	251	ACCC 41134	285	ACCC 41263	300
ACCC 41060	261	ACCC 41135	305	ACCC 41264	300
ACCC 41062	261	ACCC 41136	273	ACCC 41265	300
ACCC 41063	249	ACCC 41208	298	ACCC 41266	300
ACCC 41064	284	ACCC 41209	298	ACCC 41267	300
ACCC 41066	266	ACCC 41210	298	ACCC 41268	300
ACCC 41067	308	ACCC 41211	299	ACCC 41269	301
ACCC 41068	257	ACCC 41212	299	ACCC 41270	301
ACCC 41069	249	ACCC 41213	299	ACCC 41271	301
ACCC 41070	246	ACCC 41214	299	ACCC 41272	301
ACCC 41071	260	ACCC 41215	299	ACCC 41273	301
ACCC 41073	123	ACCC 41216	299	ACCC 41274	301
ACCC 41074	274	ACCC 41217	299	ACCC 41329	301
ACCC 41075	263	ACCC 41218	299	ACCC 41331	255
ACCC 41076	298	ACCC 41219	299	ACCC 41333	302
ACCC 41077	287	ACCC 41220	299	ACCC 41334	255
ACCC 41079	255	ACCC 41221	299	ACCC 41335	252
ACCC 41080	255	ACCC 41222	299	ACCC 41336	248
ACCC 41081	255	ACCC 41223	299	ACCC 41337	252
ACCC 41082	255	ACCC 41224	299	ACCC 41338	277
ACCC 41083	263	ACCC 41225	299	ACCC 41339	255
ACCC 41084	256	ACCC 41226	299	ACCC 41341	286
ACCC 41085	255	ACCC 41227	299	ACCC 41344	270
ACCC 41086	274	ACCC 41228	255	ACCC 41345	283
ACCC 41087	258	ACCC 41229	255	ACCC 41346	256
ACCC 41088	255	ACCC 41230	255	ACCC 41349	256
ACCC 41089	255	ACCC 41231	255	ACCC 41350	270
ACCC 41090	290	ACCC 41232	255	ACCC 41351	305
ACCC 41091	305	ACCC 41233	255	ACCC 41352	264
ACCC 41092	271	ACCC 41234	299	ACCC 41353	306
ACCC 41093	284	ACCC 41235	299	ACCC 41354	252
ACCC 41094	271	ACCC 41236	299	ACCC 41355	271
ACCC 41095	257	ACCC 41237	299	ACCC 41356	265
ACCC 41096	252	ACCC 41238	299	ACCC 41358	307
ACCC 41097	251	ACCC 41239	299	ACCC 41360	287
ACCC 41098	255	ACCC 41240	300	ACCC 41361	256
ACCC 41101	250	ACCC 41241	300	ACCC 41362	272
ACCC 41102	250	ACCC 41242	300	ACCC 41364	256
ACCC 41103	268	ACCC 41243	300	ACCC 41365	262
ACCC 41106	252	ACCC 41244	300	ACCC 41366	258
ACCC 41107	275	ACCC 41245	300	ACCC 41367	267
ACCC 41108	255	ACCC 41246	300	ACCC 41368	246
ACCC 41109	268	ACCC 41247	300	ACCC 41369	263
ACCC 41110	255	ACCC 41248	300	ACCC 41370	264

菌株编号	页码	菌株编号	页码	菌株编号	页码
ACCC 50599	502	ACCC 50682	502	ACCC 50748	513
ACCC 50600	512	ACCC 50685	523	ACCC 50749	513
ACCC 50601	541	ACCC 50687	546	ACCC 50750	513
ACCC 50602	507	ACCC 50688	508	ACCC 50751	513
ACCC 50603	540	ACCC 50689	508	ACCC 50752	513
ACCC 50604	507	ACCC 50690	510	ACCC 50753	513
ACCC 50605	506	ACCC 50691	510	ACCC 50755	502
ACCC 50611	541	ACCC 50692	510	ACCC 50756	527
ACCC 50612	491	ACCC 50694	523	ACCC 50757	530
ACCC 50613	491	ACCC 50695	506	ACCC 50758	541
ACCC 50615	541	ACCC 50696	506	ACCC 50759	525
ACCC 50617	547	ACCC 50697	506	ACCC 50761	541
ACCC 50618	535	ACCC 50698	502	ACCC 50762	513
ACCC 50619	539	ACCC 50699	502	ACCC 50763	535
ACCC 50621	506	ACCC 50700	502	ACCC 50764	525
ACCC 50622	528	ACCC 50701	502	ACCC 50765	513
ACCC 50623	500	ACCC 50702	525	ACCC 50766	513
ACCC 50624	512	ACCC 50703	525	ACCC 50767	513
ACCC 50625	506	ACCC 50704	525	ACCC 50768	513
ACCC 50626	528	ACCC 50705	546	ACCC 50769	513
ACCC 50627	522	ACCC 50706	528	ACCC 50770	513
ACCC 50631	541	ACCC 50707	528	ACCC 50771	513
ACCC 50632	500	ACCC 50708	530	ACCC 50772	513
ACCC 50635	512	ACCC 50709	530	ACCC 50773	513
ACCC 50636	512	ACCC 50710	541	ACCC 50774	513
ACCC 50637	512	ACCC 50711	535	ACCC 50775	513
ACCC 50638	512	ACCC 50712	541	ACCC 50776	513
ACCC 50639	512	ACCC 50713	538	ACCC 50777	513
ACCC 50641	508	ACCC 50714	529	ACCC 50778	513
ACCC 50642	508	ACCC 50715	529	ACCC 50779	513
ACCC 50643	528	ACCC 50717	508	ACCC 50780	513
ACCC 50644	512	ACCC 50718	510	ACCC 50781	514
ACCC 50645	512	ACCC 50719	512	ACCC 50782	514
ACCC 50646	512	ACCC 50720	512	ACCC 50783	514
ACCC 50648	525	ACCC 50721	512	ACCC 50784	514
ACCC 50649	502	ACCC 50722	512	ACCC 50785	514
ACCC 50650	502	ACCC 50723	512	ACCC 50786	514
ACCC 50652	508	ACCC 50724	512	ACCC 50787	514
ACCC 50653	493	ACCC 50725	512	ACCC 50788	514
ACCC 50655	545	ACCC 50726	512	ACCC 50789	514
ACCC 50656	532	ACCC 50727	512	ACCC 50790	514
ACCC 50657	543	ACCC 50728	512	ACCC 50791	514
ACCC 50659	491	ACCC 50729	513	ACCC 50792	514
ACCC 50660	491	ACCC 50730	513	ACCC 50793	514
ACCC 50661	541	ACCC 50731	513	ACCC 50794	514
ACCC 50662	508	ACCC 50734	513	ACCC 50795	541
ACCC 50663	495	ACCC 50735	513	ACCC 50797	541
ACCC 50664	498	ACCC 50736	513	ACCC 50801	494
ACCC 50665	495	ACCC 50737	513	ACCC 50802	493
ACCC 50666	512	ACCC 50739	513	ACCC 50803	514
ACCC 50667	502	ACCC 50740	513	ACCC 50804	514
ACCC 50668	512	ACCC 50741	513	ACCC 50805	514
ACCC 50669	541	ACCC 50742	513	ACCC 50806	514
ACCC 50670	509	ACCC 50743	513	ACCC 50807	514
ACCC 50673	544	ACCC 50744	513	ACCC 50808	514
ACCC 50675	541	ACCC 50745	513	ACCC 50809	514
ACCC 50677	526	ACCC 50746	513	ACCC 50810	514
ACCC 50680	530	ACCC 50747	513	ACCC 50811	514

菌株编号	页码	菌株编号	页码	菌株编号	页码
ACCC 51015	493	ACCC 51082	496	ACCC 51155	526
ACCC 51016	493	ACCC 51083	496	ACCC 51156	516
ACCC 51018	542	ACCC 51084	496	ACCC 51157	526
ACCC 51019	496	ACCC 51085	496	ACCC 51158	516
ACCC 51020	496	ACCC 51086	496	ACCC 51159	500
ACCC 51021	496	ACCC 51087	496	ACCC 51160	516
ACCC 51022	496	ACCC 51088	496	ACCC 51161	516
ACCC 51023	496	ACCC 51089	496	ACCC 51162	526
ACCC 51024	496	ACCC 51090	496	ACCC 51163	496
ACCC 51025	496	ACCC 51091	496	ACCC 51164	545
ACCC 51026	496	ACCC 51092	496	ACCC 51167	545
ACCC 51027	496	ACCC 51093	496	ACCC 51168	509
ACCC 51028	496	ACCC 51094	496	ACCC 51169	500
ACCC 51029	515	ACCC 51095	496	ACCC 51170	499
ACCC 51030	515	ACCC 51096	496	ACCC 51171	546
ACCC 51031	515	ACCC 51097	496	ACCC 51172	499
ACCC 51032	515	ACCC 51098	496	ACCC 51173	526
ACCC 51034	515	ACCC 51099	502	ACCC 51174	544
ACCC 51035	515	ACCC 51100	508	ACCC 51175	522
ACCC 51036	515	ACCC 51101	515	ACCC 51178	544
ACCC 51037	515	ACCC 51102	516	ACCC 51180	544
ACCC 51038	515	ACCC 51105	494	ACCC 51181	527
ACCC 51039	515	ACCC 51106	506	ACCC 51182	546
ACCC 51040	515	ACCC 51107	507	ACCC 51184	505
ACCC 51041	515	ACCC 51108	498	ACCC 51186	527
ACCC 51042	515	ACCC 51109	542	ACCC 51187	527
ACCC 51043	496	ACCC 51110	493	ACCC 51188	545
ACCC 51044	496	ACCC 51111	547	ACCC 51190	545
ACCC 51045	496	ACCC 51112	547	ACCC 51191	529
ACCC 51046	496	ACCC 51113	547	ACCC 51192	510
ACCC 51047	496	ACCC 51115	525	ACCC 51197	510
ACCC 51048	496	ACCC 51116	544	ACCC 51198	531
ACCC 51049	496	ACCC 51117	516	ACCC 51199	531
ACCC 51050	496	ACCC 51118	531	ACCC 51201	516
ACCC 51051	496	ACCC 51119	492	ACCC 51202	516
ACCC 51052	515	ACCC 51121	527	ACCC 51203	516
ACCC 51053	526	ACCC 51122	507	ACCC 51204	516
ACCC 51054	526	ACCC 51123	542	ACCC 51205	516
ACCC 51055	531	ACCC 51124	526	ACCC 51207	516
ACCC 51056	531	ACCC 51125	526	ACCC 51208	516
ACCC 51057	493	ACCC 51129	545	ACCC 51209	516
ACCC 51058	493	ACCC 51130	526	ACCC 51210	516
ACCC 51059	493	ACCC 51132	544	ACCC 51211	516
ACCC 51062	502	ACCC 51133	499	ACCC 51212	516
ACCC 51064	494	ACCC 51135	545	ACCC 51213	516
ACCC 51065	493	ACCC 51136	529	ACCC 51214	516
ACCC 51066	493	ACCC 51137	545	ACCC 51215	516
ACCC 51067	542	ACCC 51139	504	ACCC 51216	516
ACCC 51068	542	ACCC 51142	526	ACCC 51217	516
ACCC 51069	531	ACCC 51143	494	ACCC 51225	545
ACCC 51074	531	ACCC 51144	505	ACCC 51229	505
ACCC 51075	528	ACCC 51145	491	ACCC 51233	529
ACCC 51076	528	ACCC 51148	492	ACCC 51235	500
ACCC 51077	528	ACCC 51149	510	ACCC 51236	493
ACCC 51078	528	ACCC 51151	494	ACCC 51237	492
ACCC 51079	528	ACCC 51152	530	ACCC 51239	493
ACCC 51080	528	ACCC 51153	531	ACCC 51241	492
ACCC 51081	528	ACCC 51154	496	ACCC 51261	529

菌株编号	页码	菌株编号	页码	菌株编号	页码
ACCC 51502	523	ACCC 51577	510	ACCC 51661	510
ACCC 51506	516	ACCC 51578	505	ACCC 51663	509
ACCC 51507	516	ACCC 51579	491	ACCC 51664	527
ACCC 51508	516	ACCC 51580	523	ACCC 51672	527
ACCC 51509	516	ACCC 51583	510	ACCC 51673	545
ACCC 51512	532	ACCC 51584	503	ACCC 51674	531
ACCC 51513	539	ACCC 51585	533	ACCC 51675	532
ACCC 51515	506	ACCC 51597	533	ACCC 51676	493
ACCC 51516	544	ACCC 51598	533	ACCC 51677	505
ACCC 51517	544	ACCC 51599	543	ACCC 51678	531
ACCC 51519	538	ACCC 51600	543	ACCC 51679	533
ACCC 51520	532	ACCC 51601	543	ACCC 51681	517
ACCC 51522	543	ACCC 51602	543	ACCC 51682	491
ACCC 51523	501	ACCC 51603	543	ACCC 51683	526
ACCC 51524	505	ACCC 51604	543	ACCC 51684	499
ACCC 51526	546	ACCC 51605	508	ACCC 51685	523
ACCC 51528	535	ACCC 51607	509	ACCC 51689	499
ACCC 51529	517	ACCC 51610	496	ACCC 51690	493
ACCC 51530	517	ACCC 51611	496	ACCC 51691	526
ACCC 51532	510	ACCC 51612	507	ACCC 51692	523
ACCC 51533	510	ACCC 51614	491	ACCC 51693	523
ACCC 51534	500	ACCC 51617	530	ACCC 51695	505
ACCC 51535	531	ACCC 51618	536	ACCC 51697	522
ACCC 51536	510	ACCC 51619	536	ACCC 51698	506
ACCC 51537	499	ACCC 51620	525	ACCC 51700	500
ACCC 51538	499	ACCC 51621	493	ACCC 51701	526
ACCC 51539	502	ACCC 51623	517	ACCC 51702	533
ACCC 51540	502	ACCC 51624	517	ACCC 51704	504
ACCC 51541	503	ACCC 51625	507	ACCC 51707	517
ACCC 51542	503	ACCC 51626	507	ACCC 51708	497
ACCC 51543	533	ACCC 51627	503	ACCC 51709	546
ACCC 51544	535	ACCC 51628	509	ACCC 51710	503
ACCC 51545	535	ACCC 51629	499	ACCC 51711	545
ACCC 51546	535	ACCC 51632	500	ACCC 51712	526
ACCC 51547	535	ACCC 51633	536	ACCC 51713	527
ACCC 51548	535	ACCC 51634	536	ACCC 51714	507
ACCC 51549	535	ACCC 51635	536	ACCC 51715	547
ACCC 51550	535	ACCC 51636	536	ACCC 51716	503
ACCC 51551	535	ACCC 51637	536	ACCC 51717	505
ACCC 51552	535	ACCC 51638	527	ACCC 51718	506
ACCC 51553	535	ACCC 51640	493	ACCC 51719	506
ACCC 51554	535	ACCC 51641	547	ACCC 51720	506
ACCC 51555	535	ACCC 51642	547	ACCC 51721	507
ACCC 51556	535	ACCC 51643	547	ACCC 51722	506
ACCC 51557	535	ACCC 51644	547	ACCC 51723	506
ACCC 51558	543	ACCC 51646	528	ACCC 51724	506
ACCC 51560	499	ACCC 51647	528	ACCC 51725	506
ACCC 51561	493	ACCC 51648	536	ACCC 51726	506
ACCC 51563	506	ACCC 51649	536	ACCC 51727	536
ACCC 51564	506	ACCC 51650	536	ACCC 51728	536
ACCC 51565	507	ACCC 51651	536	ACCC 51729	510
ACCC 51567	535	ACCC 51652	536	ACCC 51730	523
ACCC 51568	536	ACCC 51653	536	ACCC 51731	523
ACCC 51569	543	ACCC 51654	501	ACCC 51732	491
ACCC 51571	499	ACCC 51655	527	ACCC 51733	491
ACCC 51572	499	ACCC 51658	493	ACCC 51736	528
ACCC 51573	536	ACCC 51659	493	ACCC 51737	523
ACCC 51574	500	ACCC 51660	493	ACCC 51741	517

菌株编号	页码	菌株编号	页码	菌株编号	页码
ACCC 51949	500	ACCC 52018	531	ACCC 52083	503
ACCC 51950	500	ACCC 52019	539	ACCC 52084	503
ACCC 51952	500	ACCC 52020	499	ACCC 52085	503
ACCC 51953	497	ACCC 52021	543	ACCC 52086	503
ACCC 51954	497	ACCC 52022	518	ACCC 52087	503
ACCC 51955	497	ACCC 52023	507	ACCC 52088	503
ACCC 51956	497	ACCC 52024	536	ACCC 52089	503
ACCC 51957	497	ACCC 52025	547	ACCC 52090	503
ACCC 51958	497	ACCC 52026	530	ACCC 52091	503
ACCC 51959	497	ACCC 52028	500	ACCC 52093	503
ACCC 51960	547	ACCC 52029	539	ACCC 52094	503
ACCC 51961	547	ACCC 52030	529	ACCC 52095	503
ACCC 51962	547	ACCC 52033	528	ACCC 52096	503
ACCC 51963	547	ACCC 52034	528	ACCC 52103	505
ACCC 51964	547	ACCC 52035	493	ACCC 52104	544
ACCC 51965	547	ACCC 52036	531	ACCC 52105	544
ACCC 51966	547	ACCC 52038	543	ACCC 52106	524
ACCC 51967	547	ACCC 52039	497	ACCC 52110	522
ACCC 51968	547	ACCC 52040	491	ACCC 52111	524
ACCC 51969	547	ACCC 52041	498	ACCC 52113	522
ACCC 51970	547	ACCC 52042	526	ACCC 52114	548
ACCC 51971	548	ACCC 52043	503	ACCC 52116	533
ACCC 51972	548	ACCC 52044	539	ACCC 52117	537
ACCC 51973	548	ACCC 52045	536	ACCC 52118	518
ACCC 51974	548	ACCC 52046	536	ACCC 52119	499
ACCC 51975	548	ACCC 52047	547	ACCC 52120	499
ACCC 51976	548	ACCC 52048	547	ACCC 52122	499
ACCC 51977	548	ACCC 52051	504	ACCC 52123	503
ACCC 51978	548	ACCC 52052	504	ACCC 52124	503
ACCC 51979	508	ACCC 52053	545	ACCC 52125	506
ACCC 51980	531	ACCC 52054	529	ACCC 52126	506
ACCC 51981	517	ACCC 52055	539	ACCC 52127	537
ACCC 51982	517	ACCC 52056	500	ACCC 52128	537
ACCC 51983	517	ACCC 52057	546	ACCC 52129	537
ACCC 51984	507	ACCC 52058	547	ACCC 52130	537
ACCC 51985	548	ACCC 52059	518	ACCC 52131	537
ACCC 51986	546	ACCC 52060	518	ACCC 52132	537
ACCC 51987	547	ACCC 52061	518	ACCC 52133	537
ACCC 51996	504	ACCC 52062	518	ACCC 52134	537
ACCC 51997	504	ACCC 52063	531	ACCC 52135	537
ACCC 51998	504	ACCC 52064	509	ACCC 52136	537
ACCC 51999	504	ACCC 52065	509	ACCC 52137	537
ACCC 52000	504	ACCC 52066	536	ACCC 52138	537
ACCC 52001	504	ACCC 52067	503	ACCC 52139	518
ACCC 52002	504	ACCC 52068	536	ACCC 52140	518
ACCC 52003	504	ACCC 52069	536	ACCC 52141	518
ACCC 52004	504	ACCC 52070	536	ACCC 52142	518
ACCC 52005	504	ACCC 52071	536	ACCC 52143	518
ACCC 52006	504	ACCC 52072	537	ACCC 52144	537
ACCC 52008	504	ACCC 52073	537	ACCC 52145	537
ACCC 52009	504	ACCC 52074	537	ACCC 52146	537
ACCC 52010	508	ACCC 52075	537	ACCC 52147	537
ACCC 52011	534	ACCC 52076	537	ACCC 52148	537
ACCC 52013	531	ACCC 52077	530	ACCC 52149	537
ACCC 52014	505	ACCC 52078	537	ACCC 52150	537
ACCC 52015	529	ACCC 52079	537	ACCC 52151	537
ACCC 52016	539	ACCC 52081	503	ACCC 52152	537
ACCC 52017	528	ACCC 52082	503	ACCC 52153	537

菌株编号	页码	菌株编号	页码	菌株编号	页码
ACCC 60148	150	ACCC 60208	169	ACCC 60266	170
ACCC 60149	150	ACCC 60209	169	ACCC 60267	170
ACCC 60150	150	ACCC 60210	191	ACCC 60268	170
ACCC 60151	168	ACCC 60211	169	ACCC 60269	170
ACCC 60152	191	ACCC 60212	169	ACCC 60270	170
ACCC 60153	168	ACCC 60213	169	ACCC 60271	052
ACCC 60154	168	ACCC 60214	191	ACCC 60272	170
ACCC 60156	191	ACCC 60215	169	ACCC 60273	170
ACCC 60157	150	ACCC 60216	169	ACCC 60274	170
ACCC 60158	244	ACCC 60217	169	ACCC 60275	170
ACCC 60159	168	ACCC 60218	112	ACCC 60276	170
ACCC 60160	168	ACCC 60219	169	ACCC 60277	170
ACCC 60161	168	ACCC 60220	169	ACCC 60278	170
ACCC 60162	168	ACCC 60221	107	ACCC 60279	170
ACCC 60163	213	ACCC 60222	169	ACCC 60280	166
ACCC 60164	245	ACCC 60223	169	ACCC 60281	166
ACCC 60165	150	ACCC 60224	169	ACCC 60282	166
ACCC 60166	150	ACCC 60225	169	ACCC 60283	170
ACCC 60167	150	ACCC 60226	169	ACCC 60284	170
ACCC 60168	150	ACCC 60227	169	ACCC 60285	170
ACCC 60169	129	ACCC 60228	169	ACCC 60286	170
ACCC 60170	150	ACCC 60229	119	ACCC 60287	171
ACCC 60171	213	ACCC 60230	169	ACCC 60288	171
ACCC 60172	168	ACCC 60231	191	ACCC 60289	171
ACCC 60173	150	ACCC 60232	103	ACCC 60290	171
ACCC 60174	150	ACCC 60233	169	ACCC 60291	171
ACCC 60175	213	ACCC 60234	006	ACCC 60292	171
ACCC 60176	191	ACCC 60235	125	ACCC 60293	171
ACCC 60177	213	ACCC 60236	213	ACCC 60294	171
ACCC 60178	151	ACCC 60237	169	ACCC 60295	120
ACCC 60179	168	ACCC 60238	173	ACCC 60296	120
ACCC 60180	168	ACCC 60239	107	ACCC 60297	112
ACCC 60181	052	ACCC 60240	169	ACCC 60298	171
ACCC 60182	213	ACCC 60241	169	ACCC 60299	171
ACCC 60183	151	ACCC 60242	169	ACCC 60300	052
ACCC 60184	168	ACCC 60243	107	ACCC 60301	171
ACCC 60185	151	ACCC 60244	169	ACCC 60302	171
ACCC 60186	213	ACCC 60245	052	ACCC 60303	171
ACCC 60187	151	ACCC 60246	169	ACCC 60304	171
ACCC 60188	245	ACCC 60247	170	ACCC 60305	107
ACCC 60189	245	ACCC 60248	170	ACCC 60306	171
ACCC 60190	166	ACCC 60249	052	ACCC 60307	213
ACCC 60191	191	ACCC 60250	170	ACCC 60308	166
ACCC 60192	245	ACCC 60251	170	ACCC 60309	002
ACCC 60193	213	ACCC 60252	166	ACCC 60310	120
ACCC 60194	151	ACCC 60253	170	ACCC 60311	120
ACCC 60195	168	ACCC 60254	166	ACCC 60312	171
ACCC 60196	240	ACCC 60255	170	ACCC 60313	120
ACCC 60197	168	ACCC 60256	151	ACCC 60314	108
ACCC 60198	151	ACCC 60257	151	ACCC 60315	108
ACCC 60199	168	ACCC 60258	170	ACCC 60316	120
ACCC 60200	168	ACCC 60259	151	ACCC 60317	120
ACCC 60201	245	ACCC 60260	245	ACCC 60318	191
ACCC 60202	112	ACCC 60261	240	ACCC 60319	112
ACCC 60203	168	ACCC 60262	213	ACCC 60320	120
ACCC 60204	052	ACCC 60263	236	ACCC 60321	108
ACCC 60205	191	ACCC 60264	213	ACCC 60322	120
ACCC 60207	002	ACCC 60265	170	ACCC 60323	120

菌株编号	页码	菌株编号	页码	菌株编号	页码
ACCC 61773	130	ACCC 61834	166	ACCC 61896	016
ACCC 61774	129	ACCC 61836	153	ACCC 61897	121
ACCC 61775	045	ACCC 61837	016	ACCC 61898	236
ACCC 61776	045	ACCC 61838	101	ACCC 61899	236
ACCC 61777	019	ACCC 61839	180	ACCC 61900	149
ACCC 61780	021	ACCC 61840	039	ACCC 61901	008
ACCC 61782	006	ACCC 61841	179	ACCC 61902	008
ACCC 61783	174	ACCC 61842	107	ACCC 61903	130
ACCC 61784	133	ACCC 61843	131	ACCC 61904	165
ACCC 61785	302	ACCC 61844	130	ACCC 61905	035
ACCC 61786	245	ACCC 61845	129	ACCC 61906	103
ACCC 61787	245	ACCC 61846	118	ACCC 61907	040
ACCC 61788	006	ACCC 61847	218	ACCC 61908	019
ACCC 61789	006	ACCC 61848	237	ACCC 61909	037
ACCC 61790	006	ACCC 61849	235	ACCC 61910	021
ACCC 61791	006	ACCC 61850	236	ACCC 61911	135
ACCC 61792	006	ACCC 61851	236	ACCC 61914	001
ACCC 61793	007	ACCC 61854	135	ACCC 61915	009
ACCC 61794	007	ACCC 61855	027	ACCC 61916	062
ACCC 61795	007	ACCC 61856	027		
ACCC 61796	302	ACCC 61857	027		
ACCC 61797	302	ACCC 61858	135		
ACCC 61798	302	ACCC 61859	027		
ACCC 61799	012	ACCC 61860	005		
ACCC 61800	153	ACCC 61861	027		
ACCC 61801	045	ACCC 61862	152		
ACCC 61802	021	ACCC 61863	111		
ACCC 61803	236	ACCC 61864	238		
ACCC 61804	002	ACCC 61865	285		
ACCC 61805	016	ACCC 61866	152		
ACCC 61806	151	ACCC 61867	013		
ACCC 61807	151	ACCC 61868	011		
ACCC 61808	151	ACCC 61869	150		
ACCC 61809	020	ACCC 61870	101		
ACCC 61810	020	ACCC 61872	112		
ACCC 61811	031	ACCC 61873	174		
ACCC 61812	166	ACCC 61874	099		
ACCC 61813	062	ACCC 61875	027		
ACCC 61814	303	ACCC 61876	027		
ACCC 61815	149	ACCC 61877	062		
ACCC 61816	031	ACCC 61878	111		
ACCC 61817	184	ACCC 61879	149		
ACCC 61818	149	ACCC 61880	111		
ACCC 61819	157	ACCC 61881	100		
ACCC 61820	101	ACCC 61882	062		
ACCC 61821	101	ACCC 61883	111		
ACCC 61822	174	ACCC 61884	027		
ACCC 61823	062	ACCC 61885	153		
ACCC 61824	062	ACCC 61886	174		
ACCC 61825	101	ACCC 61887	062		
ACCC 61826	062	ACCC 61888	290		
ACCC 61827	063	ACCC 61889	104		
ACCC 61828	035	ACCC 61890	279		
ACCC 61829	241	ACCC 61891	290		
ACCC 61830	215	ACCC 61892	290		
ACCC 61831	134	ACCC 61893	290		
ACCC 61832	110	ACCC 61894	290		
ACCC 61833	240	ACCC 61895	149		